코로나19 바이러스
"친환경 99.9% 항균잉크 인쇄"
전격 도입

언제 끝날지 모를 코로나19 바이러스
99.9% 항균잉크(V-CLEAN99)를 도입하여 「안심도서」로
독자분들의 건강과 안전을 위해 노력하겠습니다.

본 도서는 항균잉크로 인쇄하였습니다.

항균➕
99.9%
안심도서

항균잉크(V-CLEAN99)의 특징

- 바이러스, 박테리아, 곰팡이 등에 항균효과가 있는 산화아연을 적용

- 산화아연은 한국의 식약처와 미국의 FDA에서 식품첨가물로 인증받아 **강력한 항균력을** 구현하는 소재

- 황색포도상구균과 대장균에 대한 테스트를 완료하여 **99.9%의 강력한 항균효과** 확인

- 잉크 내 중금속, 잔류성 오염물질 등 **유해 물질 저감**

TEST REPORT

#1
-
< 0.63
4.6 (99.9%)[주1]
-
6.3 x 10^3
2.1 (99.2%)[주1]

Clean Zone

2021
최신개정판

합격의 공식 **시대에듀**

출 제 기 준 에   맞 게   엄 선 된
이론 + 예상문제

시대에듀

소방설비
기사

전기편 필기
기본서

본 도서는 항균잉크로 인쇄하였습니다.
항균+
99.9%
안심도서

2011~2020년
기출문제 및
해설수록!

최고의 강사와
함께하는
동영상 강의
www.sdedu.co.kr
유료

편저 이수용

2

NAVER 카페 | 진격의 소방(소방학습카페)
cafe.naver.com/sogonghak / 소방 관련 수험자료 무료 제공 및 응시료 지원 이벤트

이 책의 특징 | 최근 10년간 출제경향분석표 수록

01 가장 어려운 부분인 소방전기일반을 쉽게 풀이하여 해설하였으며, 구조 원리는 화재안전기준에 준하여 작성하였습니다.
02 한국산업인력공단의 출제기준을 토대로 예상문제를 다양하게 수록하였습니다.
03 최근 개정된 소방법규에 맞게 수정·보완하였습니다.

소방설비 기사

소방설비기사

전기편 필기

기본서

Always with you

사람이 길에서 우연하게 만나거나 함께 살아가는 것만이 인연은 아니라고 생각합니다.
책을 펴내는 출판사와 그 책을 읽는 독자의 만남도 소중한 인연입니다.
(주)시대고시기획은 항상 독자의 마음을 헤아리기 위해 노력하고 있습니다.
늘 독자와 함께하겠습니다.

머리글

현대 문명의 발전이 물질적인 풍요와 안락한 삶을 추구함을 목적으로 급속한 변화를 보이는 현실에 도시의 대형화, 밀집화, 30층 이상의 고층화가 되어 어느 때보다도 소방안전에 대한 필요성을 느끼지 않을 수 없습니다.

발전하는 산업구조와 복잡해지는 도시의 생활, 화재로 인한 재해는 대형화될 수 밖에 없으므로 소방설비의 자체점검(종합정밀점검, 작동기능점검)강화, 홍보의 다양화, 소방인력의 고급화로 화재를 사전에 예방하여 화재로 인한 재해를 최소화 하여야 하는 현실입니다.

특히 소방설비기사 · 산업기사의 수험생 및 소방설비업계에 종사하는 실무자에게 소방관련 서적이 절대적으로 필요하다는 인식이 들어 본 서를 집필하게 되었습니다.

이 책의 특징...

❶ 오랜 기간 소방학원 강의 경력을 토대로 집필하였으며
❷ 강의 시 수험생이 가장 어려워하는 소방전기일반을 출제기준에 맞도록 쉽게 해설하였으며, 구조 원리는 개정된 화재안전기준에 맞게 수정하였습니다.
❸ 한국산업인력공단의 출제기준을 토대로 예상문제를 다양하게 수록하였고
❹ 최근 개정된 소방법규에 맞게 수정 · 보완하였습니다.

필자는 부족한 점에 대해서는 계속 수정, 보완하여 좋은 수험대비서가 되도록 노력하겠으며 수험생 여러분의 합격의 영광을 기원하는 바입니다.

끝으로 이 수험서가 출간하기까지 애써주신 시대고시기획 회장님 그리고 임직원 여러분의 노고에 감사드립니다.

편저자 드림

이 책의
구성과 특징

01 과년도 기출문제 분석표

지난 10년간의 기출문제를 분석하여 과목별 출제되고 있는 이론을 막대그래프 형식으로 제시하였습니다. 제시된 현황표를 통해 이론의 중요도를 파악하고 참고하면 보다 능률적인 학습이 될 것입니다.

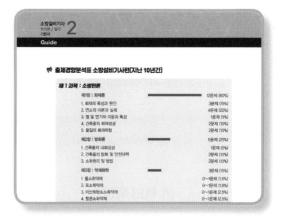

02 빨리보는 간단한 키워드

반드시 알아야 할 가장 기초적이고도 중요한 이론을 숙지할 수 있도록 하였습니다.

03 핵심이론

기본적으로 알아야 할 이론을 수록했을 뿐 아니라 과년도 기출을 통해 시험합격에 꼭 필요한 이론을 수록함으로써 합격을 위한 틀을 제공하였습니다. 특히, 본문에 중요한 키워드나 이론은 고딕체로 처리하여 보다 반복적인 학습이 될 수 있도록 하였습니다.

04 출제예상문제

과년도 문제 중 가장 기본적이고도 반복적인 문제를 수록하였습니다. 저자의 오랜 노하우를 바탕으로 가장 적절한 해설을 달아 단시간에 효과적인 학습이 될 수 있도록 하였습니다.

05 과년도 기출문제

과년도 기출문제는 모든 시험에서 학습의 기초가 되면서 한편으로는 자신의 실력을 재점검할 수 있는 지표가 될 수 있습니다. 2단으로 처리하고 해답을 아래에 배치하여서 수험생 여러분이 실제 시험에 응시하는 기분을 갖고 공부할 수 있도록 하였습니다.

📣 개요

건물이 점차 대형화, 고층화, 밀집화되어 감에 따라 화재발생 시 진화보다는 화재의 예방과 초기진압에 중점을 둠으로써 국민의 생명, 신체 및 재산을 보호하는 방법이 더 효과적인 방법이다. 이에 따라 소방설비에 대한 전문인력을 양성하기 위하여 자격제도를 제정하였다.

📣 수행직무

소방시설공사 또는 정비업체 등에서 소방시설공사의 설계도면을 작성하거나 소방시설공사를 시공, 관리하며, 소방시설의 점검·정비와 화기의 사용 및 취급 등 방화안전관리에 대한 감독, 소방계획에 의한 소화, 통보 및 피난 등의 훈련을 실시하는 방화관리자의 직무를 수행한다.

📣 시험일정

구 분	필기접수	필기시험	필기합격 발표	실기접수	실기시험	최종합격자 발표
제1회	2월 하순	3월 하순	4월 초순	4월 초순	5월 초순	6월 중순
제2회	5월 중순	6월 초순	6월 하순	6월 하순	7월 하순	8월 하순
제4회	8월 하순	9월 하순	10월 초순	10월 중순	11월 중순	12월 하순

※ 상기 시험일정은 시행처의 사정에 따라 변경될 수 있으니, www.q-net.or.kr에서 확인하시기 바랍니다.

📣 시험요강

❶ 시행처 : 한국산업인력공단
❷ 관련 학과 : 대학 및 전문대학의 소방학, 건축설비공학, 기계설비학, 가스냉동학, 공조냉동학 관련 학과
❸ 시험과목
　㉠ 필기 : 1. 소방원론 2. 소방전기일반 3. 소방관계법규 4. 소방전기시설의 구조 및 원리
　㉡ 실기 : 소방전기시설 설계 및 시공실무
❹ 검정방법
　㉠ 필기 : 객관식 4지 택일형 과목당 20문항(과목당 30분)
　㉡ 실기 : 필답형(3시간)
❺ 합격기준
　㉠ 필기 : 100점을 만점으로 하여 과목당 40점 이상, 전 과목 평균 60점 이상
　㉡ 실기 : 100점을 만점으로 하여 60점 이상

D-41일 스터디플래너
Study Planner

마무리까지 확실하게!!!

최소한 세 번 이상 반복하고 학습 실천도에 체크해 보세요!

이 Study Planner는 (주)시대고시기획이 제시하는 단기간 Daily 학습 요령입니다.
자신의 스케줄에 맞게 계획을 세우고 실천하여 소방설비기사 자격증 합격에 도전하세요!!

D-41	D-40	D-39	D-38	D-37	D-36	D-35
제1편 소방원론					제2편 소방전기일반	
1장 화재론	2장 방화론	3장 약제화학			1장 직류회로	

D-34	D-33	D-32	D-31	D-30	D-29	D-28
제2편 소방전기일반						제3편
2장 정전계와 정자계	3장 교류회로	4장 전기기기	5장 전기계측	6장 자동제어	7장 전기설비	1장 소방기본법, 영, 규칙

D-27	D-26	D-25	D-24	D-23	D-22	D-21
제3편 소방관계법규						제4편
2장 소방시설공사업법, 영, 규칙		3장 화재예방, 소방시설 설치 · 유지 및 안전관리에 관한 법률, 영, 규칙		4장 위험물안전관리법, 영, 규칙		1장 경보설비

D-20	D-19	D-18	D-17	D-16	D-15	D-14
제4편 소방전기시설의 구조 및 원리						
1장 경보설비				2장 소화활동설비		

D-13	D-12	D-11	D-10	D-9	D-8	D-7
제4편 소방전기시설의 구조 및 원리		제5편 과년도 기출문제				
2장 소화활동설비	3장 피난구조설비	2011 과년도 기출문제	2012 과년도 기출문제	2013 과년도 기출문제	2014 과년도 기출문제	2015 과년도 기출문제

D-6	D-5	D-4	D-3	D-2	D-1	D-day
제5편 과년도 기출문제					빨간키	
2016 과년도 기출문제	2017 과년도 기출문제	2018 과년도 기출문제	2019 과년도 기출문제	2020 최신 기출문제	빨리보는 간단한 키워드로 마무리!	시험준비 You can do it!!

📣 출제경향분석표 소방설비기사편(지난 10년간)

제 1 과목 : 소방원론

제1장 : 화재론	12문제 (60%)
1. 화재의 특성과 원인	3문제 (15%)
2. 연소의 이론과 실제	4문제 (20%)
3. 열 및 연기의 이동과 특성	1문제 (5%)
4. 건축물의 화재성상	2문제 (10%)
5. 물질의 화재위험	2문제 (10%)

제2장 : 방화론	5문제 (25%)
1. 건축물의 내화성상	1문제 (5%)
2. 건축물의 방화 및 안전대책	2문제 (10%)
3. 소화원리 및 방법	2문제 (10%)

제3장 : 약제화학	3문제 (15%)
1. 물소화약제	0~1문제 (1.6%)
2. 포소화약제	0~1문제 (1.6%)
3. 이산화탄소소화약제	0~1문제 (2.5%)
4. 할론소화약제	0~1문제 (2.5%)
5. 할로겐화합물 및 불활성기체소화약제	0~1문제 (1.6%)
6. 분말소화약제	1문제 (5%)

제 2 과목 : 소방전기일반

1. 직류회로	2문제 (10%)
2. 정전계와 정자계	2문제 (10%)
3. 교류회로	5문제 (25%)
4. 전기기기	2문제 (10%)
5. 전기계측	1문제 (5%)
6. 자동제어	7문제 (35%)
7. 전기설비	1문제 (5%)

제 3 과목 : 소방관계법규

제1장 : 소방기본법, 영, 규칙		6문제 (30%)
1. 소방기본법		2문제 (10%)
2. 소방기본법 시행령		2문제 (10%)
3. 소방기본법 시행규칙		2문제 (10%)
제2장 : 소방시설공사업법, 영, 규칙		3문제 (15%)
1. 소방시설공사업법		1문제 (5%)
2. 소방시설공사업법 시행령		1문제 (5%)
3. 소방시설공사업법 시행규칙		1문제 (5%)
제3장 : 화재예방, 소방시설 설치 · 유지 및		
안전관리에 관한 법률, 영, 규칙		7문제 (35%)
1. 화재예방, 소방시설 설치 · 유지 및 안전관리에 관한법률		1문제 (5%)
2. 화재예방, 소방시설 설치 · 유지 및 안전관리에 관한법률 시행령		4문제 (20%)
3. 화재예방, 소방시설 설치 · 유지 및 안전관리에 관한법률 시행규칙		2문제 (10%)
제4장 : 위험물안전관리법, 영, 규칙		4문제 (20%)
1. 위험물안전관리법		1문제 (5%)
2. 위험물안전관리법 시행령		1문제 (5%)
3. 위험물안전관리법 시행규칙		2문제 (10%)

제 4 과목 : 소방전기시설의 구조 및 원리

제1장 : 경보설비		12문제 (60%)
1. 자동화재탐지설비		5문제 (25%)
2. 자동화재속보설비		1문제 (5%)
3. 비상방송설비		2문제 (10%)
4. 비상경보설비 및 단독경보형 감지기		2문제 (10%)
5. 누전경보기		1문제 (5%)
6. 가스누설경보기		1문제 (5%)
제2장 : 소화활동설비		4문제 (20%)
1. 비상콘센트		2문제 (10%)
2. 무선통신보조설비		2문제 (10%)
제3장 : 피난구조설비		4문제 (20%)
1. 유도등 및 유도표지		2문제 (10%)
2. 비상조명등		1문제 (5%)
3. 피난기구		1문제 (5%)

📢 SI 유도단위의 유도량, 명칭 기호

유도량	SI 유도단위	
	명 칭	기 호
넓 이	제곱미터	m^2
부 피	세제곱미터	m^3
속력, 속도	미터 매 초	m/s
가속도	미터 매 초 제곱	m/s^2
파동수	역 미터	m^{-1}
밀도, 질량밀도	킬로그램 매 세제곱미터	kg/m^3
비(比) 부피	세제곱미터 매 킬로그램	m^3/kg
전류밀도	암페어 매 제곱미터	A/m^2
자기장의 세기	암페어 매 미터	A/m
(물질량의) 농도	몰 매 세제곱미터	mol/m^3
광휘도	칸델라 매 제곱미터	cd/m^2
굴절률	하나(숫자)	1(가)
평면각	라디안	rad
입체각	스테라디안	sr
주파수	헤르츠	Hz
힘	뉴턴	N
압력, 응력	파스칼	Pa
에너지, 일, 열량	줄	J
일률, 전력	와트	W
전하량, 전기량	볼트	V
전위차, 기전력	쿨롱	C
전기용량	패럿	F
전기저항	옴	Ω
전기전도도	지멘스	S
자기선속	웨버	Wb
자기선속밀도	테슬라	T
인덕턴스	헨리	H
섭씨온도	섭씨도	℃
광선속	루멘	lm
조명도(광조도)	럭스	lx
(방사능핵종의) 방사능	베크렐	Bq
흡수선량, 비(부여) 에너지	그레이	Gy

※ 출처 : 한국표준과학연구원(KRISS)

CONTENTS

빨리보는 간단한 키워드

제1편 소방원론

제1장 화재론

제1절 화재의 특성과 원인

제2절 연소의 이론과 실제

제 2 장   방화론

CONTENTS

제 3 장 약제화학

CONTENTS

제 2 편 소방전기일반

제 1 장 직류회로

제 2 장 정전계와 정자계

CONTENTS

제3장 교류회로

CONTENTS

CONTENTS

제 4 장 전기기기

CONTENTS

제5장 전기계측

제6장 자동제어

CONTENTS

제7장 전기설비

CONTENTS

제3편 소방관계법규

제1장 소방기본법, 영, 규칙

제2장 소방시설공사업법, 영, 규칙

CONTENTS

제 **3** 장 **화재예방, 소방시설 설치·유지 및 안전관리에 관한 법률, 영, 규칙**

제 4 장   위험물안전관리법, 영, 규칙

CONTENTS

제4편 소방전기시설의 구조 및 원리

제1장 경보설비

CONTENTS

CONTENTS

제 2 장 소화활동설비

제 3 장 피난구조설비

제 **5** 편 **과년도 기출문제**

빨리보는 **간**단한 **키**워드

당신의 시험에 **빨간불**이 들어왔다면!
최다빈출키워드만 모아놓은
합격비법 핵심 요약집 **빨간키**와 함께하세요!
그대의 합격을 기원합니다.

소방원론

제 **1** 절 | 화재론

1 화재의 정의

① 자연 또는 인위적인 원인에 의해 물체를 연소시키고 인간의 신체, 재산, 생명의 손실을 초래하는 재난

② 사람의 의도에 반하여 출화 또는 방화에 의하여 불이 발생하고 확대되는 현상

2 화재의 특성 : 우발성, 확대성, 불안전성

3 화재의 종류

구 분 \ 급 수	A 급	B 급	C 급	D 급	K 급
화재의 종류	일반화재	유류 및 가스화재	전기화재	금속화재	식용유화재
표시색	백 색	황 색	청 색	무 색	무 색

(1) 일반화재

목재, 종이, 합성수지류, 섬유류 등의 일반가연물의 화재

(2) 유류화재

① 제4류 위험물(인화성 액체)의 화재로서 연소 후 재가 남지 않는 화재

② 유류화재 시 주수소화 금지 이유 : **연소면(화재면) 확대**

③ 제4류 위험물의 종류

  ㉠ 특수인화물 : 다이에틸에테르, 이황화탄소, 아세트알데하이드, 산화프로필렌 등

  ㉡ 알코올류 : 메틸알코올, 에틸알코올, 프로필알코올

  ㉢ 제1석유류 : 휘발유, 아세톤, 벤젠, 톨루엔 등

  ㉣ 제2석유류 : 등유, 경유 등

    ◎ 제3석유류 : 중유, 클레오소트유 등

    ⓑ 제4석유류 : 기어유, 실린더유

    ⓢ 동식물유류 : 건성유, 반건성유, 불건성유

(3) 전기화재

  ① **전기화재의 발생원인** : 합선(단락), 과부하(과전류), 누전(절연저항 감소), 스파크, 배선불량, 전열기구의 과열, 낙뢰

(4) 금속화재

  ① 금속화재 시 주수소화를 금지하는 이유 : **수소(H_2)가스 발생**

  ② **알킬알루미늄에 적합한 소화약제 : 건조된 모래, 팽창질석, 팽창진주암**

  ③ 알킬알루미늄은 공기나 물과 반응하면 발화한다.

(5) 가스화재

  ① **가연성 가스이면서 독성가스 : 벤젠, 황화수소, 암모니아**

  ② 압축가스 : 수소, 질소, 산소 등 고압으로 저장되어 있는 가스

  ③ 액화가스 : 액화석유가스(LPG), 액화천연가스(LNG) 등 액화되어 있는 가스

LPG(액화석유가스)
- 주성분 : 프로판, 부탄
- 무색무취
- **물에 불용**, 유기용제에 용해
- **석유류, 동식물유류, 천연고무를 잘 녹인다.**
- 공기 중에서 쉽게 **연소 폭발**한다.
- 액체상태에서 기체로 될 때 체적은 **약 250배**로 된다.
- 액체상태는 물보다 **가볍고**(약 0.5배), 기체상태는 공기보다 무겁다(약 1.5~2.0배).
- 가스누설탐지기 : 바닥에서 30[cm] 이내 시설

LNG(액화천연가스)
- 주성분 : 메탄
- 무색무취
- 가스누설탐지기 : 천정에서 30[cm] 이내 시설
- 기체상태는 공기보다 가볍다(약 0.55배).
- 메탄 완전 연소 시 연소생성물 : 이산화탄소(CO_2), 물(H_2O)
  $CH_4 + O_2 \rightarrow CO_2 + 2H_2O$

---

  ④ 용해가스 : 아세틸렌(C_2H_2)

4 가연성 가스의 폭발범위

① 하한계가 낮을수록 위험
② 상한계가 높을수록 위험
③ 연소범위가 넓을수록 위험
④ 압력이 상승하면 하한계는 불변, 상한계는 증가
⑤ 온도가 낮아지면 연소범위가 좁아진다.
⑥ 연소범위의 하한계는 물질의 인화점을 말한다.

5 공기 중의 폭발범위

가 스	하한계[%]	상한계[%]	가 스	하한계[%]	상한계[%]
아세틸렌(C_2H_2)	2.5	81.0	암모니아(NH_3)	15.0	28.0
수소(H_2)	4.0	75.0	메탄(CH_4)	5.0	15.0
일산화탄소(CO)	12.5	74.0	프로판(C_3H_8)	2.1	9.5

6 혼합가스의 폭발한계값

$$L_m = \frac{100}{\dfrac{V_1}{L_1} + \dfrac{V_2}{L_2} + \dfrac{V_3}{L_3} + \cdots + \dfrac{V_n}{L_n}}$$

여기서, L_m : 혼합가스의 폭발한계(하한값, 상한값의 [vol%])
V_1, V_2, V_3, $\cdots$, V_n : 가연성 가스의 용량[vol%]
L_1, L_2, L_3, $\cdots$, L_n : 가연성 가스의 하한값 또는 상한값[vol%]

7 폭굉과 폭연

① 폭연(Deflagration) : 발열반응으로서 연소의 전파속도가 음속보다 느린 현상
② 폭굉(Detonation) : 발열반응으로서 연소의 전파속도가 **음속보다 빠른** 현상

8 화학적 폭발 : 산화, 분해, 중합, 가스, 분진폭발

① 분진폭발하지 않는 물질 : 소석회, 생석회, 시멘트분, 탄산칼슘

9 방폭구조 : 내압방폭, 압력방폭, 유입방폭, 안전증방폭, 본질안전방폭, 특수방폭

유입방폭구조 : 전기불꽃, 아크 등이 발생하는 부분을 기름 속에 넣어 폭발을 방지하는 방폭구조

⑩ 위험물과 화재위험의 상호관계

제반사항	위험성
인화점, 착화점, 융점, 비점	낮을수록 위험
연소범위(폭발범위)	넓을수록 위험

⑪ 연소의 정의

가연물이 공기 중에서 산소와 반응하여 열과 빛을 동반하는 급격한 **산화현상**

⑫ 연소 시 불꽃온도와 색상

색 상	담암적색	암적색	적 색	휘적색	황적색	백 색	휘백색
온도[℃]	520	700	850	950	1,100	1,300	1,500 이상

⑬ 연소의 3요소

① 가연물
  ㉠ 가연물의 조건
   • **열전도율**이 작을 것
   • 발열량이 클 것
   • **표면적**이 넓을 것
   • 산소와 친화력이 좋을 것
   • 활성화 에너지가 작을 것
  ㉡ 가연물이 될 수 없는 물질
   • 산소와 더 이상 반응하지 않는 물질 : 이산화탄소(CO_2), 물(H_2O), 규조토
   • 산소와 반응 시 **흡열반응**을 하는 물질 : **질소**
   • 불활성 기체 : 헬륨(He), 네온(Ne), 아르곤(Ar)
② 산소공급원
  조연(지연)성 가스 : 산소, 공기, 플루오린(불소), 염소, 이산화질소
③ **점화원** : 전기불꽃, 정전기불꽃, 충격마찰의 불꽃, 단열압축, 나화 및 고온표면 등
  점화원이 될 수 없는 것 : 기화열, 액화열, 응고열
④ **순조로운 연쇄반응(연소의 4요소)**

14 기체의 연소

종 류	정 의	물질명
확산연소	화염의 안정범위가 넓고 조작이 용이하며 역화의 위험이 없는 연소현상	수소, 아세틸렌프로판, 부탄
폭발연소	밀폐된 용기에 공기와 혼합가스가 있을 때 점화되면 연소속도가 증가하여 폭발적으로 연소하는 현상	–

15 고체의 연소

종 류	정 의	물질명
증발연소	고체를 가열 → 액체 → 액체가열 → 기체 → 기체가 연소하는 현상	황, 나프탈렌, 왁스, 파라핀
분해연소	연소 시 열분해에 의해 발생된 가스와 공기가 혼합하여 연소하는 현상	석탄, 종이, 목재, 플라스틱
표면연소	연소 시 열분해에 의해 가연성 가스는 발생하지 않고 그 물질 자체가 연소하는 현상(작열연소)	목탄, 코크스, 금속분, 숯
내부연소 (자기연소)	그 물질이 가연물과 산소를 동시에 가지고 있는 가연물이 연소하는 현상	나이트로셀룰로스, 셀룰로이드

16 액체의 연소

종 류	정 의	물질명
증발연소	액체를 가열하면 증기가 되어 연소하는 현상	아세톤, 휘발유, 등유, 경유

17 연소의 이상현상

(1) 역화(Back Fire)

연료가스의 분출속도가 연소속도보다 느릴 때 불꽃이 연소기의 내부로 들어가 혼합관 속에서 연소하는 현상
① 역화의 원인
  • 버너가 과열될 때
  • 혼합가스량이 너무 적을 때
  • 연료의 분출속도가 연소속도보다 느릴 때
  • 압력이 낮을 때
  • 노즐의 부식으로 분출 구멍이 커진 경우

(2) 선화(Lifting)

연료가스의 분출속도가 연소속도보다 빠를 때 불꽃이 버너의 노즐에서 떨어져 나가서 연소하는 현상으로 완전연소가 이루어지지 않으며 역화의 반대현상이다.

(3) 블로오프(Blow-Off)현상

선화상태에서 연료가스의 분출속도가 증가하거나 주위 공기의 유동이 심하면 **화염**이 노즐에서 연소하지 못하고 **떨어져서 화염이 꺼지는 현상**

(4) 잔염시간

버너의 불꽃을 제거한 때부터 불꽃을 올리며 연소하는 상태가 그칠 때까지의 시간(20초 이내)

(5) 잔진시간

버너의 불꽃을 제거한 때부터 불꽃을 올리지 아니하고 연소하는 상태가 그칠 때까지의 시간(30초 이내)

18 연소에 따른 제반사항

(1) 비열(Specific Heat)

물을 소화약제로 사용하는 이유 : 비열과 증발잠열이 크기 때문

(2) 잠열(Latent Heat)

① 증발잠열 : 액체가 기체로 될 때 출입하는 열(물의 **증발잠열** : 539[cal/g])
② 융해잠열 : 고체가 액체로 될 때 출입하는 열(물의 **융해잠열** : 80[cal/g])

(3) 인화점(Flash Point) : 연소하한계

① 휘발성 물질에 불꽃을 접하여 발화될 수 있는 최저의 온도
② **가연성 증기를 발생할 수 있는 최저의 온도**
③ 인화점이 가장 낮은 물질 : 이황화탄소(-30[℃]), 다이에틸에테르(-45[℃])

(4) 연소점(Fire Point)

어떤 물질이 연소 시 연소를 지속할 수 있는 최저온도로서 **인화점**보다 **10[℃] 높다.**

(5) 발화점(Ignition Point) : 착화점

① 가연성 물질에 점화원을 접하지 않고도 불이 일어나는 최저의 온도
② 발화점이 가장 낮은 물질 : 황린(34[℃]) ⇒ 물속에 저장
③ 자연발화의 형태 : 산화열, 분해열, 미생물, 흡착열, 중합열
　　㉠ **미생물**에 의한 발화 : **퇴비, 먼지**
④ 착화온도가 가장 낮은 물질 : 이황화탄소(100[℃]), 등유(220[℃])

※ 온도 크기 비교 : 인화점 < 연소점 < 발화점

(6) 자연발화의 조건

    ① 주위의 **온도**가 **높을 것**

    ② **열전도율**이 **작을 것**

    ③ **발열량**이 **클 것**

    ④ 표면적이 넓을 것

    ⑤ 적당한 수분이 존재할 것

(7) 자연발화 방지법

    ① 습도를 낮게 할 것

    ② 주위의 온도를 낮출 것

    ③ 통풍을 잘 시킬 것

    ④ 불활성 가스를 주입하여 공기와 접촉을 피할 것

(8) 증기비중

    ① 증기비중 $= \dfrac{분자량}{29}$

    ② **공기의 조성** : 산소(O_2) 21[%], 질소(N_2) 78[%], 아르곤(Ar) 등 1[%]

    ③ **공기의 평균분자량** $= (32 \times 0.21) + (28 \times 0.78) + (40 \times 0.01)$

                         $= 28.96 ≒ 29$

(9) 증기 - 공기밀도(Vapor - Air Density)

$$증기\text{-}공기밀도 = \frac{P_2 d}{P_1} + \frac{P_1 - P_2}{P_1}$$

여기서, P_1 : 대기압, P_2 : 주변온도에서의 증기압, d : 증기밀도

(10) 이산화탄소 농도

$$CO_2 = \left(\frac{21 - O_2}{21} \right) \times 100[\%]$$

(11) 기체 부피에 관한 법칙

    ① **보일의 법칙** : 온도가 일정할 때 기체의 부피는 절대압력에 반비례한다.

$$P_1 V_1 = P_2 V_2$$

여기서, P_1, P_2 : 기압[atm], V_1, V_2 : 부피[m³]

② 샤를의 법칙 : 압력이 일정할 때 기체의 부피는 절대온도에 비례한다.

$$\frac{V_1}{T_1} = \frac{V_2}{T_2}$$

여기서, T_1, T_2 : 절대온도[K], V_1, V_2 : 부피[m^3]

③ 보일-샤를의 법칙

: 기체가 차지하는 부피는 압력에 반비례하고, 절대온도에 비례한다.

$$\frac{P_1 V_1}{T_1} = \frac{P_2 V_2}{T_2}$$

여기서, P_1, P_2 : 기압[atm], V_1, V_2 : 부피[m^3] T_1, T_2 : 절대온도[K]

④ 이상기체 상태방정식

$$PV = nRT = \frac{W}{M}RT$$

여기서, P : 기압[atm], V : 부피[L], T : 절대온도[K]

n : 몰수 $\left(n = \dfrac{W}{M} \right)$, W : 질량[kg], M : 분자량

R : 기체상수 (0.082[L·atm/g-mol·K])

19 연소생성물 : 열, 연기, 화염, 연소가스(물질이 열분해 또는 연소 시 발생)

20 연소생성물이 인체에 미치는 영향

[주요 연소생성물의 영향]

가 스	현 상
$COCl_2$(포스겐)	매우 독성이 강한 가스로서 연소 시에는 거의 발생하지 않으나 사염화탄소약제 사용 시 발생
CH_2CHCHO(아크롤레인)	**석유제품**이나 유지류가 연소할 때 생성
SO_2(아황산가스)	**황**을 함유하는 유기화합물의 **완전연소** 시에 발생
H_2S(황화수소)	**황**을 함유하는 유기화합물의 **불완전연소** 시에 발생, 달걀 썩는 냄새가 나는 가스
CO_2(이산화탄소)	연소가스 중 가장 많은 양을 차지, **완전연소** 시 **생성**
CO(일산화탄소)	**불완전 연소** 시에 **다량 발생**, 혈액 중의 헤모글로빈(Hb)과 결합하여 혈액 중의 산소운반을 저해하여 사망
HCl(염화수소)	PVC와 같이 염소가 함유된 물질의 연소 시 생성

21 열에너지(열원)의 종류

① 화학열 : 연소열, 분해열, 용해열

② 전기열 : 저항열, 유전열, 유도열, 아크열, 정전기열

③ 기계열 : 마찰열, 압축열, 마찰스파크

④ 정전기 방지법

- 접지할 것
- 상대습도를 70[%] 이상으로 할 것
- 공기를 이온화할 것
- 유속을 1[m/s] 이하로 할 것

⑤ 정전기에 의한 발화과정 : 전하의 축적 → 전하의 발생 → 방전 → 발화

22 열의 전달

(1) 전도(Conduction)

어떠한 매개체를 통해 열에너지가 전달되는 현상

(2) 대류(Convection)

유체(액체, 기체)에서 대류현상에 의해 열이 전달되는 현상

(3) 복사(Radiation)

열에너지가 매개체 없이 전자파로써 전달되는 현상

> **슈테판 - 볼츠만(Stefan - Boltzman) 법칙**
> 복사열은 절대온도의 4제곱에 비례한다.
> - $Q_1 : Q_2 = (T_1 + 273)^4 : (T_2 + 273)^4$

23 유류탱크(가스탱크)에서 발생하는 현상

(1) 보일오버(Boil Over)

① 중질유 탱크에서 장시간 조용히 연소하다가 탱크의 잔존기름이 갑자기 분출(Over Flow)하는 현상

② 유류탱크 바닥에 물 또는 물-기름에 에멀전이 섞여 있을 때 화재가 발생하는 현상

③ 연소유면으로부터 100[℃] 이상의 열파가 탱크저부에 고여 있는 물을 비등하게 하면서 연소유를 탱크 밖으로 비산하며 연소하는 현상

(2) 슬롭오버(Slop Over)

연소유면 화재 시 포를 방출하게 되면 기름 하부에 물이 끓어서 물과 기름이 외부로 넘치는 현상

(3) 프로스오버(Froth Over)

화재가 아닌 경우로 물이 고점도(중질유) 아래에서 비등할 때 탱크 밖으로 물과 기름이 거품과 함께 넘치는 현상

(4) 블레비(BLEVE ; Boiling Liquid Expanding Vapor Explosion)

액화가스 저장탱크의 누설로 부유 또는 확산된 액화가스가 착화원과 접촉하여 액화가스가 공기 중으로 확산, 폭발하는 현상

24 플래시오버(Flash Over) : 폭발적인 착화현상, 순발적인 연소확대현상

① 건축물의 구획 내 열전달에 의하여 전 구역이 일정한 온도에 도달 시 전 표면이 화염에 휩싸이고 불로 덮이는 현상이다.
② 가연성 가스를 동반하는 연기와 유독가스가 방출하여 실내의 급격한 온도 상승으로 실내 전체가 순간적으로 연기가 충만해지는 현상
③ 옥내화재가 서서히 진행되어 열이 축적되었다가 일시에 화염이 크게 발생하는 현상
④ 발생시기 : **성장기**에서 **최성기**로 넘어가는 시기
⑤ 최성기시간 : 내화구조는 60분 후(950[℃])
　　　　　　　　목조건물은 10분 후(1,100[℃]) 최성기에 도달

25 플래시오버에 영향을 미치는 인자

① 개구부의 크기(개구율)
② **내장재료**
③ **화원의 크기**
④ 가연물의 종류
⑤ 실내의 표면적

26 연기의 이동속도

방 향	수평방향	수직방향	실내계단
이동속도	0.5~1.0[m/s]	2.0~3.0[m/s]	3.0~5.0[m/s]

27 연기의 제어방식 : 희석, 배기, 차단

28 굴뚝효과(Stack Effect)

① 정의 : 건물의 외부온도가 실내온도보다 낮을 때에는 건물 내부의 공기는 밀도차에 의해
상부로 유동하고, 이로 인해 건물의 높이에 따라 어떤 압력차가 형성되는 현상

② 영향을 주는 요인
  ㉠ 건물의 높이
  ㉡ 화재실의 온도
  ㉢ 건물 내・외부 온도차

29 연기농도와 가시거리

감광계수	가시거리[m]	상 황
0.1	20~30	연기감지기가 작동할 때 농도
0.3	5	건물 내부에 익숙한 사람이 피난할 정도의 농도
10	0.2~5	화재 최성기 때의 농도

30 건축물의 화재성상

건축물의 종류	목조구조건축물	내화구조건축물
화재성상	고온 단기형	저온 장기형

31 목조건축물의 화재

(1) 목재의 형태에 따른 연소상태

목재형태 ＼ 연소속도	빠르다	느리다
건조의 정도	수분이 적은 것	수분이 많은 것
두께와 크기	얇고 가는 것	두껍고 큰 것
형 상	사각인 것	둥근 것
표 면	거친 것	매끄러운 것
색	검은색	백 색

※ 온도 1,300[℃] : 화재가 최성기에 이르고 천장, 대들보 등이 무너지고 강한 복사열을 발생한다.

(2) 목조건축물의 화재진행과정

(3) 풍속에 따른 연소시간

풍속[m/s]	발화 → 최성기	최성기 → 연소낙하	발화 → 연소낙하
0~3	5~15분	6~19분	13~24분

(4) 목조건축물의 화재 확대원인 : 접염, 복사열, 비화

32 내화건축물의 화재 진행과정

33 내화건축물의 화재 시 온도

① 내화건축물 화재 시 **1시간** 경과 후의 온도 : 925~950[℃]
② 내화건축물 화재 시 **3시간** 경과 후의 온도 : 1,050[℃]

34 화재하중

단위면적당 가연성 수용물의 양으로서 건물 화재 시 **발열량 및 화재의 위험성**을 나타내는 용어

소방대상물	주택, 아파트	사무실	창 고	시 장	도서실	교 실
화재하중[kg/m²]	30~60	30~150	200~1,000	100~200	100~250	30~45

35 고분자물질의 종류

① **열가소성 수지** : 열에 의하여 변형되는 수지(폴리에틸렌수지, 폴리스틸렌수지, PVC수지 등)
② **열경화성 수지** : 열에 의하여 굳어지는 수지(**페놀수지**, 요소수지, **멜라민수지**)

36 화재하중의 계산

$$\text{화재하중 } Q = \frac{\Sigma(G_t \times H_t)}{H \times A} = \frac{Q_t}{4,500 \times A}[\text{kg/m}^2]$$

여기서, G_t : 가연물의 질량[kg],　　　　　H_t : 가연물의 단위발열량[kcal/kg]
H : 목재의 단위발열량(4,500[kcal/kg]), A : 화재실의 바닥면적[m²]
Q_t : 가연물의 전발열량[kcal]

37 가스의 종류

- **용해가스** : 아세틸렌
- **조연성 가스** : 자신은 연소하지 않고 연소를 도와주는 가스(**산소, 공기**, 오존, **염소**, 플루오린(불소) 등)
- **가연성 가스** : 수소, 아세틸렌, 메탄

38 제1류 위험물

구 분	내 용
성 질	산화성 고체
품 명	• 아염소산염류, 염소산염류, 과염소산염류, 무기과산화물 • 브롬산염류, 질산염류, 아이오딘(요오드)산염류 • 과망간산염류, 다이크롬산염류
소화방법	물에 의한 냉각소화(무기과산화물은 건조된 모래에 의한 질식소화)

39 제2류 위험물

구 분	내 용
성 질	가연성 고체(환원성 물질)
품 명	• 황화인, 적린, 유황 • 철분, 마그네슘, 금속분 • 인화성 고체
소화방법	물에 의한 냉각소화(금속분은 건조된 모래에 의한 피복소화)

마그네슘분말은 물과 반응하면 가연성 가스인 수소를 발생한다.
$$\text{Mg} + 2\text{H}_2\text{O} \rightarrow \text{Mg(OH)}_2 + \text{H}_2$$

40 제3류 위험물

구 분	내 용
성 질	자연발화성 및 금수성 물질
품 명	• 칼륨, 나트륨, 알킬알루미늄, 알칼리튬 • 황 린 • 알칼리금속 및 알칼리토금속, 유기금속화합물 • 금속의 수소화합물, 금속의 인화물, 칼슘 또는 알루미늄의 탄화물
성 상	• 금수성 물질로서 물과의 접촉을 피한다(수소, 아세틸렌 등 가연성 가스 발생). • **황린은 물속에 저장(34[℃]에서 자연발화)** • 산소와 결합력이 커서 자연발화한다.
소화방법	건조된 모래에 의한 소화(황린은 주수소화 가능) (알킬알루미늄은 팽창질석이나 팽창진주암으로 소화)

- **저장방법**
  - **황린, 이황화탄소 : 물속**
  - **칼륨, 나트륨 : 석유 중**
  - 나이트로셀룰로스 : 알코올 속
  - 아세틸렌 : 아세톤에 저장(분해폭발방지)
- 칼륨은 물과 반응하면 가연성 가스인 수소를 발생한다.
  $$2K + 2H_2O \rightarrow 2KOH + H_2$$

41 제4류 위험물

구 분	내 용
성 질	인화성 액체
품 명	• 특수인화물 • 제1석유류, 제2석유류, 제3석유류, 제4석유류 • 알코올류, 동식물유류
성 상	• **가연성 액체로서 대단히 인화되기 쉽다.** • **증기는 공기보다 무겁다.** • 액체는 물보다 가볍고 물에 녹기 어렵다. • 증기를 공기와 약간 혼합하여도 연소한다.
소화방법	포말, CO_2, 할로겐화합물, 분말에 의한 질식소화(수용성 액체는 내알코올용포로 소화)

42 제5류 위험물

구 분	내 용
성 질	자기반응성(내부연소성) 물질
품 명	• 유기과산화물, 질산에스테르류 • 나이트로화합물, 아조화합물, 하이드라진유도체 • 하이드록실아민, 하이드록실아민류
성 상	• 산소와 가연물을 동시에 가지고 있는 자기연소성 물질 • 연소속도가 빨라 폭발적이다. • 가열, 마찰, 충격에 의해 폭발성이 강하다.
소화방법	화재 초기에는 다량의 주수소화

43 제6류 위험물

구 분	내 용
성 질	산화성 액체
품 명	과염소산, 과산화수소, 질산
성 상	• 불연성 물질로서 강산화제이다. • 비중이 1보다 크고 물에 잘 녹는다.
소화방법	화재 초기에는 다량의 주수소화

1 건축물의 내화구조

내화구분	내화구조의 기준
모든 벽	• **철근콘크리트조** 또는 철골·철근콘크리트조로서 두께가 10[cm] 이상인 것 • 골구를 철골조로 하고 그 양면을 두께 4[cm] 이상의 **철망모르타르**로 덮은 것
기둥(작은 지름이 25[cm] 이상인 것)	• 철골을 두께 7[cm] 이상의 콘크리트 블록·벽돌 또는 석재로 덮은 것 • 철골을 두께 5[cm] 이상의 **콘크리트**로 덮은 것
바 닥	철근콘크리트조 또는 철골·철근콘크리트조로서 두께가 10[cm] 이상인 것

> 내화구조 : 철근콘크리트조, 연와조, 석조

2 방화구조

① 철망모르타르로서 바름두께가 2[cm] 이상인 것
② 석고판 위에 시멘트모르타르 또는 회반죽을 바른 것으로서 그 두께의 합계가 2.5[cm] 이상인 것
③ 시멘트모르타르 위에 타일을 붙인 것으로서 그 두께의 합계가 2.5[cm] 이상인 것
④ 심벽에 흙으로 맞벽치기한 것

3 건축물의 방화 및 피난

(1) 방화벽

대상건축물	구획단지	방화벽의 구조
주요구조부가 내화구조 또는 불연재료가 아닌 연면적 1,000[m²] 이상인 건축물	연면적 1,000[m²] 미만마다 구획	• 내화구조로서 홀로 설 수 있는 구조로 할 것 • 방화벽의 양쪽 끝과 위쪽 끝은 건축물의 외벽면 및 지붕면으로부터 0.5[m] 이상 튀어 나오게 할 것 • 방화벽에 설치하는 출입문의 너비 및 높이는 각각 2.5[m] 이하로 하고 **갑종방화문**을 설치할 것

(2) 방화문

갑종방화문	을종방화문
비차열 1시간 이상, 차열 30분 이상(아파트 발코니에 설치하는 대피공간)의 성능이 확보되어어 한다.	비차열 30분 이상의 성능이 확보되어야 한다.

(3) 건축물의 바깥쪽에 설치하는 피난계단의 유효너비 : 0.9[m] 이상

(4) 피난층 : 직접 지상으로 통하는 출입구가 있는 층

(5) 무창층

① 크기는 지름 50[cm] 이상의 원이 내접할 수 있는 크기일 것

② 해당 층의 바닥면으로부터 개구부 밑부분까지의 높이가 1.2[m] 이내일 것

③ 도로 또는 차량이 진입할 수 있는 빈터를 향할 것

④ 화재 시 건축물로부터 쉽게 피난할 수 있도록 창살이나 그 밖의 장애물이 설치되지 아니할 것

⑤ 내부 또는 외부에서 쉽게 부수거나 열 수 있을 것

(6) 지하층

건축물의 바닥이 지표면 아래에 있는 층으로서 바닥에서 지표면까지의 평균 높이가 해당 층 높이의 1/2 이상인 것

4 건축물의 주요 구조부

벽, **기둥**, **바닥**, 보, **지붕**, 주계단

주요구조부 제외 : **사잇벽**, 사잇기둥, **최하층의 바닥**, 작은 보, 차양, 옥외계단 등

5 불연재료 등

불연재료	콘크리트, 석재, 벽돌, 기와, 석면판, 철강, 알루미늄, 유리, 모르타르, 회
준불연재료	불연재료에 준하는 방화성능을 가진 재료

6 연소확대방지를 위한 방화구획

① 층 또는 면적별로 구획

② 승강기의 승강로 구획

③ 위험용도별 구획

④ 방화댐퍼 설치

7 건축물의 공간적 대응

① 대항성
② 회피성
③ 도피성

> 대항성 : 건축물의 내화, 방연성능, 방화구획의 성능, 화재방어의 대응성, 초기소화의 대응성 등의 화재의 사상에 대응하는 성능과 항력

8 피난대책의 일반적인 원칙

① 피난경로는 간단명료하게 할 것
② 피난설비는 **고정식 설비**를 **위주**로 할 것
③ 피난수단은 **원시적 방법**에 의한 것을 **원칙**으로 할 것
④ 2방향 이상의 피난통로를 확보할 것

> Fool Proof : 비상시 머리가 혼란하여 판단능력이 저하되는 상태로 누구나 알 수 있도록 문자나 그림 등을 표시하여 직감적으로 작용하는 것

9 피난동선의 특성

① 수평동선과 수직동선으로 구분한다.
② 가급적 단순형태가 좋다.
③ 상호반대방향으로 다수의 출구와 연결되는 것이 좋다.
④ 어느 곳에서도 2개 이상의 방향으로 피난할 수 있으며 그 말단은 화재로부터 안전한 장소이어야 한다.

10 건축물의 피난방향

① 수평방향의 피난 : **복도**
② 수직방향의 피난 : 승강기(수직동선), **계단**(보조수단)

11 피난시설의 안전구획

① 1차 안전구획 : 복도
② **2차** 안전구획 : **부실(계단전실)**
③ 3차 안전구획 : 계단

12 제연방법 : 희석, 배기, 차단

13 피난방향 및 경로

구 분	구 조	특 징
H형	←→ ←→	중앙코어방식으로 피난자의 집중으로 **패닉현상**이 일어날 우려가 있는 형태

① 패닉(Panic)의 발생원인
  ㉠ 연기에 의한 시계 제한
  ㉡ 유독가스에 의한 호흡장애
  ㉢ 외부와 단절되어 고립

14 **화재 시 인간의 피난행동 특성**

① **귀소본능** : 평소에 사용하던 출입구나 통로 등 습관적으로 친숙해 있는 경로로 도피하려는 본능
② **지광본능** : 화재발생 시 연기와 정전 등으로 가시거리가 짧아져 시야가 흐리면 **밝은 방향**으로 **도피**하려는 본능
③ **추종본능** : 화재발생 시 최초로 행동을 개시한 사람에 따라 전체가 움직이는 본능
④ **퇴피본능** : 연기나 화염에 대한 공포감으로 화원의 반대방향으로 이동하려는 본능
⑤ **좌회본능** : 좌측으로 통행하고 시계의 반대 방향으로 회전하려는 본능

15 **소화의 원리**

(1) **소화의 원리** : 연소의 3요소 중 어느 하나를 없애 소화하는 방법

(2) **소화의 종류** : 질식, 냉각, 제거, 부촉매 등
  ① **냉각소화** : 화재현장에 물을 주수하여 발화점 이하로 온도를 낮추어 소화하는 방법
  ② **질식소화** : 공기 중 산소의 농도를 21[%]에서 15[%] 이하로 낮추어 소화하는 방법
    ㉠ 공기 중 산소 농도 : 21[%]
    ㉡ **질식소화** 시 산소의 유효한계농도 : **10~15[%]**
  ③ **제거소화** : 화재현장에서 가연물을 없애주어 소화하는 방법
  ④ **화학소화(부촉매효과)** : 연쇄반응을 차단하여 소화하는 방법
  ⑤ **희석소화** : **알코올**, 에테르, 에스테르, 케톤류 등 **수용성 물질**에 다량의 물을 방사하여 가연물의 농도를 낮추어 소화하는 방법
  ⑥ **유화소화** : 물분무소화설비를 **중유**에 방사하는 경우 유류표면에 엷은 막으로 유화층을 형성하여 화재를 소화하는 방법

⑦ 피복소화 : 이산화탄소약제 방사 시 가연물의 구석까지 침투하여 피복하므로 연소를 차단하여 소화하는 방법

16 소화효과

① 물(적상, 봉상) 방사 : 냉각효과
② 물(무상) 방사 : **질식, 냉각, 희석, 유화효과**
③ 포말 : 질식, 냉각효과
④ 이산화탄소 : 질식, 냉각, 피복효과
⑤ 할론, 할로겐화합물 및 불활성기체 : 질식, 냉각, 부촉매효과
⑥ 분말 : 질식, 냉각, 부촉매효과

제 **3** 절 　**약제화학**

1 물소화약제의 장점

① 인체에 무해하며 다른 약제와 혼합하여 수용액으로 사용 가능하다.
② 장기보존이 가능하다.
③ 냉각효과에 우수하다.
④ 많은 양을 구할 수 있고, 가격이 저렴하다.

2 물소화약제의 성질

① 표면장력이 크다.
② **비열**과 **증발잠열**이 크다.
③ 열전도계수와 열흡수가 크다.
④ 점도가 낮다.
⑤ 물은 **극성공유결합**을 하므로 비등점이 높다.

3 물소화약제의 소화효과

① 봉상주수 : 냉각효과
② 적상주수 : 냉각효과
③ 무상주수 : **질식**효과, **냉각**효과, **희석**효과, **유화**효과

안심Touch

침투제 : 물의 표면장력을 낮추어 침투효과를 높이기 위한 첨가제

4 포소화약제

① 저발포용 : 단백포, 합성계면활성제포, 수성막포, 내알콜포, 불화단백포
  ㉠ 팽창비 : 6배 이상 20배 이하
  ㉡ **수성막포 : 분말소화약제와 병용하여 사용할 수 있다.**
  ㉢ 내알콜포 : 에테르, 케톤, 에스테르 등 수용성 가연물의 소화에 가장 적합하다.
② 고발포용 : 합성계면활성제포

5 이산화탄소 소화약제

(1) 이산화탄소의 특성

① 상온에서 기체이며 그 가스비중은 1.517 정도로 공기보다 무겁다(공기비중 = 1.0).
② 무색무취로 화학적으로 안정하고 가연성·부식성도 없다.
③ 이산화탄소는 화학적으로 비교적 안정하다.
④ 고농도의 이산화탄소는 인체에 독성이 있다(지구온난화지수 GWP : 1).
⑤ 액화가스로 저장하기 위하여 임계온도(31[℃]) 이하로 냉각시켜 놓고 가압한다.
⑥ 저온으로 고체화한 것을 드라이아이스라고 하며 냉각제로 사용한다.
⑦ 한랭지에서도 사용할 수 있다.
⑧ 자체압력으로 방사가 가능하며, 전기적으로 비전도성(부도체)이다.

(2) 이산화탄소의 물성

구 분	물성치
화학식	CO_2
분자량	44
비중(공기=1)	1.517
삼중점	−56.3[℃](0.42[MPa])
임계압력	72.75[atm]
임계온도	31.35[℃]

(3) 이산화탄소 저장용기의 충전비

구 분	저압식	고압식
충전비	1.1 이상 1.4 이하	1.5 이상 1.9 이하

22

(4) 이산화탄소소화약제 소화효과

① **질식효과** : 산소의 농도를 21[%]에서 15[%]로 낮추어 소화하는 방법
② **냉각효과** : 이산화탄소 가스방출 시 기화열에 의한 냉각
③ **피복효과** : 증기의 비중이 공기보다 1.51배 무겁기 때문에 이산화탄소에 의한 피복

6 할론소화약제

(1) 할로겐원소 원자번호

종 류	플루오린(불소, F)	염소(Cl)	브롬(Br)	아이오딘(요오드, I)
원자번호	9	17	35	53

(2) 할론소화약제의 특성

① 변질, 분해가 없다.
② 전기부도체이다.
③ **금속**에 대한 **부식성이 적다.**
④ 연소억제 작용으로 부촉매 소화효과가 크다.
⑤ 가연성 액체화재에도 소화속도가 매우 크다.
⑥ 가격이 비싸다는 단점이 있다.

(3) 할론소화약제의 성상

약 제	분자식	분자량	적응화재	성 상
할론 1301	CF_3Br	148.9	B, C급	• 상온에서 기체이다. • 무색, 무취로 전기전도성이 없다. • 공기보다 5.1배 무겁다. • 21[℃]에서 약 **1.4[MPa]**의 압력을 가하면 액화할 수 있다.
할론 1211	CF_2ClBr	165.4	A, B, C급	• 상온에서 기체이다. • 전기전도성이 없다. • 공기보다 5.7배 무겁다. • 비점이 −4[℃]로서 방출 시 액체상태로 방출된다.
할론 1011	$CClBr$	129.4	B, C급	• 메탄에 염소 1원자와 브롬 1원자가 치환된 약제 • 상온에서 액체이다. • 공기보다 4.5배 무겁다.
할론 2402	$C_2F_4Br_2$	259.8	B, C급	• 에탄에 플루오린(불소) 4원자, 브롬 2원자가 치환된 약제 • 상온에서 액체이다. • 공기보다 9.0배 무겁다.

할론소화약제의 명명법

Halon-1211, 1 2 1 1

Halon - A B C D

└─ 브롬(Br)의 수
└── 염소(Cl)의 수
└──── 플루오린(불소, F)의 수
└────── 탄소(C)의 수

따라서, 할론 1211개의 분자식은 CF_2ClBr이다.

(4) 할론소화약제의 소화

① 소화효과 : 질식, 냉각, 부촉매효과

② 소화효과의 크기

사염화탄소 < 할론 1011 < 할론 2402 < 할론 1211 < 할론 1301

- 전기음성도, 수소와 결합력 : F > Cl > Br > I
- 소화효과 : F < Cl < Br < I

⑦ 분말소화약제

(1) 분말소화약제의 물성

종 류	주성분	착 색	적응화재	열분해 반응식
제1종 분말	탄산수소나트륨($NaHCO_3$)	백 색	B, C급	$2NaHCO_3 \rightarrow Na_2CO_3 + CO_2 + H_2O$
제2종 분말	탄산수소칼륨($KHCO_3$)	담회색	B, C급	$2KHCO_3 \rightarrow K_2CO_3 + CO_2 + H_2O$
제3종 분말	제일인산암모늄($NH_4H_2PO_4$)	담홍색, 황색	A, B, C급	$NH_4H_2PO_4 \rightarrow HPO_3 + NH_3 + H_2O$
제4종 분말	탄산수소칼륨+요소 $KHCO_3 + (NH_2)_2CO$	회색(회백색)	B, C급	$2KHCO_3 + (NH_2)_2CO$ $\rightarrow K_2CO_3 + 2NH_3 + 2CO_2$

① 제1종 분말소화약제 : 이 약제는 주방에서 발생하는 **식용유 화재**에서 가연물과 반응하여 비누화 현상을 일으키므로 효과가 있다.

식용유 및 지방질유의 화재 : 제1종 분말소화약제

② 제3종 분말소화약제를 A급 화재에 적용할 수 있는 이유 : 열분해 생성물인 메타인산이 산소 차단 역할을 하므로 일반화재(A급)에도 적합하다.

1 단위 환산

기준단위 : 전기의 모든 값에 적용될 수 있다(예 : 전류[A], 전압[V], 길이 [m] … 등).

약 자	읽 기	환산값	예 제
M	메가 (Mega)	$10^6 = 10×10×10×10×10×10$ $= 1,000,000$	메가 단위는 절연저항 단위에 쓰인다. [예] 절연저항 0.4[MΩ]은 몇 [Ω]인가? [풀이] 0.4[MΩ] = $0.4×10^6$[Ω] $= 0.4×10^1×10^5 = 4×10^5$[Ω]
k	킬로 (Kilo)	$10^3 = 10×10×10 = 1,000$	[예] 저항 1[kΩ] = ?[Ω] [풀이] 1[kΩ] = $1×10^3$[Ω] = 10^3[Ω] [예] 길이 3[km] = ?[km] [풀이] 3[km] = $3×10^3$[m] = 3,000[m]
기준단위 : 어떤 단위 앞에 어떤 문자표기도 하지 않는 단위. 여기서는 미터[m]를 기준으로 한다.		1(기준값) : 1[m]	[예] 1[A], 1[Ω], 10[Ω], 10[V], 2[F], 3[C], 10[m], 5[H]… 등 고유단위 앞에 문자가 없다.
c	센티 (Centi)	$1[cm] = \dfrac{1}{100}[m] = \dfrac{1}{10^2}[m]$ $= 10^{-2}[m] = 0.01[m]$	[예] 거리 15[cm]는 몇 [m]인가? [풀이] $15×10^{-2} = 1.5×10^{-1} = 0.15$[m] [예] 면적이 1[cm²]은 몇 [m²]인가? [풀이] $1[cm^2] = 1×(10^{-2}[m])^2 = 1×10^{-4}[m^2]$
m	밀리 (Milli)	$1[mm] = \dfrac{1}{1,000}[m] = \dfrac{1}{10^3}[m]$ $= 10^{-3}[m] = 0.001[m]$	[예] 간격 5[mm]는 몇 [m]인가? [풀이] $5[mm] = 5×1[mm] = 5×10^{-3}[m]$ [예] 면적 3[mm²]은 몇 [m²]인가? [풀이] $3[mm^2] = 3×1[mm^2]$ $= 3×(10^{-3}[m])^2 = 3×10^{-6}[m^2]$
μ	마이크로 (Micro)	$1[\mu m] = \dfrac{1}{1,000,000}[m]$ $= \dfrac{1}{10^6}[m] = 10^{-6}[m]$ $= 0.000001[m]$ －지수표기에서 소수점으로 표기할 때는 지수에 있는 숫자만큼 1 앞에 0이 있다. 즉, －6승 → 소수점 1 앞에 0이 6개 =0.000001 존재	[예] 전류 0.01[μA]는 약 몇 [A]인가? [풀이] $0.01[\mu A]=10^{-2}×10^{-6}[A] = 10^{-8}[A]$ [예] 콘덴서 200[μF]은 몇 [F]인가? [풀이] $200[\mu F] = 200×1[\mu F]$ $= 200×10^{-6}[F] = 2×10^{-4}[F]$

안심Touch

약 자	읽 기	환산값	예 제
n	나노 (Nano)	$1[nm] = \dfrac{1}{10^9}[m] = 10^{-9}[m]$ $= 0.000000001[m]$	[예] 콘덴서 200[nF]은 몇 [F]인가? [풀이] $200[nF] = 200 \times 1[nF]$ $= 200 \times 10^{-9}[F] = 2 \times 10^{-7}[F]$
p	피코 (Pico)	$1[pm] = \dfrac{1}{10^{12}}[m] = 10^{-12}[m]$	[예] 300[pF]은 몇 [F]인가? [풀이] $300[pF] = 300 \times 1[pF]$ $= 300 \times 10^{-12}[F] = 3 \times 10^{-10}[F]$

2 지 수

지수법칙		예
$a^m \times a^n = a^{m+n}$		$a^3 \times a = (a^1 \times a^1 \times a^1) \times a^1 = a^{3+1} = a^4$
$(a^m)^n = a^{m \cdot n}$		$(a^2)^2 = (a \times a) \times (a \times a) = a^{2 \times 2} = a^4$
$a^m \div a^n = \dfrac{a^m}{a^n} = a^{m-n}$	a^{m-n} ($m > n$인 경우)	$a^4 \div a^2 = \dfrac{a \times a \times a \times a}{a \times a} = \dfrac{a^4}{a^2} = a^4 \cdot a^{-2} = a^{4-2} = a^2$
	$a^0 = 1$ ($m = n$)	$a^4 \div a^4 = \dfrac{a \times a \times a \times a}{a \times a \times a \times a} = \dfrac{a^4}{a^4} = a^{4-4} = a^0 = 1$
	a^{m-n} ($m < n$ 경우)	$a^3 \div a^4 = \dfrac{a \times a \times a}{a \times a \times a \times a} = \dfrac{a^3}{a^4} = a^3 \times a^{-4} = a^{-1} = \dfrac{1}{a}$
$(ab)^n = a^n b^n$ $\left(\dfrac{a}{b}\right)^n = \dfrac{a^n}{b^n}$		• $(ab)^2 = (ab) \times (ab) = (a^1 \times a^1) \times (b^1 \times b^1) = a^2 b^2$ • $\left(\dfrac{a}{b}\right)^2 = \left(\dfrac{a}{b}\right) \times \left(\dfrac{a}{b}\right) = \dfrac{a \times a}{b \times b} = \dfrac{a^2}{b^2} = a^2 \cdot b^{-2}$
지수법칙과 확장 $a^0 = 1$, $a^{-n} = \dfrac{1}{a^n} \rightarrow a^m \div a^n = a^{m-n}$		• $a^0 = 1$, $a^{-2} = \dfrac{1}{a^2}$ • $a^5 \div a^2 = a^{5-2} = a^3$, $a^2 \div a^2 = a^{2-2} = a^0 = 1$ • $a^2 \div a^4 = a^{2-4} = a^{-2} = \dfrac{1}{a^2}$

※ 상수는 상수끼리 곱하고, 문자는 같은 문자끼리 곱한다.

제 **3** 장   소방전기일반

제 **1** 절   직류회로

1 옴의 법칙

저항 R을 가진 도체에 전류 I[A]의 전류가 흐르면 항상 이 도체 R 양단에는 $V = RI$ 만큼의 전압강하 발생

$$전압 : V = IR[\text{V}], \quad 전류 : I = \frac{V}{R}\,[\text{A}], \quad 저항 : R = \frac{V}{I}\,[\Omega]$$

2 전기량

$$전기량 : Q = \frac{W}{V} = CV = IT[\text{C}]$$

$$에너지 : W = QV[\text{J}], \quad 전압 : V = \frac{W}{Q}[\text{V}], \quad 정전용량 : C = \frac{Q}{V}[\text{F}], \quad 전류 : I = \frac{Q}{T}[\text{A}]$$

3 저항의 연결

(1) 직렬 연결 : 전류 일정

① 합성저항 : $R_0 = R_1 + R_2[\Omega]$

② 크기가 같은 저항 n개를 직렬연결 시 합성저항 : $R_0 = nR$

③ 전압분배 : $V_1 = \dfrac{R_1}{R_1 + R_2} \times V[\text{V}], \quad V_2 = \dfrac{R_2}{R_1 + R_2} \times V[\text{V}]$

(2) 병렬 연결 : 전압 일정

① 합성저항 : $R_0 = \dfrac{R_1 R_2}{R_1 + R_2}[\Omega]$

② 크기가 같은 저항 n개를 병렬연결 시 합성저항 : $R_0 = \dfrac{R}{n}[\Omega]$

안심Touch

③ 전류분배 $I_1 = \dfrac{R_2}{R_1 + R_2} I\,[\text{A}], \quad I_2 = \dfrac{R_1}{R_1 + R_2} I\,[\text{A}]$

4 키르히호프의 법칙

(1) 제1법칙(전류법칙)

회로망 중의 임의의 접속점에 유입되는 전류와 유출되는 전류의 대수합은 0이다.

$$I_1 = I_2 + I_3 + I_4, \quad \sum I = 0$$

(2) 제2법칙(전압법칙)

회로망 안에서 임의의 한 폐회로(Loop)를 따라 일주할 때 각 부분의 전압강하의 대수합은 모든 기전력의 대수합과 같다.

$$E_1 - E_2 = V_1 + V_2 = IR_1 + IR_2$$

5 전기 저항

(1) 전기 저항 : $R = \rho\dfrac{l}{A} = \rho\dfrac{l}{\dfrac{\pi D^2}{4}} = \dfrac{4\rho l}{\pi D^2}\,[\Omega]$

(2) 고유 저항 : $\rho = \dfrac{RA}{l}\,[\Omega \cdot \text{m}]$

(3) 온도 변화에 따른 저항 변화 : $R_T = R_t[1 + \alpha(t - t_0)]\,[\Omega]$

6 전력과 전력량

(1) 전력 : $P = VI = I^2 R = \dfrac{V^2}{R}$ [W]

(2) 전력량 : $W = Pt = VIt = I^2 Rt$ [J][W·s]

7 전지의 접속과 단자전압

(1) 전지 n개의 직렬접속

① 합성 저항 : $R_0 = nr + R$ [Ω]

② 합성 기전력 : $E_0 = nE$ [V]

③ 전류 : $I = \dfrac{nE}{R + nr}$ [A]

④ 용량 : 일정, 전압 : n배

[직렬접속]

(2) 전지의 m개의 병렬접속

① 합성 저항 : $R_0 = \dfrac{r}{m} + R$ [Ω]

② 합성 기전력 : $E_0 = E$ [V]

③ 전류 : $I = \dfrac{E}{R + \dfrac{r}{m}}$ [A]

④ 용량 : m배, 전압 : 일정

[병렬접속]

(3) 전지의 직병렬접속

① 합성 저항 : $R_0 = \dfrac{nr}{m} + R$ [Ω]

② 합성 기전력 : $E_0 = nE$ [V]

③ 전류 : $I = \dfrac{nE}{R + \dfrac{nr}{m}}$ [A]

☑ 정전계

(1) 정전용량(Electrostatic Capacitance)

$$C = \frac{Q}{V} = \frac{\varepsilon S}{d} [\text{F}]$$

여기서, Q : 전하량[C] V : 전압[V] ε : 유전율[F/m]($\varepsilon = \varepsilon_0 \varepsilon_s$)
d : 극판 간의 간격[m] S : 극판의 면적[m²]

(2) 콘덴서의 접속

① 직렬접속

$$C_0 = \frac{C_1 \cdot C_2}{C_1 + C_2} [\text{F}]$$

여기서, C_0 : 합성정전용량[F] C_1, C_2 : 각각의 정전용량[F]

② 병렬접속

$$C_0 = C_1 + C_2 [\text{F}]$$

(3) 정전에너지

$$W = \frac{1}{2} QV = \frac{1}{2} CV^2 = \frac{Q^2}{2C} [\text{J}]$$

(4) 전계에서의 쿨롱의 법칙(Coulom's Law)

$$F = \frac{Q_1 Q_2}{4 \pi \varepsilon_0 r^2} = 9 \times 10^9 \times \frac{Q_1 Q_2}{r^2} [\text{N}]$$

여기서, F : 정전력[N] Q : 전하[C]
ε_0 : 진공(공기) 중의 유전율[F/m] r : 두 전하 사이의 거리[m]

(5) 전기력선의 특징

① 전기력선의 방향은 그 점에서 **전기장의 방향과 같다.**

② 전기력선의 밀도는 그 점에서 전기장의 크기와 같게 정의한다.

③ 전기력선은 **양전하(+)에서 시작하여 음전하(-)에서 끝난다.**

④ 전하가 없는 곳에서는 전기력선의 발생, 소멸이 없다. 즉, **연속적**이다.

⑤ 전기력선의 총수는 $\dfrac{Q}{\varepsilon}$개이다.

⑥ 전기력선은 **전위가 높은 점에서 낮은 점으로** 향한다.

⑦ 전기력선은 **도체 표면(등전위면)에 수직으로** 출입한다.

⑧ 도체 내부에서는 전기력선이 존재하지 않는다.

⑨ 전기력선은 당기고 있는 고무줄과 같이 언제나 수축하려고 하며, 전기장이 0이 아닌 곳에서 2개의 **전기력선이 교차하지 않는다.**

⑩ 전기력선 중에는 무한 원점에서 끝나거나 또는 무한 원점에서 오는 것이 있을 수 있다.

(6) 전속밀도

$$D = \varepsilon E = \varepsilon_0 \varepsilon_s E\,[\mathrm{C/m^2}]$$

여기서, D : 전속밀도[C/m²] ε_0 : 진공의 유전율[F/m](8.855×10^{-12}[F/m])

ε_s : 비유전율 E : 전계의 세기[V/m]

(7) 전장(전계)의 세기

$$E = \frac{1}{4\pi\varepsilon_0} \times \frac{Q}{r^2} = 9 \times 10^9 \times \frac{Q}{r^2}\,[\mathrm{V/m}] \quad \left(E = \frac{F}{Q},\ F = EQ \right)$$

2 정전계와 정자계 비교

정전계	정자계
① 쿨롱의 법칙 힘 : $F = K \cdot \dfrac{Q_1 Q_2}{r^2} = \dfrac{1}{4\pi\varepsilon_0} \times \dfrac{Q_1 Q_2}{r^2}$ $\quad = 9 \times 10^9 \times \dfrac{Q_1 Q_2}{r^2}\,[\mathrm{N}]$	① 쿨롱의 법칙 힘 : $F = K \cdot \dfrac{m_1 m_2}{r^2} = \dfrac{1}{4\pi\mu_0} \times \dfrac{m_1 m_2}{r^2}$ $\quad = 6.33 \times 10^4 \times \dfrac{m_1 m_2}{r^2}\,[\mathrm{N}]$
② 전계(전장)의 세기 $E = K \cdot \dfrac{Q}{r^2} = \dfrac{1}{4\pi\varepsilon_0} \times \dfrac{Q}{r^2} = 9 \times 10^9 \times \dfrac{Q}{r^2}\,[\mathrm{V/m}]$ $E = \dfrac{F}{Q} = V \cdot r\,[\mathrm{V/m}]$	② 자계(자장)의 세기 $H = K \cdot \dfrac{m}{r^2} = \dfrac{1}{4\pi\mu_0} \times \dfrac{m}{r^2} = 6.33 \times 10^4 \times \dfrac{m}{r^2}\,[\mathrm{AT/m}]$ $H = \dfrac{F}{m} = U \cdot r\,[\mathrm{AT/m}]$

정전계	정자계
③ 전위(전위차) $V = K \cdot \dfrac{Q}{r} = \dfrac{1}{4\pi\varepsilon_0} \times \dfrac{Q}{r} = 9 \times 10^9 \times \dfrac{Q}{r}\,[\text{V}]$ $V = \dfrac{E}{r}\,[\text{V}]$	③ 자 위 $U = K \cdot \dfrac{m}{r} = \dfrac{1}{4\pi\mu_0} \times \dfrac{m}{r} = 6.33 \times 10^4 \times \dfrac{m}{r}\,[\text{A}]$ $U = \dfrac{H}{r}\,[\text{A}]$
④ 전속밀도 $D = \dfrac{Q}{A} = \varepsilon E = \varepsilon_0 \varepsilon_s E\,[\text{C/m}^2]$	④ 자속밀도 $B = \dfrac{m}{A} = \mu H = \mu_0 \mu_s H\,[\text{Wb/m}^2]$
⑤ 정전에너지(콘덴서에 축적되는 에너지) $W = \dfrac{1}{2}QV = \dfrac{1}{2}CV^2 = \dfrac{Q^2}{2C}\,[\text{J}]$	⑤ 전자에너지(코일에 축적되는 에너지) $W = \dfrac{1}{2}LI^2\,[\text{J}]$

(1) 자력선의 성질

① 자력선은 N극에서 시작하여 S극에서 끝난다.

② 자력선은 서로 만나거나 교차하지 않는다.

③ 자석의 같은 극끼리는 반발하고, 다른 극끼리는 서로 흡인한다.

④ 자기장의 상태를 표시하는 가상의 선을 자기장의 크기와 방향으로 표시

(2) 기자력

$$F = NI = \phi R_m\,[\text{AT}]$$

(3) 비오사바르의 법칙 : 전류에 의한 자계의 세기를 구하는 법칙

$$\Delta H = \dfrac{I\Delta l}{4\pi r^2}\sin\theta\,[\text{AT/m}]$$

(4) 자계의 종류

구 분	관현식	
무한장 직선전류	$H = \dfrac{I}{2\pi r}\,[\text{AT/m}]$	
환상 솔레노이드	내부자계 : $H = \dfrac{NI}{2\pi r}\,[\text{AT/m}]$	외부자계 : $H = 0$
무한장 솔레노이드	내부자계 : $H = NI\,[\text{AT/m}]$	외부자계 : $H = 0$
원형코일 중심 자계	$H = \dfrac{NI}{2r}\,[\text{AT/m}]$	

(5) 플레밍의 법칙

① 플레밍의 왼손법칙(전동기법칙)
ㄱ 엄지 : 운동(힘)의 방향
ㄴ 검지 : 자속의 방향
ㄷ 중지 : 전류의 방향

② 플레밍의 오른손법칙(발전기법칙)
ㄱ 엄지 : 운동(회전)의 방향
ㄴ 검지 : 자속의 방향
ㄷ 중지 : 기전력의 방향

(6) 회전력

$$F = BIl\sin\theta [\text{N}]$$

(7) 평행도체 사이에 작용하는 힘

$$F = \frac{2I_1 I_2}{r} \times 10^{-7} [\text{N}]$$

① 동일 방향 전류 : 흡인력   ② 다른 방향 전류 : 반발력

(8) 전자유도법칙

① 렌츠의 법칙(유도기전력의 방향)

$$e = -L\frac{di}{dt} = -N\frac{d\phi}{dt} [\text{V}]$$

② 패러데이의 법칙(유도기전력의 크기)

$$e = N\frac{d\phi}{dt} = L\frac{di}{dt} [\text{V}]$$

(9) 자기인덕턴스(Self Inductance)

$$LI = N\phi, \quad L = \frac{N\phi}{I} = \frac{\mu A N^2}{l} [\text{H}]$$

여기서, ϕ : 자속[Wb] I : 전류[A]
L : 인덕턴스[H] N : 코일의 권수
μ : 투자율[H/m] A : 단면적[m^2]

(10) 상호인덕턴스

$$M = k\sqrt{L_1 L_2} [\text{H}]$$

여기서, M : 상호인덕턴스[H] k : 결합계수

안심Touch

(11) 합성인덕턴스

$$L = L_1 + L_2 \pm 2M[\text{H}]$$

여기서, $\oplus$: 가동접속 　　　　　　　　$\ominus$: 차동접속

(12) 코일에 축적되는 에너지

$$W = \frac{1}{2} L I^2 [\text{J}]$$

여기서, L : 자기인덕턴스[H]　　　　　I : 전류[A]

제 3 절　교류회로

1 주파수 및 각주파수(각속도)

$$f = \frac{1}{T} = \frac{\omega}{2\pi}[\text{Hz}] \qquad\qquad \omega = 100\pi = 314 \;\rightarrow\; f = 50[\text{Hz}]$$
$$\omega = 2\pi f[\text{rad/s}] \qquad\qquad\qquad \omega = 120\pi = 377 \;\rightarrow\; f = 60[\text{Hz}]$$

여기서, ω : 각주파수[rad/s]　　　f : 주파수[Hz]　　　T : 주기[s]

2 위상차

$$\theta = \theta_1 - \theta_2 \qquad\qquad \cos\theta = \sin(\theta + 90°)$$

3 정현파 교류의 표현

(1) 순시값(Instananeous Value)

$$v = V_m \sin\omega t = \sqrt{2}\,V\sin\omega t\,[\text{V}]$$

여기서, v : 전압의 순시값[V]　　　　V_m : 전압의 최댓값[V]
　　　　 sin : 사인파　　　　　　　　ω : 각속도[rad/s]
　　　　 t : 주기[s]　　　　　　　　　V : 전압의 실횻값[V]

(2) 실횻값

$$V = \frac{V_m}{\sqrt{2}} = 0.707 \ V_m[\text{V}]$$

여기서, V : 전압의 실횻값[V] V_m : 전압의 최댓값[V]

(3) 평균값

$$V_a = \frac{2}{\pi} \ V_m = 0.637 \ V_m[\text{V}]$$

여기서, V_a : 전압의 평균값[V]

(4) 정현파의 파고율 및 파형률

파 형	실횻값	평균값	파형률	파고율
정현파	$\dfrac{V_m}{\sqrt{2}}$	$\dfrac{2V_m}{\pi}$	1.11	1.414
정현반파	$\dfrac{V_m}{2}$	$\dfrac{V_m}{\pi}$	1.57	2
삼각파	$\dfrac{V_m}{\sqrt{3}}$	$\dfrac{V_m}{2}$	1.155	1.732

$$\text{파고율} = \frac{\text{최댓값}}{\text{실횻값}} = 1.414, \qquad \text{파형률} = \frac{\text{실횻값}}{\text{평균값}} = 1.11$$

(5) RLC 접속회로

구 분		임피던스	위상각(θ)	실효전류
직렬	$R-L$	$\sqrt{R^2+(\omega L)^2}$	$\tan^{-1}\dfrac{\omega L}{R}$	$\dfrac{V}{\sqrt{R^2+(\omega L)^2}}$
	$R-C$	$\sqrt{R^2+\left(\dfrac{1}{\omega C}\right)^2}$	$\tan^{-1}\dfrac{1}{\omega CR}$	$\dfrac{V}{\sqrt{R^2+\left(\dfrac{1}{\omega C}\right)^2}}$
	$R-L-C$	$\sqrt{R^2+\left(\omega L-\dfrac{1}{\omega C}\right)^2}$	$\tan^{-1}\dfrac{\omega L-\dfrac{1}{\omega C}}{R}$	$\dfrac{V}{\sqrt{R^2+\left(\omega L-\dfrac{1}{\omega C}\right)^2}}$
병렬	$R-L$	$\sqrt{\left(\dfrac{1}{R}\right)^2+\left(\dfrac{1}{\omega L}\right)^2}$	$\tan^{-1}\dfrac{R}{\omega L}$	$\sqrt{\left(\dfrac{1}{R}\right)^2+\left(\dfrac{1}{\omega L}\right)^2}\cdot V$
	$R-C$	$\sqrt{\left(\dfrac{1}{R}\right)^2+(\omega C)^2}$	$\tan^{-1}\omega CR$	$\sqrt{\left(\dfrac{1}{R}\right)^2+(\omega C)^2}\cdot V$
	$R-L-C$	$\sqrt{\left(\dfrac{1}{R}\right)^2+\left(\omega C-\dfrac{1}{\omega L}\right)^2}$	$\tan^{-1}\dfrac{\omega C-\dfrac{1}{\omega L}}{\dfrac{1}{R}}$	$\sqrt{\left(\dfrac{1}{R}\right)^2+\left(\omega C-\dfrac{1}{\omega L}\right)^2}\cdot V$

RLC 직렬	*RLC* 병렬
$X_L > X_C$ 유도성 $X_L < X_C$ 용량성 $X_L = X_C$ 직렬공진	$X_L > X_C$ 용량성 $X_L < X_C$ 유도성 $X_L = X_C$ 병렬공진

4 *RLC* 단독회로

회로구분	임피던스	위상차	전 류	역 률
R	$Z = R$	$\theta = 0$	$\dfrac{V}{R}$	$\cos\theta = 1 \quad \sin\theta = 0$
L	$Z = \omega L$	$\theta = \dfrac{\pi}{2}$ (전류지상)	$\dfrac{V}{\omega L}$	$\cos\theta = 0 \quad \sin\theta = 1$
C	$Z = \dfrac{1}{\omega C}$	$\theta = \dfrac{\pi}{2}$ (전류진상)	$\omega C V$	$\cos\theta = 0 \quad \sin\theta = 1$

5 공진회로

구 분	직렬공진	병렬공진
공진조건	$\omega L = \dfrac{1}{\omega C}$	$\omega C = \dfrac{1}{\omega L}$
공진주파수	$f_0 = \dfrac{1}{2\pi\sqrt{LC}}$	$f_0 = \dfrac{1}{2\pi\sqrt{LC}}$
임피던스, 전류	임피던스(Z) : 최소, 전류(I) : 최대	임피던스(Z) : 최대, 전류(I) : 최소

6 임피던스(Z)와 어드미턴스(Y)

$$Z = R + jX\,[\Omega] \qquad Y = G + jB\,[\mho]$$

여기서, Z : 임피던스[Ω]

R : 저항[Ω]

X : 리액턴스(유도성 $X_L = \omega L = 2\pi fL$), $\left($용량성 $X_c = \dfrac{1}{\omega C} = \dfrac{1}{2\pi fC}\right)$[$\Omega$]

Y : 어드미턴스[$\mho$]

G : 콘덕턴스[$\mho$]

B : 서셉턴스[$\mho$]

36

7 브리지회로의 평형

[브리지회로]

평형조건

$$Z_1 \cdot Z_4 = Z_2 \cdot Z_3$$

8 단상 교류 전력

(1) 피상전력(용량)

$$P_a = \frac{P}{\cos\theta} = VI = I^2 Z \ [\text{VA}]$$

여기서, P_a : 피상전력　　　V : 전압[V]　　　I : 전류[A]

(2) 유효전력(소비전력)

$$P = P_a \cos\theta = VI\cos\theta = I^2 R[\text{W}]$$

여기서, P : 유효전력　　　$\cos\theta$: 역률

(3) 무효전력

$$P_r = P_a \sin\theta = VI\sin\theta = I^2 X[\text{Var}]$$

여기서, P_r : 무효전력　　　$\sin\theta$: 무효율

9 3상 교류 전력

(1) 3상 피상전력

$$P_a = \sqrt{3}\ V_l I_l = 3 V_p I_p[\text{VA}]$$

(2) 3상 유효전력

$$P = \sqrt{3}\ V_l I_l \cos\theta[\text{W}]$$

(3) 3상 무효전력

$$P_r = \sqrt{3}\ V_l I_l \sin\theta [\mathrm{Var}]$$

(4) 3상 전력의 측정

① 1전력계법 : $P_3 = 3\,W\,[\mathrm{W}]$

② 2전력계법 : $P_3 = W_1 + W_2[\mathrm{W}]$

③ 3전력계법 : $P_3 = W_1 + W_2 + W_3[\mathrm{W}]$

🔟 V결선

(1) V결선 출력 : $P_V = \sqrt{3}\ \cdot\ P[\mathrm{kVA}]$

여기서, P : 단상변압기 용량[kVA]

(2) 이용률 : $\dfrac{\sqrt{3}}{2} = 0.866\,(86.6[\%])$

(3) 출력비 : $\dfrac{1}{\sqrt{3}} = 0.577\,(57.7[\%])$

1️⃣1️⃣ 복소전력

$$P_a = P \pm jP_r = \overline{V}I = (V_1 - jV_2)(I_1 + jI_2)$$

1️⃣2️⃣ 최대전력

$r = R$일 때 최대 전력 전달 조건

$$P_{\max} = \frac{V^2}{4R}$$

1️⃣3️⃣ Y결선의 전압전류

① 선간전압 : $V_l = \sqrt{3}\ V_P\angle 30°$ (선간전압이 상전압보다 $\dfrac{\pi}{6}$ 만큼 앞선다)

② 선전류 : $I_l = I_P$

14 △결선의 전압, 전류

① 선간전압 : $V_l = V_P$

② 선전류 : $I_l = \sqrt{3}\, I_P \angle -30°$ (선전류가 상전류보다 $\dfrac{\pi}{6}$ 만큼 뒤진다)

15 Y ⇆ △회로의 변환

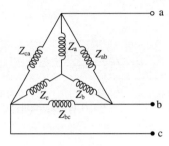

[임피던스가 모두 일정한 경우]

① △ → Y

$$Z_a = \frac{Z_{ca} \cdot Z_{ab}}{Z_{ab} + Z_{bc} + Z_{ca}}$$

$$Z_b = \frac{Z_{ab} \cdot Z_{bc}}{Z_{ab} + Z_{bc} + Z_{ca}}$$

$$Z_c = \frac{Z_{bc} \cdot Z_{ca}}{Z_{ab} + Z_{bc} + Z_{ca}}$$

$$Z_Y = \frac{1}{3} Z_\Delta$$

② Y → △

$$Z_{ab} = \frac{Z_a \cdot Z_b + Z_b \cdot Z_c + Z_c \cdot Z_a}{Z_c}$$

$$Z_{bc} = \frac{Z_a \cdot Z_b + Z_b \cdot Z_c + Z_c \cdot Z_a}{Z_a}$$

$$Z_{ca} = \frac{Z_a \cdot Z_b + Z_b \cdot Z_c + Z_c \cdot Z_a}{Z_b}$$

$$Z_\Delta = 3 Z_Y$$

16 비정현파 교류

비정현파 = 직류분 + 기본파 + 고조파

17 4단자 회로

입력측 $Z_{01} = \sqrt{\dfrac{AB}{CD}}$, 출력측 $Z_{02} = \sqrt{\dfrac{BD}{AC}}$

1 직류 발전기의 구조

직류기 3요소 : 계자, 전기자, 정류자

2 유도기전력

$$E = \frac{PZ\phi N}{60a} = K\phi N [\text{V}]$$

여기서, Z : 전기자 총 도체수　　P : 극수　　　　ϕ : 자속[Wb]
　　　　N : 회전속도[rpm]　　a : 전기자 병렬회로수(파권 : $a=2$, 중권 : $a=P$)

3 전압변동률

① 전압변동률$(\varepsilon) = \dfrac{\text{무부하 전압} - \text{정격전압}}{\text{정격전압}} \times 100[\%] = \dfrac{V_0 - V}{V} \times 100[\%]$

② 무부하 전압 : $V_0 = (1+\varepsilon)V[\text{V}]$

③ 정격전압 : $V = \dfrac{V_0}{1+\varepsilon}[\text{V}]$

여기서, V_0 : 무부하전압　　V : 정격전압(정격전압 = 부하전압 = 전부하전압)

4 토크(회전력)

토크 : $T = 0.975\dfrac{P_m[\text{W}]}{N} = 975\dfrac{P_m[\text{kW}]}{N}[\text{kg}\cdot\text{m}]$

여기서, P_m : 기계적 출력(동력),　　N : 분당 회전수[rpm]

5 직류전동기 속도제어법 및 제동법

① 속도제어법 : 저항제어, 계자제어, 전압제어
② 제동법 : 발전제동, 회생제동, 역상제동

6 효율(η)

① 발전기 규약효율 : $\eta = \dfrac{\text{출력}}{\text{출력} + \text{손실}} \times 100[\%]$

② 전동기 규약효율 : $\eta = \dfrac{\text{입력} - \text{손실}}{\text{입력}} \times 100[\%]$

7 동기속도

$$동기속도 : N_s = \frac{120f}{P}\,[\mathrm{rpm}]$$

여기서, f : 주파수[Hz]　　　　　　　P : 극 수

- $N_s \propto f$(주파수 : $f = \frac{N_s \cdot P}{120}$)

- $N_s \propto \frac{1}{P}$(극수 : $P = \frac{120f}{N_s}$)

8 동기기의 전기자 반작용

발전기		부 하	전동기
⊗ N S ⊙	• 교차 자화작용 • 횡축 반작용	R부하인 경우 $\cos\theta = 1$ $i = \frac{V}{R}\angle 0°$ 전류와 전압은 동위상	좌 동
⊗ N S ⊙	자극축과 일치(⇅)하는 감자작용	L부하인 경우(지상) $\omega L\angle 90°$ $i = \frac{V}{\omega L}\angle -90°$ 지상전류	자극축과 일치하는 증자작용
⊙ N S ⊗	자극축과 일치(⇈)하는 증자작용	C부하인 경우(진상) $\frac{1}{\omega C}\angle -90°$ $i = \omega CV\angle 90°$ 진상전류	자극축과 일치하는 감자작용

9 동기발전기 병렬운전 조건

조 건	같지 않을 경우
기전력의 크기가 같을 것	무효순환전류(무효횡류) 흐름
기전력의 위상이 같을 것	동기화전류(유효횡류) 흐름
기전력의 주파수가 같을 것	난조 발생
기전력의 파형이 같을 것	고조파 무효순환전류 흐름
기전력 상회전 방향이 같을 것	동기 검전기 점등

🔟 변압기의 원리

(1) 권수비

$$a = \frac{E_1}{E_2} = \frac{I_2}{I_1} = \frac{N_1}{N_2} = \sqrt{\frac{Z_1}{Z_2}} = \sqrt{\frac{R_1}{R_2}}$$

(2) 자화전류 : 주 자속을 만드는 전류

1️⃣1️⃣ 변압기 손실

(1) 무부하손의 대부분을 차지하는 손실 : 철손(P_i)

① 규소강판 : 히스테리시스손 감소
② 성층철심 : 와류손 감소

(2) 부하손의 대부분을 차지하는 손실 : 동손(P_c)

① 동손(저항손) : 권선의 저항에 의한 손실

1️⃣2️⃣ 단상변압기 결선

(1) 변압기의 3상 결선

① △-△ 결선
  ㉠ 1차와 2차 전압 사이에 위상차가 없다.
  ㉡ 1대 소손 시 V 결선하여 계속 송전 가능
  ㉢ 제3고조파 순환전류가 △ 결선 내에서 순환하므로 정현파 전압 유기
  ㉣ 중성점을 접지할 수 없으므로 사고 발생 시 이상전압이 크다.
② Y-Y 결선
  ㉠ 1차와 2차 전류 사이에 위상차가 없다.
  ㉡ 중성점을 접지할 수 있으므로 이상전압 방지
  ㉢ 제3고조파가 발생하여 통신선 유도장해를 일으킨다.

(2) V-V 결선

① 출력 : $P_V = \sqrt{3} \cdot P_n [\text{kVA}]$

② 이용률 $= \dfrac{\sqrt{3}}{2} = 0.866 \,(86.6\,[\%])$

③ 출력비 $= \dfrac{1}{\sqrt{3}} = 0.577 \,(57.7\,[\%])$

(3) 3상에서 2상으로 변환

스코트 결선(T), 메이어 결선, 우드브리지 결선

(4) 3상에서 6상으로 변환

① 포크결선, 환상결선, 대각결선, 2중 성형결선, 2중 3각결선

13 변압기 병렬운전

정격전압, 극성, 권수비, %임피던스, 상회전 방향, 각 변위가 같을 것(용량 무관).

14 변압기 효율

$$효율 : \eta = \frac{출력}{입력} \times 100 = \frac{출력}{출력 + 손실} \times 100 = \frac{출력}{출력 + 철손 + 동손} \times 100[\%]$$

15 3상 유도전동기 : 회전 자계

(1) 3상 농형 유도전동기

① 구조가 간단하고, 기계적으로 튼튼하다.
② 취급이 용이하고, 효율이 좋다.
③ 기동 및 속도조절이 어렵다.

(2) 3상 권선형 유도전동기

① 구조가 복잡하고, 중·대형기에 사용
② 2차측 저항 조절에 의해 기동 및 속도조절이 용이하다.

(3) 슬 립

$$s = \frac{N_s - N}{N_s} \times 100[\%]$$

① 유도전동기 : $0 < s < 1$
② 유도발전기 : $s < 0$
③ 유도제동기 : $1 < s < 2$

(4) 비례관계 : $T \propto V^2 \propto I^2 \propto P$

16 3상 유도전동기 기동법

(1) 3상 농형 유도전동기

　① 직입(전전압) 기동법

　② $Y-\triangle$ 기동법 : 기동 시 기동전류를 $\frac{1}{3}$로 감소

　③ 기동보상기 기동법

　④ 리액터 기동법

(2) 3상 권선형 유도전동기

　① 2차 저항 기동법

　② 게르게스법

17 3상 유도전동기 속도제어법

(1) 3상 농형 유도전동기(1차측)

　① 주파수 변환법

　② 극수 변환법

　③ 1차 전압 제어법

(2) 3상 권선형 유도전동기(2차측) : 비례추이 이용

　① 2차 저항 제어법

　② 2차 여자법

18 단상유도 전동기 기동토크가 큰 순서(반, 콘, 분, 셰)

반발기동형 > 반발유도형 > 콘덴서기동형 > 분상기동형 > 셰이딩코일형

19 전동기 용량

$$P = \frac{0.163\,QHK}{\eta}\,[\text{kW}]$$

여기서, P : 전동기 용량[kW], $\quad Q$: 양수량[m³/min], $\quad H$: 전양정[m],

$\qquad K$: 여유계수, $\qquad \eta$: 효율[%]

제 **5** 절	**전기계측**

1 측정의 종류

① **간접측정법** : 측정하고자 하는 양과 일정한 관계가 있는 다른 종류의 양을 각각 측정으로 구하여 그 결과로부터 계산에 의해 측정량의 값을 결정하는 방법

2 오차율

$$오차율 : \frac{M-T}{T} \times 100[\%]$$

여기서, M : 측정값   T : 참값

3 보정률

$$보정률 : \frac{T-M}{M} \times 100[\%]$$

4 지시계기

① **구성요소** : 구동장치, 제어장치, 제동장치

② **종 류**

종 류	기 호	문자 기호	사용 회로	구동 토크
가동 코일형		M	직 류	영구 자석의 자기장 내에 코일을 두고, 이 코일에 전류를 통과시켜 발생되는 힘을 이용한다.
가동 철편형		S	교 류	전류에 의한 자기장이 연철편에 작용하는 힘을 사용한다.
유도형		I	교 류	회전 자기장 또는 이동 자기장과 이것에 의한 유도 전류와의 상호작용을 이용한다.
전류력 계형		D	직류 교류	전류 상호 간에 작용하는 힘을 이용한다.
정전형		E	직류 교류	충전된 대전체 사이에 작용하는 흡인력 또는 반발력(즉, 정전력)을 이용한다.
열전형		T	직류 교류	다른 종류의 금속체 사이에 발생되는 기전력을 이용한다.
정류형		R	직류 교류	가동 코일형 계기 앞에 정류 회로를 삽입하여 교류를 측정하므로 가동 코일형과 같다.

45

5 기타 측정 기구

① 역률 측정 : 전압계, 전류계, 전력계
② 회로 시험기 : 전압, 전류, 저항 측정 및 도통시험
③ 메거(절연저항계) : 절연저항측정
④ 콜라우시브리지 : 축전지 내부저항, 전해액의 저항 측정

6 분류기

전류의 측정 범위를 확대시키기 위해 전류계와 병렬로 접속한 저항

$$\text{분류기 배율} : n = \frac{I}{I_a} = \left(1 + \frac{r}{R}\right)$$

여기서, R : 분류기 저항 [Ω] r : 전류계 내부저항 [Ω]
I_a : 전류계 전류 [A] I : 측정 전류 [A]

7 배율기

전압의 측정범위를 확대시키기 위해 전압계와 직렬로 접속한 저항

$$\text{배율기 배율} : m = \frac{V}{V_r} = 1 + \frac{R}{r}$$

여기서, R : 배율기 저항 [Ω] r : 전압계 내부저항 [Ω]
V_r : 전압계 전압 [V] V : 측정 전압 [V]

8 계기용 변류기(CT) : 대전류를 소전류로 변류

계기용 변류기 점검 시 2차측 단락 : 2차측 절연 보호

제4장 자동제어

제1절 자동제어

1 반도체 소자 특징

(1) P형 반도체

    3가 불순물 : 억셉터(B : 붕소, Ga : 갈륨, In : 인듐)

(2) N형 반도체

    5가 불순물 : 도너(As : 비소, P : 인, Sb : 안티몬)

(3) 진성 반도체의 경우 부(−)저항 온도계수를 나타낸다.

    ① 정(+)저항 온도계수 : 온도가 올라가면 저항이 증가(비례)

    ② 부(−)저항 온도계수 : 온도가 올라가면 저항이 감소(반비례)

2 다이오드 소자

    ① 제너 다이오드 : 정전압 다이오드

    ② 포토 다이오드 : 빛이 닿으면 전류가 발생하는 다이오드

    ③ 과전압 보호 : 다이오드를 추가 직렬 접속

    ④ 과전류 보호 : 다이오드를 추가 병렬 접속

3 트랜지스터(TR)

    ① 전류증폭률 : $\beta = \dfrac{I_C}{I_B} = \dfrac{I_C}{I_E - I_C}$

      여기서, I_E : 이미터전류, I_B : 베이스전류, I_C : 컬렉터전류

    ② 전류증폭정수 : $\alpha = \dfrac{\beta}{1 + \beta}$

    ③ 이상적인 트랜지스터 : $\alpha = 1$

4 서(더)미스터 : 온도보상용

① NTC : 부(−)저항 온도계수를 갖는 서미스터로써 온도가 올라가면 저항값이 낮아지는 특성을 갖는다.

5 바리스터(Varistor) : 서지전압 회로 보호용

① 서지전압(이상전압)에 대한 회로 보호용
② 서지에 의한 접점의 불꽃 제거

6 반도체 정류

구 분	단상 반파	단상 전파	3상 반파	3상 전파
직류전압	$V_d = 0.45\,V$	$V_d = 0.9\,V$	$V_d = 1.17\,V$	$V_d = 1.35\,V$
직류전류	$I_d = 0.45I$	$I_d = 0.9I$	$I_d = 1.17I$	$I_d = 1.35I$
최대 역전압	$PIV = \sqrt{2}\,V$	$PIV = 2\sqrt{2}\,V$	−	−
맥동률	121[%]	48[%]	17[%]	4[%]
맥동주파수	f(60[Hz])	2f(120[Hz])	3f(180[Hz])	6f(360[Hz])

7 사(다)이리스터(Thyristor)

(1) SCR(실리콘 제어 정류 소자)

A(애노드)   K(캐소드)
G(게이트)

단방향(역지지) 3단자(극)

① 특 징
  ㉠ 위상제어소자, 정류작용
  ㉡ 게이트 작용 : 브레이크 오버작용
  ㉢ 구조 : PNPN 4층 구조
  ㉣ 직류, 교류 모두 사용가능
  ㉤ 부(−)저항 특성을 갖는다.
  ㉥ 순방향 시 전압강하가 작다.
  ㉦ 사(다)이라트론과 전압 전류 특성이 비슷하다.
  ㉧ 게이트 전류에 의하여 방전개시전압 제어
  ㉨ 소형이면서 대전력 계통에 사용
  ㉩ SCR 도통 후 게이트 전류를 차단하여도 도통상태 유지

② 턴오프(Turn-off) 방법

    ㉠ 애노드(A)를 0 또는 음(-)으로 한다.

    ㉡ 유지전류 이하로 한다.

    ㉢ 전원차단 또는 역방향 전압 인가

③ 유지전류

    ㉠ 래칭전류 : SCR이 OFF상태에서 ON상태로의 전환이 이루어지고, 트리거 신호가 제거된 직후에 SCR을 ON상태로 유지하는데 필요한 최소 양극전류

    ㉡ 홀딩전류 : SCR의 ON상태를 유지하기 위한 최소 양극전류

8 제어계

① 제어요소 : 조절부와 조작부로 구성되어 있으며 동작신호를 조작량으로 변화시키는 요소

    ㉠ 조절부 : 동작신호를 만드는 부분

    ㉡ 조작부 : 서보모터 기능을 하는 부분

② 조작량 : 제어장치의 출력인 동시에 제어대상의 입력으로 제어장치가 제어대상에 가하는 제어신호

③ 오차 : 피드백신호의 기준입력과 주궤환 신호와의 편차인 신호

9 개회로 제어계 : 시퀸스제어, 열린루프 회로

① 미리 정해진 순서에 따라 제어의 각 단계를 순차적으로 제어

② 오차가 발생할 수 있으며 신뢰도가 떨어진다.

③ 릴레이접점(유접점), 논리회로(무접점), 시간지연요소 등이 사용된다.

④ 구조가 간단하며 시설비가 적게 든다.

10 폐회로 제어계 : 피드백제어, 닫힌루프 회로

① 미리 정해진 순서에 따라 제어의 각 단계를 순차적으로 제어하며 입력과 출력이 일치해야 출력하는 제어

② 입력과 출력을 비교하는 장치 필요(비교부)

③ 구조가 복잡하고, 시설비가 비싸다.

④ 정확성, 감대폭, 대역폭이 증가한다.

⑤ 계의 특성변화에 대한 입력 대 출력비의 감도가 감소된다.

⑥ 비선형과 왜형에 대한 효과가 감소한다.

⑦ 특성 방정식

전달함수 : $G(s) = \dfrac{\text{Pass}}{1 - \text{Loop}}$

⑪ 제어량에 의한 분류

서보기구	물체의 위치, 자세, 방향, 방위를 제어량으로 함 → 위치 의미 (대공포 포신 제어, 미사일 유도 기구, 인공위성의 추적 레이더)
프로세스제어	유량, 압력, 온도, 농도, 액위를 제어 : 압력제어장치, 온도제어장치
자동조정	전압, 주파수, 속도를 제어 : AVR(자동 전압조정기)

⑫ 목푯값에 의한 분류

정치제어	시간에 관계없이 목푯값 목표치가 일정한 제어(프로세스제어, 자동조정제어, 연속식 압연기)
추치제어	• 추종제어 : 서보기구가 이에 속하며 목푯값이 임의의 시간적 변위를 추종(추치)하는 제어 • 프로그램제어 : 목푯값이 미리 정해진 시간적 변위에 의한 제어(로봇 운전제어, 열차의 무인운전) • 비율제어 : 목푯값이 다른 것과 일정 비율 비례하는 제어

⑬ 제어동작에 의한 분류

① D동작(미분제어) : 진동을 억제시키고 과도특성을 개선하며 진상요소이다.
② PD동작(비례미분제어) : 감쇠비를 증가시키고 초과를 억제, 시스템의 과도응답 특성을 개선하여 응답 속응성 개선
③ PI동작(비례적분제어) : 잔류편차 제거, 간헐현상이 발생, 지상보상회로에 대응
④ 불연속제어 : ON-OFF제어

⑭ 변환요소의 종류

변환량	변환요소
변위 → 임피던스	가변 저항기, 용량형 변환기, 가변 저항 스프링
변위 → 전압	포텐셔미터, 차동 변압기, 전위차계
온도 → 전압	열전대(백금-백금로듐, 철-콘스탄탄, 구리-콘스탄탄, 크로멜-알루멜)

15 논리회로, 논리식, 진리표

회 로	유접점	무접점과 논리식	회로도	진리값표
AND회로 곱(×) 직렬회로	⊕선 ... A, B, X_{-a} 릴레이 X L 전구 ⊖선	A○ B○ ⊐⊐ ○X $X = A \cdot B$	+V, R, D_1, A, X, D_2, B	A B X 0 0 0 0 1 0 1 0 0 1 1 1
OR회로 덧셈(+) 병렬회로	⊕선 ... A, B, X_{-a} 릴레이 X L 전구 ⊖선	A○ B○ ⊐⊃ ○X $X = A + B$	A, B, X, R, 0[V]	A B X 0 0 0 0 1 1 1 0 1 1 1 1
NOT회로 부정회로	⊕선 ... A, X_{-b} X L ⊖선	A○ ▷○ ○X $X = \overline{A}$	+V, R_1, R_2, X, A, T_r 트랜지스터에 의한 NOT회로	A X 0 1 1 0
NAND회로 AND회로의 부정회로	⊕선 ... A, B, X_{-b} X L ⊖선	A○ B○ ⊐⊐○− X $X = \overline{A \cdot B} = \overline{A} + \overline{B}$ $=$ A○ B○ ⊐⊃ ○X $X = \overline{A} + \overline{B} = \overline{A \cdot B}$	+V, R_2, D_1, R_1 R_3, X, T_r, D_2, R_4	A B X 0 0 1 0 1 1 1 0 1 1 1 0
NOR회로 OR회로의 부정회로	⊕선 ... A, B, X_{-b} X L ⊖선	A○ B○ ⊐⊃○− X $X = \overline{A + B} = \overline{A} \cdot \overline{B}$ $=$ A○ B○ ⊐⊐ ○X $X = \overline{A + B} = \overline{A} \cdot \overline{B}$	+V, R_2, D_1, R_1 R_3, X, T_r, D_2, R_4	A B X 0 0 1 0 1 0 1 0 0 1 1 0
Exclusive OR회로 =EOR회로 배타적 회로	⊕선 ... A, $\overline{A}$, X_{-a} $\overline{B}$, B X L ⊖선	A○ B○ (회로도) ○X $=$ $\frac{A}{B}$ ⊐⊃ ○X $X = A \cdot \overline{B} + \overline{A} \cdot B = A \oplus B$	−	A B X 0 0 0 0 1 1 1 0 1 1 1 0

51

16 불대수 및 드모르간법칙

정 리		
분배의 법칙	(a) $A \cdot (B+C) = A \cdot B + A \cdot C$	(b) $A+(B \cdot C) = (A+B) \cdot (A+C)$
부정의 법칙	(a) $\overline{(\overline{A})} = \overline{A}$	(b) $\overline{(\overline{\overline{A}})} = A$
흡수의 법칙	(a) $A + A \cdot B = A$	(b) $A \cdot (A+B) = A$
공 리	(a) $0+A=A,\ A+A=A$ (c) $1+A=1,\ A+\overline{A}=1$	(b) $1 \cdot A = A,\ A \cdot A = A$ (d) $0 \cdot A = 0,\ A \cdot \overline{A} = 0$

(1) 논리식 간소화

① $A \cdot (A+B) = \underline{A \cdot A} + A \cdot B = A \underline{(1+B)} = A$

   $\qquad\qquad\qquad\quad A \qquad\qquad\qquad\quad 1$

② $A + \overline{A}B = \underline{(A+\overline{A})} \cdot (A+B) = A+B$

   $\qquad\qquad\quad 1$

③ $\overline{X} + YX = (\overline{X} + Y) \cdot \underline{(\overline{X} + X)} = \overline{X} + Y$

   $\qquad\qquad\qquad\qquad\qquad 1$

(2) 논리회로 논리식 변환

①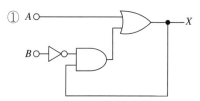

   ㉠ 논리식 : $X = A + \overline{B} \cdot X$

②

   ㉠ 논리식 : $X = (X+Y) \cdot (\overline{X}+Y)$

   ㉡ 논리식 간소화

   $X = (X+Y) \cdot (\overline{X}+Y)$

   $\quad = \underline{X\overline{X}} + XY + \overline{X}Y + \underline{YY}$

   $\qquad\ O \qquad\qquad\qquad\quad Y$

   $\quad = O + Y\underline{(X+\overline{X}+1)} = Y$

   $\qquad\qquad\qquad 1$

52

(3) 유접점회로 논리식 변환

①

    ㉠ 논리식$= X + Y \cdot Z$

②

    ㉠ 논리식$= (A+B) \cdot (A+C)$

    ㉡ 논리식 간소화

$$(A+B) \cdot (A+C) = \underset{A}{\underline{AA}} + AC + AB + BC$$

$$= A(\underset{1}{\underline{1+C+B}}) + BC = A + BC$$

17 자기유지회로

(1) 유접점회로(릴레이회로)

(2) 논리회로

(3) 논리식 $X = (PB_1 + X) \cdot \overline{PB_2}$

제 5 장

전기설비

제 **1** 절 │ 전기설비 기술기준

1 전압의 종류

(1) **저압** ┌ **직류** : 1.5[kV] 이하
　　　　└ **교류** : 1[kV] 이하

(2) **고압** : 저압을 넘고 7[kV] 이하

(3) **특고압** : 7[kV] 초과

2 전선굵기 결정 3요소 : 허용전류, 전압강하, 기계적 강도(허전기)

3 전압강하 계산

① 3상 3선식 : $e = \dfrac{30.8LI}{1,000A}$ [V] $\left(\text{전선단면적} : A = \dfrac{30.8LI}{1,000e}[\text{mm}^2]\right)$

여기서, e : 전압강하[V]　　　　A : 전선단면적[mm²]
　　　　L : 선로긍장[M]　　　　I : 부하전류[A]

제 **2** 절 전기화학

1 축전지 비교

구 분	연(납)축전지	알칼리축전지
공칭전압	2[V/셀]	1.2[V/셀]
공칭용량	10[Ah]	5[Ah]
양극재료	충전 : PbO_2(이산화납) 방전 : $PbSO_4$(황산납)	$Ni(OH)_2$(수산화니켈)
음극재료	충전 : Pb(납) 방전 : $PbSO_4$(황산납)	Cd(카드뮴)

2 2차 충전전류, 축전지용량

① 2차 충전전류 $= \dfrac{축전지의\ 전력용량}{축전지의\ 공칭용량} + \dfrac{상시부하}{표준전압}[A]$

② 축전지용량 : $C = \dfrac{1}{L} KI = IT\,[Ah]$

여기서, L : 보수율(0.8), K : 방전시간 환산계수, I : 방전전류[A], T : 방전시간[h]

③ **국부작용** : 음극 또는 전해액에 불순물이 섞여 전지 내부에서 순환전류가 흘러 기전력이 감소하는 현상

3 충전방식

① **부동충전** : 전지의 자기방전을 보충함과 동시에 상용부하에 대한 전력공급은 충전기가 부담하고 충전기가 부담하기 어려운 대전류 부하는 축전지가 부담하게 하는 방법(충전기와 축전기가 부하와 병렬상태에서 자기방전 보충방식)

[부동충전방식]

② **균등충전** : 각 전해조에서 일어나는 전위차를 보정하기 위하여 1~3개월마다 1회 정전압으로 충전하여 각 전해조의 용량을 균일하게 하기 위한 충전방식

1 개폐기 종류

① 단로기(DS) : 무부하 전로 개폐
② 개폐기(OS, AS) : 부하전로 및 무부하 전로 개폐
③ 차단기(CB) : 무부하전로, 부하전로 개폐 및 고장(사고)전류 차단

2 수용률

① 수용률 $= \dfrac{최대전력[\text{kW}]}{설비용량[\text{kW}] \times 역률} \times 100[\%]$

② 최대전력 $=$ 수용률 $\times$ 설비용량$[\text{kW}]$(변압기 용량, 발전기 용량)

3 콘덴서 설비

(1) 설치 위치 : 부하와 병렬 연결

(2) 역률개선효과

① 전력손실 경감
② 전압강하 감소
③ 전력설비이용률 증가
④ 전력요금 감소

(3) 뱅크 3요소 : 직렬리액터, 방전코일, 전력용 콘덴서

① **직렬리액터** : 제5고조파 제거
② **방전코일** : 잔류전하를 방전하여 인체감전사고 방지
③ **전력용 콘덴서** : 역률 개선

(4) 역률개선용 콘덴서 용량

① **콘덴서 용량** : $Q_c = P(\tan\theta_1 - \tan\theta_2) = P\left(\dfrac{\sin\theta_1}{\cos\theta_1} - \dfrac{\sin\theta_2}{\cos\theta_2}\right)[\text{kVA}]$

② **역률 100[%]$(\cos\theta = 1)$로 개선 시 콘덴서 용량** : $Q_c = P_r$

$$Q_c = P_a \sin\theta = P\tan\theta = P\dfrac{\sin\theta}{\cos\theta}[\text{kVA}]$$

4 보호계전기

(1) 차동계전기, 비율차동계전기 : 양쪽 전류차에 의해 동작

① 단락사고 보호

② 발전기, 변압기 내부 고장 시 기계기구 보호

(2) 역상과전류 계전기 : 발전기의 부하 불평형이 되어 발전기 회전자가 과열 소손되는 것을 방지

(3) 지락계전기(GR) : 영상변류기(ZCT)와 조합하여 지락사고 보호

① 영상변류기(ZCT) : 영상전류검출

* 지락계전기 = 접지계전기
* 영상전류 = 지락전류 = 누설전류

제**4**절 **전열회로**

1 기본단위환산

① $1[\text{J}] \fallingdotseq 0.24[\text{cal}]$

② $1[\text{cal}] \fallingdotseq 4.2[\text{J}]$

③ $1[\text{kWh}] \fallingdotseq 860[\text{kcal}]$

④ $1[\text{BTU}] \fallingdotseq 252[\text{cal}] = 0.252[\text{kcal}]$

2 열량 공식

① 열 량

$$H = Pt[\text{J}] = 0.24Pt[\text{cal}]$$

$$H = 0.24VIt = 0.24I^2Rt = 0.24\frac{V^2}{R}t[\text{cal}]$$

여기서, P : 전력[W], t : 시간[s], V : 전압[V], I : 전류[A], R : 저항[Ω]

② 온도차가 주어질 경우 열량

$$H = Cm\theta = Cm(T - T_0)[\text{cal}]$$

여기서, C : 비열(물비열 : $C=1$), m : 질량[g], θ : 온도차[℃], T : 나중온도[℃], T_0 : 처음온도[℃]

③ 전력, 시간, 효율 등이 주어질 경우

$$H = 860\eta Pt\,[\text{kcal}]$$

여기서, η : 효율, P : 전력[kW], t : 시간[h]

3 열전효과

① 제베크효과 : 두 종류의 금속선으로 폐회로를 만들고 이 두 회로의 온도를 달리하면 열기전력 발생(열전온도계, 열감지기에 이용)

② 펠티에효과 : 두 종류의 금속선으로 폐회로를 만들어 전류를 흘리면 그 접합점에서 열이 흡수, 발생(전자냉동에 이용)

4 감시전류, 동작전류

(1) 감시전류(I) = $\dfrac{\text{회로전압}}{\text{종단저항 + 릴레이저항 + 배선저항}}$[A]

(2) 동작전류(I) = $\dfrac{\text{회로전압}}{\text{릴레이저항 + 배선저항}}$[A]

제 6 장 소방전기시설의 구조 및 원리

제 1 절 경보설비

1 경보설비의 종류

2 자동화재탐지설비의 구성

① 감지기
② 수신기
③ 발신기
④ 중계기
⑤ 음향장치
⑥ 표시등, 전원, 배선 등

3 자동화재탐지설비 경계구역

① 하나의 경계구역이 2개 이상의 건물 및 층에 미치지 아니하도록 할 것. 다만, 500[m²] 이하의 범위 안에서는 2개의 층을 하나의 경계구역으로 할 수 있다.
② 경계구역 면적 : 600[m²] 이하(출입구에서 내부 전체가 보일 경우 : 1,000[m²] 이하
③ 한 변의 길이 : 50[m] 이하
④ 지하구 길이 : 700[m] 이하

⑤ 별도 경계구역 : 계단, 경사로, 엘리베이터 승강로(권상기실), 린넨슈트, 파이프피트 및 덕트, 기타 이와 유사한 부분(계단, 경사로 높이 : 45[m] 이하)

⑥ 지하층의 계단 및 경사로(지하 1층일 경우 제외)는 별도로 하나의 경계구역으로 할 것

4 감지기의 종류

① 차동식스포트형 감지기 : 주위온도가 일정상승률 이상이 되는 경우에 작동하는 것으로서 일국소에서의 열효과에 의하여 작동되는 것

② 정온식스포트형 감지기 : 일국소의 주위온도가 일정한 온도 이상이 되는 경우에 작동하는 것으로서 외관이 전선으로 되어 있지 아니한 것

③ 정온식감지선형 감지기 : 일국소의 주위온도가 일정한 온도 이상이 되는 경우에 작동하는 것으로서 외관이 전선으로 되어 있는 것

④ 보상식스포트형 감지기 : 차동식스포트형 감지기와 정온식스포트형 감지기의 성능을 겸한 것으로서 어느 한 기능이 작동되면 작동신호를 발하는 것

⑤ 아날로그식 : 주위의 온도 또는 연기의 양의 변화에 따라 각각 다른 전류치 또는 전압치 등의 출력을 발하는 방식의 감지기

5 공기관식 감지기

① 공기관식감지기의 구성 부분 : 공기관, 다이어프램, 리크구멍, 접점

② 설치조건
  ㉠ 공기관의 노출 부분은 감지구역마다 20[m] 이상이 되도록 할 것
  ㉡ 하나의 검출 부분에 접속하는 공기관의 길이는 100[m] 이하로 할 것
  ㉢ 공기관의 두께는 0.3[mm] 이상, 바깥지름은 1.9[mm] 이상일 것
  ㉣ 검출부는 5° 이상 경사되지 아니하도록 부착할 것
  ㉤ 공기관과 감지구역의 각 변과의 수평거리는 1.5[m] 이하가 되도록 하고 공기관 상호 간의 거리는 6[m](내화구조 : 9[m]) 이하가 되도록 할 것
  ㉥ 검출부는 바닥으로부터 0.8[m] 이상 1.5[m] 이하의 위치에 설치할 것

③ 공기관의 공기 누설 측정기구 : 마노미터

④ 리크구멍(리크공) : 감지기 **오동작(비화재보) 방지**

6 열전대식 감지기

① 열전대식 감지기의 구성 부분 : 열전대, 미터릴레이, 접속전선

② 열전대식 감지기의 원리 : 열기전력 이용(제베크효과)

③ 열전대 개수 : 최소 4개 이상, 최대 20개 이하

특정소방대상물	1개의 감지면적
내화구조	22[m²]
기타구조	18[m²]

단, 바닥면적이 72[m²](주요구조부가 내화구조일 때에는 88[m²]) 이하인 특정소방대상물에 있어서는 4개 이상으로 할 것

7 열반도체 감지기

열반도체 감지기의 구성 부분 : 열반도체소자, 수열판, 미터릴레이

8 차동식스포트형 감지기

① 공기의 팽창 이용 : **감열부, 리크구멍, 다이어프램, 접점**으로 구성
② 리크구멍 기능 : 감지기 오동작(비화재보) 방지

9 정온식스포트형 감지기

① 바이메탈의 활곡을 이용
② 바이메탈의 반전을 이용
③ 금속의 팽창계수차를 이용
④ 액체(기체)팽창을 이용
⑤ 가용절연물을 이용
⑥ 감열반도체소자를 이용

• 정온식스포트형 감지기 : 주방·보일러실, 건조실, 살균실, 조리실 등 고온이 되는 장소

10 정온식감지선형 감지기

① 정온식감지선형 감지기 고정방법
 ㉠ 단자부와 마감고정금구 : 10[cm] 이내
 ㉡ 굴곡반경 : 5[cm] 이상
 ㉢ 고정금구 및 보조선 사용으로 감지선이 늘어나지 않도록 설치
② 감지기와 감지구역 각 부분과의 수평거리

종 별 설치 거리	1종		2종	
	내화구조	일반 구조 (비내화구조)	내화구조	일반 구조 (비내화구조)
감지기와 감지구역의 각 부분과의 수평거리	4.5[m] 이하	3[m] 이하	3[m] 이하	1[m] 이하

11 스포트형(정온식, 차동식, 보상식) 감지기 설치기준

① 감지기는 실내로의 공기유입구로부터 1.5[m] 이상 떨어진 위치에 설치할 것
② 감지기는 천장 또는 반자의 옥내의 면하는 부분에 설치할 것
③ 보상식스포트형 감지기는 정온점이 감지기 주위의 평상시 최고 온도보다 20[℃] 이상 높은 것으로 설치할 것
④ 정온식 감지기는 주방, 보일러실 등 다량의 화기를 취급하는 장소에 설치하되 공칭작동온도가 최고 주위온도보다 20[℃] 이상 높은 것으로 설치할 것
⑤ 차동식스포트형, 보상식스포트형 및 정온식스포트형 감지기는 아래 표에 의한 바닥면적마다 1개 이상을 설치할 것

부착높이 및 소방대상물의 구분		감지기의 종류				
		차동식·보상식스포트형		정온식스포트형		
		1종	2종	특 종	1종	2종
4[m] 미만	내화구조	90	70	70	60	20
	기타구조	50	40	40	30	15
4[m] 이상 8[m] 미만	내화구조	45	35	35	30	–
	기타구조	30	25	25	15	–

⑥ 감지기의 경사제한 각도

종 류	스포트형 감지기	차동식분포형 감지기
경사각도	45° 이상	5° 이상

12 광전식분리형 감지기의 설치기준

① 감지기의 수광면은 햇빛을 직접 받지 않도록 설치할 것
② 광축의 높이는 천장 등 높이의 80[%] 이상일 것
③ 광축(송광면과 수광면의 중심을 연결한 선)은 나란한 벽으로부터 0.6[m] 이상 이격하여 설치할 것
④ 감지기의 송광부와 수광부는 설치된 뒷벽으로부터 1[m] 이내 위치에 설치할 것
⑤ 감지기의 광축의 길이는 공칭감시거리범위 이내일 것

13 연기감지기의 설치장소

① 계단 및 경사로, 에스컬레이터 경사로
② 복도(30[m] 미만은 제외)
③ 엘리베이터 권상기실, 린넨슈트, 파이프피트 및 덕트 기타 이와 유사한 장소
④ 천장 또는 반자의 높이가 15[m] 이상 20[m] 미만의 장소

14 연기감지기의 설치기준

① 감지기의 부착 높이에 따라 다음 표에 의한 바닥면적마다 1개 이상으로 할 것

부착 높이	감지기의 종류	
	1종 및 2종	3종
4[m] 미만	150[m²]	50[m²]
4[m] 이상 20[m] 미만	75[m²]	–

② 연기감지기의 부착개수(아래 기준에 1개 이상 설치)

설치장소	복도 및 통로		계단 및 경사로	
	1종, 2종	3종	1종, 2종	3종
설치거리	보행거리 30[m]	보행거리 20[m]	수직거리 15[m]	수직거리 10[m]

15 감지기의 부착높이

부착높이	감지기의 종류	설치할 수 없는 감지기
8[m] 이상 15[m] 미만	• 차동식분포형 • 이온화식 1종 또는 2종 • 광전식 1종 또는 2종 • 연기복합형 • 불꽃감지기	차동식스포트형
15[m] 이상 20[m] 미만	• 이온화식 1종 또는 광전식 1종 • 연기복합형 • 불꽃감지기	• 차동식스포트형 • 보상식스포트형

16 감지기의 설치 제외 장소

① 천장 또는 반자의 높이가 20[m] 이상인 장소
② 부식성 가스가 체류하고 있는 장소

17 시각경보장치

① 정의 : 자동화재탐지설비에서 발하는 화재신호를 시각경보기에 전달하여 청각장애인에게 점멸형태의 시각경보를 발하는 것
② 설치기준
　㉠ 공연장・집회장・관람장 또는 이와 유사한 장소에 설치하는 경우에는 시선이 집중되는 무대부 부분 등에 설치할 것
　㉡ 설치높이 : 바닥으로부터 2[m] 이상 2.5[m] 이하의 장소에 설치할 것(단, 천정 높이가 2[m] 이하인 경우에는 천장으로부터 0.15[m] 이내)
　㉢ 약 1분간 점멸회수를 측정하는 경우 점멸주기는 매 초당 1회 이상 3회 이내이어야 한다.

18 감지기 배선

① 종단저항 : 감지기 회로 도통시험을 용이하게 하기 위해 회로 말단에 설치
② 절연저항 : 직류 250[V]의 절연저항측정기로 0.1[MΩ] 이상
③ 전로저항 : 50[Ω] 이하
④ 감지기 배선전압은 정격전압의 80[%] 이상이 되도록 할 것

19 P형 2급 수신기 : 회선수가 5회선 이하

20 수신기 설치기준

① 4층 이상 특정소방대상물 : 발신기와 전화통화가 가능한 수신기 설치
② 조작스위치 높이 : 바닥으로부터 0.8[m] 이상 1.5[m] 이하
③ 정격전압이 60[V]를 넘는 기구의 금속제 외함에는 접지단자를 설치할 것
④ 공통신호선 : 7개 회로마다 1개 이상 설치

21 수신개시 후 소요시간

설 비	P형, R형 수신기 중계기	비상방송설비	가스누설경보기
소요시간	5초 이내	10초 이내	60초 이내

22 발신기 : 화재신호를 수동으로 수신기 또는 중계기에 발신하는 설비

23 발신기의 설치기준

① 스위치의 설치위치 : 바닥으로부터 0.8[m] 이상 1.5[m] 이하
② 하나의 발신기까지의 수평거리가 25[m] 이하가 되도록 할 것
③ 복도 또는 별도의 구획된 실로서 보행거리가 40[m] 이상일 경우에는 추가로 설치
④ 발신기의 위치를 표시하는 표시등은 그 불빛은 부착면으로부터 15° 이상의 범위 안에서 부착지점으로부터 10[m] 이내의 어느 곳에서도 쉽게 식별할 수 있는 적색등으로 할 것

24 P형 1급 발신기

① 발신기 외부의 노출 부분 색 : 적색
② 구성 : 응답확인램프, 전화장치(전화잭), 누름스위치, 보호판
③ 접속 회선 : 지구선(회로선), 공통선, 응답선(발신기선), 전화선

25 각 설비와 수평거리

설 비	발신기	음향장치	확성기	표시등
수평거리	25[m] 이하	25[m] 이하	25[m] 이하	25[m] 이하

26 자동화재속보설비

① 소방관서에 **통보시간** : **20초 이내**
② 소방관서에 **통보횟수** : **3회 이상**
③ 자동화재탐지설비와 연동으로 작동

27 자동화재속보설비 예비전원 시험

① 충전시험
② 방전시험
③ 안전장치시험

28 비상경보설비(비상벨, 비상사이렌) 설치기준

① 음향장치 : 수평거리 25[m] 이하마다 설치
② 정격전압의 80[%] 전압에서 음향을 발할 수 있을 것
③ 음향장치의 음량 : 1[m] 떨어진 위치에서 90[dB] 이상
④ 감시상태를 60분간 지속한 후 유효하게 10분 이상 경보할 수 있는 축전지설비 또는 전기저장
장치를 설치하여야 한다.

29 비상방송설비

① 확성기의 음성입력
  • 실내 1[W] 이상
  • 실외 3[W] 이상
② 확성기까지 **수평거리** : **25[m] 이하**
③ 음량조정기의 **배선** : **3선식**
④ 조작스위치 : 바닥으로부터 0.8[m] 이상 1.5[m] 이하
⑤ 비상방송개시 소요시간 : **10초 이하**
⑥ 절연저항 : 직류 250[V]의 절연저항측정기로 0.1[MΩ] 이상
⑦ 정격전압의 80[%] 전압에서 음향을 발할 수 있을 것
⑧ 감시상태를 60분간 지속한 후 유효하게 10분 이상 경보할 수 있는 축전지설비 또는 전기저장
장치를 설치하여야 한다.

⑨ 비상방송설비를 설치하여야 하는 특정소방대상물

- 연면적 $3,500[m^2]$ 이상인 것
- 지하층을 제외한 층수가 11층 이상인 것
- 지하층의 층수가 3층 이상인 것

30 단독경보형 감지기

① 정의 : 화재발생상황을 단독으로 감지하여 작동표시등의 점등에 의하여 화재발생을 표시하고, 자체에 내장된 음향장치로 경보하는 감지기
② 설치기준
　　㉠ 각 실마다 설치하되, 바닥면적이 $150[m^2]$를 초과하는 경우에는 $150[m^2]$마다 1개 이상 설치(이웃하는 실내의 바닥면적이 각각 $30[m^2]$ 미만이고 벽체의 상부의 전부 또는 일부가 개방되어 이웃하는 실내와 공기가 상호 유통되는 경우에는 이를 1개의 실로 본다)
　　㉡ 최상층의 계단실의 천장에 설치할 것(외기가 상통하는 계단실의 경우를 제외).
　　㉢ 건전지를 주전원으로 사용하는 단독경보형 감지기는 정상적인 작동 상태를 유지할 수 있도록 건전지를 교환할 것
　　㉣ 상용전원을 주전원으로 사용하는 단독경보형 감지기의 2차전지는 제품검사에 합격한 것을 사용할 것

31 누전경보기

① 경계전로 사용전압 : 600[V] 이하
② 계약전류 용량 : 100[A] 초과
③ 누설전류 또는 지락전류 검출를 검출하여 자동으로 경보하는 설비
④ 구성 : 수신기, 변류기, 차단기, 음향장치
⑤ 누전경부기 종류

정격전류	60[A] 초과	60[A] 이하
경보기의 종류	1급	1급, 2급

32 누전경보기 수신기

① 변류기에서 검출된 **미소한 전압 증폭**
② 집합형 수신기 구성요소

- 자동입력절환부
- 증폭부
- 제어부
- 회로접합부
- 전원부
- 도통시험 및 동작시험부

③ 비호환성 수신기 : 42[%] 전압으로 30초 이내에 동작하지 않을 것

④ 수신기 설치 제외 장소(온대~가습화)
- 가연성의 **증기·먼지·가스** 등이나 부식성의 **증기·가스** 등이 **다량**으로 **체류**하는 장소
- 화약류를 제조하거나 저장 또는 취급하는 장소
- **습도가 높은 장소**
- **온도의 변화가 급격한 장소**
- **대전류회로·고주파 발생회로** 등에 따른 영향을 받을 우려가 있는 장소

33 누전경보기 변류기(영상변류기 : ZCT)

① 경계전로의 누설전류를 자동적으로 검출하여 이를 수신기에 송신하는 장치
② 변류기의 설치위치
- 옥외 인입선의 제1지점의 부하측
- 제2종 접지선측의 점검이 쉬운 위치에 설치할 것
- 변류기를 옥외의 전로에 설치하는 경우에는 옥외형의 것을 설치할 것

34 누전경보기 기술기준

① 누전경보기의 **공칭작동전류치 : 200[mA] 이하**
② 감도조정장치의 조정범위 : **최대치 1[A]**(1,000[mA])
③ 정격전압이 60[V]를 넘는 기구 금속제 외함에는 **접지단자** 설치
④ 음향장치의 중심으로부터 1[m] 떨어진 지점에서 **70[dB] 이상일 것**
⑤ 변압기 정격 **1차 전압 : 300[V] 이하**로 할 것
⑥ **절연저항시험** : 변류기는 직류 500[V]의 절연저항계로 시험결과 5[MΩ] 이상일 것
- 절연된 1차 권선과 2차 권선 간의 절연저항
- 절연된 1차 권선과 외부금속부 간의 절연저항
- 절연된 2차 권선과 외부금속부 간의 절연저항
⑦ 과전류 차단기 : 15[A] 이하 (배선용 차단기 : 20[A] 이하)
⑧ 전압강하 : 0.5[V] 이하
⑨ 반복시험 : 정격전압에서 10,000회 이상

35 가스누설경보기

① 수신개시부터 가스누설표시까지 소요시간은 **60초 이내**일 것
② 축전지를 직렬 또는 병렬로 사용하는 경우에는 용량이 균일할 것
③ 누설등, 지구등 : 황색

36 저 압

① 직류 : 1.5[kV] 이하
② 교류 : 1[kV] 이하

37 비상전원 : 비상전원 수전설비, 축전지설비, 예비전원

① 비상전원 수전설비
  ㉠ 형식 : 큐비클형, 옥외개방형, 방화구획형
  ㉡ 전용큐비클 : 소방회로용의 것
  ㉢ 공용큐비클 : 소방회로 및 일반회로 겸용의 것
  ㉣ 외함 두께 : 2.3[mm] 이상
  ㉤ 수전설비 : 계기용 변성기, 주차단장치, 부속기기
  ㉥ 고압 또는 특별고압 일반회로배선 이격거리 : 15[cm] 이상(단, 15[cm] 이하로 설치 시 중간에 불연성 격벽을 시설할 것)

② 축전지설비
  ㉠ 구성요소 : 축전지, 충전장치, 보안장치, 제어장치
  ㉡ **부동충전** : 충전장치를 축전지와 부하에 병렬로 연결하여 전지의 자기방전을 보충함과 동시에 상용부하에 대한 전력공급은 충전기가 부담하고 충전기가 부담하기 어려운 대전류 부하는 축전지가 부담하게 하는 방법이다.
  ㉢ **균등충전** : 각 전해조에서 일어나는 전위차를 보정하기 위하여 1~3개월마다 1회 정전압으로 충전하여 각 전해조의 용량을 균일하게 하기 위한 충전방식
  ㉣ 축전지 용량 : $C = \dfrac{1}{L}KI = IT[\text{Ah}]$
  ㉤ 축전지설비 비교

종 별	연축전지	알칼리축전지
공칭전압	2[V]	1.2[V]
공칭용량	10시간율(10Ah)	5시간율(5Ah)

③ 각 설비의 비상전원의 용량

비상전원 용량(이상)	설비의 종류
10분	자동화재탐비설비, 자동화재속보설비, 비상경보설비
20분	제연설비, 비상콘센트설비, 옥내소화전설비, 유도등
30분	무선통신보조설비의 증폭기
60분	유도등, 비상조명등(지하상가 및 11층 이상)

1 비상콘센트 설치대상

① 층수가 11층 이상인 특정소방대상물의 경우에는 11층 이상의 층
② 지하층의 층수가 3층 이상이고, 지하층의 바닥면적의 합계가 1,000[m^2] 이상인 것은 지하층의 모든 층
③ 지하가 중 터널로서 길이가 500[m] 이상의 것

2 비상콘센트설비의 설치기준

구 분	전 압	공급용량	플러그접속기
단상교류	220[V]	1.5[kVA] 이상	접지형 2극

① 전원회로는 각 층에 **2 이상**이 되도록 설치할 것
② 전원으로부터 각 층의 비상콘센트에 분기되는 경우에는 분기배선용 차단기를 보호함 안에 설치할 것
③ 콘센트마다 배선용 차단기를 설치하여야 하며, 충전부가 노출되지 아니하도록 할 것
④ 개폐기에는 "비상콘센트"라고 표시한 표지를 할 것
⑤ 비상콘센트용 **풀박스**는 두께 **1.6[mm] 이상**의 철판으로 할 것
⑥ 하나의 전용회로에 설치하는 비상콘센트는 **10개 이하**로 할 것
⑦ 비상전원은 유효하게 20분 이상 작동시킬 수 있는 용량으로 할 것
⑧ **자가발전설비, 비상전원 수전설비 또는 전기저장장치를 비상전원으로 설치하여야 하는 특정소방대상물**
   • 7층 이상(지하층은 제외)
   • 연면적이 2,000[m^2] 이상
   • 지하층의 바닥면적의 합계가 3,000[m^2] 이상
⑨ 절연저항 : 직류 500[V] 절연저항계로 **20[MΩ] 이상**
⑩ 절연내력 시험전압
   • 정격전압이 150[V] 이하 : 1,000[V]의 실효전압
   • 정격전압이 150[V] 이상 : 정격전압(V) $\times 2 + 1,000$

③ 비상콘센트 보호함

① 보호함에는 쉽게 개폐할 수 있는 문을 설치할 것
② 보호함에는 그 표면에 "비상콘센트"라고 표시한 표지를 할 것
③ **보호함 상부에 적색의 표시등**을 설치할 것

④ 무선통신보조설비의 구성요소

① 무선기(기) 접속 단자
② 누설동축케이블 : 동축케이블의 외부도체에 가느다란 홈을 만들어서 전파가 외부로 새어나갈 수 있도록 한 케이블
③ 전송장치(안테나)
④ 증폭기 : **신호전송 시 신호가 약해져 수신이 불가능 해지는 것을 방지하기 위해서 증폭하는 장치**
⑤ 분배기 : 신호의 전송로가 분기되는 장소에 설치하는 것으로 임피던스 매칭과 신호 균등분배를 위해 사용하는 장치
⑥ 혼합기 : **2개 이상의 입력신호를 원하는 비율로 조합한 출력이 발생하도록 하는 장치**
⑦ 분파기 : 서로 다른 주파수의 합성된 신호를 분리하기 위해서 사용하는 장치

⑤ 무선통신보조설비 설치대상

① **지하가(터널은 제외)로서 연면적 1,000[m²] 이상인 것**
② **지하층의 바닥면적의 합계가 3,000[m²] 이상**인 것 또는 지하층의 층수가 3층 이상이고, 지하층의 바닥면적의 합계가 1,000[m²] 이상인 것은 지하층의 모든 층
③ 지하가 중 터널로서 길이가 500[m] 이상인 것
④ 공동구
⑤ **층수가 30층 이상인 것으로서 16층 이상 부분의 모든 층**

⑥ 무선통신보조설비 설치기준

① **누설동축케이블 및 안테나 고압 전로 이격거리 : 1.5[m] 이상**
② **누설동축케이블, 동축케이블의 임피던스 : 50[Ω]**
③ 무선기기 접속단자 설치 : 보행거리 300[m] 이내
④ **분배기의 임피던스 : 50[Ω]**
⑤ **무선통신보조설비의 증폭기 비상전원 : 30분 이상**
⑥ 증폭기의 전면에 설치 : **표시등 및 전압계**

7 유도등

① 공연장, 집회장, 관람장, 운동시설, 유흥주점 : 대형피난구유도등, 통로유도등, 객석유도등
② 인출선인 경우 전선 굵기 : **0.75[mm²] 이상**
③ 유도등 표시면의 표시

유도등 항 목	표시면	표시사항
피난구유도등	**녹색바탕에 백색문자**	비상문, 비상계단, 계단
통로유도등	**백색바탕에 녹색문자**	비상문, 비상계단

8 피난구유도등

① 조명도는 피난구로부터 30[m]의 거리에서 문자 및 색채를 쉽게 식별할 수 있을 것(단, 비상전원인 경우는 20[m])
② 설치 제외
   - 바닥면적이 1,000[m²] 미만인 층으로서 옥내로부터 직접 지상으로 통하는 출입구
   - 출입구가 3 이상 있는 거실로서 그 거실 각 부분으로부터 하나의 출입구에 이르는 보행거리가 30[m] 이하인 경우에는 주된 출입구 2개소 외의 출입구(유도표지가 부착된 출입구)
③ 설치높이 : 피난구의 바닥으로부터 높이 **1.5[m] 이상**

9 통로유도등 : 복도통로유도등, 거실통로유도등, 계단통로유도등

종 류	복도통로유도등	거실통로유도등	계단통로유도등
설치기준	• 보행거리 20[m]마다 • 구부러진 모퉁이	• 보행거리 20[m]마다 • 구부러진 모퉁이	• 각 층의 경사로참 또는 • 계단참마다 설치
설치장소	복도의 통로	거실의 통로	경사로참, 계단참
설치높이	바닥으로부터 높이 1[m] 이하	바닥으로부터 높이 1.5[m] 이상	바닥으로부터 높이 1[m] 이하

① 거실통로유도등 : 거실, 주차장 등 개방된 통로에 설치하는 유도등으로서 거주, 집무, 작업집회, 오락 등 이와 유사한 목적의 사용장소의 피난방향을 명시하는 유도등

10 객석유도등

① 객석의 **통로**, **바닥** 또는 **벽**에 설치하는 유도등
② 설치개수 $= \dfrac{\text{객석의 통로이 직선 부분의 길이[m]}}{4} - 1$

11 비상조명등 설치기준

① 조도 : 1[lx] 이상
② 예비전원 : 20분 이상
③ 비상전원을 실내에 설치하는 경우 : 비상조명등 설치
④ 비상조명등의 비상전원이 60분 이상 작동하여야 하는 특정소방대상물
    ㉠ 지하층을 제외한 층수가 11층 이상의 층
    ㉡ 지하층, 무창층으로서 도매시장, 소매시장, 여객자동차터미널, 지하역사, 지하상가
⑤ 유도등 전구 : 2개 이상 병렬 설치
⑥ 설치 제외
    ㉠ 거실의 각 부분으로부터 하나의 출입구에 이르는 **보행거리가 15[m] 이내**인 부분
    ㉡ **의원, 경기장, 공동주택, 의료시설, 학교의 거실**

12 휴대용 비상조명등 설치기준

① **숙박시설** 또는 다중이용업소 안의 구획된 실마다 1개 이상 설치
② 대규모 점포와 영화상영관 : 보행거리 50[m] 이내마다 3개 이상 설치
③ 지하상가, **지하역사 : 보행거리 25[m] 이내**마다 **3개 이상** 설치
④ 설치높이 : 바닥으로부터 0.8[m] 이상 1.5[m] 이하
⑤ 건전지 및 충전식 배터리 용량 : **20분 이상**
⑥ 사용 시 자동으로 점등되는 구조일 것
⑦ 건전지를 사용하는 경우에는 방전방지조치를 하여야 하고, 충전식 배터리의 경우에는 상시 충전되도록 할 것

13 피난기구

① **구조대** : 포지 등을 사용하여 자루형태로 만든 것으로 화재의 사용자가 그 내부에 들어가서 내려옴으로써 대피할 수 있는 것
② **간이완강기** : 사용자의 몸무게에 따라 자동적으로 내려올 수 있는 기구 중 사용자가 연속적으로 사용할 수 없는 것
③ **공기안전매트** : 화재 발생 시 사람이 건축물 내에서 외부로 긴급히 뛰어내릴 때 충격을 흡수하여 안전하게 지상에 도달할 수 있도록 포지에 공기 등을 주입하는 구조로 되어 있는 것
④ **미끄럼대** : 4층 이상에 적응성이 없다.

14 설치개수

① 해당 층마다 설치할 것
② 휴양콘도미니엄을 제외한 숙박시설의 경우에는 추가로 객실마다 완강기 또는 2개 이상의 간이완강기를 설치할 것
③ 아파트의 경우는 피난기구 외에 공기안전매트 1개 이상을 아파트 구역마다 설치할 것

설치기준	각 세대마다	바닥면적 500[m^2]	바닥면적 800[m^2]	바닥면적 1,000[m^2]
시설장소	계단실형 아파트	의료시설, 숙박시설, 노유자시설	판매시설, 위락시설, 문화시설, 복합상가	그 밖의 용도 층

여기서 멈출 거예요? 고지가 바로 눈앞에 있어요.
마지막 한 걸음까지 시대에듀가 함께할게요!

소방설비 기사 [필기] [전기편]

제 1 편

소방원론

소방설비 기사 [필기]

[전기편]

화재론

제 1 장

제 1 절　화재의 특성과 원인

1 화재의 특성과 원인

(1) 화재의 정의

① 자연 또는 인위적인 원인에 의해 물체를 연소시키고 인간의 신체, 재산, 생명의 손실을 초래하는 재난

② 사람의 의도에 반하여 출화 또는 방화에 의하여 불이 발생하고 확대되는 현상

③ 불을 사용하는 사람의 부주의와 불안정한 상태에서 발생하는 현상

④ 불이 그 사용목적을 넘어 다른 곳으로 연소하여 사람들이 예기치 않은 경제상의 손실을 가져오는 현상

⑤ 소화의 필요성이 있는 불

⑥ 실화 또는 방화로 발생하는 연소현상으로 사람에게 유익하지 못한 불

⑦ 소화에 효과가 있는 어떤 물건을 사용할 필요가 있다고 판단되는 불

(2) 화재의 특성 : 우발성, 확대성, 불안전성

(3) 화재의 발생현황

① **원인별 화재발생현황** : 부주의 > 전기 > 기계 > 방화

② **계절별 화재발생현황** : 봄 > 겨울 > 여름 > 가을

(4) 화재의 발생요인

① 취급에 관한 지식 결여

② 기기나 기구 등의 정격미달

③ 사전교육 및 관리 부족

■ **화 재**
인간에게 신체적, 재산적으로 피해를 입히는 불

안심Touch

■ A급 화재 : 일반화재
목재, 종이, 섬유류 등

■ B급 화재 : 유류화재
인화성 액체(제4류 위험물)

■ C급 화재 : 전기화재
합선(단락), 스파크, 정전기
등

② 화재의 종류

구 분 \ 급 수	A급	B급	C급	D급	K급
화재의 종류	일반화재	유류 및 가스화재	전기화재	금속화재	식용유화재
표시색	백 색	황 색	청 색	무 색	무 색

(1) 일반화재

목재, 종이, 합성수지류, 섬유류 등의 일반가연물의 화재로써 연소 후 재가 남는
화재

(2) 유류화재

제4류 위험물(인화성 액체)의 화재로서 연소 후 재가 남지 않는 화재

① **특수인화물** : 다이에틸에테르, 이황화탄소, 아세트알데하이드, 산화프로필
렌 등

② **제1석유류** : 휘발유, 아세톤, 콜로디온, 벤젠, 톨루엔, MEK(메틸에틸케톤),
초산에스테르류, 의산에스테르류 등

③ **알코올류** : 메틸알코올, 에틸알코올, 프로필알코올로서 포화 1개에서 3개까
지의 포화 1가 알코올(농도 60[%] 이상)로서 변성알코올도 포함한다.

④ **제2석유류** : 등유, 경유, 아세트산, 아크릴산 등

⑤ **제3석유류** : 중유, 크레오소트유, 글리세린, 에틸렌글리콜 등

⑥ **제4석유류** : 기어유, 실린더유, 윤활유 등

⑦ **동식물유류** : 건성유, 반건성유, 불건성유

> 유류화재 시 주수(물)소화 금지 이유 : **연소면(화재면) 확대**

■ 유류화재 시 주수(물)소화
금지
  - 연소면 확대
  - 유류비중이 물보다 가볍다.

(3) 전기화재

① 양상이 다양하고 원인을 규명하기 곤란한 경우가 많은 전기가 설치된 곳의 화재

② **전기화재의 발생원인** : 합선(단락), 과부하(과전류), 누전(절연저항 감소),
스파크, 배선불량, 전열기구의 과열, 낙뢰

■ 전기화재의 주요 원인이
아닌 것 : 승압, 고전압

■ 누전 : 전류가 도선 이외에
다른 곳으로 흐르는 현상

(4) 금속화재

① **제1류 위험물** : 알칼리금속의 과산화물(Na_2O_2, K_2O_2)

② **제2류 위험물** : 마그네슘(Mg), 철분(Fe), 알루미늄(Al) 금속분

③ **제3류 위험물** : 칼륨(K), 나트륨(Na), 황린(P_4), 카바이드(CaC_2) 등 물과
반응하여 가연성 가스(수소, 아세틸렌, 메탄, 포스핀)를 발생하는 물질

④ **금속화재를 일으키는 분진 양** : 30~80[mg/L]

⑤ **알킬알루미늄 소화약제** : 건조된 모래, 팽창질석, 팽창진주암

■ 알킬알루미늄 소화약제
• 건조된 모래
• 팽창질석
• 팽창진주암

(5) 가스화재

가연성 가스, 압축가스, 액화가스, 용해가스 등의 화재

① **가연성 가스** : 수소, 일산화탄소, 아세틸렌, 메탄, 에탄, 프로판, 부탄 등의 폭발한계 농도가 **하한값**이 **10[%]** 이하, 상한값과 하한값의 **차이**가 **20[%] 이상**인 가스

> 가연성 가스이면서 독성가스 : 벤젠, 황화수소, 암모니아

② **압축가스** : 수소, 질소, 산소 등 고압으로 저장되어 있는 가스

③ **액화가스** : 액화석유가스(LPG), 액화천연가스(LNG) 등 액화되어 있는 가스

> ※ **LPG(액화석유가스)**
> - 주성분 : 프로판(C_3H_8), 부탄(C_4H_{10})
> - 무색무취
> - 물에 **불용**, 유기용제에 용해
> - 석유류, 동식물유류, 천연고무를 잘 녹인다.
> - 공기 중에서 쉽게 **연소, 폭발**한다.
> - 액체상태에서 기체로 될 때 체적은 **약 250배**로 된다.
> - 액체상태는 물보다 **가볍고**(약 0.5배), 기체상태는 공기보다 무겁다(약 1.5~2.0배).
> - 가스누설탐지기 : 바닥에서 30[cm] 이내 시설

> ※ **LNG(액화천연가스)**
> - 주성분 : 메탄(CH_4)
> - 무색무취
> - 가스누설탐지기 : 천장에서 30[cm] 이내 시설
> - 기체상태는 공기보다 가볍다(약 0.55배).
> - 메탄 완전 연소 시 연소생성물 : 이산화탄소(CO_2), 물(H_2O)
> $$CH_4 + 2O_2 \rightarrow CO_2 + 2H_2O$$

④ **용해가스** : 아세틸렌(C_2H_2)

(6) 식용유화재 : 주방에서 동식물유류를 취급하는 조리기구 화재

> ※ **동식물유류의 아이오딘(요오드)값이 큰 경우**
> - 건성유
> - 불포화도가 높다.
> - 자연발화성이 높다.
> - 산소와 결합이 쉽다(산화반응).

(7) 산불화재

① **수간화** : 나무의 줄기를 연소시키는 산불

② **수관화** : 나뭇가지나 잎이 무성한 부분만을 연소시키는 산불

■ **가연성 가스이면서 독성가스**
- 황화수소(H_2S)
- 암모니아(NH_3)
- 벤젠(C_6H_6)

■ **액화석유가스(LPG)**
- 주성분 : 프로판, 부탄
- 공기보다 비중이 크므로 누설 시 바닥에 체류

■ **액화천연가스(LNG)**
- 주성분 : 메탄
- 공기보다 비중이 작으므로 누설 시 천장 쪽에 체류

■ **용해가스**
아세틸렌(C_2H_2)

■ **동식물유류의 아이오딘(요오드)값이 큰 경우**
불포화도가 높다.

③ **지표화** : 지표면에 있는 낙엽이나 관목 등을 연소시키는 산불
④ **지중화** : 마른 지피물층이나 부식층에서 일어나는 산불

3 가연성 가스의 폭발범위

(1) 폭발범위(연소범위, 가연범위) : 폭발한계, 연소한계, 가연한계

■ **연소범위(폭발범위)**
하한계 이상~상한계 이하

① **폭발범위** : 가연성 물질이 기체상태에서 공기와 혼합했을 때 연소가 일어나는 일정농도 범위
　㉠ 하한값(하한계) : 연소가 계속되는 최저의 용량비
　㉡ 상한값(상한계) : 연소가 계속되는 최대의 용량비
② **폭발범위와 화재의 위험성**

■ **화재의 위험성이 높은 경우**
－ 하한계, 인화점, 착화점, 비점, 융점 등이 낮을수록 위험
－ 상한계 및 온도가 높을수록 위험
－ 연소범위가 넓을수록 위험

　㉠ 하한계가 낮을수록 위험
　㉡ 상한계가 높을수록 위험
　㉢ 연소범위가 넓을수록 위험
　㉣ 인화점 및 착화점이 낮을수록 위험
　㉤ 비점 및 융점이 낮을수록 위험
　㉥ 압력이 상승하면 하한계는 불변, 상한계는 증가
　㉦ 온도가 높아지면 연소범위가 넓어진다.
　㉧ 연소범위의 하한계는 물질의 인화점을 말한다.

(2) 공기 중의 폭발범위(연소범위)

■ **연소범위가 큰 순서**
1. 아세틸렌 : 2.5~81[%]
2. 수소 : 4~75[%]
3. 일산화탄소 : 12.5~74[%]

■ **연소상한값이 가장 큰 것**
　: 아세틸렌

■ **프로판가스 연소범위**
　: 2.1~9.5[%]

[%] = [vol%] : 용량%, 볼륨%, 부피(체적)%

종 류	하한계 [%]	상한계 [%]	종 류	하한계 [%]	상한계 [%]
아세틸렌(C_2H_2)	2.5	81.0	산화프로필렌(CH_3CHCH_2O)	2.5	38.5
수소(H_2)	4.0	75.0	아이소프로필아민[(CH_3)$_2CHNH_2$]	2.0	10.4
일산화탄소(CO)	12.5	74.0	시안화수소(HCN)	6.0	41
암모니아(NH_3)	15.0	28.0	산화에틸렌(C_2H_4O)	3.0	80.0
메탄(CH_4)	5.0	15.0	아세톤(CH_3COCH_3)	2.5	12.8
에탄(C_2H_6)	3.0	12.5	휘발유(C_5H_{12}~C_9H_{20})	1.4	7.6
프로판(C_3H_8)	2.1	9.5	벤젠(C_6H_6)	1.4	7.1
부탄(C_4H_{10})	1.8	8.4	톨루엔($C_6H_5CH_3$)	1.4	6.7
이황화탄소(CS_2)	1.0	44	메틸알코올(CH_3OH)	7.3	36.0
에테르($C_2H_5OC_2H_5$)	1.9	48	에틸알코올(C_2H_5OH)	4.3	19.0
아세트알데하이드(CH_3CHO)	4.1	57.0			

(3) 위험도(Degree of Hazards)

$$위험도 \ H = \frac{U-L}{L}$$

여기서, U : 폭발상한계, L : 폭발하한계

(4) 혼합가스의 폭발한계값

$$L_m = \frac{100}{\dfrac{V_1}{L_1} + \dfrac{V_2}{L_2} + \dfrac{V_3}{L_3} + \cdots + \dfrac{V_n}{L_n}}$$

여기서, L_m : 혼합가스의 폭발한계(하한값, 상한값의 [vol%])
$V_1,\ V_2,\ V_3,\ \cdots,\ V_n$: 가연성 가스의 용량[vol%]
$L_1,\ L_2,\ L_3,\ \cdots,\ L_n$: 가연성 가스의 하한값 또는 상한값[vol%]

4 폭 발

(1) 폭발의 개요

① 폭발(Explosion) : 폭발이란 급격한 산화반응으로 폭음과 충격파가 발생하는 비정상적인 연소를 말하며, 폭연과 폭굉이 있다.

② 폭연(Deflagration)
  ㉠ 연소열에 의한 미연소 혼합기를 가열하는 구조로 폭발 속도가 음속 이하인 폭발을 말한다.
  ㉡ 화염의 전파속도＜음속

③ 폭굉(Detonation)
  ㉠ 폭굉은 압축파의 압축에 의한 발화구조로 폭발 속도가 음속 이상(1,000~3,500[m/s])인 폭발을 말한다.
  ㉡ 폭굉유도거리(DID) : 최초의 완만한 연소가 격렬한 폭굉으로 발전할 때까지의 거리
  ㉢ 화염의 전파속도＞음속

구 분	연소, 폭연	폭 굉
전파속도	0.1~10[m/s]로서 **음속 이하**	1,000~3,500[m/s]로서 **음속 이상**
전파에 필요한 에너지	전도, 대류, 복사	충격에너지
폭발압력	초기압력의 10배 이하	10배 이상(충격파 발생)
화재 파급효과	크다.	작다.
충격파	발생하지 않는다.	발생한다.

■ 위험도가 큰 순서
 1. 이황화탄소 : 1~44[%]
 2. 아세틸렌 : 2.5~81[%]
 3. 에테르 : 1.9~48[%]

■ 폭연(Deflagration)
 화염의 전파속도(연소속도)가 음속보다 느리다.

■ 폭굉(Detonation)
 • 화염의 전파속도(연소속도)가 음속보다 빠르다.
 • 점화원 : 충격파

■ 음속 : 340[m/s]
 = 1[Ma]

(2) 폭발의 분류

① 물리적인 폭발
- ㉠ 화산의 폭발
- ㉡ 은하수 충돌에 의한 폭발
- ㉢ 진공용기의 파손에 의한 폭발
- ㉣ 과열액체의 비등에 의한 증기폭발
- ㉤ 고압용기의 과압과 과충전

② 화학적인 폭발
- ㉠ **산화폭발** : 가스가 공기 중에 누설 또는 인화성 액체탱크에 공기가 유입되어 탱크 내에 점화원이 유입되어 폭발하는 현상
- ㉡ **분해폭발** : **아세틸렌, 산화에틸렌, 하이드라진**과 같이 분해되면서 폭발하는 현상

아세틸렌 희석제 : 질소, 일산화탄소, 메탄

- ㉢ **중합폭발** : **시안화수소**와 같이 단량체가 일정 온도와 압력으로 반응이 진행되어 분자량이 큰 중합체가 되어 폭발하는 현상
- ㉣ 가스폭발

  가연성 가스가 산소와 반응하여 점화원에 의해 폭발하는 현상

가스폭발 : 메탄, 에탄, 프로판, 부탄, 수소, 아세틸렌

- ㉤ 분진폭발
  - 공기 속을 떠다니는 아주 작은 고체 알갱이(분진 : $750[\mu\text{m}]$ 이하의 고체입자로서 공기 중에 떠 있는 분체)가 적당한 농도 범위에 있을 때 불꽃이나 점화원으로 인하여 폭발하는 현상
  - 종류 : 알루미늄, 마그네슘, 아연분말, 농산물, 플라스틱, 석탄, 밀가루, 소맥분, 유황 등

분진폭발하지 않는 물질 : 소석회, 생석회, 시멘트분, 탄산칼슘

■ 화학적 폭발
- 산화폭발
- 분해폭발
- 중합폭발

■ 분진폭발을 하지 않는 물질
- 소석회, 생석회, 시멘트분
- 팽창질석, 팽창진주암

(3) 방폭구조

■ 방폭구조 종류
내압, 압력, 유입, 안전증,
본질안전, 특수

구 분	개념도	정 의	장 소
내압 방폭구조		전기기기의 점화원이 특별한 용기 내에 있어 주위의 폭발성 가스와 접촉하지 않도록 격리하는 원리	• 1종 • 2종
유입 방폭구조		전기기기의 점화원이 되는 부분을 기름 속에 넣어 주위의 폭발성 가스와 격리하여 접촉하지 않도록 하는 원리	• 1종 • 2종
압력 방폭구조		점화원이 되는 부분을 용기에 넣고 신선한 공기 및 불활성기체 등의 보호기체를 압입하고, 내부 압력을 유지하여 가스가 점화되지 못하도록 하는 원리	• 1종 • 2종
안전증 방폭구조		과열 또는 전기불꽃을 일으키는 쉬운 부분의 구조, 절연 및 온도상승 등을 엄중하게 하는 방식	• 1종 • 2종
본질안전 방폭구조		위험지역에서 점화원의 최소 발화에너지 이하로 유지하여 발화를 방지하는 원리	• 0종 • 1종 • 2종

5 화재의 피해 및 소실 정도

(1) 화재의 소실 정도

① 부분소화재 : 전소, 반소화재에 해당되지 아니하는 것

② 반소화재 : 건물의 **30[%] 이상 70[%] 미만**이 소실된 것

③ 전소화재 : 건물의 70[%] 이상(입체 면적에 대한 비율)이 소실되었거나 또는 그 미만이라도 잔존 부분을 보수하여도 재사용이 불가능한 것

■ **부분소화재** : 30[%] 미만
■ **반소화재** : 30[%] 이상
 70[%] 미만
■ **전소화재** : 70[%] 이상 또는
 보수하여도 재사용 불가

(2) 위험물과 화재 위험의 상호관계

[위험물과 화재의 위험성]

제반사항	온도, 압력	인화점, 착화점, 융점, 비점	연소범위	연소속도, 증기압, 연소열
위험성	높을수록 위험	낮을수록 위험	넓을수록 위험	클수록 위험

6 화상의 종류

(1) 1도 화상

홍반성 화상이며, 피부의 표층에 국한되어 부음과 통증 유발

(2) 2도 화상

수포성 화상이며, 화상 직후 물집 유발(분비액이 많이 분비)

(3) 3도 화상

괴사성 화상이며, 피부의 전체 층이 죽어가는 것(피부가 검게 되는 현상)

(4) 4도 화상

흑색화상이며, 피하지방과 뼈까지 도달한 화상

1-1 출제예상문제

01

화재의 일반적인 특성이 아닌 것은?

① 확대성　　　　　② 정형성
③ 우발성　　　　　④ 불안정성

> **해설** 화재의 일반적인 특성 : 확대성, 우발성, 불안정성
>
> **답** ②

02

화재에 대한 설명으로 옳지 않은 것은?

① 인간이 제어하여 인류의 문화, 문명의 발달을 가져
　오게 한 근본적인 존재를 말한다.
② 불을 사용하는 사람의 부주의와 불안정한 상태에
　서 발생되는 것을 말한다.
③ 불로 인하여 사람의 신체, 생명 및 재산상의 손실을
　가져다주는 재앙을 말한다.
④ 실화, 방화로 발생하는 연소현상을 말하며 사람에
　게 유익하지 못한 해로운 불을 말한다.

> **해설** 화재 : 사람의 부주의, 사람에게 유익하지 못한 해로운
> 불로서 사람의 신체, 생명 및 재산상의 손실을 가져다
> 주는 재앙
>
> **답** ①

03

화재의 종류에 따른 분류가 틀린 것은?

① A급 : 일반화재　　② B급 : 유류화재
③ C급 : 가스화재　　④ D급 : 금속화재

> **해설** 화재의 분류
>
> | 등급 | 화재의 종류 | 표시색상 |
> | --- | --- | --- |
> | A급 | 일반화재 | 백 색 |
> | B급 | 유류 및 가스화재 | 황 색 |
> | C급 | 전기화재 | 청 색 |
> | D급 | 금속화재 | 무 색 |
>
> **답** ③

04

가연물의 종류에 따라 분류하면 섬유류 화재는 무슨
화재인가?

① A급 화재　　　　② B급 화재
③ C급 화재　　　　④ D급 화재

> **해설** 섬유류 화재 : A급 화재(일반화재)
>
> **답** ①

05

화재 분류에서 C급 화재에 해당하는 것은?

① 전기화재　　　　② 차량화재
③ 일반화재　　　　④ 유류화재

> **해설** 전기화재 : C급 화재
>
> **답** ①

06

가연물의 종류에 따른 화재의 분류방법 중 유류화재를
나타내는 것은?

① A급 화재　　　　② B급 화재
③ C급 화재　　　　④ D급 화재

> **해설** 유류화재 : B급 화재
>
> **답** ②

07

다음 중 인화성 액체의 화재에 해당되는 것은?

① A급 화재　　　　② B급 화재
③ C급 화재　　　　④ D급 화재

> **해설** 인화성 액체(유류)화재 : B급 화재
>
> **답** ②

08

동식물유류에서 "아이오딘(요오드)값이 크다"라는 의미를 옳게 설명한 것은?

① 불포화도가 높다.
② 불건성유이다.
③ 자연발화성이 낮다.
④ 산소와의 결합이 어렵다.

해설 아이오딘(요오드)값이 크다는 의미
 • 불포화도가 높다.
 • 건성유이다.
 • 자연발화성이 높다.
 • 산소와 결합이 쉽다.

답 ①

09

가연성 가스이면서도 독성 가스인 것은?

① 질 소   ② 수 소
③ 메 탄   ④ 황화수소

해설 **황화수소**(H_2S), **암모니아**(NH_3), 벤젠(C_6H_6)은 가연성 가스이면서 독성이다.

답 ④

10

액화석유가스에 대한 성질을 설명한 것으로 틀린 것은?

① 무색무취이다.
② 물에는 녹지 않으나 에테르에 용해된다.
③ 공기 중에서 쉽게 연소, 폭발하지 않는다.
④ 천연고무를 잘 녹인다.

해설 **LPG(액화석유가스)의 특성**
 • 무색무취
 • 물에 불용, 유기용제에 용해
 • 석유류, 동식물유류, 천연고무를 잘 녹인다.
 • 공기 중에서 쉽게 연소, 폭발한다.

$$C_3H_8 + 5O_2 \rightarrow 3CO_2 + 4H_2O$$

 • 액체상태에서 기체로 될 때 체적은 약 250배로 된다.
 • 액체상태는 물보다 가볍고(약 0.5배), 기체상태는 공기보다 무겁다(약 1.5~2.0배).

답 ③

11

화재 및 폭발에 관한 설명으로 틀린 것은?

① 메탄가스는 공기보다 무거우므로 가스탐지부는 가스기구의 직하부에 설치한다.
② 옥외저장탱크의 방유제는 화재 시 화재의 확대를 방지하기 위한 것이다.
③ 가연성 분진이 공기 중에 부유하면 폭발할 수도 있다.
④ 마그네슘의 화재 시 주수소화는 화재를 확대할 수 있다.

해설 LNG(메탄)가스는 비중이 공기보다 가벼우므로 가스탐지부를 천장쪽에 설치한다.

답 ①

12

연료로 사용하는 가스에 관한 설명 중 틀린 것은?

① 도시가스, LPG는 모두 공기보다 무겁다.
② $1[m^3]$의 CH_4를 완전 연소시키는 데 필요한 공기량은 약 $9.52[m^3]$이다.
③ 메탄의 공기 중 폭발범위는 약 5~15[%] 정도이다.
④ 부탄의 공기 중 폭발범위는 약 1.9~8.5[%] 정도이다.

해설 LNG(메탄) : 공기보다 가볍다.
　　　 LPG(프로판) : 공기보다 무겁다.

답 ①

13

화재의 위험에 대한 설명으로 옳지 않은 것은?

① 인화점 및 착화점이 낮을수록 위험하다.
② 착화에너지가 작을수록 위험하다.
③ 비점 및 융점이 높을수록 위험하다.
④ 연소범위는 넓을수록 위험하다.

해설 비점 및 융점이 낮을수록 위험하다.

답 ③

14

가연성 가스의 화재 위험성에 대한 설명으로 가장 옳지 않은 것은?

① 연소하한계가 낮을수록 위험하다.
② 온도가 높을수록 위험하다.
③ 인화점이 높을수록 위험하다.
④ 연소범위가 넓을수록 위험하다.

> **해설 화재 위험성**
> • 연소하한계가 낮을수록 위험하다.
> • 온도가 높을수록 위험하다.
> • 인화점이 낮을수록 위험하다.
> • 연소범위가 넓을수록 위험하다.
>
> 답 ③

15

공기 중에서 연소범위가 가장 넓은 것은?

① 수 소
② 이황화탄소
③ 아세틸렌
④ 에테르

> **해설 연소범위**
>
> | 종 류 | 연소범위 |
> | --- | --- |
> | 수 소 | 4.0~75[%] |
> | 이황화탄소 | 1.0~44[%] |
> | 아세틸렌 | 2.5~81[%] |
> | 에테르 | 1.9~48[%] |
>
> 답 ③

16

다음 물질 중 공기 중에서 연소범위가 가장 넓은 것은?

① 부 탄
② 프로판
③ 메 탄
④ 수 소

> **해설 연소(폭발)범위**
>
> | 종 류 | 연소범위[%] | 종 류 | 연소범위[%] |
> | --- | --- | --- | --- |
> | 부 탄 | 1.8~8.4 | 메 탄 | 5.0~15.0 |
> | 프로판 | 2.1~9.5 | 수 소 | 4.0~75 |
>
> 답 ④

17

공기 중에서 연소상한값이 가장 큰 물질은?

① 아세틸렌
② 수 소
③ 가솔린
④ 프로판

> **해설 연소범위**
>
> | 종 류 | 아세틸렌 | 수 소 | 가솔린 | 프로판 |
> | --- | --- | --- | --- | --- |
> | 연소범위 | 2.5~81[%] | 4.0~75[%] | 1.4~7.6[%] | 2.1~9.5[%] |
>
> 답 ①

18

프로판가스의 연소범위[vol%]에 가장 가까운 것은?

① 9.8~28.4
② 2.5~81
③ 4.0~75
④ 2.1~9.5

> **해설 연소범위**
>
> | 가스종류 | 아세틸렌 | 수 소 | 프로판 |
> | --- | --- | --- | --- |
> | 연소범위 | 2.5~81[%] | 4.0~75[%] | 2.1~9.5[%] |
>
> 답 ④

19

에테르의 공기 중 연소범위를 1.9~48[vol%]라고 할 때 이에 대한 설명으로 틀린 것은?

① 공기 중 에테르의 증기가 48[vol%]를 넘으면 연소한다.
② 연소범위의 상한점이 48[vol%]이다.
③ 공기 중 에테르 증기가 1.9~48[vol%] 범위에 있을 때 연소한다.
④ 연소범위의 하한점이 1.9[vol%]이다.

> **해설** 에테르의 공기 중 연소범위는 하한점이 1.9[vol%]이고, 상한점이 48[vol%]이므로 이 범위 내에서만 연소한다.
>
> 답 ①

20

공기 중에서 수소의 연소범위로 옳은 것은?

① 0.4~4[vol%]
② 1~12.5[vol%]
③ 4~75[vol%]
④ 67~92[vol%]

> **해설 수소의 연소범위** : 4.0~75[vol%]
>
> 답 ③

안심Touch

21

다음의 물질 중 공기에서의 위험도(H) 값이 가장 큰 것은?

① 에테르   ② 수 소
③ 에틸렌   ④ 프로판

해설 위험성이 큰 것은 위험도가 크다는 것이다.

• 각 물질의 연소범위

가 스	하한계[%]	상한계[%]
에테르($C_2H_5OC_2H_5$)	1.9	48.0
수소(H_2)	4.0	75.0
에틸렌(C_2H_4)	2.7	36.0
프로판(C_3H_8)	2.1	9.5

• 위험도 계산식

$$위험도(H) = \frac{U-L}{L} = \frac{폭발상한계 - 폭발하한계}{폭발하한계}$$

• 위험도 계산

– 에테르 $H = \dfrac{48.0 - 1.9}{1.9} = 24.25$

– 수소 $H = \dfrac{75.0 - 4.0}{4.0} = 17.75$

– 에틸렌 $H = \dfrac{36.0 - 2.7}{2.7} = 12.33$

– 프로판 $H = \dfrac{9.5 - 2.1}{2.1} = 3.52$

답 ①

22

프로판 50[vol%], 부탄 40[vol%], 프로필렌 10[vol%]로 된 혼합가스의 폭발하한계는 약 몇 [vol%]인가?(단, 각 가스의 폭발하한계는 프로판은 2.2[vol%], 부탄은 1.9[vol%], 프로필렌은 2.4[vol%]이다)

① 0.83   ② 2.09
③ 5.05   ④ 9.44

해설 혼합가스의 폭발범위

$$L_m = \frac{100}{\dfrac{V_1}{L_1} + \dfrac{V_2}{L_2} + \dfrac{V_3}{L_3}}$$

여기서,

L_m : 혼합가스의 폭발한계[vol%]

V_1, V_2, V_3 : 가연성 가스의 용량[vol%]

L_1, L_2, L_3 : 가연성 가스의 폭발한계[vol%]

$$L_m (하한값) = \frac{100}{\dfrac{V_1}{L_1} + \dfrac{V_2}{L_2} + \dfrac{V_3}{L_3}}$$
$$= \frac{100}{\dfrac{50}{2.2} + \dfrac{40}{1.9} + \dfrac{10}{2.4}}$$
$$= 2.09[\%]$$

답 ②

23

가스 A가 40[vol%], 가스 B가 60[vol%]로 혼합된 가스의 연소하한계는 몇 [%]인가?(단, 가스 A의 연소하한계는 4.9[vol%]이며, 가스 B의 연소하한계는 4.15[vol%]이다)

① 1.82   ② 2.02
③ 3.22   ④ 4.42

해설 혼합가스의 폭발범위

$$L_m = \frac{100}{\dfrac{V_1}{L_1} + \dfrac{V_2}{L_2}}$$

$$L_m (하한값) = \frac{100}{\dfrac{V_1}{L_1} + \dfrac{V_2}{L_2}}$$
$$= \frac{100}{\dfrac{40}{4.9} + \dfrac{60}{4.15}}$$
$$= 4.42[\%]$$

답 ④

24

폭굉(Detonation)에 관한 설명으로 틀린 것은?

① 연소속도가 음속보다 느릴 때 나타난다.
② 온도의 상승은 충격파의 압력에 기인한다.
③ 압력상승은 폭연의 경우보다 크다.
④ 폭굉의 유도거리는 배관의 지름과 관계가 있다.

해설 폭굉과 폭연
• 폭굉(Detonation) : 음속보다 빠르다.
• 폭연(Deflagration) : 음속보다 느리다.

답 ①

25
폭발의 형태 중 화학적 폭발이 아닌 것은?

① 분해폭발   ② 가스폭발
③ 수증기폭발   ④ 분진폭발

해설 화학적 폭발 : 분해폭발, 산화폭발, 중합폭발

답 ③

26
다음 중 분진폭발의 위험성이 가장 낮은 것은?

① 소석회   ② 알루미늄분
③ 석탄분말   ④ 밀가루

해설 분진폭발 : 유황, **알루미늄분**, **석탄분말**, 마그네슘분, **밀가루** 등

> 분진폭발하지 않는 물질 : 소석회[$Ca(OH)_2$], 생석회(CaO), 시멘트분

답 ①

27
다음 중 분진폭발의 위험성이 가장 낮은 것은?

① 알루미늄분   ② 유 황
③ 팽창질석   ④ 소맥분

해설 팽창질석은 소화약제이다.

답 ③

28
전기불꽃, 아크 등이 발생하는 부분을 기름 속에 넣어 폭발을 방지하는 방폭구조는?

① 내압방폭구조   ② 유입방폭구조
③ 안전증방폭구조   ④ 특수방폭구조

해설 **유입방폭구조**
전기불꽃, 아크 등이 발생하는 부분을 기름 속에 넣어 폭발을 방지하는 방폭구조

답 ②

29
일반적인 방폭구조의 종류에 해당하지 않는 것은?

① 내압방폭구조   ② 유입방폭구조
③ 내화방폭구조   ④ 안전증방폭구조

해설 **방폭구조**
내압방폭구조, 압력방폭구조, 유입방폭구조, 안전증방폭구조, 본질안전방폭구조, 특수방폭구조

답 ③

30
화재에 대한 건축물의 손실정도에 따른 화재형태를 설명한 것으로 옳지 않은 것은?

① 부분소화재란 전소화재, 반소화재에 해당하지 않는 것을 말한다.
② 반소화재란 건축물에 화재가 발생하여 건축물의 30[%] 이상 70[%] 미만 소실된 상태를 말한다.
③ 전소화재란 건축물에 화재가 발생하여 건축물의 70[%] 이상이 소실된 상태를 말한다.
④ 훈소화재란 건축물에 화재가 발생하여 건축물의 10[%] 이하가 소실된 상태를 말한다.

해설 **화재의 손실정도**
• 부분소화재 : 전소화재, 반소화재에 해당하지 않는 것
• 반소화재 : 건축물에 화재가 발생하여 건축물의 30[%] 이상 70[%] 미만 소실된 상태
• 전소화재 : 건축물에 화재가 발생하여 건축물의 70[%] 이상이 소실된 상태

답 ④

제 **2** 절 **연소의 이론과 실제**

1 연 소

(1) 연소의 정의

가연물이 공기 중에서 산소와 반응하여 열과 빛을 동반하는 산화현상

■ 산화반응(산화현상)
산소와 화합하는 반응(현상)

■ 발열반응
열을 발생하는 반응(현상)

(2) 연소의 색과 온도

색 상	담암적색	암적색	적 색	휘적색	황적색	백적색	휘백색
온도[℃]	520	700	850	950	1,100	1,300	1,500 이상

■ 연소속도 = 산화속도

■ 암적색 온도 : 700[℃]

■ 백적색 온도 : 1,300[℃]

(3) 연소물질의 온도 및 온도계산

상 태	온 도
목재화재	1,200~1,300[℃]
촛불, 연강용해	1,400[℃]
아세틸렌 불꽃	3,300~4,000[℃]
전기용접 불꽃	3,000[℃]
물의 비점	100[℃]

① 섭씨온도 : $[℃] = \dfrac{5}{9}([°F] - 32)$

② 화씨온도 : $[°F] = \dfrac{9}{5} \times [℃] + 32$

③ 절대온도 : $[K] = 273 + [℃]$

④ 랭킨온도 : $[R] = 460 + [°F]$

(4) 연소의 3요소 : 가연물, 산소공급원, 점화원(열원, 활성화에너지)

■ 연소의 4요소
• 가연물
• 산소공급원
• 점화원
• 순조로운 연쇄반응

■ 가연물의 조건
• 열전도율이 작을 것
• 연소 시 발열반응을 할 것
• 표면적이 넓을 것

■ 가연물이 될 수 없는 물질
• 이산화탄소(CO₂)
• 규조토
• 질 소

① 가연물 : 목재, 종이, 석탄, 플라스틱 등과 같이 산소와 반응하여 발열반응을
하는 물질
 ㉠ 가연물의 조건
  • **열전도율**이 **작을 것**
  • 발열량이 클 것
  • **표면적**이 **넓을 것**
  • 산소와 친화력이 좋을 것
  • 활성화에너지가 작을 것
 ㉡ 가연물이 될 수 없는 물질
  • 산소와 더 이상 반응하지 않는 물질
   예 이산화탄소(CO_2), 물(H_2O), 규조토 등

- 산소와 반응 시 **흡열반응**을 하는 물질
  - 예 **질소** 또는 질소산화물 등
- 불활성 기체
  - 예 헬륨(He), 네온(Ne), 아르곤(Ar), 크립톤(Kr), 제논(Xe), 라돈(Rn)

② 산소공급원 : 산소, 공기, **제1류 위험물**, 제5류 위험물, 제6류 위험물

> 조연(지연)성 가스 : 산소, 공기, 플루오린(불소), 염소, 이산화질소

③ 점화원 : 전기불꽃, 정전기불꽃, 충격마찰의 불꽃, 단열압축, 나화 및 고온표면 등

> - 점화원이 될 수 없는 것 : 기화열, 액화열, 응고열, 냉매
> - 연소의 4요소(4면체적 요소) : 가연물, 산소공급원, 점화원, **순조로운 연쇄반응**

2 연소의 형태

(1) 고체의 연소

① 표면연소 : **목탄, 코크스, 숯, 금속분** 등이 열분해에 의하여 가연성 가스를 발생하지 않고 그 물질 자체가 연소하는 현상

② 분해연소 : 석탄, 종이, 목재, 플라스틱 등의 연소 시 열분해에 의해 발생된 가스와 공기가 혼합하여 연소하는 현상

③ 증발연소 : **황, 나프탈렌**, 촛불, 파라핀 등과 같이 고체를 가열하면 열분해는 일어나지 않고 고체가 액체로 되어 일정온도가 되면 액체가 기체로 변화하여 기체가 연소하는 현상

④ 자기연소(내부연소) : 제5류 위험물인 나이트로셀룰로스, 질화면 등 가연물과 산소를 동시에 가지고 있는 가연물이 연소하는 현상

(2) 액체의 연소

① **증발연소** : 알코올, 아세톤, **휘발유, 등유, 경유**와 같이 액체를 가열하면 증기가 되어 증기가 연소하는 현상

② 액적연소 : 벙커C유와 같이 가열하여 점도를 낮추어 버너 등을 사용하여 액체의 입자를 안개상으로 분출하여 연소하는 현상

(3) 기체의 연소

① **확산연소** : **수소, 아세틸렌**, 프로판, 부탄 등 화염의 안정 범위가 넓고 조작이 용이하여 역화의 위험이 없는 연소

② 폭발연소 : 밀폐된 용기에 공기와 혼합가스가 있을 때 점화되면 연소속도가 증가하여 폭발적으로 연소하는 현상

③ 예혼합연소 : 가연성 기체와 공기 중의 산소를 미리 혼합하여 연소하는 현상

■ 질소 : 산소와 반응은 하지만 발열반응이 아닌 흡열반응하는 물질

■ 불연성 기체
아르곤(Ar), 네온, 헬륨, 제논

■ 점화원이 될 수 없는 것
기화열, 액화열, 응고열, 냉매

■ 표면연소 : 목탄, 코크스, 숯, 금속분
■ 분해연소 : 목재

■ 증발연소 : 황, 나프탈렌, 촛불

■ 자기연소 : 공기 중의 산소를 필요로 하지 않고 물질 자체에 포함되어 있는 산소에 의하여 연소하는 것

■ 훈 소
착화에너지가 충분하지 않아 가연물이 발화되지 못하고 다량의 연기가 발생되는 연소현상

■ 비 화
화재 시 불티가 바람에 날려 먼 지역까지 날아가 가연물에 착화되는 현상

3 연소의 이상현상

(1) 역화(Back Fire)

① 연료가스의 분출속도가 연소속도보다 느릴 때 불꽃이 연소기의 내부로 들어가 혼합관 속에서 연소하는 현상

② 역화의 원인
- 버너가 과열될 때
- 혼합가스량이 너무 적을 때
- 연료의 분출속도가 연소속도보다 느릴 때
- 압력이 낮을 때
- 노즐의 부식으로 분출 구멍이 커진 경우

(2) 선화(Lifting)

연료가스의 분출속도가 연소속도보다 빠를 때 불꽃이 버너의 노즐에서 떨어져 나가서 연소하는 현상으로 완전 연소가 이루어지지 않으며 역화의 반대현상이다.

(3) 블로오프(Blow-off)현상

선화상태에서 연료가스의 분출속도가 증가하거나 주위 공기의 유동이 심하면 **화염**이 노즐에서 연소하지 못하고 **떨어져서 화염이 꺼지는 현상**

(4) 잔염시간

버너의 불꽃을 제거한 때부터 불꽃을 올리며 연소하는 상태가 그칠 때까지의 시간(20초 이내)

(5) 잔진시간

버너의 불꽃을 제거한 때부터 불꽃을 올리지 아니하고 연소하는 상태가 그칠 때까지의 시간(30초 이내)

4 연소에 따른 제반사항

(1) 비열(Specific Heat)

옆 여백 메모:

■ 역 화
  연소속도 > 분출속도

■ 선 화
  연소속도 < 분출속도

■ 블로오프
  분출속도가 증가하거나 주위의 공기 유동이 심하면 화염이 노즐에서 연소하지 못하고 떨어져서 화염이 꺼지는 현상

■ 비열이 가장 큰 것 : 물

■ 증발잠열이 가장 큰 것 : 물

① 1[cal] : 1[g]의 물체를 1[℃] 올리는 데 필요한 열량
② 1[BTU] : 1[lb]의 물체를 1[°F] 올리는 데 필요한 열량
③ 물의 비열 : 1[cal/g · ℃]

> 물을 소화약제로 사용하는 이유 : **비열과 증발잠열**이 크기 때문

(2) 잠열(Latent Heat)

어떤 물질이 온도는 변하지 않고 상태만 변화할 때 발생하는 열

① 증발잠열 : 액체가 기체로 될 때 출입하는 열
   (물의 **증발잠열 : 539[cal/g]**)
② 융해잠열 : 고체가 액체로 될 때 출입하는 열
   (물의 **융해잠열 : 80[cal/g]**)

■ 물의 기화(증발)잠열
 : 539[cal/g]

(3) 열량 계산

① 기본 단위
   ㉠ 1[J] = 0.24[cal] (0.2389[cal])
   ㉡ 1[cal] = 4.2[J] (4.184[J])
   ㉢ 1[kWh] = 860[kcal]

② 열량 : $Q = Cm\theta = Cm(T - T_0)[\text{kcal}]$

   여기서, C : 비열 (물비열 : C=1)
   　　　　m : 질량[kg], [L]
   　　　　θ : 온도차[℃]
   　　　　T : 변화 후 온도[℃]
   　　　　T_0 : 변화 전 온도[℃]

(4) 인화점(Flash Point) : 연소하한계

① 휘발성 물질에 불꽃을 접하여 발화될 수 있는 최저의 온도
② 가연성 증기를 발생할 수 있는 최저의 온도

> 여름철에 온도가 높으면 휘발유의 유증기가 발생하는데 이때 가연성 증기가 불꽃에 의하여 연소가 일어날 수 있는 최저 온도를 **인화점**이라 한다.

■ 인화점(인화온도)
 =연소하한계
 • 액체로부터 발생한 증기가 액체표면에서 연소범위의 하한계에 도달할 수 있는 최저 온도
 • 휘발성 물질에 불꽃을 접하여 발화될 수 있는 최저 온도
 • 다이메틸에테르 : −45[℃]
 • 이황화탄소 : −30[℃]

(5) 연소점(Fire Point)

어떤 물질이 연소 시 연소를 지속할 수 있는 최저 온도로서, **인화점**보다 **10[℃]** **높다.**

> 인화점 < 연소점 < 발화점

■ 연소점(연소온도)
 • 인화한 후 점화원을 제거하여도 계속 연소되는 최저 온도
 • 인화점(인화온도)보다 10[℃] 정도 높다.

■ 발화점(발화온도)
= 착화점(착화온도)
• 가연성 물질에 점화원을
접하지 않고 불이 붙는
최저 온도
• 황린 발화온도 : 34[℃]
• 인화점(인화온도), 연소점
(연소온도)과 무관하다.

■ 자연발화
가연물이 공기 중에서 산화
되어 산화열의 축적으로 발
화하는 현상

■ 산화열에 의한 발화
석탄, 기름종이, 고무분말

■ 미생물에 의한 발화
퇴비, 먼지

(6) 발화점(Ignition Point) : 착화점

가연성 물질에 점화원을 접하지 않고도 불이 일어나는 최저의 온도

① 자연발화의 형태
　㉠ 산화열에 의한 발화 : 석탄, 건성유, 고무분말, 기름종이
　㉡ 분해열에 의한 발화 : 나이트로셀룰로스
　㉢ **미생물**에 의한 발화 : **퇴비, 먼지**
　㉣ 흡착열에 의한 발화 : 목탄, 활성탄
　㉤ 중합열에 의한 발화 : 시안화수소

> 자연발화의 형태 : **산화열, 분해열, 미생물, 흡착열**

② 자연발화의 조건
　㉠ 주위의 **온도**가 **높을 것**
　㉡ **열전도율**이 **작을 것**
　㉢ **발열량**이 **클 것**
　㉣ 표면적이 넓을 것

③ 자연발화 방지법
　㉠ 습도를 낮게 할 것
　㉡ 통풍을 잘 시킬 것
　㉢ 주위의 온도를 낮출 것
　㉣ 불활성 가스를 주입하여 공기와 접촉을 피할 것

(7) 착화(발화)에너지

어떤 물질이 공기와 혼합하였을 때 점화원으로 발화하기 위해 필요한 최소한의
에너지

■ 착화에너지에 영향을
주는 인자
온도, 압력, 농도(조성),
혼입물

① 착화에너지에 영향을 주는 요인
　㉠ 온 도
　㉡ 압 력
　㉢ 농도(조성)
　㉣ 혼입물

② 착화에너지가 클 경우
　㉠ 압력이나 온도가 낮을 때
　㉡ 질소, 이산화탄소 등 불연성 가스를 투입할 때
　㉢ 가연물의 농도가 감소할 때
　㉣ 산소의 농도가 감소할 때

(8) 증기비중

$$증기비중 = \frac{분자량}{29}$$

① 공기의 조성 : 산소(O_2) 21[%], 질소(N_2) 78[%], 아르곤(Ar) 1[%] 등
② 공기의 평균분자량 $= (32 \times 0.21) + (28 \times 0.78) + (40 \times 0.01)$
$$= 28.96 \fallingdotseq 29$$

(9) 증기-공기밀도(Vapor-Air Density)

$$증기-공기밀도 = \frac{P_2 d}{P_1} + \frac{P_1 - P_2}{P_1}$$

여기서, P_1 : 대기압
P_2 : 주변온도에서의 증기압
d : 증기밀도

(10) 이산화탄소 농도

$$CO_2 = \left(\frac{21 - O_2}{21} \right) \times 100 [\%]$$

여기서, O_2 : 산소농도[%]

(11) 기체 부피에 관한 법칙

① 보일의 법칙 : 온도가 일정할 때 기체의 부피는 절대압력에 반비례한다.

$$P_1 V_1 = P_2 V_2$$

여기서, P_1, P_2 : 기압[atm], V_1, V_2 : 부피[m³]

② 샤를의 법칙 : 압력이 일정할 때 기체의 부피는 절대온도에 비례한다.

$$\frac{V_1}{T_1} = \frac{V_2}{T_2}$$

여기서, T_1, T_2 : 절대온도[K], V_1, V_2 : 부피[m³]

③ 보일-샤를의 법칙 : 기체가 차지하는 부피는 압력에 반비례하고, 절대온도에 비례한다.

$$\frac{P_1 V_1}{T_1} = \frac{P_2 V_2}{T_2}$$

여기서, P_1, P_2 : 기압[atm], V_1, V_2 : 부피[m³], T_1, T_2 : 절대온도[K]

■ 분자량
• 수소(H) = 1
• 질소(N) = 14
• 탄소(C) = 12
• 산소(O) = 16

■ 공기의 평균 분자량 : 29
■ 이산화탄소 분자량 : 44

■ 증기압 : 증기가 액체와 평행상태에 있을 때 증기가 새어나가려는 압력

■ 이산화탄소(CO_2) 농도
CO_2[%]
$= \left(\frac{21 - O_2}{21} \right) \times 100 [\%]$

■ 보일 법칙
• 온도(T) 일정
• 압력(P) $\propto \dfrac{1}{부피(V)}$

■ 샤를 법칙
• 압력(P) 일정
• 절대온도(T) $\propto$ 부피(V)

■ 밀도 $= \dfrac{분자량}{22.4[L]}$[g/L]
(메탄 : 0.714[g/L])

④ 이상기체 상태방정식

$$PV = nRT = \frac{W}{M}RT$$

여기서, P : 기압[atm], V : 부피[L], T : 절대온도[K], n : 몰수$\left(n = \frac{W}{M}\right)$

W : 질량[kg], M : 분자량, R : 기체상수(0.082[L·atm/g-mol·K])

5 연소생성물의 종류 및 특성

(1) 연소 생성물 4가지 : 열, 연기, 화염, 연소가스

> 연소가스 : 물질이 열분해 또는 연소할 때 발생

(2) 일산화탄소(CO)

① 화재 시 발생한 일산화탄소를 흡입하면 화학작용에 의해 헤모글로빈이 혈액의 산소 운반작용을 저해하여 사람을 질식·사망하게 한다.

② 0.2[%]의 농도로 1시간 정도 호흡 시 생명에 위협을 주는 독성가스

(3) 이산화탄소(CO_2)

연소가스 중 가장 많은 양을 차지하며, 가스 그 자체의 독성은 거의 없으나 다량을 흡입할 경우는 위험할 수 있다.

(4) 주요 연소생성물의 영향

가스	현상
$COCl_2$(포스겐)	매우 독성이 강한 가스로서 연소 시에는 거의 발생하지 않으나 사염화탄소약제 사용 시 발생한다.
CH_2CHCHO(아크롤레인)	**석유제품**이나 **유지류**가 연소할 때 생성
SO_2(아황산가스)	**황을 함유**하는 유기화합물이 **완전 연소** 시에 발생
H_2S(황화수소)	**황을 함유**하는 유기화합물이 **불완전 연소** 시에 발생, 달걀 썩는 냄새가 나는 가스
CO_2(이산화탄소)	연소가스 중 가장 많은 양을 차지, **완전 연소** 시 생성
CO(일산화탄소)	**불완전 연소** 시에 **다량 발생**, 혈액 중의 헤모글로빈(Hb)과 결합하여 혈액 중의 산소운반 저해하여 사망
HCl(염화수소)	PVC와 같이 염소가 함유된 물질의 연소 시 생성

6 열에너지(열원)의 종류

(1) 화학열

① 연소열 : 어떤 물질이 완전히 산화되는 과정에서 발생하는 열

사이드노트:
- 몰수[mol] = $\frac{무게}{분자량}$
- 연소생성물 4가지: 열, 연기, 화염, 연소가스
- 일산화탄소(CO): 연소가스 중 인체에서 혈액의 산소운반을 저해하여 사람을 질식·사망하게 하는 독성가스
- 완전 연소 시 연소생성물 : 이산화탄소(CO_2), 물(H_2O)
- HCN(시안화수소)
  - 맹독성 유독가스
  - 인체에 노출될 때 가장 위험한 물질
  - 증기비중이 가장 작다.
  - 폴리우레탄 연소 시 발생
- 화학적 점화에너지: 연소, 분해, 용해, 자연발화

② **분해열** : 어떤 화합물이 **분해할 때** 발생하는 열

③ **용해열** : 어떤 물질이 액체에 용해될 때 발생하는 열

④ **자연발화** : 어떤 물질이 외부열의 공급 없이 온도가 상승하여 발화점 이상에서 연소하는 현상

■ 햇볕에 노출된 기름걸레의 자연발화 원인 : 산화열 축적

(2) 전기열

① **저항열** : 도체에 전류가 흐르면 전기저항 때문에 전기에너지의 일부가 열로 변할 때 발생하는 열

② **유전열** : 누설전류에 의해 절연물질이 가열하여 절연이 파괴되어 발생하는 열

③ **유도열** : 도체 주위에 변화하는 자장이 존재하면 전위차를 발생하고 이 전위차로 전류의 흐름이 일어나 도체의 저항 때문에 발생하는 열

④ **정전기열** : 정전기가 방전할 때 발생하는 열

⑤ **아크열** : 아크의 온도는 매우 높기 때문에 가연성이나 인화성 물질을 점화시킬 수 있다.

■ 전기적 점화에너지
  저항, 유전, 유도, 정전기, 아크

• **정전기 방지법**
  - 접지할 것
  - 상대습도를 70[%] 이상으로 할 것
  - 공기를 이온화할 것
  - 유속을 1[m/s] 이하로 할 것
• **정전기에 의한 발화과정**
  전하의 발생 → 전하의 축적 → 방전 → 발화

■ 정전기 방지법
  • 접지할 것
  • 상대습도를 70[%] 이상으로 높일 것

(3) 기계열

① **마찰열** : 두 물체를 마주대고 마찰시킬 때 발생하는 열

② **압축열** : 기체를 압축할 때 발생하는 열

③ **마찰스파크열** : 금속과 고체물체가 충돌할 때 발생하는 열

■ 기계적 점화에너지
  마찰열, 압축열, 마찰스파크

7 열의 전달

(1) 전도(Conduction)

어떠한 매개체를 통해 열에너지가 전달되는 현상

(2) 대류(Convection)

유체(액체, 기체)에서 대류현상에 의해 열이 전달되는 현상

(3) 복사(Radiation)

열에너지가 전자파로서 전달되는 현상

■ 열에너지 전달
  : 대류, 전도, 복사(방사)

■ 열전도와 관계 있는 요소
  : 열전도율, 온도, 비열, 밀도, 열전달면적, 열저항

■ 열전도율 단위
  [W/m·K]

■ 슈테판-볼츠만 법칙
  복사열(Q) ∝ 절대온도⁴(T^4)

> **복사와 관련 법칙**
> • 슈테판-볼츠만(Stefan-Boltzman)법칙 : 복사열은 절대온도의 4제곱에 비례하고
>   열전달면적에 비례한다.
> $$Q = aAF(T_1^4 - T_2^4)[\text{kcal/h}]$$
> $$Q_1 : Q_2 = (T_1 + 273)^4 : (T_2 + 273)^4$$

8 유류탱크에서 발생하는 현상

(1) 보일오버(Boil Over)

■ 보일오버
  탱크저부의 물이 급격히 증
  발하여 기름이 탱크 밖으로
  화재를 동반하여 방출하는
  현상

① 중질유탱크에서 장시간 조용히 연소하다가 탱크의 잔존기름이 갑자기 분출
   (Over Flow)하는 현상

② 유류탱크 바닥에 물 또는 물–기름에 에멀션이 섞여 있을 때 화재가 발생하는
   현상

③ 연소유면으로부터 100[℃] 이상의 열파가 탱크저부에 고여 있는 물을 비등하
   게 하면서 연소유를 탱크 밖으로 비산하며 연소하는 현상

(2) 슬롭오버(Slop Over)

■ 슬롭오버
  연소유면 화재 시 포를 방출
  하면 물과 기름이 끓어서 넘
  치는 현상(식용유)

연소유면 화재 시 포를 방출하게 되면 기름 하부에 물이 끓어서 물과 기름이
외부로 넘치는 현상

(3) 프로스오버(Froth Over)

■ 프로스오버
  물의 점도가 높은 유류탱크
  의 바닥에서 끓어 넘치는 현
  상(화재를 수반하지 않는
  다)

화재가 아닌 경우로 물이 고점도(중질유) 아래에서 비등할 때 탱크 밖으로 물과
기름이 거품과 함께 넘치는 현상(예 뜨거운 아스팔트가 물이 채워진 탱크차에
옮겨질 때 많이 발생)

9 가스탱크에서 발생하는 현상

(1) 블레비(BLEVE)

■ 블레비 현상
  • 액화가스 저장탱크에서
    발생
  • 액화가스 저장용기가 과
    열로 파손되어 가스가 분
    출된 후 불이 붙어 폭발
    하는 현상
  • 관련 현상
    – 가연성 액체
    – 화구의 형성
    – 복사열 대방출

액화가스 저장탱크 주위에 화재가 발생하면 기상부 탱크 상부가 국부적으로
가열되고, 강도 저하에 따라 파열되어 내부의 가스가 분출되면서 화구를 형성,
폭발하는 것을 말한다.

1-2 출제예상문제

01
다음 중 가연성 물질이 산소와 급격히 화합할 때 열과 빛을 내는 현상에 해당하는 것은?

① 복 사
② 기 화
③ 응 고
④ 연 소

해설 **연소** : 가연성 물질이 산소와 급격히 화합할 때 열과 빛을 동반하는 급격한 산화현상

답 ④

02
다음 중 연소와 가장 관계 깊은 화학반응은?

① 중화반응
② 치환반응
③ 환원반응
④ 산화반응

해설 연소는 물질이 빛이나 열 또는 불꽃을 내면서 빠르게 산소와 결합하는 반응이다.

답 ④

03
연소에 대한 설명으로 옳은 것은?

① 환원반응이 이루어진다.
② 산소를 발생한다.
③ 빛과 열을 수반한다.
④ 연소생성물은 액체이다.

해설 **연소** : 물질이 빛과 열을 내며 타는 현상

답 ③

04
다음 중 연소속도와 가장 관계가 깊은 것은?

① 증발속도
② 환원속도
③ 산화속도
④ 혼합속도

해설 연소속도 = 산화속도

답 ③

05
다음 중 연소현상과 관계가 없는 것은?

① 부탄가스라이터에 불을 붙였다.
② 황린을 공기 중에 방치했더니 불이 붙었다.
③ 알코올램프에 불을 붙였다.
④ 공기 중에 노출된 쇠못이 붉게 녹이 슬었다.

해설 공기 중에 노출된 쇠못이 붉게 녹이 스는 건 산화현상이고, 연소현상은 가연물이 산소와 반응하여 **열과 빛을 동반하는 급격한 산화현상**이다.

답 ④

06
불꽃의 색상을 저온으로부터 고온 순서로 옳게 나열한 것은?

① 암적색, 휘백색, 황적색
② 휘백색, 암적색, 황적색
③ 암적색, 황적색, 휘백색
④ 휘백색, 황적색, 암적색

해설 **연소의 색과 온도**

색 상	담암적색	암적색	적 색	휘적색
온도[℃]	520	700	850	950

색 상	황적색	백적색	휘백색
온도[℃]	1,100	1,300	1,500 이상

답 ③

07
연소 시 백적색의 온도는 약 몇 [℃] 정도 되는가?

① 400
② 650
③ 750
④ 1,300

해설 **백적색** 온도 : 1,300[℃]

답 ④

08

연소 시 암적색 불꽃의 온도는 약 몇 [℃] 정도인가?

① 700[℃]　　　　　② 950[℃]

③ 1,100[℃]　　　　④ 1,300[℃]

해설 암적색 온도 : 700[℃]

답 ①

09

화재에 관한 설명으로 옳은 것은?

① PVC저장창고에서 발생한 화재는 D급 화재이다.

② PVC저장창고에서 발생한 화재는 B급 화재이다.

③ 연소의 색상과 온도와의 관계를 고려할 때 일반적으로 암적색보다는 휘적색의 온도가 높다.

④ 연소의 색상과 온도와의 관계를 고려할 때 일반적으로 휘백색보다는 휘적색의 온도가 높다.

해설 화재와 연소온도
- PVC저장창고에서 발생한 화재 A급 화재이다.
- 연소의 색과 온도

색 상	온도[℃]
담암적색	520
암적색	700
적 색	850
휘적색	950
황적색	1,100
백적색	1,300
휘백색	1,500 이상

답 ③

10

화씨 95도를 켈빈(Kelvin)온도로 나타내면 약 몇 [K]인가?

① 178　　　　　② 252

③ 308　　　　　④ 368

해설 $[℃] = \dfrac{5}{9} \times ([℉] - 32) = \dfrac{5}{9} \times (95 - 32) = 35[℃]$

켈빈온도 : $K = 273 + [℃] = 273 + 35 = 308[K]$

답 ③

11

섭씨 30도는 랭킨(Rankine)온도로 나타내면 몇 도인가?

① 546도　　　　　② 515도

③ 498도　　　　　④ 463도

해설 랭킨온도

• $[R] = 460 + [℉]$　　• $[℉] = 1.8 \times [℃] + 32$

$[℉] = 1.8 \times [℃] + 32 = (1.8 \times 30) + 32 = 86[℉]$

랭킨온도 : $[R] = 460 + [℉] = 460 + 86 = 546[R]$

답 ①

12

연소의 3요소가 아닌 것은?

① 가연물　　　　　② 촉 매

③ 산 소　　　　　④ 점화원

해설 연소의 3요소 : 가연물, 산소공급원, 점화원

답 ②

13

그림에 표현된 불꽃연소의 기본요소 중 ( ) 안에 해당되는 것은?

① 열분해 증발고체

② 기 체

③ 순조로운 연쇄반응

④ 풍 속

온 도 / 산 소 / 연 료 / ( )

해설 연소의 4요소 : 가연물, 산소, 점화원(열), 순조로운 연쇄반응

답 ③

14

가연물이 되기 위한 조건으로 가장 거리가 먼 것은?

① 열전도율이 클 것

② 산소와 친화력이 좋을 것

③ 비표면적이 넓을 것

④ 활성화 에너지가 작을 것

해설 가연물의 구비조건
- **열전도율**이 작을 것
- 발열량이 클 것
- 표면적이 넓을 것
- 산소와 친화력이 좋을 것
- 활성화 에너지가 작을 것

답 ①

15
연소를 위한 가연물의 조건으로 옳지 않은 것은?

① 산소와 친화력이 크고 발열량이 클 것
② 열전도율이 작을 것
③ 연소 시 흡열반응을 할 것
④ 활성화에너지가 작을 것

해설 연소 시 발열반응을 하여야 가연물이 될 수 있다.
답 ③

16
다음 중 고체가연물이 덩어리보다 가루일 때 연소되기 쉬운 이유로 가장 적합한 것은?

① 발열량이 작아지기 때문이다.
② 공기와 접촉면이 커지기 때문이다.
③ 열전도율이 커지기 때문이다.
④ 활성화에너지가 커지기 때문이다.

해설 고체의 가연물이 가루일 때에는 공기와 접촉면적이 크기 때문에 연소가 잘 된다.
답 ②

17
다음 중 인화성 액체의 발화원으로 가장 거리가 먼 것은?

① 전기불꽃   ② 냉 매
③ 마찰스파크   ④ 화 염

해설 발화원 : 전기불꽃, 마찰스파크, 화염
답 ②

18
점화원이 될 수 없는 것은?

① 정전기
② 기화열
③ 금속성 불꽃
④ 전기 스파크

해설 점화원이 될 수 없는 것 : 기화열, 액화열, 응고열
답 ②

19
다음 점화원 중 기계적인 원인으로만 구성된 것은?

① 산화, 중합   ② 산화, 분해
③ 중합, 화합   ④ 충격, 마찰

해설 기계적인 원인 : 충격, 마찰
답 ④

20
다음 중 표면연소에 대한 설명으로 올바른 것은?

① 목재가 산소와 결합하여 일어나는 불꽃연소현상
② 종이가 정상적으로 화염을 내면서 연소하는 현상
③ 오일이 기화하여 일어나는 연소현상
④ 코크스나 숯의 표면에서 산소와 접촉하여 일어나는 연소현상

해설 표면연소
목탄, 코크스, 숯, 금속분 등이 열분해에 의하여 가연성 가스를 발생하지 않고 그 물질 자체가 연소하는 현상
답 ④

21
주된 연소의 형태가 표면연소에 해당하는 물질이 아닌 것은?

① 숯   ② 나프탈렌
③ 목 탄   ④ 금속분

해설 나프탈렌 : 증발연소
답 ②

22
주된 연소의 형태가 분해연소인 물질은?

① 코크스   ② 알코올
③ 목 재   ④ 나프탈렌

해설 분해연소 : 석탄, 종이, 목재, 플라스틱 등의 연소 시 열분해에 의해 발생된 가스와 공기가 혼합하여 연소하는 현상

종 류	코크스	알코올	목 재	나프탈렌
연소형태	표면연소	증발연소	분해연소	증발연소

답 ③

23

촛불의 연소형태에 해당하는 것은?

① 표면연소　　　　　② 분해연소
③ 증발연소　　　　　④ 자기연소

해설 **증발연소**
　황, 나프탈렌, **촛불**, 파라핀 등과 같이 고체를 가열하면 열분해는 일어나지 않고 고체가 액체로 되어 일정온도가 되면 액체가 기체로 변화하여 기체가 연소하는 현상

　　　　　　　　　　　　　　　　답 ③

24

유황의 주된 연소 형태는?

① 확산연소　　　　　② 증발연소
③ 분해연소　　　　　④ 자기연소

해설 **증발연소**
　황, 나프탈렌, 촛불, 파라핀 등과 같이 고체를 가열하면 열분해는 일어나지 않고 고체가 액체로 되어 일정온도가 되면 액체가 기체로 변화하여 기체가 연소하는 현상

　　　　　　　　　　　　　　　　답 ②

25

공기 중의 산소를 필요로 하지 않고 물질 자체에 포함되어 있는 산소에 의하여 연소하는 것은?

① 확산연소　　　　　② 분해연소
③ 자기연소　　　　　④ 표면연소

해설 **자기연소** : 공기 중의 산소를 필요로 하지 않고 제5류 위험물처럼 물질 자체에 포함되어 있는 산소에 의하여 연소하는 것

　　　　　　　　　　　　　　　　답 ③

26

가연물의 주된 연소형태를 잘못 연결한 것은?

① 자기연소 - 석탄
② 분해연소 - 목재
③ 증발연소 - 유황
④ 표면연소 - 숯

해설 **연소형태**

종류	자기연소	분해연소	증발연소	표면연소
연소형태	나이트로셀룰로스, 셀룰로이드 등, 제5류 위험물	종이, 목재, **석탄**, 플라스틱	유황, 나프탈렌, 파라핀, 왁스, 제4류 위험물	목탄, 코크스, 숯, 금속분

　　　　　　　　　　　　　　　　답 ①

27

착화에너지가 충분하지 않아 가연물이 발화되지 못하고 다량의 연기가 발생되는 연소형태는?

① 훈 소　　　　　　② 표면연소
③ 분해연소　　　　　④ 이산화탄소

해설 **훈소** : 착화에너지가 충분하지 않아 가연물이 발화되지 못하고 다량의 연기가 발생되는 연소현상

　　　　　　　　　　　　　　　　답 ①

28

화재 시 불티가 바람에 날리거나 상승하는 열기류에 휩쓸려 멀리 있는 가연물에 착화되는 현상은?

① 비 화　　　　　　② 전 도
③ 대 류　　　　　　④ 복 사

해설 **비화** : 화재현장에서 불티가 바람에 날려 먼 지역까지 날아가 가연물에 착화하는 현상

　　　　　　　　　　　　　　　　답 ①

29

공기의 요동이 심하면 불꽃이 노즐에 정착하지 못하고 떨어지게 되어 꺼지는 현상을 무엇이라 하는가?

① 역 화　　　　　　② 블로오프
③ 불완전 연소　　　　④ 플래시오버

해설 **블로오프(Blow-off)현상** : 선화상태에서 연료가스의 분출속도가 증가하거나 주위 공기의 유동이 심하면 **화염**이 노즐에서 연소하지 못하고 **떨어져서 화염이 꺼지는 현상**

　　　　　　　　　　　　　　　　답 ②

30

버너의 불꽃을 제거한 때부터 불꽃을 올리며 연소하는 상태가 끝날 때까지의 시간은?

① 10초 이내　　　　② 20초 이내
③ 30초 이내　　　　④ 40초 이내

해설 **잔염, 잔진시간**
• 잔염시간 : 버너의 불꽃을 제거한 때부터 불꽃을 올리며 연소하는 상태가 그칠 때까지의 시간(20초 이내)
• 잔진시간 : 버너의 불꽃을 제거한 때부터 불꽃을 올리지 아니하고 연소하는 상태가 그칠 때까지의 시간(30초 이내)

　　　　　　　　　　　　　　　　답 ②

31

버너의 불꽃을 제거한 때부터 불꽃을 올리지 아니하고 연소하는 상태가 그칠 때까지의 시간은?

① 방진시간   ② 방염시간
③ 잔진시간   ④ 잔염시간

해설 버너의 불꽃을 제거한 때부터 불꽃을 올리지 아니하고 연소하는 상태가 그칠 때까지의 시간 : 잔진시간

답 ③

32

다음 중 비열이 가장 큰 것은?

① 물   ② 금
③ 수 은   ④ 철

해설 물의 비열은 1[cal/g · ℃]로서 가장 크다.

답 ①

33

다음 중 증발잠열[kJ/kg]이 가장 큰 것은?

① 질 소   ② 할론 1301
③ 이산화탄소   ④ 물

해설 증발잠열

소화약제	질 소	할론 1301	이산화탄소	물
증발잠열 [kJ/kg]	48	119	576.6	2,255.2

※ 물의 증발잠열은 539[kcal/kg]이고,
　1[kcal] = 4.184[kJ]이다.

답 ④

34

물의 기화열이 539[cal]인 것은 어떤 의미인가?

① 0[℃]의 물 1[g]이 얼음으로 변하는 데 539[cal]의 열량이 필요하다.
② 0[℃]의 얼음 1[g]이 물로 변하는 데 539[cal]의 열량이 필요하다.
③ 0[℃]의 물 1[g]이 100[℃]의 물로 변하는 데 539[cal]의 열량이 필요하다.
④ 100[℃]의 물 1[g]이 수증기로 변하는 데 539[cal]의 열량이 필요하다.

해설 물의 기화열 : 100[℃]의 물 1[g]이 수증기로 변하는 데 539[cal]의 열량이 필요하다.

답 ④

35

1[kcal]의 열은 약 몇 [J]에 해당하는가?

① 5,262   ② 4,184
③ 3,943   ④ 3,330

해설 1[cal] = 4.184[J]이므로 1[kcal] = 4,184[J]

답 ②

36

1기압, 100[℃]에서의 물 1[g]의 기화잠열은 약 몇 [cal]인가?

① 425   ② 539
③ 647   ④ 734

해설 물의 기화(증발)잠열 : 539[cal/g]
　　　 얼음의 융해잠열 : 80[cal/g]

답 ②

37

22[℃]의 물 1[t]을 소화약제로 사용하여 모두 증발시켰을 때 얻을 수 있는 냉각효과는 몇 [kcal]인가?

① 539   ② 617
③ 539,000   ④ 617,000

해설 열량
$$Q = Cm\theta + \gamma \cdot m$$
$$= Cm(T - T_0) + \gamma \cdot m$$
$$= 1,000[\text{kg}] \times 1[\text{kcal/kg} \cdot ℃] \times (100-22)[℃]$$
$$+ (539[\text{kcal/kg}] \times 1,000[\text{kg}])$$
$$= 617,000[\text{kcal}]$$

답 ④

38

가연성 액체로부터 발생한 증기가 액체표면에서 연소범위의 하한계에 도달할 수 있는 최저 온도를 의미하는 것은?

① 비 점   ② 연소점
③ 발화점   ④ 인화점

해설 인화점 : 액체로부터 발생한 증기가 액체표면에서 연소범위의 하한계에 도달할 수 있는 최저 온도

답 ④

39

가연성 액체에서 발생하는 증기와 공기의 혼합기체에 불꽃을 대었을 때 연소가 일어나는 최저 온도를 무엇이라 하는가?

① 발화점
② 인화점
③ 연소점
④ 착화점

해설 인화점(Flash Point) : 휘발성 물질에 불꽃을 접하여 발화될 수 있는 최저의 온도

답 ②

40

다음 중 인화점이 가장 낮은 것은?

① 경 유
② 메틸알코올
③ 이황화탄소
④ 등 유

해설 인화점

종 류	인화점[℃]
경 유	50~70
메틸알코올	11
이황화탄소	−30
등 유	40~70

답 ③

41

인화점이 낮은 것부터 높은 순서로 옳게 나열된 것은?

① 아세톤 < 이황화탄소 < 에틸알코올
② 이황화탄소 < 에틸알코올 < 아세톤
③ 에틸알코올 < 아세톤 < 이황화탄소
④ 이황화탄소 < 아세톤 < 에틸알코올

해설 인화점

종 류	이황화탄소	아세톤	에틸알코올
인화점[℃]	−30	−18	13

답 ④

42

다음 중 인화점이 가장 낮은 물질은?

① 메틸에틸케톤
② 벤 젠
③ 에탄올
④ 다이에틸에테르

해설 인화점

종 류	품 명	인화점[℃]
메틸에틸케톤	제1석유류	−7
벤 젠	제1석유류	−11
에탄올	알코올류	13
다이에틸에테르	특수인화물	−45

답 ④

43

기온이 20[℃]인 실내에서 인화점이 70[℃]인 가연성의 액체표면에 성냥불 한 개를 던지면 어떻게 되는가?

① 즉시 불이 붙는다.
② 불이 붙지 않는다.
③ 즉시 폭발한다.
④ 즉시 불이 붙고 3~5초 후에 폭발한다.

해설 기온이 20[℃]인 실내에서 인화점이 70[℃]인 가연성의 액체표면에 점화원(성냥불)이 있으면 불이 붙지 않는다.

> 액체 위험물은 인화점 이상이 되면 불이 붙는다.

답 ②

44

다음 중 인화성 물질이 아닌 것은?

① 기어유
② 질 소
③ 이황화탄소
④ 에테르

해설 질소는 불연성 물질이다.

답 ②

45

연소점에 관한 설명으로 옳은 것은?

① 점화원 없이 스스로 불이 붙는 최저 온도
② 산화하면서 발생된 열이 축적되어 불이 붙는 최저 온도
③ 점화원에 의해 불이 붙는 최저 온도
④ 인화 후 일정시간 이상 연소상태를 계속 유지할 수 있는 온도

해설 연소점 : 인화한 후 점화원을 제거하여도 계속 연소되는 최저 온도

답 ④

46

다음 중 발화점이 가장 낮은 것은?

① 황화인
② 적 린
③ 황 린
④ 유 황

해설 발화점

종 류	황화인 (삼황화인)	적 린	황 린	유황 (고무상 황)
착화온도	100[℃]	260[℃]	34[℃]	360[℃]

답 ③

47

발화온도 500[℃]에 대한 설명으로 다음 중 가장 옳은 것은?

① 500[℃]로 가열하면 산소 공급 없이 인화한다.
② 500[℃]로 가열하면 공기 중에서 스스로 타기 시작한다.
③ 500[℃]로 가열하여도 점화원이 없으면 타지 않는다.
④ 500[℃]로 가열하면 마찰열에 의하여 연소한다.

해설 발화온도 500[℃]란 점화원이 없어도 500[℃]가 되면 공기 중에서 스스로 타기 시작한다.

답 ②

48

가연물이 공기 중에서 산화되어 산화열의 축적으로 발화되는 현상은?

① 분해연소
② 자기연소
③ 자연발화
④ 폭 굉

해설 자연발화 : 가연물이 공기 중에서 산화되어 산화열이 축적으로 발화되는 현상

답 ③

49

일반적인 자연발화 예방대책으로 옳지 않은 것은?

① 습도를 높게 유지한다.
② 통풍을 양호하게 한다.
③ 열의 축적을 방지한다.
④ 주위 온도를 낮게 한다.

해설 자연발화 방지대책
• 습도를 낮게 할 것
• 주위의 온도를 낮출 것
• 통풍을 잘 시킬 것
• 불활성 가스를 주입하여 공기와 접촉을 피할 것
• 가능한 입자를 크게 할 것

답 ①

50

다음 중 자연발화가 일어나기 쉬운 조건이 아닌 것은?

① 열전도율이 클 것
② 적당량의 수분이 존재할 것
③ 주위의 온도가 높을 것
④ 표면적이 넓을 것

해설 자연발화의 조건
• 주위의 온도가 높을 것
• 열전도율이 적을 것
• 발열량이 클 것
• 표면적이 넓을 것
• 적당한 수분이 존재할 것

답 ①

51

자연발화의 원인이 되는 열의 발생 형태가 다른 것은?

① 기름종이
② 고무분말
③ 석 탄
④ 퇴 비

해설 자연발화의 형태
• 산화열에 의한 발화 : 석탄, 건성유, 고무분말
• 분해열에 의한 발화 : 나이트로셀룰로스
• 미생물에 의한 발화 : 퇴비, 먼지
• 흡착열에 의한 발화 : 목탄, 활성탄

답 ④

52

물질의 증기비중을 옳게 나타낸 것은?(단, 수식에서 분자, 분모의 단위는 모두 [g/mol]이다)

① $\dfrac{분자량}{22.4}$
② $\dfrac{분자량}{29}$
③ $\dfrac{분자량}{44.8}$
④ $\dfrac{분자량}{100}$

해설 증기비중 $= \dfrac{분자량}{29}$

답 ②

53

이산화탄소의 증기비중은 약 얼마인가?

① 0.81　　　　　　② 1.52
③ 2.02　　　　　　④ 2.51

해설 이산화탄소는 CO_2로서 분자량이 44이다.

$$증기비중 = \frac{분자량}{29}$$

∴ 이산화탄소의 증기비중 $= \frac{44}{29} \fallingdotseq 1.52$

답 ②

54

Halon 1301의 증기비중은 약 얼마인가?(단, 원자량은 C 12, F 19, Br 80, Cl 35.5이고, 공기의 평균분자량은 29이다)

① 4.14　　　　　　② 5.14
③ 6.14　　　　　　④ 7.14

해설 할론 1301 : CF_3Br
비중 : $12 + 19 \times 3 + 80 = 149$

$$증기비중 = \frac{분자량}{공기의\ 평균분자량} = \frac{분자량}{29}$$

증기비중 $= \frac{149}{29} \fallingdotseq 5.14$

답 ②

55

다음 중 증기비중이 가장 큰 것은?

① 이산화탄소　　　② 할론 1301
③ 할론 2402　　　④ 할론 1211

해설 • 분자량

종 류	이산화탄소	할론 1301	할론 2402	할론 1211
화학식	CO_2	CF_3Br	$C_2F_4Br_2$	CF_2ClBr
분자량	44	148.9	259.8	165.4

• 증기비중

$$증기비중 = \frac{분자량}{29}$$

이산화탄소 $= 44/29 \fallingdotseq 1.52$
할론 1301 $= 148.9/29 \fallingdotseq 5.13$
할론 2402 $= 259.8/29 \fallingdotseq 8.96$
할론 1211 $= 165.4/29 \fallingdotseq 5.70$

답 ③

56

소화를 하기 위한 사용농도를 알 수 있다면 CO_2 소화약제 사용 시 최소 소화농도를 구하는 식은?

① $CO_2[\%] = 21 \times \left(\dfrac{100 - O_2[\%]}{100} \right)$

② $CO_2[\%] = \left(\dfrac{21 - O_2[\%]}{21} \right) \times 100$

③ $CO_2[\%] = 21 \times \left(\dfrac{O_2[\%]}{100} - 1 \right)$

④ $CO_2[\%] = \left(\dfrac{21 \times O_2[\%]}{100} - 1 \right)$

해설 이산화탄소의 농도
$$CO_2[\%] = \left(\frac{21 - O_2[\%]}{21} \right) \times 100$$

답 ②

57

화재 시 이산화탄소를 방출하여 산소농도를 13[vol%]로 낮추어 소화하기 위한 공기 중의 이산화탄소의 농도는 약 몇 [vol%]인가?

① 95　　　　　　② 258
③ 38.1　　　　　④ 61.5

해설 이산화탄소의 소화농도
$$CO_2[\%] = \frac{(21 - O_2)}{21} \times 100$$

∴ $CO_2 = \dfrac{21 - 13}{21} \times 100 \fallingdotseq 38.1[\%]$

답 ③

58

밀폐된 공간에 이산화탄소를 방사하여 산소의 체적농도를 12[%] 되게 하려면 상대적으로 방사된 이산화탄소의 농도는 얼마가 되어야 하는가?

① 25.40[%]　　　② 28.70[%]
③ 38.35[%]　　　④ 42.86[%]

해설 이산화탄소의 농도
$$CO_2 = \frac{21 - O_2}{21} \times 100 = \frac{21 - 12}{21} \times 100$$
$$= 42.86[\%]$$

답 ④

59

실내에서 화재가 발생하여 실내의 온도가 21[℃]에서 650[℃]로 되었다면 공기의 팽창은 처음의 약 몇 배가 되는가?(단, 대기압은 공기가 유동하여 화재 전후가 같다고 가정한다)

① 3.14   ② 4.27
③ 5.69   ④ 6.01

해설 샤를의 법칙을 적용하면

$$V_2 = V_1 \times \frac{T_2}{T_1}$$

$$\therefore \ V_2 = V_1 \times \frac{T_2}{T_1} = 1 \times \frac{(273+650)}{(273+21)} = 3.14$$

답 ①

60

위험물 압력이 0.3[MPa]이고 온도가 0[℃]인 가스가 들어 있을 때 화재로 인하여 100[℃]까지 가열되었다면 압력은 약 몇 [MPa]인가?(단, 이상기체로 가정한다)

① 0.41   ② 0.52
③ 0.63   ④ 0.74

해설 보일-샤를의 법칙을 이용하면

$$P_2 = P_1 \times \frac{T_2}{T_1} \times \frac{V_1}{V_2} = 0.3[\text{MPa}] \times \frac{(100+273)[\text{K}]}{(0+273)[\text{K}]}$$

$$= 0.41[\text{MPa}]$$

답 ①

61

건물 내에서 화재가 발생하여 실내온도가 20[℃]에서 600[℃]까지 상승하였다면 온도 상승만으로 건물 내외 공기 부피는 처음의 약 몇 배 정도 팽창하는가? (단, 화재로 인한 압력의 변화는 없다고 가정한다)

① 3   ② 9
③ 15   ④ 30

해설 보일-샤를의 법칙 : 기체가 차지하는 부피는 압력에 반비례하고 절대온도에 비례한다.

$$\frac{P_1 V_1}{T_1} = \frac{P_2 V_2}{T_2},$$

$$V_2 = V_1 \times \frac{P_1}{P_2} \times \frac{T_2}{T_1}$$

$$\therefore \ V_2 = V_1 \times \frac{P_1}{P_2} \times \frac{T_2}{T_1}$$

$$= 1 \times \frac{(273+600)[\text{K}]}{(273+20)[\text{K}]} = 2.98$$

답 ①

62

0[℃], 1기압에서 11.2[L]의 기체질량이 22[g]이었다면 이 기체의 분자량은 얼마인가?(단, 이상기체라고 생각한다)

① 22   ② 35
③ 44   ④ 56

해설 풀이방법

- 표준상태에서 어떤 기체 1[g-mol]이 차지하는 부피는 22.4[L]이므로

$$\therefore \ \frac{22.4[\text{L}]}{11.2[\text{L}]} \times 22[\text{g}] = 44(\text{분자량 : } 44\text{이다})$$

- 이상기체상태 방정식

$$PV = nRT = \frac{W}{M}RT$$

P : 압력
V : 부피
n : [mol]수(무게/분자량)
W : 무게
M : 분자량
R : 기체상수(0.08205[L·atm/g-mol·K])
T : 절대온도(273+[℃])

$$\therefore \ M = \frac{WRT}{PV} = \frac{22[\text{g}] \times 0.08205 \times 273}{1 \times 11.2[\text{L}]} = 44$$

답 ③

63

0[℃], 1기압에서 44.8[m³]의 용적을 가진 이산화탄소를 액화하여 얻을 수 있는 액화탄산가스의 무게는 몇 [kg]인가?

① 88   ② 44
③ 22   ④ 11

해설 이상기체 상태방정식을 적용하면

$$PV = nRT = \frac{W}{M}RT, \ W = \frac{PVM}{RT}$$

여기서, P : 압력(1[atm])
V : 부피(44.8[m³])
n : mol수(무게/분자량)

W : 무게[kg]

M : 분자량(이산화탄소 $CO_2 = 44$)

R : 기체상수($0.08205[m^3 \cdot atm/kg-mol \cdot K]$)

T : 절대온도($273 + 0[℃] = 273[K]$)

$$\therefore W = \frac{PVM}{RT} = \frac{1 \times 44.8 \times 44}{0.08025 \times 273} = 88.0[kg]$$

답 ①

64

증기압에 대한 설명으로 옳은 것은?

① 표면장력에 의해 물체를 들어 올리는 힘을 말한다.

② 원자의 중량에 비례하는 압력을 말한다.

③ 증기가 액체와 평형상태에 있을 때 증기가 새어 나가려는 압력을 말한다.

④ 같은 온도와 압력에서 기체와 같은 부피의 순수공기 무게를 말한다.

해설 증기압 : 증기가 액체와 평형상태에 있을 때 증기가 새어 나가려는 압력

답 ③

65

표준상태에서 메탄가스의 밀도는 몇 [g/L]인가?

① 0.21   ② 0.41

③ 0.71   ④ 0.91

해설 메탄의 밀도

$$밀도 = \frac{분자량}{22.4[L]}$$

$$\therefore 밀도 = \frac{분자량}{22.4[L]} = \frac{16[g]}{22.4[L]} = 0.714[g/L]$$

답 ③

66

다음 중 착화온도가 가장 낮은 것은?

① 에틸알코올   ② 톨루엔

③ 등 유   ④ 가솔린

해설 착화온도

종 류	에틸알코올	톨루엔	등 유	가솔린
온도[℃]	423	552	220	약 300

답 ③

67

다음 중 착화온도가 가장 낮은 것은?

① 아세톤   ② 휘발유

③ 이황화탄소   ④ 벤 젠

해설 착화온도

종 류	아세톤	휘발유	이황화탄소	벤 젠
착화 온도	538[℃]	약 300[℃]	100[℃]	562[℃]

답 ③

68

화재 시에 발생하는 연소생성물을 크게 4가지로 분류할 수 있다. 이에 해당되지 않는 것은?

① 연 기   ② 화 염

③ 열   ④ 산 소

해설 연소생성물 : 연소가스, 연기, 화염, 열

답 ④

69

화재 시 발생하는 연소가스에 대한 설명으로 가장 옳은 것은?

① 물체가 열분해 또는 연소할 때 발생할 수 있다.

② 주로 산소를 발생한다.

③ 완전연소할 때만 발생할 수 있다.

④ 대부분 유독성이 없다.

해설 연소가스는 물질이 열분해 또는 연소할 때 발생한다.

답 ①

70

다음 연소생성물 중 인체에 가장 독성이 높은 것은?

① 이산화탄소

② 일산화탄소

③ 황화수소

④ 포스겐

해설 포스겐은 사염화탄소가 산소, 물과 반응할 때 발생하는 맹독성 가스로서 인체에 대한 독성이 가장 높다.

답 ④

71

화재 시 발생하는 연소가스 중 인체에서 혈액의 산소 운반을 저해하고 두통, 근육조절의 장애를 일으키는 것은?

① CO_2
② CO
③ HCN
④ H_2S

해설 주요 연소생성물의 영향

가스	현 상
$COCl_2$ (포스겐)	매우 독성이 강한 가스로서 연소 시에는 거의 발생하지 않으나 사염화탄소약제 사용 시 발생한다.
CH_2CHCHO (아크롤레인)	**석유제품**이나 **유지류**가 연소할 때 생성
SO_2 (아황산가스)	**황을 함유**하는 유기화합물이 **완전 연소** 시에 발생
H_2S (황화수소)	**황을 함유**하는 유기화합물이 **불완전 연소** 시에 발생 달걀썩는 냄새가 나는 가스
CO_2 (이산화탄소)	연소가스 중 가장 많은 양을 차지, **완전 연소** 시 생성
CO (일산화탄소)	**불완전 연소** 시에 **다량 발생**, 혈액 중의 헤모글로빈(Hb)과 결합하여 혈액 중의 산소운반 저해하여 사망
HCl (염화수소)	PVC와 같이 염소가 함유된 물질의 연소 시 생성

답 ②

72

메탄이 완전 연소할 때의 연소생성물의 옳게 나열한 것은?

① H_2O, HCl
② SO_2, CO_2
③ SO_2, HCl
④ CO_2, H_2O

해설 메탄이 완전 연소하면 이산화탄소(CO_2)와 물(H_2O)이 생성된다.

$$CH_4 + O_2 \rightarrow CO_2 + 2H_2O$$

답 ④

73

다음 중 기계적 점화원으로만 되어 있는 것은?

① 마찰열, 기화열
② 용해열, 연소열
③ 압축열, 마찰열
④ 정전기열, 연소열

해설 기계적 열원 : 마찰열, 압축열, 마찰 스파크

답 ③

74

전기에너지에 의하여 발생되는 열원이 아닌 것은?

① 저항가열
② 마찰 스파크
③ 유도가열
④ 유전가열

해설 마찰 스파크 : 기계적 열원

답 ②

75

열원으로서 화학적 에너지에 해당되지 않는 것은?

① 연소열
② 분해열
③ 마찰열
④ 용해열

해설 마찰열 : 기계적 열원

답 ③

76

햇볕에 장시간 노출된 기름걸레가 자연발화하였다. 그 원인으로 가장 적당한 것은?

① 산소의 결핍
② 산화열 축적
③ 단열 압축
④ 정전기 발생

해설 기름걸레는 햇볕에 장시간 방치하면 산화열의 축적으로 자연발화한다.

답 ②

77

정전기에 의한 발화과정으로 옳은 것은?

① 방전 → 전하의 축적 → 전하의 발생 → 발화
② 전하의 발생 → 전하의 축적 → 방전 → 발화
③ 전하의 발생 → 방전 → 전하의 축적 → 발화
④ 전하의 축적 → 방전 → 전하의 발생 → 발화

해설 정전기에 의한 발화과정
전하의 발생 → 전하의 축적 → 방전 → 발화

답 ②

78

정전기의 발생가능성이 가장 낮은 경우는?

① 접지를 하지 않은 경우
② 탱크에 석유류를 빠르게 주입하는 경우
③ 공기 중의 습도가 높은 경우
④ 부도체를 마찰시키는 경우

해설 **정전기 방지법**
• 접지할 것
• 상대습도를 70[%] 이상으로 할 것
• 공기를 이온화할 것
• 유속을 1[m/s] 이하로 할 것

답 ③

79

정전기 발생방지방법으로 적합하지 않은 것은?

① 접지를 한다.
② 습도를 높인다.
③ 공기 중의 산소농도를 늘린다.
④ 공기를 이온화한다.

해설 **정전기 방지법**
• 접지할 것
• 상대습도를 70[%] 이상으로 할 것
• 공기를 이온화할 것
• 유속을 1[m/s] 이하로 할 것

답 ③

80

열전달의 대표적인 3가지 방법에 해당되지 않는 것은?

① 전 도　　　　② 복 사
③ 대 류　　　　④ 대 전

해설 열전달 : 전도, 대류, 복사

답 ④

81

열에너지가 물질을 매개로 하지 않고 전자파의 형태로 옮겨지는 현상은?

① 복 사　　　　② 대 류
③ 승 화　　　　④ 전 도

해설 복사 : 열에너지가 물질을 매개로 하지 않고 전자파의 형태로 옮겨지는 현상

답 ①

82

다음 중 열전도율이 가장 작은 것은?

① 알루미늄
② 철 재
③ 은
④ 암면(광물섬유)

해설 알루미늄(Al), 철재, 은(Ag)은 열전도율이 크고 암면은 열전도율이 작다.

답 ④

83

열전도율을 표시하는 단위에 해당하는 것은?

① $[\text{kcal/m}^2 \cdot \text{h} \cdot \text{℃}]$
② $[\text{kcal} \cdot \text{m}^2/\text{h} \cdot \text{℃}]$
③ $[\text{W/m} \cdot \text{K}]$
④ $[\text{J/m}^3 \cdot \text{K}]$

해설 열전도율은 물리학에서 어떤 물질의 열전달을 나타내는 수치로서 단위는 $[\text{W/m} \cdot \text{K}]$이다.

$$[\text{W/m} \cdot \text{K}] = [\frac{\text{J/s}}{\text{m} \cdot \text{K}}] = [\frac{\text{J}}{\text{m} \cdot \text{s} \cdot \text{K}}]$$
$$= [\frac{\text{cal}}{\text{cm} \cdot \text{s} \cdot \text{℃}}]$$

답 ③

84

열의 전달현상 중 복사현상과 가장 관계 깊은 것은?

① 푸리에 법칙
② 슈테판-볼츠만의 법칙
③ 뉴턴의 법칙
④ 옴의 법칙

해설 **슈테판-볼츠만 법칙 : 복사열**은 **절대온도의 4제곱**에 **비례**하고 열전달면적에 비례한다.

법 칙	관련 현상
푸리에 법칙	열전도
슈테판-볼츠만의 법칙	복 사
뉴턴의 법칙	운 동
옴의 법칙	전 압

답 ②

85

슈테판-볼츠만의 법칙에 따르면 복사열은 절대온도와 어떤 관계에 있는가?

① 절대온도의 제곱에 비례한다.

② 절대온도의 4제곱에 비례한다.

③ 절대온도의 제곱에 반비례한다.

④ 절대온도의 4제곱에 반비례한다.

해설 슈테판-볼츠만 법칙 : 복사열은 절대온도의 4제곱에 비례하고 열전달면적에 비례한다.

답 ②

86

전열기의 표면온도가 250[℃]에서 650[℃]로 상승되면 복사열은 약 몇 배 정도 상승하는가?

① 2.5

② 9.7

③ 17.2

④ 45.1

해설 복사열은 절대온도의 4승에 비례한다. 250[℃]에서 열량을 Q_1, 650[℃]에서 열량을 Q_2라고 하면

$$\frac{Q_2}{Q_1} = \frac{(650+273)^4 [\text{K}]}{(250+273)^4 [\text{K}]} = 9.7$$

답 ②

87

표면온도가 300[℃]에서 안전하게 작동하도록 설계된 히터의 표면온도가 360[℃]로 상승하면 300[℃]때 방출하는 복사열에 비해 약 몇 배의 복사열을 방출하는가?

① 1.2

② 1.5

③ 2

④ 2.5

해설 복사열은 절대온도의 4승에 비례한다. 300[℃]에서 열량을 Q_1, 360[℃]에서 열량을 Q_2라고 하면

$$\frac{Q_2}{Q_1} = \frac{(360+273)^4 [\text{K}]}{(300+273)^4 [\text{K}]} = 1.5 배$$

답 ②

88

유류탱크의 화재 시 탱크 저부의 물이 뜨거운 열류층에 의하여 수증기로 변하면서 급작스런 부피 팽창을 일으켜 유류가 탱크 외부로 분출하는 현상을 무엇이라 하는가?

① 보일오버

② 슬롭오버

③ 블레이브

④ 파이어볼

해설 유류탱크에서 발생하는 현상

- 보일오버(Boil Over)
  - 중질유 탱크에서 장시간 조용히 연소하다가 탱크의 잔존기름이 갑자기 분출(Over Flow)하는 현상
  - 유류탱크 바닥에 물 또는 물-기름에 에멀션이 섞여 있을 때 화재가 발생하는 현상
  - 연소유면으로부터 100[℃] 이상의 열파가 탱크저부에 고여 있는 물을 비등하게 하면서 연소유를 탱크 밖으로 비산하며 연소하는 현상
- 슬롭오버(Slop Over) : 물이 연소유의 뜨거운 표면에 들어갈 때 기름 표면에서 화재가 발생하는 현상
- 프로스오버(Froth Over) : 물이 뜨거운 기름 표면 아래서 끓을 때 화재를 수반하지 않는 용기에서 넘쳐 흐르는 현상

답 ①

89

보일오버(Boil Over) 현상에 대한 설명으로 옳은 것은?

① 아래층에서 발생한 화재가 위층으로 급격히 옮겨가는 현상

② 연소유의 표면이 급격히 증발하는 현상

③ 탱크 저부의 물이 급격히 증발하여 기름이 탱크 밖으로 화재를 동반하여 방출하는 현상

④ 기름이 뜨거운 물표면 아래에서 끓는 현상

해설 보일오버(Boil Over)

- 중질유 탱크에서 장시간 조용히 연소하다가 탱크의 잔존기름이 갑자기 분출(Over Flow)하는 현상
- 유류탱크 바닥에 물 또는 물-기름에 에멀션이 섞여 있을 때 화재가 발생하는 현상
- 연소유면으로부터 100[℃] 이상의 열파가 탱크저부에 고여 있는 물을 비등하게 하면서 연소유를 탱크 밖으로 비산하며 연소하는 현상

답 ③

90

유류탱크 화재 시 기름표면에 물을 살수하면 기름이 탱크 밖으로 비산하여 화재가 확대되는 현상은?

① 슬롭오버(Slop Over)

② 보일오버(Boil Over)

③ 프로스오버(Froth Over)

④ 블레비(BLEVE)

해설 슬롭오버(Slop Over) : 물이 연소유의 뜨거운 표면에 들어갈 때 기름 표면에서 화재가 발생하는 현상

답 ①

91

유류탱크 화재 시 발생하는 슬롭오버(Slop Over) 현상에 관한 설명으로 틀린 것은?

① 소화 시 외부에서 방사하는 포에 의해 발생한다.
② 연소유가 비산되어 탱크 외부까지 화재가 확산된다.
③ 탱크 바닥에 고인물의 비등 팽창에 의해 발생한다.
④ 연소면의 온도가 100[℃] 이상일 때 물을 주수하면 발생한다.

해설 **보일오버** : 탱크 바닥에 고인물의 비등 팽창에 의해 발생

답 ③

92

가연성 액화가스의 용기가 과열로 파손되어 가스가 분출된 후 불이 붙어 폭발하는 현상은?

① 블레비(BLEVE)
② 보일오버(Boil Over)
③ 슬롭오버(Slop Over)
④ 플래시오버(Flash Over)

해설 **블레비(BLEVE) 현상**
• 정의 : 액화가스 저장탱크의 누설로 부유 또는 확산된 액화가스가 착화원과 접촉하여 액화가스가 공기 중으로 확산·폭발하는 현상
• 관련 현상 : 가연성 액체, 화구의 형성, 복사열 대량방출

답 ①

93

BLEVE 현상을 가장 옳게 설명한 것은?

① 물이 뜨거운 기름표면 아래서 끓을 때 화재를 수반하지 않고 Over Flow되는 현상
② 물이 연소유의 뜨거운 표면에 들어갈 때 발생되는 Over Flow현상
③ 탱크바닥에 물과 기름의 에멀션이 섞여 있을 때 물의 비 등으로 인하여 급격하게 Over Flow되는 현상
④ 탱크 주위 화재로 탱크 내 인화성 액체가 비등하고 가스 부분의 압력이 상승하여 탱크가 파괴되고 폭발을 일으키는 현상

해설 **블레비(BLEVE) 현상**
액화가스 저장탱크의 누설로 부유 또는 확산된 액화가스가 착화원과 접촉하여 액화가스가 공기 중으로 확산·폭발하는 현상

답 ④

94

블레비(BLEVE) 현상과 관계가 없는 것은?

① 핵분열
② 가연성 액체
③ 화구(Fire Ball)의 형성
④ 복사열의 대량방출

해설 **블레비(BLEVE) 현상의 관련 현상** : 가연성 액체, 화구의 형성, 복사열 대량방출

답 ①

95

유류 저장탱크의 화재에서 일어날 수 있는 현상이 아닌 것은?

① 플래시오버(Flash Over)
② 보일오버(Boil Over)
③ 슬롭오버(Slop Over)
④ 프로스오버(Froth Over)

해설 **유류 저장탱크에 나타나는 현상** : 보일오버, 슬롭오버, 프로스오버

플래시오버 현상 : 가연성 가스를 동반하는 연기와 유독가스가 방출하여 실내의 급격한 온도상승으로 실내 전체가 순간적으로 연기가 충만하는 현상으로 일반건축물에 나타난다.

답 ①

96

인화성 액체의 연소점, 인화점, 발화점을 온도가 높은 것부터 옳게 나열한 것은?

① 발화점 > 연소점 > 인화점
② 연소점 > 인화점 > 발화점
③ 인화점 > 발화점 > 연소점
④ 인화점 > 연소점 > 발화점

해설 • 인화점(Flash Point)
  – 휘발성 물질에 불꽃을 접하여 발화될 수 있는 최저의 온도
  – 가연성 증기를 발생할 수 있는 최저의 온도
• 발화점(Ignition Point) : 가연성 물질에 점화원을 접하지 않고도 불이 일어나는 최저의 온도
• 연소점(Fire Point) : 어떤 물질이 연소 시 연소를 지속할 수 있는 온도로, 인화점보다 10[℃] 높다.

온도의 크기 : 발화점 > 연소점 > 인화점

답 ①

97

질소 79.2[vol%], 산소 20.8[vol%]로 이루어진 공기의 평균분자량은?

① 15.44   ② 20.21

③ 28.83   ④ 36.00

 공기의 평균분자량

• 분자량

종류	질소	산소
분자식	N_2	O_2
분자량	28	32

• 평균분자량 $= (28 \times 0.792) + (32 \times 0.208)$
$= 28.83$

답 ③

98

이산화탄소 20[g]은 몇 [mol]인가?

① 0.23   ② 0.45

③ 2.2   ④ 4.4

 mol수 = 무게/분자량

$\therefore$ mol수 $= \dfrac{20[g]}{44} = 0.45[g-mol]$

> CO_2의 분자량 = 44

답 ②

99

할론가스 45[kg]과 함께 기동가스로 질소 2[kg]을 충전하였다. 이때 질소가스의 몰분율은?(단, 할론가스의 분자량은 149이다)

① 0.19   ② 0.24

③ 0.31   ④ 0.39

• 할론가스 몰수 $= \dfrac{45}{149}$

• 질소가스 몰수 $= \dfrac{2}{28}$

• 몰분율 $= \dfrac{\dfrac{\text{질소가스의 무게}}{\text{분자량}}}{\dfrac{\text{각 성분의 무게}}{\text{분자량}}}$

$= \dfrac{\dfrac{2[kg]}{28}}{\dfrac{45[kg]}{149} + \dfrac{2[kg]}{28}} = 0.19$

답 ①

제 3 절 열 및 연기의 이동과 특성

1 불(열)의 성상

(1) 플래시오버(Flash Over) : 폭발적인 착화현상, 순발적인 연소확대 현상

① 건축물의 구획 내 열전달에 의하여 전 구역이 일정한 온도에 도달 시 전 표면이 화염에 휩싸이고 불로 덮이는 현상이다.

② 가연성 가스를 동반하는 연기와 유독가스가 방출되어 실내의 급격한 온도 상승으로 실내 전체가 순간적으로 연기가 충만해지는 현상

③ 옥내 화재가 서서히 진행되어 열이 축적되었다가 일시에 화염이 크게 발생하는 현상

④ 발생시기 : 성장기에서 최성기로 넘어가는 시기

⑤ 최성기시간 : 내화구조는 60분 후(950[℃])
                     목조건물은 10분 후(1,100[℃]) 최성기에 도달

(2) 플래시오버에 영향을 미치는 인자

① 개구부의 크기(개구율)

② 내장재료

③ 화원의 크기

④ 가연물의 양과 종류

⑤ 실내의 표면적

⑥ 건축물의 형태

2 연기의 성상

(1) 연 기

① 연기는 완전 연소되지 않는 가연물인 **탄소** 및 **타르입자**가 떠돌아다니는 상태

② 탄소나 타르입자에 의해 연소가스가 눈에 보이는 것

(2) 연기의 이동속도

방 향	수평방향	수직방향	실내계단
이동속도	0.5~1.0[m/s]	2.0~3.0[m/s]	3.0~5.0[m/s]

■ 플래시오버
- 건축물 화재 발생 시 일정시간이 경과하면 일정 공간에 열과 가연성 가스가 축적되고 한순간에 폭발적으로 화재가 확산되는 현상
- 성장기에서 최성기로 넘어가는 단계에서 발생

■ 플래시오버에 영향을 미치는 인자
- 개구부의 크기(개구율)
- 가연물의 양
- 가연물의 종류

■ 플래시오버의 지연대책
- 두꺼운 내장재 사용
- 열전도율이 큰 내장재 사용(난연성 내장재)

■ 연기 수직방향 이동속도 2~3[m/s]

■ 연기가 인체에 미치는 영향
- 질 식
- 시각장애
- 인지능력 감소

(3) 연기의 제어방법

① **스프링클러설비에 의한 연기제어** : 스프링클러설비를 설치하여 액체의 증발률과 고체의 분해율을 줄여 화재성장의 메커니즘을 늦추거나 끊음

② **구획화** : 공간을 칸막이나 수직벽으로 방화구획하거나 제연구획하여 연기 제어

③ **축연** : 청결층 이상의 공간 용적 및 천장이 충분하게 높은 경우 연기의 축적 시간이 길어져 피난 시 유리함

④ **가압(차연)** : 부속실의 경우 외압보다 40[Pa] 이상 유지하는 등 차압을 가하여 연기의 침입 방지

⑤ **배연** : 연기 자체를 실외로 배출하여 연기의 강하나 확산을 방지하고, 연기농도를 저하시키는 것

⑥ **연기의 강하 방지** : 배연구를 최상부에 설치하고, 인입공기구를 하부에 설치하여 유입공기가 확실하게 청결층에 공급되게 하는 구조

⑦ **희석** : 피난이나 소화활동에 지장이 없도록 공기를 대량으로 유입시켜 연기 농도를 희석함으로써 산소 농도 유지

⑧ **기류에 의한 연기 제어** : 온도 상승 시 기류가 위로 상승하게 되는데, 이러한 현상을 이용하여 연기 제어

⑨ **공조시스템에 의한 연기 제어** : 공조시스템과 제연설비를 겸용하여 화재 시 운전모드를 이용한 연기 제어

(4) 중성대

① **정의** : 화재가 발생하면 실내와 실외에 온도차가 생기는데 실내와 실외의 압력이 같아지는 영역

② 중성대의 위쪽은 실내정압이 실외정압보다 높아 실내에서 실외로 공기가 유출되고 중성대 아래쪽에는 실외에서 실내로 공기가 유입된다.

③ 화재 시 실온이 높아지면 높아질수록 중성대의 위치는 낮아지며 중성대가 낮아지면 외부로부터의 공기유입이 적어 연소가 활발하지 못하여 실온이 내려가 중성대는 다시 높아진다.

(5) 굴뚝효과(Stack Effect)

① **정의** : 건물의 외부온도가 실내온도보다 낮을 때에는 건물 내부의 공기는 밀도차에 의해 상부로 유동하고, 이로 인해 건물의 높이에 따라 어떤 압력차가 형성되는 현상

② **연기이동의 특성**

㉠ 중성대 하부층에서 화재가 발생한 경우 연기는 건물의 심부로 침투하면서 상부층으로 이동하며, 연기 자체의 온도에 의한 부력으로 상승속도가 더욱 증가한다.

■ **연기의 제어방식**
- 희 석
- 배 기
- 차 단

■ **굴뚝효과(연돌효과)**
- 건물 내·외부의 온도차에 따른 공기의 흐름 현상
- 고층건축물에서 주로 발생

ⓛ 중성대의 상부층에서 화재가 발생한 경우 연기는 건물외부로 누출되면서 상승하고 연기 자체온도에 의한 부력으로 상승속도가 더욱 증가한다.

③ 영향을 주는 요인

　㉠ 건물의 높이

　㉡ 화재실의 온도

　㉢ 건물 내·외부 온도차

　㉣ 외벽의 기밀성

　㉤ 누설틈새

■ 굴뚝효과에 영향을 주는 인자
- 건물의 높이
- 화재실의 온도
- 건물 내·외부 온도차

(6) 연기농도와 가시거리

감광계수	가시거리[m]	상 황
0.1	20~30	연기감지기가 작동할 때 농도
0.3	5	건물 내부에 익숙한 사람이 피난에 지장을 느낄 정도의 농도
0.5	3	어두운 것을 느낄 정도의 농도
1	1~2	거의 앞이 보이지 않을 정도의 농도
10	0.2~0.5	화재 최성기 때의 농도
30	-	출화실에서 연기가 분출할 때의 농도

■ 감광계수 : 0.1
- 가시거리 : 20~30[m]
- 연기감지기 작동

■ 감광계수 : 0.3
- 가시거리 : 5[m]
- 건물 내부에 익숙한 사람이 피난할 정도의 농도

■ 감광계수 : 10
- 가시거리 : 0.2~0.5[m]
- 화재 최성기 때의 농도

(7) 연기의 농도측정법

① 중량농도법 : 단위체적당 연기의 입자무게를 측정하는 방법[mg/m^3]

② 입자농도법 : 단위체적당 연기의 입자개수를 측정하는 방법[개/m^3]

③ 감광계수법 : 연기 속을 투과하는 빛의 양을 측정하는 방법(투과율)

■ 입자농도법
: 단위체적당 연기의 입자 개수를 측정하는 방법 [개/m^3]

1-3 출제예상문제

01

건축물에 화재가 발생하여 일정 시간이 경과하게 되면 일정 공간 안에 열과 가연성 가스가 축적되고 한 순간에 폭발적으로 화재가 확산하는 현상을 무엇이라 하는가?

① 보일오버 현상 ② 플래시오버 현상
③ 패닉 현상 ④ 리프팅 현상

해설 플래시오버(Flash Over) : 화재가 발생하여 일정 시간이 경과하게 되면 일정 공간 안에 열과 가연성 가스가 축적되고 한 순간에 폭발적으로 화재가 확산하는 현상

답 ②

02

다음 중 플래시오버(Flash Over)를 가장 옳게 설명한 것은?

① 도시가스의 폭발적인 연소를 말한다.
② 휘발유 등 가연성 액체가 넓게 흘러서 발화한 상태를 말한다.
③ 옥내 화재가 서서히 진행하여 열 및 가연성 기체가 축적되었다가 일시에 연소하여 화염이 크게 발생한 상태를 말한다.
④ 화재층의 불이 상부층으로 올라가는 현상을 말한다.

해설 플래시오버(Flash Over) : 화재가 발생하여 일정 시간이 경과하게 되면 일정 공간 안에 열과 가연성 가스가 축적되고 한 순간에 폭발적으로 화재가 확산하는 현상

답 ③

03

다음 중 Flash Over를 가장 옳게 표현한 것은?

① 소화 현상의 일종이다.
② 건물 외부에서 연소가스의 소멸 현상이다.
③ 실내에서 폭발적인 화재의 확대 현상이다.
④ 폭발로 인한 건물의 붕괴 현상이다.

해설 플래시오버(Flash Over)
• 폭발적인 착화 현상
• 순간적인 연소확대 현상

답 ③

04

플래시오버(Flash Over) 현상에 대한 설명으로 틀린 것은?

① 산소의 농도와 무관하다.
② 화재공간의 개구율과 관계가 있다.
③ 화재공간 내의 가연물의 양과 관계가 있다.
④ 화재공간 내의 가연물의 종류와 관계가 있다.

해설 플래시오버에 영향을 미치는 인자
• 개구부의 크기(개구율)
• 내장재료
• 화원의 크기
• 가연물의 양과 종류
• 실내의 표면적
• 건축물의 형태

답 ①

05

건축물 화재에서 플래시오버(Flash Over) 현상이 일어나는 시기는?

① 초기에서 성장기로 넘어가는 시기
② 성장기에서 최성기로 넘어가는 시기
③ 최성기에서 감쇠기로 넘어가는 시기
④ 감쇠기에서 종기로 넘어가는 시기

해설 플래시오버 발생 시기 : 성장기에서 최성기로 넘어가는 단계

답 ②

06

화재 시 계단실 내 수직방향의 연기상승 속도범위는 일반적으로 몇 [m/s]의 범위에 있는가?

① 0.05~0.1 ② 0.8~1.0
③ 3~5 ④ 10~20

해설 연기의 이동속도

방 향	수평방향	수직방향	계단실 내
이동속도	0.5~1.0[m/s]	2~3[m/s]	3~5[m/s]

답 ③

안심Touch

07

고층건축물에서 연기의 제어 및 차단은 중요한 문제이다. 연기제어의 기본방법이 아닌 것은?

① 희 석   ② 차 단
③ 배 기   ④ 복 사

해설 연기의 제어방식 : 희석, 배기, 차단

> 열전달방식 : 전도, 대류, 복사

답 ④

08

굴뚝효과에 관한 설명으로 틀린 것은?

① 건물 내·외부의 온도차에 따른 공기의 흐름현상이다.
② 굴뚝효과는 고층건물에서는 잘 나타나지 않고 저층건물에서 주로 나타난다.
③ 평상시 건물 내의 기류분포를 지배하는 중요 요소이며, 화재 시 연기의 이동에 큰 영향을 미친다.
④ 건물외부의 온도가 내부의 온도보다 높은 경우 저층부에서는 내부에서 외부로 공기의 흐름이 생긴다.

해설 굴뚝효과
건물 내·외부의 온도차에 따른 공기의 흐름현상으로 고층건축물에서 주로 나타난다.

답 ②

09

연기의 감광계수[m⁻¹]에 대한 설명으로 옳은 것은?

① 0.5는 거의 앞이 보이지 않을 정도이다.
② 10은 화재 최성기 때의 농도이다.
③ 0.5는 가시거리가 20~30[m] 정도이다.
④ 10은 연기감지기가 작동하기 직전의 농도이다.

해설 감광계수에 따른 상황

감광계수	가시거리[m]	상 황
0.1	20~30	연기감지기가 작동할 때의 정도
0.3	5	건물 내부에 익숙한 사람이 피난에 지장을 느낄 정도
0.5	3	어두침침한 것을 느낄 정도
1	1~2	거의 앞이 보이지 않을 정도
10	0.2~0.5	화재 최성기 때의 정도

답 ②

10

연기에 의한 감광계수가 0.1[m⁻¹], 가시거리가 20~30[m]일 때의 상황을 옳게 설명한 것은?

① 건물 내부에 익숙한 사람이 피난에 지장을 느낄 정도
② 연기감지기가 작동할 정도
③ 어두운 것을 느낄 정도
④ 앞이 거의 보이지 않을 정도

해설 감광계수 0.1[m⁻¹]일 때의 상황은 연기감지기가 작동할 정도이다.

답 ②

11

화재 최성기 때의 농도로 유도등이 보이지 않을 정도의 연기 농도는?(단, 감광계수로 나타낸다)

① 0.1[m⁻¹]   ② 1[m⁻¹]
③ 10[m⁻¹]   ④ 30[m⁻¹]

해설 화재 최성기 때의 연기 농도는 감광계수 10[m⁻¹]이다.

답 ③

12

건물 내부의 화재 시 발생한 연기의 농도(감광계수)와 가시거리의 관계를 나타낸 것으로 틀린 것은?

① 감광계수 0.1일 때 가시거리는 20~30[m]이다.
② 감광계수 0.3일 때 가시거리는 10~20[m]이다.
③ 감광계수 1.0일 때 가시거리는 1~2[m]이다.
④ 감광계수 10일 때 가시거리는 0.2~0.5[m]이다.

해설 감광계수가 0.3일 때 가시거리는 5[m]이다.

답 ②

13

연기의 농도표시방법 중 단위체적당 연기입자의 개수를 나타내는 것은?

① 중량농도법   ② 입자농도법
③ 투과율법   ④ 상대농도법

해설 연기의 농도측정법
• 중량농도법 : 단위체적당 연기의 입자무게를 측정하는 방법[mg/m³]
• 입자농도법 : 단위체적당 연기의 입자개수를 측정하는 방법[개/m³]
• 감광계수법 : 연기 속을 투과하는 빛의 양을 측정하는 방법(투과율)

답 ②

14

고층 건축물 내 연기이동 중 굴뚝효과에 영향을 미치는 요소가 아닌 것은?

① 건물 내·외의 온도차

② 화재실의 온도

③ 건물의 높이

④ 층의 면적

해설 굴뚝효과와 관계있는 것
- 건물 내·외의 온도차
- 화재실의 온도
- 건물의 높이

답 ④

제 4 절 건축물의 화재성상

1 목조건축물의 화재

(1) 목조건축물 특징

① 열전도율 : 목재 < 콘크리트(콘크리트보다 적다)

② 수분함유량이 15[%] 이상이면 고온에서도 착화하기 어렵다.

(2) 목조건축물의 화재성상

목조건축물의 화재성상은 고온단기형이다.

(3) 목재의 연소과정

| 목재 가열 100[℃] (갈색) | → | 수분의 증발 160[℃] (흑갈색) | → | 목재의 분해 220~260[℃] 분해 급격히 발생 | → | 탄화 종료 300~350[℃] | → | 발 화 420~470[℃] |

(4) 목재발화의 4단계

온 도	상 태
200[℃]	탈수가 완료되는 단계로서 수증기, CO₂, 개미산, 초산, 기타 가연성 가스의 발생
200~280[℃]	수증기의 발생이 적고 가연성 가스(일산화탄소)와 증기가 발생하기 시작한다. 또 색깔이 변하고 숯이 생성된다. 1차적인 흡열반응
280~500[℃]	가연성 가스와 산소가 반응하여 발열이 시작되고 탄화된 물질로 2차 반응이 일어난다.
500[℃] 이상	현저한 촉매활동으로 목탄이 생성된다.
1,300[℃]	화재가 최성기에 이르고 천장, 대들보 등이 무너지며 강한 복사열을 발생한다.

(5) 목조건축물의 화재 진행과정

- **무염착화** : 가연물이 연소하면서 재로 덮힌 숯불모양으로 **불꽃없이** 착화하는 현상
- **발염착화** : 무염상태의 가연물에 바람을 주어 불꽃이 발생되면서 착화하는 현상

여백 노트 (좌측)
- 목조건축물 화재성상 : 고온단기형
- 목재연소 시 발생하는 연소가스 – 수증기 – 이산화탄소(CO₂) – 일산화탄소(CO)
- 목조건축물 화재 시 최성기 때 온도 : 1,300[℃]
- 목조건축물 화재 진행과정 화원 → 무염착화 → 발염착화 → 발화(측화) → 최성기

(6) 목재의 형태에 따른 연소상태

목재형태 \ 연소속도	빠르다	느리다
건조의 정도	수분이 적은 것	수분이 많은 것
두께와 크기	얇고 가는 것	두껍고 큰 것
형 상	사각인 것	둥근 것
표 면	거친 것	매끄러운 것
색	검은색	백 색

■ 연소속도가 빠른 경우
• 수분이 적은 것
• 가늘고 얇은 것
• 표면이 거칠고 각진 것

(7) 풍속에 따른 연소시간

풍속[m/s]	발화 → 최성기	최성기 → 연소낙하	발화 → 연소낙하
0~3	5~15분	6~19분	13~24분

(8) 목조건축물의 화재 확대요인

① **접염** : 화염 또는 열의 접촉에 의하여 불이 옮겨 붙는 것

② **복사열** : 복사파에 의하여 열이 고온에서 저온으로 이동하는 것

③ **비화** : 화재현장에서 불꽃이 날아가 먼 지역까지 발화하는 현상

■ 건축물 화재의 확대요인
• 접 염
• 복사열
• 비 화

(9) 출화의 종류

① 옥내출화

　㉠ 천장 및 벽 속 등에서 발염착화할 때

　㉡ 불연천장인 경우 실내에서는 그 뒤판에 발염착화할 때

　㉢ 가옥구조일 때 천장판에서 발염착화할 때

② 옥외출화

　㉠ 창, 출입구 등에서 발염착화할 때

　㉡ 목재가옥에서는 벽, 추녀 밑의 판자나 목재에 발염착화할 때

■ 옥외출화
• 창·출입구 등에서 발염 착화할 때
• 벽·추녀 밑에 발염착화 할 때

> **도괴방향법**
> 출화가옥 등의 기둥, 벽 등은 발화부를 향하여 도괴하는 경향이 있으므로 이곳을 출화부로 추정하는 것

② 내화건축물의 화재

(1) 내화건축물의 화재성상

내화건축물의 화재성상은 저온장기형이다.

> **건축물의 화재성상**
> • 내화건축물의 화재성상 : 저온장기형
> • 목조건축물의 화재성상 : 고온단기형

■ 내화건축물 화재성상
: 저온장기형

■ 내화건축물 화재 진행과정
초기 → 성장기 → 최성기
→ 감퇴기 → 종기

■ 내화건축물 표면온도곡선
에 따른 화재 발생 시 내부
온도
• 30분 후 : 840[℃]
• 1시간 후 : 925∼950[℃]
• 2시간 후 : 1,010[℃]
• 3시간 후 : 1,050[℃]

■ 내화건축물 화재 발생 시
환경변화
• 기압이 증가하고 산소는
감소
• CO, CO₂ 증가

■ 열가소성 수지
폴리, PVC(폴리염화비닐)

■ 화재하중
단위면적당 가연성 수용물
의 양[kg/m²]

■ 목재의 단위발열량
4,500[kcal/kg]

(2) 내화건축물의 화재의 진행과정

| 초 기 | → | 성장기 | → | 최성기 | → | 감퇴기 | → | 종 기 |

3 고분자물질(플라스틱)의 화재

(1) 고분자물질의 종류

① **열가소성 수지** : 열에 의하여 변형되는 수지(폴리에틸렌 수지, 폴리스틸렌 수지, PVC 수지 등)

② **열경화성 수지** : 열에 의하여 굳어지는 수지(**페놀 수지**, 요소 수지, **멜라민 수지**)

(2) 플라스틱의 연소과정

초기연소 → 연소증강 → 플래시오버 → 최성기 → 화재 확산

4 화재하중 및 화재가혹도

(1) 화재하중

단위면적당 가연성 수용물의 양으로서 건물화재 시 발열량 및 화재의 위험성을 나타내는 용어이고, 화재의 규모를 결정하는 데 사용된다.

$$\text{화재하중 } Q = \frac{\sum(G_t \times H_t)}{H \times A} = \frac{Q_t}{4,500 \times A}[\text{kg/m}^2]$$

여기서, G_t : 가연물의 질량[kg]
H_t : 가연물의 단위발열량[kcal/kg]
H : 목재의 단위발열량(4,500[kcal/kg])
A : 화재실의 바닥면적[m²]
Q_t : 가연물의 전발열량[kcal]

(2) 화재강도에 영향을 미치는 인자

① 가연물의 비표면적

② 화재실의 구조

③ 가연물의 배열상태 및 발열량

(3) 화재가혹도(화재심도, Fire Severity)

① 발생한 화재가 해당 건물과 그 내부의 수용재산 등을 파괴하거나 손상을 입히는 능력의 정도로서 주수율[L/m² · min]을 결정하는 인자이다.

② 화재 시 최고 온도와 그때의 지속시간은 화재의 규모를 판단하는 중요한 요소가 된다.

$$화재가혹도 = 최고온도 \times 지속시간$$

③ 화재가혹도가 크면 그만큼 건물과 기타 재산의 손실은 커지고, 화재가혹도가 작으면 그 손실은 작아지는 것이다.

5 화재 발생 시 나타나는 현상

(1) 백드래프트(Back Draft)

① 정의 : 밀폐된 공간에서 화재 발생 시 산소부족으로 불꽃을 내지 못하고 가연성 가스만 축적되어 있는 상태에서 갑자기 문을 개방하면 신선한 공기 유입으로 폭발적인 연소가 시작되는 현상으로 감쇠기에 발생한다.

② 백드래프트 발생 시 나타나는 현상
   ㉠ 건물벽체의 도괴
   ㉡ 농연 발생 및 분출
   ㉢ 파이어볼의 형성

③ 백드래프트와 플래시오버의 비교

구 분 항 목	백드래프트	플래시오버
정 의	밀폐된 공간에서 소방대가 화재진압을 위하여 화재실의 문을 개방할 때 신선한 공기유입으로 실내에 축적되었던 가연성 가스가 폭발적으로 연소함으로써 화재가 폭풍을 동반하여 실외로 분출되는 현상	가연성 가스를 동반하는 연기와 유독가스가 방출하여 실내의 급격한 온도상승으로 실내 전체로 확산되어 연소하는 현상
발생시기	감쇠기(3단계)	성장기(1단계)
조 건	실내가 충분히 가열하여 다량의 가연성 가스가 축적할 때	• 산소농도 : 10[%] • $CO_2/CO = 150$
공급요인	산소의 공급	열의 공급
폭풍 혹은 충격파	수반한다.	수반하지 않는다.
피 해	• 파이어볼의 형성 • 농연의 분출	• 인접 건축물에 대한 연소 확대 위험 • 개구부에서 화염 혹은 농연의 분출
방지대책	• 폭발력의 억제 • 격리 및 환기 • 소 화	• 가연물의 제한 • 개구부의 제한 • 천장의 불연화 • 화원의 억제

■ 백드래프트
• 가연성 가스만 축적되어 있는 상태에서 신선한 공기 유입으로 폭발적인 연소가 시작되는 현상
• 감쇠기에 발생

1-4 출제예상문제

01

목재연소 시 일반적으로 발생할 수 있는 연소가스로 가장 관계가 먼 것은?

① 포스겐 ② 수증기
③ CO_2 ④ CO

해설 목재의 연소 시 물(수증기)과 이산화탄소(CO_2), 일산화탄소(CO)가 발생하고 포스겐은 사염화탄소가 물과 공기 등과 반응할 때 발생한다.

답 ①

02

목조건축물의 화재 진행과정을 순서대로 나열한 것은?

① 무염착화 – 발염착화 – 발화 – 최성기
② 무염착화 – 최성기 – 발염착화 – 발화
③ 발염착화 – 발화 – 최성기 – 무염착화
④ 발염착화 – 최성기 – 무염착화 – 발화

해설 목조건축물의 화재 진행과정
화원 → 무염착화 → 발염착화 → 발화(출화) → 최성기 → 연소낙하 → 소화

답 ①

03

목재의 상태를 기준으로 했을 때 다음 중 연소속도가 가장 느린 것은?

① 거칠고 얇은 것 ② 각이 있고 얇은 것
③ 매끄럽고 둥근 것 ④ 수분이 적고 거친 것

해설

연소속도\n목재형태	빠르다	느리다
건조의 정도	수분이 적은 것	수분이 많은 것
두께와 크기	얇고 가는 것	두껍고 큰 것
형 상	사각인 것	둥근 것
표 면	거친 것	매끄러운 것
색	검은색	백 색

답 ③

04

목조건출물에서 화재가 최성기에 이르면 천장, 대들보 등이 무너지고 강한 복사열을 발생한다. 이때 나타낼 수 있는 최고 온도는 약 몇 [℃]인가?

① 300 ② 600
③ 900 ④ 1,300

해설 온도가 1,300[℃]가 되면 목조건출물에서 화재가 최성기에 이르러 천장, 대들보 등이 무너지고 강한 복사열을 발생한다.

답 ④

05

화재 발생 시 건축물의 화재를 확대시키는 주요인이 아닌 것은?

① 비 화 ② 복사열
③ 화염의 접촉(접염) ④ 흡착열에 의한 발화

해설 건축물 화재의 확대요인
접염, 비화, 복사열

답 ④

06

목조건출물에서 발생하는 옥외출화시기를 나타낸 것으로 옳은 것은?

① 창, 출입구 등에 발염착화한 때
② 천장 속, 벽 속 등에서 발염착화한 때
③ 가옥구조에서 천장면에 발염착화한 때
④ 불연천장인 경우 실내의 그 뒷면에 발염착화한 때

해설 옥외출화시기 : 창, 출입구 등에 발염착화한 때

답 ①

07
내화건축물과 비교한 목조건출물 화재의 일반적인 특징을 옳게 나타낸 것은?

① 고온, 단시간형
② 저온, 단시간형
③ 고온, 장시간형
④ 저온, 장시간형

해설 건축물의 화재성상
- 내화건축물의 화재성상 : 저온, 장기형
- 목조건출물의 화재성상 : 고온, 단기형

답 ①

08
건축물의 화재성상 중 내화건축물의 화재성상으로 옳은 것은?

① 저온장기형　　② 고온단기형
③ 고온장기형　　④ 저온단기형

해설 내화건축물의 화재성상은 저온장기형이다.

답 ①

09
내화건축물 화재의 진행과정으로 가장 옳은 것은?

① 화원 → 최성기 → 성장기 → 감퇴기
② 화원 → 감퇴기 → 성장기 → 최성기
③ 초기 → 성장기 → 최성기 → 감퇴기 → 종기
④ 초기 → 감퇴기 → 최성기 → 성장기 → 종기

해설 내화건축물 화재의 진행과정
: 초기 → 성장기 → 최성기 → 감퇴기 → 종기

답 ③

10
그림에서 내화구조 건물의 표준 화재 온도–시간 곡선은?

① a　　② b
③ c　　④ d

해설

그 림	a	d
건물구조	목조건출물	내화건축물
화재성상	고온단기형	저온장기형

답 ④

11
건물화재의 표준시간–온도곡선에서 화재 발생 후 1시간이 경과할 경우 내부온도는 약 몇 [℃] 정도 되는가?

① 225　　② 625
③ 840　　④ 925

해설 내화건축물의 표준온도곡선의 내부온도

시 간	30분 후	1시간 후	2시간 후	3시간 후
온 도	840[℃]	925[℃]~950[℃]	1,010[℃]	1,050[℃]

답 ④

12
밀폐된 내화건물의 실내에 화재가 발생했을 때 그 실내의 환경변화에 대한 설명 중 틀린 것은?

① 기압이 강하한다.
② 산소가 감소된다.
③ 일산화탄소가 증가한다.
④ 이산화탄소가 증가한다.

해설 실내에 화재가 발생하면 기압은 증가하고 산소는 감소한다.

답 ①

13
재료와 그 특성의 연결이 옳은 것은?

① PVC 수지 – 열가소성
② 페놀 수지 – 열가소성
③ 폴리에틸렌 수지 – 열경화성
④ 멜라민 수지 – 열가소성

해설 수지의 종류
- **열가소성 수지** : 열에 의하여 변형되는 수지로서 **폴리에틸렌 수지, PVC 수지**, 폴리스틸렌 수지 등
- **열경화성 수지** : 열에 의하여 굳어지는 수지로서 **페놀 수지, 요소 수지**, 멜라민 수지

답 ①

14

열경화성 플라스틱에 해당하는 것은?

① 폴리에틸렌　　　② 염화비닐 수지
③ 페놀 수지　　　　④ 폴리스틸렌

해설 수지의 종류
- **열경화성 수지** : 열에 의해 굳어지는 수지로서 **페놀 수지**, 요소 수지, 멜라민 수지
- **열가소성 수지** : 열에 의해 변형되는 수지로서 **폴리에틸렌 수지, 폴리스틸렌 수지, PVC 수지**

답 ③

15

화재하중의 단위로 옳은 것은?

① $[kg/m^2]$　　　② $[℃/m^2]$
③ $[kg \cdot L/m^3]$　　④ $[℃ \cdot L/m^3]$

해설 화재하중 : 단위면적당 가연성 수용물의 양$[kg/m^2]$

답 ①

16

화재하중 계산 시 목재의 단위발열량은 약 몇 [kcal/kg]인가?

① 3,000　　　② 4,500
③ 9,000　　　④ 12,000

해설 하재하중

$$Q = \frac{\sum(G_t \times H_t)}{H \times A} = \frac{Q_t}{4,500 \times A}$$

여기서, Q : 하재하중$[kg/m^2]$
　　　　G_t : 가연물의 질량$[kg]$
　　　　H_t : 가연물의 단위발열량$[kcal/kg]$
　　　　H : **목재의 단위발열량(4,500[kcal/kg])**
　　　　A : 화재실의 바닥면적$[m^2]$
　　　　Q_t : 가연물의 전발열량$[kcal]$

답 ②

17

화재실 혹은 화재공간의 단위바닥면적에 대한 등가가연물량의 값을 화재하중이라 하며, 식으로 표시할 경우에는 $Q = \sum(G_t \cdot H_t)/H \cdot A$와 같이 표현할 수 있다. 여기서 H는 무엇을 나타내는가?

① 목재의 단위발열량
② 가연물의 단위발열량
③ 화재실 내 가연물의 전체 발열량
④ 목재의 단위발열량과 가연물의 단위발열량을 합한 것

해설 H : 목재의 단위발열량

답 ①

18

화재강도(Fire Intensity)와 관계가 없는 것은?

① 가연물의 비표면적
② 발화원의 온도
③ 화재실의 구조
④ 가연물의 발열량

해설 화재강도에 영향을 미치는 인자
- 가연물의 비표면적
- 화재실의 구조
- 가연물의 배열상태 및 발열량

답 ②

제 5 절 물질의 화재위험

1 화재의 위험성

(1) 발화성(금수성) 물질

일정온도 이상에서 착화원이 없어도 스스로 연소하거나 물과 접촉하여 가연성 가스를 발생하는 물질

> 발화성 물질 : 황린, 나트륨, 칼륨, 금속분(마그네슘, 아연), 카바이드 등

(2) 인화성 물질

액체표면에서 증발된 가연성 증기와의 혼합기체에 의한 폭발 위험성을 가진 물질

> 인화성 물질 : **이황화탄소**, 에테르, 아세톤, 가솔린, 등유, 경유, 중유 등

(3) 가연성 물질

15[℃], 1[atm]에서 기체상태인 가연성 가스

① **압축가스** : 상온에서 압축하여도 쉽게 액화되지 않는 가스
  예 수소, 질소, 산소 등

② **액화가스** : 상온, 낮은 압력에서 액화되는 가스
  예 LPG, LNG, 암모니아, 염소 등

③ **불연성 가스** : 질소, 이산화탄소, 수증기, 아르곤

④ **조연성 가스** : 자신은 연소하지 않고 연소를 도와주는 가스
  예 산소, 공기, 플루오린(불소), 염소 등

(4) 산화성 물질

제1류 위험물과 제6류 위험물

(5) 폭발성 물질

나이트로기(−NO₂)가 있는 물질로서 강한 폭발성을 가진 물질

① **물리적인 폭발** : 화산폭발, 진공용기의 과열폭발, 수증기폭발

② **화학적 폭발** : 산화폭발, 분해폭발, 중합폭발

> 폭발성 물질 : TNT(트라이나이트로톨루엔), 피크르산, 나이트로메탄 등

■ 압축가스
 : 수소, 질소, 산소

■ 불연성 가스
 : 아르곤(Ar), 질소(N₂)

■ 질소(N₂)
 : 산소와 반응 시 흡열반응하는 물질

■ 조연성 가스
 : 산소, 공기, 플루오린(불소), 염소

2 위험물의 종류 및 성상

(1) 제1류 위험물

■ 제1류 위험물
• 산화성 고체
• 염류, 염소, 무기과산화물
• 물에 의한 냉각소화

구 분	내 용
성 질	산화성 고체
품 명	• 아염소산염류, 염소산염류, 과염소산염류, 무기과산화물 • 브롬산염류, 질산염류, 아이오딘(요오드)산염류 • 과망간산염류, 다이크롬산염류
성 상	• 대부분 무색결정 또는 백색분말 • 비중이 1보다 크고 수용성이 많다. • 불연성이다.
소화방법	물에 의한 냉각소화(무기과산화물은 건조된 모래에 의한 질식소화)

(2) 제2류 위험물

■ 제2류 위험물
• 가연성 고체
• 황화인 적린, 유황, 마그네슘
• 물에 의한 냉각소화

구 분	내 용
성 질	가연성 고체(환원성 물질)
품 명	• 황화인, 적린, 유황 • 철분, 마그네슘, 금속분 • 인화성 고체
성 상	• 연소하기 쉬운 가연성 고체 • 강환원제이며 연소열량이 크다. • 금속분은 물과 산의 접촉 시 발열한다.
소화방법	물에 의한 냉각소화(금속분은 건조된 모래에 의한 피복소화)

■ 마그네슘 연소 시
• 주수소화 : 수소(H_2)가스 발생
• 이산화탄소소화 : 일산화탄소(CO)가스 발생
• 가연성 가스 발생

> 마그네슘분말은 물과 반응하면 가연성 가스인 수소를 발생한다.
> $$Mg \ + \ 2H_2O \ \rightarrow \ Mg(OH)_2 \ + \ H_2$$

(3) 제3류 위험물

■ 제3류 위험물
• 자연발화성 및 금수성 물질
• 칼륨, 나트륨, 황린
• 알킬, 알칼리
• 소화약제(간이소화용구)
  − 마른모래
  − 팽창질석
  − 팽창진주암

구 분	내 용
성 질	자연발화성 및 금수성 물질
품 명	• 칼륨, 나트륨, 알킬알루미늄, 알킬리튬 • 황 린 • 알칼리금속 및 알칼리토금속, 유기금속화합물 • 금속의 수소화합물, 금속의 인화물, 칼슘 또는 알루미늄의 탄화물
성 상	• 금수성 물질로서 물과의 접촉을 피한다(수소, 아세틸렌 등 가연성 가스 발생). • **황린은 물속에 저장**(34[℃]에서 자연발화) • 산소와 결합력이 커서 자연발화한다.
소화방법	건조된 모래에 의한 소화(황린은 주수소화 가능) (알킬알루미늄은 팽창질석이나 팽창진주암으로 소화)

> • **저장방법**
> – **황린, 이황화탄소** : 물속
> – **칼륨, 나트륨** : 등유, 경유, 유동파라핀 속
> – 나이트로셀룰로스 : 물 또는 알코올로 습면시켜 저장
> – 아세틸렌 : DMF(다이메틸포름아미드), 아세톤에 저장(분해폭발방지)
> • 칼륨은 물과 반응하면 가연성 가스인 수소를 발생한다.
> $2K + 2H_2O \rightarrow 2KOH + H_2$

■ 황 린
• 자연발화온도 : 34[℃]
• 물속에 저장

■ 주수(물)소화 시 가연성 가스인 수소(H_2)가스를 발생하는 물질
• 마그네슘
• 칼 륨
• 부틸(알킬)리튬

(4) 제4류 위험물

구 분	내 용
성 질	인화성 액체
품 명	• 특수인화물 • 제1석유류, 제2석유류, 제3석유류, 제4석유류 • 알코올류, 동식물유류
성 상	• 가연성 액체로서 대단히 인화되기 쉽다. • 증기는 공기보다 무겁다. • 액체는 물보다 가볍고 물에 녹기 어렵다. • 증기와 공기가 약간 혼합하여도 연소한다.
소화방법	포, CO_2, 할론, 분말에 의한 질식소화(수용성 액체는 내알코올용 포로 소화)

■ 제4류 위험물
• 인화성 액체(유류)
• 주수소화 시 연소면 확대(물분무소화 가능)
• 소화방법 : 질식소화(포, 이산화탄소, 할론)

> 제4류 위험물 주수소화 금지 이유 : **화재면(연소면) 확대**

① 특수인화물 : 에테르, 이황화탄소
② 제1석유류 : 가솔린, 아세톤
③ 제2석유류 : 등유, 경유, 클로로벤젠, 아세트산, 아크릴산
④ 제3석유류 : 중유, 클레오소트유
⑤ 제4석유류 : 기어유, 실린더유
⑥ 알코올류 : 메틸알코올(CH_3OH), 에틸알코올(C_2H_5OH)

(5) 제5류 위험물

구 분	내 용
성 질	자기반응성(내부연소성) 물질
품 명	• 유기과산화물, 질산에스테르류 • 나이트로화합물, 아조화합물, 하이드라진유도체 • 하이드록실아민, 하이드록실아민류
성 상	• 산소와 가연물을 동시에 가지고 있는 자기연소성 물질 • 연소속도가 빨라 폭발적이다. • 가열, 마찰, 충격에 의해 폭발성이 강하다.
소화방법	화재 초기에는 다량의 **주수소화**

■ 제5류 위험물
• 자기반응성(자기연소성) 물질
• 나이트로화합물, 트라이나이트로톨루엔(TNT), 나이트로셀룰로스
• 물에 의한 냉각소화

(6) 제6류 위험물

구 분	내 용
성 질	산화성 액체
품 명	과염소산, 과산화수소, 질산, 할로겐간화합물
성 상	• 불연성 물질로서 강산화제이다. • 비중이 1보다 크고 물에 잘 녹는다.
소화방법	화재초기에는 다량의 주수소화

1-5 출제예상문제

01
위험물의 유별에 따른 대표적인 성질의 연결이 틀린 것은?

① 제1류 – 산화성 고체
② 제2류 – 가연성 고체
③ 제4류 – 인화성 액체
④ 제5류 – 산화성 액체

해설 위험물의 성질

종류	제1류 위험물	제2류 위험물	제3류 위험물
성질	산화성 고체	가연성 고체	자연발화성 및 금수성 물질

종류	제4류 위험물	제5류 위험물	제6류 위험물
성질	인화성 액체	자기반응성 물질	산화성 액체

답 ④

02
다음 중 위험물안전관리법령상 제1류 위험물에 해당하는 것은?

① 염소산나트륨
② 과염소산
③ 나트륨
④ 황 린

해설 위험물의 분류

명칭	염소산 나트륨	과염소산	나트륨	황 린
유별	제1류 위험물	제6류 위험물	제3류 위험물	제3류 위험물

답 ①

03
다음 중 제1류 위험물로 그 성질이 산화성 고체인 것은?

① 황 린
② 아염소산염류
③ 금속분
④ 유 황

해설 위험물의 분류

종류	유별	성질
황 린	제3류 위험물	자연발화성 물질
아염소산염류	제1류 위험물	산화성 고체
금속분	제2류 위험물	가연성 고체
유 황	제2류 위험물	가연성 고체

답 ②

04
화재 발생 시 주수소화가 적합하지 않은 물질은?

① 적 린
② 마그네슘분말
③ 과염소산칼륨
④ 유 황

해설 마그네슘분말은 물과 반응하면 가연성 가스인 수소를 발생한다.

$$Mg + 2H_2O \rightarrow Mg(OH)_2 + H_2$$

답 ②

05
마그네슘의 화재에 주수하였을 때 물과 마그네슘의 반응으로 인하여 생성되는 가스는?

① 산 소
② 수 소
③ 일산화탄소
④ 이산화탄소

해설 마그네슘 + 물 → 수소가스 발생

$$Mg + 2H_2O \rightarrow Mg(OH)_2 + H_2$$

답 ②

06
마그네슘에 관한 설명으로 옳지 않은 것은?

① 마그네슘의 지정수량은 500[kg]이다.
② 마그네슘 화재 시 주수하면 폭발이 일어날 수도 있다.
③ 마그네슘 화재 시 이산화탄소 소화약제를 사용하여 소화한다.
④ 마그네슘의 저장·취급 시 산화제와의 접촉을 피한다.

해설 마그네슘 화재 시 이산화탄소로 소화시키면 일산화탄소(CO) 가스가 발생한다.

답 ③

07
마그네슘의 화재 시 이산화탄소소화약제를 사용하면 안 되는 주된 이유는?

① 마그네슘과 이산화탄소가 반응하여 흡열반응을 일으키기 때문이다.
② 마그네슘과 이산화탄소가 반응하여 일산화탄소가 생성되기 때문이다.
③ 마그네슘이 이산화탄소에 녹기 때문이다.
④ 이산화탄소에 의한 질식의 우려가 있기 때문이다.

해설 마그네슘은 이산화탄소가 반응하여 일산화탄소가 생성되기 때문에 소화약제로 적합하지 않다.

$$Mg + CO_2 \rightarrow MgO + CO$$

답 ②

08
위험물의 유별 성질이 가연성 고체인 위험물은 제 몇 류 위험물인가?

① 제1류 위험물　② 제2류 위험물
③ 제3류 위험물　④ 제4류 위험물

해설 제2류 위험물 : 가연성 고체

답 ②

09
제2류 위험물에 해당하지 않는 것은?

① 유 황　② 황화인
③ 적 린　④ 황 린

해설 제2류 위험물 : 유황, 황화인, 적린, 금속분, 철분, 마그네슘

황린 : 제3류 위험물

답 ④

10
다음 중 제2류 위험물에 해당하는 것은?

① 유 황　② 질산칼륨
③ 칼 륨　④ 톨루엔

해설 위험물의 분류

종 류	성 질	유 별
유 황	가연성 고체	제2류 위험물
질산칼륨	산화성 고체	제1류 위험물 (질산염류)
칼 륨	자연발화성 물질 및 금수성 물질	제3류 위험물
톨루엔	인화성 액체	제4류 위험물 (제1석유류)

답 ①

11
위험물의 유별 성질이 자연발화성 및 금수성 물질은 제 몇 류 위험물인가?

① 제1류 위험물　② 제2류 위험물
③ 제3류 위험물　④ 제4류 위험물

해설 유별 성질

종 류	성 질
제1류 위험물	산화성 고체
제2류 위험물	가연성 고체
제3류 위험물	자연발화성 및 금수성 물질
제4류 위험물	인화성 액체
제5류 위험물	자기반응성 물질
제6류 위험물	산화성 액체

답 ③

12
제3류 위험물로서 자연발화성만 있고 금수성이 없기 때문에 물속에 보관하는 물질은?

① 염소산암모늄　② 황 린
③ 칼 륨　④ 질 산

해설 황린 : 제3류 위험물로서 자연발화성 물질이고 물속에 보관한다.

답 ②

13
황린의 보관방법으로 옳은 것은?

① 물속에 보관
② 이황화탄소 속에 보관
③ 수산화칼륨 속에 보관
④ 통풍이 잘되는 공기 중에 보관

해설 황린, 이황화탄소 : **물속에** 보관

답 ①

14

물속에 넣어 저장하는 것이 안전한 물질은?

① 나트륨 ② 이황화탄소
③ 칼 륨 ④ 탄화칼슘

해설 나트륨(Na)은 금수성 물질이다. 이황화탄소(CS_2)는 물속에 저장한다.

답 ②

15

황린에 대한 설명으로 틀린 것은?

① 발화점이 매우 낮아 자연발화의 위험이 높다.
② 자연발화를 방지하기 위해 강알칼리 수용액에 저장한다.
③ 독성이 강하고 지정수량은 20[kg]이다.
④ 연소 시 오산화인의 흰 연기를 낸다.

해설 황린은 자연발화를 방지하기 위하여 물속에 저장한다.

답 ②

16

간이소화용구에 해당되지 않는 것은?

① 이산화탄소소화기 ② 마른모래
③ 팽창질석 ④ 팽창진주암

해설 간이소화용구 : 마른모래, 팽창질석, 팽창진주암

답 ①

17

알킬알루미늄 화재에 적합한 소화약제는?

① 물 ② 이산화탄소
③ 팽창질석 ④ 할로겐화합물

해설 알킬알루미늄의 소화약제
마른모래, 팽창질석, 팽창진주암

답 ③

18

화재 발생 시 주수소화를 할 수 없는 물질은?

① 부틸리튬 ② 질산에틸
③ 나이트로셀룰로스 ④ 적 린

해설 부틸리튬(알킬리튬)은 물과 반응하면 가연성 가스인 수소를 발생한다.

답 ①

19

공기 중에서 자연발화 위험성이 높은 물질은?

① 벤 젠 ② 톨루엔
③ 이황화탄소 ④ 트라이에틸알루미늄

해설 위험물의 성질

종 류	성 질
벤 젠	인화성 액체
톨루엔	인화성 액체
이황화탄소	인화성 액체
트라이에틸알루미늄	자연발화성 물질

답 ④

20

금수성 물질에 해당하는 것은?

① 트라이나이트로톨루엔
② 이황화탄소
③ 황 린
④ 칼 륨

해설 위험물의 성질

종 류	유 별	성 질
트라이나이트로톨루엔	제5류 위험물	자기반응성 물질
이황화탄소	제4류 위험물	인화성 액체
황 린	제3류 위험물	자연발화성 물질
칼 륨	제3류 위험물	금수성 물질

답 ④

21

칼륨에 화재가 발생할 경우에 주수를 하면 안 되는 이유는?

① 산소가 발생하기 때문에
② 질소가 발생하기 때문에
③ 수소가 발생하기 때문에
④ 수증기가 발생하기 때문에

해설 칼륨은 물과 반응하면 수소가스를 발생하므로 위험하다.

안심Touch

$$2K + 2H_2O \rightarrow 2KOH + H_2\uparrow$$

답 ③

22
알칼리금속의 과산화물을 취급할 때 주의사항으로 옳지 않은 것은?

① 충격, 마찰을 피한다.
② 가연물질과의 접촉을 피한다.
③ 분진 발생을 방지하기 위해 분무상의 물을 뿌려준다.
④ 강한 산성류와의 접촉을 피한다.

해설 알칼리금속의 과산화물(Na_2O_2, K_2O_2)은 물과 반응하면 산소를 발생하므로 위험하다.

$$2Na_2O_2 + 2H_2O \rightarrow 4NaOH + O_2$$

답 ③

23
제4류 위험물의 성질에 해당되는 것은?

① 가연성 고체　　　② 산화성 고체
③ 인화성 액체　　　④ 자기반응성 물질

해설 위험물의 성질

종류	제2류 위험물	제1류 위험물	제4류 위험물	제5류 위험물
성질	가연성 고체	산화성 고체	인화성 액체	자기반응성 물질

답 ③

24
제2석유류에 해당하는 것으로만 나열된 것은?

① 에테르, 이황화탄소
② 아세톤, 벤젠
③ 아세트산, 아크릴산
④ 중유, 아닐린

해설 제2석유류 : 아세트산, 아크릴산(둘 다 수용성임)

답 ③

25
위험물안전관리법령상 인화성 액체인 클로로벤젠은 몇 석유류에 해당하는가?

① 제1석유류　　　② 제2석유류
③ 제3석유류　　　④ 제4석유류

해설 클로로벤젠 : 제2석유류

답 ②

26
다음 중 제4류 위험물에 적응성이 있는 것은?

① 옥내소화전설비
② 옥외소화전설비
③ 봉상수소화기
④ 물분무소화설비

해설 제4류 위험물은 인화성 액체로서 물분무소화설비(질식효과, 냉각효과, 유화효과, 희석효과)가 적합하다.

답 ④

27
위험물안전관리법령에 따른 위험물의 유별 분류가 나머지 셋과 다른 것은?

① 트라이에틸알루미늄　　② 황 린
③ 칼 륨　　　　　　　　④ 벤 젠

해설 위험물의 분류

종류	유별
트라이에틸알루미늄	제3류 위험물 알킬알루미늄
황 린	제3류 위험물
칼 륨	제3류 위험물
벤 젠	제4류 위험물

답 ④

28
제4류 위험물의 화재 시 사용되는 주된 소화방법은?

① 물을 뿌려 냉각한다.
② 연소물을 제거한다.
③ 포를 사용하여 질식소화한다.
④ 인화점 이하로 냉각한다.

해설 제4류 위험물의 소화방법
질식소화(포, 이산화탄소, 할로겐화합물 등)

답 ③

29

경유화재가 발생했을 때 주수소화가 오히려 위험할 수 있는 이유는?

① 경유는 물보다 비중이 가벼워 화재면의 확대 우려가 있으므로
② 경유는 물과 반응하여 유독가스를 발생하므로
③ 경유의 연소열로 인하여 산소가 방출되어 연소를 돕기 때문에
④ 경유가 연소할 때 수소가스를 발생하여 연소를 돕기 때문에

해설 경유는 물보다 가볍고 섞이지 않으므로 주수소화를 하면 화재면이 확대할 우려가 있어 위험하다.

답 ①

30

위험물안전관리법령상 제4류 위험물인 알코올류에 속하지 않는 것은?

① C_2H_5OH
② C_4H_9OH
③ CH_3OH
④ C_3H_7OH

해설 알코올류 : C_1~C_3의 포화 1가 알코올로서 농도 60[%] 이상

종 류	메틸 알코올	에틸 알코올	프로필 알코올	부틸 알코올
화학식	CH_3OH	C_2H_5OH	C_3H_7OH	C_4H_9OH
품 명	알코올류	알코올류	알코올류	제2석유류 (비수용성)
지정 수량	400[L]	400[L]	400[L]	1,000[L]

답 ②

31

위험물에 관한 설명으로 틀린 것은?

① 유기금속화합물인 사에틸납은 물로 소화할 수 없다.
② 황린은 자연발화를 막기 위해 통상 물속에 저장한다.
③ 칼륨, 나트륨은 등유 속에 보관한다.
④ 유황은 자연발화를 일으킬 가능성이 없다.

해설 사에틸납은 물로 소화가 가능하다.

답 ①

32

이산화탄소 소화설비의 적용대상이 아닌 것은?

① 가솔린
② 전기설비
③ 인화성 고체 위험물
④ 나이트로셀룰로스

해설 나이트로셀룰로스(제5류 위험물) : 냉각소화(수계 소화설비)

답 ④

33

나이트로셀룰로스에 대한 설명으로 틀린 것은?

① 질화도가 낮을수록 위험성이 크다.
② 물을 첨가하여 습윤시켜 운반한다.
③ 화약의 원료로 쓰인다.
④ 고체이다.

해설 나이트로셀룰로스는 질화도(질소의 함유량)가 클수록 위험성이 크다.

답 ①

34

제5류 위험물인 자기반응성 물질의 성질 및 소화에 관한 사항으로 가장 거리가 먼 것은?

① 대부분 산소를 함유하고 있어 자기연소 또는 내부연소를 일으키기 쉽다.
② 연소속도가 빨라 폭발하는 경우가 많다.
③ 질식소화가 효과적이며 냉각소화는 불가능하다.
④ 가열, 충격, 마찰에 의해 폭발의 위험이 있는 것이 있다.

해설 제5류 위험물인 자기반응성 물질은 주 소화방식이 냉각소화방식이다.

답 ③

35

위험물안전관리법령상 위험물 유별에 따른 성질이 잘못 연결된 것은?

① 제1류 위험물 – 산화성 고체
② 제2류 위험물 – 가연성 고체
③ 제4류 위험물 – 인화성 액체
④ 제6류 위험물 – 자기반응성 물질

해설 자기반응성 물질 : 제5류 위험물

답 ④

36

위험물의 저장 방법으로 틀린 것은?

① 금속나트륨 - 석유류에 저장
② 이황화탄소 - 수조 물탱크에 저장
③ 알킬알루미늄 - 벤젠액에 희석하여 저장
④ 산화프로필렌 - 구리 용기에 넣고 불연성 가스를 봉입하여 저장

해설 **산화프로필렌, 아세트알데하이드** : 구리, 마그네슘, 수은, 은과의 접촉을 피하고, 불연성 가스를 불입하여 저장한다.

답 ④

37

제6류 위험물의 공통성질이 아닌 것은?

① 산화성 액체이다.
② 모두 유기화합물이다.
③ 불연성 물질이다.
④ 대부분 비중이 1보다 크다.

해설 **제6류 위험물의 일반적인 성질**
• **산화성 액체**이며, **무기화합물**로 이루어져 형성된다.
• 무색, 투명하며 **비중은 1보다 크고** 표준상태에서는 모두가 **액체**이다.
• 과산화수소를 제외하고 **강산성 물질**이며, **물에 녹기 쉽다.**
• **불연성 물질**이며 가연물, 유기물 등과의 혼합으로 발화한다.
• 증기는 유독하며, 피부와 접촉 시 점막을 부식시킨다.

답 ②

38

에스테르가 알칼리의 작용으로 가수분해 되어 알코올과 산의 알칼리염이 생성되는 반응은?

① 수소화 분해반응
② 탄화 반응
③ 비누화 반응
④ 할로겐화 반응

해설 **비누화 반응**
에스테르가 알칼리(KOH, NaOH)에 의해 비누화 된다.

답 ③

39

다음 중 연소 시 아황산가스를 발생시키는 것은?

① 적 린
② 유 황
③ 트라이에틸알루미늄
④ 황 린

해설 유황 연소 시
$S(황) + O_2(산소) \rightarrow SO_2(아황산가스)$

답 ②

40

물질의 연소 시 산소공급원이 될 수 없는 것은?

① 탄화칼슘
② 과산화나트륨
③ 질산나트륨
④ 압축공기

해설 **산소공급원**
• 제1류 위험물(산화성 고체 : 과산화나트륨, 질산나트륨)
• 제6류 위험물(산화성 액체 : 질산, 과염소산, 과산화수소)
• 압축공기, 산소

답 ①

41

물과 반응하여 가연성 기체를 발생하지 않는 것은?

① 칼 륨
② 인화아연
③ 산화칼슘
④ 탄화알루미늄

해설 산화칼슘(CaO, 생석회)은 물과 반응하면 많은 열을 발생하고 가스는 발생하지 않는다.
$CaO + H_2O \rightarrow Ca(OH)_2 + Q[kcal]$

답 ③

42

인화칼슘과 물이 반응할 때 생성되는 가스는?

① 아세틸렌
② 황화수소
③ 황 산
④ 포스핀

해설 인화칼슘이 물과 반응하면 수산화칼슘과 포스핀(인화수소)이 발생한다.

$$Ca_3P_2 + 6H_2O \rightarrow 3Ca(OH)_2 + 2PH_3 \uparrow$$

답 ④

43

다음 위험물 중 물과 접촉 시 위험성이 가장 높은 것은?

① $NaClO_3$
② P
③ TNT
④ Na_2O_2

해설 과산화나트륨은 물과 반응하면 조연성 가스인 산소를 발생한다.

$$2Na_2O_2 + 2H_2O \rightarrow 4NaOH + O_2 \uparrow + 열$$

답 ④

44

공기 또는 물과 반응하여 발화할 위험이 높은 물질은?

① 벤 젠
② 이황화탄소
③ 트라이에틸알루미늄
④ 톨루엔

해설 트라이에틸알루미늄은 공기 또는 물과 반응하며 발화 위험이 높아진다.

답 ③

45

탄화칼슘이 물과 반응할 때 발생되는 기체는?

① 일산화탄소
② 아세틸렌
③ 황화수소
④ 수 소

해설 **탄화칼슘의 반응**
- 물과의 반응

$$CaC_2 + 2H_2O \longrightarrow Ca(OH)_2 + C_2H_2 \uparrow$$

(소석회, 수산화칼슘) (아세틸렌)

답 ②

46

위험물안전관리법령상 과산화수소는 그 농도가 몇 [wt%] 이상인 경우 위험물에 해당하는가?

① 1.49
② 30
③ 36
④ 60

해설 과산화수소는 36[%] 이상이면 제6류 위험물로 본다.

질산의 비중 : 1.49 이상

답 ③

47

위험물안전관리법령상 위험물의 적재 시 혼재기준에서 다음 중 혼재가 가능한 위험물로 짝지어진 것은? (단, 각 위험물은 지정수량의 10배로 가정한다)

① 질산칼륨과 가솔린
② 과산화수소와 황린
③ 철분과 유기과산화물
④ 등유와 과염소산

해설 **운반 시 위험물의 혼재 가능**
- 혼재 가능
  - 제1류+제6류 위험물
  - 제3류+제4류 위험물
  - 제5류+제2류+제4류 위험물

• 위험물의 분류

종 류	유 별
질산칼륨	제1류
가솔린	제4류
과산화수소	제6류
황 린	제3류
철 분	제2류
유기과산화물	제5류
등 유	제4류
과염소산	제6류

답 ③

48

인화점이 20[℃]인 액체 위험물을 보관하는 창고의 인화 위험성에 대한 설명 중 옳은 것은?

① 여름철에 창고 안이 더워질수록 인화의 위험성이 커진다.
② 겨울철에 창고 안이 추워질수록 인화의 위험성이 커진다.
③ 20[℃]에서 가장 안전하고 20[℃]보다 높아지거나 낮아질수록 인화의 위험성이 커진다.
④ 인화의 위험성은 계절의 온도와는 상관없다.

해설 인화점이 20[℃]이면 20[℃]가 되면 불이 붙으므로 창고 안의 온도가 높으면 위험하다.

답 ①

49

황린과 적린이 서로 동소체라는 것을 증명하는 데 가장 효과적인 실험은?

① 비중을 비교한다.
② 착화점을 비교한다.
③ 유기용제에 대한 용해도를 비교한다.
④ 연소생성물을 확인한다.

해설 동소체 : 같은 원소로 되어 있으나 성질과 모양이 다른 것으로 연소생성물을 확인한다.

답 ④

50

불활성 가스에 해당하는 것은?

① 수증기
② 일산화탄소
③ 아르곤
④ 황 린

해설 헬륨(He), 네온(Ne), 아르곤(Ar), 크립톤(Kr), 제논(Xe), 라돈(Rn)

답 ③

51
다음 중 가연성 가스가 아닌 것은?

① 일산화탄소　　　　② 프로판
③ 아르곤　　　　　　④ 수 소

해설 **가연성 가스** : 연소하는 가스(일산화탄소, 프로판, 부탄, 메탄, 에탄)

> 아르곤 : 불활성 가스

답 ③

52
다음 중 가연성 물질에 해당하는 것은?

① 질 소　　　　　　② 이산화탄소
③ 아황산가스　　　　④ 일산화탄소

해설 **가연성 물질** : 일산화탄소$\left(CO + \dfrac{1}{2}O_2 \rightarrow CO_2\right)$

> 불연성 물질 : 질소, 이산화탄소, 아황산가스

답 ④

53
다음 중 조연성 가스에 해당하는 것은?

① 천연가스　　　　　② 산 소
③ 수 소　　　　　　④ 부 탄

해설 **조연성 가스** : 자신은 연소하지 않고 연소를 도와주는 가스로서 **산소, 공기, 오존, 염소, 플루오린(불소)** 등이 있다.

답 ②

54
조연성 가스로만 나열되어 있는 것은?

① 질소, 플루오린(불소), 수증기
② 산소, 플루오린(불소), 염소
③ 산소, 이산화탄소, 오존
④ 질소, 이산화탄소, 염소

해설 **조연성 가스**
자신은 연소하지 않고 연소를 도와주는 가스

> 이산화탄소, 수증기 : 불연성 가스

답 ②

제 2 장 방화론

제 1 절 건축물의 내화성상

1 건축물의 내화구조, 방화구조

(1) 내화구조

내화 구분		내화구조의 기준
벽	모든 벽	• **철근콘크리트조** 또는 철골·철근콘크리트조로서 두께가 **10[cm]** 이상인 것 • 골구를 철골조로 하고 그 양면을 두께 4[cm] 이상의 철망모르타르로 덮은 것 • 두께 5[cm] 이상의 콘크리트 블록·벽돌 또는 석재로 덮은 것 • 철재로 보강된 콘크리트 블록조·벽돌조 또는 석조로서 철재에 덮은 콘크리트 블록 등의 두께가 5[cm] 이상인 것 • 벽돌조로서 두께가 19[cm] 이상인 것 • 고온·고압의 증기로 양생된 경량기포 콘크리트 패널 또는 경량기포 콘크리트 블록조로서 두께가 10[cm] 이상인 것
	외벽 중 비내력벽	• **철근콘크리트조** 또는 철골·철근콘크리트조로서 두께가 **7[cm]** 이상인 것 • 골구를 철골조로 하고 그 양면을 두께 3[cm] 이상의 철망모르타르로 덮은 것 • 두께 4[cm] 이상의 콘크리트 블록·벽돌 또는 석재로 덮은 것 • 철재로 보강된 콘크리트 블록조·벽돌조 또는 석조로서 철재에 덮은 콘크리트 블록 등의 두께가 4[cm] 이상인 것 • 무근콘크리트조, 콘크리트 블록조·벽돌조 또는 석조로서 두께가 7[cm] 이상인 것
기 둥 (작은 지름이 25 [cm] 이상인 것)		• 철근콘크리트조 또는 철골·철근콘크리트조 • 철골을 두께 6[cm] 이상의 철망모르타르로 덮은 것 • 철골을 두께 7[cm] 이상의 콘크리트 블록·벽돌 또는 석재로 덮은 것 • 철골을 두께 5[cm] 이상의 콘크리트로 덮은 것
바 닥		• 철근콘크리트조 또는 철골·철근콘크리트조로서 두께가 10[cm] 이상인 것 • 철재로 보강된 콘크리트 블록조·벽돌조 또는 석조로서 철재에 덮은 콘크리트 블록 등의 두께가 5[cm] 이상인 것 • 철재의 양면을 두께 5[cm] 이상의 철망모르타르 또는 콘크리트로 덮은 것
보		• 철근콘크리트조 또는 철골·철근콘크리트조 • 철골을 두께 6[cm] 이상의 철망모르타르로 덮은 것 • 철골을 두께 5[cm] 이상의 콘크리트조로 덮은 것 • 철골조의 지붕틀로서 바로 아래에 반자가 없거나 불연재료로 된 반자가 있는 것

(2) 방화구조

① **철망모르타르**로서 그 바름두께가 **2[cm] 이상**인 것

② 석고판 위에 **시멘트모르타르** 또는 회반죽을 바른 것으로서 그 두께의 합계가 **2.5[cm] 이상**인 것

■ 벽 내화구조 기준
• 철근콘크리트 : 10[cm] 이상
• 벽돌조 : 19[cm] 이상

■ 기둥 내화구조 기준
• 작은 지름 : 25[cm] 이상
• 콘크리트 블록·벽돌 : 7[cm] 이상

■ 바닥 내화구조 기준
철근콘크리트조 : 10[cm] 이상

■ 내화구조
• 철근콘크리트조
• 연와조
• 석 조

■ 방화구조
• 철망모르타르 : 2[cm] 이상
• 타일 붙인 것 : 2.5[cm] 이상

③ 시멘트모르타르 위에 타일을 붙인 것으로서 그 두께의 합계가 2.5[cm] 이상인 것

④ 심벽에 흙으로 맞벽치기한 것

2 건축물의 방화 및 피난

(1) 방화벽

화재 시 연소의 확산을 막고 피해를 줄이기 위해 주로 목조건축물에 설치하는 벽

① 내화구조로서 홀로 설 수 있는 구조일 것

② 방화벽의 양쪽 끝과 윗쪽 끝을 건축물의 외벽면 및 지붕면으로부터 0.5[m] 이상 튀어 나오게 할 것

③ 방화벽에 설치하는 **출입문의 너비** 및 **높이**는 각각 **2.5[m] 이하**로 하고, 해당 출입문에는 갑종방화문을 설치할 것

(2) 방화문

① 갑종방화문 : 비차열이 1시간 이상, 차열 30분 이상(아파트 발코니에 설치하는 대피공간)의 성능이 확보되어야 한다.

② 을종방화문 : 비차열이 30분 이상의 성능이 확보되어야 한다.

(3) 피난계단

① 건축물의 바깥쪽에 설치하는 피난계단의 유효너비 : 0.9[m] 이상

② 건축물의 내부에 설치하는 피난계단 구조

㉠ 계단실은 창문·출입구 기타 개구부(이하 "창문 등"이라 한다)를 제외한 해당 건축물의 다른 부분과 내화구조의 벽으로 구획할 것

㉡ 계단실의 실내에 접하는 부분(바닥 및 반자 등 실내에 면한 모든 부분을 말한다)의 마감은 불연재료로 할 것

㉢ 계단실에는 예비전원에 의한 조명설비를 할 것

㉣ 계단의 유효너비는 0.9[m] 이상으로 할 것

㉤ 계단은 내화구조로 하고 지상까지 직접 연결되도록 할 것

(4) 피난층

직접 지상으로 통하는 출입구가 있는 층

(5) 무창층

① 크기는 지름 50[cm] 이상의 원이 내접할 수 있는 크기일 것

② 해당 층의 바닥면으로부터 개구부 밑부분까지의 높이가 1.2[m] 이내일 것

③ 도로 또는 차량이 진입할 수 있는 빈터를 향할 것

■ 방화벽
• 출입문 너비 및 높이
  : 2.5[cm] 이하
• 양쪽 및 위쪽 지붕면으로부터 0.5[m] 이상 돌출

■ 방화문 비차열 성능
• 갑종 : 60분
• 을종 : 30분

■ 피난계단 유효너비
  : 0.9[m] 이상

■ 피난층 : 직접 지상으로 통하는 출입구가 있는 층

■ 무창층
• 크기 50[cm] 이상의 원이 내접할 수 있을 것
• 개구부 높이 : 1.2[m] 이하

④ 화재 시 건축물로부터 쉽게 피난할 수 있도록 창살이나 그 밖의 장애물이 설치되지 아니할 것

⑤ 내부 또는 외부에서 쉽게 부수거나 열 수 있을 것

- 창살이나 그 밖의 장애물이 설치되지 아니할 것
- 쉽게 부수거나 열 수 있을 것

(6) 지하층

건축물의 바닥이 지표면 아래에 있는 층으로서 바닥에서 지표면까지의 평균 높이가 해당 층 높이의 1/2 이상인 것

■ **지하층** : 바닥에서 지표면까지 평균높이가 해당 층 높이의 $\frac{1}{2}$ 이상

3 건축물의 주요구조부, 불연재료 등

(1) 주요구조부

내력벽, 기둥, 바닥, 보, 지붕틀, 주계단

> 주요구조부 제외 : 사잇벽, 사잇기둥, 최하층 바닥, 작은 보, 차양, **옥외계단** 등

■ **주요구조부**
내력벽, 기둥, 바닥, 보, 지붕틀, 주계단

(2) 불연재료 등

① **불연재료** : 콘크리트, 석재, 벽돌, 기와, 석면판, 철강, **유리**, 알루미늄, 시멘트모르타르, 회 등 불에 타지 않는 성질을 가진 재료(난연 1급)

② **준불연재료** : 불연재료에 준하는 성질을 가진 재료(난연 2급)

③ **난연재료** : 불에 잘 타지 않는 성질을 가진 재료(난연 3급)

4 건축물의 방화구획

(1) 방화구획의 기준

건축물의 규모	구획 기준		비 고
10층 이하의 층	바닥면적 1,000[m²](3,000[m²]) 이내마다 구획		( ) 안의 면적은 스프링클러 등 자동식 소화설비를 설치한 경우임
기타층	매 층마다 구획(면적에 무관)		
11층 이상의 층	실내마감이 불연재료인 경우	바닥면적 500[m²](1,500[m²]) 이내마다 구획	
	실내마감이 불연재료가 아닌 경우	바닥면적 200[m²](600[m²]) 이내마다 구획	

① 연소확대방지를 위한 방화구획

　㉠ 층 또는 면적별로 구획

　㉡ 위험용도별 구획

　㉢ 방화댐퍼 구획

■ **연소확대방지를 위한 방화구획**
- 층별, 면적별 구획
- 위험용도별 구획
- 방화댐퍼 구획

② 고층건축물의 방화계획

    ㉠ 발화요인을 줄인다.

    ㉡ 화재 확대방지를 위하여 구획한다.

    ㉢ 자동소화장치를 설치한다.

    ㉣ 복도 끝에는 계단이나 피난구조설비를 설치한다.

■ 고층건축물 방화계획
- 발화요인 감소
- 화재 확대방지 위해 구획
- 자동소화장치 설치
- 복도 끝에 계단이나 피난구조설비 설치

(2) 방화구획의 구조

① 방화구획으로 사용되는 갑종방화문은 언제나 닫힌 상태를 유지하거나 화재로 인한 연기, 온도, 불꽃 등을 가장 신속하게 감지하여 자동으로 닫히는 구조로 할 것

② 외벽과 바닥 사이에 틈이 생긴 때나 급수관, 배전반, 기타의 관이 방화구획 부분을 관통하는 경우 그 관과 방화구획과의 틈을 내화충전성능을 인정한 구조로 된 것으로 메울 것

③ 방화댐퍼를 설치할 것

④ 댐퍼의 기준

    ㉠ 철재로서 철판의 두께가 1.5[mm] 이상일 것

    ㉡ 화재가 발생한 경우에는 연기의 발생 또는 온도상승에 의하여 자동적으로 닫힐 것

    ㉢ 닫힌 경우에는 방화에 지장이 있는 틈이 생기지 아니할 것

5 건축물 방화의 기본사항

(1) 공간적 대응

① 공간적 대응의 구분

    ㉠ 대항성 : 건축물의 내화, 방연성능, 방화구획의 성능, 화재방어의 대응성, 초기 소화의 대응성 등 화재의 사상에 대응하는 성능과 대항력

    ㉡ 회피성 : 난연화, 불연화, 내장재 제한, 방화구획의 세분화, 방화훈련 등 화재의 발화, 확대 등을 저감시키는 예방적 조치 또는 상황

    ㉢ 도피성 : 화재 발생 시 사상과 공간적 대응관계에서 화재로부터 피난할 수 있는 공간성과 시스템 등의 성상

■ 공간적 대응
- 대항성
- 회피성
- 도피성

■ 대항성 : 건축구조 및 재료를 불연화하여 화재를 미연에 방지

> 공간적 대응 : 대항성, 회피성, 도피성

(2) 설비적 대응

대항성의 방연성능 현상으로 제연설비, 방화문, 방화셔터, 자동화재탐지설비, 스프링클러설비 등에 의한 대응

제 **2** 절 **건축물의 방화 및 안전대책**

1 건축물의 연소 확대 방지

(1) 수직구획(층단위 구획)

(2) 수평구획(면적단위 구획)

(3) 용도구획(용도단위 구획)

■ 연소 확대 방지
  • 수직구획
  • 수평구획
  • 용도구획

2 건축물의 안전대책

(1) 피난행동의 성격

① 계단보행속도

수평방향의 피난은 군집보행속도가 문제가 되고 수직방향은 계단보행의 보행 수에 따라 다르다.

② 군집보행속도

㉠ **자유보행속도** : 사람이 아무런 제약을 받지 않고 생각대로의 속도로 걷는 것으로 **0.5~2[m/s]**이다.

㉡ 군집보행 : 후속보행자가 앞의 보행자의 보행속도에 동조하는 상태로서 보행속도는 1.0[m/s]이다.

㉢ 군집유동계수 : 협소한 출구에서 통과시킬 수 있는 인원을 단위폭(1[m])과 단위시간(1초)으로 나타낸 것으로 평균 1.33[人/m · s]로 하고 있다.

보행 구분	군집보행	암중보행	암중보행	자유보행
보행속도	1.0[m/s]	0.7[m/s]	0.3[m/s]	0.5~2.0[m/s]

(2) 피난대책의 일반적인 원칙

① 피난경로는 간단명료하게 할 것

② 피난설비는 고정식 설비를 위주로 할 것

③ 피난수단은 **원시적 방법**에 의한 것을 **원칙**으로 할 것

④ 2방향 이상의 피난통로를 확보할 것

⑤ 피난통로는 불연화할 것

⑥ 화재층의 피난을 최우선으로 할 것

⑦ 피난시설 중 피난로는 복도 및 거실을 가리킬 것

⑧ 계단은 직통계단으로 할 것

(3) 피난동선의 특성

① 수평동선과 수직동선으로 구분한다.

② 가급적 단순형태가 좋다.

③ 상호반대방향으로 다수의 출구와 연결되는 것이 좋다.

④ 어느 곳에서도 2개 이상의 방향으로 피난할 수 있으며 그 말단은 화재로부터 안전한 장소이어야 한다.

⑤ 평상시 숙지된 동선으로 일상동선과 같게 하여야 한다.

(4) 피난계획의 일반원칙

■ Fool Proof
피난수단을 조작이 간단한 원시적 방법으로 하는 원칙

① Fool Proof : 비상시 머리가 혼란하여 판단능력이 저하되므로 누구나 알 수 있도록 문자나 그림 등을 표시하여 직감적으로 작용하는 것

② Fail Safe : 하나의 수단이 고장으로 실패하여도 다른 수단에 의해 구제할 수 있도록 고려하는 것으로 양방향 피난로의 확보와 예비전원을 준비하는 것 등

(5) 피난방향

① **수평방향의 피난 : 복도**

② 수직방향의 피난 : 승강기(수직동선), 계단(보조수단)

> 화재 발생 시 승강기는 1층에 정지시키고 사용하지 말아야 한다.

(6) 피난시설의 안전구획

■ 안전구획
• 1차 : 복도
• 2차 : 부실(계단전실)
• 3차 : 계단

① 1차 안전구획 : 복도

② **2차 안전구획 : 부실(계단전실)**

③ 3차 안전구획 : 계단

(7) 피난방향 및 경로

■ 패닉현상이 일어날 수 있는 피난방향 : H형

구 분	구 조	특 징
T형	↑↓↔	피난자에게 피난경로를 확실히 알려주는 형태
X형	↔↕	양방향으로 피난할 수 있는 확실한 형태
H형	↔↔	중앙코어방식으로 피난자가 집중되어 **패닉 현상**이 일어날 우려가 있는 형태
Z형	↔	중앙복도형 건축물에서의 피난경로로서 코어식 중 제일 안전한 형태

※ 패닉(Panic)의 발생원인
- 연기에 의한 시계 제한
- 유독가스에 의한 호흡장애
- 외부와 단절되어 고립

(8) 피난계단 설치기준

① 계단실은 창문·출입구 기타 개구부를 제외한 해당 건축물의 다른 부분과 내화구조의 벽으로 구획할 것
② 계단실의 실내에 접하는 부분의 마감은 불연재료로 할 것
③ 계단실에는 예비전원에 의한 조명설비를 할 것
④ 계단은 내화구조로 하고 피난층 또는 지상까지 직접 연결되도록 할 것

(9) 제연방법

① **희석** : 외부로부터 신선한 공기를 불어 넣어 내부의 연기의 농도를 낮추는 것
② **배기** : 건물 내·외부의 압력차를 이용하여 연기를 외부로 배출시키는 것
③ **차단** : 연기의 확산을 막는 것

■ 제연방법
희석, 배기, 차단

(10) 화재 시 인간의 피난행동 특성

① **귀소본능** : 평소에 사용하던 출입구나 통로 등 습관적으로 친숙해 있는 경로로 도피하려는 본능
② **지광본능** : 화재 발생 시 연기와 정전 등으로 가시거리가 짧아져 시야가 흐리면 **밝은 방향**으로 **도피하려는 본능**
③ **추종본능** : 화재 발생 시 최초로 행동을 개시한 사람에 따라 전체가 움직이는 본능(많은 사람들이 달아나는 방향으로 무의식적으로 안전하다고 느껴 위험한 곳임에도 불구하고 따라가는 경향)
④ **퇴피본능** : 연기나 화염에 대한 공포감으로 화원의 반대방향으로 이동하려는 본능
⑤ **좌회본능** : 좌측으로 통행하고 시계의 반대방향으로 회전하려는 본능

■ 화재 시 인간의 피난행동
- 평소 사용하던 출입구 등으로 대피
- 밝은 곳으로 도피
- 최초 행동개시자를 따라 움직인다.
- 연기나 화염의 반대방향으로 이동

제 3 절 | 소화원리 및 방법

1 소화의 원리

(1) 소화의 원리
연소의 3요소 중 어느 하나를 없애 소화하는 방법

(2) 소화의 종류

■ 소화작용 구분
질식, 제거, 냉각, 부촉매

■ 냉각소화(물)
• 물분무소화설비
• 스프링클러설비

■ 물 : 증발잠열이 크다.

■ 공기 중 산소 농도 : 21[%]

① 냉각소화 : 화재현장에 물을 주수하여 발화점 이하로 온도를 낮추어 소화하는 방법

> 물 1[L/min]이 건물 내의 일반가연물을 진화할 수 있는 양 0.75[m³]

② 질식소화 : 공기 중의 산소의 농도를 21[%]에서 15[%] 이하로 낮추어 소화하는 방법
  ㉠ 공기 중 산소 농도 : 21[%]
  ㉡ **질식소화** 시 산소의 유효한계농도 : **10~15[%]**

③ 제거소화 : 화재현장에서 가연물을 없애주어 소화하는 방법

> 표면연소는 불꽃연소보다 연소속도가 매우 느리다.

④ 화학소화(부촉매효과) : 연쇄반응을 차단하여 소화하는 방법
  ㉠ 화학소화방법은 불꽃연소에만 한한다.
  ㉡ 화학소화제는 **연쇄반응**을 **억제**하면서 동시에 **냉각, 산소희석, 연료제거** 등의 작용을 한다.
  ㉢ 화학소화제는 불꽃연소에는 매우 효과적이나 표면연소에는 효과가 없다.

⑤ **희석소화** : **알코올**, 에테르, 에스테르, 케톤류 등 **수용성 물질**에 다량의 물을 방사하여 가연물의 농도를 낮추어 소화하는 방법

⑥ 유화소화 : 물분무소화설비를 **중유**에 방사하는 경우 유류표면에 엷은 막으로 유화층을 형성하여 화재를 소화하는 방법

⑦ **피복소화** : 이산화탄소약제 방사 시 가연물의 구석까지 침투하여 피복하므로 연소를 차단하여 소화하는 방법

> **소화효과**
> • **물(적상, 봉상) 방사** : 냉각효과
> • **물(무상) 방사** : 질식, 냉각, 희석, 유화효과
> • **포** : 질식, 냉각효과
> • **이산화탄소** : 질식, 냉각, 피복효과

2 소화의 방법

(1) 소화기의 분류

① **축압식 소화기** : 미리 용기에 압력을 축압한 것

② **가압식 소화기** : 별도로 이산화탄소 가압용 봄베 등을 설치하여 그 가스압으로 약제를 송출하는 방식

(2) 소화기의 종류

① **물소화기**

  ㉠ 펌프식 : 수동펌프를 설치하여 물을 방출하는 방식

  ㉡ 축압식 : 압축공기를 넣어서 압력으로 물을 방출하는 방식

  ㉢ 가압식 : 별도로 이산화탄소 등의 가스를 가압용 봄베에 설치하여 그 가스 압력으로 물을 방출하는 방식

② **산·알칼리소화기** : 전도식, 파병식, 이중병식

   $2NaHCO_3 + H_2SO_4 \rightarrow Na_2SO_4 + 2CO_2 + 2H_2O$

③ **강화액소화기** : 축압식, 가스가압식

④ **포소화기** : 전도식, 파괴전도식

   $6NaHCO_3 + Al_2(SO_4)_3 \cdot 18H_2O \rightarrow 3Na_2SO_4 + 2Al(OH)_3 + 6CO_2 + 18H_2O$

⑤ **할론소화기** : 축압식, 수동펌프식, 수동축압식, 자기증기압식

> 할론 1301 : 소화효과가 가장 크고 독성이 가장 적다.

⑥ **이산화탄소소화기** : 액화탄산가스를 봄베에 넣고, 용기밸브를 설치한 것

⑦ **분말소화기** : 축압식, 가스가압식

  ㉠ 축압식 : 용기에 분말소화약제를 채우고 방출압력원으로 질소가스가 충전되어 있는 방식(제3종 분말 사용)

  ㉡ 가스가압식 : 탄산가스로 충전된 방출압력원의 봄베는 용기 내부 또는 외부에 설치되어 있는 방식(제1종·제2종 분말 사용)

(3) 소화 방법

① **화학적인 소화방법** : 연쇄반응의 억제에 의한 방법(할론)

② **물리적인 방법**

  ㉠ 냉각에 의한 방법

  ㉡ 공기와의 접촉 차단에 의한 방법

  ㉢ 가연물 제거에 의한 방법

■ 소화기 설치 위치
: 바닥으로부터 1.5[m] 이하

■ 할론소화약제
• 부촉매 효과
• 연쇄반응 차단

출제예상문제

제 **2** 장

01

철근콘크리트조로서 내화구조 벽이 기준은 두께 몇 [cm] 이상이어야 하는가?

① 10
② 15
③ 20
④ 25

해설 내화구조의 기준

내화 구분		내화구조의 기준
벽	모든 벽	• **철근콘크리트조** 또는 철골・철근콘크리트조로서 두께가 10[cm] 이상인 것 • 골구를 철골조로 하고 그 양면을 두께 4[cm] 이상의 철망모르타르로 덮은 것 • 두께 5[cm] 이상의 콘크리트 블록・벽돌 또는 석재로 덮은 것 • 철재로 보강된 콘크리트블록조・벽돌조 또는 석조로서 철재에 덮은 콘크리트 블록 등의 두께가 5[cm] 이상인 것 • 벽돌조로서 두께가 19[cm] 이상인 것 • 고온・고압의 증기로 양생된 경량기포 콘크리트 패널 또는 경량기포 콘크리트 블록조로서 두께가 10[cm] 이상인 것
	외벽 중 비내력벽	• **철근콘크리트조** 또는 철골・철근콘크리트조로서 두께가 7[cm] 이상인 것 • 골구를 철골조로 하고 그 양면을 두께 3[cm] 이상의 철망모르타르로 덮은 것 • 두께 4[cm] 이상의 콘크리트 블록・벽돌 또는 석재로 덮은 것 • 철재로 보강된 콘크리트 블록조・벽돌조 또는 석조로서 철재에 덮은 콘크리트 블록 등의 두께가 4[cm] 이상인 것 • 무근콘크리트조, 콘크리트 블록조・벽돌조 또는 석조로서 두께가 7[cm] 이상인 것
기 둥 (작은 지름이 25[cm] 이상인 것)		• 철근콘크리트조 또는 철골・철근콘크리트조 • 철골을 두께 6[cm] 이상의 철망모르타르로 덮은 것 • 철골을 두께 7[cm] 이상의 콘크리트 블록・벽돌 또는 석재로 덮은 것 • 철골을 두께 5[cm] 이상의 콘크리트로 덮은 것

내화 구분	내화구조의 기준
바 닥	• 철근콘크리트조 또는 철골・철근콘크리트조로서 두께가 10[cm] 이상인 것 • 철재로 보강된 콘크리트 블록조・벽돌조 또는 석조로서 철재에 덮은 콘크리트 블록 등의 두께가 5[cm] 이상인 것 • 철재의 양면을 두께 5[cm] 이상의 철망모르타르 또는 콘크리트로 덮은 것
보	• 철근콘크리트조 또는 철골・철근콘크리트조 • 철골을 두께 6[cm] 이상의 철망모르타르로 덮은 것 • 철골을 두께 5[cm] 이상의 콘크리트조로 덮은 것 • 철골조의 지붕틀로서 바로 아래에 반자가 없거나 불연재료로 된 반자가 있는 것

답 ①

02

내화구조의 기준 중 벽의 경우 벽돌조로서 두께가 최소 몇 [cm] 이상이어야 하는가?

① 5
② 10
③ 12
④ 19

해설 내화구조 : 벽돌조로서 두께가 19[cm] 이상인 것

답 ④

03

다음 중 내화구조에 해당하는 것은?

① 두께 1.2[cm] 이상의 석고판 위에 석면 시멘트판을 붙인 것
② 철근콘크리트조의 벽으로서 두께가 10[cm] 이상인 것
③ 철망모르타르로서 그 바름두께가 2[cm] 이상인 것
④ 심벽에 흙으로 맞벽치기 한 것

해설 내화구조 벽은 철근콘크리트조 또는 철골·철근콘크리트조로서 두께가 10[cm] 이상인 것

답 ②

04

건축물의 내화구조 바닥이 철근콘크리조 또는 철골·철근콘크리트조인 경우 두께가 몇 [cm] 이상이어야 하는가?

① 4   ② 5
③ 7   ④ 10

해설 내화구조 바닥은 철근콘크리트조 또는 철골·철근콘크리트조로서 두께가 10[cm] 이상인 것

답 ④

05

내화구조의 건축물이라고 할 수 없는 것은?

① 철골조의 계단
② 철근콘크리트조의 지붕
③ 철근콘크리트조로서 두께 10[cm] 이상의 벽
④ 철골·철근콘크리트조로서 두께 5[cm] 이상의 바닥

해설 내화구조의 바닥은 철골·철근콘크리트조로서 두께가 10[cm] 이상이어야 한다.

답 ④

06

내화구조의 철근콘크리트조 기둥은 그 작은 지름을 최소 몇 [cm] 이상으로 하는가?

① 10   ② 15
③ 20   ④ 25

해설 내화구조 기둥은 작은 지름이 25[cm] 이상이어야 한다.

답 ④

07

건축물의 피난·방화구조 등의 기준에 관한 규칙에 따르면 철망모르타르로서 그 바름두께가 최소 몇 [cm] 이상인 것을 방화구조로 규정하는가?

① 2   ② 2.5
③ 3   ④ 3.5

해설 방화구조의 기준
- **철망모르타르**로서 그 바름두께가 **2[cm] 이상**인 것
- 석고판 위에 시멘트모르타르 또는 회반죽을 바른 것으로서 그 두께의 합계가 2.5[cm] 이상인 것
- 시멘트모르타르 위에 타일을 붙인 것으로서 그 두께의 합계가 2.5[cm] 이상인 것
- 심벽에 흙으로 맞벽치기한 것

답 ①

08

방화구조의 기준으로 틀린 것은?

① 심벽에 흙으로 맞벽치기한 것
② 철망모르타르로서 그 바름두께가 2[cm] 이상인 것
③ 시멘트모르타르 위에 타일을 붙인 것으로서 그 두께의 합계가 1.5[cm] 이상인 것
④ 석고판 위에 시멘트모르타르 또는 회반죽을 바른 것으로서 그 두께의 합계가 2.5[cm] 이상인 것

해설 시멘트모르타르 위에 타일을 붙인 것으로 그 두께의 합계가 2.5[cm] 이상인 것

답 ③

09

방화벽에 설치하는 출입문의 너비는 얼마 이하로 하여야 하는가?

① 2.0[m]   ② 2.5[m]
③ 3.0[m]   ④ 3.5[m]

해설 방화벽
화재 시 연소의 확산을 막고 피해를 줄이기 위해 주로 목조건출물에 설치하는 벽

대상 건축물	주요구조부가 내화구조 또는 불연재료가 아닌 연면적 1,000[m²] 이상인 건축물
구획단지	연면적 1,000[m²] 미만마다 구획
방화벽의 구조	• 내화구조로서 홀로 설 수 있는 구조로 할 것 • 방화벽의 양쪽 끝과 위쪽 끝을 건축물의 외벽면 및 지붕면으로부터 0.5[m] 이상 튀어 나오게 할 것 • 방화벽에 설치하는 출입문의 너비 및 높이는 각각 2.5[m] 이하로 하고 갑종방화문을 설치할 것

답 ②

10

건축물에 설치하는 방화벽의 구조에 대한 기준 중 틀린 것은?

① 내화구조로서 홀로 설 수 있는 구조로 할 것
② 방화벽의 양쪽 끝은 지붕면으로부터 0.2[m] 이상 튀어 나오게 하여야 한다.
③ 방화벽의 위쪽 끝은 지붕면으로부터 0.5[m] 이상 튀어 나오게 하여야 한다.
④ 방화벽에 설치하는 출입문의 너비 및 높이는 각각 2.5[m] 이하인 갑종방화문을 설치하여야 한다.

해설 방화벽의 양쪽 끝은 지붕면으로부터 0.5[cm] 이상 튀어나오게 하여야 한다.

답 ②

11

갑종방화문과 을종방화문의 비차열 성능은 각각 얼마 이상이어야 하는가?

① 갑종 : 90분, 을종 : 40분
② 갑종 : 60분, 을종 : 30분
③ 갑종 : 45분, 을종 : 20분
④ 갑종 : 30분, 을종 : 10분

해설 방화문의 비차열 성능
• 갑종방화문 : 비차열 60분 이상 성능 확보
• 을종방화문 : 비차열 30분 이상 성능 확보

답 ②

12

건물의 주요구조부에 해당되지 않는 것은?

① 바 닥
② 천 장
③ 기 둥
④ 주계단

해설 주요구조부 : 내력벽, 기둥, 바닥, 보, 지붕틀, 주계단

> 주요구조부 제외 : 사잇벽, 사잇기둥, 최하층의 바닥, 작은 보, 차양, 옥외계단, 천장

답 ②

13

건축물의 주요구조부에 해당되지 않는 것은?

① 내력벽
② 기 둥
③ 주계단
④ 작은 보

해설 건축물의 주요구조부에는 내력벽, 기둥, 바닥, 보, 지붕틀, 주계단이 있다.

답 ④

14

다음 중 불연재료에 해당하지 않는 것은?

① 기 와
② 아크릴
③ 유 리
④ 콘크리트

해설 불연재료 등
• **불연재료 : 콘크리트**, 석재, 벽돌, **기와**, 석면판, 철강, **유리**, 알루미늄, 시멘트모르타르, 회 등 불에 타지 않는 성질을 가진 재료(난연 1급)

답 ②

15

연소 확대방지를 위한 방화구획과 관계없는 것은?

① 일반승강기의 승강장 구획
② 층 또는 면적별 구획
③ 용도별 구획
④ 방화댐퍼

해설 연소 확대방지를 위한 방화구획과 관계
: 층별, 면적별, 용도별 구획, 방화댐퍼 등

답 ①

16

건축물의 피난·방화구조 등의 기준에 관한 규칙에서 건축물의 바깥쪽에 설치하는 피난계단의 유효너비는 몇 [m] 이상으로 하여야 하는가?

① 0.6
② 0.7
③ 0.9
④ 1.2

해설 건축물의 바깥쪽에 설치하는 피난계단의 유효너비
: 0.9[m] 이상

답 ③

17

건축물의 방재계획 중에서 공간적 대응계획에 해당되지 않는 것은?

① 도피성 대응
② 대항성 대응
③ 회피성 대응
④ 소방시설방재 대응

해설 공간적 대응
• 대항성 : 건축물의 내화, 방연성능, 방화구획의 성능, 화재방어의 대응성, 초기 소화의 대응성 등의 화재의 사상에 대응하는 성능과 항력
• 회피성 : 난연화, 불연화, 내장재 제한, 방화구획의 세분화, 방화훈련 등 화재의 발화, 확대 등 저감시키는 예방적 조치 또는 상황

• 도피성 : 화재 발생 시 사상과 공간적 대응 관계에서 화재로부터 피난할 수 있는 공간성과 시스템 등의 성상

> 공간적 대응 : 대항성, 회피성, 도피성

답 ④

18

건축방화계획에서 건축구조 및 재료를 불연화하여 화재를 미연에 방지하고자 하는 공간적 대응방법은?

① 회피성 대응 ② 도피성 대응
③ 대항성 대응 ④ 설비적 대응

해설 회피성 : 난연화, 불연화, 내장재 제한, 방화구획의 세분화, 방화훈련 등 화재의 발화, 확대 등 저감시키는 예방적 조치 또는 상황

답 ①

19

피난층에 대한 정의로 옳은 것은?

① 지상으로 통하는 피난계단이 있는 층
② 비상용승강기의 승강장이 있는 층
③ 비상용 출입구가 설치되어 있는 층
④ 직접 지상으로 통하는 출입구가 있는 층

해설 피난층 : 직접 지상으로 통하는 출입구가 있는 층

답 ④

20

무창층 여부를 판단하는 개구부로서 갖추어야 할 조건으로 옳은 것은?

① 개구부 크기가 지름 30[cm]의 원이 내접할 수 있는 것
② 해당 층의 바닥면으로부터 개구부 밑 부분까지의 높이가 1.5[m]인 것
③ 내부 또는 외부에서 쉽게 부수거나 열 수 있을 것
④ 창에 방범을 위하여 40[cm] 간격으로 창살을 설치한 것

해설 무창층의 조건
• 크기는 지름 50[cm] 이상의 원이 내접할 수 있는 크기일 것
• 해당 층의 바닥면으로부터 개구부 밑부분까지의 높이가 1.2[m] 이내일 것
• 도로 또는 차량이 진입할 수 있는 빈터를 향할 것
• 화재 시 건축물로부터 쉽게 피난할 수 있도록 창살이나 그 밖의 장애물이 설치되지 아니할 것

• 내부 또는 외부에서 쉽게 부수거나 열 수 있을 것

답 ③

21

지하층이라 함은 건축물의 바닥이 지표면 아래에 있는 층으로서 바닥에서 지표면까지의 평균높이가 해당 층 높이의 얼마 이상인 것을 말하는가?

① $\frac{1}{2}$ ② $\frac{1}{3}$
③ $\frac{1}{4}$ ④ $\frac{1}{5}$

해설 지하층 : 건축물의 바닥이 지표면 아래에 있는 층으로서 바닥에서 지표면까지의 평균높이가 해당 층 높이의 1/2 이상인 것

답 ①

22

고층건물의 방화계획 시 고려해야 할 사항이 아닌 것은?

① 발화요인을 줄인다.
② 화재 확대방지를 위해 구획한다.
③ 자동소화장치를 설치한다.
④ 복도 끝에는 계단보다 엘리베이터를 집중 배치한다.

해설 고층건축물의 방화계획
• 발화요인을 줄인다.
• 화재 확대방지를 위하여 구획한다.
• 자동소화장치를 설치한다.
• 복도 끝에는 계단이나 피난설비를 설치한다.

답 ④

23

건축물 내부에 설치하는 피난계단의 구조로 옳지 않은 것은?

① 계단실은 창문·출입구 기타 개구부를 제외한 해당 건축물의 다른 부분과 내화구조의 벽으로 구획할 것
② 계단실의 실내에 접하는 부분의 마감은 불연재료로 할 것
③ 계단실에는 예비전원에 의한 조명설비를 할 것
④ 계단은 피난층 또는 지상까지 직접 연결되지 않도록 할 것

해설 피난계단의 설치기준
- **건축물의 내부에 설치하는 피난계단의 구조**
  - **계단실**은 창문·출입구 기타 개구부(이하 "창문 등"이라 한다)를 제외한 해당 건축물의 다른 부분과 **내화구조의 벽**으로 구획할 것
  - 계단실의 실내에 접하는 부분(바닥 및 반자 등 실내에 면한 모든 부분을 말한다)의 마감은 **불연재료**로 할 것
  - **계단실**에는 예비전원에 의한 **조명설비**를 할 것
  - 계단은 내화구조로 하고 **피난층** 또는 **지상까지 직접 연결**되도록 할 것

정답 ④

24
피난에 유효한 건축계획으로 잘못된 것은?

① 피난경로는 단순하게 하고 미로를 만들지 않아야 한다.
② 피난통로는 불연화하여야 한다.
③ 1방향 피난로만 만들어야 한다.
④ 정전 시에도 피난방향을 알 수 있게 하여야 한다.

해설 피난대책의 일반적인 원칙
- 피난경로는 간단명료하게 할 것
- 피난설비는 고정식 설비를 위주로 할 것
- 피난수단은 원시적 방법에 의한 것을 원칙으로 할 것
- **2방향 이상의 피난통로**를 확보할 것
- 피난통로는 불연화로 할 것

정답 ③

25
피난계획의 일반적 원칙이 아닌 것은?

① 피난경로는 간단명료할 것
② 2방향의 피난동선을 확보하여 둘 것
③ 피난수단은 이동식 시설을 원칙으로 할 것
④ 인간의 특성을 고려하여 피난계획을 세울 것

해설 피난수단은 고정식 설비를 위주로 할 것

정답 ③

26
건축물의 피난동선에 대한 설명으로 틀린 것은?

① 피난동선은 가급적 단순한 형태가 좋다.
② 피난동선은 가급적 상호 반대방향으로 다수의 출구와 연결되는 것이 좋다.
③ 피난동선은 수평동선과 수직동선으로 구분된다.
④ 피난동선은 복도, 계단을 제외한 엘리베이터와 같은 피난전용의 통행구조를 말한다.

해설 피난동선의 조건
- 수평동선과 수직동선으로 구분한다.
- 가급적 단순형태가 좋다.
- 상호반대방향으로 다수의 출구와 연결되는 것이 좋다.
- 어느 곳에서도 2개 이상의 방향으로 피난할 수 있으며, 그 말단은 화재로부터 안전한 장소이어야 한다.

정답 ④

27
건물 내에 피난동선의 조건으로 옳지 않은 것은?

① 2개 이상의 방향으로 피난할 수 있어야 한다.
② 가급적 단순한 형태로 한다.
③ 통로의 말단은 안전한 장소이어야 한다.
④ 수직동선은 금하고 수평동선만 고려한다.

해설 수평동선과 수직동선으로 구분하여 피난할 수 있어야 한다.

정답 ④

28
피난동선에 대한 계획으로 옳지 않은 것은?

① 피난동선은 가급적 일상 동선과 다르게 계획한다.
② 피난동선은 적어도 2개소의 안전장소를 확보한다.
③ 피난동선의 말단은 안전장소이어야 한다.
④ 피난동선은 간단명료해야 한다.

해설 피난동선은 평상시 숙지된 동선으로 일상 동선과 같게 하여야 한다.

정답 ①

29
피난계획의 일반원칙 중 Fool Proof 원칙이란 무엇인가?

① 1가지가 고장이 나도 다른 수단을 이용하는 원칙
② 2방향의 피난동선을 항상 확보하는 원칙
③ 피난수단을 이동식 시설로 하는 원칙
④ 피난수단을 조작이 간편한 원시적 방법으로 하는 원칙

해설 Fool Proof : 비상시 머리가 혼란하여 판단능력이 저하되는 상태로 누구나 알 수 있도록 문자나 그림으로 표시하여 피난수단을 조작이 간편한 원시적인 방법으로 하는 원칙

정답 ④

30

피난계획의 일반원칙 중 Fool Proof 원칙에 해당하는 것은?

① 저지능인 상태에서도 쉽게 식별이 가능하도록 그림이나 색채를 이용하는 원칙
② 피난구조설비를 반드시 이동식으로 하는 원칙
③ 한 가지 피난기구가 고장이 나도 다른 피난수단을 이용할 수 있도록 고려하는 원칙
④ 피난설비를 첨단화된 전자식으로 하는 원칙

해설 Fool Proof : 비상시 머리가 혼란하여 판단능력이 저하되는 상태로 누구나 알 수 있도록 문자나 그림으로 표시하여 피난수단을 조작이 간편한 원시적인 방법으로 하는 원칙

답 ①

31

피난계획의 기본 원칙에 대한 설명으로 옳지 않은 것은?

① 2방향의 피난로를 확보하여야 한다.
② 환자 등 신체적으로 장애가 있는 재해 약자를 고려한 계획을 하여야 한다.
③ 안전구획을 설정하여야 한다.
④ 안전구획은 화재층에서 연기전파를 방지하기 위하여 수직 관통부에서의 방화, 방연성능이 요구된다.

해설 피난계획의 기본원칙
- 2방향 이상의 피난로 확보
- 피난경로 구성
- 안전구획의 설정
- 피난시설의 방화, 방연—비화재층으로 연기전파를 방지하기 위하여 수직 관통부와 방화, 방연성능이 요구된다.
- 재해 약자를 배려한 계획
- 인간의 심리, 생리를 배려한 계획

답 ④

32

건축물의 화재 시 피난자들의 집중으로 패닉 현상이 일어날 수 있는 피난방향은?

해설 피난방향 및 경로

구 분	구 조	특 징
T형		피난자에게 피난경로를 확실히 알려주는 형태
X형		양방향으로 피난할 수 있는 확실한 형태
H형		중앙코어방식으로 피난자가 집중되어 **패닉 현상**이 일어날 우려가 있는 형태
Z형		중앙복도형 건축물에서의 피난경로로서 코어식 중 제일 안전한 형태

답 ①

33

다음 중 피난자의 집중으로 패닉 현상이 일어날 우려가 가장 큰 형태는?

① T형
② X형
③ Z형
④ H형

해설 H형 : 패닉 현상이 일어날 우려가 가장 크다.

답 ④

34

건물화재 시 패닉(Panic)의 발생원인과 직접적인 관계가 없는 것은?

① 연기에 의한 시계 제한
② 유독가스에 의한 호흡장애
③ 외부와 단절되어 고립
④ 불연내장재의 사용

해설 패닉(Panic)의 발생원인
- 연기에 의한 시계 제한
- 유독가스에 의한 호흡장애
- 외부와 단절되어 고립

답 ④

35
건축물의 화재 발생 시 인간의 피난 특성으로 틀린 것은?
① 평상시 사용하는 출입구나 통로를 사용하는 경향이 있다.
② 화재의 공포감으로 인하여 빛을 피해 어두운 곳으로 몸을 숨기는 경향이 있다.
③ 화염, 연기에 대한 공포감으로 발화지점의 반대방향으로 이동하는 경향이 있다.
④ 화재 시 최초로 행동을 개시한 사람을 따라 전체가 움직이는 경향이 있다.

> **해설** 화재 시 인간의 피난 행동 특성
> • **귀소본능** : 평소에 사용하던 출입구나 통로 등 습관적으로 친숙해 있는 경로로 도피하려는 본능
> • **지광본능** : 화재 발생 시 연기와 정전 등으로 가시거리가 짧아져 시야가 흐리면 밝은 방향으로 도피하려는 본능
> • **추종본능** : 화재 발생 시 최초로 행동을 개시한 사람에 따라 전체가 움직이는 본능(많은 사람들이 달아나는 방향으로 무의식적으로 안전하다고 느껴 위험한 곳임에도 불구하고 따라가는 경향)
> • **퇴피본능** : 연기나 화염에 대한 공포감으로 화원의 반대방향으로 이동하려는 본능
> • **좌회본능** : 좌측으로 통행하고 시계의 반대방향으로 회전하려는 본능
>
> 답 ②

36
화재의 소화원리에 따른 소화방법의 적용으로 틀린 것은?
① 냉각소화 : 스프링클러설비
② 질식소화 : 이산화탄소소화설비
③ 제거소화 : 포소화설비
④ 억제소화 : 할로겐화합물소화설비

> **해설** 제거소화
> 화재현장에서 가연물을 없애주어 소화하는 방법
>
> | 질식소화 : 포소화설비 |
> |---|
>
> 답 ③

37
소화의 원리로 가장 거리가 먼 것은?
① 가연성 물질을 제거한다.
② 불연성 가스의 공기 중 농도를 높인다.
③ 가연성 물질을 냉각시킨다.
④ 산소의 공급을 원활히 한다.

> **해설** 소화는 연소의 3요소 중 한 가지 이상을 제거하는 것인데 산소를 공급하면 연소를 도와주는 현상이다.
>
> 답 ④

38
소화작용을 크게 4가지로 구분할 때 이에 해당하지 않는 것은?
① 질식소화   ② 제거소화
③ 가압소화   ④ 냉각소화

> **해설** 소화작용 4가지 : 질식, 제거, 냉각, 부촉매
>
> 답 ③

39
포소화설비의 주된 소화작용은?
① 질식작용   ② 희석작용
③ 유화작용   ④ 촉매작용

> **해설** 포소화설비의 주된 소화 : 질식작용
>
> 답 ①

40
이산화탄소소화약제의 주된 소화효과는?
① 제거소화   ② 억제소화
③ 질식소화   ④ 냉각소화

> **해설** 이산화탄소소화약제의 주된 소화 : 질식효과
>
> 답 ③

41
가연성 가스나 산소의 농도를 낮추어 소화하는 방법은?
① 질식소화   ② 냉각소화
③ 제거소화   ④ 억제소화

> **해설** 질식소화
> 공기 중 산소 농도를 21[%]에서 15[%] 이하로 낮추어 소화하는 방법
>
> 답 ①

42

질식소화 시 공기 중의 산소농도는 일반적으로 약 몇 [vol%] 이하로 하여야 하는가?

① 25　　　　　　② 21
③ 19　　　　　　④ 15

해설 질식소화 시 공기 중 산소농도 : 15[vol%] 이하

답 ④

43

공기 중 산소의 농도는 약 몇 [vol%]인가?

① 10　　　　　　② 13
③ 17　　　　　　④ 21

해설 공기 중 산소의 농도 : 21[vol%]

답 ④

44

증발잠열을 이용하여 가연물의 온도를 떨어뜨려 화재를 진압하는 소화방법은?

① 제거소화　　　　② 억제소화
③ 질식소화　　　　④ 냉각소화

해설 냉각소화
증발잠열을 이용하여 가연물의 온도를 떨어뜨려 화재를 진압하는 소화방법

답 ④

45

목재 화재 시 다량의 물을 뿌려 소화할 경우 기대되는 주된 소화효과는?

① 제거효과　　　　② 냉각효과
③ 부촉매효과　　　④ 희석효과

해설 냉각소화
화재현장에 물을 주수하여 발화점 이하로 온도를 낮추어 열을 제거하여 소화하는 방법으로, 목재 화재 시 다량의 물을 뿌려 소화하는 것이다.

답 ②

46

다음 중 소화약제로 물을 사용하는 주된 이유는?

① 촉매역할을 하기 때문에
② 증발잠열이 크기 때문에
③ 연소작용을 하기 때문에
④ 제거작용을 하기 때문에

해설 물은 비열과 증발(기화)잠열이 크기 때문에 소화약제로 사용하며 냉각효과가 뛰어나다.

답 ②

47

가연성의 기체나 액체, 고체에서 나오는 분해가스의 농도를 엷게 하여 소화하는 방법은?

① 냉각소화　　　　② 제거소화
③ 부촉매소화　　　④ 희석소화

해설 희석소화 : 가연물에서 나오는 가스나 액체의 농도를 묽게 하여 소화하는 방법

답 ④

48

가연물의 제거와 가장 관련이 없는 소화방법은?

① 촛불을 입김으로 불어서 끈다.
② 산불 화재 시 나무를 잘라 없앤다.
③ 팽창진주암을 사용하여 진화한다.
④ 가스화재 시 중간밸브를 잠근다.

해설 질식소화 : 팽창진주암이나 팽창질석을 사용하여 진화하는 방법

답 ③

49

다음 중 제거소화 방법과 무관한 것은?

① 산불의 확산방지를 위하여 산림의 일부를 벌채한다.
② 화학반응기의 화재 시 원료 공급관의 밸브를 잠근다.
③ 유류화재 시 가연물을 포로 덮는다.
④ 유류탱크 화재 시 주변에 있는 유류탱크의 유류를 다른 곳으로 이동시킨다.

해설 질식소화 : 유류화재 시 가연물을 포로 덮어 산소의 농도를 15[%] 이하로 낮추어 소화하는 방법

답 ③

50

소화방법 중 제거소화에 해당되지 않는 것은?

① 산불이 발생하면 화재의 진행방향을 앞질러 벌목함

② 방 안에서 화재가 발생하면 이불이나 담요로 덮음

③ 가스화재 시 밸브를 잠궈 가스흐름을 차단함

④ 불타고 있는 장작더미 속에서 아직 타지 않은 것을 안전한 곳으로 운반

[해설] 방 안에서 화재가 발생했을 때 이불이나 **담요**로 덮어 소화하는 것은 **질식소화**이다.

답 ②

51

물리적 소화방법이 아닌 것은?

① 연쇄반응의 억제에 의한 방법

② 냉각에 의한 방법

③ 공기와의 접촉 차단에 의한 방법

④ 가연물 제거에 의한 방법

[해설] 소화방법
- 화학적인 소화방법 : 연쇄반응의 억제에 의한 방법
- 물리적인 방법
  - 냉각에 의한 방법
  - 공기와의 접촉 차단에 의한 방법
  - 가연물 제거에 의한 방법

답 ①

52

화재를 소화하는 방법 중 물리적 방법에 의한 소화가 아닌 것은?

① 억제소화

② 제거소화

③ 질식소화

④ 냉각소화

[해설] 억제소화 : 화학적인 소화방법

답 ①

53

부촉매소화에 관한 설명으로 옳은 것은?

① 산소의 농도를 낮추어 소화하는 방법이다.

② 화학반응으로 발생한 탄산가스에 의한 소화방법이다.

③ 활성기(Free Radical)의 생성을 억제하는 소화방법이다.

④ 용융잠열에 의한 냉각효과를 이용하여 소화하는 방법이다.

[해설] 부촉매소화 : 할론, 할로겐화합물소화약제와 같이 활성기(Free Radical)의 생성을 억제하는 소화방법

답 ③

54

다음 중 할론소화약제의 가장 주된 소화효과에 해당하는 것은?

① 냉각효과

② 제거효과

③ 부촉매효과

④ 분해효과

[해설] 할론소화약제 소화효과 : 질식, 냉각, 부촉매 효과

> 할론소화약제의 주된 소화효과 : 부촉매효과

답 ③

55

연쇄반응을 차단하여 소화하는 약제는?

① 물

② 포

③ 할론 1301

④ 이산화탄소

[해설] 부촉매효과
연쇄반응을 차단하는 것으로 할론, 분말 등

답 ③

56

화학적 소화방법에 해당하는 것은?

① 모닥불에 물을 뿌려 소화한다.

② 모닥불을 모래에 덮어 소화한다.

③ 유류화재를 할론 1301로 소화한다.

④ 지하실 화재를 이산화탄소로 소화한다.

[해설] 유류화재를 할론 1301로 소화하는 것은 화학적 소화방법이다.

답 ③

57

B급 화재 시 사용할 수 없는 소화방법은?

① CO_2 소화약제로 소화한다.
② 봉상주수로 소화한다.
③ 3종 분말약제로 소화한다.
④ 단백포로 소화한다.

해설 봉상주수는 옥내소화설비, 옥외소화전설비로서 A급
(일반) 화재에 적합하다.

답 ②

58

고비점유 화재 시 무상주수하여 가연성 증기의 발생을
억제함으로써 기름의 연소성을 상실시키는 소화효과
는?

① 억제효과　　　② 제거효과
③ 유화효과　　　④ 파괴효과

해설 유화효과 : 중유와 같이 고비점의 위험물 화재 시 무상
주수하여 가연성 증기의 발생을 억제함으로써 기름의
연소성을 상실시키는 소화효과이다.

답 ③

59

위험물안전관리법령상 제4류 위험물의 화재에 적응
성이 있는 것은?

① 옥내소화전설비　　　② 옥외소화전설비
③ 봉상수소화기　　　④ 물분무소화설비

해설 제4류 위험물의 적응성
• 물분무소화설비
• 포소화설비
• 이산화탄소소화설비
• 할론소화설비
• 할로겐화합물 및 불활성기체소화약제소화설비
• 분말소화설비

답 ④

60

물을 사용하여 소화가 가능한 물질은?

① 트리메틸알루미늄　　　② 나트륨
③ 칼 륨　　　④ 적 린

해설 적린은 주수소화가 가능하다.

답 ④

61

소화기구는 바닥으로부터 높이 몇 [m] 이하의 곳에
비치하여야 하는가?(단, 자동확산소화기를 제외한
다)

① 0.5　　　② 1.0
③ 1.5　　　④ 2.0

해설 소화기 설치위치 : 바닥으로부터 1.5[m] 이하

답 ③

62

화재 발생 시 피난기구로 직접 활용할 수 없는 것은?

① 완강기　　　② 구조대
③ 피난사다리　　　④ 무선통신보조설비

해설 무선통신보조설비 : 소화활동설비

답 ④

63

다음 중 방염대상물품이 아닌 것은?

① 카 펫
② 무대용 합판
③ 창문에 설치하는 커튼
④ 두께 2[mm] 미만인 종이벽지

해설 방염대상물품 : 두께 2[mm] 미만인 벽지류
(단, 종이벽지 제외)

답 ④

64

소방안전관리대상물에 대한 소방안전관리자의 업무
가 아닌 것은?

① 소방계획서의 작성
② 자위소방대의 구성
③ 소방훈련 및 교육
④ 소방용수시설의 지정

해설 소방용수시설은 시·도지사가 지정한다.

답 ④

65

위험물안전관리법령상 옥외탱크저장소에 설치하는 방유제의 면적기준으로 옳은 것은?

① 30,000[m²] 이하
② 50,000[m²] 이하
③ 80,000[m²] 이하
④ 100,000[m²] 이하

해설 방유제

- 면적 : 80,000[m²] 이하
- 높이 : 0.5[m] 이상 3[m] 이하

답 ③

66

위험물안전관리법상 위험물의 지정수량이 틀린 것은?

① 과산화나트륨 – 50[kg]
② 적린 – 100[kg]
③ 트라이나이트로톨루엔 – 200[kg]
④ 탄화알루미늄 – 400[kg]

해설 지정수량

종 류	과산화나트륨	적 린	트라이나이트로톨루엔	탄화알루미늄
품 명	제1류 위험물, 무기과산화물	제2류 위험물	제5류 위험물, 나이트로화합물	제3류 위험물, 알루미늄의 탄화물
지정수량	50[kg]	100[kg]	200[kg]	300[kg]

답 ④

제3장 약제화학

제1절 물(水, H_2O)소화약제

1 물소화약제의 장단점

(1) 장 점
① 인체에 무해하여 다른 약제와 혼합하여 수용액으로 사용할 수 있다.
② 가격이 저렴하고 장기 보존이 가능하다.
③ 냉각의 효과가 우수하며 무상주수일 때는 질식, 유화효과가 있다.
④ 비열과 증발잠열이 크며 많은 양을 구하기 쉽다.

(2) 단 점
① 0[℃] 이하의 온도에서는 동파 및 응고현상으로 소화효과가 작다.
② 방사 후 물에 의한 2차 피해의 우려가 있다.
③ 전기(C급)화재나 금속(D급)화재에는 적응성이 없다.
④ 유류화재 시 물약제를 방사하면 연소면 확대로 소화효과는 기대하기 어렵다.

2 물소화약제의 방사방법 및 소화원리

(1) 방사방법
① 봉상주수
옥내소화전, 옥외소화전에서 방사하는 경우로, 물이 가늘고 긴 물줄기 모양을 형성하여 방사되는 것
② 적상주수
스프링클러헤드와 같이 물방울을 형성하면서 방사되는 것으로 봉상주수보다 물방울의 입자가 작다.

> 봉상주수, 적상주수의 소화효과 : 냉각효과

■ 봉상주수
• 물줄기 형태
• 냉각효과

■ 적상주수
• 물방울 형태
• 냉각효과

안심Touch

③ 무상주수

물분무헤드와 같이 안개 또는 구름 모양을 형성하면서 방사되는 것

> 무상주수 : 질식, 냉각, 희석, 유화효과

■ 무상주수
- 물분무(물안개) 형태
- 질식, 냉각, 희석, 유화

(2) 소화원리

냉각작용에 의한 소화효과가 가장 크며 증발하여 수증기로 되므로 원래 물의 용적의 약 1,700배의 불연성 기체로 되기 때문에 가연성 혼합기체의 희석작용도 하게 된다.

(3) 물의 소화성능을 향상시키기 위해 첨가하는 첨가제

① **침투제** : 물의 표면장력을 낮추어 침투효과를 높이기 위한 첨가제

② **증점제** : 물의 점도를 증가시키는 물질

③ **유화제** : 기름의 표면에 유화(에멀션)효과를 위한 첨가제(분무주수)

■ 침투제 : 물의 표면장력을 낮추어 침투효과를 높이기 위한 첨가제

제 2 절 　포소화약제

1 포소화약제의 장단점

(1) 장 점

① 인체에는 무해하고 약제 방사 후 독성 가스의 발생 우려가 없다.

② 가연성 액체 화재 시 질식, 냉각의 소화위력을 발휘한다.

(2) 단 점

① 동절기에는 유동성을 상실하여 소화효과가 저하된다.

② 단백포의 경우는 침전부패의 우려가 있어 정기적으로 교체 충전하여야 한다.

③ 약제방사 후 약제의 잔유물이 남는다.

> 포소화약제의 소화효과 : 질식효과, 냉각효과

■ 포소화약제의 소화효과
　: 질식, 냉각효과

2 포소화약제의 구비조건

① 내열성이 좋을 것

② 내유성이 좋을 것

③ 유동성이 좋을 것

④ 점착성이 좋을 것

⑤ 독성이 없을 것

3 포소화약제의 종류 및 성상

(1) 화학포소화약제

화학포소화약제는 외약제인 탄산수소나트륨(중탄산나트륨, $NaHCO_3$)의 수용액과 내약제인 황산알루미늄$[Al_2(SO_4)_3]$의 수용액이 화학반응에 의해 이산화탄소를 이용하여 포(Foam)를 발생시키는 약제이다.

(2) 기계포소화약제(공기포소화약제)

① 혼합비율에 따른 분류

구 분	약제 종류	약제 농도	팽창비
저발포용	단백포	3[%], 6[%]	6배 이상 20배 이하
	합성계면활성제포	3[%], 6[%]	6배 이상 20배 이하
	수성막포	3[%], 6[%]	5배 이상 20배 이하
	내알코올용포	3[%], 6[%]	6배 이상 20배 이하
	불화단백포	3[%], 6[%]	6배 이상 20배 이하
고발포용	합성계면활성제포	1[%], 1.5[%], 2[%]	–

> **단백포 3[%]** : 단백포약제 3[%]와 물 97[%]의 비율로 혼합한 약제

■ 저팽창포와 고팽창포에 모두 사용할 수 있는 포소화약제
: 합성계면 활성제포

■ 저발포용
: 팽창비 20 이하

② 팽창비율에 따른 분류

구 분	팽창비
저발포용	20배 이하
고발포용	80배 이상 1,000배 미만

③ 포소화약제에 따른 분류

○ **단백포소화약제** : 소의 뿔, 발톱, 피 등 동물성 단백질 가수분해물에 염화제일철염($FeCl_2$염)의 안정제를 첨가해 물에 용해하여 수용액으로 제조된 소화약제로서 특이한 냄새가 나는 끈끈한 흑갈색 액체이다.

■ 포소화약제 분류
 - 단백포
 - 합성계면활성제포
 - 수생막포
 - 내알콜포
 - 불화단백포

[포소화약제의 물성표]

물 성 　　　　종 류	단백포	합성계면활성제포	수성막포	내알코올용포
pH(20[℃])	6.0~7.5	6.5~8.5	6.0~8.5	6.0~8.5
비중(20[℃])	1.1~1.2	0.9~1.2	1.0~1.15	0.9~1.2

○ **합성계면활성제포소화약제** : 고급 알코올 황산에스테르와 고급 알코올황산염을 사용하여 포의 안정성을 위해 안정제를 첨가한 소화약제이다.

○ **수성막포소화약제** : 미국의 3M사가 개발한 것으로 일명 Light Water라고 한다. 이 약제는 플루오린(불소)계통의 습윤제에 합성계면활성제가 첨가되어 있는 약제로서 물과 혼합하여 사용한다. 성능은 단백포소화약제에 비해 약 300[%]의 효과가 있으며 동일 화재 소화 시 필요한 소화약제의 양은 1/3 정도에 불과하다.

■ 수성막포 소화약제
: 분말소화약제와 병용하여 사용 가능

> **분말소화약제와 병용하여 사용할 수 있다.**

○ **내알코올용포소화약제** : 단백질의 가수분해물에 합성세제를 혼합해서 제조한 소화약제로서 **알코올, 에스테르류** 같이 **수용성인 용제**에 적합하다.

내알코올용포 : 에테르, 케톤, 에스테르, 알데하이드, 아민 등

ㅁ 불화단백포소화약제 : 단백포에 플루오린(불소)계 계면활성제를 혼합하여 제조한 것으로서 플루오린(불소)의 소화효과는 포소화약제 중 우수하나 가격이 비싸 잘 유통되지 않고 있다.

4 환원시간(Drain Age Time)

① 방출된 포가 깨져 수용액으로 환원하는 데 걸리는 시간
② 수용액으로 환원시간이 길수록 포약제는 오래 유지되고, 소화성 농도가 우수한 것으로 평가되며, 내열성이 좋아진다.

■ 환원시간이 길면 내열성이 좋아진다.

제 3 절 이산화탄소소화약제

1 이산화탄소소화약제의 성상

(1) 이산화탄소의 특성

① 상온에서 기체이며 그 증기비중은 1.517 정도로 공기보다 무겁다.
 (공기비중 = 1.0)
② 무색무취로 화학적으로 안정하고 가연성·부식성도 없다.
③ 이산화탄소는 화학적으로 비교적 안정하다.
④ 고농도의 이산화탄소는 인체에 독성이 있다.
⑤ 액화가스로 저장하기 위하여 임계온도(31[℃]) 이하로 냉각시켜 놓고 가압한다.
⑥ 저온으로 고체화한 것을 드라이아이스라고 하며 냉각제로 사용한다.
⑦ 한랭지에서도 사용할 수 있다.
⑧ 자체압력으로 방사가 가능하며, 전기적으로 비전도성(부도체)이다.

(2) 이산화탄소의 물성

구 분	물성치
화학식	CO_2
분자량	44
비중(공기=1)	1.529
삼중점	-56.3[℃](0.42[MPa])
임계압력	72.75[atm]
임계온도	31.35[℃]

2 이산화탄소 저장용기의 충전비

구 분	저압식	고압식
충전비	1.1 이상 1.4 이하	1.5 이상 1.9 이하

■ 이산화탄소 비중
 : 공기의 약 1.5배

■ 이산화탄소 임계온도
 : 31[℃]

■ 이산화탄소 소화약제는 전기적 부도체이므로 전기설비 화재에 적합하다.

■ 이산화탄소(CO_2)
 - 분자량 : 44
 - 삼중점 : -56.3[℃]

■ 고압식 충전비
 : 1.5 이상 1.9 이하

3 약제량측정법

(1) 중량측정법

용기밸브 개방장치 및 조작관 등을 떼어낸 후 저울을 사용하여 가스용기의 총중량을 측정한 후 용기에 부착된 중량표(명판)와 비교하여 기재중량과 계량중량의 차가 충전량의 10[%] 이내가 되어야 한다.

(2) 액면측정법

액화가스미터기로 액면의 높이를 측정하여 CO_2약제량을 계산한다.

> 임계온도 : 액체의 밀도와 기체의 밀도가 같아지는 31[℃]이다.

(3) 비파괴검사법

용기를 파괴하지 않고 외부에서 검사하는 방법

4 이산화탄소소화약제의 소화효과

① 산소의 농도 21[%]를 15[%]로 낮추어 이산화탄소에 의한 질식효과
② 증기비중이 공기보다 1.517배로 무겁기 때문에 이산화탄소에 의한 피복효과
③ 이산화탄소가스 방출 시 기화열에 의한 냉각효과

> 이산화탄소의 소화효과 : 질식, 피복, 냉각효과

■ 약제량 측정법
　－ 중량측정법
　－ 액면측정법
　－ 비파괴검사법

■ 이산화탄소 소화효과
　: 질식, 냉각, 피복

제 **4** 절   **할론소화약제**

① 할론소화약제의 개요

할로겐화합물이란 플루오린(불소, F), 염소(Cl), 브롬(Br) 및 아이오딘(요오드, I) 등 할로겐족 원소를 하나 이상 함유한 화학 물질을 말한다. 할로겐족 원소는 다른 원소에 비해 높은 반응성을 갖고 있어 할로겐화합물은 독성이 적고 안정된 화합물을 형성한다.

(1) 할로겐원소 원자번호

종 류	플루오린(불소, F)	염소(Cl)	브롬(Br)	아이오딘(요오드, I)
원자번호	9	17	35	53

② 할론소화약제의 특성

(1) 할론소화약제의 특성

① 변질분해가 없다.
② 전기부도체이다.
③ 금속에 대한 부식성이 적다.
④ 연소 억제작용으로 부촉매 소화효과가 훌륭하다.
⑤ 값이 비싸다는 단점이 있다.

(2) 할론소화약제의 구비조건

① 기화되기 쉬운 저비점 물질일 것
② 공기보다 무겁고 불연성일 것
③ 증발잔유물이 없어야 할 것

(3) 할론소화약제의 물성

종 류 \ 물 성	분자식	분자량	상온(상압)에서 상태
할론 1301	CF_3Br	148.9	기 체
할론 1211	CF_2ClBr	165.4	기 체
할론 2402	$C_2F_4Br_2$	259.8	액 체
할론 1011	CH_2ClBr	129.4	액 체

• 전기음성도, 수소와 결합력 : F > Cl > Br > I
• 소화효과 : F < Cl < Br < I

(4) 확산속도

$$\frac{U_B}{U_A} = \sqrt{\frac{M_A}{M_B}}$$

여기서, U_B : 공기의 확산속도, U_A : 할론 1301의 확산속도
M_B : 공기의 분자량, M_A : 할론 1301의 분자량

(5) 명명법

할론이란 할로겐화탄화수소(Halogenated Hydrocarbon)의 약칭으로 탄소 또는 탄화수소에 플루오린(불소), 염소, 브롬이 함께 포함되어 있는 물질을 통칭하는 말이다.

예를 들면, 할론 1211은 CF_2ClBr로서 1개의 탄소 원자, 2개의 플루오린(불소) 원자, 1개의 염소 원자 및 1개의 브롬 원자로 이루어진 화합물이다.

■ 할론 표기 순서
: C, F, Cl, Br

3 할론소화약제의 성상

(1) 할론 1301

이 약제는 할론소화약제 중에서 독성이 가장 약하고 소화효과는 가장 좋다. 적응화재는 유류화재(B급), 전기화재(C급)에 적합하다.

① 상온에서 기체, 공기보다 5.1배 무겁다.
② 자체압력이 1.4[MPa]이므로 질소로 2.8[MPa]을 충전하여 4.2[MPa]로 충전한다.
③ 인체에 대한 독성이 가장 약하고 소화효과가 가장 좋다.

(2) 할론 1211

적응화재는 유류화재(B급), 전기화재(C급)에 적합하다.

① 상온에서 기체, 공기보다 약 5.7배 무겁다.
② 전기의 전도성은 없다.

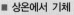
상온에서 기체 : 할론 1301, 할론 1211

■ 상온에서 기체
- 할론 1301
- 할론 1211

(3) 할론 1011

할론 1011은 상온에서 **액체**이며 증기의 비중(공기=1)은 4.5이고 기체의 밀도는 $0.0058[g/cm^3]$이다.

(4) 할론 2402

적응화재는 유류화재(B급), 전기화재(C급)에 적합하다.

> 상온에서 액체 : 할론 1011, 할론 2402

■ 상온에서 액체
 - 할론 1011
 - 할론 2402

4 할론소화약제의 소화효과

■ 할론의 소화효과
 : 질식, 냉각, 부촉매효과

(1) 소화효과 : 질식, 냉각, 부촉매효과

(2) 소화효과의 크기

사염화탄소 < 할론 1011 < 할론 2402 < 할론 1211 < 할론 1301

제 5 절 할로겐화합물 및 불활성기체소화약제

1 할로겐화합물 및 불활성기체소화약제의 개요

할로겐화합물 및 불활성기체소화약제는 할로겐화합물(할론 1301, 할론 2402, 할론 1211 제외) 및 불활성기체로서 전기적으로 비전도성이며 휘발성이 있거나 증발 후 잔여물을 남기지 않는 소화약제인데 전기실, 발전실, 전산실 등에 설치한다.

2 약제의 종류

소화약제	화학식
퍼플루오로부탄(이하 "FC-3-1-10"이라 한다)	C_4F_{10}
하이드로클로로플루오로카본혼화제 (이하 "HCFC BLEND A"라 한다)	HCFC-123($CHCl_2CF_3$) : 4.75[%] HCFC-22($CHClF_2$) : 82[%] HCFC-124($CHClFCF_3$) : 9.5[%] $C_{10}H_{16}$: 3.75[%]
클로로테트라플루오로에탄(이하 "HCFC-124"라 한다)	$CHClFCF_3$
펜타플루오로에탄(이하 "HFC-125"라 한다)	CHF_2CF_3
헵타플루오로프로판(이하 "HFC-227ea"라 한다)	CF_3CHFCF_3
트리플루오로메탄(이하 "HFC-23"이라 한다)	CHF_3
헥사플루오로프로판(이하 "HFC-236fa"라 한다)	$CF_3CH_2CF_3$
트리플루오로이오다이드(이하 "FIC-13I1"이라 한다)	CF_3I
불연성·불활성기체 혼합가스(이하 "IG-01"이라 한다)	Ar
불연성·불활성기체 혼합가스(이하 "IG-100"이라 한다)	N_2
불연성·불활성기체 혼합가스(이하 "IG-541"이라 한다)	N_2 : 52[%], Ar : 40[%], CO_2 : 8[%]
불연성·불활성기체 혼합가스(이하 "IG-55"라 한다)	N_2 : 50[%], Ar : 50[%]
도데카플루오르-2-메틸펜탄-3-원(이하 "FK-5-1-12"라 한다)	$CF_3CF_2C(O)CF(CF_3)_2$

■ HCFC BLEND A
• HCFC-22($CHClF_2$) : 82[%]

■ IG-541 성분
• 질소(N_2)
• 아르곤(Ar)
• 이산화탄소(CO_2)

3 약제의 구비조건

① 독성이 낮고 설계농도는 NOAEL 이하일 것
② 오존파괴지수(ODP), 지구온난화지수(GWP)가 낮을 것
③ 소화효과는 할론소화약제와 유사할 것
④ 비전도성이고 소화 후 증발잔유물이 없을 것
⑤ 저장 시 분해하지 않고 용기를 부식시키지 않을 것

4 소화효과

① 할로겐화합물소화약제 : 질식, 냉각, 부촉매효과

② 불활성기체소화약제 : 질식, 냉각효과

분말소화약제

1 분말소화약제의 개요

열과 연기가 충만한 장소와 연소 확대위험이 많은 특수대상물에 설치하여 수동,
자동조작에 의해 불연성 가스(N_2, CO_2)의 압력으로 배관 내에 분말소화약제를
압송시켜 고정된 헤드나 노즐로 하여 방호대상물에 소화제를 방출하는 설비로
서 가연성 액체의 소화에 효과적이고 전기설비의 화재에도 적합하다.

2 분말소화약제의 성상

(1) 제1종 분말소화약제(중탄산나트륨, $NaHCO_3$)

① 제1종 분말의 주성분 : 중탄산나트륨(탄산수소나트륨) + 스테아린산염 또는
실리콘

② 약제의 착색 : 백색

③ 적응화재 : 유류, 전기화재

④ 소화효과 : 질식, 냉각, 부촉매효과

⑤ **식용유화재** : 주방에서 사용하는 식용유화재에서는 가연물과 반응하여 **비누
화현상**을 일으킨다.

> **비누화현상**
> 알칼리를 작용하면 가수분해되어 그 성분의 산의 염과 알코올이 생성되는 현상

(2) 제2종 분말소화약제(중탄산칼륨, $KHCO_3$)

① 제2종 분말의 주성분 : 중탄산칼륨 + 스테아린산염 또는 실리콘

② 약제의 착색 : 담회색

③ 적응화재 : 유류, 전기화재

④ 소화효과 : 질식, 냉각, 부촉매효과

⑤ 소화능력 : 제1종 분말보다 약 1.67배 크다.

■ 제1종 분말소화약제
– 중탄산(탄화수소)나트륨
  $NaHCO_3$
– 백 색
– B급, C급 화재
– 식용유화재에서 비누화 현
  상 발생
– 열분해 시 CO_2 발생

■ 제2종 분말소화약제
– 중탄산(탄화수소)칼륨
  $KHCO_3$
– 담회색
– B급, C급 화재
– 열분해 시 CO_2 발생

■ 제3종 분말소화약제
  - 제1인산암모늄 NH₄H₂PO₄
  • 담홍색, 황색
  • A급, B급, C급 화재
  • 열분해 시 CO₂가 발생하지 않는다.

■ 제4종 분말소화약제
  • 중탄산(탄산수소)칼륨 + 요소
  • 회 색
  • B급, C급 화재

(3) 제3종 분말소화약제(제일인산암모늄, $NH_4H_2PO_4$)

    ① 제3종 분말의 주성분 : 제일인산암모늄

    ② 약제의 착색 : 담홍색, 황색

    ③ 적응화재 : **일반, 유류, 전기화재**

    ④ 소화효과 : 질식, 냉각 부촉매효과

    ⑤ 소화능력 : 제1종, 제2종 분말보다 20~30[%]가 크다.

(4) 제4종 분말소화약제(중탄산칼륨 + 요소, $KHCO_3 + (NH_2)_2CO$)

    ① 제4종 분말의 주성분 : 중탄산칼륨 + 요소

    ② 약제의 착색 : 회색

    ③ 적응화재 : 유류, 전기화재

종 별	주성분	약제의 착색	적응 화재	열분해 반응식
제1종 분말	중탄산나트륨 ($NaHCO_3$)	백 색	B, C급	$2NaHCO_3 \rightarrow Na_2CO_3 + CO_2 + H_2O$
제2종 분말	중탄산칼륨 ($KHCO_3$)	담회색	B, C급	$2KHCO_3 \rightarrow K_2CO_3 + CO_2 + H_2O$
제3종 분말	제일인산암모늄 ($NH_4H_2PO_4$)	담홍색, 황색	A, B, C급	$NH_4H_2PO_4 \rightarrow HPO_3 + NH_3 + H_2O$
제4종 분말	중탄산칼륨+요소 $[KHCO_3 + (NH_2)_2CO]$	회 색 (회백색)	B, C급	$2KHCO_3 + (NH_2)_2CO \rightarrow K_2CO_3 + 2NH_3 + 2CO_2$

3 분말소화약제의 품질 기준

(1) **분말약제의 입도**

    분말소화약제의 분말도는 입도가 너무 미세하거나 너무 커도 소화성능이 저하되므로 미세도의 분포가 골고루 되어야 한다.

    ① 입도가 너무 작아도 커도 좋지 않다.

    ② 입도는 골고루 분포되어 있어야 한다.

■ 분말소화약제 소화효과
  : 질식, 냉각, 부촉매효과

(2) **분말약제의 소화효과 : 질식, 냉각, 부촉매효과**

출제예상문제

제3장

01

소화약제로서 물에 관한 설명으로 틀린 것은?

① 수소결합을 하므로 증발잠열이 작다.
② 가스계 소화약제에 비해 사용 후 오염이 크다.
③ 무상으로 주수하면 중질유 화재에도 사용할 수 있다.
④ 타 소화약제에 비해 비열이 크기 때문에 냉각효과가 우수하다.

해설 물은 수소결합을 하고 비열과 증발잠열이 크기 때문에 냉각효과가 우수하다.

답 ①

02

물이 소화약제로서 사용되는 장점으로 가장 거리가 먼 것은?

① 가격이 저렴하다.
② 많은 양을 구할 수 있다.
③ 증발잠열이 크다.
④ 가연물과 화학반응이 일어나지 않는다.

해설 **물을 소화약제로 사용하는 장점**
• 구하기 쉽고 가격이 저렴하다.
• 비열과 증발잠열이 크다.
• 냉각효과가 뛰어나다.
• 많은 양을 구할 수 있다.

답 ④

03

물의 소화력을 보강하기 위해 첨가하는 약제로서 물의 표면장력을 낮추어 침투효과를 높이기 위한 첨가제는?

① 증점제　　　　② 강화액
③ 침투제　　　　④ 유화제

해설 물의 소화성능을 향상시키기 위해 첨가하는 첨가제
: 침투제, 증점제, 유화제
• **침투제** : 물의 표면장력을 낮추어 침투효과를 높이기 위한 첨가제
• 증점제 : 물의 점도를 증가시키는 물질
• 유화제 : 기름의 표면에 유화(에멀션)효과를 위한 첨가제(분무주수)

답 ③

04

물의 물리·화학적 성질로 틀린 것은?

① 증발잠열은 539.6[cal/g]으로 다른 물질에 비해 매우 큰 편이다.
② 대기압하에서 100[℃]의 물이 액체에서 수증기로 바뀌면 체적은 약 1,603배 정도 증가한다.
③ 수소 1분자와 산소 1/2분자로 이루어져 있으며, 이들 사이의 화학결합은 극성 공유결합이다.
④ 분자 간의 결합은 쌍극자-쌍극자 상호작용의 일종인 산소결합에 의해 이루어진다.

해설 물 분자 간의 결합은 쌍극자-쌍극자의 비공유적 상호작용의 일종인 수소결합에 의해 이루어진다.

답 ④

05

저팽창포와 고팽창포에 모두 사용할 수 있는 포소화약제는?

① 단백포소화약제
② 수성막포소화약제
③ 불화단백포소화약제
④ 합성계면활성제포소화약제

안심Touch

해설 공기포 소화약제의 혼합비율에 따른 분류

구 분	약제 종류	약제 농도
저발포용	단백포	3[%], 6[%]
	합성계면 활성제포	3[%], 6[%]
	수성막포	3[%], 6[%]
	내알코올용포	3[%], 6[%]
	불화단백포	3[%], 6[%]
고발포용	합성계면 활성제포	1[%], 1.5[%], 2[%]

답 ④

06

포소화약제 중 고팽창포로 사용할 수 있는 것은?

① 단백포
② 불화단백포
③ 내알코올포
④ 합성계면활성제포

해설 고발포용(고팽창포) : 합성계면활성제포

답 ④

07

포화설비의 국가화재안전기준에서 정한 포의 종류 중 저발포라 함은?

① 팽창비가 20 이하인 것
② 팽창비가 120 이하인 것
③ 팽창비가 520 이하인 것
④ 팽창비가 1,000 이하인 것

해설 팽창비

구 분	팽창비
저발포용	20배 이하
고발포용	80배 이상 1,000배 미만

답 ①

08

화재 시 분말소화약제와 병용하여 사용할 수 있는 포소화약제는?

① 수성막포소화약제
② 단백포소화약제
③ 알코올형포소화약제
④ 합성계면활성제포소화약제

해설 수성막포소화약제는 분말소화약제와 병용하여 사용할 수 있다.

답 ①

09

에테르, 케톤, 에스테르, 알데하이드, 카르복실산, 아민 등과 같은 가연성인 수용성 용매에 유효한 포소화약제는?

① 단백포
② 수성막포
③ 불화단백포
④ 내알코올포

해설 내알코올포 : 에테르, 케톤, 에스테르 등 수용성 가연물의 소화에 가장 적합한 소화약제

> 수용성 액체 : 물과 잘 섞이는 액체

답 ④

10

같은 원액으로 만들어진 포의 특성에 관한 설명으로 옳지 않은 것은?

① 발포배율이 커지면 환원시간은 짧아진다.
② 환원시간이 길면 내열성이 떨어진다.
③ 유동성이 좋으면 내열성이 떨어진다.
④ 발포배율이 작으면 유동성이 떨어진다.

해설 환원시간이 길면 내열성이 좋아진다.

답 ②

11

이산화탄소에 대한 설명으로 틀린 것은?

① 무색, 무취의 기체이다.
② 비전도성이다.
③ 공기보다 가볍다.
④ 분자식은 CO_2이다.

해설 이산화탄소는 공기보다 1.5배(44/29=1.517) 무겁다.

답 ③

12

CO₂ 소화약제의 장점으로 가장 거리가 먼 것은?

① 한랭지에서도 사용이 가능하다.

② 자체압력으로도 방사가 가능하다.

③ 전기적으로 비전도성이다.

④ 인체에 무해하고 GWP가 0이다.

해설 CO₂ 소화약제의 장점
- 한랭지에서도 사용이 가능하다.
- 자체압력으로도 방사가 가능하다.
- 전기적으로 비전도성이다.
- 고농도의 이산화탄소는 인체에 독성이 있다.

답 ④

13

이산화탄소(CO_2)에 대한 설명으로 틀린 것은?

① 임계온도는 97.5[℃]이다.

② 고체의 형태로 존재할 수 있다.

③ 불연성 가스는 공기보다 무겁다.

④ 상온, 상압에서 기체 상태로 존재한다.

해설 이산화탄소의 임계온도 : 31.35[℃]

답 ①

14

이산화탄소 소화기의 일반적인 성질에서 단점이 아닌 것은?

① 인체의 질식이 우려된다.

② 소화약제의 방출 시 인체에 닿으면 동상이 우려된다.

③ 소화약제의 방사 시 소음이 크다.

④ 전기를 잘 통하기 때문에 전기설비에 사용할 수 없다.

해설 이산화탄소 소화기는 전기부도체이므로 전기설비에 적합하다.

답 ④

15

소방설비에 사용되는 CO₂에 대한 설명으로 틀린 것은?

① 용기 내에 기상으로 저장되어 있다.

② 상온, 상압에서는 기체 상태로 존재한다.

③ 공기보다 무겁다.

④ 무색무취이며 전기적으로 비전도성이다.

해설 이산화탄소는 액상으로 저장되어 있고 화재 발생 시 작동하면 기화되어 기체로 방출된다.

답 ①

16

이산화탄소에 대한 일반적인 설명으로 옳은 것은?

① 산소와 반응 시 흡열반응을 일으킨다.

② 산소와 반응하여 불연성 물질을 발생시킨다.

③ 산화하지 않으나 산소와는 반응한다.

④ 산소와 반응하지 않는다.

해설 이산화탄소(CO_2)는 산소와 더 이상 반응하지 않는 불연성 기체이다.

답 ④

17

이산화탄소의 물성으로 옳은 것은?

① 임계온도 : 31.35[℃], 증기비중 : 0.52

② 임계온도 : 31.35[℃], 증기비중 : 1.52

③ 임계온도 : 0.35[℃], 증기비중 : 1.52

④ 임계온도 : 0.35[℃], 증기비중 : 0.52

해설 이산화탄소의 물성
- 임계온도 : 31.35[℃]
- 증기비중 : 1.52

답 ②

18

다음 중 이산화탄소의 3중점에 가장 가까운 온도는?

① -48[℃]   ② -57[℃]

③ -62[℃]   ④ -75[℃]

해설 이산화탄소의 3중점 : -56.3[℃]

답 ②

19

이산화탄소소화약제 고압식 저장용기의 충전비를 옳게 나타낸 것은?

① 1.5 이상, 1.9 이하

② 1.1 이상, 1.9 이하

③ 1.1 이상, 1.4 이하

④ 1.4 이상, 1.5 이하

해설 이산화탄소 저장용기의 충전비

구 분	저압식	고압식
충전비	1.1 이상 1.4 이하	1.5 이상 1.9 이하

답 ①

20

가연성물질별 소화에 필요한 이산화탄소소화약제의 설계농도로 틀린 것은?

① 메탄 : 34[vol%]
② 천연가스 : 37[vol%]
③ 에틸렌 : 49[vol%]
④ 아세틸렌 : 53[vol%]

해설 가연성 액체 또는 가연성 가스의 소화에 필요한 설계농도

방호대상물	설계농도[%]
메 탄	34
천연가스	37
에틸렌	49
아세틸렌	66

답 ④

21

할론소화약제의 구성 원소가 아닌 것은?

① 염 소　　　　　　② 브 롬
③ 네 온　　　　　　④ 탄 소

해설 할론소화약제의 구성 원소 : 플루오린(불소, F), 염소(Cl), 브롬(Br), 아이오딘(요오드, I)

> 네온(Ne) : 불활성 기체(0족 원소)

답 ③

22

다음 할로겐 원소 중 원자번호가 가장 작은 것은?

① F　　　　　　　② Cl
③ Br　　　　　　　④ I

해설 할로겐 원소

종 류	F	Cl	Br	I
원자번호	9	17	35	53

답 ①

23

다음 원소 중 할로겐족 원소인 것은?

① Ne　　　　　　　② Ar
③ Cl　　　　　　　④ Xe

해설 할로겐족 원소(17족 원소) : F(플루오르, 불소), Cl(염소), Br(브롬, 취소), I(아이오딘, 요오드, 옥소)

> 18족 원소(불활성 기체) : He(헬륨), Ne(네온), Ar(아르곤), Kr(크립톤) Xe(제논), Rn(라돈)

답 ③

24

다음 원소 중 수소와의 결합력이 가장 큰 것은?

① F　　　　　　　② Cl
③ Br　　　　　　　④ I

해설 할로겐족 원소
- 소화효과 : F < Cl < Br < I
- 전기음성도, 수소와 결합력 : F > Cl > Br > I

답 ①

25

할로겐 원소의 소화효과가 큰 순서대로 배열된 것은?

① I > Br > Cl > F　　② Br > I > F > Cl
③ Cl > F > I > Br　　④ F > Cl > Br > I

해설 할로겐 원소 소화효과 : I > Br > Cl > F

> 전기음성도 : F > Cl > Br > I

답 ①

26

할론소화약제에 관한 설명으로 틀린 것은?

① 비열, 기화열이 작기 때문에 냉각효과는 물보다 작다.
② 할로겐 원자는 활성기의 생성을 억제하여 연쇄반응을 차단한다.
③ 사용 후에도 화재현장을 오염시키지 않기 때문에 통신기기실 등에 적합하다.
④ 약제의 분자 중에 포함되어 있는 할로겐 원자의 소화효과는 F > Cl > Br > I의 순이다.

해설 소화효과 : F < Cl < Br < I

> 전기음성도 : F > Cl > Br > I

답 ④

27

할론소화약제의 분자식이 틀린 것은?

① 할론 2402 : $C_2F_4Br_2$
② 할론 1211 : CCl_2FBr
③ 할론 1301 : CF_3Br
④ 할론 104 : CCl_4

해설 화학식

종 류 \ 물 성	분자식	분자량
할론 1301	CF_3Br	148.9
할론 1211	CF_2ClBr	165.4
할론 2402	$C_2F_4Br_2$	259.8
할론 1011	CH_2ClBr	129.4
할론 104	CCl_4	154

답 ②

28

Halon 1211의 성질에 관한 설명으로 틀린 것은?

① 상온, 상압에서 기체이다.
② 전기의 전도성은 없다.
③ 공기보다 무겁다.
④ 짙은 갈색을 나타낸다.

해설 Halon 1211의 성질
• 상온, 상압에서 기체이다.
• 전기의 전도성은 없다.
• 공기보다 무겁다.

답 ④

29

할론소화설비에서 Halon 1211약제의 분자식은?

① CF_2ClBr
② CBr_2ClF
③ CCl_2BrF
④ BrC_2ClF

해설 Halon 1211의 분자식 : CF_2ClBr

답 ①

30

할론(Halon) 1301의 분자식은?

① CH_3Cl
② CH_3Br
③ CF_3Cl
④ CF_3Br

해설 할론 1301의 분자식 : CF_3Br

답 ④

31

다음 중 증기비중이 가장 큰 것은?

① Halon 1301
② Halon 2402
③ Halon 1211
④ Halon 104

해설 증기비중 = 분자량/29이므로 분자량이 크면 증기비중이 크다.

종 류	할론 1301	할론 1211	할론 2402	할론 1011
분자식	CF_3Br	CF_2ClBr	$C_2F_4Br_2$	CH_2ClBr
분자량	148.9	165.4	259.8	129.4

답 ②

32

Halon 2402의 화학식은?

① $C_2H_4Cl_2$
② $C_2Br_4F_2$
③ $C_2Cl_4Br_2$
④ $C_2F_4Br_2$

해설 할론 2402의 화학식 : $C_2F_4Br_2$

답 ④

33

상온, 상압에서 액체인 물질은?

① CO_2
② Halon 1301
③ Halon 1211
④ Halon 2402

해설 소화약제의 상태

종 류	상 태
CO_2	기 체
Halon 1301	기 체
Halon 1211	기 체
Halon 2402	액 체

답 ④

34

상온, 상압상태에서 기체로 존재하는 할론 번호로만 나열된 것은?

① 2402, 1211
② 1211, 1011
③ 1301, 1011
④ 1301, 1211

해설 상온, 상압상태에서 기체로 존재하는 할론 : 할론 1301, 1211

답 ④

안심Touch

35

공기와 할론 1301의 혼합기체에서 할론 1301에 비해 공기의 확산속도는 약 몇 배인가?(단, 공기의 평균분자량은 29, 할론 1301의 분자량은 149이다)

① 2.27배
② 3.85배
③ 5.17배
④ 6.46배

해설 확산속도는 분자량의 제곱근에 반비례, 밀도의 제곱근에 반비례 한다.

$$\frac{U_B}{U_A} = \sqrt{\frac{M_A}{M_B}}$$

여기서, U_B : 공기의 확산속도
U_A : 할론 1301의 확산속도
M_B : 공기의 분자량
M_A : 할론 1301의 분자량

$$U_B = U_A \times \sqrt{\frac{M_A}{M_B}} = 1[\text{m/s}] \times \sqrt{\frac{149}{29}} = 2.27 \text{ 배}$$

답 ①

36

1기압, 0[℃]의 어느 밀폐된 공간 1[m³] 내에 Halon 1301약제가 0.32[kg] 방사되었다. 이때 Halon 1301의 농도는 약 몇 [vol%]인가?(단, 원자량은 C 12, F 19, Br 80, Cl 35.5이다)

① 4.6[%]
② 5.5[%]
③ 8[%]
④ 10[%]

해설 할론 1301의 농도

- 표준상태(1기압, 0[℃])일 때 기체 1[kg-mol]이 차지하는 부피 : 22.4[m³]

  ∴ Halon 1301약제 0.32[kg]을 부피로 환산하면

  $$\frac{0.32[\text{kg}]}{149[\text{kg}]} \times 22.4[\text{m}^3] = 0.0481[\text{m}^3]$$

- 산소의 농도를 구하면

$$\text{할론가스량}[\text{m}^3] = \frac{21 - O_2}{O_2} \times V$$

(방호구역의 체적)

$$0.0481[\text{m}^3] = \frac{21 - O_2}{O_2} \times 1[\text{m}^3]$$

$$0.0481[\text{m}^3] O_2 = 21 - 1 O_2$$

$$1.0481[\text{m}^3] O_2 = 21$$

∴ $O_2 = 20.04[\%]$

- 할론의 농도를 구하면

$$\text{할론농도}[\%] = \frac{21 - O_2}{21} \times 100$$

∴ $\text{할론농도}[\%] = \frac{21 - 20.04}{21} \times 100 = 4.57[\%]$

답 ①

37

"FM200"이라는 상품명을 가지며 오존파괴지수(ODP)가 0인 할론 대체 소화약제는 어느 계열인가?

① HFC 계열
② HCFC 계열
③ FC 계열
④ Blend 계열

해설 할로겐화합물 및 불활성기체소화약제의 종류

소화약제	화학식
퍼플루오로부탄(이하 "FC-3-1-10"이라 한다)	C_4F_{10}
하이드로클로로플루오로카본혼화제(이하 "HCFC BLEND A"라 한다)	HCFC-123 ($CHCl_2CF_3$) : 4.75[%] HCFC-22 ($CHClF_2$) : 82[%] HCFC-124 ($CHClFCF_3$) : 9.5[%] $C_{10}H_{16}$: 3.75[%]
클로로테트라플루오로에탄 (이하 "HCFC-124"라 한다)	$CHClFCF_3$
펜타플루오로에탄 (이하 "HFC-125"라 한다)	CHF_2CF_3
헵타플루오로프로판(이하 "HFC-227ea"라 한다)[FM200]	CF_3CHFCF_3
트리플루오로메탄 (이하 "HFC-23"이라 한다)	CHF_3
헥사플루오로프로판 (이하 "HFC-236fa"라 한다)	$CF_3CH_2CF_3$
트리플루오로이오다이드 (이하 "FIC-13I1"이라 한다)	CF_3I
불연성·불활성기체 혼합가스 (이하 "IG-01"이라 한다)	Ar
불연성·불활성기체 혼합가스 (이하 "IG-100"이라 한다)	N_2
불연성·불활성기체 혼합가스 (이하 "IG-541"이라 한다)	N_2 : 52[%], Ar : 40[%], CO_2 : 8[%]
불연성·불활성기체 혼합가스 (이하 "IG-55"라 한다)	N_2 : 50[%], Ar : 50[%]
도데카플루오르-2-메틸펜탄-3-원(이하 "FK-5-1-12"라 한다)	$CF_3CF_2C(O)CF(CF_3)_2$

답 ①

38
할로겐화합물 및 불활성기체소화약제 중 HCFC-22 를 82[%] 포함하고 있는 것은?

① IG-541
② HFC-227ea
③ IG-55
④ HCFC BLEND A

해설 할로겐화합물 및 불활성기체소화약제의 종류

소화약제	화학식
퍼플루오로부탄(이하 "FC-3-1-10"이라 한다)	C_4F_{10}
하이드로클로로플루오르카본혼화제(이하 "HCFC BLEND A"라 한다)	HCFC-123 ($CHCl_2CF_3$) : 4.75[%] **HCFC-22 ($CHCIF2$) : 82[%]** HCFC-124 ($CHCIFCF_3$) : 9.5[%] $C_{10}H_{16}$: 3.75[%]
클로로테트라플루오로에탄 (이하 "HCFC-124"라 한다)	$CHCIFCF_3$
펜타플루오로에탄 (이하 "HFC-125"라 한다)	CHF_2CF_3
헵타플루오로프로판(이하 "HFC-227ea"라 한다)[FM200]	CF_3CHFCF_3
트리플루오로메탄 (이하 "HFC-23"이라 한다)	CHF_3
헥사플루오로프로판 (이하 "HFC-236fa"라 한다)	$CF_3CH_2CF_3$
트리플루오로이오다이드 (이하 "FIC-13I1"이라 한다)	CF_3I
불연성·불활성기체 혼합가스 (이하 "IG-01"이라 한다)	Ar
불연성·불활성기체 혼합가스 (이하 "IG-100"이라 한다)	N_2
불연성·불활성기체 혼합가스 (이하 "IG-541"이라 한다)	N_2 : 52[%], Ar : 40[%], CO_2 : 8[%]
불연성·불활성기체 혼합가스 (이하 "IG-55"라 한다)	N_2 : 50[%], Ar : 50[%]
도데카플루오르-2-메틸펜탄-3-원(이하 "FK-5-1-12"라 한다)	$CF_3CF_2C(O)CF(CF_3)_2$

답 ④

39
불활성기체소화약제인 IG-541의 성분이 아닌 것은?

① 질 소
② 아르곤
③ 헬 륨
④ 이산화탄소

해설 IG-541 성분 : N_2(질소), Ar(아르곤), CO_2(이산화탄소)

답 ③

40
분말소화약제의 소화효과로 가장 거리가 먼 것은?

① 방사열의 차단효과
② 부촉매효과
③ 제거효과
④ 질식효과

해설 분말소화약제의 소화효과
: 질식효과, 냉각효과, 부촉매(억제)효과

답 ③

41
분말소화약제에 관한 설명 중 틀린 것은?

① 제1종 분말은 담홍색 또는 황색으로 착색되어 있다.
② 분말의 고화를 방지하기 위하여 실리콘수지 등으로 방습처리 한다.
③ 일반화재에도 사용할 수 있는 분말소화약제는 제3종 분말이다.
④ 제2종 분말의 열분해식은 $2KHCO_3 \rightarrow K_2CO_3 + H_2O + CO_2$이다.

해설 분말소화약제

종 별	주성분	약제의 착색	적응화재	열분해 반응식
제1종 분말	중탄산나트륨 ($NaHCO_3$)	백 색	B, C급	$2NaHCO_3 \rightarrow Na_2CO_3 + CO_2 + H_2O$
제2종 분말	중탄산칼륨 ($KHCO_3$)	담회색	B, C급	$2KHCO_3 \rightarrow K_2CO_3 + CO_2 + H_2O$
제3종 분말	제일인산암모늄 ($NH_4H_2PO_4$)	담홍색, 황색	A, B, C급	$NH_4H_2PO_4 \rightarrow HPO_3 + NH_3 + H_2O$
제4종 분말	중탄산칼륨 +요소 [$KHCO_3$ +$(NH_2)_2CO$]	회 색 (회백색)	B, C급	$2KHCO_3 + (NH_2)_2CO \rightarrow K_2CO_3 + 2NH_3 + 2CO_2$

답 ①

42

화재 시 소화에 관한 설명으로 틀린 것은?

① 내알코올포 소화약제는 수용성 용제의 화재에 적합하다.
② 물은 불에 닿을 때 증발하면서 다량의 열을 흡수하여 소화한다.
③ 제3종 분말소화약제는 식용유화재에 적합하다.
④ 할론소화약제는 연쇄반응을 억제하여 소화한다.

해설 제1종 분말소화약제 : 식용유화재에 적합

답 ③

43

제1종 분말소화약제가 요리용 기름이나 지방질 기름의 화재 시 소화효과가 탁월한 이유에 대한 설명으로 가장 옳은 것은?

① 비누화반응을 일으키기 때문이다.
② 아이오딘(요오드)화반응을 일으키기 때문이다.
③ 브롬화반응을 일으키기 때문이다.
④ 질화반응을 일으키기 때문이다.

해설 식용유화재 : 주방에서 사용하는 식용유화재에는 가연물과 반응하여 비누화현상을 일으키므로 질식소화 및 재발 방지까지 하므로 효과가 있다.

답 ①

44

탄산수소나트륨이 주성분인 분말소화약제는 몇 종인가?

① 제1종   ② 제2종
③ 제3종   ④ 제4종

해설 제1종 분말 : 탄산수소나트륨($NaHCO_3$)

답 ①

45

제1종 분말소화약제의 주성분으로 옳은 것은?

① $KHCO_3$ ② $NaHCO_3$
③ $NH_4H_2PO_4$ ④ $Al_2(SO_4)_3$

해설 제1종 분말소화약제의 주성분은 $NaHCO_3$이다.

답 ②

46

제1종 분말소화약제인 탄산수소나트륨은 어떤 색으로 착색되어 있는가?

① 담회색
② 담홍색
③ 회 색
④ 백 색

해설 제1종 분말소화약제 : 백색

답 ④

47

제1종 분말소화약제의 열분해 반응식으로 옳은 것은?

① $2NaHCO_3 \rightarrow Na_2CO_3 + CO_2 + H_2O$
② $2KHCO_3 \rightarrow K_2CO_3 + CO_2 + H_2O$
③ $2NaHCO_3 \rightarrow Na_2CO_3 + 2CO_2 + H_2O$
④ $2KHCO_3 \rightarrow K_2CO_3 + 2CO_2 + H_2O$

해설 제1종 분말소화약제 열분해 반응식
$2NaHCO_3 \rightarrow Na_2CO_3 + CO_2 + H_2O$

답 ①

48

분말소화약제의 열분해 반응식 중 다음 (   ) 안에 알맞은 화학식은?

$$2NaHCO_3 \rightarrow Na_2CO_3 + H_2O + (\quad)$$

① CO
② CO_2
③ Na
④ Na_2

해설 제1종 분말소화약제 열분해 반응식
$2NaHCO_3 \rightarrow Na_2CO_3 + CO_2 + H_2O$

답 ②

49

분말소화기의 소화약제로 사용하는 탄산수소나트륨이 열분해하여 발생하는 가스는?

① 일산화탄소
② 이산화탄소
③ 사염화탄소
④ 산 소

해설 탄산수소나트륨이 열분해하여 발생되는 가스는 이산화탄소(CO_2)이다.

답 ②

50

제2종 분말소화약제가 열분해되었을 때 생성되는 물질이 아닌 것은?

① CO_2
② H_2O
③ H_3PO_4
④ K_2CO_3

해설 제2종 분말소화약제 열분해 반응식
$$2KHCO_3 \rightarrow K_2CO_3 + CO_2 + H_2O$$

답 ③

51

제3종 분말소화약제의 주성분은?

① 인산암모늄
② 탄산수소칼륨
③ 탄산수소나트륨
④ 탄산수소칼륨과 요소

해설 분말소화약제

종 별	주성분	약제의 착색	적응 화재	열분해 반응식
제1종 분말	중탄산나트륨 ($NaHCO_3$)	백 색	B, C급	$2NaHCO_3 \rightarrow$ $Na_2CO_3 + CO_2 + H_2O$
제2종 분말	중탄산칼륨 ($KHCO_3$)	담회색	B, C급	$2KHCO_3 \rightarrow$ $K_2CO_3 + CO_2 + H_2O$
제3종 분말	제일인산 암모늄 ($NH_4H_2PO_4$)	담홍색, 황색	A, B, C급	$NH_4H_2PO_4 \rightarrow$ $HPO_3 + NH_3 + H_2O$
제4종 분말	중탄산칼륨 +요소 [$KHCO_3$ +$(NH_2)_2CO$]	회 색 (회백색)	B, C급	$2KHCO_3 + (NH_2)_2CO$ $\rightarrow K_2CO_3 + 2NH_3$ $+2CO_2$

답 ①

52

주성분이 인산염류인 제3종 분말소화약제를 다른 분말소화약제와 다르게 A급 화재에 적용할 수 있는 이유는?

① 열분해 생성물인 CO_2가 열을 흡수하므로 냉각에 의하여 소화된다.
② 열분해 생성물인 수증기가 산소를 차단하여 탈수작용을 한다.
③ 열분해 생성물인 메타인산(HPO_3)이 산소차단 역할을 하므로 소화가 된다.
④ 열분해 생성물인 암모니아가 부촉매작용을 하므로 소화가 된다.

해설 제3종 분말약제는 A, B, C급 화재에 적합하나 열분해 생성물인 메타인산(HPO_3)이 산소차단 역할을 하므로 일반화재(A급)에도 적합하다.

답 ③

53

분말소화약제 중 담홍색 또는 황색으로 착색하여 사용하는 것은?

① 탄산수소나트륨
② 탄산수소칼륨
③ 제1인산암모늄
④ 탄산수소칼륨과 요소와의 반응물

해설 제3종 분말소화약제 착색 : 담홍색, 황색

답 ③

54

$NH_4H_2PO_4$를 주성분으로 한 분말소화약제는 제 몇 종 분말소화약제인가?

① 제1종
② 제2종
③ 제3종
④ 제4종

해설 제3종 분말소화약제 주성분 : $NH_4H_2PO_4$

답 ③

55
제3종 분말소화약제의 열분해 시 생성되는 물질과 관계 없는 것은?

① NH_3 ② HPO_3
③ H_2O ④ CO_2

해설 제3종 분말소화약제 열분해 반응식
$$NH_4H_2PO_4 \rightarrow HPO_3 + NH_3 + H_2O$$
답 ④

56
A급, B급, C급 화재에 사용이 가능한 제3종 분말소화약제의 분자식은?

① $NaHCO_3$
② $KHCO_3$
③ $NH_4H_2PO_4$
④ Na_2CO_3

해설 제3종 분말소화약제의 분자식은 $NH_4H_2PO_4$이다.
답 ③

57
분말소화약제 중 탄산수소칼륨($KHCO_3$)과 요소[CO(NH_2)$_2$]와의 반응물을 주성분으로 하는 소화약제는?

① 제1종 분말
② 제2종 분말
③ 제3종 분말
④ 제4종 분말

해설 제4종 분말소화약제 주성분 : 탄산수소나트륨 + 요소
답 ④

58
분말소화약제의 주성분이 아닌 것은?

① 황산알루미늄
② 탄산수소나트륨
③ 탄산수소칼륨
④ 제1인산암모늄

해설 분말소화약제 주성분 : 탄산수소나트륨, 탄산수소칼륨, 제1인산암모늄, 탄산수소칼륨 + 요소
답 ①

59
소화효과를 고려하였을 경우 화재 시 사용할 수 있는 물질이 아닌 것은?

① 이산화탄소
② 아세틸렌
③ Halon 1211
④ Halon 1301

해설 아세틸렌(C_2H_2)은 제3류 위험물인 탄화칼슘이 물과 반응할 때 발생하는 가스로서 가연성가스이다.
답 ②

60
다음 중 소화약제로 사용할 수 없는 것은?

① $KHCO_3$
② $NaHCO_3$
③ CO_2
④ NH_3

해설 소화약제
• $KHCO_3$(중탄산칼륨) : 제2종 분말소화약제
• $NaHCO_3$(중탄산나트륨) : 제1종 분말소화약제
• CO_2 : 이산화탄소소화약제
답 ④

61
축압식 분말소화기의 충전압력이 정상인 것은?

① 지시압력계의 지침이 노란색 부분을 가리키면 정상이다.
② 지시압력계의 지침이 흰색 부분을 가리키면 정상이다.
③ 지시압력계의 지침이 빨간색 부분을 가리키면 정상이다.
④ 지시압력계의 지침이 녹색 부분을 가리키면 정상이다.

해설 축압식 분말소화기의 정상 압력 : 지시압력계의 지침이 노란색 부분(0.7~0.98[MPa])을 가리킬 때
답 ④

62

분말소화약제의 주성분이 아닌 것은?

① $C_2F_4Br_2$

② $NaHCO_3$

③ $KHCO_3$

④ $NH_4H_2PO_4$

해설 소화약제

종 류	$C_2F_4Br_2$	$NaHCO_3$	$KHCO_3$	$NH_4H_2PO_4$
명 칭	할론 2402	중탄산 나트륨	중탄산 칼륨	제일인산 암모늄
구 분	할론 소화약제	제1종 분말	제2종 분말	제3종 분말

답 ①

63

강화액에 대한 설명으로 옳은 것은?

① 침투제가 첨가된 물을 말한다.

② 물에 첨가하는 계면활성제의 총칭이다.

③ 물이 고온에서 쉽게 증발하게 하기 위해 첨가한다.

④ 알칼리 금속염을 사용한 것이다.

해설 **강화액**은 **알칼리 금속염**의 수용액에 황산을 반응시킨 약제이다.

$$H_2SO_4 + K_2CO_3 \rightarrow K_2SO_4 + H_2O + CO_2\uparrow$$

강화액은 -20[℃]에서도 동결하지 않으므로 한랭지에서도 보온의 필요가 없을 뿐만 아니라 탈수, 탄화작용으로 목재, 종이 등을 불연화하고 재연방지의 효과도 있다.

답 ④

여기서 멈출 거예요? 고지가 바로 눈앞에 있어요.
마지막 한 걸음까지 시대에듀가 함께할게요!

소방설비 기사 [필기] [전기편]

제2편

소방전기일반

소방설비 기사 [필기]

[전기편]

제1장 직류회로

제1절 전기의 본질

1 물질의 구조

모든 물질은 분자 또는 원자의 결합으로 구성되어 있으며, 원자는 원소의 최소 단위를 나타낸다.

원자핵

● 양성자
● 중성자
⊖ 전 자

[원자모형 구조]

(1) **원자핵** : 양성자(Proton)와 중성자(Neutron)로 구성

(2) **전자** : 음전기로서 원자핵의 구속력에 의해 원자핵 주위의 정해진 궤도를 따라 양자의 수만큼 존재하며 운행

① 전기량 : 1.60219×10^{-19}[C]

② 질량 : 9.10956×10^{-31}[kg]

③ 자유전자 : 외부 자극에 의해 원자핵의 구속력이 약해져 궤도를 이탈하여 자유롭게 움직일 수 있는 전자

2 물질의 종류

(1) **도체** : 금속체 등과 같이 고유저항이 작으며 전기가 잘 통하는 물질

(2) **부도체(절연체)** : 고무나 합성수지 등과 같이 전기가 잘 통하지 않는 물질

(3) **반도체** : 도체와 부도체의 중간적인 성질을 가지는 물질, 저온에선 부도체, 온도가 높아지면 도체와 같이 전류가 흐르기 쉬운 물질

■ **전자 1개 전기량**
: 1.602×10^{-19}[C]

■ **자유전자** : 원자핵의 구속력을 벗어나 자유로이 움직이는 전자

안심Touch

제 2 절 | 전기의 기초

1 옴의 법칙(Ohm's Law)

(1) 저항 : $R[\Omega$, 옴]

① 저항 : $R = \dfrac{V}{I}$ $[\Omega]$ $(R \propto V$: 전압에 비례)

$$\left(R \propto \dfrac{1}{I} \;:\; \text{전류에 반비례}\right)$$

② 컨덕턴스 : $G = \dfrac{1}{R} = \dfrac{I}{V}$ $[\mho][S][\Omega^{-1}]$ (단위 : 모우, 지멘스)

(2) 전류 : $I[A$, 암페어]

① 전류 : $I = \dfrac{V}{R}$ $[A]$ $(I \propto V$: 전압에 비례)

$$\left(I \propto \dfrac{1}{R} \;:\; \text{저항에 반비례}\right)$$

(3) 전압 : $V[V$, 볼트]

① 전 압 : $V = IR[V]$

2 전하(전하량) : $Q[C$, 쿨롱]

물체가 띠고 있는 전기의 양으로 모든 전기현상의 근원이 되는 실체이다. 양전하와 음전하가 있고 전하가 이동하는 것이 전류이다.

(1) 전하(전하량) : $Q = IT[C]$ $\left(\text{전류} : I = \dfrac{Q}{T}[A]\right)$

　　여기서, I : 전류[A], Q : 전하(전기량)[C], T : 시간[s]

3 에너지(일) : $W[J$, 줄]

두 점 사이에 1[V]의 전위차에 의해 1[C]의 전하가 이동하여 얻거나 잃은 에너지

(1) 에너지(일) : $W = QV[J]$ $\left(\text{전압} : V = \dfrac{W}{Q}[V]\right)$

　　여기서, V : 전압[V], W : 일[J], Q : 전하량[C]

(2) 전압(전위, 전위차) : 도체 내에 있는 두 점 사이의 단위전하당 전기적인 위치에너지(전위) 차이

전위(전위차) : $V = \dfrac{W}{Q}$ $[V]$

■ 옴의 법칙
　전압 : $V = IR[V]$
　전류 : $I = \dfrac{V}{R}[A]$
　저항 : $R = \dfrac{V}{I}[\Omega]$
$(V \propto R$: 전압 저항 비례$)$
$(I \propto \dfrac{1}{R}$: 전류 저항 반비례$)$

■ 전기량(전하량, 전하)
$Q = \dfrac{W}{V}$
$\;\;\; = IT = CV[C]$

■ 전위, 전위차, 전압
$V = IR = \dfrac{W}{Q} = \dfrac{Q}{C}[V]$

(3) **기전력** : 연속해서 전류를 흐르게 하는 전기적인 힘(기호 : E[V])

4 저항의 접속

(1) **직렬접속** : 전류 일정

여러 개의 저항을 차례로 연결하여 회로의 전류가 각 저항에서 일정하게 흐르도록 접속한 회로

[직렬접속]

① 합성저항 : R_0[Ω]

$$R_0 = R_1 + R_2 + R_3 + \cdots \ [\Omega]$$

② R[Ω]의 저항을 n개 직렬접속하면 합성저항 R_0는

$$R_0 = nR \, [\Omega]$$

③ 전류 : I[A]

$$I = \frac{V}{R_0} = \frac{V}{R_1 + R_2} \, [\text{A}]$$

④ 전체 전압(전전압) : V[V]

$$V = IR_0 = I(R_1 + R_2) = V_1 + V_2 = IR_1 + IR_2 \, [\text{V}]$$

⑤ 각 저항에 걸리는 전압(분배전압)

$$V_1 = IR_1 = \frac{R_1}{R_1 + R_2} V \, [\text{V}]$$

$$V_2 = IR_2 = \frac{R_2}{R_1 + R_2} V \, [\text{V}]$$

(2) **병렬접속** : 전압 일정

여러 개의 저항을 병렬로 접속한 회로를 말하며 각 저항에서 전압이 일정하게 되도록 접속한 회로

[병렬접속]

■ 직렬접속 : 전류 일정

■ 분배전압

$$V_1 = \frac{R_1}{R_1 + R_2} \cdot V \, [\text{V}]$$

$$V_2 = \frac{R_2}{R_1 + R_2} \cdot V \, [\text{V}]$$

■ 병렬접속 : 전압 일정

■ **병렬접속 시 합성저항**

$$R_0 = \frac{R_1 R_2}{R_1 + R_2}[\Omega]$$

① 합성저항 : $R_0[\Omega]$

$$\frac{1}{R_0} = \frac{1}{R_1} + \frac{1}{R_2} + \cdots [\Omega]$$

㉠ 2개 병렬 : $R_0 = \dfrac{R_1 R_2}{R_1 + R_2}[\Omega]$

㉡ 3개 병렬 : $R_0 = \dfrac{R_1 R_2 R_3}{R_1 R_2 + R_2 R_3 + R_3 R_1}[\Omega]$

② $R[\Omega]$의 저항을 n개 병렬접속하면 합성저항 R_0는

$$R_0 = \frac{R}{n}[\Omega]$$

③ 전체 전류 : $I[\mathrm{A}]$

$$I = \frac{V}{R_0} = \frac{V}{\dfrac{R_1 R_2}{R_1 + R_2}}[\mathrm{A}]$$

④ 각 저항에 걸리는 전류(분배전류)

$$I_1 = \frac{V}{R_1} = \frac{R_2}{R_1 + R_2} I[\mathrm{A}]$$

$$I_2 = \frac{V}{R_2} = \frac{R_1}{R_1 + R_2} I[\mathrm{A}]$$

■ **분배전류**

$$I_1 = \frac{R_2}{R_1 + R_2} \cdot I[\mathrm{A}]$$

$$I_2 = \frac{R_1}{R_1 + R_2} \cdot I[\mathrm{A}]$$

⑤ 전압 : $V[\mathrm{V}]$

$$V = I R_0 = I \frac{R_1 R_2}{R_1 + R_2}[\mathrm{V}]$$

5 키르히호프의 법칙

(1) 제1법칙 : 전류 법칙

회로망 중의 임의의 접속점에 유입하는 전류와 유출하는 전류의 대수합은 0이다.

[전류법칙]

$$i_1 + i_3 = i_2 + i_4 + i_5$$

$$\rightarrow i_1 - i_2 + i_3 - i_4 - i_5 = 0$$

$$\rightarrow \sum_{k=1}^{n} i_k = 0$$

(2) **제2법칙** : 전압 법칙

회로망 안에서 임의의 한 폐회로(Loop)를 따라 일주할 때의 각부의 전압강하의 대수합은 그 폐회로의 모든 기전력의 대수합과 같다.

[제2법칙]

$$E_1 - E_2 = V_1 + V_2 = IR_1 + IR_2$$

$$\rightarrow \sum_{k=1}^{n} I_k R_k = \sum_{k=1}^{n} E_k$$

6 전기 저항

전선이 가지고 있는 자체 저항을 말하며, 이 저항값에 의해 전압강하가 발생하고 전선에 열이 발생된다.

(1) **전기 저항** : $R = \rho \dfrac{l}{A} = \rho \dfrac{l}{\dfrac{\pi D^2}{4}} = \dfrac{4 \rho l}{\pi D^2} [\Omega]$

여기서, A : 면적[mm²], l : 길이[m], D : 직경(지름)[m]

(2) **고유 저항** : $\rho = \dfrac{RA}{l} [\Omega \cdot m]$

(3) **국제 표준 연동선 고유저항** : $1.7241 \times 10^{-8} [\Omega \cdot m]$

(4) **도전율** : $\lambda = \dfrac{1}{\rho} \left[\dfrac{1}{\Omega \cdot m} \right], [s/m], [\mho/m]$

(5) **온도 변화에 따른 저항 변화**

$$R_T = R_t [1 + \alpha (t - t_0)] [\Omega]$$

여기서, R_T : 온도 변화 후 저항[Ω], R_t : 온도 변화 전 저항[Ω], t_0 : 처음온도, t : 나중온도, α : 저항온도계수

■ 전기 저항
$R = \rho \dfrac{l}{A} [\Omega]$

7 전력과 전력량

■ 전력
$P = VI$ [W]

(1) 전력 : P[W][J/s]

단위시간에 전기가 하는 일의 양

① 전력 : $P = VI = I^2R = \dfrac{V^2}{R}$ [W]

$\left(\text{옴의 법칙} : V = IR, \ I = \dfrac{V}{R}\right)$

■ 전력량
$W = Pt$ [J]

(2) 전력량 : W[J][W·s]

전력이 임의의 시간 동안 한 일의 양

① 전력량 : $W = Pt = VIt = I^2Rt$ [J]

8 전지의 접속과 단자전압

[전지의 등가회로]

(1) 전지의 저항 및 전류

① 합성 저항 : $R_0 = r + R$ [Ω]

② 전류 : $I = \dfrac{E}{r + R}$ [A]

여기서, r : 전지의 내부저항, R : 부하저항, E : 기전력

(2) 전지의 직렬접속

■ 전지 n개 직렬접속
내부저항(r) : n배
기전력(E) : n배
　전압
용량 : 일정

기전력 E [V], 내부저항 r [Ω]인 전지 n개를 직렬접속하고 여기에 부하저항 R[Ω]을 연결했을 때

[직렬 접속]

① 합성 저항 : $R_0 = nr + R$ [Ω]

② 합성 기전력 : $E_0 = nE[\mathrm{V}]$

③ 전류 : $I = \dfrac{nE}{R + nr}[\mathrm{A}]$

④ 용량 : 일정

⑤ 전압 : n배

(3) 전지의 병렬접속

기전력 $E[\mathrm{V}]$, 내부저항 $r\,[\Omega]$인 전지 m개를 병렬접속하고 여기에 부하저항 $R\,[\Omega]$를 연결했을 때

[병렬 접속]

① 합성 저항 : $R_0 = \dfrac{r}{m} + R[\Omega]$

② 합성 기전력 : $E_0 = E[\mathrm{V}]$

③ 전류 : $I = \dfrac{E}{R + \dfrac{r}{m}}[\mathrm{A}]$

④ 용량 : m배

⑤ 전압 : 일정

(4) 전지의 직·병렬접속

기전력 $E[\mathrm{V}]$, 내부저항 $r\,[\Omega]$인 전지 n개를 직렬로 한 것을 m줄로 병렬접속하고 여기에 부하저항 $R\,[\Omega]$을 연결했을 때

① 합성 저항 : $R_0 = \dfrac{nr}{m} + R[\Omega]$

② 합성 기전력 : $E_0 = nE[\mathrm{V}]$

③ 전류 : $I = \dfrac{nE}{R + \dfrac{nr}{m}}[\mathrm{A}]$

■ 전지 m개 병렬접속

내부저항(r) : $\dfrac{1}{m}$배

기전력(E) : 일정
    전압
용량 : m배

■ 전지 n개 직렬접속, m개 병렬접속

내부저항(r) : $\dfrac{n}{m}$배

기전력(E) : n배

제 **3** 절 배율기, 분류기

1 배율기

■ 배율기 배율
$$m = \frac{V}{V_r} = 1 + \frac{R}{r}$$

전압계의 측정범위를 넓히기 위해 전압계와 직렬로 접속한 저항

배율기 배율 : $m = \dfrac{V}{V_r} = 1 + \dfrac{R}{r}$

여기서, V : 측정 가능한 전압[V] V_r : 전압계의 최대눈금[V]
R : 배율기의 저항[Ω] r : 전압계의 내부저항[Ω]

(1) 측정 가능한 전압

$$V = \left(1 + \frac{R}{r}\right)V_r = m\,V_r\,[\mathrm{V}]$$

(2) 배율기 저항

$$R = \left(\frac{V}{V_r} - 1\right) \cdot r\,[\Omega]$$

2 분류기

■ 분류기 배율
$$n = \frac{I}{I_a} = 1 + \frac{r}{R}$$

전류계의 측정범위를 넓히기 위해 전류계와 병렬로 접속한 저항

분류기 배율 : $n = \dfrac{I}{I_a} = 1 + \dfrac{r}{R}$

여기서, r : 전류계의 내부저항[Ω] R : 분류기저항[Ω]
I : 측정 가능한 전류[A] I_a : 전류계의 최대눈금[A]

(1) 측정 가능한 전류

$$I = \left(1 + \frac{r}{R}\right)I_a = nI_a\,[\mathrm{A}]$$

(2) 분류기 저항

$$R = \frac{r}{\left(\dfrac{I}{I_a} - 1\right)}\,[\Omega]$$

출제예상문제

제 1 장

01

저항을 설명한 다음 문항 중 틀린 것은?

① 기호는 R, 단위는 [Ω]이다.

② 옴의 법칙은 $R = \dfrac{V}{I}$ 이다.

③ R의 역수는 서셉턴스이며 단위는 [℧]이다.

④ 전류의 흐름을 방해하는 작용을 저항이라 한다.

해설 R의 역수는 콘덕턴스이며 단위는 $[\Omega^{-1}]$, [℧], [S] 이다.

답 ③

02

지멘스(Simens)는 무엇의 단위인가?

① 비저항   ② 도전률

③ 컨덕턴스   ④ 자 속

해설 지멘스(Simens)

컨덕턴스(Conductance)의 단위 : 지멘스[S]

$G = \dfrac{1}{R}$[℧][S][Ω^{-1}]

답 ③

03

일정 전압의 직류전원에 저항 R을 접속하면 전류가 흐른다. 이때 저항 R을 변화시켜 전류값을 20[%] 증가시키려면 저항값을 어떻게 하면 되는가?

① 64[%]로 줄인다.

② 83[%]로 줄인다.

③ 120[%]로 증가시킨다.

④ 125[%]로 증가시킨다.

해설 저항 : $R = \dfrac{V}{I}$ 에서 전압이 일정하므로

저항 $R' = \dfrac{V}{I'} = \dfrac{V}{1.2I} = 0.83 \times \dfrac{V}{I} = 0.83R$

답 ②

04

일정전압의 직류전원에 저항을 접속하고 전류를 흘릴 때 전류의 값을 20[%] 감소시키기 위한 저항값은 처음의 몇 배인가?

① 0.05   ② 0.83

③ 1.25   ④ 1.5

해설 저항 : $R = \dfrac{V}{I}$ 에서 전압이 일정하므로

저항 $R' = \dfrac{V}{I'} = \dfrac{V}{0.8I} = 1.25 \times \dfrac{V}{I} = 1.25R$

답 ③

05

1[C/s]는 다음 중 어느 것과 같은가?

① 1[J]   ② 1[V]

③ 1[A]   ④ 1[W]

해설 전기량 : $Q = IT$[C][A·s]

전류 : $I = \dfrac{Q}{T}$[A][C/s]

답 ③

06

1[W·s]는 몇 [J]인가?

① 0.42   ② 1

③ 9.8   ④ 860

해설 에너지(일)

$W = P \cdot T$[J][W·s]

1[J]=[W·s]

답 ②

07

10[V]의 기전력으로 50[C]의 전기량이 이동할 때 한 일은 몇 [J]인가?

① 240   ② 400

③ 500   ④ 600

해설 에너지(일) : $W = VQ = 10 \times 50 = 500[\text{J}]$

답 ③

08

$200[\Omega]$의 저항을 가진 경종 10개와 $50[\Omega]$의 저항을 가진 표시등 3개가 있다. 이들을 모두 직렬로 접속할 때의 합성저항은 몇 $[\Omega]$인가?

① 250
② 1,250
③ 1,750
④ 2,150

해설 R = 경종$(10$개$\times 200[\Omega]) + $ 표시등$(3$개$\times 50[\Omega])$
$\qquad = (10 \times 200) + (3 \times 50) = 2,150[\Omega]$

답 ④

09

동일한 저항을 가진 감지기 배선 2가닥을 병렬로 접속하였을 때의 합성저항은?

① 한 가닥 배선의 2배가 된다.
② 한 가닥 배선의 1/2로 된다.
③ 한 가닥 배선의 1/3로 된다.
④ 한 가닥 배선과 동일하다.

해설 동일한 저항 2개 병렬접속 시 합성저항
$\qquad R_0 = \dfrac{R_1}{n} = \dfrac{1}{2} R_1$

답 ②

10

2선식 전원공급배선에서 배전선의 대지 간 절연저항이 각각 $3[\text{M}\Omega]$, $2[\text{M}\Omega]$이었다. 이 배전선의 합성절연저항은?

① $1[\text{M}\Omega]$
② $1.2[\text{M}\Omega]$
③ $5[\text{M}\Omega]$
④ $6[\text{M}\Omega]$

해설 합성절연저항 : $R_0 = \dfrac{R_1 R_2}{R_1 + R_2} = \dfrac{3 \times 2}{3 + 2} = 1.2[\text{M}\Omega]$

답 ②

11

$1,500[\Omega]$의 저항에 병렬로 접속하여 합성저항을 $1,000[\Omega]$이 되게 하기 위한 접속저항은 몇 $[\Omega]$인가?

① 800
② 1,200
③ 1,500
④ 3,000

해설 합성저항 : $R_0 = \dfrac{R_1 \times R_2}{R_1 + R_2}$

$\qquad 1,000 = \dfrac{1,500 R_2}{1,500 + R_2}$

$\qquad 1,000 \cdot (1,500 + R_2) = 1,500 R_2$

$\qquad R_2 = 3,000[\Omega]$

답 ④

12

그림과 같은 회로에서 R_1과 R_2가 각각 $2[\Omega]$ 및 $3[\Omega]$이었다. 합성저항이 $4[\Omega]$이면 R_3는 몇 $[\Omega]$인가?

① 5
② 6
③ 7
④ 8

해설 합성저항 : $R_0 = R_1 + \dfrac{R_2 R_3}{R_2 + R_3}$ 이므로

$\qquad 4 = 2 + \dfrac{3R_3}{3 + R_3}$

$\qquad 4 - 2 = \dfrac{3R_3}{3 + R_3}$

$\qquad 2 \times (3 + R_3) = 3R_3 \quad \therefore R_3 = 6[\Omega]$

답 ②

13

그림과 같은 회로에서 a-b 간의 합성저항은?

① $2.5[\Omega]$
② $5[\Omega]$
③ $7.5[\Omega]$
④ $10[\Omega]$

해설 동일한 저항 n개 병렬 접속 시 합성저항
$\qquad R_0 = \dfrac{2}{2} + \dfrac{3}{2} = 2.5[\Omega]$

답 ①

14

a–b 간의 합성저항은 c–d 간의 합성저항보다 어떻게 되는가?

① $\dfrac{2}{3}$ 로 된다.

② $\dfrac{1}{2}$ 로 된다.

③ 동일하다.

④ 2배로 된다.

해설

$$R_{ab} = \frac{2r}{3} = \frac{2}{3}r$$

$$R_{cd} = \frac{2r}{2} = r$$

$$\frac{R_{ab}}{R_{cd}} = \frac{\frac{2}{3}r}{r} = \frac{2}{3} \qquad \therefore\ R_{ab} = \frac{2}{3}R_{cd}$$

답 ①

15

2[Ω]의 저항 5개를 직렬로 연결하면 병렬연결 때의 몇 배가 되는가?

① 2

② 5

③ 10

④ 25

해설 $\dfrac{R_{직}}{R_{병}} = \dfrac{2 \times 5}{\frac{2}{5}} = \dfrac{10}{\frac{2}{5}} = \dfrac{50}{2} = 25[\Omega]$

답 ④

16

그림과 같은 회로에서 흐르는 전류 I 는 몇 [A]인가?

① 1

② 2

③ 3

④ 4

해설

• 합성저항 : $R_0 = \dfrac{R_1 R_2}{R_1 + R_2} + R_3 = \dfrac{10 \times 20}{10 + 20} + 5$

$$= \frac{35}{3}[\Omega]$$

• 전류 : $I = \dfrac{V}{R_0} = \dfrac{35}{\frac{35}{3}} = 3[\text{A}]$

답 ③

17

그림과 같은 회로에서 2[Ω]에 흐르는 전류는 몇 [A]인가?(단, 저항의 단위는 모두 [Ω]이다)

① 0.8

② 1.0

③ 1.2

④ 2.0

해설

• 합성저항 : $R_0 = R_1 + \dfrac{R_2 R_3}{R_2 + R_3}$

$$R_0 = 1.8 + \frac{2 \times 3}{2 + 3} = 3[\Omega]$$

• 전체전류 : $I = \dfrac{V}{R} = \dfrac{6}{3} = 2[\text{A}]$

• 2[Ω]에 흐르는 전류 : $I' = \dfrac{R_3}{R_2 + R_3} \cdot I$

$$I' = \frac{3}{2 + 3} \times 2 = 1.2[\text{A}]$$

답 ③

18

다음 그림에서 ab 간의 합성저항은?

① 5[Ω]

② 7.5[Ω]

③ 15[Ω]

④ 30[Ω]

해설 브리지 평형조건이 되므로 중앙의 저항 10[Ω]에는 전류가 흐르지 않는다.

합성저항 : $R_0 = \dfrac{(5+10)}{2} = 7.5[\Omega]$

답 ②

19

30[Ω]의 저항과 $R[\Omega]$의 저항이 병렬로 접속되어 있고 30[Ω]에 흐르는 전류가 6[A]이고, $R[\Omega]$에 흐르는 전류가 2[A]라면 저항 $R[\Omega]$은?

① 5[Ω] ② 15[Ω]
③ 90[Ω] ④ 180[Ω]

해설 • 직렬연결 : 전류(I)는 같고 전압(V)은 다르다.
• 병렬연결 : 전압(V)은 같고 전류(I)는 다르다.
∴ 병렬연결이므로 옴의 법칙을 적용하면
$V = IR = I_1 R_1 = I_2 R_2$이다.
따라서 $6 \times 30 = 2 \times R$이므로
$R = \dfrac{6 \times 30}{2} = 90[\Omega]$

답 ③

20

회로에서 R_1이 2[Ω]이고, R_2가 6[Ω]일 때 전류 I_1의 값은?

① 1 ② 2
③ 3 ④ 4

해설 전류 : $I_1 = \dfrac{R_2}{R_1+R_2} \times I = \dfrac{6}{2+6} \times 4 = 3[A]$

답 ③

21

값이 같은 3개의 저항을 그림과 같이 접속하고 12[V]를 가할 때 3[A]가 흐르면 R의 값은 몇 [Ω]인가?

① 4
② 6
③ 8
④ 12

해설 • 옴의 법칙 : $R_0 = \dfrac{V}{I} = \dfrac{12}{3} = 4[\Omega]$

• 합성저항 : $R_0 = \dfrac{R \times (2R)}{R+(2R)} = \dfrac{2R^2}{3R} = \dfrac{2}{3}R[\Omega]$

∴ $4 = \dfrac{2}{3}R$ $R = 6[\Omega]$

답 ②

22

그림과 같은 회로에서 내부저항 1[kΩ]인 전압계로 단자 A, B 간의 전압을 측정하려면 몇 [V]인가?

① 1[V]
② 4[V]
③ 5[V]
④ 10[V]

해설 A, B 사이에 있는 저항 1[kΩ]과 전압계의 내부저항 1[kΩ]는 병렬연결이 되므로
A, B 사이의 저항
$R_{AB} = \dfrac{1,000}{2} = 500[\Omega]$
$R_{AB} = 500[\Omega]$, $R_{BC} = 500[\Omega]$으로 같으므로
$V_{AB} = \dfrac{V}{2} = \dfrac{10}{2} = 5[V]$

답 ③

23

그림과 같이 저항 3개가 병렬로 연결된 회로에 흐르는 가지전류 I_1, I_2, I_3는 몇 [A]인가?

① $I_1 = 2$, $I_2 = \dfrac{4}{3}$, $I_3 = \dfrac{2}{3}$

② $I_1 = \dfrac{2}{3}$, $I_2 = \dfrac{4}{3}$, $I_3 = 2$

③ $I_1 = 3$, $I_2 = 2$, $I_3 = 1$

④ $I_1 = 1$, $I_2 = 2$, $I_3 = 3$

해설 3개 저항이 병렬연결 시 합성저항

$$R = \frac{R_1 R_2 R_3}{R_1 R_2 + R_2 R_3 + R_3 R_1} = \frac{36}{6+18+12} = 1$$

전체합성저항 : $R_0 = 2 + 1 = 3$

전류 : $I = \dfrac{V}{R_0} = \dfrac{12}{3} = 4$

$$I_1 = \frac{\dfrac{R_2 R_3}{R_2 + R_3}}{R_1 + \dfrac{R_2 R_3}{R_2 + R_3}} I = \frac{2}{4} \times 4 = 2[\text{A}]$$

$$I_2 = \frac{\dfrac{R_3 R_1}{R_3 + R_1}}{R_2 + \dfrac{R_3 R_1}{R_3 + R_1}} I = \frac{\dfrac{3}{2}}{\dfrac{9}{2}} \times 4 = \frac{4}{3}[\text{A}]$$

$$I_3 = \frac{\dfrac{R_1 R_2}{R_1 + R_2}}{R_3 + \dfrac{R_1 R_2}{R_1 + R_2}} I = \frac{\dfrac{6}{5}}{\dfrac{36}{5}} \times 4 = \frac{2}{3}[\text{A}]$$

답 ①

24

2개의 저항을 직렬로 연결하여 30[V]의 전압을 가하면 6[A]의 전류가 흐르고, 병렬로 연결하여 동일 전압을 가하면 25[A]의 전류가 흐른다. 두 저항값은 각각 몇 [Ω]인가?

① 2, 3   ② 3, 5

③ 4, 5   ④ 5, 6

해설 직렬접속 시 저항 : $R_0 = \dfrac{V}{I} = \dfrac{30}{6} = 5[\Omega]$

∴ $R_0 = R_1 + R_2 = 5[\Omega]$이므로

더해서 5[Ω] 되는 것이 답

답 ①

25

키르히호프의 법칙을 이용하여 방정식을 세우는 방법으로 옳지 않은 것은?

① 도선의 접속점에서 키르히호프 제1법칙을 적용한다.

② 각 폐회로에서 키르히호프 제2법칙을 적용한다.

③ 계산 결과 전류가 +로 표시된 것은 처음에 정한 방향과 반대방향임을 나타낸다.

④ 각 회로의 전류를 문자로 나타내고 방향을 가정한다.

해설 계산 결과 전류가 +로 표시된 것은 처음에 정한 방향임을 나타낸다.

답 ③

26

그림과 같은 회로망에서 전류를 산출하는 식은?

① $I_1 + I_2 - I_3 - I_4 = 0$

② $I_1 - I_2 - I_3 + I_4 = 0$

③ $I_1 + I_2 + I_3 + I_4 = 0$

④ $I_1 - I_2 - I_3 - I_4 = 0$

해설 **키르히호프의 제1법칙(KCL)**

접속점에 출입하는 전류의 대수합은 0

$$\sum I = 0$$

∴ $I_1 - I_2 - I_3 - I_4 = 0$

키르히호프의 제2법칙(KVL)

회로망 중에 임의의 폐회로 내에서 그 폐회로를 한 방향으로 일주하였을 때, 생기는 전압강하의 합과 기전력이 합은 같다.

답 ④

27

국제 표준 연동 고유저항은 몇 [Ω · m]인가?

① 1.7241×10^{-9} ② 1.7241×10^{-8}

③ 1.7241×10^{-7} ④ 1.7241×10^{-6}

해설 국제 표준 연동선의 고유저항은

$1.7241 \times 10^{-2}[\Omega \cdot \text{mm}^2/\text{m}] = 1.7241 \times 10^{-8}[\Omega \cdot \text{m}]$

답 ②

28

지름 1.2[m], 저항 7.6[Ω]의 동선에서 이 동선의 저항률을 0.0172[Ω · m]라고 하면 동선의 길이는 약 몇 [m]인가?

① 200   ② 300

③ 400   ④ 500

해설 저항 : $R = \rho \dfrac{l}{A} \left(A = \dfrac{\pi D^2}{4} \right)$ 에서

길이 : $l = \dfrac{R \cdot A}{\rho} = \dfrac{7.6 \times \left(\dfrac{\pi \times 1.2^2}{4} \right)}{0.0172} \fallingdotseq 500[\text{m}]$

답 ④

29

지름 8[mm]의 경동선 1[km]의 저항을 측정하였더니 0.63536[Ω]이었다. 같은 재료로 지름 2[mm], 길이 500[m]의 경동선의 저항은 약 몇 [Ω]인가?

① 2.8   ② 5.1

③ 10.2   ④ 20.4

해설 지름 8[mm]일 경우 고유저항 ρ는

$R = \rho \dfrac{l}{A}$ 에서 $\rho = \dfrac{R \cdot A}{l} = \dfrac{R \cdot \dfrac{\pi \cdot D^2}{4}}{l}$

$= \dfrac{0.63536 \times \dfrac{\pi \times 8^2}{4}}{1,000} = 0.0319$

지름 2[mm]일 경우 경동선 저항 R은

$R = \rho \cdot \dfrac{l}{A} = 0.0319 \times \dfrac{500}{\dfrac{\pi \times 2^2}{4}} \fallingdotseq 5.1[\Omega]$

답 ②

30

길이가 100[m]이고, 지름이 1[mm]인 구리선의 상온 25[℃]에서의 저항은?(단, 상온 25[℃]에서 동선의 고유저항 $\rho = 1.72[\Omega \cdot \text{cm}]$이다)

① 4.38[Ω]   ② 2.19[Ω]

③ 1.72[Ω]   ④ 1.09[Ω]

해설 $R = \rho \cdot \dfrac{l}{A} = \rho \cdot \dfrac{l}{\dfrac{\pi D^2}{4}}$

$= 1.72 \times 10^{-2} \times \dfrac{100}{\dfrac{\pi \times 1^2}{4}} = 2.19[\Omega]$

답 ②

31

길이가 2배, 단면적을 5배로 하였다면 이때의 전기저항은 처음 저항의 몇 배로 되겠는가?

① 0.2   ② 0.4

③ 0.6   ④ 0.8

해설 • 전기저항 $R = \dfrac{\rho l}{A}$

여기서, l : 길이, A : 단면적이므로

• $l = 2l$, $A = 5A$ 되었다면

$R = \dfrac{\rho 2l}{5A} = \dfrac{2}{5} \dfrac{\rho l}{A} = 0.4$배

답 ②

32

동선의 저항이 20[℃]일 때 0.8[Ω]이라 하면 60[℃]일 때의 저항은 약 몇 [Ω]인가?(단, 동선의 20[℃]의 온도계수는 0.0039이다)

① 0.034   ② 0.925

③ 0.644   ④ 2.4

해설 $R_{60} = R_{20}[1 + \alpha(t - t_0)]$
$= 0.8 \times [1 + 0.0039 \times (60 - 20)]$
$= 0.925$

답 ②

33

0[℃]때의 저항이 10[Ω], 저항온도계수가 0.0043인 전선이 있다. 30[℃]에서 이 전선의 저항은 약 몇 [Ω]인가?

① 0.013[Ω]   ② 0.68[Ω]

③ 1.4[Ω]   ④ 11.3[Ω]

해설 $R_{30} = R_0[1 + \alpha(t - t_0)]$
$= 10 \times [1 + 0.0043 \times (30 - 0)] \fallingdotseq 11.3[\Omega]$

답 ④

34

전력[W]은 무엇인가?

① 열량으로 환산됨
② 전기장치가 행한 일
③ 전기적 힘의 진행속도
④ 전기적 일의 진행속도

해설 **전력** : 전기장치가 한 일의 크기[W]

답 ②

35

1개의 용량이 25[W]인 객석유도등 10개가 연결되어 있다. 이 회로에 흐르는 전류는 약 몇 [A]인가?(단, 전원 전압은 220[V]이고, 기타 선로손실 등은 무시한다)

① 0.88[A]　　　　　② 1.14[A]
③ 1.25[A]　　　　　④ 1.36[A]

해설 전력 : $P = VI$에서

전류 : $I = \dfrac{P}{V} = \dfrac{25 \times 10}{220} ≒ 1.14[A]$

답 ②

36

부하저항 R에 5[A]의 전류가 흐를 때 소비전력이 500[W]이었다. 부하저항 R은?

① 5[Ω]　　　　　② 10[Ω]
③ 20[Ω]　　　　　④ 100[Ω]

해설 전력 : $P = I^2 R$에서

저항 : $R = \dfrac{P}{I^2} = \dfrac{500}{5^2} = 20[Ω]$

답 ③

37

일정한 저항에 가해지고 있는 전압을 3배로 하면 소비전력은?

① $\dfrac{1}{3}$　　　　　② 3
③ 6　　　　　④ 9

해설 전력은 전압의 제곱에 비례하므로 $P = \dfrac{V^2}{R}$ 에서

$P' = \dfrac{(3V)^2}{R} = 9\dfrac{V^2}{R}$

∴ 9배

답 ④

38

10[kΩ] 저항의 허용 전력은 10[kW]라 한다. 이때의 허용전류는 몇 [A]인가?

① 100[A]　　　　　② 10[A]
③ 1[A]　　　　　④ 0.1[A]

해설 전력 : $P = I^2 R$에서 $\left(I^2 = \dfrac{P}{R}\right)$

전류 : $I = \sqrt{\dfrac{P}{R}} = \sqrt{\dfrac{10 \times 10^3}{10 \times 10^3}} = 1[A]$

답 ③

39

100[V]로 500[W]의 전력을 소비하는 전열기가 있다. 이 전열기를 80[V]로 사용하면 소비전력은 몇 [W]인가?

① 320　　　　　② 360
③ 400　　　　　④ 440

해설 전력 : $P = \dfrac{V^2}{R}$에서 $(P \propto V^2)$

$500 : 100^2 = P' : 80^2$
$100^2 P' = 80^2 \times 500$

∴ $P' = \dfrac{80^2 \times 500}{100^2} = 320[W]$

답 ①

40

200[V]전원에 접속하면 1[kW]의 전력을 소비하는 저항을 100[V]전원에 접속하면 소비전력은?

① 250[W]　　　　　② 500[W]
③ 750[W]　　　　　④ 900[W]

해설 전력 : $P \propto V^2$

$1,000 : 200^2 = P' : 100^2$

∴ $P' = \dfrac{100^2 \times 1,000}{200^2} = 250[W]$

답 ①

41

50[V]를 가하여 30[C]의 전기량을 3초 동안 이동시켰다. 이때의 전력은 몇 [kW]인가?

① 0.5　　　　　② 1
③ 1.5　　　　　④ 2

해설 에너지 : $W = Pt = QV$에서

전력 : $P = \dfrac{W}{t} = \dfrac{QV}{t} = \dfrac{30 \times 50}{3} = 500[W]$

답 ①

42

그림과 같은 회로에서 I는 5[A]이고, G는 5[℧], G_L은 8[℧]일 때 G_L에서 소비되는 전력은 약 몇 [W]인가?

① 1.18[W]　　　　　② 2.36[W]
③ 3.54[W]　　　　　④ 4.74[W]

해설 컨덕턴스 G_L에 흐르는 전류 (I_{G_L})

$$I_{G_L} = \frac{G_L}{G+G_L} \cdot I = \frac{8}{5+8} \times 5 = \frac{40}{13}[\text{A}]$$

G_L에서 소비되는 전력 (P_{G_L})

$$P_{G_L} = I_{G_L}^2 \cdot \frac{1}{G_L} = \left(\frac{40}{13}\right)^2 \times \frac{1}{8} \doteqdot 1.18[\text{W}]$$

답 ①

43

100[V], 500[W]의 전열선 2개를 같은 전압에서 직렬로 접속한 경우와 병렬로 접속한 경우의 전력은 각각 몇 [W]인가?

① 직렬 : 250, 병렬 : 500

② 직렬 : 250, 병렬 : 1,000

③ 직렬 : 500, 병렬 : 500

④ 직렬 : 500, 병렬 : 1,000

해설 전력 : $P = \frac{V^2}{R}$에서 $P \propto \frac{1}{R}$ (반비례)

직렬접속 : $P_1 = \frac{P}{2} = \frac{500}{2} = 250[\text{W}]$

병렬접속 : $P_2 = 2P = 2 \times 500 = 1,000[\text{W}]$

$\left(\text{직렬 : 저항 2배, 병렬 : 저항 } \frac{1}{2} \text{배}\right)$

답 ②

44

200[V]의 전원에 30[Ω]의 저항을 가진 2개의 전열기 A, B를 직렬로 연결하여 사용하였다. 이때 A와 B에서 소모되는 전기적 에너지의 양을 A만을 단독으로 사용할 때의 소비전력과 비교하면?

① 같다.

② $\frac{1}{2}$ 배가 된다.

③ 4배가 된다.

④ $\frac{1}{4}$ 배가 된다.

해설 전력 $P = I^2 R = \frac{V^2}{R}$ 이므로

• 전열기 2개를 직렬 연결하여 사용한 경우

$$P_2 = \frac{V^2}{2R} = \frac{200^2}{2 \times 30} \doteqdot 666.7[\text{W}]$$

• 전열기 1개만 단독으로 사용한 경우

$$P_1 = \frac{V^2}{R} = \frac{200^2}{30} \doteqdot 1,333.3[\text{W}]$$

$$\therefore \frac{P_2}{P_1} = \frac{666.7}{1,333.3} = \frac{1}{2}$$

답 ②

45

220[V], 32[W] 전등 2개를 매일 5시간씩 점등하고, 600[W] 전열기 1개를 매일 1시간씩 사용할 경우 1개월(30일)간 소비되는 전력량[kWh]은?

① 27.6[kWh]

② 55.2[kWh]

③ 110.4[kWh]

④ 220.8[kWh]

해설 • 소비전력량 : $W = Pt$[kWh]

• 전등의 1개월간 소비전력량

$$W_1 = 32[\text{W}] \times 2 \times 5 \times 30 \times 10^{-3} = 9.6[\text{kWh}]$$

• 전열기의 1개월간 소비전력량

$$W_2 = 600[\text{W}] \times 1 \times 1 \times 30 \times 10^{-3} = 18[\text{kWh}]$$

$$\therefore W = W_1 + W_2 = 9.6 + 18 = 27.6[\text{kWh}]$$

답 ①

46

기전력 1.5[V]이고 내부저항 10[Ω]인 건전지 4개를 직렬 연결하고 20[Ω]의 저항 R을 접속하는 경우, 저항 R에 흐르는 ㉠ 전류 I[A]와 ㉡ 단자전압 V[V]는?

① ㉠ 0.1[A], ㉡ 2[V]

② ㉠ 0.3[A], ㉡ 6[V]

③ ㉠ 0.1[A], ㉡ 6[V]

④ ㉠ 0.3[A], ㉡ 2[V]

해설 전지의 전류

• 건전지의 총기전력 : $E = n \cdot e = 4 \times 1.5 = 6$

• 건전지의 합성내부저항 : $r_0 = n \cdot r = 4 \times 10 = 40$

• 전류 : $I = \frac{E}{R+r_0} = \frac{6}{20+40} = 0.1[\text{A}]$

• 단자전압 : $V = RI = 20 \times 0.1 = 2[\text{V}]$

답 ①

47

기전력은 1.5[V], 내부저항 0.1[Ω]인 전지 10개를 직렬로 연결하고 2[Ω]의 저항을 가진 전구에 연결할 때 전구에 흐르는 전류는 몇 [A]인가?

① 2

② 3

③ 4

④ 5

해설 전류 : $I = \frac{E_0}{r_0 + R} = \frac{nE}{nr + R}$

$$= \frac{10 \times 1.5}{(10 \times 0.1) + 2}$$

$$= 5[\text{A}]$$

답 ④

48

어떤 전지의 부하로 6[Ω]을 사용하니 3[A]의 전류가 흐르고, 이 부하에 직렬로 4[Ω]을 연결했더니 2[A]가 흘렀다. 이 전지의 기전력은 몇 [V]인가?

① 8　　　　　　　　② 16

③ 24　　　　　　　　④ 32

해설　전류 : $I = \dfrac{E}{r+R}$ 에서

기전력 : $E = I(r+R)$ 이므로
$E = 3 \times (r+6) = 2 \times (r+6+4)$
$3r + 18 = 2r + 20$
$3r - 2r = 20 - 18$ 　∴　$r = 2[\Omega]$
$E = I(r+R) = 3 \times (2+6) = 24[V]$
$E = I(r+R+4) = 2 \times (2+6+4) = 24[V]$

답 ③

49

기전력 3.6[V], 용량 600[mAh]인 축전지 5개를 직렬 연결할 때의 기전력 V와 용량은?

① 3.6[V], 3[Ah]　　　② 18[V], 3[Ah]

③ 3.6[V], 600[mAh]　④ 18[V], 600[mAh]

해설　직렬연결 시
• 기전력 : $V = 3.6 \times 5 = 18[V]$
• 용량 일정

답 ④

50

기전력 100[V], 내부저항 1[Ω]의 전원에 19[Ω]의 외부 저항기를 직렬로 접속할 때 저항기 양단에 나타나는 전압은 몇 [V]인가?

① 85　　　　　　　　② 90

③ 95　　　　　　　　④ 100

해설　전류 : $I = \dfrac{V}{r+R} = \dfrac{100}{1+19} = 5[A]$
저항기 양단에 걸리는 전압
$V = IR = 5 \times 19 = 95[V]$

답 ③

51

그림에서 일정전압 E의 전원에 r 및 r_1을 접속했다. r에 흐르는 전류를 최소로 하기 위한 r_2의 값은 얼마인가?

① r_1　　　　　　② $\dfrac{r_1}{2}$

③ r　　　　　　　④ $\dfrac{r}{2}$

해설　r에 흐르는 전류가 최소가 되기 위해서는 합성저항 (R_0)이 최대가 되어야 하므로 $r_2 = \dfrac{r_1}{2}[\Omega]$일 때 최소가 된다.

답 ②

제2장 정전계와 정자계

제1절 정전계

1 정전계 용어

① 대전 : 물체가 전기를 띠게 되는 현상
② 전하 : 대전된 전기의 양
③ 정전력 : 대전된 두 전하 사이에 작용하는 힘
　㉠ 극성이 같은 전하끼리는 반발력이 작용한다.
　㉡ 극성이 다른 전하끼리는 흡입력이 작용한다.
④ 정전유도 : 대전체 근처에 대전되지 않은 도체를 가져오면 대전체 가까운
　쪽에는 다른 종류의 전하, 먼 쪽은 같은 종류의 전하가 나타나는 현상

[정전유도]

2 정전용량과 콘덴서

(1) 콘덴서 : C [F, 패럿]

① 평행판 콘덴서

$$C = \frac{\varepsilon S}{d} = \frac{\varepsilon_0 \varepsilon_s S}{d} [\text{F}]$$

여기서, ε_0 : 진공(공기) 중의 유전율 → $\varepsilon_0 = 8.855 \times 10^{-12} [\text{F/m}]$

　　　　ε_s : 비유전율 → $\varepsilon_s = \dfrac{\varepsilon}{\varepsilon_0} [\text{F/m}]$(진공, 공기 : $\varepsilon_s ≒ 1$)

　　　　ε : 유전율 → $\varepsilon = \varepsilon_0 \varepsilon_s [\text{F/m}]$

　　　　d : 극판 간의 간격[m]

　　　　S : 극판의 면적[m²]

■ 평행판 콘덴서

$C = \dfrac{\varepsilon S}{d}$

유전율 및 면적에 비례
극판간격에 반비례

② 콘덴서

$$C = \frac{Q}{V}[\text{F}]$$

③ 전해콘덴서 : 극성이 있으므로 교류에 사용할 수 없다.

(2) 콘덴서의 접속

① **직렬접속**

[직렬접속]

합성 콘덴서용량

$$C_0 = \frac{1}{\dfrac{1}{C_1} + \dfrac{1}{C_2}} = \frac{C_1 \cdot C_2}{C_1 + C_2}[\text{F}]$$

② **분배전압**

[분배전압]

㉠ $V_1 = \dfrac{C_2}{C_1 + C_2} \cdot V[\text{V}]$

㉡ $V_2 = \dfrac{C_1}{C_1 + C_2} \cdot V[\text{V}]$

③ **병렬접속**

[병렬접속]

합성 콘덴서용량

$$C_0 = C_1 + C_2 + C_3 + \cdots + C_n[\text{F}]$$

■ 콘덴서 : $C = \dfrac{Q}{V}[\text{F}]$

■ 전해콘덴서 : +, − 극성이 있다.

■ 콘덴서 직렬접속 시 합성용량

: $C_0 = \dfrac{C_1 C_2}{C_1 + C_2}[\text{F}]$

■ 분배전압

$V_1 = \dfrac{C_2}{C_1 + C_2} \cdot V[\text{V}]$

$V_2 = \dfrac{C_1}{C_1 + C_2} \cdot V[\text{V}]$

■ 콘덴서 병렬접속 시 합성용량

$C_0 = C_1 + C_2 + \cdots + C_n[\text{F}]$

3 축적되는 전하량(충전 전하량)

■ 전하량, 전기량, 전하
$$Q = \frac{W}{V} = CV$$
$$= IT[\text{C}]$$

(1) 전하량 : $Q = CV[\text{C}]\left(C = \frac{Q}{V}\right)$

■ 전압을 서서히 증가 시 콘
덴서 파괴 : 콘덴서 용량
이 작은 것부터 파괴

(2) 콘덴서 파괴 : 여러 개의 콘덴서에 전압을 서서히 증가시키면 콘덴서 용량이 가장 작은 것부터 파괴되기 시작한다($V = \frac{Q}{C}$에서 전압(V)과 콘덴서 (C)가 서로 반비례하므로 같은 전하에서도 용량이 작은 콘덴서에 걸리는 전압이 가장 크다).

4 쿨롱의 법칙(Coulomb's Law) : F[N, 뉴턴]

두 전하 사이에 작용하는 힘(정전력)

[쿨롱의 법칙]

(1) 정전력(힘)

■ 두 전하 사이에 작용하는
힘(정전력)
- $F = 9 \times 10^9$
  $\times \frac{Q_1 Q_2}{r^2}$[N]
- 두 전하의 곱에 비례
- 두 전하 사이 거리 제
  곱에 반비례

$$F = k\frac{Q_1 Q_2}{r^2} = \frac{1}{4\pi\varepsilon_0} \times \frac{Q_1 Q_2}{r^2} = 9 \times 10^9 \times \frac{Q_1 Q_2}{r^2}[\text{N}]$$

여기서, K : 쿨롱의 상수$\left(K = \frac{1}{4\pi\varepsilon_0} = 9 \times 10^9\right)$

Q_1, Q_2 : 전하[C]

r : 두 전하 사이의 거리[m]

■ 진공(공기) 중의 유전율
$\varepsilon_0 = 8.855 \times 10^{-12}$[F/m]

ε_0 : 진공(공기) 중의 유전율($\varepsilon_0 = 8.855 \times 10^{-12}$[F/m])

(2) 쿨롱 법칙의 특성

① 같은 전하끼리는 반발력이 작용하고, 서로 다른 전하끼리는 흡입력이 작용한다.

② 힘의 크기(정전력)는 두 전하량의 곱에 비례한다.

③ 힘의 크기(정전력)는 두 전하 사이의 떨어진 거리 제곱에 반비례한다.

④ 힘의 크기(정전력)는 매질과 관계있다(진공, 공기 중이 아닐 경우 ε_s 존재).

⑤ 힘의 방향은 두 전하를 연결하는 일직선 상에 존재한다.

5 전계(전장)의 세기 : $E[\text{V/m}]$

전계 내의 한 점에 단위 정전하(1[C])를 놓았을 때 이 단위 정전하에 작용하는 힘

(1) 전계의 세기

$$E = K \cdot \frac{Q}{r^2} = \frac{1}{4\pi\varepsilon_0} \times \frac{Q}{r^2} = 9 \times 10^9 \times \frac{Q}{r^2}[\text{V/m}]\left(E = \frac{F}{Q},\ F = EQ\right)$$

(2) 평행극판 사이의 전계의 세기

$$E = \frac{V}{l}[\text{V/m}]$$

여기서, V : 전압[V] l : 극판 간격[m]

6 전위와 전위차

(1) 등전위면

① 전위가 같은 각 점을 포함하는 면
② 전위의 기울기가 0의 점으로 되는 평면
③ 등전위면과 전기력선은 수직으로 만난다.
④ 등전위면끼리는 만나지 않는다.

(2) 전위차

+1[C]의 전하를 낮은 전위 점으로부터 높은 점으로 이동시키는데 요하는 일이 1[J]일 때 이 두 점의 차이를 전위차라고 하며, 1[V]로 표기한다.

(3) 전위 : $Q[\text{C}]$의 전하에서 $r[\text{m}]$ 떨어진 점의 전위 $V[\text{V}]$

$$V = K \cdot \frac{Q}{r} = \frac{1}{4\pi\varepsilon_0} \times \frac{Q}{r} = 9 \times 10^9 \times \frac{Q}{r}[\text{V}]\left(V = Er,\ E = \frac{V}{r}\right)$$

7 전기력선

전계 내에서 +1[C] 전하가 전기력에 따라 이동할 때 그려지는 가상의 선
① 전기력선의 방향은 그 점에서 **전기장의 방향과 같다.**
② 전기력선의 밀도는 그 점에서 전기장의 크기와 같게 정의한다.
③ 전기력선은 **양전하(+)에서 시작하여 음전하(−)에서 끝난다.**
④ 전하가 없는 곳에서는 전기력선의 발생, 소멸이 없다. 즉, **연속적**이다.
⑤ 전기력선의 총수는 $\frac{Q}{\varepsilon}$개이다.

■ 전계(전장)의 세기
$$E = 9 \times 10^9 \times \frac{Q}{r^2}[\text{V/m}]$$
$$E = \frac{F}{Q} = \frac{V}{r}[\text{V/m}]$$

■ 전위(전위차)
$$V = 9 \times 10^9 \times \frac{Q}{r}[\text{V}]$$

■ 전기력선 성질
 – 양전하(+) → 음전하(−)
 – 도체 표면(등전위면)에 수직으로 출입한다.
 – 전기력선은 교차하지 않는다.

⑥ 전기력선은 **전위가 높은 점에서 낮은 점으로** 향한다.

⑦ 전기력선은 **도체 표면(등전위면)에 수직으로** 출입한다.

⑧ 도체 **내부에서는 전기력선이 존재하지 않는**다.

⑨ 전기력선은 당기고 있는 고무줄과 같이 언제나 수축하려고 하며, 전기장이 0이 아닌 곳에서 2개의 **전기력선이 교차하지 않는**다.

⑩ 전기력선 중에는 무한 원점에서 끝나거나 또는 무한 원점에서 오는 것이 있을 수 있다.

[전기력선]

8 전속(유전속)(q[C])

유전체 내의 전하의 연결을 가상하여 나타내는 선

① 전속은 양전하에서 나와 음전하에서 끝난다.

② 전속이 나오는 곳과 끝나는 곳에는 전속과 같은 전하가 있다.

③ $+Q$[C]의 전하에서 Q개의 전속이 나오며 단위는 [C]를 사용한다.

④ 전속이 금속판을 출입하는 경우, 그 표면에 수직이 된다.

9 전속밀도(D[C/m^2])

단위 면적당의 전속

■ 전속밀도
$D = \dfrac{Q}{A} = \varepsilon E\,[\varepsilon/\mathrm{m}^2]$

$$D = \frac{Q}{A}[\mathrm{C/m}^2] = \varepsilon E = \varepsilon_0 \varepsilon_s E[\mathrm{C/m}^2]$$

여기서, A : 단면적[m^2]　　　　　　Q : 전속[C]
　　　　D : 전속밀도[C/m^2]　　　　E : 전계의 세기[V/m]

10 정전에너지

유전체 내에 축적되는 에너지

■ 정전에너지
$W = \dfrac{1}{2}CV^2$[J]

$$W = \frac{1}{2}QV = \frac{1}{2}CV^2 = \frac{Q^2}{2C}\,[\mathrm{J}]$$

여기서, Q : 전기량[C]　　　　　　V : 전압[V]
　　　　C : 정전용량[F]

11 정전흡인력(단위 체적당 정전흡인력)

콘덴서가 충전되면 양극판 사이의 양, 음전하에 의해 흡인력 F가 발생한다.

$$F = \frac{1}{2}ED = \frac{1}{2}\varepsilon E^2 = \frac{D^2}{2\varepsilon}[\text{J}/\text{m}^3]$$

여기서, E : 전계의 세기[V/m] D : 전속밀도[C/m²]
ε : 유전율[F/m]

제2절 | 정자계

1 정전계와 정자계 대응 비교

(1) 용어 대응 관계

정전계	정자계
전하(전하량) : Q[C]	자하(자하량) : m[Wb]
전계(전장)의 세기 : E[V/m]	자계(자장)의 세기 : H[AT/m]
전위 : V[V]	자위 : U[A]
전속밀도 : D[C/m²]	자속밀도 : B[Wb/m²]
유전율 : ε[F/m] 비유전율 : ε_s[F/m](진공, 공기 : $\varepsilon_s = 1$) 진공(공기)중의 유전율 : $\varepsilon_0 = 8.855 \times 10^{-12}$[F/m]	투자율 : μ[H/m] 비투자율 : μ_s[H/m](진공, 공기 : $\mu_s = 1$) 진공(공기)중의 투자율 : $\mu_0 = 4\pi \times 10^{-7}$[H/m]

■ 유전율 : $\varepsilon = \varepsilon_0 \varepsilon_s$[F/m]
 – 비유전율 : ε_s
  (진공, 공기 : $\varepsilon_s = 1$)
 – 진공(공기) 중의 유전율
  $\varepsilon_0 = 8.855 \times 10^{-12}$[F/m]

■ 투자율 : $\mu = \mu_0 \mu_s$[H/m]
 – 비투자율 : μ_s
  (진공, 공기 : $\mu_s = 1$)
 – 진공(공기) 중의 투자율
  $\mu_0 = 4\pi \times 10^{-7}$[H/m]

(2) 공식 대응관계

정전계	정자계
① 쿨롱의 법칙 힘 : $F = K \cdot \dfrac{Q_1 Q_2}{r^2} = \dfrac{1}{4\pi\varepsilon_0} \times \dfrac{Q_1 Q_2}{r^2}$ $= 9 \times 10^9 \times \dfrac{Q_1 Q_2}{r^2}$[N]	① 쿨롱의 법칙 힘 : $F = K \cdot \dfrac{m_1 m_2}{r^2} = \dfrac{1}{4\pi\mu_0} \times \dfrac{m_1 m_2}{r^2}$ $= 6.33 \times 10^4 \times \dfrac{m_1 m_2}{r^2}$[N]
② 전계(전장)의 세기 $E = K \cdot \dfrac{Q}{r^2} = \dfrac{1}{4\pi\varepsilon_0} \times \dfrac{Q}{r^2} = 9 \times 10^9 \times \dfrac{Q}{r^2}$ [V/m] $E = \dfrac{F}{Q} = V_r$[V/m]	② 자계(자장)의 세기 $H = K \cdot \dfrac{m}{r^2} = \dfrac{1}{4\pi\mu_0} \times \dfrac{m}{r^2} = 6.33 \times 10^4 \times \dfrac{m}{r^2}$ [AT/m] $H = \dfrac{F}{m} = U_r$[AT/m]
③ 전위(전위차) $V = K \cdot \dfrac{Q}{r} = \dfrac{1}{4\pi\varepsilon_0} \times \dfrac{Q}{r} = 9 \times 10^9 \times \dfrac{Q}{r}$[V] $V = Er$[V]	③ 자 위 $U = K \cdot \dfrac{m}{r} = \dfrac{1}{4\pi\mu_0} \times \dfrac{m}{r} = 6.33 \times 10^4 \times \dfrac{m}{r}$[A] $U = Hr$[A]

안심Touch

정전계	정자계
④ 전속밀도 $D = \dfrac{Q}{A} = \varepsilon E = \varepsilon_0 \varepsilon_s E [C/m^2]$	④ 자속밀도 $B = \dfrac{m}{A} = \mu H = \mu_0 \mu_s H [Wb/m^2]$
⑤ 정전에너지(콘덴서에 축적되는 에너지) $W = \dfrac{1}{2} QV = \dfrac{1}{2} CV^2 = \dfrac{Q^2}{2C} [J]$	⑤ 전자에너지(코일에 축적되는 에너지) $W = \dfrac{1}{2} LI^2 [J]$

2 쿨롱의 법칙

(1) 힘

■ 정자력(힘)

$F = 6.33 \times 10^4$

$\times \dfrac{m_1 m_2}{r^2} [N]$

- 두 자하의 곱에 비례
- 두 자하 사이의 거리 제곱에 반비례

$$F = K \cdot \frac{m_1 m_2}{r^2} = \frac{1}{4\pi\mu_0} \times \frac{m_1 m_2}{r^2} = 6.33 \times 10^4 \times \frac{m_1 m_2}{r^2} [N]$$

[쿨롱의 법칙]

여기서, K : 쿨롱의 상수 $\left(K = \dfrac{1}{4\pi\mu_0} = 6.33 \times 10^4\right)$

m_1, m_2 : 자하(자극의 세기)[Wb]

r : 두 자하 사이의 거리[m]

μ_0 : 진공(공기) 중의 투자율 $(\mu_0 = 4\pi \times 10^{-7}[H/m])$

(2) 쿨롱의 법칙 특성

① 같은 극성끼리는 반발력이 작용하고, 서로 다른 특성끼리는 흡입력이 작용한다.

② 힘의 크기는 두 자하량의 곱에 비례한다.

③ 힘의 크기는 두 자하 사이의 떨어진 거리 제곱에 반비례한다.

④ 힘의 크기는 매질과 관계 있다(진공, 공기 중이 아닐 경우 μ_s 존재).

⑤ 힘의 방향은 두 자하를 연결하는 일직선상에 존재한다.

3 자장의 성질

(1) 자기장의 크기와 방향

자기장 중의 어느 점에 단위 점 자하(+1[Wb])를 놓고 이 자하에 작용하는 자력의 방향을 그 점에서의 자기장의 방향으로 하고 자력의 크기를 그 점의 자장의 세기(크기)라 한다.

[자기장의 크기와 방향]

① 자기장의 크기(H, Magnetic Field Intensity)

자하 m[Wb]로부터 거리 r[m] 떨어진 점의 자장의 세기 H[AT/m]

$$H = K \cdot \frac{m}{r^2} = \frac{1}{4\pi\mu_0} \times \frac{m}{r^2} = 6.33 \times 10^4 \times \frac{m}{r^2} [\text{AT/m}] \left(H = \frac{F}{m},\ F = mH \right)$$

■ 자계(자장)의 세기

$$H = 6.33 \times 10^4 \times \frac{m}{r^2}$$

[AT/m]

② 기자력(F)

H[AT/m]의 자장 안에 m[Wb]의 자하를 두었을 때 작용하는 힘 F[N](기자력)

$$F = mH [\text{N}]$$

여기서, F : 기자력[N]　　　　　m : 자하[Wb]
　　　　H : 자장의 세기[AT/m]

③ 자기모멘트(M)

자극의 자하 m[Wb]와 다른 자극 간의 거리 l[m]와의 곱

$$M = ml [\text{Wb} \cdot \text{m}]$$

④ 막대자석의 회전력(T)

$$\text{회전력(토크)} \quad T = mlH\sin\theta [\text{N} \cdot \text{m}] = MH \cdot \sin\theta = M \times H$$

여기서, T : 토크[N · m]　　　　m : 자하[Wb]
　　　　l : 거리[m]　　　　　H : 자장의 세기[AT/m]
　　　　M : 자기모멘트[Wb · m]

(2) 자력선의 성질

① 자기장의 상태를 표시하는 선을 가상하여 자기장의 크기와 방향을 표시한다.

② 자력선은 잡아당긴 고무줄과 같이 그 자신이 줄어들려고 하는 장력이 있으며, 같은 방향으로 향하는 자력선은 서로 반발한다.

③ 자력선은 서로 교차하지 않는다.

④ 자석의 N극에서 시작하여 S극에서 끝난다.

(a) 같은 극성의 자석   (b) 다른 극성의 자석

[자력선의 성질]

4 자기유도(Magnetic Induction)

(1) 자속(ϕ[Wb])

① 단위 점 자하 +1[Wb]로부터 나오는 자력선의 총수

$$N = \frac{m}{\mu_0} \text{개} = \frac{m}{4\pi \times 10^{-7}} \fallingdotseq 7.958 \times 10^5 \times m \text{ 개}$$

② 자극이 어떤 매질 중에 있더라도 $+m$[Wb]의 자극에서는 m개의 자속이 나온다고 생각한다. 이 선에 의해서 자기장의 상태를 표시하고, 이와 같은 자기력선을 자속이라 한다.

(2) 자속밀도(B[Wb/m^2], Magnetic Flux Density)

① 자속의 밀도로서 자기장의 크기를 표시

② 단위 면적 1[m^2]를 통과하는 자속 수

③ 단위는 [Wb/m^2] 또는 테슬라(Tesla, [T])가 사용

[Wb/m^2] = [ATH/m^2] = [T]

$$\text{자속밀도 } B = \frac{\phi}{A} = \mu H [\text{Wb/m}^2]$$

여기서, A : 자극의 면적[m^2] ϕ : 자속[Wb]
       H : 자계의 세기[AT/m] B : 자속밀도[Wb/m^2]
       μ : 투자율[H/m]($\mu = \mu_s \mu_0$)

(3) 자속밀도(B)와 자장의 세기(H)의 관계

자속밀도(B)는 자장의 세기(H)와 투자율의 곱에 비례한다.

$$B = \mu_0 H [\text{Wb/m}^2] : 진공(또는 공기) 중$$
$$B = \mu_s \mu_0 H = \mu H [\text{Wb/m}^2] : \mu_s 인 매질 중$$

여기서, B : 자속밀도[Wb/m²] μ : 투자율($\mu = \mu_0 \mu_s$)
        H : 자장의 세기[AT/m]

(4) 자기유도와 자성체

① **자기유도** : 자성체를 자석 가까이 놓으면 그 양단에 자극이 생긴다. 이때 그 물질이 자화되었다면 이 현상을 자기유도라 한다.

② **자화** : 쇳조각 등 자성체를 자석으로 만드는 것

③ **자성체의 종류**

㉠ 강자성체 : $\mu_s \gg 1$인 물체 $\Rightarrow$ 니켈(Ni), 코발트(Co), 망간(Mn), 철(Fe), 실리콘(Si) 등

㉡ 상자성체 : $\mu_s > 1$인 물체 $\Rightarrow$ 알루미늄(Al), 백금(Pt), 산소(O), 공기

㉢ 반자성체 : $\mu_s < 1$인 물체 $\Rightarrow$ 금(Au), 은(Ag), 구리(Cu), 아연(Zn)

(a) 상자성체   (b) 반자성체
[자기유도]

5 자기회로의 옴 법칙

(1) 기자력(F[AT])

자속을 만드는 원동력으로 전기회로의 기전력에 대응된다.

$$F = NI = \phi R_m [\text{AT}]$$

여기서, N : 코일 감은 횟수(권선수)[T] I : 전류[A]
        ϕ : 자속[Wb] R_m : 자기 저항[AT/Wb]

(2) 자기저항(R_m[AT/Wb]) : 자속의 발생을 방해하는 성질의 정도

자기회로를 통하는 자속 ϕ는 NI[AT]에 비례하고 R_m에 반비례한다. 이런 관계를 자기회로의 옴의 법칙이라 한다.

$$R_m = \frac{l}{\mu A} = \frac{F}{\phi} [\text{AT/Wb}]$$

여기서, μ : 투자율($\mu = \mu_0 \mu_s$) A : 면적[m²]
        l : 길이[m] F : 기자력[AT]

■ 기자력

$$F = NI = \phi R_m [\text{AT}]$$

안심Touch

■ 자 속

$$\phi = \frac{F}{R_m} = \frac{\mu ANI}{l}[\text{Wb}]$$

(3) 자속 : ϕ[Wb]

$$\phi = BA = \frac{F}{R_m} = \frac{\mu ANI}{l}[\text{Wb}]$$

여기서, B : 자속밀도[Wb/m^2] $\qquad$ R_m : 자기저항[AT/Wb]
$\qquad$ μ : 투자율($\mu = \mu_0 \mu_s$) $\qquad$ N : 권회수 [T]
$\qquad$ I : 전류[A] $\qquad$ F : 기자력[AT]
$\qquad$ A : 단면적[m^2] $\qquad$ l : 길이[m]

■ 앙페르의 오른나사법칙
: 전류와 자계의 방향을
결정하는 법칙

6 앙페르의 오른나사법칙(전류와 자계의 방향)

전류에 의해서 생기는 자기장의 방향은 전류 방향에 따라 결정되며,

① 전류의 방향 : 오른나사의 진행 방향
② 자장의 방향 : 오른나사의 회전 방향이 된다.

[전류와 자계의 방향]

■ 비오-사바르의 법칙
: 전류에 의한 자계의 세기

7 비오-사바르의 법칙(전류에 의한 자계의 세기, Biot-Savart's Law)

I[A]의 전류가 흐르고 있는 도체의 미소 부분 Δl의 전류에 의해 이 부분에서 r[m] 떨어진 P점의 자기장 ΔH[AT/m]는 다음과 같다.

[전류에 의한 자계의 세기]

$$\Delta H = \frac{I \Delta l}{4\pi r^2} \sin\theta \, [\text{AT/m}]$$

여기서, ΔH : P점의 자계의 세기[AT/m] $\quad$ I : 도체의 전류[A]
$\qquad$ Δl : 도체의 미소 부분[m] $\quad$ r : 거리[m]

8 전류에 의한 자계의 세기

(1) 무한장 직선전류

직선 도체에 전류 I가 흐를 때 거리 r인 점 P의 자기장의 세기는

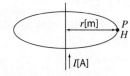

[무한장 직선장 전류에 의한 자기장]

$$H = \frac{I}{l} = \frac{I}{2\pi r}[\text{AT/m}]$$

여기서, r : 거리[m]　　　　　　　　　I : 전류[A]

(2) 환상 솔레노이드 내부의 자기장

권수가 N, 평균 반지름이 r[m], 전류 I가 흐를 때 내부의 자기장 H

- 내부자계 $H = \dfrac{NI}{l} = \dfrac{NI}{2\pi r}[\text{AT/m}]$ 　　• 외부자계 $H = 0$

[환상 솔레노이드 내부의 자기장]

(3) 무한장 솔레노이드

내부자계 $H_I = NI[\text{AT/m}]$(m : 단위길이당 권수[회/m], [T/m])

외부자계 $H_0 = 0$

① 원형 코일 중심

$$H = \frac{NI}{2r}[\text{AT/m}]$$

여기서, r : 반지름[m]

② 유한장 직선전류

$$H = \frac{I}{4\pi r}(\cos\theta_1 + \cos\theta_2) = \frac{I}{4\pi r}(\sin\phi_1 + \sin\phi_2)$$

■ 무한장 직선전류
- $H = \dfrac{I}{2\pi r}[\text{AT/m}]$
■ 환상 솔레노이드
- $H = \dfrac{NI}{2\pi r}$
■ 무한장 솔레노이드
- $H = \dfrac{NI}{2r}[\text{AT/m}]$
■ 외부자계 : $H = 0$

제3절 전자력

■ 플레밍의 왼손법칙
: 전동기 법칙
− 엄지 : 운동
− 검지 : 자속
− 중지 : 전류

1 플레밍의 왼손법칙(전동기 원리)

자기장 내에 있는 도체에 전류를 흘리면 힘이 작용하며, 이 힘을 전자력이라 한다.

2 전자력의 크기

$$F = BIl\sin\theta[\text{N}]$$

여기서, F : 전자력[N] B : 자속밀도[Wb/m^2]
I : 도체에 흐르는 전류[A] l : 자장 중에 놓여 있는 도체의 길이[m]
θ : 자장과 도체에 이루는 각

[전자력의 크기]

중지 : 전류의 방향
검지 : 자장의 방향
엄지 : 힘의 방향

자속밀도가 $B[\text{Wb/m}^2]$인 평등자장 중에서 길이가 $l[\text{m}]$인 도체와 자계가 이루는 각이 θ일 때 도체에 $I[\text{A}]$의 전류가 흐를 때 전자력(F)이 발생한다.

■ 평행도체 사이에 작용하는 힘

$$F = \frac{2I_1 I_2}{r} \times 10^{-7}[\text{N}]$$

− 거리와 반비례
− 동일 방향 : 흡인력
− 반대 방향 : 반발력

3 평행도체 사이에 작용하는 힘

$$F = \frac{\mu_0 I_1 I_2}{2\pi r} = \frac{2I_1 I_2}{r} \times 10^{-7}[\text{N}]$$

여기서, F : 평행도체 사이의 작용하는 힘[N] μ_0 : 진공 중의 투자율[H/m]
r : 거리[m] $I_1 I_2$: 양도체 전류[A]

① 반대 방향 전류일 때 : 반발력
② 동일 방향 전류일 때 : 흡인력

(a) 동일 방향   (b) 반대 방향

[평행도체의 전류]

제4절 전자유도

1 렌츠의 법칙(유도기전력의 방향)

전자유도에 의하여 생긴 기전력의 방향은 그 유도 전류가 만드는 자속이 항상 원래의 자속의 증가 또는 감소를 방해하는 방향이다. (−)는 유도기전력의 방향을 의미이다.

$$e = -L\frac{di}{dt} = -N\frac{d\phi}{dt}[\text{V}]$$

여기서, e : 유도기전력[V]　　　　　　L : 인덕턴스[H]
　　　　N : 권횟수[T]

■ 렌츠의 법칙
　: 유도기전력의 방향

■ 패러데이의 법칙
　: 유도기전력의 크기

■ 유도기전력
　$e = L\frac{di}{dt} = N\frac{d\phi}{dt}[\text{V}]$

자속의 증가를 방해하는
방향의 자속

전류증가

유도기전력
v

자속증가

자속의 증가를 방해하는
방향의 자속

전류감소

유도기전력
v

자속감소

⟶ : 원자 속
--➤ : 자속의 증·감을
　　　방해하는 자속

유도기전력 v는 전류의 변화를 방해하는 방향으로 발생한다.

[유도기전력의 방향]

2 패러데이의 전자유도법칙(유도전압의 크기)

유도기전력의 크기는 코일을 지나는 자속의 매초 변화량과 코일의 권수에 비례한다.

$$e = \text{코일의 권수} \times \text{매초 변화하는 자속}$$

$$e = N\frac{d\phi}{dt} = L\frac{di}{dt}[\text{V}]$$

여기서, e : 유도전압[V]　　　　　　N : 권선수
　　　　$\frac{d\phi}{dt}$: 매초 변화하는 자속

■ 플레밍의 오른손법칙
: 발전기 법칙
– 엄지 : 운동
– 검지 : 자속
– 중지 : 기전력

3 플레밍의 오른손법칙

$$e = Blv \sin\theta \, [\text{V}]$$

여기서, l : 도체의 길이[m] B : 자속밀도[Wb/m²]
v : 도체의 속도[m/s] θ : 도체의 방향과 자계의 각

유도기전력 방향

엄지 : 운동의 방향
검지 : 자속의 방향
중지 : 기전력의 방향

[플레밍의 오른손법칙]

■ 히스테리시스 곡선
– 종축 : 자속밀도(B)
– 횡축 : 자장의 세기(H)

4 히스테리시스손

금속에 가해지는 자화력의 방향에 따라 $(+H_m)$, $(-H_m)$
자속밀도 B는 $e \rightarrow f \rightarrow g \rightarrow h \rightarrow i \rightarrow j \rightarrow e$의 환선을 따라 변화하는데
이 환선을 히스테리시스 곡선이라 하고 폐면적이 히스테리시스 손실에 해당
한다.

$$P_h = \sigma f B_m^{1.6} [\text{W/m}^3], \quad P_h \propto B_m^{1.6}$$

여기서, P_h : 히스테리시스 손실[W/m³] f : 주파수[Hz]
B_m : 최대 자속밀도[Wb/m²]

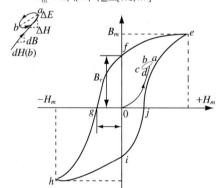

• 횡축 : 자장의 세기(H)
• 종축 : 자속밀도(B)
• 횡축과 만나는 점 : 보자력
• 종축과 만나는 점 : 잔류자기

[자기 Hysteresis Loop]

제 **5** 절 **인덕턴스**

1 자기인덕턴스 : L[H]

① 자기유도(Self Induction) : 코일 내에 흐르는 전류가 변화하면 그에 따라 자속이 변화하므로 전자유도에 의해 코일 내에 유도기전력이 생긴다. 이를 자기유도라 한다.

② 자기인덕턴스 : 코일 자체에 유도능력의 정도로 자속(ϕ)에 비례하고 전류 I[A]에 반비례한다.

$$LI = N\phi$$

$$L = \frac{N\phi}{I} = \frac{N}{I} \cdot \frac{\mu ANI}{l} = \frac{\mu AN^2}{l} \text{[H] (자기 인덕턴스 : } L \propto N^2)$$

여기서, N : 코일의 감은 횟수(권선수) ϕ : 자속[Wb]
I : 전류[A] μ : 투자율[H/m]
A : 단면적[m^2] l : 길이[m]

■ $LI = N\phi (L \propto N^2)$

2 상호인덕턴스 : M[H]

(1) 상호인덕턴스

$$M = K\sqrt{L_1 L_2} \text{ [H]}$$

여기서, K : 결합계수 L_1, L_2 : 자기 인덕턴스[H]

(2) 결합계수

$$K = \frac{M}{\sqrt{L_1 L_2}}$$

■ 상호인덕턴스
$M = K\sqrt{L_1 L_2}$ [H]
수직으로 교차 시
 : $K = 0$
 $\therefore M = 0$

3 인덕턴스의 접속(전자결합)

(1) 가동접속 : 동일한 방향으로 1차와 2차 코일이 접속된 경우의 합성인덕턴스

$$L = L_1 + L_2 + 2M \text{[H]}$$

■ 가동접속
$L = L_1 + L_2 + 2M$

■ 차동접속
$L = L_1 + L_2 - 2M$

(2) **차동접속** : 방향이 반대로 1차와 2차 코일이 접속된 경우의 합성인덕턴스

$$L = L_1 + L_2 - 2M[\text{H}]$$

4 전자에너지

(1) 자기인덕턴스에 축적되는 에너지

■ 전자에너지(코일에 축적
되는 에너지)
$W = \dfrac{1}{2}LI^2[\text{J}]$

$I[\text{A}]$

l

T $t(\text{s})$

[전류의 변화]

$$W = \dfrac{1}{2}LI^2[\text{J}]$$

여기서, W : 자기에너지[J]
L : 자기인덕턴스[H]
I : 전류[A]

출제예상문제

01

대전된 전기의 양을 전하량(전하)이라고 하며, 정(+)전하와 부(−)전하로 나뉜다. 정전하와 부전하의 두 전하 사이에 작용하는 힘을 무엇이라고 하는가?

① 정전기
② 정전용량
③ 전기장
④ 정전력

> **해설** 두 전하 사이에 작용하는 힘(쿨롱의 법칙) : 정전력
> **답** ④

02

정전유도는 대전체의 가까이에 대전체와 다른 종류의 정전기가 물체에 발생하는 것으로 이는 전기화재의 원인이 되는 요소 중의 하나이다. 이때 정전유도에 의해 작용하는 힘은?

① 흡인력
② 반발력
③ 기전력
④ 응 력

> **해설** 정전유도는 대전체 가까이 도체 또는 유전체를 두면 대전체와 가까운 쪽에는 다른 종류의 전하가 반대쪽에는 같은 종류의 전하가 나타난다. 그러므로 가까운 쪽에는 흡인력이 작용한다.
>
>
>
> **답** ①

03

다음 설명 중 옳지 않은 것은?

① 양전하를 가진 물질은 음전하를 가진 물질보다 전위가 높다.
② 전류의 흐름 방향은 전자의 이동 방향과 같다.
③ 전위차를 갖는 대전체에 도체를 연결하면 전류가 흐른다.
④ 전위차가 클수록 전류가 흐르기 쉽다.

> **해설** 전자의 이동은 전류 흐름의 반대방향이다.
>
>
>
> **답** ②

04

콘덴서와 정전유도에 관한 설명으로 틀린 것은?

① 정전용량이란 콘덴서가 전하를 축적하는 능력을 말한다.
② 콘덴서에서 전압을 가하는 순간 콘덴서는 단락상태가 된다.
③ 정전유도에 의하여 작용하는 힘은 반발력이다.
④ 같은 부호의 전하끼리는 반발력이 생긴다.

> **해설** **콘덴서와 정전유도**
> • 콘덴서의 정전용량은 전하를 축적하는 크기(용량)를 말한다.
> • 정전유도에 작용하는 힘(정전력)은 같은 전하는 반발력이, 다른 전하는 흡인력이 있다.
> • 콘덴서에 직류전압을 걸면 처음에는 단락상태의 큰 전류가 시간이 지나면 개방상태의 단선상태의 전류가 흐르지 않게 된다.
> **답** ③

05

평행판 콘덴서에서 콘덴서가 큰 정전용량을 얻기 위한 방법이 아닌 것은?

① 극판의 면적을 넓게 한다.
② 극판 간의 간격을 넓게 한다.
③ 비유전율이 큰 절연물을 사용한다.
④ 극판 간의 간격을 좁게 한다.

해설 평행판 콘덴서의 정전용량 $C = \dfrac{\varepsilon S}{d}$ [F]

> 콘덴서 정전용량을 크게 하기 위한 방법
> • 극판의 면적(S)을 넓게
> • 극판의 간격(d)을 좁게
> • 비유전율(ε)을 크게 한다.

답 ②

06

한쪽 극판의 면적이 0.01[m²], 극판의 간격이 1.5 [mm]인 공기 콘덴서의 정전용량은?

① 약 59[pF]

② 약 118[pF]

③ 약 344[pF]

④ 약 1,334[pF]

해설 평행판 콘덴서의 정전용량(C)

$$C = \frac{\varepsilon_0 S}{d} = \frac{8.855 \times 10^{-12} \times 0.01}{1.5 \times 10^{-3}}$$
$$= 59 \times 10^{-12} = 59 [\text{pF}]$$

답 ①

07

A, B단자 간 콘덴서의 합성 정전용량은?(단, C_1 = 3[μF], C_2 = 5[μF], C_3 = 8[μF]이다)

① 1[μF]

② 2[μF]

③ 3[μF]

④ 4[μF]

해설 $C_1 + C_2 = 3 + 5 = 8[\mu\text{F}]$, $C_3 = 8[\mu\text{F}]$

$$\therefore C_0 = \frac{8}{2} = 4[\mu\text{F}]$$

답 ④

08

정전용량이 1[μF]의 콘덴서 3개가 있다. 1.5[μF]의 콘덴서 대신으로 사용하려면 어떻게 접속하면 되는가?

① 3개를 직렬로 접속한다.

② 3개를 병렬로 접속한다.

③ 2개는 병렬로, 1개는 이와 직렬로 접속한다.

④ 2개는 직렬로, 1개는 이와 병렬로 접속한다.

해설 2개 직렬연결 후 1개 병렬연결

합성 콘덴서용량 : $C_0 = \dfrac{C}{2} + C = \dfrac{1}{2} + 1 = 1.5[\mu\text{F}]$

답 ④

09

그림의 회로에서 합성 정전용량은 몇 [F]인가?

① 2

② 3

③ 6

④ 8

해설 $C_{12} = \dfrac{C_1 C_2}{C_1 + C_2} = \dfrac{2 \times 3}{2 + 3} = 1.2[\text{F}]$

$C_{123} = C_{12} + C_3 = 1.2 + 4.8 = 6[\text{F}]$

합성 정전용량 : $C_0 = \dfrac{6}{2} = 3[\text{F}]$

답 ②

10

정전용량이 같은 콘덴서 2개를 병렬로 접속했을 때의 합성정전용량은 직렬로 접속했을 때의 몇 배인가?

① $\dfrac{1}{2}$

② $\dfrac{1}{4}$

③ 2

④ 4

해설 2개 병렬접속 : $C_\text{병} = C \times 2 = 2C$

2개 직렬접속 : $C_\text{직} = \dfrac{C}{2}$

$$\therefore \frac{\text{병렬}}{\text{직렬}} = \frac{2C}{\dfrac{C}{2}} = 4C \quad \therefore 4배$$

답 ④

11

다음 콘덴서 회로의 AB 간, AC 간 정전용량으로 옳은 것은?

① AB 간 : $20[\mu F]$ ② AB 간 : $10[\mu F]$
　 AC 간 : $5[\mu F]$ 　 AC 간 : $40[\mu F]$
③ AB 간 : $20[\mu F]$ ④ AB 간 : $10[\mu F]$
　 AC 간 : $10[\mu F]$ 　 AC 간 : $5[\mu F]$

해설 $C_{AB} = 10 + 10 = 20[\mu F]$
등가회로

$$C_{12} = \frac{20}{2} = 10[\mu F]$$

$$C_{123} = \frac{10}{2} = 5[\mu F] \quad (C_{123} = C_{AC})$$

답 ①

12

$3 \times 10^{-3}[F]$의 콘덴서에 24[V]의 전압을 가할 때 충전되는 전하는 몇 [C]인가?

① 3.0×10^{-2} ② 3.6×10^{-2}
③ 6.0×10^{-2} ④ 7.2×10^{-2}

해설 충전되는 전하
$Q = CV[C]$
$= 3 \times 10^{-3} \times 24 = 0.072 = 7.2 \times 10^{-2}[C]$

답 ④

13

그림과 같이 콘덴서 3[F]와 2[F]가 직렬로 접속된 회로에 전압 100[V]를 가하였을 때 3[F] 콘덴서의 단자전압 V_1은?

① 30[V]   ② 40[V]
③ 50[V]   ④ 60[V]

해설 $V_1 = \dfrac{C_2}{C_1 + C_2} \times V = \dfrac{2}{3 + 2} \times 100 = 40[V]$

답 ②

14

용량 $0.02[\mu F]$ 콘덴서 2개와 $0.01[\mu F]$의 콘덴서 1개를 병렬로 접속하여 24[V]의 전압을 가하였다. 합성용량은 몇 $[\mu F]$이며, $0.01[\mu F]$의 콘덴서에 축적되는 전하량은 몇 [C]인가?

① 0.05, 0.12×10^{-6}
② 0.05, 0.24×10^{-6}
③ 0.03, 0.12×10^{-6}
④ 0.03, 0.24×10^{-6}

해설 합성용량 : $C = 0.02 + 0.02 + 0.01 = 0.05$
축적되는 전하량은 $Q = CV$이므로
$Q = 0.01 \times 10^{-6} \times 24 = 0.24 \times 10^{-6}[C]$

답 ②

15

그림과 같은 회로에서 b-d 사이의 전압을 50[V]로 하려면 콘덴서 C의 정전용량은 몇 $[\mu F]$인가?

① $5.6[\mu F]$ ② $0.56[\mu F]$
③ $0.056[\mu F]$ ④ $0.0056[\mu F]$

해설
분배전압 : $V_1 = \dfrac{C_2}{C_1 + C_2} V[V]$

분배전압 : $V_2 = \dfrac{C_1}{C_1 + C_2} V[V]$

문제에서 C_2, V값을 주었으므로

$$V_2 = \frac{C_1}{C_1 + C_2} V[V] \rightarrow C_1 V = V_2 (C_1 + C_2)$$

$500 C_1 = 50(C_1 + 0.5) \rightarrow 500 C_1 - 50 C_1 = 25$

$$C_1 = \frac{25}{450} = 0.056[\mu F]$$

답 ③

16

$0.1[\mu F]$, $0.2[\mu F]$, $0.3[\mu F]$의 콘덴서 3개를 직렬로 접속하고, 그 양단에 강한 전압을 서서히 상승시키면 콘덴서는 어떻게 되는가?(단, 유전체의 재질 및 두께는 같다)

① $0.1[\mu F]$의 제일 먼저 파괴된다.

② $0.2[\mu F]$의 제일 먼저 파괴된다.

③ $0.3[\mu F]$의 제일 먼저 파괴된다.

④ 모든 콘덴서가 동시에 파괴된다.

해설 콘덴서에 걸리는 전압은 정전용량에 반비례하므로 $V = \dfrac{Q}{C}$에서 $\dfrac{Q}{C_1} > \dfrac{Q}{C_2} > \dfrac{Q}{C_3}$이고, C_1에 걸리는 전압이 가장 크므로 제일 먼저 파괴된다.

답 ①

17

그림과 같은 회로 A, B 양단에 전압을 인가하여 서서히 상승시킬 때 제일 먼저 파괴되는 콘덴서는? (단, 유전체의 재질 및 두께는 동일한 것으로 한다)

① $1C$

② $2C$

③ $3C$

④ 모두

해설 정전용량(C)은 전하(Q)를 얼마나 저장할 수 있는가를 나타내기 때문에 정전용량이 작은 것은 전하를 담아둘 수 있는 한계가 빠르다. 그러므로 $1C$가 가장 빠르게 파괴되고, 다음에 $2C$, $3C$의 순서가 된다.

답 ①

18

극성을 가지고 있어 교류회로에 사용할 수 없는 것은?

① 마이카콘덴서

② 전해콘덴서

③ 세라믹콘덴서

④ 마일러콘덴서

해설 전해콘덴서 : +, −극성을 가지고 있으므로 교류회로에 사용할 수 없다.

답 ②

19

2개의 전하 사이에 작용하는 정전기력과 거리 사이의 관계는?

① 거리에 반비례한다.

② 거리에 비례한다.

③ 거리의 제곱에 반비례한다.

④ 거리의 제곱에 비례한다.

해설 쿨롱의 법칙

$$F = 9 \times 10^9 \times \frac{Q_1 Q_2}{r^2} [\mathrm{N}]$$에서

힘 F는 거리 r의 제곱에 반비례

답 ③

20

공기 중에서 $3 \times 10^{-4}[\mathrm{C}]$와 $5 \times 10^{-3}[\mathrm{C}]$의 두 전하 사이에 작용하는 힘이 13[N]이었다. 두 전하 사이의 거리는 약 몇 [m]인가?

① 4.3

② 32.21

③ 13

④ 17

해설
$$F = 9 \times 10^9 \times \frac{Q_1 Q_2}{r^2} [\mathrm{N}]$$에서

$$r^2 = 9 \times 10^9 \times \frac{Q_1 Q_2}{F}$$

$$r = \sqrt{9 \times 10^9 \times \frac{Q_1 Q_2}{F}}$$

$$\therefore r = \sqrt{9 \times 10^9 \times \frac{3 \times 10^{-4} \times 5 \times 10^{-3}}{13}}$$

$$= 32.2[\mathrm{m}]$$

답 ②

21

공기 중에 $10[\mu C]$과 $20[\mu C]$을 1[m] 간격으로 놓을 때 일어나는 정전력은 몇 [N]인가?

① 1.2

② 1.8

③ 2.4

④ 3.0

해설 정전력
$$F = \frac{1}{4\pi\varepsilon_0} \cdot \frac{Q_1 Q_2}{r^2}$$

$$= 9 \times 10^9 \times \frac{10 \times 10^{-6} \times 20 \times 10^{-6}}{1^2} = 1.8[\mathrm{N}]$$

답 ②

22

진공 중에 놓인 5[μC]의 점전하에서 2[m] 되는 점의 전계는 몇 [V/m]인가?

① 11.25×10^3 ② 16.25×10^3
③ 22.25×10^3 ④ 28.25×10^3

해설
$$E = 9 \times 10^9 \times \frac{Q}{r^2} = 9 \times 10^9 \times \frac{5 \times 10^{-6}}{2^2}$$
$$= 11.25 \times 10^3 [\text{V/m}]$$

답 ①

23

공기 중에 1×10^{-7}[C]의 (+)전하가 있을 때, 이 전하로부터 15[cm]의 거리에 있는 점의 전장의 세기는 몇 [V/m]인가?

① 1×10^4 ② 2×10^4
③ 3×10^4 ④ 4×10^4

해설
$$E = 9 \times 10^9 \times \frac{Q}{r^2} = 9 \times 10^9 \times \frac{1 \times 10^{-7}}{0.15^2}$$
$$= 4 \times 10^4 [\text{V/m}]$$

답 ④

24

50[kW] 전력의 안테나에서 사방으로 균일하게 방사될 때, 안테나에서 1[km] 거리에 있는 점에서의 전계의 실횻값은 약 몇 [V/m]인가?

① 0.87 ② 1.22
③ 1.73 ④ 3.98

해설

• 포인팅벡터 : $P = \dfrac{E^2}{377} = \dfrac{W}{4\pi r^2}$

• 전계의 세기 : $E = \sqrt{\dfrac{W}{4\pi r^2} \times 377}$
$$= \sqrt{\frac{50 \times 10^3}{4\pi \times (10^3)^2} \times 377} = 1.22$$

답 ②

25

다음 중 등전위면의 성질로 적당치 않은 것은?

① 전위가 같은 점들을 연결해 형성된 면이다.
② 등전위면 간의 밀도가 크면 전기장의 세기는 커진다.
③ 항상 전기력선과 수평을 이룬다.
④ 유전체의 유전율이 일정하면 등전위면은 동심원을 이룬다.

 해설 등전위면과 전기력선은 수직으로 만난다.

답 ③

26

Q[C]의 전하에서 나오는 전기력선의 총수는?(단, ε 및 E는 유전율 및 전계의 세기를 나타낸다)

① $\dfrac{\varepsilon}{Q}$ ② $\dfrac{Q}{\varepsilon}$
③ EQ ④ Q

해설 전기력선의 총수 : $N = \dfrac{Q}{\varepsilon}$ 개

답 ②

27

10[μF]의 콘덴서에 45[J]의 에너지를 축적하기 위한 충전전압은 몇 [V]인가?

① 3,000 ② 5,000
③ 15,000 ④ 45,000

해설 콘덴서에 축적되는 에너지
$$W = \frac{1}{2} CV^2[\text{J}] \text{에서} \quad V^2 = \frac{2W}{C} \text{이므로}$$
$$V = \sqrt{\frac{2W}{C}} = \sqrt{\frac{2 \times 45}{10 \times 10^{-6}}} = 3,000[\text{V}]$$

답 ①

28

정전흡인력에 대한 설명으로 옳은 것은?

① 전압의 제곱에 비례한다.
② 쿨롱의 법칙으로 직접 계산된다.
③ 극판간격에 비례한다.
④ 가우스정리에 의하여 직접 계산된다.

해설 단위 면적마다의 정전흡인력
$$F_0 = \frac{1}{2} \varepsilon_0 E^2[\text{V}] \text{로 전압의 제곱에 비례}$$

답 ①

29

코일의 감긴 수와 전류와의 곱은 무엇이라 하는가?

① 기전력
② 전자력
③ 보자력
④ 기자력

안심Touch

해설 기자력(자력의 세기)

$F = NI$ [AT]

코일 감긴 횟수(N)과 전류I 와의 곱에 비례한다.

답 ④

30

코일에 전류가 흐를 때 생기는 자력의 세기를 설명한 것 중 옳은 것은?

① 자력의 세기와 전류와는 무관하다.

② 자력의 세기와 전류는 반비례한다.

③ 자력의 세기는 전류에 비례한다.

④ 자력의 세기는 전류의 2승에 비례한다.

해설 기자력 : $F = N \cdot I$

자력의 세기(F)는 코일의 권수(N)와 전류(I)의 곱에 비례한다.

답 ③

31

공기 중에서 20[cm] 거리에 있는 두 자극의 세기가 2×10^{-3}[Wb]와 4×10^{-3}[Wb]일 때, 두 자극 사이에 작용하는 힘은 약 몇 [N]인가?

① 2×10^{-8}

② 2×10^{-2}

③ 12.66×10^{-4}

④ 12.66

해설 쿨롱의 법칙

$$F = 6.33 \times 10^4 \times \frac{m_1 m_2}{r^2} [\text{N}]$$

$$= 6.33 \times 10^4 \times \frac{2 \times 10^{-3} \times 4 \times 10^{-3}}{0.2^2} = 12.66 [\text{N}]$$

답 ④

32

전류에 의한 자계의 세기를 구하는 법칙은?

① 쿨롱의 법칙

② 패러데이의 법칙

③ 비오사바르의 법칙

④ 렌츠의 법칙

해설 비오-사바르의 법칙(전류에 의한 자계의 세기)

전류가 흐르고 있는 도체의 미소 부분에 일정부분 떨어진 곳에서 자기장의 세기를 구하는 법칙이다.

답 ③

33

"전자유도에 의하여 발생하는 기전력은 자속 변화를 방해하는 방향으로 전류가 발생한다"라는 법칙은?

① 렌츠의 법칙

② 노이만의 법칙

③ 패러데이의 법칙

④ 헨리의 법칙

해설 렌츠의 법칙 $\left(e = -N\dfrac{d\phi}{dt} = -L\dfrac{di}{dt} \right)$

도선에 전류가 흐르면 자속의 증감을 방해하는 방향으로 유도기전력이 발생

답 ①

34

코일을 지나가는 자속이 변화하면 코일에 기전력이 발생한다. 이때 유기되는 기전력의 방향을 결정하는 법칙은?

① 렌츠의 법칙

② 플레밍의 왼손법칙

③ 키르히호프의 제2법칙

④ 플레밍의 오른손법칙

해설 법칙 설명

• 렌츠의 법칙 : 전자유도상 코일의 유도기전력의 방향은 자속의 변화를 방해하려는 방향으로 발생

• 패러데이의 법칙 : 전자유도에 의한 유도기전력의 크기를 결정하는 법칙

답 ①

35

코일에 그림과 같은 방향으로 전류를 흘렸을 때 자석의 이동방향은?

① ㉠의 방향

② ㉡의 방향

③ ㉢의 방향

④ ㉣의 방향

해설 렌츠의 법칙 $\left(e = -N\dfrac{d\phi}{dt} = -L\dfrac{di}{dt} \right)$

도선에 전류가 흐르면 자속의 증감을 방해하는 방향으로 유도기전력이 발생(전류의 방향과 반대방향, 즉 자석을 ㉠의 방향으로 이동)

답 ①

36

전자유도현상에 의하여 생기는 유도기전력의 크기를 정의하는 법칙은?

① 렌츠의 법칙
② 패러데이의 법칙
③ 앙페르의 법칙
④ 플레밍의 오른손법칙

해설 법칙 설명
- 렌츠의 법칙 : 전자유도상 코일의 유도기전력의 방향은 자속의 변화를 방해하려는 방향으로 발생
- **패러데이의 법칙** : 전자유도에 의한 유도기전력의 크기를 결정하는 법칙
- 플레밍의 오른손법칙(발전기) : 자장 중에 도체가 운동하면 유도기전력이 발생하는데, 이 유도기전력의 방향을 결정하는 법칙

답 ②

37

10초 사이에 권선수 10회의 코일에 자속이 10[Wb]에서 20[Wb]로 변화하였다면 이때 코일에 유기되는 기전력은 몇 [V]인가?

① 0.1[V]
② 1.0[V]
③ 10[V]
④ 100[V]

해설 코일에 유기되는 기전력(e)
$$e = N\frac{d\phi}{dt} = 10 \times \frac{(20-10)}{10} = 10[V] \text{ 이다.}$$

답 ③

38

1회 감은 코일에서 지나가는 자속이 1/100[s] 동안에 0.3[Wb]에서 0.5[Wb]로 증가하였다면 유도되는 기전력은 몇 [V]가 되는가?

① 5
② 10
③ 20
④ 40

해설 유도기전력
$$e = N\frac{d\phi}{dt} = 1 \times \frac{0.5-0.3}{\frac{1}{100}} = 20[V]$$

답 ③

39

한 코일의 전류가 매초 150[A]의 비율로 변화할 때 다른 코일에 10[V]의 기전력이 발생하였다면 두 코일의 상호인덕턴스는 몇 [H]인가?

① $\frac{1}{3}$
② $\frac{1}{5}$
③ $\frac{1}{10}$
④ $\frac{1}{15}$

해설 유도기전력 $e = M\frac{di}{dt}$ 에서
$$M = e\frac{dt}{di} = 10 \times \frac{1}{150} = \frac{1}{15}[H]$$

답 ④

40

자장과 전류 사이에 작용하는 전자력의 방향을 결정하는 법칙은?

① 플레밍의 오른손법칙
② 플레밍의 왼손법칙
③ 렌츠의 법칙
④ 패러데이의 전자유도법칙

해설 ① 플레밍의 오른손법칙(유도기전력의 방향 결정법칙) : 자계 중 도선의 운동 시 유도기전력이 발생 이유로 기전력의 발향 결정하는 법칙
② 플레밍의 왼손법칙(전자력의 방향 결정법칙) : 영구자계 중 도선전류에 의한 상호작용으로 전자력이 발생하는데 이 전자력의 방향을 결정하는 법칙
④ 패러데이의 전자유도법칙
$\left(e = N\frac{d\phi}{dt} = L\frac{di}{dt}\right)$: 유도기전력의 크기는 자속 쇄교량과 코일권수와의 곱에 비례한다는 법칙

답 ②

41

자기장 내에 있는 도체에 전류를 흘리면 힘이 작용한다. 이 힘을 무엇이라 하는가?

① 자속력
② 기전력
③ 전기력
④ 전자력

해설 자기장(자석) 내에 있는 도체에 전류를 흘리면 힘이 작용하고, 이 힘을 전자력이라 한다. 이것이 전동기의 원리인데, 자석과 외부전기를 흘려주면 힘이 발생하는 원리이다.

답 ④

42

무한장 솔레노이드 자계의 세기에 대한 설명으로 틀린 것은?

① 전류의 세기에 비례한다.
② 코일의 권수에 비례한다.
③ 솔레노이드 내부에서의 자계의 세기는 위치에 관계없이 일정한 평등자계이다.
④ 자계의 방향과 앙페르 경로 간에 서로 수직인 경우 자계의 세기가 최고이다.

해설 무한장 솔레노이드 자계의 세기
솔레노이드 내부에서의 자계는 위치에 관계없이 평등자장이고, 누설자속이 없다.
- 내부자계 $H_I = NI[\text{AT/m}]$ ([m] : 단위길이당 권수 [회/m], [T/m])
- 외부자계 $H_0 = 0$

답 ④

43

무한장 직선도체에 10[A]의 전류가 흐르고 있다. 이 도체로부터 20[cm] 떨어진 지점의 자계의 세기는 몇 [AT/m]인가?

① 5π
② $\dfrac{25}{\pi}$
③ 2π
④ $\dfrac{5}{\pi}$

해설 무한장 직선도체의 자계의 세기
$$H = \frac{I}{l} = \frac{I}{2\pi r} = \frac{10}{2\pi \times 0.2} = \frac{25}{\pi}[\text{AT/m}]$$

답 ②

44

소화설비의 기동장치에 사용하는 전자(電磁)솔레노이드에서 발생되는 자계의 세기는?

① 코일의 권수에 비례한다.
② 코일의 권수에 반비례한다.
③ 전류의 세기에 반비례한다.
④ 전압에 비례한다.

해설 전자솔레노이드의 내부자계의 세기
$H = \dfrac{NI}{l}[\text{AT/m}]$이므로 코일권수($N$)와 전류($I$)와의 곱에 비례한다.

답 ①

45

코일의 권수가 1,250회인 공심 환상솔레노이드의 평균길이가 50[cm]이며, 단면적이 20[cm²]이고, 코일에 흐르는 전류가 1[A]일 때 솔레노이드의 내부 자속은?

① $2\pi \times 10^{-6}[\text{Wb}]$
② $2\pi \times 10^{-8}[\text{Wb}]$
③ $\pi \times 10^{-6}[\text{Wb}]$
④ $\pi \times 10^{-8}[\text{Wb}]$

해설
$$H = \frac{NI}{l}$$
$$\phi = BA = \mu_0 HA = \mu_0 \frac{NI}{l}A$$
$$= 4\pi \times 10^{-7} \times \frac{1,250 \times 1}{50 \times 10^{-2}} \times 20 \times 10^{-4} = 2\pi \times 10^{-6}$$

답 ①

46

반지름이 1[m]인 원형 코일에서 중심점에서의 자계의 세기가 1[AT/m]라면 흐르는 전류는 몇 [A]인가?

① 1[A]
② 2[A]
③ 3[A]
④ 4[A]

해설 원형코일에서 자계의 세기
$H = \dfrac{I}{2r}$에서 전류 $I = 2rH$이므로
$$I = 2 \times 1 \times 2[\text{A}]$$

답 ②

47

권선수가 100회인 코일을 200회로 늘리면 인덕턴스는 어떻게 변화하는가?

① $\dfrac{1}{2}$로 감소
② $\dfrac{1}{4}$로 감소
③ 2배로 증가
④ 4배로 증가

해설 인덕턴스 $L \propto N^2$이므로
$$L = (2배)^2 = 4배$$

답 ④

48

동일한 전류가 흐르는 두 개의 평행도체가 있다. 도체 간의 거리를 $\frac{1}{2}$로 하면 그 작용하는 힘은 몇 배로 되는가?

① 2
② 4
③ 8
④ 16

해설 평행 도체 간에 작용하는 힘

힘 : $F = \dfrac{2I_1 I_2}{r} \times 10^{-7} [\text{N}]\,(F \propto \dfrac{1}{r})$이므로

$F = \dfrac{1}{\frac{1}{2}} = 2$배

답 ①

49

평행한 두 도체 사이의 거리가 2배로 되면 그 작용력은 어떻게 되는가?

① $\frac{1}{4}$
② $\frac{1}{2}$
③ 2
④ 4

해설 평행 도체 간에 작용하는 힘

힘 : $F = \dfrac{2I_1 I_2}{r} \times 10^{-7} [\text{N}]$이므로 $F \propto \dfrac{1}{r}$이므로

$F = \dfrac{1}{2}$배

답 ②

50

평행 왕복 도체에 전류가 흐를 때 발생하는 힘의 크기와 방향은?(단, 두 도체 사이의 거리는 $r\,[\text{m}]$이라고 한다)

① 힘의 크기 : $\frac{1}{r}$에 비례, 힘의 방향 : 반발력

② 힘의 크기 : r에 비례, 힘의 방향 : 흡인력

③ 힘의 크기 : $\frac{1}{r^2}$에 비례, 힘의 방향 : 반발력

④ 힘의 크기 : r^2에 비례, 힘의 방향 : 흡인력

해설 평행 도체 간에 작용하는 힘

$F = \dfrac{2I_1 I_2}{r} \times 10^{-7} [\text{N}]$이므로 $F \propto \dfrac{1}{r}$이고,

전류 I_1, I_2의 방향이 다르므로(왕복) 반발력이 작용한다.

답 ①

51

같은 평면 내에 3개의 도선 A, B, C가 각각 10[cm]의 거리를 두고 있다. 각 도선에 같은 방향으로 같은 전류가 흐를 때 B가 받는 힘에 대한 설명으로 옳은 것은?

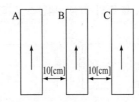

① A, C가 받는 힘의 2배이다.

② 힘은 없다.

③ A, B, C가 똑같은 힘을 받는다.

④ A, C가 받는 힘의 $\frac{1}{2}$이다.

해설 A와 B도선의 힘과 B와 C도선의 힘은 서로 흡인력이 작용하여 B도체에는 힘이 존재하지 않는다.

답 ②

52

A-B 양단에서 본 합성 인덕턴스는?(단, 코일 간의 상호 유도는 없다고 본다)

① 2.5[H]
② 5[H]
③ 10[H]
④ 15[H]

해설 A-B 양단의 합성 인덕턴스

$L_0 = \dfrac{10}{2} + 5 = 10[\text{H}]$

답 ③

53

자기인덕턴스 L_1, L_2 상호인덕턴스 M의 코일을 같은 방향으로 직렬 연결한 경우의 합성인덕턴스는?

① $L_1 + L_2 - M$
② $L_1 + L_2 + M$
③ $L_1 + L_2 - 2M$
④ $L_1 + L_2 + 2M$

해설 합성인덕턴스
- 자속의 방향이 동일(가동접속)

$L = L_1 + L_2 + 2M[\text{H}]$

• 자속의 방향이 반대(차동접속)
$$L = L_1 + L_2 - 2M[\text{H}]$$

답 ④

$$K = \frac{150 \times 10^{-3}}{\sqrt{160 \times 10^{-3} \times 250 \times 10^{-3}}} = 0.75$$

답 ②

54

회로에서 a, b 간의 합성인덕턴스 L_0의 값은?

① $L_1 + L_2 + L$ ② $L_1 + L_2 - 2M + L$

③ $L_1 + L_2 + 2M + L$ ④ $L_1 + L_2 - M + L$

해설 "•"의 위치가 서로 반대방향에 있으므로 차동접속으로 합성인덕턴스 $L_0 = L_1 + L_2 - 2M$에 상호인덕턴스 M에 영향을 주지 않는 L을 더한 값
$$L_0 = L_1 + L_2 - 2M + L이 된다.$$

답 ②

55

자기인덕턴스 L_1, L_2가 각각 4[mH], 9[mH]인 두 코일이 이상적인 결합이 되었다면 상호인덕턴스 M은?(단, 결합계수 $k=1$이다)

① 4[mH]   ② 6[mH]

③ 9[mH]   ④ 36[mH]

해설 상호인덕턴스
$$M = k\sqrt{L_1 L_2}[\text{H}]$$
$$= \sqrt{4 \times 10^{-3} \times 9 \times 10^{-3}} = 6[\text{mH}]$$

답 ②

56

자체인덕턴스가 각각 160[mH], 250[mH]의 두 코일이 있다. 두 코일 사이의 상호인덕턴스가 150[mH]이라면 결합계수는?

① 0.5   ② 0.75

③ 0.86   ④ 1.0

해설 • 상호인덕턴스 $M = K\sqrt{L_1 L_2}[\text{H}]$

• 결합계수 $K = \dfrac{M}{\sqrt{L_1 L_2}}$

57

같은 철심 위에 동일한 권수를 자기인덕턴스 L[H]의 코일 2개를 접근해서 같은 방향으로 감고, 이것을 직렬로 접속했을 때 합성인덕턴스는?(단, 결합계수는 0.5라고 한다)

① $2L$[H]   ② $3L$[H]

③ $4L$[H]   ④ $5L$[H]

해설 합성인덕턴스(L_0)
$L_0 = L_1 + L_2 \pm 2M$에서 같은 방향이므로
$L_0 = L_1 + L_2 + 2M$이고 $M = K\sqrt{L_1 \cdot L_2}$,
$L_1 = L_2$이므로
$$\therefore L_0 = L + L + 2 \times 0.5\sqrt{L^2} = 3L[\text{H}]이다.$$

답 ②

58

그림과 같은 변압기 철심의 단면적 $A = 5$ [cm²], 길이 $l = 50$[cm], $\mu_s = 1,000$, 코일의 감은 횟수 $N = 200$이라 하고 1[A]의 전류를 흘렸을 때 자계에 축적되는 에너지는 몇 [J]인가?(단, 누설자속은 무시한다)

① $2\pi \times 10^{-3}$ ② $4\pi \times 10^{-3}$

③ $6\pi \times 10^{-3}$ ④ $8\pi \times 10^{-3}$

해설 자계에 축적되는 에너지
$$W = \frac{1}{2}LI^2 = \frac{1}{2} \times \frac{\mu A N^2}{l} \times I^2$$
$$= \frac{1}{2} \times \frac{4\pi \times 10^{-7} \times 1,000 \times 5 \times 10^{-4} \times 200^2}{50 \times 10^{-2}} \times 1^2$$
$$= 8\pi \times 10^{-3}[\text{J}]$$

자기인덕턴스 : $L = \dfrac{\mu A N^2}{l}$

답 ④

59

저항 10[Ω], 인덕턴스 20[mH]를 직렬로 연결한 회로에 직류 전압 220[V]를 인가한 경우 정상 상태에서 측정된 에너지는 몇 [J]인가?

① 0.484   ② 4.84

③ 0.968   ④ 9.68

 해설

• 코일에 축적되는 에너지 $W = \dfrac{1}{2}LI^2$ 에서

• 인덕턴스 $L = 20[\text{mH}]$

• 전류(I)는 직류 전압이므로 저항에만 작용한다.

$$I = \frac{V}{R} = \frac{220}{10} = 22[\text{A}]$$

$$\therefore W = \frac{1}{2}LI^2[\text{J}] = \frac{1}{2} \times 20 \times 10^{-3} \times 22^2$$

$$= 4.84[\text{J}]$$

답 ②

60

자기인덕턴스 2[H]의 코일에 축적된 에너지가 25[J]이라면 코일에 흐르는 전류는 몇 [A]인가?

① 1   ② 3

③ 5   ④ 7

해설 인덕턴스(코일)에 축적되는 에너지

$$W = \frac{1}{2}LI^2[\text{J}]에서$$

$$전류 : I = \sqrt{\frac{2W}{L}} = \sqrt{\frac{2 \times 25}{2}} = 5[\text{A}]$$

답 ③

61

콘덴서와 코일에서 실제적으로 급격히 변화할 수 없는 것이 있다면 어느 것인가?

① 코일에서 전압, 콘덴서에서 전류

② 코일에서 전류, 콘덴서에서 전압

③ 코일, 콘덴서 모두 전압

④ 코일, 콘덴서 모두 전류

해설 코일에서는 전류, 콘덴서에서는 전압이 급격히 변화할 수 없다.

답 ②

62

히스테리시스 곡선의 종축과 횡축은?

① 종축 : 자속밀도, 횡축 : 투자율

② 종축 : 자계의 세기, 횡축 : 투자율

③ 종축 : 자계의 세기, 횡축 : 자속밀도

④ 종축 : 자속밀도, 횡축 : 자계의 세기

해설 히스테리시스 곡선은 종축에는 자속밀도(B)와 횡축의 자계의 세기(H)로 구성되어 있다.

히스테리시스 손실곡선

답 ④

제 3 장 교류회로

제 1 절 정현파 교류

1 주기와 주파수

(1) **주기(T)** : 파형이 1사이클 변하는 데 요하는 시간[s]

(2) **주파수(f)** : 1[s] 동안에 발생하는 사이클의 수[Hz]

> · 주기 : $T = \dfrac{1}{f} = \dfrac{2\pi}{\omega}$ [sec] · 주파수 : $f = \dfrac{1}{T} = \dfrac{\omega}{2\pi}$ [Hz]

여기서, T : 주기[s] $\qquad\qquad$ f : 주파수[Hz]

(3) **각주파수(ω)** : 1[s] 동안의 각의 변화율을 나타낸다[rad/s]

· 각주파수 : $\omega = 2\pi f$ [rad/sec]
(각속도)

$\left[\begin{array}{l} \omega = 120\pi = 377 \rightarrow f = 60 \,[\mathrm{Hz}] \\ \omega = 100\pi = 314 \rightarrow f = 50 \,[\mathrm{Hz}] \end{array}\right.$

2 위상과 위상차

(1) **위상차** : 주파수가 같은 2개의 정현파 교류의 시간적 차이

[위상차]

> $e_1 = E_{m1}\sin(\omega t + \theta_1)$ $\qquad\qquad$ $e_2 = E_{m2}\sin(\omega t + \theta_2)$
> θ_1 : e_1전압의 위상 $\qquad\qquad$ θ_2 : e_2전압의 위상
> 위상차 : $\theta = \theta_1 - \theta_2$

■ 주 기

$T = \dfrac{1}{f}$ [sec]

■ 주파수

$- f = \dfrac{1}{T}$ [Hz]

$- f = \dfrac{\omega}{2\pi}$ [Hz]

■ $\omega = 120\pi = 377$
: $f = 60$[Hz]

■ $\omega = 100\pi = 314$
: $f = 50$[Hz]

3 교류의 표시(정현파)

(a) 벡터 표시   (b) 순시값 표시
[회전 벡터와 사인파 교류]

(1) 순시값 : 파형의 각 순간에서의 전압, 전류 크기를 표현한 값(v, i)

① 순시 전압 : $v = V_m \sin(\omega t + \theta_1)[\text{V}]$

② 순시 전류 : $i = I_m \sin(\omega t + \theta_2)[\text{A}]$

여기서, V_m, I_m : 최댓값, ω : 각주파수, θ_1, θ_2 : 위상

(2) 최댓값 : 교류파형의 순시값 중에서 가장 큰 값

① 최대전압 : $V_m = \sqrt{2}\,V[\text{V}]$ (V : 실효전압)

② 최대전류 : $I_m = \sqrt{2}\,I[\text{A}]$ (I : 실효전류)

(3) 실횻값 : 실제적으로 교류에서 사용하는 전압(교류)

① 실효전압 : $V = \dfrac{V_m}{\sqrt{2}} = 0.707\,V_m[\text{V}]$

② 실효전류 : $I = \dfrac{I_m}{\sqrt{2}} = 0.707\,I_m[\text{A}]$

(4) 평균값 : 주기적으로 변하는 교류파형의 평균을 나타내는 값(직류)

① 평균전압 : $V_a = \dfrac{2V_m}{\pi} = 0.637\,V_m[\text{V}]$

② 평균전류 : $I_a = \dfrac{2I_m}{\pi} = 0.637\,I_m[\text{A}]$

■ **최댓값 > 실횻값 > 평균값**
 – 최댓값 : V_m
 – 실횻값 : $V = \dfrac{V_m}{\sqrt{2}}$
 – 평균값 : $V_a = \dfrac{2}{\pi}V_m$

[평균값]

4 파고율, 파형률(정현파)

■ 파고율
$$= \frac{최댓값}{실횻값} = 1.414$$

(1) 파고율$= \dfrac{최댓값}{실횻값} = \dfrac{V_m}{\dfrac{V_m}{\sqrt{2}}} = \sqrt{2} = 1.414$

■ 파형률
$$= \frac{실횻값}{평균값} = 1.11$$

(2) 파형률$= \dfrac{실횻값}{평균값} = \dfrac{\dfrac{V_m}{\sqrt{2}}}{\dfrac{2V_m}{\pi}} = \dfrac{\pi}{2\sqrt{2}} = 1.11$

구 분	실횻값	평균값	파형률	파고율
정현파	$\dfrac{V_m}{\sqrt{2}}$	$\dfrac{2V_m}{\pi}$	1.11	1.414
정현반파	$\dfrac{V_m}{2}$	$\dfrac{V_m}{\pi}$	1.57	2
구형파	V_m	V_m	1	1
구형반파	$\dfrac{V_m}{\sqrt{2}}$	$\dfrac{V_m}{2}$	1.41	1.41
삼각파(톱니파)	$\dfrac{V_m}{\sqrt{3}}$	$\dfrac{V_m}{2}$	1.15	1.73

제 2 절 기본 교류회로

1 저항(R)만의 회로

 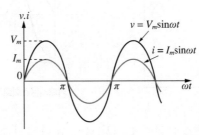

(1) **임피던스** : $Z = R[\Omega]$

(2) **전류** : $I = \dfrac{V}{R}[\mathrm{A}]$

(3) **전압** : $V = IR[\mathrm{V}]$

(4) **위상** : 동위상(전압과 전류의 위상차가 없다)

2 인덕턴스(L)만의 회로

[인덕턴스회로의 전압과 전류의 관계]

(1) **임피던스** : $Z = X_L[\Omega]$(유도성 리액턴스 : $X_L = \omega L = 2\pi f L$)

(2) **전류** : $I = \dfrac{V}{X_L}[\mathrm{A}]$(순시전류 : $i = I_m \sin\omega t$)

(3) **전압** : $V = IX_L[\mathrm{V}]$(순시전압 : $v = V_m \sin(\omega t + 90°)$)

(4) **위상** : 전류의 위상이 전압보다 90° 뒤진다(느리다, 지상).
전압의 위상이 전류보다 90° 앞선다(빠르다, 진상).

■ 유도성 리액턴스
$X_L = \omega L = 2\pi f L[\Omega]$

I의 위상이 V보다 $\dfrac{\pi}{2}$
[rad]만큼 뒤진다(지상).

3 정전용량(C)만의 회로

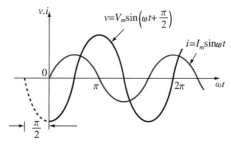

[커패시턴스회로의 전압과 전류의 관계]

(1) **임피던스** : $Z = X_C[\Omega]$ $\left(\text{용량성 리액턴스} : X_C = \dfrac{1}{\omega C} = \dfrac{1}{2\pi f C}\right)$

(2) **전류** : $I = \dfrac{V}{X_C}$[A](순시전류 : $i = I_m \sin \omega t$)

(3) **전압** : $V = I X_C$[V](순시전압 : $v = V_m \sin(\omega t - 90°)$)

(4) **위상** : 전류의 위상이 전압보다 90° 앞선다(빠르다, 진상).
　　　　　전압의 위상이 전류보다 90° 뒤진다(느리다, 지상).

4 $R-L$ 직렬회로

(1) **임피던스** : $Z = R + j X_L = \sqrt{R^2 + X_L^2}\,[\Omega]$

(2) **전류** : $I = \dfrac{V}{Z} = \dfrac{V}{R + j X_L} = \dfrac{V}{\sqrt{R^2 + X_L^2}}$[A]

(3) **전압** : $V = IZ = I(R + j X_L)$[V]

(4) **역률** : $\cos\theta = \dfrac{R}{Z} = \dfrac{R}{\sqrt{R^2 + X_L^2}}$

(5) **위상** : 전류의 위상이 전압보다 θ만큼 뒤진다(느리다, 지상).

$$\theta = \tan^{-1}\frac{X_L}{R} = \tan^{-1}\frac{\omega L}{R}$$

5 $R-C$ 직렬회로

(1) **임피던스** : $Z = R - jX_C = \sqrt{R^2 + X_C^2}\,[\Omega]$

(2) **전류** : $I = \dfrac{V}{Z} = \dfrac{V}{R - jX_C} = \dfrac{V}{\sqrt{R^2 + X_C^2}}\,[\text{A}]$

(3) **전압** : $V = IZ = I(R - jX_C)\,[\text{V}]$

(4) **역률** : $\cos\theta = \dfrac{R}{Z} = \dfrac{R}{\sqrt{R^2 + X_C^2}}$

(5) **위상** : 전류의 위상이 전압보다 θ만큼 앞선다(빠르다, 진상).

$$\theta = \tan^{-1}\frac{X_C}{R} = \tan^{-1}\frac{1}{\omega CR}$$

6 RLC 직렬회로

(1) **임피던스**

$$Z = R + j(X_L - X_C) = \sqrt{R^2 + (X_L - X_C)^2}\,[\Omega]$$

(2) **전 류**

$$I = \frac{V}{Z} = \frac{V}{R + j(X_L - X_C)} = \frac{V}{\sqrt{R^2 + (X_L - X_C)^2}}\,[\text{A}]$$

(3) **전압** : $V = IZ\,[\text{V}]$

(4) **역률** : $\cos\theta = \dfrac{R}{Z} = \dfrac{R}{\sqrt{R^2 + (X_L - X_C)^2}}$

(5) **위상** : 유도성과 용량성 리액턴스 큰 쪽으로 따라감

위상 : $\theta = \tan^{-1}\dfrac{X_L - X_C}{R}$

① $X_L > X_C$: 전류의 위상이 전압보다 θ만큼 뒤진다.
② $X_L < X_C$: 전류의 위상이 전압보다 θ만큼 앞선다.
③ $X_L = X_C$: 전류와 전압의 위상이 동위상이다.

■ RLC 직렬회로
- 임피던스
$Z = \sqrt{R^2 + (X_L - X_C)^2}$
- 역률 : $\cos\theta = \dfrac{R}{Z}$
- 위 상
$\theta = \tan^{-1}\dfrac{X_L - X_C}{R}$

(6) 직렬 공진회로($X_L = X_C$) : 동위상

① 임피던스(Z) : 최소

② 전류(I) : 최대

③ 공진주파수 : $f = \dfrac{1}{2\pi\sqrt{LC}}$ [Hz]

■ 직렬 공진회로
$(X_L = X_C)$
- 임피던스(Z) : 최소
- 전류(I) : 최대
- 공진주파수
$f = \dfrac{1}{2\pi\sqrt{LC}}$ [Hz]
- 위상 : I와 V 동위상

[*RLC* 직렬회로]

구 분	*RL* 회로	*RC* 회로	*RLC* 회로
회로도			
실횻값 전압	$V = \sqrt{V_R^2 + V_L^2}$ $= \sqrt{(RI)^2 + (X_L I)^2}$	$V = \sqrt{V_R^2 + V_C^2}$ $= \sqrt{(RI)^2 + (X_C I)^2}$	$V = \sqrt{V_R^2 + (V_L - V_C)^2}$ $= I\sqrt{R^2 + (X_L - X_C)^2}$
실횻값 전류	$I = \dfrac{V}{\sqrt{R^2 + (\omega L)^2}}$ $I = \dfrac{V}{\sqrt{R^2 + (2\pi f L)^2}}$	$I = \dfrac{V}{\sqrt{R^2 + \left(\dfrac{1}{\omega C}\right)^2}}$	$I = \dfrac{V}{\sqrt{R^2 + \left(\omega L - \dfrac{1}{\omega C}\right)^2}}$
임피던스	$Z = \sqrt{R^2 + (\omega L)^2}$ $= \sqrt{R^2 + (2\pi f L)^2}$	$Z = \sqrt{R^2 + \left(\dfrac{1}{\omega C}\right)^2}$ $= \sqrt{R^2 + \left(\dfrac{1}{2\pi f C}\right)^2}$	$Z = \sqrt{R^2 + (X_L - X_C)^2}$ $= \sqrt{R^2 + \left(\omega L - \dfrac{1}{\omega C}\right)^2}$
전압과 전류의 위상차	$\theta = \tan^{-1}\dfrac{X_L}{R}$ $= \tan^{-1}\dfrac{\omega L}{R}$ $= \tan^{-1}\dfrac{2\pi f L}{R}$	$\theta = \tan^{-1}\dfrac{X_C}{R}$ $= \tan^{-1}\dfrac{1}{\omega C R}$ $= \tan^{-1}\dfrac{1}{2\pi f C R}$	$\theta = \tan^{-1}\dfrac{X_L - X_C}{R}$ $= \tan^{-1}\dfrac{\omega L - \dfrac{1}{\omega C}}{R}$
역 률	$\cos\theta = \dfrac{R}{Z} = \dfrac{R}{\sqrt{R^2 + X_L^2}}$	$\cos\theta = \dfrac{R}{Z} = \dfrac{R}{\sqrt{R^2 + X_C^2}}$	$\cos\theta = \dfrac{R}{Z}$ $= \dfrac{R}{\sqrt{R^2 + (X_L - X_C)^2}}$
무효율	$\sin\theta = \dfrac{X_L}{Z}$ $= \dfrac{X_L}{\sqrt{R^2 + X_L^2}}$	$\sin\theta = \dfrac{X_C}{Z}$ $= \dfrac{X_C}{\sqrt{R^2 + X_C^2}}$	$\sin\theta = \dfrac{X_L - X_C}{Z}$ $= \dfrac{X_L - X_C}{\sqrt{R^2 + (X_L - X_C)^2}}$

7 RLC 병렬회로

구 분	RL회로	RC회로	RLC회로
회로도	(회로도)	(회로도)	(회로도)
실홋값 전류	$I = Y \cdot V$ $= \sqrt{\left(\dfrac{1}{R}\right)^2 + \left(\dfrac{1}{X_L}\right)^2} \cdot V$	$I = Y \cdot V$ $= \sqrt{\left(\dfrac{1}{R}\right)^2 + \left(\dfrac{1}{X_C}\right)^2} \cdot V$	$I = Y \cdot V$ $= \sqrt{\left(\dfrac{1}{R}\right)^2 + \left(\dfrac{1}{X_C} - \dfrac{1}{X_L}\right)^2} \cdot V$ $= \sqrt{\left(\dfrac{1}{R}\right)^2 + \left(\omega C - \dfrac{1}{\omega L}\right)^2} \cdot V$
어드미턴스	$Y = \sqrt{\left(\dfrac{1}{R}\right)^2 + \left(\dfrac{1}{X_L}\right)^2}$ $= \sqrt{\left(\dfrac{1}{R}\right)^2 + \left(\dfrac{1}{\omega L}\right)^2}$	$Y = \sqrt{\left(\dfrac{1}{R}\right)^2 + \left(\dfrac{1}{X_C}\right)^2}$ $= \sqrt{\left(\dfrac{1}{R}\right)^2 + (\omega C)^2}$	$Y = \sqrt{\left(\dfrac{1}{R}\right)^2 + \left(\dfrac{1}{X_C} - \dfrac{1}{X_L}\right)^2}$ $= \sqrt{\left(\dfrac{1}{R}\right)^2 + \left(\omega C - \dfrac{1}{\omega L}\right)^2}$
전압과 전류의 위상차	$\theta = \tan^{-1}\dfrac{R}{X_L}$ $= \tan^{-1}\dfrac{R}{\omega L}[\text{rad}]$	$\theta = \tan^{-1}\dfrac{R}{X_C}$ $= \tan^{-1}\omega CR[\text{rad}]$	$\theta = \tan^{-1}\dfrac{R}{X_C - X_L}$ $= \tan^{-1}\dfrac{\omega C - \dfrac{1}{\omega L}}{\dfrac{1}{R}}$
역 률	$\cos\theta = \dfrac{G}{|Y|} = \dfrac{X_L}{\sqrt{R^2 + X_L^2}}$	$\cos\theta = \dfrac{G}{|Y|} = \dfrac{1}{\sqrt{1 + (\omega CR)^2}}$	$\cos\theta = \dfrac{G}{|Y|}$
무효율	$\sin\theta = \dfrac{B}{|Y|} = \dfrac{R}{\sqrt{R^2 + X_L^2}}$	$\sin\theta = \dfrac{B}{|Y|} = \dfrac{R}{\sqrt{R^2 + X_C^2}}$	$\sin\theta = \dfrac{B}{|Y|}$

(1) 병렬 공진회로 : 동위상

① 임피던스(Z) : 최대
② 전류(I) : 최소
③ 공진주파수 : $f = \dfrac{1}{2\pi\sqrt{LC}}$ [Hz]

구 분	직렬공진회로	병렬공진회로
회로도	(회로도)	(회로도)
공진 임피던스 및 공진 어드미턴스	$Z = R$	$Y = \dfrac{1}{R}$
공진 조건	$\omega L = \dfrac{1}{\omega C}$	$\omega C = \dfrac{1}{\omega L}$
공진주파수	$f_0 = \dfrac{1}{2\pi\sqrt{LC}}$	$f_0 = \dfrac{1}{2\pi\sqrt{LC}}$
효 과	• 임피던스 : 최소 • 전류 : 최대	• 임피던스 : 최대 • 전류 : 최소

■ 병렬 공진회로
　－ 임피던스(Z) : 최대
　－ 전류(I) : 최소
　－ 공진주파수
　$f = \dfrac{1}{2\pi\sqrt{LC}}$ [Hz]
　－ 위상 : I와 V 동위상

8 임피던스의 복소수 표시

① 복소수(Complex Number)의 성질
  - ㉠ 실수부와 허수부로 구성된 벡터량
  - ㉡ 허수는 제곱하면 음수가 되는 수 : $(허수)^2 - 음수$
  - ㉢ 허수 단위 : $j = \sqrt{-1}$, $j^2 = -1$
  - ㉣ 허수는 허수 단위와 실수의 곱 : $허수 = jb(b는 실수)$

② 복소수 Z의 표현
  - ㉠ 복소임피던스 : $\dot{Z} = a + jb$
  - ㉡ 임피던스 크기(절댓값) : $Z = \sqrt{a^2 + b^2}$
  - ㉢ 위상 : $\theta = \tan^{-1}\dfrac{b}{a}$

③ 여러 가지 표기방법
  - ㉠ 직각좌표형 : $Z = a + jb$
  - ㉡ 삼각함수형 : $Z = Z\cos\theta + jZ\sin\theta = Z(\cos\theta + j\sin\theta)$
  - ㉢ 극좌표형 : $Z = Z\angle\theta$
  - ㉣ 지수함수형 : $Z = Ze^{j\theta}$

■ 브리지 평형회로
$Z_1 Z_4 = Z_2 Z_3$

9 브리지회로의 평형

브리지회로 검류계의 자기값이 0이면 브리지회로가 평형되었다고 하며 검류계 양단 사이의 전위차가 "0"이다. 즉, 대각선 부하 곱은 서로 같다.

$Z_1 I_1 = Z_2 I_2$, $Z_3 I_1 = Z_4 I_2$이고, 이로부터

$$\frac{Z_2}{Z_1} = \frac{Z_4}{Z_3}, \quad Z_1 \cdot Z_4 = Z_2 \cdot Z_3$$

[브리지회로]

$$Z_1 \cdot Z_4 = Z_2 \cdot Z_3$$

교류전력

1 단상 교류전력

전력의 종류	식	직렬회로	병렬회로	단 위
피상전력	$P_a = \sqrt{P^2 + P_r^2} = VI$	$= I^2 Z$	$= \dfrac{V^2}{Z}$	[VA]
유효전력	$P = P_a \cos\theta = VI\cos\theta$	$= I^2 R$	$= \dfrac{V^2}{R}$	[W]
무효전력	$P_r = P_a \sin\theta = VI\sin\theta$	$= I^2 X$	$= \dfrac{V^2}{X}$	[Var]

여기서, P_a : 피상전력[VA]
P : 유효전력[W]
P_r : 무효전력[Var]

[단상 교류전력]

- 역률 : $\cos\theta = \dfrac{R}{|Z|} = \dfrac{P(유효분)}{P_a(피상분)}$

- 무효율 : $\sin\theta = \dfrac{X}{|Z|} = \dfrac{P_r(무효분)}{P_a(피상분)}$

2 3상 교류전력

(1) **피상전력** : $P_a = \sqrt{3}\, VI[\text{VA}]$

(2) **유효전력** : $P = P_a \cos\theta = \sqrt{3}\, VI\cos\theta\,[\text{W}]$

(3) **무효전력** : $P_r = P_a \sin\theta = \sqrt{3}\, VI\sin\theta\,[\text{Var}]$

■ 교류전력
 – 피상전력
  $P_a = P + jP_r$
  $= \sqrt{P^2 + P_r^2}$ [VA]
 – 유효전력
  $P = \sqrt{P_a^2 - P_r^2}$ [W]
 – 무효전력
  $P_r = \sqrt{P_a^2 - P^2}$ [Var]

■ 3상 전력
 – 선간전압, 선간전류
  : $\sqrt{3}$ 배
 – 상전압, 상전류 : 3배

■ 복소전력
전압 또는 전류의 허수측
부호를 바꾸어 계산

3 복소전력

실수와 허수로 구성되는 전력

- $P_a = P \pm jP_r = I^2R + jI^2X \, [\mathrm{VA}]$
- $P_a = \overline{V}I = (V_1 - jV_2)(I_1 + jI_2) = P \pm jP_r$
  $= V\overline{I} = (V_1 + jV_2)(I_1 - jI_2) = P \pm jP_r$

■ 최대 전력 조건
내부저항(r)
 = 부하저항(R)

4 최대 전력 조건

① 최대 전력 전달 조건 : 내부저항(r) = 부하저항(R)

② 최대 전력 : $P_{\max} = \dfrac{V_{ab}^2}{4R}$ (V_{ab} : ab에 걸리는 전압)

제 **4** 절 **3상 교류**

1 대칭 3상 교류

■ 3상 교류에서 각 상의 위
상치 : $120° \left(\dfrac{2}{3}\pi \right)$

(a)

(b)

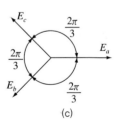
(c)

[3상 교류]

※ 대칭 3상 교류의 순시치
- $e_a = \sqrt{2}\,V\sin\omega t$
- $e_b = \sqrt{2}\,V\sin\left(\omega t - \dfrac{2}{3}\pi\right)$
- $e_c = \sqrt{2}\,V\sin\left(\omega t - \dfrac{4}{3}\pi\right)$

각 순시 기전력의 합은 $e_a + e_b + e_c = 0$이다.

2 Y결선

전원

[Y결선]

- 상전압 V_a, V_b, V_c
- 선간전압 V_{ab}, V_{bc}, V_{ca}

■ **상전압** : 각 상에 걸리는
  전압
■ **상전류** : 각 상에 흐르는
  전류
■ **선간전압** : 다상 교류에서
  각 단자간 걸리는 전압
■ **선전류** : 다상 교류회로에
  서 단자로 유출, 유입되는
  전류

(1) 선간전압(V_l)

① $V_l = \sqrt{3}\, V_P \angle 30°$ (선간전압 $= \sqrt{3} \times$상전압)

(2) 선간전류(I_l) → 선전류

① $I_l = I_P$ (선간전류 $=$ 상전류)

3 △결선

■ **△결선** : 제3고조파 제거

[Y결선]

- 상전류 I_{ab}, I_{bc}, I_{ca}
- 상전압 V_a, V_b, V_c

(1) 선간전압(V_l)

① $V_l = V_P$ (선간전압 $=$ 상전압)

(2) 선간전류(I_l) → 선전류

① $I_l = \sqrt{3}\, I_P \angle -30°$ (선간전류 $= \sqrt{3} \times$상전류)

4 평형 3상회로

전원부와의 조합방식에 따라 Y–Y, Y–△, △–Y, △–△형 등이 있다.

■ Y–Y결선
통신선 유도장해 발생

(1) Y–Y회로

[Y–Y결선]

- 선간전압= $\sqrt{3}\times$ 상전압, $V_l = \sqrt{3}\, V_P \angle \dfrac{\pi}{6}$
- 선전류=상전류, $I_l = I_P$

① 특 징
  ㉠ 1차와 2차 전류 사이에 위상차가 없다(동위상).
  ㉡ 중성점을 접지할 수 있으므로 이상전압이 방지된다.
  ㉢ 제3고조파 전류에 의해 통신선 유도장해 발생
  ㉣ 보호계전기 동작을 확실히 한다.

(2) △ – △ 회로

[△–△ 결선]

- 선간전압=상전압, $V_l = V_P$
- 선전류= $\sqrt{3}\times$ 상전류, $I_l = \sqrt{3}\, I_P \angle -\dfrac{\pi}{6}$

① 특 징
  ㉠ 1차와 2차 전압 사이에 위상차가 없다(동위상).
  ㉡ 1대 소손 시 나머지 그대로 V결선하여 계속 3상 전원공급 가능
  ㉢ 제3고조파 순환전류가 △결선 내에서 순환하므로 정현파 전압을 유기할
    수 있다.

㉣ 중성점을 접지할 수 없으므로 사고발생 시 이상전압이 크다.

(3) Y $\rightleftarrows$ △ 회로의 변환

(a) △형 부하

(b) Y형 부하

[Y-△ 등가회로]

△ $\rightleftarrows$ Y 임피던스 변환

① △ → Y 임피던스 변환

$$Z_a = \frac{Z_{ca} \cdot Z_{ab}}{Z_{ab} + Z_{bc} + Z_{ca}}$$

$$Z_b = \frac{Z_{ab} \cdot Z_{bc}}{Z_{ab} + Z_{bc} + Z_{ca}}$$

$$Z_c = \frac{Z_{bc} \cdot Z_{ca}}{Z_{ab} + Z_{bc} + Z_{ca}}$$

② Y → △ 임피던스 변환

$$Z_{ab} = \frac{Z_a \cdot Z_b + Z_b \cdot Z_c + Z_c \cdot Z_a}{Z_c}$$

$$Z_{bc} = \frac{Z_a \cdot Z_b + Z_b \cdot Z_c + Z_c \cdot Z_a}{Z_a}$$

$$Z_{ca} = \frac{Z_a \cdot Z_b + Z_b \cdot Z_c + Z_c \cdot Z_a}{Z_b}$$

$$\therefore Z_\triangle = 3Z_Y \text{(동일 부하인 경우)}$$

(4) 3상 평형회로의 전력

① 유효(소비)전력 $P = 3V_pI_p\cos\theta = \sqrt{3}\,V_lI_l\cos\theta = 3I_p^2 R [\text{W}]$

② 무효전력 $P_r = 3V_pI_p\sin\theta = \sqrt{3}\,V_lI_l\sin\theta = 3I_p^2 X [\text{Var}]$

③ 피상전력 $P_a = 3V_pI_p = \sqrt{3}\,V_lI_l = 3I_p^2 Z [\text{VA}]$

④ 역률 $\cos\theta = \dfrac{P}{P_a} = \dfrac{P}{\sqrt{P^2 + P_r^2}}$

(5) 3상 전력의 측정

① 1전력계법 : 1대의 단상 전력계로 3상평형 부하의 전력을 측정

  ㉠ 3상 전력 : $P_3 = 3W [\text{W}]$

② 2전력계법 : 단상 전력계 2대로 접속하여 3상 전력을 측정

  ㉠ 3상 전력 : $P_3 = W_1 + W_2 [\text{W}]$

③ 3전력계법 : 부하의 평형, 불평형에 관계없이 각 전력계의 지시값의 대수합 이 3상 전력이다.

  ㉠ 3상 전력 : $P_3 = W_1 + W_2 + W_3$

  여기서, W_1, W_2, W_3 : 단상 전력계 지시값

  ※ 단상 전력 : $P = \dfrac{1}{2R}(V_3{}^2 - V_1{}^2 - V_2{}^2)$

■ Y → △결선
 – 임피던스(Z) : 3배
 – 전류(I) : $\dfrac{1}{3}$배
 – 전력(P) : 3배

■ △ → Y결선
 – 임피던스(Z) : $\dfrac{1}{3}$배
 – 전류(I) : 3배
 – 전력(P) : $\dfrac{1}{3}$배

■ 2전력계법
 – 3상 전력
  : $P_3 = W_1 + W_2$

안심Touch

[3상 전력] $P = W_1 + W_2$

[3상 전력] $P = W_1 + W_2 + W_3$

(6) 3상 V결선

(a) V–V결선도   (b) VECTOR

[3상 V결선]

① V결선 출력

$P_V = \sqrt{3}\,P$(단상 변압기 용량의 $\sqrt{3}$ 배)

② 이용률

$$\text{이용률} = \frac{\text{V결선의 용량}}{\text{2대의 허용용량}} \times 100 = \frac{\sqrt{3}}{2} = 0.866(86.6[\%])$$

③ 출력비

$$\text{출력비} = \frac{\text{V결선의 출력}}{\Delta\,\text{결선의 출력}} = \frac{\sqrt{3}\,P}{3P} = \frac{1}{\sqrt{3}} = 0.577(57.7[\%])$$

제 5 절   비정현파 교류

1 푸리에 급수의 해석

비정현파 $f(t) =$ 직류분(평균값)+기본파+고조파

$$= a_0 + \sum_{n=1}^{\infty} a_n \cos n\omega t + \sum_{n=1}^{\infty} b_n \sin n\omega t$$

2 실횻값

각 파의 실횻값 제곱의 합의 제곱근 : $V = \sqrt{V_0^2 + \left(\dfrac{V_{m1}}{\sqrt{2}}\right)^2 + \left(\dfrac{V_{m3}}{\sqrt{2}}\right)^2 + \cdots}$

3 왜형률

$$왜형률 = \frac{전\ 고조파의\ 실횻값(최대치\ 대입\ 가능)}{기본파의\ 실횻값(최대치\ 대입\ 가능)} = \frac{\sqrt{\sum_{n=2}^{\infty} V_n^2}}{V_1}$$

제6절 회로망의 정리

1 정전압원, 정전류원

(1) 정전압원

① 내부저항은 0이다($r=0$).
② 정전압원의 등가회로는 단락회로이다. 이때 전류는 무한대이다.

(2) 정전류원

① 내부저항은 무한대이다($r=\infty$).
② 정전류원의 등가회로는 개방회로이다. 이때 전압은 무한대이다.

■ 정전압원
 – 내부저항 : 0[Ω]
 – 단락회로

■ 정전류원
 – 내부저항 : ∞[Ω]
 – 개방회로

2 중첩의 원리

(1) 한 회로망 내에 전압원 또는 전류원이 다수(2개 이상) 존재할 경우, 한 회로에 흐르는 전류
① 전압원 = 단락시키고
② 전류원 = 개방시키고

(2) 각각 단독으로 존재 시 흐르는 전류를 합친 것으로 하며 선형회로망에서만 적용 가능

① 전류원 개방 시 : $I_1 = \dfrac{100}{50} = 2[A]$
② 전압원 단락 시 : $I_2 = 0$
 • 전류 : $I = I_1 + I_2 = 2 + 0 = 2[A]$
 • 전압 : $V_{ab} = I \cdot R = 2 \times 50 = 100[V]$

■ 중첩의 원리
 – 전압원 : 단락
 – 전류원 : 개방

제 **7** 절 4단자 회로망

1 4단자 회로

[4단자 정수회로]

(1) 영상 임피던스(Z_{01}, Z_{02})

입력 측 $Z_{01} = \sqrt{\dfrac{AB}{CD}}$, 출력 측 $Z_{02} = \sqrt{\dfrac{BD}{AC}}$

$Z_{01} \times Z_{02} = \dfrac{B}{C}$, $\dfrac{Z_{01}}{Z_{02}} = \dfrac{A}{D}$

$Z_{01} = Z_{02} \Leftrightarrow A = D$이다. 이때 $Z_{01} = Z_{02} = \sqrt{\dfrac{B}{C}}$

제 8 절 과도현상

1 과도현상에서의 시정수(τ)

① $R-L$ 직렬회로 시정수 : $\tau = \dfrac{L}{R}$

② $R-C$ 직렬회로 시정수 : $\tau = RC$

③ $L-C$ 직렬회로 시정수 : $\tau = \sqrt{LC}$

④ 시정수 값이 클수록 과도현상은 오래 지속된다.

⑤ 리플 함유율(맥동률)

  : R과 C값이 클수록 리플전압이 낮아져 리플 함유율을 줄일 수 있다.

2 구동점 임피던스 회로

① 영점 : 단락상태

② 극점 : 개방상태

■ $R-L$ 직렬회로 시정수
$\tau = \dfrac{L}{R}$

■ $R-C$ 직렬회로 시정수
$\tau = RC$

■ $L-C$ 직렬회로 시정수
$\tau = \sqrt{LC}$

■ 구동점 임피던스
 – 영점 : 단락상태
 – 극점 : 개방상태

제3장 출제예상문제

01

리액턴스의 역수를 무엇이라고 하는가?

① 컨덕턴스 ② 어드미턴스
③ 임피던스 ④ 서셉턴스

 • 임피던스(Z)의 역수 : 어드미턴스(Y)[℧], [Ω^{-1}]
• 저항(R)의 역수 : 컨덕턴스(G)[℧], [Ω^{-1}]
• 리액턴스(X)의 역수 : 서셉턴스(B)[℧], [Ω^{-1}]

답 ④

02

그림과 같은 정현파에서 $v = V_m\sin(\omega t + \theta)$의 주기 T를 바르게 표시한 것은?

① $2\pi f^2$ ② $\dfrac{2\pi f^2}{\omega}$

③ $\dfrac{\omega}{2\pi}$ ④ $\dfrac{2\pi}{\omega}$

해설 정현파 주기 $T = \dfrac{1}{f}$ 이고

각속도 $\omega = 2\pi f$에서 $f = \dfrac{\omega}{2\pi}$[Hz]

$\therefore T = \dfrac{1}{f} = \dfrac{2\pi}{\omega}$ 이다.

답 ④

03

$V = 141\sin 377t$ [V]인 정현파 전압의 주파수는 몇 [Hz]인가?

① 50 ② 55
③ 60 ④ 65

해설 $V = 141\sin 377t$ [V]

각주파수 : $\omega = 2\pi f = 377$

주파수 : $f = \dfrac{\omega}{2\pi} = \dfrac{377}{2\pi} = 60$[Hz]

답 ③

04

각속도 $\omega = 376.8$[rad/s]인 정현파 교류의 주파수는 몇 [Hz]인가?

① 50[Hz] ② 60[Hz]
③ 100[Hz] ④ 120[Hz]

해설 각속도 : $\omega = 2\pi f$

주파수 : $f = \dfrac{\omega}{2\pi} = \dfrac{376.8}{2\pi} = 60$[Hz]

답 ②

05

$v = V_m\sin(\omega t + 60°)$와 $i = I_m\cos(\omega t - 70°)$의 위상차는?

① 10° ② 40°
③ 60° ④ 90°

해설 sin과 cos은 90° 차이가 있으므로
$i = I_m\cos(\omega t - 70°) + 90 = I_m\sin(\omega t + 20)$가 된다.
위상차 $\theta = \theta_1 - \theta_2 = 60 - 20 = 40°$이다.

답 ②

06

$i = I_m\sin\left(\omega t - \dfrac{\pi}{3}\right)$[A]와 $v = V_m\sin\left(\omega t - \dfrac{\pi}{6}\right)$[V]의 위상차는?

① $\dfrac{\pi}{6}$ ② $\dfrac{\pi}{4}$

③ $\dfrac{\pi}{3}$ ④ $\dfrac{\pi}{2}$

해설 $\theta = \theta_1 - \theta_2 = \dfrac{\pi}{3} - \dfrac{\pi}{6} = \dfrac{\pi}{6}$

답 ①

07

교류전압계의 지침이 지시하는 전압은 다음 중 어느 것인가?

① 실횻값　　　　　　② 평균값
③ 최댓값　　　　　　④ 순시값

해설 교류전압계의 지침이 지시하는 전압 : 실횻값

답 ①

08

정현파 교류회로에서 최댓값은 V_m, 평균값은 V_{av} 일 때 실횻값(V)은?

① $\dfrac{\pi}{\sqrt{2}}\,V_m$　　　　② $\dfrac{\pi}{2\sqrt{2}}\,V_{av}$

③ $\dfrac{\pi}{2\sqrt{2}}\,V_m$　　　　④ $\dfrac{1}{\pi}\,V_m$

해설 실횻값 : $V=\dfrac{V_m}{\sqrt{2}}$

평균값 : $V_{av}=\dfrac{2}{\pi}\,V_m$, 최댓값 : $V_m=\dfrac{\pi V_{av}}{2}$

∴ 실횻값 $V=\dfrac{\dfrac{\pi V_{av}}{2}}{\sqrt{2}}=\dfrac{\pi}{2\sqrt{2}}\,V_{av}$

답 ②

09

정현파 전압의 평균값과 최댓값의 관계식 중 옳은 것은?

① $V_{av}=0.707\,V_m$　　　② $V_{av}=0.840\,V_m$
③ $V_{av}=0.637\,V_m$　　　④ $V_{av}=0.956\,V_m$

해설 평균값 : $V_{av}=\dfrac{2}{\pi}\,V_m=0.637\,V_m\,[\mathrm{V}]$

답 ③

10

$i=50\sin\omega t$인 교류전류의 평균값은 약 몇 [A]인가?

① 25　　　　　　② 31.8
③ 35.9　　　　　④ 50

해설 평균값 : $V_a=\dfrac{2}{\pi}\,V_m=\dfrac{2}{\pi}\times 50=31.8$

답 ②

11

$v=\sqrt{2}\,V\sin\omega t\,[\mathrm{V}]$인 전압에서 $\omega t=\dfrac{\pi}{6}\,[\mathrm{rad}]$일 때의 크기가 70.7[V]이면 이 전원의 실횻값은 몇 [V]가 되는가?

① 100　　　　　　② 200
③ 300　　　　　　④ 400

해설 $v=V_m\sin\omega t=\sqrt{2}\,V\sin\omega t$에서

$\omega t=\dfrac{\pi}{6}\,[\mathrm{rad}]$일 때

$v=\sqrt{2}\,V\sin\dfrac{\pi}{6}=\sqrt{2}\,V\sin 30°(\sin 30°=0.5)$

∴ 실횻값

$V=\dfrac{v}{\sqrt{2}\,\sin 30°}=\dfrac{70.7}{\sqrt{2}\times 0.5}≒100[\mathrm{V}]$

답 ①

12

실횻값 100[V]의 교류전압을 최댓값으로 나타내면 몇 [V]인가?

① 110　　　　　　② 120
③ 141.4　　　　　④ 173.2

해설 최댓값 : $V_m=\sqrt{2}\,V=100\sqrt{2}≒141.4[\mathrm{V}]$

답 ③

13

어떤 정현파 교류의 평균값이 382[V]일 때 실횻값은 몇 [V]인가?

① 365　　　　　　② 424
③ 486　　　　　　④ 567

해설 평균값 : $V_a=\dfrac{2}{\pi}\,V_m$에서 $V_m=\dfrac{\pi}{2}\,V_a$

실횻값 : $V=\dfrac{V_m}{\sqrt{2}}=\dfrac{\dfrac{\pi}{2}\,V_a}{\sqrt{2}}=\dfrac{\pi}{2\sqrt{2}}\,V_a$

$=\dfrac{\pi}{2\sqrt{2}}\times 382≒424[\mathrm{V}]$

답 ②

14

정현파교류의 최댓값이 100[V]인 경우 평균값은 몇 [V]인가?

① 45.04   ② 50.64

③ 63.69   ④ 69.34

해설 평균값 : $V_a = \dfrac{2}{\pi} V_m = 0.6369 V_m$

$= 0.6369 \times 100 = 63.69[\text{V}]$

답 ③

15

$i = I_m \sin\omega t$ 인 정현파에 있어서 순시값과 실횻값이 같아지는 위상은 몇 도인가?

① 30°   ② 45°

③ 50°   ④ 60°

해설 순시값과 실횻값이 같아지는 위상 : $\theta = 45°$

답 ②

16

삼각파의 최댓값이 1일 때 ㉠ 실횻값과 ㉡ 평균값은?

① ㉠ $\dfrac{1}{\sqrt{2}}$, ㉡ $\dfrac{2}{\pi}$

② ㉠ $\dfrac{1}{2}$, ㉡ $\dfrac{2}{\pi}$

③ ㉠ $\dfrac{1}{\sqrt{2}}$, ㉡ $\dfrac{1}{2\sqrt{2}}$

④ ㉠ $\dfrac{1}{\sqrt{3}}$, ㉡ $\dfrac{1}{2}$

해설 파형별 최댓값(V_m), 실횻값(V), 평균값(V_{av})

파 형	실횻값	평균값	파형률	파고율
정현파	$\dfrac{V_m}{\sqrt{2}}$	$\dfrac{2V_m}{\pi}$	1.11	1.414
정현반파	$\dfrac{V_m}{2}$	$\dfrac{V_m}{\pi}$	1.57	2
삼각파	$\dfrac{V_m}{\sqrt{3}}$	$\dfrac{V_m}{2}$	1.15	1.73
구형반파	$\dfrac{V_m}{\sqrt{2}}$	$\dfrac{V_m}{2}$	1.41	1.41
구형파	V_m	V_m	1	1

답 ④

17

반파 정류 정현파의 최댓값이 1일 때, 실횻값과 평균값은?

① $\dfrac{1}{\sqrt{2}}$, $\dfrac{2}{\pi}$

② $\dfrac{1}{2}$, $\dfrac{1}{2}$

③ $\dfrac{1}{\sqrt{2}}$, $\dfrac{\pi}{2\sqrt{2}}$

④ $\dfrac{1}{2}$, $\dfrac{1}{\pi}$

해설 정현반파 실횻값 : $V = \dfrac{V_m}{2} = \dfrac{1}{2}$

정현반파 평균값 : $V_a = \dfrac{V_m}{\pi} = \dfrac{1}{\pi}$

답 ④

18

교류의 파고율은?

① $\dfrac{\text{실횻값}}{\text{평균값}}$ ② $\dfrac{\text{실횻값}}{\text{최댓값}}$

③ $\dfrac{\text{최댓값}}{\text{평균값}}$ ④ $\dfrac{\text{최댓값}}{\text{실횻값}}$

해설 **정현파(사인파)의 파고율 및 파형률**

- 파고율 $= \dfrac{\text{최댓값}}{\text{실횻값}}$

- 파형률 $= \dfrac{\text{실횻값}}{\text{평균값}}$

답 ④

19

백열전구를 점등했을 경우 전압과 전류의 위상관계로서 옳은 것은?

① 전류가 90° 앞선다.

② 전압이 90° 앞선다.

③ 동상이다.

④ 전류가 60° 앞선다.

해설 **백열전구(필라멘트)**는 **저항성분**만으로 되어 있어 전압과 전류는 **동상**이다.

답 ③

20

어떤 회로 소자에 전압을 가하였더니 흐르는 전류가 전압에 비해 $\frac{\pi}{2}$ 만큼 위상이 느리다면 사용한 회로소자는 무엇인가?

① 커패시턴스   ② 인덕턴스
③ 저 항   ④ 컨덕턴스

해설 • 인덕턴스(L)
   전류의 위상이 전압보다 $\frac{\pi}{2}$(90°)만큼 느리다.
• 정전용량(C)
   전류의 위상이 전압보다 $\frac{\pi}{2}$(90°)만큼 앞선다.

답 ②

21

콘덴서만의 회로에서 전압과 전류 사이의 위상관계는?

① 전압이 전류보다 180° 앞선다.
② 전압이 전류보다 180° 뒤진다.
③ 전압이 전류보다 90° 앞선다.
④ 전압이 전류보다 90° 뒤진다.

해설 • 저항(R)만의 회로 : 전압과 전류는 동상이다.
• 코일(L)만의 회로 : 전압이 90° 앞선다.
• 콘덴서(C)만의 회로 : 전압이 90° 뒤진다.

답 ④

22

42.5[mH]의 코일에 60[Hz], 100[V]의 교류를 가할 때 유도리액턴스[Ω]는?

① 16   ② 20
③ 32   ④ 43

해설 유도리액턴스 : $X_L = wL = 2\pi f L [\Omega]$
   $= 2\pi \times 60 \times 42.5 \times 10^{-3} = 16$

답 ①

23

인덕턴스가 0.5[H]인 코일의 리액턴스가 753.6[Ω]일 때 주파수는 약 몇 [Hz]인가?

① 120   ② 240
③ 360   ④ 480

해설 유도리액턴스 : $X_L = \omega L = 2\pi f L [\Omega]$ 에서

주파수 : $f = \dfrac{X_L}{2\pi L} = \dfrac{753.6}{2\pi \times 0.5} = 240[Hz]$

답 ②

24

다음 그림과 같은 회로에서 R =16[Ω], L =180[mH], w =100[rad/s]일 때 합성임피던스는?

$$\circ\!-\!\!\!\bigvee\!\!\!\!\stackrel{R}{}\!\!\!-\!\!\!\stackrel{L}{\text{mmm}}\!\!\!-\!\!\circ$$

① 약 3[Ω]   ② 약 5[Ω]
③ 약 24[Ω]   ④ 약 34[Ω]

해설 직렬합성임피던스(Z)
$$Z = \sqrt{R^2 + X^2} = \sqrt{R^2 + (\omega L)^2}$$
$$= \sqrt{16^2 + (100 \times 180 \times 10^{-3})^2} \fallingdotseq 24[\Omega]$$

답 ③

25

저항 6[Ω]과 유도리액턴스 8[Ω]이 직렬로 접속된 회로에 100[V]의 교류전압을 가할 때 흐르는 전류의 크기는 몇 [A]인가?

① 10   ② 20
③ 50   ④ 80

해설 임피던스 : $Z = R + jX_L = \sqrt{R^2 + X_L^2}$
   $= \sqrt{6^2 + 8^2} = 10$

전류 : $I = \dfrac{V}{Z} = \dfrac{100}{10} = 10[A]$

답 ①

26

60[Hz], 220[V]의 교류전압을 어떤 콘덴서에 가할 때 3[A]의 전류가 흐른다면 이 콘덴서의 정전용량은 몇 [μF]인가?

① 23.1[μF]   ② 26.5[μF]
③ 36.1[μF]   ④ 37.7[μF]

해설 전류 : $I = \dfrac{V}{X_C} = \omega C V$ 에서

정전용량 : $C = \dfrac{I}{\omega V} = \dfrac{I}{2\pi f V}$

$C = \dfrac{3}{2\pi \times 60 \times 220} = 36.1 \times 10^{-6}[F]$

∴ 정전용량 : $C = 36.1[\mu F]$

답 ③

27

저항 3[Ω]과 유도리액턴스 4[Ω]이 직렬로 접속된 회로의 역률은?

① 0.6   ② 0.8
③ 0.9   ④ 1

해설 역률 : $\cos\theta = \dfrac{R}{Z} = \dfrac{R}{\sqrt{R^2 + X_L^2}} = \dfrac{3}{\sqrt{3^2 + 4^2}} = 0.6$

답 ①

28

그림과 같은 회로의 역률은 약 얼마인가?

① 0.24   ② 0.59
③ 0.8   ④ 0.97

해설 ㉠

역 률	병렬회로	직렬회로
$\cos\theta$	$\dfrac{X}{\sqrt{R^2 + X^2}}$	$\dfrac{R}{\sqrt{R^2 + X^2}}$

㉡ 임피던스(Z)

$\bullet\ Z = \dfrac{R \times (R - jX_c)}{R + (R - jX_c)}$

$= \dfrac{5 \times (4 - j2)}{5 + 4 - j2} = \dfrac{5 \times (4 - j2)}{9 - j2}$

$= \dfrac{5 \times (4 - j2)(9 + j2)}{(9 - j2)(9 + j2)} = 2.35 - j0.59$

$\bullet\ R = 2.35,\ X = 0.59$이므로

$\cos\theta = \dfrac{R}{\sqrt{R^2 + X^2}} = \dfrac{2.35}{\sqrt{2.35^2 + 0.59^2}} = 0.97$

답 ④

29

그림과 같은 회로에 전압 $v = \sqrt{2}\,V\sin\omega t$[V]를 인가하였을 때 옳은 것은?

① 역률 : $\cos\theta = \dfrac{R}{\sqrt{R^2 + \omega C^2}}$

② i의 실횻값 : $I = \dfrac{V}{\sqrt{R^2 + \omega C^2}}$

③ 전압과 전류의 위상차 : $\theta = \tan^{-1}\dfrac{R}{\omega C}$

④ 전압평형방정식 : $Ri + \dfrac{1}{C}\displaystyle\int i\,dt = \sqrt{2}\,V\sin\omega t$

해설 역률 : $\cos\theta = \dfrac{R}{Z} = \dfrac{R}{\sqrt{R^2 + X_c^2}} = \dfrac{R}{\sqrt{R^2 + \left(\dfrac{1}{\omega C}\right)^2}}$

실효전류 : $I = \dfrac{V}{\sqrt{R^2 + \left(\dfrac{1}{\omega C}\right)^2}}$

위상차 : $\theta = \tan^{-1}\dfrac{\dfrac{1}{\omega C}}{R} = \tan^{-1}\dfrac{1}{\omega CR}$

답 ④

30

RC직렬회로에서 $R = 100$[Ω], $C = 5$[μF]일 때 $e = 220\sqrt{2}\sin 377t$인 전압을 인가하면 이 회로의 위상차는 대략 얼마인가?

① 전압은 전류보다 약 79°만큼 위상이 빠르다.
② 전압은 전류보다 약 79°만큼 위상이 느리다.
③ 전압은 전류보다 약 43°만큼 위상이 빠르다.
④ 전압은 전류보다 약 43°만큼 위상이 느리다.

해설 $e = 220\sqrt{2}\sin 377t$에서 $\omega = 377$이므로

주파수 : $f = \dfrac{\omega}{2\pi} = \dfrac{377}{2\pi} = 60$[Hz]

위상차 :

$\theta = \tan^{-1}\dfrac{X_C}{R} = \tan^{-1}\dfrac{\dfrac{1}{\omega C}}{R} = \tan^{-1}\dfrac{1}{\omega CR}$

$= \tan^{-1} \cdot \dfrac{1}{2\pi \times 60 \times 5 \times 10^{-6} \times 100} \fallingdotseq 79°$

답 ②

31

교류회로에서 8[Ω]의 저항과 6[Ω]의 유도리액턴스가 병렬로 연결되었다면 역률은?

① 0.4   ② 0.5
③ 0.6   ④ 0.8

해설 병렬회로의 역률

역률 : $\cos\theta = \dfrac{X}{Z} = \dfrac{6}{\sqrt{8^2 + 6^2}} = 0.6$

답 ③

32

그림과 같은 회로의 역률은?(단, $R = 12[\Omega]$, $X_L = 20[\Omega]$, $X_c = 4[\Omega]$이다)

① 0.6

② 0.7

③ 0.8

④ 0.9

해설 $R-L-C$ 직렬회로

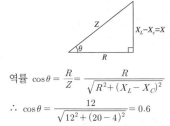

역률 $\cos\theta = \dfrac{R}{Z} = \dfrac{R}{\sqrt{R^2 + (X_L - X_C)^2}}$

$\therefore \cos\theta = \dfrac{12}{\sqrt{12^2 + (20-4)^2}} = 0.6$

답 ①

33

저항이 R, 유도리액턴스가 X_L, 용량리액턴스가 X_C인 $R-L-C$ 직렬회로에서의 $\dot{Z}$와 Z값으로 옳은 것은?

① $\dot{Z} = R + j(X_L - X_C)$,
$Z = \sqrt{R^2 + (X_L - X_C)^2}$

② $\dot{Z} = R + j(X_L + X_C)$,
$Z = \sqrt{R + (X_L + X_C)^2}$

③ $\dot{Z} = R + j(X_C - X_L)$,
$Z = \sqrt{R^2 + (X_C - X_L)^2}$

④ $\dot{Z} = R + j(X_C + X_L)$,
$Z = \sqrt{R^2 + (X_C + X_L)^2}$

해설 $R-L-C$ 직렬회로

$Z = R + j(X_L - X_C) = \sqrt{R^2 + (X_L - X_C)^2}$

답 ①

34

$R-L-C$ 회로의 전압과 전류 파형의 위상차에 대한 설명으로 틀린 것은?

① $R-L$ 병렬회로 : 전압과 전류는 동상이다.

② $R-L$ 직렬회로 : 전압이 전류보다 θ만큼 앞선다.

③ $R-C$ 병렬회로 : 전류가 전압보다 θ만큼 앞선다.

④ $R-C$ 직렬회로 : 전류가 전압보다 θ만큼 앞선다.

해설
- $R-L$ 병렬회로, $R-L$ 직렬회로 : 전압이 전류보다 θ만큼 앞선다.
- $R-C$ 병렬회로, $R-C$ 직렬회로 : 전류가 전압보다 θ만큼 앞선다.

답 ①

35

그림과 같은 회로에서 전압계 ⓥ의 지시값은?

① 10[V]

② 50[V]

③ 80[V]

④ 100[V]

해설 $R-L-C$ 직렬회로에 흐르는 전류

임피던스 : $Z = \sqrt{R^2 + (X_C - X_L)^2}$

전류 : $I = \dfrac{V}{Z} = \dfrac{100}{\sqrt{8^2 + (10-4)^2}}$
$= 10[A]$

$\therefore V_C = I X_C = 10 \times 10 = 100[V]$

답 ④

36

공진작용과 관계가 없는 것은?

① C급 증폭회로

② 발진회로

③ LC 병렬회로

④ 변조회로

해설
- C급 증폭회로 : 출력은 입력과 같은 주파수의 정현파와 비슷한 파형이 되는 인덕터와 커패시터의 공진회로를 통과시켜 얻는다.
- 발진회로 : 발진회로는 특정한 주파수의 전류만이 회로에 흐르게 한 것이므로, 특정한 주파수의 전류에 공진하는 회로와 공진전류를 지속적으로 공급하는 증폭회로로 이루어지는 것이 보통이다.
- LC병렬회로 : LC회로에서 인덕터와 캐패시터가 전기장과 자기장으로 에너지를 축적하고 방출하면서 에너지를 주거니 받거니 하는 과정이 정확히 평형을 이룬 상태. 이것을 공진이라고 한다. 즉, LC공진이다.
- 변조회로 : 고주파의 교류신호를 저주파의 교류 신호에 따라 변화시키는 일. 신호의 전송을 위하여 반송파라고 하는 비교적 높은 주파수에 비교적 낮은 주파수를 포함시키는 과정이다.

답 ④

37

RLC 직렬회로에서 일반적인 공진조건으로 옳지 않은 것은?

① 리액턴스 성분이 0이 되는 조건
② 임피던스가 최대가 되어 전류가 최소로 되는 조건
③ 임피던스의 허수부가 0이 되는 조건
④ 전압과 전류가 동상이 되는 상태

해설
- 직렬공진 : 임피던스(Z) 최소, 전류(I) 최대
- 병렬공진 : 임피던스(Z) 최대, 전류(I) 최소

답 ②

38

$R-L-C$ 회로에서 직렬공진일 때의 조건으로 틀린 것은?

① 임피던스분이 0이다.
② 리액턴스분이 0이다.
③ 전압과 전류의 위상이 같다.
④ 임피던스에서 저항성분만 남는다.

해설 **직렬공진일 때**
- 임피던스분은 최소이다($Z=R$(최소)).
- 리액턴스분은 0이다($X_L - X_C = 0$).
- 전압과 전류의 위상은 같다.
- 전류는 최대이다.

답 ①

39

그림과 같은 회로에서 부하 L, R, C의 조건 중 역률이 가장 좋은 것은?

① $L=3[\Omega]$, $R=4[\Omega]$, $C=4[\Omega]$
② $L=3[\Omega]$, $R=3[\Omega]$, $C=4[\Omega]$
③ $L=4[\Omega]$, $R=3[\Omega]$, $C=4[\Omega]$
④ $L=4[\Omega]$, $R=3[\Omega]$, $C=3[\Omega]$

해설 역률이 가장 좋을 때 $\cos\theta = 1$
$Z=R$일 경우, $X_L(L)=X_c(C)$

답 ③

40

$L-C$ 직렬회로의 공진조건은?

① $\omega L = \dfrac{1}{\omega C}$ ② $\omega L = \omega C$

③ $\omega L + \omega C = 0$ ④ $\omega L + \omega C = 1$

해설 **직렬공진 조건** : 허수부가 0인 조건이므로
$$X_L = X_C, \ \omega L = \frac{1}{\omega C}$$

답 ①

41

$R-L-C$직렬회로의 공진 주파수는?

① $\dfrac{1}{2\pi\sqrt{LC}}$

② $\dfrac{2\pi}{\sqrt{LC}}$

③ $\sqrt{\dfrac{1}{LC}-\left(\dfrac{R}{2L}\right)^2}$

④ $\dfrac{1}{2\pi}\sqrt{\dfrac{1}{LC}-\left(\dfrac{R}{2L}\right)^2}$

해설 공진조건 $\omega L = \dfrac{1}{\omega C}$에서

$\omega^2 = \dfrac{1}{LC}$이고 $\omega = 2\pi f$이므로

$$\therefore f = \frac{1}{2\pi\sqrt{LC}}$$

답 ①

42

그림과 같은 회로에서 단자 a, b 사이에 주파수 f[Hz]의 정현파 전압을 가했을 때 전류계 A_1, A_2의 값이 같았다. 이 경우 f, L, C 사이의 관계로 옳은 것은?

① $f = \dfrac{1}{2\pi LC}$ [Hz]

② $f = \dfrac{1}{\sqrt{2\pi LC}}$ [Hz]

③ $f = \dfrac{1}{2\pi \sqrt{LC}}$ [Hz]

④ $f = \dfrac{1}{\sqrt{LC}}$ [Hz]

해설 $A_1 = A_2$인 경우는 병렬공진으로만 구동되는 회로와 같다.

공진주파수 : $f = \dfrac{1}{2\pi \sqrt{LC}}$

답 ③

43

$R = 10[\Omega]$, $C = 33[\mu F]$, $L = 20$[mH]인 $R-L-C$ 직렬회로의 공진주파수는?

① 19.6[Hz]

② 24.1[Hz]

③ 196[Hz]

④ 241[Hz]

해설 **직렬회로의 공진주파수**

$$f_0 = \dfrac{1}{2\pi \sqrt{LC}}$$

$$= \dfrac{1}{2\pi \sqrt{(20 \times 10^{-3}) \times (33 \times 10^{-6})}} \fallingdotseq 196[\text{Hz}]$$

답 ③

44

그림의 회로에서 공진상태의 임피던스는 몇 [Ω]인가?

① $\dfrac{R}{CL}$

② $\dfrac{L}{CR}$

③ $\dfrac{1}{LR}$

④ $\dfrac{1}{RC}$

해설 $R-L$직렬과 C가 병렬로 접속된 회로에서

공진 임피던스 : $Z = \dfrac{L}{CR}[\Omega]$

답 ②

45

그림과 같은 회로에서 a, b단자에 흐르는 전류 I가 인가전압 E와 동위상이 되었다. 이때 L값은?

① $\dfrac{R}{1 + \omega CR}$

② $\dfrac{R^2}{1 + (\omega CR)^2}$

③ $\dfrac{CR^2}{1 + \omega CR}$

④ $\dfrac{CR^2}{1 + (\omega CR)^2}$

해설 $j\omega L = \dfrac{1}{\dfrac{1}{R} + \dfrac{1}{j\dfrac{1}{\omega C}}} = \dfrac{1}{\dfrac{1}{R} - j\omega C}$

$= \dfrac{R(1 + j\omega CR)}{1 + (\omega CR)^2} =$ 실수부+허수부

$= \dfrac{R}{1 + (\omega CR)^2} + j\omega \dfrac{CR^2}{1 + (\omega CR)^2}$ 이므로,

허수부가 같아야 동위상이므로

$\therefore L = \dfrac{CR^2}{1 + (\omega CR)^2}$

답 ④

46

RLC 직렬공진회로에서 제n고조파의 공진주파수 (f_n)는?

① $\dfrac{1}{\pi n \sqrt{LC}}$ ② $\dfrac{1}{2\pi \sqrt{nLC}}$

③ $\dfrac{n}{2\pi \sqrt{LC}}$ ④ $\dfrac{1}{2\pi n \sqrt{LC}}$

해설 공진조건 $X_L = X_C$이므로

n고조파 시 $n\omega L = \dfrac{1}{n\omega C}$ 이며

공진각속도 $\omega = 2\pi f\,[\mathrm{rad/s}]$이므로

$$\omega^2 = \frac{1}{n^2 LC} \rightarrow (2\pi f_n)^2 = \frac{1}{n^2 LC}$$

$$\therefore\ f_n = \frac{1}{2\pi n \sqrt{LC}}\,[\mathrm{Hz}]$$

답 ④

47

$v = 20\sqrt{2}\sin\left(\omega t + \dfrac{\pi}{3}\right)[\mathrm{V}]$를 복소수로 표시하면?

① $V = 10(\sqrt{3} + j1)[\mathrm{V}]$

② $V = 10(1 + j\sqrt{3})[\mathrm{V}]$

③ $V = 10(1 + j0.5)[\mathrm{V}]$

④ $V = 10(1 + j2)[\mathrm{V}]$

해설
$$\therefore\ V = \frac{V_m}{\sqrt{2}}(\cos\theta + j\sin\theta)$$
$$= \frac{20\sqrt{2}}{\sqrt{2}}\left(\cos\frac{\pi}{3} + j\sin\frac{\pi}{3}\right)$$
$$= 10 + j10\sqrt{3} = 10(1 + j\sqrt{3})$$

답 ②

48

정전용량이 0.5[F]인 커패시터 양단에 $V = 10 \angle -60°[\mathrm{V}]$인 전압을 가하였을 때 흐르는 전류의 순시값은 몇 [A]인가?(단, $\omega = 30[\mathrm{rad/s}]$이다)

① $i = 150\sqrt{2}\sin(30t + 30°)$

② $i = 150\sin(30t - 30°)$

③ $i = 150\sqrt{2}\sin(30t + 60°)$

④ $i = 150\sin(30t - 60°)$

해설 용량성 리액턴스 :

$$X_C = \frac{1}{\omega C} = \frac{1}{30 \times 0.5} = \frac{1}{15}$$

전류 : $I = \dfrac{V}{X_C} = \dfrac{10}{\frac{1}{15}} = 150[\mathrm{A}]$

위상차 : $\theta = 90° - 60° = 30°$
(용량성이므로 전류의 위상이 앞선다)

$\therefore$ 순시전류 : $i = 150\sqrt{2}\sin(30t + 30°)$

답 ①

49

두 벡터 $A_1 = 3 + j2$, $A_2 = 2 + j3$가 있다. $A = A_1 \times A_2$라고 할 때 A는?

① $13 \angle 0°$ ② $13 \angle 45°$

③ $13 \angle 90°$ ④ $13 \angle 135°$

해설
$$A_1 = \sqrt{3^2 + 2^2} \angle \tan^{-1}\frac{2}{3} = \sqrt{13} \angle \tan^{-1}\frac{2}{3}$$
$$A_2 = \sqrt{2^2 + 3^2} \angle \tan^{-1}\frac{3}{2} = \sqrt{13} \angle \tan^{-1}\frac{3}{2}$$
$$A_1 \times A_2 = \sqrt{13} \times \sqrt{13} \angle \tan^{-1}\frac{2}{3} + \tan^{-1}\frac{3}{2}$$
$$= 13 \angle 90°$$

답 ③

50

$e_1 = 10\sqrt{2}\sin\left(\omega t + \dfrac{\pi}{3}\right)[\mathrm{V}]$와 $e_2 = 20\sqrt{2}\sin\left(\omega t + \dfrac{\pi}{6}\right)[\mathrm{V}]$의 두 정현파의 합성전압 e는 약 몇 [V]인가?

① $29.1\sin(\omega t + 60°)$ ② $29.1\sin(\omega t - 60°)$

③ $29.1\sin(\omega t - 40°)$ ④ $29.1\sin(\omega t + 40°)$

해설
$$e_1 = 10 \angle \frac{\pi}{3} = 10\left(\cos\frac{\pi}{3} + j\sin\frac{\pi}{3}\right) = 5 + j5\sqrt{3}$$
$$e_2 = 20 \angle \frac{\pi}{6} = 20\left(\cos\frac{\pi}{6} + j\sin\frac{\pi}{6}\right) = 10\sqrt{3} + j10$$
$$5 + 10\sqrt{3} = 22.32$$
$$j5\sqrt{3} + j10 = j18.66$$
$$\sqrt{22.32^2 + 18.66^2} = \sqrt{498 + 348} = \sqrt{846} = 29.1$$
$$\theta = \tan^{-1}\frac{18.66}{22.32} = 40°$$

답 ④

51

그림과 같은 휘스톤브리지의 평형조건은?

① $X = \dfrac{Q}{R}P$　　　② $X = \dfrac{P}{Q}R$

③ $X = \dfrac{R}{PQ}$　　　④ $X = \dfrac{Q}{P}R$

해설 휘스톤브리지 평형조건 : $QR = XP$

$$\therefore \ X = \dfrac{QR}{P}$$

답 ④

52

전원주파수가 일정할 경우 평형조건으로 옳은 것은?

① $\dfrac{R_4}{R_2} = \dfrac{1}{\omega^2 LC}$　　　② $\dfrac{R_4}{R_2} = \dfrac{C}{L}$

③ $\dfrac{R_3}{R_1} = \dfrac{1}{\omega^2 LC}$　　　④ $\dfrac{R_3}{R_1} = \dfrac{L}{C}$

해설 교류 브리지회로의 **평형조건**은

$$R_1 \cdot R_3 = \left(R_4 - j\dfrac{1}{\omega C}\right)\left(R_2 + j\omega L\right) \text{에서}$$

$$= R_2 R_4 + j\omega LR_4 - j\dfrac{R_2}{\omega C} + \dfrac{L}{C}$$

실수부와 허수부를 서로 정리하면

$$R_1 R_3 = R_2 R_4 + \dfrac{L}{C} \ \rightarrow \ R_1 R_3 - R_2 R_4 = \dfrac{L}{C}$$

$$\omega LR_4 = \dfrac{R_2}{\omega C} \ \rightarrow \ \dfrac{R_4}{R_2} = \dfrac{1}{\omega^2 LC}$$

답 ①

53

그림과 같은 브리지 회로의 평형조건은?

① $R_1 C_1 = R_2 C_2, \ R_2 R_3 = C_1 L$

② $R_1 C_1 = R_2 C_2, \ R_2 R_3 C_1 = L$

③ $R_1 C_2 = R_2 C_1, \ R_2 R_3 = C_1 L$

④ $R_1 C_2 = R_2 C_1, \ L = R_2 R_3 C_1$

해설

브리지 회로의 평형조건 교차곱은 같다.

$$[R_1 + j\omega L] \cdot \dfrac{1}{j\omega C_1} = \left[R_3 + \dfrac{1}{j\omega C_2}\right] \cdot R_2$$

$$\dfrac{R_1}{j\omega C_1} + \dfrac{L}{C_1} = R_2 R_3 + \dfrac{R_2}{j\omega C_2}$$

양 변에서 실수부와 허수부는 같다.

허수부 : $\dfrac{R_1}{\omega C_1} = \dfrac{R_2}{\omega C_2}$, 실수부 : $\dfrac{L}{C_1} = R_2 R_3$

허수부 : $R_1 C_2 = R_2 C_1$, 실수부 : $L = R_2 R_3 C_1$

답 ④

54

그림과 같은 교류브리지의 평형조건으로 옳은 것은?

① $R_2 C_4 = R_1 C_3, \ R_2 C_1 = R_4 C_3$

② $R_1 C_1 = R_4 C_4, \ R_2 C_3 = R_1 C_1$

③ $R_2 C_4 = R_4 C_3, \ R_1 C_3 = R_2 C_1$

④ $R_1 C_1 = R_4 C_4, \ R_2 C_3 = R_1 C_4$

해설 브리지 방법

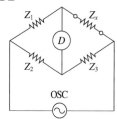

- 교류브리지 평형조건 : $Z_1 Z_3 = Z_2 Z_x$
- 이 조건을 이용하여 풀면
  $R_2 R_4 = R_1 C_3$, $R_2 C_1 = R_4 C_3$

답 ①

55

그림과 같은 브리지회로가 평형이 되기 위한 Z의 값은 몇 [Ω]인가?(단, 그림의 임피던스 단위는 모두 [Ω]이다)

① $2 - j4$

② $-2 + j4$

③ $4 + j2$

④ $4 - j2$

해설 브리지 평형조건에서
- $(2+j4)(2-j3) = Z(3+j2)$이므로
- $Z = \dfrac{(2+j4)(2-j3)}{3+j2}$에서

$Z = \dfrac{\{(2+j4)(2-j3)\}(3-j2)}{(3+j2)(3-j2)}$

$= \dfrac{52-j26}{13} = 4 - j2$

답 ④

56

교류전압과 전류의 곱 형태로 된 전력값은?

① 유효전력

② 무효전력

③ 소비전력

④ 피상전력

해설
- 피상전력, 겉보기 전력 : $P_a = V \cdot I[\text{VA}]$
- 유효전력, 소비전력 : $P = V \cdot I\cos\theta[\text{W}]$
- 무효전력 : $P_r = V \cdot I\sin\theta[\text{Var}]$

답 ④

57

교류전압 $V = 100[\text{V}]$와 전류 $I = 3 + j4[\text{A}]$가 주어졌을 때 유효전력은 몇 [W]인가?

① 300

② 400

③ 500

④ 600

해설 피상전력 : $P_a = VI = 100 \times (3+j4) = 300 + j400$

유효전력 : $P = 300[\text{W}]$

무효전력 : $P_r = 400[\text{var}]$

답 ①

58

어떤 회로에 $v(t) = 150\sin\omega t[\text{V}]$의 전압을 가하니 $i(t) = 6\sin(\omega t - 30)[\text{A}]$ 의 전류가 흘렀다. 이 회로의 소비전력은?

① 약 390[W]

② 약 450[W]

③ 약 780[W]

④ 약 900[W]

해설 실효전압 : $V = \dfrac{150}{\sqrt{2}}[\text{V}]$

실효전류 : $I = \dfrac{6}{\sqrt{2}}[\text{A}]$

위상차 : $\theta = 0 - (-30) = 30°$

$\therefore$ 소비(유효)전력 : $P = VI\cos\theta$

$= \dfrac{150}{\sqrt{2}} \times \dfrac{6}{\sqrt{2}} \times \cos 30° ≒ 390[\text{W}]$

답 ①

59

$R = 9[\Omega]$, $X_L = 10[\Omega]$, $X_C = 5[\Omega]$인 직렬부하 회로에 220[V]의 정현파 전압을 인가시켰을 때의 유효전력은 약 몇 [kW]인가?

① 1.98

② 2.41

③ 2.77

④ 4.1

해설 임피던스 : $Z = \sqrt{R^2 + (X_L - X_C)^2}$

$= \sqrt{9^2 + (10-5)^2} ≒ 10.3[\Omega]$

전류 : $I = \dfrac{V}{Z} = \dfrac{220}{10.3} ≒ 21.4[\text{A}]$

역률 : $\cos\theta = \dfrac{R}{Z} = \dfrac{9}{10.3} = 0.87$

유효전력 : $P = VI\cos\theta \times 10^{-3}$

$= 220 \times 21.4 \times 0.87 \times 10^{-3} ≒ 4.1[\text{kW}]$

답 ④

60

$10 + j20[\text{V}]$의 전압이 $16 + j9[\Omega]$의 임피던스에 인가되면 유효전력은 약 몇 [W]인가?

① 6.25[W]
② 17.17[W]
③ 23.74[W]
④ 31.25[W]

해설 전압의 크기 : $V = \sqrt{10^2 + 20^2} = 22.36$

임피던스의 크기 : $Z = \sqrt{16^2 + 9^2} = 18.36$

전류 : $I = \dfrac{V}{Z} = 1.22$

유효전력 : $P = I^2 R = 1.22^2 \times 16 \fallingdotseq 23.74[\text{W}]$

답 ③

61

그림과 같은 회로에서 전원의 주파수를 2배로 할 때, 소비전력은 몇 [W]인가?

① 250[W]
② 769[W]
③ 816[W]
④ 1,600[W]

해설 임피던스 : $Z = \sqrt{R^2 + X_C^2} = \sqrt{4^2 + \left(\dfrac{6}{2}\right)^2} = 5[\Omega]$

전류 : $I = \dfrac{V}{Z} = \dfrac{100}{5} = 20[\text{A}]$

∴ 전력 : $P = I^2 R = 20^2 \times 4 = 1,600[\text{W}]$

답 ④

62

단상 200[V]의 교류전압을 회로에 인가할 때 $\dfrac{\pi}{6}[\text{rad}]$ 만큼 위상이 뒤진 10[A]의 전류가 흐른다고 한다. 이 회로의 역률은 몇 [%]인가?

① 86.6
② 89.6
③ 92.6
④ 95.6

해설 유효전력

피상전력 : $P_a = VI = 200 \times 10 = 2,000[\text{VA}]$

유효전력 : $P = VI\cos\theta = 200 \times 10 \times \cos\dfrac{\pi}{6}(30°)$

$= 1,732[\text{W}]$

역률 : $\cos\theta = \dfrac{P}{P_a} \times 100 = \dfrac{1,732}{2,000} \times 100 = 86.6[\%]$

답 ①

63

어떤 부하의 유효전력을 측정하였더니 1,200[W] 이고, 무효전력은 400[Var]이었다. 이 부하의 역률은?

① 0.98
② 0.95
③ 0.88
④ 0.85

해설 피상전력 :

$P_a = \sqrt{P^2 + P_r^2} = \sqrt{1,200^2 + 400^2} \fallingdotseq 1,264.91$

역률 : $\cos\theta = \dfrac{P}{P_a} = \dfrac{1,200}{1,264.91} \fallingdotseq 0.95$

답 ②

64

$v = V_m \sin\omega t[\text{V}]$로 표현되는 교류전압을 가하면 전력 $P[\text{W}]$를 소비하는 저항이 있다. 이 저항의 값[Ω]은?

① $\dfrac{V_m^2}{2P}[\Omega]$
② $\dfrac{V_m^2}{P}[\Omega]$
③ $\dfrac{2V_m^2}{P}[\Omega]$
④ $\dfrac{4V_m^2}{P}[\Omega]$

해설
- 전력 $P = VI = \dfrac{V^2}{R}$, $R = \dfrac{V^2}{P}$

- 전압실횻값 $V = \dfrac{V_m}{\sqrt{2}}$

∴ $R = \dfrac{V^2}{P} = \dfrac{\left(\dfrac{V_m}{\sqrt{2}}\right)^2}{P} = \dfrac{V_m^2}{2P}$

답 ①

65

회로에서 주파수를 60[Hz], 단상교류전압 $V = 100[\text{V}]$, 저항 $R = 18.8[\Omega]$일 때 L의 크기는?(단, L을 가감해서 R의 전력을 $L = 0$일 때의 $\dfrac{1}{2}$이라 한다)

① 10[mH]
② 50[mH]
③ 100[mH]
④ 150[mH]

해설 R의 전력 : $P = \dfrac{V^2}{R} = \dfrac{100^2}{18.8} = 532[\mathrm{W}]$

$P' = \dfrac{V^2}{X_L} = \dfrac{V^2}{\omega L} = \dfrac{V^2}{2\pi f L}$ 에서

$L = \dfrac{V^2}{2\pi f \times P'} = \dfrac{100^2}{2\pi \times 60 \times 532} = 0.049[\mathrm{H}]$

$\therefore 49.9[\mathrm{mH}]$

답 ②

66

무효전력 $P_r = Q$ 일 때 역률이 0.60이면 피상전력은?

① $0.6\,Q$ 　　　　② $0.8\,Q$
③ $1.25\,Q$ 　　　　④ $1.67\,Q$

해설 역률 : $\cos\theta = 0.6$, $\sin\theta = 0.8$
무효전력 : $P_r = P_a\sin\theta$

피상전력 : $P_a = \dfrac{P_r}{\sin\theta} = \dfrac{P_r}{0.8} = 1.25 P_r\,(Q)$

답 ③

67

22[kVA]의 부하에 대한 역률이 0.80이라면 무효전력은 몇 [kVar]인가?

① 13.2 　　　　② 15.2
③ 17.2 　　　　④ 20.2

해설 역률 : $\cos\theta = 0.8$, $\sin\theta = 0.6$
무효전력 : $P_a = P_a\sin\theta = 22 \times 0.6 = 13.2[\mathrm{kVar}]$

답 ①

68

역률 80[%], 유효전력 80[kW]일 때 무효전력은?

① 10[kVar] 　　　　② 16[kVar]
③ 60[kVar] 　　　　④ 64[kVar]

해설 무효전력

$P_r = P_a\sin\theta = P\tan\theta = P\dfrac{\sin\theta}{\cos\theta}$

$P_r = 80 \times \dfrac{0.6}{0.8} = 60[\mathrm{kVar}]$

답 ③

69

전압 $v = 50\sqrt{2}\sin(\omega t + \theta)[\mathrm{V}]$,

전류 $i = 10\sqrt{2}\sin\left(\omega t + \theta - \dfrac{\pi}{6}\right)[\mathrm{A}]$일 때 무효전력은?

① 100[Var] 　　　　② 150[Var]
③ 200[Var] 　　　　④ 250[Var]

해설 실효전압 : $V = \dfrac{V_m}{\sqrt{2}} = \dfrac{50\sqrt{2}}{\sqrt{2}} = 50[\mathrm{V}]$

실효전류 : $I = \dfrac{I_m}{\sqrt{2}} = \dfrac{10\sqrt{2}}{\sqrt{2}} = 10[\mathrm{A}]$

위상차 : $\theta = 0 - \left(-\dfrac{\pi}{6}\right) = \dfrac{\pi}{6} = 30°$

무효전력 : $P_r = VI\sin\theta = 50 \times 10 \times \dfrac{1}{2} = 250[\mathrm{Var}]$

답 ④

70

그림과 같은 회로에서 각 계기의 지시값이 V는 180[V], I는 5[A], W는 720[W]라면 이 회로의 무효전력은?

① 480[Var] 　　　　② 540[Var]
③ 960[Var] 　　　　④ 1,200[Var]

해설 피상전력 : $P_a = VI = 180 \times 5 = 900[\mathrm{VA}]$

역률 : $\cos\theta = \dfrac{P}{P_a} = \dfrac{720}{900} = 0.8$

$\sin\theta = \sqrt{1 - \cos^2\theta} = \sqrt{1 - 0.8^2} = 0.6$

무효전력 : $P_r = P_a\sin\theta = 900 \times 0.6 = 540[\mathrm{Var}]$

답 ②

71

어떤 회로에 $V = 100 + j\,20[\mathrm{V}]$인 전압을 가했을 때 $I = 8 + j\,6[\mathrm{A}]$인 전류가 흘렀다. 이 회로의 소비전력은 몇 [W]인가?

① 800 　　　　② 920
③ 1,200 　　　　④ 1,400

해설 $V=100+j20[\text{V}]$, $I=8+j6[\text{A}]$의 복소전력

$$P=\overline{V}I=(100-j20)(8+j6)$$
$$=800+j600-j160+120$$
$$=920+j440$$

유효(소비)전력 : 920[W]

무효전력 : 440[Var]

답 ②

72

$V=4+j3[\text{V}]$의 전압을 부하에 걸었더니 $I=5-j2[\text{A}]$의 전류가 흘렀다. 부하에서의 소비전력은 몇 [W]인가?

① 14   ② 23

③ 26   ④ 35

해설 복소전력 : $P=\overline{V}I=(4-j3)(5-j2)$
$$=20-j8-j15-6=14-j23$$

유효(소비)전력 : 14[W], 무효전력 : 23[Var]

답 ①

73

제3고조파 전류가 나타나는 결선방식은?

① Y$-$Y   ② Y$-\triangle$

③ $\triangle-\triangle$ ④ $\triangle-$Y

해설 Y$-$Y**결선** : 제3고조파 전류에 의한 통신선 유도장해 발생

답 ①

74

3상3선식 전로에 접속하는 Y결선의 평형 저항부하가 있다. 이 부하를 $\triangle$결선하여 같은 전원에 접속한 경우의 선전류는 Y결선을 한 때보다 어떻게 되는가?

① $\frac{1}{3}$로 감소한다.

② $\frac{1}{\sqrt{3}}$로 감소한다.

③ $\sqrt{3}$ 배 증가한다.

④ 3배 증가한다.

해설 Y $\rightarrow \triangle$**결선**

임피던스 : $Z=$ 3배

전류 : $I=\frac{1}{3}$ 배

답 ①

75

평형 3상회로의 $\triangle$결선된 부하를 Y결선으로 접속을 바꾸면 소비전력은 어떻게 되는가?

① $\triangle$결선의 3배로 됨

② $\triangle$결선의 $\frac{1}{3}$배로 됨

③ $\triangle$결선의 9배로 됨

④ $\triangle$결선의 $\frac{1}{9}$배로 됨

해설 $\triangle \rightarrow$ Y**결선**

임피던스 : $Z=\frac{1}{3}$ 배

전력 : $P=\frac{1}{3}$ 배

전류 : $I=3$배

답 ②

76

대칭 3상 Y부하에서 각 상의 임피던스는 20[Ω]이고, 부하전류가 8[A]일 때 부하의 선간전압은 약 몇 [V]인가?

① 160[V]   ② 226[V]

③ 277[V]   ④ 480[V]

해설 Y결선회로에서

• 선간전압 $V_l=\sqrt{3}\,V_P$, 선전류 $I_l=I_P$이므로

• 상전압 $V_P=I\times Z=8\times20=160[\text{V}]$

$\therefore V_l=\sqrt{3}\times160=277[\text{V}]$

답 ③

77

100[Ω]인 저항 3개를 같은 전원에 $\triangle$ 결선으로 접속할 때와 Y결선으로 접속할 때, 선전류의 크기의 비는?

① 3   ② $\frac{1}{3}$

③ $\sqrt{3}$ ④ $\frac{1}{\sqrt{3}}$

해설 $\triangle \rightarrow$ Y**결선**

임피던스 : $Z=\frac{1}{3}$ 배

전류 : $I=3$배

답 ①

78

전원과 부하가 다같이 △ 결선된 3상 평형회로가
있다. 전원전압이 200[V], 부하 1상의 임피던스가
$4+j3[\Omega]$인 경우 선전류는 몇 [A]인가?

① $\dfrac{40}{\sqrt{3}}$　　　　　　② $\dfrac{40}{3}$

③ 40　　　　　　④ $40\sqrt{3}$

해설 △결선 : $V_l = V_P,\ I_l = \sqrt{3}\,I_P$

상전류 :

$$I_P = \frac{V_P}{Z} = \frac{200}{\sqrt{4^2+3^2}} = \frac{200}{5} = 40[\text{A}]$$

선간전류 :

$$I_l = \sqrt{3}\,I_P = \sqrt{3}\times 40 = 40\sqrt{3}\,[\text{A}]$$

답 ④

79

저항 $R[\Omega]$ 3개를 △결선한 부하에 3상전압 $E[\text{V}]$를
인가한 경우 선전류는 몇 [A]인가?

① $\dfrac{E}{3R}$　　　　　　② $\dfrac{E}{\sqrt{3}\,R}$

③ $\dfrac{\sqrt{3}\,E}{R}$　　　　　　④ $\dfrac{3E}{R}$

해설 △결선 : $V_l = V_P,\ I_l = \sqrt{3}\,I_P$

선전류 :

$$I_l = \sqrt{3}\,I_P = \sqrt{3}\cdot\frac{E}{R} = \frac{\sqrt{3}\,E}{R}\,[\text{A}]$$

답 ③

80

3상 평형부하가 있다. 선간전압 3,000[V], 선전류
30[A], 역률 0.9(뒤짐)이다. 부하가 Y결선일 때 한
상의 저항은 몇 [Ω]인가?

① 90[Ω]　　　　　② 51.96[Ω]
③ 173.20[Ω]　　　　④ 4,676.53[Ω]

해설 Y결선 : $V_l = \sqrt{3}\,V_p,\quad I_l = I_p$

$$P = \sqrt{3}\,VI\cos\theta = 3I_p^2 R$$

$$P = \sqrt{3}\,VI\cos\theta = \sqrt{3}\times 3,000\times 30\times 0.9 \fallingdotseq 140,296[\text{W}]$$

$$\therefore\ R = \frac{P}{3I_P^2} = \frac{140,296}{3\times 30^2} = 51.96[\Omega]$$

답 ②

81

그림에서 a, b 간의 합성저항은?(단, 그림에서 단위
는 [Ω]이다)

① 3[Ω]　　　　　　② 4[Ω]
③ 5[Ω]　　　　　　④ 6[Ω]

해설

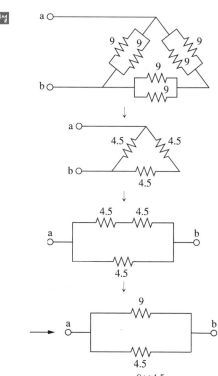

$$\therefore\ \text{합성저항 : } R_0 = \frac{9\times 4.5}{9+4.5} = 3[\Omega]$$

답 ①

82

단상전력을 간접적으로 측정하기 위해 3전압계법을 사용하는 경우 단상교류전력 P[W]는?

① $P = \dfrac{1}{2R}(V_3 - V_2 - V_1)^2$

② $P = \dfrac{1}{R}(V_3^2 - V_1^2 - V_2^2)$

③ $P = \dfrac{1}{2R}(V_3^2 - V_1^2 - V_2^2)$

④ $P = V_3 I \cos\theta$

해설 3전압계법 : $P = \dfrac{1}{2R}(V_3^2 - V_1^2 - V_2^2)[\text{W}]$

답 ③

83

그림과 같이 전압계 V_1, V_2, V_3와 5[Ω]의 저항 R을 접속하였다. 전압계의 지시가 $V_1 = 20$, $V_2 = 40$, $V_3 = 50$[V]라면 부하전력은 몇 [W]인가?

① 50　　　　　　　② 100

③ 150　　　　　　④ 200

해설 3전압계법

$P = \dfrac{1}{2R}(V_3{}^2 - V_1{}^2 - V_2{}^2)[\text{W}]$ 의 공식에 의해,

$P = \dfrac{1}{2 \times 5}(50^2 - 20^2 - 40^2) = 50[\text{W}]$

답 ①

84

비사인파의 일반적인 구성이 아닌 것은?

① 직류분　　　　　② 기본파

③ 삼각파　　　　　④ 고조파

해설 비정현파(비사인파)＝기본파＋고조파＋직류분

답 ③

85

$i = 20\sqrt{2}\sin(\omega t + 10) + 5\sqrt{2}\sin(3\omega t - 30) + 3\sqrt{2}\sin(4\omega t + 90)$[mA]인 비정현파 전류의 실횻값은 약 몇 [mA]인가?

① 20.8[mA]　　　② 28.1[mA]

③ 29.5[mA]　　　④ 39.6[mA]

해설 비정현파 실효전류

$I = \sqrt{I_1^2 + I_3^2 + I_5^2} = \sqrt{20^2 + 5^2 + 3^2} = 20.8[\text{mA}]$

실효전류

$I = \dfrac{I_m}{\sqrt{2}}\left(I_l = \dfrac{20\sqrt{2}}{\sqrt{2}},\ I_3 = \dfrac{5\sqrt{2}}{\sqrt{2}},\ I_5 = \dfrac{3\sqrt{2}}{\sqrt{2}}\right)$

답 ①

86

이상적인 전압원 및 전류원에 대한 설명이 옳은 것은?

① 전압원의 내부저항은 ∞이고 전류원은 0이다.

② 전압원의 내부저항은 0이고 전류원은 ∞이다.

③ 전압원이나 전류원의 내부저항은 흐르는 전류에 따라 변한다.

④ 전압원의 내부저항은 일정하고, 전류원의 내부 저항은 일정하지 않다.

해설 이상적인 전압원과 전류원은 부하에 관계없이 항상 일정한 전압과 전류를 공급한다.
- **전압원**의 기전력 : **내부저항 0**
- **전류원**의 기전력 : **내부저항 ∞**

답 ②

87

그림의 회로에 흐르는 전류 I는 몇 [A]인가?

① 1[A]　　　　　　② 2[A]

③ 4[A]　　　　　　④ 8[A]

해설　합성전압 : $V_0 = V_1 - V_2 = 20 - 12 = 8[\text{V}]$
（전압의 극성이 반대이므로）
합성저항 : $R_0 = R_1 + R_2 = 3 + 5 = 8[\Omega]$

전류 : $I = \dfrac{V_0}{R_0} = \dfrac{8}{8} = 1[\text{A}]$

답 ①

88
그림에서 1[Ω]의 저항 단자에 걸리는 전압의 크기는?

① 40[V]　　② 60[V]
③ 100[V]　④ 140[V]

해설
• 이상적인 전압원은 부하변동에 관계없이 항상 일정한 전압을 유지하고, 이상적인 전류원은 부하변동에 관계없이 항상 일정한 전류를 유지한다.
• 전류원이 추가 되었을 때에는 전압원의 두 선을 단락하여 계산하면 1[Ω]에는 전류가 흐르지 않는다.
• 전압원이 추가 되었을 때에는 전류원의 두 선을 단선시키므로 1[Ω]에는 100[V]가 걸리게 된다.

답 ③

89
다음 그림에서 I_2는 몇 [A]인가?

① 0.05[A]　② 0.3[A]
③ 0.55[A]　④ 0.6[A]

해설
• 등가회로

• 밀만의 정리를 이용하여 중성점전위(V_{ab})

$$V_{ab} = \frac{\dfrac{V_1}{R_1} + \dfrac{V_2}{R_2}}{\dfrac{1}{R_1} + \dfrac{1}{R_2} + \dfrac{1}{R_3}} = \frac{\dfrac{2}{4} + \dfrac{4}{4}}{\dfrac{1}{4} + \dfrac{1}{4} + \dfrac{1}{3}} = 1.8[\text{V}]$$

$$I_2 = \frac{V_{ab}}{R_3} = \frac{1.8}{3} = 0.6[\text{A}]$$

∴ 0.6[A]

답 ④

90
그림에서 저항 20[Ω]에 흐르는 전류는 몇 [A]인가?

① 0.8[A]　　② 1.0[A]
③ 1.8[A]　　④ 2.8[A]

해설　한 회로에 전압원, 전류원 동시에 존재하므로 중첩의 원리 적용
• 전류원만 존재 시

$$I_1 = \frac{R_2}{R_1 + R_2} \times I = \frac{5}{20 + 5} \times 5 = 1[\text{A}]$$

• 전압원만 존재 시

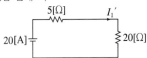

$$I_1' = \frac{20}{5 + 20} = 0.8$$

• 20[Ω]에 흐르는 전전류
$$I_{20} = I_1 + I_1'$$
$$I_{20} = 1 + 0.8 = 1.8[\text{A}]$$

답 ③

91
4단자 정수 $A = \dfrac{5}{3}$, $B = 800$, $C = \dfrac{1}{450}$, $D = \dfrac{5}{3}$ 일 때 영상 임피던스 Z_{01}과 Z_{02}는 각각 몇 [Ω]인가?

① $Z_{01} = 300$, $Z_{02} = 300$
② $Z_{01} = 600$, $Z_{02} = 600$
③ $Z_{01} = 800$, $Z_{02} = 800$
④ $Z_{01} = 1,000$, $Z_{02} = 1,000$

해설 영상 임피던스

Z_{01}(입력 측)

$$= \sqrt{\frac{AB}{CD}} = \sqrt{\frac{\frac{5}{3} \times 800}{\frac{1}{450} \times \frac{5}{3}}} = 600$$

Z_{02}(출력 측)

$$= \sqrt{\frac{BD}{AC}} = \sqrt{\frac{800 \times \frac{5}{3}}{\frac{5}{3} \times \frac{1}{450}}} = 600$$

답 ②

92
저항 R과 인덕턴스 L의 직렬회로에서 시정수는?

① RL ② $\dfrac{L}{R}$

③ $\dfrac{R}{L}$ ④ $\dfrac{L}{Z}$

해설
• $R-L$ 직렬회로의 시정수 : $\tau = \dfrac{L}{R}$[s]
• $R-C$ 직렬회로의 시정수 : $\tau = RC$[s]

답 ②

93
저항 R_1, R_2와 인덕턴스 L이 직렬로 연결된 회로에서 시정수[s]는?

① $\dfrac{R_1+R_2}{2L}$ ② $-\dfrac{R_1+R_2}{L}$

③ $\dfrac{L}{R_1+R_2}$ ④ $-\dfrac{L}{R_1+R_2}$

해설 $R-L$ 직렬회로의 시정수

$$\tau = \frac{L}{R_0} = \frac{L}{R_1+R_2}$$

답 ③

94
$R-C$ 직렬회로에서 시정수의 값이 클수록 과도현상의 소멸되는 시간은 어떻게 되는가?

① 짧아진다.
② 길어진다.
③ 과도기가 없어진다.
④ 관계가 없다.

해설 $R-C$ 직렬회로
시정수 $\tau = RC$[s]로 시정수 값이 커질수록 과도현상은 오래 지속된다.

답 ②

95
그림과 같은 $R-C$ 필터회로에서 리플 함유율을 가장 효과적으로 줄일 수 있는 방법은?

① C를 크게 한다.
② R을 크게 한다.
③ C와 R을 크게 한다.
④ C와 R을 적게 한다.

해설 리플 함유율(맥동률)
R과 C의 값이 클수록 리플 전압이 낮아져 리플 함유율을 줄일 수 있다.

답 ③

96
구동점 임피던스(Driving Point Impedance) 함수에서 극점(Pole)이란 무엇을 의미하는가?

① 개방회로상태를 의미한다.
② 단락회로상태를 의미한다.
③ 전류가 많이 흐르는 상태를 의미한다.
④ 접지상태를 의미한다.

해설
• 영점 : 단락상태
• 극점 : 개방상태

답 ①

97
2차계에서 무제동으로 무한 진동이 일어나는 감쇠율(Damping Ratio) δ는 어떤 경우인가?

① $\delta=0$ ② $\delta>1$
③ $\delta=1$ ④ $0<\delta<1$

해설 2차 제어계의 과도응답에서 특성근의 위치에 따른 제동비로 특성근이 허수축상에 존재 시 $\delta=0$인 지속진동이 일어난다.
• $\delta=0$: 무제동 • $\delta>1$: 과제동
• $\delta=1$: 임계제동 • $0<\delta<1$: 부족제동

답 ①

제4장 전기기기

1 직류발전기 원리

(1) 플레밍의 오른손법칙 : 발전기 법칙
  ① 엄지 : 운동의 방향(회전방향)
  ② 검지 : 자속의 방향($N \rightarrow S$)
  ③ 중지 : 기전력의 방향

2 직류발전기의 구조

■ 직류기 3요소
  전기자, 계자, 정류자

① 전기자 : 원동기로 회전시켜 자속을 끊어서 기전력을 유도하는 부분
② 계자 : 전기자가 쇄교하는 자속을 만들어 주는 부분
③ 정류자 : 브러시와 접촉하여 유기기전력을 정류시켜 직류로 바꾸어 주는 부분

3 유도기전력

■ 유도기전력
$$E = \frac{PZ\phi N}{60a}$$
$$= K\phi N \, [\text{V}]$$

$$E = \frac{PZ\phi N}{60a} = K\phi N \, [\text{V}]$$

여기서, P : 극수, Z : 전기자 도체수, ϕ : 자속[Wb], N : 분당 회전수[rpm],
  a : 전기자 병렬회로수(파권 : $a = 2$, 중권 : $a = P$), K : 비례상수$\left(K = \dfrac{PZ}{60a} \right)$

4 직류발전기 병렬운전 조건

① 극성이 같을 것(+, −)
② 정격전압이 같을 것
③ 외부특성이 수하특성으로 같을 것
④ 직권, 복권발전기 : 균압선 설치 → 이유 : 운전을 안전하게 하기 위해

5 직류전동기의 구조 및 원리

(1) 토크(회전력)

$$T = 0.975\frac{P_m[\text{W}]}{N} = 975\frac{P_m[\text{kW}]}{N}\,[\text{kg}\cdot\text{m}]$$

여기서, P_m : 기계적 출력(동력), N : 분당 회전수[rpm]

(2) 직권전동기

① 정격전압 운전 중 무부하(무여자)하면 안된다.
② 무부하(무여자) 시 과속도로 되어 전동기가 과열소손된다.
③ 토크 : $T \propto I_a^2$, $T \propto \phi^2$, $T \propto \dfrac{1}{N^2}$

(3) 분권전동기

① 정격전압 운전 중 무여자하면 안된다.
② 무여자 시 과속도로되어 전동기가 과열소손된다.
③ 토크 : $T \propto I_a$, $T \propto \phi$, $T \propto \dfrac{1}{N}$

(4) 자여자 전동기(직권, 분권, 복권) : 전원극성을 바꾸어도 회전방향이 변하지 않는다.

① 회전방향 변경 : 계자전류 또는 전기자전류 중 하나의 전류방향을 바꾼다.

6 직류전동기 속도제어 및 제동법

(1) 속도제어법 : 저항제어, 계자제어, 전압제어

① 저항제어 : 손실이 크다. 효율이 나쁘다.
② 계자(전류)제어 : 정출력 제어
③ 전압제어 : 광범위한 속도를 제어하며, 운전 효율이 좋다.
  ㉠ 워드 레오너드 방식
  ㉡ 일그너 방식
  ㉢ 직·병렬 제어 방식
  ㉣ 초퍼제어 방식

■ 직류발전기 병렬운전 조건
  − 극성, 전압, 외부특성이 같을 것
  − 직권, 복권 : 균압선 설치

■ 토크(회전력)
$$T = 0.975\frac{P_m}{N}$$
$$= 975\frac{P_m}{N}\,[\text{kg}\cdot\text{m}]$$

■ 직권전동기
$$T \propto I_a^2,\ T \propto \frac{1}{N^2}$$

■ 직류전동기 속도제어법
  − 저항제어
  − 계자(전류)제어
  − 전압제어

■ 제동법
 – 발전제동
 – 회생제동
 – 역상(역전)제동

(2) 제동법 : 전동기를 정지시키는 방법

① **발전제동** : 전동기를 발전기로 구동시켜 발생한 기전력을 저항에서 열에너지로 소비시키며 제동

② **회생제동** : 전동기를 발전기로 구동시켜 발생한 기전력을 전원진압보다 높게 하여 전원으로 되돌려주며 제동

③ **역상(역전)제동** : 전원 3선 중 2선의 접속을 바꾸어 역방향 토크를 발생시켜 급격히 제동

■ 규소강판 : 히스테리시스
 손 감소

■ 성층철심 : 와류손 감소

7 손 실

(1) 무부하손(고정손) : 부하가 있던, 없던 무조건 발생하는 손실

① **철손(P_i)** : 히스테리시스손, 와류손

② **기계손** : 풍손, 마찰손, 베어링손

(2) 부하손(가변손) : 부하를 걸었을 때만 발생하는 손실(무부하 시 없다)

① **동손(P_C)** : 전기자 동손, 저항손

② **표유부하손**

■ 최대 효율조건
 무부하손 = 부하손
 (고정손) (가변손)

(3) 최대 효율조건 : 무부하손(고정손) = 부하손(고정손)

8 효 율

$$효율(\eta) = \frac{출력}{입력} \times 100 \left(입력 = \frac{출력}{\eta}, \ 출력 = \eta \cdot 입력 \right)$$

■ 효율(η)
$= \dfrac{출력}{입력} \times 100[\%]$

$= \dfrac{출력}{출력+손실} \times 100[\%]$

(1) 입력 = 출력 + 손실

(2) 출력 = 입력 − 손실

(3) 손실 = 입력 − 출력

(4) 규약효율

■ 앰플리다인 : 근소한 전력
 변화를 증폭시키는 직류
 발전기

① **발전기** : $\eta = \dfrac{출력}{출력 + 손실} \times 100[\%]$ (발·출)

② **전동기** : $\eta = \dfrac{입력 - 손실}{입력} \times 100[\%][\%]$ (전·입)

$$계자저항(R_f)\uparrow \propto 계자전류(I_f)\downarrow \propto 자속(\phi)\downarrow \propto 회전수(N)\uparrow$$

제 **2** 절　동기기

1 동기 발전기 원리

(1) **동기속도** : $N_s = \dfrac{120f}{P}$[rpm]

- $N_s \propto f$
- $N_s \propto \dfrac{1}{P}$

　여기서, f : 주파수[Hz], P : 극수

(2) **회전계자형** : 동기기
　① 고정자 : 전기자
　② 회전자 : 계자

(3) **발전기 병렬운전 조건**
　① 기전력의 크기가 같을 것
　② 기전력의 위상이 같을 것
　③ 기전력의 주파수가 같을 것
　④ 기전력의 파형이 같을 것
　⑤ 상회전 방향이 같을 것

(4) **난조** : 축이 흔들리는 현상
　① 방지책 : 제동권선 설치

■ 동기속도

$N_s = \dfrac{120f}{P}$[rpm]

- P=2극
　→ N_s =3,600[rpm]
- P=4극
　→ N_s =1,800[rpm]
- P=6극
　→ N_s =1,200[rpm]

■ 동기 발전기 병렬운전 조건
크기, 위상, 주파수, 파형, 상회전 방향이 같을 것

■ 난조방지 : 제동권선 설치

안심Touch

제 3 절   변압기

1 변압기의 원리 : 전자유도작용(현상)

1차 권선   2차 권선

(1) 유도기전력 : $E_2 = 4.44f\phi N_2 = 4.44f\phi BA \ [\text{V}]$

여기서, f : 주파수[Hz], ϕ : 자속[Wb], N : 권선수, B : 자속밀도[Wb/m²], A : 단면적[m²]

(2) 권수비(전압비)

① 권수비 : $a = \dfrac{V_1}{V_2} = \dfrac{N_1}{N_2} = \dfrac{I_2}{I_1} = \sqrt{\dfrac{Z_1}{Z_2}} = \sqrt{\dfrac{R_1}{R_2}}$

㉠ 1차 전압 : $V_1 = a\,V_2 \left(V_2 = \dfrac{V_1}{a} \right)$

㉡ 1차 저항 : $R_1 = a^2 R_2 \left(R_2 = \dfrac{R_1}{a^2} \right)$

② 1차 입력 : $P_1 = V_1 I_1$

③ 2차 출력 : $P_2 = V_2 I_2 \ (P_1 = P_2)$

2 변압기 구조

(1) 절연유 구비 조건

① 절연내력이 클 것
② 점도가 낮고, 냉각효과가 좋을 것
③ 인화점은 높고, 응고점은 낮을 것
④ 고온에서 산화하지 않고, 석출물이 생기지 않을 것

(2) 발생가스 : 수소(H_2)

(3) 열화 현상 : 변압기 내·외부 온도차에 의해 공기나 수분이 침투하는 현상

(4) 열화 방지책 : 콘서베이터, 질소봉입방식, 흡착제 방식(브리더)

■ 자화전류
 : 자속을 만드는 전류

■ 변압기(절연유) 구비 조건
 – 절연내력↑, 냉각효과↑,
   인화점↑
 – 점도↓, 응고점↓

■ 변압기 열화 방지책
 – 콘서베이터 설치
 – 질소봉입방식
   (밀봉방식)
 – 흡착제방식(브리더)

3 등가회로 시험

(1) 권선저항 측정 시험

(2) 무부하(개방)시험 : 철손, 여자전류, 여자어드미턴스

(3) 단락시험 : 동손(임피던스와트), 임피던스 전압, 전압변동률, 단락전류

4 변압기 병렬운전

(1) 구비조건
    ① 정격전압이 같을 것
    ② 극성이 같을 것
    ③ 권수비가 같을 것
    ④ %임피던스가 같을 것
    ⑤ 상회전방향 및 각 변위가 같을 것(3상)

(2) 병렬운전 가능 : 짝수 조합(Y, △ : 2개, 4개)

(3) 병렬운전 불가능 : 홀수 조합(Y, △ : 1개, 3개)

5 변압기 극성

(1) 가극성 : 1차와 2차 기전력이 서로 가해지는 변압기
    $V = V_1 + V_2 [\text{V}]$

(2) 감극성 : 1차와 2차 기전력이 서로 상쇄하는 변압기
    $V = V_1 - V_2 [\text{V}]$

■ **등가회로 시험**
  – 권선저항 측정 시험
  – 무부하(개방) 시험
  – 단락시험

■ **변압기 병렬운전 조건**
정격전압, 극성, 권수비,
%임피던스, 상회전방향,
각 변위가 같을 것

■ **병렬운전 가능(짝수)**
  – Y–△, △–Y
  – Y–Y, △–△
  – Y–Y, Y–Y 등

■ **병렬운전 불가능(홀수)**
  – Y–Y, Y–△
  – △–△, △–Y 등

■ Y 결선
- $V_l = \sqrt{3}\, V_P$
- $I_l = I_P$

6 변압기 결선

(1) Y－Y 결선 : $I_l = I_P$, $V_l = \sqrt{3}\, V_P \angle 30°$

① 특 징
- 1차와 2차 전류 사이에 위상차가 없다.
- 중성점을 접지할 수 있으므로 이상전압 방지
- 보호계전기 동작을 확실히 한다.
- 제3고조파 전류에 의해 통신선 유도장해 발생

(2) △－△ 결선 : $V_l = V_P$, $I_l = \sqrt{3}\, I_P \angle -30°$

■ △ 결선
- $V_l = V_P$
- $I_l = \sqrt{3}\, I_P$

① 특 징
- 1차와 2차 전압 사이에 위상차가 없다.
- 제3고조파 순환전류가 △ 결선 내에서 순환하므로 정현파 전압 유기
- 1대 소손 시 V 결선하여 계속 송전 가능
- 중성점을 접지할 수 없으므로 사고 발생 시 이상전압이 크다.

(3) V－V 결선(2대)

여기서, V_l : 선간전압 V_P : 상전압 I_l : 선간전류(선전류)
       I_P : 상전류 P : 단상변압기 용량[kVA]

① V 결선출력 : $P_V = \sqrt{3}\, P$[kVA]

② 이용률 $= \dfrac{\sqrt{3}}{2} = 0.866(86.6[\%])$

③ 출력비 $= \dfrac{1}{\sqrt{3}} = 0.577(57.7[\%])$

④ 1대 증설 시 : $P_\triangle = \sqrt{3}\, P_V$[kVA]

(4) **Y−△ 결선** : 전류 증가(전압 감소)

(5) **△−Y 결선** : 전압 증가(전류 감소)

(6) **3상에서 2상으로 변환**

  ① 스코트(T)결선

  ② 우드브리지결선

  ③ 메이어결선

■ **3상 → 2상 변환**
스코트(T), 우드브리지, 메이어

(7) **3상에서 6상으로 변환**

  ① 포크결선

  ② 환상결선

  ③ 2중성형결선

  ④ 2중3각결선

  ⑤ 대각결선

■ **3상 → 6상 변환**
포크결선

7 손 실

(1) **무부하손(고정손)** : 철손(P_i)

(2) **부하손(가변손)** : 동손(P_c)

(3) **최대 효율조건** : 철손(P_i) = 동손(P_c)

■ 무부하손에 대부분을 차지하는 손실 : 철손(P_i)

■ 부하손에 대부분을 차지하는 손실 : 동손(P_c)

8 효 율

(1) **효 율**

$$\eta = \frac{출력}{입력} \times 100 = \frac{출력}{출력 + 손실} \times 100 = \frac{출력}{출력 + 철손 + 동손} \times 100[\%]$$

여기서, 변압기 용량[kVA],   변압기 출력[kW]
철손[kW],   동손[kW]

(2) **전부하 시** : $\eta_{전} = \dfrac{P_n \cos\theta}{P_n \cos\theta + P_i + P_c} \times 100[\%]$

  ① 최대 효율 : $P_i = P_c$

  ② 손실 = $P_i + P_c$

(3) $\dfrac{1}{m}$ 부하 시 : $\eta_m = \dfrac{\left(\dfrac{1}{m}\right)P_n\cos\theta}{\left(\dfrac{1}{m}\right)P_n\cos\theta + P_i + \left(\dfrac{1}{m}\right)^2 P_c} \times 100[\%]$

    ① 최대 효율 : $P_i = \left(\dfrac{1}{m}\right)^2 P_c$

    ② 최대 효율 부하 : $\dfrac{1}{m} = \sqrt{\dfrac{P_i}{P_c}} \times 100[\%]$

       ⊙ 주상변압기 철손(P_i) : 동손(P_c) = 1 : 2

       ⓛ 주상변합기 최대 효율 부하

         $\dfrac{1}{m} = \sqrt{\dfrac{P_i}{P_c}} = \sqrt{\dfrac{1}{2}} = \dfrac{1}{\sqrt{2}} = 0.707\,(70.7[\%])$

    ③ 손실 $= P_i + \left(\dfrac{1}{m}\right)^2 P_c$ (부하별 별도 계산)

(4) **주파수 비례** : %강하율, 동기속도, 회전자속도, 유도리액턴스

(5) **주파수 반비례** : 철손(P_i), 자속(ϕ), 자속밀도(β), 여자전류(I_0)

9 변성기

(1) **계기용 변압기(PT)** : 높은 전압을 낮은 전압으로 변성

    ① 2차 전압 : 110[V]

    ② 점검 : 2차 측 개방

    ③ 1차 전압 : $V_1 = \text{PT비} \times V_2$

    ④ 2차 전압(전압계 지시값) : $V_2 = \dfrac{1}{\text{PT비}} \times V_1$

(2) **계기용 변류기(CT)** : 큰 전류를 작은 전류로 변류

    ① 2차 전류 : 5[A]

    ② 점검 : 2차 측 단락 → 이유 : 2차 측 절연보호

    ③ 1차 전류 : $I_1 = \text{CT비} \times I_2$

    ④ 2차 전류(전류계 지시값) : $I_2 = \dfrac{1}{\text{CT비}} \times I_1$

주파수(f) 증가
- 철손(P_i), 자속밀도(β) 감소

계기용 변류기(CT)
: 점검 시 2차 측 단락
– 이유 : 2차 측 절연보호

제 **4** 절 유도기

1 3상 유도전동기의 원리 : 회전 자계

(1) 3상 농형 유도전동기
① 구조가 간단하고, 기계적으로 튼튼하다.
② 취급이 용이하고, 효율이 좋다.
③ 속도조절이 어렵다.

(2) 3상 권선형 유도전동기
① 구조가 복잡하고, 중·대형기에 사용
② 2차 측 저항 조절에 의해 기동 및 속도조절이 용이하다.

(3) 회전자 회전방향 : 회전자계와 같은 방향으로 회전

(4) 유도전동기의 장점
① 전원을 쉽게 얻을 수 있다.
② 구조가 간단하고, 값이 싸며, 튼튼하다.
③ 취급이 용이하며, 쉽게 운전할 수 있다.
④ 부하변화에 대하여 거의 정속도 특성이다.

■ **3상 권선형 유도전동기**
 – 기동 및 속도조절 용이
 – 2차 저항으로 가동 및 속도제어

2 슬립(s)

(1) 회전자계 회전속도 : $N_s = \dfrac{120f}{P}$[rpm] (1차 : 동기속도)

(2) 회전자 회전속도 : $N = (1-s)N_s = N_s - sN_s$[rpm] (2차 : 회전속도)

(3) 슬립 : $s = \dfrac{N_s - N}{N_s} \times 100$[%]

① 유도전동기 : $0 < s < 1$
② 유도발전기 : $s < 0$
③ 유도제동기 : $1 < s < 2$
  ㉠ 역상(역전)제동 : 전원 3선 중 2선의 접속을 변경(회전자계와 반대방향 회전)
  ㉡ 슬립 : $s = \dfrac{N_s + N}{N_s} \times 100$[%]

(4) 무부하 시 : $s \fallingdotseq 0 (N_s \fallingdotseq N)$

(5) 기동 시 : $s = 1 (N = 0)$

■ **슬 립**
$s = \dfrac{N_s - N}{N_s} \times 100$[%]

■ **유도전동기 슬립**
$0 < s < 1$

토크(회전력)

$T = 0.975 \dfrac{P}{N}$

$= 975 \dfrac{P}{N} [\text{kg} \cdot \text{m}]$

비례관계

: $T \propto V^2$

3상 농형 유도전동기 기동법
- 직입(전전압) 기동
- Y－△ 기동
- 기동보상기 기동
- 리액터 기동
- 콘도르파법

Y－△ 기동

- 기동전류 : $\dfrac{1}{3}$ 감소

- 기동토크 : $\dfrac{1}{3}$ 감소

3상 농형유도전동기 속도제어법
- 주파수 변환법(제어법)
- 극수 변환법(제어법)
- 1차 전압 제어법

2차 저항 제어법

: 비례추이 이용

---

3 토크(회전력)

(1) 1차 측 : $T = 0.975 \dfrac{P_2[\text{W}]}{N_s} = 975 \dfrac{P_2[\text{kW}]}{N_s} [\text{kg} \cdot \text{m}]$

(2) 2차 측 : $T = 0.975 \dfrac{P_0[\text{W}]}{N} = 975 \dfrac{P_0[\text{kW}]}{N} [\text{kg} \cdot \text{m}]$

(3) 비례관계 : $T \propto V^2 \propto I^2 \propto P$

4 3상 유도전동기 기동법

(1) 3상 농형 유도전동기

① 직입(전전압) 기동법 : 5[kW] 이하 소형 전동기 기동

② Y－△ 기동법 : 기동 시 기동전류를 $\dfrac{1}{3}$로 감소

　(기동 시 : Y결선 , 운전 시 : △결선)

③ 기동보상기 기동법 : 단권변압기 탭 조정

④ 리액터 기동법

⑤ 콘도르파법

(2) 3상 권선형 유도전동기

① 2차 저항 기동법

② 게르게스법

5 3상 유도전동기 속도제어법

(1) 3상 농형 유도전동기(1차 측)

① 주파수 변환법 : 인버터를 이용한 주파수 변환장치 이용

② 극수 변환법 : 승강기 등 속도제어

③ 1차 전압 제어법

(2) 3상 권선형 유도정동기(2차 측)

① 2차 저항 제어법 : 구조가 간단하고, 제어조작이 용이하다.

② 2차 여자법 : 회전자 기전력과 같은 크기의 주파수 전압을 회전자에 인가
　(슬립 주파수 전압 인가)

(3) 종속접속법 : 전동기 2대를 연결하여 속도제어

6 단상 유도전동기 : 교번자계원리

※ 기동토크가 큰 순서

> 반발기동형 > 반발유도형 > 콘덴서기동형 > 분상기동형 > 셰이딩코일형

(1) 분상기동형 : 단상전동기에 보조 권선(기동권선)을 설치하여 단상 전원에 주권선(운동권선)과 보조 권선에 위상이 다른 전류를 흘려서 불평형 2상 전동기로서 기동하는 방법이다.

(2) 반발기동형 : 기동시에 반발 전동기로서 기동하고 기동 후 원심력 개폐기로 정류자를 자동적으로 단락하여 농형 회전자로 하는 방법이다.

(3) 반발유도형 : 농형 권선과 반발형 전동기 권선을 가져서 운전 중 그대로 사용한다. 반발기동형과 비교하면 기동토크는 반발유도형이 작지만, 최대 토크는 크고 부하에 의한 속도의 변화는 반발기동형보다 크다.

(4) 셰이딩코일형 : 돌극형 자극의 고정자와 농형 회전자로 구성된 전동기로 자극에 슬롯을 만들어서 단락된 셰이딩코일을 끼워 넣은 것이다. 구조가 간단하나 기동토크가 매우 작고 효율과 역률이 떨어지며, 회전 방향을 바꿀 수 없는 큰 결점이 있다.

(5) 모노사이클릭기동형 : 3상 농형 전동기의 3상 권선에 저항과 리액턴스를 적당하게 접속하고 단상 전원에 접속하여 불평형 3상 교류를 각 권선에 흘려서 기동하는 방법이다.

7 유도전동기의 응용

(1) 전동기 용량 산정

$$P = \frac{9.8\,QHK}{\eta}\,[\text{kW}]$$

여기서, P : 전동기 용량[kW], Q : 양수량[m³/s], H : 전양정[m], K : 여유계수, η : 효율[%]

$$P = \frac{0.163\,QHK}{\eta}\,[\text{kW}]$$

여기서, P : 전동기 용량[kW], Q : 양수량[m³/min], H : 전양정[m], K : 여유계수, η : 효율[%]

제4장 출제예상문제

01

발전기에서 유도기전력의 방향을 나타내는 법칙은?

① 패러데이의 전자유도법칙
② 플레밍의 오른손법칙
③ 앙페르의 오른나사법칙
④ 플레밍의 왼손법칙

> **해설** 플레밍의 오른손법칙 : 발전기 법칙

엄지 : 운동의 방향
검지 : 자속의 방향
중지 : 기전력의 방향

답 ②

02

직류 발전기의 자극수 4, 전기자 도체수 500, 각 자극의 유효자속수 0.01[Wb], 회전수 1,800[rpm]인 경우 유기 기전력은 얼마인가?(단, 전기자 권선은 파권이다)

① 100[V]
② 150[V]
③ 200[V]
④ 300[V]

> **해설** 유기기전력
> $$E = \frac{PZ\phi N}{60a} = \frac{4 \times 500 \times 0.01 \times 1,800}{60 \times 2} = 300[V]$$

답 ④

03

직류전동기의 회전수는 자속이 감소하면 어떻게 되는가?

① 속도가 저하한다.
② 불변이다.
③ 전동기가 정지한다.
④ 속도가 상승한다.

> **해설** 계자저항(R_f) ↑ ∝ 계자전류(I_f) ↓ ∝ 자속(ϕ) ↓ ∝ 회전수(N) ↑

답 ④

04

다음 사항 중 직류전동기의 제동법이 아닌 것은?

① 역전제동
② 발전제동
③ 정상제동
④ 회생제동

> **해설** 직류전동기의 제동법
> • 회생제동   • 발전제동
> • 역상제동

답 ③

05

직류전동기 속도제어 중 전압제어방식이 아닌 것은?

① 워드 레오너드방식
② 일그너방식
③ 직병렬법
④ 정출력제어방식

> **해설** 속도제어의 종류
> • 계자제어법
> • 저항제어법
> • 전압제어법

답 ④

06
출력 6[kW], 1,500[rpm]의 전동기 토크는 몇 [kg·m]인가?

① 3   ② 3.9
③ 4.6   ④ 5.4

해설 토크 : $T = 975\dfrac{P}{N} = 975 \times \dfrac{6}{1,500} ≒ 3.9[\text{kg}\cdot\text{m}]$

답 ②

07
입력신호와 출력신호가 모두 직류(DC)로서 출력이 최대 5[kW]까지로 견고성이 좋고 토크가 에너지원이 되는 전기식 증폭기기는?

① 계전기   ② SCR
③ 자기증폭기   ④ 앰플리다인

해설 앰플리다인
근소한 전력변화를 증폭시키는 직류발전기

답 ④

08
3상 직권 정류자 전동기에서 중간 변압기를 사용하는 이유 중 틀린 것은?

① 경부하 시 속도의 이상 상승 방지
② 실효 권수비 선정 조정
③ 전원전압의 크기에 관계없이 정류에 알맞은 회전자 전압 선택
④ 회전자 상수의 감소

해설 중간변압기 사용 이유
• 속도조정
• 변압기 권수비 조정
• 권수비에 따른 변압기 전압 조정

답 ④

09
동기발전기의 병렬조건으로 틀린 것은?

① 기전력의 크기가 같을 것
② 기전력의 위상이 같을 것
③ 기전력의 주파수가 같을 것
④ 극수가 같을 것

해설 동기발전기 병렬운전조건
• 기전력의 크기가 같을 것
• 기전력의 위상이 같을 것
• 기전력의 파형이 같을 것
• 기전력의 주파수가 같을 것

답 ④

10
변압기와 관련된 설명으로 옳지 않은 것은?

① 2개의 코일 사이에 작용하는 전자유도작용에 변압하는 기능이다.
② 1차 측과 2차 측의 전압비의 변압비라 한다.
③ 자속을 발생시키기 위해 필요한 전류를 유도기전력이라 한다.
④ 변류비는 권수비와 반비례한다.

해설 자화전류 : 자속을 만드는 전류

답 ③

11
그림과 같은 오디오회로에서 스피커 저항이 8[Ω]이고 증폭기 회로의 저항이 288[Ω]이다. 변압기의 권수비로 알맞은 것은?

① 6   ② 7
③ 36   ④ 42

해설 변압기 권수비(a)
$a = \dfrac{V_1}{V_2} = \dfrac{n_1}{n_2} = \dfrac{I_2}{I_1} = \sqrt{\dfrac{R_1}{R_2}}$ 이므로
$a = \sqrt{\dfrac{R_1}{R_2}} = \sqrt{\dfrac{288}{8}} = 6$

답 ①

12
변압기의 1차 권수가 10회, 2차 권수가 300회인 경우 2차 단자에서 1,500[V]의 전압을 얻고자 하는 경우 1차 단자에서 인가하여야 할 전압은?

① 50[V]   ② 100[V]
③ 220[V]   ④ 380[V]

해설

권수비 $n = \dfrac{N_1}{N_2} = \dfrac{V_1}{V_2} = \dfrac{I_2}{I_1} = \sqrt{\dfrac{Z_1}{Z_2}}$ 에서

$\dfrac{N_1}{N_2} = \dfrac{V_1}{V_2}$ 이므로 $\dfrac{10}{300} = \dfrac{V_1}{1,500}$

$\therefore \ V_1 = \dfrac{10}{300} \times 1,500 = 50[\text{V}]$

답 ①

13

1차 전압 6,600[V], 권수비 60인 단상 변압기가 전등 부하에 40[A]를 공급할 때 1차 전류는 몇 [A]인가?

① $\dfrac{1}{2}$

② $\dfrac{2}{3}$

③ $\dfrac{5}{6}$

④ $\dfrac{4}{11}$

해설

권수비 $a = \dfrac{V_1}{V_2} = \dfrac{N_1}{N_2} = \dfrac{I_2}{I_1}$ 에서

$I_1 = \dfrac{I_2}{a} = \dfrac{40}{60} = \dfrac{2}{3}[\text{A}]$

(전등부하전류 : $I_2 = 40[\text{A}]$)

답 ②

14

변압기의 2차 측을 개방하였을 경우 1차 측에 흐르는 전류는 무엇에 의하여 결정되는가?

① 여자 어드미턴스
② 누설 리액턴스
③ 저 항
④ 임피던스

해설 등가회로 시험

- 권선저항 측정시험
- 무부하(개방) 시험
  - 철손, 여자전류, 여자 어드미턴스
- 단락시험
  - 임피던스 전압, 임피던스와트(동손), 단락전류

답 ①

15

변압기 결선에서 제3고조파가 발생하여 통신선에 영향을 주는 결선은?

① Y－△

② △－△

③ Y－Y

④ V－V

해설 제3고조파 전류는 △결선으로 순환하므로 △결선에서는 발생하지 않고 Y결선에서만 발생하여 통신선에 유도장해 등을 준다.

답 ③

16

단상변압기의 3상 결선 중 △－△ 결선의 장점이 아닌 것은?

① 변압기 외부에 제3고조파가 발생하지 않아 통신 장애가 없다.
② 제3고조파 여자전류 통로를 가지므로 정현파 전압을 유기한다.
③ 변압기 1대가 고장 나면 V－V 결선으로 운전하여 3상 전력을 공급한다.
④ 중성점을 접지할 수 있으므로 고압의 경우 이상전압을 감소시킬 수 있다.

해설 △－△결선은 중성점이 없어 지락검출이 곤란하다.

답 ④

17

단상 변압기 3대를 △ 결선하여 부하에 전력을 공급하고 있는데, 변압기 1대의 고장으로 V 결선을 한 경우 고장 전의 몇 [%] 출력을 낼 수 있는가?

① 51.6

② 53.6

③ 55.7

④ 57.7

해설 V 결선 출력비 $= \dfrac{1}{\sqrt{3}} = 0.577 \ (57.7[\%])$

답 ④

18

V 결선 변압기의 이용률은?

① 67[%]

② 77[%]

③ 86[%]

④ 95[%]

해설 V 결선 이용률 $= \dfrac{\sqrt{3}}{2} = 0.866 \ (86.6[\%])$

답 ③

19

단상변압기(용량 100[kVA]) 3대를 △결선으로 운전
하던 중 한 대가 고장이 생겨 V결선하였다면 출력을
몇 [kVA]인가?

① 200

② 300

③ $200\sqrt{3}$

④ $100\sqrt{3}$

해설 V결선의 출력은 변압기 1대 용량의 $\sqrt{3}$ 배이다.

$$P_V = \sqrt{3}\,P_1 = 100\sqrt{3}$$

답 ④

20

3상전원에서 2상전압을 얻고자 할 때의 결선이 아닌
것은?

① Meyer결선

② Scott결선

③ Fork결선

④ Wood Bridge결선

해설
• 3상에서 2상으로 상변환결선방법
  - 메이어결선
  - 스코트결선
  - 우드브리지결선
• 3상에서 6상으로 상변환결선방법
  - 포크결선
  - 환상결선
  - 2중성형결선
  - 2중3각결선

답 ③

21

3상 전원에서 6상 전압을 얻을 수 있는 변압기의
결선방법은?

① 우드브리지결선

② 메이어결선

③ 스코트결선

④ 환상결선

해설 3상에서 6상으로 상변화결선 방법은 포크결선, 환상
결선, 2중성형결선, 2중3각결선이 있다.

답 ④

22

다음 중 단상변압기의 병렬운전 조건에 필요하지 않
은 것은?

① 용량이 같을 것

② %임피던스 강하가 같을 것

③ 극성이 같을 것

④ 권수비가 같을 것

해설 단상변압기 병렬운전 조건
• 극성이 같을 것
• 권수비가 같을 것
• 정격전압이 같을 것
• %임피던스 강하가 같을 것

답 ①

23

변압기의 철심구조를 여러 겹으로 성층시켜 사용하는
이유는 무엇인가?

① 와전류로 인한 전력손실을 감소시키기 위해

② 전력공급 능력을 높이기 위해

③ 변압비를 크게 하기 위해

④ 변압비의 중량을 적게 하기 위해

해설 규소강판 : 히스테리시스손 감소
성층철심 : 와류손 감소

답 ①

24

전기기기에 생기는 손실 중 권선의 저항에 의하여
생기는 손실은?

① 철 손   ② 포유부하손

③ 동 손   ④ 유전체손

해설 변압기 손실
• 무부하손(고정손) : 철손
• 부하손(가변손) : 동손(저항손)

답 ③

25
변압기의 전부하 효율을 나타낸 식으로 틀린 것은?

① $\dfrac{\text{변압기용량}\times\text{부하역률}}{\text{변압기용량}\times\text{부하역률}+\text{철손}+\text{동손}}\times100[\%]$

② $\dfrac{\text{변압기출력}}{\text{변압기출력}+\text{무부하손}+\text{부하손}}\times100[\%]$

③ $\dfrac{\text{변압기용량}\times\text{부하역률}+\text{부하손}}{\text{변압기용량}\times\text{부하역률}+\text{무부하}}\times100[\%]$

④ $\dfrac{\text{출력}}{\text{출력}+\text{손실}}\times100[\%]$

해설 변압기 효율

$$n=\frac{\text{출력}}{\text{입력}}\times100[\%]=\frac{\text{출력}}{\text{출력}+\text{손실}}\times100[\%]$$
$$=\frac{\text{변압기용량}\times\text{부하역률}}{\text{변압기용량}\times\text{부하역률}+\text{철손}+\text{동손}}\times100[\%]$$
$$=\frac{\text{변압기출력}}{\text{변압기출력}+\text{무부하손}+\text{부하손}}\times100[\%]$$

답 ③

26
0.5[kVA]의 수신기용 변압기가 있다. 변압기의 철손이 7.5[W], 전부하동손이 16[W]이다. 화재가 발생하여 처음 2시간은 전부하 운전되고, 다음 2시간은 $\frac{1}{2}$ 의 부하가 걸렸다고 한다. 4시간에 걸친 전손실 전력량은 약 몇 [Wh]인가?

① 65 ② 70
③ 75 ④ 80

해설 전손실 : $P=\left[P_i+\left(\dfrac{1}{m}\right)^2 P_c\right]t$

$=7.5\times2+(1)^2\times16\times2+7.5\times2+\left(\dfrac{1}{2}\right)^2\times16\times2$
$=70[\text{Wh}]$

답 ②

27
50[Hz]용 변압기에 60[Hz]의 동일 전압을 인가하면 자속밀도(A), 손실(B)은 어떻게 변화하는가?

① A-감소 B-증가
② A-감소 B-감소
③ A-증가 B-증가
④ A-감소 B-일정

해설 주파수 비례 : %강하율, 동기속도, 회전자속도, 유도리액턴스
주파수 반비례 : 철손, 자속, 자속밀도, 여자전류

답 ②

28
변류기 개방 시 2차 측을 단락하는 이유는?

① 2차 측 절연보호
② 2차 측 과전류보호
③ 측정 오차방지
④ 1차 측 과전류방지

해설 계기용 변류기(CT) 점검
• 2차 측 단락
• 이유 : 2차 측 절연보호

답 ①

29
3상 유도전동기에 있어서 권선형 회전자에 비교한 농형 회전자의 장점이 아닌 것은?

① 구조가 간단하고 튼튼하다.
② 취급이 쉽고 효율도 좋다.
③ 보수가 용이한 이점이 있다.
④ 속도 조정이 용이하고 기동토크가 크다.

해설 권선형 유도전동기 : 속도 조정이 용이

답 ④

30
4극, 60[Hz], 10[kW]인 유도전동기에서 회전자계의 회전속도는 몇 [rpm]인가?

① 900
② 1,200
③ 1,800
④ 2,400

해설 유도전동기의 동기속도
$$N_s=\frac{120f}{P}=\frac{120\times60}{4}=1,800[\text{rpm}]$$

답 ③

31

유도전동기의 회전력은?

① 단자전압에 비례한다.
② 단자전압에 반비례한다.
③ 단자전압의 제곱에 비례한다.
④ 단자전압의 제곱에 반비례한다.

해설 유도전동기의 토크(회전력)

$$T \propto V^2 \propto I^2 \propto P$$

답 ③

32

3상 유도전동기의 기동법이 아닌 것은?

① $Y - \triangle$ 기동법
② 기동 보상기법
③ 1차 저항 기동법
④ 전전압 기동법

해설 3상 농형유도전동기 기동법
• 전전압(직입) 기동법
• $Y - \triangle$ 기동법
• 기동보상기에 의한 기동법
• 리액터 기동법

답 ③

33

3상 농형유도전동기의 기동방식으로 옳은 것은?

① 분상기동형   ② 콘덴서기동형
③ 기동보상기법   ④ 셰이딩일체형

해설 3상 농형유도전동기 기동법
• 전전압(직입) 기동법
• $Y - \triangle$ 기동법
• 기동보상기에 의한 기동법
• 리액터 기동법

답 ③

34

다음 중 3상권선형 유도전동기의 기동법에 속하는 것은?

① 콘도르파기동법
② $Y - \triangle$ 기동법
③ 2차 저항 기동법
④ 리액터 기동법

해설 3상 권선형 유도전동기 기동법
• 2차 저항 기동법
• 게르게스법

답 ③

35

$Y - \triangle$ 기동방식으로 운전하는 3상 농형유도전동기의 Y 결선의 기동전류(I_Y)와 $\triangle$ 결선의 기동전류($I_\triangle$)의 관계로 옳은 것은?

① $I_Y = \dfrac{1}{3} I_\triangle$ ② $I_Y = \sqrt{3}\, I_\triangle$

③ $I_Y = \dfrac{1}{\sqrt{3}} I_\triangle$ ④ $I_Y = \dfrac{\sqrt{3}}{2} I_\triangle$

해설 $Y - \triangle$ 기동 시 : 기동전류 $\dfrac{1}{3}$ 감소

$$I_Y = \dfrac{1}{3} I_\triangle$$

답 ①

36

3상 유도전동기를 기동하기 위하여 권선을 Y결선하면 $\triangle$결선하였을 때보다 토크는 어떻게 되는가?

① $\dfrac{1}{\sqrt{3}}$ 배 감소   ② $\dfrac{1}{3}$ 배 감소

③ 3배 감소   ④ $\sqrt{3}$ 배 감소

해설 $Y - \triangle$ 기동 시 : 전압 $\dfrac{1}{\sqrt{3}}$ 배 감소

$$\therefore \text{토크} : T \propto V^2 = \left(\dfrac{1}{\sqrt{3}}\right)^2 = \dfrac{1}{3} \text{배 감소}$$

답 ②

37

농형 유도전동기의 속도 제어방법이 아닌 것은?

① 주파수를 변경하는 방법
② 극수를 변경하는 방법
③ 2차 저항을 제어하는 방법
④ 전원 전압을 바꾸는 방법

해설 3상 농형유도전동기 속도제어법
• 주파수 변환법
• 극수 변환법
• 전압 제어법

답 ③

38

3상 유도전동기의 기동법 중에서 2차 저항제어법은 무엇을 이용하는가?

① 전자유도작용
② 플레밍의 법칙
③ 비례추이
④ 게르게스현상

해설 3상 권선형 유도 전동기 : 비례추이 이용
속도제어법
- 2차 저항 제어법
- 2차 여자법

답 ③

39

다음 중 3상 유도전동기에 속하는 것은?

① 권선형 유도전동기
② 셰이딩코일형 전동기
③ 분상기동형 전동기
④ 콘덴서기동형 전동기

해설 3상 유도전동기 : 농형, 권선형

답 ①

40

다음 단상 유도전동기 중 기동토크가 가장 큰 것은?

① 셰이딩코일형
② 콘덴서기동형
③ 분상기동형
④ 반발기동형

해설 반발 기동형 > 반발 유도형 > 콘덴서 기동형 > 분상 기동형 > 셰이딩 코일형의 순서이다.

답 ④

41

15층 건물에 설치하는 스프링클러설비에 필요한 소화 펌프에 직결하는 전동기의 용량은 약 몇 [kW]인가? (단, 펌프의 효율은 0.6이고 정격토출량은 2.4 [m³/min], 전양정은 54[m], 전달계수는 1.10이다)

① 4
② 12
③ 39
④ 86

해설 전동기 용량(P)

$$P = \frac{9.8HQK}{n}[\text{kW}]$$

여기서, H : 전수두[m]
n : 효율
Q : 유량[m³/s]
K : 여유계수

$$\therefore P = \frac{9.8 \times 54 \times (2.4/60) \times 1.1}{0.6}$$

$$\fallingdotseq 39[\text{kW}]$$

답 ③

제 5 장 전기계측

제 1 절 측정 일반

1 측정의 종류

(1) **간접측정법** : 측정하고자 하는 양과 일정한 관계가 있는 다른 종류의 양을 각각 측정으로 구하여 그 결과로부터 계산에 의해 측정량의 값을 결정하는 방법

(2) **직접측정법** : 측정하고자 하는 양을 같은 종류의 기준양과 직접 비교하여 그 양의 크기를 결정하는 방법

(3) **편위법** : 측정량의 크기에 따라 지침 등을 편위시켜 측정량을 구하는 방법

(4) **영위법** : 어느 측정량을 그것과 같은 종류의 기준량의 크기로부터 측정량을 구하는 방법

2 오차의 종류와 정의

(1) **오차** : 참값과 측정값의 차

$$\varepsilon = M - T$$

여기서, M : 측정값, T : 참값, ε : 오차

(2) **보정** : 측정값과 참값을 같게 하는 데 필요한 차

$$\alpha = T - M$$

여기서, α : 보정값

- 백분율 오차 $= \dfrac{\varepsilon}{T} \times 100[\%] = \dfrac{M-T}{T} \times 100[\%]$
- 백분율 보정 $= \dfrac{\alpha}{M} \times 100[\%] = \dfrac{T-M}{M} \times 100[\%]$

■ **오차** : $\varepsilon = M - T$

■ **오차율**
$= \dfrac{M-T}{T} \times 100[\%]$

■ **보정률**
$= \dfrac{T-M}{M} \times 100[\%]$

■ **저항 오차율**
= 전류계 오차율
+ 전압계 오차율

안심Touch

(3) 확도와 정도

　① 확도(Accuracy) : 측정값이 참값에 어느 정도 가까운가를 나타낸 것

　② 정도(Precision) : 측정기로 미지량을 측정하는 경우에 어느 정도 미세하게 측정할 수 있느냐를 나타내는 것

(4) 감도(Sensitivity) : 측정기의 지시로 나타낼 수 있는 최소의 측정량을 감도라 한다.

제 2 절　지시계기

1 **구성요소 :** 구동장치, 제어장치, 제동장치, 가동부지지장치, 지침과 눈금

■ 지시계전기 구성 3요소
- 구동장치
- 제어장치
- 제동장치

2 지시계기의 종류

(1) 동작원리에 의한 분류

종 류	기 호	문자 기호	사용 회로	구동 토크
가동 코일형		M	직 류	영구 자석의 자기장 내에 코일을 두고, 이 코일에 전류를 통과시켜 발생되는 힘을 이용한다.
가동 철편형		S	교 류	전류에 의한 자기장이 연철편에 작용하는 힘을 사용한다.
유도형		I	교 류	회전 자기장 또는 이동 자기장과 이것에 의한 유도 전류와의 상호 작용을 이용한다.
전류력 계형		D	직류 교류	전류 상호 간에 작용하는 힘을 이용한다.
정전형		E	직류 교류	충전된 대전체 사이에 작용하는 흡인력 또는 반발력(즉, 정전력)을 이용한다.
열전형		T	직류 교류	다른 종류의 금속체 사이에 발생되는 기전력을 이용한다.
정류형		R	직류 교류	가동 코일형 계기 앞에 정류 회로를 삽입하여 교류를 측정하므로 가동 코일형과 같다.

① 가동 코일형 계기()

 ㉠ 감도 및 정확도가 높다.

 ㉡ 구동 토크 크고, 측정이 정확

 ㉢ 소비전력이 작다.

 ㉣ 균등눈금으로 측정범위 변경이 쉽다.

 ㉤ 직류 전용

 ㉥ 측정범위가 낮다.

[가동 코일형 계기]

② 가동 철편형 계기()

 ㉠ 구조가 간단, 가격이 싸다.

 ㉡ 큰 전류까지 측정 가능

 ㉢ 균등눈금에 가깝다.

 ㉣ 교류전용 측정 가능

 ㉤ 오차가 크다.

 ㉥ 외부자기장의 영향을 받는다.

[가동 철편형 계기(반발형)]

③ 전류력계형

 ㉠ 외부자기장의 영향 받기 쉬우므로 자기차폐 필요

 ㉡ 실횻값 측정

 ㉢ 직류와 교류 측정(정밀급)

 ㉣ 코일의 인덕턴스에 의한 주파수 영향 크다.

 ㉤ 소비전력 크다.

ⓗ 1[A] 이상 전류는 온도 보상 및 주파수 보상 필요

[전류력계형 계기 구조]

■ **유도형** : 교류측정용(직류 측정 불가)

④ 유도형 계기

- 구조 간단하고, 견고하다.
- 외부자기장의 영향 작다.
- 교류측정(직류측정 불가)
- 적산전력계에 이용
- 조정이 쉽다.
- 주파수 영향 크다.
- 잠동현상 발생

■ **전류 측정용**
 - 가동철편형
 - 가동코일형
 - 열전대형

[이동 자기장식 유도형 계기]

⑤ 정전형 계기

- 고전압 측정
- 제곱눈금
- 입력 임피던스 높고, 소비전력 작다.
- 외부자기장의 영향 없다.
- 정전자기장에 의한 오차 발생
- 직·교류 겸용 및 직·교류 비교기로 이용

■ **전압 측정용**
 - 저항형
 - 정전형

⑥ 열전형 계기

- 제곱눈금
- 직류, 교류 실횻값 측정
- 파형오차 없다.
- 과전류에 약하다.
- 대전류용은 지시시간이 지연된다.

⑦ 정류형 계기

- 교류 전류, 전압 측정
- 실횻값 측정
- 규정 주파수 이외 사용 불가

제 3 절 각종 측정 기구

1 전압 측정

(1) 직류전압 측정

    ① 저압 : 직류검류계, 전위차계

    ② 고압 : 직류계기용 변압기, 정전전압계

(2) 교류전압 측정

    ① 저압 : 정류형 검류계, 교류전위차계, 진동검류계

    ② 고압 : 계기용 변압기, 정전전압계, 용량형 분압기

2 전류 측정

(1) 저전류 측정

    ① 반조검류계

    ② 진동검류계

(2) 대전류 측정

    ① 직류 : 분류기(밀리볼트계)

    ② 교류 : 변류기

(3) 충격전류 측정

    ① 파형 측정 : 오실로스코프

    ② 파고값 측정 : 자강편

(4) 고주파전류 측정

    ① 열전형 전류계

    ② 전자전압계, 오실로스코프

3 기타 측정 기구

(1) 역률 측정 : 전압계, 전류계, 전력계

    ① 유효전력 : $P = VI\cos\theta\,[\mathrm{W}]$

    ② 역률 : $\cos\theta = \dfrac{P}{VI}$ (P : 전력계, V : 전압계, I : 전류계)

■ 역률 측정 계측기
  : 전압계, 전류계, 전력계

(2) **회로 시험기** : 전압, 전류, 저항 측정 및 도통시험

(3) **메거(절연저항계)** : 절연저항측정

(4) **콜라우시브리지** : 축전지 내부저항, 전해액의 저항 측정

■ 회로 시험기
 : 역률은 측정할 수 없다.

■ 콜라우시브리지
 : 축전지 내부저항 측정

4 배율기, 분류기

(1) **배율기** : 전압의 측정범위를 확대시키기 위해 전압계와 직렬로 접속한 저항

[배율기 원리도]

① 배율기 배율 : $m = \dfrac{V}{V_r} = 1 + \dfrac{R}{r}$

② 측정 전압 : $V = \left(1 + \dfrac{R}{r}\right)V_r\,[\mathrm{V}]$

③ 배율기 저항 : $R = (m-1)r\,[\Omega]$

여기서, V : 측정전압[V], V_r : 전압계 지시전압[V], r : 전압계 내부저항[Ω], R : 배율기 저항[Ω]

■ 배율기 배율
$m = \dfrac{V}{V_r} = 1 + \dfrac{R}{r}$

■ 측정 전압
$V = \left(1 + \dfrac{R}{r}\right)V_r\,[\mathrm{V}]$

(2) **분류기** : 전류의 측정 범위를 확대시키기 위해 전류계와 병렬로 접속한 저항

[분류기 원리도]

① 분류기 배율 : $n = \dfrac{I}{I_a} = \left(1 + \dfrac{r}{R}\right)$

② 측정 전류 : $I = \left(1 + \dfrac{r}{R}\right)I_a\,[\mathrm{A}]$

③ 분류기 저항 : $R = \left(\dfrac{1}{m-1}\right)r\,[\Omega]$

여기서, I : 측정전류[A], I_r : 전류계 지시전류[A], r : 전류계 내부저항[Ω], R : 분류기 저항[Ω]

■ 분류기 배율
$n = \dfrac{I}{I_a} = \left(1 + \dfrac{r}{R}\right)$

■ 측정 전류
$I = \left(1 + \dfrac{r}{R}\right)I_a\,[\mathrm{A}]$

제5장 출제예상문제

01

피측정량과 일정한 관계가 있는 몇 개의 서로 독립된 값을 측정하고 그 결과로부터 계산에 의하여 피측정량을 구하는 방법은?

① 편위법
② 직접측정법
③ 영위법
④ 간접측정법

해설
- 간접측정법 : 측정하고자 하는 양과 일정한 관계가 있는 다른 종류의 양을 각각 측정으로 구하여 그 결과로부터 계산에 의해 측정량의 값을 결정하는 방법
- 직접측정법 : 측정하고자 하는 양을 같은 종류의 기준양과 직접 비교하여 그 양의 크기를 결정하는 방법
- 편위법 : 측정량의 크기에 따라 지침 등을 편위시켜 측정량을 구하는 방법
- 영위법 : 어느 측정량을 그것과 같은 종류의 기준량의 크기로부터 측정량을 구하는 방법

답 ④

02

지시전기계기의 일반적인 구성요소가 아닌 것은?

① 제어장치
② 제동장치
③ 구동장치
④ 가열장치

해설

구성요소
- 구동장치
- 제어장치 ┐ 3요소
- 제동장치 ┘
- 가동부지지장치
- 지침과 눈금

답 ④

03

어떤 측정계기의 참값을 T, 지시값을 M이라 할 때 보정률과 오차율이 옳은 것은?

① 보정률 $= \dfrac{T-M}{T}$, 오차율 $= \dfrac{M-T}{M}$

② 보정률 $= \dfrac{M-T}{M}$, 오차율 $= \dfrac{T-M}{T}$

③ 보정률 $= \dfrac{T-M}{M}$, 오차율 $= \dfrac{M-T}{T}$

④ 보정률 $= \dfrac{M-T}{T}$, 오차율 $= \dfrac{T-M}{M}$

해설 보정 : 측정값과 참값을 같게 하는 데 필요한 차
- 보정률 $= \dfrac{T-M}{M} \times 100[\%]$
- 오차율 $= \dfrac{M-T}{T} \times 100[\%]$

답 ③

04

전류계의 오차율 ±2[%], 전압계의 오차율 ±1[%]인 계기로 저항을 측정하면 저항의 오차율은 몇 %인가?

① ±0.5[%]
② ±1[%]
③ ±3[%]
④ ±7[%]

해설 저항 오차율[%] = 전류계 오차율 + 전압계 오차율
$$= \pm 2[\%] + \pm 1[\%] = \pm 3[\%]$$

답 ③

05

어떤 측정계기의 지시값을 M, 참값을 T라 할 때 보정률은 몇 [%]인가?

① $\dfrac{T-M}{M} \times 100$

② $\dfrac{M}{M-T} \times 100$

③ $\dfrac{T-M}{T} \times 100$

④ $\dfrac{T}{M-T} \times 100$

해설

$$\text{백분율 보정률} = \frac{\text{참값} - \text{지시값}}{\text{지시값}} \times 100$$

$$= \frac{T - M}{M} \times 100$$

답 ①

06

참값이 4.8[A]인 전류를 측정하였더니 4.65[A]이었다. 이때 보정 백분율[%]은 약 얼마인가?

① +1.6 ② -1.6
③ +3.2 ④ -3.2

해설

$$\text{백분율 보정률} = \frac{\text{참값} - \text{지시값}}{\text{지시값}} \times 100$$

$$= \frac{T - M}{M} \times 100 = \frac{4.8 - 4.65}{4.65} \times 100 = 3.2$$

답 ③

07

가동철편형 계기의 구조형태가 아닌 것은?

① 흡인형
② 회전자장형
③ 반발형
④ 반발흡인형

해설 가동철편형 계기의 구조형태
- 반발형(Repulsion Type)
- 반발흡인형(Combination)
- 흡인형(Attraction Type)

답 ②

08

전류측정에 사용되지 않는 것은?

① 가동철편형 계기
② 정전형 계기
③ 가동코일형 계기
④ 열전대형 계기

해설
- 전류 측정용
  가동철편형, 가동코일형, 열전대형
- 전압 측정용
  저항형, 정전형

답 ②

09

지시계기에 대한 동작원리가 틀린 것은?

① 열전형 계기-대전된 도체 사이에 작용하는 정전력을 이용
② 가동 철편형 계기-전류에 의한 자기장이 연철편에 작용하는 힘을 이용
③ 전류력계형 계기-전류 상호간에 작용하는 힘을 이용
④ 유도형 계기-회전 자기장 또는 이동 자기장과 이것에 의한 유도전류와의 상호작용을 이용

해설 지시계기의 종류(동작원리에 따른 분류)

종류	기호	문자기호	사용회로	구동 토크
가동코일형		M	직류	영구 자석의 자기장 내에 코일을 두고, 이 코일에 전류를 통과시켜 발생되는 힘을 이용한다.
가동철편형		S	교류	전류에 의한 자기장이 연철편에 작용하는 힘을 사용한다.
유도형		I	교류	회전 자기장 또는 이동 자기장과 이것에 의한 유도 전류와의 상호 작용을 이용한다.
전류력계형		D	직류교류	전류 상호 간에 작용하는 힘을 이용한다.
정전형		E	직류교류	충전된 대전체 사이에 작용하는 흡인력 또는 반발력(즉, 정전력)을 이용한다.
열전형		T	직류교류	다른 종류의 금속체 사이에 발생되는 기전력을 이용한다.
정류형		R	직류교류	가동 코일형 계기 앞에 정류 회로를 삽입하여 교류를 측정하므로 가동 코일형과 같다.

답 ①

10

지시계기에 대한 동작원리가 옳지 않은 것은?

① 열전대형 계기 - 정전작용
② 유도형 계기 - 회전 자장 및 이동자장
③ 전류력계형 계기 - 코일의 자계
④ 열선형 계기 - 열선의 팽창

해설 열전대형 계기 : 다른 종류의 금속체 사이에 발생되는 기전력 이용

답 ①

11
직류전압을 측정할 수 없는 계기는?

① 가동코일형 계기   ② 정전형 계기
③ 유도형 계기   ④ 열전형 계기

해설 계기별 측정전원

계기의 종류	사용 전원
가동코일형	직 류
정전형	직류 및 교류
유도형	교 류
열전형	직류 및 교류

답 ③

12
균등 눈금을 사용하며 소비전력이 적게 소요되고 정확도가 높은 지시계기는?

① 가동 코일형 계기
② 전류력계형 계기
③ 정전형 계기
④ 열전형 계기

해설 가동 코일형 계기
구조 및 원리 : 영구 자석이 만드는 자기장 내에 가동 코일을 놓고, 코일에 측정하고자 하는 전류를 흘리면 이 전류와 자기장 사이에 전자력이 발생한다. 이 전자력을 구동 토크로 한 계기를 영구 자석 가동 코일형 계기라 한다.
가동 코일형 계기의 특징
- 감도와 정확도가 높다.
- 구동 토크가 크고 정확한 측정이 된다.
- 소비 전력이 대단히 적다.
- 균등 눈금을 사용함으로써 측정 범위를 간단히 변경시킬 수 있다.
- 직류 전용이므로 교류를 측정하려면 정류기를 삽입해야 한다.
- 측정 범위가 낮으므로 측정 범위를 확대하기 위해서는 분류기나 배율기를 삽입해야 한다.

답 ①

13
단상 교류회로에 연결되어 있는 부하의 역률을 측정하고자 한다. 이때 필요한 계측기의 구성으로 옳은 것은?

① 전압계, 전력계, 회전계
② 상순계, 전력계, 전류계
③ 전압계, 전류계, 전력계
④ 전류계, 전압계, 주파수계

해설
- 전력 $P = VI\cos\theta$에서
- 역률 $\cos\theta = \dfrac{P}{VI}$ 이므로, 전력계(P), 전압계(V), 전류계(I)가 필요하다.

답 ③

14
회로시험기(Tester)로 직접측정이 불가능한 것은?

① 저 항   ② 역 률
③ 전 압   ④ 전 류

해설 회로시험기 : 저항, 직·교류 전압, 직류 측정

답 ②

15
절연저항을 측정할 때 사용하는 계기는?

① 전류계   ② 전위차계
③ 메 거   ④ 휘스톤브리지

해설 메거 : 절연저항 측정

답 ③

16
계측방법이 잘못된 것은?

① 훅크온 메타에 의한 전류측정
② 회로시험기에 의한 저항측정
③ 메거에 의한 접지저항측정
④ 전류계, 전압계, 전력계에 의한 측정

해설 메거는 절연저항측정 장치이다.

답 ③

17
축전지의 내부저항을 측정하는 데 가장 적합한 것은?

① 휘트스톤브리지   ② 미끄럼줄브리지
③ 콜라우시브리지   ④ 켈빈더블브리지

해설 저항측정의 종류
- 휘트스톤브리지(Wheatstone Bridge) : 중저항 측정
- 미끄럼줄브리지(Slide Bridge) : 중저항 측정
- 콜라우시브리지(Kohlrausch Bridge) : 전지의 **내부저항**, 전해액의 저항 측정
- 켈빈더블브리지(Kelvin Double Bridge) : 저저항 측정

답 ③

18

전류 측정 범위를 확대시키기 위하여 전류계와 병렬로 연결해야만 되는 것은?

① 배율기　　　　　② 분류기
③ 중계기　　　　　④ CT

해설 • 배율기 : 전압계의 측정범위를 넓히기 위하여 전압계와 직렬로 접속한 저항
　　　• 분류기 : 전류계의 측정범위를 넓히기 위하여 전류계와 병렬로 접속한 저항

답 ②

19

전압 및 전류측정 방법에 대한 설명 중 틀린 것은?

① 전압계를 저항 양단에 병렬로 접속한다.
② 전류계는 저항에 직렬로 접속한다.
③ 전압계의 측정범위를 확대하기 위하여 배율기는 전압계와 직렬로 접속한다.
④ 전류계의 측정범위를 확대하기 위하여 저항분류기는 전류계와 직렬로 접속한다.

해설 • 배율기 : 전압계의 측정범위를 넓히기 위하여 전압계와 직렬로 접속한 저항
　　　• 분류기 : 전류계의 측정범위를 넓히기 위하여 전류계와 병렬로 접속한 저항

답 ④

20

측정기의 측정범위 확대를 위한 방법의 설명으로 옳지 않은 것은?

① 전류의 측정범위 확대를 위하여 분류기를 사용하고, 전압의 측정범위 확대를 위하여 배율기를 사용한다.
② 분류기는 계기에 직렬로 배율기는 병렬로 접속한다.
③ 측정기 내부 저항을 R_a, 분류기 저항을 R_s라 할 때, 분류기의 배율은 $1 + \dfrac{R_a}{R_s}$로 표시된다.
④ 측정기 내부 저항을 R_v, 배율기 저항을 R_m라 할 때, 배율기의 배율은 $1 + \dfrac{R_m}{R_v}$로 표시된다.

해설 • 분류기 : 계기에 병렬로 접속하여 전류의 측정범위 확대한다.
　　　• 배율기 : 계기에 직렬로 접속하여 전압의 측정범위 확대한다.

답 ②

21

어떤 전압계의 측정 범위를 10배로 하려면 배율기의 저항은 내부저항보다 어떻게 하여야 하는가?

① 9배로 한다.
② 10배로 한다.
③ $\dfrac{1}{9}$로 한다.
④ $\dfrac{1}{10}$로 한다.

해설 배율 : $m = 1 + \dfrac{R}{r}$에서
　　　배율기 저항 : $R = (m-1)r = (10-1)r$
　　　$\therefore R = 9r\,(9배)$

답 ①

22

분류기를 써서 배율을 9로 하기 위한 분류기의 저항은 전류계 내부저항의 몇 배인가?

① $\dfrac{1}{8}$　　　　　② $\dfrac{1}{9}$
③ 8　　　　　④ 9

해설 배율 : $m = 1 + \dfrac{r}{R}$에서
　　　분류기 저항 : $R = \dfrac{r}{(n-1)} = \dfrac{r}{(9-1)} = \dfrac{r}{8}$
　　　$\therefore R = \dfrac{1}{8}r\left(\dfrac{1}{8}배\right)$

답 ①

23

직류 전압계의 내부저항이 500[Ω], 최대 눈금이 50[V]라면, 이 전압계에 3[kΩ]의 배율기를 접속하여 전압을 측정할 때 최대 측정치는 몇 [V]인가?

① 250　　　　　② 303
③ 350　　　　　④ 500

해설 배율 : $m = \dfrac{V}{V_r} = 1 + \dfrac{R}{r}$ 에서

측정전압 : $V = \left(1 + \dfrac{R}{r}\right) V_r$

$\qquad = \left(1 + \dfrac{3 \times 10^3}{500}\right) \times 50 = 350[\text{V}]$

답 ③

24

최대 눈금이 70[V]인 직류전압계에 5[kΩ]의 배율기를 접속하여 전압의 최대 측정치가 350[V]라면 내부저항은 몇 [kΩ]인가?

① 0.8　　　　　　② 1
③ 1.25　　　　　　④ 20

해설 배율 : $m = \dfrac{V}{V_r} = 1 + \dfrac{R}{r}$ 에서

내부저항 : $r = \dfrac{R}{\dfrac{v}{V_r} - 1} = \dfrac{5}{\dfrac{350}{70} - 1} = 1.25[\text{k}\Omega]$

답 ③

25

최대 눈금 100[mV], 내부저항 20[Ω]의 직류 전압계에 10[kΩ]의 배율기를 접속하면 약 몇 [V]까지 측정할 수 있는가?

① 50[V]　　　　　② 80[V]
③ 100[V]　　　　　④ 200[V]

해설 배율 : $m = \dfrac{V}{V_r} = 1 + \dfrac{R}{r}$ 에서

측정전압 : $V = \left(1 + \dfrac{R}{r}\right) V_r$

$\qquad = \left(1 + \dfrac{10 \times 10^3}{20}\right) \times 100 \times 10^{-3} \fallingdotseq 50[\text{V}]$

답 ①

26

최고 눈금 50[mV], 저항 100[Ω]인 직류 전압계에 1.2[MΩ]의 배율기를 접속하면 측정할 수 있는 최대전압은 약 몇 [V]인가?

① 3[V]　　　　　　② 60[V]
③ 600[V]　　　　　④ 1,200[V]

해설 배율 : $m = \dfrac{V}{V_r} = 1 + \dfrac{R}{r}$ 에서

측정전압 : $V = \left(1 + \dfrac{R}{r}\right) V_r$

$\qquad = \left(1 + \dfrac{1.2 \times 10^6}{100}\right) \times 50 \times 10^{-3}$

$\qquad \fallingdotseq 600[\text{V}]$

답 ③

27

내부저항이 200[Ω]이며 직류 120[mA]인 전류계를 6[A]까지 측정할 수 있는 전류계로 사용하고자 한다. 어떻게 하면 되겠는가?

① 24[Ω]의 저항을 전류계와 직렬로 연결한다.
② 12[Ω]의 저항을 전류계와 병렬로 연결한다.
③ 약 6.24[Ω]의 저항을 전류계와 직렬로 연결한다.
④ 약 4.08[Ω]의 저항을 전류계와 병렬로 연결한다.

해설 분류기 : 전류의 측정범위를 넓히기 위해 전류계와 병렬로 접속한 저항

배율 : $m = \dfrac{I}{I_a} = 1 + \dfrac{r}{R}$ 에서

분류기저항 : $R = \dfrac{r}{\dfrac{I}{I_a} - 1} = \dfrac{200}{\dfrac{6}{120 \times 10^{-3}} - 1}$

$\qquad = 4.08[\Omega]$

∴ 4.08[Ω]의 저항을 전류계와 병렬 연결

답 ④

제6장 자동제어

제1절 반도체 소자

1 반도체 소자 특징

(1) P형 반도체

① 대표적인 14족 원소 규소(실리콘, Si), 저마늄(게르마늄, Ge)에 3가의 불순물을 첨가하여 만든 반도체

② 3가 불순물 : 억셉터(B : 붕소, Ga : 갈륨, In : 인듐)

③ 다수 캐리어 : 정공(홀)

(2) N형 반도체

① 대표적인 14족 원소 규소(실리콘, Si), 저마늄(게르마늄, Ge)에 5가의 불순물을 첨가하여 만든 반도체

② 5가 불순물 : 도너(As : 비소, P : 인, Sb : 안티몬)

③ 다수 캐리어 : 전자

(3) 진성 반도체의 경우 부(−)저항 온도계수를 나타낸다.

① 정(+)저항 온도계수 : 온도가 올라가면 저항이 증가(비례)

② 부(−)저항 온도계수 : 온도가 올라가면 저항이 감소(반비례)

■ P형 반도체 불순물
: 억셉터

■ N형 반도체 불순물
: 도너

2 다이오드 소자

(1) 다이오드

P형 반도체와 N형 반도체의 조합으로, 정류작용을 하는 대표적인 소자로써 애노드(A)에서 케소드(K)방향으로만 도통시키는 단방향 소자이다.

단방향(역지지) 2단자(극) 소자

① PN접합형 소자 : 정류작용
② 순방향 : A(애노드) → K(캐소드), 도통
③ 역방향 : K(캐소드) → A(애노드), 저지

(2) 제너 다이오드 : 정전압 다이오드

교류입력전압이 변하여도 직류측 출력전압은 항상 일정하게 유지하는 다이오드

(3) 터널 다이오드 : 발진작용, 증폭작용, 스위치(개폐)작용을 하는 다이오드

(4) 발광 다이오드(LED) : 전류를 빛으로 변환시키는 다이오드

① 응답속도가 빠르다.
② 수명이 길고, 효율이 좋다.
③ 소비전력이 작고, 내구성이 우수하다.
④ 소형이며 발열량이 적고, 친환경적이다.

(5) 포토 다이오드 : 빛이 닿으면 전류가 발생하는 다이오드(광다이오드)

① 빛에너지를 전기에너지로 변환시키는 다이오드

■ 다이오드 직렬 접속
: 과전압 보호

■ 다이오드 병렬 접속
: 과전류 보호

(6) 다이오드 보호

① 과전압으로부터 보호 : 다이오드를 추가 직렬 접속

(직렬회로 : 전류일정, 전압분배)

② 과전류로부터 보호 : 다이오드를 추가 병렬 접속

(병렬회로 : 전압일정, 전류 분배)

3 트랜지스터(TR)

P형 반도체와 N형 반도체를 세 개의 층으로 접합하여 만들며 어떻게 접합하느냐에 따라 PNP형과 NPN형 트랜지스터로 구분된다.

[NPN형] [PNP형]

(1) 트랜지스터 특징

① 전류나 전압 흐름을 조절하여 증폭, 스위치 역할을 한다.
② 접합형 트랜지스터와 전기장효과(전계효과) 트랜지스터로 구분된다.
③ E(이미터), B(베이스), C(컬렉터)로 3개의 단자를 갖는다.
④ 심벌에서 화살표는 전류의 방향을 나타낸다.

(2) MOSFET(금속 산화막 반도체 전계효과 트랜지스터)

S(소스)
G(게이트)
D(드레인)

① 2차 항복전압이 없으며, 소전력으로 작동한다.
② 안정적이며, 직접도가 높다.
③ 큰 입력저항으로써 게이트전류가 거의 흐르지 않는다.

■ 전류증폭률
$$\beta = \frac{I_C}{I_B} = \frac{I_C}{I_E - I_C}$$

(3) 전류증폭률 : $\beta = \dfrac{I_C}{I_B} = \dfrac{I_C}{I_E - I_C}$

여기서 I_E : 이미터전류, I_B : 베이스전류, I_C : 컬렉터전류

(4) 전류증폭정수 : $\alpha = \dfrac{\beta}{1 + \beta}$

(5) 이상적인 트랜지스터 : $\alpha = 1$

4 서(더)미스터(Thermistor) : 감온저항기

열에 의해 민간하게 작용하는 저항체로서 온도보상용으로 사용된다.

(1) 종류 : NTC, PTC

① NTC : 부(-)저항 온도계수를 갖는 서미스터로서 온도가 올라가면 저항값이 낮아지는 특성을 갖는다.

② PTC : 정(+)저항 온도계수를 갖는 서미스터로서 온도가 올라가면 저항값이 높아지는 특성을 갖는다.

■ 서미스터
 – 온도보상용
 – 부(-)저항 온도계수

5 바리스터(Varistor) : 서지 보호기

전원 스위칭 회로에서 On/Off 시에 순간적으로 높은 전압(서지)이 발생하며 이를 차단시켜 준다.

■ 바리스터 : 서지전압 대한 회로 보호용

(1) 바리스터 특징

① 서지전압(이상전압)에 대한 회로 보호용

② 서지에 의한 접점의 불꽃 제거

③ 비직선적인 전압, 전류 특성을 갖는 2단자 소자

제 2 절   반도체 정류

1 단상 반파 정류(다이오드 1개 이용)

[출력파형]

■ 단상 반파 정류
 – 직류전압
  : $V_d = 0.45\,V$
 – 직류전류
  : $I_d = 0.45\,I$

(1) 직류전압 : $V_d = \dfrac{\sqrt{2}}{\pi}\,V - e = 0.45\,V - e\,[\mathrm{V}]$

■ 직류분 = 평균값

(2) 직류전류 : $I_d = \dfrac{V_d}{R} = \dfrac{\dfrac{\sqrt{2}}{\pi}\,V}{R} = \dfrac{\sqrt{2}}{\pi} \cdot \dfrac{V}{R} = 0.45\,I\,[\mathrm{A}]$

■ 교류전압 : 변압기 2차측 전압

(3) **최대역전압(최대첨두전압)** : 역방향 반주기 동안 전원 전압이 다이오드에 인가되는 전압의 최댓값

$$PIV = \sqrt{2}\, V[\mathrm{V}]$$

여기서, V_d : 직류전압(평균값), V : 교류전압(실횻값), 변압기 2차 전압,
I_d : 직류전류(평균값), I : 교류전류(실횻값), e : 전압강하(주어지지 않을 시 무시)

■ **단상 전파 정류**
: 단상 전파 정류 × 2배

2 단상 전파 정류(다이오드 2개, 4개 이용)

[출력파형]

■ 교류분 = 실횻값

(1) **직류전압** : $V_d = \dfrac{2\sqrt{2}}{\pi}\, V - e = 0.9\, V - e\,[\mathrm{V}]$

■ **교류전압** : 변압기 2차측 전압

(2) **직류전류** : $I_d = \dfrac{V}{R} = \dfrac{\dfrac{2\sqrt{2}}{\pi}\, V}{R} = \dfrac{2\sqrt{2}}{\pi} \cdot \dfrac{V}{R} = 0.9 I\,[\mathrm{A}]$

(3) **최대역전압(최대첨두전압)** : $PIV = 2\sqrt{2}\, V$

■ 3상 전파(6상 반파) 정류
 – 직류전압 최대
 – 맥동률 최소

구 분	단상 반파	단상 전파	3상 반파	3상 전파
직류전압	$V_d = 0.45\,V$	$V_d = 0.9\,V$	$V_d = 1.17\,V$	$V_d = 1.35\,V$
직류전류	$I_d = 0.45\,I$	$I_d = 0.9\,I$	$I_d = 1.17\,I$	$I_d = 1.35\,I$
최대역전압	$PIV = \sqrt{2}\,V$	$PIV = 2\sqrt{2}\,V$	–	–
맥동률	121[%]	48[%]	17[%]	4[%]
맥동주파수	$f(60[\mathrm{Hz}])$	$2f(120[\mathrm{Hz}])$	$3f(180[\mathrm{Hz}])$	$6f(360[\mathrm{Hz}])$

3 맥동분

(1) 맥동률 $= \dfrac{\text{교류분}}{\text{직류분}} \times 100[\%]$

(2) 맥동분 제거

① 콘덴서(C) : 정류회로 출력 측에 병렬 설치(전압 맥동분 제거)
② 리액터(L) : 정류회로 출력 측에 직렬 설치(전류 맥동분 제거)

4 사(다)이리스터(Thyristor)

실리콘 제어 정류 소자로써 사이리스터의 대표적인 소자는 SCR이다.

(1) SCR(실리콘 제어 정류 소자)

단방향(역지지) 3단자(극)

① 특 징
　㉠ 위상제어소자, 정류작용
　㉡ 게이트 작용 : 브레이크 오버작용
　㉢ 구조 : PNPN 4층 구조
　㉣ 직류, 교류 모두 사용 가능
　㉤ 부(−)저항 특성을 갖는다.
　㉥ 순방향 시 전압강하가 작다.
　㉦ 사(다)이라트론과 전압 전류 특성이 비슷하다.
　㉧ 게이트 전류에 의하여 방전개시전압 제어
　㉨ 소형이면서 대전력 계통에 사용
　㉩ SCR 도통 후 게이트 전류를 차단하여도 도통상태 유지

② 턴온(Turn-on) 방법
  ㉠ 게이트에 래칭전류 이상의 전류 인가
  ㉡ 브레이크오버전압 이상의 전압 인가
  ㉢ 게이트에 일정량 이상의 빛을 비추어 도통(LA SCR)

③ 턴오프(Turn-off) 방법
  ㉠ 애노드(A)를 0 또는 음(-)으로 한다.
  ㉡ 유지전류 이하로 한다.
  ㉢ 전원차단 또는 역방향 전압 인가

④ GTO(Gate Turn Off Thyristor)
  ㉠ 게이트 단자로 ON, OFF 가능
  ㉡ 자기소호능력이 우수하다.
  ㉢ 게이트에 (+)전원 인가 : Turn-on(도통)
  ㉢ 게이트에 (-)전원 인가 : Turn-off(소호)

⑤ 유지전류
  ㉠ 래칭전류 : SCR이 OFF상태에서 ON상태로의 전환이 이루어지고, 트리거 신호가 제거된 직후에 SCR을 ON상태로 유지하는 데 필요한 최소 양극전류
  ㉡ 홀딩전류 : SCR의 ON상태를 유지하기 위한 최소 양극전류

(2) SCS

단방향(역지지) 4단자(극)

① 특 징
  ㉠ 게이트 단자가 2개이다.
  ㉡ 양쪽게이트 어느쪽에서든 신호가 들어오면 도통

(3) SSS

양방향(쌍방향) 2단자(극)

① 특 징
  ㉠ 게이트단자가 없다.
  ㉡ 브레이크오버전압 이상의 전압으로 도통
  ㉢ 자기회복능력이 우수하다.

■ GTO SCR
 - 게이트 단자로 ON, OFF 가능
 - 자기소호능력이 우수하다.

■ SCS
 - 단방향 4단자 소자
 - 게이트 단자가 2개

■ SSS
 - 양방향 2단자 소자
 - 자기회복능력이 우수하다.

---

(4) DIAC

양방향(쌍방향) 2단자(극)

① 특 징
  ㉠ 게이트단자가 없다.
  ㉡ 교류(AC)제어 전용이다.
  ㉢ 직류는 사용 할 수 없다.

(5) TRIAC

양방향(쌍방향) 3단자(극)

① 특 징
  ㉠ 과전압에 의해 파괴되지 않는다.
  ㉡ 교류(AC)제어 전용이다.
  ㉢ 직류는 사용할 수 없다.

제 3 절   자동제어

1 제어계

(1) 용 어

① **제어요소** : 조절부와 조작부로 구성되어 있으며 동작신호를 조작량으로 변화시키는 요소
② **조작량** : 제어장치의 출력인 동시에 제어대상의 입력으로 제어장치가 제어대상에 가하는 제어신호
③ **외란** : 외부에서 들어오는 바람직하지 않는 신호로 제어량의 값을 변화시키려 한다.
④ **제어량** : 제어대상에 속하는 양이며 제어계의 출력량이다.
⑤ **귀환요소** : 검출부라고도 하며, 제어량을 궤환신호로 변화시키는 요소
⑥ **오차** : 피드백신호의 기준입력과 주궤환 신호와의 편차인 신호
⑦ **기준입력 요소** : 설정부라고도 하며 목푯값과 비례하는 기준입력 신호를 발생하는 요소

옆 주

■ DIAC
  – 양방향 2단자
  – 교류제어 전용

■ TRIAC
  – 양방향 3단자
  – 교류제어 전용
  – 과전압에 의해 파괴되지 않는다.

■ 제어요소
  – 조절부+조작부로 구성
  – 동작신호를 조작량으로 변화

■ **조절부** : 동작신호를 만든다.

■ **조작부** : 서보모터 기능을 하는 부분

(2) 제어계의 종류

■ 시퀀스제어(개회로 제어)
- 미리 정해진 순서에 따라 제어의 각 단계를 순차적으로 제어
- 구조가 간단하며 시설비가 적게든다.
- 신뢰도가 떨어진다.

① 개회로 제어계 : 시퀀스제어, 열린루프회로

　ㄱ 미리 정해진 순서에 따라 제어의 각 단계를 순차적으로 제어

　ㄴ 오차가 발생할 수 있으며 신뢰도가 떨어진다.

　ㄷ 릴레이접점(유접점), 논리회로(무접점), 시간지연요소 등이 사용된다.

　ㄹ 구조가 간단하며 시설비가 적게든다.

[개루프 제어계의 기본 블록선도]

　ㅁ 특성 방정식

　　• 전달함수 : $G_{(s)} = \dfrac{출력}{입력} = \dfrac{Y_{(s)}}{X_{(s)}}$

　ㅂ $X \longrightarrow \boxed{G_1} \longrightarrow \boxed{G_2} \longrightarrow Y$

　　• 전달함수 : $G_{(s)} = G_1 \cdot G_2$

② 폐회로 제어계 : 피드백제어, 닫힌루프회로

　ㄱ 미리 정해진 순서에 따라 제어의 각 단계를 순차적으로 제어하며 입력과 출력이 일치해야 출력하는 제어

　ㄴ 입력과 출력을 비교하는 장치 필요(비교부)

■ 피드백제어(폐회로 제어)
- 입·출력 비교장치 필요
- 구조가 복잡하고, 시설비가 비싸다.
- 정확성, 감대폭, 대역폭이 증가한다.

　ㄷ 구조가 복잡하고, 시설비가 비싸다.

　ㄹ 정확성, 감대폭, 대역폭이 증가한다.

　ㅁ 계의 특성변화에 대한 입력 대 출력비의 감도가 감소된다.

　ㅂ 비선형과 왜형에 대한 효과가 감소한다.

[폐루프 제어계의 기본 블록선도]

㉥ 특성 방정식

- 전달함수 : $G_{(S)} = \dfrac{\text{Pass}}{1 - \text{Loop}} = \dfrac{G}{1 - (-G)} = \dfrac{G}{1+G}$

- 전달함수 : $G_{(S)} = \dfrac{G_1}{1 - (-G_1 G_2)} = \dfrac{G_1}{1 + G_1 G_2}$

- 출력 : $C = $ 전달함수 $\times$ 입력

$$= \dfrac{G_1 G_2}{1 - (-G_1 G_2)} \cdot R + \dfrac{G_2}{1 - (-G_1 G_2)} \cdot D$$

$$\therefore C = \dfrac{G_1 G_2}{1 + G_1 G_2} \cdot R + \dfrac{G_2}{1 + G_1 G_2} \cdot D$$

- 출력 : $C = $ 전달함수 $\times$ 입력

$$= \dfrac{G}{1 - (-GH)} \cdot R + \dfrac{1}{1 - (-GH)} \cdot D$$

$$\therefore C = \dfrac{G}{1 + GH} \cdot R + \dfrac{1}{1 + GH} \cdot D$$

■ 전달함수

$$G_s = \dfrac{\text{출력}(C_s)}{\text{입력}(R_s)}$$

■ $G_s = \dfrac{\text{Pass}}{1 - \text{Loop}}$

■ 출력(C_s)
= 전달함수$(G_s) \times$입력(R_s)

2 자동제어 분류

(1) 제어량에 의한 분류

① 서보기구 : **제어량이 물체의 자세, 위치, 방향** 등의 기계적인 변위로 하는 제어계를 말하며 목푯값의 가변화에 대하여 항상 추종하도록 구성되어 있다. 예로는 자동평형기록계, 추적용 레이더, 비행기 및 선박의 방향제어계, 미사일 발사대의 자동위치 제어계 등이 있다.

② 프로세스 제어 : **제어량이 유량, 온도, 액위면, 압력, 밀도, 농도** 등으로 하는 제어계를 말하며, 석유공업, 화학공업, 식품공업 등 일용품 등을 만드는 곳에서 주로 사용되며 예로는 온도, 유량, 압력 제어장치 등이 있다.

③ 자동조정 : 전기적 또는 기계적인 양, 즉 **전압, 전류, 힘, 주파수, 회전속도** 등을 주로 제어하는 것으로 응답속도가 아주 빨라야 하며 예로는 정전압 장치제어, 발전기의 조속기 제어 등이 이에 속한다.

(2) 목푯값에 의한 분류

① 정치제어 : 프로세서제어와 자동조정이 이에 속하며 목푯값이 시간의 변화에 따라 영향을 받지 않으며 일정할 경우의 제어

② 추치제어 : 목푯값이 시간에 따라 정확히 추종하는 제어

  ㉠ 프로그램제어 : 목푯값이 프로그램과 같이 미리 정해진 시간적 변위에 의한 제어(무인제어시스템, 산업용 로봇)

  ㉡ 추종제어 : 서보기구가 이에 속하며 목푯값이 임의의 시간적 변위를 추종(추치)하는 제어(대공포 포신제어, 추적레이더)

  ㉢ 비율제어 : 목푯값이 다른 것과 일정 비율 관계로 비례하는 경우 제어

(3) 제어동작에 의한 분류 : P(비례), I(적분), D(미분)

① P동작(비례제어) : 잔류편차를 갖는다.

② D동작(미분제어) : 진동을 억제시키고 과도특성을 개선하며 진상요소이다.

③ PD동작(비례미분제어) : 감쇠비를 증가시키고 초과를 억제, 시스템의 과도응답 특성을 개선하여 응답 속응성 개선

④ PI동작(비례적분제어) : 잔류편차제거, 간헐현상이 발생, 지상보상회로에 대응

(4) 불연속제어 : ON-OFF제어

3 변환요소 종류

변환량	변환요소
압력 → 변위	벨로즈, 다이어프램, 스프링
변위 → 압력	노즐·플래퍼, 유압 분사관, 스프링
변위 → 임피던스	가변 저항기, 용량형 변환기, 가변 저항 스프링
변위 → 전압	포텐셔미터, 차동 변압기, 전위차계
광 ↗ 임피던스	전자석, 전자 코일
광 ↘ 전압	광전관, 광전도 셀, 광전 트랜지스터, 광전지, 광전 다이오드
방사선 → 임피던스	GM 관, 전리함
온도 → 임피던스	측온 저항(열선, 더미스터, 백금, 니켈)
온도 → 전압	열전대(백금-백금로듐, 철-콘스탄탄, 구리-콘스탄탄, 크로멜-알루멜)

■ 온도 → 전압 : 열전대

■ 변위 → 임피던스
: 가변 저항기

■ 변위 → 전압
– 포텐셔미터
– 차동 변압기
– 전위차계

제 4 절   시퀀스 제어

1 접점(Contact)

회로를 열고 닫아 회로 상태를 결정하는 기능을 갖는 기구

(1) a접점(NO) : 평상시 열려 있고, 조작하면 닫히는 접점

① 평상시 : 전기가 통하지 않는다(OFF 상태). → 차단상태

② 조작 시 : 전기가 통한다(ON 상태). → 도통상태

③ 도면이 세로이면 우측에 도면이 가로이면 상단에 그린다.

④ 기동스위치, 자가유지접점은 모두 a접점 사용

⑤ a접점 심벌

세 로						
가 로						
명 칭	푸시버튼 스위치(PBS, PB, BS)	계전기 보조 a접점	타이머 a접점 (한시동작 순시복귀)	리미트 스위치 a접점	텀블러 스위치 (수동조작 수동복지)	열동계전기 a접점

(2) b접점(NC) : 평상시 닫혀 있고, 조작하면 열리는 접점

① 평상시 : 전기가 통한다(ON 상태). → 도통상태

② 조작 시 : 전기가 통하지 않는다(OFF 상태). → 차단상태

③ 도면이 세로이면 좌측에, 도면이 가로이면 하단에 그린다.

④ 정지스위치, 인터록접점은 모두 b접점 사용

⑤ b접점 심벌

세 로					
가 로					
명 칭	푸시버튼스위치 (PBS, PB, BS)	계전기 보조 b접점	타이머 b접점 (한시동작 순시복귀)	리미트스위치 b접점	열동계전기 b접점

2 논리회로, 논리식, 진리표

■ AND회로
다이오드가 입력측을 향한다.

■ OR회로
다이오드가 출력측을 향한다.

■ NAND회로
: AND회로의 부정

■ NOR회로
: OR회로의 부정

회 로	유접점	무접점과 논리식	회로도	진리값표
AND회로 곱(×) 직렬회로		$X = A \cdot B$		A B X / 0 0 0 / 0 1 0 / 1 0 0 / 1 1 1
OR회로 덧셈(+) 병렬회로		$X = A + B$		A B X / 0 0 0 / 0 1 1 / 1 0 1 / 1 1 1
NOT회로 부정회로		$X = \overline{A}$	트랜지스터에 의한 NOT회로	A X / 0 1 / 1 0
NAND회로 AND회로의 부정회로		$X = \overline{A \cdot B} = \overline{A} + \overline{B}$ $X = \overline{A} + \overline{B} = \overline{A \cdot B}$		A B X / 0 0 1 / 0 1 1 / 1 0 1 / 1 1 0
NOR회로 OR회로의 부정회로		$X = \overline{A + B} = \overline{A} \cdot \overline{B}$ $X = \overline{A + B} = \overline{A} \cdot \overline{B}$		A B X / 0 0 1 / 0 1 0 / 1 0 0 / 1 1 0

회 로	유접점	무접점과 논리식	회로도	진리값표
Exclusive OR회로 =EOR회로 배타적 회로	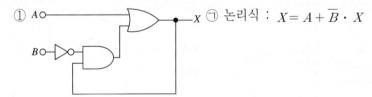	$X = A \cdot \overline{B} + \overline{A} \cdot B = A \oplus B$	−	A B X 0 0 0 0 1 1 1 0 1 1 1 0

3 불대수 및 드모르간법칙

정 리		
교환의 법칙	(a) $A + B = B + A$	(b) $A \cdot B = B \cdot A$
결합의 법칙	(a) $(A + B) + C = A + (B + C)$	(b) $(A \cdot B) \cdot C = A \cdot (B \cdot C)$
분배의 법칙	(a) $A \cdot (B + C) = A \cdot B + A \cdot C$	(b) $A + (B \cdot C) = (A + B) \cdot (A + C)$
동일의 법칙	(a) $A + A = A$	(b) $A \cdot A = A$
부정의 법칙	(a) $(\overline{A}) = \overline{A}$	(b) $(\overline{\overline{A}}) = A$
흡수의 법칙	(a) $A + A \cdot B = A$	(b) $A \cdot (A + B) = A$
공 리	(a) $0 + A = A,\ A + A = A$ (c) $1 + A = 1,\ A + \overline{A} = 1$	(b) $1 \cdot A = A,\ A \cdot A = A$ (d) $0 \cdot A = 0,\ A \cdot \overline{A} = 0$

■ 드모르간법칙
$$\overline{A + B} = \overline{A} \cdot \overline{B}$$
$$\overline{A \cdot B} = \overline{A} + \overline{B}$$

(1) 논리식 간소화

① $A \cdot (A + B) = \underset{A}{\underline{A \cdot A}} + A \cdot B = A(\underset{1}{\underline{1 + B}}) = A$

② $A + \overline{A}B = (\underset{1}{\underline{A + \overline{A}}}) \cdot (A + B) = A + B$

③ $\overline{X} + YX = (\overline{X} + Y) \cdot (\underset{1}{\underline{\overline{X} + X}}) = \overline{X} + Y$

■ 논리식 간소화
 − $1 + A = 1$
 − $A + \overline{A} = 1$
 − $0 \cdot A = 0$
 − $A \cdot \overline{A} = 0$

(2) 논리회로 논리식 변환

① 논리식 : $X = A + \overline{B} \cdot X$

② ㉠ 논리식 :

$$L = (X + Y) \cdot (\overline{X} + Y)$$

㉡ 논리식 간소화

$$L = (X + Y) \cdot (\overline{X} + Y)$$

$$= \underset{0}{X\overline{X}} + XY + \overline{X}Y + \underset{Y}{YY}$$

$$= 0 + Y(\underset{1}{X + \overline{X} + 1})$$

$$= Y$$

■ 유접점 회로
- 직렬연결 : AND회로
- 병렬연결 : OR회로

(3) 유접점회로 논리식 변환

①

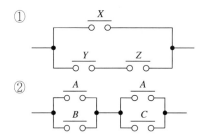

㉠ 논리식$= X + Y \cdot Z$

②

㉠ 논리식$= (A + B) \cdot (A + C)$

㉡ 논리식 간소화

$$(A + B) \cdot (A + C)$$

$$= \underset{A}{AA} + AC + AB + BC$$

$$= A(\underset{1}{1 + C + B}) + BC$$

$$= A + BC$$

4 자기유지회로

■ 자기유지회로 : 기동스위
치를 눌러 기동시킨 후 기
동스위치를 복구시켜도 계
속 ON상태를 유지시키는
회로

(1) 유접점회로(릴레이회로)

(2) 논리회로

■ 보조접점(a, b)은 출력에서
입력으로 들어간다.

(3) 논리식 $X = (PB_1 + X) \cdot \overline{PB_2}$

제6장 출제예상문제

01

P형 반도체에 첨가되는 불순물에 관한 설명으로 옳은 것은?

① 5개의 가전자를 갖는다.
② 억셉터 불순물이라 한다.
③ 과잉전자를 만든다.
④ 게르마늄에는 첨가할 수 있으나 실리콘에는 첨가가 되지 않는다.

해설 P형 반도체 불순물 : 억셉터
N형 반도체 불순물 : 도너

답 ②

02

도너(Donor)와 억셉터(Acceptor)의 설명 중 틀린 것은?

① 반도체 결정에서 Ge이나 Si에 넣는 5가의 불순물을 도너라고 한다.
② 반도체 결정에서 Ge이나 Si에 넣는 3가의 불순물에는 In, Ga, B 등이 있다.
③ 진성반도체는 불순물이 전혀 섞이지 않은 반도체이다.
④ N형 반도체의 불순물이 억셉터이고, P형 반도체의 불순물이 도너이다.

해설 P형 반도체 불순물 : 억셉터
N형 반도체 불순물 : 도너

답 ④

03

반도체의 특징을 설명한 것 중 틀린 것은?

① 진성 반도체의 경우 온도가 올라갈수록 양(+)의 온도계수를 나타낸다.
② 열전현상, 광전현상, 홀효과 등이 심하다.
③ 반도체와 금속의 접촉면 또는 P형, N형 반도체의 접합면에서 정류작용을 한다.
④ 전류와 전압의 관계는 비직선형이다.

해설 진성 반도체의 경우 온도가 올라갈수록 음(−)의 온도계수를 나타낸다.

답 ①

04

전원전압을 일정하게 유지하기 위하여 사용되는 다이오드는?

① 보드형다이오드 ② 터널다이오드
③ 제너다이오드 ④ 버랙터다이오드

해설 제너다이오드 : 정전압다이오드
항복 영역에서 동작하도록 만든 실리콘다이오드로 부하전압을 항상 일정하게 유지해준다.

답 ③

05

빛이 닿으면 전류가 흐르는 다이오드로 광량의 변화를 전류값으로 대치하므로 광센서에 주로 사용하는 다이오드는?

① 제너다이오드 ② 터널다이오드
③ 발광다이오드 ④ 포토다이오드

해설 • 제너다이오드 : 전원전압 안정유지 다이오드
• 터널다이오드 : 발진, 증폭, 스위치 작용 다이오드
• 발광다이오드 : 다이오드에 전기를 가하면 n형 반도체 있는 전자가 이동하며, P형 반도체의 정공에 들어가면 빛을 내는 다이오드(LED 램프)
• 포토다이오드 : 빛이 닿으면 전류가 발생하는 다이오드

답 ④

06

각종 소방설비의 표시등에 사용되는 발광다이오드(LED)에 대한 설명으로 옳은 것은?

① 응답속도가 매우 빠르다.
② PNP접합에 역방향 전류를 흘려서 발광시킨다.
③ 전구에 비해 수명이 길고 진동에 약하다.
④ 발광다이오드의 재료로는 Cu, Ag 등이 사용된다.

해설 발광다이오드
- PN접합에서 순방향 전압을 가하면 발광한다.
- 응답속도 빠르다.
- 전구에 비해 수명이 길고 진동에 강하다.
- 재료로는 GaAs, GaP 금속화합물이 사용된다.

답 ①

07

다이오드를 사용한 정류회로에서 과대한 부하전류에 의하여 다이오드가 파손될 우려가 있을 경우의 적당한 대책은?

① 다이오드를 직렬로 추가한다.
② 다이오드를 병렬로 추가한다.
③ 다이오드의 양단에 적당한 값의 저항을 추가한다.
④ 다이오드의 양단에 적당한 값의 콘덴서를 추가한다.

해설 다이오드 접속
- 직렬접속 : 전압이 분배되므로 과전압으로부터 보호
- 병렬접속 : 전류가 분배되므로 과전류로부터 보호

답 ②

08

다이오드를 여러 개 병렬로 접속하는 경우에 대한 설명으로 다음 중 가장 알맞은 것은?

① 과전류로부터 보호할 수 있다.
② 과전압으로부터 보호할 수 있다.
③ 부하측의 맥동률을 감소시킬 수 있다.
④ 정류기의 역방향 전류를 감소시킬 수 있다.

해설 다이오드를 병렬로 접속하면 전류가 분배되므로 과전류로부터 보호할 수 있다.

답 ①

09

MOSFET(금속–산화물 반도체 전계효과 트랜지스터)의 특성으로 틀린 것은?

① 2차 항복이 없다.
② 직접도가 낮다.
③ 소전력으로 작동한다.
④ 큰 입력저항으로 게이트 전류가 거의 흐르지 않는다.

해설 MOSFET의 특성
- 2차 항복전압이 없으며, 큰 입력저항으로서 게이트 전류가 거의 흐르지 않는다.
- 안정적이며, 직접도가 높다.
- 소전력으로 작동한다.

답 ②

10

그림과 같은 트랜지스터를 사용한 정전압회로에서 Q_1의 역할로서 옳은 것은?

① 증폭용
② 비교부용
③ 제어용
④ 기준부용

해설 Q_1 역할 : 제어용
Q_2 역할 : 증폭용

답 ③

11

이상적인 트랜지스터의 α 값은?(단, α는 베이스접지 증폭기의 전류증폭률이다)

① 0
② 1
③ 100
④ ∞

해설 이상적인 트랜지스터 베이스접지 전류증폭률 $\alpha = 1$

답 ②

12
트랜지스터의 베이스와 컬렉터 사이의 전류 증폭률 $\beta = 60$이다. 이미터와 컬렉터 사이의 전류 증폭률 α 는?

① 0.36 ② 0.95
③ 0.98 ④ 1.0

해설 베이스접지 전류증폭정수
$$\alpha = \frac{\beta}{1+\beta} = \frac{60}{1+60} \fallingdotseq 0.98$$

답 ③

13
이미터 전류를 1[mA] 변화시켰더니 컬렉터 전류는 0.98[mA]이었다. 이 트랜지스터의 증폭률 β 는?

① 0.49 ② 0.98
③ 1.02 ④ 49.0

해설
전류증폭률 $\beta = \dfrac{I_c}{I_B} = \dfrac{I_c}{I_E - I_c}$
$$\therefore \beta = \frac{0.98}{1-0.98} = 49$$

답 ④

14
다음 소자 중에서 온도보상용으로 쓰이는 것은?

① 서미스터 ② 바리스터
③ 제너다이오드 ④ 터널다이오드

해설 서미스터 특징
• 온도보상용
• 부(-)저항온도계수$\left(온도 \propto \dfrac{1}{저항}\right)$

답 ①

15
온도보상장치에 사용되는 소자인 NTC형 서미스터의 저항값과 온도의 관계를 옳게 설명한 것은?

① 저항값은 온도에 비례한다.
② 저항값은 온도에 반비례한다.
③ 저항값은 온도의 제곱에 비례한다.
④ 저항값은 온도의 제곱에 반비례한다.

해설 서미스터 특징
• 온도보상용
• 부(-)저항온도계수$\left(온도 \propto \dfrac{1}{저항}\right)$

답 ②

16
반도체를 사용한 화재감지기 중 서미스터(Thermistor)는 무엇을 측정, 제어하기 위한 반도체 소자인가?

① 연기농도 ② 온 도
③ 가스농도 ④ 불꽃의 스펙트럼강도

해설 서미스터 특징
• 온도보상용
• 부(-)저항온도계수$\left(온도 \propto \dfrac{1}{저항}\right)$

답 ②

17
온도 측정을 위하여 사용하는 소자로서 온도-저항부 특성을 가지는 일반적인 소자는?

① 노즐플래퍼 ② 서미스터
③ 앰플리다인 ④ 트랜지스터

해설 서미스터는 온도의 작은 변화에 비례하여 저항에 있어서 큰 변화를 보여주는 소결 반도체 물질로 구성된 온도 감지 소자이다.

답 ②

18
바리스터(Varistor)의 주된 용도는?

① 전압 증폭
② 온도 보상
③ 출력전류 조절
④ 서지전압에 대한 회로보호

해설 바리스터 특징
• 서지전압(이상전압)에 대한 회로보호용
• 서지에 의한 접점의 불꽃 소거

답 ④

19
계측기 접점의 불꽃 제거나 서지 전압에 대한 과입력 보호용으로 사용되는 것은?

① 바리스터 ② 사이리스터
③ 서미스터 ④ 트랜지스터

해설 바리스터 특징
- 서지전압(이상전압)에 대한 회로보호용
- 서지에 의한 접점의 불꽃 소거

답 ①

20

단상 반파정류회로에서 출력되는 전력은?

① 입력전압의 제곱에 비례한다.
② 입력전압에 비례한다.
③ 부하저항에 비례한다.
④ 부하임피던스에 비례한다.

해설 출력전력

$$P = \frac{V^2}{R} [\text{W}]$$

답 ①

21

그림과 같은 정류회로에서 부하 R에 흐르는 직류전류의 크기는 약 몇 [A]인가?(단, $V=200[\text{V}]$, $R=20\sqrt{2}[\Omega]$이다)

① 3.2   ② 3.8
③ 4.4   ④ 5.2

해설 직류전압 : $V_d = 0.45\ V = 0.45 \times 200 = 90[\text{V}]$

직류전류 : $I_d = \dfrac{V_d}{R} = \dfrac{90}{20\sqrt{2}} ≒ 3.2[\text{A}]$

답 ①

22

단상변압기 권수비 $a=8$이고, 1차 교류전압은 110[V]이다. 변압기 2차 전압을 단상 반파정류회로를 이용하여 정류했을 때 발생하는 직류전압의 평균값은 약 몇 [V]인가?

① 6.19   ② 6.29
③ 6.39   ④ 6.88

해설 변압기 2차전압 : $V_2 = \dfrac{V_1}{a} = \dfrac{110}{8}[\text{V}]$

직류전압 :

$$V_d = 0.45\ V = 0.45 \times \frac{110}{8} ≒ 6.19[\text{V}]$$

답 ①

23

그림과 같은 반파정류회로에 스위치 A를 사용하여 부하 저항 R_L을 떼어냈을 경우 콘덴서 C의 충전전압은 몇 [V]인가?

① 12π ② 24π
③ $12\sqrt{2}$ ④ $24\sqrt{2}$

해설 스위치 A 개방 시 R_L이 없어지므로 C에 전압이 최대치까지 충전 된다.

$$\therefore V_m = \sqrt{2}\ V = \sqrt{2} \times 24 = 24\sqrt{2}$$

답 ④

24

그림과 같은 1[kΩ]의 저항과 실리콘다이오드의 직렬회로에서 양단 간의 전압 V_D는 약 몇 [V]인가?

① 0   ② 0.2
③ 12   ④ 24

해설 다이오드가 전지와 역방향으로 접속되어 24[V] 전압이 모두 다이오드에 걸린다.

답 ④

25

그림은 비상시에 대비한 예비전원의 공급회로이다. 직류전압을 일정하게 유지하기 위하여 콘덴서를 설치하였다면 그 위치로 적당한 곳은?

① a와 b 사이   ② c와 d 사이
③ e와 f 사이   ④ c와 e 사이

33

SCR의 양극 전류가 10[A]일 때 게이트 전류를 반으로 줄이면 양극 전류는 몇 [A]인가?

① 20
② 10
③ 5
④ 0.1

해설 게이트 단자는 SCR을 ON시키는 용도이며 게이트전류를 변경시켜도 도통전류는 변하지 않는다.

답 ②

34

다음 중 완전 통전상태에 있는 SCR을 차단상태로 하기 위한 방법으로 알맞은 것은?

① 게이트 전류를 차단시킨다.
② 게이트에 역방향 바이어스를 인가한다.
③ 양극전압을 (−)로 한다.
④ 양극전압을 더 높게 한다.

해설 SCR 턴 오프방법
- 애노드 또는 양극전압을 음(−)으로 한다.
- 유지전류 이하로 한다.
- 전원차단, 역방향 전압인가

답 ③

35

SCR의 동작상태 중 래칭전류(Latching Current)에 대한 설명으로 옳은 것은?

① 사이리스터의 게이트를 개방한 상태에서 전압을 상승하면 급히 증가하게 되는 순전류
② 트리거 신호가 제거된 직후에 사이리스터를 ON 상태로 유지하는 데 필요로 하는 최소한의 주전류
③ 사이리스터가 ON상태를 유지하다가 OFF상태로 전환하는 데 필요로 하는 최소한의 전류
④ 게이트를 개방한 상태에서 사이리스터가 도통상태를 차단하기 위한 최소의 순전류

해설 래칭전류 : 사이리스터가 도통상태를 유지하기 위한 최소의 순전류

답 ②

36

다음 중 쌍방향성 사이리스터인 것은?

① 브리지 정류기
② SCR
③ IGBT
④ TRIAC

해설 쌍방향(양방향) 사이리스터
SSS, DIAC, TRIAC

답 ④

37

작동신호를 조작량으로 변환하는 요소이며, 조절부와 조작부로 이루어진 것은?

① 제어요소
② 제어대상
③ 피드백요소
④ 기준입력요소

해설 제어요소(Control Element)
- 조절부＋조작부로 구성되어 있다.
- 동작신호를 조작량으로 변화시켜 제어대상에게 신호전달

답 ①

38

제어요소는 동작신호를 무엇으로 변환하는 요소인가?

① 조작량
② 제어량
③ 비교량
④ 검출량

해설 제어요소는 제어동작신호를 조작량으로 변환하는 요소이다.

답 ①

39

제어요소의 구성이 올바른 것은?

① 조절부와 조작부
② 비교부와 검출부
③ 설정부와 검출부
④ 설정부와 비교부

해설 제어요소는 보통 조절부와 조작부로 이루어져 있다.

답 ①

40

서보전동기는 제어기기의 어디에 속하는가?

① 검출부
② 조절부
③ 증폭부
④ 조작부

해설 조절부 : 동작신호를 만드는 부분
조작부 : 서보모터 기능을 하는 부분

답 ④

41

제어량을 조절하기 위하여 제어 대상에 주어지는 양으로 제어부의 출력이 되는 것은?

① 제어량　　　　　② 주 피드백신호
③ 기준입력　　　　④ 조작량

해설 조작량 : 제어요소에서 제어대상에 인가되는 양

답 ④

42

조작량(Manipulated Variable)은 제어요소에서 무엇에 인가되는 양인가?

① 조작대상　　　　② 제어대상
③ 측정대상　　　　④ 입력대상

해설 조작량은 제어량을 지배하기 위하여 제어장치가 제어 대상에 주는 양을 말한다.

답 ②

43

기준입력과 주궤환 신호와의 편차인 신호로써 제어동작을 일으키는 신호는?

① 제어변수　　　　② 오 차
③ 다변수　　　　　④ 외 란

해설 오차 : 피드백신호의 기준입력과 주궤환 신호와의 편차인 신호

답 ②

44

개루프 제어계를 동작시키는 기준으로 직접 제어계에 가해지는 신호는?

① 기준입력신호　　② 피드백신호
③ 제어편차신호　　④ 동작신호

해설 제어계에서 직접 제어계에 가는 신호는 제어계를 동작시키는 기준이 되는 기준입력요소(Reference Input)를 말한다.

답 ①

45

제어계가 부정확하고 신뢰성은 없으나 출력과 입력이 서로 독립인 제어계는?

① 자동 제어계　　　② 개회로 제어계
③ 폐회로 제어계　　④ 피드백 제어계

해설 시퀀스(개회로) 제어계
- 미리 정해진 순서에 따라 제어의 각 단계를 순차적으로 제어
- 오차가 발생할 수 있으며 신뢰도가 떨어진다.
- 릴레이접점(유접점), 논리회로(무접점), 시간지연요소 등이 사용된다.

답 ②

46

시퀀스제어에 관한 설명 중 옳지 않은 것은?

① 기계적 계전기접점이 사용된다.
② 논리회로가 조합 사용된다.
③ 시간 지연요소가 사용된다.
④ 전체시스템에 연결된 접점들이 일시에 동작할 수 있다.

해설 시퀀스제어는 미리 정해진 순서에 따라 제어의 각 단계를 차례로 진행해 가는 제어를 말한다.

답 ④

47

자동제어에서 미리 정해 놓은 순서에 따라 각 단계가 순차적으로 진행되는 제어방식은?

① 피드백제어　　　② 서보제어
③ 프로그램제어　　④ 시퀀스제어

해설 시퀀스제어는 제어 동작의 완료를 확인하고 그 결과에 따라 다음의 동작을 선정하는 등 미리 정해진 순서에 따라 제어의 각 단계를 순차적으로 진행해 나가는 제어방식을 말한다.

답 ④

48

시퀀스 제어계의 신호전달 계통도이다. 빈칸에 들어갈 알맞은 내용은?

① 제어대상　　　　② 제어장치
③ 제어요소　　　　④ 제어량

해설 회로가 개방회로이므로 시퀀스제어계이고 상태 전단계는 제어대상이 된다.

답 ①

49

피드백 제어계의 특징으로 잘못된 것은?

① 정확성이 증가한다.
② 감도폭이 감소한다.
③ 비선형성과 왜형에 대한 효과가 감소한다.
④ 계의 특성변화에 대한 입력 대 출력비의 감도가 감소한다.

해설 피드백(폐회로) 제어계
• 미리 정해진 순서에 따라 제어의 각 단계를 순차적으로 제어하며 입력과 출력이 일치해야 출력하는 제어
• 입력과 출력을 비교하는 장치 필요(비교부)
• 전달함수 초기값이 항상 "0"이다.
• 구조가 복잡하고, 시설비가 비싸다.
• 정확성, 감대폭, 대역폭이 증가한다.
• 계의 특성변화에 대한 입력 대 출력비의 감도가 감소된다.
• 비선형과 왜형에 대한 효과가 감소한다.

답 ②

50

피드백제어에 대한 설명으로 가장 적절한 것은?

① 이 제어회로는 개회로로 구성되어 있다.
② 입력과 출력을 비교하는 장치가 없는 것이 단점이다.
③ 대역폭이 감소한다.
④ 오차를 자동적으로 정정하게 하는 제어방식이다.

해설 피드백제어 : 입력과 출력을 비교하여 오차가 발생하면 자동으로 정정하여 입력과 출력이 일치해야 출력된다.

답 ④

51

다음 중 피드백 제어계의 일반적인 특성으로 옳은 것은?

① 계의 정확성이 떨어진다.
② 계의 특성변화에 대한 입력 대 출력비의 감도가 감소된다.
③ 비선형과 왜형에 대한 효과가 증대된다.
④ 대역폭이 감소된다.

해설 피드백 제어계의 특징
• 정확성 증가
• 비선형성과 왜형에 대한 효과의 감소
• 대역폭 증가
• 시스템 전체 이득 감소
• 시스템의 특성변화에 대한 입력 대 출력비 감도 감소

답 ②

52

다음과 같은 특성을 갖는 제어계는?

> • 발진을 일으키고 불안정한 상태로 되어가는 경향성을 보인다.
> • 정확성과 감대폭이 증가한다.
> • 계의 특성변화에 대한 입력 대 출력비의 감도가 감소한다.

① 프로세스제어　　② 피드백제어
③ 프로그램제어　　④ 추종제어

해설 피드백제어계는 정확성과 감대폭이 증가하고 발진을 일으키고 불안전한 상태로 되어가는 경향을 보인다.

답 ②

53

피드백제어장치에 속하지 않는 요소는?

① 설정부　　　　② 검출부
③ 조절부　　　　④ 전달부

해설 피드백제어장치 : 제어대상의 작동을 조절하는 장치
기준입력요소(설정부), 제어요소(조절부와 조작부), 궤환요소(검출부)

답 ④

54

다음 중 피드백제어계에서 반드시 필요한 장치는?

① 증폭도를 향상시키는 장치
② 응답속도를 개선시키는 장치
③ 기어장치
④ 입력과 출력을 비교하는 장치

해설 피드백 제어에서 입력과 출력을 비교하는 장치는 반드시 필요하다.

답 ④

55

제어량에 따라 분류되는 자동제어로 옳은 것은?

① 정치(Fixed Value) 제어
② 비율(Ratio) 제어
③ 프로세스(Process) 제어
④ 시퀀스(Sequence) 제어

해설 제어량에 의한 분류
- 서보기구
- 자동조정
- 프로세스제어

답 ③

56

피드백 제어계 중 물체의 위치, 방위, 자세 등의 기계적 변위를 제어량으로 하는 것은?

① 서보제어 ② 프로세스제어
③ 자동조정 ④ 프로그램제어

해설 서보제어(서보기구) : 물체의 위치, 방위, 자세 등의 기계적 변위를 제어량으로 제어

답 ①

57

제어량이 온도, 압력, 유량 및 액면 등과 같은 일반공업량일 때의 제어방식은?

① 추정제어 ② 공정제어
③ 프로그램제어 ④ 시퀀스제어

해설 프로세스(공정)제어 : 공업의 프로세스 상태인 온도, 유량, 압력, 농도, 액위면 등을 제어량으로 제어

답 ②

58

발전기의 조속기에 사용되는 제어는?

① 자동조정 ② 서보제어
③ 프로세스제어 ④ 추종제어

해설 자동조정 : 전기적, 기계적 양을 주로 제어하며 전압, 전류, 주파수, 장력, 회전속도등을 제어량으로 제어(발전기 조속기 제어에 적용)

답 ①

59

다음의 제어량에서 추종제어에 속하지 않는 것은?

① 유 량 ② 위 치
③ 방 위 ④ 자 세

해설 서보기구가 추종제어에 속하므로 위치, 방위, 면적, 자세 등을 제어

답 ①

60

자동제어 중 플랜트나 생산공정 중의 상태량을 제어량으로 하는 제어방법은?

① 정치제어 ② 추종제어
③ 비율제어 ④ 프로세스제어

해설 프로세스제어가 정치제어에 속하며 공업공정의 상태량을 제어량으로 하는 제어

답 ④

61

자동제어계를 제어목적에 의해 분류한 경우를 설명한 것 중 틀린 것은?

① 정치제어 : 제어량을 주어진 일정목표로 유지시키기 위한 제어
② 추종제어 : 목표치가 시간에 따라 일정한 변화를 하는 제어
③ 프로그램제어 : 목표치가 프로그램대로 변하는 제어
④ 서보제어 : 선박의 방향제어계인 서보제어는 정치제어와 같은 성질

해설 서보기구(제어)는 추종제어에 속한다.

답 ④

62

제어량을 어떤 일정한 목푯값으로 유지하는 것을 목적으로 하는 제어방식은?

① 정치제어 ② 추종제어
③ 프로그램제어 ④ 비율제어

해설 정치제어 : 목푯값이 시간에 대하여 변하지 않고, 제어량을 어떤 일정한 목푯값으로 유지하는 제어

답 ①

63

미지의 임의 시간적 변화를 하는 목푯값에 제어량을 추종시키는 것을 목적으로 하는 제어는?

① 추종제어 ② 정치제어
③ 비율제어 ④ 프로그래밍제어

해설 추종제어 : 목푯값이 임의로 시간적 변화를 하는 경우 제어량을 그것에 추종시키기 위한 제어

답 ①

64
추종제어에 대한 설명으로 가장 옳은 것은?

① 제어량의 종류에 의하여 분류한 자동제어의 일종
② 목푯값이 시간에 따라 임의로 변하는 제어
③ 제어량이 공업 프로세스의 상태량일 경우의 제어
④ 정치제어의 일종으로 주로 유량, 위치, 주파수, 전압 등을 제어

해설 추종제어는 추치제이의 일종으로서, 목푯값이 시간의 경과에 따라 임의로 변할 때의 자동 제어를 말한다.
답 ②

65
추치제어에 대한 설명으로 가장 옳은 것은?

① 제어량의 종류에 의하여 분류한 자동제어의 일종
② 출력의 변동을 조정하는 동시에 목푯값에 정확히 추종하도록 설계한 제어
③ 제어량이 공업 프로세스의 상태량일 경우의 제어
④ 정치제어의 일종으로 주로 유량, 위치, 주파수, 전압 등을 제어

해설 추치제어 : 출력의 변동을 조정하는 동시에 목푯값에 정확히 추종하도록 설계한 제어
답 ②

66
다음 중에서 목푯값이 다른 양과 일정한 비율관계를 가지고 변화하는 경우의 제어는 무슨 제어방식인가?

① 정치제어
② 추종제어
③ 프로그램제어
④ 비율제어

해설 비율제어 : 목푯값이 다른 양과 일정한 비율관계를 가지고 변화하는 것을 제어하는 것
답 ④

67
불연속제어에 속하는 것은?

① ON-OFF제어
② 비례제어
③ 미분제어
④ 직분제어

해설 불연속제어 : ON-OFF제어
답 ①

68
진동이 발생되는 장치의 진동을 억제시키는 데 가장 효과적인 제어동작은?

① 온·오프동작
② 미분동작
③ 적분동작
④ 비례동작

해설 미분제어(동작) : 진동을 억제시키고 과도특성을 개선하며 진상요소이다.
답 ②

69
PD(비례미분)제어 동작의 특징으로 옳은 것은?

① 잔류편차 제거
② 간헐현상 제거
③ 불연속 제어
④ 응답 속응성 개선

해설 비례미분제어
• 감쇠비를 증가시키고 초과를 억제
• 시스템의 과도응답 특성을 개선하여 응답 속응성 개선
답 ④

70
계단변화에 대하여 잔류편차가 없는 것이 장점이며, 간헐현상이 있는 제어계는?

① 비례제어계
② 비례미분제어계
③ 비례적분제어계
④ 비례적분미분제어계

해설 비례적분(PI)제어
• 잔류편차 제거
• 간헐현상이 발생한다.
• 지상보상회로에 대응
답 ③

71
PI제어 동작은 프로세스 제어계의 정상 특성 개선에 많이 사용되는데, 이것에 대응하는 보상요소는?

① 지상보상요소
② 진상보상요소
③ 동상보상요소
④ 지상 및 진상보상요소

해설 비례적분(PI)제어
• 잔류편차 제거
• 간헐현상이 발생한다.
• 지상보상회로에 대응
답 ①

72

조작기기는 직접 제어대상에 작용하는 장치이고 응답이 빠른 것이 요구된다. 다음 중 전기식 조작기기가 아닌 것은?

① 전동밸브　　　　　② 서보전동기
③ 전자밸브　　　　　④ 다이어프램밸브

해설 **전기식 조작기기** : 전동밸브, 전자밸브, 서보전동기

답 ④

73

다음 중 온도를 전압으로 변환시키는 요소로 가장 알맞은 것은?

① 광전지　　　　　　② 열전대
③ 측온저항체　　　　④ 차동변압기

해설 **온도 → 전압** : 열전대

답 ②

74

다음 변환요소의 종류 중 변위를 임피던스로 변환하여 주는 것은?

① 벨로스　　　　　　② 노즐 플래퍼
③ 가변 저항기　　　　④ 전자 코일

해설 **변위 → 임피던스** : 가변 저항기

답 ③

75

변위를 전압으로 변환시키는 장치가 아닌 것은?

① 포텐셔미터　　　　② 차동변압기
③ 전위차계　　　　　④ 측온저항

해설 **변위 → 전압** : 포텐셔미터, 차동변압기, 전위차계

답 ④

76

자동제어계에서 각 요소를 블록선도로 표시할 때 각 요소는 전달함수로 표시한다. 신호의 전달경로는 무엇으로 표현하는가?

① 접 점　　　　　　② 점 선
③ 화살표　　　　　④ 스위치

해설 **신호의 전달 경로 표시** : 화살표

답 ③

77

다음 그림과 같은 회로에서 전달함수로 옳은 것은?

① $X(s) + Y(s)$
② $X(s)\,Y(s)$
③ $Y(s)/X(s)$
④ $X(s)/Y(s)$

해설

즉, $G(s) = \dfrac{Y(s)}{X(s)}$,　　$Y(s) = G(s)X(s)$

답 ③

78

다음과 같은 블록선도의 전달함수는?

① G/(1+G)　　　　② G/(1−G)
③ 1+G　　　　　　④ 1−G

해설 **피드백 전달함수**

$$G(s) = \frac{\mathrm{Pass}}{1 - (\mathrm{Loop})} = \frac{G}{1 - (-G)} = \frac{G}{1 + G}$$

답 ①

79

그림과 같은 시스템의 등가합성 전달함수는?

① $G_1 + G_2$　　　　② $G_1 - G_2$
③ $G_1 G_2$　　　　　④ $\dfrac{G_1}{G_2}$

해설 $Y = X \cdot G_1 \cdot G_2$

$$G(s) = \frac{Y}{X} = \frac{X \cdot G_1 \cdot G_2}{X} = G_1 \cdot G_2$$

답 ③

80

그림과 같은 계통의 전달함수는?

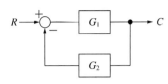

① $\dfrac{G_1}{1+G_2}$ ② $\dfrac{G_2}{1+G_1}$

③ $\dfrac{G_1}{1+G_1 G_2}$ ④ $\dfrac{G_2}{1+G_1 G_2}$

해설 전달함수 : $G_{(s)} = \dfrac{Pass}{1-(Loop)} = \dfrac{G_1}{1-(-G_1 G_2)}$

$\therefore G_{(s)} = \dfrac{G_1}{1+G_1 G_2}$

답 ③

81

그림과 같은 블록선도에서 C는?

① $C = \dfrac{G_1 G_2}{1+G_1 G_2} R + \dfrac{G_1}{1+G_1 G_2} D$

② $C = \dfrac{G_1 G_2}{1+G_1 G_2} R + \dfrac{G_1 G_2}{1-G_1 G_2} D$

③ $C = \dfrac{G_1 G_2}{1+G_1 G_2} R + \dfrac{G_1 G_2}{1+G_1 G_2} D$

④ $C = \dfrac{G_1 G_2}{1+G_1 G_2} R + \dfrac{G_2}{1+G_1 G_2} D$

해설 출력 : $C =$ 전달함수 $\times$ 입력

$= \dfrac{G_1 G_2}{1-(-G_1 G_2)} \cdot R + \dfrac{G_2}{1-(-G_1 G_2)} \cdot D$

$\therefore C = \dfrac{G_1 G_2}{1+G_1 G_2} \cdot R + \dfrac{G_2}{1+G_1 G_2} \cdot D$

답 ④

82

그림과 같은 블록선도에서 C는?

① $\dfrac{G}{1+HG} R + \dfrac{G}{1+HG} D$

② $\dfrac{1}{1+HG} R + \dfrac{1}{1+HG} D$

③ $\dfrac{G}{1+HG} R + \dfrac{1}{1+HG} D$

④ $\dfrac{1}{1+HG} R + \dfrac{G}{1+HG} D$

해설

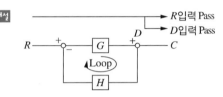

• 출력 : $C =$ 전달함수 $\times$ 입력

$= \dfrac{G}{1-(-GH)} \cdot R + \dfrac{1}{1-(-GH)} \cdot D$

$\therefore C = \dfrac{G}{1+GH} \cdot R + \dfrac{1}{1+GH} \cdot D$

답 ③

83

다음 그림과 같은 회로의 전달함수는?

① $C_1 + C_2$ ② C_2

③ $\dfrac{C_1}{C_1+C_2}$ ④ $\dfrac{C_2}{C_1+C_2}$

해설 전달함수 $= \dfrac{출력\ e_2}{입력\ e_1}$

$= \dfrac{\dfrac{1}{SC_2} \times C_1 C_2}{\left(\dfrac{1}{SC_1} + \dfrac{1}{SC_2}\right) \times C_1 C_2} = \dfrac{C_1}{C_1+C_2}$

$\therefore C = \dfrac{e_2}{e_1} = \dfrac{C_1}{C_1+C_2}$

답 ③

84
그림과 같은 논리회로는?

① OR회로   ② AND회로
③ NOT회로   ④ NOR회로

해설 출력 X에 대해 A와 B는 직렬회로이므로 AND회로
이다.

답 ②

85
그림과 같은 다이오드 논리회로의 명칭은?

① NOT회로   ② AND회로
③ OR회로   ④ NAND회로

해설 AND회로 : 입력신호 A, B가 동시에 1일 때 출력신호
F가 1이 되는 회로

답 ②

86
그림과 같은 무접점회로는 어떤 논리회로인가?

① NOR   ② OR
③ NAND   ④ AND

해설 NAND회로 : AND회로의 부정회로로써 AND회로의
출력과 반대되는 출력을 내보내는 회로

답 ③

87
그림과 같은 게이트의 명칭은?

① AND   ② OR
③ NOR   ④ NAND

해설 OR회로

유접점		무접점과 논리식	

회로도 및 진리값표:

A	B	X
0	0	0
0	1	1
1	0	1
1	1	1

$X = A + B$

답 ②

88
그림과 같은 다이오드 게이트 회로에서 출력전압은?
(단, 다이오드 내의 전압강하는 무시한다)

① 10[V]   ② 5[V]
③ 1[V]   ④ 0[V]

해설
• OR게이트로서 입력 중 어느 하나라도 1이면 출력이
  발생
• 입력전압이 5[V]이므로 출력 5[V]

답 ②

안심Touch

89

입력이 1과 0일 때 1의 출력이 나오지 않는 게이트는?

① OR 게이트
② NAND 게이트
③ NOR 게이트
④ EXCLUSIVE OR 게이트

해설 NOR회로 진리표

입 력		출 력
0	0	1
0	1	0
1	0	0
1	1	0

답 ③

90

그림과 같은 논리회로의 명칭은?

① AND
② NAND
③ OR
④ NOR

해설 논리회로

AND회로	OR회로	NOT회로
$X = A \cdot B$	$X = A + B$	$X = \overline{A}$

NAND회로	NOR회로
$X = \overline{A \cdot B}$	$X = \overline{A + B}$

답 ②

91

입력신호 A, B가 동시에 "0"이거나 "1"일 때만 출력신호 X가 "1"인 것은?

① EXCLUSIVE NOR
② EXCLUSIVE OR
③ NAND
④ AND

해설 EXCLUSIVE NOR = $A \odot B$
 : 두 입력이 같으면 출력은 1이다.

답 ①

92

논리식 $F = \overline{A + B}$와 같은 것은?

① $F = \overline{A} + \overline{B}$
② $F = A + B$
③ $F = \overline{A} \cdot \overline{B}$
④ $F = A \cdot B$

해설 $F = \overline{A + B} = \overline{A} \cdot \overline{B}$

답 ③

93

논리식 $X \cdot (X + Y)$를 간략화 하면?

① X
② Y
③ $X + Y$
④ $X \cdot Y$

해설 $X \cdot (X + Y) = \underbrace{X \cdot X}_{X} + XY$
$= X + XY = X \cdot \underbrace{(1 + Y)}_{1} = X$

답 ①

94

논리식 $X + \overline{X}Y$를 간단히 하면?

① X
② $X\overline{Y}$
③ $\overline{X}Y$
④ $X + Y$

해설 $X + \overline{X}Y = \underbrace{(X + \overline{X})}_{1} \cdot (X + Y) = X + Y$

답 ④

95

논리식 $(\overline{A \cdot A})$를 간략화한 것은?

① $\overline{A}$
② A
③ 0
④ 1

해설 $(\overline{A \cdot A}) = \overline{A} + \overline{A} = \overline{A}$

답 ①

96

논리식 $X = \overline{A \cdot B}$와 같은 것은?

① $X = \overline{A} + \overline{B}$
② $X = A + B$
③ $X = \overline{A} \cdot \overline{B}$
④ $X = A \cdot B$

해설 $X = \overline{A \cdot B} = \overline{A} + \overline{B}$

답 ①

97

다음의 논리식들 중 틀린 것은?

① $(\overline{A}+B)\cdot(A+B)=B$

② $(A+B)\cdot\overline{B}=A\overline{B}$

③ $\overline{AB+AC+\overline{A}}=\overline{A}+\overline{B}\,\overline{C}$

④ $\overline{(\overline{A}+B)+CD}=A\overline{B}(C+D)$

해설
- $(\overline{A}+B)\cdot(A+B)=\overline{A}A+\overline{A}B+AB+B$
$$=0+B(\overline{A}+A+1)$$
$$=0+B\cdot1=B$$
- $(A+B)\cdot\overline{B}=(A\cdot\overline{B})+(B\cdot\overline{B})=A\cdot\overline{B}$
- $\overline{AB+AC+\overline{A}}=(\overline{A}+\overline{B})(\overline{A}+\overline{C})+\overline{A}$
$$=\overline{A}(1+\overline{C}+\overline{B})+\overline{B}\,\overline{C}=\overline{A}+\overline{B}\overline{C}$$
- $\overline{(\overline{A}+B)+CD}=\overline{(\overline{A}+B)}\cdot\overline{CD}$
$$=(\overline{\overline{A}}\times\overline{B})\cdot(\overline{C}+\overline{D})$$
$$=(A\overline{B})\cdot(\overline{C}+\overline{D})$$

답 ④

98

논리식을 간략화한 것 중 그 값이 다른 것은?

① $AB+A\overline{B}$ ② $A(\overline{A}+B)$

③ $A(A+B)$ ④ $(A+B)(A+\overline{B})$

해설
- $AB+A\overline{B}=A(\underset{1}{B+\overline{B}})=A$
- $A(\overline{A}+B)=\underset{0}{A\overline{A}}+AB=AB$
- $A(A+B)=\underset{A}{AA}+AB=A(\underset{1}{1+B})=A$
- $(A+B)(A+\overline{B})=\underset{A}{AA}+A\overline{B}+AB+\underset{0}{B\overline{B}}$
$$=A(1+\overline{B}+\underset{1}{B})=A$$

답 ②

99

그림과 같은 논리회로의 출력 X는?

① $AB+\overline{C}$ ② $A+B+\overline{C}$

③ $(A+B)\overline{C}$ ④ $AB\overline{C}$

해설 $X=(A\cdot B)\cdot\overline{C}=AB\overline{C}$

답 ④

100

다음 무접점 논리회로의 출력 X는?

① $A(\overline{B}+X)$ ② $B(\overline{A}+X)$

③ $A+\overline{B}X$ ④ $\overline{B}+AX$

해설 $X=A+\overline{B}\cdot X$

답 ③

101

그림의 논리기호를 표시한 것으로 옳은 식은?

① $X=(A\cdot B\cdot C)\cdot D$

② $X=(A+B+C)\cdot D$

③ $X=(A\cdot B\cdot C)+D$

④ $X=A+B+C+D$

해설 $X=(A+B+C)\cdot D$

답 ②

102

그림과 같은 논리회로의 출력 L을 간략화한 것은?

① $L=X$ ② $L=Y$

③ $L=\overline{X}$ ④ $L=\overline{Y}$

해설 $L=(X+Y)(\overline{X}+Y)=X\overline{X}+XY+\overline{X}Y+YY$
$$=0+Y(X+\overline{X}+1)=Y$$

답 ②

103

그림과 같은 논리회로는?

① OR회로   ② AND회로

③ NOR회로   ④ NOT회로

해설 출력 X에 대해 A와 B가 병렬회로이므로 OR회로이다.

답 ①

104

그림과 같은 릴레이 시퀀스회로의 출력식을 간략화한 것은?

① $\overline{AB}$ ② $\overline{A+B}$

③ AB ④ $A+B$

해설 $A+\overline{A} \cdot B = (A+\overline{A}) \cdot (A+B)$
$= 1 \cdot (A+B) = A+B$

답 ④

105

다음 그림을 간단히 나타낸 논리식은?

① X ② Y

③ $X+XY$ ④ XY

해설 $X \cdot (X+Y) = XX+XY = X+XY$
$= X(1+Y) = X$

답 ①

106

다음 그림을 논리식으로 표현한 것은?

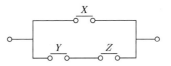

① $X(Y+Z)$

② XYZ

③ $XY+ZY$

④ $(X+Y)(X+Z)$

해설 $X+YZ = (X+Y) \cdot (X+Z)$

답 ④

107

그림과 같은 유접점회로의 논리식은?

① $AB+BC$

② $A+BC$

③ $AB+C$

④ $B+AC$

해설 유접점회로의 논리식
$(A+B) \cdot (A+C) = AA+AC+AB+BC$
$= A(1+C+B)+BC = A+BC$

답 ②

108

그림과 같은 계전기 접점회로의 논리식은?

① $XY+X\overline{Y}+\overline{X}Y$

② $(XY)(X\overline{Y})(\overline{X}Y)$

③ $(X+Y)(X+\overline{Y})(\overline{X}+Y)$

④ $(X+Y)+(X+\overline{Y})+(\overline{X}+Y)$

해설 $XY+X\overline{Y}+\overline{X}Y$

답 ①

109

그림과 같은 시퀀스회로는 어떤 회로인가?

① 자기유지회로   ② 인터록회로
③ 타이머회로   ④ 수동복귀회로

해설 **자기유지회로** : 계전기 ⑧이 여자되면 $R-a$접점에 의해 전원이 계속 공급되는 자기유지회로이다.

답 ①

110

다음은 타이머 코일을 사용한 접점과 그의 타임차트를 나타낸다. 이 접점은?(단, t는 타이머의 설정값이다)

	기 호	타임차트	
타이머 코일	—Ⓣ—	무여자 · 여자 · 무여자	
접 점		Off / On t Off	

① 한시동작 순시복귀 a접점
② 순시동작 한시복귀 a접점
③ 한시동작 순시복귀 b접점
④ 순시동작 한시복귀 b접점

해설 **순시동작 한시복귀 a접점** : 타이머가 여자되면 접점이 바로 동작하고 타이머가 소자되면 타이머 설정시간 후 접점이 복귀되는 접점

답 ②

111

그림과 같은 시퀀스 제어회로에서 자기유지접점은?

① ⓐ   ② ⓑ
③ ⓒ   ④ ⓓ

해설

ⓐ 자기유지접점
ⓑ 기동스위치
ⓒ 정지스위치
ⓓ 열동계전기 b접점

답 ①

제 7 장 전기설비

제 1 절 │ 전기설비 기술기준

1 전압의 종류

■ 저 압
  – 직류 : 1.5[kV] 이하
  – 교류 : 1[kV] 이하

(1) 저압 ┌ **직류** : 1.5[kV] 이하
         └ **교류** : 1[kV] 이하

(2) 고압 : 저압을 넘고 7[kV] 이하

■ 절연저항 측정
  : 메거

(3) 특고압 : 7[kV] 초과

2 간선 설비

여기서, Ⓜ : 회전기(전동기)
      Ⓗ : 정지기(전열기)
      Ⓛ : 정지기(램프)

■ 전선 굵기 결정3요소
  – 허용전류
  – 전압강하
  – 기계적 강도

(1) 전선 굵기 결정3요소 : 허용전류, 전압강하, 기계적 강도

(2) 간선 허용전류(I_α)

■ I_M이 50[A] 이하 : 1.25배

  ① I_M이 50[A] 이하 : $I_\alpha = I_M \times 1.25$배$+ I_H$
  ② I_M이 50[A] 초과 : $I_\alpha = I_M \times 1.1$배$+ I_H$

■ I_M이 50[A] 초과 : 1.1배

(3) 과전류 차단기 용량(I_β)

■ 분기 과전류 차단기
  : 분기점에서 3[m] 이내
    설치

  ① $I_\beta = I_M \times 3$배$+ I_H \leq I_\alpha \times 2.5$배

    여기서, I_M : 회전기 전류[A], I_H : 정지기 전류[A]

(4) 전압강하 계산

① 단상 2선식 : $e = \dfrac{35.6LI}{1,000A}$ [V] $\left(\text{전선단면적} : A = \dfrac{35.6LI}{1,000e}\, [\text{mm}^2]\right)$

② 3상 3선식 : $e = \dfrac{30.8LI}{1,000A}$ [V] $\left(\text{전선단면적} : A = \dfrac{30.8LI}{1,000e}\, [\text{mm}^2]\right)$

③ 단상 3선(3상 4선) : $e = \dfrac{17.8LI}{1,000A}$ [V] $\left(\text{전선단면적} : A = \dfrac{17.8LI}{1,000e}\, [\text{mm}^2]\right)$

여기서, e : 전압강하[V], A : 전선단면적[mm²]
L : 선로긍장[m], I : 부하전류[A]

제 **2** 절 | 전기화학

1 전기분해

전류에 의하여 전해질 용액이 화학반응을 일으키는 현상

(1) 패러데이의 법칙(Faraday's Law) : 전기분해에 의해 전극에 석출되는 물질
의 양은 그 물질의 화학당량에 비례하고 통과한 총전기량에 비례한다.

■ 전기화학 : 패러데이

$$W = KQ = KIt\,[\text{g}]$$

여기서, W : 석출량[g], Q : 통과한 전기량[C], I : 전류[A],
K : 물질의 전기화학당량[g/C], t : 통과한 시간[s]

■ 화학당량 : $K = \dfrac{\text{원자량}}{\text{원자가}}$

(2) 전해질 용액 : 전류가 잘 통하는 수용액

2 전 지

화학변화를 이용하여 전기적 에너지를 공급하는 장치

(1) 전지의 종류

① 1차 전지 : 한번 방전하면 다시 재사용 불가능한 전지
② 2차 전지 : 방전 후 충전에 의하여 재사용 가능한 전지

(2) 분극작용 : 양극에 수소가스가 발생하여 극의 표면을 에워싸므로 수소이온
(H^+)이 방전할 수 없어 기전력이 저하하는 현상으로 감극제를 사용하여
방지한다.

■ 국부작용
: 불순물에 의한 자체 방전 현상

(3) **국부작용** : 음극 또는 전해액에 불순물이 섞여 전지 내부에서 순환전류가 흘러 기전력이 감소하는 현상으로 음극에 수은 도금하여 방지한다.
   ① 자체방전 원인 : 불순물

(4) **설페이션 현상(황산화 현상)**
   연(납)축전지를 방전상태로 오래 방치하면 극판상의 황산연($PbSO_4$)의 미립자가 응집하여 백색의 큰 피복물로 된다. 이는 부도체이므로 전지의 수명단축, 전지용량 감소, 전해액의 온도상승이 많다.

3 2차 전지

■ 축전지설비 구성
 – 축전지
 – 보안장치
 – 제어장치
 – 충전장치
 – 역변환장치

(1) **종류** : 납축전지, 알칼리축전지

(2) **납축전지의 화학반응식**

$$PbO_2 + 2H_2SO_4 + Pb \; \leftrightarrows \; PbSO_4 + 2H_2O + PbSO_4$$
$\oplus$ (이산화납)　$\ominus$ (묽은 황산)　(납)　$\oplus$ (황산납)　$\ominus$ (황산납)

(3) **알칼리축전지의 화학반응식**

$$2NiOOH + 2H_2O + Cd \; \overset{\text{충 전}}{\underset{\text{방 전}}{\leftrightarrows}} \; 2Ni(OH)_2 + Cd(OH)_2$$

■ 알칼리 충전지
 – 양극재료 : 수산화니켈
 – 음극재료 : 카드뮴

(4) **축전지 비교**

구 분	연(납)축전지	알칼리축전지
공칭전압	2[V/셀]	1.2[V/셀]
공칭용량	10[Ah]	5[Ah]
양극재료	• 충전 : PbO_2(이산화납) • 방전 : $PbSO_4$(황산납)	$Ni(OH)_2$(수산화니켈)
음극재료	• 충전 : Pb(납) • 방전 : $PbSO_4$(황산납)	Cd(카드뮴)

4 2차 충전전류, 축전지용량

(1) 2차 충전전류 $= \dfrac{\text{축전지의 전력용량}}{\text{축전지의 공칭용량}} + \dfrac{\text{상시부하}}{\text{표준전압}}[\text{A}]$

(2) 축전지용량

$$C = \frac{1}{L}KI = IT[\text{Ah}]$$

여기서, L : 보수율(0.8), K : 방전시간 환산계수, I : 방전전류[A], T : 방전시간[h]

■ 축전지용량
$$C = \frac{1}{L}KI = IT[\text{Ah}]$$

5 충전방식

(1) 보통충전 : 필요할 때마다 표준시간율로 소정의 충전을 하는 방법

(2) 급속충전 : 비교적 단시간에 보통충전 전류의 2~3배의 전류로 충전하는 방식

(3) 부동충전 : 그림과 같이 충전장치를 축전지와 부하에 병렬로 연결하여 전지의 자기방전을 보충함과 동시에 상용부하에 대한 전력공급은 충전기가 부담하고 충전기가 부담하기 어려운 대전류 부하는 축전지가 부담하게 하는 방법(충전기와 축전기가 부하와 병렬상태에서 자기방전 보충방식)

[부동충전방식]

(4) 균등충전 : 전지를 장시간 사용하는 경우 단전지들의 전압이 불균일하게 되는 때가 있는데 이를 시정하기 위해서 얼마간 과충전을 계속하여 각 전해조의 전압을 일정하게 하는 것

(5) 세류충전 : 자기방전량만 항상 충전하는 방식

제 3 절 수전 설비

1 개폐기 종류

(1) 단로기(DS) : 무부하 전로 개폐

(2) 개폐기(OS, AS) : 부하전로 및 무부하 전로 개폐

(3) 차단기(CB) : 무부하전로, 부하전로 개폐 및 고장(사고)전류 차단

2 차단기 종류

(1) 유입차단기(OCB) : 소호매질 → 절연유

(2) 공기차단기(ABB) : 소호매질 → 압축공기

(3) 자기차단기(MBB) : 소호매질 → 전자력

(4) 진공차단기(VCB) : 소호매질 → 고진공

(5) 가스차단기(GCB) : 소호매질 → SF_6가스

(6) 기중차단기(ACB) : 소호매질 → 공기

(7) 누전차단기(ELB) : 누설전류(누전) 검출 시 차단, 지락전류 검출 시 차단

(8) 배선용차단기(MCCB) : 단락전류 검출 시 차단

3 수용률, 부하율, 부등률

(1) 수용률 : 단일수용가 변압기용량 산정

① 수용률 $= \dfrac{\text{최대 전력[kW]}}{\text{설비용량[kW]} \times \text{역률}} \times 100[\%]$

② 최대 전력(변압기 용량, 발전기 용량) = 수용률 × 설비 용량[kW]

(2) **부하율** : 어느 일정 기간 중의 부하 변동 정도를 나타냄

   ① 부하율 $=\dfrac{\text{평균 전력[kW]}}{\text{최대 전력[kW]}} \times 100[\%]$

            $=\dfrac{\text{사용전력량[kWh]}}{\text{최대 전력[kW]} \times \text{시간[h]}} \times 100[\%]$

(3) **부등률** : 전기사용설비를 동시에 사용하는 정도

   ① 부등률 $=\dfrac{\text{개별 수용가 최대 전력의 합[kW]}}{\text{합성 최대 전력[kW]}} \geq 1$

   ② $\dfrac{\text{합성 최대 전력}}{\text{(변압기용량)}} = \dfrac{\text{개별 수용가 최대 전력의 합[kW]}}{\text{부등률} \times \text{역률} \times \text{효율}}[\text{kW}]$

    ※ 역률 및 효율이 주어지지 않을 시 무시

4 콘덴서 설비

(1) **설치 목적** : 인덕턴스에 의한 뒤진전류를 보상하여 부하 역률 개선

(2) **설치 위치** : 부하와 병렬 연결

(3) **역률 개선 효과**

   ① 전력손실 경감
   ② 전압강하 감소
   ③ 전력설비이용률 증가
   ④ 전력요금 감소

(4) **뱅크 3요소** : 직렬리액터, 방전코일, 전력용 콘덴서

   ① 직렬리액터 : 제5고조파 제거
   ② 방전코일 : 잔류전하를 방전하여 인체감전사고 방지
   ③ 전력용 콘덴서 : 역률 개선

(5) **역률 개선용 콘덴서 용량**

   ① 콘덴서 용량 : $Q_C = P(\tan\theta_1 - \tan\theta_2) = P\left(\dfrac{\sin\theta_1}{\cos\theta_1} - \dfrac{\sin\theta_2}{\cos\theta_2}\right)[\text{kVA}]$

   ② 역률 100[%]$(\cos\theta = 1)$로 개선 시 콘덴서 용량 : $Q_C = P_r$

      $Q_C = P_a\sin\theta = P\tan\theta = P\dfrac{\sin\theta}{\cos\theta}[\text{kVA}]$

   ③ $\tan\theta = \dfrac{\sin\theta}{\cos\theta}$, $\sin\theta = \sqrt{1-\cos^2\theta}$

    여기서, P_a : 피상전력[kVA], P : 유효전력[kW], P_r : 무효전력[kVar]

■ **콘덴서**
  – 부하와 병렬연결
  – 역률 개선

■ **방전코일** : 잔류전하 방전

안심Touch

5 보호계전기

■ **전동기 과부하 보호**
: 열동계전기(THR)

(1) 과전류 계전기(OCR) : 일정전류 이상이 되면 동작

(2) 과전압 계전기(OVR) : 일정전압 이상이 되면 동작

(3) 부족전압 계전기(UVR) : 일정전압 이하가 되면 동작

(4) 차동계전기, 비율차동계전기 : 양쪽 전류차에 의해 동작
　① 단락사고 보호
　② 발전기, 변압기 내부 고장 시 기계기구 보호

(5) 부흐홀츠 계전기 : 변압기 내부의 아크, 가스, 유량 등의 변화를 검출하여 동작
　① 변압기 내부고장으로부터 보호(변압기만 보호)
　② 설치위치 : 변압기 주탱크와 콘서베이터 파이프 중간에 설치

(6) 역상과전류 계전기 : 발전기의 부하 불평형이 되어 발전기 회전자가 과열 소손되는 것을 방지

(7) 지락계전기(GR) : 영상변류기(ZCT)와 조합하여 지락사고 보호

■ **영상변류기(ZCT)**
: 영상(지락)전류 검출

　① 영상변류기(ZCT) : 영상전류검출
　　* 지락계전기 = 접지계전기
　　* 영상전류 = 지락전류 = 누설전류

제 **4** 절 | 전열회로

■ 줄의 법칙
  : 전류에 의해 열이 발생하
   는 법칙

1 줄의 법칙

도선에 전류가 흐를 때 단위 시간 동안에 도선에 발생하는 열량은 전류의 세기제곱과 도선의 전기저항에 비례한다는 법칙

(1) 기본 단위환산

① $1[\text{J}] \fallingdotseq 0.24[\text{cal}]$

② $1[\text{cal}] \fallingdotseq 4.2[\text{J}]$

③ $1[\text{kWh}] \fallingdotseq 860[\text{kcal}]$

④ $1[\text{BTU}] \fallingdotseq 252[\text{cal}] = 0.252[\text{kcal}]$

   * 1[cal] : 물 1[g]을 섭씨온도 1[℃] 높이는 데 필요한 열량
   * 1[BTU] : 물 1[lb]를 화씨온도 1[°F] 높이는 데 필요한 열량

(2) 열량 공식

■ 열량 공식
  – $H = 0.24Pt[\text{cal}]$
  – $H = Cm(T - T_0)[\text{cal}]$
  – $H = 860\eta Pt[\text{kcal}]$

■ 연립 공식
  $Cm(T - T_0) = 860\eta Pt$

① 열 량

$$H = Pt[\text{J}] = 0.24Pt[\text{cal}]$$

$$H = 0.24VIt = 0.24I^2Rt = 0.24\frac{V^2}{R}t[\text{cal}]$$

$$\left(P = VI = I^2R = \frac{V^2}{R}\right)$$

여기서, P : 전력[W], t : 시간[s], V : 전압[V], I : 전류[A], R : 저항[Ω]

② 온도차가 주어질 경우 열량

$$H = Cm\theta = Cm(T - T_0)[\text{cal}]$$

여기서, C : 비열(물비열 : $C = 1$), m : 질량[g], θ : 온도차[℃], T : 나중 온도[℃],
T_0 : 처음 온도[℃]

③ 전력, 시간, 효율 등이 주어질 경우

$$H = 860\eta Pt[\text{kcal}]$$

여기서, η : 효율, P : 전력[kW], t : 시간[h]

2 열전효과

열과 전기에 관한 효과로서 제벡, 펠티에, 톰슨, 핀치효과 등

(1) 펠티에효과 : 서로 다른 두 종류의 금속선으로 폐회로를 만들어 전류를 흘리면 그 접합점에서 열이 흡수, 발생(전자냉동에 이용)

(2) 제베크효과 : 서로 다른 두 종류의 금속선으로 폐회로를 만들고 이 두 회로의 온도를 달리하면 열기전력 발생(열전온도계, 열감지기에 이용)

(3) 톰슨효과 : 같은 종류의 금속선으로 폐회로를 만들어 전류를 흘리면 열이 흡수 또는 발생

(4) 핀치효과 : 전류가 흐르고 있는 자계에 도체를 인가 시 도체측면에 정(+), 부(-)의 전하가 나타나 두 면에 전위차 발생

(5) 열전대 : 온도를 전압으로 변환시키는 소자

(6) 열전대 조합(열전쌍)
　　① 구리 - 콘스탄탄
　　② 철 - 콘스탄탄
　　③ 크로멜 - 엘루멜
　　④ 백금 - 백금로듐

제 5 절   기타 설비

1 예비전원설비의 종류

① **자가발전설비** : 상용전원 정전시에 디젤엔진, 가솔린엔진, 가스터빈 엔진 등을 원동기로 하여 구동되는 발전기를 기동시켜 필요한 최소한의 전력을 공급하는 설비

② **축전지설비** : 상시에 정류기로 축전지를 충전시켜 두었다가 정전 시 그대로 직류전원으로 사용하거나 Inverter로 AC전원으로 변환하여 사용하는 설비

③ **예비회선수전설비** : 수전설비에 연결된 배전선로를 다른 변전소로부터 별도의 예비회선을 가설하여 전용선로 정전 시 전원공급

④ **무정전 전원설비** : 대형 컴퓨터나 중요한 통신설비 등과 같이 순간정전도 허용할 수 없는 기기에 상용전원이 정전 되어도 무정전으로 계속 전력을 공급할 수 있도록 한 것으로 UPS(Uninterruptible Power Supply)라고 하는 것

2 무정전전원 공급장치(UPS)

(1) UPS 구성도

■ 무정전전원 공급장치
(UPS)구성
 – 정류기(충전기부)
 – 인버터부
 – 동기절체 스위치부
 – 축전지

[UPS 구성도]

① **정류기, 충전기부** : 교류 전원을 공급받아 직류 전원으로 바꾸어 주는 동시에 축전지를 충전

② **인버터부** : 직류 전원을 교류 전원으로 바꾸어주는 장치

③ **동기절체 스위치부** : 인버터부의 과부하 및 이상 시 예비, 상용전원(Bypass Line)으로 절체시켜 주는 스위치부

④ **축전지** : 정전 시 인버터부에 직류 전원을 공급하여 부하에 무정전으로 전원을 공급하는 설비

3 감시전류, 동작전류

(1) 감시전류(I) $= \dfrac{회로전압}{종단저항 + 릴레이저항 + 배선저항}$[A]

(2) 동작전류(I) $= \dfrac{회로전압}{릴레이저항 + 배선저항}$[A]

출제예상문제

01

전압의 종별을 구분할 때 직류로는 몇 [V] 이하의 전압을 저압으로 구분하는가?

① 1,000
② 1,200
③ 1,500
④ 1,700

해설
• 저압 : 직류 1.5[kV] 이하, 교류 1[kV] 이하
• 고압 : 직류 1.5[kV], 교류 1[kV]를 넘고 7[kV] 이하
• 특고압 : 7[kV]를 넘는 것

답 ③

02

특별고압은 몇 [V]를 넘는 전압인가?

① 6,600
② 7,000
③ 11,300
④ 22,900

해설 특고압 : 7,000[V]를 넘는 것

답 ②

03

다음 중 이동식 전기기기의 감전사고를 막기 위한 것은?

① 인터록장치
② 방전코일 설치
③ 직렬리액터 설치
④ 접지설비

해설 접지설비 : 기계기구에 의한 감전사고 방지

답 ④

04

옥내 배선의 굵기를 결정하는 요소가 아닌 것은?

① 기계적 강도
② 허용 전류
③ 전압 강하
④ 역 률

해설 전선 굵기 결정3요소
: 허용전류, 전압강하, 기계적 강도

답 ④

05

전동기 정격전류의 합계가 50[A] 이하일 때 저압옥내 간선에 사용할 수 있는 전선의 허용전류는 합계전류의 몇 배 이상인가?

① 1.1
② 1.25
③ 1.35
④ 1.6

해설
• 50[A] 이하 : 1.25배
• 50[A] 초과 : 1.1배

답 ②

06

옥내간선을 보호하기 위한 과전류차단기의 용량은 그 간선에 전동기만이 접속된 경우, 전동기들의 정격전류 합계의 몇 배 이하로 하는가?

① 1.1
② 1.25
③ 2.5
④ 3

해설 과전류차단기 용량
• 전동기정격전류 합계 3배 이하
• 간선의 허용전류의 2.5배 이하

답 ④

07

수신기에 내장하는 전지를 쓰지 않고 오래 두면 못쓰게 되는 이유는 어떠한 작용 때문인가?

① 충전작용
② 분극작용
③ 국부작용
④ 전해작용

해설 국부작용(Local Action) : 전지의 **불순물**에 의해 전지 내부에 국부전지 형성 순환전류가 흘러 **기전력**을 감소시키는 현상

답 ③

안심Touch

08

전지에서 자체 방전현상이 일어나는 것으로 가장 관련이 깊은 것은?

① 전해액 농도
② 전해액 온도
③ 이온화 경향
④ 불순물

해설 자체방전현상 원인 : 불순물

답 ④

09

예비전원설비를 축전지설비로 하고자 한다. 구성이 아닌 것은?

① 축전지
② 보안장치
③ 역변환장치
④ 제동장치

해설 축전지설비의 구성
• 축전지
• 보안장치
• 제어장치
• 충전장치
• 역변환장치

답 ④

10

알칼리축전지의 음극재료는?

① 수산화니켈
② 카드뮴
③ 이산화납
④ 납

해설 • 양극재료 : 수산화니켈
• 음극재료 : 카드뮴

답 ②

11

전지의 자기방전을 보충함과 동시에 상용부하에 대한 전력공급은 충전기가 부담하도록 하되, 충전기가 부담하기 어려운 일시적인 대전류 부하는 축전지로 하여금 부담하게 하는 충전방식은?

① 급속충전
② 부동충전
③ 균등충전
④ 세류충전

해설 **부동충전**

다음 그림과 같이 충전장치를 축전지와 부하에 병렬로 연결하여 전지의 자기방전을 보충함과 동시에 상용부하에 대한 전력공급은 충전기가 부담하고, 충전기가 부담하기 어려운 대전류 부하는 축전지가 부담하게 하는 방법(충전기와 축전지가 부하와 병렬상태에서 자기방전 보충방식)

답 ②

12

비상축전지의 정격용량은 100[AH], 상시부하 2[kW], 표준전압 100[V]인 부동충전방식의 충전기 2차 전류의 값은 몇 [A]인가?(단, 상용전원 정전 시의 비상부하 용량은 3[kW]이다)

① 15
② 20
③ 25
④ 30

해설 축전지의 2차 전류 I_2

$$I_2 = \frac{P}{V} + \frac{정격용량}{공칭용량} = \frac{2,000}{100} + \frac{100}{10} = 30[A]$$

답 ④

13

다음 중 회로의 단락과 같이 이상 상태에서 자동적으로 회로를 차단하여 피해를 최소화하는 기능을 가진 것은?

① 나이프 스위치
② 금속함 개폐기
③ 컷아웃 스위치
④ 서킷 브레이커

해설 차단기(CB) : 무부하전로, 부하전로 개폐 및 사고전류 차단

답 ④

14

과전류가 흐를 때 자동적으로 회로를 끊어서 보호하는 것으로 그 자신에 아무런 손상 없이 재사용이 가능한 것은?

① 퓨즈(Fuse)
② 노퓨즈브레이커(NFB)
③ 계전기(Relay)
④ 나이프스위치(KS)

해설 과전류 차단
- 퓨즈 : 재투입 불가
- 차단기 : 재투입 가능(CB, NFB)

답 ②

15
건물 내 부하 설비용량이 700[kVA]이며, 수용률이 95[%]인 경우 자가 발전기의 용량은?

① 630[kVA]   ② 665[kVA]
③ 737[kVA]   ④ 770[kVA]

해설
$$수용률 = \frac{자가\ 발전기\ 용량}{부하\ 설비\ 용량} \times 100$$

$$자가\ 발전기\ 용량 = \frac{수용률 \times 부하\ 설비\ 용량}{100}$$

$$= \frac{95 \times 700}{100} = 665$$

답 ②

16
3상 3선식 전원으로부터 80[m] 떨어진 장소에 50[A] 전류가 필요해서 14[mm²] 전선으로 배선하였을 경우 전압강하는 몇 [V]인가?(단, 리액턴스 및 역률은 무시한다)

① 10.17   ② 9.6
③ 8.8   ④ 5.08

해설 전압강하 공식에서 3상 3선식은
$$e = \frac{30.8 \times L \times I}{1,000 \times A} = \frac{30.8 \times 80 \times 50}{1,000 \times 14} = 8.8[V]$$

답 ③

17
역률을 개선하기 위한 진상용 콘덴서의 설치 개소로 가장 알맞은 것은?

① 수전점
② 고압모선
③ 변압기 2차측
④ 부하와 병렬

해설 **진상콘덴서** : 부하와 병렬로 설치하여 역률 개선, 전압 강하 경감, 손실 저감

답 ④

18
콘덴서회로를 전로로부터 분리하는 경우 잔류 전하를 쉽게 방전하기 위해서 사용하는 것은?

① 인터록 장치   ② 방전코일
③ 직렬리액터   ④ 전격방지설비

해설 방전코일 : 잔류전하방전

답 ②

19
역률 65[%], 용량 120[kW]의 부하를 역률 100[%]로 개선하기 위한 콘덴서 용량은 약 몇 [kVA]인가?

① 130[kVA]   ② 140[kVA]
③ 150[kVA]   ④ 160[kVA]

해설 역률 100[%]로 개선($\cos\theta = 1$)
콘덴서용량 : $Q_C = P_r = P_a \sin\theta = P \tan\theta$

$$\therefore Q_C = P \tan\theta = P \frac{\sin\theta}{\cos\theta} = 120 \times \frac{\sqrt{1-0.65^2}}{0.65}$$

$$\fallingdotseq 140[kVA]$$

답 ②

20
유도성 부하를 사용하는 경우 역률을 개선하기 위한 방법으로 콘덴서를 부하에 병렬로 접속시켜 역률을 개선한다. 다음 중 역률개선의 의미와 다른 것은?

① 위상차(θ)를 작게 한다.
② $X_L - X_C = 0$에 가깝도록 조정한다.
③ $\cos\theta$의 값을 크게 해준다.
④ 전압과 전류의 위상차를 크게 한다.

해설 전압과 전류의 위상차가 크게 되면 역률은 더 나빠진다.

답 ④

21
변압기의 내부회로 고장검출용으로 사용되는 계전기는?

① 비율차동계전기   ② 과전류계전기
③ 온도계전기   ④ 접지계전기

해설 **비율차동계전기** : 발전기나 변압기의 내부사고 시 동작 전류와 억제전류의 차 검출

답 ①

22

발전기의 부하가 불평형이 되어 발전기의 회전자가 과열소손되는 것을 방지하기 위하여 설치하는 계전기는?

① 역상과전류계전기
② 부족전압계전기
③ 비율차동계전기
④ 온도계전기

해설 **역상과전류계전기** : 발전기의 부하 불평형이 되어 발전기 회전자 과열소손 방지

답 ①

23

소용량의 3상유도전동기의 과부하 보호로서 가장 많이 사용되는 것은?

① 접지계전기
② 거리계전기
③ 비율차동계전기
④ 열동계전기

해설 **열동계전기**(THR) : 전동기 과부하 보호

답 ④

24

시퀀스제어의 문자기호와 용어가 잘못 짝지어진 것은?

① ZCT – 영상변류기
② IR – 유도전압조정기
③ IM – 유도전동기
④ THR – 트립지연계전기

해설 THR – 열동계전기

답 ④

25

다음 중 영상변류기(ZCT)를 사용하는 계전기는?

① 과전류계전기
② 접지계전기
③ 차동계전기
④ 과전압계전기

해설 **지락계전기**(접지계전기)
• 영상변류기(ZCT)와 조합 사용
• 영상변류기(ZCT) : 영상(지락)전류 검출

답 ②

26

전기화재의 원인이 되는 누전전류를 검출하기 위해 사용되는 것은?

① 접지계전기
② 영상변류기
③ 계기용변압기
④ 과전류계전기

해설 **영상변류기**(ZCT)
영상(지락, 누설)전류 검출

답 ②

27

저항이 있는 도체에 전류를 흘리면 열이 발생되는 법칙은?

① 옴의 법칙
② 플레밍의 법칙
③ 줄의 법칙
④ 키르히호프의 법칙

해설 **줄의 법칙** : 전류에 의해 열이 발생하는 법칙

답 ③

28

1[kWh]의 전력량은 몇 [J]인가?

① 1[J]
② 60[J]
③ 1,000[J]
④ 3.6×10^6[J]

해설 1[J] = 0.24[cal], 1[kWh] = 860[kcal]
1[cal] = 4.2[J]
∴ 1[kWh] = 860×10^3[cal] $\times$ 4.2 ≒ 3.6×10^6[J]

답 ④

29

20[℃]의 물 2[L]를 64[℃]가 되도록 가열하기 위해 400[W]의 온수기를 20분 사용하였을 때 이 온수기의 효율은 약 몇 [%]인가?

① 27
② 59
③ 77
④ 89

해설 $Cm(T - T_0) = 860 \eta P t$ 에서 효율

$$\eta = \frac{Cm(T - T_0)}{860 Pt} \times 100 = \frac{1 \times 2 \times (64 - 20)}{860 \times 0.4 \times \frac{20}{60}} \times 100$$

$$= 76.7[\%]$$

답 ③

30

어떤 회로에 100[V]의 전압을 가하니 5[A]의 전류가 흘러 2,400[cal]의 열량이 발생하였다. 전류가 흐른 시간은 몇 [s]인가?

① 5
② 10
③ 20
④ 40

해설 줄의 법칙

$$H = 0.24Pt = 0.24VIt = 0.24I^2Rt\,[\text{cal}]$$에서

$$t = \frac{H}{0.24VI} = \frac{2,400}{0.24 \times 100 \times 5} = 20[\text{s}]$$

답 ③

31

서로 다른 두 개의 금속도선 양끝을 연결하여 폐회로를 구성한 후 양단에 온도차를 주었을 때 두 접점 사이에서 기전력이 발생하는 효과는?

① 톰슨효과
② 제베크효과
③ 펠티에효과
④ 핀치효과

해설 **제베크효과** : 서로 다른 두 종류의 금속에 온도차를 주면 기전력이 발생하는 효과

답 ②

32

동일 금속에 온도 구배가 있을 경우 여기에 전류를 흘리면 열을 흡수 또는 발생하는 현상을 무엇이라 하는가?

① 제베크효과
② 톰슨효과
③ 펠티에효과
④ 홀효과

해설 **톰슨효과** : 동일(한 종류) 금속에 전류를 흘리면 열을 흡수·발산하는 현상

답 ②

33

자동화재탐지설비의 감지기 회로의 길이가 500[m]이고, 종단에 8[kΩ]의 저항이 연결되어 있는 회로에 24[V]의 전압이 가해졌을 경우 도통 시험 시 전류는 약 몇 [mA]인가?(단, 동선의 저항률은 1.69×10⁻⁸[Ω·m]이며, 동선의 단면적은 2.5[mm²]이고, 접촉 저항 등은 없다고 본다)

① 2.4
② 3.0
③ 4.8
④ 6.0

해설 배선저항 : $R = \rho\dfrac{l}{A} = 1.69 \times 10^{-8} \times \dfrac{500}{2.5}$

$= 0.338 \times 10^{-5}[\Omega]$ (너무 작아서 무시)

∴ 도통전류 : $I = \dfrac{전압}{종단저항} = \dfrac{24}{8 \times 10^3} \times 10^3$

$≒ 3[\text{mA}]$

답 ②

기타추가문제

01

바이폴라 트랜지스터(BJT)와 비교할 때 전계효과 트랜지스터(FET)의 일반적인 특성을 잘못 설명한 것은?

① 소자특성은 단극성 소자이다.
② 입력저항은 매우 크다.
③ 이득대역폭은 작다.
④ 집적도는 낮다.

해설 BJT(NPN, PNP형)는 쌍극성 소자이며, 전류로 전류를 제어하는 반면, FET(N채널, P채널)는 단극자 소자로서 전압으로 전류를 제어하며 제조도 간편하여 많이 이용된다.

답 ④

02

초고주파용 트랜지스터의 구비조건으로 옳지 않은 것은?

① 컬렉터 전압이 커야 한다.
② 컬렉터 전류가 커야 한다.
③ 이미터 접합면적이 커야 한다.
④ 베이스 두께가 매우 얇아야 한다.

해설 트랜지스터는 반도체 중의 전자 또는 정공의 Carrier를 제어하는 능동소자이다.

답 ③

03

확산형 트랜지스터에 관한 설명으로 옳지 않은 것은?

① 불활성가스 속에서 확산시킨다.
② 단일 확산형과 2중 확산형이 있다.
③ 이미터, 베이스의 순으로 확산시킨다.
④ 기체반도체가 용해하는 것보다 낮은 온도에서 불순물을 확산시킨다.

해설 캐리어 확산형 트랜지스터에서 이미터에서 베이스에 주입된 소수 캐리어가 베이스 내에서 확산현상에 의해서만 이동하는 트랜지스터로, 편이형 트랜지스터에 비교되는 것으로 접합 트랜지스터라고 하면 이 형을 말한다. 편이형보다 캐리어의 이동 속도가 느리므로 고주파에서의 동작이 제한된다. 저주파용 트랜지스터는 대부분 확산형 트랜지스터이다.

답 ③

04

광전자 방출현상에서 방출된 에너지는 무엇에 비례하는가?

① 빛의 세기   ② 빛의 파장
③ 빛의 속도   ④ 빛의 이온

해설 빛의 세기가 강하면 강할수록 방출량 증가 = 빛의 총량의 비례

답 ①

05

전류변환형 센서가 아닌 것은?

① 광전자 방출현상을 이용한 센서
② 전리현상에 의한 전리형 센서
③ 전기화학형(암페로메트리형) 센서
④ 광전형 센서

해설 **광전자에 의한 전압변환형** : 광전형 센서

답 ④

06

금속이나 반도체에 압력이 가해진 경우 전기저항이 변화하는 성질을 이용한 압력센서는?

① 벨로스
② 다이어프램
③ 가변저항기
④ 스트레인 게이지

해설 ① 벨로즈 : 압력이나 힘을 가할 때 늘어난 성질을 가진 물체
② 다이어프램 : 온도와 압력을 높이거나 낮출 때 부풀어 오르는 성질의 물체
③ 가변저항기 : 전기저항의 조절을 할 수 있는 장치로 저항이 변화하면 정전압이 상태에서 전류를 변화시킬 수 있는 설비
④ 스트레인 게이지 : 왜곡을 측정하는 장치로 합금에 작은 왜곡을 줄 때 저항이 현저하게 변하는 원리를 이용한 물체

답 ④

07

A급 싱글 전력증폭기에 관한 설명으로 옳지 않은 것은?

① 바이어스점은 부하선이 거의 가운데인 중앙점에 취한다.
② 회로의 구성이 매우 복잡하다.
③ 출력용의 트랜지스터가 1개이다.
④ 찌그러짐이 적다.

해설 A급 증폭기는 구성이 간단하게 하나의 TR로 구성할 수 있고, 효율이 낮고 전력의 소비가 많은 편이다.

답 ②

08

전기식 증폭기기가 아닌 것은?

① 노즐플래퍼
② 앰플리다인
③ SCR
④ 다이라트론

해설 노즐플래퍼는 공기식 증폭기기이다.

답 ①

09

한 조각의 실리콘 속에 많은 트랜지스터, 다이오드, 저항 등을 넣고 상호 배선을 하여 하나의 회로에서의 기능을 갖게 한 것은?

① 포토 트랜지스터
② 서미스터
③ 바리스터
④ IC

해설 IC(집적소자)
2개 또는 그것 이상의 회로소자(트랜지스터, 저항, 용량 등)의 모두를 기판상 또는 기판 내에 집적하여 어느 회로의 기능을 가지게 한 정보소자

답 ④

10

아날로그와 디지털 통신에서 데시벨의 단위로 나타내는 SN비를 올바르게 풀어 쓴 것은?

① SIGN TO NUMBER RATING
② SIGNAL TO NOISE RATIO
③ SOURCE NULL RESISTANCE
④ SOURCE NETWORK RANGE

해설 S/N or SNR(Signal-to-Noise Ratio, 신호 대 잡음비)
아날로그와 디지털 통신에서의 신호 대 잡음비, 즉 S/N은 신호 대 잡음의 상대적인 크기를 재는 것으로 대개 데시벨이라는 단위가 사용된다.

답 ②

11

전력용 반도체 소자를 스위칭의 방향성에 따라 분류할 경우 양방향 전류소자가 아닌 것은?

① DIAC
② TRIAC
③ RCT
④ IGBT

해설 용어의 정의
• DICA(다이아크) : NPN의 3층으로 되어 있으며 쌍방향에 대칭적으로 부성저항을 나타낸다.
• TRIAC(트라이아크) : 3단자의 교류제어소자이며 게이트전극을 가지고 있으므로 약간의 전압으로 쌍방향으로 턴온할 수 있다.
• IGBT : 이미터, 컬렉터, 게이트가 있는 전압 제어소자

답 ④

12

부궤한 증폭기의 장점에 해당되는 것은?

① 전력이 절약된다.
② 안정도가 증진된다.
③ 증폭도가 증가된다.
④ 능률이 증대된다.

해설 부궤한 증폭기의 장점
• 안정도 향상
• 잡음 감소
• 왜곡 감소
• 이득 감소

답 ②

안심Touch

13

다음 ( )에 들어갈 내용으로 알맞은 것은?

> "어떤 제어계에 입력신호를 가한 후 응답을 볼 때 정상상태시간을 기준하여 그 전의 응답을 (㉠)응답이라고 하고 그 후의 응답을 (㉡) 응답으로 구분한다."

① ㉠ 시간 ㉡ 과도 ② ㉠ 시간 ㉡ 선형
③ ㉠ 과도 ㉡ 정상 ④ ㉠ 과도 ㉡ 시간

해설 어떤 제어계에 입력신호를 가한 후 응답을 볼 때 정상상태시간을 기준하여 그 전의 응답을 과도응답이라고 하고 그 후의 응답을 정상응답으로 구분한다.

답 ③

14

제어계의 안정도를 판별하는 가장 보편적인 방법으로 볼 수 없는 것은?

① 루드의 안정 판별법
② 홀비츠의 안정 판별법
③ 나이퀴스트의 안정 판별법
④ 볼츠만의 안정 판별법

해설 ①, ② 제어계의 특정방정식 중에서 양의 실수부를 갖는 근이 몇 개 있는가로 판정하는 방법(절대안정도)
③ 특정방정식의 근들이 복소평면상에서 우반부에 존재하는가와 존재하지 않는가를 벡터 체적을 통해 판별하는 방법(상대안정도)

답 ④

15

주파수 응답 특성을 설명한 것이다. 옳지 않은 것은?

① 저역통과회로 : 차단주파수보다 높은 주파수는 잘 통과시키지 않고 낮은 주파수를 잘 통과 시키는 회로
② 고역통과회로 : 차단주파수보다 높은 주파수는 잘 통과시키지만 낮은 주파수는 잘 통과시키지 않는 회로
③ 대역통과회로 : 중간 범위의 주파수는 잘 통과시키지만 이보다 낮거나 높은 주파수는 잘 통과시키지 않는 회로
④ 대역저지회로 : 어떤 범위의 주파수는 통과시키고 이보다 낮거나 높은 주파수는 잘 통과시키지 않는 회로

해설 대역저지회로 : 어떤 범위의 주파수는 통과시키지 않고 이보다 낮거나 높은 주파수는 잘 통과시키지 않는 회로

답 ④

16

변류기에 결선된 전류계가 고장이 나서 교환하는 경우 옳은 방법은?

① 변류기의 2차를 개방시키고 한다.
② 변류기의 2차를 단락시키고 한다.
③ 변류기의 2차를 접지시키고 한다.
④ 변류기에 피뢰기를 달고 한다.

해설 변류기는 2차 측을 개방하고 하면 과전압에 의한 소손 가능성이 있으므로 2차 측을 단락시키고 교환한다.

답 ②

17

다음과 같이 구성한 연산증폭기회로에서 출력전압 v_0는?

① $v_0 = \dfrac{R_F}{R_1}v_1 + \dfrac{R_F}{R_2}v_2 + \dfrac{R_F}{R_3}v_3$

② $v_0 = \dfrac{R_1}{R_F}v_1 + \dfrac{R_2}{R_F}v_2 + \dfrac{R_3}{R_F}v_3$

③ $v_0 = -\left(\dfrac{R_F}{R_1}v_1 + \dfrac{R_F}{R_2}v_2 + \dfrac{R_F}{R_3}v_3\right)$

④ $v_0 = -\left(\dfrac{R_1}{R_F}v_1 + \dfrac{R_2}{R_F}v_2 + \dfrac{R_3}{R_F}v_3\right)$

해설
• 입력전류 $i = \dfrac{v_1}{R_1} + \dfrac{v_2}{R_2} + \dfrac{v_3}{R_3}$
• 출력전압
$$v_0 = -R_F i = -\left(\dfrac{R_F}{R_1}v_1 + \dfrac{R_F}{R_2}v_2 + \dfrac{R_F}{R_3}v_3\right)$$

답 ③

18

교류전력변환장치로 사용되는 인버터회로에 대한 설명 중 틀린 것은?

① 직류전력을 교류전력으로 변환하는 장치를 인버터라고 한다.

② 전류형 인버터와 전압형 인버터로 구분할 수 있다.

③ 전류방식에 따라서 타려식과 자려식으로 구분할 수 있다.

④ 인버터의 부하장치에는 직류직권전동기를 사용할 수 있다.

해설 인버터(Inverter)의 설명

• 직류전력을 교류전력으로 변환하는 장치
• 인버터의 부하장치에는 교류 직권전동기 사용한다.

답 ④

19

AC서보전동기의 전달함수는 어떻게 취급하면 되는가?

① 미분요소와 1차 요소의 직렬결합으로 취급한다.

② 적분요소와 1차 요소의 직렬결합으로 취급한다.

③ 미분요소와 2차 요소의 병렬결합으로 취급한다.

④ 적분요소와 2차 요소의 병렬결합으로 취급한다.

해설 DC모터는 한 번 입력에 한 번 출력이 있어 제어하기 편하지만 브러시에 의한 문제점이 있기 때문에 이를 개선하는 AC서보모터가 발전하였다. 다만, 출력값이 선형이어서 이를 미분하여 그 값을 피드백을 받아 다시 제어하는 특성을 가지고 있다.

답 ②

20

기계적인 변위의 한계부근에다 배치해 놓고 이 스위치를 누름으로서 기계를 정지하거나 명령신호를 내는데 사용되는 스위치는?

① 단극스위치

② 리미트스위치

③ 캠스위치

④ 누름버튼스위치

해설 리미트스위치(Limit Switch) : 스위치를 누름으로서 기계를 정지하거나 명령신호를 내는 데 사용되는 스위치

[리미트 S/W]

답 ②

21

전원을 넣자마자 곧바로 점등되는 형광등용의 안정기는?

① 글로우 스타트식

② 필라멘트 단락식

③ 래피드 스타트식

④ 점등관식

해설 래피드 스타트형 안정기는 상용전원이 인가되면 필라멘트를 가열하는 코일에 의하여 공급된 전압으로 필라멘트를 가열하여 필라멘트에서 전자를 방사시킨다. 이 사이 필라멘트 간에는 누설변압 안정기를 통해서 방전을 개시시키기 위한 전압이 가해지기 때문에 필라멘트에서 전자가 방사되면 램프는 점등한다. 점등과 동시에 회로의 임피던스에 의하여 램프의 필라멘트에 가해지는 전압은 대폭 저하되고 램프를 안정하게 점등시킨다.

답 ③

22

열팽창식 온도계가 아닌 것은?

① 열전대 온도계

② 유리 온도계

③ 바이메탈 온도계

④ 압력식 온도계

해설
• 열전대 온도계 : 두 종류의 금속을 접속하고 한 쪽은 높은 온도로 다른 쪽은 낮은 온도로 유지하면 온도 차이에 의하여 기전력이 발생한다. 이때 기전력을 측정하면 온도의 측정이 가능해지는데 이것을 열전대 온도계라 한다.

• 유리 온도계 : 진공 상태의 가느다란 유리관에 수은이나 알코올을 적당량 넣은 것이며, 열을 얻은 수은이나 알코올의 부피가 열적 평형 상태가 될 때까지 늘어나 유리관 위로 올라간다.

• 바이메탈 온도계 : 바이메탈은 온도가 상승하면 휘는 성질이 있는데, 이 휘는 정도에 따라 온도를 측정하는 것을 말한다.

• 압력식 온도계 : 지시부, 감응부, 모세관 등으로 구성되어 있고 모세관에 액체 또는 가스로 충만하고, 액체 또는 가스가 온도 변화에 따라 팽창 또는 수축을 하게 되고, 이것은 압력의 변화는 부르동관에 전달되어 압력의 지침을 움직이게 하는 원리이다.

답 ①

23

축전지의 부동충전방식에 대한 일반적인 회로계통은?

① 교류 → 필터 → 변압기 → 정류회로 → 부하보상 → 부하
   ↳ 전지

② 교류 → 변압기 → 정류회로 → 필터 → 부하보상 → 부하
   ↳ 전지

③ 교류 → 변압기 → 필터 → 정류회로 → 전지 → 부하
   ↳ 부하보상

④ 교류 → 변압기 → 부하보상 → 정류회로 → 필터 → 부하
   ↳ 전지

해설 **부동충전방식 회로계통도**
교류→변압기→정류회로→필터→부하보상→부하
답 ②

24

차동식스포트형 반도체식 감지기 회로의 일부이다. (가)의 명칭과 감시상태에서의 A점의 전압은?

① 서미스터, $\frac{1}{2}Va$

② 열전대, Va

③ 백금측온저항체, $\frac{1}{2}Va$

④ 광센서, Va

해설 (가) 명칭 : 서미스터
A점 전압은 입력전압의 $\frac{1}{2}$이므로 $\frac{1}{2}Va$만큼 걸린다.
답 ①

소방설비 기사 [필기] [전기편]

제3편

소방관계법규

소방설비 기사 [필기]

[전기편]

Always with you

사람이 길에서 우연하게 만나거나 함께 살아가는 것만이 인연은 아니라고 생각합니다.
책을 펴내는 출판사와 그 책을 읽는 독자의 만남도 소중한 인연입니다.
(주)시대고시기획은 항상 독자의 마음을 헤아리기 위해 노력하고 있습니다. 늘 독자와 함께하겠습니다.

제 1 장 소방기본법, 영, 규칙

1 목 적

화재를 예방·경계하거나 진압하고 화재, 재난·재해, 그 밖의 위급한 상황에서의 구조·구급활동 등을 통하여 국민의 생명·신체 및 재산을 보호함으로써 공공의 안녕 및 질서유지와 복리증진에 이바지함을 목적으로 한다.

■ **소방기본법 목적**
- 화재예방, 경계, 진압
- 국민의 생명·신체 및 재산보호
- 공공의 안녕 및 질서유지와 복리증진

2 용어 정의

(1) 소방대상물이란 건축물, **차량, 선박**(항구 안에 매어둔 선박만 해당), **선박건조구조물, 산림** 그 밖의 인공구조물 또는 물건

■ **소방대상물이 아닌 것**
- 항해 중인 선박
- 항공기

(2) 관계지역이란 소방대상물이 있는 장소 및 **그 이웃지역**으로서 화재의 예방·경계·진압, 구조·구급 등의 활동에 필요한 지역
① 위험물저장소 주위
② 건물의 옥상
③ 주민대피용 방공호 내부

(3) 관계인이란 소방대상물의 **소유자, 관리자, 점유자**

■ **관계인**
: 소유자, 관리자, 점유자

(4) 소방본부장이란 특별시·광역시·특별자치시·도 또는 특별자치도(시·도)에서 화재의 예방·경계·진압·조사 및 구조·구급 등의 업무를 담당하는 부서의 장

(5) 소방대란 화재를 진압하고 화재, 재난·재해, 그 밖의 위급한 상황에서의 구조·구급활동 등을 하기 위하여 구성된 조직체
① 소방공무원
② 의무소방원
③ 의용소방대원

■ **소방대**
- 소방공무원
- 의무소방원
- 의용소방대원

(6) 소방대장이란 소방본부장 또는 소방서장 등 화재, 재난·재해, 그 밖의 위급한 상황이 발생한 **현장에서 소방대를 지휘하는 사람**

3 소방기관의 설치

(1) 소방기관 : 시·도의 화재 예방·경계·진압 및 조사, 소방안전교육·홍보
와 화재, 재난·재해, 그 밖의 위급한 상황에서의 구조·구급 등의 업무
를 수행하는 기관으로 필요사항은 대통령령으로 정한다.

(2) 소방업무를 수행하는 소방본부장 또는 소방서장의 지휘권자 : **시·도지사**

4 119종합상황실

(1) 종합상황실 설치·운영권자 : 소방청장, 소방본부장, 소방서장

(2) 종합상황실 업무

① 화재, 재난·재해 그 밖에 구조·구급이 필요한 상황(이하 "재난상황"이라
한다)의 발생의 신고 접수

② 접수된 재난상황을 검토하여 가까운 소방서에 인력 및 장비의 동원을 요청
하는 등의 사고수습

③ 하급소방기관에 대한 출동지령 또는 동급 이상의 소방기관 및 유관기관에
대한 지원요청

④ 재난상황의 전파 및 보고

⑤ 재난상황이 발생한 현장에 대한 지휘 및 피해현황의 파악

⑥ 재난상황의 수습에 필요한 정보수집 및 제공

(3) 종합상황실 보고 사항

① **사망자 5명 이상, 사상자 10명 이상** 발생한 화재

② **이재민이 100명 이상** 발생한 화재

③ **재산피해액이 50억원 이상** 발생한 화재

④ 관공서, 학교, 정부미도정공장, 문화재, 지하철, 지하구의 화재

⑤ **관광호텔, 11층 이상**인 건축물, 지하상가, **시장, 백화점**, 지정수량의 3,000배
이상의 위험물제조소·저장소·취급소, 5층 이상이거나 객실 30실 이상인
숙박시설, 5층 이상이거나 병상 30개 이상인 종합병원, 정신병원, 한방병
원, 요양소, 연면적이 15,000[m²] 이상인 공장, 화재경계지구에서 발생한
화재

■ 소방기관 설치
: 대통령령

■ 종합상황실 업무
- 재난상황의 전파 및
보고
- 재난상황의 발생 신고
접수
- 재난상황의 수습에 필
요한 정보수집 및 제공

■ 종합상황실 보고사항
- 사망자 5명, 사상자 10명
이상
- 이재민 100명 이상
- 재산피해액 50억 이상

⑥ 철도차량, 항구에 매어둔 총 톤수가 1,000톤 이상인 선박, 항공기, 발전소, 변전소에서 발생한 화재

⑦ 가스 및 화약류의 폭발에 의한 화재

⑧ **다중이용업소의 화재**

⑨ **언론에 보도된 재난 상황**

5 소방박물관 등

(1) 소방박물관의 설립·운영권자 : 소방청장

(2) 소방박물관의 설립과 운영에 필요한 사항 : 행정안전부령

(3) 소방체험관의 설립·운영권자 : **시·도지사**

(4) 소방체험관의 설립과 운영에 필요한 사항 : **시·도의 조례**

6 소방력의 기준

(1) 소방업무를 수행하는 데에 필요한 인력과 장비 등(소방력)에 관한 기준
 : 행정안전부령

(2) 관할 구역의 소방력을 확충하기 위하여 필요한 계획의 수립·시행권자
 : **시·도지사**

7 소방장비 등에 대한 국고보조

(1) 국가는 소방장비의 구입 등 시·도의 소방업무에 필요한 경비의 일부를 보조한다.

(2) 국고보조의 대상사업의 범위와 기존 보조율 : 대통령령

(3) 소방활동장비 및 설비의 종류 및 규격 : 행정안전부령

■ **소방박물관 설립, 운영**
 : 소방청장

■ **소방체험관 설립, 운영**
 : 시·도지사

■ **소방의 날**
 : 11월 9일

■ **국고보조 대상사업의 범위**
 와 기존 보조율 : 대통령령

(4) 국고보조대상

① 소방활동장비와 설비의 구입 및 설치

ⓐ **소방자동차**

ⓑ **소방헬리콥터** 및 소방정

ⓒ 소방전용통신설비 및 전산설비

ⓓ 그 밖의 방화복 등 소방활동에 필요한 소방장비

② 소방관서용 청사의 건축

> ※ 소방의(소방복장)는 국고보조대상이 아니다.

8 소방용수시설의 설치 및 관리

■ 소화용수 설치, 유지, 관리
: 시·도지사

(1) 소화용수시설의 설치, 유지·관리 : 시·도지사

(2) 수도법에 따라 소화전을 설치하는 일반수도사업자는 관할 소방서장과 사전협의를 거친 후 소화전을 설치하여야 하며, 설치 사실을 관할 소방서장에게 통지하고, 그 소화전을 **유지·관리**하여야 한다.

(3) 소방용수시설 설치의 기준

① 소방대상물과의 수평거리

ⓐ **주거지역, 상업지역, 공업지역 : 100[m] 이하**

ⓑ 그 밖의 지역 : 140[m] 이하

② **소방용수시설별 설치기준**

■ 소화용수 시설
: 소화전, 저수조, 급수탑

ⓐ **소화전**의 설치기준 : 상수도와 연결하여 지하식 또는 지상식의 구조로 하고 소화전의 연결금속구의 구경은 65[mm]로 할 것

ⓑ **급수탑** 설치기준

■ 개폐밸브 설치 높이
: 지상에서 1.5[m] 이상
 1.7[m] 이하

• 급수배관의 구경 : 100[mm] 이상

• 개폐밸브의 설치 : **지상에서 1.5[m] 이상 1.7[m] 이하**

ⓒ **저수조** 설치기준

■ 저수조 지면으로부터
낙차 : 4.5[m] 이하

• 지면으로부터의 낙차가 **4.5[m] 이하**일 것

• 흡수 부분의 수심이 **0.5[m] 이상**일 것

• 소방펌프자동차가 쉽게 접근할 수 있을 것

■ 저수조 흡수 부분의 수심
: 0.5[m] 이상

• 흡수에 지장이 없도록 토사, 쓰레기 등을 제거할 수 있는 설비를 갖출 것

• 흡수관의 투입구가 사각형의 경우에는 한 변의 길이가 60[cm] 이상, 원형의 경우에는 지름이 60[cm] 이상일 것

• 저수조에 물을 공급하는 방법은 상수도에 연결하여 자동으로 급수되는 구조일 것

(4) 소방용수시설 및 지리조사

① 실시권자 : 소방본부장 또는 소방서장

② 실시횟수 : **월 1회 이상**

③ 조사내용

　㉠ 소방용수시설에 대한 조사

　㉡ 소방대상물에 인접한 **도로의 폭, 교통상황**, 도로변의 **토지의 고저, 건축물의 개황** 그 밖의 소방활동에 필요한 지리조사

④ 조사결과 보관 : 2년

9 소방업무의 응원

(1) 소방본부장이나 소방서장은 소방활동을 할 때에 긴급한 경우에는 이웃한 소방본부장 또는 소방서장에게 소방업무의 응원을 요청할 수 있다.

(2) 소방업무의 응원 요청을 받은 소방본부장 또는 소방서장은 정당한 사유 없이 그 요청을 거절하여서는 아니 된다.

(3) 소방업무의 응원을 위하여 파견된 소방대원은 응원을 요청한 소방본부장 또는 소방서장의 지휘에 따라야 한다.

(4) 소방업무의 상호응원협정사항

① 소방활동에 관한 사항

　㉠ 화재의 경계·진압 활동

　㉡ 구조·구급 업무의 지원

　㉢ 화재조사활동

② 응원출동대상지역 및 규모

③ 소요경비의 부담에 관한 사항

　㉠ 출동대원의 수당·식사 및 피복의 수선

　㉡ 소방장비 및 기구의 정비와 연료의 보급

　㉢ 그 밖의 경비

④ 응원출동의 요청방법

⑤ 응원출동훈련 및 평가

10 화재의 예방조치

■ 화재예방 조치권자
: 소방서장, 소방본부장

(1) 화재예방 조치권자 : 소방본부장, 소방서장

(2) 소방본부장, 소방서장이 관계인에게 명령할 수 있는 범위

① 불장난, 모닥불, 흡연, 화기 취급 그 밖에 화재예방상 위험하다고 인정되는 행위의 금지 또는 제한

② 타고 남은 불 또는 화기가 있을 우려가 있는 재의 처리

③ 함부로 버려두거나 그냥 둔 위험물 및 그 밖에 불에 탈 수 있는 물건을 옮기거나 치우게 하는 등의 조치

(3) 물건의 소유자, 점유자, 관리자(관계인)를 알 수 없는 경우

소속 공무원으로 하여금 그 위험물 또는 물건을 옮기거나 치우게 할 수 있다.

■ 물품 보관 시
– 게시판 공고 : 14일
– 보관기간 : 공고종료일
부터 7일

(4) 소방본부장, 소방서장은 위험물 또는 물건 보관 시 : 그 날부터 **14일 동안** 소방본부 또는 소방서의 **게시판 공고** 후 공고기간 종료일 다음 날부터 **7일** 간 보관한다.

11 화재경계지구

(1) 화재경계지구

화재가 발생할 우려가 높거나 화재가 발생하는 경우 그로 인하여 피해가 클 것으로 예상되는 지역

■ 화재경계지구
: 화재가 발생할 우려가 높
거나 피해가 클 것으로
예상되는 지역

(2) 화재경계지구 지정권자 : 시·도지사

(3) 화재경계지구의 지정지역

① **시장지역**

② 공장·창고가 밀집한 지역

③ **목조건물이 밀집한 지역**

④ 위험물의 저장 및 처리시설이 밀집한 지역

⑤ 석유화학제품을 생산하는 공장이 있는 지역

⑥ 소방시설·소방용수시설 또는 소방출동로가 없는 지역

(4) 화재경계지구 안의 소방특별조사 : 소방본부장, 소방서장

(5) **소방특별조사 내용** : 소방대상물의 **위치·구조·설비**

(6) **소방특별조사 횟수** : **연 1회 이상**

(7) **화재경계지구의 소방훈련과 교육 실시권자** : 소방본부장, 소방서장

(8) **화재경계지구로 지정 시 소방훈련과 교육** : 연 1회 이상

(9) **소방훈련과 교육 시 관계인에게 통보** : 훈련 및 교육 10일 전까지 통보

(10) 소방본부장이나 소방서장은 이상기상의 예보 또는 특보가 있을 때에는 화재에 관한 위험경보를 발령하고 그에 따른 조치를 할 수 있다.

> ■ **화재경계지구 특별조사**
> – 소방본부장, 소방서장
> – 연 1회 이상
> – 훈련 및 교육 : 관계인에게 10일 전까지 통보

12 불을 사용하는 설비 등의 관리

(1) 보일러, 난로, 건조설비, 가스·전기시설 그 밖에 화재발생의 우려가 있는 설비 또는 기구 등의 위치·구조 및 관리와 화재예방을 위하여 불을 사용할 때 지켜야 하는 사항 : 대통령령

(2) 보일러 등의 위치·구조 및 관리와 화재예방을 위하여 불의 사용에 있어서 지켜야 하는 사항

종 류	내 용
보일러	• 가연성 벽·바닥 또는 천장과 접촉하는 증기기관 또는 연통의 부분은 규조토·석면 등 난연성 단열재로 덮어씌워야 한다. • 경유·등유 등 액체연료를 사용하는 경우에는 다음 각 목의 사항을 지켜야 한다. 　– 연료탱크는 보일러 본체로부터 수평거리 1[m] 이상의 간격을 두어 설치할 것 　– 연료탱크에는 화재 등 긴급상황이 발생하는 경우 연료를 차단할 수 있는 개폐밸브를 연료탱크로부터 0.5[m] 이내에 설치할 것 　– 연료탱크 또는 연료를 공급하는 배관에는 여과장치를 설치할 것 　– 사용이 허용된 연료 외의 것을 사용하지 아니할 것 　– 연료탱크에는 불연재료로 된 받침대를 설치하여 연료탱크가 넘어지지 아니하도록 할 것 • 기체연료를 사용하는 경우에는 다음 각 목에 의한다. 　– 보일러를 설치하는 장소에는 환기구를 설치하는 등 가연성가스가 머무르지 아니하도록 할 것 　– 연료를 공급하는 배관은 금속관으로 할 것 　– 화재 등 긴급 시 연료를 차단할 수 있는 개폐밸브를 연료용기 등으로부터 0.5[m] 이내에 설치할 것 　– 보일러가 설치된 장소에는 가스누설경보기를 설치할 것 • 보일러와 벽·천장 사이의 거리는 0.6[m] 이상 되도록 하여야 한다. • 보일러를 실내에 설치하는 경우에는 콘크리트바닥 또는 금속 외의 불연재료로 된 바닥 위에 설치하여야 한다.
건조설비	• 건조설비와 벽·천장 사이의 거리는 0.5[m] 이상 되도록 하여야 한다. • 건조물품이 열원과 직접 접촉하지 아니하도록 하여야 한다. • 실내에 설치하는 경우에 벽·천장 또는 바닥은 불연재료로 하여야 한다.

> ■ **보일러 개폐밸브**
> : 연료탱크로부터 0.5[m] 이내 설치
>
> ■ **보일러와 천장·벽 사이** 이격거리 : 0.6[m] 이상
>
> ■ **보일러 본체와 연료탱크** 이격거리 : 1[m] 이상

종 류	내 용
불꽃을 사용하는 용접·용단기구	용접 또는 용단 작업장에서는 다음 각 호의 사항을 지켜야 한다. • 용접 또는 용단 작업자로부터 반경 5[m] 이내에 소화기를 갖추어 둘 것 • 용접 또는 용단 작업장 주변 반경 10[m] 이내에는 가연물을 쌓아두거나 놓아두지 말 것. 다만, 가연물의 제거가 곤란하여 방지포 등으로 방호조치를 한 경우는 제외한다.
음식조리를 위하여 설치하는 설비	일반음식점에서 조리를 위하여 불을 사용하는 설비를 설치하는 경우에는 다음 각 목의 사항을 지켜야 한다. • 주방설비에 부속된 배기덕트는 0.5[mm] 이상의 아연도금강판 또는 이와 동등 이상의 내식성 불연재료로 설치할 것 • 주방시설에는 동물 또는 식물의 기름을 제거할 수 있는 필터 등을 설치할 것 • 열을 발생하는 조리기구는 반자 또는 선반으로부터 0.6[m] 이상 떨어지게 할 것 • 열을 발생하는 조리기구로부터 0.15[m] 이내의 거리에 있는 가연성 주요구조부는 석면판 또는 단열성이 있는 불연재료로 덮어씌울 것

13 특수가연물

(1) 종 류

■ 특수가연물이 아닌 것
: 석유류

품 명		수 량
면화류		200[kg] 이상
나무껍질 및 대팻밥		400[kg] 이상
넝마 및 종이부스러기		1,000[kg] 이상
사 류		1,000[kg] 이상
볏짚류		1,000[kg] 이상
가연성 고체류		3,000[kg] 이상
석탄·목탄류		10,000[kg] 이상
가연성 액체류		2[m^3] 이상
목재가공품 및 나무부스러기		10[m^3] 이상
합성수지류	발포시킨 것	20[m^3] 이상
	그 밖의 것	3,000[kg] 이상

(2) 특수가연물의 저장 및 취급의 기준

■ 특수가연물을 쌓아 저장하는 경우
– 바닥면적 : 50[m^2] 이하
– 높이 : 10[m] 이하
– 쌓는 부분 이격거리 : 1[m] 이상

특수가연물의 저장 및 취급의 기준은 다음 각 호와 같다.

① 특수가연물을 저장 또는 취급하는 장소에는 품명·최대수량 및 화기취급의 금지표지를 설치할 것

② 다음 각 목의 기준에 따라 쌓아 저장할 것. 다만, 석탄·목탄류를 발전용으로 저장하는 경우에는 그러하지 아니하다.

　㉠ 품명별로 구분하여 쌓을 것

　㉡ 쌓는 높이는 10[m] 이하가 되도록 하고, 쌓는 부분의 바닥면적은 50[m^2] (석탄·목탄류의 경우에는 200[m^2]) 이하가 되도록 할 것. 다만, 살수설비를 설치하거나, 방사능력 범위에 해당 특수가연물이 포함되도록 대형수동식소화기를 설치하는 경우에는 쌓는 높이를 15[m] 이하, 쌓는 부분의 바닥

면적을 200[m²](석탄·목탄류의 경우에는 300[m²]) 이하로 할 수 있다.

ⓒ 쌓는 부분의 바닥면적 사이는 1[m] 이상이 되도록 할 것

14 소방활동

(1) **소방청장, 소방본부장** 또는 **소방서장**은 화재, 재난·재해, 그 밖의 위급한 상황이 발생하였을 때에는 소방대를 현장에 신속하게 출동시켜 화재진압과 인명구조·구급 등 소방에 필요한 활동을 하게 하여야 한다.

(2) 누구든지 정당한 사유 없이 출동한 소방대의 화재진압 및 인명구조·구급 등 소방활동을 방해하여서는 아니 된다.

15 소방교육·훈련

(1) **실시권자** : 소방청장·소방본부장 또는 소방서장

(2) **교육·훈련의 종류 및 대상자의 필요한 사항** : 행정안전부령

(3) **소방교육·훈련의 대상**

① 어린이집의 영유아

② 유치원의 유아

③ 학교의 학생

(4) **소방대원의 교육 및 훈련**

① **화재진압훈련** : 화재진압업무를 담당하는 소방공무원과 화재 등 현장활동의 보조임무를 수행하는 의무소방원 및 의용소방대원

② **인명구조훈련** : 구조업무를 담당하는 소방공무원과 화재 등 현장활동의 보조임무를 수행하는 의무소방원 및 의용소방대원

③ **응급처치훈련** : 구급업무를 담당하는 소방공무원, 의무소방원 및 의용소방대원

④ **인명대피훈련** : 소방공무원, 의무소방원, 의용소방대원

⑤ **현장지휘훈련** : 소방위·소방경·소방령 및 소방정

> • 소방안전교육과 훈련 실시 : 2년마다 1회 이상
> • 교육·훈련기간 : 2주 이상

■ **소방대원의 교육 및 훈련**
  – 2년마다 1회 이상
  – 교육훈련기간 : 2주 이상

■ **소방대원의 교육 및 훈련**
  이 아닌 것 : 민방위 훈련

16 소방안전교육사

■ 소방안전교육사 자격시험
  실시권자 : 소방청장

(1) 실시권자 : 소방청장이 2년마다 1회 시행

(2) 소방안전교육사의 결격사유

① 피성년후견인 또는 피한정후견인

② 금고 이상의 실형을 선고받고 그 집행이 끝나거나(집행이 끝난 것으로 보는 경우를 포함한다) 집행이 면제된 날부터 **2년이 지나지 아니한 사람**

③ 금고 이상의 형의 집행유예를 선고받고 그 유예기간 중에 있는 사람

④ 법원의 판결 또는 다른 법률에 따라 자격이 정지되거나 상실된 사람

17 소방신호

(1) 정의 : 화재예방, 소방활동 또는 소방훈련을 위하여 사용되는 신호

■ 소방신호 종류
  : 경계, 발화, 해제, 훈련

(2) 소방신호의 종류와 방법

신호종류	발령 시기
경계신호	화재예방상 필요하다고 인정되거나 **화재위험 경보 시 발령**
발화신호	화재가 발생한 때 발령
해제신호	소화활동의 필요 없다고 인정할 때 발령
훈련신호	훈련상 필요하다고 인정할 때 발령

(3) 소방신호방법의 종류 : 타종신호, 사이렌신호, 통풍대, 기, 게시판

① 소방신호의 방법은 그 전부 또는 일부를 함께 사용할 수 있다.

② 게시판을 철거하거나 통풍대 또는 기를 내리는 것으로 소방활동이 해제되었음을 알린다.

③ 소방대의 비상소집을 하는 경우에는 훈련신호를 사용할 수 있다.

18 화재 등의 통지

■ 신고하지 아니하여 소방
  자동차가 출동한 경우
  – 과태료 : 20만원 이하
  – 과태료 부과권자 :
    소방본부장, 소방서장

(1) 화재현장 또는 구조·구급이 필요한 사고현장을 발견한 사람은 그 현장의 상황을 소방본부, 소방서 또는 관계행정기관에 지체 없이 알려야 한다.

(2) 다음의 어느 하나에 해당하는 지역 또는 장소에서 화재로 오인할 만한 우려가 있는 **불을 피우거나 연막 소독을 실시하려는 자**는 시·도의 조례로 정하는 바에 따라 관할 **소방본부장**이나 **소방서장**에게 **신고**하여야 한다.

① **시장지역**

② 공장·창고가 밀집한 지역

③ 목조건물이 밀집한 지역

④ 위험물의 저장 및 처리시설이 밀집한 지역

⑤ 석유화학 제품을 생산하는 공장이 있는 지역

⑥ 그 밖에 시·도의 조례로 정하는 지역 또는 장소

19 소방활동 등

(1) 관계인의 소방활동

관계인은 소방대상물에 화재, 재난·재해, 그 밖의 위급한 상황이 발생한 경우에는 소방대가 현장에 도착할 때까지 경보를 올리거나 대피를 유도하는 등의 방법으로 사람을 구출하는 조치 또는 불을 끄거나 불이 번지지 아니하도록 필요한 조치를 하여야 한다.

(2) 소방자동차의 우선통행

① 모든 차와 사람은 소방자동차(지휘를 위한 자동차 및 구조·구급차를 포함)가 화재 진압 및 구조·구급활동을 위하여 출동을 할 때에는 이를 방해하여서는 아니 된다.

② **소방자동차**가 화재진압 및 구조·구급활동을 위하여 출동하거나 **훈련을 위하여** 필요한 때에는 **사이렌을 사용**할 수 있다.

■ 소방활동을 원활히 수행하기 위한 규정 사항
 - 소방활동 종사명령
 - 강제처분
 - 피난명령

(3) 소방대의 긴급통행

소방대는 화재, 재난·재해 그 밖의 위급한 상황이 발생한 현장에 신속하게 출동하기 위하여 긴급할 때에는 일반적인 통행에 쓰이지 아니하는 도로·빈터 또는 물 위로 통행할 수 있다.

(4) 소방활동구역

소화활동 및 화재조사를 원활히 수행하기 위해 화재 현장에 출입을 통제하기 위하여 설정

① 소방활동구역의 설정 및 출입제한권자 : **소방대장**

② 소방활동의 종사 명령권자 : 소방본부장·소방서장, 소방대장

③ 명령에 따라 소방활동에 종사한 사람은 시·도지사로부터 시·도 조례에 정하는 바에 따라 소방활동의 비용을 지급받을 수 있다.

④ 소방활동구역의 출입자

　㉠ 소방활동구역 안에 있는 소방대상물의 **소유자, 관리자, 점유자**

　㉡ **전기, 가스, 수도, 통신, 교통**의 업무에 종사하는 자로서 원활한 소방활동을 위하여 필요한 자

■ 소방활동구역의 설정권자
 : 소방대장

■ 소방활동구역에 출입할 수 없는 자 : 소방활동구역 밖의 소방대상물 관계인

ⓒ **의사·간호사** 그 밖의 구조·구급업무에 종사하는 자

   ⓓ 취재인력 등 **보도업무에 종사하는 자**

   ⓔ **수사업무에 종사하는 자**

   ⓕ 그 밖에 **소방대장**이 소방활동을 위하여 출입을 허가한 자

(5) 강제처분

① **소방본부장, 소방서장** 또는 **소방대장**은 사람을 구출하거나 불이 번지는 것을 막기 위하여 필요할 때에는 화재가 발생하거나 불이 번질 우려가 있는 소방대상물 및 토지를 일시적으로 사용하거나 그 사용의 제한 또는 소방활동에 필요한 처분을 할 수 있다.

② **소방본부장, 소방서장** 또는 **소방대장**은 사람을 구출하거나 불이 번지는 것을 막기 위하여 긴급하다고 인정할 때에는 ①에 따른 소방대상물 또는 토지 외의 소방대상물과 토지에 대하여 ①에 따른 처분을 할 수 있다.

③ 소방본부장, 소방서장 또는 소방대장은 소방활동을 위하여 긴급하게 출동할 때에는 소방자동차의 통행과 소방활동에 방해가 되는 주차 또는 정차된 차량 및 물건 등을 제거하거나 이동시킬 수 있다.

(6) 피난명령

소방본부장, 소방서장 또는 **소방대장**은 화재, 재난·재해, 그 밖의 위급한 상황이 발생하여 사람의 생명을 위험하게 할 것으로 인정할 때에는 일정한 구역을 지정하여 그 구역에 있는 사람에게 그 구역 밖으로 피난할 것을 명할 수 있다.

(7) 소방용수시설의 사용금지

① 정당한 사유 없이 소방용수시설 또는 비상소화장치를 사용하는 행위

② 정당한 사유 없이 손상·파괴, 철거 또는 그 밖의 방법으로 소방용수시설 또는 비상소화장치의 효용을 해치는 행위

③ 소방용수시설 또는 비상소화장치의 정당한 사용을 방해하는 행위

20 화재의 조사

(1) 화재의 원인 및 피해 조사권자 : **소방청장, 소방본부장** 또는 **소방서장**

■ 화재원인 및 피해 조사권자
 : 소방청장, 소방본부장,
  소방서장

(2) 화재조사의 방법 및 운영과 화재조사자의 자격 등 화재조사에 관하여 필요한 사항 : 행정안전부령

(3) 소방본부장이나 소방서장은 화재조사 결과 방화 또는 실화의 혐의가 있다고 인정되면 지체없이 그 사실을 관할 경찰서장에게 알려야 한다.

(4) 화재조사의 종류 및 조사의 범위

① 화재원인조사

종 류	조사범위
발화원인조사	화재가 발생한 과정, 화재가 발생한 지점 및 불이 붙기 시작한 물질
발견·통보 및 초기 소화상황조사	화재의 발견·통보 및 초기소화 등 일련의 과정
연소상황조사	화재의 연소경로 및 확대원인 등의 상황
피난상황조사	피난경로, 피난상의 장애요인 등의 상황
소방시설 등 조사	소방시설의 사용 또는 작동 등의 상황

■ 화재원인조사
 – 발화원인조사
 – 발견·통보 및 초기소
   화상황조사
 – 연소상황조사
 – 피난상황조사
 – 소방시설 등 조사

② 화재피해조사

종 류	조사범위
인명피해조사	• 소방활동 중 발생한 사망자 및 부상자 • 그 밖에 화재로 인한 사망자 및 부상자
재산피해조사	• 열에 의한 탄화, 용융, 파손 등의 피해 • 소화활동 중 사용된 물로 인한 피해 • 그 밖에 연기, 물품반출, 화재로 인한 폭발 등에 의한 피해

■ 화재피해조사
 – 인명피해조사
 – 재산피해조사

(5) 화재조사를 실시할 수 있는 사람

① 화재조사에 관한 시험에 합격한 자가 없는 경우에는 소방공무원 중 「국가기술자격법」에 따른 **건축·위험물·전기·안전관리**(가스·소방·소방설비·전기안전·화재감식평가 종목에 한한다) **분야 산업기사 이상의 자격을 취득한 자** 또는 **소방공무원**으로서 **화재조사 분야에서 1년 이상** 근무한 사람

② **소방교육기관**(소방학교 및 시·도에서 설치·운영하는 소방교육대)에서 **8주 이상** 화재조사에 관한 전문교육을 이수한 사람

③ 국립과학수사연구원 또는 외국의 화재조사관련기관에서 **8주 이상** 화재조사에 관한 전문교육을 이수한 사람

(6) 소방청장은 화재조사에 관한 시험에 합격한 자에게 2년마다 전문보수교육을 실시하여야 한다.

21 한국소방안전원

(1) 안전원의 업무

① 소방기술과 안전관리에 관한 교육 및 조사·연구

② 소방기술과 안전관리에 관한 각종 간행물의 발간

③ 화재예방과 안전관리의식의 고취를 위한 대국민 홍보

④ 소방업무에 관하여 행정기관이 위탁하는 업무

(2) 안전원은 **정관을 변경하려면 소방청장의 인가**를 받아야 한다.

22 벌 칙

(1) 5년 이하의 징역 또는 5,000만원 이하의 벌금

① 다음의 어느 하나에 해당하는 행위를 한 사람

ㄱ 위력을 사용하여 출동한 소방대의 화재진압, 인명구조 또는 구급활동을 방해하는 행위

ㄴ 소방대가 화재진압, 인명구조 또는 구급활동을 위하여 현장에 출동하거나 현장에 출입하는 것을 고의로 방해하는 행위

ㄷ 출동한 소방대원에게 폭행 또는 협박을 행사하여 화재진압, 인명구조 또는 구급활동을 방해하는 행위

ㄹ 출동한 소방대의 소방장비를 파손하거나 그 효용을 해하여 화재진압, 인명구조 또는 구급활동을 방해하는 행위

② **소방자동차의 출동을 방해한 사람**

③ 사람을 구출하는 일 또는 불을 끄거나 불이 번지지 아니하도록 하는 일을 방해한 사람

④ 정당한 사유 없이 소방용수시설 또는 비상소화장치를 사용하거나 소방용수시설 또는 비상소화장치의 효용을 해치거나 그 정당한 사용을 방해한 사람

(2) 3년 이하의 징역 또는 3,000만원 이하의 벌금

강제처분을 방해한 사람 또는 정당한 사유 없이 그 처분에 따르지 아니한 사람

(3) 300만원 이하의 벌금

① 토지처분, 차량 또는 물건 이동, 제거의 규정에 따른 처분을 방해한 사람 또는 정당한 사유 없이 그 처분에 따르지 아니한 사람

② 관계인의 정당한 업무를 방해하거나 화재조사를 수행하면서 알게 된 비밀을 다른 사람에게 누설한 사람

(4) 200만원 이하의 벌금

① 정당한 사유 없이 화재의 예방조치 명령(정당한 사유 없이 불장난, 모닥불, 흡연, 화기취급, 풍등 등 연날리기의 행위)에 따르지 아니하거나 이를 방해한 사람

② 정당한 사유 없이 관계공무원의 출입 또는 조사를 거부·방해 또는 기피한 사람

(5) 100만원 이하의 벌금

① **화재경계지구** 안의 소방대상물에 대한 **소방특별조사를 거부·방해** 또는 기피한 사람

② 정당한 사유 없이 소방대의 생활안전활동을 방해한 자

③ 정당한 사유 없이 소방대가 현장에 도착할 때까지 사람을 구출하는 조치 또는 불을 끄거나 불이 번지지 아니하도록 하는 조치를 하지 아니한 사람

④ 피난명령을 위반한 사람

⑤ 정당한 사유 없이 물의 사용이나 수도의 개폐장치의 사용 또는 조작을 하지 못하게 하거나 방해한 사람

⑥ 가스, 전기, 유류, 차단 등 필요한 조치를 정당한 사유 없이 방해한 사람

(6) 200만원 이하의 과태료

① 소방특별조사를 한 결과 관계인이 소방용수시설·소화기구 및 설비 등의 설치명령을 위반한 사람

② 불을 사용할 때 지켜야 하는 사항과 특수가연물의 저장 및 취급기준을 위반한 사람

③ 화재 또는 구조·구급이 필요한 상황을 거짓으로 알린 사람

④ 소방활동구역을 출입한 사람

⑤ 명령을 위반하여 보고 또는 자료제출을 하지 아니하거나 거짓으로 보고 또는 자료제출을 한 사람

⑥ 한국소방안전원 또는 이와 유사한 명칭을 사용한 자

(7) 100만원 이하의 과태료

전용구역에 차를 주차하거나 전용구역에의 진입을 가로막는 등의 방해행위를 한 자에게는 100만원 이하의 과태료를 부과한다.

※ 과태료는 대통령령으로 정하는 바에 따라 관할 시·도지사, 소방본부장 또는 소방서장이 부과·징수한다.

(8) 20만원 이하의 과태료

다음 지역에서 화재로 오인할 우려가 있는 불을 피우거나, 연막소독을 실시하는 사람이 소방본부장이나 소방서장에게 신고하지 아니하여 소방자동차를 출동하게 한 사람

① 시장지역

② 공장·창고가 밀집한 지역

③ 목조건물이 밀집한 지역

④ 위험물의 저장 및 처리시설이 밀집한 지역

⑤ 석유화학제품을 생산하는 공장이 있는 지역

⑥ 그 밖에 시·도의 조례가 정하는 지역 또는 장소

※ 과태료는 조례로 정하는 바에 따라 관할 소방본부장 또는 소방서장이 부과·징수한다.

출제예상문제

제 **1** 장

01

화재를 예방·경계하거나 진압하고 화재, 재난·재해, 그 밖의 위급한 상황에서의 구조·구급활동 등을 통하여 국민의 생명·신체 및 재산을 보호함으로써 공공의 안녕 및 질서유지와 복리증진에 이바지함을 목적으로 하는 것은?

① 화재예방, 소방시설 설치·유지 및 안전관리에 관한 법률
② 다중이용업소의 안전관리에 관한 특별법
③ 소방시설공사업법
④ 소방기본법

> **해설** **소방기본법의 목적**
> 화재를 예방·경계하거나 진압하고 화재, 재난·재해, 그 밖의 위급한 상황에서의 구조·구급활동 등을 통하여 국민의 생명·신체 및 재산을 보호함으로써 공공의 안녕 및 질서유지와 복리증진에 이바지함을 목적으로 한다.
> **답** ④

02

다음은 소방기본법의 목적을 기술한 것이다. (㉮), (㉯), (㉰)에 들어갈 내용으로 알맞은 것은?

> "화재를 (㉮)·(㉯)하거나 (㉰)하고 화재, 재난·재해, 그 밖의 위급한 상황에서의 구조·구급활동 등을 통하여 국민의 생명·신체 및 재산을 보호함으로써 공공의 안녕 및 질서유지와 복리증진에 이바지함을 목적으로 한다.

① ㉮ 예방, ㉯ 경계, ㉰ 복구
② ㉮ 경보, ㉯ 소화, ㉰ 복구
③ ㉮ 예방, ㉯ 경계, ㉰ 진압
④ ㉮ 경계, ㉯ 통제, ㉰ 진압

> **해설** **소방기본법의 목적**
> 화재를 예방·경계하거나 진압하고 화재, 재난·재해, 그 밖의 위급한 상황에서의 구조·구급활동 등을 통하여 국민의 생명·신체 및 재산을 보호함으로써 공공의 안녕 및 질서유지와 복리증진에 이바지함을 목적으로 한다.
> **답** ③

03

소방기본법이 정하는 목적을 설명한 것으로 거리가 먼 것은?

① 풍수해의 예방, 경계, 진압에 관한 계획, 예산의 지원 활동
② 화재, 재난·재해, 그 밖의 위급한 상황에서의 구조·구급 활동
③ 구조·구급 활동 등을 통한 국민의 생명·신체 및 재산의 보호
④ 구조·구급 활동 등을 통한 공공의 안녕 및 질서의 유지

> **해설** **소방기본법의 목적**
> • 화재, 재난·재해, 그 밖의 위급한 상황에서의 구조·구급 활동
> • 국민의 생명·신체 및 재산의 보호
> • 공공의 안녕 및 질서의 유지
> **답** ①

04

소방기본법에서 정의하는 용어에 대한 설명으로 틀린 것은?

① "소방대상물"이란 건축물, 차량, 항해 중인 모든 선박과 산림 그 밖의 공작물 또는 물건을 말한다.
② "관계지역"이란 소방대상물이 있는 장소 및 그 이웃지역으로서 화재의 예방·경계·진압, 구조·구급 등의 활동에 필요한 지역을 말한다.
③ "소방본부장"이란 특별시·광역시·도 또는 특별자치도에서 화재의 예방·경계·진압·조사 및 구조·구급 등의 업무를 담당하는 부서의 장을 말한다.
④ "소방대장"이란 소방본부장이나 소방서장 등 화재, 재난·재해 그 밖의 위급한 상황이 발생한 현장에서 소방대를 지휘하는 자를 말한다.

해설 **소방대상물** : 건축물, 차량, 선박(항구 안에 메어 둔 선박만 해당), 선박건조구조물, 산림 그 밖의 인공구조물 또는 물건

답 ①

해설 **소방대**
화재를 진압하고 화재, 재난·재해, 그 밖의 위급한 상황에서의 구조·구급활동 등을 하기 위하여 다음의 사람으로 구성된 조직체를 말한다.
• 소방공무원
• 의무소방원
• 의용소방대원

답 ④

05

소방기본법에 다른 소방대상물에 해당되지 않는 것은?

① 건축물   ② 항해 중인 선박
③ 차 량   ④ 산 림

해설 **소방대상물에 해당되지 않는 것**
• 항해 중인 선박
• 항공기

답 ②

09

다음 중 소방기본법상 소방대가 아닌 것은?

① 소방공무원   ② 의무소방원
③ 자위소방대원   ④ 의용소방대원

해설 **소방대**
• 소방공무원
• 의무소방원
• 의용소방대원

답 ③

06

다음 중 소방기본법상 소방대상물이 아닌 것은?

① 산 림   ② 선박건조구조물
③ 항공기   ④ 차 량

해설 **소방대상물에 해당되지 않는 것**
• 항해 중인 선박
• 항공기

답 ③

07

소방기본법상 소방대상물의 소유자·관리자 또는 점유자로 정의되는 자는?

① 관리인   ② 관계인
③ 사용자   ④ 등기자

해설 **관계인** : 소방대상물의 소유자, 점유자, 관리자

답 ②

10

소방기본법상 소방대장의 권한이 아닌 것은?

① 화재가 발생하였을 때에는 화재의 원인 및 피해 등에 의한 조사
② 화재, 재난·재해, 그 밖의 위급한 상황이 발생한 현장에 소방활동구역을 정하여 소방활동에 필요한 사람으로서 대통령령으로 정하는 사람 외에는 그 구역에 출입하는 것을 제한
③ 사람을 구출하거나 불이 번지는 것을 막기 위하여 필요할 때에는 화재가 발생하거나 불이 번질 우려가 있는 소방대상물 및 토지를 일시적으로 사용하거나 그 사용의 제한 또는 소방활동에 필요한 처분
④ 화재 진압 등 소방활동을 위하여 필요할 때에는 소방용수 외에 댐·저수지 또는 수영장 등의 물을 사용하거나 수도의 개폐장치 등을 조작

해설 **화재원인과 피해조사권자**
: 소장청상, 소방본부장, 소방서장

답 ①

08

소방기본법상 소방대의 구성원에 속하지 않는 자는?

① 소방공무원법에 따른 소방공무원
② 의무소방대설치법 제3조의 규정에 따라 임용된 의무소방원
③ 소방기본법 제37조의 규정에 따른 의용소방대원
④ 위험물안전관리법 제19조의 규정에 따른 자체소방대원

11

시·도의 화재 예방·경계·진압 및 조사와 화재, 재난·재해, 그 밖의 위급한 상황에서의 구조·구급 등의 소방업무를 수행하는 소방기관의 설치에 필요한 사항은 어떻게 정하는가?

① 시·도지사가 정한다.
② 행정안전부령으로 정한다.
③ 소방청장이 정한다.
④ 대통령령으로 정한다.

해설 소방업무를 수행하는 소방기관의 설치에 필요한 사항
: 대통령령

답 ④

12

종합상황실의 업무와 직접적으로 관련이 없는 것은?

① 재난상황의 전파 및 보고
② 재난상황의 발생 신고접수
③ 재난상황이 발생한 현장에 대한 지휘 및 피해조사
④ 재난상황의 수습에 필요한 정보수집 및 제공

해설 종합상황실의 업무
• 화재, 재난·재해, 그 밖에 구조·구급이 필요한 상황(이하 "재난상황"이라 한다)의 발생의 신고접수
• 접수된 재난상황을 검토하여 가까운 소방서에 인력 및 장비의 동원을 요청하는 등의 사고수습
• 하급소방기관에 대한 출동지령 또는 동급 이상의 소방기관 및 유관기관에 대한 지원요청
• 재난상황의 전파 및 보고
• 재난상황이 발생한 현장에 대한 지휘 및 피해현황의 파악
• 재난상황의 수습에 필요한 정보수집 및 제공

답 ③

13

소방기본법상 소방서 종합상황실의 실장이 서면·모사전송 또는 컴퓨터통신 등으로 소방본부의 종합상황실에 지체 없이 보고하여야 하는 기준으로 틀린 것은?

① 사망자가 5인 이상 발생하거나 사상자가 10인 이상 발생한 화재
② 층수가 11층 이상인 건축물에서 발생한 화재
③ 이재민이 50인 이상 발생한 화재
④ 재산피해액이 50억원 이상 발생한 화재

해설 종합상황실 보고 상황
• 사망자가 5인 이상 발생하거나 사상자가 10인 이상 발생한 화재
• 이재민이 100인 이상 발생한 화재
• 재산피해액이 50억원 이상 발생한 화재

답 ③

14

소방의 역사와 안전문화를 발전시키고 국민의 안전의식을 높이기 위하여 ㉠ 소방박물관과 ㉡ 소방체험관을 설립 및 운영할 수 있는 사람은?

① ㉠ : 소방청장, ㉡ : 소방청장
② ㉠ : 소방청장, ㉡ : 시·도지사
③ ㉠ : 시·도지사, ㉡ : 시·도지사
④ ㉠ : 소방본부장, ㉡ : 시·도지사

해설 설립·운영권자
• 소방박물관 : 소방청장
• 소방체험관 : 시·도지사

답 ②

15

소방체험관의 설립·운영권자는?

① 국무총리
② 소방청장
③ 시·도지사
④ 소방본부장 및 소방서장

해설 설립·운영권자
• 소방박물관 : 소방청장
• 소방체험관 : 시·도지사

답 ③

16

소방기관이 소방업무를 수행하는 데 필요한 인력과 장비 등에 관한 기준은 다음 어느 것으로 정하는가?

① 대통령령   ② 행정안전부령
③ 시·도의 조례   ④ 소방청장령

해설 • 소방기관이 소방업무를 수행하는 데 필요한 인력과 장비 등에 관한 기준 : 행정안전부령
• 관할구역의 소방력을 확충하기 위하여 필요한 계획의 수립·시행권자 : 시·도지사

답 ②

17
소방력의 기준에 따라 관할구역 안의 소방력을 확충하기 위해 필요한 계획을 수립하여 시행하는 사람은?

① 소방서장　　　　　② 소방본부장
③ 시·도지사　　　　④ 자치소방대장

해설 ・소방기관이 소방업무를 수행하는 데 필요한 인력과 장비 등에 관한 기준 : 행정안전부령
・관할구역의 소방력을 확충하기 위하여 필요한 계획의 수립·시행권자 : 시·도지사

답 ③

18
소방장비 등에 대한 국고보조 대상사업의 범위와 기준보조율은 무엇으로 정하는가?

① 행정안전부령　　　② 대통령령
③ 시·도의 조례　　　④ 국토교통부령

해설 국고보조 대상사업의 범위와 기준보조율 : 대통령령
답 ②

19
국가는 소방업무에 필요한 경비의 일부를 국고에서 보조한다. 국고보조 대상 소화활동장비 및 설비로서 옳지 않은 것은?

① 소방헬리콥터 및 소방정 구입
② 소방전용 통신설비 설치
③ 소방관서 직원숙소 건립
④ 소방자동차 구입

해설 국고보조 대상사업의 범위와 기준보조율
・소방활동장비와 설비의 구입 및 설치
　－ 소방자동차
　－ 소방헬리콥터 및 소방정
　－ 소방전용 통신설비 및 전산설비
　－ 그 밖에 방화복 등 소방활동에 필요한 소방장비
・소방관서용 청사의 건축
답 ③

20
국고보조의 대상이 되는 소방활동장비 또는 설비에 해당하지 않는 것은?

① 소방자동차　　　　② 소방헬리콥터 및 소방정
③ 사무용 집기　　　④ 전산설비

해설 국고보조 대상사업의 범위와 기준보조율
・소방활동장비와 설비의 구입 및 설치
　－ 소방자동차
　－ 소방헬리콥터 및 소방정
　－ 소방전용 통신설비 및 전산설비
　－ 그 밖에 방화복 등 소방활동에 필요한 소방장비
・소방관서용 청사의 건축
답 ③

21
공공의 소방활동에 필요한 소화전, 급수탑, 저수조는 누가 설치하고 유지·관리하여야 하는가?

① 소방청장　　　　　② 행정안전부장관
③ 시·도지사　　　　④ 소방본부장

해설 소화용수시설은 시·도지사가 설치하고 유지·관리하여야 한다.
답 ③

22
시·도지사가 설치하고 유지·관리하여야 하는 소방용수시설이 아닌 것은?

① 저수조　　　　　　② 상수도
③ 소화전　　　　　　④ 급수탑

해설 소화용수시설 : 소화전, 저수조, 급수탑
답 ②

23
소방용수시설의 설치기준 중 주거지역·상업지역 및 공업지역에 설치하는 경우 소방대상물과의 수평거리는 최대 몇 [m] 이하인가?

① 50　　　　　　　② 100
③ 150　　　　　　④ 200

해설 소방용수시설의 설치기준
・시·도지사는 소방용수시설을 설치하고 유지·관리하여야 한다.
・공통기준
　㉠ 주거지역·상업지역 및 공업지역에 설치하는 경우 : 소방대상물과의 수평거리를 100[m] 이하가 되도록 할 것
　㉡ ㉠ 외의 지역에 설치하는 경우 : 소방대상물과의 수평거리를 140[m] 이하가 되도록 할 것

- 저수조의 설치기준
  - ㉠ 지면으로부터의 낙차가 4.5[m] 이하일 것
  - ㉡ 흡수 부분의 수심이 0.5[m] 이상일 것
  - ㉢ 소방펌프자동차가 쉽게 접근할 수 있도록 할 것
  - ㉣ 흡수에 지장이 없도록 토사 및 쓰레기 등을 제거할 수 있는 설비를 갖출 것
  - ㉤ 흡수관의 투입구가 사각형의 경우에는 한 변의 길이가 60[cm] 이상, 원형의 경우에는 지름이 60[cm] 이상일 것
  - ㉥ 저수조에 물을 공급하는 방법은 상수도에 연결하여 자동으로 급수되는 구조일 것
- 소화전 설치기준
  - ㉠ 상수도와 연결하여 지하식 또는 지상식의 구조를 하고 소화전의 연결금속구의 직경은 65[mm]로 할 것
- 급수탑 설치기준
  - ㉠ 급수배관의 구경 : 100[mm] 이상
  - ㉡ 개폐밸브의 설치 높이 : 지상에서 1.5[m] 이상 1.7[m] 이하

답 ②

24
소방용수시설의 설치기준과 관련된 소화전의 설치기준에서 소방용 호스와 연결하는 소화전의 연결금속구의 구경은 몇 [mm]로 하여야 하는가?

① 45[mm]
② 50[mm]
③ 65[mm]
④ 100[mm]

해설 소화전 연결금속구 : 직경 65[mm]

답 ③

25
소방용수시설 급수탑 개폐밸브의 설치기준으로 맞는 것은?

① 지상에서 1.0[m] 이상 1.5[m] 이하
② 지상에서 1.5[m] 이상 1.7[m] 이하
③ 지상에서 1.2[m] 이상 1.8[m] 이하
④ 지상에서 1.5[m] 이상 2.0[m] 이하

해설 급수탑 개폐밸브 설치 높이
  : 지상에서 1.5[m] 이상 1.7[m] 이하

답 ②

26
소방용수시설 중 소화전과 급수탑의 설치기준으로 틀린 것은?

① 소화전은 상수도와 연결하여 지하식 또는 지상식의 구조로 할 것
② 소방용호스와 연결하는 소화전의 연결금속구의 구경은 65[mm]로 할 것
③ 급수탑 급수배관의 구경은 100[mm] 이상으로 할 것
④ 급수탑의 개폐밸브는 지상에서 1.5[m] 이상 1.8[m] 이하의 위치에 설치할 것

해설 급수탑 개폐밸브 설치 높이
  : 지상에서 1.5[m] 이상 1.7[m] 이하

답 ④

27
소방용수시설 저수조의 설치기준으로 틀린 것은?

① 지면으로부터 낙차가 4.5[m] 이하일 것
② 흡수부분의 수심이 0.3[m] 이상일 것
③ 흡수관의 투입구가 사각형의 경우에는 한 변의 길이가 60[cm] 이상일 것
④ 흡수관의 투입구가 원형의 경우에는 지름이 60[cm] 이상일 것

해설 흡수부분의 수심 : 0.5[m] 이상

답 ②

28
소방기본법 상 소방용수시설의 저수조는 지면으로부터 낙차가 몇 [m] 이하가 되어야 하는가?

① 3.5
② 4
③ 4.5
④ 6

해설 저수조 지면으로부터 낙차 : 4.5[m] 이하

답 ③

29

다음 중 소방용수시설에 대한 설명으로 옳은 것은?

① 시·도지사는 소방용수시설을 설치하고 유지·관리하여야 한다.
② 주거지역·상업지역 및 공업지역에 설치하는 경우에는 소방대상물과의 수평거리를 140[m] 이하가 되도록 하여야 한다.
③ 저수조는 지면으로부터의 낙차가 4.5[m] 이상이어야 한다.
④ 흡수관의 투입구가 사각형의 경우에는 한 변의 길이가 30[cm] 이상이어야 한다.

해설 소방용수시설 설치·유지·관리 : 시·도지사

답 ①

30

원활한 소방활동을 위하여 소방용수시설에 대한 조사를 실시하는 사람은?

① 소방청장
② 시·도지사
③ 소방본부장 또는 소방서장
④ 행정안전부장관

해설 소방용수시설의 조사권자 : 소방본부장 또는 소방서장

답 ③

31

소화활동을 위한 소방용수시설 및 지리조사의 실시횟수는?

① 주 1회 이상
② 주 2회 이상
③ 월 1회 이상
④ 분기별 1회 이상

해설 소방용수시설 및 지리조사
• 실시횟수 : 월 1회 이상
• 실시권자 : 소방본부장, 소방서장

답 ③

32

소방본부장 또는 소방서장이 원활한 소방활동을 위하여 행하는 지리조사의 내용에 속하지 않는 것은?

① 소방대상물에 인접한 도로의 폭
② 소방대상물에 인접한 도로의 교통상황
③ 소방대상물에 인접한 도로주변의 토지의 고저
④ 소방대상물에 인접한 지역에 대한 유동인원의 현황

해설 소방용수시설 및 지리조사의 내용
• 소방용수시설에 대한 조사
• 소방대상물에 인접한 도로의 폭, 교통상황, 도로주변의 토지의 고저, 건축물의 개황, 그 밖의 소방활동에 필요한 지리에 대한 조사

답 ④

33

소방기본법령상 소방용수시설에 대한 설명으로 틀린 것은?

① 시·도지사는 소방활동에 필요한 소방용수 시설을 설치하고 유지·관리하여야 한다.
② 수도법의 규정에 따라 설치된 소화전도 시·도지사가 유지·관리하여야 한다.
③ 소방본부장 또는 소방서장은 원활한 소방활동을 위하여 소방용수시설에 대한 조사를 월 1회 이상 실시하여야 한다.
④ 소방용수시설 조사의 경과는 2년간 보관하여야 한다.

해설 소방용수시설
• 시·도지사는 소방활동에 필요한 소방용수 시설을 설치하고 유지·관리하여야 한다.
• 수도법의 규정에 따라 소화전을 설치하는 일반수도사업자는 관할 소방서장과 사전협의를 거친 후 소화전을 설치하여야 하며, 설치 사실을 관할 소방서장에게 통지하고, 그 소화전을 유지·관리하여야 한다.

답 ②

34

다른 시·도 간 소방업무에 관한 상호응원협정을 체결하고자 할 때 포함되어야 할 사항이 아닌 것은?

① 응원출동의 요청방법
② 소방신호방법의 통일
③ 소요경비의 부담에 관한 내용
④ 응원출동 대상지역 및 규모

해설 **소방업무의 상호응원협정 사항**
- 소방활동에 관한 사항
  - 화재의 경계 · 진압활동
  - 구조 · 구급업무의 지원
  - 화재조사활동
- 응원출동대상지역 및 규모
- 소요경비의 부담사항
  - 출동대원의 수당 · 식사 및 피복의 수선
  - 소방장비 및 기구의 정비와 연료의 보급
- 응원출동의 요청방법
- 응원출동훈련 및 평가

답 ②

35
인접하고 있는 시 · 도 간 소방업무의 상호응원협정 사항이 아닌 것은?

① 화재조사활동
② 응원출동의 요청방법
③ 소방교육 및 응원출동훈련
④ 응원출동대상지역 및 규모

해설 **소방업무의 상호응원협정 사항**
- 소방활동에 관한 사항
  - 화재의 경계 · 진압활동
  - 구조 · 구급업무의 지원
  - 화재조사활동
- 응원출동대상지역 및 규모
- 소요경비의 부담사항
  - 출동대원의 수당 · 식사 및 피복의 수선
  - 소방장비 및 기구의 정비와 연료의 보급
- 응원출동의 요청방법
- 응원출동훈련 및 평가

답 ③

36
소방기본법상 화재의 예방조치 명령이 아닌 것은?

① 불장난 · 모닥불 · 흡연 및 화기취급의 금지 또는 제한
② 타고 남은 불 또는 화기의 우려가 있는 재의 처리
③ 함부로 버려두거나 그냥 둔 위험물, 그 밖에 탈 수 있는 물건을 옮기거나 치우게 하는 등의 조치
④ 불이 번지는 것을 막기 위하여 불이 번질 우려가 있는 소방대상물의 사용 제한

해설 **화재의 예방조치 등**
- 불장난, 모닥불, 흡연, 화기 취급, 그 밖에 화재예방상 위험하다고 인정되는 행위의 금지 또는 제한
- 타고 남은 불 또는 화기가 있을 우려가 있는 재의 처리
- 함부로 버려두거나 그냥 둔 위험물, 그 밖에 불에 탈 수 있는 물건을 옮기거나 치우게 하는 등의 조치

답 ④

37
함부로 버려두거나 그냥 둔 위험물의 소유자 · 관리자 · 점유자의 주소 · 성명을 알 수 없어 필요한 명령을 할 수 없는 때에 소방본부장 또는 소방서장이 취하여야 하는 조치로 맞는 것은?

① 시 · 도지사에게 보고하여야 한다.
② 경찰서장에게 통보하여 위험물을 처리하도록 하여야한다.
③ 소속공무원으로 하여금 그 위험물을 옮기거나 치우게 할 수 있다.
④ 소유자가 나타날 때까지 기다린다.

해설 함부로 버려두거나 소유자를 모를 경우 소방본부장 또는 소방서장은 소속공무원으로 하여금 그 위험물을 옮기거나 치우게 할 수 있다.

답 ③

38
소방본부장 또는 소방서장은 함부로 버려두거나 그냥 둔 위험물 또는 물건을 옮겨 보관하는 경우 소방본부 또는 소방서 게시판에 보관한 날부터 며칠 동안 공고하여야 하는가?

① 7일 동안   ② 14일 동안
③ 21일 동안   ④ 28일 동안

해설 **공 고**
- 게시판에 공고기간 : 보관한 날부터 14일 동안
- 보관기간 : 게시판공고 종료일로부터 7일

답 ②

39

화재의 예방조치 등을 위한 옮긴 위험물 또는 물건의 보관기간은 규정에 따라 소방본부나 소방서의 게시판에 공고한 후 어느 기간까지 보관하여야 하는가?

① 공고기간 종료일 다음날부터 5일
② 공고기간 종료일로부터 5일
③ 공고기간 종료일 다음날부터 7일
④ 공고기간 종료일로부터 7일

해설 공 고
- 게시판에 공고기간 : 보관한 날부터 14일 동안
- 보관기간 : 게시판공고 종료일로부터 7일

답 ③

40

화재의 예방조치 등과 관련하여 불장난, 모닥불, 흡연, 화기 취급, 그 밖에 화재예방상 위험하다고 인정되는 행위의 금지 또는 제한의 명령을 할 수 있는 자는?

① 시 · 도지사
② 국무총리
③ 소방청장
④ 소방본부장

해설 화재예방조치명령권자 : 소방본부장, 소방서장

답 ④

41

도시의 건물 밀집지역 등 화재가 발생할 우려가 높거나 화재가 발생하는 경우 그로 인하여 피해가 클 것으로 예상되는 일정한 구역으로서 대통령령으로 정하는 지역에 대하여 시 · 도지사가 지정하는 것은?

① 화재경계지구
② 화재경계구역
③ 방화경계구역
④ 재난재해지역

해설 시 · 도지사는 도시의 건물밀집지역 등 화재가 발생할 우려가 높거나 화재가 발생하는 경우 그로 인하여 피해가 클 것으로 예상되는 일정한 구역으로서 대통령령으로 정하는 지역을 화재경계지구로 지정할 수 있다.

답 ①

42

도시의 건물 밀집지역 등 화재가 발생할 우려가 높거나 화재가 발생하는 경우 그로 인하여 피해가 클 것으로 예상되는 일정한 구역을 화재경계지구로 지정할 수 있는 권한을 가진 사람은?

① 시 · 도지사
② 소방청장
③ 소방서장
④ 소방본부장

해설 화재경계지구 지정권자 : 시 · 도지사

답 ①

43

화재경계지구의 지정 등에 관한 설명으로 잘못된 것은?

① 화재경계지구는 소방본부장이나 소방서장이 지정한다.
② 화재가 발생우려가 높거나 화재가 발생하는 경우 그로 인하여 피해가 클 것으로 예상되는 지역을 지정할 수 있다.
③ 소방본부장은 화재의 예방과 경계를 위하여 필요하다고 인정하는 때에는 관계인에 대하여 소방용수시설 또는 소화기구의 설치를 명할 수 있다.
④ 소방서장은 화재경계지구 안의 관계인에 대하여 소방상 필요한 훈련 및 교육을 실시할 수 있다.

해설 화재경계지구 지정권자 : 시 · 도지사

답 ①

44

화재경계지구의 지정대상이 아닌 것은?

① 공장 · 창고가 밀집한 지역
② 목조건물이 밀집한 지역
③ 농촌지역
④ 시장지역

해설 화재경계지구의 지정대상
- 시장지역
- 공장 · 창고가 밀집한 지역
- 목조건물이 밀집한 지역
- 위험물의 저장 및 처리시설이 밀집한 지역
- 석유화학제품을 생산하는 공장이 있는 지역
- 소방시설 · 소방용수시설 또는 소방출동로가 없는 지역
- 그 밖에 지역으로서 소방본부장 또는 소방서장이 화재가 발생할 우려가 높거나 화재가 발생하는 경우 그로 인하여 피해가 클 것으로 인정하는 지역

답 ③

45

시·도지사는 도시의 건물밀집지역 등 화재가 발생할 우려가 있는 경우 화재경계지구로 지정할 수 있는데 지정대상지역으로 옳지 않은 것은?

① 석유화학제품을 생산하는 공장이 있는 지역
② 공장이 밀집한 지역
③ 목조건물이 밀집한 지역
④ 소방 출동로가 확보된 지역

해설 화재경계지구의 지정대상
– 소방출동로가 없는 지역

답 ④

46

화재경계지구 안의 소방대상물의 위치·구조 및 설비 등에 대한 소방특별조사 실시 주기는?

① 월 1회 이상
② 분기별 1회 이상
③ 반기별 1회 이상
④ 연 1회 이상

해설 화재경계지구
• 소방특별조사
– 조사권자 : 소방본부장, 소방서장
– 조사주기 : 연 1회 이상
• 소방훈련 및 교육
– 실시권자 : 소방본부장, 소방서장
– 실시주기 : 연 1회 이상
– 실시대상 : 관계인

답 ④

47

소방기본법상 화재경계지구에 대한 소방특별조사권자는 누구인가?

① 시·도지사
② 소방본부장·소방서장
③ 한국소방안전원장
④ 행정자치부장관

해설 소방특별조사권자 : 소방본부장, 소방서장

답 ②

48

소방본부장 또는 소방서장은 화재경계지구 안의 관계인에 대하여 소방상 필요한 훈련 및 교육을 실시하고자 하는 때에는 관계인에게 며칠 전까지 그 사실을 통보하여야 하는가?

① 5일   ② 10일
③ 15일   ④ 20일

해설 화재경계지구 안의 소방훈련 및 교육
: 관계인에게 10일전까지 통보

답 ②

49

화재에 관한 위험경보를 발령할 수 있는 자는?

① 행정안전부장관   ② 소방서장
③ 시·도지사   ④ 소방청장

해설 화재에 관한 위험경보
소방본부장이나 소방서장은 이상기상의 예보 또는 특보가 있을 때에는 화재에 관한 경보를 발령하고 그에 따른 조치를 할 수 있다.

답 ②

50

보일러 등의 위치·구조 및 관리와 화재예방을 위하여 불의 사용에 있어서 지켜야 하는 사항 중 보일러에 경유·등유 등 액체연료를 사용하는 경우에 연료탱크에는 화재 등 긴급 상황이 발생하는 경우 연료를 차단할 수 있는 개폐밸브를 연료탱크로부터 몇 [m] 이내에 설치하여야 하는가?

① 0.5[m]   ② 0.6[m]
③ 1.0[m]   ④ 1.5[m]

해설 개폐밸브 : 연료탱크로부터 0.5[m] 이내 설치

답 ①

51

보일러 등의 위치·구조 및 관리와 화재예방을 위하여 불의 사용에 있어서 지켜야 하는 사항 중 보일러에 경유·등유 등 액체연료를 사용하는 경우에 연료탱크는 보일러 본체로부터 수평거리 최소 몇 [m] 이상 간격을 두어 설치해야 하는가?

① 0.5   ② 0.6
③ 1   ④ 2

해설 경유, 등유 등 액체연료를 사용하는 경우 연료탱크는 보일러 본체로부터 수평거리 최소 1[m] 이상 간격을 두고 설치할 것

답 ③

52

보일러 등의 위치·구조 및 관리와 화재예방을 위하여 불의 사용에 있어서 지켜야 하는 사항으로 잘못된 것은?

① 보일러와 벽·천장 사이의 거리는 0.5[m] 이상 되도록 하여야 한다.

② 가연성 벽·바닥 또는 천장과 접촉하는 증기기관 또는 연통의 부분은 규조토·석면 등 난연성 단열재로 덮어씌워야 한다.

③ 기체연료를 사용하는 경우 보일러가 설치된 장소에는 가스누설경보기를 설치하여야 한다.

④ 경유·등유 등 액체연료를 사용하는 경우 연료탱크는 보일러본체로부터 수평거리 1[m] 이상의 간격을 두어 설치하여야 한다.

해설 보일러와 벽·천장 사이의 거리는 0.6[m] 이상 되도록 하여야 한다.

답 ①

53

일반음식점에서 조리를 위해 불을 사용하는 설비를 설치할 때 지켜야 할 사항의 기준으로 옳지 않은 것은?

① 주방시설에는 동물 또는 식물의 기름을 제거할 수 있는 필터 등을 설치할 것

② 열을 발생하는 조리기구는 반자 또는 선반에서 50[cm] 이상 떨어지게 할 것

③ 주방시설에 부속된 배기덕트는 0.5[mm] 이상의 아연도금강판 또는 이와 동등 이상의 내식성 불연재료로 설치할 것

④ 열을 발생하는 조리기구로부터 15[cm] 이내의 거리에 있는 가연성 주요 구조부는 석면판 또는 단열성이 있는 불연재료로 덮어씌울 것

해설 일반음식점에서 조리를 위해 불을 사용하는 경우 지켜야 할 사항

• 주방시설에 부속된 배기덕트는 0.5[mm] 이상의 아연도금강판 또는 이와 동등 이상의 내식성 불연재료로 설치할 것

• 주방시설에는 동물 또는 식물의 기름을 제거할 수 있는 필터 등을 설치할 것

• 열을 발생하는 조리기구는 반자 또는 선반에서 60[cm] 이상 떨어지게 할 것

• 열을 발생하는 조리기구로부터 15[cm] 이내의 거리에 있는 가연성 주요 구조부는 석면판 또는 단열성이 있는 불연재료로 덮어씌울 것

답 ②

54

다음 중 특수가연물의 종류에 해당되지 않는 것은?

① 목탄류 ② 석유류

③ 면화류 ④ 볏짚류

해설 석유류(제1석유류, 제2석유류, 제3석유류, 제4석유류) : 제4류 위험물(인화성 액체)

답 ②

55

다음 중 특수가연물에 해당되지 않는 것은?

① 나무껍질 500[kg]

② 가연성 고체류 2,000[kg]

③ 목재가공품 15[m³]

④ 가연성 액체류 3[m³]

해설 특수가연물

품 명		수 량
면화류		200[kg] 이상
나무껍질 및 대팻밥		400[kg] 이상
넝마 및 종이부스러기		1,000[kg] 이상
사 류		1,000[kg] 이상
볏짚류		1,000[kg] 이상
가연성 고체류		3,000[kg] 이상
석탄·목탄류		10,000[kg] 이상
가연성 액체류		2[m³] 이상
목재가공품 및 나무부스러기		10[m³] 이상
합성수지류	발포시킨 것	20[m³] 이상
	그 밖의 것	3,000[kg] 이상

답 ②

56

특수가연물의 품명과 수량기준이 바르게 짝지어진 것은?

① 면화류 – 200[kg] 이상

② 대팻밥 – 300[kg] 이상

③ 가연성 고체류 – 1,000[kg] 이상

④ 발포시킨 합성수지류 – 10[m³] 이상

해설 • 대팻밥 – 400[kg] 이상
  • 가연성 고체류 – 3,000[kg] 이상
  • 합성수지류(발포시킨 것) – 20[m³] 이상

답 ①

57

다음 중 특수가연물에 해당되지 않는 것은?

① 800[kg] 이상의 종이부스러기

② 1,000[kg] 이상의 볏짚류

③ 1,000[kg] 이상의 사류

④ 400[kg] 이상의 나무껍질

해설 넝마 및 종이부스러기 : 1,000[kg] 이상

답 ①

58

특수가연물에 해당되지 않는 물품은?

① 볏짚류(1,000[kg] 이상)

② 나무껍질(400[kg] 이상)

③ 목재가공품(10[m³] 이상)

④ 가연성 기체류(2[m³] 이상)

해설 가연성 기체류는 특수가연물에 해당되지 않는다.

답 ④

59

특수가연물을 저장 또는 취급하는 장소에 설치하는 표지의 기재사항이 아닌 것은?

① 품 명   ② 안전관리자 성명

③ 최대 수량   ④ 화기취급의 금지

해설 **특수가연물을 저장 또는 취급하는 장소의 표지의 기재사항**
  • 품 명
  • 최대 수량
  • 화기취급의 금지

답 ②

60

화재가 발생하는 경우 화재의 확대가 빠른 고무류 · 면화류 · 석탄 및 목탄 등 특수가연물의 저장 및 취급 기준을 설명한 것 중 옳지 않은 것은?

① 취급 장소에는 품명 · 최대수량 및 화기취급의 금지표지를 설치할 것

② 품명별로 구분하여 쌓아 저장할 것

③ 쌓는 높이는 10[m] 이하가 되도록 하고 쌓는 부분의 바닥면적은 100[m²](석탄 · 목탄류의 경우에는 200[m²]) 이하가 되도록 할 것

④ 쌓는 부분의 바닥면적 사이는 1[m] 이상이 되도록 할 것

해설 특수가연물의 쌓는 높이는 10[m] 이하가 되도록 하고 쌓는 부분의 바닥면적은 50[m²](석탄 · 목탄류의 경우에는 200[m²]) 이하가 되도록 할 것

답 ③

61

소방기본법령상 불꽃을 사용하는 용접 · 용단기구의 용접 또는 용단 작업장에서 지켜야 하는 사항 중 다음 (   ) 안에 알맞은 것은?

> • 용접 또는 용단 작업자로부터 반경 (㉠)[m] 이내에 소화기를 갖추어 둘 것
> • 용접 또는 용단 작업장 주변 반경 (㉡)[m] 이내에는 가연물을 쌓아두거나 놓아두지 말 것. 다만, 가연물의 제거가 곤란하여 방지포 등으로 방호조치를 한 경우는 제외한다.

① ㉠ 3, ㉡ 5   ② ㉠ 5, ㉡ 3

③ ㉠ 5, ㉡ 10   ④ ㉠ 10, ㉡ 5

해설 **불꽃을 사용하는 용접 · 용단기구의 작업장에 지켜야 하는 사항**
  용접 또는 용단 작업장에서는 다음의 사항을 지켜야 한다. 다만, 산업안전보건법 제23조의 적용을 받는 사업장의 경우에는 적용하지 아니한다.
  • 용접 또는 용단 작업자로부터 반경 5[m] 이내에 소화기를 갖추어 둘 것
  • 용접 또는 용단 작업장 주변 반경 10[m] 이내에는 가연물을 쌓아두거나 놓아두지 말 것. 다만, 가연물의 제거가 곤란하여 방지포 등으로 방호조치를 한 경우는 제외한다.

답 ③

62

소방기본법령상 특수가연물로서 가연성 고체에 대한 설명으로 틀린 것은?

① 고체로서 인화점이 40[℃] 이상 100[℃] 미만인 것
② 고체로서 인화점이 100[℃] 이상 200[℃] 미만이고, 연소열량이 1[g]당 8[kcal] 이상인 것
③ 고체로서 인화점이 200[℃] 이상이고 연소열량이 1[g]당 8[kcal] 이상인 것으로서 융점이 200[℃] 미만인 것
④ 1기압과 20[℃] 초과 40[℃] 이하에서 액상인 것으로서 인화점이 70[℃] 이상 200[℃] 미만인 것

해설 **가연성 고체류**
① 인화점이 40[℃] 이상 100[℃] 미만인 것
② 인화점이 100[℃] 이상 200[℃] 미만이고, 연소열량이 1[g]당 8[kcal] 이상인 것
③ 인화점이 200[℃] 이상이고 연소열량이 1[g]당 8[kcal] 이상인 것으로서 융점이 100[℃] 미만인 것
④ 1기압과 20[℃] 초과 40[℃] 이하에서 액상인 것으로서 인화점이 70[℃] 이상 200[℃] 미만이거나 ② 또는 ③에 해당하는 것

답 ③

63

소방업무를 전문적이고 효과적으로 수행하기 위하여 소방대원에게 필요한 소방교육·훈련의 횟수와 기간은?

① 2년마다 1회 이상 실시하되, 기간은 1주 이상
② 3년마다 1회 이상 실시하되, 기간은 1주 이상
③ 2년마다 1회 이상 실시하되, 기간은 2주 이상
④ 3년마다 1회 이상 실시하되, 기간은 2주 이상

해설 **소방대원의 교육 및 훈련**
• 화재진압훈련 : 화재진압업무를 담당하는 소방공무원과 화재 등 현장활동의 보조임무를 수행하는 의무소방원 및 의용소방대원
• 인명구조훈련 : 구조업무를 담당하는 소방공무원과 화재 등 현장활동의 보조임무를 수행하는 의무소방원 및 의용소방대원
• 응급처치훈련 : 구급업무를 담당하는 소방공무원, 의무소방원 및 의용소방대원
• 인명대피훈련 : 소방공무원과 의무소방원 및 의용소방대원
• 현장지휘훈련 : 소방위·소방경·소방령 및 소방정

• 소방안전교육과 훈련 실시 : 2년마다 1회 이상
• 교육·훈련기간 : 2주 이상
• 소방교육·훈련의 실시에 관하여 필요한 사항은 소방청장이 정한다.

답 ③

64

소방청장·소방본부장 또는 소방서장은 소방업무를 전문적이고 효과적으로 수행하기 위하여 소방대원에게 필요한 교육·훈련을 실시하여야 하는데, 다음 설명 중 옳지 않은 것은?

① 소방교육·훈련은 2년마다 1회 이상 실시하되, 교육훈련기간은 2주 이상으로 한다.
② 법령에서 정한 것 이외의 소방교육·훈련의 실시에 관하여 필요한 사항은 소방청장이 정한다.
③ 교육·훈련의 종류는 화재진압훈련, 인명구조훈련, 응급처치훈련, 민방위훈련, 현장지휘훈련이 있다.
④ 현장지휘훈련은 소방위·소방경·소방령 및 소방정을 대상으로 한다.

해설 **교육·훈련 종류** : 화재진압훈련, 인명구조훈련, 응급처치훈련, 인명대피훈련, 현장지휘훈련

답 ③

65

소방안전교육사와 관련된 내용으로 옳지 않은 것은?

① 소방안전교육사의 자격시험 실시권자는 행정안전부장관이다.
② 소방안전교육사는 소방안전교육의 기획·진행·분석·평가 및 교수업무를 수행한다.
③ 피성년후견인은 소방안전교육사가 될 수 없다.
④ 소방안전교육사를 소방청에 배치할 수 있다.

해설 **소방안전교육사의 자격시험 실시권자** : 소방청장

답 ①

66

소방신호의 종류에 속하지 않는 것은?

① 경계신호　　　　　② 해제신호
③ 경보신호　　　　　④ 훈련신호

해설 소방신호의 종류 및 방법
- 경계신호 : 화재예방상 필요하다고 인정되거나 화재 위험 경보 시 발령
- 발화신호 : 화재가 발생한 때 발령
- 해제신호 : 소화활동이 필요 없다고 인정되는 때 발령
- 훈련신호 : 훈련상 필요하다고 인정되는 때 발령

답 ③

67

다음 중 소방신호의 종류 및 방법으로 적절하지 않은 것은?

① 경계신호는 화재발생 지역에 출동할 때 발령
② 발화신호는 화재가 발생한 때 발령
③ 해제신호는 소화활동이 필요없다고 인정되는 때 발령
④ 훈련신호는 훈련상 필요하다고 인정되는 때 발령

해설 경계신호 : 화재예방상 필요하다고 인정되거나 화재위험 경보 시 발령

답 ①

68

시장지역에서 화재로 오인할 만한 우려가 있는 불을 피우거나 연막소독을 하려는 자가 신고를 하지 아니하여 소방자동차를 출동하게 한 자에 대한 과태료 부과·징수권자는?

① 국무총리   ② 소방청장
③ 시·도지사   ④ 소방서장

해설
- 과태료 부과권자 : 소방본부장, 소방서장
- 과태료 : 20만원 이하

답 ④

69

소화활동 및 화재조사를 원활히 수행하기 위해 화재현장에 출입을 통제하기 위하여 설정하는 것은?

① 화재경계지구 지정
② 소방활동구역 설정
③ 방화제한구역 설정
④ 화재통제구역 설정

해설 소방활동구역의 설정
소방대장은 화재, 재난·재해, 그 밖의 위급한 상황이 발생한 현장에 소방활동 구역을 정하여 소방활동에 필요한 사람으로서 대통령령으로 정하는 사람 외의 자에 대하여는 그 구역에 출입을 제한할 수 있다.

답 ②

70

화재, 재난·재해, 그 밖의 위급한 상황이 발생한 현장에는 소방활동에 필요한 사람으로 그 구역에 출입하는 것을 제한할 수 있다. 다음 중 소방활동구역의 설정권자는?

① 소방청장   ② 시·도지사
③ 소방대장   ④ 시장, 군수

해설 소방활동구역의 설정권자 : 소방대장

답 ③

71

소방대장은 화재, 재난·재해, 그 밖의 위급한 상황이 발생한 현장에 소방활동구역을 정하여 지정한 사람 외에는 그 구역에 출입하는 것을 제한할 수 있다. 소방활동구역을 출입할 수 없는 사람은?

① 의사·간호사, 그 밖의 구조·구급업무에 종사하는 사람
② 수사업무에 종사하는 사람
③ 소방활동구역 밖의 소방대상물을 소유한 사람
④ 전기·가스 등의 업무에 종사하는 사람으로서 원활한 소방활동을 위하여 필요한 사람

해설 소방활동구역 출입자
- 소방활동구역 안에 있는 소방대상물의 소유자, 관리자, 점유자
- 전기, 가스, 수도, 통신, 교통의 업무에 종사하는 자로서 원활한 소방활동을 위하여 필요한 사람
- 의사·간호사, 그 밖의 구조·구급업무에 종사하는 사람
- 취재인력 등 보도업무에 종사하는 사람
- 수사업무에 종사하는 사람
- 그 밖에 소방대장이 소방활동을 위하여 출입을 허가한 사람

답 ③

72

소방대장은 화재, 재난·재해 그 밖의 위급한 상황이 발생한 현장에 소방활동구역을 정하여 소방활동에 필요한 자로서 대통령령이 정하는 자 외의 자에 대하여는 그 구역에의 출입을 제한할 수 있다. 다음 중 소방활동구역에 출입할 수 없는 자는?

① 소방활동구역 안에 있는 소방대상물의 소유자, 관리자 또는 점유자

② 전기, 가스, 수도, 통신, 교통의 업무에 종사하는 자로서 원활한 소방활동을 위하여 필요한 자

③ 의사·간호사, 그 밖의 구조·구급업무에 종사하는 자와 취재인력 등 보도업무에 종사하는 자

④ 소방대장의 출입허가를 받지 않는 소방대상물 소유자의 친척

해설 소방대장이 소화활동을 위해 출입을 허가한 사람에 한해서 출입 가능

답 ④

73

소방활동 종사 명령으로 소방활동에 종사한 사람이 사망하거나 부상을 입은 경우 보상하여야 하는 사람은?

① 행정안전부장관

② 소방청장

③ 소방본부장 또는 소방서장

④ 시·도지사

해설 시·도지사는 소방활동에 종사한 사람이 사망하거나 부상을 입은 경우 보상하여야 한다.

답 ④

74

의용소방대의 설치 및 의용소방대원의 처우 등에 대한 설명으로 틀린 것은?

① 소방본부장이나 소방서장은 소방업무를 보조하게 하기 위하여 특별시·광역시·시·읍·면에 의용소방대를 둔다.

② 의용소방대의 운영과 처우 등에 대한 경비는 그 대원의 임명권자가 부담한다.

③ 의용소방대원이 소방업무 및 소방 관련 교육·훈련을 수행하였을 때에는 시·도의 조례로 정하는 바에 따라 수당을 지급한다.

④ 의용소방대원이 소방업무 및 소방 관련 교육·훈련으로 인하여 질병에 걸리거나 부상을 입거나 사망하였을 때에는 행정안전부령이 정하는 바에 따라 보상금을 지급한다.

해설 의용소방대원이 소방업무 및 소방 관련 교육·훈련으로 인하여 질병에 걸리거나 부상을 입거나 사망하였을 때에는 시·도의 조례로 정하는 바에 따라 보상금을 지급한다.

답 ④

75

소방기본법령상 화재가 발생한 때 화재의 원인 및 피해 등에 대한 조사를 하여야 하는 자는?

① 시·도지사 또는 소방본부장

② 소방청장·소방본부장이나 소방서장

③ 행정안전부장관·소방본부장이나 소방파출소장

④ 시·도지사, 소방서장이나 소방파출소장

해설 화재의 원인 및 피해조사
: 소방청장, 소방본부장, 소방서장

답 ②

76

소방본부장이나 소방서장이 화재조사 결과 방화 또는 실화의 혐의가 있다고 인정하는 때 지체 없이 그 사실을 알려야 할 대상은?

① 시·도지사

② 검찰청장

③ 소방청장

④ 관할 경찰서장

해설 소방본부장이나 소방서장이 화재조사 결과 방화 또는 실화의 혐의가 있다고 인정되면 지체없이 그 사실을 관할 경찰서장에게 알려야 한다.

답 ④

77

소방기본법에 규정된 화재조사에 대한 내용이다. 틀린 것은?

① 화재조사 전담부서에는 발굴용구, 기록용 기기, 감식용 기기, 조명기기, 그 밖의 장비를 갖추어야 한다.

② 소방청장은 화재조사에 관한 시험에 합격한 자에게 3년마다 전문보수교육을 실시하여야 한다.

③ 화재의 원인과 피해조사를 위해 소방청, 시·도의 소방본부와 소방서에 화재조사를 전담하는 부서를 설치·운영한다.

④ 화재조사는 장비를 활용하여 소화활동과 동시에 실시되어야 한다.

해설 소방청장은 화재조사에 관한 시험에 합격한 자에게 2년마다 전문보수교육을 실시하여야 한다.

답 ②

78

다음 중 화재원인조사의 종류가 아닌 것은?

① 발화원인조사 ② 재산피해조사
③ 연소상황조사 ④ 피난상황조사

해설 화재조사의 종류 및 조사의 범위
- 화재원인조사
  - 발화원인조사 : 화재발생과정, 화재발생지점 및 불이 붙기 시작한 물질
  - 발견, 통보 및 초기 소화상황조사 : 화재의 발견·통보 및 초기 소화 등 일련의 과정
  - 연소상황조사 : 화재의 연소경로 및 확대원인 등의 상황
  - 피난상황조사 : 피난경로, 피난상의 장애요인 등의 상황
  - 소방시설 등 조사 : 소방시설의 사용 또는 작동 등의 상황
- 화재피해조사
  - 인명피해조사
  - 재산피해조사

답 ②

79

소방관서에서 실시하는 화재원인조사 범위에 해당하는 것은?

① 소방활동 중 발생한 사망자 및 부상자
② 소방시설의 사용 또는 작동 등의 상황

③ 열에 의한 탄화, 용융, 파손 등의 피해
④ 소방활동 중 사용된 물로 인한 피해

해설 ② : 화재원인조사
①·③·④ : 화재피해조사

답 ②

80

소방본부장 또는 소방서장 등이 화재현장에서 소방활동을 원활히 수행하기 위하여 규정하고 있는 사항으로 틀린 것은?

① 화재경계지구의 지정
② 강제처분
③ 소방활동 종사명령
④ 피난명령

해설 화재현장에서 소방활동을 원활히 수행하기 위한 규정 사항
- 소방활동 종사명령
- 강제처분
- 피난명령

답 ①

81

한국소방안전원의 업무가 아닌 것은?

① 화재 예방과 안전관리의식 고취를 위한 대국민 홍보
② 소방기술과 안전관리에 관한 각종 간행물의 발간
③ 소방용 기계·기구에 대한 검정기준의 개정
④ 소방기술과 안전관리에 관한 교육 및 조사·연구

해설 한국소방안전원의 업무
- 소방기술과 안전관리에 관한 교육 및 조사·연구
- 소방기술과 안전관리에 관한 각종 간행물 발간
- 화재 예방과 안전관리의식 고취를 위한 대국민 홍보
- 소방업무에 관하여 행정기관이 위탁하는 업무
- 그 밖에 회원의 복리 증진 등 정관으로 정하는 사항

답 ③

82

소방자동차의 출동을 방해한 자는 5년 이하의 징역 또는 얼마 이하의 벌금에 처하는가?

① 1,500만원
② 2,000만원
③ 3,000만원
④ 5,000만원

해설 5년 이하의 징역 또는 5,000만원 이하의 벌금
- 다음의 어느 하나에 해당하는 행위를 한 사람
  - 위력을 사용하여 출동한 소방대의 화재진압·인명구조 또는 구급활동을 방해하는 행위
  - 소방대가 화재진압·인명구조 또는 구급활동을 위하여 현장에 출동하거나 현장에 출입하는 것을 고의로 방해하는 행위
  - 출동한 소방대원에게 폭행 또는 협박을 행사하여 화재진압·인명구조 또는 구급활동을 방해하는 행위
  - 출동한 소방대의 소방장비를 파손하거나 그 효용을 해하여 화재진압·인명구조 또는 구급활동을 방해하는 행위
- 소방자동차의 출동을 방해한 사람
- 사람을 구출하는 일 또는 불을 끄거나 불이 번지지 아니하도록 하는 일을 방해한 사람
- 정당한 사유 없이 소방용수시설을 사용하거나 소방용수시설의 효용을 해치거나 그 정당한 사용을 방해한 사람

83
위력을 사용하여 출동한 소방대의 화재진압·인명구조 또는 구급활동을 방해하는 행위를 한자에 대한 벌칙 기준은?

① 200만원 이하의 벌금
② 300만원 이하의 벌금
③ 3년 이하의 징역 또는 3,000만원 이하의 벌금
④ 5년 이하의 징역 또는 5,000만원 이하의 벌금

해설 위력을 사용하여 출동한 소방대의 화재진압·인명구조 또는 구급활동을 방해하는 행위를 한 자
: 5년 이하 징역 또는 5,000만원 이하 벌금

달 ④

84
소방기본법상 5년 이하의 징역 또는 5,000만원 이하의 벌금에 해당하는 위반사항이 아닌 것은?

① 정당한 사유 없이 소방용수시설을 사용하거나 소방용수시설의 효용을 해하거나 그 정당한 사용을 방해한 자
② 화재현장에서 사람을 구출하는 일 또는 불을 끄거나 불이 번지지 아니하도록 하는 일을 방해한 자
③ 불이 번질 우려가 있는 소방대상물 및 토지를 일시적으로 사용하거나 그 사용의 제한 또는 소방활동에 필요한 처분을 방해한 자

④ 화재진압을 위하여 출동하는 소방자동차의 출동을 방해한 자

해설 5년 이하의 징역 또는 5,000만원 이하의 벌금
- 다음의 어느 하나에 해당하는 행위를 한 사람
  - 위력을 사용하여 출동한 소방대의 화재진압·인명구조 또는 구급활동을 방해하는 행위
  - 소방대가 화재진압·인명구조 또는 구급활동을 위하여 현장에 출동하거나 현장에 출입하는 것을 고의로 방해하는 행위
  - 출동한 소방대원에게 폭행 또는 협박을 행사하여 화재진압·인명구조 또는 구급활동을 방해하는 행위
  - 출동한 소방대의 소방장비를 파손하거나 그 효용을 해하여 화재진압·인명구조 또는 구급활동을 방해하는 행위
- 소방자동차의 출동을 방해한 사람
- 사람을 구출하는 일 또는 불을 끄거나 불이 번지지 아니하도록 하는 일을 방해한 사람
- 정당한 사유 없이 소방용수시설을 사용하거나 소방용수시설의 효용을 해치거나 그 정당한 사용을 방해한 사람

달 ③

85
소방기본법상 관계인의 소방활동을 위반하여 정당한 사유 없이 소방대가 현장에 도착할 때까지 사람을 구출하는 조치 또는 불을 끄거나 불이 번지지 아니하도록 하는 조치를 하지 아니한 자에 대한 벌칙 기준으로 옳은 것은?

① 100만원 이하의 벌금
② 200만원 이하의 벌금
③ 300만원 이하의 벌금
④ 400만원 이하의 벌금

해설 100만원 이하의 벌금
정당한 사유 없이 소방대가 현장에 도착할 때까지 사람을 구출하는 조치 또는 불을 끄거나 불이 번지지 아니하도록 하는 조치를 하지 아니한 사람

달 ①

86
소방기본법상 소방용수시설·소화기구 및 설비 등의 설치명령을 위반한 자의 과태료는?

① 100만원 이하
② 200만원 이하
③ 300만원 이하
④ 500만원 이하

해설 **200만원 이하의 과태료**
소방용수시설, 소화기구 및 설비 등의 설치 명령을 위반한 자

답 ②

87

시장지역에서 화재로 오인할 만한 우려가 있는 불을 피우거나 연막소독을 하려는 자가 소방본부장 또는 소방서장에게 신고를 하지 아니하여 소방자동차를 출동하게 한 자에 대한 과태료 부과금액 기준으로 옳은 것은?

① 20만원 이하
② 50만원 이하
③ 100만원 이하
④ 200만원 이하

해설 소방서에 신고를 하지 않고 시장지역에서 화재로 오인할 만한 우려가 있는 불을 피우거나 연막소독을 한 자는 소방자동차를 출동하게 하면 20만원 이하의 과태료를 부과해야 한다.

답 ①

88

화재경계지구 안의 소방대상물에 대한 소방특별조사를 거부·방해 또는 기피한자에 대한 벌칙은?

① 100만원 이하의 벌금
② 200만원 이하의 벌금
③ 300만원 이하의 벌금
④ 500만원 이하의 벌금

해설 화재경계지구 안의 소방대상물에 대한 소방특별조사를 거부·방해 또는 기피한 자에 대한 벌칙
: 100만원 이하 벌금

답 ①

제2장 소방시설공사업법, 영, 규칙

1 목 적

소방시설공사 및 소방기술의 관리에 필요한 사항을 규정함으로써 소방시설업을 건전하게 발전시키고 소방기술을 진흥시켜 화재로부터 공공의 안전을 확보하고 국민경제에 이바지함을 목적으로 한다.

2 용어 정의

(1) 소방시설업 : 소방시설설계업, 소방시설공사업, 소방공사감리업, 방염처리업

(2) 소방시설설계업 : 소방시설공사에 기본이 되는 공사계획, 설계도면, 설계설명서·기술계산서 및 이와 관련된 서류를 작성(설계)하는 영업

(3) 소방시설공사업 : 설계도서에 따라 소방시설을 신설, 증설, 개설, 이전 및 정비(시공)하는 영업

(4) 소방공사감리업 : 소방시설공사에 관한 발주자의 권한을 대행하여 소방시설공사가 설계도서와 관계법령에 따라 적법하게 시공되는지를 확인하고 품질·시공관리에 대한 기술 지도(감리)를 하는 영업

(5) 방염처리업 : 방염대상물품에 대하여 방염처리하는 영업

(6) 소방기술자

소방시설관리사, 소방기술사, 소방설비기사, 소방설비산업기사, 위험물기능장, 위험물산업기사, 위험물기능사

3 소방시설업

(1) 소방시설업의 등록 : 시·도지사(특별시장, 광역시장, 특별자치시장, 도지사 또는 특별자치도지사)

> 등록요건 : 자본금, 기술인력, 장비

■ 소방시설업 종류
 - 소방시설설계업
 - 소방시설공사업
 - 소방공사감리업
 - 방염처리업

■ 소방시설업
 - 등록권자 : 시·도지사
 - 등록사항 변경신고
  : 시·도지사
 - 등록기준항목
  자본금, 기술인력, 장비

(2) 소방시설업의 등록 결격사유

① 피성년후견인

② 소방관련 4개 법령에 따른 금고 이상의 실형의 선고를 받고 그 집행이 끝나거나(집행이 끝난 것으로 보는 경우를 포함) 면제된 날부터 **2년**이 지나지 아니한 사람

③ 소방관련 4개 법령에 따른 금고 이상의 형의 집행유예 선고를 받고 그 **유예기간 중에 있는 사람**

④ 등록하려는 소방시설업 등록이 취소된 날부터 2년이 지나지 아니한 사람

(3) 소방시설업의 등록 신청 시 제출서류

① 신청인(외국인을 포함하되, 법인의 경우에는 대표자를 포함한 임원)의 성명, 주민등록번호 및 주소지 등의 인적사항이 적힌 서류

② 등록기준 중 기술인력에 관한 사항을 확인할 수 있는 서류
   ㉠ 국가기술자격증
   ㉡ 소방기술 인정 자격수첩 또는 소방기술자 경력수첩

③ 소방청장이 지정하는 금융회사 또는 소방산업공제조합에 출자·예치·담보한 금액 확인서 1부(소방시설공사업만 해당)

④ 신청일 전 최근 90일 이내에 작성한 자산평가액 또는 기업진단 보고서(소방시설공사업만 해당)
   ㉠ 금융위원회에 등록한 공인회계사
   ㉡ 기획재정부에 등록한 세무사
   ㉢ 전문경영진단기관

⑤ 소방시설업 등록신청 시 첨부서류의 보완기간 : 10일 이내

(4) 등록사항의 변경신고 : **30일 이내**에 **시·도지사**에게 **신고**

(5) 등록사항 변경신고 사항

① 상호(명칭) 또는 영업소 소재지

② 대표자

③ 기술인력

(6) 등록사항 변경 시 제출서류

① 상호(명칭) 또는 영업소 소재지 : 소방시설업등록증 및 등록수첩

■ 소방시설업 등록
  – 자산평가액 또는 기업진단서 : 신청일 전 최근 90일 이내
  – 등록사항 변경신고 : 30일 이내
  – 변경 시 신고사항
   • 상호(명칭)
   • 영업소재지
   • 대표자
   • 기술인력
  – 상호(명칭) 또는 영업소재지 변경 시 제출서류
   • 소방시설업 등록증
   • 등록수첩
  – 등록서류 보완기간 : 10일 이내

② 대표자 변경

ㄱ 소방시설업등록증 및 등록수첩

ㄴ 변경된 대표자의 성명, 주민등록번호 및 주소지 등의 인적사항이 적힌 서류

③ 기술인력

ㄱ 소방시설업 등록수첩

ㄴ 기술인력 증빙서류

(7) 소방시설업자가 관계인에게 지체없이 알려야 하는 사실

① 소방시설업자의 지위를 승계한 경우

② 소방시설업의 등록취소처분 또는 영업정지처분을 받은 경우

③ 휴업하거나 폐업한 경우

(8) 등록취소 및 영업정지권자 : 시 · 도지사

(9) 등록의 취소와 시정이나 6개월 이내의 영업정지

■ 거짓이나 그 밖의 부정한
방법으로 등록한 경우
: 등록취소

① **거짓**이나 그 밖의 **부정한 방법**으로 **등록**한 경우(**등록취소**)

② 등록기준에 미달하게 된 후 30일이 경과한 경우

③ **등록 결격사유**에 해당하게 된 경우(**등록취소**)

④ 등록을 한 후 정당한 사유 없이 1년이 지날 때까지 영업을 시작하지 아니하거나 계속하여 1년 이상 휴업한 때

⑤ 다른 자에게 등록증 또는 등록수첩을 빌려준 경우

⑥ 영업정지 기간 중에 소방시설공사 등을 한 경우(**등록취소**)

⑦ 소방기술자를 공사현장에 배치하지 아니하거나 거짓으로 한 경우

⑧ 감리원 배치기준을 위반한 경우

⑨ 감리 결과를 알리지 아니하거나 거짓으로 알린 경우 또는 공사감리 결과보고서를 제출하지 아니하거나 거짓으로 제출한 경우

⑩ **동일인**이 **시공과 감리**를 함께 한 경우

⑪ 정당한 사유 없이 관계 공무원의 출입 또는 검사 · 조사를 거부 · 방해 또는 기피한 경우

(10) 지위승계 시 첨부서류

① 양도 · 양수의 경우(분할 또는 분할합병에 따른 양도 · 양수의 경우를 포함)

ㄱ 소방시설업 지위승계신고서

ㄴ 양도인 또는 합병 전 법인의 소방시설업 등록증 및 등록수첩

ⓒ 양도·양수 계약서 사본, 분할계획서 사본 또는 분할합병계약서 사본(법인의
경우 양도·양수에 관한 사항을 의결한 주주총회 등의 결의서 사본을 포함)

ⓓ 등록 시 첨부서류의 각 호에 해당하는 서류

ⓔ 양도·양수 공고문 사본

(11) 과징금 처분

① **과징금 처분권자** : 시·도지사

② 영업의 정지가 그 이용자에게 심한 불편을 주거나 그 밖에 공익을 해칠 우려
가 있는 때에는 영업정지 처분에 갈음하여 부과되는 과징금 : **3,000만원 이하**

※ 2021년 6월 10일 이후 과징금 : 2억원 이하

■ 영업정지 처분에 갈음하
여 부과되는 과징금
: 3,000만원 이하

4 소방시설업의 업종별 등록기준

(1) 소방시설설계업

■ 일반소방시설설계업
 – 영업범위 : 3만[m²] 미만
  (공장 : 1만[m²] 미만)

항 목 업종별		기술인력	영업범위
전문소방 시설설계업		• 주된 기술인력 : 소방기술사 1명 이상 • 보조기술인력 : 1명 이상	모든 특정소방대상물에 설치되는 소방시설의 설계
일 반 소 방 시 설 설 계 업	기 계 분 야	• 주된 기술인력 : 소방기술사 또는 기계분야 소방설비기사 1명 이상 • 보조기술인력 : 1명 이상	• 아파트에 설치되는 기계분야 소방시설(제연설비를 제외)의 설계 • **연면적 3만[m²](공장의 경우에는 1만[m²]) 미만**의 특정소방대상물(제연설비가 설치되는 특정소방대상물을 제외)에 설치되는 기계분야 소방시설의 설계 • 위험물제조소 등에 설치되는 기계분야 소방시설의 설계
	전 기 분 야	• 주된 기술인력 : 소방기술사 또는 전기분야 소방설비기사 1명 이상 • 보조기술인력 : 1명 이상	• 아파트에 설치되는 전기분야 소방시설의 설계 • **연면적 3만[m²](공장의 경우에는 1만[m²]) 미만**의 특정소방대상물에 설치되는 전기분야 소방시설의 설계 • 위험물제조소 등에 설치되는 전기분야 소방시설의 설계

[비 고]

1. 일반 소방시설설계업에서 기계분야 및 전기분야의 대상이 되는 소방시설의 범위
   ① 기계분야
      ㉠ 소화기구, 자동소화장치, 옥내소화전설비, 스프링클러설비 등, 물분무 등 소화설비, 옥외소화전
        설비, 피난기구, 인명구조기구, 상수도 소화용수설비, 소화수조, 저수조, 그 밖의 소화용수설비,
        제연설비, 연결송수관설비, 연결살수설비 및 연소방지설비
      ㉡ 기계분야 소방시설에 부설되는 전기시설. 다만, 비상전원, 동력회로, 제어회로, 기계분야 소방시
        설을 작동하기 위하여 설치하는 화재감지기에 의한 화재감지장치 및 전기신호에 의한 소방시설
        의 작동장치는 제외한다.
   ② 전기분야
      ㉠ 단독경보형감지기, 비상경보설비, 비상방송설비, 누전경보기, 자동화재탐지설비, 시각경보기,
        자동화재속보설비, 가스누설경보기, 통합감시시설, 유도등, 비상조명등, 휴대용 비상조명등,
        비상콘센트설비 및 무선통신보조설비
      ㉡ 기계분야 소방시설에 부설되는 전기시설 중 ①의 ㉡ 단서의 전기시설

2. 일반 소방시설설계업의 기계분야 및 전기분야를 함께 하는 경우
주된 기술인력은 소방기술사 1명 또는 기계분야 소방설비기사와 전기분야 소방설비기사 자격을 함께 취득한 사람 1명 이상으로 할 수 있다.

3. 소방시설설계업을 하려는 자가 소방시설공사업, 소방시설관리업, 화재위험평가대행업무 중 어느 하나를 함께하는 경우 기술인력
   ① 전문 소방시설설계업과 소방시설관리업을 함께 하는 경우 : 소방기술사 자격과 소방시설관리사 자격을 함께 취득한 사람
   ② 전문 소방시설설계업과 전문 소방시설공사업을 함께 하는 경우 : 소방기술사 자격을 취득한 사람
   ③ 전문 소방시설설계업과 화재위험평가대행업을 함께 하는 경우 : 소방기술사 자격을 취득한 사람
   ④ 일반 소방시설설계업과 소방시설관리업을 함께 하는 경우 다음의 어느 하나에 해당하는 사람
      ㉠ 소방기술사 자격과 소방시설관리사 자격을 함께 취득한 사람
      ㉡ 기계분야 소방설비기사 또는 전기분야 소방설비기사 자격을 취득한 사람 중 소방시설관리사 자격을 취득한 사람
   ⑤ 일반 소방시설설계업과 일반 소방시설공사업을 함께 하는 경우 : 소방기술사 자격을 취득하거나 기계분야 또는 전기분야 소방설비기사 자격을 취득한 사람
   ⑥ 일반 소방시설설계업과 전문 소방시설공사업을 함께 하는 경우 : 소방기술사 자격을 취득하거나 기계분야 및 전기분야 소방설비기사 자격을 함께 취득한 사람
   ⑦ 전문 소방시설설계업과 일반 소방시설공사업을 함께하는 경우 : 소방기술사 자격을 취득한 사람

4. "보조기술인력"이란 다음의 어느 하나에 해당하는 사람을 말한다.
   ① 소방기술사, 소방설비기사 또는 소방설비산업기사 자격을 취득한 사람
   ② 소방공무원으로 재직한 경력이 3년 이상인 사람으로서 자격수첩을 발급받은 사람
   ③ 행정안전부령으로 정하는 소방기술과 관련된 자격·경력 및 학력을 갖춘 사람으로서 자격수첩을 발급받은 사람

(2) 소방시설공사업

■ 전문(일반)소방시설공사업 자본금
 – 법인 : 1억원 이상
 – 개인 : 자산평가액 1억원 이상

항목 / 업종별		기술인력	자본금(자산평가액)	영업범위
전문 소방시설 공사업		• 주된 기술인력 : **소방기술사** 또는 기계분야와 전기분야의 소방설비기사 각 1명(**기계·전기분야의 자격을 함께 취득한 사람 1명**) 이상 • **보조기술인력 : 2명 이상**	• **법인 : 1억원 이상** • **개인 : 자산평가액 1억원** 이상	• 특정소방대상물에 설치되는 기계분야 및 전기분야 소방시설의 공사·개설·이전 및 정비
일반 소방시설 공사업	기계분야	• 주된 기술인력 : 소방기술사 또는 기계분야 소방설비기사 1명 이상 • **보조기술인력 : 1명 이상**	• **법인 : 1억원 이상** • **개인 : 자산평가액 1억원** 이상	• 연면적 10,000[m²] 미만의 특정소방대상물에 설치되는 기계분야 소방시설의 공사·개설·이전 및 정비 • 위험물제조소 등에 설치되는 기계분야 소방시설의 공사·개설·이전 및 정비
	전기분야	• 주된 기술인력 : 소방기술사 또는 전기분야 소방설비기사 1명 이상 • **보조기술인력 : 1명 이상**	• 법인 : 1억원 이상 • 개인 : 자산평가액 1억원 이상	• 연면적 10,000[m²] 미만의 특정소방대상물에 설치되는 전기분야 소방시설의 공사·개설·이전 및 정비 • 위험물제조소 등에 설치되는 전기분야 소방시설의 공사·개설·이전 및 정비

[비 고]

1. **기계분야 및 전기분야의 일반 소방시설공사업을 함께 하는 경우 주된 기술인력**
   소방기술사 1명 또는 기계분야 및 전기분야의 자격을 함께 취득한 소방설비기사 1명으로 한다.
2. **자본금(자산평가액)**은 해당 소방시설공사업의 최근 결산일 현재(새로 등록한 자는 등록을 위한 기업진단기준일 현재)의 총자산에서 총부채를 뺀 금액을 말하고, 소방시설공사업 외의 다른 업을 함께 하는 경우에는 자본금에서 겸업 비율에 해당하는 금액을 뺀 금액을 말한다.
3. **소방시설공사업을 하려는 자가 소방시설설계업 또는 소방시설관리업 중 어느 하나를 함께 하려는 경우 기술인력**
   ① 전문 소방시설공사업과 전문 소방시설설계업을 함께하는 경우 : **소방기술사 자격을 취득한 사람**
   ② 전문 소방시설공사업과 일반 소방시설설계업을 함께하는 경우 : **소방기술사 자격을 취득하거나 기계분야 및 전기분야 소방설비기사 자격을 함께 취득한 경우**
   ③ 일반 소방시설공사업과 전문 소방시설설계업을 함께하는 경우 : **소방기술사 자격을 취득한 사람**
   ④ 일반 소방시설공사업과 일반 소방시설설계업을 함께하는 경우 : **소방기술사 자격을 취득하거나 기계분야 또는 전기분야 소방설비기사 자격을 함께 취득한 사람**
   ⑤ 전문 소방시설공사업과 소방시설관리업을 함께하는 경우 : **소방시설관리사와 소방설비기사(기계분야 및 전기분야의 자격을 함께 취득한 사람)** 또는 소방기술사 자격을 함께 취득한 사람
   ⑥ 일반 소방시설공사업 기계분야와 소방시설관리업을 함께하는 경우 : 소방기술사 또는 기계분야 소방설비기사와 소방시설관리사 자격을 함께 취득한 사람
   ⑦ 일반 소방시설공사업 전기분야와 소방시설관리업을 함께하는 경우 : 소방기술사 또는 전기분야 소방설비기사와 소방시설관리사 자격을 함께 취득한 사람

(3) 소방공사감리업

항목 / 업종별		기술인력	영업범위
전문 소방 공사 감리업		• **소방기술사 1명 이상** • 기계분야 및 전기분야의 **특급감리원** 각 1명 이상(기계분야 및 전기분야의 자격을 함께 가지고 있는 사람이 있는 경우에는 그에 해당하는 사람 1명) • 기계분야 및 전기분야의 고급감리원 이상의 감리원 각 1명 이상 • 기계분야 및 전기분야의 중급감리원 이상의 감리원 각 1명 이상 • 기계분야 및 전기분야의 초급감리원 이상의 감리원 각 1명 이상	모든 특정소방대상물에 설치되는 소방시설공사 감리
일반 소방 공사 감리업	기계분야	• 기계분야 특급감리원 1명 이상 • 기계분야 고급감리원 또는 중급감리원 이상의 감리원 1명 이상 • 기계분야 초급감리원 이상의 감리원 1명 이상	• **연면적 30,000[m²](공장은 10,000[m²])** 미만의 특정소방대상물(제연설비는 제외)에 설치되는 기계분야 소방시설의 감리 • 아파트에 설치되는 기계분야 소방시설(제연설비는 제외)의 감리 • 위험물제조소 등에 설치되는 기계분야의 소방시설의 감리
	전기분야	• 전기분야 특급감리원 1명 이상 • 전기분야 고급감리원 또는 중급감리원 이상의 감리원 1명 이상 • 전기분야 초급감리원 이상의 감리원 1명 이상	• **연면적 30,000[m²](공장은 10,000[m²])** 미만의 특정소방대상물에 설치되는 전기분야 소방시설의 감리 • 아파트에 설치되는 전기분야 소방시설의 감리 • 위험물제조소 등에 설치되는 전기분야의 소방시설의 감리

※ 소방공사감리원의 기술등급 자격

구 분	기계분야	전기분야
특급 감리원	소방기술사 자격을 취득한 사람 • 소방설비기사 기계분야 자격을 취득한 후 8년 이상 소방 관련 업무를 수행한 사람 • 소방설비산업기사 기계분야 자격을 취득한 후 12년 이상 소방 관련 업무를 수행한 사람	• 소방설비기사 전기분야 자격을 취득한 후 8년 이상 소방 관련 업무를 수행한 사람 • 소방설비산업기사 전기분야 자격을 취득한 후 12년 이상 소방 관련 업무를 수행한 사람
고급 감리원	• 소방설비기사 기계분야 자격을 취득한 후 5년 이상 소방 관련 업무를 수행한 사람 • 소방설비산업기사 기계분야 자격을 취득한 후 8년 이상 소방 관련 업무를 수행한 사람	• 소방설비기사 전기분야 자격을 취득한 후 5년 이상 소방 관련 업무를 수행한 사람 • 소방설비산업기사 전기분야 자격을 취득한 후 8년 이상 소방 관련 업무를 수행한 사람
중급 감리원	• 소방설비기사 기계분야 자격을 취득한 후 3년 이상 소방 관련 업무를 수행한 사람 • 소방설비산업기사 기계분야 자격을 취득한 후 6년 이상 소방 관련 업무를 수행한 사람	• 소방설비기사 전기분야 자격을 취득한 후 3년 이상 소방 관련 업무를 수행한 사람 • 소방설비산업기사 전기분야 자격을 취득한 후 6년 이상 소방 관련 업무를 수행한 사람
초급 감리원	• 제1호 나목1)에 해당하는 학과 학사학위를 취득한 후 1년 이상 소방 관련 업무를 수행한 사람 • 「고등교육법」 제2조 제1호부터 제6호까지의 규정 중 어느 하나에 해당하는 학교에서 제1호 나목1)에 해당하는 학과 전문학사학위를 취득한 후 3년 이상 소방 관련 업무를 수행한 사람 • 소방공무원으로서 3년 이상 근무한 경력이 있는 사람 • 5년 이상 소방 관련 업무를 수행한 사람<hr>• 소방설비기사 기계분야 자격을 취득한 후 1년 이상 소방 관련 업무를 수행한 사람 • 소방설비산업기사 기계분야 자격을 취득한 후 2년 이상 소방 관련 업무를 수행한 사람 • 제1호 나목3)부터 6)까지의 규정 중 어느 하나에 해당하는 학과 학사학위를 취득한 후 1년 이상 소방 관련 업무를 수행한 사람 • 「고등교육법」 제2조 제1호부터 제6호까지의 규정 중 어느 하나에 해당하는 학교에서 제1호 나목3)부터 6)까지의 규정에 해당하는 학과 전문학사학위를 취득한 후 3년 이상 소방 관련 업무를 수행한 사람	

(표 계속)

구 분	기계분야	전기분야
초급 감리원		• 소방설비기사 전기분야 자격을 취득한 후 1년 이상 소방 관련 업무를 수행한 사람 • 소방설비산업기사 전기분야 자격을 취득한 후 2년 이상 소방 관련 업무를 수행한 사람 • 제1호 나목2)에 해당하는 학과 학사학위를 취득한 후 1년 이상 소방 관련 업무를 수행한 사람 • 「고등교육법」 제2조 제1호부터 제6호까지의 규정 중 어느 하나에 해당하는 학교에서 제1호 나목2)에 해당하는 학과 전문학사학위를 취득한 후 3년 이상 소방 관련 업무를 수행한 사람

[비 고]
1. 동일한 기간에 수행한 경력이 두 가지 이상의 자격 기준에 해당하는 경우에는 하나의 자격 기준에 대해서만 그 기간을 인정하고 기간이 중복되지 아니하는 경우에는 각각의 기간을 경력으로 인정한다. 이 경우 동일 기술등급의 자격 기준별 경력기간을 해당 경력기준기간으로 나누어 합한 값이 1 이상이면 해당 기술등급의 자격 기준을 갖춘 것으로 본다.
2. "소방 관련 업무"란 다음 각 목의 어느 하나에 해당하는 업무를 말한다.
　가. 제1호 다목에 해당하는 경력으로 인정되는 업무
　나. 소방공무원으로서 근무한 업무
3. 비고 제2호에 따른 소방 관련 업무를 수행한 경력으로서 위 표에서 정한 국가기술자격 취득 전의 경력은 그 경력의 50[%]만 인정한다.

(4) 방염처리업

항목 업종별	실험실	방염처리시설 및 시험기기	영업범위
섬유류 방염업	1개 이상 갖출 것	부표에 따른 섬유류 방염업의 방염처리시설 및 시험기기를 모두 갖추어야 한다.	커튼·카펫 등 섬유류를 주된 원료로 하는 방염대상물품을 제조 또는 가공 공정에서 방염처리
합성수지류 방염업		부표에 따른 합성수지류 방염업의 방염처리시설 및 시험기기를 모두 갖추어야 한다.	합성수지류를 주된 원료로 하는 방염대상물품을 제조 또는 가공 공정에서 방염처리
합판 ·목재류 방염업		부표에 따른 합판·목재류 방염업의 방염처리시설 및 시험기기를 모두 갖추어야 한다.	합판 또는 목재류를 제조·가공 공정 또는 설치 현장에서 방염처리

■ 방염처리업 종류
- 섬유류 방염업
- 합성수지류 방염업
- 합판·목재류 방염업

5 소방시설공사

(1) 착공신고

① 공사업자는 대통령령으로 정하는 소방시설공사를 하려면 행정안전부령으로 정하는 바에 따라 그 공사의 내용, 시공 장소, 그 밖에 필요한 사항을 소방본부장이나 소방서장에게 신고하여야 한다.

② 공사업자가 ①에 따라 신고한 사항 가운데 행정안전부령으로 정하는 중요한 사항을 변경하였을 때에는 행정안전부령으로 정하는 바에 따라 변경신고를 하여야 한다. 이 경우 중요한 사항에 해당하지 아니하는 변경 사항은 다음 각 호의 어느 하나에 해당하는 서류에 포함하여 소방본부장이나 소방서장에게 보고하여야 한다.

㉠ 완공검사 또는 부분완공검사를 신청하는 서류

㉡ 공사감리 결과보고서

③ 소방본부장 또는 소방서장은 ① 또는 ② 전단에 따른 착공신고 또는 변경신고를 받은 날부터 2일 이내에 신고수리 여부를 신고인에게 통지하여야 한다.

④ 소방본부장 또는 소방서장이 ③에서 정한 기간 내에 신고수리 여부 또는 민원 처리 관련 법령에 따른 처리기간의 연장을 신고인에게 통지하지 아니하면 그 기간이 끝난 날의 다음 날에 신고를 수리한 것으로 본다.

(2) 소방시설공사의 착공신고 대상 : "대통령령으로 정하는 소방시설공사"란 다음 각 호의 어느 하나에 해당하는 소방시설공사를 말한다.

① 특정소방대상물에 다음 각 목의 어느 하나에 해당하는 설비를 신설하는 공사

㉠ 옥내소화전설비(호스릴옥내소화전설비 포함), 옥외소화전설비, 스프링클러설비, 간이스프링클러설비(캐비닛형 간이스프링클러설비 포함), 화재조기진압형 스프링클러설비, 물분무 등 소화설비, 연결송수관설

■ 소방시설공사를 할 경우
소방본부장 또는 소방서장에게 착공신고

비, 연결살수설비, 제연설비, 소화용수설비 및 연소방지설비
  ㉡ 자동화재탐지설비, 비상경보설비, 비상방송설비, 비상콘센트설비, 무선
    통신보조설비

> **물분무 등 소화설비** : 물분무소화설비, 포소화설비, 이산화탄소소화설비, 할론소화설비,
> 할로겐화합물 및 불활성기체소화설비, 미분무소화설비, 강화액소화설비 및 분말소화설비

② 특정소방대상물에 다음 각 목의 어느 하나에 해당하는 설비 또는 구역 등을
  증설하는 공사
  ㉠ 옥내·옥외소화전설비
  ㉡ 스프링클러설비·간이스프링클러설비 또는 물분무 등 소화설비의 방호
    구역, 자동화재탐지설비의 경계구역, 제연설비의 제연구역, 연결살수설
    비의 살수구역, 연결송수관설비의 송수구역, 비상콘센트설비의 전용회
    로, 연소방지설비의 살수구역
③ 특정소방대상물에 설치된 소방시설 등을 구성하는 다음 각 목의 어느 하나에
  해당하는 것의 전부 또는 일부를 개설, 이전 또는 정비하는 공사. 다만, 고장
  또는 파손 등으로 인하여 작동시킬 수 없는 소방시설을 긴급히 교체하거나
  보수하여야 하는 경우에는 신고하지 않을 수 있다.
  ㉠ 수신반
  ㉡ 소화펌프
  ㉢ 동력(감시)제어반

(3) 착공신고 시 제출서류

① 공사업자의 소방시설공사업등록증 사본 1부 및 등록수첩 사본 1부
② 기술인력의 기술등급을 증명하는 서류 사본 1부
③ 소방시설공사 계약서 사본 1부
④ 설계도서(설계설명서 포함, 건축허가동의 시 제출된 설계도서에 변동이 있
  는 경우)
⑤ 소방시설공사 하도급통지서 사본(소방시설공사를 하도급하는 경우)

> 소방시설공사 착공신고 후 소방시설의 종류를 변경하는 경우 변경일로부터 **30일**
> 이내에 **소방본부장** 또는 **소방서장**에게 **신고**하여야 한다.

(4) 완공검사 : 소방본부장, 소방서장에게 완공검사를 받아야 한다.

■ 착공신고 대상
 – 수신반
 – 소화펌프
 – 동력(감시) 제어반

■ 착공신고 대상이 아닌 것
 : 무선통신설비의 증설공사

■ 착공검사 및 완공검사 확인자
 : 소방본부장, 소방서장

(5) **부분완공검사** : 소방시설공사업자가 소방대상물의 일부분에 대한 공사를 마친 경우로서 전체시설의 준공 전에 부분사용이 필요한 때에 그 일부분에 대하여 소방본부장이나 소방서장에게 완공검사를 신청할 수 있다.

(6) 완공검사 및 부분완공검사의 신청과 검사증명서의 발급, 그 밖에 완공검사 및 부분완공검사에 필요한 사항은 **행정안전부령**으로 정한다.

(7) **완공검사를 위한 현장 확인 대상 특정소방대상물**

　① 문화 및 집회시설, 종교시설, 판매시설, 노유자시설, 수련시설, 운동시설, 숙박시설, 창고시설, 지하상가, 다중이용업소

　② 스프링클러설비 등 및 물분무 등 소화설비(호스릴 방식의 소화설비는 제외)가 설치되는 특정소방대상물

　③ **연면적 10,000[m^2] 이상**이거나 **11층 이상**인 특정소방대상물(아파트는 제외)

　④ **가연성 가스**를 제조·저장 또는 취급하는 시설 중 지상에 노출된 가연성 가스탱크의 저장용량의 합계가 **1,000[t] 이상**인 시설

(8) **공사의 하자보수**

통보를 받은 공사업자는 **3일 이내**에 이를 보수하거나 보수일정을 기록한 하자보수계획을 관계인에게 서면으로 알려야하며, 하자 보수 보증금은 소방시설공사 금액의 3[%] 이상이어야 한다.

> **소방시설공사의 하자보수보증기간**
> • 2년 : 피난기구, 유도등, 유도표지, **비상경보설비**, 비상조명등, 비상방송설비 및 무선통신보조설비
> • 3년 : **자동소화장치**, 옥내소화전설비, 스프링클러설비, 간이스프링클러설비, **물분무등 소화설비**, 옥외소화전설비, **자동화재탐지설비**, 상수도 소화용수설비, **소화활동설비**(무선통신보조설비 제외)

6 소방공사감리

(1) **소방공사감리업자의 업무**

　① 소방시설 등의 **설치계획표의 적법성 검토**

　② 소방시설 등 **설계도서의 적합성**(적법성 및 기술상의 합리성) 검토

　③ 소방시설 등 설계변경 사항의 적합성 검토

　④ **소방용품**의 **위치·규격 및 사용자재**에 대한 적합성 검토

　⑤ 공사업자의 소방시설 등의 시공이 설계도서 및 화재안전기준에 적합한지에 대한 지도·감독

　⑥ **완공된 소방시설 등의 성능시험**

■ **부분완공검사**
: 소방대상물의 일부분에 대한 공사를 마친 경우로서 전체시설의 준공 전에 부분사용이 필요할 때 신청하는 완공검사

■ **완공검사를 위한 현장 확인 대상 특정소방대상물이 아닌 것** : 의료시설

■ **공사의 하자보수**
 – 3일 이내 하자보수
 – 보증금 : 소방시설공사 금액의 3[%] 이상 $\left(\dfrac{3}{100}\right)$

■ **하자수보증기간 2년**
: 피난, 유도, 비상, 무선

■ **소방시설감리업자 의무**
 – 완공된 소방시설 등의 성능시험

⑦ 공사업자가 작성한 시공 상세도면의 적합성 검토

⑧ **피난·방화시설의 적법성 검토**

⑨ 실내장식물의 불연화 및 **방염물품의 적법성 검토**

(2) **소방공사 감리의 대가** : 실비정액 가산방식

(3) **소방공사감리의 종류·방법 및 대상**

종류	대상	방법
상주 공사 감리	1. 연면적 3만[m²] 이상의 특정소방대상물(아파트는 제외한다)에 대한 소방시설의 공사 2. 지하층을 포함한 층수가 16층 이상으로서 500세대 이상인 아파트에 대한 소방시설의 공사	1. 감리원은 행정안전부령으로 정하는 기간 동안 공사 현장에 상주하여 법 제16조 제1항에 따른 업무를 수행하고 감리일지에 기록해야 한다. 다만, 법 제16조 제1항 제9호(실내장식물의 불연화 및 방염물품의 적법성 검토)에 따른 업무는 행정안전부령으로 정하는 기간 동안 공사가 이루어지는 경우만 해당한다. 2. 감리원이 행정안전부령으로 정하는 기간 중 부득이한 사유로 1일 이상 현장을 이탈하는 경우에는 감리일지 등에 기록하여 발주청 또는 발주자의 확인을 받아야 한다. 이 경우 감리업자는 감리원의 업무를 대행할 사람을 감리현장에 배치하여 감리업무에 지장이 없도록 해야 한다. 3. 감리업자는 감리원이 행정안전부령으로 정하는 기간 중 법에 따른 교육이나 민방위기본법 또는 향토예비군 설치법에 따른 교육을 받는 경우나 근로기준법에 따른 유급휴가로 현장을 이탈하게 되는 경우에는 감리업무에 지장이 없도록 감리원의 업무를 대행할 사람을 감리현장에 배치해야 한다. 이 경우 감리원은 새로 배치되는 업무대행자에게 업무 인수·인계 등의 필요한 조치를 해야 한다.
일반 공사 감리	상주 공사감리에 해당하지 않는 소방시설의 공사	1. 감리원은 공사 현장에 배치되어 법 제16조 제1항에 따른 업무를 수행한다. 다만, 법 제16조 제1항 제9호에 따른 업무는 행정안전부령으로 정하는 기간 동안 공사가 이루어지는 경우만 해당한다. 2. 감리원은 행정안전부령으로 정하는 기간 중에는 주 1회 이상 공사 현장에 배치되어 제1호의 업무를 수행하고 감리일지에 기록해야 한다. 3. 감리업자는 감리원이 부득이한 사유로 14일 이내의 범위에서 제2호의 업무를 수행할 수 없는 경우에는 업무대행자를 지정하여 그 업무를 수행하게 해야 한다. 4. 제3호에 따라 지정된 업무대행자는 주 2회 이상 공사 현장에 배치되어 제1호의 업무를 수행하며, 그 업무수행 내용을 감리원에게 통보하고 감리일지에 기록해야 한다.

■ **소방공사감리자 지정대상 특정소방대상물이 아닌 것**
: 자동화재속보설비 신설·개설·증설

(4) **소방공사감리자 지정대상 특정소방대상물의 범위**

① 옥내소화전설비를 신설·개설 또는 증설할 때

② 스프링클러설비 등(캐비닛형 간이스프링클러설비는 제외한다)을 신설·개설하거나 방호·방수 구역을 증설할 때

③ 물분무 등 소화설비(호스릴 방식의 소화설비는 제외한다)를 신설·개설하거나 방호·방수 구역을 증설할 때

④ 옥외소화전설비를 신설·개설 또는 증설할 때

⑤ 자동화재탐지설비를 신설 또는 개설할 때

⑥ 비상방송설비를 신설 또는 개설할 때

⑦ 통합감시시설을 신설 또는 개설할 때

⑧ 비상조명등을 신설 또는 개설할 때

⑨ 소화용수설비를 신설 또는 개설할 때

⑩ 다음에 따른 소화활동설비에 대하여 시공을 할 때

    ㉠ 제연설비를 신설・개설하거나 제연구역을 증설할 때

    ㉡ 연결송수관설비를 신설 또는 개설할 때

    ㉢ 연결살수설비를 신설・개설하거나 송수구역을 증설할 때

    ㉣ 비상콘센트설비를 신설・개설하거나 전용회로를 증설할 때

    ㉤ 무선통신보조설비를 신설 또는 개설할 때

    ㉥ 연소방지설비를 신설・개설하거나 살수구역을 증설할 때

(5) 관계인은 공사감리자를 지정 또는 변경한 때에는 변경일로부터 30일 이내에 소방본부장 또는 소방서장에게 신고하여야 한다.

(6) 소방본부장 또는 소방서장은 공사감리자의 지정신고 또는 변경신고를 받은 경우에는 2일 이내에 처리하고 그 결과를 신고인에게 통보해야 한다.

(7) 소방공사감리자의 지정신고 시 첨부서류

① **신고시기** : 착공신고일까지

② **서류 제출** : 소방본부장, 소방서장에게 제출

③ **첨부서류**

    ㉠ 소방공사감리업 등록증 사본 1부 및 등록수첩 사본 1부

    ㉡ 해당 소방시설공사를 감리하는 소속 감리원의 감리원 등급을 증명하는 서류(전자문서를 포함한다) 각 1부

    ㉢ 소방공사감리계획서 1부

    ㉣ 소방시설 설계계약서 사본 1부 및 소방공사감리계약서 사본 1부

(8) 소방공사감리원의 배치기준

<table>
<tr><td colspan="2">감리원의 배치기준</td><td rowspan="2">소방시설공사 현장의 기준</td></tr>
<tr><td>책임감리원</td><td>보조감리원</td></tr>
<tr>
<td>가. 행정안전부령으로 정하는 특급감리원 중 소방기술사</td>
<td>행정안전부령으로 정하는 초급감리원 이상의 소방공사 감리원(기계분야 및 전기분야)</td>
<td>1) 연면적 20만[m²] 이상인 특정소방대상물의 공사 현장
2) 지하층을 포함한 층수가 40층 이상인 특정소방대상물의 공사 현장</td>
</tr>
<tr>
<td>나. 행정안전부령으로 정하는 특급감리원 이상의 소방공사 감리원(기계분야 및 전기분야)</td>
<td>행정안전부령으로 정하는 초급감리원 이상의 소방공사 감리원(기계분야 및 전기분야)</td>
<td>1) 연면적 3만[m²] 이상 20만[m²] 미만인 특정소방대상물(아파트는 제외)의 공사 현장
2) 지하층을 포함한 층수가 16층 이상 40층 미만인 특정소방대상물의 공사 현장</td>
</tr>
<tr>
<td>다. 행정안전부령으로 정하는 고급감리원 이상의 소방공사 감리원(기계분야 및 전기분야)</td>
<td>행정안전부령으로 정하는 초급감리원 이상의 소방공사 감리원(기계분야 및 전기분야)</td>
<td>1) 물분무 등 소화설비(호스릴 방식의 소화설비는 제외) 또는 제연설비가 설치되는 특정소방대상물의 공사 현장
2) 연면적 3만[m²] 이상 20만[m²] 미만인 아파트의 공사 현장</td>
</tr>
<tr>
<td colspan="2">라. 행정안전부령으로 정하는 중급감리원 이상의 소방공사 감리원(기계분야 및 전기분야)</td>
<td>연면적 5,000[m²] 이상 3만[m²] 미만인 특정소방대상물의 공사 현장</td>
</tr>
<tr>
<td colspan="2">마. 행정안전부령으로 정하는 초급감리원 이상의 소방공사 감리원(기계분야 및 전기분야)</td>
<td>1) 연면적 5,000[m²] 미만인 특정소방대상물의 공사 현장
2) 지하구의 공사 현장</td>
</tr>
</table>

■ 특급감리원 중 소방기술사
- 연면적 20만[m²] 이상
- 층수 40층 이상(지하층 포함)

■ 특급감리원
- 연면적 3만[m²] 이상 20만[m²] 미만(아파트 제외)
- 층수 16층 이상 40층 미만

■ 고급감리원
- 물분무 소화설비 또는 제연설비 설치
- 연면적 3만[m²] 이상 20만[m²] 미만 아파트의 공사 현장

■ 중급감리원
- 연면적 5,000[m²] 이상 3만[m²] 미만

■ 초급감리원
- 연면적 5,000[m²] 미만

(9) 감리원의 배치기준

① 상주공사감리대상인 경우

㉠ 기계분야의 감리원 자격을 취득한 사람과 전기분야의 감리원 자격을 취득한 사람 각 1명 이상을 책임감리원으로 배치할 것. 다만, 기계분야 및 전기분야의 감리원 자격을 함께 취득한 사람이 있는 경우에는 그에 해당하는 사람 1명 이상을 배치할 수 있다.

㉡ 소방시설용 배관(전선관을 포함한다)을 설치하거나 매립하는 때부터 소방시설 완공검사증명서를 발급받을 때까지 소방공사감리현장에 책임감리원을 배치할 것

② 일반공사감리대상인 경우

㉠ 감리원은 **주 1회 이상** 소방공사감리현장에 배치되어 감리할 것

㉡ 1명의 감리원이 담당하는 소방공사감리현장은 **5개 이하(자동화재탐지설비** 또는 **옥내소화전설비** 중 어느 하나만 설치하는 2개의 소방공사감리현장이 최단 차량주행거리로 30[km] 이내에 있는 경우에는 1개의 소방공사감리현장으로 본다)로서 감리현장 **연면적의 총합계가 10만[m²] 이하**일 것. 다만, 일반공사감리대상인 아파트의 경우에는 연면적의 합계에 관계없이 **1명의 감리원이 5개 이내의 공사현장**을 감리할 수 있다.

■ 일반공사감리자 감리현장
- 연면적 10만[m²] 이하 시 5개 이하

(10) 감리원의 배치 통보

① 감리원을 소방공사감리현장에 배치하는 경우에는 소방공사감리원 배치통보서(전자문서로 된 소방공사감리원 배치통보서를 포함한다)에, 배치한 감리원이 변경된 경우에는 소방공사감리원 배치변경통보서(전자문서로 된 소방공사감리원 배치변경통보서를 포함한다)에 다음의 구분에 따른 해당 서류(전자문서를 포함한다)를 첨부하여 감리원 배치일부터 7일 이내에 소방본부장 또는 소방서장에게 알려야 한다.

② 소방공사감리원 배치통보서에 첨부하는 서류(전자문서를 포함한다)

    ㉠ 감리원의 등급을 증명하는 서류

    ㉡ 소방공사 감리계약서 사본 1부

③ 소방공사감리원배치변경통보서에 첨부하는 서류(전자문서를 포함한다)

    ㉠ 변경된 감리원의 등급을 증명하는 서류(감리원을 배치하는 경우에만 첨부한다)

    ㉡ 변경 전 감리원의 등급을 증명하는 서류

(11) 감리결과의 통보

감리업자가 소방공사의 감리를 마쳤을 때에는 소방공사감리 결과보고(통보)서[전자문서로 된 소방공사감리 결과보고(통보)서를 포함한다]에 다음의 서류(전자문서를 포함한다)를 첨부하여 **공사가 완료된 날부터 7일 이내**에 특정소방대상물의 **관계인**, 소방시설공사의 **도급인** 및 특정소방대상물의 공사를 감리한 **건축사**에게 알리고, **소방본부장 또는 소방서장에게 보고**하여야 한다.

> ■ 감리결과 통보
> – 특정소방대상물 관계인
> – 소방시설공사의 도급인
> – 특정소방대상물의 공사를 감리한 건축사

⑦ 소방시설공사업의 도급

(1) 도급을 받은 자는 소방시설의 설계, 시공, 감리를 제3자에게 하도급할 수 없다. 다만, 시공의 경우에는 대통령령으로 정하는 바에 따라 도급받은 소방시설공사의 일부를 다른 공사업자에게 하도급할 수 있다.[2021. 6. 10. 시행]

(2) 하수급인은 (1)의 단서에 따라 하도급받은 소방시설공사를 제3자에게 다시 하도급할 수 없다.[2021. 6. 10. 시행]

※ 소방시설공사의 시공을 하도급할 수 있는 경우
- 주택건설사업
- 건설업
- 전기공사업
- 정보통신공사업

(3) 도급계약의 해지 사유

① 소방시설업이 등록취소되거나 영업정지된 경우

② 소방시설업을 **휴업하거나 폐업한 경우**

③ 정당한 사유 없이 **30일 이상 소방시설공사를 계속하지 아니하는 경우**

④ 하도급의 통지를 받은 경우 그 하수급인이 적당하지 아니하다고 인정되어 하수급인의 변경을 요구하였으나 정당한 사유 없이 따르지 아니하는 경우

(4) 동일한 특정소방대상물의 소방시설에 대한 시공 및 감리를 함께 할 수 없는 경우

① 공사업자와 감리업자가 같은 자인 경우

② 기업진단의 관계인 경우

③ 법인과 그 법인의 임직원의 관계인 경우

④ 친족 관계인 경우

(5) 시공능력평가 : 소방청장

① **시공능력평가액** = 실적평가액 + 자본금평가액 + 기술력평가액 + 경력평가액 ± 신인도평가액

② 실적평가액 = 연평균공사 실적액(최근 3년간)

③ 자본금평가액 = (실질자본금 × 실질자본금의 평점 + 소방청장이 지정한 금융회사 또는 소방산업공제조합에 출자·예치·담보한 금액) × 70/100

④ 기술력평가액 = 전년도공사업계의 기술자 1인당 평균생산액 × 보유기술인 력가중치합계 × 30/100 + 전년도 기술개발투자액

⑤ **경력평가액 = 실적평가액 × 공사업 경영기간 평점 × 20/100**

⑥ 신인도평가액 = (실적평가액 + 자본금평가액 + 기술력평가액 + 경력평가액) × 신인도 반영비율 합계

8 소방기술자

(1) 기계분야의 소방시설공사의 경우

소방기술자의 배치기준에 따른 기계분야의 소방기술자를 공사 현장에 배치해 야 한다.

① 옥내소화전설비, 스프링클러설비 등, 물분무 등 소화설비 또는 옥외소화전 설비의 공사

② 상수도소화용수설비, 소화수조·저수조 또는 그 밖의 소화용수설비의 공사

③ 제연설비, 연결송수관설비, 연결살수설비 또는 연소방지설비의 공사

시공능력평가 공시할 수 있는 사람 : 소방청장

시공능력평가액
- 실적평가액
- 자본금평가액
- 기술력평가액
- 경력평가액
- 신인도평가액

실적평가액
- 최근 3년간 연평균공사 실적액

④ 기계분야 소방시설에 부설되는 전기시설의 공사. 다만, 비상전원, 동력회로, 제어회로, 기계분야의 소방시설을 작동하기 위해 설치하는 화재감지기에 의한 화재감지장치 및 전기신호에 의한 소방시설의 작동장치의 공사는 제외한다.

(2) 전기분야의 소방시설공사의 경우

소방기술자의 배치기준에 따른 전기분야의 소방기술자를 공사 현장에 배치해야 한다.

① 비상경보설비, 시각경보기, 자동화재탐지설비, 비상방송설비, 자동화재속보설비 또는 통합감시시설의 공사

② 비상콘센트설비 또는 무선통신보조설비의 공사

③ 기계분야 소방시설에 부설되는 전기시설 중 (1)의 ④ 단서의 전기시설 공사

(3) 소방기술자

① 소방기술자는 다른 사람에게 그 자격증(기술인정 자격수첩, 소방기술자 경력수첩)을 빌려주어서는 아니 된다.

② 소방기술자는 동시에 둘 이상의 업체에 취업하여서는 아니 된다(다만, 소방기술자 업무에 영향을 미치지 아니하는 범위에서 근무시간 외에 소방시설업이 아닌 다른 업종에 종사하는 경우는 제외한다).

③ 실무교육
  ㉠ 실무교육기관 지정 : 소방청장
  ㉡ 실무교육 : 2년마다 1회 이상 교육을 받아야 한다.
  ㉢ 실무교육일정 통보 : 교육대상자에게 교육 10일 전까지 통보

9 감 독

(1) 시·도지사, 소방본부장 또는 소방서장은 소방시설업의 감독을 위하여 필요한 때에는 소방시설업자 및 관계인에 대하여 필요한 보고 또는 자료제출을 명할 수 있고, 관계공무원으로 하여금 관계 서류와 시설 등을 검사하거나 소방시설업자 및 관계인에게 질문하게 할 수 있다.

(2) 청문 실시권자 : 시·도지사

(3) 청문 대상 : 소방시설업 등록취소처분이나 영업정지처분, 소방기술인정 자격취소의 처분

■ 청 문
 – 실시권자 : 시·도지사
 – 청문대상 : 소방시설업 등록, 취소처분이나 영업정지 처분, 소방기술인정 자격취소 처분

10 벌 칙

(1) 3년 이하의 징역 또는 3,000만원 이하의 벌금

소방시설업의 **등록을 하지 아니하고 영업을 한 사람**

(2) 1년 이하의 징역 또는 1,000만원 이하의 벌금

① 영업정지처분을 받고 그 영업정지 기간에 영업을 한 자
② 설계업자, 공사업자의 화재안전기준 규정을 위반하여 설계나 시공을 한 자
③ 감리업자의 업무규정을 위반하여 감리를 하거나 거짓으로 감리한 자
④ 감리업자가 공사감리자를 지정하지 아니한 자
⑤ 보고를 거짓으로 한 자
⑥ 공사감리 결과의 통보 또는 공사감리 결과보고서의 제출을 거짓으로 한 자
⑦ 해당 소방시설업자가 아닌 자에게 소방시설공사 등을 도급한 자
⑧ 도급받은 소방시설의 설계, 시공, 감리를 하도급한 자
⑨ 하도급 받은 소방시설공사를 다시 하도급한 자
⑩ 법 또는 명령을 따르지 아니하고 업무를 수행한 자

(3) 300만원 이하의 벌금

① 다른 자에게 자기의 성명이나 상호를 사용하여 소방시설공사 등을 수급 또는 시공하게 하거나 소방시설업의 등록증이나 등록수첩을 빌려준 자
② 소방시설 공사현장에 **감리원을 배치하지 아니한 자**
③ 소방시설공사가 설계도서 또는 화재안전기준에 적합하지 아니하여 보완하도록 한 감리업자의 요구에 따르지 아니한 자
④ 공사감리계약을 해지하거나, 대가 지급을 거부하거나 지연시키거나 불이익을 준 자
⑤ 소방기술인정 자격수첩 또는 경력수첩을 빌려준 사람
⑥ **소방기술자가 동시에 둘 이상의 업체에 취업한 사람**
⑦ 관계인의 정당한 업무를 방해하거나 업무상 알게 된 비밀을 누설한 사람

(4) 100만원 이하의 벌금

① 소방시설업자 및 관세인의 보고 및 자료제출, 관계서류 검사 또는 질문 등 위반하여 보고 또는 자료제출을 하지 아니하거나 거짓으로 한 사람
② 소방시설업자 및 관계인의 보고 및 자료제출, 관계서류 검사 또는 질문 등 규정을 위반하여 정당한 사유 없이 관계공무원의 출입 또는 검사·조사를 거부·방해 또는 기피한 사람

(5) 200만원 이하의 과태료

① 변경, 지위승계, 착공신고 등의 신고를 하지 아니하거나 거짓으로 신고한 자

② 관계인에게 지위승계, 행정처분 또는 휴업·폐업의 사실을 거짓으로 알린 자

③ 관계 서류를 보관하지 아니한 자

④ 소방기술자를 공사 현장에 배치하지 아니한 자

⑤ 완공검사를 받지 아니한 자

⑥ 3일 이내에 하자를 보수하지 아니하거나 하자보수계획을 관계인에게 거짓으로 알린 자

⑦ 감리 관계 서류를 인수·인계하지 아니한 자

⑧ 배치통보 및 변경통보를 하지 아니하거나 거짓으로 통보한 자

⑨ 방염성능기준 미만으로 방염을 한 자

⑩ 방염처리능력 평가에 관한 서류를 거짓으로 제출한 자

⑪ 도급계약 체결 시 의무를 이행하지 아니한 자

⑫ 하도급 등의 통지를 하지 아니한 자

⑬ 시공능력 평가에 관한 서류를 거짓으로 제출한 자

⑭ 사업수행능력 평가에 관한 서류를 위조하거나 변조하는 등 거짓이나 그 밖의 부정한 방법으로 입찰에 참여한 자

⑮ 시·도지사, 소방본부장 또는 소방서장에게 소방시설업자나 관계인이 보고 또는 자료 제출을 하지 아니하거나 거짓으로 보고 또는 자료 제출을 한 자

> **과태료 부과권자 : 관할 시·도지사, 소방본부장, 소방서장**

11 소방시설업에 대한 행정처분

위반사항	근거법령	행정처분 기준		
		1차	2차	3차
거짓이나 그 밖의 부정한 방법으로 등록한 경우	법 제9조	등록취소		
등록기준에 미달하게 된 후 30일이 경과한 경우	법 제9조	경고(시정명령)	영업정지 3개월	등록취소
법 제5조의 등록 결격사유에 해당하게 된 경우	법 제9조	등록취소		
등록을 한 후 정당한 사유 없이 1년이 지날 때까지 영업을 시작하지 아니하거나 계속하여 1년 이상 휴업한 때	법 제9조	경고(시정명령)	등록취소	
법 제8조 제1항을 위반하여 다른 자에게 등록증 또는 등록수첩을 빌려준 경우	법 제9조	영업정지 6개월	등록취소	
영업정지 기간 중에 소방시설공사 등을 한 경우	법 제9조	등록취소		
법 제8조 제3항 또는 제4항을 위반하여 통지를 하지 아니하거나 관계서류를 보관하지 아니한 경우	법 제9조	경고(시정명령)	영업정지 1개월	등록취소
화재안전기준 등에 적합하게 설계·시공을 하지 아니하거나, 적합하게 감리를 하지 아니한 경우	법 제9조	영업정지 1개월	영업정지 3개월	등록취소
소방시설공사 등의 업무수행의무 등을 고의 또는 과실로 위반하여 다른 사람에게 상해를 입히거나 재산피해를 입힌 경우	법 제9조	영업정지 6개월	등록취소	
법 제12조 제2항을 위반하여 소속 소방기술자를 공사현장에 배치하지 아니하거나 거짓으로 한 경우	법 제9조	경고(시정명령)	영업정지 1개월	등록취소
착공신고(변경신고를 포함한다)를 하지 아니하거나 거짓으로 한 때 또는 완공검사(부분완공검사를 포함한다)를 받지 아니한 경우	법 제9조	경고(시정명령)	영업정지 3개월	등록취소
착공신고사항 중 중요한 사항에 해당하지 아니하는 변경사항을 공사감리 결과보고서에 포함하여 보고하지 아니한 경우	법 제9조	경고(시정명령)	영업정지 1개월	등록취소
하자보수 기간 내에 하자보수를 하지 아니하거나 하자보수계획을 통보하지 아니한 경우	법 제9조	경고(시정명령)	영업정지 1개월	등록취소
법 제17조 제3항을 위반하여 인수·인계를 거부·방해·기피한 경우	법 제9조	영업정지 1개월	영업정지 3개월	등록취소
법 제18조 제1항을 위반하여 소속 감리원을 공사현장에 배치하지 아니하거나 거짓으로 한 경우	법 제9조	영업정지 1개월	영업정지 3개월	등록취소
법 제18조 제3항의 감리원 배치기준을 위반한 경우	법 제9조	경고(시정명령)	영업정지 1개월	등록취소
법 제19조 제1항에 따른 요구에 따르지 아니한 경우	법 제9조	영업정지 1개월	영업정지 3개월	등록취소
법 제19조 제3항을 위반하여 보고하지 아니한 경우	법 제9조	경고(시정명령)	영업정지 1개월	등록취소
감리 결과를 알리지 아니하거나 거짓으로 알린 경우 또는 공사감리 결과보고서를 제출하지 아니하거나 거짓으로 제출한 경우	법 제9조	경고(시정명령)	영업정지 3개월	등록취소
법 제22조 제1항을 위반하여 하도급한 경우	법 제9조	영업정지 3개월	영업정지 6개월	등록취소
하도급 등에 관한 사항을 관계인과 발주자에게 알리지 아니하거나 거짓으로 알린 경우	법 제9조	경고(시정명령)	영업정지 1개월	등록취소

위반사항	근거법령	행정처분 기준		
		1차	2차	3차
법 제24조를 위반하여 시공과 감리를 함께한 경우	법 제9조	영업정지 3개월	등록 취소	
법 제31조에 따른 명령을 위반하여 보고 또는 자료 제출을 하지 아니하거나 거짓으로 보고 또는 자료 제출을 한 경우	법 제9조	영업정지 3개월	영업정지 6개월	등록 취소
정당한 사유 없이 법 제31조에 따른 관계 공무원의 출입 또는 검사·조사를 거부·방해 또는 기피한 경우	법 제9조	영업정지 3개월	영업정지 6개월	등록 취소

12 소방기술자의 자격의 정지 및 취소에 관한 기준

위반사항	근거법령	행정처분기준		
		1차	2차	3차
거짓이나 그 밖의 부정한 방법으로 자격수첩 또는 경력수첩을 발급받은 경우	법 제28조 제4항	자격취소		
법 제27조제2항을 위반하여 자격수첩 또는 경력수첩을 다른 자에게 빌려준 경우	법 제28조 제4항	자격취소		
법 제27조제3항을 위반하여 동시에 둘 이상의 업체에 취업한 경우	법 제28조 제4항	자격정지 1년	자격취소	
• 법 또는 법에 따른 명령을 위반한 경우 – 법 제27조제1항의 업무수행 중 해당 자격과 관련하여 고의 또는 중대한 과실로 다른 자에게 손해를 입히고 형의 선고를 받은 경우	법 제28조 제4항	자격취소		
– 법 제28조제4항에 따라 자격정지처분을 받고도 같은 기간 내에 자격증을 사용한 경우		자격정지 1년	자격정지 2년	자격취소

출제예상문제

01

소방시설공사업법에서 "소방시설업"에 포함되지 않는 것은?

① 소방시설설계업　　② 소방시설공사업
③ 소방공사감리업　　④ 소방시설점검업

해설 **소방시설업** : 소방시설설계업, 소방시설공사업, 소방시설감리업, 방염처리업

답 ④

02

소방시설공사업법상 소방시설공사에 관한 발주자의 권한을 대행하여 소방시설공사가 설계도서 및 관계 법령에 따라 적법하게 시공되는지 여부의 확인과 품질·시공 관리에 대한 기술지도를 수행하는 영업은 무엇인가?

① 소방시설유지업　　② 소방시설설계업
③ 소방시설공사업　　④ 소방공사감리업

해설 **소방공사감리업** : 소방시설공사에 관한 발주자의 권한을 대행하여 소방시설공사가 설계도서 및 관계 법령에 따라 적법하게 시공되는지 여부의 확인과 품질·시공 관리에 대한 기술지도를 수행하는 영업

답 ④

03

소방시설업의 등록권자로 옳은 것은?

① 국무총리
② 시·도지사
③ 소방서장
④ 한국소방안전원장

해설 **소방시설업의 등록권자** : 시·도지사

답 ②

04

소방시설공사업의 등록기준이 되는 항목에 해당되지 않는 것은?

① 공사도급실적　　② 자본금
③ 기술인력　　④ 장 비

해설 **소방시설공사업의 등록기준**
• 항목 : 자본금, 기술인력, 장비
• 누구에게 : 시·도지사에게 등록

답 ①

05

소방시설업을 등록할 수 있는 사람은?

① 피성년후견인
② 소방기본법에 따른 금고 이상의 실형을 선고 받고 그 집행이 종료된 후 1년이 경과한 사람
③ 위험물안전관리법에 따른 금고 이상의 형의 집행유예를 선고받고 그 유예기간 중에 있는 사람
④ 등록하려는 소방시설업 등록이 취소된 날부터 2년이 경과한 사람

해설 실형을 선고 받고 집행이 끝나거나, 등록하려는 소방시설업 등록이 취소된 날부터 2년이 경과하면 소방시설업 등록이 가능하다.

답 ④

06

소방시설공사업 등록신청 시 제출하여야 할 자산평가액 또는 기업진단보고서는 신청일 전 최근 며칠 이내에 작성한 것이어야 하는가?

① 90일　　② 120일
③ 150일　　④ 180일

해설 **소방시설업의 등록신청**
다음에 해당하는 자가 신청일 전 최근 90일 이내에 작성한 자산평가액 또는 기업진단보고서(소방시설공사업에 한한다)

답 ①

07

소방시설공사업의 등록사항 변경신고는 변경이 있는 날로부터 며칠 이내에 하여야 하는가?

① 7일   ② 15일

③ 30일   ④ 3개월

> **해설** **소방시설공사업의 등록사항 변경신고**
> : 변경이 있는 날로부터 30일 이내
>
> 답 ③

08

소방시설업 등록사항의 변경신고 사항이 아닌 것은?

① 상 호   ② 대표자

③ 보유설비   ④ 기술인력

> **해설** **소방시설업 등록사항의 변경신고 사항**
> 명칭(상호) 또는 영업소 소재지, 대표자, 기술인력
>
> 답 ③

09

소방시설공사업의 상호·영업소 소재지가 변경된 경우 제출하여야 하는 서류는?

① 소방기술인력의 자격증 및 자격수첩

② 소방시설업 등록증 및 등록수첩

③ 법인등기부등본 및 소방기술인력 연명부

④ 사업자등록증 및 소방기술인력의 자격증

> **해설** 상호(명칭)·영업소 소재지가 변경된 경우
> : 소방시설업 등록증 및 등록수첩
>
> 답 ②

10

소방시설업자가 특정소방대상물의 관계인에 대한 통보의무사항이 아닌 것은?

① 지위를 승계한 때

② 등록취소 또는 영업정치 처분을 받은 때

③ 휴업 또는 폐업한 때

④ 주소지가 변경된 때

> **해설** **소방시설업자가 특정소방대상물의 관계인에 대한 통보의무사항**
> • 지위를 승계한 때
> • 등록취소 또는 영업정치 처분을 받은 때
> • 휴업 또는 폐업한 때
>
> 답 ④

11

소방시설업의 반드시 등록취소에 해당하는 경우는?

① 거짓이나 그 밖의 부정한 방법으로 등록한 경우

② 다른 자에게 등록증 또는 등록수첩을 빌려준 경우

③ 소속 소방기술자를 공사현장에 배치하지 아니하거나 거짓으로 한 경우

④ 등록을 한 후 정당한 사유 없이 1년이 지날 때까지 영업을 시작하지 아니하거나 계속하여 1년 이상 휴업한 때

> **해설** **등록취소 사유**
> • 거짓이나 그 밖의 부정한 방법으로 등록한 경우
> • 등록 결격사유에 해당하게 된 경우
> • 영업정지 기간 중에 소방시설공사 등을 한 경우
>
> 답 ①

12

시·도지사가 소방시설업의 영업정지처분에 갈음하여 부과할 수 있는 최대 과징금의 범위로 옳은 것은?

① 1,000만원 이하

② 2,000만원 이하

③ 3,000만원 이하

④ 4,000만원 이하

> **해설** **소방시설업의 과징금** : 3,000만원 이하
> ※ 2021년 6월 10일 이후 과징금 : 2억원 이하
>
> 답 ③

13

소방시설업의 지위를 승계한 자는 그 지위를 승계한 날부터 30일 이내에 상속인, 영업을 양수한 자와 시설의 전부를 인수한 자의 경우에는 소방시설업 지위승계신고서에, 합병 후 존속하는 법인 또는 합병에 의하여 설립되는 법인의 경우에는 소방시설업 합병신고서에 서류를 첨부하여야 시·도지사에게 제출하여야 한다. 제출서류에 포함하지 않아도 되는 것은?

① 소방시설업 등록증 및 등록수첩

② 영업소 위치, 면적 등이 기록된 등기부 등본

③ 계약서 사본 등 지위승계 증명하는 서류

④ 소방기술인력 연명부 및 기술자격증·자격수첩

해설 **지위승계 시 제출서류**
- 소방시설업 등록증 및 등록수첩
- 계약서 사본 등 지위승계를 증명하는 서류(전자문서를 포함한다)
- 소방기술인력 연명부 및 기술자격증·자격수첩
- 계약일을 기준으로 하여 작성한 지위승계인의 자산평가액 또는 기업진단보고서(소방시설공사업만 해당한다) 1부
- 출자·예치·담보 금액 확인서(소방시설공사업만 해당한다) 1부

답 ②

14
소방대상물이 공장이 아닌 경우 일반 소방시설설계업의 영업범위는 연면적 몇 [m²] 미만인 경우인가?

① 5,000
② 10,000
③ 20,000
④ 30,000

해설 **소방시설설계업(기계분야, 전기분야)의 영업범위**
: 연면적 30,000[m²] 미만

답 ④

15
전문소방시설공사업의 법인의 자본금은?

① 5천만원 이상
② 1억원 이상
③ 2억원 이상
④ 3억원 이상

해설 **자본금**

종 류	자본금	
	법 인	개 인
전문소방시설공사업	1억원 이상	자산평가액 1억원 이상
일반소방시설공사업	1억원 이상	자산평가액 1억원 이상

답 ②

16
방염처리업의 종류가 아닌 것은?

① 섬유류 방염업
② 합성수지류 방염업
③ 합판·목재류 방염업
④ 실내장식물류 방염업

해설 **방염처리업의 종류**
섬유류 방염업, 합성수지류 방염업, 합판·목재류 방염업

답 ④

17
방염처리업자의 지위를 승계한 자는 그 지위를 승계한 날부터 며칠 이내에 관련서류를 시·도지사에게 제출하여야 하는가?

① 10일
② 15일
③ 30일
④ 60일

해설 **방염처리업자의 지위승계** : 승계한 날로부터 30일 이내에 시·도지사에게 신고

답 ③

18
방염업자가 사망하거나 그 영업을 양도한 때 방염업자의 지위를 승계한자의 법적 절차는?

① 시·도지사에게 신고하여야 한다.
② 시·도지사의 허가를 받는다.
③ 시·도지사의 인가를 받는다.
④ 시·도지사에게 통지한다.

해설 **방염처리업자의 지위승계** : 승계한 날로부터 30일 이내에 시·도지사에게 신고

답 ①

19
소방시설공사업법상 소방시설업 등록신청 신청서 및 첨부서류에 기재되어야 할 내용이 명확하지 아니한 경우 서류의 보완 기간은 며칠 이내인가?

① 14
② 10
③ 7
④ 5

해설 **소방시설업 등록신청 시 첨부서류의 보완 기간** : 10일 이내

답 ②

20
소방시설공사업자가 소방시설공사를 하고자 할 때 다음 중 옳은 것은?

① 건축허가와 동의만 받으면 된다.
② 시공 후 완공검사만 받으면 된다.
③ 소방시설 착공신고를 하여야 한다.
④ 건축허가만 받으면 된다.

해설 소방시설공사를 하려면 그 공사의 내용, 시공장소, 그 밖에 필요한 사항을 소방본부장이나 소방서장에게 착공신고를 하여야 한다.

답 ③

21

소방시설공사업자가 소방시설공사를 하고자 하는 경우 소방시설공사 착공신고서를 누구에게 제출해야 하는가?

① 시·도지사
② 소방청장
③ 한국소방시설협회장
④ 소방본부장 또는 소방서장

해설 소방시설공사 착공신고서 제출
: 소방본부장 또는 소방서장

답 ④

22

소방시설공사의 착공신고 대상이 아닌 것은?

① 무선통신설비의 증설공사
② 자동화재탐지설비의 경계구역이 증설되는 공사
③ 1개 이상의 옥외소화전을 증설하는 공사
④ 연결살수설비의 살수구역을 증설하는 공사

해설 특정소방대상물에 다음의 어느 하나에 해당하는 설비 또는 구역 등을 증설하는 공사
• 옥내·옥외소화전설비
• 스프링클러설비·간이스프링클러설비 또는 물분무 등 소화설비의 방호구역, 자동화재탐지설비의 경계구역, 제연설비의 제연구역, 연결살수설비의 살수구역, 연결송수관설비의 송수구역, 비상콘센트설비의 전용회로, 연소방지설비의 살수구역

답 ①

23

소방시설공사업법 상 특정소방대상물에 설치된 소방시설 등을 구성하는 것의 전부 또는 일부를 개설, 이전 또는 정비하는 공사의 경우 소방시설공사의 착공신고 대상이 아닌 것은?(단, 고장 또는 파손 등으로 인하여 작동시킬 수 없는 소방시설을 긴급히 교체하거나 보수하여야 하는 경우는 제외한다)

① 수신반　　　② 소화펌프
③ 동력(감시)제어반　　④ 압력체임버

해설 착공신고 대상
• 수신반
• 소화펌프
• 동력(감시)제어반

답 ④

24

소방시설공사업자는 소방시설공사를 하려면 소방시설 착공(변경)신고서 등의 서류를 첨부하여 소방본부장 또는 소방서장에게 언제까지 신고하여야 하는가?

① 착공 전까지
② 착공 후 7일 이내
③ 착공 후 14일 이내
④ 착공 후 30일 이내

해설 착공신고
소방시설공사업자는 소방시설공사를 하려면 해당 소방시설공사의 착공 전까지 착공신고서 등의 서류를 제출하여야한다.

답 ①

25

소방시설공사의 착공신고 시 첨부서류가 아닌 것은?

① 공사업자의 소방시설공사업 등록증 사본
② 공사업자의 소방시설공사업 등록수첩 사본
③ 해당 소방시설공사의 책임 시공 및 기술관리를 하는 기술인력의 기술등급을 증명하는 서류 사본
④ 해당 소방시설을 설계한 기술인력의 기술자격증 사본

해설 착공신고 시 첨부서류
• 공사업자의 소방시설공사업 등록증 사본 1부 및 등록수첩 사본 1부
• 해당 소방시설공사의 책임시공 및 기술관리를 하는 기술인력의 기술등급을 증명하는 서류 사본 1부

답 ④

26

소방시설공사가 완공되고 나면 누구에게 완공검사를 받아야 하는가?

① 소발시설 설계업자
② 소방시설 사용자
③ 소방본부장이나 소방서장
④ 시·도지사

해설 완공검사 : 소방본부장이나 소방서장

답 ③

27

소방시설공사 착공신고 후 소방시설의 종류를 변경한 경우에 조치사항으로 적절한 것은?

① 건축주는 변경일부터 30일 이내에 소방본부장이나 소방서장에게 신고하여야 한다.

② 소방시설공사업자는 변경일부터 30일 이내에 소방본부장이나 소방서장에게 신고하여야 한다.

③ 건축주는 변경일부터 7일 이내에 소방본부장이나 소방서장에게 신고하여야 한다.

④ 소방시설공사업자는 변경일부터 7일 이내에 소방본부장이나 소방서장에게 신고하여야 한다.

해설 소방시설공사업자는 변경일부터 30일 이내에 해당서류를 첨부하여 소방본부장이나 소방서장에게 신고하여야 한다.

답 ②

28

소방본부장이나 소방서장이 소방시설공사가 공사감리 결과 보고서대로 완공되었는지 완공검사를 위한 현장 확인할 수 있는 대통령령으로 정하는 특정소방대상물이 아닌 것은?

① 노유자 시설

② 운동시설

③ 1,000[m²] 미만의 공동주택

④ 지하상가

해설 완공검사를 위한 현장 확인 대상 특정소방대상물
• 문화 및 집회시설, 종교시설, 판매시설, 노유자시설, 수련시설, 운동시설, 숙박시설, 창고시설, 지하상가, 다중이용업소
• 스프링클러설비 등 및 물분무 등 소화설비(호스릴 방식의 소화설비는 제외)가 설치되는 특정소방대상물
• 연면적 10,000[m²] 이상이거나 11층 이상인 특정소방대상물(아파트는 제외)
• 가연성 가스를 제조·저장 또는 취급하는 시설 중 지상에 노출된 가연성 가스탱크의 저장용량의 합계가 1,000[t] 이상인 시설

답 ③

29

소방공사업자가 소방시설공사를 마친 때에는 완공검사를 받아야하는데 완공검사를 위한 현장 확인을 할 수 있는 특정소방대상물의 범위에 속하지 않은 것은? (단, 가스계소화설비를 설치하지 않는 경우이다)

① 문화 및 집회시설   ② 노유자시설

③ 지하상가   ④ 의료시설

해설 완공검사를 위한 현장 확인 대상 특정소방대상물의 범위
문화 및 집회시설, 종교시설, 판매시설, 노유자시설, 수련시설, 운동시설, 숙박시설, 창고시설, 지하상가 및 다중이용업소의 안전관리에 관한 특별법에 따른 다중이용업소

답 ④

30

소방시설공사업자가 소방대상물의 일부분에 대한 공사를 마친 경우로서 전체시설의 준공 전에 부분사용이 필요한 때에 그 일부분에 대하여 소방본부장이나 소방서장에게 신청하는 검사를 무엇이라 하는가?

① 부분용도검사   ② 부분완공검사

③ 부분사용검사   ④ 부분준공검사

해설 공사업자가 소방대상물의 일부분에 대한 소방시설공사를 마친 경우로서 전체시설의 준공 전에 부분사용이 필요한 때에는 그 일부분에 대하여 소방본부장이나 소방서장에게 완공검사를 신청할 수 있다.

답 ②

31

소방시설의 하자가 발생한 경우 소방시설공사업자는 관계인으로부터 그 사실을 통보 받은 날로부터 며칠 이내에 이를 보수하거나 보수일정을 기록한 하자보수계획을 관계인에게 알려야 하는가?

① 3일 이내   ② 5일 이내

③ 7일 이내   ④ 14일 이내

해설 공사의 하자보수
관계인은 규정에 따른 기간 내에 소방시설의 하자가 발생한 때에는 공사업자에게 그 사실을 알려야 하며, 통보를 받은 공사업자는 3일 이내에 이를 보수하거나 보수일정을 기록한 하자보수계획을 관계인에게 서면으로 알려야 한다.

답 ①

32

하자보수의 이행보증과 관련하여 소방시설공사업을 등록한 공사업자가 금융기관에 예치하여야 하는 하자보수보증금은 소방시설공사금액의 얼마 이상으로 하여야 하는가?

① 100분의 1 이상   ② 100분의 2 이상

③ 100분의 3 이상   ④ 100분의 5 이상

해설 하자보수보증금 : 소방시설 공사금액의 3/100 이상

답 ③

33

하자보수를 하여야 하는 소방시설과 하자보수보증기간이 옳지 않은 것은?

① 피난기구 – 2년
② 유도표지 – 2년
③ 자동화재탐지설비 – 3년
④ 무선통신보조설비 – 3년

해설 하자보수보증기간

보증기간	시설의 종류
2년	피난기구·유도등·유도표지·비상경보설비·비상조명등·비상방송설비 및 **무선통신보조설비**
3년	자동소화장치·옥내소화전설비·스프링클러설비·간이스프링클러설비·물분무 등 소화설비·옥외소화전설비·자동화재탐지설비·상수도 소화용수설비 및 소화활동설비(무선통신보조설비를 제외)

답 ④

34

다음 소방시설 중 하자보수보증기간이 다른 것은?

① 옥내소화전설비
② 비상방송설비
③ 자동화재탐지설비
④ 상수도소화용수설비

해설
• 비상방송설비 : 2년
• 옥내소화전설비, 자동화재탐지설비, 상수도소화용수설비 : 3년

답 ②

35

하자보수 대상 소방시설 중 하자보수 보증기간이 2년이 아닌 것은?

① 유도표지
② 비상경보설비
③ 무선통신보조설비
④ 자동화재탐지설비

해설 자동화재탐지설비 : 3년

답 ④

36

완공된 소방시설 등의 성능시험을 수행하는 자는?

① 소방시설공사업자
② 소방공사감리업자
③ 소방시설설계업자
④ 소방기구제조업자

해설 완공된 소방시설 등의 성능시험을 수행하는 자
: 소방공사감리업자

답 ②

37

소방시설공사의 설계와 감리에 관한 약정을 함에 있어서 그 대가를 산정하는 기준으로 옳은 것은?

① 발주자와 도급자 간의 약정에 따라 산정한다.
② 국가를 당사자로 하는 계약에 관한 법률에 따라 산정한다.
③ 민법에서 정하는 바에 따라 산정한다.
④ 엔지니어링산업 진흥법에 따른 실비정액 가산방식으로 산정한다.

해설 기술용역의 대가 기준
소방공사 감리의 대가 : 실비정액 가산방식

답 ④

38

소방시설공사가 설계도서나 화재안전기준에 맞지 아니할 경우 감리업자가 가장 우선하여 조치하여야 할 사항은?

① 공사업자에게 공사의 시정 또는 보완을 요구하여야 한다.
② 공사업자의 규정위반 사실을 관계인에게 알리고 관계인으로 하여금 시정 요구토록 조치한다.
③ 공사업자의 규정위반 사실을 발견 즉시 소방본부장 또는 소방서장에게 보고한다.
④ 공사업자의 규정위반사실을 시·도지사에게 신고한다.

해설 감리업자는 감리를 할 때 소방시설공사가 설계도서나 화재안전기준에 맞지 아니할 때에는 관계인에게 알리고, 공사업자에게 그 공사의 시정 또는 보완 등을 요구하여야 한다.

답 ①

39

관계인이 특정소방대상물에 대한 소방시설공사를 하고자 할 때 소방공사 감리자를 지정하지 않아도 되는 경우는?

① 옥내소화전설비를 신설하는 특정소방대상물
② 자동화재속보설비를 신설하는 특정소방대상물
③ 스프링클러설비를 신설하는 특정소방대상물
④ 통합감시시설을 신설하는 특정소방대상물

해설 소방공사 감리자 지정 특정소방대상물이 아닌 것
: 자동화재속보설비

답 ②

40

일반공사감리 대상의 경우 감리현장 연면적의 총합계가 10만[m²] 이하일 때 1인의 책임감리원이 담당하는 소방공사감리현장은 몇 개 이하인가?

① 2개   ② 3개
③ 4개   ④ 5개

해설 1인의 책임감리원이 담당하는 소방공사감리현장의 수
: 5개 이하

답 ④

41

연면적이 3만 제곱미터 이상 20만 제곱미터 미만인 특정소방대상물(아파트는 제외) 또는 지하층을 포함한 층수가 16층 이상 40층 미만인 특정소방대상물의 공사현장인 경우 소방공사 감리원의 배치기준은?

① 특급감리원 이상의 소방공사감리원 1명 이상
② 고급감리원 이상의 소방공사감리원 1명 이상
③ 중급감리원 이상의 소방공사감리원 1명 이상
④ 초급감리원 이상의 소방공사감리원 1명 이상

해설 소방공사책임감리원의 배치 기준

감리원의 배치기준		소방시설공사 현장의 기준
책임감리원	보조감리원	
행정안전부령으로 정하는 특급감리원 중 소방기술사	행정안전부령으로 정하는 초급감리원 이상의 소방공사 감리원(기계분야 및 전기분야)	• 연면적 20만[m²] 이상인 특정소방대상물의 공사 현장 • 지하층을 포함한 층수가 40층 이상인 특정소방대상물의 공사 현장

감리원의 배치기준		소방시설공사 현장의 기준
책임감리원	보조감리원	
행정안전부령으로 정하는 특급감리원 이상의 소방공사 감리원(기계분야 및 전기분야)	행정안전부령으로 정하는 초급감리원 이상의 소방공사감리원(기계분야 및 전기분야)	• 연면적 3만[m²] 이상 20만[m²] 미만인 특정소방대상물(아파트는 제외)의 공사 현장 • 지하층을 포함한 층수가 16층 이상 40층 미만인 특정소방대상물의 공사 현장
행정안전부령으로 정하는 고급 감리원 이상의 소방공사 감리원(기계분야 및 전기분야)	행정안전부령으로 정하는 초급감리원 이상의 소방공사 감리원(기계분야 및 전기분야)	• 물분무 등 소화설비(호스릴 방식의 소화설비는 제외) 또는 제연설비가 설치되는 특정소방대상물의 공사 현장 • 연면적 3만[m²] 이상 20만[m²] 미만인 아파트의 공사 현장
행정안전부령으로 정하는 중급 감리원 이상의 소방공사 감리원(기계분야 및 전기분야)		연면적 5천[m²] 이상 3만[m²] 미만인 특정소방대상물의 공사 현장
행정안전부령으로 정하는 초급 감리원 이상의 소방공사 감리원(기계분야 및 전기분야)		• 연면적 5천[m²] 미만인 특정소방대상물의 공사 현장 • 지하구의 공사 현장

답 ①

42

연면적 5,000[m²] 미만의 특정소방대상물에 대한 소방공사감리원의 배치기준은?

① 특급 소방공사감리원 1명 이상
② 초급 이상 소방공사감리원 1명 이상
③ 중급 이상 소방공사감리원 1명 이상
④ 고급 이상 소방공사감리원 1명 이상

해설 연면적 5,000[m²] 미만 특정소방대상물
: 초급소방감리원 1명 이상

답 ②

43

행정안전부령으로 정하는 고급감리원 이상의 소방공사감리원의 소방시설공사 배치 현장기준으로 옳은 것은?

① 연면적 5,000[m²] 이상 30,000[m²] 미만인 특정소방대상물의 공사 현장
② 연면적 30,000[m²] 이상 200,000[m²] 미만인 아파트의 공사 현장
③ 연면적 30,000[m²] 이상 200,000[m²] 미만인 특정소방대상물(아파트는 제외)의 공사 현장
④ 연면적 200,000[m²] 이상인 특정소방대상물의 공사 현장

해설 **고급소방감리원** : 연면적 3만[m²] 이상 20만[m²] 미만인 아파트의 공사현장

답 ②

44

소방공사 감리원 배치 시 배치일로부터 며칠 이내에 관련서류를 첨부하여 소방본부장 또는 소방서장에게 알려야 하는가?

① 3일   ② 7일
③ 14일   ④ 30일

해설 감리원 배치신고는 감리원 배치일부터 7일 이내에 소방본부장 또는 소방서장에게 알려야 한다.

답 ②

45

소방공사의 감리를 완료하였을 경우 소방공사감리 결과를 통보하는 대상으로 옳지 않은 것은?

① 특정소방대상물의 관계인
② 특정소방대상물의 설계업자
③ 소방시설공사의 도급인
④ 특정소방대상물의 공사를 감리한 건축사

해설 **공사감리결과 서면 통보**
• 특정소방대상물의 관계인
• 소방시설공사의 도급인
• 특정소방대상물의 공사를 감리한 건축사

답 ②

46

자동화재탐지설비의 일반공사 감리기간으로 포함시켜 산정할 수 있는 항목은?

① 고정금속구를 설치하는 기간
② 전선관의 매립을 하는 공사기간
③ 공기유입구의 설치 기간
④ 소화약제 저장용기 설치기간

해설 소방시설용 배관(전선관을 포함한다)을 설치하거나 매립하는 때부터 소방시설 완공검사증명서를 발급받을 때까지 소방공사감리현장에 감리원을 배치할 것

답 ②

47

다음 중 소방공사감리 및 하자보수대상 소방시설과 하자보수보증기간에 대한 설명으로 옳지 않은 것은?

① 특정소방대상물의 관계인은 공사감리자의 변경이 있을 때에는 변경일로부터 14일 이내에 소방공사감리자변경신청서를 소방본부장이나 소방서장에게 제출하여야 한다.
② 소방본부장이나 소방서장은 공사감리자의 변경신고를 받은 때에는 3일 이내에 처리하고 공사감리자의 수첩에 배치되는 감리원의 등급 · 감리현장의 명칭 · 소재지 및 현장배치기간을 기재하여 교부하여야 한다.
③ 하자보수의 보증기간은 유도등은 2년, 스프링클러설비는 3년이다.
④ 하자보수의 보증기간은 무선통신보조설비는 2년, 자동소화장치는 3년이다.

해설 소방공사감리업자는 배치한 감리원의 변경이 있는 경우에는 배치일로부터 7일 이내에 소방본부장이나 소방서장에게 통보하여야 한다.

답 ①

48

소방시설공사업자의 시공능력을 평가하여 공시할 수 있는 사람은?

① 관계인 또는 발주자
② 소방본부장 또는 소방서장
③ 시 · 도지사
④ 소방청장

해설 소방청장은 관계인 또는 발주자가 적절한 공사업자를 선정할 수 있도록 하기 위하여 공사업자의 신청이 있으면 그 공사업자의 소방시설공사 실적, 자본금 등에 따라 시공능력을 평가하여 공시할 수 있다.

답 ④

49

다음은 소방시설공사업자의 시공능력평가액 산정을 위한 산식이다. ( )에 들어갈 내용으로 알맞은 것은?

> "시공능력평가액 = 실적평가액 + 자본금평가액 + 기술력평가액 + ( ) ± 신인도평가액"

① 기술개발평가액
② 경력평가액
③ 자본투자평가액
④ 평균공사실적평가액

해설 시공능력평가액 = 실적평가액 + 자본금평가액 + 기술력평가액 + 경력평가액 ± 신인도평가액

답 ②

50

소방시설공사업자의 시공능력평가 방법에 대한 설명 중 틀린 것은?

① 시공능력평가액은 실적평가액+자본금평가액+기술력평가액+경력평가액+신인도평가액으로 산출한다.
② 신인도평가액 산정 시 최근 1년간 국가기관으로부터 우수시공업자로 선정된 경우에는 3[%] 가산한다.
③ 신인도평가액 산정 시 최근 1년간 부도가 발생된 사실이 있는 경우에는 2[%]를 감산한다.
④ 실적평가액은 최근 5년간의 연평균공사실적액을 의미한다.

해설 실적평가액 = 연평균공사실적액(최근 3년간)

답 ④

51

시 · 도지사가 소방시설업의 등록취소처분이나 영업정지처분을 하고자 할 경우 실시하여야 하는 것은?

① 청문을 실시하여야 한다.
② 징계위원회의 개최를 요구하여야 한다.
③ 직권으로 취소처분을 결정하여야 한다.
④ 소방기술심의위원회의 개최를 요구하여야 한다.

해설 청문 실시하는 경우
• 실시권자 : 시 · 도지사
• 실시 사유 : 소방시설업 등록취소처분이나 영업정지처분, 소방기술인정자격취소처분

답 ①

52

소방공사감리를 함에 있어 규정을 위반하여 감리를 하거나 거짓으로 감리한 자에 대한 벌칙은?

① 1년 이하의 징역 또는 1,000만원 이하의 벌금
② 1년 이하의 징역 또는 2,000만원 이하의 벌금
③ 2년 이하의 징역 또는 1,000만원 이하의 벌금
④ 3년 이하의 징역 또는 3,000만원 이하의 벌금

해설 규정을 위반하여 감리를 하거나 거짓으로 감리를 한 자
: 1년 이하의 징역 또는 1,000만원 이하의 벌금

답 ①

53

소방기술자가 소방시설공사업법에 따른 명령을 따르지 아니하고 업무를 수행한 경우의 벌칙은?

① 100만원 이하의 벌금
② 300만원 이하의 벌금
③ 1년 이하의 징역 또는 1,000만원 이하의 벌금
④ 3년 이하의 징역 또는 1,500백만원 이하의 벌금

해설 소방기술자가 소방시설공사업법에 따른 명령을 따르지 아니하고 업무를 수행한 경우
: 1년 이하의 징역 또는 1,000만원 이하의 벌금

답 ③

54

소방시설업에 대한 행정처분 기준 중 1차 처분이 영업 정지 3개월이 아닌 경우는?

① 국가, 지방자치단체 또는 공동기관이 발주하는 소방시설의 설계·감리업자 선정에 따른 사업수 행능력 평가에 관한 서류를 위조하거나 변조하는 등 거짓이나 그 밖의 부정한 방법으로 입찰에 참여한 경우

② 소방시설업의 감독을 위하여 필요한 보고나 자료 제출 명령을 위반하여 보고 또는 자료제출을 하 지 아니하거나 거짓으로 보고 또는 자료 제출을 한 경우

③ 정당한 사유 없이 출입·검사업무에 따른 관계 공무원의 출입 또는 검사·조사를 거부·방해 또는 기피한 경우

④ 감리업자의 감리 시 소방시설공사가 설계도서에 맞지 아니하여 공사업자에게 공사의 시정 또는 보완 등의 요구를 하였으나 따르지 아니한 경우

해설 감리업자의 감리 시 소방시설공사가 설계도서에 맞지 아 니하여 공사업자에게 공사의 시정 또는 보안 등의 요구를 하였으나 따르지 아니한 경우
: 1차 행정처분 영업정지 1개월

답 ④

55

소방기술자의 자격의 정지 및 취소에 관한 기준 중 1차 행정처분기준이 자격정지 1년에 해당되는 경우는?

① 자격수첩을 다른 자에게 빌려준 경우
② 동시에 둘 이상의 업체에 취업한 경우
③ 거짓이나 그 밖의 부정한 방법으로 자격수첩을 발급받은 경우
④ 업무수행 중 해당 자격과 관련하여 중대한 과실 로 다른 자에게 손해를 입히고 형의 선고를 받은 경우

해설 소방기술자의 자격의 정지 및 취소에 관한 기준

위반사항	근거 법령	행정처분		
		1차	2차	3차
거짓이나 그 밖의 부정한 방 법으로 자격수첩 또는 경력 수첩을 발급받은 경우	법 제28조 제4항	자격 취소		

위반사항	근거 법령	행정처분		
		1차	2차	3차
법 제27조 제2항을 위반하여 자격수첩 또는 경력수첩을 다른 자에게 빌려준 경우	법 제28조 제4항	자격 취소		
법 제27조 제3항을 위반하여 동시에 둘 이상의 업체에 취 업한 경우	법 제28조 제4항	자격 정지 1년	자격 취소	
• 법 또는 법에 따른 명령을 위반한 경우 – 법 제27조 제항의 업무 수행 중 해당 자격과 관 련하여 고의 또는 중대한 과실로 다른 자에게 손해 를 입히고 형의 선고를 받은 경우 – 법 제28조 제4항에 따라 자격정지처분을 받고도 같은 기간 내에 자격증을 사용한 경우	법 제28조 제4항	자격 취소 자격 정지 1년	 자격 정지 2년	 자격 취소

답 ②

56

소방시설업자가 영업정지기간 중에 소방시설공사 등 을 한 경우 1차 행정처분으로 옳은 것은?

① 6개월 이내의 영업정지
② 9개월 이내의 영업정지
③ 12개월 이내의 영업정지
④ 등록취소

해설 1차 행정처분 : 등록취소

답 ④

안심Touch

제3장 화재예방, 소방시설 설치·유지 및 안전관리에 관한 법률, 영, 규칙

1 목 적

화재와 재난·재해, 그 밖의 위급한 상황으로부터 국민의 생명·신체 및 재산을 보호하기 위하여 화재의 예방 및 안전관리에 관한 국가와 지방자치단체의 책무와 소방시설 등의 설치·유지 및 소방대상물의 안전관리에 관하여 필요한 사항을 정함으로써 공공의 안전과 복리 증진에 이바지함을 목적으로 한다.

2 용어 정의

(1) 소방시설 : 소화설비·경보설비·피난구조설비·소화용수설비, 그 밖의 소화활동설비로서 대통령령으로 정하는 것

(2) 특정소방대상물 : 소방시설을 설치하여야 하는 소방대상물로서 대통령령으로 정하는 것

■ 소방용품 : 대통령령

(3) 소방용품 : 소방시설 등을 구성하거나 소방용으로 사용되는 제품 또는 기기로서 대통령령으로 정하는 것

■ 무창층
  - 개구부 면적의 합계가 해당 층 바닥면적의 $\frac{1}{30}$ 이하
  - 지름 50[cm] 이상의 원 내접
  - 개구부 밑부분까지의 높이 1.2[m] 이내

(4) 무창층 : 지상층 중 다음 요건을 갖춘 개구부 면적의 합계가 해당 층의 바닥면적의 **1/30 이하**가 되는 층

① 크기는 지름 50[cm] 이상의 원이 내접할 수 있는 크기일 것
② 해당 층의 바닥면으로부터 개구부 밑부분까지의 높이가 1.2[m] 이내일 것
③ 도로 또는 차량이 진입할 수 있는 빈터를 향할 것
④ 화재 시 건축물로부터 쉽게 피난할 수 있도록 창살이나 그 밖의 장애물이 설치되지 아니할 것
⑤ 내부 또는 외부에서 쉽게 부수거나 열 수 있을 것

(5) 피난층 : 곧바로 지상으로 갈 수 있는 출입구가 있는 층

> 비상구 : 가로 75[cm] 이상, 세로 150[cm] 이상의 출입구

3 소방시설의 종류

(1) 소화설비 : 물 또는 그 밖의 소화약제를 사용하여 소화하는 기계·기구 또는 설비

① 소화기구 : 소화기, 간이소화용구, 자동확산소화기

② 자동소화장치

③ 옥내소화전설비

④ 스프링클러설비등

⑤ 물분무 등 소화설비

⑥ 옥외소화전설비

(2) 경보설비 : 화재발생 사실을 통보하는 기계·기구 또는 설비

① 단독경보형 감지기   ② 비상경보설비

③ 시각경보기   ④ 자동화재탐지설비

⑤ 비상방송설비   ⑥ 자동화재속보설비

⑦ 통합감시시설   ⑧ 누전경보기

⑨ 가스누설경보기

(3) 피난구조설비 : 화재가 발생할 경우 피난하기 위하여 사용하는 기구 또는 설비

① **피난기구** : 피난사다리, 구조대, 완강기, 그 밖에 소방청장이 정하여 고시하는 화재안전기준으로 정하는 것

② **인명구조기구** : 방열복, 방화복, 공기호흡기, 인공소생기

③ **유도등** : 피난유도선, 피난구유도등, 통로유도등, 객석유도등, 유도표지

④ 비상조명등 및 휴대용비상조명등

(4) 소화용수설비 : 화재를 진압하는 데 필요한 물을 공급하거나 저장하는 설비

① 상수도소화용수설비

② 소화수조·저수조, 그 밖의 소화용수설비

(5) 소화활동설비 : 화재를 진압하거나 인명구조활동을 위하여 사용하는 설비

① 제연설비   ② 연결송수관설비

③ 연결살수설비   ④ 비상콘센트설비

⑤ 무선통신보조설비   ⑥ 연소방지설비

■ **소화기구**
- 소화기
- 간이소화용구
- 자동확산소화기

■ **경보설비가 아닌 것**
: 비화재보방지기

■ **경보설비 구성제품 또는 기기**
- 감지기
- 발신기
- 수신기
- 중계기
- 누전경보기
- 음향장치
- 시각경보기
- 부속기기

■ **피난구조설비**
- 피난기구
- 인명구조기구
- 유도등
- 비상조명등

■ **소화활동설비**
: 화재를 진압하거나 인명구조활동을 위하여 사용하는 설비

④ 특정소방대상물의 구분

■ 근린생활시설
 – 기원, 의원
 – 학원(무도학원, 자동차
   학원 제외)

(1) 근린생활시설

① **슈퍼마켓**과 일용품(식품, 잡화, 의류, 완구, 서적, 건축자재, 의약품, 의료기기 등) 등의 소매점으로서 같은 건축물(하나의 대지에 두 동 이상의 건축물이 있는 경우에는 이를 같은 건축물로 본다)에 해당 용도로 쓰는 **바닥면적의 합계가 1,000[m²] 미만**인 것

② **휴게음식점**, 제과점, 일반음식점, **기원**, **노래연습장** 및 **단란주점**(같은 건축물에 해당 용도로 쓰는 바닥면적의 합계가 150[m²] **미만**인 것만 해당한다)

③ **이용원, 미용원, 목욕장** 및 세탁소(공장이 부설된 것과 대기환경보전법, 수질 및 수생태계 보전에 관한 법률 또는 소음·진동관리법에 따른 배출시설의 설치허가 또는 신고의 대상이 되는 것은 제외한다)

④ **의원, 치과의원, 한의원**, 침술원, 접골원, **조산원**(모자보건법 제2조 제11호에 따른 산후조리원을 포함한다) 및 **안마원**(의료법 제82조 제4항에 따른 **안마시술소**를 포함한다)

⑤ 탁구장, 테니스장, 체육도장, 체력단련장, **에어로빅장**, 볼링장, 당구장, **실내낚시터, 골프연습장**, 물놀이형 시설 및 그 밖에 이와 비슷한 것으로서 같은 건축물에 해당 용도로 쓰는 바닥면적의 합계가 500[m²] **미만**인 것

⑥ **공연장**(극장, 영화상영관, 연예장, 음악당, 서커스장) 비디오물감상실업의 시설, **종교집회장**(교회, 성당, 사찰, 기도원, 수도원, 수녀원, 제실, 사당, 그 밖에 이와 비슷한 것을 말한다)으로서 같은 건축물에 해당 용도로 쓰는 바닥면적의 합계가 300[m²] **미만**인 것

⑦ 제조업소, 수리점, 그 밖에 이와 비슷한 것으로서 같은 건축물에 해당 용도로 쓰는 바닥면적의 합계가 500[m²] **미만**이고, 배출시설의 설치허가 또는 신고의 대상이 아닌 것

⑧ **청소년게임제공업** 및 일반게임제공업의 시설, **인터넷컴퓨터게임시설제공업**의 시설 및 복합유통게임제공업의 시설로서 같은 건축물에 해당 용도로 쓰는 바닥면적의 합계가 500[m²] **미만**인 것

⑨ 사진관, 표구점, **학원**(같은 건축물에 해당 용도로 쓰는 바닥면적의 합계가 500[m²] 미만인 것만 해당되며, **자동차학원 및 무도학원은 제외**한다), **독서실, 고시원**(다중이용업 중 고시원업의 시설로서 독립된 주거의 형태를 갖추지 않은 것으로서 같은 건축물에 해당 용도로 쓰는 바닥면적의 합계가 500[m²] **미만**인 것을 말한다), **장의사, 동물병원**, 총포판매사

⑩ **의약품 판매소**, 의료기기 판매소 및 자동차영업소로서 같은 건축물에 해당 용도로 쓰는 바닥면적의 합계가 1,000[m²] **미만**인 것

(2) 문화 및 집회시설

① 공연장으로서 **근린생활시설에 해당하지 않는 것**

> **근린생활시설에 해당하지 않는 것** : 바닥면적의 합계가 300[m²] 이상

② **집회장 : 예식장, 공회당,** 회의장, 마권 장외 발매소, 마권 전화투표소 및 그 밖에 이와 비슷한 것으로서 근린생활시설에 해당하지 않는 것

③ **관람장 : 경마장, 경륜장, 경정장,** 자동차 경기장, 그 밖에 이와 비슷한 것과 체육관 및 운동장으로서 관람석의 바닥면적의 합계가 **1,000[m²] 이상**인 것

④ **전시장 : 박물관,** 미술관, 과학관, 문화관, **체험관, 기념관, 산업전시장,** 박람회장

⑤ **동·식물원 : 동물원, 식물원, 수족관** 및 그 밖에 이와 비슷한 것

(3) 의료시설

① **병원 :** 종합병원, 병원, 치과병원, 한방병원, 요양병원

② **격리병원 :** 전염병원, **마약진료소** 및 그 밖에 이와 비슷한 것

③ **정신의료기관**

④ 장애인 의료재활시설

■ 의료시설
  - 병원, 마약진료소
  - 장애인 의료재활시설
  - 정신의료기관

(4) 교육연구시설

① **학 교**

㉠ 초등학교(병설유치원을 포함한다), 중학교, 고등학교, 특수학교 및 그 밖에 이에 준하는 학교 : **교사, 체육관, 급식시설, 합숙소**(학교의 운동부, 기능선수 등이 집단으로 숙식하는 장소를 말한다)

㉡ 대학, 대학교 및 그 밖에 이에 준하는 각종 **학교 : 교사 및 합숙소**

② 교육원(연수원, 그 밖에 이와 비슷한 것을 포함한다)

③ **직업훈련소**

④ **학원**(근린생활시설에 해당하는 것과 자동차운전학원·정비학원 및 무도학원은 제외한다)

⑤ 연구소(연구소에 준하는 시험소와 계량계측소를 포함한다)

⑥ **도서관**

(5) 노유자시설

① **노인 관련시설** : **노인주거복지시설, 노인의료복지시설, 노인여가복지시설**, 주·야간보호서비스나 단기보호서비스를 제공하는 **재가노인복지시설**(재가장기요양기관을 포함한다), **노인보호전문기관**, 노인일자리지원기관, 학대피해노인 전용 쉼터

② **아동 관련시설** : 아동복지시설, **어린이집**, 유치원(학교의 교사 중 **병설유치원으로 사용되는 부분을 포함**한다), 그 밖에 이와 비슷한 것

③ **장애인 관련시설** : 장애인 거주시설, 장애인 지역 사회재활시설(장애인 심부름센터, 수화통역센터, 점자도서 및 녹음서 출판시설 등 장애인이 직접 그 시설 자체를 이용하는 것을 주된 목적으로 하지 않는 시설은 제외한다), 장애인직업재활시설, 그 밖에 이와 비슷한 것

④ **정신질환자 관련시설** : 정신재활 시설(정신질환자 생산품 판매시설을 제외한다), 정신요양시설, 그 밖에 이와 비슷한 것

⑤ **노숙인 관련시설** : 노숙인복지시설(노숙인일시보호시설, 노숙인자활시설, **노숙인재활시설**, 노숙인요양시설 및 쪽방상담소만 해당한다), 노숙인종합지원센터 및 그 밖에 이와 비슷한 것

⑥ 사회복지시설 중 결핵환자 또는 한센인 요양시설 등 다른 용도로 분류되지 않는 것

(6) 업무시설

① **공공업무시설** : 국가 또는 지방자치단체의 청사와 외국공관의 건축물로서 **근린생활시설에 해당하지 않는 것**

② **일반업무시설** : 금융업소, 사무소, 신문사, **오피스텔** 및 그 밖에 이와 비슷한 것으로서 **근린생활시설에 해당하지 않는 것**

> **근린생활시설에 해당하지 않는 것** : 바닥면적의 합계가 500[m²] 이상

③ **주민자치센터**(동사무소), 경찰서, 지구대, 파출소, **소방서, 119안전센터**, 우체국, 보건소, 공공도서관, 국민건강보험공단, 그 밖에 이와 유사한 용도로 사용되는 것

④ 마을회관, 마을공동작업소, 마을공동구판장, 그 밖에 이와 유사한 용도로 사용되는 것

⑤ **변전소**, 양수장, 정수장, 대피소, **공중화장실**, 그 밖에 이와 유사한 용도로 사용되는 것

(7) 숙박시설

① 일반형 숙박시설

② 생활형 숙박시설

③ 고시원(근린생활시설에 해당하지 않는 것을 말한다)

④ 그 밖에 위의 시설과 비슷한 것

(8) 위락시설

① 단란주점으로서 **근린생활시설에 해당하지 않는 것**

> 근린생활시설에 해당하지 않는 것 : 바닥면적의 합계가 150[m²] 이상

② **유흥주점**이나 그 밖에 이와 비슷한 것

③ 관광진흥법에 따른 유원시설업의 시설, 그 밖에 이와 비슷한 시설(근린생활시설에 해당하는 것은 제외한다)

④ **무도장** 및 **무도학원**

⑤ **카지노영업소**

■ 위락시설
  – 무도장 및 무도학원
  – 유흥주점, 단란주점
  – 카지노 영업소

(9) 방송통신시설

① 방송국(방송프로그램 제작시설 및 송신·수신·중계시설을 포함한다)

② 전신전화국

③ **촬영소**

④ 통신용 시설

■ 방송통신시설
  – 전신전화국, 촬영소

(10) 운수시설

① 여객자동차터미널

② 철도 및 도시철도 시설(정비창 등 관련 시설을 포함한다)

③ 공항시설(항공관제탑을 포함한다)

④ 항만시설 및 종합여객시설

■ 운수시설이 아닌 것
  : 주차장

(11) 항공기 및 자동차 관련 시설(건설기계 관련 시설을 포함한다)

① 항공기격납고

② 차고, 주차용 건축물, 철골 조립식 주차시설 및 기계장치에 의한 주차시설

③ 세차장

④ 폐차장

⑤ 자동차 검사장

⑥ 자동차 매매장

⑦ 자동차 정비공장

⑧ 운전학원·정비학원

⑨ 다음의 건축물을 제외한 건축물의 내부에 설치된 주차장

    ㉠ 단독주택

    ㉡ 공동주택 중 50세대 미만인 연립주택 또는 50세대 미만인 다세대주택

⑩ 「여객자동차 운수사업법」,「화물자동차 운수사업법」및 「건설기계관리법」에 따른 차고 및 주기장

(12) 지하구

■ 지하구
 - 폭 : 1.8[m] 이상
 - 높이 : 2[m] 이상
 - 길이 : 50[m] 이상

① 전력·통신용의 전선이나 가스·냉난방용의 배관 또는 이와 비슷한 것을 집합수용하기 위하여 설치한 지하인공구조물로서 사람이 점검 또는 보수하기 위하여 출입이 가능한 것 중 **폭 1.8[m] 이상**이고 **높이가 2[m] 이상**이며 **길이가 50[m] 이상(전력** 또는 **통신사업용**인 것은 **500[m] 이상)**인 것

② 국토의 계획 및 이용에 관한 법률 제2조 제9호에 따른 공동구

5 소방특별조사

(1) 소방특별조사

■ 소방특별조사권자
 : 소방청장, 소방본부장, 소방서장

① **소방특별조사권자** : 소방청장, 소방본부장, 소방서장

② **소방특별조사를 실시하는 경우**

    ㉠ 관계인이 이 법 또는 다른 법령에 따라 실시하는 소방시설 등, 방화시설, 피난시설 등에 대한 자체점검 등이 불성실하거나 불완전하다고 인정되는 경우

    ㉡ 화재경계지구에 대한 소방특별조사 등 다른 법률에서 소방특별조사를 실시하도록 한 경우

    ㉢ 국가적 행사 등 주요 행사가 개최되는 장소 및 그 주변의 관계 지역에 대하여 소방안전관리 실태를 점검할 필요가 있는 경우

    ㉣ 화재가 자주 발생하였거나 발생할 우려가 뚜렷한 곳에 대한 점검이 필요한 경우

    ㉤ 재난예측정보, 기상예보 등을 분석한 결과 소방대상물에 화재, 재난·재해의 발생 위험이 높다고 판단되는 경우

    ㉥ 화재, 재난·재해, 그 밖의 긴급한 상황이 발생할 경우 인명 또는 재산 피해의 우려가 현저하다고 판단되는 경우

③ 소방특별조사의 세부 항목, 소방특별조사대상선정위원회의 구성·운영에 필요한 사항은 **대통령령**으로 정한다.

④ **소방특별조사의 항목**

    ㉠ 특정소방대상물 또는 공공기관의 **소방안전관리 업무 수행**에 관한 사항

    ㉡ **소방계획서의 이행**에 관한 사항

    ㉢ 소방시설 등의 **자체점검** 및 **정기적 점검** 등에 관한 사항

    ㉣ **화재의 예방조치** 등에 관한 사항

    ㉤ 불을 사용하는 설비 등의 관리와 특수가연물의 저장·취급에 관한 사항

    ㉥ 다중이용업소의 안전관리에 관한 사항

    ㉦ 제5조(위험물의 저장 및 취급의 제한), 제6조(위험물시설의 설치 및 변경), 제14조(위험물시설의 유지·관리), 제15조(위험물안전관리자), 제18조(정기점검 및 정기검사)에 따른 안전관리에 관한 사항

⑤ **관계인의 승낙 없이 해가 뜨기 전이나 해가 진 뒤에 할 수 있는 경우**

    ㉠ 화재, 재난·재해가 발생할 우려가 뚜렷하여 긴급하게 조사할 필요가 있는 경우

    ㉡ 소방특별조사의 실시를 사전에 통지하면 조사목적을 달성할 수 없다고 인정되는 경우

⑥ **소방청장, 소방본부장** 또는 **소방서장**은 소방특별조사를 하려면 **7일 전**에 관계인에게 **조사대상, 조사기간** 및 **조사사유** 등을 **서면으로 알려야 한다.**

> **7일 전까지 서면으로 알리지 않아도 되는 경우**
> • 화재, 재난·재해가 발생할 우려가 뚜렷하여 긴급하게 조사할 필요가 있는 경우
> • 소방특별조사의 실시를 사전에 통지하면 조사목적을 달성할 수 없다고 인정되는 경우

⑦ 소방특별조사 시작 3일 전까지 소방특별조사 연기신청서에 소방특별조사를 받기가 곤란함을 증명할 수 있는 서류를 첨부하여 소방청장, 소방본부장 또는 소방서장에게 제출하여야 한다(전자문서 포함).

⑧ **증표의 제시 및 비밀유지 의무 등**

    ㉠ 소방특별조사 업무를 수행하는 관계 공무원 및 관계 전문가는 그 권한 또는 자격을 표시하는 증표를 지니고 이를 관계인에게 내보여야 한다.

    ㉡ 소방특별조사 업무를 수행하는 관계 공무원 및 관계 전문가는 관계인의 정당한 업무를 방해하여서는 아니 되며, 조사업무를 수행하면서 취득한 자료나 알게 된 비밀을 다른 자에게 제공 또는 누설하거나 목적 외의 용도로 사용하여서는 아니 된다.

(2) **소방특별조사 결과에 따른 조치명령**

① 조치명령권자 : **소방청장, 소방본부장** 또는 **소방서장**

② 조치명령의 내용 : 소방대상물의 **위치·구조·설비** 또는 **관리**의 상황

■ 소방특별조사를 하려면 7일전에 관계인에게 조사 대상, 조사기간, 조사사유 등을 서면으로 통보

■ 소방특별조사 연기신청 : 소방특별조사 시작 3일 전까지 연기신청서 제출

■ 소방특별조사 결과에 따른 조치사항이 아닌 것 : 신축, 증축

③ 조치명령 시기 : 화재나 재난·재해 예방을 위하여 보완될 필요가 있거나 화재가 발생하면 인명 또는 재산의 피해가 클 것으로 예상되는 때

④ 조치사항 : 그 소방대상물의 **개수·이전·제거, 사용의 금지** 또는 **제한, 사용 폐쇄, 공사의 정지** 또는 **중지**, 그 밖의 필요한 조치

(3) 소방특별조사위원회

① **위원장 : 소방본부장**

② 위원 : 7명 이내(위원장 포함, 성별을 고려하여 구성)

③ 위원의 자격

    ㉠ 과장급 직위 이상의 소방공무원

    ㉡ 소방기술사

    ㉢ 소방시설관리사

    ㉣ 소방 관련 석사 학위 이상을 취득한 사람

    ㉤ 소방 관련 법인 또는 단체에서 소방 관련 업무에 5년 이상 종사한 사람

    ㉥ 소방공무원 교육기관, 대학 또는 연구소에서 소방과 관련한 교육 또는 연구에 5년 이상 종사한 사람

④ 소방특별조사의 세부 항목, 소방특별조사위원회의 구성·운영에 필요한 사항은 대통령령으로 정한다.

(4) 소방특별조사에 따른 손실보상

① **손실보상권자 :** 소방청장, 특별시장·광역시장·특별자치시장·도지사 또는 특별자치도지사(이하 "시·도지사"라 한다)

② **손실보상 시 첨부서류**

    ㉠ 소방대상물의 관계인임을 증명할 수 있는 서류(건축물대장은 제외한다)

    ㉡ 손실을 증명할 수 있는 사진 그 밖의 증빙자료

6 건축허가 등의 동의

(1) **건축허가 등의 동의권자** : 건축물 등의 시공지 또는 소재지를 **관할하는 소방본부장**이나 **소방서장**

(2) **건축허가 등의 동의 내용** : 건축물의 신축, 증축, 개축, 재축, 이전, 용도변경 또는 대수선의 허가·협의 및 사용승인

■ **소방특별조사대상 선정위원회 위원**
- 소방기술사, 소방시설관리사
- 소방관련 석사학위 이상
- 경력 5년 이상

(3) 건축허가 등의 동의대상물의 범위

① 연면적이 400[m²] 이상인 건축물. 다만, 다음 각 목의 어느 하나에 해당하는 시설은 해당 목에서 정한 기준 이상인 건축물로 한다.
  ㉠ 학교시설 : 100[m²]
  ㉡ 노유자시설 및 수련시설 : 200[m²]
  ㉢ 정신의료기관(입원실이 없는 정신건강의학과 의원은 제외) : 300[m²]
  ㉣ 장애인 의료재활시설(의료재활시설) : 300[m²]

② 6층 이상의 건축물

③ 차고·주차장 또는 주차용도로 사용되는 시설로서 다음의 어느 하나에 해당하는 것
  ㉠ 차고·주차장으로 사용되는 바닥면적이 200[m²] 이상인 층이 있는 건축물이나 주차시설
  ㉡ 승강기 등 기계장치에 의한 주차시설로서 자동차 20대 이상을 주차할 수 있는 시설

④ 항공기격납고, 관망탑, 항공관제탑, 방송용 송수신탑

⑤ 지하층 또는 무창층이 있는 건축물로서 바닥면적이 150[m²](공연장의 경우에는 100[m²]) 이상인 층이 있는 것

⑥ 특정소방대상물 중 위험물 저장 및 처리 시설, 지하구

⑦ ①에 해당하지 않는 노유자시설 중 다음 각 목의 어느 하나에 해당하는 시설
  ㉠ 노인 관련 시설 중 다음의 어느 하나에 해당하는 시설
    ㉮ 노인주거복지시설·노인의료복지시설 및 재가노인복지시설
    ㉯ 학대피해노인 전용 쉼터
  ㉡ 아동복지시설(아동상담소, 아동전용시설 및 지역아동센터는 제외)
  ㉢ 장애인 거주시설
  ㉣ 정신질환자 관련 시설(공동생활가정을 제외한 재활훈련시설과 종합시설 중 24시간 주거를 제공하지 아니하는 시설은 제외)
  ㉤ 노숙인 관련 시설 중 노숙인자활시설, 노숙인재활시설 및 노숙인요양시설
  ㉥ 결핵환자나 한센인이 24시간 생활하는 노유자시설

⑧ 요양병원(정신의료기관 중 정신병원과 의료재활시설은 제외)

(4) 건축허가 등의 동의대상물 제외

① 소화기구, 누전경보기, 피난기구, 방열복 또는 방화복, 공기호흡기, 인공소생기, 유도등, 유도표지가 화재안전기준에 적합한 경우 그 특정소방대상물

② 건축물의 증축 또는 용도변경으로 인하여 해당 특정소방대상물에 추가로 소방시설 등이 설치되지 아니하는 경우 그 특정소방대상물

③ 성능위주설계를 한 특정소방대상물

■ 건축허가 동의대상물 범위
  – 노유자시설 및 수련시설 : 200[m²]
  – 차고주차장 바닥면적 : 200[m²]
  – 기계장치 주차시설로 20대 이상 주차할 수 있는 시설
  – 지하층 또는 무창층에 있는 건축물로 바닥면적 : 150[m²] (공연장 : 100[m²])

(5) 건축허가 등의 동의요구서 제출 서류

① **건축허가신청서** 및 **건축허가서** 또는 건축·대수선·용도변경신고서 등의 서류 **사본**

② 설계도서

    ㉠ 건축물의 단면도 및 주단면 상세도(내장재료를 명시한 것에 한한다)

    ㉡ 소방시설(기계·전기 분야의 시설을 말한다)의 층별 평면도 및 층별 계통도(시설별 계산서를 포함한다)

    ㉢ 창호도

③ **소방시설 설치계획표**

④ 임시소방시설 설치 계획서(설치시기·위치·종류·방법 등 임시소방시설의 설치와 관련한 세부사항을 포함한다)

⑤ 소방시설설계업등록증과 소방시설을 설계한 **기술인력자의 기술자격증 사본**

⑥ 도급의 원칙에 따라 체결한 소방시설설계 계약서 사본 1부

■ 건축허가 등의 동의 여부 회신
- 일반대상물 : 5일 이내
- 특급소방안전관리 대상물 : 10일 이내

(6) 건축허가 등의 동의 여부에 대한 회신

① 일반대상물 : 5일 이내

② **특급소방안전관리대상물 : 10일 이내**

    ㉠ 50층 이상(지하층은 제외)이거나 지상으로부터 높이가 200[m] 이상인 아파트

    ㉡ **30층 이상(지하층을 포함)이거나 지상으로부터 높이가 120[m] 이상인 특정소방대상물(아파트는 제외)**

    ㉢ ㉡에 해당하지 아니하는 특정소방대상물로서 **연면적이 20만[m²] 이상인 특정소방대상물(아파트는 제외)**

③ **서류보완기간 : 4일 이내**

(7) 건축허가 등을 취소하였을 때에는 취소한 날부터 **7일 이내**에 건축물의 시공지 또는 소재지를 관할하는 **소방본부장** 또는 **소방서장**에게 그 사실을 통보하여야 한다.

(8) "행정안전부령으로 정하는 연소 우려가 있는 구조"란 다음의 기준에 모두 해당하는 구조를 말한다.

① 건축물대장의 건축물 현황도에 표시된 대지경계선 안에 둘 이상의 건축물이 있는 경우

② 각각의 건축물이 다른 건축물의 외벽으로부터 수평거리가 1층의 경우에는 6[m] 이하, 2층 이상의 층의 경우에는 10[m] 이하인 경우

③ 개구부가 다른 건축물을 향하여 설치되어 있는 경우

7 소방시설 등의 종류 및 적용기준

(1) 소화기구 및 자동소화장치

① **소화기구** : 연면적 33[m²] 이상, **지정문화재**, 가스시설, 터널

② **주거용 주방자동소화장치** : 아파트 등 및 30층 이상 오피스텔의 모든 층

> ■ **주거용 주방자동소화장치**
> – 연면적 : 33[m²] 이상
>   (지정문화재, 가스시설,
>   터널)
> – 아파트 및 30층 이상 오
>   피스텔

(2) 옥내소화전설비

위험물 저장 및 처리시설 중 가스시설, 지하구 및 방재실 등에서 스프링클러설비 또는 물분무 등 소화설비를 원격으로 조정할 수 있는 업무시설 중 무인변전소는 제외한다.

① **연면적**이 3,000[m²] **이상**(터널은 제외), 지하층, 무창층(축사는 제외) 또는 4층 이상인 것 중 바닥면적이 600[m²] 이상인 층이 있는 것은 모든 층

② 지하가 중 **터널**의 경우 길이가 1,000[m] **이상**

③ ①에 해당하지 않는 **근린생활시설**, 판매시설, 운수시설, 의료시설, **노유자시설, 업무시설, 숙박시설, 위락시설**, 공장, 창고시설, 항공기 및 자동차 관련시설, 교정 및 군사시설 중 국방 · 군사시설, 방송통신시설, 발전시설, **장례시설** 또는 복합건축물로서 연면적 1,500[m²] **이상**이거나 지하층 · 무창층 또는 층수가 4층 이상인 층 중 바닥면적이 300[m²] 이상인 층이 있는 것은 모든 층

④ 건축물의 옥상에 설치된 차고 또는 주차장으로서 바닥면적이 200[m²] 이상

⑤ ① 및 ③에 해당하지 않는 공장 또는 창고시설로서 소방기본법 시행령 별표 2에서 정하는 수량의 750배 이상의 특수가연물을 저장 · 취급하는 것

(3) 스프링클러설비

① **문화 및 집회시설**(동 · 식물원 제외), 종교시설(주요구조부가 목재인 것은 제외), 운동시설(물놀이형 시설은 제외)로서 다음에 해당하는 모든 층

   ㉠ **수용인원이 100명 이상**

   ㉡ 영화상영관의 용도로 쓰이는 층의 바닥면적이 지하층 또는 무창층인 경우 500[m²] 이상, 그 밖의 층은 1,000[m²] 이상

   ㉢ 무대부가 지하층, 무창층, 4층 이상 : 무대부의 면적이 300[m²] 이상

   ㉣ 무대부가 그 밖의 층 : 무대부의 면적이 500[m²] 이상

② **판매시설**, 운수시설 및 **창고시설(물류터미널)**로서 바닥면적의 합계가 5,000[m²] 이상이거나 수용인원 500명 이상인 경우에는 모든 층

③ 층수가 **6층 이상**인 경우는 모든 층

> ■ **스프링클러설비**
> – 층수 6층 이상 특정소
>   방대상물
> – 지하가로서 연면적
>   1,000[m²] 이상

④ 다음의 어느 하나에 해당하는 용도로 사용되는 시설의 바닥면적의 합계가 600[m²] 이상인 것은 모든 층

  ㉠ 의료시설 중 정신의료기관

  ㉡ 의료시설 중 종합병원, 병원, 치과병원, 한방병원 및 요양병원(정신병원 은 제외한다)

  ㉢ 노유자시설

  ㉣ 숙박이 가능한 수련시설

⑤ 창고시설(물류터미널은 제외한다)로서 바닥면적 합계가 5,000[m²] 이상인 경우에는 모든 층

⑥ 천장 또는 반자(반자가 없는 경우에는 지붕의 옥내에 면하는 부분)의 높이가 10[m]를 넘는 랙식 창고(Rack Warehouse)(물건을 수납할 수 있는 선반이 나 이와 비슷한 것을 갖춘 것을 말한다)로서 바닥면적의 합계가 1,500[m²] 이상인 것

⑦ ①부터 ⑥까지의 특정소방대상물에 해당하지 않는 특정소방대상물의 지하 층·무창층(축사는 제외한다) 또는 층수가 4층 이상인 층으로서 바닥면적이 1,000[m²] 이상인 층

⑧ ⑥에 해당하지 않는 공장 또는 창고시설로서 다음의 어느 하나에 해당하는 시설

  ㉠ 수량의 1,000배 이상의 특수가연물을 저장·취급하는 시설

  ㉡ 중·저준위방사성폐기물(이하 "중·저준위방사성폐기물"이라 한다)의 저장시설 중 소화수를 수집·처리하는 설비가 있는 저장시설

⑨ 지붕 또는 외벽이 불연재료가 아니거나 내화구조가 아닌 공장 또는 창고시설 로서 다음의 어느 하나에 해당하는 것

  ㉠ 창고시설(물류터미널에 한정한다) 중 ②에 해당하지 않는 것으로서 바닥 면적의 합계가 2,500[m²] 이상이거나 수용인원이 250명 이상인 것

  ㉡ 창고시설(물류터미널은 제외한다) 중 ⑤에 해당하지 않는 것으로서 바닥 면적의 합계가 2,500[m²] 이상인 것

  ㉢ 랙식 창고시설 중 ⑥에 해당하지 않는 것으로서 바닥면적의 합계가 750[m²] 이상인 것

  ㉣ 공장 또는 창고시설 중 ⑦에 해당하지 않는 것으로서 지하층·무창층 또는 층수가 4층 이상인 것 중 바닥면적이 500[m²] 이상인 것

  ㉤ 공장 또는 창고시설 중 ⑧의 ㉠에 해당하지 않는 것으로서 수량의 500배 이상의 특수가연물을 저장·취급하는 시설

⑩ 지하가(터널은 제외한다)로서 연면적 1,000[m²] 이상인 것

⑪ 기숙사(교육연구시설·수련시설 내에 있는 학생 수용을 위한 것을 말한다) 또는 복합건축물로서 연면적 5,000[m^2] 이상인 경우에는 모든 층

⑫ 교정 및 군사시설 중 다음의 어느 하나에 해당하는 경우에는 해당 장소

　　㉠ 보호감호소, 교도소, 구치소 및 그 지소, 보호관찰소, 갱생보호시설, 치료감호시설, 소년원 및 소년분류심사원의 수용거실

　　㉡ 보호시설(외국인보호소의 경우에는 보호대상자의 생활공간으로 한정한다. 이하 같다)로 사용하는 부분. 다만, 보호시설이 임차건물에 있는 경우는 제외한다.

　　㉢ 유치장

⑬ 특정소방대상물에 부속된 보일러실 또는 연결통로 등

(4) 간이스프링클러설비

① 근린생활시설로 사용되는 부분의 바닥면적의 합계가 1,000[m^2] 이상인 것은 모든 층

② 근린생활시설로서 의원, 치과의원 및 한의원으로서 입원실이 있는 거실

③ 교육연구시설 내에 있는 **합숙소**로서 연면적이 **100[m^2] 이상**

④ 의료시설 중 다음 어느 하나에 해당하는 시설

　　㉠ 종합병원, 병원, 치과병원, 한방병원 및 요양병원(정신병원과 의료재활시설은 제외)으로 사용되는 바닥면적의 합계가 600[m^2] 미만인 시설

　　㉡ 정신의료기관 또는 의료재활시설로 사용되는 바닥면적의 합계가 300[m^2] 이상 600[m^2] 미만인 시설

　　㉢ 정신의료기관 또는 의료재활시설로 사용되는 바닥면적의 합계가 300[m^2] 미만이고, 창살(철재·플라스틱 또는 목재 등으로 사람의 탈출 등을 막기 위하여 설치한 것을 말하며, 화재 시 자동으로 열리는 구조로 되어 있는 창살은 제외)이 설치된 시설

⑤ **노유자시설**로서 다음의 어느 하나에 해당하는 시설

　　㉠ 노유자생활시설

　　㉡ ㉠에 해당하지 않는 노유시설로 바닥면적의 합계가 **300[m^2] 이상 600[m^2] 미만**인 시설

　　㉢ 바닥면적의 합계가 **300[m^2] 미만**이고 **창살**(화재 시 자동으로 열리는 구조는 제외)**이 설치된 시설**

⑥ 생활형 숙박시설로서 바닥면적의 합계가 600[m^2] 이상인 것

⑦ 복합건축물로서 연면적 1,000[m^2] 이상인 것은 모든 층

■ 물분무 등 소화설비
– 항공기 및 항공기 격납고
– 20대 이상 차량을 주차
  할 수 있는 것

(5) 물분무 등 소화설비

① 항공기 및 자동차 관련 시설 중 **항공기 격납고**

② 차고, **주차용 건축물** 또는 **철골 조립식 주차시설**로서 연면적 800[m²] 이상

③ 건축물 내부에 설치된 차고 또는 주차장으로서 차고 또는 주차의 용도로 사용되는 부분의 바닥면적의 합계가 200[m²] 이상

④ **기계장치에 의한 주차시설**을 이용하여 **20대 이상의 차량**을 주차할 수 있는 것

⑤ **전기실, 발전실, 변전실**, 축전지실, 통신기기실, 전산실, 그 밖에 이와 비슷한 것으로서 **바닥면적이 300[m²] 이상**

(6) 옥외소화전설비

① **지상 1층 및 2층의 바닥면적의 합계가 9,000[m²] 이상**(이 경우 동일구내에 둘 이상의 특정소방대상물이 **행정안전부령으로 정하는 연소 우려가 있는 구조**인 경우에는 이를 하나의 특정소방대상물로 본다)

② 국보 또는 보물로 지정된 목조건축물

③ 공장 또는 창고시설로서 소방기본법 시행령 별표 2에서 정하는 수량의 750 배 이상의 특수가연물을 저장·취급하는 곳

■ 비상경보설비
: 50명 이상의 근로자가
  작업하는 옥내작업장

(7) 비상경보설비

① 연면적이 400[m²] 이상

② 지하층 또는 무창층의 바닥면적이 150[m²] 이상(**공연장은 100[m²] 이상**)

③ 지하가 중 **터널**로서 길이가 **500[m] 이상**

④ 50명 이상의 근로자가 작업하는 옥내작업장

(8) 비상방송설비(가스시설, 터널, 사람이 거주하지 않는 동물 및 식물관련시설, 지하가 중 터널, 축사, 지하구는 제외)

① 연면적 3,500[m²] 이상

② 11층 이상(지하층 제외)

③ 지하층의 층수가 3층 이상

■ 자동화재탐지설비
– 목욕장 연면적 1,000[m²]
  이상
– 터널길이 1,000[m] 이상
– 의료시설 600[m²] 이상

(9) 자동화재탐지설비

① 근린생활시설(목욕장은 제외), **의료시설(정신의료기관, 요양병원은 제외)**, 숙박시설, 위락시설, 장례시설 빛 복합건축물로서 연면적 600[m²] 이상

② **공동주택**, 근린생활 중 **목욕장**, 문화 및 집회시설, 종교시설, 판매시설, 운수시설, 운동시설, 업무시설, 공장, 창고시설, 위험물 저장 및 처리시설, 항공기 및 자동차관련시설, 교정 및 군사시설 중 국방·군사시설, 방송통신시설, 발전시설, 관광휴게시설, 지하가(터널은 제외)로서 **연면적 1,000[m²] 이상**

③ **교육연구시설**(기숙사 및 합숙소를 포함), 수련시설(기숙사 및 합숙소를 포함하며 숙박시설이 있는 수련시설은 제외), 동물 및 식물관련시설(기둥과 지붕만으로 구성되어 외부와 기류가 통하는 장소는 제외), 분뇨 및 쓰레기 처리시설, 교정 및 군사시설(국방·군사시설은 제외), 묘지관련시설로서 **연면적 2,000[m^2] 이상**

④ 지하구

⑤ 길이 **1,000[m] 이상**인 **터널**

⑥ **노유자 생활시설**

⑦ ⑥에 해당하지 않는 노유자시설로서 연면적 400[m^2] 이상인 노유자시설 및 숙박시설이 있는 수련시설로서 수용인원 100명 이상인 것

⑧ 의료시설 중 정신의료기관 또는 요양병원으로서 다음의 어느 하나에 해당하는 시설

　㉠ 요양병원(정신병원과 의료재활시설은 제외)

　㉡ 정신의료기관 또는 의료재활시설로 사용되는 바닥면적의 합계가 300[m^2] 이상인 시설

　㉢ 정신의료기관 또는 의료재활시설로 사용되는 바닥면적의 합계가 300[m^2] 미만이고, 창살(철재·플라스틱 또는 목재 등으로 사람의 탈출 등을 막기 위하여 설치한 것을 말하며, 화재 시 자동으로 열리는 구조로 되어 있는 창살은 제외)이 설치된 시설

⑨ 판매시설 중 전통시장

(10) 자동화재속보설비

① 업무시설, 공장, 창고시설, 교정 및 국방·군사시설, 발전시설(사람이 근무하지 않는 시간에는 무인경비시스템으로 관리하는 시설만 해당한다)로서 바닥면적 1,500[m^2] 이상(24시간 상주 시에는 제외)

② **노유자 생활시설**

③ **②에 해당되지 않는 노유자시설로서 바닥면적 500[m^2] 이상** (24시간 상주 시에는 제외)

④ **수련시설**(숙박시설이 있는 건축물에 한함)로서 **바닥면적 500[m^2] 이상** (24시간 상주 시에는 제외)

⑤ **보물** 또는 **국보**로 지정된 목조건축물(다만, 사람이 24시간 상주 시 제외)

⑥ 근린생활시설 중 **의원, 치과의원 및 한의원**으로서 **입원실이 있는 시설**

⑦ 의료시설 중 다음의 어느 하나에 해당하는 시설

　㉠ 종합병원, 병원, 치과병원, 한방병원 및 요양병원(정신병원과 의료재활시설은 제외)

■ **자동화재속보설비**
　– 노유자시설로서 바닥면적 500[m^2] 이상

ⓒ 정신병원과 의료재활시설로 사용되는 바닥면적의 합계가 500[m²] 이상인 층이 있는 것

⑧ 판매시설 중 전통시장

⑨ ①부터 ⑧까지에 해당하지 않는 특정소방대상물 중 층수가 30층 이상인 것

(11) 단독경보형감지기

① 연면적 1,000[m²] 미만의 아파트 등, 기숙사

② 교육연구시설 또는 수련시설 내에 있는 합숙소 또는 기숙사로서 연면적 2,000[m²] 미만

③ 연면적 600[m²] 미만의 숙박시설

④ (10)의 ④에 해당하지 않는 수련시설(숙박시설이 있는 것만 해당)

⑤ 연면적 400[m²] 미만의 유치원

(12) 피난구조설비

① 피난기구 : 피난층, 지상1층, 지상2층, 11층 이상인 층과 가스시설, 터널, 지하구를 제외한 특정대상물의 모든 층

② 인명구조기구는 지하층을 포함하는 층수가 7층 이상인 관광호텔[방열복 또는 방화복(안전헬멧, 보호장갑 및 안전화 포함), 인공소생기, 공기호흡기] 및 지하층을 포함한 5층 이상인 병원[방열복 또는 방화복(안전헬멧, 보호장갑 및 안전화 포함), 공기호흡기]에 설치하여야 한다.

③ 공기호흡기의 설치대상

㉠ 수용인원 100명 이상의 문화 및 집회시설 중 영화상영관

㉡ 판매시설 중 대규모점포

㉢ 운수시설 중 지하역사

㉣ 지하가 중 지하상가

㉤ 이산화탄소 소화설비를 설치하여야 하는 특정소방대상물

④ 유도등

㉠ 피난구유도등, 통로유도등, 유도표지 : 모든 소방대상물(지하가 중 터널 및 지하구 및 축사로서 가축을 직접 가두어 사육하는 부분 제외)에 설치

㉡ 객석유도등 : 유흥주점영업시설, 문화 및 집회시설, 종교시설, 운동시설에 설치

⑤ 비상조명등

㉠ 5층(지하층 포함) 이상으로 연면적 3,000[m²] 이상

㉡ 지하층 또는 무창층의 바닥면적이 450[m²] 이상인 경우에는 그 지하층 또는 무창층

㉢ 지하가 중 터널의 길이가 500[m] 이상

■ 단독경보형감지기
– 교육연구시설 연면적 2,000[m²] 미만

■ 비상조명등
– 5층 이상 연면적 3,000[m²] 이상
– 지하가 중 터널길이 500[m] 이상

⑥ 휴대용 비상조명등

   ㉠ 숙박시설

   ㉡ 수용인원 100명 이상의 영화상영관, 판매시설 중 대규모 점포, 지하역사, 지하상가

(13) 소화활동설비

① 제연설비

   ㉠ **문화 및 집회시설, 종교시설, 운동시설**로서 무대부의 바닥면적이 **200[m²] 이상** 또는 **문화 및 집회시설 중 영화상영관**으로서 **수용인원 100명 이상**

   ㉡ 지하층이나 무창층에 설치된 근린생활시설, 판매시설, 운수시설, 숙박시설, 위락시설, 의료시설, 노유자시설 또는 창고시설(물류터미널만 해당한다)로서 해당 용도로 사용되는 바닥면적의 합계가 1,000[m²] 이상인 층

   ㉢ 시외버스정류장, **철도 및 도시철도시설**, 공항시설 및 **항만시설의 대합실** 또는 휴게실로서 지하층 또는 무창층의 바닥면적이 1,000[m²] 이상

   ㉣ **지하가**(터널 제외)로서 연면적이 **1,000[m²] 이상**

   ㉤ 특정소방대상물(갓복도형 아파트 등은 제외)에 부설된 특별피난계단 또는 비상용승강기의 승강장, 피난용승강기의 승강장

② 연결송수관설비

   ㉠ **5층 이상**으로서 **연면적 6,000[m²] 이상**

   ㉡ 지하층을 포함한 층수가 **7층 이상**

   ㉢ 지하층의 층수가 3층 이상이고 지하층의 바닥면적의 합계가 1,000[m²] 이상인 것

   ㉣ 터널의 길이가 **1,000[m] 이상**

③ 연결살수설비

   ㉠ 판매시설, 운수시설, 창고시설 중 물류터미널로서 바닥면적의 합계가 1,000[m²] 이상

   ㉡ **지하층**으로서 바닥면적의 합계가 **150[m²] 이상**[국민주택 규모 이하의 **아파트**의 지하층(대피시설로 사용하는 것만 해당)과 **학교의 지하층**은 **700[m²] 이상**]

   ㉢ 가스시설 중 지상에 노출된 탱크의 용량이 30톤 이상인 탱크시설

   ㉣ ㉠ 및 ㉡의 특정소방대상물에 부속된 연결통로

④ 비상콘센트설비

   ㉠ **11층 이상은 11층 이상의 층**

   ㉡ **지하층**의 층수가 **3층 이상**이고 지하층의 바닥면적의 합계가 1,000[m²] 이상인 것은 지하층의 모든 층

   ㉢ 터널의 길이가 **500[m] 이상**

■ 제연설비
- 영화상영관 수용인원 100명 이상
- 철도 및 도시철도시설
- 항만시설의 대합실
- 지하가로서 연면적 1,000[m²] 이상

■ 연결살수설비
- 학교의 지하층은 700[m²] 이상

■ 비상콘센트 설비
- 11층 이상의 층
- 터널 길이 500[m] 이상

⑤ **무선통신보조설비**

　　㉠ **지하가(터널 제외)**로서 **연면적 1,000[m²] 이상**

　　㉡ 지하층의 바닥면적의 합계가 3,000[m²] 이상

　　㉢ 지하층의 층수가 3층 이상이고 지하층의 바닥면적의 합계가 1,000[m²] 이상인 것은 지하층의 모든 층

　　㉣ 지하가 중 터널의 길이가 500[m] 이상

　　㉤ **공동구**

　　㉥ 층수가 **30층 이상**인 것으로서 **16층 이상 부분의 모든 층**

⑥ **연소방지설비**

　　지하구(전력 또는 통신사업용인 것만 해당)

■ 연소방지설비 설치
: 지하구

연소방지설비 : **지하구**(전력 또는 통신사업용인 것만 해당)에 설치

[연면적에 따른 소방시설]

지하가(터널 제외)의 연면적에 따라 설치하여야 하는 소방시설	
연면적 1,000[m²] 이상	스프링클러설비, 제연설비, 무선통신보조설비

[길이에 따른 소방시설]

지하가 중 터널의 길이에 따라 설치하여야 하는 소방시설	
터널길이 500[m] 이상	비상경보설비, 비상조명등, 비상콘센트설비, 무선통신보조설비
터널길이 1,000[m] 이상	옥내소화전설비, 연결송수관설비, 자동화재탐지설비

8 수용인원 산정방법

(1) 숙박시설이 있는 특정소방대상물

■ 숙박시설 수용인원 산정
– 침대가 있는 숙박시설 :
종사자수 + 침대의 수

① 침대가 있는 숙박시설 : **종사자수 + 침대의 수**(2인용 침대는 2인으로 산정)

② 침대가 없는 숙박시설 : 종사자수 + (바닥면적의 합계 ÷ 3[m²])

9 소방시설의 적용대상 및 면제

(1) 소급적용 대상

소방본부장이나 소방서장은 대통령령 또는 화재안전기준의 변경으로 그 기준이 강화되는 경우 기존의 특정소방대상물(건축물의 신축·개축·재축·이전 및 대수선 중인 특정소방대상물을 포함)의 소방시설에 대하여는 변경 전의 대통령령 또는 화재안전기준을 적용한다. 다만, **다음에 해당하는 소방시설의 경우**에는 대통령령 또는 화재안전기준의 변경으로 **강화된 기준을 적용한다.**

① 다음 소방시설 중 대통령령으로 정하는 것

■ **강화된 기준을 적용하는 것**
　– 소화기구
　– 비상경보설비
　– 자동화재속보설비
　– 피난구조설비

　　㉠ 소화기구

　　㉡ 비상경보설비

ⓒ 자동화재속보설비

ⓔ 피난구조설비

(2) 특정소방대상물의 소방시설 설치의 면제기준

설치가 면제되는 소방시설	설치면제 기준
비상경보설비 또는 단독경보형 감지기	비상경보설비 또는 단독경보형 감지기를 설치하여야 하는 특정소방대상물에 자동화재탐지설비를 화재안전기준에 적합하게 설치한 경우에는 그 설비의 유효범위에서 설치가 면제된다.
상수도소화용수설비	• 상수도소화용수설비를 설치하여야 하는 특정소방대상물의 각 부분으로부터 수평거리 140[m] 이내에 공공의 소방을 위한 소화전이 화재안전기준에 적합하게 설치되어 있는 경우에는 설치가 면제된다. • 소방본부장 또는 소방서장이 상수도소화용수설비의 설치가 곤란하다고 인정하는 경우로서 화재안전기준에 적합한 소화수조 또는 저수조가 설치되어 있거나 이를 설치하는 경우에는 그 설비의 유효범위에서 설치가 면제된다.
연결송수관설비	연결송수관설비를 설치하여야 하는 소방대상물에 옥외에 연결송수구 및 옥내에 방수구가 부설된 옥내소화전설비, 스프링클러설비, 간이스프링클러설비 또는 연결살수설비를 화재안전기준에 적합하게 설치한 경우에는 그 설비의 유효범위에서 설치가 면제된다. 다만, 지표면에서 최상층 방수구의 높이가 70[m] 이상인 경우에는 설치하여야 한다.
자동화재탐지설비	자동화재탐지설비의 기능(감지·수신·경보기능을 말한다)과 성능을 가진 스프링클러설비 또는 물분무 등 소화설비를 화재안전기준에 적합하게 설치한 경우에는 그 설비의 유효범위에서 설치가 면제된다.

■ 소방시설 설치의 면제기준
- 비상경보설비 또는 단독경보형감지기(자동화재탐지설비)
- 상수도 소화용수 설비(소화전)
- 자동화재탐지설비(스프링클러설비 또는 물분무 등 소화설비)

(3) 내진설계대상 : 옥내소화전설비, 스프링클러설비, 물분무 등 소화설비

■ 내진설계대상
- 옥내소화전설비
- 스프링클러설비
- 물분무소화설비

(4) 소방시설을 설치하지 아니할 수 있는 특정소방대상물 및 소방시설의 범위

구 분	특정소방대상물	소방시설
화재 위험도가 낮은 특정소방대상물	석재, 불연성금속, 불연성 건축재료 등의 가공공장·기계조립공장·주물공장 또는 불연성 물품을 저장하는 창고	옥외소화전 및 연결살수설비
	소방대가 조직되어 24시간 근무하고 있는 청사 및 차고	옥내소화전설비, 스프링클러설비, 물분무 등 소화설비, 비상방송설비, 피난기구, 소화용수설비, 연결송수관설비, 연결살수설비
화재안전기준을 적용하기 어려운 특정소방대상물	펄프공장의 작업장, 음료수 공장의 세정 또는 충전을 하는 작업장, 그 밖에 이와 비슷한 용도로 사용하는 것	스프링클러설비, 상수도소화용수설비 및 연결살수설비
	정수장, 수영장, 목욕장, 농예·축산·어류양식용 시설, 그 밖에 이와 비슷한 용도로 사용되는 것	자동화재탐지설비, 상수도소화용수설비 및 연결살수설비
화재안전기준을 달리 적용하여야 하는 특수한 용도 또는 구조를 가진 특정소방대상물	원자력발전소, 핵폐기물처리시설	연결송수관설비 및 연결살수설비
자체소방대가 설치된 특정소방대상물	자체소방대가 설치된 위험물 제조소 등에 부속된 사무실	옥내소화전설비, 소화용수설비, 연결살수설비 및 연결송수관설비

🔟 성능위주설계를 하여야 하는 특정소방대상물의 범위

(1) 연면적 20만[m²] 이상인 특정소방대상물[단, 공동주택 중 주택으로 쓰이는 층수가 5층 이상인 주택(아파트 등)은 제외]

(2) 다음의 어느 하나에 해당하는 특정소방대상물(단, 아파트 등은 제외)

  ① 건축물의 높이가 100[m] 이상인 특정소방대상물

  ② 지하층을 포함한 층수가 30층 이상인 특정소방대상물

(3) 연면적 3만[m²] 이상인 특정소방대상물로서 다음에 해당하는 특정소방대상물

  ① 철도 및 도시철도 시설

  ② 공항시설

(4) 하나의 건축물에 영화상영관이 10개 이상인 특정소방대상물

(5) 성능위주설계를 할 수 있는 기술인력 : 소방기술사 2명 이상

11 임시소방시설의 종류와 설치기준

(1) 임시소방시설의 종류

  ① 소화기

  ② 간이소화장치 : 물을 방사하여 화재를 진화할 수 있는 장치로서 소방청장이 정하는 성능을 갖추고 있을 것

  ③ 비상경보장치 : 화재가 발생한 경우 주변에 있는 작업자에게 화재사실을 알릴 수 있는 장치로서 소방청장이 정하는 성능을 갖추고 있을 것

  ④ 간이피난유도선 : 화재가 발생한 경우 피난구 방향을 안내할 수 있는 장치로서 소방청장이 정하는 성능을 갖추고 있을 것

(2) 임시소방시설을 설치하여야 하는 공사의 종류와 규모

  ① 소화기 : 건축허가 등을 할 때 소방본부장 또는 소방서장의 동의를 받아야 하는 특정소방대상물의 건축·대수선·용도변경 또는 설치 등을 위한 공사 중 임시소방시설을 설치하여야 하는 작업을 하는 현장에 설치한다.

  ② 간이소화장치 : 다음의 어느 하나에 해당하는 공사의 작업현장에 설치한다.

    ㉠ 연면적 3,000[m²] 이상

    ㉡ 지하층, 무창층 및 4층 이상의 층. 이 경우 해당 층의 바닥면적이 600[m²] 이상인 경우만 해당한다.

③ 비상경보장치 : 다음의 어느 하나에 해당하는 공사의 작업현장에 설치한다.
　㉠ 연면적 400[m^2] 이상
　㉡ 지하층 또는 무창층. 이 경우 해당 층의 바닥면적이 150[m^2] 이상인 경우
　　만 해당한다.
④ 간이피난유도선 : 바닥면적이 150[m^2] 이상인 지하층 또는 무창층의 작업현
　장에 설치한다.

(3) 임시소방시설을 설치한 것으로 보는 소방시설

① 간이소화장치를 설치한 것으로 보는 소방시설 : 옥내소화전 및 **소방청장이
정하여 고시하는 기준에 맞는 소화기**(대형소화기를 작업지점으로부터 5[m]
이내 쉽게 보이는 장소에 6개 이상을 배치한 경우)
② 비상경보장치를 설치한 것으로 보는 소방시설 : 비상방송설비 또는 자동화재
탐지설비
③ 간이피난유도선을 설치한 것으로 보는 소방시설 : 피난유도선, 피난구유도등,
통로유도등 또는 비상조명등

12 소방기술심의위원회

(1) 중앙소방기술심의위원회(중앙위원회)

① 소속 : 소방청
② 심의사항
　㉠ 화재안전기준에 관한 사항
　㉡ 소방시설의 구조 및 원리 등에서 공법이 특수한 설계 및 시공에 관한
　　사항
　㉢ 소방시설의 설계 및 공사감리의 방법에 관한 사항
　㉣ 소방시설공사의 하자를 판단하는 기준에 관한 사항
　㉤ 그 밖에 소방기술 등에 관하여 대통령령으로 정하는 사항
　　• 연면적 10만[m^2] 이상의 특정소방대상물에 설치된 소방시설의 설계·
　　　시공·감리의 하자 유무에 관한 사항
　　• 새로운 소방시설과 소방용품 등의 도입 여부에 관한 사항
　　• 그 밖에 소방기술과 관련하여 소방청장이 심의에 부치는 사항
③ 중앙소방기술심의위원회의 위원의 자격
　㉠ 과장급 직위 이상의 소방공무원
　㉡ 소방기술사
　㉢ 석사 이상의 소방관련 학위 소지한 사람

■ 임시소방시설을 설치한
것으로 보는 소방시설
　- 간이소화장치 : 옥내소
　　화전
　- 비상경보장치 : 비상방
　　송설비 또는 자동화재
　　탐지설비
　- 간이피난유도선 : 피난유
　　도선, 피난구유도등, 통로
　　유도등, 비상조명등

■ 중앙소방기술심의위원회
　- 소방시설공사의 하자를 판
　　단하는 기준에 관한 사항
　- 10만[m^2] 이상 특정소방
　　대상물에 설치된 소방시
　　설의 설계, 시공감리의
　　하자유무에 관한 사항

■ 중앙소방기술심의위원회
위원자격
　- 소방관련 학위 석사 이상
　- 소방공무원 과장급 이상
　- 소방기술사, 소방시설
　　관리사
　- 경력 5년 이상

ⓔ 소방시설관리사

　　　　ⓜ 소방관련 법인·단체에서 소방관련업무에 5년 이상 종사한 사람

　　　　ⓗ 소방공무원 교육기관, 대학교 또는 연구소에서 소방과 관련된 교육이나
　　　　　연구에 5년 이상 종사한 사람

(2) 지방소방기술심의위원회(지방위원회)

① 소속 : 특별시·광역시·특별자치시·도 및 특별자치도

② 심의사항

　　㉠ 소방시설에 하자가 있는지의 판단에 관한 사항

　　㉡ 그 밖에 소방기술 등에 관하여 대통령령으로 정하는 사항

　　　• 연면적 10만[m²] 미만의 특정소방대상물에 설치된 소방시설의 설계·
　　　　시공·감리의 하자 유무에 관한 사항

　　　• 소방본부장 또는 소방서장이 화재안전기준 또는 위험물 제조소 등의
　　　　시설기준의 적용에 관하여 기술검토를 요청하는 사항

　　　• 그 밖에 소방기술과 관련하여 시·도지사가 심의에 부치는 사항

13 방염 등

(1) 방염성능기준 이상의 실내장식물 등 설치 특정소방대상물

① 근린생활시설 중 의원, 체력단련장, 공연장 및 종교집회장

② 건축물의 옥내에 있는 시설로서 다음의 시설

　　㉠ 문화 및 집회시설

　　㉡ 종교시설

　　㉢ 운동시설(수영장은 제외)

③ 의료시설

④ 교육연구시설 중 합숙소

⑤ 노유자시설

⑥ 숙박이 가능한 수련시설

⑦ 숙박시설

⑧ 방송통신시설 중 방송국 및 촬영소

⑨ 다중이용업소

⑩ 층수가 11층 이상인 것(아파트는 제외)

■ 지방소방기술심의위원회
　- 소방시설에 하자가 있는
　　지의 판단에 관한 사항
　- 연면적 10만[m²] 미만

■ 방염처리대상 특정소방대상물
　- 11층 이상인 것(아파트 제외)
　- 운동시설(수영장 제외)

(2) 방염처리대상 물품

① 제조 또는 가공 공정에서 방염처리를 한 물품(합판·목재류의 경우에는 설치 현장에서 방염처리를 한 것을 포함)

　㉠ 창문에 설치하는 커튼류(블라인드를 포함)

　㉡ 카펫, 두께가 2[mm] 미만인 벽지류(종이벽지는 제외)

　㉢ 전시용 합판 또는 섬유판, 무대용 합판 또는 섬유판

　㉣ 암막·무대막(영화상영관에 설치하는 스크린과 골프연습장업에 설치하는 스크린 포함)

　㉤ 섬유류 또는 합성수지류 등을 원료로 하여 제작된 소파·의자(단란주점영업, 유흥주점영업 및 노래연습장업의 영업장에 설치하는 것만 해당)

② 건축물 내부의 천장이나 벽에 부착하거나 설치하는 것[가구류(옷장, 찬장, 식탁, 식탁용 의자, 사무용 책상, 사무용 의자 및 계산대, 그 밖에 이와 비슷한 것)와 너비 10[cm] 이하인 반자돌림대 등과 내부마감재료는 제외]

　㉠ 종이류(두께 2[mm] 이상인 것)·합성수지류 또는 섬유류를 주원료로 한 물품

　㉡ 합판이나 목재

　㉢ 공간을 구획하기 위하여 설치하는 간이 칸막이(접이식 등 이동 가능한 벽체나 천장 또는 반자가 실내에 접하는 부분까지 구획하지 아니하는 벽체)

　㉣ 흡음이나 방음을 위하여 설치하는 흡음재(흡음용 커튼을 포함) 또는 방음재(방음용 커튼을 포함)

(3) 방염성능기준

① 버너의 불꽃을 제거한 때부터 **불꽃을 올리며** 연소하는 상태가 그칠 때까지 시간 : **20초 이내**

② 버너의 불꽃을 제거한 때부터 **불꽃을 올리지 아니하고** 연소하는 상태가 그칠 때까지 시간 : **30초 이내**

③ **탄화면적** : **50[cm²] 이내**

④ **탄화길이** : **20[cm] 이내**

⑤ 불꽃에 완전히 녹을 때까지 불꽃의 접촉 횟수 : 3회 이상

⑥ 발연량을 측정하는 경우 최대 연기밀도 : 400 이하

(4) **방염대상물품의 방염성능검사 방법과 검사결과에 따른 합격표시 등에 필요한 사항** : 행정안전부령

(5) **소방청장은 방염대상물품의 방염성능검사 업무를 한국소방산업기술원에 위탁할 수 있다.**

■ **방염처리 대상 물품**
　– 카펫, 두께가 2[mm] 미만인 벽지류(종이벽지 제외)

■ **잔염시간** : 버너의 불꽃을 제거한 때부터 불꽃을 올리며 연소하는 상태가 그칠 때까지 시간(20초 이내)

■ **잔진시간** : 버너의 불꽃을 제거한 때부터 불꽃을 올리지 아니하고 연소하는 상태가 그칠 때까지 시간(30초 이내)

■ **불꽃접촉 횟수** : 3회 이상

■ **방염성능검사 방법과 검사결과 합격표시등 필요사항** : 행정안전부령

■ **방염성능검사 위탁기관** : 한국소방산업기술원

14 소방대상물의 안전관리

■ 소방안전관리자 선임
: 30일 이내
■ 소방안전관리자 신고
: 14일 이내 소방본부장 또는 소방서장에게 신고

(1) 소방안전관리자 선임

① 소방안전관리자 및 소방안전관리보조자 선임권자 : 관계인

② 소방안전관리자 선임 : **30일 이내에 선임**하고 선임한 날부터 **14일 이내**에 **소방본부장** 또는 **소방서방에게 신고**

③ 소방안전관리자 선임 기준일

    ㉠ 신축·증축·개축·재축·대수선 또는 용도 변경으로 **신규로 선임**하는 경우 : **완공일**

    ㉡ **증축** 또는 용도변경으로 **특급, 1급** 또는 **2급 소방안전관리 대상물**로 된 경우 : **증축공사의 완공일** 또는 용도변경사실을 건축물관리대장에 기재한 날

    ㉢ 양수, 경매, 환가, 매각 등 **관계인이 권리를 취득한 경우** : **해당 권리를 취득한 날** 또는 관할 소방서장으로부터 소방안전관리자 선임안내를 받은 날

    ㉣ **공동소방안전관리 특정소방대상물**의 경우 : 소방본부장 또는 소방서장이 **공동소방안전관리 대상으로 지정한 날**

    ㉤ 소방안전관리자 **해임한 경우** : 소방안전관리자를 **해임한 날**

■ 소방안전관리자 업무
– 소방계획서 작성 및 시행
– 소방훈련 및 교육
– 화기 취급의 감독
– 자위소방대 및 초기대응
  체계 구성·운영·교육
– 피난시설, 방화구획 및
  방화시설 유지·관리

(2) 관계인과 소방안전관리자의 업무

① 피난계획에 관한 사항과 대통령령으로 정하는 사항이 포함된 **소방계획서의 작성 및 시행**

② **자위소방대 및 초기 대응체계의 구성·운영·교육**

③ **피난시설, 방화구획 및 방화시설의 유지·관리**

④ **소방훈련 및 교육**

⑤ 소방시설이나 그 밖의 소방관련 시설의 유지·관리

⑥ **화기 취급의 감독**

⑦ 그 밖의 소방안전관리에 필요한 업무

⑧ 소방계획서의 내용

    ㉠ 소방안전관리대상물의 위지, 구조, 연면직, 용도, 수용인원 등 일반현황

    ㉡ 소방안전관리대상물에 설치하는 소방시설, 방화시설, 전기시설, 가스시설, 위험물시설의 현황

    ㉢ 화재예방을 위한 자체점검계획 및 진압대책

    ㉣ 소방시설·피난시설 및 방화시설의 점검·정비계획

■ 소방계획서 작성 및 실시
  에 관한 지도·감독권자
: 소방본부장 또는 소방서장

■ 소방계획서 내용이 아닌 것
– 재난방지계획 및 민방위
  조직
– 소방시설공사 하자 판단
  기준

ⓜ 피난층 및 피난시설의 위치와 피난경로의 설정, 장애인 및 노약자의 피난 계획 등을 포함한 피난계획

ⓗ 소방교육 및 훈련에 관한 계획

ⓢ 특정소방대상물의 근무자 및 거주자의 자위소방대 조직과 대원의 임무 (장애인 및 노약자의 피난 보조임무를 포함)에 관한 사항

ⓞ 증축, 개축, 재축, 이전, 대수선 중인 특정소방대상물의 공사장의 소방안 전관리에 관한 사항

ⓩ 공동 및 분임소방안전관리에 관한 사항

ⓒ 소화 및 연소방지에 관한 사항

ⓚ 위험물의 저장·취급에 관한 사항(예방규정을 정하는 제조소 등은 제외)

(3) 소방안전관리대상물

① 특급 소방안전관리대상물

동·식물원, 철강 등 불연성 물품을 저장·취급하는 창고, 위험물제조소 등, 지하구를 제외한 것

㉠ **50층 이상(지하층은 제외)**이거나 지상으로부터 높이가 **200[m] 이상**인 아 파트

㉡ **30층 이상(지하층을 포함)**이거나 지상으로부터 높이가 **120[m] 이상**인 특 정소방대상물(아파트는 제외)

㉢ **연면적이 20만[m²] 이상**인 특정소방대상물(아파트는 제외)

> ※ **특급 소방안전관리대상물의 소방안전관리자 선임자격**
> • **소방기술사** 또는 **소방시설관리사**의 자격이 있는 사람
> • **소방설비기사**의 자격을 취득한 후 **5년 이상 1급 소방안전관리대상물**의 소 방안전관리자로 근무한 실무경력(법 제20조 제3항에 따라 소방안전관리자 로 선임되어 근무한 경력은 제외한다)이 있는 사람
> • **소방설비산업기사**의 자격을 취득한 후 **7년 이상 1급 소방안전관리대상물**의 소방안전관리자로 근무한 실무경력이 있는 사람
> • **소방공무원으로 20년 이상** 근무한 경력이 있는 사람
> • 소방청장이 실시하는 특급 소방안전관리대상물의 소방안전관리에 관한 시 험에 합격한 사람. 이 경우 해당 시험은 다음의 어느 하나에 해당하는 사람 만 응시할 수 있다.
> - 1급 소방안전관리대상물의 소방안전관리자로 5년(소방설비기사의 경우 2년, 소방설비산업기사의 경우 3년) 이상 근무한 실무경력이 있는 사람
> - 1급 소방안전관리대상물의 소방안전관리자로 선임될 수 있는 자격이 있는 사람으로서 특급 또는 1급 소방안전관리대상물의 소방안전관리보조자로 7년 이상 근무한 실무경력이 있는 사람
> - **소방공무원으로 10년 이상** 근무한 경력이 있는 사람

■ **특급소방안전관리대상물**
- 50층 이상 높이 200[m] 이상 아파트(지하층 제외)
- 30층 이상 높이 120[m] 이상 특정소방대상물(지 하층 포함, 아파트 제외)
- 연면적 20만[m²] 이상 특정소방대상물(아파 트 제외)

－ 소방안전관리학과(소방청장이 정하여 고시하는 학과를 말한다)를 전공하고 졸업한 사람으로서 해당 학과를 졸업한 후 2년 이상 1급 소방안전관리대상물의 소방안전관리자로 근무한 실무경력이 있는 사람

　　　　－ **특급 소방안전관리대상물의 소방안전관리보조자로 10년 이상** 근무한 실무경력이 있는 사람

　　　　－ 특급 소방안전관리대상물의 소방안전관리에 대한 강습교육을 수료한 사람

② 1급 소방안전관리대상물

동·식물원, 철강 등 불연성 물품을 저장·취급하는 창고, 위험물제조소 등, 지하구와 특급소방안전관리대상물을 제외한 것

㉠ **30층 이상(지하층은 제외)**이거나 지상으로부터 높이가 **120[m] 이상인 아파트**

㉡ **연면적 1만5천[m²] 이상**인 특정소방대상물(아파트는 제외)

㉢ 층수가 **11층 이상**인 특정소방대상물(아파트는 제외)

㉣ 가연성 가스를 1,000[t] 이상 저장·취급하는 시설

　　※ **1급 소방안전관리대상물의 소방안전관리자 선임자격**

　　　• **소방설비기사** 또는 **소방설비산업기사**의 자격이 있는 사람

　　　• **산업안전기사** 또는 **산업안전산업기사**의 자격을 취득한 후 **2년 이상 2급 소방안전관리 대상물** 또는 **3급 소방안전관리대상물**의 소방안전관리자로 근무한 실무경력이 있는 사람

　　　• **소방공무원으로 7년 이상** 근무한 경력이 있는 사람

　　　• **위험물기능장·위험물산업기사** 또는 **위험물기능사** 자격을 가진 사람으로서 **위험물안전관리자로 선임된 사람**

　　　• 고압가스 안전관리법, 액화석유가스의 안전관리 및 사업법, 도시가스사업법에 따라 안전관리자로 선임된 사람

　　　• 전기사업법에 따라 전기안전관리자로 선임된 사람

　　　• 소방청장이 실시하는 1급 소방안전관리대상물의 소방안전관리에 관한 시험에 합격한 사람 이 경우 해당 시험은 다음 각 목의 어느 하나에 해당하는 사람만 응시할 수 있다.

　　　　㉮ 대학에서 소방안전관리학과를 전공하고 졸업한 사람으로서 2년 이상 2급 소방안전관리대상물 또는 3급 소방안전관리대상물의 소방안전관리자로 근무한 실무경력이 있는 사람

　　　　㉯ 대학에서 소방안전 관련 교과목(소방청장이 정하여 고시하는 교과목을 말한다)을 12학점 이상 이수하고 졸업하거나 소방안전 관련 학과(소방청장이 정하여 고시하는 학과를 말한다)를 전공하고 졸업한 사람으로서 3년 이상 2급 소방안전관리대상물 또는 3급 소방안전관리대상물의 소방안전관리자로 근무한 실무경력이 있는 사람

　　　　㉰ 소방행정학(소방학, 소방방재학을 포함한다) 또는 소방안전공학(소방방재공학, 안전공학을 포함한다) 분야에서 석사학위 이상을 취득한 사람

　　　　㉱ ㉮ 및 ㉯에 해당하는 경우 외에 5년 이상 2급 소방안전관리대상물의 소방안전관리자로 근무한 실무경력이 있는 사람

　　　　㉲ 특급 소방안전관리대상물 또는 1급 소방안전관리대상물의 소방안전관리에 대한 강습교육을 수료한 사람

■ **1급 소방안전관리대상물**

－ 30층 이상 높이 120[m] 이상 아파트(지하층 제외)

－ 11층 이상, 연면적 1만5천[m²] 이상 특정소방대상물(아파트 제외)

－ 가연성 가스 1,000[t] 이상 저장·취급하는 시설

㉠ 공공기관의 소방안전관리에 관한 규정에 따른 1급 강습교육을 수료한 사람

㉣ 2급 소방안전관리대상물의 소방안전관리자로 선임될 수 있는 자격이 있는 사람으로서 특급 또는 1급 소방안전관리대상물의 소방안전관리보조자로 5년 이상 근무한 실무경력이 있는 사람

㉤ 2급 소방안전관리대상물의 소방안전관리자로 선임될 수 있는 자격이 있는 사람으로서 2급 소방안전관리대상물의 소방안전관리보조자로 7년 이상 근무한 실무경력(특급 또는 1급 소방안전관리대상물의 소방안전관리보조자로 근무한 5년 미만의 실무경력이 있는 경우에는 이를 포함하여 합산한다)이 있는 사람

• 특급 소방안전관리대상물의 소방안전관리자 자격이 인정되는 사람

③ 2급 소방안전관리대상물

특급 소방안전관리대상물과 1급 소방안전관리대상물을 제외한 다음에 해당하는 것

㉠ 옥내소화전설비, 스프링클러설비, 간이스프링클러설비, 물분무 등 소화설비가 설치된 특정소방대상물(호스릴방식의 물분무 등 소화설비만을 설치한 경우는 제외)

㉡ 가스 제조설비를 갖추고 도시가스사업의 허가를 받아야 하는 시설 또는 가연성 가스를 100[t] 이상 1,000[t] 미만 저장 · 취급하는 시설

㉢ 지하구

㉣ 공동주택

㉤ 보물 또는 국보로 지정된 목조건축물

> ※ 2급 소방안전관리대상물의 소방안전관리자 선임자격
> • 건축사 · 산업안전기사 · 산업안전산업기사 · 건축기사 · 건축산업기사 · 일반기계기사 · 전기기능장 · 전기기사 · 전기산업기사 · 전기공사기사 또는 전기공사산업기사 자격을 가진 사람
> • **위험물기능장 · 위험물산업기사 또는 위험물기능사** 자격을 가진 사람
> • 광산보안기사 또는 광산보안산업기사 자격을 가진 사람으로서 광산안전법에 따라 광산안전관리직원(안전관리자 또는 안전감독자만 해당한다)으로 선임된 사람
> • **소방공무원으로 3년 이상** 근무한 경력이 있는 사람
> • 소방청장이 실시하는 2급 소방안전관리대상물의 소방안전관리에 관한 시험에 합격한 사람. 이 경우 해당 시험은 다음의 어느 하나에 해당하는 사람만 응시할 수 있다.
>   - 대학에서 소방안전관리학과를 전공하고 졸업한 사람
>   - 대학에서 소방안전 관련 교과목을 6학점 이상 이수하고 졸업하거나 소방안전관련 학과를 전공하고 졸업한 사람
>   - 소방본부 또는 소방서에서 1년 이상 화재진압 또는 그 보조 업무에 종사한 경력이 있는 사람
>   - **의용소방대원으로 3년 이상** 근무한 경력이 있는 사람

■ **2급 소방안전관리자**
 – 소방공무원 3년 이상
 – 의용소방대원, 경찰공무원으로 3년 이상 근무한 경력이 있고 시험에 합격한 사람

- 군부대(주한 외국군부대를 포함한다) 및 의무소방대의 소방대원으로 1년 이상 근무한 경력이 있는 사람
- 위험물안전관리법에 따른 **자체소방대의 소방대원으로 3년 이상** 근무한 경력이 있는 사람
- 대통령 등의 경호에 관한 법률에 따른 경호공무원 또는 별정직공무원으로서 2년 이상 안전검측 업무에 종사한 경력이 있는 사람
- **경찰공무원으로 3년 이상** 근무한 경력이 있는 사람
- 특급 소방안전관리대상물, 1급 소방안전관리대상물 또는 2급 소방안전관리대상물의 소방안전관리에 대한 강습교육을 수료한 사람
- 공공기관의 소방안전관리에 관한 규정에 따른 2급 강습교육을 수료한 사람
- 소방안전관리보조자로 선임될 수 있는 자격이 있는 사람으로서 특급 소방안전관리대상물, 1급 소방안전관리대상물, 2급 소방안전관리대상물 또는 3급 소방안전관리대상물의 소방안전관리보조자로 3년 이상 근무한 실무경력이 있는 사람
- **3급 소방안전관리대상물의 소방안전관리자로 2년 이상** 근무한 실무경력이 있는 사람
• 특급 또는 1급 소방안전관리대상물의 소방안전관리자 자격이 인정되는 사람

(4) 공동소방안전관리자 선임대상물

① **고층건축물**(지하층을 제외한 **11층 이상**)
② **지하가**
③ **복합건축물**로서 **연면적이 5,000[m²] 이상** 또는 **5층 이상**
④ **도매시장** 또는 **소매시장**
⑤ 특정소방대상물 중 소방본부장 또는 소방서장이 지정하는 것

■ 공동소방안전관리자 선임
 – 11층 이상 건축물(지하층 제외)

15 소방시설 등의 자체점검

(1) 소방시설자체 점검자 : 관계인, 관리업자, 소방안전관리자로 선임된 소방시설관리사 및 소방기술사

(2) 점검의 구분과 그 대상, 점검인력의 배치기준 및 점검자의 자격, 점검장비, 점검방법 및 횟수 등 필요한 사항 : 행정안전부령

(3) 점검결과보고서 제출

① 작동기능점검 : **소방안전관리대상물, 공공기관에 작동기능점검을 실시한 자는 7일 이내** 작동기능점검결과보고서를 소방본부장 또는 소방서장에게 제출
② 종합정밀점검 : **7일 이내** 소방시설 등 점검결과보고서에 소방시설 등 점검표를 첨부하여 소방본부장 또는 소방서장에게 제출
③ 결과보고서 자체 보관기간 : 2년

■ 작동기능점검 및 종합정밀점검 결과보고
 : 7일 이내 소방본부장 또는 소방서장
 – 결과보고서 자체 보관기간 : 2년

(4) 소방시설 등의 자체점검의 구분·대상·점검자의 자격·점검방법 및 점검 횟수

① 작동기능점검

구 분	내 용
정 의	소방시설 등을 인위적으로 조작하여 정상적으로 작동하는지를 점검하는 것
대 상	영 제5조에 따른 특정소방대상물을 대상으로 한다(다만, 다음 어느 하나에 해당하는 **특정소방대상물은 제외**). • **위험물제조소 등**과 영 별표 5에 따라 **소화기구만**을 설치하는 특정소방대상물 • 영 제22조 제1항 제1호에 해당하는 특정소방대상물(**30층 이상, 높이 120[m] 이상** 또는 **연면적 20만[m²] 이상인 특급소방안전관리대상물**)
점검자의 자격	해당 특정 소방대상물의 관계인·소방안전관리자 또는 소방시설관리업자(소방시설관리사를 포함하여 등록된 기술인력을 말한다)가 점검할 수 있다(이 경우 소방시설관리업자가 점검하는 경우에는 별표 2에 따른 점검인력 배치기준을 따라야 한다).
점검방법	별표 2의2에 따른 점검장비를 이용하여 점검할 수 있다.
점검횟수	연 1회 이상 실시한다.

② 종합정밀점검

구 분	내 용
정 의	소방시설 등의 작동기능점검을 포함하여 소방시설 설비별 주요 구성 부품의 구조기준이 법 제9조 제항에 따라 소방청장이 정하여 고시하는 화재안전기준 및 건축법 등 관련법령에서 정하는 기준에 적합한지 여부를 점검하는 것을 말한다.
대 상	① 스프링클러설비가 설치된 특정소방대상물 ② 물분무 등 소화설비(호스릴 방식은 제외)가 설치된 연면적 5,000[m²] 이상인 특정소방대상물(위험물 제조소 등은 제외) ③ 다중이용업소의 안전관리에 관한 특별법 시행령 제2조 제1호 나목(단란주점영업과 유흥주점영업), 같은 조 제2호[영화상영관, 비디오물감상실업, 복합영상물제공업(비디오물소극장업은 제외)], 제6호(노래연습장업), 제7호(산후조리원업), 제7호의2(고시원업), 제7호의5(안마시술소)의 다중이용업의 영업장이 설치된 특정소방대상물로서 연면적이 2,000[m²] 이상인 것 ④ 제연설비가 설치된 터널 ⑤ 공공기관의 소방안전관리에 관한 규정 제2조에 따른 공공기관 중 연면적(터널·지하구의 경우 그 길이와 평균폭을 곱하여 계산된 값을 말한다)이 1,000[m²] 이상인 것으로서 옥내소화전설비 또는 자동화재탐지설비가 설치된 것(다만, 소방기본법 제2조 제5호에 따른 소방대가 근무하는 공공기관은 제외)
점검자의 자격	① 소방시설관리업자(소방시설관리사가 참여한 경우만 해당) 또는 소방안전관리자로 선임된 소방시설관리사·소방기술사 1명 이상을 점검자로 한다. ② 소방시설관리업자가 점검을 하는 경우에는 별표 2에 따른 점검인력 배치기준을 따라야 한다. ③ 소방안전관리자로 선임된 소방시설관리사·소방기술사가 점검하는 경우에는 영 제23조 제1항부터 제3항까지의 어느 하나에 해당하는 소방안전관리자의 자격을 갖춘 사람을 보조 점검자로 둘 수 있다.
점검방법	시행규칙 별표 2의2에 따른 점검장비를 이용하여 점검하여야 한다.
점검횟수	① 연 1회 이상(30층 이상, 높이 120[m] 이상 또는 연면적 20만[m²] 이상인 특급소방대상물은 반기별로 1회 이상) 실시한다. ② ①에도 불구하고 소방본부장 또는 소방서장은 소방청장이 소방안전관리가 우수하다고 인정한 특정소방대상물에 대해서는 3년의 범위 내에서 소방청장이 고시하거나 정한 기간 동안 종합정밀점검을 면제할 수 있다(다만, 면제기간 중 화재가 발생한 경우는 제외).

■ 종합정밀점검
: 작동기능점검 포함

■ 종합정밀점검
– 스프링클러설비 또는 물분무소화설비가 설치된 연면적 5,000[m²] 이상인 특정소방대상물
– 연면적 5,000[m²] 이상이고 11층 이상인 아파트

■ 종합정밀점검 점검자
– 소방기술사
– 소방시설관리사

③ 점검인력 1단위가 하루 동안 점검할 수 있는 특정소방대상물의 연면적(이하 "점검한도 면적"이라 한다)은 다음과 같다.

㉠ 종합정밀점검 : 10,000[m^2]

㉡ 작동기능점검 : 12,000[m^2](소규모점검의 경우에는 3,500[m^2])

■ 점검인력 1단위의 점검한
도 면적
  – 종합정밀점검
    : 10,000[m^2]

16 소방시설관리사

(1) 소방시설관리사 시험 실시권자 : 소방청장

(2) 응시자격 등 필요한 사항을 시험 시행일 90일 전까지 소방청 홈페이지 등에 공고할 것

■ 소방시설관리사 시험공고
  : 90일 전까지 일간신문에
    공고

(3) 관리사 결격사유

① 피성년후견인

② 이 법, 소방기본법, 소방시설공사업법 또는 위험물안전관리법에 따른 금고 이상의 실형을 선고받고 그 집행이 끝나거나(집행이 끝난 것으로 보는 경우를 포함한다) 집행이 면제된 날부터 2년이 지나지 아니한 사람

③ 이 법, 소방기본법, 소방시설공사업법 또는 위험물안전관리법에 따른 금고 이상의 형의 집행유예를 선고받고 그 유예기간 중에 있는 사람

④ 자격이 취소된 날부터 2년이 지나지 아니한 사람

(4) 자격의 취소·정지

① 거짓이나 그 밖의 부정한 방법으로 시험에 합격한 경우**(자격취소)**

② 소방안전관리 업무를 하지 아니하거나 거짓으로 한 경우

③ 자체 점검을 하지 아니하거나 거짓으로 한 경우

④ 소방시설관리사증을 다른 자에게 빌려준 경우**(자격취소)**

⑤ 동시에 둘 이상의 업체에 취업한 경우**(자격취소)**

⑥ 성실하게 자체점검 업무를 수행하지 아니한 경우

⑦ 관리사의 결격사유에 해당하게 된 경우**(자격취소)**

(5) 관리사의 응시자격

① 소방기술사·**위험물기능장**·건축사·건축기계설비기술사·건축전기실비기술사 또는 공조냉동기계기술사

② **소방설비기사** 자격을 취득한 후 **2년 이상** 소방청장이 정하여 고시하는 소방에 관한 실무경력(이하 "소방실무경력"이라 한다)이 있는 사람

③ **소방설비산업기사** 자격을 취득한 후 **3년 이상** 소방실무경력이 있는 사람

④ 국가과학기술 경쟁력 강화를 위한 이공계지원 특별법 제2조 제1호에 따른
이공계(이하 "이공계"라 한다) 분야를 전공한 사람으로서 다음의 어느 하나
에 해당하는 사람

　㉠ **이공계 분야**의 **박사학위**를 취득한 사람

　㉡ 이공계 분야의 **석사학위**를 취득한 후 **2년 이상** 소방실무경력이 있는 사람

　㉢ 이공계 분야의 **학사학위**를 취득한 후 **3년 이상** 소방실무경력이 있는 사람

⑤ **소방안전공학**(소방방재공학, 안전공학을 포함한다) 분야를 전공한 후 다음
의 어느 하나에 해당하는 사람

　㉠ 해당 분야의 **석사학위** 이상을 취득한 사람

　㉡ **2년 이상** 소방실무경력이 있는 사람

⑥ **위험물산업기사** 또는 **위험물기능사** 자격을 취득한 후 **3년 이상** 소방실무경력
이 있는 사람

⑦ **소방공무원**으로 **5년 이상** 근무한 경력이 있는 사람

⑧ **소방안전 관련 학과의 학사학위를 취득한** 후 **3년 이상** 소방실무경력이 있는
사람

⑨ 산업안전기사 자격을 취득한 후 3년 이상 소방실무경력이 있는 사람

⑩ 다음의 어느 하나에 해당하는 사람

　㉠ **특급 소방안전관리대상물**의 소방안전관리자로 **2년 이상** 근무한 실무경력
이 있는 사람

　㉡ **1급 소방안전관리대상물**의 소방안전관리자로 **3년 이상** 근무한 실무경력
이 있는 사람

　㉢ **2급 소방안전관리대상물**의 소방안전관리자로 **5년 이상** 근무한 실무경력
이 있는 사람

　㉣ **3급 소방안전관리대상물**의 소방안전관리자로 **7년 이상** 근무한 실무경력
이 있는 사람

　㉤ **10년 이상 소방실무경력**이 있는 사람

17 소방시설관리업

(1) 소방시설관리업의 등록

① 관리업의 업무 : 소방안전관리업무의 대행 또는 소방시설 등의 점검 및 유지·
관리의 업

② 소방시설관리업의 등록 및 등록사항의 변경신고 : 시·도지사

③ 기술 인력, 장비 등 관리업의 등록기준에 관하여 필요한 사항 : 대통령령

■ 소방시설관리업 등록 및
변경신고
: 시·도지사

④ **등록의 결격사유**

　　㉠ 피성년후견인

　　㉡ 이 법, 소방기본법, 소방시설공사업법 또는 위험물안전관리법에 따른 금고 이상의 실형을 선고받고 그 집행이 끝나거나(집행이 끝난 것으로 보는 경우를 포함한다) 집행이 면제된 날부터 2년이 지나지 아니한 사람

　　㉢ 이 법, 소방기본법, 소방시설공사업법 또는 위험물안전관리법에 따른 금고 이상의 형의 집행유예를 선고받고 그 유예기간 중에 있는 사람

　　㉣ 관리업의 등록이 취소된 날부터 2년이 지나지 아니한 사람

⑤ **등록신청 시 첨부서류**

　　㉠ 소방시설관리업 등록신청서

　　㉡ 기술인력연명부 및 기술자격증(자격수첩)

(2) 소방시설관리업의 등록 인력기준

① 주된 기술인력 : **소방시설관리사 1명 이상**

② 보조 기술인력 : **2명 이상**

　　㉠ 소방설비기사 또는 소방설비산업기사

　　㉡ 소방공무원으로 3년 이상 근무한 사람

　　㉢ 소방 관련 학과의 학사학위를 취득한 사람

　　㉣ 행정안전부령으로 정하는 소방기술과 관련된 자격·경력 및 학력이 있는 사람

(3) 등록사항의 변경신고 : 변경일로부터 30일 이내

(4) 등록사항의 변경신고 사항

① 명칭·상호 또는 영업소 소재지

② 대표자

③ 기술인력

(5) 등록사항의 변경신고 시 첨부서류

① 명칭·상호 또는 영업소 소재지를 변경하는 경우

　　: 소방시설관리업 등록증 및 등록수첩

② 대표자를 변경하는 경우 : 소방시설관리업등록증 및 등록수첩

③ 기술인력을 변경하는 경우

　　㉠ 소방시설관리업등록수첩

　　㉡ 변경된 기술인력의 기술자격증(자격수첩)

　　㉢ 기술인력연명부

■ **주된인력(주인력)**
　: 소방시설관리사

■ **보조인력**
　: 소방공무원 3년 이상 근무자

■ **기술인력 변경서류**
　– 소방시설관리업 등록수첩
　– 변경된 기술인력의 기술자격증
　– 기술인력연명부

(6) 지위승계를 할 수 있는 자

① 관리업자가 사망한 경우 그 상속인

② 관리업자가 그 영업을 양도한 경우 그 양수인

③ 법인인 관리업자가 합병한 경우 합병 후 존속하는 법인이나 합병으로 설립되는 법인

(7) 지위승계 : 지위를 승계한 날부터 **30일 이내 시·도지사**에게 제출

(8) 지위승계 시 첨부서류

① 소방시설관리업등록증 및 등록수첩

② 계약서사본 등 지위승계를 증명하는 서류 1부

③ 소방기술인명부 및 기술자격증(자격수첩)

(9) 소방시설관리업자가 관계인에게 사실을 통보하여야 할 경우

① 관리업자의 **지위를 승계한 경우**

② 관리업의 **등록취소** 또는 **영업정지** 처분을 받은 경우

③ **휴업** 또는 **폐업**을 한 경우

(10) 소방시설관리업의 등록의 취소와 6개월 이내의 영업정지

① 거짓이나 그 밖의 부정한 방법으로 등록을 한 경우**(등록취소)**

② 점검을 하지 아니하거나 점검결과를 거짓으로 보고한 경우

③ 등록기준에 미달하게 된 경우

④ 등록의 결격사유에 해당하게 된 경우(법인으로서 결격사유에 해당하게 된 날부터 2개월 이내에 그 임원을 결격사유가 없는 임원으로 바꾸어 선임한 경우는 제외한다)**(등록취소)**

⑤ 다른 자에게 등록증이나 등록수첩을 빌려준 경우**(등록취소)**

■ 등록기준 미달
: 6개월 영업정지

(11) 과징금 처분권자 : **시·도지사**

(12) 관리업자의 영업정지처분에 갈음하는 과징금 : **3,000만원 이하**

18 소방용품의 품질관리

(1) 소방용품의 형식승인 등

① **소방용품**을 제조 또는 **수입하려는 자** : **소방청장의 형식승인**을 받아야 한다.

② 형식승인을 받으려는 사람 : 시험시설을 갖추고 소방청장의 심사를 받아야 한다.

③ 형식승인을 받은 자 : 소방청장이 실시하는 제품검사를 받아야 한다.

④ **형식승인의 방법·절차 등과 제3항에 따른 제품검사의 구분·방법·순서·합격표시 등에 관한 사항 : 행정안전부령**

⑤ 형식승인의 내용 또는 행정안전부령으로 정하는 사항을 변경하려면 **소방청장의 변경승인**을 받아야 한다.

⑥ 다음은 소방용품을 판매 또는 판매 목적으로 진열, 소방공사에 사용할 수 없다.
   ㉠ 형식승인을 받지 아니한 것
   ㉡ 형상 등을 임의로 변경한 것
   ㉢ 제품검사를 받지 아니하거나 합격표시를 하지 아니한 것

■ 형식승인 소방용품
 - 소화설비 : 소화기구, 자동소화장치, 소화전 등 (아닌 것 : 방염제)
 - 피난구조설비 : 피난사다리, 구조대, 완강기, 공기호흡기, 유도등, 비상조명등

■ 형식승인 소방용품이 아닌 것
 - 휴대용 비상조명등
 - 공기안전매트

(2) 형식승인 소방용품

① **소화설비를 구성하는 제품 또는 기기**
   ㉠ 소화기구(소화약제 외의 것을 이용한 간이소화용구는 제외)
   ㉡ 자동소화장치(상업용 주방자동소화장치는 제외)
   ㉢ 소화설비를 구성하는 **소화전, 관창, 소방호스**, 스프링클러헤드, 기동용 수압개폐장치, 유수제어밸브 및 가스관선택밸브

② **경보설비를 구성하는 제품 또는 기기**
   ㉠ **누전경보기** 및 **가스누설경보기**
   ㉡ 경보설비를 구성하는 **발신기, 수신기**, 중계기, **감지기** 및 음향장치(경종만 해당한다)

③ **피난구조설비를 구성하는 제품 또는 기기**
   ㉠ 피난사다리, **구조대, 완강기**(간이완강기 및 지지대를 포함한다)
   ㉡ **공기호흡기**(충전기를 포함한다)
   ㉢ 피난구유도등, 통로유도등, 객석유도등 및 예비전원이 내장된 **비상조명등**

④ **소화용으로 사용하는 제품 또는 기기**
   ㉠ 소화약제
   ㉡ **방염제**(방염액·방염도료 및 방염성 물질)

■ 소방용품형식승인 취소
 - 거짓이나 그 밖의 부정한 방법으로 형식승인 및 제품검사를 받는 경우

(3) 소방용품의 형식승인의 취소, 6개월 이내의 검사 중지

① **거짓**이나 그 밖의 **부정한 방법**으로 **형식승인을 받은 경우**(형식승인 취소)

② 시험시설의 시설기준에 미달되는 경우

③ **거짓**이나 그 밖의 **부정한 방법**으로 **제품검사를 받은 경우(형식승인 취소)**

④ 제품검사 시 기술기준에 미달되는 경우

⑤ 변경승인을 받지 아니하거나 거짓, **그 밖의 부정한 방법**으로 **변경승인을 받은 경우 (형식승인 취소)**

(4) 소방용품의 우수품질 인증권자 : 소방청장

(5) 소방용품의 우수품질에 대한 인증업무를 담당하는 기관 : 한국소방산업기술원

19 소방안전관리자 등에 대한 교육

(1) 강습 또는 실무교육 실시권자 : 소방청장(한국소방안전원장에게 위임)

(2) 교육대상자

① 선임된 **소방안전관리자 및 소방안전관리 보조자**

② 소방안전관리 업무를 대행하는 자 및 소방안전관리 업무를 대행하는 자를 감독하는 자

③ 소방안전관리자의 자격을 인정받으려는 자로서 대통령령으로 정하는 자

(3) 소방안전관리자의 강습교육의 일정 · 횟수 등에 관하여 필요한 사항은 한국소 방안전원의 장(이하 "안전원장"이라 한다)이 연간계획을 수립하여 실시하여야 하며, 강습교육을 실시하고자 하는 때에는 강습교육실시 20일 전까지 일시 · 장소, 그 밖의 강습교육실시에 관하여 필요한 사항을 한국소방안전원의 인터 넷 홈페이지 및 게시판에 공고하여야 한다.

(4) 소방본부장 또는 소방서장은 소방안전교육을 실시하고자 하는 때에는 교육 일시 · 장소 등 교육에 필요한 사항을 명시하여 교육일 10일 전까지 교육대 상자에게 통보하여야 한다.

① **소방안전교육대상자는 다음의 어느 하나에 해당하는 특정소방대상물의 관계인 으로서** 관할 소방서장이 교육이 필요하다고 인정하는 사람으로 한다.

㉠ 소규모의 공장 · 작업장 · 점포 등이 밀집한 지역 안에 있는 특정소방대 상물

㉡ 주택으로 사용하는 부분 또는 층이 있는 특정소방대상물

㉢ 목재 또는 경량철골조 등 화재에 취약한 구조의 특정소방대상물

㉣ 그 밖에 화재에 대하여 취약성이 높다고 관할 소방본부장 또는 소방서장 이 인정하는 특정소방대상물

■ **우수품질 인증권자**
: 소방청장

■ **한국소방산업기술원**
– 소방용품우수품질 인증 업무
– 방염성능검사 위탁기관

■ 소방안전관리자 실무교육
 – 2년마다 1회 이상
 – 10일 전까지 대상자에
   게 교육통보
 – 결과기록부 보관기간
   : 2년

(5) 소방안전관리자 등의 실무교육 : 2년마다 1회 이상 실시

(6) 소방훈련 및 교육실시 결과기록부 보관기간 : 2년간

20 청문 실시

(1) 청문 실시권자 : 소방청장 또는 시·도지사

(2) 청문 실시 대상
 ① 소방시설관리사 자격의 취소 및 정지
 ② 소방시설관리업의 등록취소 및 영업정지
 ③ 소방용품의 형식승인취소 및 제품검사 중지
 ④ 성능인증 및 우수품질인증의 취소
 ⑤ 전문기관의 지정취소 및 업무정지

21 행정처분

(1) 소방시설관리사에 대한 행정처분

위반사항	근거법령	행정처분기준		
		1차	2차	3차
거짓이나 그 밖의 부정한 방법으로 시험에 합격한 경우	법 제28조 제1호	자격취소		
법 제20조 제6항에 따른 소방안전관리업무를 하지 않거나 거짓으로 한 경우	법 제28조 제2호	경고 (시정명령)	자격정지 6월	자격취소
법 제25조에 따른 점검을 하지 않거나 거짓으로 한 경우	법 제28조 제3호	경고 (시정명령)	자격정지 6월	자격취소
법 제26조 제6항을 위반하여 소방시설관리증을 다른 자에게 빌려준 경우	법 제28조 제4호	자격취소		
법 제26조 제8항을 위반하여 성실하게 자체점검업무를 수행하지 아니한 경우	법 제28조 제6호	경 고	자격정지 6월	자격취소
법 제26조 제7항을 위반하여 동시에 둘 이상의 업체에 취업한 경우	법 제28조 제5호	자격취소		
법 제27조의 어느 하나의 결격사유에 해당하게 된 경우	법 제28조 제7호	자격취소		

(2) 소방시설관리업에 대한 행정처분

위반사항	근거 법조문	행정처분기준		
		1차	2차	3차
거짓, 그 밖의 부정한 방법으로 등록을 한 경우	법 제34조 제1항 제1호	등록취소	–	–
법 제25조 제1항에 따른 **점검을 하지 않거나 거짓으로 한 경우**	법 제34조 제1항 제2호	경고 (시정명령)	영업정지 3개월	등록취소
법 제29조 제2항에 따른 등록기준에 미달하게 된 경우. 다만, 기술인력이 퇴직하거나 해임되어 30일 이내에 재선임하여 신고하는 경우는 제외한다.	법 제34조 제1항 제3호	경고 (시정명령)	영업정지 3개월	등록취소
법 제30조의 어느 하나의 등록의 결격사유에 해당하게 된 경우	법 제34조 제1항 제4호	등록취소	–	–
법 제33조 제1항을 위반하여 다른 자에게 등록증 또는 등록수첩을 빌려준 경우	법 제34조 제1항 제7호	등록취소	–	–

22 벌 칙

(1) 소방시설에 폐쇄, 차단 등의 행위를 한 사람

: 5년 이하 징역 또는 5,000만원 이하 벌금

(2) 소방시설을 폐쇄·차단 등의 행위를 하여 사람을 상해에 이르게 한 때

: 7년 이하 징역 또는 7,000만원 이하 벌금

(3) 소방시설을 폐쇄·차단 등의 행위를 하여 사람을 사망에 이르게 한 때

: 10년 이하 징역 또는 1억원 이하 벌금

(4) 3년 이하의 징역 또는 3,000만원 이하의 벌금

① 소방시설의 화재안전기준, 피난시설 및 방화시설의 유지·관리의 필요한 조치, 임시소방시설의 필요한 조치, 방염성능기준 미달 및 방염대상물품 제거, 소방용품의 회수·교환·폐기, 판매중지 등 규정에 따른 명령을 정당한 사유 없이 위반한 사람

② **관리업의 등록을 하지 아니하고 영업을 한 사람**

③ 소방용품의 **형식승인을 받지 아니하고** 소방용품을 제조하거나 수입한 사람

④ 소방용품의 **제품검사를 받지 아니한 사람**

⑤ 규정을 위반하여 소방용품을 판매·진열하거나 소방시설공사에 사용한 사람

⑥ 거짓이나 그 밖의 부정한 방법으로 전문기관의 지정을 받은 사람

(5) 1년 이하의 징역 또는 1,000만원 이하의 벌금

① 관계인의 정당한 업무를 방해한 자, 조사·검사 업무를 수행하면서 알게 된 비밀을 제공 또는 누설하거나 목적 외의 용도로 사용한 사람

② 관리업의 등록증이나 등록수첩을 다른 자에게 빌려준 사람

③ 영업정지처분을 받고 그 영업정지기간 중에 관리업의 업무를 한 사람

④ 소방시설 등에 대한 **자체점검을 하지 아니하거나** 관리업자 등으로 하여금 정기적으로 점검하게 하지 아니한 사람

⑤ 소방시설관리사증을 다른 자에게 빌려주거나 동시에 둘 이상의 업체에 취업한 사람

⑥ 제품검사에 합격하지 아니한 제품에 합격표시를 하거나 합격표시를 위조 또는 변조하여 사용한 자

⑦ 형식승인의 변경승인을 받지 아니한 사람

(6) 300만원 이하의 벌금

① 소방특별조사를 정당한 사유 없이 거부·방해 또는 기피한 사람

② 방염성능검사에 합격하지 아니한 물품에 합격표시를 하거나 합격표시를 위조하거나 변조하여 사용한 사람

③ 규정을 위반하여 거짓 시료를 제출한 사람

④ **소방안전관리자**, 소방안전관리보조자, 공동소방안전관리자를 **선임하지 아니한 사람**

⑤ 소방시설·피난시설·방화시설 및 방화구획 등이 법령에 위반된 것을 발견하였음에도 필요한 조치를 할 것을 요구하지 아니한 소방안전관리자

⑥ 소방안전관리자에게 불이익한 처우를 한 관계인

⑦ 점검기록표를 거짓으로 작성하거나 해당 특정소방대상물에 부착하지 아니한 사람

(7) 300만원 이하의 과태료

① 화재안전기준을 위반하여 소방시설을 설치 또는 유지·관리한 사람

② 피난시설, 방화구획 또는 방화시설의 폐쇄·훼손·변경 등의 행위를 한 사람

③ 임시소방시설을 설치·유지·관리하지 아니한 자

(8) 200만원 이하의 과태료

① 소방안전관리자의 선임신고기간, 관리업의 등록사항 변경신고, 관리업자의 지위승계신고를 하지 아니한 자 또는 거짓으로 신고한 사람

② 소방안전관리 업무를 수행하지 아니한 사람

■ 자체점검을 하지 아니하거나 관리업자 등으로 하여금 정기적으로 점검하게 하지 아니한 사람
: 1년 이하 징역 또는 1,000만원 이하 벌금

■ 소방안전관리자를 선임하지 아니한 소방안전관리대상물 관계인에 대한 벌칙
: 300만원 이하 벌금

■ 소방안전관리업무를 수행하지 아니한 사람
: 200만원 이하 과태료

③ 소방안전관리 업무를 하지 아니한 특정소방대상물의 관계인 또는 소방안전 관리대상물의 소방안전관리자

④ 소방훈련 및 교육을 하지 아니한 사람

⑤ 소방안전관리 업무를 하지 아니한 사람

⑥ 소방시설 등의 점검결과를 보고하지 아니한 자 또는 거짓으로 보고한 사람

⑦ 지위승계, 행정처분 또는 휴업·폐업의 사실을 특정소방대상물의 관계인에게 알리지 아니하거나 거짓으로 알린 관리업자

⑧ 기술인력의 참여 없이 자체점검을 한 사람

23 과태료 부과기준

위반행위	근거 법조문	과태료 금액 (단위 : 만원)		
		1차 위반	2차 위반	3차 이상 위반
가. 법 제9조 제1항 전단을 위반한 경우	법 제53조 제1항 제1호			
1) 2) 및 3)의 규정을 제외하고 소방시설을 최근 1년 이내에 2회 이상 화재안전기준에 따라 관리·유지하지 않은 경우		100		
2) 소방시설을 다음에 해당하는 고장 상태 등으로 방치한 경우		200		
가) 소화펌프를 고장 상태로 방치한 경우				
나) 수신반, 동력(감시)제어반 또는 소방시설용 비상전원을 차단하거나, 고장난 상태로 방치하거나, 임의로 조작하여 자동으로 작동이 되지 않도록 한 경우				
다) 소방시설이 작동하는 경우 소화배관을 통하여 소화수가 방수되지 않는 상태 또는 소화약제가 방출되지 않는 상태로 방치한 경우				
3) 소방시설을 설치하지 않은 경우		300		
나. 법 제10조 제1항을 위반하여 피난시설, 방화구획 또는 방화시설을 폐쇄·훼손·변경하는 등의 행위를 한 경우	법 제53조 제1항 제2호	100	200	300
다. 임시소방시설을 설치·유지·관리하지 않은 경우	법 제53조 제1항 제3호	300		
라. 법 제12조 제1항을 위반한 경우	법 제53조 제2항 제1호	200		
마. 법 제20조 제4항·제31조 또는 제32조 제3항에 따른 신고를 하지 않거나 거짓으로 신고한 경우	법 제53조 제2항 제3호			
1) 지연신고기간이 1개월 미만인 경우		30		
2) 지연신고기간이 1개월 이상 3개월 미만인 경우		50		
3) 지연신고기간이 3개월 이상이거나 신고를 하지 않은 경우		100		
4) 거짓으로 신고한 경우		200		

■ 피난시설, 방화구획 및 방화시설을 폐쇄, 훼손, 변경 등의 행위를 한 자
  – 1차 위반 : 100만원
  – 2차 위반 : 200만원
  – 3차 위반 : 300만원

위반행위	근거 법조문	과태료 금액 (단위 : 만원)		
		1차 위반	2차 위반	3차 이상 위반
바. 삭제 〈2015.6.30.〉				
사. 법 제20조 제1항을 위반하여 소방안전관리 업무를 수행하지 않은 경우	법 제53조 제2항 제5호	50	100	200
아. 특정소방대상물의 관계인 또는 소방안전관리대상물의 소방안전관리자가 법 제20조 제6항에 따른 소방안전관리 업무를 하지 않은 경우	법 제53조 제2항 제6호	50	100	200
자. 법 제20조 제7항을 위반하여 소방안전관리대상물의 관계인이 소방안전관리자에 대한 지도와 감독을 하지 않은 경우	법 제53조 제2항 제7호	200		
차. 법 제21조의2 제3항을 위반하여 피난유도 안내정보를 제공하지 아니한 경우	법 제53조 제2항 제7호의2	50	100	200
카. 법 제22조 제1항을 위반하여 소방훈련 및 교육을 하지 않은 경우	법 제53조 제2항 제8호	50	100	200
타. 법 제24조 제1항을 위반하여 소방안전관리 업무를 하지 않은 경우	법 제53조 제2항 제9호	50	100	200
파. 법 제25조 제2항을 위반하여 소방시설 등의 점검결과를 보고하지 않거나 거짓으로 보고한 경우	법 제53조 제2항 제10호			
1) 지연보고기간이 1개월 미만인 경우		30		
2) 지연보고기간이 1개월 이상 3개월 미만인 경우		50		
3) 지연보고기간이 3개월 이상 또는 보고하지 않은 경우		100		
4) 거짓으로 보고한 경우		200		
하. 관리업자가 법 제33조 제2항을 위반하여 지위승계, 행정처분 또는 휴업·폐업의 사실을 특정소방대상물의 관계인에게 알리지 않거나 거짓으로 알린 경우	법 제53조 제2항 제11호	200		
거. 관리업자가 법 제33조 제3항을 위반하여 기술인력의 참여 없이 자체점검을 실시한 경우	법 제53조 제2항 제12호	200		
너. 관리업자가 법 제33조의2 제2항에 따른 서류를 거짓으로 제출한 경우	법 제53조 제2항 제12호의2	200		
더. 소방안전관리자 및 소방안전관리보조자가 법 제41조 제1항 제1호 또는 제2호를 위반하여 실무 교육을 받지 않은 경우	법 제53조 제3항	50		
러. 법 제46조 제1항에 따른 명령을 위반하여 보고 또는 자료제출을 하지 않거나 거짓으로 보고 또는 자료제출을 한 경우 또는 정당한 사유 없이 관계 공무원의 출입 또는 조사·검사를 거부·방해 또는 기피한 경우	법 제53조 제2항 제13호	50	100	200

출제예상문제

01

무창층 여부 판단 시 개구부 요건기준으로 옳은 것은?

① 해당 층의 바닥면으로부터 개구부 밑 부분까지의 높이가 1.5[m] 이내일 것

② 개구부의 크기가 지름 50[cm] 이상의 원이 내접할 수 있을 것

③ 개구부는 도로 또는 차량이 진입할 수 없는 빈터를 향할 것

④ 내부 또는 외부에서 쉽게 파괴 또는 개방할 수 없을 것

해설 **무창층** : 지상층 중 다음 요건을 갖춘 개구부의 면적의 합계가 당해 층의 바닥면적의 1/30 이하가 되는 층
- 개구부의 크기가 지름 50[cm] 이상의 원이 내접할 수 있을 것
- 해당 층의 바닥면으로부터 개구부의 밑 부분까지의 높이가 1.2[m] 이내일 것
- 개구부는 도로 또는 차량이 진입할 수 있는 빈터를 향할 것
- 화재 시 건축물로부터 쉽게 피난할 수 있도록 개구부에 창살 또는 그 밖의 장애물이 설치되지 아니할 것
- 내부 또는 외부에서 쉽게 부수거나 열 수 있을 것

답 ②

02

"무창층"이라 함은 지상층 중 개구부 면적의 합계가 해당 층의 바닥면적의 얼마 이하가 되는 층을 말하는가?

① $\frac{1}{3}$　　　② $\frac{1}{10}$

③ $\frac{1}{30}$　　　④ $\frac{1}{300}$

해설 **개구부 면적 합** : 해당 층의 바닥면적의 $\frac{1}{30}$ 이하

답 ③

03

무창층에서 개구부란 해당층의 바닥면으로부터 개구부 밑부분까지의 높이가 몇 [m] 이내를 말하는가?

① 1.0[m] 이내　　　② 1.2[m] 이내

③ 1.5[m] 이내　　　④ 1.7[m] 이내

해설 **개구부 밑부분까지의 높이** : 1.2[m] 이내

답 ②

04

다음은 화재예방, 소방시설 설치·유지 및 안전관리에 관한 법률에서 사용하는 용어의 정의에 관한 사항이다. ( )에 들어갈 내용으로 알맞은 것은?

"소방용품이란 소방시설 등을 구성하거나 소방용으로 사용되는 제품 또는 기기로서 ( )으로 정하는 것을 말한다."

① 대통령령　　　② 행정안전부령

③ 소방청장령　　　④ 시의 조례

해설 **소방용품** : 소방시설 등을 구성하거나 소방용으로 사용되는 제품 또는 기기로서 대통령령으로 정하는 것을 말한다.

답 ①

05

소방관계법에서 피난층의 정의를 가장 올바르게 설명한 것은?

① 지상 1층을 말한다.

② 2층 이하로 쉽게 피난할 수 있는 층을 말한다.

③ 지상으로 통하는 계단이 있는 층을 말한다.

④ 곧바로 지상으로 갈 수 있는 출입구가 있는 층을 말한다.

해설 **피난층** : 곧바로 지상으로 갈 수 있는 출입구가 있는 층

답 ④

안심Touch

06

다음 용어 설명 중 옳은 것은?

① "소방시설"이란 소화설비·경보설비·피난구조설비·소화용수설비, 그 밖에 소화활동설비로서 대통령령으로 정하는 것을 말한다.

② "소방시설 등"이란 소방시설과 비상구 그 밖에 소방 관련 시설로서 행정안전부령으로 정하는 것을 말한다.

③ "특정소방대상물"이란 소방시설을 설치하여야 하는 소방대상물로서 소방청장이 정하는 것을 말한다.

④ "소방용품"이란 소방시설 등을 구성하거나 소방용으로 사용되는 제품 또는 기기로서 행정안전부령으로 정하는 것을 말한다.

해설 **소방시설** : 소화설비·경보설비·피난구조설비·소화용수설비, 그 밖에 소화활동설비로서 대통령령으로 정하는 것을 말한다.

답 ①

07

소방시설의 종류 중 경보설비에 속하지 않는 것은?

① 비화재보방지기
② 자동화재속보설비
③ 종합감시시설
④ 가스누설경보기

해설 **경보설비** : 화재발생사실을 통보하는 기계·기구 또는 설비
• 단독경보형감지기
• 비상경보설비(비상벨설비 및 자동식 사이렌설비)
• 시각경보기
• 자동화재탐지설비
• 비상방송설비
• 자동화재속보설비
• 통합감시시설
• 누전경보기
• 가스누설경보기

답 ①

08

다음 소방시설 중 경보설비에 속하지 않는 것은?

① 통합감시시설
② 자동화재탐지설비
③ 자동화재속보설비
④ 무선통신보조설비

해설 **무선통신보조설비** : 소화활동설비

답 ④

09

화재예방, 소방시설 설치·유지 및 안전관리에 관한 법률에서 규정하는 소방용품 중 경보설비를 구성하는 제품 또는 기기에 해당하지 않는 것은?

① 비상조명등
② 누전경보기
③ 발신기
④ 감지기

해설 **비상조명등** : 피난구조설비

답 ①

10

소방시설의 종류 중 피난구조설비에 속하지 않는 것은?

① 제연설비
② 공기안전매트
③ 유도등
④ 공기호흡기

해설 **피난구조설비** : 화재가 발생할 경우 피난하기 위하여 사용하는 기구 또는 설비로서 다음의 것
• 피난기구(미끄럼대·피난사다리·구조대·완강기·피난교·공기안전매트, 다수인 피난장비)
• 인명구조기구(방열복·공기호흡기 및 인공소생기)
• 유도등(피난유도선, 피난구유도등, 통로유도등, 객석유도등, 유도표지)
• 비상조명등 및 휴대용 비상조명등

> 제연설비 : 소화활동설비

답 ①

11

다음 중 화재가 발생할 경우 피난하기 위하여 사용하는 기구 또는 설비인 피난구조설비에 속하지 않는 것은?

① 완강기
② 인공소생기
③ 피난유도선
④ 연소방지설비

해설 **피난구조설비** : 완강기, 인공소생기, 피난유도선

답 ④

12

다음 중 소방시설 중 피난구조설비에 속하는 것은?

① 제연설비, 휴대용비상조명등
② 자동화재속보설비 유도등
③ 비상방송설비, 비상벨설비
④ 비상조명등, 유도등

해설 **피난구조설비** : 비상조명등, 유도등

답 ④

13

소방시설 중 "화재를 진압하거나 인명구조활동을 위하여 사용하는 설비"로 구분되는 것은?

① 피난구조설비   ② 소화설비
③ 소화용 설비   ④ 소화활동설비

해설 **소화활동설비** : 화재를 진압하거나 인명구조 활동을 위하여 사용하는 설비
  • 제연설비
  • 연결송수관설비
  • 연결살수설비
  • 비상콘센트설비
  • 무선통신보조설비
  • 연소방지설비

답 ④

14

소방시설 중 연결살수설비는 어떤 설비에 속하는가?

① 소화설비   ② 구조설비
③ 피난구조설비   ④ 소화활동설비

해설 **연결살수설비** : 소화활동설비

답 ④

15

소방시설 중 화재를 진압하거나 인명구조활동을 위하여 사용하는 설비로 나열된 것은?

① 상수도소화용수설비, 연결송수관설비
② 연결살수설비, 제연설비
③ 연소방지설비, 피난구조설비
④ 무선통신보조설비, 통합감시시설

해설 **소화활동설비** : 연결살수설비, 제연설비

답 ②

16

다음 소방시설 중 소화활동설비가 아닌 것은?

① 제연설비
② 연결송수관설비
③ 무선통신보조설비
④ 자동화재탐지설비

해설 **자동화재탐지설비** : 경보설비

답 ④

17

소방시설을 구분하는 경우 소화설비에 해당되지 않는 것은?

① 옥내소화전설비   ② 제연설비
③ 간이소화용구   ④ 소화기

해설 **제연설비** : 소화활동설비

답 ②

18

소방시설의 종류에 대한 설명으로 옳은 것은?

① 소화기구, 옥내·외소화전설비는 소화설비에 해당된다.
② 유도등, 비상조명등설비는 경보설비에 해당된다.
③ 소화수조, 저수조는 소화활동설비에 해당된다.
④ 연결송수관설비는 소화용수설비에 해당된다.

해설 **소화설비** : 소화기구, 자동소화장치, 스프링클러설비, 물분무소화설비, 옥내소화설비, 옥외소화설비

답 ①

19

특정소방대상물의 근린생활시설에 해당되는 것은?

① 기 원   ② 전시장
③ 기숙사   ④ 유치원

해설 **특정소방대상물**

대상물	기 원	전시장	기숙사	유치원
분 류	근린생활시설	문화 및 집회시설	공동주택	노유자시설

답 ①

20

특정소방대상물의 근린생활시설에 해당되는 것은?

① 전시장　　　　② 기숙사
③ 유치원　　　　④ 의 원

해설 특정소방대상물

대상물	구 분
전시장	문화 및 집회시설
기숙사	공동주택
유치원	• 초등학교(병설) : 교육연구시설 • 유치원 : 노유자시설
의 원	근린생활시설

답 ④

21

다음의 특정소방대상물 중 의료시설에 해당되지 않는 것은?

① 마약진료소
② 노인의료복지시설
③ 장애인 의료재활시설
④ 한방병원

해설 의료시설
• 병원 : 종합병원, 병원, 치과병원, 한방병원, 요양병원
• 격리병원 : 전염병원, 마약진료소 및 그 밖에 이와 비슷한 것
• 정신의료기관

답 ②

22

화재예방, 소방시설 설치·유지 및 안전관리에 관한 법률상의 특정소방대상물 중 오피스텔은 어디에 속하는가?

① 숙박시설　　　　② 업무시설
③ 공동주택시설　　④ 근린생활시설

해설 오피스텔 : 업무시설

답 ②

23

특정소방대상물 중 업무시설에 해당하지 않는 것은?

① 전신전화국　　　② 변전소
③ 소방서　　　　　④ 국민건강보험공단

해설 업무시설
• 공공업무시설 : 국가 또는 지방자치단체의 청사와 외국공관의 건축물로서 근린생활시설에 해당하지 않는 것
• 일반업무시설 : 금융업소, 사무소, 신문사, 오피스텔(업무를 주로 하며, 분양하거나 임대하는 구획 중 일부의 구획에서 숙식을 할 수 있도록 한 건축물) 및 그 밖에 이와 비슷한 것으로서 근린생활시설에 해당하지 않는 것
• 주민자치센터(동사무소), 경찰서, 지구대, 파출소, 소방서, 119안전센터, 우체국, 보건소, 공공도서관, 국민건강보험공단, 그 밖에 이와 비슷한 용도로 사용하는 것
• 마을공회당, 마을공동작업소, 마을공동구판장 및 그 밖에 이와 유사한 용도로 사용되는 것
• 변전소, 양수장, 정수장, 대피소, 공중화장실 및 그 밖에 이와 유사한 용도로 사용되는 것

전신전화국 : 방송통신시설

답 ①

24

다음 특정소방대상물 중 노유자시설에 속하지 않는 것은?

① 아동관련시설　　② 장애인관련시설
③ 노인관련시설　　④ 정신의료기관

해설 노유자시설
• 노인관련시설 : 노인주거복지시설, 노인의료복지시설, 노인여가복지시설, 주·야간보호서비스나 단기보호서비스를 제공하는 재가노인복지시설(재가 장기요양기관을 포함한다) 및 그 밖에 이와 비슷한 것
• 아동관련시설 : 아동복지시설, 어린이집, 유치원(병설유치원은 제외한다) 및 그 밖에 이와 비슷한 것
• 장애인시설 : 장애인 생활시설, 장애인 지역사회시설(장애인 심부름센터, 수화통역센터, 점자도서 및 녹음서 출판시설 등 장애인이 직접 그 시설 자체를 이용하는 것을 주된 목적으로 하지 않는 시설은 제외한다), 장애인직업재활시설 및 그 밖에 이와 비슷한 것
• 정신질환자관련시설 : 정신질환자사회복귀시설, 정신요양시설
• 노숙인관련시설

정신의료기관 : 의료시설

답 ④

25

다음 조건을 참고하여 숙박시설이 있는 특정소방대상물의 수용인원 산정 수로 옳은 것은?

> 침대가 있는 숙박시설로서 1인용 침대의 수는 20개이고 2인용 침대의 수는 10개이며, 종업원의 수는 3명이다.

① 33   ② 10
③ 43   ④ 46

해설 숙박시설이 있는 특정소방대상물 수용인원 산정
수용인원 = 3 + 20 + 2 × 10 = 43명

답 ③

26

특정소방대상물과 관련하여 다음 중 운수시설에 포함되지 않는 것은?

① 공항시설   ② 도시철도시설
③ 주차장   ④ 항만시설

해설 운수시설
- 여객자동차터미널
- 철도 및 도시철도 시설(정비창 등 관련시설을 포함한다)
- 공항시설(항공관제탑을 포함한다)
- 항만시설 및 종합여객시설

> 주차장 : 항공기 및 자동차 관련시설

답 ③

27

다음 중 화재예방, 소방시설 설치·유지 및 안전관리에 관한 법률 시행령에서 규정하는 특정소방대상물의 분류가 잘못된 것은?

① 자동차검사장 : 운수시설
② 동·식물원 : 문화 및 집회시설
③ 무도장 및 무도학원 : 위락시설
④ 전신전화국 : 방송통신시설

해설 항공기 및 자동차 관련 시설
- 항공기 격납고
- 주차용 건축물·차고 및 기계장치에 의한 주차시설
- 세차장
- 폐차장
- 자동차검사장

- 자동차매매장
- 자동차정비공장
- 운전학원·정비학원·주차장

답 ①

28

다음 특정소방대상물에 대한 설명으로 옳은 것은?

① 의원은 근린생활시설이다.
② 동물원 및 식물원은 동식물관련시설이다.
③ 종교집회장은 면적에 상관없이 문화집회시설이다.
④ 철도시설(정비창 포함)은 항공기 및 자동차관련시설이다.

해설 특정소방대상물

종 류	분 류	
의 원	근린생활시설	
동물원, 식물원	문화집회시설(동·식물원)	
종교집회장	바닥면적이 300[m²] 미만	바닥면적이 300[m²] 이상
	근린생활시설	종교시설
철도시설 (정비창 포함)	운수시설	

답 ①

29

특정소방대상물의 규모에 관계없이 물분무 등 소화설비를 설치하여야 하는 대상은?(단, 위험물 저장 및 처리시설 중 가스시설 또는 지하구는 제외한다)

① 주차용 건축물
② 전산실 및 통신기기실
③ 전기실 및 발전실
④ 항공기 격납고

해설 물분무 등 소화설비 설치 대상물
- 항공기 격납고
- 주차용 건축물로서 연면적이 800[m²] 이상인 것
- 기계식 주차장치를 이용하여 20대 이상의 차량을 주차할 수 있는 것
- 특정소방대상물에 설치된 전기실, 발전실, 변전실, 축전지실, 통신기기실, 전산실, 그 밖에 이와 유사한 것으로서 바닥면적이 300[m²] 이상인 것

답 ④

30

다음은 소방대상물 중 지하구에 대한 설명이다. (㉠), (㉡), (㉢)에 들어갈 내용으로 알맞은 것은?

> "전력 · 통신용의 전선이나 가스 · 냉난방용의 배관을 집합 수용하기 위하여 설치한 지하공작물로서 사람이 점검 또는 보수하기 위하여 출입이 가능한 것 중 폭 (㉠) 이상이고 높이가 (㉡) 이상이며 길이가 (㉢) 이상인 것"

① ㉠ 1.8[m], ㉡ 2.0[m], ㉢ 50[m]
② ㉠ 2.0[m], ㉡ 2.0[m], ㉢ 500[m]
③ ㉠ 2.5[m], ㉡ 3.0[m], ㉢ 600[m]
④ ㉠ 3.0[m], ㉡ 5.0[m], ㉢ 700[m]

[해설] 지하구
전력 · 통신용의 전선이나 가스 · 냉난방용의 배관 또는 이와 비슷한 것을 집합수용하기 위하여 설치한 지하공작물로서 사람이 점검 또는 보수하기 위하여 출입이 가능한 것 중 폭 1.8[m] 이상이고 높이가 2[m] 이상이며 길이가 50[m] 이상(전력 또는 통신사업용인 것은 500[m] 이상)인 것

[답] ①

31

소방특별조사를 실시할 수 있는 경우가 아닌 것은?

① 화재가 자주 발생하였거나 발생할 우려가 뚜렷한 곳에 대한 점검이 필요한 경우
② 재난예측정보, 기상예보 등을 분석한 결과 소방대상물에 화재, 재난 · 재해의 발생 위험이 높다고 판단되는 경우
③ 화재, 재난 · 재해 등이 발생할 경우 인명 또는 재산 피해의 우려가 낮다고 판단되는 경우
④ 관계인이 실시하는 소방시설 등에 대한 자체점검 등이 불성실하거나 불완전하다고 인정되는 경우

[해설] 소방특별조사를 실시할 수 있는 경우
- 관계인이 실시하는 소방시설 등, 방화시설, 피난시설 등에 대한 자체점검 등이 불성실하거나 불완전하다고 인정되는 경우
- 화재경계지구에 대한 소방특별조사 등 다른 법률에서 소방특별조사를 실시하도록 한 경우
- 국가적 행사 등 주요 행사가 개최되는 장소 및 그 주변의 관계 지역에 대하여 소방안전관리 실태를 점검할 필요가 있는 경우
- 화재가 자주 발생하였거나 발생할 우려가 뚜렷한 곳에 대한 점검이 필요한 경우

- 재난예측정보, 기상예보 등을 분석한 결과 소방대상물에 화재, 재난 · 재해의 발생 위험이 높다고 판단되는 경우
- 화재, 재난 · 재해, 그 밖의 긴급한 상황이 발생할 경우 인명 또는 재산 피해의 우려가 현저하다고 판단되는 경우

[답] ③

32

소방본부장이나 소방서장이 소방특별조사를 실시할 때 중점적으로 검사하여야 할 장소를 선정하는 기준으로 가장 적절히 표현된 것은?

① 소방안전관리자의 주요 근무장소
② 화재 시 인명피해의 발생이 우려되는 층이나 장소
③ 고가품이 많이 배치되어 있는 장소
④ 건축물 관리자가 요청하는 장소

[해설] 소방특별조사 시 화재발생 시 인명피해가 큰 장소나 층을 주로 하여야 한다.

[답] ②

33

소방본부장 또는 소방서장이 소방특별조사를 하고자 하는 때에는 며칠 전에 관계인에게 서면으로 알려야 하는가?

① 1일   ② 3일
③ 5일   ④ 7일

[해설] 소방청장, 소방본부장 또는 소방서장은 소방특별조사를 하려면 7일 전에 관계인에게 조사대상, 조사기간 및 조사사유 등을 서면으로 알려야 한다.

[답] ④

34

소방특별조사의 연기를 신청하려는 자는 소방특별조사 시작 며칠 전까지 소방청장, 소방본부장 또는 소방서장에게 소방특별조사 연기신청서에 증명서류를 첨부하여 제출해야 하는가?(단, 천재지변 및 그 밖에 대통령령으로 정하는 사유로 소방특별조사를 받기 곤란한 경우이다)

① 3   ② 5
③ 7   ④ 10

해설 소방특별조사 시작 3일 전까지 소방특별조사 연기신청서(전자문서로 된 신청서를 포함)에 소방특별조사를 받기가 곤란함을 증명할 수 있는 서류(전자문서로 된 서류를 포함)를 첨부하여 소방청장, 소방본부장 또는 소방서장에게 제출하여야 한다.

답 ①

35

소방특별조사에 관한 설명이다. 틀린 것은?

① 소방특별조사 업무를 수행하는 관계 공무원 및 관계 전문가는 그 권한을 표시하는 증표를 지니고 이를 관계인에게 내보여야 한다.

② 소방특별조사 시 관계인의 업무에 지장을 주지 아니하여야 하나 조사업무를 위해 필요하다고 인정되는 경우 일정 부분 관계인의 업무를 중지시킬 수 있다.

③ 조사업무를 수행하면서 취득한 자료나 알게 된 비밀을 다른 사람에게 제공 또는 누설하거나 목적 외의 용도로 사용하여서는 아니 된다.

④ 소방특별조사 업무를 수행하는 관계 공무원 및 관계 전문가는 관계인의 정당한 업무를 방해하여서는 아니 된다.

해설 소방특별조사
• 소방특별조사 업무를 수행하는 관계 공무원 및 관계 전문가는 그 권한 또는 자격을 표시하는 증표를 지니고 이를 관계인에게 내보여야 한다.
• 소방특별조사 업무를 수행하는 관계 공무원 및 관계 전문가는 관계인의 정당한 업무를 방해하여서는 아니 되며 조사업무를 수행하면서 취득한 자료나 알게 된 비밀을 다른 사람에게 제공 또는 누설하거나 목적 외의 용도로 사용하여서는 아니 된다.

답 ②

36

소방대상물에 대한 소방특별조사결과 화재가 발생되면 인명 또는 재산의 피해가 클 것으로 예상되는 경우 소방본부장 또는 소방서장이 소방대상물 관계인에게 조치를 명할 수 있는 사항과 가장 거리가 먼 것은?

① 이전명령
② 개수명령
③ 사용금지명령
④ 증축명령

해설 소방특별조사 결과에 따른 조치명령
• 조치명령권자 : 소방청장, 소방본부장, 소방서장
• 조사 대상 : 소방대상물의 위치·구조·설비 또는 관리의 상황
• 조치명령 : 개수·이전·제거, 사용의 금지 또는 제한, 사용폐쇄, 공사의 정지 또는 중지

답 ④

37

소방대상물의 위치·구조설비 또는 관리의 상황이 화재나 재해예방을 위하여 보완이 필요한 경우 소방특별조사를 할 수 있는 자는?

① 행정안전부장관
② 소방시설관리사
③ 시·도지사
④ 소방본부장이나 소방서장

해설 소방특별조사 결과에 따른 조치명령권자
: 소방청장, 소방본부장, 소방서장

답 ④

38

소방특별조사 결과 화재예방을 위하여 필요한 때 관계인에게 소방대상물의 개수·이전·제거, 사용의 금지 또는 제한 등의 필요한 조치를 명할 수 있는 사람이 아닌 것은?

① 소방서장
② 소방본부장
③ 소방청장
④ 시·도지사

해설 소방특별조사 결과에 따른 조치명령권자
: 소방청장, 소방본부장, 소방서장

답 ④

39

소방청장, 소방본부장 또는 소방서장이 소방특별조사 조치명령서를 해당 소방대상물의 관계인에게 발급하는 경우가 아닌 것은?

① 소방대상물의 신축
② 소방대상물의 개수
③ 소방대상물의 이전
④ 소방대상물의 제거

해설 조치명령 : 개수·이전·제거, 사용의 금지 또는 제한, 사용폐쇄, 공사의 정지 또는 중지

답 ①

40

소방특별조사의 세부항목에 대한 사항으로 옳지 않은 것은?

① 소방대상물 및 관계지역에 대한 강제처분·피난 명령에 관한 사항
② 소방안전관리 업무 수행에 관한 사항
③ 자체점검 및 정기적 점검 등에 관한 사항
④ 소방계획서의 이행에 관한 사항

해설 **소방특별조사의 세부항목**
- 특정소방대상물 또는 공공기관의 소방안전관리 업무 수행에 관한 사항
- 소방계획서의 이행에 관한 사항
- 소방시설 등의 자체점검 및 정기적 점검 등에 관한 사항
- 화재의 예방조치 등에 관한 사항
- 불을 사용하는 설비 등의 관리와 특수가연물의 저장·취급에 관한 사항
- 다중이용업소의 안전관리에 관한 사항

답 ①

41

소방본부장이 소방특별조사위원회 위원으로 임명하거나 위촉할 수 있는 사람이 아닌 것은?

① 소방시설관리사
② 과장급 직위 이상의 소방공무원
③ 소방 관련 분야의 석사학위 이상을 취득한 사람
④ 소방 관련 법인 또는 단체에서 소방 관련 업무에 3년 이상 종사한 사람

해설 **소방특별조사대상선정위원회의 위원**
- 과장급 직위 이상의 소방공무원
- 소방기술사
- 소방시설관리사
- 소방 관련 석사 학위 이상을 취득한 사람
- 소방 관련 법인 또는 단체에서 소방 관련 업무에 5년 이상 종사한 사람
- 소방공무원 교육기관, 대학 또는 연구소에서 소방과 관련한 교육 또는 연구에 5년 이상 종사한 사람

답 ④

42

화재예방, 소방시설 설치·유지 및 안전관리에 관한 법령상 소방특별조사자의 자격으로 틀린 것은?

① 소방기술사 자격을 취득한 자
② 소방시설관리사 자격을 취득한 자
③ 과장급 직위 이상의 소방공무원
④ 소방공무원으로서 위험물기능사 자격을 취득한 자

해설 **소방특별조사대상선정위원회의 위원**
- 과장급 직위 이상의 소방공무원
- 소방기술사
- 소방시설관리사
- 소방 관련 석사 학위 이상을 취득한 사람
- 소방 관련 법인 또는 단체에서 소방 관련 업무에 5년 이상 종사한 사람
- 소방공무원 교육기관, 대학 또는 연구소에서 소방과 관련한 교육 또는 연구에 5년 이상 종사한 사람

답 ④

43

건축허가 등을 함에 있어서 미리 소방본부장 또는 소방서장의 동의를 받아야 하는 건축물 등의 범위기준이 아닌 것은?

① 노유자시설 및 수련시설로서 연면적 100[m²] 이상인 건축물
② 지하층 또는 무창층이 있는 건축물로서 바닥면적이 150[m²] 이상인 층이 있는 것
③ 차고·주차장으로 사용되는 바닥면적이 200[m²] 이상인 층이 있는 건축물이나 주차시설
④ 장애인 의료재활시설로서 연면적 300[m²] 이상인 건축물

해설 **건축허가 등이 동의대상물의 범위**
- 연면적이 400[m²] 이상인 건축물. 다만, 다음의 어느 하나에 해당하는 시설은 해당 목에서 정한 기준 이상인 건축물로 한다.
  - 학교시설 : 100[m²]
  - 노유자시설 및 수련시설 : 200[m²]
  - 정신의료기관(입원실이 없는 정신건강의학과 의원은 제외) : 300[m²]
  - 장애인 의료재활시설 : 300[m²]
- 6층 이상인 건축물
- 차고·주차장 또는 주차용도로 사용되는 시설로서 다음의 어느 하나에 해당하는 것
  - 차고·주차장으로 사용되는 바닥면적이 200[m²] 이상인 층이 있는 건축물이나 주차시설
  - 승강기 등 기계장치에 의한 주차시설로서 자동차 20대 이상을 주차할 수 있는 시설
- 항공기 격납고, 관망탑, 항공관제탑, 방송용 송수신탑
- 지하층 또는 무창층이 있는 건축물로서 바닥면적이 150[m²](공연장의 경우에는 100[m²]) 이상인 층이 있는 것

답 ①

44

다음의 건축물 중에서 건축허가 등을 함에 따라 미리 소방본부장이나 소방서장의 동의를 받아야 하는 범위에 속하는 것은?

① 바닥면적 100[m²]으로 주차장 층이 있는 시설
② 연면적 100[m²]으로 수련시설이 있는 건축물
③ 바닥면적 100[m²]으로 무창층 공연장이 있는 건축물
④ 연면적 100[m²]의 노유자시설이 있는 건축물

해설 주차장, 수련시설, 노유자시설 : 200[m²] 이상
무창층 공연장 : 100[m²] 이상

답 ③

45

건축허가 등을 함에 있어서 소방본부장 또는 소방서장의 동의를 받아야 하는 건축물 등의 범위가 아닌 것은?

① 차고·주차장으로 사용되는 층 중 바닥면적 150[m²] 이상인 층이 있는 건축물
② 항공기 격납고, 관망탑, 항공관제탑, 방송용 송·수신탑
③ 지하층 또는 무창층이 있는 건축물로서 바닥면적이 150[m²] 이상인 층인 있는 것
④ 승강기 등 기계장치에 의한 주차시설로서 자동차 20대 이상을 주차할 수 있는 시설

해설 차고·주차장 : 바닥면적 200[m²] 이상

답 ①

46

건축물 등의 신축·개축·재축 또는 이전의 허가·협의 및 사용승인의 권한이 있는 행정기관은 건축허가 등을 함에 있어서 미리 그 건축물 등의 공사 시 공지 또는 소재지를 관할하는 소방본부장 또는 소방서장의 동의를 받아야 한다. 다음 중 건축허가 등의 동의대상물의 범위로서 옳지 않은 것은?

① 주차장으로 사용되는 층 중 바닥면적이 200[m²] 이상인 층이 있는 시설
② 무창층이 있는 건축물로서 바닥면적이 150[m²] 이상인 층이 있는 것

③ 승강기 등 기계장치에 의한 주차시설로서 자동차 10대 이상을 주차할 수 있는 시설
④ 수련시설로서 연면적 200[m²] 이상인 건축물

해설 승강기 등 기계장치에 의한 주차시설로서 자동차 20대 이상을 주차할 수 있는 시설

답 ③

47

건축허가 등을 할 때 미리 소방본부장 또는 소방서장의 동의를 받아야 하는 대상 건축물 등의 범위로서 옳지 않은 것은?

① 승강기 등 기계장치에 의한 주차시설로서 자동차 20대 이상을 주차할 수 있는 시설
② 지하층 또는 무창층이 있는 모든 건축물
③ 노유자시설 및 수련시설로서 연면적이 200[m²] 이상인 건축물
④ 항공기 격납고, 관망탑, 항공관제탑 등

해설 지하층 또는 무창층이 있는 건축물로서 바닥면적이 150[m²] 이상인 층이 있는 것

답 ②

48

건축허가 등의 동의대상물로서 건축허가 등의 동의를 요구하는 때 동의요구서에 첨부하여야 하는 서류로서 옳지 않은 것은?

① 건축허가신청서 및 건축허가서
② 소방시설설계업등록증과 자본금 내역서
③ 소방시설 설치계획표
④ 소방시설(기계·전기 분야)의 층별 평면도 및 층별 계통도

해설 **건축허가 등의 동의요구 첨부서류**
- 건축허가신청서 및 건축허가서
- 설계도서
- 소방시설 설치계획표
- 임시소방시설 설치계획서
- 소방시설설계업등록증과 소방시설을 설계한 기술인력자의 기술자격증

답 ②

49

화재예방, 소방시설 설치 · 유지 및 안전관리에 관한 법령상 건축허가 등의 동의를 요구하는 때 동의요구서에 첨부하여야 하는 설계도서가 아닌 것은?(단, 소방시설공사 착공신고대상에 해당하는 경우이다)

① 창호도

② 실내 전개도

③ 건축물의 단면도

④ 건축물의 주단면 상세도(내장재료를 명시한 것)

해설 설계도서

• 건축물의 단면도 및 주단면 상세도
• 소방시설의 층별 평면도 및 층별 계통도
• 창호도

답 ②

50

소방본부장 또는 소방서장은 건축허가 등의 동의요구서류를 접수할 날부터 최대 며칠 이내에 건축허가 등의 동의여부를 회신하여야 하는가?(단, 허가 신청한 건축물은 지상으로부터 높이가 200[m]인 아파트이다)

① 5일

② 7일

③ 10일

④ 15일

해설 건축허가 등의 동의여부 회신

• 일반대상물 : 5일 이내
• 특급소방안전관리대상물 : 10일 이내

> [특급소방안전관리대상물]
> ① 50층 이상(지하층은 제외)이거나 지상으로부터 높이가 200[m] 이상인 아파트
> ② 30층 이상(지하층을 포함)이거나 지상으로부터 높이가 120[m] 이상인 특정소방대상물(아파트는 제외)
> ③ ②에 해당하지 아니하는 특정소방대상물로서 연면적이 20만[m²] 이상인 특정소방대상물(아파트는 제외)

답 ③

51

건축물 등의 신축 · 증축 동의요구를 소재지 관한 소방본부장 또는 소방서장에게 한 경우 소방본부장 또는 소방서장은 건축허가 등의 동의요구서류를 접수한 날부터 며칠 이내에 건축허가 등의 동의여부를 회신하여야 하는가?(단, 허가 신청한 건축물이 연면적 20만[m²] 이상의 특정소방대상물인 경우이다)

① 5일

② 7일

③ 10일

④ 30일

해설 건축허가 등의 동의여부 회신

• 일반대상물 : 5일 이내
• 특급 소방안전관리대상물 : 10일 이내

답 ③

52

소방본부장이나 소방서장은 연면적 20,000[m²]인 건축물의 건축허가 등의 동의요구서류를 접수한 날부터 며칠 이내에 건축허가 등의 동의여부를 회신하여야 하는가?

① 3일 이내

② 5일 이내

③ 10일 이내

④ 14일 이내

해설 건축허가 등의 동의여부 회신

• 일반대상물 : 5일 이내
• 특급 소방안전관리대상물 : 10일 이내

답 ②

53

행정안전부령으로 정하는 연소우려가 있는 구조에 대한 기준 중 다음 (   ) 안에 알맞은 것은?

> 건축물대장의 건축물 현황도에 표시된 대지경계선 안에 2 이상의 건축물이 있는 경우로서 각각의 건축물이 다른 건축물의 외벽으로부터 수평거리가 1층의 경우에는 (㉠)[m] 이하, 2층 이상의 층의 경우에는 (㉡)[m] 이하이고 개구부가 다른 건축물을 향하여 설치된 구조를 말한다.

① ㉠ 3, ㉡ 5

② ㉠ 5, ㉡ 8

③ ㉠ 6, ㉡ 8

④ ㉠ 6, ㉡ 10

해설 행정안전부령으로 정하는 연소우려가 있는 구조
- 건축물대장의 건축물 현황도에 표시된 대지경계선 안에 둘 이상의 건축물이 있는 경우
- 각각의 건축물이 다른 건축물의 외벽으로부터 수평거리가 1층의 경우에는 6[m] 이하, 2층 이상의 층의 경우에는 10[m] 이하인 경우
- 개구부가 다른 건축물을 향하여 설치되어 있는 경우

답 ④

54

다음 특정소방대상물 중 주거용 주방자동소화장치를 설치하여야 하는 것은?

① 아파트
② 지하가 중 터널로서 길이가 1,000[m] 이상인 터널
③ 지정문화재 및 가스시설
④ 항공기 격납고

해설 설치기준
- 소화기구 : 연면적 33[m²] 이상, 지정문화재, 가스시설, 터널
- 주거용 주방자동소화장치 : 아파트 등 및 30층 이상 오피스텔의 모든 층

답 ①

55

연면적이 33[m²]가 되지 않아도 소화기 또는 간이 소화용구를 설치하여야 하는 특정소방대상물은?

① 지정문화재
② 판매시설
③ 유흥주점영업소
④ 변전실

해설 특정소방대상물 중 간이소화용구 설치기준
연면적 33[m²] 이상, 지정문화재, 가스시설, 터널

답 ①

56

아파트로서 층수가 몇 층 이상인 것은 모든 층에 스프링클러를 설치하여야 하는가?

① 6층   ② 11층
③ 15층   ④ 20층

해설 스프링클러는 층수가 6층 이상인 특정소방대상물의 경우에는 모든 층에 설치하여야 한다.

답 ①

57

스프링클러설비를 설치하여야 할 대상의 기준으로 옳지 않은 것은?

① 문화 및 집회시설로서 수용인원이 100명 이상인 것
② 판매시설, 운수시설로서 층수가 3층 이하인 건축물로서 바닥면적 합계가 6,000[m²] 이상인 모든 층
③ 숙박이 가능한 수련시설로서 해당용도로 사용되는 바닥면적의 합계가 600[m²] 이상인 모든 층
④ 지하가(터널은 제외)로서 연면적 800[m²] 이상인 것

해설 지하가(터널은 제외한다)로서 연면적 1천[m²] 이상인 것에는 스프링클러설비를 설치하여야 한다.

답 ④

58

다음 중 스프링클러설비를 의무적으로 설치하여야 하는 기준으로 틀린 것은?

① 숙박시설로 11층 이상인 것
② 지하가로 연면적이 1,000[m²] 이상인 것
③ 판매시설로 수용인원이 300명 이상인 것
④ 복합건축물로 연면적 5,000[m²] 이상인 것

해설 판매시설, 운수시설 및 창고시설(물류터미널에 한정)로서 바닥면적의 합계가 5천[m²] 이상이거나 수용인원이 500명 이상인 경우에는 모든 층에는 스프링클러설비를 설치하여야 한다.

답 ③

59

면적이나 구조에 관계없이 물분무 등 소화설비를 반드시 설치하여야 하는 특정소방대상물은?

① 통신기기실
② 항공기 격납고
③ 전산실
④ 주차용 건축물

해설 물분무 등 소화설비 설치대상물(가스시설, 지하구는 제외)
항공기, 자동차 관련시설 중 항공기 격납고

답 ②

60

비상경보설비를 설치하여야 할 특정소방대상물이 아닌 것은?

① 지하가 중 터널로서 길이가 1,000[m] 이상인 것
② 사람이 거주하고 있는 연면적 400[m²] 이상인 건축물
③ 지하층의 바닥면적이 100[m²] 이상으로 공연장인 건축물
④ 35명의 근로자가 작업하는 옥내 작업장

해설 비상경보설비를 설치하여야 할 특정소방대상물(위험물 저장 및 처리시설 중 가스시설 또는 지하구는 제외)
- 연면적 400[m²](지하가 중 터널 또는 사람이 거주하지 않거나 벽이 없는 축사는 제외) 이상이거나 지하층 또는 무창층의 바닥면적이 150[m²](공연장의 경우 100[m²]) 이상인 것
- 지하가 중 터널로서 길이가 500[m] 이상인 것
- 50명 이상의 근로자가 작업하는 옥내 작업장

답 ④

61

근린생활시설 중 일반목욕장인 경우 연면적 몇 [m²] 이상이면 자동화재탐지설비를 설치해야 하는가?

① 500
② 1,000
③ 1,500
④ 2,000

해설 공동주택, 목욕장, 문화 및 집회시설, 종교시설, 판매시설, 운수시설, 운동시설, 업무시설, 공장, 창고시설, 위험물 저장 및 처리시설, 항공기 및 자동차 관련시설, 국방·군사시설, 방송통신시설, 발전시설, 관광휴게시설, 지하가(터널 제외)로서 연면적 1,000[m²] 이상이면 자동화재탐지설비를 설치하여야 한다.

답 ②

62

자동화재탐지설비를 설치하여야 하는 특정소방대상물의 기준으로 틀린 것은?

① 지하구
② 지하가 중 터널로서 길이 700[m] 이상인 것
③ 교정시설로서 연면적 2,000[m²] 이상인 것
④ 복합건축물로서 연면적 600[m²] 이상인 것

해설 지하가 중 터널로서 길이 1,000[m] 이상이며, 자동화재탐지설비를 설치하여야 한다.

답 ②

63

다음 중 자동화재탐지설비를 설치해야 하는 특정소방대상물은?

① 길이가 1.3[km]인 지하가 중 터널
② 연면적 600[m²]인 볼링장
③ 연면적 500[m²]인 산후조리원
④ 지정수량 100배의 특수가연물을 저장하는 창고

해설 자동화재탐지설비 설치대상
- 길이가 1.0[km]인 지하가 중 터널
- 연면적 1,000[m²]인 운동시설(볼링장)
- 연면적 600[m²]인 근린생활시설(산후조리원)
- 지정수량 500배 이상의 특수가연물을 저장·취급하는 공장 또는 창고

답 ①

64

화재예방, 소방시설 설치·유지 및 안전관리에 관한 법령상 자동화재탐지설비를 설치하여야 하는 특정소방대상물의 기준으로 틀린 것은?

① 문화 및 집회시설로서 연면적이 1,000[m²] 이상인 것
② 지하가(터널은 제외)로서 연면적이 1,000[m²] 이상인 것
③ 의료시설(정신의료기관 또는 요양병원은 제외)로서 연면적 1,000[m²] 이상인 것
④ 지하가 중 터널로서 길이가 1,000[m] 이상인 것

해설 의료시설(전신의료기관 또는 요양병원은 제외)
: 600[m²] 이상

답 ③

65

자동화재탐지설비의 화재안전기준을 적용하기 어려운 특정소방대상물로 볼 수 없는 것은?

① 정수장
② 수영장
③ 어류양식용 시설
④ 펄프공장의 작업장

해설 소방시설을 설치하지 아니할 수 있는 특정소방대상물 및 소방시설의 범위

구 분	특정소방대상물	소방시설
화재 위험도가 낮은 특정소방대상물	석재·불연성 금속·불연성 건축재료 등의 가공공장·기계조립공장·주물공장 또는 불연성 물품을 저장하는 창고	옥외소화전 및 연결살수설비
	소방기본법 제2조 제5호의 규정에 의한 소방대가 조직되어 24시간 근무하고 있는 청사 및 차고	옥내소화전설비, 스프링클러설비, 물분무 등 소화설비, 비상방송설비, 피난기구, 소화용수설비, 연결송수관설비, 연결살수설비
화재안전기준을 적용하기가 어려운 특정소방대상물	**펄프공장의 작업장**·음료수공장의 세정 또는 충전하는 작업장 그 밖에 이와 비슷한 용도로 사용하는 것	**스프링클러설비, 상수도 소화용수설비 및 연결살수설비**
	정수장, 수영장, 목욕장, 농예·축산·어류양식용시설 그 밖에 이와 비슷한 용도로 사용되는 것	**자동화재탐지설비**, 상수도 소화용수설비 및 연결살수설비
화재안전기준을 달리 적용하여야 하는 특수한 용도 또는 구조를 가진 특정소방대상물	원자력발전소, 핵폐기물처리시설	연결송수관설비 및 연결살수설비
위험물안전관리법 제19조의 규정에 의한 자체소방대가 설치된 특정소방대상물	자체소방대가 설치된 위험물제조소 등에 부속된 사무실	옥내소화전설비, 소화용수설비, 연결살수설비 및 연결송수관설비

답 ④

66

자동화재속보설비를 설치하여야 하는 특정소방대상물은?

① 연면적이 800[m²]인 아파트

② 연면적이 800[m²]인 기숙사

③ 바닥면적이 1,000[m²]인 층이 있는 발전시설

④ 바닥면적이 500[m²]인 층이 있는 노유자시설

해설 자동화재속보설비 설치대상물
노유자시설로서 바닥면적이 500[m²] 이상.

답 ④

67

경보설비 중 단독경보형 감지기를 설치해야 하는 특정소방대상물의 기준으로 틀린 것은?

① 연면적 600[m²] 미만의 숙박시설

② 연면적 1,000[m²] 미만의 아파트 등

③ 연면적 1,000[m²] 미만의 기숙사

④ 교육연구시설 내에 있는 연면적 3,000[m²] 미만의 합숙소

해설 단독경보형 감지기 설치대상
- 연면적 1,000[m²] 미만의 아파트 등
- 연면적 1,000[m²] 미만의 기숙사
- 교육연구시설 또는 수련시설 내에 있는 합숙소 또는 기숙사로서 연면적 2,000[m²] 미만인 것
- 연면적 600[m²] 미만의 숙박시설

답 ④

68

소화활동설비에서 제연설비를 설치하여야 하는 특정소방대상물의 기준으로 틀린 것은?

① 문화집회 및 운동시설로부터 무대부의 바닥면적이 200[m²] 이상인 것

② 지하층에 설치된 근린생활시설·판매시설, 운수시설, 숙박시설, 위락시설로서 바닥면적의 합계가 1,000[m²] 이상인 것

③ 지하가(터널을 제외한다)로서 연면적 1,000[m²] 이상인 것

④ 지하가 중 터널로서 길이가 300[m] 이상인 것

해설 지하가 중 예상 교통량, 경사도 등 터널의 특성을 고려하여 행정안전부령으로 정하는 터널은 제연설비를 설치하여야 한다.

답 ④

69

교육연구시설 중 학교 지하층은 바닥면적의 합계가 몇 [m²] 이상인 경우 연결살수설비를 설치해야 하는가?

① 500

② 600

③ 700

④ 1,000

연결살수설비 설치 대상
- 판매시설, 운수시설, 물류터미널로서 바닥면적의 합계가 1,000[m²] 이상인 것
- 지하층으로서 바닥면적의 합계가 150[m²] 이상인 것(단, 국민주택규모 이하인 아파트의 지하층 또는 학교의 지하층으로서 700[m²] 이상인 것)
- 가스시설 중 지상에 노출된 탱크의 용량이 30톤 이상인 탱크 시설

답 ③

70

터널을 제외한 지하가로서 연면적이 1,500[m²]인 경우 설치하지 않아도 되는 소방시설은?

① 비상방송설비
② 스프링클러설비
③ 제연설비
④ 무선통신보조설비

해설 비상방송설비는 지하가에는 설치할 필요가 없다.

답 ①

71

대통령령 또는 화재안전기준이 변경되어 그 기준이 강화되는 경우에 기존 특정소방대상물의 소방시설에 대하여 변경으로 강화된 기준을 적용하여야 하는 소방시설은?

① 비상경보설비   ② 비상콘센트설비
③ 비상방송설비   ④ 옥내소화전설비

해설 대통령령 또는 화재안전기준의 변경으로 강화된 기준을 적용(소급적용 대상)
- 다음 소방시설 중 대통령령으로 정하는 것
  - 소화기구
  - 비상경보설비
  - 자동화재속보설비
  - 피난구조설비
- 지하구에 설치하여야 하는 소방시설(공동구, 전력 또는 통신사업용 지하구)
- 노유자시설, 의료시설에 설치하여야 하는 소방시설 중 대통령령으로 정하는 것

> - 노유자시설 : 간이스프링클러설비, 자동화재탐지설비
> - 의료시설 : 간이스프링클러설비, 스프링클러설비, 자동화재탐지설비, 자동화재속보설비

답 ①

72

특정소방대상물에 설치하는 소방시설 등의 유지·관리 등에 있어 대통령령 또는 화재안전기준의 변경으로 그 기준이 강화되는 경우 변경 전의 대통령령 또는 화재안전기준이 적용되지 않고 강화된 기준이 적용되는 것은?

① 자동화재속보설비
② 옥내소화전설비
③ 간이스프링클러설비
④ 옥외소화전설비

해설 강화된 기준 적용 대상
소화기구, 비상경보설비, 자동화재속보설비, 피난구조설비

답 ①

73

소방본부장이나 소방서장은 특정소방대상물에 설치하는 소방시설 가운데 기능과 성능이 유사한 물분무소화설비, 간이스프링클러설비, 비상경보설비 및 비상방송설비 등 소방시설의 경우 유사한 소방시설의 설치 면제를 어떻게 정하는가?

① 소방청장이 정한다.
② 시·도의 조례로 정한다.
③ 행정안전부령으로 정한다.
④ 대통령령으로 정한다.

해설 유사한 소방시설의 경우 설치 면제
: 대통령령으로 정한다.

답 ④

74

특정소방대상물의 소방시설 설치의 면제기준 중 다음 (   ) 안에 알맞은 것은?

> 비상경보설비 또는 단독경보형 감지기를 설치하여야 하는 특정소방대상물에 (   )를 화재안전기준에 적합하게 설치한 경우에는 그 설비의 유효범위에서 설치가 면제된다.

① 자동화재탐지설비
② 스프링클러설비
③ 비상조명등
④ 무선통신보조설비

해설 비상경보설비 또는 단독경보형 감지기를 설치하여야 하는 특정소방대상물에 자동화재탐지설비를 화재안전기준에 적합하게 설치한 경우에는 그 설비의 유효범위에서 설치가 면제된다.

답 ①

75

특정소방대상물의 각 부분으로부터 수평거리 140[m] 이내에 공공의 소방을 위해 소화전이 화재안전기준이 정하는 바에 따라 적합하게 설치되어 있는 경우에 설치가 면제되는 것은?

① 옥외소화전
② 연결송수관
③ 연소방지설비
④ 상수도소화용수설비

해설 특정소방대상물의 소방시설 설치의 면제기준

설치가 면제되는 소방시설	설치면제 요건
상수도소화용수설비	상수도소화용수설비를 설치하여야 하는 특정소방대상물의 각 부분으로부터 수평거리 140[m] 이내에 공공의 소방을 위한 소화전이 화재안전기준에 적합하게 설치되어 있는 경우에는 설치가 면제된다. 소방본부장 또는 소방서장이 상수도소화용수설비의 설치가 곤란하다고 인정하는 경우로서 화재안전기준에 적합한 소화수조 또는 저수조가 설치되어 있거나 이를 설치하는 경우에는 그 설비의 유효범위에서 설치가 면제된다.

답 ④

76

자동화재탐지설비의 설치면제요건에 관한 사항이다. (　)에 들어갈 내용으로 알맞은 것은?

"자동화재탐지설비의 기능(감지·수신·경보기능)과 성능을 가진 (　)를 화재안전기준에 적합하게 설치한 경우에는 그 설비의 유효한 범위 안의 부분에서 자동화재탐지설비의 설치가 면제된다."

① 비상경보설비
② 연소방지설비
③ 제연설비
④ 준비작동식 스프링클러설비

해설 설치면제요건

설치가 면제되는 소방시설	설치면제요건
자동화재탐지설비	자동화재탐지설비의 기능(감지·수신·경보기능을 말한다)과 성능을 가진 스프링클러설비 또는 물분무 등 소화설비를 화재안전기준에 적합하게 설치한 경우에는 그 설비의 유효범위 안의 부분에서 설치가 면제된다.

답 ④

77

대통령령으로 정하는 특정소방대상물의 소방시설 중 내진설계 대상이 아닌 것은?

① 옥내소화전설비
② 스프링클러설비
③ 미분무소화설비
④ 연결살수설비

해설 내진설계대상 : 옥내소화전설비, 스프링클러설비, 물분무 등 소화설비

> **물분무 등 소화설비**
> 물분무, 미분무, 포, 이산화탄소, 할론, 할로겐화합물 및 불활성기체소화약제, 분말, 강화액소화설비

답 ④

78

화재위험도가 낮은 특정소방대상물 중 소방대가 조직되어 24시간 근무하고 있는 청사 및 차고에 설치하지 아니할 수 있는 소방시설이 아닌 것은?

① 자동화재탐지설비
② 연결송수관설비
③ 피난기구
④ 비상방송설비

해설 소방시설을 설치하지 아니할 수 있는 특정소방대상물 및 소방시설의 범위

구 분	특정소방대상물	소방시설
1. 화재 위험도가 낮은 특정소방대상물	석재, 불연성금속, 불연성 건축재료 등의 가공공장·기계조립공장·주물공장 또는 불연성 물품을 저장하는 창고	옥외소화전 및 연결살수설비
	소방기본법 제2조 제5호에 따른 소방대가 조직되어 24시간 근무하고 있는 **청사 및 차고**	옥내소화전설비, 스프링클러설비, 물분무 등 소화설비, 비**상방송설비, 피난기구, 소화용수설비, 연결송수관설비**, 연결살수설비

답 ①

79

소방시설기준 적용의 특례 중 특정소방대상물의 관계
인이 소방시설을 갖추어야 함에도 불구하고 관련 소
방시설을 설치하지 아니할 수 있는 소방시설의 범위
로 옳은 것은?(화재 위험도가 낮은 특정소방대상물로
서 석재, 불연성 금속, 불연성 건축재료 등의 가공공장
·기계조립공장·주물공장 또는 불연성 물품을 저장
하는 창고이다)

① 옥외소화전 및 연결살수설비
② 연결송수관설비 및 연결살수설비
③ 자동화재탐지설비, 상수도소화용수설비 및 연
결살수설비
④ 스프링클러설비, 상수도소화용수설비 및 연결
살수설비

해설

구 분	특정소방대상물	소방시설
화재 위험도가 낮은 특정소방대상물	석재, 불연성금속, 불연성 건축재료 등의 가공공장·기계조립공장·주물공장 또는 불연성 물품을 저장하는 창고	옥외소화전 및 연결살수설비

답 ①

80

성능위주설계를 할 수 있는 자가 보유하여야 하는
기술인력의 기준은?

① 소방기술사 2명 이상
② 소방기술사 1명 및 소방설비기사 2명(기계 및
전기분야 각 1명) 이상
③ 소방분야 공학박사 2명 이상
④ 소방기술사 1명 및 소방분야 공학박사 1명 이상

해설 성능위주설계를 할 수 있는 기술인력
: 소방기술사 2명 이상

답 ①

81

성능위주설계를 하여야 하는 특정소방대상물의 범위
의 기준으로 옳지 않은 것은?

① 연면적 3만[m²] 이상인 철도 및 도시철도시설
② 연면적 20만[m²] 이상인 특정소방대상물
③ 아파트를 포함한 건축물의 높이가 100[m] 이상
인 특정소방대상물

④ 하나의 건축물에 영화 및 비디오물의 진흥에 관
한 법률에 따른 영화상영관이 10개 이상인 특정
소방대상물

해설 성능위주설계를 하여야 하는 특정소방대상물의 범위
• 연면적 20만[m²] 이상인 특정소방대상물(아파트 등
은 제외)
• 건축물의 높이가 100[m] 이상인 특정소방대상물과
지하층을 포함한 층수가 30층 이상인 특정소방대상
물을 포함(아파트는 제외)
• 연면적 3만[m²] 이상인 철도 및 도시철도시설, 공항
시설
• 하나의 건축물에 영화상영관이 10개 이상인 특정소
방대상물

답 ③

82

성능위주설계를 실시하여야 하는 특정소방대상물의
범위 기준으로 틀린 것은?

① 연면적 200,000[m²] 이상인 특정소방대상물(아
파트 등은 제외)
② 지하층을 포함한 층수가 30층 이상인 특정소방
대상물(아파트 등은 제외)
③ 건축물의 높이가 100[m] 이상인 특정소방대상
물(아파트 등은 제외)
④ 하나의 건축물에 영화상영관이 5개 이상인 특정
소방대상물

해설 하나의 건축물에 영화상영관이 10개 이상인 특정소방
대상물

답 ④

83

피난시설 및 방화시설 유지·관리에 대한 관계인의
잘못된 행위가 아닌 것은?

① 피난시설·방화시설을 수리하는 행위
② 방화시설을 폐쇄하는 행위
③ 피난시설 및 방화시설을 변경하는 행위
④ 방화시설 주위에 물건을 쌓아두는 행위

해설 피난시설 및 방화시설 유지·관리 시 금지행위
• 피난시설, 방화구획 및 방화시설을 폐쇄하거나 훼손
하는 등의 행위
• 피난시설, 방화구획 및 방화시설의 주위에 물건을
쌓아두거나 장애물을 설치하는 행위
• 피난시설, 방화구획 및 방화시설의 용도에 장애를
주거나 소방기본법 제16조에 따른 소방활동에 지장
을 주는 행위

• 그 밖에 피난시설, 방화구획 및 방화시설을 변경하는 행위

답 ①

84

건축물의 공사 현장에 설치하여야 하는 임시소방시설과 기능 및 성능이 유사하여 임시소방시설을 설치한 것으로 보는 소방시설로 연결이 틀린 것은?(단, 임시소방시설–임시소방시설을 설치한 것으로 보는 소방시설 순이다)

① 간이소화장치 – 옥내소화전
② 간이피난유도선 – 유도표지
③ 비상경보장치 – 비상방송설비
④ 비상경보장치 – 자동화재탐지설비

해설 임시소방시설과 기능 및 성능이 유사한 소방시설로서 임시소방시설을 설치한 것으로 보는 소방시설
• 간이소화장치를 설치한 것으로 보는 소방시설
  : 옥내소화전 또는 소방청장이 정하여 고시하는 기준에 맞는 소화기
• 비상경보장치를 설치한 것으로 보는 소방시설
  : 비상방송설비 또는 자동화재탐지설비
• 간이피난유도선을 설치한 것으로 보는 소방시설
  : 피난유도선, 피난구유도등, 통로유도등 또는 비상조명등

답 ②

85

특정소방대상물이 증축되는 경우 소방시설기준 적응에 관한 설명 중 옳은 것은?

① 기존 부분을 포함한 특정소방대상물의 전체에 대하여 증축 당시의 화재안전기준을 적용한다.
② 기존 부분을 포함한 특정소방대상물의 전체에 대하여 증축 전에 화재안전기준을 적용한다.
③ 특정소방대상물의 기존 부분은 증축 전에 적용되던 화재안전기준을 적용하고 증축 부분은 증축 당시의 화재안전기준을 적용한다.
④ 특정소방대상물의 증축 부분은 증축 전에 적용되던 화재안전기준을 적용하고 기존 부분은 증축 당시의 화재안전기준을 적용한다.

해설 특정소방대상물이 증축되는 경우에는 기존 부분을 포함한 특정소방대상물의 전체에 대하여 증축 당시의 화재안전기준을 적용한다.

답 ①

86

특정소방대상물이 증축되는 경우 기존 부분에 대해서 증축 당시의 소방시설의 설치에 관한 대통령령 또는 화재안전기준을 적용하지 않는 경우가 아닌 것은?

① 증축으로 인하여 천장·바닥·벽 등에 고정되어 있는 가연성 물질의 양이 줄어드는 경우
② 자동차 생산공장 등 화재 위험이 낮은 특정소방대상물 내부에 연면적 33[m²] 이하의 직원 휴게실을 증축하는 경우
③ 기존 부분과 증축 부분이 갑종방화문(국토교통부장관이 정하는 기준에 적합한 자동방화셔터를 포함한다)으로 구획되어 있는 경우
④ 자동차 생산공장 등 화재 위험이 낮은 특정소방대상물에 캐노피(3면 이상에 벽이 없는 구조의 캐노피를 말한다)를 설치하는 경우

해설 대통령령 또는 화재안전기준을 적용하지 않는 경우
• 기존 부분과 증축 부분이 내화구조로 된 바닥과 벽으로 구획된 경우
• 기존 부분과 증축 부분이 갑종방화문(국토교통부장관이 정하는 기준에 적합한 자동방화셔터를 포함한다)으로 구획되어 있는 경우
• 자동차 생산공장 등 화재 위험이 낮은 특정소방대상물 내부에 연면적 33[m²] 이하의 직원 휴게실을 증축하는 경우
• 자동차 생산공장 등 화재 위험이 낮은 특정소방대상물에 캐노피(3면 이상에 벽이 없는 구조의 캐노피를 말한다)를 설치하는 경우

답 ①

87

특정소방대상물의 증축 또는 용도변경 시의 소방시설기준 적용의 특례에 관한 설명 중 옳지 않은 것은?

① 증축되는 경우에는 기존 부분을 포함한 전체에 대하여 증축 당시의 소방시설의 설치에 관한 대통령령 또는 화재안전기준을 적용하여야 한다.
② 증축 시 기존 부분과 증축되는 부분이 내화구조로 된 바닥과 벽으로 구획되어 있는 경우에는 기존 부분에 대하여는 증축 당시의 소방시설의 설치에 관한 대통령령 또는 화재안전기준을 적용하지 아니한다.
③ 용도변경되는 경우에는 기존 부분을 포함한 전체에 대하여 용도변경 당시의 소방시설의 설치에 관한 대통령령 또는 화재안전기준을 적용한다.

④ 용도변경 시 특정소방대상물의 구조·설비가 화재연소 확대요인이 적어지거나 피난 또는 화재진압활동이 쉬워지도록 용도변경되는 경우에는 전체에 용도변경 전의 소방시설의 설치에 관한 대통령령 또는 화재안전기준을 적용한다.

> **해설** **특정소방대상물의 증축 또는 용도변경 시의 소방시설기준 적용의 특례**
> 소방본부장이나 소방서장은 특정소방대상물이 용도변경되는 경우에는 용도변경되는 부분에 한하여 용도변경 당시의 소방시설의 설치에 관한 대통령령 또는 화재안전기준을 적용한다. 다만, 다음에 해당하는 경우에는 특정소방대상물 전체에 대하여 용도변경되기 전에 해당 특정소방대상물에 적용되던 소방시설의 설치에 관한 대통령령 또는 화재안전기준을 적용한다.
> 답 ③

88

다음 중 중앙소방기술심의위원회의 심의를 받아야 하는 사항으로 옳지 않은 것은?

① 연면적 5만[m²] 이상의 특정소방대상물에 설치된 소방시설의 설계·시공·감리의 하자 여부에 관한 사항
② 화재안전기준에 관한 사항
③ 소방시설의 설계 및 공사감리의 방법에 관한 사항
④ 소방시설의 구조 및 원리 등에 있어서 공법이 특수한 설계 및 시공에 관한 사항

> **해설** **중앙소방기술 심의위원회의 심의사항**
> • 화재안전기준에 관한 사항
> • 소방시설의 구조 및 원리 등에서 공법이 특수한 설계 및 시공에 관한 사항
> • 소방시설의 설계 및 공사감리의 방법에 관한 사항
> • 소방시설공사의 하자를 판단하는 기준에 관한 사항
> • 그 밖에 소방기술 등에 관하여 대통령령으로 정하는 사항
>   – 연면적 10만[m²] 이상의 특정소방대상물에 설치된 소방시설의 설계·시공·감리의 하자 유무에 관한 사항
>   – 새로운 소방시설과 소방용품의 도입 여부에 관한 사항
> 답 ①

89

소방청의 중앙소방기술심의위원회의 심의사항에 해당하지 않는 것은?

① 소방시설공사의 하자를 판단하는 기준에 관한 사항
② 소방시설에 하자가 있는지의 판단에 관한 사항
③ 소방시설의 설계 및 공사감리의 방법에 관한 사항
④ 소방시설의 구조 및 원리 등에서 공법이 특수한 설계 및 시공에 관한 사항

> **해설** **소방시설공사의 하자를 판단하는 기준에 관한 사항**
> : 중앙소방기술심의위원회(중앙위원회)
> **소방시설에 하자가 있는지의 판단에 관한 사항**
> : 지방소방기술심의위원회(지방위원회)
> 답 ②

90

중앙소방기술심의위원회의 위원의 자격으로 잘못된 것은?

① 소방시설관리사
② 석사 이상의 소방관련 학위를 소지한 사람
③ 소방관련단체에서 소방관련업무에 5년 이상 종사한 사람
④ 대학교·연구소에서 소방과 관련된 교육이나 연구에 3년 이상 종사한 사람

> **해설** **중앙소방기술심의위원회의 위원의 자격**
> • 과장급 직위 이상의 소방공무원
> • 소방기술사
> • 석사 이상의 소방관련 학위를 소지한 사람
> • 소방시설관리사
> • 소방관련 법인·단체에서 소방관련업무에 5년 이상 종사한 사람
> • 소방공무원 교육기관, 대학교 또는 연구소에서 소방과 관련된 교육이나 연구에 5년 이상 종사한 사람
> 답 ④

91

방염성능기준 이상의 실내장식물 등을 설치해야 하는 특정소방대상물이 아닌 것은?

① 건축물 옥내에 있는 종교시설
② 방송통신시설 중 방송국 및 촬영소
③ 층수가 11층 이상인 아파트
④ 숙박이 가능한 수련시설

해설 층수가 11층 이상인 것(아파트는 제외)

답 ③

92

방염성능기준 이상의 실내장식물 등을 설치하여야 하는 특정소방대상물에 속하지 않는 것은?

① 숙박시설
② 노유자시설
③ 운동시설로서 수영장
④ 종합병원

해설 운동시설 중 수영장은 제외

답 ③

93

제조 또는 가공공정에서 방염대상물품에 해당되지 않는 것은?

① 창문에 설치하는 블라인드
② 두께가 2[mm] 미만인 종이벽지
③ 카펫
④ 전시용합판 또는 섬유판

해설 제조 또는 가공공정에서 방염대상물품
• 창문에 설치하는 커튼류(블라인드를 포함한다)
• 카펫, 두께가 2[mm] 미만인 벽지류(종이벽지는 제외한다)
• 전시용 합판 또는 섬유판, 무대용 합판 또는 섬유판
• 암막·무대막(영화상영관에 설치하는 스크린과 골프 연습장업에 설치하는 스크린을 포함한다)

답 ②

94

소방대상물의 방염 등에 있어 제조 또는 가공공정에서 방염대상물품에 해당되지 않는 것은?

① 목재, 책상
② 카 펫
③ 창문에 설치하는 커튼류
④ 전시용합판

해설 방염대상물품에 해당되지 않는 것 : 목재, 책상

답 ①

95

특정소방대상물에서 사용하는 방염대상물품의 방염성능검사 방법과 검사결과에 따른 합격표시 등에 필요한 사항은 무엇으로 정하는가?

① 대통령령
② 행정안전부령
③ 소방청장령
④ 시·도의 조례

해설 방염대상물품의 방염성능검사 방법과 검사결과에 따른 합격표시 등에 필요한 사항 : 행정안전부령

답 ②

96

소방청장은 방염대상물품의 방염성능검사 업무를 어디에 위탁할 수 있는가?

① 한국소방공사협회
② 한국소방안전원
③ 소방산업공제조합
④ 한국소방산업기술원

해설 한국소방산업기술원에 위탁하는 업무
• 방염성능검사 중 대통령령으로 정하는 검사
• 소방용품의 형식승인
• 형식승인의 변경승인
• 소방용품에 대한 성능인정
• 우수품질인증

답 ④

97

소방대상물의 방염성능 기준으로 옳지 않은 것은?

① 버너의 불꽃을 제거한 때부터 불꽃을 올리지 아니하고 연소하는 상태가 그칠 때까지 시간은 30초 이내
② 탄화한 면적은 50[cm^2] 이내, 탄화의 길이는 20[cm] 이내
③ 불꽃에 완전히 녹을 때까지 불꽃의 접촉횟수는 5회 이상
④ 버너의 불꽃을 제거한 때부터 불꽃을 올리며 연소하는 상태가 그칠 때까지 시간은 20초 이내

해설 **방염성능의 기준**

- 버너의 불꽃을 제거한 때부터 불꽃을 올리며 연소하는 상태가 그칠 때까지 시간은 20초 이내
- 버너의 불꽃을 제거한 때부터 불꽃을 올리지 아니하고 연소하는 상태가 그칠 때까지 시간은 30초 이내
- 탄화한 면적은 50[cm^2] 이내, 탄화한 길이는 20[cm] 이내
- 불꽃에 완전히 녹을 때까지 불꽃의 접촉횟수는 3회 이상
- 소방청장이 정하여 고시한 방법으로 발연량을 측정하는 경우 최대 연기밀도는 400 이하

답 ③

98

소방안전관리자 선임에 관한 설명 중 옳은 것은?

> 소방안전관리대상물의 관계인이 소방안전관리자를 선임한 경우에는 행정안전부령이 정하는 바에 따라 선임한 날부터 (㉠) 이내에 (㉡)에게 신고하여야 한다.

① ㉠ 14일, ㉡ 시·도지사
② ㉠ 14일, ㉡ 소방본부장이나 소방서장
③ ㉠ 30일, ㉡ 시·도지사
④ ㉠ 30일, ㉡ 소방본부장이나 소방서장

해설 **소방안전관리자 선임**

- 선임신고 : 선임한 날부터 14일 이내
- 신고 : 소방본부장 또는 소방서장

답 ②

99

신축·증축·개축·재축·대수선 또는 용도변경으로 해당 특정소방대상물의 소방안전관리자를 신규로 선임하는 경우 해당 특정소방대상물의 관계인은 특정소방대상물의 완공일로부터 며칠 이내에 소방안전관리자를 선임하여야 하는가?

① 7일
② 14일
③ 30일
④ 60일

해설 **용도변경으로 안전관리자를 신규로 선임하는 경우**

: 완공일로부터 30일 이내

답 ③

100

다음 중 소방안전관리자를 30일 이내에 선임하여야 하는 기준일로 옳지 않은 것은?

① 신축 등으로 신규로 소방안전관리자를 선임하여야 하는 경우에는 완공일
② 증축으로 1급 또는 2급 소방안전관리대상물이 된 경우에는 증축공사의 완공일
③ 용도변경으로 소방안전관리등급이 변경된 경우에는 건축허가일
④ 소방안전관리자를 해임한 경우 소방안전관리자를 해임한 날

해설 용도변경으로 소방안전관리등급이 변경된 경우에는 용도변경사실을 건축물관리대장에 기재한 날

답 ③

101

소방안전관리대상물에 대한 소방안전관리자의 업무가 아닌 것은?

① 소방계획서의 작성
② 소방훈련 및 교육
③ 소방시설의 공사 발주
④ 자위소방대 및 초기대응체계의 구성

해설 **소방안전관리자의 업무**

- 피난계획에 관한 사항과 대통령령으로 정하는 사항이 포함된 소방계획서의 작성 및 시행
- 자위소방대 및 초기대응체계의 구성·운영·교육
- 피난시설, 방화구획 및 방화시설의 유지·관리
- 소방훈련 및 교육
- 소방시설이나 그 밖의 소방 관련 시설의 유지·관리
- 화기 취급의 감독

답 ③

102

특정소방대상물의 소방안전관리자의 업무가 아닌 것은?

① 소방시설이나 그 밖의 소방관련시설의 유지·관리
② 의용소방대의 조직
③ 피난시설·방화구획 및 방화시설의 유지·관리
④ 화기취급의 감독

해설　소방안전관리자의 업무
- 피난계획에 관한 사항과 대통령령으로 정하는 사항이 포함된 소방계획서의 작성 및 시행
- 자위소방대 및 초기대응체계의 구성·운영·교육
- 피난시설, 방화구획 및 방화시설의 유지·관리
- 소방훈련 및 교육
- 소방시설이나 그 밖의 소방 관련 시설의 유지·관리
- 화기 취급의 감독

답 ②

103
특정소방대상물의 관계인은 그 특정소방대상물에 대하여 소방안전관리업무를 수행하여야 한다. 그 업무에 속하지 않는 것은?

① 피난시설, 방화구획 및 방화시설의 유지·관리
② 화재에 관한 위험정보
③ 화기 취급의 감독
④ 소방시설이나 그 밖의 소방관련시설의 유지·관리

해설　소방안전관리자의 업무
- 피난계획에 관한 사항과 대통령령으로 정하는 사항이 포함된 소방계획서의 작성 및 시행
- 자위소방대 및 초기대응체계의 구성·운영·교육
- 피난시설, 방화구획 및 방화시설의 유지·관리
- 소방훈련 및 교육
- 소방시설이나 그 밖의 소방 관련 시설의 유지·관리
- 화기 취급의 감독

답 ②

104
특정소방대상물의 소방계획서의 작성 및 실시에 관한 지도·감독권자로 옳은 것은?

① 소방청장
② 소방본부장 또는 소방서장
③ 시·도지사
④ 행정안전부장관

해설　소방계획서의 작성 및 실시에 관한 지도·감독권자
: 소방본부장 또는 소방서장

답 ②

105
소방안전관리자가 작성하는 소방계획서의 내용에 포함되지 않는 것은?

① 소방시설공사 하자의 판단기준에 관한 사항
② 소방시설·피난시설 및 방화시설의 점검·정비계획
③ 공동 및 분임 소방안전관리에 관한 사항
④ 소화 및 연소 방지에 관한 사항

해설　소방계획서의 내용
- 소방안전관리대상물의 위치·구조·연면적·용도 및 수용인원 등 일반현황
- 소방안전관리대상물에 설치한 소방시설, 방호시설, 전기시설, 가스시설 및 위험물시설의 현황
- 소방시설·피난시설 및 방화시설의 점검·정비계획
- 공동 및 분임 소방안전관리에 관한 사항
- 소화 및 연소 방지에 관한 사항 등

답 ①

106
소방안전관리대상물의 소방계획서에 포함되어야 할 내용으로 옳지 않은 것은?

① 소방안전관리대상물의 위치·구조·연면적·용도 및 수용인원 등의 일반현황
② 화재예방을 위한 자체점검계획 및 진압대책
③ 재난방지계획 및 민방위조직에 관한 사항
④ 특정소방대상물의 근무자 및 거주자의 자위소방대 조직과 대원의 임무에 관한 사항

해설 재난방지계획 및 민방위조직에 관한 사항은 소방계획서에 포함되지 않는다.

답 ③

107
다음 중 소방안전관리자를 두어야 하는 1급 소방안전관리대상물에 속하지 않는 것은?

① 층수가 15층인 건물
② 연면적이 20,000[m²]인 건물
③ 10층인 건물로서 연면적 10,000[m²]인 건물
④ 가연성 가스 1,500[t]을 저장·취급하는 시설

해설 1급 소방안전관리대상물
동·식물원, 철강 등 불연성 물품을 저장·취급하는 창고, 위험물제조소 등, 지하구와 특급 소방안전관리 대상물을 제외한 것
- 30층 이상(지하층은 제외)이거나 지상으로부터 높이가 120[m] 이상인 아파트
- 연면적 1만5천[m²] 이상인 특정소방대상물(아파트는 제외)
- 층수가 11층 이상인 특정소방대상물(아파트는 제외)
- 가연성 가스를 1천[t] 이상 저장·취급하는 시설

답 ③

108
소방안전관리자를 두어야 하는 특정소방대상물로서 1급 소방안전관리대상물에 해당하는 것은?

① 자동화재탐지설비를 설치하는 연면적 10,000[m²]인 소방대상물
② 전력용 또는 통신용 지하구
③ 스프링클러설비를 설치하는 연면적 3,000[m²]인 소방대상물
④ 가연성 가스를 1천[t] 이상 저장·취급하는 시설

해설 1급 소방안전관리대상물
가연성 가스를 1천[t] 이상 저장·취급하는 시설

답 ④

109
1급 소방안전관리 대상물에 해당하는 건축물은?

① 연면적 15,000[m²] 이상인 동물원
② 층수가 15층인 업무시설
③ 층수가 20층인 아파트
④ 지하구

해설 1급 소방안전관리대상물
동·식물원, 철강 등 불연성 물품을 저장·취급하는 창고, 위험물제조소 등, 지하구와 특급 소방안전관리 대상물을 제외한 것
- 30층 이상(지하층은 제외)이거나 지상으로부터 높이가 120[m] 이상인 아파트
- 연면적 1만5천[m²] 이상인 특정소방대상물(아파트는 제외)
- 층수가 11층 이상인 특정소방대상물(아파트는 제외)
- 가연성 가스를 1천[t] 이상 저장·취급하는 시설

답 ②

110
1급 소방안전관리대상물의 관계인이 소방안전관리자를 선임하고자 한다. 다음 중 1급 소방안전관리대상물의 소방안전관리자로 선임될 수 없는 사람은?

① 소방설비기사 또는 소방설비산업기사의 자격이 있는 사람
② 산업안전기사 또는 산업안전산업기사를 자격을 가지고 2년 이상 2급 소방안전관리대상물의 소방안전관리자로 근무한 실무경력이 있는 사람
③ 소방공무원으로 7년 이상 근무한 경력이 있는 사람
④ 대학에서 소방안전관리학과를 전공하고 졸업한 사람으로서 2년 이상 2급 소방안전관리대상물의 소방안전관리자로 근무한 실무경력이 있는 사람

해설 대학에서 소방안전관리학과를 전공하고 졸업한 사람으로서 2년 이상 2급 또는 3급 소방안전관리대상물의 소방안전관리관리자로 근무한 실무경력이 있는 사람으로서 소방청장이 실시하는 1급 소방안전관리대상물의 소방안전관리에 관한 시험에 합격한 사람

답 ④

111
1급 소방안전관리대상물의 소방안전관리에 관한 시험응시 자격자의 기준으로 옳은 것은?

① 1급 소방안전관리대상물의 소방안전관리에 관한 강습교육을 수료한 후 1년이 경과되지 아니한 자
② 1급 소방안전관리대상물의 소방안전관리에 관한 강습교육을 수료한 후 1년 6개월이 경과되지 아니한 자
③ 1급 소방안전관리대상물의 소방안전관리에 관한 강습교육을 수료한 자
④ 1급 소방안전관리대상물의 소방안전관리에 관한 강습교육을 수료한 후 3년이 경과되지 아니한 자

해설 1급 소방안전관리대상물의 소방안전관리에 관한 강습교육을 수료한 자는 1급 소방안전관리대상물에 응시할 수 있다.

답 ③

112

2급 소방안전관리대상물의 소방안전관리자 선임 기준으로 틀린 것은?

① 전기공사산업기사 자격을 가진 자
② 소방공무원으로 3년 이상 근무한 경력이 있는 자
③ 의용소방대원으로 2년 이상 근무한 경력이 있는 자
④ 위험물산업기사 자격을 가진 자

해설 의용소방대원, 경찰공무원으로서 3년 이상 근무한 경력이 있는 사람으로서 소방청장이 실시하는 2급 소방안전관리대상물의 소방안전관리에 관한 시험에 합격한 사람

답 ③

113

공동 소방안전관리자 선임대상 특정소방대상물의 기준으로 옳은 것은?

① 복합건축물로서 연면적이 1,000$[m^2]$ 이상인 것 또는 층수가 10층 이상인 것
② 복합건축물로서 연면적이 2,000$[m^2]$ 이상인 것 또는 층수가 10층 이상인 것
③ 복합건축물로서 연면적이 3,000$[m^2]$ 이상인 것 또는 층수가 5층 이상인 것
④ 복합건축물로서 연면적이 5,000$[m^2]$ 이상인 것 또는 층수가 5층 이상인 것

해설 **공동소방안전관리 특정소방대상물**
• 고층건축물(지하층을 제외한 11층 이상)
• 지하가
• 복합건축물로서 연면적이 5,000$[m^2]$ 이상 또는 5층 이상
• 판매시설 중 도매시장 또는 소매시장

답 ④

114

공동 소방안전관리자를 선임하여야 할 특정소방대상물의 기준으로 틀린 것은?

① 지하가
② 지하층을 포함한 층수가 11층 이상의 건축물
③ 복합건축물로서 층수가 5층 이상인 것
④ 판매시설 중 도매시장 또는 소매시장

해설 지하층을 제외한 층수가 11층 이상인 건축물

답 ②

115

작동기능점검을 실시한 자는 작동기능점검 실시결과 보고서를 며칠 이내에 소방본부장 또는 소방서장에게 제출해야 하는가?

① 7
② 10
③ 20
④ 30

해설 **작동기능점검과 종합정밀점검 보고**
: 점검을 실시한 날부터 7일 이내

답 ①

116

소방시설 등의 자체점검에 대한 설명으로 옳지 않은 것은?

① 소방시설관리사·소방기술사 자격을 가진 소방안전관리자는 종합정밀점검에 대한 업무를 수행할 수 있다.
② 작동기능점검은 연 1회 이상 실시하되 종합정밀점검대상은 종합정밀점검을 받은 달부터 6월이 되는 달에 실시하여야 한다.
③ 자체점검에 따른 수수료는 엔지니어링산업진흥법 제31조에 따른 엔지리어링 사업대가의 기준 가운데 행정안전부령으로 정하는 방식에 따라 산정한다.
④ 작동기능점검을 실시한 자는 그 점검결과를 소방본부장이나 소방서장에게 30일 이내에 제출하고 3년간 자체 보관하여야 한다.

해설 작동기능점검을 실시한 자는 점검실시결과보고서를 소방본부장 또는 소방서장에게 제출하고 그 점검결과를 2년간 자체 보관하여야 하고, 종합정밀점검을 실시한 자는 7일 이내에 그 결과를 기재한 소방시설 등 점검결과보고서에 소방청장이 정하여 고시하는 소방시설 등 점검표를 첨부하여 소방본부장이나 소방서장에게 제출하여야 한다.

답 ④

117

소방시설 등의 자체점검 중 작동기능점검을 실시한 경우 점검결과는 몇 년간 자체 보관하여야 하는가?

① 1년
② 2년
③ 3년
④ 5년

해설 점검결과 자체보관기간 : 2년

답 ②

118

소방시설의 자체점검에 관한 설명으로 옳지 않는 것은?

① 작동기능점검은 소방시설 등을 인위적으로 조작하여 정상적으로 작동하는 것을 점검하는 것이다.

② 종합정밀점검은 설비별 주요 구성부품의 구조기준이 화재안전기준 및 관련 법령에 적합한지 여부를 점검하는 것이다.

③ 종합정밀점검에는 작동기능점검사항이 해당되지 않는다.

④ 종합정밀점검은 소방시설관리사가 참여한 경우 소방시설관리업자 또는 소방안전관리자로 선임된 소방시설관리사·소방기술사 1명 이상을 점검자로 한다.

> **해설** **종합정밀점검**
> 소방시설 등의 작동기능점검을 포함하여 소방시설 등의 설비별 주요 구성부품의 구조기준이 화재안전기준 및 건축법 등 관련 법령에서 정하는 기준에 적합한지 여부를 점검하는 것
>
> **답** ③

119

특정소방대상물의 소방시설 자체점검에 관한 설명 중 종합정밀점검 대상이 아닌 항목은?

① 스프링클러설비가 설치된 연면적 5,000[m²] 이상인 특정소방대상물

② 옥내소화전설비가 설치된 연면적 5,000[m²] 이상인 특정소방대상물

③ 물분무설비가 설치된 연면적 5,000[m²] 이상인 특정소방대상물

④ 스프링클러설비가 설치된 연면적 5,000[m²] 이상이고 층수가 11층 이상인 아파트

> **해설** **종합정밀점검**

구 분	내 용
대 상	• 스프링클러설비 또는 물분무 등 소화설비가 설치된 연면적 5,000[m²] 이상인 특정소방대상물(위험물제조소 등을 제외한다)을 대상으로 하되, 아파트는 연면적이 5,000[m²] 이상이고 11층 이상인 것만 해당한다. • 다중이용업의 영업장이 설치된 특정소방대상물로서 연면적이 2,000[m²] 이상인 것(8개 다중이용업소) • 제연설비가 설치된 터널 • 공공기관 중 연면적이 1,000[m²] 이상인 것으로서 옥내소화전설비 또는 자동화재탐지설비가 설치된 것
점검 자의 자격	• 소방시설관리업자(소방시설관리사가 참여한 경우만 해당한다) 또는 소방안전관리자로 선임된 소방시설관리사·소방기술사 1명 이상을 점검자로 한다. • 소방시설관리업자가 점검 하는 경우에는 별표 2에 따른 점검인력 배치기준을 따라야 한다. • 소방안전관리자로 선임된 소방시설관리사·소방기술사가 점검하는 경우에는 영 제23조 제1항부터 제3항까지의 어느 하나에 해당하는 소방안전관리자의 자격을 갖춘 사람을 보조점검자로 둘 수 있다.

> **답** ②

120

화재예방, 소방시설 설치·유지 및 안전관리에 관한 법률상 소방시설 등에 대한 자체점검 중 종합정밀점검 대상기준으로 옳지 않는 것은?

① 제연설비가 설치된 터널

② 노래연습장업으로서 연면적이 2,000[m²] 이상인 것

③ 아파트는 연면적이 5,000[m²] 이상이고 16층 이상인 것

④ 소방대가 근무하지 않는 국공립학교 중 연면적이 1,000[m²] 이상인 것으로서 자동화재탐지설비가 설치된 것

> **해설** **아파트** : 연면적이 5,000[m²] 이상이고 11층 이상인 것
>
> **답** ③

121

스프링클러설비 또는 물분무 등 소화설비가 설치된 연면적 5,000[m²] 이상인 특정소방대상물(위험물 제조소 등을 제외한다)에 대한 종합정밀점검을 할 수 있는 자격자로서 옳지 않은 것은?

① 소방시설관리업자로 선임된 소방기술사
② 소방안전관리자로 선임된 소방기술사
③ 소방안전관리자로 선임된 소방시설관리사
④ 소방안전관리자로 선임된 기계·전기분야를 함께 취득한 소방설비기사

해설 점검자의 자격 : 소방기술사, 소방시설관리사

답 ④

122

종합정밀점검의 경우 점검인력 1단위가 하루 동안 점검할 수 있는 특정소방대상물의 연면적 기준으로 옳은 것은?

① 12,000[m²]   ② 10,000[m²]
③ 8,000[m²]   ④ 6,000[m²]

해설 점검인력 1단위의 점검한도면적
- 종합정밀점검 : 10,000[m²]
- 작동기능점검 : 12,000[m²]
  (소규모 점검의 경우 : 3,500[m²])

답 ②

123

소방시설관리사 시험을 시행하고자 하는 때에는 응시 자격 등 필요한 사항을 시험 시행일 며칠 전까지 일간 신문에 공고하여야 하는가?

① 15   ② 30
③ 60   ④ 90

해설 소방시설관리사 시험의 응시자격 등 필요한 사항
: 시험 시행일 90일 전까지 일간신문에 공고

답 ④

124

소방안전관리업무의 대행 또는 소방시설 등의 점검 및 유지·관리의 업을 하고자 하는 자는 누구에게 등록하여야 하는가?

① 한국소방안전원장   ② 관할 소방서장
③ 소방산업기술원장   ④ 시·도지사

해설 소방안전관리업무의 대행 또는 소방시설 등의 점검 및 유지·관리의 업을 하고자 하는 자는 시·도지사에게 소방시설관리업의 등록을 하여야 한다.

답 ④

125

소방시설관리업 등록의 결격사유에 해당되지 않는 것은?

① 피성년후견인
② 집행이 면제된 날부터 2년이 지나지 아니한 사람
③ 소방시설관리업의 등록이 취소된 날로부터 2년이 지난 자
④ 금고 이상의 형의 집행유예를 선고받고 그 유예 기간 중에 있는 자

해설 소방시설관리업 등록의 결격사유
- 피성년후견인
- 금고 이상의 실형을 선고받고 그 집행이 끝나거나 집행이 면제된 날부터 2년이 지나지 아니한 사람
- 금고 이상의 형의 집행유예를 선고받고 그 유예기간 중에 있는 사람
- 소방시설관리업의 등록이 취소된 날로부터 2년이 지나지 아니한 사람
- 임원 중에 이상의 어느 하나에 해당하는 사람이 있는 법인

답 ③

126

소방시설관리업의 등록기준에서는 인력기준을 주된 기술인력과 보조기술인력으로 구분하고 있다. 다음 중 보조기술인력에 속하지 않는 것은?

① 소방시설관리사
② 소방설비기사
③ 소방공무원으로 3년 이상 근무한 자로서 소방기술인정자격수첩을 교부받은 사람
④ 소방설비산업기사

해설 소방시설관리업의 인력기준
(1) 주된 기술인력 : 소방시설관리사 1명 이상
(2) 보조 기술인력 : 다음에 해당하는 자 2명 이상. 다만, ② 내지 ④에 해당하는 사람은 소방시설인 정자격 수첩을 교부받은 사람이어야 한다.
  ① 소방설비기사 또는 소방설비산업기사
  ② 소방공무원으로 3년 이상 근무한 사람
  ③ 소방 관련학과의 학사학위를 취득한 사람
  ④ 행정안전부령으로 정하는 소방기술과 관련된 자격·경력 및 학력이 있는 사람

답 ①

127

소방시설관리업의 등록기준 중 보조기술인력에 해당되지 않는 사람은?

① 소방설비기사 자격 소지자
② 소방공무원으로 2년 이상 근무한 사람
③ 소방설비산업기사 자격 소지자
④ 대학에서 소방관련학과를 졸업한 사람으로서 소방기술 인정자격수첩을 발급받은 사람

해설 소방공무원으로 3년 이상 근무한 사람

답 ②

128

소방시설관리업자가 기술인력을 변경해야 하는 경우 제출하지 않아도 되는 서류는?

① 소방시설관리업 등록수첩
② 변경된 기술인력의 기술자격증(자격수첩)
③ 기술인력 연명부
④ 사업자등록증 사본

해설 관리업의 변경신고
• 변경신고 : 변경일로부터 30일 이내에 서류(전자문서를 포함한다)를 첨부하여 시·도지사에게 제출
• 첨부서류
　– 명칭·상호 또는 영업소 소재지를 변경하는 경우 : 소방시설관리업 등록증 및 등록수첩
　– 대표자를 변경하는 경우 : 소방시설관리업등록증 및 등록수첩
　– 기술인력을 변경하는 경우
　　ⓐ 소방시설관리업 등록수첩
　　ⓑ 변경된 기술인력의 기술자격증(자격수첩)
　　ⓒ 기술인력 연명부

답 ④

129

소방시설관리업의 등록을 반드시 취소해야 하는 사유에 해당하지 않는 것은?

① 거짓으로 등록을 한 경우
② 등록기준에 미달하게 된 경우
③ 다른 사람에게 등록증을 빌려준 경우
④ 등록의 결격사유에 해당하게 된 경우

해설 등록기준에 미달하게 된 경우
　: 6개월 이내의 시정이나 영업정지 처분

답 ②

130

소방용품의 형식승인을 반드시 취소하여야 하는 경우가 아닌 것은?

① 거짓 또는 부정한 방법으로 형식승인을 받은 경우
② 시험시설의 시설기준에 미달되는 경우
③ 거짓 또는 부정한 방법으로 제품검사를 받은 경우
④ 변경승인을 받지 아니한 경우

해설 소방용품의 형식승인 취소사유
• 거짓 또는 부정한 방법으로 형식승인을 받은 경우
• 거짓 또는 부정한 방법으로 제품검사를 받은 경우
• 변경승인을 받지 아니하거나 부정한 방법으로 변경승인을 받은 경우

답 ②

131

화재예방, 소방시설 설치·유지 및 안전관리에 관한 법률에서 정의하는 소방용품 중 소화설비를 구성하는 제품 및 기기가 아닌 것은?

① 소화전　　　　　　② 방염제
③ 유수제어밸브　　　④ 기동용 수압개폐장치

해설 소방용품
• 소화설비를 구성하는 제품 또는 기기
　– 소화기구(소화약제 외의 것을 이용한 간이소화용구는 제외한다)
　– 자동소화장치(상업용주방자동소화장치는 제외)
　– 소화설비를 구성하는 소화전, 송수구, 관창, 소방호스, 스프링클러헤드, 기동용 수압개폐장치, 유수제어밸브 및 가스관선택밸브
• 경보설비를 구성하는 제품 또는 기기
　– 누전경보기 및 가스누설경보기
　– 경보설비를 구성하는 발신기, 수신기, 중계기, 감지기 및 음향장치(경종에 한한다)
• 피난구조설비를 구성하는 제품 또는 기기
　– 피난사다리, 구조대, 완강기(간이완강기 및 지지대를 포함한다)
　– 공기호흡기(충전기를 포함한다)
　– 피난구유도등, 통로유도등, 객석유도등 및 예비전원이 내장된 비상조명등
• 소화용으로 사용하는 제품 또는 기기
　– 소화약제
　– 방염제(방염액·방염도료 및 방염성 물질)

답 ②

132

"소방용품"이란 소방시설 등을 구성하거나 소방용으로 사용되는 기기를 말하는데, 피난구조설비를 구성하는 제품 또는 기기에 속하지 않는 것은?

① 피난사다리   ② 소화기구
③ 공기호흡기   ④ 유도등

해설 소화기구 : 소화설비

답 ②

133

형식승인대상 소방용품에 해당하지 않는 것은?

① 관 창   ② 공기안전매트
③ 피난사다리   ④ 방염액

해설 형식승인 대상 소방용품이 아닌 것
: 공기안전매트, 휴대용 비상조명등

답 ②

134

형식승인을 얻어야 할 소방용품이 아닌 것은?

① 감지기
② 휴대용 비상조명등
③ 소화기
④ 방염액

해설 형식승인 대상 소방용품이 아닌 것
: 공기안전매트, 휴대용 비상조명등

답 ②

135

소방용품 중 우수품질에 대하여 우수품질인증을 할 수 있는 사람은?

① 소방청장
② 한국소방안전원장
③ 소방본부장이나 소방서장
④ 시·도지사

해설 우수품질인증권자 : 소방청장

답 ①

136

다음 중 소방용품의 우수품질에 대한 인증업무를 담당하고 있는 기관은?

① 한국기술표준원
② 한국소방산업기술원
③ 한국방재시험연구원
④ 건설기술연구원

해설 소방용품의 우수품질에 대한 인증업무
: 한국소방산업기술원

답 ②

137

소방시설관리업의 기술인력으로 등록된 소방기술자는 실무교육을 몇 년마다 1회 이상 받아야 하며 실무교육기관의 장은 교육일정 며칠 전까지 교육대상자에게 알려야 하는가?

① 2년, 7일 전   ② 3년, 7일 전
③ 2년, 10일 전   ④ 3년, 10일 전

해설 실무교육
• 소방안전관리자의 실무교육 : 2년마다 1회 이상
• 교육 통보 : 교육실시 10일 전까지 대상자에게 통보

답 ③

138

특정소방대상물의 관계인은 근무자 및 거주자에 대한 소방훈련과 교육은 연 몇 회 이상 실시하여야 하는가?

① 연 1회 이상   ② 연 2회 이상
③ 연 3회 이상   ④ 연 4회 이상

해설 근무자 및 거주자에 대한 소방훈련과 교육 : 연 1회 이상

답 ①

139

소방안전관리대상물의 관계인은 소방훈련과 교육을 실시한 때에는 관련 규정에 의하여 그 실시결과를 소방훈련·교육실시결과기록부에 기재하고 이를 몇 년간 보관하여야 하는가?

① 1년   ② 2년
③ 3년   ④ 4년

해설 소방훈련·교육실시 결과기록부 보관기간 : 2년

답 ②

140

소방안전관리자에 대한 강습교육을 실시하고자 할 때 한국소방안전원의 장은 강습교육 며칠 전까지 교육실시에 관하여 필요한 사항을 인터넷 홈페이지 및 게시판에 공고하여야 하는가?

① 14일   ② 20일

③ 30일   ④ 45일

해설 **강습교육**
- 실시권자 : 한국소방안전원장
- 교육공고 : 20일 전

답 ②

141

거짓이나 부정한 방법으로 방염업을 등록한 경우 받게 되는 행정처분은?

① 영업정지 6개월   ② 경고처분

③ 영업정지 1년   ④ 등록취소

해설 **거짓이나 부정한 방법으로 방염업에 등록을 한 경우의 행정처분** : 등록취소

답 ④

142

방염처리업 등록 후 정당한 사유없이 1년이 지날 때까지 영업을 개시하지 않거나 계속하여 1년 이상 휴업을 한 경우의 2차 행정처분의 기준은?

① 경고(시정명령)

② 영업정지 3월

③ 영업정지 6월

④ 등록취소

해설 **방염처리업에 대한 행정처분기준**

위반사항	근거 법조문	행정처분기준		
		1차	2차	3차
등록한 후 정당한 사유없이 1년이 지날 때까지 영업을 개시하지 않거나 계속하여 1년 이상 휴업한 경우	법 제19조 제1항 제9호	경고 (시정 명령)	등록 취소	–

답 ④

143

화재예방, 소방시설 설치·유지 및 안전관리에 관한 법상 특정소방대상물의 관계인이 소방시설에 폐쇄(잠금을 포함)·차단 등의 행위를 하여서 사람을 상해에 이르게 한 때에 대한 벌칙기준으로 옳은 것은?

① 10년 이하의 징역 또는 1억원 이하의 벌금

② 7년 이하의 징역 또는 7,000만원 이하의 벌금

③ 5년 이하의 징역 또는 5,000만원 이하의 벌금

④ 3년 이하의 징역 또는 3,000만원 이하의 벌금

해설 **벌 칙**
소방시설에 폐쇄·차단 등의 행위의 죄를 범하여 사람을 상해에 이르게 한 때 : 7년 이하의 징역 또는 7천만원 이하의 벌금

답 ②

144

형식승인을 받지 아니하고 소방용품을 판매할 목적으로 진열했을 때 벌칙으로 옳은 것은?

① 3년 이하의 징역 또는 3,000만원 이하의 벌금

② 2년 이하의 징역 또는 1,500만원 이하의 벌금

③ 1년 이하의 징역 또는 1,000만원 이하의 벌금

④ 1년 이하의 징역 또는 500만원 이하의 벌금

해설 소방용품의 형식승인을 받지 아니하고 소방용품을 제조하거나 수입한 자는 3년 이하의 징역 또는 3,000만원 이하의 벌금에 처한다.

답 ①

145

소방시설 등에 대한 자체점검을 하지 아니하거나, 관리업자 등으로 하여금 정기적으로 점검하게 하지 아니한 자의 벌칙은?

① 3년 이하의 징역 또는 1천 500만원 이하의 벌금

② 300만원 이하의 벌금

③ 1년 이하의 징역 또는 1천만원 이하의 벌금

④ 6개월 이상의 징역 또는 1천만원 이하의 벌금

해설 **1년 이하의 징역 또는 1천만원 이하의 벌금**
소방시설 등에 대한 자체점검을 하지 아니하거나 관리업자 등으로 하여금 정기적으로 점검하게 하지 아니한 자

답 ③

146

우수품질인증을 받지 아니한 제품에 우수품질 표시를 하거나 우수품질인증 표시를 위조하거나 변조하여 사용한 자에 대한 벌칙기준은?

① 1,000만원 이하의 벌금
② 500만원 이하의 벌금
③ 300만원 이하의 벌금
④ 100만원 이하의 벌금

해설 우수품질인증을 받지 아니한 제품에 우수품질인증 표시를 하거나 우수품질인증 표시를 위조하거나 변조하여 사용한 자 : 300만원 이하의 벌금

답 ③

147

제품검사에 합격하지 않은 제품에 합격표시를 하거나 합격표시를 위조 또는 변조하여 사용한 사람에 대한 벌칙은?

① 300만원 이하의 벌금
② 500만원 이하의 벌금
③ 1,000만원 이하의 벌금
④ 1,500만원 이하의 벌금

해설 제품검사에 합격하지 아니한 제품에 합격표시를 하거나 합격표시를 위조 또는 변조하여 사용한 자에 대한 벌칙 : 300만원 이하의 벌금

답 ①

148

소방안전관리자를 선임하지 아니한 소방안전관리대상물의 관계인에 대한 벌칙은?

① 100만원 이하의 벌금
② 300만원 이하의 벌금
③ 1,000만원 이하의 벌금
④ 3,000만원 이하의 벌금

해설 소방안전관리자 미선임 시 벌칙 : 300만원 이하의 벌금

위험물안전관리자 미선임 : 500만원 이하의 벌금

답 ②

149

소방안전관리업무를 수행하지 아니한 특정소방대상물의 관계인의 벌칙기준은?

① 200만원 이하의 과태료
② 100만원 이하의 벌금
③ 500만원 이하의 과태료
④ 300만원 이하의 벌금

해설 소방안전관리업무 태만 : 200만원 이하의 과태료

답 ①

150

화재예방, 소방시설 설치·유지 및 안전관리에 관한 법률상 시·도지사는 관리업자에게 영업정지를 명하는 경우로서 그 영업정지가 국민에게 심한 불편을 주거나 그 밖에 공익을 해칠 우려가 있을 때에는 영업정지처분을 갈음하여 얼마 이하의 과징금을 부과할 수 있는가?

① 1,000만원
② 2,000만원
③ 3,000만원
④ 5,000만원

해설 화재예방, 소방시설 설치·유지 및 안전관리에 관한 법률에서 영업정지처분을 갈음하는 과징금 : 3,000만원 이하

답 ③

151

피난시설, 방화구획 및 방화시설을 폐쇄·훼손·변경 등의 행위를 3차 이상 위반한 자에 대한 과태료는?

① 2백만원
② 3백만원
③ 5백만원
④ 1천만원

해설 • 1차 위반 : 100만원
• 2차 위반 : 200만원
• 3차 이상 위반 : 300만원

답 ②

152
다음 중 과태료 대상이 아닌 것은?

① 소방안전관리대상물의 소방안전관리자를 선임하지 아니한 자
② 소방안전관리업무를 수행하지 아니한 자
③ 특정소방대상물의 근무자 및 거주자에 대한 소방훈련 및 교육을 하지 아니한 자
④ 특정소방대상물 소방시설 등의 점검결과를 보고하지 아니한 자

해설 소방안전관리자 또는 소방안전관리보조자를 선임하지 아니한 자 : 300만원 이하의 벌금

답 ①

제4장 위험물안전관리법, 영, 규칙

제1절 위험물안전관리법, 영, 규칙

1 목 적

위험물의 저장·취급 및 운반과 이에 따른 안전관리에 관한 사항을 규정함으로써 위험물로 인한 위해를 방지하여 공공의 안전을 확보함을 목적으로 한다.

2 용어 정의

(1) **위험물** : **인화성** 또는 **발화성** 등의 성질을 가지는 것으로서 대통령령으로 정하는 물품

(2) **지정수량** : 위험물의 종류별로 위험성을 고려하여 대통령령으로 정하는 수량(제조소 등의 설치허가 등에 있어서 최저의 기준이 되는 수량)

(3) **제조소** : 위험물을 제조할 목적으로 지정수량 이상의 위험물을 취급하기 위하여 허가받은 장소

(4) **저장소** : 지정수량 이상의 위험물을 저장하기 위한 대통령령으로 정하는 장소

(5) **취급소** : 지정수량 이상의 위험물을 제조 외의 목적으로 취급하기 위한 대통령령으로 정하는 장소

(6) **제조소 등** : 제조소, 저장소, 취급소

3 취급소의 종류

(1) **주유취급소** : 고정된 주유설비에 의하여 자동차·항공기 또는 선박 등의 연료탱크에 직접 주유하기 위하여 위험물을 취급하는 장소

(2) **판매취급소** : 점포에서 위험물을 용기에 담아 판매하기 위하여 **지정수량의 40배 이하**의 위험물을 취급하는 장소

■ 위험물 : 대통령령으로 정하는 물품

■ 판매취급소
 : 지정수량의 40배 이하

(3) **이송취급소** : 배관 및 이에 부속된 설비에 의하여 위험물을 이송하는 장소

(4) **일반취급소** : 주유취급소, 판매취급소, 이송취급소 외의 장소

4 저장소의 종류

옥내저장소, 옥외탱크저장소, 옥내탱크저장소, 지하탱크저장소, 간이탱크저장소, 이동탱크저장소, 암반탱크저장소, 옥외저장소

5 위험물 및 지정수량

■ **위험물별 성질**
 – 제1류 위험물 : 산화성 고체
 – 제2류 위험물 : 가연성 고체
 – 제3류 위험물 : 자연발화성 물질 및 금수성 물질
 – 제4류 위험물 : 인화성 액체
 – 제5류 위험물 : 자기반응성 물질
 – 제6류 위험물 : 산화성 액체

■ **제1류 위험물**
 – 염류, 무기과산화물

■ **제2류 위험물**
 – 황화인

■ **제3류 위험물**
 – 황린, 칼륨, 나트륨
 – 소화약제 : 마른 모래, 팽창질석, 팽창진주암

위험물				위험 등급	지정 수량
유 별	성 질	품 명			
제1류	산화성 고체	아염소산염류, 염소산염류, 과염소산염류, 무기과산화물		I	50[kg]
		브롬산염류, **질산염류**, 아이오딘(요오드)산염류		II	300[kg]
		과망간산염류, 다이크롬산염류		III	1,000[kg]
제2류	가연성 고체	황화인, 적린, **유황**(순도 60[wt%] 이상)		II	100[kg]
		철분(53[μm]의 표준체통과 50[wt%] 미만은 제외), **금속분, 마그네슘**		III	500[kg]
		인화성 고체(고형알코올)		III	1,000[kg]
제3류	자연발화성 물질 및 금수성 물질	칼륨, 나트륨, 알킬알루미늄, 알킬리튬		I	10[kg]
		황 린		I	20[kg]
		알칼리금속 및 알칼리토금속, 유기금속화합물		II	50[kg]
		금속의 수소화물, 금속의 인화물, 칼슘 또는 알루미늄의 탄화물		III	300[kg]
제4류	인화성 액체	**특수인화물**		I	50[L]
		제1석유류(아세톤, 휘발유 등)	비수용성 액체	II	200[L]
			수용성 액체	II	400[L]
		알코올류(탄소원자의 수가 1~3개로서 농도가 60[%] 이상)		II	400[L]
		제2석유류(등유, 경유 등)	비수용성 액체	III	1,000[L]
			수용성 액체	III	2,000[L]
		제3석유류(중유, 크레오소트유 등)	비수용성 액체	III	2,000[L]
			수용성 액체	III	4,000[L]
		제4석유류(기어유, 실린더유 등)		III	6,000[L]
		동식물유류		III	10,000[L]
세5류	자기반응성 물질	**유기과산화물, 질산에스테르류**		I	10[kg]
		하이드록실아민, 히드로실아민염류		II	100[kg]
		나이트로화합물, 나이트로소화합물, 아조화합물, 다이아조화합물, 하이드라진유도체		II	200[kg]
제6류	산화성 액체	**과염소산, 질산**(비중 1.49 이상) 과산화수소(농도 36[wt%] 이상)		I	300[kg]

(1) 그 밖에 행정안전부령이 정하는 것

① 제1류 위험물 : 과아이오딘(요오드)산염류, 과아이오딘(요오드)산, **크롬, 납 또는 아이오딘(요오드)의 산화물**, 아질산염류, 차아염소산염류, 염소화이소 시아눌산, 퍼옥소이황산염류, 퍼옥소붕산염류

② 제3류 위험물 : 염소화규소화합물

③ 제5류 위험물 : 금속의 아지화합물, 질산구아니딘

④ 제6류 위험물 : 할로겐간화합물

(2) "제4석유류"라 함은 기어유, 실린더유, 그 밖에 1기압에서 인화점이 섭씨 200도 이상 섭씨 250도 미만의 것을 말한다. 다만, 도료류, 그 밖의 물품 은 가연성 액체량이 40중량퍼센트 이하인 것은 제외한다.

(3) 유황은 순도가 60중량퍼센트 이상인 것을 말한다. 이 경우 순도측정에 있 어서 불순물은 활석 등 불연성 물질과 수분에 한한다.

(4) "철분"이라 함은 철의 분말로서 53마이크로미터의 표준체를 통과하는 것이 50중량퍼센트 미만인 것은 제외한다.

(5) "인화성 고체"라 함은 고형알코올, 그 밖에 1기압에서 인화점이 섭씨 40도 미만인 고체를 말한다.

6 위험물의 저장 및 취급의 제한

(1) 지정수량 이상의 위험물을 저장소가 아닌 장소에서 저장하거나 제조소 등이 아닌 장소에서 취급하여서는 아니 된다.

(2) 제조소 등이 아닌 장소에서 지정수량 이상의 위험물을 취급할 수 있다. 이 경우 임시로 저장 또는 취급하는 장소에서의 저장 또는 취급의 기준과 임 시로 저장 또는 취급하는 장소의 위치·구조 및 설비의 기준은 시·도의 조례로 정한다.

① 시·도의 조례가 정하는 바에 따라 관할소방서장의 승인을 받아 지정수량 이상의 위험물을 90일 이내의 기간동안 임시로 저장 또는 취급하는 경우

② 군부대가 지정수량 이상의 위험물을 군사목적으로 임시로 저장 또는 취급하 는 경우

(3) 제조소 등의 위치·구조 및 설비의 기술기준 : 행정안전부령

■ **제4석유류**
: 기어유, 실린더유, 그밖 에 1기압에서 인화점이 200[℃] 이상 250[℃] 미만인 것

■ **제6류 위험물**
– 질 산

■ **위험물임시저장**
– 임시저장기간 : 90일 이내
– 임시저장승인권자
: 관할 소방서장

(4) 지정수량 미만인 위험물의 저장 또는 취급에 관한 기술상의 기준은 특별시·광역시·특별자치시·도 및 특별자치도(이하"시·도"라 한다)의 조례로 정한다.

(5) 둘 이상의 위험물을 같은 장소에서 저장 또는 취급하는 경우에 있어서 해당 장소에서 저장 또는 취급하는 각 위험물의 수량을 그 위험물의 지정수량으로 각각 나누어 얻은 수의 합계가 1 이상인 경우 해당 위험물은 지정수량 이상의 위험물로 본다.

$$지정수량의 \ 배수 = \frac{저장(취급)량}{지정수량} + \frac{저장(취급)량}{지정수량} + \cdots$$

■ **탱크의 용량**
: 탱크의 내용적 – 공간용적

(6) 위험물을 저장 또는 취급하는 탱크의 용량은 해당 탱크의 내용적에서 공간용적을 뺀 용적으로 한다.

7 위험물시설의 설치 및 변경 등

■ **위험물제조소 등의 설치 및 변경 허가권자**
: 시·도지사

(1) 제조소 등을 설치하고자 하는 자는 대통령령이 정하는 바에 따라 그 설치장소를 관할하는 특별시장·광역시장·특별자치시장·도지사 또는 특별자치도지사(이하 "시·도지사"라 한다)의 허가를 받아야 한다. 제조소 등의 위치·구조 또는 설비 가운데 행정안전부령이 정하는 사항을 변경하고자 하는 때에도 또한 같다.

(2) 제조소 등의 위치·구조 또는 설비의 변경없이 당해 제조소 등에서 저장하거나 취급하는 위험물의 품명·수량 또는 지정수량의 배수를 변경하고자 하는 자는 변경하고자 하는 날의 1일 전까지 행정안전부령이 정하는 바에 따라 시·도지사에게 신고하여야 한다.

■ **허가를 받지 아니하고 제조소 등을 설치·변경할 수 있는 경우** : 농예용, 축산용 또는 수산용으로 필요한 난방시설 또는 건조시설을 위한 지정수량 20배 이하의 저장소

(3) 허가를 받지 아니하고 당해 제조소 등을 설치하거나 그 위치·구조 또는 설비를 변경할 수 있으며, 신고를 하지 아니하고 위험물의 품명·수량 또는 지정수량의 배수를 변경할 수 있다.

① 주택의 난방시설(공동주택의 중앙난방시설을 제외한다)을 위한 저장소 또는 취급소

② 농예용·축산용 또는 수산용으로 필요한 난방시설 또는 건조시설을 위한 지정수량 **20배 이하**의 저장소

(4) 제조소 등의 변경허가를 받아야 하는 경우

구 분	변경허가를 받아야 하는 경우
제조소 또는 일반 취급소	• 제조소 또는 일반취급소의 **위치**를 **이전**하는 경우 • 건축물의 벽·기둥·바닥·보 또는 지붕을 증설 또는 철거하는 경우 • **배출설비**를 **신설**하는 경우 • 위험물취급탱크를 신설·교체·철거 또는 보수(탱크의 본체를 절개하는 경우)하는 경우 • 위험물취급탱크의 노즐 또는 맨홀을 신설하는 경우(노즐 또는 맨홀의 직경이 250[mm]를 초과하는 경우에 한한다) • 위험물취급탱크의 **방유제의 높이** 또는 방유제 내의 **면적을 변경**하는 경우 • 위험물취급탱크의 탱크전용실을 증설 또는 교체하는 경우 • 300[m](지상에 설치하지 아니하는 배관의 경우에는 30[m])를 초과하는 위험물배관을 신설·교체·철거 또는 보수(배관을 절개하는 경우에 한한다)하는 경우 • **불활성 기체의 봉입장치**를 **신설**하는 경우 • 냉각장치 또는 보랭장치를 신설하는 경우 • 탱크전용실을 증설 또는 교체하는 경우 • 방화상 유효한 담을 신설·철거 또는 이설하는 경우 • **자동화재탐지설비**를 **신설 또는 철거**하는 경우

8 완공검사

(1) 완공검사권자 : 시·도지사(소방본부장 또는 소방서장에게 위임)

(2) 제조소 등의 완공검사 신청시기

① **지하탱크가 있는 제조소 등의 경우** : 당해 **지하탱크를 매설하기 전**

② **이동탱크저장소의 경우** : **이동탱크를 완공하고 상치장소를 확보한 후**

③ **이송취급소의 경우** : 이송배관 **공사의 전체** 또는 **일부를 완료한 후**
(다만, 지하·하천 등에 매설하는 이송배관의 공사의 경우에는 이송배관을 매설하기 전)

④ **제조소 등의 경우** : 제조소 등의 **공사를 완료한 후**

9 제조소 등의 지위승계, 용도폐지신고, 취소, 사용정지 등

(1) 제조소 등의 설치자의 **지위**를 **승계한 자**는 승계한 날부터 **30일 이내**에 시·도지사에게 **신고**하여야 한다.

(2) 제조소 등의 **용도를 폐지한 때**에는 용도를 폐지한 날부터 **14일 이내**에 시·도지사에게 **신고**하여야 한다.

(3) 제조소 등의 설치허가 취소와 6개월 이내의 사용정지

① 변경허가를 받지 아니하고 제조소 등의 위치·구조 또는 설비를 변경한 때

■ 위험물제조소 등의 설치자의 지위를 승계한 자는 행정안전부령이 정하는 바에 따라 승계한 날로부터 30일 이내에 시·도지사에게 신고하여야 한다.
– 지위승계 : 30일 이내
– 용도폐지 : 14일 이내

② 완공검사를 받지 아니하고 제조소 등을 사용한 때

③ 제조소 등의 위치, 구조, 설비의 규정에 따른 수리·개조 또는 이전의 명령에 위반한 때

④ 위험물안전관리자를 선임하지 아니한 때

⑤ 대리자를 지정하지 아니한 때

⑥ 제조소 등의 정기점검을 하지 아니한 때

⑦ 제조소 등의 정기검사를 받지 아니한 때

(4) 제조소 등의 과징금 처분

① 과징금 처분권자 : 시·도지사

② **과징금 부과금액 : 2억원 이하**

③ 과징금을 부과하는 위반행위의 종별·정도의 과징금의 금액 및 그 밖에 필요한 사항 : 행정안전부령

🔟 위험물안전관리

(1) 제조소 등의 위치·구조 및 설비의 수리·개조 또는 이전을 명할 수 있는 사람 : 시·도지사, 소방본부장, 소방서장

(2) 안전관리자 선임 및 위험물 시설의 유지·관리 : 관계인

(3) 안전관리자 해임, 퇴직 시 : 해임하거나 퇴직한 날부터 **30일 이내**에 **안전관리자 재선임**

(4) 안전관리자 선임, 해임, 퇴직 시 : **14일 이내**에 **소방본부장, 소방서장에게 신고**

(5) 안전관리자의 대리자

① 안전교육을 받은 자

② 제조소 등의 위험물안전관리업무에 있어서 안전관리자를 지휘·감독하는 직위에 있는 자

■ 모든 위험물을 취급할 수 있는 위험물취급자
 - 위험물기능장
 - 위험물산업기사
 - 위험물기능사

(6) 위험물취급자격자의 자격

위험물취급자격자의 구분	취급할 수 있는 위험물
국가기술자격법에 따라 위험물기능장, 위험물산업기사, 위험물기능사 자격을 취득한 사람	모든 위험물 (제1류 ~ 제6류 위험물)
안전관리교육이수자	제4류 위험물
소방공무원경력자(근무경력 3년 이상)	제4류 위험물

(7) 위험물안전관리자의 책무

① 위험물의 취급 작업에 참여하여 저장 또는 취급에 관한 기술기준과 예방규정에 적합하도록 해당 작업자에 대하여 지시 및 감독하는 업무

② 화재 등의 재난이 발생한 경우 응급조치 및 소방관서 등에 대한 연락업무

③ 제조소 등의 위치·구조 및 설비를 기술기준에 적합하도록 유지하기 위한 점검과 점검상황의 기록·보존

④ 제조소 등의 구조 또는 설비의 이상을 발견한 경우 관계자에 대한 연락 및 응급조치

⑤ 제조소 등의 계측장치·제어장치 및 안전장치 등의 적정한 유지·관리

⑥ 제조소 등의 위치·구조 및 설비에 관한 설계도서 등의 정비·보존 및 제조소 등의 구조 및 설비의 안전에 관한 사무의 관리

⑦ **위험물의 취급**에 관한 **일지**의 **작성·기록**

🔟 위험물탱크 안전성능시험

(1) 탱크안전성능시험자의 등록 : 시·도지사

(2) 등록사항 : 기술능력, 시설, 장비

■ 위험물탱크 안전성능시험
  자의 등록사항
  – 기술능력
  – 시 설
  – 장 비

(3) 등록 중요사항 변경 시 : 그 날로부터 **30일 이내**에 시·도지사에게 변경신고

(4) 탱크시험자 등록의 결격사유

① 피성년후견인 또는 피한정후견인

② 4개 법령에 따른 금고 이상의 실형의 선고를 받고 그 집행이 끝나거나 집행이 면제된 날부터 2년이 지나지 아니한 사람

③ 4개 법령에 따른 금고 이상의 형의 집행유예 선고를 받고 그 유예기간 중에 있는 사람

④ 탱크시험자의 등록이 취소된 날부터 2년이 지나지 아니한 사람

⑤ 법인으로서 그 대표자가 ① 내지 ④에 해당하는 경우

(5) 등록취소 또는 6월 이내의 업무정지

① 허위 그 밖의 부정한 방법으로 등록을 한 경우(등록취소)

② 등록의 **결격사유에 해당하게 된 경우**(등록취소)

③ 등록증을 다른 자에게 빌려준 경우(등록취소)

④ 등록기준에 미달하게 된 경우

⑤ 탱크안전성능시험 또는 점검을 허위로 하거나 이 법에 의한 기준에 맞지 아니하게 탱크안전성능시험 또는 점검을 실시하는 경우 등 탱크시험자로서 적합하지 아니하다고 인정하는 경우

(6) 탱크안전성능검사의 대상 및 검사 신청시기

검사 종류	검사 대상	신청시기
기초 · 지반검사	100만[L] 이상인 액체 위험물을 저장하는 옥외탱크저장소	위험물 탱크의 기초 및 지반에 관한 공사의 개시 전
충수 · 수압검사	액체 위험물을 저장 또는 취급하는 탱크	위험물을 저장 또는 취급하는 탱크에 배관 그 밖의 부속설비를 부착하기 전
용접부 검사	100만[L] 이상인 액체 위험물을 저장하는 옥외탱크저장소	탱크본체에 관한 공사의 개시 전
암반탱크검사	액체 위험물을 저장 또는 취급하는 암반 내의 공간을 이용한 탱크	암반탱크의 본체에 관한 공사의 개시 전

12 예방규정

(1) 작성자 : 관계인(소유자, 점유자, 관리자)

(2) 처리 : 제조소 등의 사용을 시작하기 전에 시 · 도지사에게 제출(변경 시 동일)

(3) 예방규정을 정하여야 할 제조소 등

① 지정수량의 **10배 이상**의 위험물을 취급하는 **제조소**
② 지정수량의 **10배 이상**의 위험물을 취급하는 **일반취급소**
③ 지정수량의 **100배 이상**의 위험물을 저장하는 **옥외저장소**
④ 지정수량의 **150배 이상**의 위험물을 저장하는 **옥내저장소**
⑤ 지정수량의 **200배 이상**의 위험물을 저장하는 **옥외탱크저장소**
⑥ 암반탱크저장소
⑦ 이송취급소

■ 제조소, 일반취급소
: 지정수량의 10배 이상

■ 옥외저장소
: 지정수량의 100배 이상

■ 옥내저장소
: 지정수량의 150배 이상

■ 옥외탱크저장소
: 지정수량의 200배 이상

(4) 예방규정 : 대통령령이 정하는 제조소 등의 관계인은 당해 제조소 등의 화재예방과 화재 등 재해발생 시의 비상조치를 위하여 행정안전부령이 정하는 바에 따라 예방규정을 정하여 당해 제조소 등의 사용을 시작하기 전에 시 · 도지사에게 제출하여야 한다. 예방규정을 변경한 때에도 또한 같다.

13 정기점검 및 정기검사

(1) 관계인은 정기적으로 점검하고 점검결과를 기록하여 보존하여야 한다.

(2) 정기점검 대상

① **예방규정**을 정하여야 하는 **제조소 등**

② **지하탱크저장소**

③ **이동탱크저장소**

④ 위험물을 취급하는 탱크로서 **지하에 매설된 탱크**가 있는 **제조소, 주유취급소, 일반취급소**

⑤ 50만[L] 이상의 옥외탱크저장소(소방본부장 또는 소방서장으로부터 정기검사를 받아야 한다)

> 정기점검의 횟수 : 연 1회 이상

■ 정기점검 대상 제조소
  - 예방규정 정하는 제조소
  - 지하탱크저장소
  - 이동탱크저장소
  - 지하에 매설된 탱크가 있는 제조소, 주유취급소, 일반취급소
  - 50만[L] 이상의 옥외탱크저장소

(3) 정기검사의 시기

① **정밀정기검사** : 다음 각 목의 어느 하나에 해당하는 기간 내에 1회

  ㉠ 특정·준특정옥외탱크저장소의 설치허가에 따른 완공검사필증을 발급받은 날부터 12년

  ㉡ 최근의 정밀정기검사를 받은 날부터 11년

② **중간정기검사** : 다음 각 목의 어느 하나에 해당하는 기간 내에 1회

  ㉠ 특정·준특정옥외탱크저장소의 설치허가에 따른 완공검사필증을 발급받은 날부터 4년

  ㉡ 최근의 정밀정기검사 또는 중간정기검사를 받은 날부터 4년

(4) 구조안전점검의 시기

① 특정·준특정옥외탱크저장소의 설치허가에 따른 완공검사필증을 발급받은 날부터 12년

② 최근의 정밀정기검사를 받은 날부터 11년

③ 특정·준특정옥외저장탱크에 안전조치를 한 후 구조안전점검시기 연장신청을 하여 해당 안전조치가 적정한 것으로 인정받은 경우에는 최근의 정밀정기검사를 받은 날부터 13년

14 자체소방대

(1) 자체소방대 설치 대상

① 제4류 위험물의 최대수량의 합이 지정수량의 3,000배 이상을 취급하는 제조소 또는 일반취급소(다만, 보일러로 위험물을 소비하는 일반취급소는 제외)

② 제4류 위험물의 최대수량이 지정수량의 50만배 이상을 저장하는 옥외탱크저장소(2022. 1. 1. 시행)

(2) 자체소방대에 두는 화학소방자동차 및 인원

사업소의 구분	화학소방자동차	자체소방대원의 수
1. 제조소 또는 일반취급소에서 취급하는 제4류 위험물의 최대수량의 합이 지정수량의 3,000배 이상 12만배 미만인 사업소	1대	5명
2. 제조소 또는 일반취급소에서 취급하는 제4류 위험물의 최대수량의 합이 지정수량의 12만배 이상 24만배 미만인 사업소	2대	10명
3. 제조소 또는 일반취급소에서 취급하는 제4류 위험물의 최대수량의 합이 지정수량의 24만배 이상 48만배 미만인 사업소	3대	15명
4. 제조소 또는 일반취급소에서 취급하는 제4류 위험물의 최대수량의 합이 지정수량의 48만배 이상인 사업소	4대	20명
5. 옥외탱크저장소에 저장하는 제4류 위험물의 최대수량이 지정수량의 50만배 이상인 사업소(2022. 1. 1. 시행)	2대	10명

■ 지정수량 24만배 이상 48만배 미만
 – 화학소방차 : 3대
 – 자체소방대원 : 15명

(3) 자체소방대의 설치 제외 대상인 일반취급소

① 보일러, 버너, 그 밖에 이와 유사한 장치로 위험물을 소비하는 일반취급소

② 이동저장탱크 및 그 밖에 이와 유사한 것에 위험물을 주입하는 일반취급소

③ 용기에 위험물을 옮겨 담는 일반취급소

④ 유압장치, 윤활유순환장치, 그 밖에 이와 유사한 장치로 위험물을 취급하는 일반취급소

⑤ 광산보안법의 적용을 받는 일반취급소

(4) 화학소방자동차에 갖추어야 하는 소화능력 및 설비의 기준

화학소방자동차의 구분	소화능력 및 설비의 기준
포수용액 방사차	포수용액의 방사능력이 매분 2,000[L] 이상일 것
	소화약액탱크 및 소화약액혼합장치를 비치할 것
	10만[L] 이상의 포수용액을 방사할 수 있는 양의 소화약제를 비치할 것
분말 방사차	분말의 방사능력이 매초 35[kg] 이상일 것
	분말탱크 및 가압용 가스설비를 비치할 것
	1,400[kg] 이상의 분말을 비치할 것
할로겐화합물 방사차	할로겐화합물의 방사능력이 매초 40[kg] 이상일 것
	할로겐화합물탱크 및 가압용 가스설비를 비치할 것
	1,000[kg] 이상의 할로겐화합물을 비치할 것
이산화탄소 방사차	이산화탄소의 방사능력이 매 초 40[kg] 이상일 것
	이산화탄소저장용기를 비치할 것
	3,000[kg] 이상의 이산화탄소를 비치할 것
제독차	가성소다 및 규조토를 각각 50[kg] 이상 비치할 것

■ 화학소방자동차 종류
  - 포수용액 방사차
  - 분말 방사차
  - 할로겐화합물 방사차
  - 이산화탄소 방사차
  - 제독차

■ 분말 방사차 방사능력
  : 매초 35[kg] 이상

15 위험물의 운반 및 운송

(1) 위험물의 운반

① 위험물의 운반은 그 용기·적재방법 및 운반방법에 관한 다음 각 호의 중요기준과 세부기준에 따라 행하여야 한다.

  ㉠ 중요기준 : 화재 등 위해의 예방과 응급조치에 있어서 큰 영향을 미치거나 그 기준을 위반하는 경우 직접적으로 화재를 일으킬 가능성이 큰 기준으로서 행정안전부령이 정하는 기준

  ㉡ 세부기준 : 화재 등 위해의 예방과 응급조치에 있어서 중요기준보다 상대적으로 적은 영향을 미치거나 그 기준을 위반하는 경우 간접적으로 화재를 일으킬 수 있는 기준 및 위험물의 안전관리에 필요한 표시와 서류·기구 등의 비치에 관한 기준으로서 행정안전부령이 정하는 기준

② ①에 따라 운반용기에 수납된 위험물을 지정수량 이상으로 차량에 적재하여 운반하는 차량의 운전자(이하 "위험물운반자"라 한다)는 다음 각 호의 어느 하나에 해당하는 요건을 갖추어야 한다.

  ㉠ 위험물 분야의 자격을 취득할 것

  ㉡ 교육을 수료할 것

③ 시·도지사는 운반용기를 제작하거나 수입한 자 등의 신청에 따라 제1항의 규정에 따른 운반용기를 검사할 수 있다. 다만, 기계에 의하여 하역하는 구조로 된 대형의 운반용기로서 행정안전부령이 정하는 것을 제작하거나 수입한 자 등은 행정안전부령이 정하는 바에 따라 당해 용기를 사용하거나 유통시키기 전에 시·도지사가 실시하는 운반용기에 대한 검사를 받아야 한다.

(2) 위험물의 운송

① 이동탱크저장소에 의하여 위험물을 운송하는 자(운송책임자 및 이동탱크저장소운전자를 말하며, 이하 "위험물운송자"라 한다)는 위험물 분야의 자격을 취득하거나 교육을 수료한자 이어야 한다.

② 대통령령이 정하는 위험물의 운송에 있어서는 운송책임자(위험물 운송의 감독 또는 지원을 하는 자를 말한다. 이하 같다)의 감독 또는 지원을 받아 이를 운송하여야 한다. 운송책임자의 범위, 감독 또는 지원의 방법 등에 관한 구체적인 기준은 행정안전부령으로 정한다.

   ㉠ 대통령이 정하는 위험물 : 알킬알루미늄, 알킬리튬, 두 물질을 함유하는 위험물

③ 위험물 운송책임자

   ㉠ 당해 위험물의 취급에 관한 국가기술자격을 취득하고 관련 업무에 1년 이상 종사한 경력이 있는 자

   ㉡ 위험물의 운송에 관한 안전교육을 수료하고 관련 업무에 2년 이상 종사한 경력이 있는 자

④ 위험물운송자는 이동탱크저장소에 의하여 위험물을 운송하는 때에는 행정안전부령으로 정하는 기준을 준수하는 등 당해 위험물의 안전확보를 위하여 세심한 주의를 기울여야 한다.

16 감독 및 조치명령 등

(1) 무허가장소의 위험물에 대한 조치명령

시·도지사, 소방본부장 또는 소방서장

(2) 제조소 등의 사용 일시정지, 사용제한권자

시·도지사, 소방본부장 또는 소방서장

(3) 안전교육대상자

① 안전관리자로 선임된 자

② 탱크시험자의 기술인력으로 종사하는 자

③ 위험물운송자로 종사하는 자

[안전교육과정 · 교육대상자 · 교육시간 · 교육시기 및 교육기관]

교육과정	교육대상자	교육시간	교육시기	교육기관
강습교육	안전관리자가 되려는 사람	24시간	최초 선임되기 전	안전원
	위험물운송자가 되려는 사람	16시간	최초 종사하기 전	안전원
실무교육	안전관리자	8시간 이내	가. 제조소 등의 안전관리자로 선임된 날부터 6개월 이내 나. 가목에 따른 교육을 받은 후 2년마다 1회	안전원
	위험물운송자	8시간 이내	가. 이동탱크저장소의 위험물운송자로 종사한 날부터 6개월 이내 나. 가목에 따른 교육을 받은 후 3년마다 1회	안전원
	탱크시험자의 기술인력	8시간 이내	가. 탱크시험자의 기술인력으로 등록한 날부터 6개월 이내 나. 가목에 따른 교육을 받은 후 2년마다 1회	기술원

(4) 청문 실시 대상

① 제조소 등 설치허가의 취소

② 탱크시험자의 등록취소

③ 청문 실시권자 : 시 · 도지사, 소방본부장 또는 소방서장

17 행정처분기준

(1) 제조소 등에 대한 행정처분기준

위반사항	근거법규	행정처분기준		
		1차	2차	3차
법 제6조 제1항의 후단의 규정에 의한 변경허가를 받지 아니하고, 제조소 등의 위치 · 구조 또는 설비를 변경한 때	법 제12조	경고 또는 사용정지 15일	사용정지 60일	허가취소
법 제9조의 규정에 의한 완공검사를 받지 아니하고 제조소 등을 사용한 때	법 제12조	사용정지 15일	사용정지 60일	허가취소
법 제14조 제2항의 규정에 의한 수리 · 개조 또는 이전의 명령에 위반한 때	법 제12조	사용정지 30일	사용정지 90일	허가취소
법 제15조 제1항 및 제2항의 규정에 의한 위험물안전관리자를 선임하지 아니한 때	법 제12조	사용정지 15일	사용정지 60일	허가취소
법 제15조 제5항을 위반하여 대리자를 지정하지 아니한 때	법 제12조	사용정지 10일	사용정지 30일	허가취소
법 제18조 제1항의 규정에 의한 정기점검을 하지 아니한 때	법 제12조	사용정지 10일	사용정지 30일	허가취소
법 제18조 제2항의 규정에 의한 정기검사를 받지 아니한 때	법 제12조	사용정지 10일	사용정지 30일	허가취소
법 제26조의 규정에 의한 저장 · 취급기준 준수명령을 위반한 때	법 제12조	사용정지 30일	사용정지 60일	허가취소

(2) 탱크시험자에 대한 행정처분기준

위반사항	근거법령	행정처분기준		
		1차	2차	3차
허위, 그 밖의 부정한 방법으로 등록을 한 경우	법 제16조 제5항	등록취소	–	–
법 제16조 제4항 각 호의 1의 등록의 결격사유에 해당하게 된 경우	법 제16조 제5항	등록취소	–	–
다른 자에게 등록증을 빌려 준 경우	법 제16조 제5항	등록취소	–	–
법 제16조 제2항의 규정에 의한 등록기준에 미달하게 된 경우	법 제16조 제5항	업무정지 30일	업무정지 60일	등록취소
탱크안전성능시험 또는 점검을 허위로 하거나 이 법에 의한 기준에 맞지 아니하게 탱크안전성능시험 또는 점검을 실시하는 경우 등 탱크시험자로서 적합하지 아니하다고 인정되는 경우	법 제16조 제5항	업무정지 30일	업무정지 90일	등록취소

18 벌 칙

(1) 제조소 등에서 위험물을 유출·방출 또는 확산시켜 사람의 생명·신체 또는 재산에 대하여 위험을 발생시킨 사람 : 1년 이상 10년 이하의 징역

① 사람을 상해에 이르게 한 때 : 무기 또는 3년 이상의 징역

② 사람을 사망에 이르게 한 때 : 무기 또는 5년 이상의 징역

(2) 업무상 과실로 제조소 등에서 위험물을 유출·방출 또는 확산시켜 사람의 생명·신체 또는 재산에 대하여 위험을 발생시킨 사람 : 7년 이하 금고 또는 7,000만원 이하 벌금

① 사람을 사상에 이르게 한 사람 : 10년 이하 징역 또는 금고나 1억원 이하 벌금

(3) 5년 이하의 징역 또는 1억원 이하의 벌금

제조소 등의 설치허가를 받지 아니하고 제조소 등을 설치한 사람

(4) 3년 이하의 징역 또는 3,000만원 이하의 벌금

저장소 또는 제조소 등이 아닌 장소에서 지정수량 이상의 위험물을 저장 또는 취급한 사람

(5) 1년 이하의 징역 또는 1,000만원 이하의 벌금

① 탱크시험자로 등록하지 아니하고 탱크시험자의 업무를 한 사람

② 정기점검을 하지 아니하거나 점검기록을 허위로 작성한 관계인으로서 허가를 받은 사람

③ 정기검사를 받지 아니한 관계인으로서 **허가를 받은 사람**

④ 자체소방대를 두지 아니한 관계인으로서 허가를 받은 사람

⑤ 운반용기에 대한 검사를 받지 아니하고 운반용기를 사용하거나 유통시킨 사람

⑥ 관계공무원에 대하여 필요한 보고 또는 자료제출을 하지 아니하거나 허위의 보고 또는 자료제출을 한 자 또는 관계공무원의 출입·검사 또는 수거를 거부·방해 또는 기피한 사람

⑦ 제조소 등에 대한 긴급 사용정지·제한명령을 위반한 사람

(6) 1,500만원 이하의 벌금

① 위험물의 **저장** 또는 **취급에 관한 중요기준**에 따르지 아니한 사람

② **변경허가를 받지 아니하고 제조소 등을 변경한 사람**

③ 제조소 등의 완공검사를 받지 아니하고 위험물을 저장·취급한 사람

④ 제조소 등의 사용정지명령을 위반한 사람

⑤ 수리·개조 또는 이전의 명령에 따르지 아니한 사람

⑥ **안전관리자를 선임하지 아니한 관계인으로서 허가를 받은 사람**

⑦ 대리자를 지정하지 아니한 관계인으로서 허가를 받은 사람

⑧ 업무정지명령을 위반한 사람

⑨ 탱크안전성능시험 또는 점검에 관한 업무를 허위로 하거나 그 결과를 증명하는 서류를 허위로 교부한 사람

⑩ 예방규정을 제출하지 아니하거나 변경명령을 위반한 관계인으로서 허가를 받은 사람

⑪ 정지지시를 거부하거나 국가기술자격증, 교육수료증, 신원 확인 시 증명서 제시거부 및 질문에 응하지 아니한 사람

⑫ 탱크시험자에 대하여 필요한 보고 또는 자료제출을 하지 아니하거나 허위의 보고 또는 자료제출을 한 자 및 관계공무원의 출입 또는 조사·검사를 거부·방해 또는 기피한 사람

⑬ 탱크시험자에 대한 감독상 명령에 따르지 아니한 사람

⑭ 무허가장소의 위험물에 대한 조치명령에 따르지 아니한 사람

⑮ 저장·취급기준 준수명령 또는 응급조치명령을 위반한 사람

(7) 1,000만원 이하의 벌금

① 위험물의 취급에 관한 안전관리와 감독을 하지 아니한 사람

② **안전관리자 또는 그 대리자가 참여하지 아니한 상태에서 위험물을 취급한 사람**

③ 변경한 예방규정을 제출하지 아니한 관계인으로서 허가를 받은 사람

④ 위험물의 운반에 관한 중요기준에 따르지 아니한 사람

⑤ 규정을 위반하여 요건을 갖추지 아니한 위험물운반자

⑥ 규정을 위반한 위험물운송자

⑦ 관계인의 정당한 업무를 방해하거나 출입·검사 등을 수행하면서 알게 된 비밀을 누설한 사람

제 2 절 제조소 등의 위치·구조 및 설비의 기준

1 위험물제조소

(1) 제조소의 안전거리

건축물	안전거리
사용전압 7,000[V] 초과 35,000[V] 이하의 특고압가공전선	3[m] 이상
사용전압 35,000[V] 초과의 특고압가공전선	5[m] 이상
주거용으로 사용되는 것(제조소가 설치된 부지 내에 있는 것을 제외)	10[m] 이상
고압가스, 액화석유가스, 도시가스를 저장 또는 취급하는 시설	20[m] 이상
학교, **병원급의료기관**(종합병원, 병원, 치과병원, 한방병원 및 요양병원), **극장**, 공연장, 영화상영관으로서 수용인원 300명 이상 복지시설(아동복지시설, 노인복지시설, 장애인복지시설, 한부모가족 복지시설), 어린이집, 성매매피해자 등을 위한 지원시설, 정신보건시설, 가정폭력피해자보호시설로서 수용인원 20명 이상	30[m] 이상
유형문화재, 지정문화재	50[m] 이상

(2) 제조소의 보유공지

취급하는 위험물의 최대 수량	공지의 너비
지정수량의 10배 이하	3[m] 이상
지정수량의 10배 **초과**	5[m] 이상

(3) 제조소의 표지 및 게시판

① "위험물제조소"라는 표지를 설치

    ㉠ 표지의 크기 : 한 변의 길이 0.3[m] 이상, 다른 한 변의 길이 0.6[m] 이상

    ㉡ 표지의 색상 : **백색바탕**에 **흑색문자**

② 방화에 관하여 필요한 사항을 게시한 게시판 설치

    ㉠ 게시판의 크기 : 한 변의 길이 0.3[m] 이상, 다른 한 변의 길이 0.6[m] 이상

    ㉡ 기재 내용 : 위험물의 **유별·품명** 및 **저장최대수량** 또는 **취급최대수량**, **지정수량의 배수** 및 **안전관리자의 성명** 또는 **직명**, 주의사항

■ 위험물제조소
- 표지크기
  : 0.3[m]×0.6[m]
- 표지색상 : 백색바탕에 흑색문자

ⓒ 게시판의 색상 : 백색바탕에 흑색문자

③ 주의사항을 표시한 게시판 설치

위험물의 종류	주의사항	게시판의 색상
제1류 위험물 중 **알칼리금속의 과산화물** 제3류 위험물 중 **금수성 물질**	물기엄금	청색바탕에 백색문자
제2류 위험물(인화성 고체는 제외)	화기주의	적색바탕에 백색문자
제2류 위험물 중 인화성 고체 제3류 위험물 중 **자연발화성 물질** **제4류 위험물** **제5류 위험물**	화기엄금	적색바탕에 백색문자
제1류 위험물의 알칼리금속의 과산화물 외의 것과 제6류 위험물	별도의 표시를 하지 않는다.	

(4) 건축물의 구조

① **지하층이 없도록** 하여야 한다.

② 벽·기둥·바닥·보·서까래 및 계단 : **불연재료**

(연소 우려가 있는 **외벽** : 출입구 외의 개구부가 없는 **내화구조**의 벽)

③ 지붕은 폭발력이 위로 방출될 정도의 가벼운 **불연재료**로 덮어야 한다.

④ **액체의 위험물**을 취급하는 건축물의 바닥 : **적당한 경사**를 두고 그 최저부에 **집유설비**를 할 것

(5) 채광·조명 및 환기설비

① 채광설비 : 불연재료로 하고 연소의 우려가 없는 장소에 설치하되 채광면적을 **최소**로 할 것

② 조명설비는 다음의 기준에 적합하게 설치할 것

ⓐ 가연성 가스 등이 체류할 우려가 있는 장소의 조명등은 방폭등으로 할 것

ⓑ 전선은 내화·내열전선으로 할 것

ⓒ 점멸스위치는 출입구 바깥부분에 설치할 것. 다만, 스위치의 스파크로 인한 화재·폭발의 우려가 없을 경우에는 그러하지 아니하다.

③ 환기설비

ⓐ 환기 : **자연배기방식**

ⓑ **급기구**는 해당 급기구가 설치된 실의 바닥면적 150[m²]마다 1개 이상으로 하되 **급기구의 크기는 800[cm²] 이상**으로 할 것

[바닥면적 150[m²] 미만인 경우의 급기구의 크기]

바닥면적	급기구의 면적
60[m²] 미만	150[cm²] 이상
60[m²] 이상 90[m²] 미만	300[cm²] 이상
90[m²] 이상 120[m²] 미만	450[cm²] 이상
120[m²] 이상 150[m²] 미만	600[cm²] 이상

■ 제4류 위험물
　– 화기엄금
　– 적색바탕, 백색문자

■ 제조소 중 위험물을 취급하는 건축물
　: 지하층이 없는 구조

■ 급기구
　– 바닥면적 : 150[m²] 마다 1개 이상
　– 크기 : 800[cm²] 이상

ⓒ 급기구는 **낮은 곳**에 **설치**하고 가는 눈의 **구리망**으로 **인화방지망**을 설치할 것

ⓔ 환기구는 지붕 위 또는 지상 **2[m] 이상**의 높이에 회전식 고정식 벤틸레이터 또는 루프팬방식으로 설치할 것

■ 피뢰설비
  : 지정수량이 10배 이상
  (제6류 위험물은 제외)

(6) 피뢰설비

지정수량의 **10배 이상**의 위험물을 취급하는 제조소(**제6류 위험물**은 **제외**)에는 설치할 것

(7) 정전기 제거설비

① 접지에 의한 방법

② 공기 중의 상대습도를 70[%] 이상으로 하는 방법

③ 공기를 이온화하는 방법

2 위험물저장소

■ 위험물저장소에 해당되지
  않는 것 : 일반저장소

(1) 옥내저장소

① 옥내저장소의 안전거리, 표지 및 게시판 : 제조소와 동일함

② 옥내저장소의 안전거리 제외 대상

  ㉠ **제4석유류** 또는 **동식물유류**의 위험물을 저장 또는 취급하는 옥내저장소로서 지정수량의 **20배 미만**인 것

  ㉡ **제6류 위험물**을 저장 또는 취급하는 옥내저장소

  ㉢ 지정수량의 20배(하나의 저장창고의 바닥면적이 150[m²] 이하인 경우에는 50배) 이하의 위험물을 저장 또는 취급하는 옥내저장소

  • 저장창고의 벽·기둥·바닥·보 및 지붕이 내화구조인 것

  • 저장창고의 출입구에 수시로 열 수 있는 자동폐쇄방식의 갑종방화문이 설치되어 있을 것

  • 저장창고에 창을 설치하지 아니할 것

③ 옥내저장소의 보유공지

저장 또는 취급하는 위험물의 최대 수량	공지의 너비	
	벽·기둥 및 바닥이 내화구조로 된 건축물	그 밖의 건축물
지정수량의 5배 이하	–	0.5[m] 이상
지정수량의 5배 초과 10배 이하	1[m] 이상	1.5[m] 이상
지정수량의 10배 초과 20배 이하	2[m] 이상	3[m] 이상
지정수량의 20배 **초과** 50배 이하	**3[m] 이상**	5[m] 이상
지정수량의 50배 초과 200배 이하	5[m] 이상	10[m] 이상
지정수량의 200배 초과	10[m] 이상	15[m] 이상

(2) 옥외탱크저장소

① 옥외탱크저장소의 안전거리 : 제조소와 동일함

② 옥외탱크저장소의 보유공지

저장 또는 취급하는 위험물의 최대 수량	공지의 너비
지정수량의 500배 이하	3[m] 이상
지정수량의 500배 초과 1,000배 이하	5[m] 이상
지정수량의 1,000배 초과 2,000배 이하	9[m] 이상
지정수량의 2,000배 초과 3,000배 이하	12[m] 이상
지정수량의 3,000배 초과 4,000배 이하	15[m] 이상
지정수량의 4,000배 초과	해당 탱크의 수평단면의 **최대지름**(횡형은 긴변)과 **높이** 중 큰 것과 같은 거리 이상(단, 30[m] 초과 시 30[m] 이상으로, 15[m] 미만 시 15[m] 이상으로 할 것)

③ 옥외탱크저장소의 표지 및 게시판 : 제조소와 동일함

※ 탱크의 군에 있어서는 그 의미 전달에 지장이 없는 범위 안에서 보기 쉬운 곳에 일괄 설치할 수 있다.

④ 특정옥외저장탱크의 기초 및 지반

㉠ 옥외탱크저장소 중 그 저장 또는 취급하는 액체 위험물의 최대 수량이 100만[L] 이상의 것(이하 "특정옥외탱크저장소"라 한다)의 옥외저장탱크(이하 "특정옥외저장탱크"라 한다)의 기초 및 지반은 당해 기초 및 지반 상에 설치하는 특정옥외저장탱크 및 그 부속설비의 자중, 저장하는 위험물의 중량 등의 하중(이하 "탱크하중"이라 한다)에 의하여 발생하는 응력에 대하여 안전한 것으로 하여야 한다.

⑤ 옥외탱크저장소의 방유제

㉠ 방유제의 용량

• 탱크가 **하나일 때** : 탱크 용량의 **110[%] 이상**(인화성이 없는 액체 위험물은 100[%])

• 탱크가 2기 이상일 때 : 탱크 중 용량이 최대인 것의 용량의 **110[%] 이상**(인화성이 없는 액체 위험물은 100[%])

㉡ **방유제의 높이 0.5[m] 이상 3[m] 이하, 두께 0.2[m] 이상, 지하매설깊이 1[m] 이상**

㉢ **방유제의 면적 : 80,000[㎡] 이하**

㉣ 방유제 내에 설치하는 옥외저장탱크의 수는 10(방유제 내에 설치하는 모든 옥외저장탱크의 용량이 20만[L] 이하이고, 위험물의 인화점이 70[℃] 이상 200[℃] 미만인 경우에는 20) 이하로 할 것(단, 인화점이 200[℃] 이상인 옥외저장탱크는 제외)

■ 용량이 100만[L] 이상인 탱크는 기초·지반검사를 받아야 한다.

■ 방유제 내의 면적 : 80,000[㎡] 이하

㉤ 방유제 외면의 **1/2 이상**은 자동차 등이 통행할 수 있는 **3[m] 이상**의 노면 폭을 확보한 구내도로에 직접 접하도록 할 것

    ㉫ **방유제**는 탱크의 옆판으로부터 **일정 거리**를 유지할 것(단, 인화점이 200[℃] 이상인 위험물은 제외)

     • 지름이 15[m] 미만인 경우 : **탱크 높이의 1/3 이상**

     • 지름이 15[m] 이상인 경우 : **탱크 높이의 1/2 이상**

    ㉪ 방유제의 **재질 : 철근콘크리트**

    ㉧ 방유제에는 **배수구**를 설치하고 **개폐밸브**를 **방유제 밖에 설치**할 것

    ㉨ **높이가 1[m] 이상**이면 **계단** 또는 **경사로**를 약 **50[m]마다 설치**할 것

(3) 옥내탱크저장소

  ① 옥내탱크저장소의 구조

    ㉠ **옥내저장탱크**의 탱크전용실은 **단층건축물**에 설치할 것

    ㉡ 옥내저장탱크와 **탱크전용실의 벽과의 사이** 및 **옥내저장탱크의 상호 간**에는 **0.5[m] 이상**의 간격을 유지할 것

    ㉢ 옥내저장탱크의 **용량**(동일한 탱크 전용실에 2 이상 설치하는 경우에는 각 탱크의 용량의 합계)은 **지정 수량의 40배**(제4석유류 및 동식물유류 외의 제4류 위험물 : 20,000[L]를 초과할 때에는 20,000[L]) 이하일 것

    ㉣ 옥내저장탱크

     • 압력탱크(최대 상용압력이 부압 또는 정압 5[kPa]를 초과하는 탱크) 외의 탱크 : 밸브 없는 통기관 설치

     • **통기관의 선단**은 건축물의 창·출입구 등의 개구부로부터 **1[m] 이상** 떨어진 옥외의 장소에 지면으로부터 4[m] 이상의 높이로 설치하되, 인화점이 40[℃] 미만인 위험물의 탱크에 설치하는 통기관에 있어서는 부지경계선으로부터 1.5[m] 이상 이격할 것)

     • 압력탱크 : 압력계 및 안전장치(안전밸브, 감압밸브, 안전밸브 경보장치, 파괴판) 설치

     • 탱크전용실을 건축물의 1층 또는 지하층에 설치하는 위험물 : 황화인, 적린, 덩어리 유황, 황린, 질산

     • 탱크전용실의 **벽, 기둥, 바닥**은 **내화구조, 보, 지붕**은 **불연재료**

  ② 옥내탱크저징소의 표지 및 게시판 : 제조소와 동일함

  ③ 옥내탱크저장소의 탱크 전용실이 단층 건축물 외에 설치하는 것

    ㉠ 탱크전용실에 **펌프설비**를 설치하는 경우에는 불연재료로 된 턱을 **0.2[m] 이상**의 높이로 설치할 것

    ㉡ **옥내저장탱크의 용량**(동일한 탱크전용실에 옥내저장탱크를 2 이상 설치하는 경우에는 각 탱크의 용량의 합계)

- **1층 이하**의 층 : 지정수량의 **40배**(제4석유류, 동식물유류 외의 제4류 위험물은 해당수량이 20,000[L] 초과 시 **20,000[L]**) 이하
- **2층 이상**의 층 : 지정수량의 10배(제4석유류, 동식물유류 외의 제4류 위험물은 해당수량이 5,000[L] 초과 시 **5,000[L]**) 이하

(4) 간이탱크저장소

① 설치장소 : 옥외에 설치

② 하나의 간이탱크저장소

- ㉠ **간이저장탱크 수 : 3 이하**
- ㉡ 동일한 품질의 위험물의 간이저장탱크를 2 이상 설치하지 아니하여야 한다.

③ 간이저장탱크의 용량 : **600[L] 이하**

④ 간이저장탱크의 두께 : **3.2[mm] 이상**의 **강판**으로 흠이 없도록 제작하여야 하며, 70[kPa]의 압력으로 10분간의 수압시험을 실시하여 새거나 변형되지 아니하여야 한다.

⑤ 간이저장탱크의 밸브 없는 통기관의 설치기준

- ㉠ **통기관의 지름**은 25[mm] 이상으로 할 것
- ㉡ 통기관은 옥외에 설치하되, 그 선단의 높이는 지상 1.5[m] 이상으로 할 것
- ㉢ 통기관의 선단은 수평면에 대하여 아래로 45도 이상 구부려 빗물 등이 침투하지 아니하도록 할 것
- ㉣ 가는 눈의 구리망 등으로 인화방지장치를 할 것

(5) 이동탱크저장소

① 이동탱크저장소의 표지 및 게시판

- ㉠ 표지의 설치기준
  - 크기 : 한 변의 길이가 0.6[m] 이상, 다른 한 변의 길이가 0.3[m] 이상의 직사각형
  - 표시내용 : "위험물"
  - **표시색상 : 흑색바탕**에 **황색의 반사도료**
  - 설치장소 : 차량의 전면 및 후면의 보기 쉬운 장소
- ㉡ 게시판의 설치
  - **게시판의 기재 내용 : 유별, 품명, 최대 수량, 적재중량**
  - **문자의 크기** : 가로 40[mm] 이상, 세로 45[mm] 이상(여러 품명이 혼재 시 **품명별 문자의 크기 : 가로 20[mm] 이상, 세로 20[mm] 이상**)

■ 간이저장탱크
- 통기관 지름
  : 최소 25[mm] 이상
- 저장탱크 용량
  : 600[L] 이하
- 너비 : 최소 1[m] 이상
- 강판두께 : 3.2[mm] 이상
- 70[kPa]의 압력으로 10분간 수압시험에 견딜 것

■ 이동탱크저장소
- 표시색상 : 흑색바탕에 황색의 반사도료

(6) 옥외저장소

① 옥외저장소의 보유공지

저장 또는 취급하는 위험물의 최대 수량	공지의 너비
지정수량의 10배 이하	3[m] 이상
지정수량의 10배 초과 20배 이하	5[m] 이상
지정수량의 20배 초과 50배 이하	9[m] 이상
지정수량의 50배 초과 200배 이하	12[m] 이상
지정수량의 200배 초과	15[m] 이상

※ 제4류 위험물 중 **제4석유류**와 **제6류 위험물** : 보유공지의 **1/3**로 할 수 있다.

② 옥외저장소의 기준

　㉠ 선반 : 불연재료

　㉡ **선반의 높이 : 6[m]**를 초과하지 말 것

　㉢ 과산화수소, 과염소산 저장하는 옥외저장소 : 불연성 또는 난연성의 천
　　막 등을 설치하여 햇빛을 가릴 것

3 위험물취급소

(1) 주유취급소

① 주유취급소의 주유공지

　㉠ **주유공지** : 너비 **15[m] 이상**, 길이 **6[m] 이상**

　㉡ 공지의 바닥 : 주위 지면보다 높게 하고, 적당한 기울기, 배수구, 집유설
　　비, 유분리장치를 설치

(2) 판매취급소

① 제1종 판매취급소의 기준

　㉠ **제1종 판매취급소**는 건축물의 **1층**에 설치할 것

　㉡ 위험물 **배합실**의 기준

　　• 바닥면적은 **6[m²] 이상 15[m²] 이하**일 것

　　• **내화구조** 또는 **불연재료**로 된 벽으로 구획할 것

　　• **출입구**에는 수시로 열 수 있는 **자동폐쇄식**의 **갑종방화문**을 설치할 것

　　• 출입구 문턱의 높이는 바닥면으로부터 **0.1[m] 이상**으로 할 것

② 제2종 판매취급소의 기준

　㉠ **제1종** 판매취급소 : 지정수량의 **20배 이하** 저장 또는 취급

　㉡ **제2종** 판매취급소 : 지정수량의 **40배 이하** 저장 또는 취급

■ 주유취급소 주유공지
　- 너비 : 15[m] 이상
　- 길이 : 6[m] 이상

4 제조소 등의 소화난이도, 저장, 운반기준

(1) 제조소 등의 소화난이도등급

① 소화난이도등급 I

　㉠ 소화난이도등급 I 에 해당하는 제조소 등

제조소 등의 구분	제조소 등의 규모, 저장 또는 취급하는 위험물의 품명 및 최대 수량 등
제조소 일반취급소	연면적 1,000[m²] 이상인 것
	지정수량의 100배 이상인 것(고인화점위험물만을 100[℃] 미만의 온도에서 취급하는 것 및 제48조의 위험물을 취급하는 것은 제외)
	지반면으로 부터 6[m] 이상의 높이에 위험물 취급설비가 있는 것(고인화점위험물만을 100[℃] 미만의 온도에서 취급하는 것은 제외)
주유취급소	별표 13. V 제2호에 따른 면적의 합이 500[m²]를 초과하는 것
옥내저장소	지정수량의 150배 이상인 것(고인화점위험물만을 저장하는 것 및 제48조의 위험물을 저장하는 것은 제외)
	연면적 150[m²]을 초과하는 것(150[m²] 이내마다 불연재료로 개구부 없이 구획된 것 및 인화성 고체 외의 제2류 위험물 또는 인화점 70[℃] 이상의 제4류 위험물만을 저장하는 것은 제외)
	처마높이가 6[m] 이상인 단층건물의 것
옥외 탱크저장소	액표면적이 40[m²] 이상인 것(제6류 위험물을 저장하는 것 및 고인화점위험물만을 100[℃] 미만의 온도에서 저장하는 것은 제외)
	지반면으로부터 탱크 옆판의 상단까지 높이가 6[m] 이상인 것(제6류 위험물을 저장하는 것 및 고인화점위험물만을 100[℃] 미만의 온도에서 저장하는 것은 제외)
	지중탱크 또는 해상탱크로서 지정수량의 100배 이상인 것(제6류 위험물을 저장하는 것 및 고인화점위험물만을 100[℃] 미만의 온도에서 저장하는 것은 제외)
	고체 위험물을 저장하는 것으로서 지정수량의 100배 이상인 것
옥내 탱크저장소	액표면적이 40[m²] 이상인 것(제6류 위험물을 저장하는 것 및 고인화점위험물만을 100[℃] 미만의 온도에서 저장하는 것은 제외)
	바닥면으로부터 탱크 옆판의 상단까지 높이가 6[m] 이상인 것(제6류 위험물을 저장하는 것 및 고인화점위험물만을 100[℃] 미만의 온도에서 저장하는 것은 제외)
	탱크전용실이 단층건물 외의 건축물에 있는 것으로서 인화점 38[℃] 이상 70[℃] 미만의 위험물을 지정수량의 5배 이상 저장하는 것(내화구조로 개구부 없이 구획된 것은 제외)

　㉡ 소화난이도등급 I 의 제조소 등에 설치하여야 하는 소화설비

제조소 등의 구분	소화설비
제조소 및 일반취급소	옥내소화전설비, 옥외소화전설비, 스프링클러설비 또는 물분무 등 소화설비(화재발생 시 연기가 충만할 우려가 있는 장소에는 스프링클러설비 또는 이동식 외의 물분무 등 소화설비에 한한다)
주유취급소	스프링클러설비(건축물에 한한다), 소형소화기 등

제조소 등의 구분			소화설비
옥내 저장소	처마높이가 6[m] 이상인 단층건물 또는 다른 용도의 부분이 있는 건축물에 설치한 옥내저장소		스프링클러설비 또는 이동식 외의 물분무 등 소화설비
	그 밖의 것		옥외소화전설비, 스프링클러설비, 이동식 외의 물분무 등 소화설비 또는 이동식 포소화설비(포소화전을 옥외에 설치하는 것에 한한다)
옥외 탱크 저장소	지중 탱크 또는 해상 탱크 외의 것	유황만을 저장 취급하는 것	물분무소화설비
		인화점 70[℃] 이상의 제4류 위험물만을 저장 취급하는 것	물분무소화설비 또는 고정식 포소화설비
		그 밖의 것	고정식 포소화설비(포소화설비가 적응성이 없는 경우에는 분말소화설비)
	지중탱크		고정식 포소화설비, 이동식 이외의 불활성가스소화설비 또는 이동식 이외의 할로겐화합물소화설비
	해상탱크		고정식 포소화설비, 물분무소화설비, 이동식 이외의 불활성가스소화설비 또는 이동식 이외의 할로겐화합물소화설비
옥내 탱크 저장소	유황만을 저장 취급하는 것		물분무소화설비
	인화점 70[℃] 이상의 제4류 위험물만을 저장 취급하는 것		물분무소화설비, 고정식 포소화설비, 이동식 이외의 불활성가스소화설비, 이동식 이외의 할로겐화합물소화설비 또는 이동식 이외의 분말소화설비
	그 밖의 것		고정식 포소화설비, 이동식 이외의 불활성가스소화설비, 이동식 이외의 할로겐화합물소화설비 또는 이동식 이외의 분말소화설비

■ 유황만을 저장 · 취급하는 옥내탱크저장소의 소화설비 : 물분무소화설비

② 소화난이도등급 Ⅱ

㉠ 소화난이도등급 Ⅱ에 해당하는 제조소 등

제조소 등의 구분	제조소 등의 규모, 저장 또는 취급하는 위험물의 품명 및 최대 수량 등
제조소 일반취급소	연면적 600[m²] 이상인 것
	지정수량의 10배 이상인 것(고인화점위험물만을 100[℃] 미만의 온도에서 취급하는 것 및 제48조의 위험물을 취급하는 것은 제외)
	별표 16 Ⅱ · Ⅲ · Ⅳ · Ⅴ · Ⅷ · Ⅸ 또는 Ⅹ의 일반취급소로서 소화난이도등급 Ⅰ의 제조소 등에 해당하지 아니하는 것(고인화점위험물만을 100[℃] 미만의 온도에서 취급하는 것은 제외)
주유취급소	옥내주유취급소로서 소화난이도등급 Ⅰ의 제조소에 해당하지 아니하는 것
판매취급소	제2종 판매취급소

㉡ 소화난이도등급 Ⅱ의 제조소 등에 설치하여야 하는 소화설비

제조소 등의 구분	소화설비
제조소, 옥내저장소, 옥외저장소, 주유취급소, 판매취급소, 일반취급소	방사능력범위 내에 해당 건축물, 그 밖의 공작물 및 위험물이 포함되도록 대형소화기를 설치하고, 해당 위험물의 소요단위의 1/5 이상에 해당하는 능력단위의 소형소화기 등을 설치할 것
옥외탱크저장소, 옥내탱크저장소	대형소화기 및 소형소화기 등을 각각 1개 이상 설치할 것

③ 소화난이도등급Ⅲ

㉠ 소화난이도등급Ⅲ에 해당하는 제조소 등

제조소 등의 구분	제조소 등의 규모, 저장 또는 취급하는 위험물의 품명 및 최대 수량 등
제조소, 일반취급소	제48조의 위험물을 취급하는 것
	제48조의 위험물 외의 것을 취급하는 것으로서 소화난이도등급Ⅰ 또는 소화난이도등급Ⅱ의 제조소 등에 해당하지 아니하는 것
옥내저장소	제48조의 위험물을 취급하는 것
	제48조의 위험물 외의 것을 취급하는 것으로서 소화난이도등급Ⅰ 또는 소화난이도등급Ⅱ의 제조소 등에 해당하지 아니하는 것
지하탱크저장소, 간이탱크저장소, 이동탱크저장소	모든 대상
주유취급소	옥내주유취급소 외의 것으로서 소화난이도등급Ⅰ의 제조소 등에 해당하지 않는 것
제1종 판매취급소	모든 대상

㉡ 소화난이도등급Ⅲ의 제조소 등에 설치하여야 하는 소화설비

제조소 등의 구분	소화설비	설치기준	
지하탱크저장소	소형소화기 등	능력단위의 수치가 3 이상	2개 이상
이동탱크저장소	자동차용 소화기	무상의 강화액 8[L] 이상	2개 이상
		이산화탄소 3.2[kg] 이상	
		일브롬화일염화이플루오르화메탄(CF_2ClBr) 2[L] 이상	
		일브롬화삼플루오르화메탄(CF_3Br) 2[L] 이상	
		이브롬화사플루오르화에탄($C_2F_4Br_2$) 1[L] 이상	
		소화분말 3.5[kg] 이상	
	마른 모래 및 팽창질석 또는 팽창진주암	마른모래 150[L] 이상	
		팽창질석 또는 팽창진주암 640[L] 이상	
그 밖의 제조소 등	소형소화기 등	능력단위의 수치가 건축물 및 그 밖의 공작물 및 위험물의 소요단위의 수치에 이르도록 설치할 것. 다만, 옥내소화전설비, 옥외소화전설비, 스프링클러설비, 물분무 등 소화설비 또는 대형소화기를 설치한 경우에는 해당 소화설비의 방사능력범위 내의 부분에 대하여는 소화기 등을 그 능력단위의 수치가 해당 소요단위의 수치의 1/5 이상이 되도록 하는 것으로 족하다.	

■ 소화난이도등급Ⅲ 지하탱크저장소 소화설비 설치기준
: 능력단위 수치 3 이상 소형 수동식소화기 2개 이상

(2) 경보설비

① 제조소 등 별로 설치하여야 하는 경보설비의 종류

■ 자동화재탐지설비 설치대상
• 제조소 및 일반취급소
  – 연면적 500[m²] 이상
  – 옥내에서 지정수량의
    100배 이상 취급하는 것

제조소 등의 구분	제조소 등의 규모, 저장 또는 취급하는 위험물의 종류 및 최대수량 등	경보설비
가. 제조소 및 일반취급소	• 연면적이 500[m²] 이상인 것 • 옥내에서 지정수량의 100배 이상을 취급하는 것(고인화점위험물만을 100[℃] 미만의 온도에서 취급하는 것은 제외) • 일반취급소로 사용되는 부분 외의 부분이 있는 건축물에 설치된 일반취급소(일반취급소와 일반취급소 외의 부분이 내화구조의 바닥 또는 벽으로 개구부 없이 구획된 것은 제외)	자동화재탐지설비
나. 옥내저장소	• 지정수량의 100배 이상을 저장 또는 취급하는 것(고인화점위험물만을 저장 또는 취급하는 것은 제외) • 저장창고의 연면적이 150[m²]를 초과하는 것[연면적 150[m²] 이내마다 불연재료의 격벽으로 개구부 없이 완전히 구획된 저장창고와 제2류 위험물(인화성고체는 제외) 또는 제4류 위험물(인화점이 70[℃] 미만인 것은 제외)만을 저장 또는 취급하는 저장창고는 그 연면적이 500[m²] 이상인 것을 말한다] • 처마 높이가 6[m] 이상인 단층 건물의 것 • 옥내저장소로 사용되는 부분 외의 부분이 있는 건축물에 설치된 옥내저장소[옥내저장소와 옥내저장소 외의 부분이 내화구조의 바닥 또는 벽으로 개구부 없이 구획된 것과 제2류(인화성고체는 제외) 또는 제4류의 위험물(인화점이 70[℃] 미만인 것은 제외)만을 저장 또는 취급하는 것은 제외]	
다. 옥내탱크저장소	단층 건물 외의 건축물에 설치된 옥내탱크저장소로서 소화난이도등급Ⅰ에 해당하는 것	
라. 주유취급소	옥내주유취급소	
마. 옥외탱크저장소	특수인화물, 제1석유류 및 알코올류를 저장 또는 취급하는 탱크의 용량이 1,000만[L] 이상인 것	• 자동화재탐지설비 • 자동화재속보설비
바. 가목부터 마목까지의 규정에 따른 자동화재탐지설비 설치대상 제조소 등에 해당하지 않는 제조소 등(이송취급소는 제외)	지정수량의 10배 이상을 저장 또는 취급하는 것	자동화재탐지설비, 비상경보설비, 확성장치 또는 비상방송설비 중 1종 이상

■ 지정수량의 10배 이상 저장 또는 취급하는 것의 경보설비
  – 자동화재탐지설비
  – 비상경보설비
  – 비상방송설비
  – 확성장치

② 자동화재탐지설비의 설치기준

㉠ 하나의 경계구역의 면적 : 600[m²] 이하

㉡ 한 변의 길이 : 50[m](광전식분리형감지기를 설치할 경우에는 100[m]) 이하로 할 것

㉢ 건축물 그 밖의 공작물의 주요한 출입구에서 그 내부의 전체를 볼 수 있는 경우에 있어서는 그 면적을 1,000[m²] 이하로 할 수 있다.

출제예상문제

01

위험물안전관리법에서 정하는 용어의 정의에 대한 설명 중 틀린 것은?

① 위험물이란 인화성 또는 발화성 등의 성질을 가지는 것으로서 행정안전부령이 정하는 물품을 말한다.

② 지정수량이란 위험물의 종류별로 위험성을 고려하여 제조소 등의 설치허가 등에 있어서 최저의 기준이 되는 수량을 말한다.

③ 제조소란 위험물을 제조할 목적으로 지정수량 이상의 위험물을 취급하기 위하여 위험물 설치허가를 받은 장소를 말한다.

④ 취급소란 지정수량 이상의 위험물을 제조 외의 목적으로 취급하기 위하여 위험물 설치허가를 받은 장소를 말한다.

> **해설** 위험물 : 인화성 또는 발화성 등의 성질을 가지는 것으로서 대통령령이 정하는 물품

답 ①

02

점포에서 위험물을 용기에 담아 판매하기 위하여 위험물을 취급하는 판매취급소는 위험물안전관리법상 지정수량의 몇 배 이하의 위험물까지 취급할 수 있는가?

① 지정수량의 5배 이하

② 지정수량의 10배 이하

③ 지정수량의 20배 이하

④ 지정수량의 40배 이하

> **해설** 판매취급소 : 지정수량의 40배 이하의 위험물을 취급

답 ④

03

다음 중 위험물별 성질로서 틀린 것은?

① 제1류 : 산화성 고체

② 제2류 : 가연성 고체

③ 제4류 : 인화성 액체

④ 제6류 : 인화성 고체

> **해설** 유별 성질
>
> | 종 류 | 성 질 |
> | --- | --- |
> | 제1류 위험물 | 산화성 고체 |
> | 제2류 위험물 | 가연성 고체 |
> | 제3류 위험물 | 자연발화성 및 금수성 물질 |
> | 제4류 위험물 | 인화성 액체 |
> | 제5류 위험물 | 자기반응성 물질 |
> | 제6류 위험물 | 산화성 액체 |

답 ④

04

제1류 위험물 산화성 고체에 해당하는 것은?

① 질산염류

② 특수인화물

③ 과염소산

④ 유기과산화물

> **해설** 위험물의 유별
>
> | 종 류 | 질산염류 | 특수 인화물 | 과염 소산 | 유기 과산화물 |
> | --- | --- | --- | --- | --- |
> | 유 별 | 제1류 위험물 | 제4류 위험물 | 제6류 위험물 | 제5류 위험물 |
> | 성 질 | 산화성 고체 | 인화성 액체 | 산화성 액체 | 자기반응성 물질 |

답 ①

05

제1류 위험물로서 성질상 산화성 고체에 해당되지 않는 것은?

① 아염소산염류　　② 무기과산화물
③ 다이크롬산염류　④ 과염소산

해설 과염소산($HClO_4$) : 제6류 위험물(산화성 액체)

답 ④

06

제2류 위험물의 품명에 따른 지정수량의 연결이 틀린 것은?

① 황화인 - 100[kg]
② 유황 - 300[kg]
③ 철분 - 500[kg]
④ 인화성고체 - 1,000[kg]

해설 제2류 위험물의 지정수량

품 명	지정수량
황화인, 적린, 유황	100[kg]
철분, 금속분, 마그네슘	500[kg]
인화성 고체	1,000[kg]

답 ②

07

다음 중 그 성질이 자연발화성 물질 및 금수성 물질인 제3류 위험물에 속하지 않는 것은?

① 황 린　　　② 칼 륨
③ 나트륨　　④ 황화인

해설 제3류 위험물 : 황린, 칼륨, 나트륨

황화인 : 제2류 위험물

답 ④

08

위험물안전관리법령에서 규정하는 제3류 위험물의 품명에 속하는 것은?

① 나트륨　　　② 염소산염류
③ 무기과산화물　④ 유기과산화물

해설 위험물의 분류

종 류	나트륨	염소산염류	무기과산화물	유기과산화물
유 별	제3류 위험물	제1류 위험물	제1류 위험물	제5류 위험물
지정수량	10[kg]	50[kg]	50[kg]	10[kg]

답 ①

09

제3류 위험물 중 금수성 물품에 적응성이 있는 소화약제는?

① 물　　　　② 강화액
③ 팽창질석　④ 인산염류분말

해설 금수성 물질에 적합한 소화약제
　마른모래, 팽창질석, 팽창진주암, 탄산수소염류분말 소화약제

답 ③

10

제4류 위험물의 성질로 알맞은 것은?

① 인화성 액체　② 산화성 고체
③ 가연성 고체　④ 산화성 액체

해설 제4류 위험물 : 인화성 액체

답 ①

11

위험물안전관리법에서 정하는 제4류 위험물 중 석유류별에 따른 분류로 옳은 것은?

① 제1석유류 : 아세톤, 휘발유
② 제2석유류 : 중유, 크레오소트유
③ 제3석유류 : 기어유, 실린더유
④ 제4석유류 : 등유, 경유

해설

품 명	종 류
제1석유류	아세톤, 휘발유
제2석유류	등유, 경유
제3석유류	중유, 크레오소트유
제4석유류	기어유, 실린더유

답 ①

12

위험물로서 제1석유류에 속하는 것은?

① 중 유　　　　　② 휘발유
③ 실린더유　　　　④ 등 유

해설 제1석유류 : 아세톤, 휘발유

답 ②

13

인화성 액체인 제4류 위험물의 품명별 지정수량이다.
다음 중 옳지 않은 것은?

① 특수인화물 50[L]
② 제1석유류 중 비수용성 액체는 200[L], 수용성
　액체는 400[L]
③ 알코올류 300[L]
④ 제4석유류 6,000[L]

해설 제4류 위험물의 종류

성 질	품 명		위험 등급	지정 수량
인 화 성 액 체	특수인화물		Ⅰ	50[L]
	제1석유류	비수용성 액체	Ⅱ	200[L]
		수용성 액체	Ⅱ	400[L]
	알코올류		Ⅱ	400[L]
	제2석유류	비수용성 액체	Ⅲ	1,000[L]
		수용성 액체	Ⅲ	2,000[L]
	제3석유류	비수용성 액체	Ⅲ	2,000[L]
		수용성 액체	Ⅲ	4,000[L]
	제4석유류		Ⅲ	6,000[L]
	동식물유류		Ⅲ	10,000[L]

답 ③

14

제4류 위험물로서 제1석유류인 수용성 액체의 지정수
량은 몇 리터인가?

① 100　　　　　② 200
③ 300　　　　　④ 400

해설 제1석유류 수용성 액체 지정수량 : 400[L]

답 ④

15

제4류 인화성 액체 위험물 중 품명 및 지정수량이
맞게 짝지어진 것은?

① 제1석유류(수용성 액체) － 100[L]
② 제2석유류(수용성 액체) － 500[L]
③ 제3석유류(수용성 액체) － 1,000[L]
④ 제4석유류 － 6,000[L]

해설
•제1석유류(수용성 액체) － 400[L]
•제2석유류(수용성 액체) － 2,000[L]
•제3석유류(수용성 액체) － 4,000[L]

답 ④

16

제4류 위험물의 지정수량을 나타낸 것으로 잘못된
것은?

① 특수인화물 － 50[L]
② 알코올류 － 400[L]
③ 동식물유류 － 1,000[L]
④ 제4석유류 － 6,000[L]

해설 동식물유류 － 10,000[L]

답 ③

17

위험물 중 성질이 인화성 액체로서 기어유, 실린더유
그 밖에 1기압에서 인화점이 200[℃] 이상 250[℃]
미만인 것은?

① 제1석유류
② 제2석유류
③ 제3석유류
④ 제4석유류

해설 제4류 위험물의 분류
제4석유류 : 기어유, 실린더유 등 1기압에서 인화점이
200[℃] 이상 250[℃] 미만의 것

답 ④

18

다음 중 위험물의 성질이 자기반응성 물질에 속하지 않는 것은?

① 유기과산화물
② 무기과산화물
③ 하이드라진 유도체
④ 나이트로화합물

해설 제5류 위험물(자기반응성 물질) : 유기과산화물, 질산에스테르류, 나이트로화합물, 하이드라진유도체

> 무기과산화물 : 제1류 위험물(산화성 고체)

답 ②

19

다음 위험물 중 자기반응성 물질은 어느 것인가?

① 황 린
② 염소산염류
③ 알칼리토금속
④ 질산에스테르류

해설 위험물의 분류

종 류	유 별	성 질
황 린	제3류 위험물	자연발화성 물질
염소산염류	제1류 위험물	산화성 고체
알칼리토금속	제3류 위험물	금수성 물질
질산에스테르류	제5류 위험물	자기반응성 물질

답 ④

20

위험물안전관리법상 제6류 위험물은?

① 유 황
② 칼 륨
③ 황 린
④ 질 산

해설 위험물의 분류

종 류	유 황	칼 륨	황 린	질 산
유 별	제2류 위험물	제3류 위험물	제3류 위험물	제6류 위험물
성 질	가연성 고체	자연발화성 및 금수성 물질	자연발화성 및 금수성 물질	산화성 액체

답 ④

21

다음 중 위험물의 지정수량으로 옳지 않은 것은?

① 질산염류 300[kg]
② 황린 10[kg]
③ 알킬알루미늄 10[kg]
④ 과산화수소 300[kg]

해설 지정수량

종 류	질산염류	황 린	알킬알루미늄	과산화수소
분 류	제1류 위험물	제3류 위험물	제3류 위험물	제6류 위험물
지정수량	300[kg]	20[kg]	10[kg]	300[kg]

답 ②

22

다음의 위험물 중에서 위험물안전관리법령에서 정하고 있는 지정수량이 가장 적은 것은?

① 브롬산염류
② 유 황
③ 알칼리토금속
④ 과염소산

해설 지정수량

종 류	브롬산염류	유 황	알카리토금속	과염소산
유 별	제1류 위험물	제2류 위험물	제3류 위험물	제6류 위험물
지정수량	300[kg]	100[kg]	50[kg]	300[kg]

답 ③

23

고형알코올, 그 밖에 1기압 상태에서 인화점이 40[℃] 미만인 고체에 해당하는 것은?

① 가연성 고체
② 산화성 고체
③ 인화성 고체
④ 자연발화성 물질

해설 **인화성 고체** : 고형알코올, 그 밖에 1기압 상태에서 인화점이 40[℃] 미만인 고체

답 ③

24

위험물안전관리법에서 정하는 위험물질에 대한 설명으로 다음 중 옳은 것은?

① 철분이란 철의 분말로서 53[μm]의 표준체를 통과하는 것이 60[wt%] 미만인 것은 제외한다.
② 인화성 고체란 고형알코올, 그 밖에 1기압에서 인화점이 21[℃] 미만인 고체를 말한다.
③ 유황은 순도가 60[wt%] 이상인 것을 말한다.
④ 과산화수소는 그 농도가 36[wt%] 이하인 것에 한한다.

 위험물의 정의
- 철분 : 철의 분말로서 53[μm]의 표준체를 통과하는 것이 50[wt%] 미만인 것은 제외한다.
- 인화성 고체 : 고형알코올, 그 밖에 1기압에서 인화점이 40[℃] 미만인 고체
- 유황 : 순도가 60[wt%] 이상인 것
- 과산화수소 : 농도가 36[wt%] 이상인 것

답 ③

25

특수가연물 중 가연성 고체류의 기준으로 옳지 않은 것은?

① 인화점이 40[℃] 이상 100[℃] 미만인 것
② 인화점이 100[℃] 이상 200[℃] 미만이고 연소열량이 8[kcal/g] 이상인 것
③ 인화점이 200[℃] 이상이고 연소열량이 8[kcal/g] 이상인 것으로서 융점이 100[℃] 미만인 것
④ 인화점이 70[℃] 이상 250[℃] 미만이고 연소열량이 10[kcal/g] 이상인 것

해설 **가연성 고체류**
(1) 인화점이 40[℃] 이상 100[℃] 미만인 것
(2) 인화점이 100[℃] 이상 200[℃] 미만이고, 연소열량이 1[g]당 8[kcal] 이상인 것
(3) 인화점이 200[℃] 이상이고 연소열량이 1[g]당 8[kcal] 이상인 것으로서 융점이 100[℃] 미만인 것
(4) 1기압과 20[℃] 초과 40[℃] 이하에서 액상인 것으로서 인화점이 70[℃] 이상 200[℃] 미만이거나 (2) 또는 (3)에 해당하는 것

답 ④

26

지정수량 미만인 위험물의 저장 또는 취급에 관한 기술상의 기준은 무엇으로 정하는가?

① 대통령령
② 행정안전부령
③ 소방청령
④ 시·도의 조례

해설 **저장 또는 취급에 관한 기술상의 기준**
- 지정수량 이상 : 위험물안전관리법 적용
- 지정수량 미만 : 시·도의 조례

답 ④

27

시·도의 조례가 정하는 바에 따라 지정수량 이상의 위험물로 임시로 저장·취급할 수 있는 기간 (㉠)과 임시저장 승인권자 (㉡)는?

① ㉠ 30일 이내, ㉡ 시·도지사
② ㉠ 60일 이내, ㉡ 소방본부장
③ ㉠ 90일 이내, ㉡ 관할 소방서장
④ ㉠ 120일 이내, ㉡ 소방청장

해설 **위험물 임시 저장**
- 임시저장기간 : 90일 이내
- 임시저장승인권자 : 관할 소방서장

답 ③

28

둘 이상의 위험물을 같은 장소에서 저장 또는 취급하는 경우에 있어서 해당 장소에서 저장 또는 취급하는 각 위험물의 수량을 그 위험물의 지정수량으로 각각 나누어 얻은 수의 합계가 얼마 이상인 경우 해당 위험물은 지정수량 이상의 위험물로 보는가?

① 0.5
② 1
③ 2
④ 3

해설 둘 이상의 위험물을 취급할 경우 저장량을 지정수량으로 나누어 1 이상이면 위험물로 보므로 위험물안전관리법의 규제를 받는다.

> **위험물이라면** 허가를 받아야 하고 위험물안전관리자를 선임하고 법의 규제를 받는다.

답 ②

29
위험물의 저장 또는 취급하는 탱크의 용적의 산정기준에서 탱크의 용량은?

① 해당 탱크의 내용적에서 공간용적을 더한 용적
② 해당 탱크의 내용적에서 공간용적을 뺀 용적
③ 해당 탱크의 내용적에서 공간용적을 곱한 용적
④ 해당 탱크의 내용적에서 공간용적을 나눈 용적

해설 **탱크의 용량** : 탱크의 내용적 – 공간용적(탱크 내용적의 5/100 이상 10/100 이하)

답 ②

30
제조소 등의 위치·구조 또는 설비의 변경 없이 당해 제조소 등에서 저장하거나 취급하는 위험물의 품명·수량 또는 지정수량의 배수를 변경하고자 할 때는 누구에게 신고해야 하는가?

① 국무총리
② 시·도지사
③ 소방청장
④ 관할소방서장

해설 위험물의 품명·수량 또는 지정수량의 배수 변경신고 : **시·도지사**

답 ②

31
위험물안전관리법령상 위험물 시설의 변경 기준 중 다음 (   ) 안에 알맞은 것은?

> 제조소 등의 위치·구조 또는 설비의 변경 없이 당해 제조소 등에서 저장하거나 취급하는 위험물의 품명·수량 또는 지정수량의 배수를 변경하고자 하는 자는 변경하고자 하는 날의 (㉠)일 전까지 행정안전부령이 정하는 바에 따라 (㉡)에게 신고하여야 한다.

① ㉠ 1, ㉡ 소방본부장 또는 소빙서장
② ㉠ 1, ㉡ 시·도지사
③ ㉠ 7, ㉡ 소방본부장 또는 소방서장
④ ㉠ 7, ㉡ 시·도지사

해설 위험물 변경신고(위치, 구조, 설비 변경 없이 신고하는 경우)
- 변경신고 대상 : 위험물의 품명, 수량, 지정수량의 배수
- 변경신고기한 : 변경하고자 하는 날의 **1일 전까지**
- 누구에게 변경신고 : **시·도지사**

답 ②

32
위험물시설의 설치 및 변경 등에 있어서 허가를 받지 아니하고 당해 제조소 등을 설치하거나 그 위치·구조 또는 설비를 변경할 수 있으며, 신고를 하지 아니하고 위험물의 품명·수량 또는 지정수량의 배수를 변경할 수 있는 경우의 제조소 등으로 옳지 않은 것은?

① 주택의 난방시설을 위한 저장소 또는 취급소
② 공통주택의 중앙난방시설을 위한 저장소 또는 취급소
③ 수산용으로 필요한 건조시설을 위한 지정수량 20배 이하의 저장소
④ 농예용으로 필요한 난방시설을 위한 지정수량 20배 이하의 저장소

해설 다음에 해당하는 제조소 등의 경우에는 허가를 받지 아니하고 당해 제조소 등을 설치하거나 그 위치·구조 또는 설비를 변경할 수 있으며, **신고를 하지 아니하고 위험물의 품명·수량 또는 지정수량의 배수를 변경**할 수 있다.
- 주택의 난방시설(**공동주택의 중앙난방시설을 제외**한다)을 위한 저장소 또는 취급소
- 농예용·축산용 또는 수산용으로 필요한 난방시설 또는 건조시설을 위한 지정수량 20배 이하의 저장소

답 ②

33
위험물시설의 설치 및 변경에 있어서 허가를 받지 아니하고 제조소 등을 설치하거나 그 위치·구조 또는 설비를 변경할 수 없는 경우는?

① 주택의 난방시설(공동주택의 중앙난방시설은 제외)을 위한 저장소 또는 취급소
② 농예용으로 필요한 난방시설 또는 건조시설을 위한 지정수량 20배 이하의 저장소
③ 공업용으로 필요한 난방시설 또는 건조시설을 위한 지정수량 20배 이하의 저장소
④ 수산용으로 필요한 난방시설 또는 건조시설을 위한 지정수량 20배 이하의 저장소

해설 다음에 해당하는 제조소 등의 경우에는 허가를 받지 아니하고 당해 제조소 등을 설치하거나 그 위치·구조 또는 설비를 변경할 수 있으며, **신고를 하지 아니하고** 위험물의 품명·수량 또는 지정수량의 배수를 **변경할** 수 있다.
- 주택의 난방시설(**공동주택의 중앙난방시설을 제외**한다)을 위한 저장소 또는 취급소
- 농예용·축산용 또는 수산용으로 필요한 난방시설 또는 건조시설을 위한 지정수량 20배 이하의 저장소

답 ③

34
제조소 또는 일반취급소의 변경허가를 받아야 하는 경우에 해당하지 않는 것은?

① 배출설비를 신설하는 경우
② 소화기의 종류를 변경하는 경우
③ 불활성 기체의 봉입장치를 신설하는 경우
④ 위험물취급탱크의 탱크전용실을 증설하는 경우

해설 소화기의 종류 변경은 변경허가 대상이 아니다.
답 ②

35
위험물안전관리법령 상 제조소 등의 완공검사 신청시기 기준으로 틀린 것은?

① 지하탱크가 있는 제조소 등의 경우에는 당해 지하탱크를 매설하기 전
② 이동탱크저장소의 경우에는 이동저장탱크를 완공하고 상치장소를 확보한 후
③ 이송취급소의 경우에는 이송배관공사의 전체 또는 일부 완료한 후
④ 배관을 지하에 설치하는 경우에는 소방서장이 지정하는 부분을 매몰하고 난 직후

해설 완공검사 신청시기
- **지하탱크가 있는 제조소 등의 경우**
 : 당해 지하탱크를 매설하기 전
- **이동탱크저장소의 경우**
 : 이동저장탱크를 완공하고 상치장소를 확보한 후

- **이송취급소의 경우** : 이송배관 공사의 전체 또는 일부를 완료한 후. 다만, 지하·하천 등에 매설하는 이송배관의 공사의 경우에는 이송배관을 매설하기 전
- 전체 공사가 완료된 후에는 완공검사를 실시하기 곤란한 경우 : 다음에서 정하는 시기
 - 위험물설비 또는 배관의 설치가 완료되어 기밀시험 또는 내압시험을 실시하는 시기
 - **배관을 지하에 설치하는 경우**에는 시·도지사, 소방서장 또는 기술원이 지정하는 부분을 **매몰하기 직전**
 - 기술원이 지정하는 부분의 비파괴시험을 실시하는 시기
- 위에 해당하지 아니하는 제조소 등의 경우
 : 제조소 등의 공사를 완료한 후

답 ④

36
위험물시설의 설치 및 변경, 안전관리에 대한 설명으로 옳지 않은 것은?

① 제조소 등의 설치자의 지위를 승계한 자는 승계한 날로부터 30일 이내에 시·도지사에게 신고하여야 한다.
② 제조소 등의 용도를 폐지한 때에는 폐지한 날부터 30일 이내에 시·도지사에게 신고하여야 한다.
③ 위험물안전관리자가 퇴직한 때에는 퇴직한 날부터 30일 이내에 다시 위험물관리자를 선임하여야 한다.
④ 위험물안전관리자를 선임한 때에는 선임한 날부터 14일 이내에 소방본부장이나 소방서장에게 신고하여야 한다.

해설 위험물의 신고
- 제조소 등의 지위승계 : 승계한 날부터 30일 이내에 시·도지사에게 신고
- 제조소 등의 용도폐지 : 폐지한 날부터 14일 이내에 시·도지사에게 신고
- 위험물안전관리자 재선임 : 퇴직한 날부터 30일 이내에 안전관리자 재선임
- 위험물안전관리자 선임 신고 : 선임 또는 퇴직한 날부터 14일 이내에 소방본부장이나 소방서장에게 신고

답 ②

37
다음 ( ) 안의 알맞은 내용을 바르게 나타낸 것은?

> 위험물제조소 등의 설치자의 지위를 승계한 자는
> (㉠)이 정하는 바에 따라 승계한 날로부터 (㉡)
> 이내에 (㉢)에게 신고하여야 한다.

① ㉠ 대통령령, ㉡ 14일, ㉢ 시·도지사
② ㉠ 대통령령, ㉡ 30일, ㉢ 소방본부장·소방서장
③ ㉠ 행정안전부령, ㉡ 14일, ㉢ 소방본부장·소방서장
④ ㉠ 행정안전부령, ㉡ 30일, ㉢ 시·도지사

해설 제조소 등의 지위승계 : 승계한 날로부터 30일 이내에
시·도지사에게 신고
답 ④

38
위험물제조소 등의 용도를 폐지한 때에는 용도를 폐지한 날부터 며칠 이내에 시·도지사에게 신고하여야 하는가?

① 7일
② 14일
③ 21일
④ 30일

해설 제조소 용도폐지 신고 : 폐지한 날부터 14일 이내
답 ②

39
위험물안전관리자로 선임할 수 있는 위험물취급자격자가 취급할 수 있는 위험물의 기준으로 틀린 것은?

① 위험물기능장 자격 취득자 : 모든 위험물
② 안전관리교육이수자 : 위험물 중 제4류 위험물
③ 소방공무원으로 근무한 경력이 3년 이상인 자 : 위험물 중 제4류 위험물
④ 위험물산업기사 자격 취득자 : 위험물 중 제4류 위험물

해설 위험물기능장, 위험물산업기사 자격 취득자
: 모든 위험물(제1류 위험물~제6류 위험물)
답 ④

40
다음 중 위험물탱크 안전성능시험자로 시·도지사에게 등록하기 위하여 갖추어야 할 사항이 아닌 것은?

① 자본금
② 기술능력
③ 시 설
④ 장 비

해설 위험물탱크 안전성능시험자의 등록사항
: 기술능력, 시설, 장비
답 ①

41
지정수량의 몇 배 이상의 위험물을 취급하는 제조소에는 화재예방을 위한 예방규정을 정하여야 하는가?

① 10배
② 20배
③ 30배
④ 50배

해설 예방규정을 정하여야 하는 제조소 등
• 지정수량의 10배 이상의 위험물을 취급하는 제조소, 일반취급소
• 지정수량의 100배 이상의 위험물을 저장하는 옥외저장소
• 지정수량의 150배 이상의 위험물을 저장하는 옥내저장소
• 지정수량의 200배 이상의 위험물을 저장하는 옥외탱크저장소
• 암반탱크저장소, 이송취급소
답 ①

42
관계인이 예방규정을 정하여야 하는 옥외저장소는 지정수량의 몇 배 이상의 위험물을 저장하는 것을 말하는가?

① 10
② 100
③ 150
④ 200

해설 옥외저장소 : 지정수량의 100배 이상
답 ②

43
지정수량의 몇 배 이상의 위험물을 저장하는 옥내저장소에는 화재예방을 위한 예방규정을 정하여야 하는가?

① 10배
② 100배
③ 150배
④ 200배

해설 옥내저장소 : 지정수량의 150배 이상
답 ③

44

관계인이 예방규정을 정하여야 하는 제조소 등의 기준이 아닌 것은?

① 지정수량의 10배 이상의 위험물을 취급하는 제조소
② 지정수량의 50배 이상의 위험물을 취급하는 옥외저장소
③ 지정수량의 150배 이상의 위험물을 취급하는 옥내저장소
④ 지정수량의 200배 이상의 위험물을 취급하는 옥외탱크저장소

해설 옥외저장소 : 지정수량의 100배 이상

답 ②

45

위험물제조소 등의 관계인이 화재 등 재해발생 시의 비상조치를 위하여 정하여야 하는 예방규정에 관한 설명으로 바른 것은?

① 위험물안전관리자가 선임되지 아니하였을 경우에 정하여 시행한다.
② 제조소 등을 사용하기 시작한 후 30일 이내에 예방규정을 시행한다.
③ 예방규정을 정하여 한국소방안전원의 검토를 받아 시행한다.
④ 예방규정을 정하고 해당 제조소 등의 사용을 시작하기 전에 시·도지사에게 제출한다.

해설 대통령령이 정하는 제조소 등의 관계인은 해당 제조소 등의 화재예방과 화재 등 재해발생 시의 비상조치를 위하여 행정안전부령이 정하는 바에 따라 예방규정을 정하여 해당 제조소 등의 사용을 시작하기 전에 시·도지사에게 제출하여야 한다. 예방규정을 변경한 때에도 또한 같다.

답 ④

46

정기점검의 대상이 되는 제조소 등이 아닌 것은?

① 옥내탱크저장소 ② 지하탱크저장소
③ 이동탱크저장소 ④ 이송취급소

해설 정기점검의 대상인 제조소 등
• 예방규정대상에 해당하는 제조소 등
• 지하탱크저장소
• 이동탱크저장소

• 위험물을 취급하는 탱크로서 지하에 매설된 탱크가 있는 제조소·주유취급소 또는 일반취급소

답 ①

47

( ) 안의 내용으로 알맞은 것은?

> 다량의 위험물을 저장·취급하는 제조소 등으로서 ( ) 위험물을 취급하는 제조소 또는 일반취급소가 있는 동일한 사업소에서 지정수량의 3천배 이상의 위험물을 저장 또는 취급하는 경우 당해 사업소의 관계인은 대통령령이 정하는 바에 따라 당해 사업소에 자체소방대를 설치하여야 한다.

① 제1류 ② 제2류
③ 제3류 ④ 제4류

해설 자체소방대 설치
제4류 위험물을 지정수량의 3천배 이상의 위험물을 저장 또는 취급하는 경우

답 ④

48

위험물안전관리법령상 제조소 또는 일반취급소에서 취급하는 제4류 위험물의 최대 수량의 합이 지정수량의 24만배 이상 48만배 미만인 사업소의 관계인이 두어야 하는 화학소방자동차와 자체소방대원의 수의 기준으로 옳은 것은?(단, 화재나 그 밖의 재난발생 시 다른 사업소 등과 상호응원에 관한 협정을 체결하고 있는 사업소는 제외한다)

① 화학소방자동차 : 2대, 자체소방대원의 수 : 10명
② 화학소방자동차 : 3대, 자체소방대원의 수 : 10명
③ 화학소방자동차 : 3대, 자체소방대원의 수 : 15명
④ 화학소방자동차 : 4대, 자체소방대원의 수 : 20명

해설 자체소방대에 두는 화학소방자동차 및 인원

사업소의 구분	화학소방자동차	자체소방대원의 수
1. 제조소 또는 일반취급소에서 취급하는 제4류 위험물의 최대수량의 합이 지정수량의 3,000배 이상 12만배 미만인 사업소	1대	5명
2. 제조소 또는 일반취급소에서 취급하는 제4류 위험물의 최대수량의 합이 지정수량의 12만배 이상 24만배 미만인 사업소	2대	10명

사업소의 구분	화학소방 자동차	자체소방 대원의 수
3. 제조소 또는 일반취급소에서 취급 하는 제4류 위험물의 최대수량의 합이 지정수량의 24만배 이상 48 만배 미만인 사업소	3대	15명
4. 제조소 또는 일반취급소에서 취급하 는 제4류 위험물의 최대수량의 합이 지정수량의 48만배 이상인 사업소	4대	20명
5. 옥외탱크저장소에 저장하는 제4류 위험물의 최대수량이 지정수량의 50 만배 이상인 사업소(2022. 1. 1. 시행)	2대	10명

답 ③

49

위험물안전관리법령에 의하여 자체소방대에 배치해 야 하는 화학소방자동차의 구분에 속하지 않는 것은?

① 포수용액 방사차
② 고가 사다리차
③ 제독차
④ 할로겐화합물 방사차

해설 **화학소방자동차에 갖추어야 하는 소화능력 및 설비의 기준**

화학소방자동 차의 구분	소화능력 및 설비의 기준
포수용액 방사차	포수용액의 방사능력이 매분 2,000 [L] 이상일 것
	소화약액탱크 및 소화약액혼합장치를 비 치할 것
	10만[L] 이상의 포수용액을 방사할 수 있 는 양의 소화약제를 비치할 것
분말 방사차	분말의 방사능력이 매초 35[kg] 이상일 것
	분말탱크 및 가압용가스설비를 비치할 것
	1,400[kg] 이상의 분말을 비치할 것
할로겐화합물 방사차	할로겐화합물의 방사능력이 매초 40[kg] 이상일 것
	할로겐화합물탱크 및 가압용가스설비를 비치할 것
	1,000[kg] 이상의 할로겐화합물을 비치 할 것
이산화탄소 방사차	이산화탄소의 방사능력이 매초 40[kg] 이상일 것
	이산화탄소저장용기를 비치할 것
	3,000[kg] 이상의 이산화탄소를 비치할 것
제독차	가성소다 및 규조토를 각각 50[kg] 이상 비치할 것

답 ②

50

화학소방자동차의 소화능력 및 설비 기준에서 분말 방사차의 분말의 방사능력은 매 초 몇 [kg] 이상이어 야 하는가?

① 25[kg]
② 30[kg]
③ 35[kg]
④ 40[kg]

해설 분말 방사차 방사능력 : 매 초 35[kg] 이상

답 ③

51

위험물제조소 등의 자체소방대가 갖추어야 하는 화학 소방차의 소화능력 및 설비기준으로 틀린 것은?

① 포수용액을 방사하는 화학소방자동차는 방사능 력이 2,000[L/min] 이상이어야 한다.
② 이산화탄소를 방사하는 화학소방차는 방사능력 이 40[kg/s] 이상이어야 한다.
③ 할로겐화합물 방사차의 경우 할로겐화합물탱크 및 가압용 가스설비를 비치하여야 한다.
④ 제독차를 갖추는 경우 가성소다 및 규조토를 각 각 30[kg] 이상 비치하여야 한다.

해설 **제독차** : 가성소다 및 규조토를 각각 50[kg] 이상 비치 하여야 한다.

답 ④

52

위험물안전관리법상 행정처분을 하고자 하는 경우 청문을 실시해야 하는 것은?

① 제조소 등 설치허가의 취소
② 제조소 등 영업정지 처분
③ 탱크시험자의 영업정지
④ 과징금 부과처분

해설 **청문 실시대상**
• 제조소 등 설치허가의 취소
• 탱크시험자의 등록취소

답 ①

53

위험물안전관리법상 과징금 처분에서 위험물제조소 등에 대한 사용의 정지가 공익을 해칠 우려가 있을 때, 사용정지처분에 갈음하여 얼마의 과징금을 부과할 수 있는가?

① 5천만원 이하   ② 1억원 이하
③ 2억원 이하   ④ 3억원 이하

해설 **과징금**
• 위험물안전관리법 : 2억원 이하
• 소방시설공사업법, 화재예방, 소방시설 설치·유지 및 안전관리에 관한 법률 : 3,000만원 이하

답 ③

54

탱크시험자의 등록취소 처분을 하고자 하는 경우에 청문실시권자가 아닌 것은?

① 시·도지사
② 소방서장
③ 소방본부장
④ 행정안전부장관

해설 **탱크시험자의 등록취소**
: 시·도지사, 소방본부장, 소방서장

답 ④

55

제4류 위험물제조소의 경우 사용전압이 22[kV]인 특고압가공전선이 지나갈 때 제조소의 외벽과 가공전선 사이의 수평거리(안전거리)는 몇 [m] 이상이어야 하는가?

① 2[m]   ② 3[m]
③ 5[m]   ④ 10[m]

해설 **제조소 등의 안전거리**
• 사용전압이 7,000[V] 초과 35,000[V] 이하의 특고압가공전선에 있어서는 3[m] 이상
• 사용전압이 35,000[V]를 초과하는 특고압가공전선에 있어서는 5[m] 이상

답 ②

56

위험물제조소에는 기준에 따라 보기 쉬운 곳에 "위험물제조소"라는 표시를 한 표지를 설치하여야 하는데 다음 중 표지의 기준으로 적합한 것은?

① 표지는 한 변의 길이가 0.3[m] 이상, 다른 한 변의 길이가 0.6[m] 이상인 직사각형으로 하되 표지의 바탕은 백색으로, 문자는 흑색으로 한다.
② 표지는 한 변의 길이가 0.2[m] 이상, 다른 한 변의 길이가 0.4[m] 이상인 직사각형으로 하되 표지의 바탕은 백색으로, 문자는 흑색으로 한다.
③ 표지는 한 변의 길이가 0.2[m] 이상, 다른 한 변의 길이가 0.4[m] 이상인 직사각형으로 하되 표지의 바탕은 흑색으로, 문자는 백색으로 한다.
④ 표지는 한 변의 길이가 0.3[m] 이상, 다른 한 변의 길이가 0.6[m] 이상인 직사각형으로 하되 표지의 바탕은 흑색으로, 문자는 백색으로 한다.

해설 **제조소의 표지 및 게시판**
• "위험물제조소"라는 표지를 설치
  – 표지의 크기 : 한 변의 길이 0.3[m] 이상, 다른 한 변의 길이 0.6[m] 이상
  – 표지의 색상 : 백색바탕에 흑색문자

답 ①

57

위험물 제조소 게시판의 바탕 및 문자의 색으로 올바르게 연결된 것은?

① 바탕 - 백색, 문자 - 청색
② 바탕 - 청색, 문자 - 흑색
③ 바탕 - 흑색, 문자 - 백색
④ 바탕 - 백색, 문자 - 흑색

해설 **제조소의 표지 및 게시판**
• "위험물제조소"라는 표지를 설치
  – 표지의 크기 : 한 변의 길이 0.3[m] 이상, 다른 한 변의 길이 0.6[m] 이상
  – 표지의 색상 : 백색바탕에 흑색문자

답 ④

58

위험물안전관리법령에서 정한 게시판의 주의사항으로 잘못된 것은?

① 제2류 위험물(인화성 고체 제외) : 화기주의
② 제3류 위험물 중 자연발화성 물질 : 화기엄금
③ 제4류 위험물 : 화기주의
④ 제5류 위험물 : 화기엄금

해설 게시판의 주의사항

위험물의 종류	주의사항	게시판 색상
• 제1류 위험물 중 알칼리금속의 과산화물 • 제3류 위험물 중 금수성 물질	물기엄금	청색바탕에 백색문자
제2류 위험물(인화성 고체는 제외)	화기주의	적색바탕에 백색문자
• 제2류 위험물 중 인화성 고체 • 제3류 위험물 중 자연발화성 물질 • 제4류 위험물 • 제5류 위험물	화기엄금	적색바탕에 백색문자

답 ③

59

제4류 위험물을 저장하는 위험물제조소의 주의사항을 표시한 게시판의 내용으로 적합한 것은?

① 화기엄금
② 물기엄금
③ 화기주의
④ 물기주의

해설 제4류 위험물 : 화기엄금

답 ①

60

위험물을 취급함에 있어서 정전기가 발생할 우려가 있는 설비에는 정전기를 유효하게 제거할 수 있는 설비를 설치하여야 한다. 다음 중 정전기를 제거하는 방법에 속하지 않는 것은?

① 공기 중의 상대습도를 70[%] 이상으로 하는 방법
② 절연도가 높은 플라스틱을 사용하는 방법
③ 접지에 의한 방법
④ 공기를 이온화하는 방법

해설 정전기 제거방법
• 접지에 의한 방법
• 상대습도를 70[%] 이상으로 하는 방법
• 공기를 이온화하는 방법

답 ②

61

위험물을 취급함에 있어서 정전기가 발생할 우려가 있는 설비는 공기 중의 상대습도를 몇 [%] 이상으로 하는 방법으로 정전기를 유효하게 제거할 수 있는 설비를 설치하여야 하는가?

① 30[%]
② 60[%]
③ 70[%]
④ 90[%]

해설 정전기 제거방법
• 접지에 의한 방법
• 상대습도를 70[%] 이상으로 하는 방법
• 공기를 이온화하는 방법

답 ③

62

위험물제조소에서 저장 또는 취급하는 위험물에 따른 주의사항을 표시한 게시판 중 화기엄금을 표시하는 게시판의 바탕색은?

① 청 색
② 적 색
③ 흑 색
④ 백 색

해설 화기엄금 : 적색바탕에 백색문자

답 ②

63

제조소 중 위험물을 취급하는 건축물은 특수한 경우를 제외하고 어떤 구조로 하여야 하는가?

① 지하층이 없는 구조어이야 한다.
② 지하층이 있는 구조어이야 한다.
③ 지하층이 있는 1층 이내의 건축물이어야 한다.
④ 지하층이 있는 2층 이내의 건축물이어야 한다.

해설 제조소의 건축물의 구조는 지하층이 없어야 한다.

답 ①

64

위험물을 취급하는 건축물에 설치하는 채광 및 조명설비 설치의 원칙적인 기준으로 적합하지 않은 것은?

① 모든 조명등은 방폭등으로 할 것
② 전선은 내화·내열전선으로 할 것
③ 점멸스위치는 출입구 바깥 부분에 설치할 것
④ 채광설비는 불연재료로 할 것

해설 **채광 및 조명설비의 기준**
- 채광설비는 불연재료로 하고, 연소의 우려가 없는 장소에 설치하되 채광면적을 최소로 할 것
- 조명설비의 기준
  - **가연성 가스 등이 체류할 우려가 있는 장소**의 조명 등은 **방폭등**으로 할 것
  - 전선은 내화 · 내열전선으로 할 것
  - 점멸스위치는 출입구 바깥 부분에 설치할 것. 다만, 스위치의 스파크로 인한 화재 · 폭발의 우려가 없는 경우에는 그러하지 아니하다.

답 ①

65

옥내저장소의 위치 · 구조 및 설비의 기준 중 지정수량의 몇 배 이상의 저장창고(제6류 위험물의 저장창고 제외)에 피뢰침을 설치해야 하는가?(단, 저장창고 주위의 상황이 안전상 지장이 없는 경우는 제외한다)

① 10배   ② 20배
③ 30배   ④ 40배

해설 **피뢰설비**
: 지정수량의 10배 이상(제6류 위험물은 제외)

답 ①

66

제조소 등의 위치 · 구조 및 설비의 기준 중 위험물을 취급하는 건축물의 환기설비 설치 기준으로 다음 (   ) 안에 알맞은 것은?

> 급기구는 당해 급기구가 설치된 실의 바닥면적 (㉠)[m²]마다 1개 이상으로 하되, 급기구의 크기는 (㉡)[cm²] 이상으로 할 것

① ㉠ 100, ㉡ 800
② ㉠ 150, ㉡ 800
③ ㉠ 100, ㉡ 1,000
④ ㉠ 150, ㉡ 1,000

해설 **환기설비의 설치기준**
- 환기는 자연배기방식으로 할 것
- 급기구는 당해 급기구가 설치된 실의 바닥면적 150[m²]마다 1개 이상으로 하되, 급기구의 크기는 800[cm²] 이상으로 할 것. 다만 바닥면적이 150[m²] 미만인 경우에는 다음의 크기로 하여야 한다.

답 ②

67

위험물안전관리법령상 위험물을 저장하기 위한 저장소 구분에 해당되지 않는 것은?

① 일반저장소   ② 이동탱크저장소
③ 간이탱크저장소   ④ 옥외저장소

해설 **저장소** : 옥내저장소, 옥외저장소, 옥내탱크저장소, 옥내탱크저장소, 지하탱크저장소, 이동탱크저장소, 간이탱크저장소, 암반탱크저장소

답 ①

68

옥외탱크저장소의 액체 위험물탱크 중 그 용량이 얼마 이상인 탱크는 기초 · 지반검사를 받아야 하는가?

① 10만[L] 이상   ② 30만[L] 이상
③ 50만[L] 이상   ④ 100만[L] 이상

해설 옥외탱크저장소의 액체 위험물탱크 중 용량이 100만[L] 이상인 탱크는 기초 · 지반검사를 받아야 한다.

답 ④

69

옥외탱크저장소에 설치하는 방유제의 설치기준으로 옳지 않은 것은?

① 방유제 내의 면적은 60,000[m²] 이하로 할 것
② 방유제의 높이는 0.5[m] 이상 3[m] 이하로 할 것
③ 방유제 내의 옥외저장탱크의 수는 10 이하로 할 것
④ 방유제는 철근콘크리트로 만들 것

해설 방유제 내의 면적은 80,000[m²] 이하로 할 것

답 ①

70

위험물 간이저장탱크 설비기준에 대한 설명으로 맞는 것은?

① 통기관은 지름 최소 40[mm] 이상으로 한다.
② 용량은 600[L] 이하이어야 한다.
③ 탱크의 주위에 너비는 최소 1.5[m] 이상의 공지를 두어야 한다.
④ 수압시험은 50[kPa]의 압력으로 10분간 실시하여 새거나 변형되지 아니하여야 한다.

해설 간이저장탱크 설비기준

- 통기관은 지름 최소 25[mm] 이상으로 한다.
- 저장탱크의 용량은 600[L] 이하이어야 한다.
- 탱크의 주위에 너비는 최소 1[m] 이상의 공지를 두어야 한다.
- 간이저장탱크의 두께는 3.2[mm] 이상의 강판으로 흠이 없도록 제작하여야 하며, 70[kPa]의 압력으로 10분간의 수압시험을 실시하여 새거나 변형되지 아니하여야 한다.

답 ②

71

다음 (㉠), (㉡)에 들어갈 내용으로 알맞은 것은?

> "이동탱크저장소에는 차량의 전면 및 후면의 보기 쉬운 곳에 사각형의 (㉠)바탕에 (㉡)의 반사도료 또는 그 밖의 반사성이 있는 재료로 '위험물'이라고 표시한 표지를 설치하여야 한다."

① ㉠ 흑색, ㉡ 황색
② ㉠ 황색, ㉡ 흑색
③ ㉠ 백색, ㉡ 적색
④ ㉠ 적색, ㉡ 백색

해설 이동탱크저장소의 표지 및 게시판
- 표시색상 : 흑색바탕에 황색의 반사도료
- 표시내용 : "위험물"
- 크기 : 한변의 길이 0.6[m], 0.3[m] 이상

답 ①

72

주유취급소의 고정주유설비의 주위에는 주유를 받으려는 자동차 등이 출입할 수 있도록 너비 몇 [m] 이상, 길이 몇 [m] 이상의 콘크리트로 포장한 공지를 보유하여야 하는가?

① 너비 10[m] 이상, 길이 5[m] 이상
② 너비 10[m] 이상, 길이 10[m] 이상
③ 너비 15[m] 이상, 길이 6[m] 이상
④ 너비 20[m] 이상, 길이 8[m] 이상

해설 주유취급소에 설치하는 고정주유설비의 보유 공지
: 너비 15[m], 길이 6[m]

답 ③

73

옥내주유취급소에 있어 당해 사무소 등의 출입구 및 피난구와 당해 피난구로 통하는 통로·계단 및 출입구에 설치해야 하는 피난구조설비는?

① 유도등
② 구조대
③ 피난사다리
④ 완강기

해설 통로·계단 및 출입구 : 유도등 설치

답 ①

74

소화난이도등급 Ⅰ의 제조소 등에 설치해야 하는 소화설비기준 중 유황만을 저장·취급하는 옥내탱크저장소에 설치해야 하는 소화설비는?

① 옥내소화전설비
② 옥외소화전설비
③ 물분무소화설비
④ 고정식 포소화설비

해설 소화난이도등급 Ⅰ의 제조소 등(유황만을 저장·취급하는 옥내탱크저장소)의 소화설비 : 물분무소화설비

답 ③

75

소화난이도등급 Ⅲ인 지하탱크저장소에 설치하여야 하는 소화설비의 설치기준으로 옳은 것은?

① 능력단위 수치가 3 이상의 소형 수동식소화기 등 1개 이상
② 능력단위 수치가 3 이상의 소형 수동식소화기 등 2개 이상
③ 능력단위 수치가 2 이상의 소형 수동식소화기 등 1개 이상
④ 능력단위 수치가 2 이상의 소형 수동식소화기 등 2개 이상

해설 소화난이도등급 Ⅲ인 지하탱크저장소에 설치하는 소화기
: 능력단위 수치가 3 이상의 소형 수동식소화기 등 2개 이상

답 ②

76
연면적이 500[m²] 이상인 위험물 제조소 및 일반취급소에 설치하여야 하는 경보설비는?

① 자동화재탐지설비　② 확성장치
③ 비상경보설비　④ 비상방송설비

해설 자동화재탐지설비 설치대상물
- 제조소 및 일반취급소
  - 연면적 500[m²] 이상인 것
  - 옥내에서 지정수량의 100배 이상을 취급하는 것 (고인화점 위험물만을 100[℃] 미만의 온도에서 자동화재 취급하는 것을 제외)

답 ①

77
위험물제조소 등에 자동화재탐지설비를 설치하여야 할 대상은?

① 옥내에서 지정수량 50배의 위험물을 저장·취급하고 있는 일반취급소
② 하루에 지정수량 50배의 위험물을 제조하고 있는 제조소
③ 지정수량의 100배의 위험물을 저장·취급하고 있는 옥내저장소
④ 연면적 100[m²] 이상의 제조소

해설 자동화재탐지설비 설치대상물
- 제조소 및 일반취급소
  - 연면적 500[m²] 이상인 것
  - 옥내에서 지정수량의 100배 이상을 취급하는 것 (고인화점 위험물만을 100[℃] 미만의 온도에서 자동화재 취급하는 것을 제외)

답 ③

78
규정에 의한 지정수량 10배 이상의 위험물을 저장 또는 취급하는 제조소 등에 설치하는 경보설비로 옳지 않은 것은?

① 자동화재탐지설비　② 자동화재속보설비
③ 비상경보설비　④ 확성장치

해설 위험물제조소 등에 설치하는 경보설비(지정수량 10배 이상일 때)
- 자동화재탐지설비
- 비상경보설비
- 비상방송설비
- 확성장치

답 ②

79
제조소 등에 설치하여야 할 자동화재탐지설비의 설치기준으로 옳지 않은 것은?

① 하나의 경계구역의 면적은 600[m²] 이하로 하고 그 한 변의 길이는 50[m] 이하로 한다.
② 경계구역은 건축물 및 그 밖의 공작물의 2 이상의 층에 걸치지 아니하도록 한다.
③ 건축물의 그 밖의 공작물의 주요한 출입구에서 그 내부의 전체를 볼 수 있는 경우에 경계구역의 면적을 1,000[m²] 이하로 할 수 있다.
④ 계단·경사로·승강기의 승강로, 그 밖에 이와 유사한 장소에 열기감지기를 설치하는 경우 3개의 층에 걸쳐 경계구역을 설정할 수 있다.

해설 자동화재탐지설비의 설치기준
- 자동화재탐지설비의 경계구역(화재가 발생한 구역을 다른 구역과 구분하여 식별할 수 있는 최소단위의 구역을 말한다)은 건축물 및 그 밖의 공작물의 2 이상의 층에 걸치지 아니하도록 할 것. 다만, 하나의 경계구역의 면적이 500[m²] 이하이면서 당해 경계구역이 두개의 층에 걸치는 경우이거나 계단·경사로·승강기의 승강로 그 밖에 이와 유사한 장소에 연기감지기를 설치하는 경우에는 그러하지 아니하다.
- 하나의 경계구역의 면적은 600[m²] 이하로 하고 그 한 변의 길이는 50[m](광전식분리형 감지기를 설치할 경우에는 100[m]) 이하로 할 것. 다만, 당해 건축물 및 그 밖의 공작물의 주요한 출입구에서 그 내부의 전체를 볼 수 있는 경우에 있어서는 그 면적을 1,000[m²] 이하로 할 수 있다.
- 자동화재탐지설비의 감지기는 지붕(상층이 있는 경우에는 상층의 바닥) 또는 벽의 옥내에 면한 부분(천장이 있는 경우에는 천장 또는 벽의 옥내에 면한 부분 및 천장의 뒷 부분)에 유효하게 화재의 발생을 감지할 수 있도록 설치할 것
- 자동화재탐지설비에는 비상전원을 설치할 것

답 ④

더 많은 정보와 지식을
듬뿍담뿍

여기서 멈출 거예요? 고지가 바로 눈앞에 있어요.
마지막 한 걸음까지 시대에듀가 함께할게요!

소방설비 기사 [필기] [전기편]

제 4 편

소방전기시설의 구조 및 원리

소방설비 기사 [필기]

[전기편]

Always with you

사람이 길에서 우연하게 만나거나 함께 살아가는 것만이 인연은 아니라고 생각합니다.
책을 펴내는 출판사와 그 책을 읽는 독자의 만남도 소중한 인연입니다.
(주)시대고시기획은 항상 독자의 마음을 헤아리기 위해 노력하고 있습니다. 늘 독자와 함께하겠습니다.

제 1 장 경보설비

제 1 절 경보설비

1 경보설비의 개요

화재가 발생하였을 때 **자동** 또는 **수동**으로 경보를 발하는 기계·기구 또는 설비를 말한다.

2 경보설비 종류

자동화재탐지설비, 자동화재속보설비, 비상경보설비, 비상방송설비, 누전경보기, 가스누설경보기, 단독경보형감지지, 시각경보기, 통합감시시설

■ **경보설비**
- 자탐설비
- 자속설비
- 누전경보
- 가스누설
- 비상경보
- 비상방송

제 **2** 절 자동화재탐지설비

1 자동화재탐지설비의 구성

■ **자동화재탐지설비**
화재 발생 시 열, 연기 등을
감지하여 벨, 사이렌 등의
음향장치로 화재발생을 알
리는 설비

자동화재탐지설비는 화재가 발생한 건축물 내의 **초기단계**에서 발생하는 **열** 또
는 연기를 자동적으로 발견하여 건축물 내의 관계자에게 벨, 사이렌 등의 **음향
장치**로서 화재 발생을 알리는 설비의 일체를 말한다.

(1) 구성 요소

■ **구성요소**
   – 감지기
   – 발신기
   – 수신기
   – 중계기
   – 음향장치
   – 표시등

① 감지기 : 열 또는 연기를 감지하는 장치
② 발신기 : 화재발생을 수신기 또는 중계기에 알리는 장치
③ 수신기 : 화재 발생장소를 알리는 장치
④ 중계기 : 발신기의 신호를 받아 수신기에 전달하는 장치
⑤ 음향장치 : 화재를 알리는 벨, 사이렌 등
⑥ 표시등 : 각 소방설비의 위치를 표시하는 램프
⑦ 전원 : 소방전기설비에 전기를 공급하는 장치
⑧ 배선 : 전원에서 공급된 전기를 소방전기설비로 전달하는 전선

(2) 구성도

[자동화재탐지설비의 구성도]

2 자동화재탐지설비 용어 정리

① **경계구역** : 특정소방대상물 중 화재신호를 발신하고 그 신호를 수신 및 유효하게 제어할 수 있는 구역을 말한다.

② **수신기** : 감지기나 발신기에서 발하는 화재신호를 직접 수신하거나 중계기를 통하여 수신하여 화재의 발생을 표시 및 경보하여 주는 장치를 말한다.

③ **중계기** : 감지기·발신기 또는 전기적 접점 등의 작동에 따른 신호를 받아 이를 수신기의 제어반에 전송하는 장치를 말한다.

④ **감지기** : 화재 시 발생하는 열, 연기, 불꽃 또는 연소생성물을 자동적으로 감지하여 수신기에 발신하는 장치를 말한다.

⑤ **발신기** : 화재발생 신호를 수신기에 수동으로 발신하는 장치를 말한다.

⑥ **시각경보장치** : 자동화재탐지설비에서 발하는 화재신호를 시각경보기에 전달하여 청각장애인에게 점멸형태의 시각경보를 하는 것을 말한다.

⑦ **거실** : 거주·집무·작업·집회·오락 그 밖에 이와 유사한 목적을 위하여 사용하는 방을 말한다.

⑧ **유선식** : 화재신호 등을 배선으로 송·수신하는 방식

⑨ **무선식** : 화재신호 등을 전파에 의해 송·수신하는 방식

⑩ **유·무선식** : 유선식과 무선식을 겸용으로 사용하는 방식

3 자동화재탐지설비 설치대상 및 경계구역

(1) 자동화재탐지설비를 설치해야 하는 특정소방대상물

■ 자동화재탐지설비를 설치해야 하는 특정소방대상물
- 400[m²] 이상
  : 노유자시설
- 600[m²] 이상
  : 근린, 위탁, 숙박, 의료
- 1,000[m²] 이상
  : 공장, 창고
- 길이 1,000[m] 이상
  : 터널
- 무조건 시설
  : 지하구, 노유자 생활 시설
- 특수가연물
  : 500배 이상
- 노유자시설 및 수련시설 (숙박시설 있는 것)
  : 수용인원 100명 이상

설치 조건	설치대상
연면적 400[m²] 이상	노유자시설
연면적 600[m²] 이상	근린생활시설, 위락시설, 숙박시설, 의료시설, 복합건축물, 장례식장
연면적 1,000[m²] 이상	목욕장, 문화 및 집회시설, 운동시설, 종교시설, 업무시설, 판매시설, 방송통신시설, 관광휴게시설, 항공기 및 자동차 관련시설, 공장, 창고시설, 지하가, 공동주택, 운수시설, 발전시설, 위험물저장 및 처리시설, 국방·군수시설
연면적 2,000[m²] 이상	교육연구시설, 동식물관련시설, 분뇨 및 쓰레기 처리시설, 교정 및 군사시설(국방·군사시설 제외), 수련시설(숙박시설 있는 곳 제외)
길이 1,000[m] 이상	지하가 중 터널
전부 설치	지하구, 노유자 생활시설, 판매시설 중 전통시장
지정수량 500배 이상	특수가연물 저장·취급시설
수용인원 100명 이상	노유자시설 및 수련시설(숙박시설이 있는 곳)
의료시설 중 정신의료기관 또는 요양병원	1. 요양병원(정신병원과 의료재활시설은 제외한다) 2. 정신의료기관 또는 의료재활시설 : 바닥면적의 합계가 300[m²] 이상 3. 정신의료기관 또는 의료재활시설 : 바닥면적의 합계가 300[m²] 미만이고, 창살이 설치된 시설

(2) 경계구역

① 정의

특정소방대상물 중 화재신호를 발신하고 그 신호를 수신 및 유효하게 제어할 수 있는 구역을 말한다.

② 자동화재탐지설비의 경계구역

■ 2개 이상 건축물 및 2개층에 미치지 않을 것(단, 500[m²] 이하 범위에서 2개층 가능)

■ 하나의 경계구역 면적
: 600[m²] 이하
(내부전체가 보일 경우 : 1,000[m²] 이하)

■ 한 변의 길이
: 50[m] 이하

㉠ 하나의 경계구역이 2개 이상의 건축물에 미치지 아니하도록 할 것

㉡ 하나의 경계구역이 2개 이상의 층에 미치지 아니하도록 할 것. 다만, **500[m²] 이하**의 범위 안에서는 2개의 층을 **하나의 경계구역**으로 할 수 있다.

㉢ 하나의 경계구역의 면적은 **600[m²] 이하**로 하고, 한 변의 길이는 **50[m] 이하**로 할 것(다만, 특정소방대상물의 주된 출입구에서 그 내부 전체가 보이는 것에 있어서는 한 변의 길이가 50[m]의 범위 내에서 1,000[m²] 이하로 할 수 있다)

[2개층에 미치는 경계구역]

ㄹ **지하구**에 있어서 하나의 경계구역의 길이는 **700[m] 이하**로 할 것

ㅁ **계단, 경사로, 엘리베이터 승강로(권상기실)**, 린넨슈트, 파이프피트 및 덕트, 기타 이와 유사한 부분에 대하여는 별도로 경계구역을 설정하되 하나의 경계구역은 높이 **45[m] 이하**(계단, 경사로에 한함)로 할 것

ㅂ 지하층의 계단 및 경사로(지하 1층일 경우 제외)는 별도로 하나의 경계구역으로 할 것

ㅅ 외기에 면하여 상시 개방된 부분이 있는 차고·주차장·창고 등에 있어서는 외기에 면하는 각 부분으로부터 5[m] 미만의 범위 안에 있는 부분은 경계구역의 면적에 산입하지 아니한다.

ㅇ 스프링클러설비·물분무 등 소화설비 또는 제연설비의 화재감지장치로서 화재감지기를 설치한 경우의 경계구역은 해당 소화설비의 방사구역 또는 제연구역과 동일하게 설정할 수 있다.

4 자동화재탐지설비 시설 기준

(1) 전 원

① 자동화재탐지설비의 상용전원 설치기준

ㄱ 전원은 전기가 정상적으로 공급되는 축전지, 전기저장장치(외부 전기에너지를 저장해 두었다가 필요한 때 전기를 공급하는 장치) 또는 교류전압의 옥내 간선으로 하고, 전원까지의 배선은 전용으로 할 것

ㄴ 개폐기에는 "자동화재탐지설비용"이라고 표시한 표지를 할 것

② 자동화재탐지설비에는 그 설비에 대한 감시상태를 60분간 지속한 후 유효하게 10분 이상 경보할 수 있는 축전지설비(수신기에 내장하는 경우를 포함한다) 또는 전기저장장치(외부 전기에너지를 저장해 두었다가 필요한 때 전기를 공급하는 장치)를 설치하여야 한다. 다만, 상용전원이 축전지설비인 경우 또는 건전지를 주전원으로 사용하는 무선식 설비인 경우에는 그러하지 아니하다.

■ 지하구
: 700[m] 이하

■ 별도의 경계구역
– 계단, 경사로, 엘리베이터 승강로(권상기실), 린넨슈트, 파이프피트 및 덕트, 지하층 계단 및 경사로(계단, 경사로 높이 : 45[m] 이하)

■ 경계구역 면적에 산입하지 않는 부분
: 차고, 주차장, 창고 등에 있어 외기에 면하는 각 부분으로부터 5[m] 미만 범위

■ 자탐설비 전원
– 축전지, 전기저장장치, 교류전압의 옥내 간선
– 배선은 전용으로 할 것
– 감시상태를 60분간 지속한 후 유효하게 10분 이상 경보

(2) 배 선

① 전원회로의 배선은 옥내소화전설비의 화재안전기준에 따른 내화배선에 따르고, 그 밖의 배선(감지기 상호 간 또는 감지기로부터 수신기에 이르는 감지기회로의 배선을 제외한다)은 옥내소화전설비의 화재안전기준에 따른 내화배선 또는 내열배선에 따라 설치할 것

② 감지기 상호 간 또는 감지기로부터 수신기에 이르는 감지기회로의 배선은 다음의 기준에 따라 설치할 것

ㄱ 아날로그식, 다신호식 감지기나 R형수신기용으로 사용되는 것은 전자파 방해를 받지 아니하는 실드선 등을 사용하여야 하며, 광케이블의 경우에는 전자파 방해를 받지 아니하고 내열성능이 있는 경우 사용할 수 있다. 다만, 전자파 방해를 받지 아니하는 방식의 경우에는 그러하지 아니하다.

ㄴ ㄱ 외의 일반배선을 사용할 때는 옥내소화전설비의 화재안전기준에 따른 내화배선 또는 내열배선으로 사용할 것

③ 감지기회로의 도통시험을 위한 종단저항 설치기준

ㄱ 점검 및 관리가 쉬운 장소에 설치할 것

ㄴ 전용함을 설치하는 경우 그 설치 높이는 바닥으로부터 1.5[m] 이내로 할 것

ㄷ 감지기회로의 끝부분에 설치하며, 종단감지기에 설치할 경우에는 구별이 쉽도록 해당감지기의 기판 및 감지기 외부 등에 별도의 표시를 할 것

④ 감지기 사이의 회로의 배선은 송배전식으로 할 것

⑤ 감지기회로 및 부속회로의 전로와 대지 사이 및 배선 상호 간의 절연저항은 1경계구역마다 직류 250[V]의 절연저항측정기를 사용하여 측정한 절연저항이 0.1[MΩ] 이상이 되도록 할 것

⑥ 자동화재탐지설비의 배선은 다른 전선과 별도의 관·덕트·몰드 또는 풀박스 등에 설치할 것. 다만, 60[V] 미만의 약 전류회로에 사용하는 전선으로서 각각의 전압이 같을 때에는 그러하지 아니하다.

⑦ 피(P)형 수신기 및 지피(G.P.)형 수신기의 감지기회로의 배선에 있어서 하나의 공통선에 접속할 수 있는 경계구역은 7개 이하로 할 것

⑧ 자동화재탐지설비의 감지기회로의 전로저항은 50[Ω] 이하가 되도록 하여야 하며, 수신기의 각 회로별 종단에 설치되는 감지기에 접속되는 배선의 전압은 감지기 성격전압의 80[%] 이상이이야 할 것

■ 종단저항 설치기준
  – 점검, 관리 용이할 것
  – 전용함 높이 : 1.5[m] 이하
  – 감지기회로 말단에 시설
  – 종단감지기에 설치 시 구별이 쉽도록 별도 표시

■ 감지기회로
  : 송배전 방식

■ 절연저항 : 250[V] 절연저항계로 0.1[MΩ] 이상일 것

■ 공통선
  : 경계구역 7회로마다 1선씩 시설

■ 감지기회로의 전로저항
  : 50[Ω] 이하

■ 감지기 배선전압
  : 정격전압의 80[%] 이상

(3) 음향장치

① 주음향장치는 수신기의 내부 또는 그 직근에 설치할 것

② 층수가 5층 이상으로서 연면적이 $3,000[m^2]$를 초과하는 특정소방대상물은 다음에 따라 경보를 발할 수 있도록 하여야 한다.

  ㉠ 2층 이상의 층에서 발화한 때에는 발화층 및 그 직상층에 경보를 발할 것

  ㉡ 1층에서 발화한 때에는 발화층·그 직상층 및 지하층에 경보를 발할 것

  ㉢ 지하층에서 발화한 때에는 발화층·그 직상층 및 기타의 지하층에 경보를 발할 것

③ 지구음향장치는 특정소방대상물의 층마다 설치하되, 해당 특정소방대상물의 각 부분으로부터 하나의 음향장치까지의 수평거리가 $25[m]$ 이하가 되도록 하고, 해당층의 각 부분에 유효하게 경보를 발할 수 있도록 설치할 것. 다만, 비상방송설비의 화재안전기준에 적합한 방송설비를 자동화재탐지설비의 감지기와 연동하여 작동하도록 설치한 경우에는 지구음향장치를 설치하지 아니할 수 있다.

④ 음향장치는 다음의 기준에 따른 구조 및 성능의 것으로 하여야 한다.

  ㉠ 정격전압의 $80[\%]$ 전압에서 음향을 발할 수 있는 것으로 할 것. 다만, 건전지를 주전원으로 사용하는 음향장치는 그러하지 아니하다.

  ㉡ 음량은 부착된 음향장치의 중심으로부터 $1[m]$ 떨어진 위치에서 $90[dB]$ 이상이 되는 것으로 할 것

  ㉢ 감지기 및 발신기의 작동과 연동하여 작동할 수 있는 것으로 할 것

⑤ ③의 기준을 초과하는 경우로서 기둥 또는 벽이 설치되지 아니한 대형공간의 경우 지구음향장치는 설치 대상 장소의 가장 가까운 장소의 벽 또는 기둥 등에 설치할 것

⑥ 하나의 특정소방대상물에 2 이상의 수신기가 설치된 경우 어느 수신기에서도 지구음향장치 및 시각경보장치를 작동할 수 있도록 할 것

■ **직상층 우선경보방식**
: 층수가 5층 이상으로서 연면적이 $3,000[m^2]$를 초과

■ **음향장치**
- 층마다 설치
- 수평거리 $25[m]$ 이하마다 설치
- 정격전압의 $80[\%]$ 이상
- $1[m]$ 위치에서 음량
  : $90[dB]$ 이상
- 감지기 및 발신기의 작동과 연동할 것

(4) 옥내소화전설비의 화재안전기준에 따른 내화배선 및 내열배선

[배선에 사용되는 전선의 종류 및 공사방법]

① 내화배선

■ 450/750[V] 저독성 난연 가교 폴리올레핀 절연 전선 : HFIX

■ 다른 설비의 배선과 이격 거리 : 15[cm] 이상

사용전선의 종류	공사 방법
1. 450/750[V] 저독성 난연 가교 폴리올레핀 절연 전선 2. 0.6/1[kV] 가교 폴리에틸렌 절연 저독성 난연 폴리올레핀 시스 전력 케이블 3. 6/10[kV] 가교 폴리에틸렌 절연 저독성 난연 폴리올레핀 시스 전력용 케이블 4. 가교 폴리에틸렌 절연 비닐시스 트레이용 난연 전력 케이블 5. 0.6/1[kV] EP 고무절연 클로로프렌 시스 케이블 6. 300/500[V] 내열성 실리콘 고무 절연전선 (180[℃]) 7. 내열성 에틸렌-비닐 아세테이트 고무 절연 케이블 8. 버스덕트(Bus Duct) 9. 기타 전기용품안전관리법 및 전기설비기술기준에 따라 동등 이상의 내화성능이 있다고 주무부장관이 인정하는 것	금속관·2종 금속제 가요전선관 또는 합성 수지관에 수납하여 내화구조로 된 벽 또는 바닥 등에 벽 또는 바닥의 표면으로부터 25[mm] 이상의 깊이로 매설하여야 한다. 다만 다음 각목의 기준에 적합하게 설치하는 경우에는 그러하지 아니하다. 가. 배선을 내화성능을 갖는 배선전용실 또는 배선용 샤프트·피트·덕트 등에 설치하는 경우 나. 배선전용실 또는 배선용 샤프트·피트·덕트 등에 다른 설비의 배선이 있는 경우에는 이로부터 15[cm] 이상 떨어지게 하거나 소화설비의 배선과 이웃하는 다른 설비의 배선 사이에 배선지름(배선의 지름이 다른 경우에는 가장 큰 것을 기준으로 한다)의 1.5배 이상의 높이의 불연성 격벽을 설치하는 경우
내화전선	케이블공사의 방법에 따라 설치하여야 한다.

비고 : 내화전선의 내화성능은 버너의 노즐에서 75[mm]의 거리에서 온도가 750±5[℃]인 불꽃으로 3시간 동안 가열한 다음 12시간 경과 후 전선 간에 허용전류용량 3[A]의 퓨즈를 연결하여 내화시험 전압을 가한 경우 퓨즈가 단선되지 아니하는 것. 또는 소방청장이 정하여 고시한 「소방용전선의 성능인증 및 제품검사의 기술기준」에 적합할 것

② 내열배선

사용전선의 종류	공사 방법
1. 450/750[V] 저독성 난연 가교 폴리올레핀 절연 전선 2. 0.6/1[kV] 가교 폴리에틸렌 절연 저독성 난연 폴리올레핀 시스 전력 케이블 3. 6/10[kV] 가교 폴리에틸렌 절연 저독성 난연 폴리올레핀 시스 전력용 케이블 4. 가교 폴리에틸렌 절연 비닐시스 트레이용 난연 전력 케이블 5. 0.6/1[kV] EP 고무절연 클로로프렌 시스 케이블 6. 300/500[V] 내열성 실리콘 고무 절연전선 (180[℃]) 7. 내열성 에틸렌-비닐 아세테이트 고무 절연 케이블 8. 버스덕트(Bus Duct) 9. 기타 전기용품안전관리법 및 전기설비기술기준에 따라 동등 이상의 내열성능이 있다고 주무부장관이 인정하는 것	금속관·금속제 가요전선관·금속덕트 또는 케이블(불연성덕트에 설치하는 경우에 한한다.) 공사방법에 따라야 한다. 다만, 다음 각목의 기준에 적합하게 설치하는 경우에는 그러하지 아니하다. 가. 배선을 내화성능을 갖는 배선전용실 또는 배선용 샤프트·피트·덕트 등에 설치하는 경우 나. 배선전용실 또는 배선용 샤프트·피트·덕트 등에 다른 설비의 배선이 있는 경우에는 이로부터 15[cm] 이상 떨어지게 하거나 소화설비의 배선과 이웃하는 다른 설비의 배선 사이에 배선지름(배선의 지름이 다른 경우에는 지름이 가장 큰 것을 기준으로 한다)의 1.5배 이상의 높이의 불연성 격벽을 설치하는 경우

내화전선·내열전선	케이블공사의 방법에 따라 설치하여야 한다.

비고 : 내열전선의 내열성능은 온도가 816±10[℃]인 불꽃을 20분간 가한 후 불꽃을 제거하였을 때 10초 이내에 자연소화가 되고, 전선의 연소된 길이가 180[mm] 이하이거나 가열온도의 값을 한국산업표준(KS F 2257-1)에서 정한 건축구조부분의 내화시험방법으로 15분 동안 380[℃]까지 가열한 후 전선의 연소된 길이가 가열로의 벽으로부터 150[mm] 이하일 것. 또는 소방청장이 정하여 고시한 「소방용전선의 성능인증 및 제품검사의 기술기준」에 적합할 것

5 감지기

(1) 개 요
화재 시에 발생하는 열, 연기, 불꽃 또는 연소생성물을 자동적으로 감지하여 수신기에 발신하는 것을 말한다.

(2) 감지기의 구분
① 열감지기 종류 : 차동식, 정온식, 보상식
　㉠ 차동식스포트형감지기
　　주위온도가 일정 상승률 이상이 되는 경우에 작동하는 것으로서 **일국소에서의 열 효과**에 의하여 작동되는 것
　㉡ 차동식분포형감지기
　　주위온도가 일정 상승률 이상이 되는 경우에 작동하는 것으로서 **넓은 범위** 내에서의 **열 효과의 누적**에 의하여 작동되는 것
　㉢ 정온식감지선형감지기
　　일국소의 주위온도가 일정한 온도 이상이 되는 경우에 작동하는 것으로서 **외관이 전선**으로 **되어 있는 것**
　㉣ 정온식스포트형감지기
　　일국소의 주위온도가 일정한 온도 이상이 되는 경우에 작동하는 것으로서 **외관이 전선**으로 **되어 있지 아니한 것**
　㉤ 보상식스포트형감지기
　　차동식스포트형감지기와 **정온식스포트형감지기**의 성능을 겸한 것으로서 어느 한 기능이 작동되면 작동신호를 발하는 것
② 연기감지기 종류 : 이온화식, 광전식, 공기흡입형
　㉠ 이온화식스포트형감지기
　　주위의 공기가 일정한 농도의 연기를 포함하게 되는 경우에 작동하는 것으로서 일국소의 연기에 의하여 이온전류가 변화하여 작동하는 것
　㉡ 광전식스포트형감지기
　　주위의 공기가 일정한 농도의 연기를 포함하게 되는 경우에 작동하는 것으로서 일국소의 연기에 의하여 광전소자에 접하는 광량의 변화로 작동하는 것

■ 열감지기 종류
: 차동식, 정온식, 보상식

■ 차동식스포트형 감지기
: 주위온도가 일정상승률 이상이 되는 경우에 작동하는 것으로 일국소에서의 열효과에 의하여 작동되는 감지기

■ 정온식감지선형감지기
: 외관이 전선으로 되어 있는 것

■ 정온식스포트형감지기
: 외관이 전선으로 되어 있지 아니한 것

ⓒ 광전식분리형감지기

발광부와 수광부로 구성된 구조로 발광부와 수광부 사이의 공간에 일정한 농도의 연기를 포함하게 되는 경우에 작동하는 것

ⓔ 공기흡입형감지기

감지기 내부에 장착된 공기흡입장치로 감지하고자 하는 위치의 공기를 흡입하고 흡입된 공기에 일정한 농도의 연기가 포함된 경우 작동하는 것

③ **불꽃감지기 종류** : 자외선식, 적외선식, 자외선·적외선겸용식, 영상분석식

ⓐ 불꽃 자외선식감지기

불꽃에서 방사되는 자외선의 변화가 일정량 이상 되었을 때 작동하는 것으로서 일국소의 자외선에 의하여 수광소자의 수광량 변화에 의해 작동하는 것

ⓑ 불꽃 적외선식감지기

불꽃에서 방사되는 적외선의 변화가 일정량 이상 되었을 때 작동하는 것으로서 일국소의 적외선에 의하여 수광소자의 수광량 변화에 의해 작동하는 것

ⓒ 불꽃 자외선·적외선겸용식감지기

불꽃에서 방사되는 불꽃의 변화가 일정량 이상 되었을 때 작동하는 것으로서 자외선 또는 적외선에 의한 수광소자의 수광량 변화에 의하여 1개의 화재신호를 발신하는 것

ⓔ 불꽃 영상분석식감지기

불꽃의 실시간 영상이미지를 자동 분석하여 화재신호를 발신하는 것

④ **복합형감지기 종류** : 열복합형, 연기복합형, 불꽃복합형, 열·연기 복합형, 연기·불꽃 복합형, 열·불꽃복합형, 열·연기·불꽃복합형

ⓐ 열복합형감지기

차동식스포트형 및 정온식스포트형의 성능이 있는 것으로서 두 가지 성능의 감지기능이 함께 작동될 때 화재신호를 발신하거나 또는 두개의 화재신호를 각각 발신하는 것

ⓑ 연기복합형감지기

이온화식스포트형 및 광전식스포트형의 성능이 있는 것으로서 두 가지 성능의 감지기능이 함께 작동될 때 화재신호를 발신하거나 또는 두 개의 화재신호를 각각 발신하는 것

ⓒ 불꽃복합형감지기

불꽃 자외선식, 불꽃 적외선식 및 불꽃 영상분석식의 성능 중 두 가지 이상 성능을 가진 것으로서 두 가지 이상의 감지기능이 함께 작동될 때 화재신호를 발신하거나 또는 두개의 화재신호를 각각 발신하는 것

ㄹ 열·연기 복합형감지기

열감지기 및 연기감지기의 성능이 있는 것으로 두 가지 성능의 감지기능이 함께 작동될 때 화재신호를 발신하거나 또는 두 개의 화재신호를 각각 발신하는 것

ㅁ 연기·불꽃 복합형감지기

연기감지기 및 불꽃감지기의 성능이 있는 것으로 두 가지 성능의 감지기능이 함께 작동될 때 화재신호를 발신하거나 또는 두 개의 화재신호를 각각 발신하는 것

ㅂ 열·불꽃 복합형감지기

열감지기 및 불꽃감지기의 성능이 있는 것으로 두 가지 성능의 감지기능이 함께 작동될 때 화재신호를 발신하거나 또는 두 개의 화재신호를 각각 발신하는 것

ㅅ 열·연기·불꽃 복합형감지기

열감지기, 연기감지기 및 불꽃감지기의 성능이 있는 것으로 세 가지 성능의 감지기능이 함께 작동될 때 화재신호를 발신하거나 또는 세 개의 화재신호를 각각 발신하는 것

(3) 감지기 형식별 분류

① **방수형** : 그 구조가 방수구조로 되어 있는 감지기

② **재용형** : 다시 사용할 수 있는 성능을 가진 감지기

③ **축적형** : 일정농도 이상의 연기가 일정시간(공칭축적시간) 연속하는 것을 전기적으로 검출함으로써 작동하는 감지기(작동시간만 지연시키는 것은 제외)

④ **방폭형** : 폭발성 가스가 용기 내부에서 폭발하였을 때 용기가 그 압력에 견디거나 또는 외부의 폭발성 가스에 인화될 우려가 없도록 만들어진 형태의 감지기

⑤ **다신호식** : 1개의 감지기 내에 서로 다른 종별 또는 감도 등의 기능을 갖춘 것으로서 일정시간 간격을 두고 각각 다른 2개 이상의 화재신호를 발하는 감지기

⑥ **아날로그식** : 주위의 온도 또는 연기의 양의 변화에 따라 각각 다른 전류치 또는 전압치 등의 출력을 발하는 방식의 감지기

⑦ **연동식** : 단독경보형감지기가 작동할 때 화재를 경보하며 유·무선으로 주위의 다른 감지기에 신호를 발신하고 신호를 수신한 감지기도 화재를 경보하며 다른 감지기에 신호를 발신하는 방식의 감지기

⑧ **무선식** : 전파에 의해 신호를 송·수신하는 방식의 감지기

■ **아날로그식** : 주위의 온도 또는 연기 양의 변화에 따라 각각 다른 전류치 또는 전압치 등의 출력을 발하는 방식

(4) 차동식분포형 감지기

넓은 범위 내에서의 열효과의 누적에 의하여 작동되는 것으로 **공기관식, 열전대식, 열반도체식**이 있다.

① 공기관식 감지기

- 공기관식 감지기 구성부분
  - 공기관
  - 다이어프램
  - 접 점
  - 리크구멍(리크공)

다이어프램

접점
리크
구멍

공기관 →

시험공(홀) 검출부

[차동식분포형 감지기]

> **공기관식 감지기의 구성부분** : 공기관, 다이어프램, 리크구멍, 접점

㉠ 동작원리

전 구역 열효과 누적에 따라 전 구역에 설치된 공기관 내의 공기가 팽창하여 팽창된 공기의 압력으로 다이어프램이 부풀어 접점을 접촉시켜 동작하는 원리이다.

- 공기관의 노출 부분
  : 20[m] 이상

㉡ 설치조건
- **공기관의 노출 부분은 감지구역마다 20[m] 이상**이 되도록 할 것
- 하나의 검출 부분에 접속하는 **공기관의 길이는 100[m] 이하**로 할 것
- **공기관의 두께는 0.3[mm] 이상, 바깥지름은 1.9[mm] 이상**일 것
- 검출부는 5° 이상 경사되지 아니하도록 부착할 것
- 공기관과 감지구역의 각 변과의 수평거리는 1.5[m] 이하가 되도록 하고 공기관 상호 간의 거리는 **6[m](내화구조 : 9[m]) 이하가 되도록 할 것**
- 검출부는 바닥으로부터 **0.8[m] 이상 1.5[m] 이하**의 위치에 설치할 것
- 공기관은 도중에서 분기하지 아니하도록 할 것

㉢ **공기관의 공기누설 측정기구 : 마노미터**

- 공기관 길이
  : 100[m] 이하

- 공기관 두께
  : 0.3[mm] 이상

- 공기관 바깥지름
  : 1.9[mm] 이상

- 차동식분포형 감지기 검출부 : 5° 이상

- 공기관 상호간격
  - 일반구조 : 6[m] 이하
  - 내화구조 : 9[m] 이하

- 공기관 공기누설 측정기구
  : 마노미터

② 열전대식 감지기

[열전대식 감지기 구조]

> **열전대식 감지기의 구성부분 : 열전대, 미터릴레이, 접속전선**

㉠ 동작원리 : 제어백효과에 의한 열기전력 이용

화재발생 시 **열전대부**가 가열하여 다른 종류의 금속판의 **상호 간**에 **열기전력**이 생겨 전류가 흘러 미터릴레이에 접점을 닿게 하여 화재발생을 알린다.

㉡ 설치기준

• 하나의 검출부에 접속하는 열전대부는 최소 **4개 이상**으로 할 것

[열전대식의 최저설치개수]

• 하나의 검출부에 접속하는 **열전대부**는 최대 **20개 이하**로 할 것
• 열전대식 감지기의 면적기준

[열전대식 감지기의 면적 설치기준]

특정소방대상물	1개의 감지면적
내화구조	22[m²]
기타구조	18[m²]

단, 바닥면적이 72[m²](주요구조부가 내화구조일 때에는 88[m²]) 이하인 특정소방대상물에 있어서는 **4개 이상**으로 할 것

■ 열전대식 감지기 구성부분
 – 열전대
 – 미터릴레이
 – 접속전선

■ 열전대식 감지기 원리
 : 열기전력 이용

■ 하나의 검출부에 접속하는 열전대부 개수
 : 4개 이상 20개 이하

■ 열전대부 최소 설치개수
 • 일반구조 : 72[m²] 이하 4개 이상
 • 내화구조 : 88[m²] 이하 4개 이상

③ 열반도체 감지기

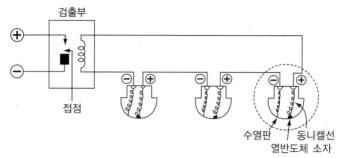

[열반도체 감지기 구조]

열반도체 감지기의 구성 부분 : 열반도체 소자, 수열판, 미터릴레이

■ 열반도체 감지기 구성 부분
- 열반도체 소자
- 수열판
- 미터릴레이

■ 제베크효과
서로 다른 2종류의 금속에 온도차를 주면 기전력이 발생하는 원리

■ 차동식스포트형 감지기 구성부분(공기 팽창 이용)
- 감열부
- 리크구멍
- 다이어프램
- 접 점

■ 리크구멍
(리크공, 리크밸브)
- 감지기 오동작 방지
(비화재보)

㉠ 동작원리 : 제베크효과에 의한 열기전력 이용

화재 시 수열판의 온도가 상승하여 열반도체 소자에 제베크효과(Seebeck Effect)에 따라 열기전력이 발생하여 감열부의 출력전압이 기준치가 넘으면 미터릴레이를 작동시켜 화재발생을 알리는 원리로서 열전대식 감지기의 원리와 동일하다.

[특정소방대상물에 따른 감지기의 종류]

(단위 : [m²])

부착높이 및 특정소방대상물의 구분		감지기의 종류	
		1종	2종
8[m] 미만	내화구조	65	36
	기타 구조	40	23
8[m] 이상 15[m] 미만	내화구조	50	36
	기타 구조	30	23

(5) 차동식스포트형 감지기

① 구 조

㉠ 공기의 팽창 이용

- 구조 : **감열부, 리크구멍, 다이어프램, 접점**으로 구성
- 동작원리 : 화재발생 시 온도가 상승하면 공기실 내의 공기가 감지기의 주위 온도변화에 따라 다이어프램을 밀어 올려 접점에 닿게 하여 수신기에 화재신호를 보낸다.
- 리크구멍 기능 : 감지기 오동작(비화재보) 방지

[차동식스포트형 감지기]

ⓛ 열기전력 이용
- 구조 : **반도체열전대, 고감도릴레이, 감열실**로 구성
- 동작원리 : 화재발생 시 온도상승에 의해 반도체 열전대가 기전력을 발생하여 일정치에 도달하면 고감도의 접점을 붙여 화재발생을 수신기에 보낸다.

(6) 정온식스포트형 감지기

> 감도에 의한 구분 : 특종, 1종, 2종

[정온식스포트형 감지기]

① 정온식스포트형 감지기의 이용원리에 따른 분류
- ㉠ 바이메탈의 활곡을 이용
- ㉡ 바이메탈의 반전을 이용
- ㉢ 금속의 팽창계수차를 이용
- ㉣ 액체(기체)팽창을 이용
- ㉤ 가용절연물을 이용
- ㉥ 감열반도체 소자를 이용

② **적응 장소** : 주방, 보일러실, 건조실, 살균실, 조리실, 용접작업장, 주조실, 영사실, 스튜디오 등 고온이 되는 장소에 설치

(7) 정온식감지선형 감지기

① **구 조**

2개의 피아노선이 일정온도 이상으로 용해되는 물질로 피복된 전선이 감열부분으로 되어 있는 것이다.

■ 주방, 보일러실 등 다량의 화기 취급장소
: 정온식스포트형 감지기

■ 정온식감지선형 감지기
: 일국소의 주위온도가 일정한 온도 이상이 되는 경우에 작동하는 것으로서 외관의 전선으로 되어 있는 것

[정온식감지선형 감지기 구조]

② 동작원리

화재발생 시 **일정온도**에 도달하면 **가용절연물**이 녹아서 2개의 전선이 접촉하여 화재신호를 수신기로 보낸다.

③ 설치기준

㉠ 보조선이나 고정금구를 사용하여 감지선이 늘어지지 않도록 설치할 것

㉡ 단자부와 마감 고정금구와의 설치간격은 10[cm] 이내로 설치할 것

㉢ 감지선형 감지기의 굴곡반경은 5[cm] 이상으로 할 것

㉣ 감지기와 감지구역의 각 부분과의 수평거리

종 별 설치 거리	1종		2종	
	내화 구조	일반 구조 (비내화 구조)	내화 구조	일반 구조 (비내화 구조)
감지기와 감지구역의 각 부분과의 수평거리	4.5[m] 이하	3[m] 이하	3[m] 이하	1[m] 이하

㉤ 케이블트레이에 감지기를 설치하는 경우에는 케이블트레이 받침대에 마감금구를 사용하여 설치할 것

㉥ 지하구나 창고의 천장 등에 지지물이 적당하지 않는 장소에서는 보조선을 설치하고 그 보조선에 설치할 것

㉦ 분전반 내부에 설치하는 경우 접착제를 이용하여 돌기를 바닥에 고정시키고 그 곳에 감지기를 설치할 것

㉧ 그 밖의 설치방법은 형식승인 내용에 따르며 형식승인 사항이 아닌 것은 제조사의 시방에 따라 설치할 것

(8) 보상식스포트형 감지기

① 구 조

리크구멍, 팽창금속판, **접점**, **다이어프램**, 감열실로 구성

② 동작원리

화재발생 시 주위가 **온도 상승률 이상**으로 되었을 때 접점을 접촉하여 발신하고 완만한 온도상승에 대해서는 **리크구멍**에 의하여 작동하지 않는다. 또 일정온도에 도달하면 정온식의 원리에 따라 팽창율이 큰 금속판이 활곡 또는 반전하여 접점이 접촉하여 화재발생을 알린다.

■ 고정금구, 보조선
정온식감지선형 감지기의 감지선이 늘어지지 않도록 하기 위해 사용

■ 단자부와 마감 고정금구
설치간격 : 10[cm] 이내

■ 굴곡반경 : 5[cm] 이상

[보상식스포트형 감지기 구조(정온식으로 작동)]

(9) 불꽃감지기

① 설치기준

ㄱ 공칭감시거리 및 공칭시야각은 형식승인 내용에 따를 것

- 유효감지거리 범위는 20[m] 미만은 1[m] 간격으로, 20[m] 이상은 5[m] 간격으로 설정
- 시야각은 5° 간격으로 설정
- 불꽃감지기 중 도로형은 최대시야각이 180° 이상이어야 한다.

ㄴ 감지기는 공칭감시거리와 공칭시야각을 기준으로 감시구역이 모두 포용될 수 있도록 설치할 것

ㄷ 감지기는 화재감지를 유효하게 감지할 수 있는 모서리 또는 벽 등에 설치할 것

ㄹ 감지기를 천장에 설치하는 경우 감지기는 바닥을 향하여 설치할 것

ㅁ 수분이 많이 발생할 우려가 있는 장소에는 방수형으로 설치할 것

ㅂ 그 밖의 설치기준은 형식승인 내용에 따르며 형식승인 사항이 아닌 것은 제조사의 시방에 따라 설치할 것

■ 불꽃감지기 중 도로형 최대시야각 : 180° 이상

(10) 연기감지기

① 이온화식감지기

ㄱ 구 조

- **외부이온실**과 **내부이온실**로 구성되어 있다.
- 외부 이온실의 방사선원 : **아메리슘**
- 이온실 하나로 주기적 검출회로방식
- **양이온실**은 **직렬**로 **접속**되어 있다.
- 연기에 의한 **이온전류 변화**

[이온화식감지기]

ㄴ 동작원리

연기는 외부이온실에만 유입되어 외부이온실의 α선에 따라 연기가 이온화된 공기에 부착되어 이온전류가 감소하면 외부 이온실에 있는 전압은

안심Touch

V_1에서 V_2로 이동하여 ΔV만큼의 전압이 변하게 된다. 이것을 검출부, 증폭부의 움직일 수 있는 스위치를 작동시켜 수신기에 발신하는 것이다.

[이온화식감지기의 구조 및 작동]

② 광전식감지기

㉠ 구 조

- **발광소자**는 **광속변화**가 **적고** 장기간 사용에 견딜 수 있을 것
- **수광소자**는 **감도의 저하** 및 **피로현상이 적고** 장기간 사용에 견딜 수 있을 것
- 정전기 또는 그 밖의 장해로 인하여 잘못 작동하거나 기능에 이상이 없을 것

[광전식감지기]

㉡ 동작원리

암실에서 광원램프의 광원을 조사하여 연기가 없는 경우 광속과 직각방향에 취부된 광전소자로서 화재에 의하여 발생한 연기가 암실 내에 유입하면 연기에 의한 광속의 광반사가 일어나 광전소자로의 입사 광량이 증대하여 광전소자의 저항이 변화하여 수신기에 화재신호를 알린다.

㉢ **광전식분리형 감지기의 설치기준**

- **감지기의 수광면은 햇빛을 직접 받지 않도록 설치할 것**
- 광축의 높이는 천장 등 높이의 80[%] 이상일 것
- **광축(송광면과 수광면의 중심을 연결한 선)은 나란한 벽으로부터 0.6[m] 이상 이격하여 설치할 것**
- 감지기의 송광부와 수광부는 설치된 뒷벽으로부터 1[m] 이내 위치에 설치할 것
- **감지기의 광축의 길이는 공칭감시거리범위 이내일 것**

■ **광측높이**
  : 천정높이의 80[%] 이상

■ **광측 이격거리**
  : 벽에서 0.6[m] 이상

■ **송광부, 수광부 설치**
  : 뒷벽에서 1[m] 이내 설치

[광전식분리형 감지기 구조]

③ 연기감지기 설치장소

    ㉠ **계단·경사로** 및 에스컬레이터 경사로

    ㉡ **복도(30[m] 미만은 제외)**

    ㉢ 엘리베이터 승강로(권상기실), 린넨슈트, 파이프피트 및 파이프덕트 기타 이와 유사한 장소

    ㉣ 천장 또는 반자의 높이가 **15[m] 이상 20[m] 미만**의 장소

    ㉤ 다음 특정소방대상물의 취침·숙박·입원 등 이와 유사한 용도로 사용되는 거실

      • 공동주택·오피스텔·숙박시설·노유자시설·수련시설

      • 교육연구시설 중 합숙소

      • 의료시설, 근린생활시설 중 입원실이 있는 의원·조산원

      • 교정 및 군사시설

      • 근린생활시설 중 고시원

④ 연기감지기의 설치기준

    ㉠ 감지기의 부착 높이에 따라 다음 표에 의한 바닥면적마다 1개 이상으로 할 것

[연기감지기의 부착 높이에 따른 감지기의 바닥면적]

(단위 : [m²])

부착 높이	감지기의 종류	
	1종 및 2종	3종
4[m] 미만	150	50
4[m] 이상 20[m] 미만	75	–

    ㉡ 연기감지기의 부착개수(아래 기준에 1개 이상 설치)

[연기감지기 장소에 따른 설치기준]

설치장소	복도 및 통로		계단 및 경사로	
	1종, 2종	3종	1종, 2종	3종
설치거리	보행거리 30[m]	보행거리 20[m]	수직거리 15[m]	수직거리 10[m]

■ 연기감지기 설치장소
- 계단, 경사로, 에스컬레이터경사로, 승강기 통로 등
- 복도 30[m] 이상

■ 연기감지기 설치기준
- 천장 또는 반자가 낮은 실내, 좁은 실내에서는 출입구 부분에 설치
- 벽 또는 보로부터 0.6[m] 이상 이격

■ 연기감지기는 감시체임버로 (1.3±0.05)[mm] 크기의 물체가 침입할 수 없는 구조이여야 한다.

ⓒ 천장 또는 반자가 낮은 실내, 좁은 실내에 있어서는 출입구의 가까운 부분에 설치할 것

ⓔ 천장 또는 반자부근에 배기구가 있는 경우에는 그 부근에 설치할 것

ⓜ **감지기**는 **벽** 또는 **보로부터 0.6[m] 이상** 떨어진 곳에 설치할 것

[연감지기의 부착위치]

ⓗ 연기를 감지하는 감지기는 감시체임버로 (1.3±0.05)[mm] 크기의 물체가 침입할 수 없는 구조이어야 한다.

(11) 감지기 설치기준

① 감지기(차동식분포형은 제외)는 실내로의 공기유입구로부터 **1.5[m] 이상** 떨어진 위치에 설치할 것

[감지기의 설치위치]

② 감지기는 천장 또는 반자의 옥내의 면하는 부분에 설치할 것

③ **보상식스포트형 감지기**는 정온점이 감지기 주위의 평상시 최고 온도보다 **20[℃] 이상** 높은 것으로 설치할 것

④ **정온식감지기**는 **주방, 보일러실** 등 다량의 화기를 취급하는 장소에 설치하되 공칭작동온도가 최고 주위온도보다 **20[℃] 이상** 높은 것으로 설치할 것

⑤ **스포트형 감지기**는 **45도 이상** 경사되지 아니하도록 부착할 것

[감지기의 경사위치]

[감지기의 경사제한 각도]

종 류	스포트형 감지기	분포형 감지기
경사제한 각도	45° 이상	5° 이상

⑥ 차동식스포트형, 보상식스포트형 및 정온식스포트형감지기는 다음 표에 의한 바닥면적마다 1개 이상을 설치할 것

■ 배기구가 있는 경우 : 배기구 부근에 설치

■ 실내로의 공기유입구로부터 1.5[m] 이상 떨어진 위치에 설치할 것

■ 보상식스포트형 감지기 : 정온점이 감지기 주위의 평상시 최고 온도보다 20[℃] 이상 높게 설치

■ 정온식감지기 공칭작동온도는 최고 주위온도보다 20[℃] 이상 높은 것으로 설치

[특정소방대상물에 따른 감지기의 종류]

(단위 : [m²])

부착높이 및 특정소방대상물의 구분		감지기의 종류				
		차동식·보상식스포트형		정온식스포트형		
		1종	2종	특종	1종	2종
4[m] 미만	내화구조	90	70	70	60	20
	기타구조	50	40	40	30	15
4[m] 이상 8[m] 미만	내화구조	45	35	35	30	-
	기타구조	30	25	25	15	-

⑦ 감지기의 부착높이

[부착높이에 따른 감지기 종류]

부착높이	감지기의 종류
4[m] 미만	• 차동식(스포트형, 분포형) • 보상식스포트형 • 정온식(스포트형, 감지선형) • 열복합형 • 이온화식 또는 광전식(스포트형, 분리형, 공기흡입형) • 연기복합형 • 열연기복합형 • 불꽃감지기
4[m] 이상 8[m] 미만	• 차동식(스포트형, 분포형) • **보상식스포트형** • **정온식(스포트형, 감지선형)특종 또는 1종** • 이온화식 1종 또는 2종 • 광전식(스포트형, 분리형, 공기흡입형) 1종 또는 2종 • 열복합형 • 연기복합형 • 열연기복합형 • 불꽃감지기
8[m] 이상 15[m] 미만	• **차동식 분포형** • 이온화식 1종 또는 2종 • 광전식(스포트형, 분리형, 공기흡입형) 1종 또는 2종 • 연기복합형 • 불꽃감지기
15[m] 이상 20[m] 미만	• 이온화식 1종 • 광전식(스포트형, 분리형, 공기흡입형) 1종 • 연기복합형 • 불꽃감지기
20[m] 이상	• 불꽃감지기 • 광전식(분리형, 공기흡입형) 중 아날로그방식

비고 : 1. 감지기별 부착높이 등에 대하여 별도로 형식승인을 받은 경우에는 그 성능 인정범위 내에서 사용할 수 있다.
　　　2. 부착높이 20[m] 이상에 설치되는 광전식 중 아날로그방식의 감지기는 공청감지농도 하한 값이 감광률 5%/m 미만인 것으로 한다.

■ 감지기 부착높이
　– 20[m] 이상 : 불꽃감지기, 광전식감지기
　– 15[m] 이상 20[m] 미만 : 불꽃, 광전, 이온화식, 연기복합
　– 8[m] 이상 15[m] 미만 : 불꽃, 광전, 이온화식, 연기복합, 차동식분포형

■ 부착높이 20[m] 이상에 설치되는 광전식 중 아날로그방식의 감지기는 공칭감지농도 하한값이 감광률 5[%/m] 미만일 것

(12) 감지기의 설치 제외 장소

① 천장 또는 반자의 높이가 20[m] 이상인 장소
② 헛간 등 외부와 기류가 통하는 장소로서 감지기에 따라 화재발생을 유효하게 감지할 수 없는 장소
③ 부식성 가스가 체류하고 있는 장소
④ 고온도 및 저온도로서 감지기의 기능이 정지되기 쉽거나 감지기의 유지관리가 어려운 장소
⑤ 목욕실·욕조나 샤워시설이 있는 화장실·기타 이와 유사한 장소
⑥ 파이프덕트 등 그 밖의 이와 비슷한 것으로서 2개층마다 방화구획된 것이나 수평단면적이 5[m²] 이하인 것
⑦ 먼지·가루 또는 수증기가 다량으로 체류하는 장소 또는 주방 등 평시에 연기가 발생하는 장소
⑧ 프레스공장·주조공장 등 화재발생의 위험이 적은 장소로서 감지기의 유지관리가 어려운 장소

(13) 비화재보 발생가능 장소 및 적응감지기

① 비화재보 발생가능 장소
  ㉠ 지하층·무창층 등으로서 환기가 잘 되지 아니하거나 실내면적이 40[m²] 미만인 장소
  ㉡ 감지기의 부착면과 실내바닥과의 거리가 2.3[m] 이하인 장소로서 일시적으로 발생한 열·연기 또는 먼지 등으로 인하여 감지기가 화재신호를 발신할 우려가 있는 장소
② 비화재보 발생우려 장소에 설치 가능한 감지기 종류
  ㉠ 축적방식의 감지기
  ㉡ 복합형 감지기
  ㉢ 다신호방식의 감지기
  ㉣ 불꽃감지기
  ㉤ 아날로그 방식의 감지기
  ㉥ 광전식분리형 감지기
  ㉦ 정온식 감지선형 감지기
  ㉧ 분포형 감지기

(14) 설치장소별 감지기 적응성(연기감지기를 설치할 수 없는 경우 적용)

설치장소		적응열감지기									불꽃감지기	비 고
		차동식 스포트형		차동식 분포형		보상식 스포트형		정온식		열아날로그식		
환경 상태	적응 장소	1종	2종	1종	2종	1종	2종	특종	1종			
먼지 또는 미분 등이 다량으로 체류하는 장소	쓰레기장, 하역장, 도장실, 섬유·목재·석재 등 가공 공장	○	○	○	○	○	○	○	○	○	○	1. 불꽃감지기에 따라 감시가 곤란한 장소는 적응성이 있는 열감지기를 설치할 것 2. 차동식분포형감지기를 설치하는 경우에는 검출부에 먼지, 미분 등이 침입하지 않도록 조치할 것 3. 차동식스포트형감지기 또는 보상식스포트형감지기를 설치하는 경우에는 검출부에 먼지, 미분 등이 침입하지 않도록 조치할 것 4. 정온식감지기를 설치하는 경우에는 특종으로 설치할 것 5. 섬유, 목재가공 공장 등 화재확대가 급속하게 진행될 우려가 있는 장소에 설치하는 경우 정온식감지기는 특종으로 설치할 것. 공칭작동 온도 75[℃] 이하, 열아날로그식스포트형 감지기는 화재표시 설정은 80[℃] 이하가 되도록 할 것
수증기가 다량으로 머무는 장소	증기세정실, 탕비실, 소독실 등	×	×	×	○	×	○	○	○	○	○	1. 차동식분포형감지기 또는 보상식스포트형감지기는 급격한 온도변화가 없는 장소에 한하여 사용할 것 2. 차동식분포형감지기를 설치하는 경우에는 검출부에 수증기가 침입하지 않도록 조치할 것 3. 보상식스포트형감지기, 정온식감지기 또는 열아날로그식감지기를 설치하는 경우에는 방수형으로 설치할 것 4. 불꽃감지기를 설치할 경우 방수형으로 할 것
부식성가스가 발생할 우려가 있는 장소	도금공장, 축전지실, 오수처리장 등	×	×	○	○	○	○	○	○	○	○	1. 차동식분포형감지기를 설치하는 경우에는 감지부가 피복되어 있고 검출부가 부식성가스에 영향을 받지 않는 것 또는 검출부에 부식성가스가 침입하지 않도록 조치할 것 2. 보상식스포트형감지기, 정온식감지기 또는 열아날로그식스포트형감지기를 설치하는 경우에는 부식성가스의 성상에 반응하지 않는 내산형 또는 내알칼리형으로 설치할 것 3. 정온식감지기를 설치하는 경우에는 특종으로 설치할 것

■ 현저하게 고온으로 되는 장소
　- 정온식 특종, 1종
　- 열아날로그식

■ 배기가스가 다량으로 체류하는 장소
　- 차동식(1종, 2종)
　- 보상식(1종, 2종)
　- 열아날로그식
　- 불꽃감지기

설치장소		적응열감지기								열아날로그식	불꽃감지기	비고
환경 상태	적용 장소	차동식 스포트형		차동식 분포형		보상식 스포트형		정온식				
		1종	2종	1종	2종	1종	2종	특종	1종			
주방, 기타 평상시에 연기가 체류하는 장소	주방, 조리실, 용접작업장 등	×	×	×	×	×	×	○	○	○	○	1. 주방, 조리실 등 습도가 많은 장소에는 방수형 감지기를 설치할 것 2. 불꽃감지기는 UV/IR형을 설치할 것
현저하게 고온으로 되는 장소	건조실, 살균실, 보일러실, 주조실, 영사실, 스튜디오	×	×	×	×	×	×	○	○	○	×	
배기가스가 다량으로 체류하는 장소	주차장, 차고, 화물취급소 차로, 자가발전실, 트럭터미널, 엔진시험실	○	○	○	○	○	○	×	×	○	○	1. 불꽃감지기에 따라 감시가 곤란한 장소는 적응성이 있는 열감지기를 설치할 것 2. 열아날로그식스포트형감지기는 화재표시 설정이 60[℃] 이하가 바람직하다.
연기가 다량으로 유입할 우려가 있는 장소	음식물배급실, 주방전실, 주방 내 식품저장실, 음식물운반용 엘리베이터, 주방주변의 복도 및 통로, 식당 등	○	○	○	○	○	○	○	○	○	×	1. 고체연료 등 가연물이 수납되어 있는 음식물배급실, 주방전실에 설치하는 정온식감지기는 특종으로 설치할 것 2. 주방주변의 복도 및 통로, 식당 등에는 정온식감지기를 설치하지 말 것 3. 제1호 및 제2호의 장소에 열아날로그식스포트형감지기를 설치하는 경우에는 화재표시 설정을 60[℃] 이하로 할 것
물방울이 발생하는 장소	슬레이트 또는 철판으로 설치한 지붕 창고·공장, 패키지형 냉각기전용 수납실, 밀폐된 지하창고, 냉동실 주변 등	×	×	○	○	○	○	○	○	○	○	1. 보상식스포트형감지기, 정온식감지기 또는 열아날로그식 스포트형감지기를 설치하는 경우에는 방수형으로 설치할 것 2. 보상식스포트형감지기는 급격한 온도변화가 없는 장소에 한하여 설치할 것 3. 불꽃감지기를 설치하는 경우에는 방수형으로 설치할 것

설치장소		적응열감지기									비 고
환경 상태	적응 장소	차동식 스포트형		차동식 분포형		보상식 스포트형		정온식		열아날로그식	
		1종	2종	1종	2종	1종	2종	특종	1종		불꽃감지기
불을 사용 하는 설비 로서 불꽃 이 노출되 는 장소	유리공장, 용선로가 있는 장소, 용접실, 주방, 작업 장 쥬방 주 조실 등	×	×	×	×	×	×	○	○	○	×

주) 1. "○"는 당해 설치장소에 적응하는 것을 표시, "×"는 당해 설치장소에 적응하지 않는 것을 표시
   2. 차동식스포트형, 차동식분포형 및 보상식스포트형 1종은 감도가 예민하기 때문에 비화재보 발생은 2종에 비해 불리한 조건이라는 것을 유의할 것
   3. 차동식분포형 3종 및 정온식 2종은 소화설비와 연동하는 경우에 한해서 사용 할 것
   4. 다신호식감지기는 그 감지기가 가지고 있는 종별, 공칭작동온도별로 따르지 말고 상기 표에 따른 적응성 이 있는 감지기로 할 것

불을 사용하는 설비의 불꽃이 노출되는 장소
- 정온식 특종, 1종
- 열아날로그식

6 시각경보장치

(1) 시각경보장치 설치기준

① 복도·통로·청각장애인용 객실 및 공용으로 사용하는 거실(로비, 회의실, 강의실, 식당, 휴게실, 오락실, 대기실, 체력단련실, 접객실, 안내실, 전시실, 기타 이와 유사한 장소를 말한다)에 설치하며, 각 부분으로부터 유효하게 경보를 발할 수 있는 위치에 설치할 것

② 공연장·집회장·관람장 또는 이와 유사한 장소에 설치하는 경우에는 시선이 집중되는 무대부 부분 등에 설치할 것

③ **설치높이**는 바닥으로부터 **2[m] 이상 2.5[m] 이하**의 장소에 설치할 것. 다만, 천장의 높이가 **2[m] 이하**인 경우에는 천장으로부터 **0.15[m] 이내**의 장소에 설치하여야 한다.

④ 시각경보장치의 광원은 전용의 축전지설비 또는 전기저장장치(외부 전기에너지를 저장해 두었다가 필요할 때 전기를 공급하는 장치)에 의하여 점등되도록 할 것. 다만, 시각경보기에 작동전원을 공급할 수 있도록 형식승인을 얻은 수신기를 설치한 경우에는 그러하지 아니하다.

공연장, 집회장, 관람장 또는 이와 유사한 장소는 무대부쪽에 설치

시각경보장치 설치높이 : 바닥으로부터 2[m] 이상 2.5[m] 이하(단, 천장높이가 2[m] 이하인 경우는 천장에서 0.15[m] 이내 설치)

(2) 시각경보장치 구조

① 부식에 의하여 기계적 기능이 영향을 받을 수 있는 부분은 내식성능이 있는 재질을 사용하거나 또는 내식가공 및 방청가공을 하여야 한다.

② 극성이 있는 경우에는 오접속을 방지하기 위하여 필요한 조치를 하여야 한다.

③ 충전부는 광원을 교환 및 점검할 때 감전되지 않도록 보호조치를 하여야 한다.

④ 시각경보장치는 견고하게 부착하거나 매입할 수 있는 구조이어야 한다.

⑤ 광원은 투광성 커버로 덮어 외부의 충격 및 이물질로부터 보호되어야 한다.

(3) 시각경보장치 기능

■ 시각경보장치 점멸주기
: 매 초당 1회 이상 3회 이내

① 시각경보장치의 전원 입력 단자에 사용정격전압을 인가한 뒤, 신호장치에서 작동신호를 보내어 약 1분간 점멸횟수를 측정하는 경우 점멸주기는 매 초당 1회 이상 3회 이내이어야 한다.

② 시각경보장치의 전원 입력 단자에 사용정격전압을 인가한 후 광도측정 위치 (광원으로부터 수평거리 6[m])에서 조도를 측정하는 경우 측정위치에 따른 유효광도[cd]는 다음 표의 광도기준에 적합하여야 한다.

광도 측정위치	0°(전면)	45°	90°(측면)
광도 기준	15[cd] 이상	11.25[cd] 이상	3.75[cd] 이상

[광도 측정방법]

③ 광원은 투명 또는 흰색이어야 하며 최대 1,000[cd]를 초과하지 아니하여야 한다.

④ 동작신호를 받은 시각경보장치는 3초 이내 경보를 발하여야 하며, 정지신호를 받았을 경우에는 3초 이내 정지되어야 한다.

7 송배전방식 : 도통시험 용이

(1) **원리** : 도통시험을 용이하게 하기 위하여 배선의 중간에서 분기하지 않는 방식

(2) **적용** : 자동화재탐지설비, 제연설비

(3) **설치도**

8 교차회로방식 : 오동작 방지

(1) **원리** : 하나의 방호구역 내에 2 이상의 화재감지기를 설치하고 인접한 2 이상의 화재감지기가 동시에 감지되는 때에 설비가 작동되는 방식

(2) **적용** : 소화설비(할론, 분말, 이산화탄소, 할로겐화합물 및 불활성기체소화약제, 스프링클러, 물분무등)

(3) **설치도**

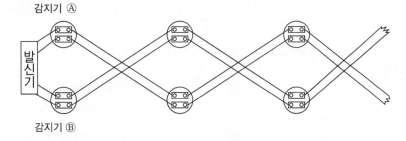

■ **송배전방식**
  - 도통시험을 용이하게 하기 위해
  - 종단저항 : 발신기함 내부 또는 감지기 말단에 설치

■ **교차회로방식**
  - 하나의 경계구역에 감지기를 2개 이상 설치
  - 면적당 감지기 개수 계산 시 계산값의 2배 설치

1-1 출제예상문제

01
다음 중 경보설비에 해당되지 않는 것은?
① 자동화재탐지설비　② 자동화재속보설비
③ 누전경보기　　　　④ 비상콘센트설비

해설 경보설비 : 자동화재탐지설비, 자동화재속보설비, 누전경보기, 비상방송설비, 비상경보설비, 가스누설경보기, 시각경보기, 통합감시시설
답 ④

02
화재발생 시 열 또는 연기 등을 자동적으로 발견하여 건축물 내의 관계자에게 벨, 사이렌 등의 음향장치로 화재발생을 알리는 설비를 무엇이라 하는가?
① 자동화재탐지설비　② 자동화재속보설비
③ 비상방송설비　　　④ 누전경보기

해설 자동화재탐지설비
화재발생 시 열 또는 연기 등을 자동적으로 발견하여 건축물 내의 관계자에게 벨, 사이렌 등의 음향장치로 화재발생을 알리는 설비
답 ①

03
자동화재탐지설비의 경계구역에 대한 설명 중 옳은 것은?
① 1,000[m²] 이하의 범위 내에서는 2개의 층을 하나의 경계구역으로 할 수 있다.
② 하나의 경계구역의 면적은 600[m²] 이하로 하고 한 변의 길이는 50[m] 이하로 한다.
③ 당해 소방대상물의 주된 출입구에서 그 내부 전체가 보이는 경우에는 경계구역의 면적은 1,200[m²] 이하로 할 수 있다.
④ 지하구의 경우 하나의 경계구역의 길이는 1,000[m] 이하로 한다.

해설 자동화재탐지설비의 경계구역
• 하나의 경계구역이 2개 이상의 건축물에 미치지 아니하도록 할 것
• 하나의 경계구역이 2개 이상의 층에 미치지 아니하도록 할 것. 다만, 500[m²] 이하의 범위 안에서는 2개의 층을 하나의 경계구역으로 할 수 있다.
• 하나의 경계구역의 면적은 600[m²] 이하로 하고, 한 변의 길이는 50[m] 이하로 할 것(다만, 특정소방대상물의 주된 출입구에서 그 내부 전체가 보이는 것에 있어서는 한 변의 길이가 50[m]의 범위 내에서 1,000[m²] 이하로 할 수 있다)
• 지하구에 있어서 하나의 경계구역의 길이는 700[m] 이하로 할 것
답 ②

04
자동화재탐지설비의 경계구역 설정기준으로 옳지 않은 것은?
① 하나의 경계구역이 2개 이상의 건축물에 미치지 않을 것
② 하나의 경계구역이 2개 이상의 층에 미치지 않을 것
③ 하나의 경계구역의 면적은 500[m²] 이하로 할 것
④ 한 변의 길이는 50[m] 이하로 할 것

해설 하나의 경계구역 면적은 600[m²] 이하로 할 것
답 ③

05
자동화재탐지설비에서 하나의 경계구역의 기준으로 옳지 않은 것은?
① 2개 이상의 건축물에 미치지 아니하도록 할 것
② 2개 이상의 층에 미치지 아니하도록 할 것
③ 하나의 경계구역의 면적은 600[m²] 이하로 하고 한 변의 길이는 50[m] 이하로 할 것
④ 지하구에 있어서는 길이는 500[m] 이하로 할 것

해설 지하구에 있어서 하나의 경계구역의 길이는 700[m] 이하로 할 것
답 ④

06

각 층의 면적이 200[m²]인 15층 건축물 2개 동이 서로 인접할 때 자동화재탐지설비를 설치하려고 한다. 화재안전기준에 맞게 경계구역을 설정한 것은?

① 각각의 건물에서 2개 층마다 묶어 하나의 경계구역으로 설정하였다.

② 각각의 건물에서 3개 층마다 묶어 하나의 경계구역으로 설정하였다.

③ 인접한 건물 2개 동의 같은 층을 연결하여 하나의 경계구역으로 하였다.

④ 각각의 건물에서 전 층을 하나의 경계구역으로 묶어서 자동화재 탐지설비를 설치하였다.

해설 하나의 경계구역이 2개 이상의 층에 미치지 아니하도록 할 것. 다만, 500[m²] 이하의 범위 안에서는 2개의 층을 하나의 경계구역으로 할 수 있다.

답 ①

07

자동화재탐지설비의 경계구역을 설정할 때 별도의 경계구역으로 설정하기에 부적합한 곳은?

① 계 단 ② 복 도
③ 경사로 ④ 파이프덕트

해설 계단, 경사로, 엘리베이터 승강로(권상기실), 린넨슈트, 파이프피트 및 덕트, 기타 이와 유사한 부분에 대하여는 별도로 경계구역을 설정하되 하나의 경계구역은 높이 45[m] 이하(계단, 경사로에 한함)로 할 것

답 ②

08

다음 중 경계구역을 별도로 설정하여야 하는 것으로 옳은 것은?

① 파이프덕트 ② 복 도
③ 통 로 ④ 거 실

해설 별도로 경계구역을 설정하여야 하는 것 : 계단, 경사로, 엘리베이터 승강로(권상기실), 린넨슈트, 파이프피트 및 덕트, 기타 유사한 부분

답 ①

09

계단·경사로(엘리베이터 경사로 포함)에 대하여 별도로 경계구역을 설정하되, 하나의 경계구역의 높이는 몇 [m] 이하로 하여야 하는가?

① 15[m] ② 30[m]
③ 45[m] ④ 50[m]

해설 별도로 경계구역을 설정하되 하나의 경계구역의 높이는 45[m] 이하(계단, 경사로에 한함)로 할 것

답 ③

10

지하구의 길이가 1,500[m]인 곳에 자동화재탐지설비를 설치하고자 한다. 최소 경계구역은 몇 개로 하여야 하는가?

① 6개 ② 4개
③ 3개 ④ 1개

해설 지하구 경계구역 길이가 700[m] 이하이므로
1,500/700=2.14 ∴3개

답 ③

11

경계구역에 관한 다음 내용 중 (   ) 안에 맞는 것은?

외기에 면하여 상시 개방된 부분이 있는 차고, 주차장, 창고 등에 있어서는 외기에 면하는 각 부분으로부터 최대 (   )[m] 미만의 범위 안에 있는 부분은 자동화재탐지설비 경계구역의 면적에 산입하지 아니한다.

① 3 ② 5
③ 7 ④ 10

해설 외기에 면하여 상시 개방된 부분이 있는 차고, 주차장, 창고 등에 있어서는 외기에 면하는 각 부분으로부터 5[m] 미만의 범위 안에 있는 부분은 경계구역의 면적에 산입하지 아니한다.

답 ②

12

자동화재탐지설비를 설치하여야 하는 특정소방대상물인 것은?

① 길이 500[m] 이상의 터널
② 연면적 400[m²] 이상의 노유자시설로서 수용인원이 100인 이상인 것
③ 공장으로서 지정수량의 100배 이상의 특수가연물을 저장, 취급하는 것
④ 공장 및 창고시설로서 연면적이 500[m²] 이상인 것

해설 특정소방대상물
- 근린생활시설(목욕장 제외), 의료시설, 숙박시설, 위락시설, 장례식장 및 복합건축물로서 연면적 600[m²] 이상인 것
- 공동주택, 근린생활시설 중 목욕장, 공장 및 창고시설 등으로서 연면적이 1,000[m²] 이상인 것
- 교육연구시설(교육시설 내에 있는 기숙사 및 합숙소 포함), 교정 및 군사시설(국방·군사시설 제외) 등으로 연면적이 2,000[m²] 이상인 것
- 지하구
- 지하가 중 터널로서 길이 1,000[m] 이상인 것
- 노유자시설
- 연면적 400[m²] 이상의 노유자시설 및 숙박시설이 있는 수련시설로서 수용인원이 100명 이상인 것
- 공장 및 창고시설로서 지정수량의 500배 이상의 특수가연물을 저장, 취급하는 것

답 ②

13

자동화재탐지설비를 설치하여야 하는 특정소방대상물에 대한 설명 중 옳은 것은?

① 위락시설, 숙박시설, 의료시설로서 연면적 500[m²] 이상인 것
② 근린생활 시설 중 목욕장, 문화집회 및 운동시설, 통신촬영시설로 연면적 600[m²] 이상인 것
③ 지하구
④ 길이 500[m] 이상의 터널

해설 12번 해설 참조

답 ③

14

다음 중 자동화재탐지설비의 주요 구성요소에 해당되지 않는 것은?

① 중계기   ② 감지기
③ 발신기   ④ 속보기

해설 자동화재탐지설비의 구성요소
- 감지기   • 발신기
- 중계기   • 수신기
- 음향장치   • 표시등

답 ④

15

다음 중 감지기의 종별에 관한 설명으로 옳지 않은 것은?

① 보상식스포트형 감지기는 차동식스포트형 감지기와 정온식스포트형 감지기의 성능을 겸한 것이다.
② 보상식스포트형 감지기는 차동식스포트형 감지기 또는 정온식스포트형 감지기의 성능 중 어느 한 기능이 작동되면 작동신호를 발하는 것이다.
③ 이온화식 감지기는 주위의 공기가 일정한 온도 이상되는 경우에 작동하는 것이다.
④ 이온화식 감지기는 일국소의 연기에 의하여 이온전류가 변화하여 작동하는 것이다.

해설
- 보상식스포트형 감지기는 차동식스포트형 감지기와 정온식스포트형 감지기의 성능을 겸한 것이다.
- 이온화식감지기 : 일국소의 연기에 의하여 이온전류가 변화하여 작동하는 것이다.

답 ③

16

다음 중 열감지기의 종류에 해당되지 않는 것은?

① 차동식   ② 정온식
③ 이온화식   ④ 보상식

해설 감지기의 종류
- 열감지기 : 차동식(분포형, 스포트형), 정온식(스포트형, 감지선형), 보상식(스포트형)
- **연기감지기 : 이온화식**, 광전식, 공기흡입형

답 ③

17

주위온도가 일정상승률 이상이 되는 경우에 작동하는 것으로 일국소에서의 열효과에 의하여 작동되는 감지기는 다음 중 어느 것인가?

① 차동식스포트형 감지기
② 정온식스포트형 감지기
③ 차동식분포형 감지기
④ 보상식스포트형 감지기

해설 차동식스포트형 감지기 : 주위온도가 일정상승률 이상이 되는 경우에 작동하는 것으로 **일국소**에서의 **열효과**에 의하여 작동되는 감지기

답 ①

18
일국소의 주위온도가 일정한 온도 이상이 되는 경우에 작동하는 것으로서 외관이 전선으로 되어 있지 않는 감지기는?

① 정온식감지선형 감지기
② 정온식스포트형 감지기
③ 차동식스포트형 감지기
④ 차동식분포형 감지기

해설 정온식스포트형 감지기 : 일국소의 주위온도가 일정한 온도 이상이 되는 경우에 작동하는 것으로서 **외관**이 **전선**으로 **되어 있지 않는 것**

답 ②

19
감지기 중 주위의 온도 또는 연기 양의 변화에 따라 각각 다른 전류치 또는 전압치 등의 출력을 발하는 방식은?

① 다신호식
② 아날로그식
③ 2신호식
④ 디지털식

해설 • 아날로그식 : 주위의 온도 또는 연기의 양의 변화에 따라 각각 다른 전류치 또는 전압치 등의 출력을 발하는 방식의 감지기
• 다신호식 : 1개의 감지기 내에 서로 다른 종별 또는 감도 등의 기능을 갖춘 것으로서 일정 시간 간격을 두고 각각 다른 2개 이상의 화재신호를 발하는 감지기

답 ②

20
자동화탐지설비 감지기의 구조 및 기능에 대한 설명으로 틀린 것은?

① 차동식분포형 감지기는 그 기판면을 부착한 정위치로부터 45°를 경사시킨 경우 그 기능에 이상이 생기지 않아야 한다.
② 연기를 감지하는 감지기는 감시체임버로 1.3±0.05[mm] 크기의 물체가 침입할 수 없는 구조이어야 한다.

③ 방사성 물질을 사용하는 감지기는 그 방사성 물질을 밀봉선원으로 하여 외부에서 직접 접촉할 수 없도록 하여야 한다.
④ 차동식분포형 감지기로서 공기관식 공기관의 두께는 0.3[mm] 이상, 바깥지름은 1.9[mm] 이상이어야 한다.

해설 차동식분포형 감지기는 검출부는 5° 이상 경사되지 아니하도록 부착할 것

답 ①

21
공기관식 감지기의 주된 부분이 아닌 것은?

① 다이어프램
② 리크공
③ 공기관
④ 감지선

해설 공기관식 감지기의 구성 부분 : 공기관, 다이어프램, 리크공(리크구멍), 접점기구

답 ④

22
공기관식 차동식분포형 감지기의 설치기준으로 틀린 것은?

① 공기관의 노출부분은 감지구역마다 20[m] 이상이 되도록 할 것
② 하나의 검출부분에 접속하는 공기관의 길이는 100[m] 이하로 할 것
③ 검출부는 15° 이상 경사되지 아니하도록 부착할 것
④ 검출부는 바닥으로부터 0.8[m] 이상 1.5[m] 이하의 위치에 설치할 것

해설 감지기의 검출부 경사제한 각도
• 차동식분포형 : 5° 이하
• 차동식스포트형 : 45° 이하

답 ③

23
공기관식 감지기 설치 시 공기관 상호 간의 간격은 주요구조부가 내화구조일 경우 몇 [m] 이하이어야 하는가?

① 7
② 8
③ 9
④ 10

안심Touch

해설 일반구조 공기관 상호 간격 : 6[m] 이하
내화구조 공기관 상호 간격 : 9[m] 이하

답 ③

24

공기관식 차동식분포형 감지기의 구조 및 기능 기준 중 다음 ( ) 안에 알맞은 것은?

> • 공기관은 하나의 길이(이음매가 없는 것)가 (㉠) [m] 이상의 것으로 안지름 및 관의 두께가 일정하고 흠, 갈라짐 및 변형이 없어야 하며, 부식되지 아니하여야 한다.
> • 공기관의 두께는 (㉡)[mm] 이상, 바깥지름은 (㉢)[mm] 이상이어야 한다.

① ㉠ 10, ㉡ 0.5, ㉢ 1.5
② ㉠ 20, ㉡ 0.3, ㉢ 1.9
③ ㉠ 10, ㉡ 0.3, ㉢ 1.9
④ ㉠ 20, ㉡ 0.5, ㉢ 1.5

해설 • 공기관은 하나의 길이(이음매가 없는 것)가 20[m] 이상의 것으로 할 것
• 공기관의 두께는 0.3[mm] 이상, 바깥지름은 1.9[mm] 이상이어야 할 것

답 ②

25

액체기둥의 높이에 의하여 압력 또는 압력차를 측정하는 기구로서, 공기 관의 공기누설을 측정하는 기구는 어느 것인가?

① 회로 시험기
② 메 거
③ 비중계
④ 마노미터

해설 공기관의 공기누설 측정기 : 마노미터

답 ④

26

열전대식분포형 감지기의 원리에 대한 설명으로 가장 적당한 것은?

① 공기의 팽창을 이용
② 열기전력 발생을 이용
③ 열팽창력을 이용
④ 서미스터의 저항변화를 이용

해설 열전대식분포형 감지기 : 화재발생 시 열전대부가 가열하여 다른 종류의 금속판의 상호 간에 **열기전력**이 발생하여 전류가 흘러 미터릴레이를 움직여 접점을 닿게 하여 화재발생을 알린다.

답 ②

27

열전대식 감지기의 구성요소가 아닌 것은?

① 열전대
② 미터릴레이
③ 접속전선
④ 공기관

해설 열전대식 감지기의 구성 부분 : 열전대, 미터릴레이, 접속전선

답 ④

28

주요구조부가 내화구조가 아닌 특정소방대상물에 있어서 열전대식 차동식분포형 감지기의 열전대부는 감지구역의 바닥면적 몇 [m²]마다 1개 이상으로 하여야 하는가?

① 18[m²]
② 22[m²]
③ 50[m²]
④ 72[m²]

해설 열전대식 감지기의 면적기준

특정소방대상물	1개의 감지면적
내화구조	22[m²]
기타 구조	18[m²]

답 ①

29

주요구조부가 내화구조인 특정소방대상물에 자동화재탐지설비의 감지기를 열전대식 차동식분포형으로 설치하려고 한다. 바닥면적이 256[m²]일 경우 열전대부와 검출부는 각각 최소 몇 개 이상으로 설치하여야 하는가?

① 열전대부 11개, 검출부 1개
② 열전대부 12개, 검출부 1개
③ 열전대부 11개, 검출부 2개
④ 열전대부 12개, 검출부 2개

해설 열전대식 차동식분포형 감지기의 설치기준
- 열전대식감지기의 면적기준

특정소방대상물	1개의 감지면적
내화구조	22[m²]
기타 구조	18[m²]

다만, 바닥면적이 72[m²](주요구조부가 내화구조일 때에는 88[m²]) 이하인 특정소방대상물에 있어서는 4개 이상으로 할 것
- 하나의 검출부에 접속하는 열전대부는 20개 이하로 할 것

$$\therefore \frac{256}{22} = 11.6 \rightarrow 12개,$$ 즉 하나의 검출부에 접속하는 열전대부는 20개 이하이므로 열전대부 12개, 검출부 1개이다.

답 ②

30

열전대식 차동식분포형 감지기에서 하나의 검출부에 접속하는 열전대부는 몇 개 이하로 하여야 하는가?

① 10　　　　　　② 20

③ 30　　　　　　④ 40

해설 하나의 검출부에 접속하는 열전대부는 최소 4개 이상 최대 20개 이하로 할 것

답 ②

31

감지구역의 바닥면적이 50[m²]의 특정소방대상물에 열전대식 차동식분포형 감지기를 설치하는 경우 열전대부는 몇 개 이상으로 하여야 하는가?

① 1개　　　　　　② 3개

③ 4개　　　　　　④ 10개

해설 바닥면적이 72[m²] 이하이므로 최소 설치개수 4개 이상 설치하면 된다.

답 ③

32

열반도체 감지기의 구성부분이 아닌 것은?

① 수열판　　　　② 미터릴레이

③ 열반도체 소자　④ 열전대

해설 열반도체 감지기 구조
열반도체 감지기의 구성 부분 : 열반도체 소자, 수열판, 미터릴레이

답 ④

33

열반도체식 차동식분포형 감지기의 설치개수를 결정하는 기준 바닥면적으로 적합한 것은?

① 부착높이가 8[m] 미만인 장소로 주요구조부가 내화구조로 된 소방대상물인 경우 감지기 1종은 40[m²], 2종은 23[m²]이다.

② 부착높이가 8[m] 미만인 장소로 주요구조부가 내화구조가 아닌 소방대상물인 경우 감지기 1종은 30[m²], 2종은 23[m²]이다.

③ 부착높이가 8[m] 이상 15[m] 미만인 장소로 주요구조부가 내화구조로 된 소방대상물인 경우 감지기 1종은 50[m²], 2종은 36[m²]이다.

④ 부착높이가 8[m] 이상 15[m] 미만인 장소로 주요구조부가 내화구조가 아닌 소방대상물인 경우 감지기 1종은 40[m²], 2종은 18[m²]이다.

해설 특정소방대상물에 따른 감지기의 종류

(단위 : [m²])

부착높이 및 특정소방대상물의 구분		감지기의 종류	
		1종	2종
8[m] 미만	내화구조	65	36
	기타 구조	40	23
8[m] 이상 15[m] 미만	내화구조	50	36
	기타 구조	30	23

답 ③

34

다음 중 공기팽창을 이용하는 방식의 차동식스포트형 감지기의 구성요소에 포함되지 않는 것은?

① 리크

② 서미스터

③ 다이어프램

④ 체임버

해설 공기팽창을 이용 차동식스포트형 감지기의 구성요소
감열부, 리크구멍, 다이어프램, 접점

답 ②

35

차동식감지기에 리크구멍을 이용하는 목적으로 가장 적합한 것은?

① 비화재보를 방지하기 위하여
② 완만한 온도상승을 감지하기 위해서
③ 감지기의 감도를 예민하게 하기 위해서
④ 급격한 전류변화를 방지하기 위해서

해설 리크구멍(리크밸브)의 기능
비화재보의 방지, 작동속도의 조정, 공기 유통에 대한 저항을 가짐

답 ①

36

정온식스포트형 감지기의 구조 및 작동원리에 대한 형식이 아닌 것은?

① 가용절연물을 이용한 방식
② 줄열을 이용한 방식
③ 바이메탈의 반전을 이용한 방식
④ 금속의 팽창계수차를 이용한 방식

해설
• 바이메탈의 활곡을 이용한 방식
• 바이메탈의 반전을 이용한 방식
• 금속의 팽창계수차를 이용한 방식
• 액체(기체) 팽창을 이용한 방식
• 가용절연물을 이용한 방식
• 감열반도체 소자를 이용한 방식

답 ②

37

주방, 보일러실 등 다량의 화기를 단속적으로 취급하는 장소에 설치하는 감지기는?

① 차동식분포형 감지기
② 차동식스포트형 감지기
③ 정온식스포트형 감지기
④ 이온화식연기 감지기

해설 정온식스포트형 감지기의 설치장소 : 주방 · 보일러실 등 다량의 화기취급장소

답 ③

38

다음 중 정온식감지선형 감지기에 관한 설명으로 알맞은 것은?

① 일국소의 주위온도의 변화에 따라서 감도가 변화하는 것으로서 차동 및 정온식의 성능을 갖는 것
② 일국소의 주위온도가 일정한 온도 이상이 되었을 때 작동하는 것으로서 외관이 전선 상태의 것
③ 그 주위온도가 일정한 온도상승률 이상이 되었을 때 작동하는 것으로서 광범위한 열효과의 누적에 의하여 동작하는 것
④ 그 주위온도가 일정한 온도상승률 이상이 되었을 때 작동하는 것으로서 일국소의 열효과에 의해서 동작하는 것

해설 정온식감지선형 감지기 : 일국소의 주위온도가 일정한 온도 이상이 되는 경우에 작동하는 것으로서 **외관이 전선으로** 되어 있는 것

답 ②

39

정온식감지선형 감지기의 감지선이 늘어지지 않도록 하기 위하여 사용하는 것은?

① 보조선, 고정금구
② 케이블트레이 받침대
③ 접착제
④ 단자대

해설 정온식감지선형 감지기의 설치기준
• 고정방법
 – 단자부와 마감고정금구 설치간격 : 10[cm] 이내
 – 굴곡 부분 : 5[cm] 이상
• 고정금구 및 보조선 사용으로 감지선 늘어나지 않도록 설치

답 ①

40

다음 중 단자부와 마감 고정금구와의 설치간격을 10[cm] 이내로 설치하고, 굴곡반경은 5[cm] 이상으로 하여야 하는 감지기는?

① 차동식스포트형 감지기
② 불꽃감지기
③ 광전식스포트형 감지기
④ 정온식감지선형 감지기

해설 39번 해설 참조

답 ④

41

정온식감지선형 감지기의 설치기준으로 틀린 것은?

① 단자부와 마감고정금구와의 설치간격은 10[cm] 이상으로 설치할 것
② 감지선형 감지기의 굴곡반경은 5[cm] 이상으로 할 것
③ 지하구나 창고의 천장 등에 지지물이 적당하지 않는 장소에서는 보조선을 설치하고 그 보조선에 설치할 것
④ 케이블트레이에 감지기를 설치하는 경우 케이블트레이 받침대에 보조선을 사용하여 설치할 것

> **해설** 케이블트레이에 감지기를 설치하는 경우 케이블트레이 받침대에 마감금구를 사용하여 설치할 것
>
> **답** ④

42

내화구조가 아닌 특정소방대상물로서 자동화재탐지설비의 감지기와 감지구역의 각 부분과의 수평거리가 3[m] 이하가 되도록 설치하는 감지기는?

① 차동식스포트형 감지기
② 정온식감지선형 1종 감지기
③ 차동식분포형 감지기
④ 정온식감지선형 2종 감지기

> **해설** 정온식감지기의 설치기준

종별	1종		2종	
설치 거리	내화구조	일반구조(비내화구조)	내화구조	일반구조(비내화구조)
감지기와 감지구역의 각 부분과의 수평거리	4.5[m] 이하	3[m] 이하	3[m] 이하	1[m] 이하

> **답** ②

43

정온식감지기는 공칭작동온도가 최고 주위온도보다 섭씨 몇 도 이상 높은 것으로 설치하여야 하는가?

① 10[℃]   ② 20[℃]
③ 30[℃]   ④ 40[℃]

> **해설** 정온식감지기
> • 주방, 보일러실에 설치
> • 공칭작동온도가 최고 주위온도보다 **20[℃] 이상** 높게 설치
>
> **답** ②

44

설치장소가 현저하게 고온으로 되는 건조실, 살균실 등인 경우 적응성이 없는 감지기는?

① 정온식 특종 감지기
② 정온식 1종 감지기
③ 차동식분포형 1종 감지기
④ 열아날로그식 감지기

> **해설** 현저하게 고온으로 되는 장소에 설치하는 감지기
> • 정온식 특종, 1종
> • 열아날로그식
>
> **답** ③

45

다음 감지기 중에서 불을 사용하는 설비의 불꽃이 노출되는 장소에 적응하는 감지기는 어느 것인가?

① 차동식분포형 감지기
② 보상식스포트형 감지기
③ 정온식감지기
④ 불꽃감지기

> **해설** 불을 사용하는 설비의 불꽃이 노출되는 장소에 설치하는 감지기
> • 정온식 특종, 1종
> • 열아날로그식
>
> **답** ③

46

배기가스가 다량으로 체류하는 장소인 차고에 적응성이 없는 감지기는?

① 차동식스포트형 1종 감지기
② 차동식스포트형 2종 감지기
③ 차동식분포형 1종 감지기
④ 정온식 1종 감지기

> **해설** 배기가스가 다량으로 체류하는 장소에 설치하는 감지기
> : 차동식(1, 2종), 보상식스포트형(1, 2종), 열아날로그식, 불꽃감지기
>
> **답** ④

안심Touch

47

보상식스포트형 감지기는 정온점이 감지기 주위의 평상시 최고 온도보다 섭씨 몇 도 이상 높은 것으로 설치하여야 하는가?

① 10 ② 20
③ 30 ④ 40

해설 보상식스포트형 감지기는 정온점이 감지기 주위의 평상시 최고 온도보다 20[℃] 이상 높은 것으로 설치하여야 할 것

답 ②

48

광전식분리형 감지기의 설치기준으로 옳은 것은?

① 광축은 나란한 벽으로부터 1[m] 이상 이격하여 설치할 것
② 광축의 높이는 천장 등(천장의 실내에 면한 부분) 높이의 80[%] 이상일 것
③ 감지기의 송광부와 수광부는 설치된 뒷벽으로부터 0.6[m] 이내 위치에 설치할 것
④ 감지기의 수광면은 햇빛을 직접 받는 곳에 설치할 것

해설 광전식분리형 감지기의 설치기준
• 감지기의 수광면은 햇빛을 직접 받지 않도록 설치할 것
• 광축(송광면과 수광면의 중심을 연결한 선)은 나란한 벽으로부터 0.6[m] 이상 이격하여 설치할 것
• 감지기의 송광부와 수광부는 설치된 뒷벽으로부터 1[m] 이내 위치에 설치할 것
• 광축의 높이는 천장 등(천장의 실내에 면한 부분 또는 상층의 바닥하부면을 말한다) 높이의 80[%] 이상일 것
• 감지기의 광축의 길이는 공칭감시거리 범위 이내일 것

답 ②

49

광전식분리형 감지기의 설치기준 중 광축은 나란한 벽으로부터 몇 [m] 이상 이격하여 설치하여야 하는가?

① 0.6 ② 0.8
③ 1 ④ 1.5

해설 광축은 나란한 벽으로부터 0.6[m] 이상 이격하여 설치할 것

답 ①

50

광전식분리형감지기의 광축 높이는 천장 등 높이의 몇 [%] 이상이어야 하는가?

① 30[%] ② 50[%]
③ 70[%] ④ 80[%]

해설 광축의 높이는 천장 등 높이의 80[%] 이상일 것

답 ④

51

감지기의 설치기준 중 부착높이 20[m] 이상에 설치되는 광전식 중 아날로그방식의 감지기는 공칭감지농도 하한값이 감광률 몇 [%/m] 미만인 것으로 하는가?

① 3 ② 5
③ 7 ④ 10

해설 부착높이 20[m] 이상에 설치되는 광전식 중 아날로그방식의 감지기는 공칭감지농도 하한값이 감광률 5[%/m] 미만인 것으로 한다.

답 ②

52

자동화재탐지설비의 감지기 중 연기를 감지하는 감지기는 감시체임버로 몇 [mm] 크기의 물체가 침입할 수 없는 구조이어야 하는가?

① (1.3±0.05)[mm] ② (1.5±0.05)[mm]
③ (1.8±0.05)[mm] ④ (2.0±0.05)[mm]

해설 연기를 감지하는 감지기는 감시체임버로 (1.3±0.05)[mm] 크기의 물체가 침입할 수 없는 구조이어야 한다.

답 ①

53

연기감지기를 천장 또는 반자가 낮은 실내 또는 좁은 실내에 설치하는 경우 그 설치 개소로 알맞은 것은?

① 천장의 중앙 부분
② 모서리 부분
③ 출입구의 가까운 부분
④ 벽 또는 보로부터 1.5[m] 이상 떨어진 부분

해설 연기감지기의 설치기준
• 천장 또는 반자가 낮은 실내 또는 좁은 실내에 있어서는 출입구의 가까운 부분에 설치할 것
• 천장 또는 반자부근에 배기구가 있는 경우에는 그 부근에 설치할 것
• 감지기는 벽 또는 보로부터 0.6[m] 이상 떨어진 곳에 설치할 것

답 ③

54
출입구 부근에 연기감지기를 설치하는 경우는?

① 감지기의 유효면적이 충분한 경우
② 부착할 반자 또는 천장이 목조건물인 경우
③ 반자가 높은 실내 또는 넓은 실내인 경우
④ 반자가 낮은 실내 또는 좁은 실내인 경우

해설 천장 또는 반자가 낮은 실내 또는 좁은 실내에 있어서는 출입구의 가까운 부분에 설치할 것

답 ④

55
연기감지기 설치 시 천장 또는 반자 부근에 배기구가 있는 경우에 감지기의 설치위치로 옳은 것은?

① 배기구가 있는 그 부근
② 배기구로부터 가장 먼 곳
③ 배기구로부터 0.6[m] 이상 떨어진 곳
④ 배기구로부터 1.5[m] 이상 떨어진 곳

해설 천장 또는 반자 부근에 배기구가 있는 경우에는 그 부근에 설치할 것

답 ①

56
연기감지기는 벽 또는 보로부터 최소 몇 [m] 이상 떨어진 곳에 설치하여야 하는가?

① 0.2   ② 0.3
③ 0.4   ④ 0.6

해설 감지기는 벽 또는 보로부터 0.6[m] 이상 떨어진 곳에 설치할 것

답 ④

57
복도나 계단, 경사로 및 에스컬레이터 경사로, 승강기 통로 등의 장소에는 어떤 감지기를 설치하는 것이 가장 좋은가?

① 차동식분포형 감지기   ② 광전식감지기
③ 연기감지기   ④ 이온화식감지기

해설 감지기의 설치장소

종류	설치장소
연기감지기	복도, 계단, 경사로 및 에스컬레이터 경사로, 승강기 통로, 엘리베이터 승강로(권상기실), 린넨슈트, 파이프피트 및 덕트

답 ③

58
부착높이가 4[m] 미만으로 연기감지기 3종을 설치할 때, 바닥면적 몇 [m²]마다 1개 이상 설치하여야 하는가?

① 150[m²]   ② 100[m²]
③ 75[m²]   ④ 50[m²]

해설 연기감지기의 부착높이에 따른 감지기의 바닥면적

부착높이	감지기의 종류	
	1종 및 2종	3종
4[m] 미만	150	50
4[m] 이상 20[m] 미만	75	–

답 ④

59
연기감지기를 복도에 설치하고자 할 때 2종 감지기는 보행거리 몇 [m]마다 1개 이상 설치하여야 하는가?

① 10[m]   ② 15[m]
③ 20[m]   ④ 30[m]

해설 연기감지기의 설치기준

설치장소	복도 및 통로		계단 및 경사로	
	1종, 2종	3종	1종, 2종	3종
설치거리	보행거리 30[m]	보행거리 20[m]	수직거리 15[m]	수직거리 10[m]

답 ④

60
수직거리 30[m]인 계단에 연기감지기 3종을 설치할 경우의 최소 설치개수는?

① 1   ② 2
③ 3   ④ 4

해설 연감지기의 부착개수(아래 기준에 1개 이상 설치)

설치장소	복도 및 통로		계단 및 경사로	
	1종, 2종	3종	1종, 2종	3종
설치거리	보행거리 30[m]	보행거리 20[m]	수직거리 15[m]	수직거리 10[m]

∴ 계단에 3종 연기감지기의 설치기준은 수직거리 10[m]마다 1개 이상 설치하여야 하므로

$$\frac{30}{10} = 3개$$

답 ③

61

연기감지기를 설치하지 않아도 되는 장소는?

① 반자의 높이가 15[m] 이상 20[m] 미만인 장소
② 보행거리 15[m]인 복도
③ 계단 및 에스컬레이터 경사로
④ 엘리베이터 권상기실·린넨슈트·파이프피트 및 덕트 기타 이와 유사한 장소

> **해설** 연기감지기의 설치 장소
> • **계단·경사로 및 에스컬레이터 경사로**
> • 복도(30[m] 미만은 제외)
> • 엘리베이터 승강로(권상기실), 린넨슈트, 파이프피트 및 파이프덕트 기타 이와 유사한 장소
> • 천장 또는 반자의 높이가 15[m] 이상 20[m] 미만의 장소
>
> 답 ②

62

연기감지기를 설치하지 않아도 되는 장소는?

① 계단 및 경사로
② 엘리베이터 승강로
③ 파이프 피트 및 덕트
④ 20[m]인 복도

> **해설** 연기감지기의 설치 장소
> • 계단·경사로 및 에스컬레이터 경사로
> • **복도(30[m] 미만은 제외)**
> • 엘리베이터 승강로(권상기실), 린넨슈트, 파이프피트 및 파이프덕트 기타 이와 유사한 장소
> • 천장 또는 반자의 높이가 15[m] 이상 20[m] 미만의 장소
>
> 답 ④

63

불꽃감지기 중 도로형의 최대 시야각은?

① 30° 이상
② 45° 이상
③ 90° 이상
④ 180° 이상

> **해설** 불꽃감지기 도로형 최대 시야각 : 180° 이상
>
> 답 ④

64

자동화재탐지설비에서 특정배선은 전자파방해를 방지하기 위하여 실드선을 사용해야 한다. 그 대상이 아닌 것은?

① R형 수신기
② 복합형 감지기
③ 다신호식 감지기
④ 아날로그식 감지기

> **해설** 실드선 사용 감지기
> • 다신호식 감지기
> • 아날로그식 감지기
> • R형 수신용 사용 감지기
>
> 답 ②

65

감지기의 설치기준으로 부적당한 것은?

① 감지기(차동식분포형 제외)는 실내 공기유입구로부터 1.5[m] 이상 떨어진 곳에 설치할 것
② 보상식스포트형 감지기는 정온점이 감지기 주위의 평상시 최고 온도보다 30[℃] 이상 높은 것으로 설치할 것
③ 정온식감지기는 주방, 보일러실 등 다량의 화기를 취급하는 장소에 설치하되 공칭작동온도가 최고 주위온도보다 20[℃] 이상 높은 것으로 설치할 것
④ 스포트형 감지기는 45° 이상 경사되지 아니하도록 부착할 것

> **해설** **보상식스포트형 감지기**는 정온점이 감지기 주위의 평상시 최고 온도보다 **20[℃] 이상** 높은 것으로 설치하여야 할 것
>
> 답 ②

66

감지기의 설치기준 중 옳은 것은?

① 보상식스포트형 감지기는 정온점이 감지기 주위의 평상시 최고 온도보다 20[℃] 이상 높은 것으로 설치할 것

② 정온식 감지기는 주방·보일러실 등으로서 다량의 화기를 취급하는 장소에 설치하되, 공칭작동온도가 최고 주위온도보다 30[℃] 이상 높은 것으로 설치할 것

③ 스포트형 감지기는 15° 이상 경사되지 아니하도록 부착할 것

④ 공기관식 차동식분포형 감지기의 검출부는 45° 이상 경사되지 아니하도록 부착할 것

[해설] 보상식스포트형 감지기는 정온점이 감지기 주위의 평상시 최고 온도보다 20[℃] 이상 높은 것으로 설치할 것

답 ①

67

자동화재탐지설비의 감지기 설치기준에 적합하지 않는 것은?

① 감지기(차동식분포형의 것 및 특수한 것은 제외한다)는 실내로의 공기유입구로부터 3[m] 이상 떨어진 위치에 설치한다.

② 감지기는 천장 또는 반자의 옥내에 면하는 부분에 설치한다.

③ 차동식스포트형 감지기는 45° 이상 경사되지 않도록 부착한다.

④ 공기관식 차동식분포형 감지기는 공기관은 도중에서 분기하지 아니하도록 부착한다.

[해설] 감지기(차동식분포형의 것을 제외한다)는 실내로의 공기유입구로부터 **1.5[m] 이상** 떨어진 위치에 설치할 것

답 ①

68

부착높이가 6[m]이고 주요구조부를 내화구조로 한 특정소방대상물 또는 그 부분에 정온식스포트형 감지기 특종을 설치하고자 하는 경우 바닥면적 몇 [m²]마다 1개 이상 설치해야 하는가?

① 15　　　　　　② 25

③ 35　　　　　　④ 45

[해설] 특정소방대상물에 따른 감지기의 종류와 높이에 따른 바닥면적 기준(단위 : [m²])

부착높이 및 특정소방대상물의 구분		감지기의 종류				
		차동식·보상식스포트형		정온식스포트형		
		1종	2종	특종	1종	2종
4[m] 미만	내화구조	90	70	70	60	20
	기타 구조	50	40	40	30	15
4[m] 이상 8[m] 미만	내화구조	45	35	35	30	–
	기타 구조	30	25	25	15	–

답 ③

69

주요구조부를 내화구조로 한 특정소방대상물의 바닥면적이 370[m²]인 부분에 설치해야 하는 감지기의 최소 수량은?(단, 감지기의 부착높이는 바닥으로부터 4.5[m]이고, 보상식스포트형 1종을 설치한다)

① 6개　　　　　　② 7개

③ 8개　　　　　　④ 9개

[해설] 특정소방대상물에 따른 감지기의 종류와 높이에 따른 바닥면적 기준(단위 : [m²])

부착높이 및 특정소방대상물의 구분		감지기의 종류				
		차동식·보상식스포트형		정온식스포트형		
		1종	2종	특종	1종	2종
4[m] 미만	내화구조	90	70	70	60	20
	기타 구조	50	40	40	30	15
4[m] 이상 8[m] 미만	내화구조	45	35	35	30	–
	기타 구조	30	25	25	15	–

$$\therefore \frac{370[m^2]}{45[m^2]} = 8.22개(절상) = 9개$$

답 ④

70

부착높이에 따른 감지기의 종류로서 옳지 않는 것은?

① 4[m] 미만 : 차동식스포트형

② 4[m] 이상 8[m] 미만 : 보상식스포트형

③ 8[m] 이상 15[m] 미만 : 열복합형

④ 15[m] 이상 20[m] 미만 : 연기복합형

안심Touch

부착 높이	감지기의 종류
4[m] 미만	• 차동식(스포트형, 분포형) • 보상식스포트형 • 정온식(스포트형, 감지선형) • 열복합형 • 이온화식 또는 광전식(스포트형, 분리형, 공기흡입형) • 연기복합형 • 열연기복합형 • 불꽃감지기
4[m] 이상 8[m] 미만	• 차동식(스포트형, 분포형) • **보상식스포트형** • **정온식(스포트형, 감지선형)특종 또는 1종** • 이온화식 1종 또는 2종 • 광전식(스포트형, 분리형, 공기흡입형) 1종 또는 2종 • 열복합형 • 연기복합형 • 열연기복합형 • 불꽃감지기
8[m] 이상 15[m] 미만	• **차동식 분포형** • 이온화식 1종 또는 2종 • 광전식(스포트형, 분리형, 공기흡입형) 1종 또는 2종 • 연기복합형 • 불꽃감지기
15[m] 이상 20[m] 미만	• 이온화식 1종 • 광전식(스포트형, 분리형, 공기흡입형) 1종 • 연기복합형 • 불꽃감지기
20[m] 이상	• 불꽃감지기 • 광전식(분리형, 공기흡입형) 중 아날로그방식

답 ③

71

부착높이가 15[m] 이상 20[m] 미만에 적응성이 있는 감지기가 아닌 것은?

① 이온화식 1종 감지기　② 연기복합형 감지기
③ 불꽃감지기　④ 차동식분포형 감지기

해설 **15[m] 이상 20[m] 미만**
• 이온화식 1종
• 광전식(스포트형, 분리형, 공기흡입형) 1종
• 연기복합형
• 불꽃감지기

답 ④

72

자동화재탐지설비의 연기복합형 감지기를 설치할 수 없는 부착높이는?

① 4[m] 이상 8[m] 미만
② 8[m] 이상 15[m] 미만
③ 15[m] 이상 20[m] 미만
④ 20[m] 이상

해설 **20[m] 이상**
• 불꽃감지기
• 광전식(분리형, 공기흡입형) 중 아날로그방식

답 ④

73

자동화재탐지설비에 있어서 부착높이가 20[m] 이상에 설치할 수 있는 감지기는?

① 연기복합형　② 불꽃감지기
③ 차동식분포형　④ 이온화식 1종 또는 2종

해설 **20[m] 이상**
• 불꽃감지기
• 광전식(분리형, 공기흡입형) 중 아날로그방식

답 ②

74

지하층・무창층 등으로서 환기가 잘되지 아니하거나 실내면적이 40[m²] 미만인 장소에 설치하여야 하는 적응성이 있는 감지기가 아닌 것은?

① 정온식스포트형 감지기
② 불꽃감지기
③ 광전식분리형 감지기
④ 아날로그방식의 감지기

해설 • 비화재보 발생가능 장소
　– 지하층・무창층 등으로서 환기가 잘 되지 아니하거나 실내면적이 40[m²] 미만인 장소
　– 감지기의 부착면과 실내 바닥과의 거리가 2.3[m] 이하인 장소로서 일시적으로 발생한 열・연기 또는 먼지 등으로 인하여 감지기가 화재신호를 발생할 우려가 있는 장소
• 비화재보 발생우려 장소에 설치 가능한 감지기 종류
　– **축적방식의 감직기**
　– 복합형 감지기
　– 다신호방식의 감지기
　– **불꽃감지기**
　– 아날로그 방식의 감지기
　– **광전식분리형 감지기**

- 정온식감지선형 감지기
- 분포형 감지기

답 ①

75

감지기의 부착면과 실내 바닥과의 거리가 2.3[m] 이하인 곳으로서 일시적으로 발생한 열·연기 또는 먼지 등으로 인하여 화재신호를 발신할 우려가 있는 장소에 적응성이 있는 감지기가 아닌 것은?

① 불꽃감지기
② 축적방식의 감지기
③ 정온식감지선형 감지기
④ 광전식스포트형 감지기

해설 비화재보 발생우려 장소에 설치 가능한 감지기 종류
- **축적방식의 감직기**
- 복합형 감지기
- 다신호방식의 감지기
- **불꽃감지기**
- 아날로그 방식의 감지기
- **광전식분리형 감지기**
- **정온식감지선형 감지기**
- 분포형 감지기

답 ④

76

자동화재탐지설비 배선의 설치기준 중 다음 (   ) 안에 알맞은 것은?

> 자동화재탐지설비 감지기회로의 전로저항은 (㉠)이 (가) 되도록 하여야 하며, 수신기 각 회로별 종단에 설치되는 감자기에 접속되는 배선의 전압은 감지기 정격전압의 (㉡)[%] 이상이어야 한다.

① ㉠ 50[Ω] 이상, ㉡ 70
② ㉠ 50[Ω] 이하, ㉡ 80
③ ㉠ 40[Ω] 이상, ㉡ 70
④ ㉠ 40[Ω] 이상, ㉡ 80

해설 자동화재탐지설비의 감지기회로의 전로저항은 **50[Ω] 이하**가 되도록 하여야 하며, 수신기의 각 회로별 종단에 설치되는 감지기에 접속되는 배선의 전압은 감지기 정격전압의 **80[%] 이상**이어야 한다.

답 ②

77

천장 높이가 5[m]인 경우 청각장애인용 시각경보장치의 설치 높이로 알맞은 것은?

① 바닥으로부터 0.3[m] 이상 0.8[m] 이하의 장소
② 바닥으로부터 0.8[m] 이상 1.2[m] 이하의 장소
③ 바닥으로부터 2.0[m] 이상 2.5[m] 이하의 장소
④ 천장으로부터 0.15[m] 이내의 장소

해설 시각경보장치 설치기준
- 설치높이는 바닥으로부터 2[m] 이상 2.5[m] 이하의 장소에 설치
- 천장의 높이가 2[m] 이하인 경우에는 천장으로부터 0.15[m] 이내의 장소에 설치할 것

답 ③

78

청각장애인용 시각경보장치의 설치기준 중 천장의 높이가 2[m] 이하인 경우에는 천장으로부터 몇 [m] 이내의 장소에 설치하여야 하는가?

① 0.15
② 0.3
③ 0.5
④ 0.7

해설 77번 해설 참조

답 ①

79

시각경보장치의 전원 입력 단자에 사용정격전압을 인가한 뒤, 신호장치에서 작동신호를 보내어 약 1분간 점멸횟수를 측정하는 경우 매 초당 점멸주기는?

① 1회 이상 3회 이내
② 1회 이상 5회 이내
③ 1회 이상 10회 이내
④ 1회 이상 20회 이내

해설 시각경보장치의 전원 입력 단자에 사용정격전압을 인가한 뒤 신호장치에서 작동신호를 보내어 약 1분간 점멸회수를 측정하는 경우 점멸주기는 매 초당 1회 이상 3회 이내이어야 한다.

답 ①

80

자동화재탐지설비의 화재안전기준에서 사용하는 용어의 정의를 설명한 것이다. 다음 중 옳지 않은 것은?

① "경계구역"이란 소방대상물 중 화재신호를 발신하고 그 신호를 수신 및 유효하게 제어할 수 있는 구역을 말한다.

② "중계기"란 감지기ㆍ발신기 또는 전기적접점 등의 작동에 따른 신호를 받아 이를 수신기의 제어반에 전송하는 장치를 말한다.

③ "감지기"란 화재 시 발생하는 열, 연기, 불꽃 또는 연소생성물을 자동적으로 감지하여 수신기에 발신하는 장치를 말한다.

④ "시각경보장치"란 자동화재탐지설비에서 발하는 화재신호를 시각경보기에 전달하여 시각장애인에게 경보를 하는 것을 말한다.

해설 **시각경보장치** : 자동화재탐지설비에서 발하는 화재신호를 시각경보기에 전달하여 청각장애인에게 점멸형태의 시각경보를 발하는 것

답 ④

81

자동화재탐지설비의 청각장애인용 시각경보장치의 설치기준으로 옳지 않은 것은?

① 복도ㆍ통로ㆍ청각장애인용 객실 및 공용으로 사용하는 거실에 설치

② 공연장 등에 설치하는 경우 인식이 용이하도록 객석 부분에 설치

③ 설치높이는 바닥으로부터 2[m] 이상 2.5[m] 이하의 장소에 설치

④ 시각경보장치의 광원은 전용의 축전지설비에 의하여 점등되도록 할 것

해설 공연장ㆍ집회장ㆍ관람장 또는 이와 유사한 장소에 설치하는 경우에는 시선이 집중되는 무대부 부분 등에 설치할 것

답 ②

82

자동화재탐지설비의 감지기회로에 설치하는 종단저항의 설치기준으로 옳지 않은 것은?

① 점검 및 관리가 쉬운 장소에 설치하여야 한다.

② 감지기회로 끝부분에 설치한다.

③ 전용함에 설치하는 경우 그 설치높이는 바닥으로부터 0.8[m] 이내에 설치하여야 한다.

④ 종단감지기에 설치하는 경우 구별이 쉽도록 해당 감지기의 기판 등에 별도의 표시를 하여야 한다.

해설 **감지기회로의 도통시험을 위한 종단저항의 설치기준**
- 점검 및 관리가 쉬운 장소에 설치할 것
- 전용함을 설치하는 경우 그 **설치높이**는 바닥으로부터 **1.5[m]** 이내로 할 것
- **감지회로의 끝부분**에 **설치**하며 종단감지기에 설치하는 경우에는 구별이 쉽도록 해당 감지기의 기판 등에 별도의 표시를 할 것

답 ③

83

감지기회로에 종단저항을 설치하는 이유는?

① 소모전력을 측정하기 위하여

② 도통시험을 하기 위하여

③ 절연저항을 측정하기 위하여

④ 동시작동시험을 하기 위하여

해설 **종단저항 설치이유** : 감지기회로의 **도통시험을 용이**하게 하기 위하여

답 ②

84

감지기회로의 전로저항과 감지기에 접속되는 배선전압이 옳게 짝지어진 것은?

① 전로저항 : 50[Ω] 이상, 배선전압 : 정격전압의 70[%] 이상

② 전로저항 : 50[Ω] 이하, 배선전압 : 정격전압의 80[%] 이상

③ 전로저항 : 40[Ω] 이상, 배선전압 : 정격전압의 80[%] 이상

④ 전로저항 : 40[Ω] 이하, 배선전압 : 정격전압의 70[%] 이상

해설 **감지기의 전로저항과 배선전압**
- 감지기의 전로저항 : 50[Ω] 이하
- 감지기 배선전압 : 정격전압의 80[%] 이상

답 ②

85

자동화재탐지설비의 감지기 배선방식을 송배전(보내기배선)방식으로 설치하는 목적으로 가장 알맞은 것은?

① 도통시험을 하기 위함
② 작동시험을 하기 위함
③ 비상전원 상태를 확인하기 위함
④ 상용전원 상태를 확인하기 위함

해설 도통시험을 용이하게 하기 위하여 배선의 중간에서 분기하지 않는 방식

답 ①

86

가로 50[m], 세로 30[m], 바닥에서 천장까지 높이 3.9[m]이고 내화구조인 전기실에 차동식스포트형 2종 감지기를 설치하여 할론설비를 연동시킬 때 설치하여야 할 감지기의 최소 숫자를 구하면?

① 22개
② 33개
③ 44개
④ 55개

해설 $\dfrac{50 \times 30}{70} = 21.43 = 22$개

∴ 교차회로방식이므로 22개 × 2 = 44개

답 ③

87

감지기 회로의 도통시험을 위한 종단저항의 설치기준으로 옳지 않은 것은?

① 점검 및 관리가 쉬운 장소에 설치할 것
② 동일층 발신기함 외부에 설치할 것
③ 전용함을 설치하는 경우 그 설치 높이는 바닥으로부터 1.5[m] 이내로 할 것
④ 종단 감지기에 설치하는 경우에는 구별이 쉽도록 해당 감지기의 기판 등에 별도의 표시를 할 것

해설 종단저항은 발신기함 내부 또는 감지기회로 끝부분에 설치한다.

답 ②

88

자동화재탐지설비의 감지기회로 및 부속회로의 전로와 대지 사이 및 배선 상호 간의 절연저항은 1경계구역마다 직류 250[V]의 절연저항측정기를 사용하여 측정한 절연저항이 몇 [MΩ] 이상이어야 하는가?

① 0.1
② 0.2
③ 0.4
④ 0.5

해설 전원회로의 전로와 대지 사이 및 배선 상호 간의 절연저항은 전감지기회로 및 부속회로의 전로와 대지 사이 및 배선 상호 간의 절연저항은 1경계구역마다 직류 250[V]의 절연저항측정기를 사용하여 측정한 **절연저항이 0.1[MΩ] 이상**이 되도록 할 것

답 ①

89

자동화재탐지설비 전원회로의 전로와 대지 사이 및 배선 상호 간의 절연저항 기준은?

① DC 250[V], 0.1[MΩ] 이상
② DC 250[V], 0.2[MΩ] 이상
③ DC 500[V], 0.1[MΩ] 이상
④ DC 500[V], 0.2[MΩ] 이상

해설
• 전로와 대지 사이 및 배선상호 간의 절연저항은 직류 250[V]의 절연저항측정기를 사용하여 측정한 절연저항이 0.1[MΩ] 이상으로 할 것
• 자동화재감지설비의 감지회로의 전로저항은 50[Ω] 이하가 되도록 할 것

답 ①

90

자동화재탐지설비의 비상전원을 축전지설비로 할 경우 감시상태를 몇 분간 지속한 후, 몇 분 이상 경보할 수 있는 용량이어야 하는가?

① 30분간 감시상태 지속, 10분 이상 경보
② 30분간 감시상태 지속, 20분 이상 경보
③ 60분간 감시상태 지속, 10분 이상 경보
④ 60분간 감시상태 지속, 20분 이상 경보

해설 각 설비의 비상전원

설비의 종류	비상전원용량
자동화재탐지설비, 자동화재속보설비, 비상경보설비	10분 이상
제연설비, 비상콘센트설비, 유도등	20분 이상

답 ③

제 **3** 절 **수신기**

1 개 요

수신기는 감지기, 발신기의 신호를 수신하여 직접 또는 중계기를 거쳐서 화재의 발생장소를 표시 및 경보하는 장치

2 수신기의 종류

수신기 ┌ P형(1급, 2급, 복합식)
       ├ R형(복합식)
       ├ GP형(복합식)
       └ GR형(복합식)

3 수신기 용어 정리

① **P형수신기** : 감지기 또는 발신기로부터 발하여지는 신호를 직접 또는 중계기를 통하여 공통신호로서 수신하여 화재의 발생을 당해 소방대상물의 관계자에게 경보하여 주는 것을 말한다.

② **R형수신기** : 감지기 또는 발신기로부터 발하여지는 신호를 직접 또는 중계기를 통하여 고유신호로서 수신하여 화재의 발생을 당해 소방대상물의 관계자에게 경보하여 주는 것을 말한다.

③ **GP형수신기** : P형수신기의 기능과 가스누설경보기의 수신부 기능을 겸한 것을 말한다. 다만, 가스누설경보기의 수신부의 기능 중 가스농도 감시장치는 설치하지 아니할 수 있다.

④ **GR형수신기** : R형수신기의 기능과 가스누설경보기의 수신부 기능을 겸한 것을 말한다. 다만, 가스누설경보기의 수신부의 기능 중 가스농도 감시장치는 설치하지 아니할 수 있다.

⑤ **방폭형** : 폭발성가스가 용기내부에서 폭발하였을 때 용기가 그 압력에 견디거나 또는 외부의 폭발성가스에 인화될 우려가 없도록 만들어진 형태의 제품을 말한다.

⑥ **방수형** : 그 구조가 방수구조로 되어 있는 것을 말한다.

⑦ **P형복합식수신기** : 감지기 또는 발신기로부터 발하여지는 신호를 직접 또는 중계기를 통하여 공통신호로서 수신하여 화재의 발생을 당해 소방대상물의 관계자에게 경보하여 주고 자동 또는 수동으로 옥내·외소화전설비, 스프링클러설비, 물분무소화설비, 포소화설비, 이산화탄소소화설비, 할로겐화물소화설비, 분말소화설비, 배연설비 등의 가압송수장치 또는 기동장치 등을

제어하는(이하 "제어기능"이라 한다) 것을 말한다.

⑧ R형복합식수신기 : 감지기 또는 발신기로부터 발하여지는 신호를 직접 또는 중계기를 통하여 고유신호로서 수신하여 화재의 발생을 당해 소방대상물의 관계자에게 경보하여 주고 제어기능을 수행하는 것을 말한다.

⑨ GP형복합식수신기 : P형복합식수신기와 가스누설경보기의 수신부 기능을 겸한 것을 말한다.

⑩ GR형복합식수신기 : R형복합식수신기와 가스누설경보기의 수신부 기능을 겸한 것을 말한다.

4 수신기의 구조 및 기능

(1) P형 수신기

① P형 1급 수신기

　㉠ 화재표시작동 시험장치

　㉡ 수신기와 감지기 등과의 사이의 외부 배선의 **도통시험장치**

　㉢ 주전원과 예비전원 **자동절환장치**

　㉣ 예비전원의 **양부 시험장치**

　㉤ 발신기 등과 연락할 수 있는 **전화연락장치**

[P형 1급 수신기]

■ P형 1급 수신기
: 5회로 이상

② P형 2급 수신기

회선수가 **5회선 이하**인 수신기로서 P형 2급 1회선용 수신기는 예비전원이 필요하지 않고 연면적 **350[m²]** 이하의 특정소방대상물에 설치하여야 한다.

　㉠ 화재표시작동 시험장치

　㉡ 주전원과 예비전원 **자동절환장치**

　㉢ 예비전원의 **양부 시험장치**

[P형 2급 수신기]

■ P형 2급 수신기
: 5회로 이하

③ P형 수신기 표시장치 : 화재표시등, 지구표시등, 주전원등, 예비전원 감시등, 발신기등, 스위치 주의등, 주경종등, 지구경종등

■ R형 수신기
  : 중계기가 필요하다.

(2) R형 수신기

감지기 또는 R형 발신기에서 발하여지는 신호를 중계기를 통하여 고유 신호를 수신하여 화재의 발생을 특정소방대상물의 관계자에게 통보하는 것으로 **2본의 신호선**으로 **중계기 100개분**의 신호를 선택 수신할 수 있는 기능을 갖는 수신기를 말한다.

[R형 수신기(복합형)]

① R형 수신기의 특징

  ㉠ **선로수**가 **적고** 선로길이를 길게 할 수 있다.

  ㉡ **증설** 또는 **이설**이 **쉽다.**

  ㉢ 발보지구를 선명하게 숫자로 표시할 수 있다.

  ㉣ 신호의 전달이 확실하다.

  ㉤ 반드시 **중계기**가 **필요**하다.

  ㉥ 기록장치가 있다.

5 수신기의 설치기준

(1) 수신기의 적합 설치기준

① 해당 특정소방대상물의 경계구역을 각각 표시할 수 있는 회선수 이상의 수신기를 설치할 것

■ 4층 이상 특정소방대상물
  : 발신기와 전화통화가 가능한 수신기 설치

② **4층 이상**의 특정소방대상물에는 **발신기**와 **전화통화가 가능한 수신기**를 설치할 것

③ 해당 특정소방대상물에 가스누설탐지설비가 설치된 경우에는 가스누설탐지설비로부터 가스누설신호를 수신하여 가스누설경보를 할 수 있는 수신기를 설치할 것(가스누설탐지설비의 수신부를 별도로 설치한 경우에는 제외한다)

(2) 수신기의 설치기준

① 수위실 등 상시 사람이 근무하고 있는 장소에 설치하고, 그 장소에는 **경계구역 일람도**를 비치할 것

② 수신기의 음향기구는 그 **음량** 및 **음색**이 다른 기기의 소음 등과 **명확히 구별**될 수 있는 것으로 할 것

③ 수신기는 **감지기·중계기** 또는 **발신기**가 작동하는 경계구역을 표시할 수 있는 것으로 할 것

④ 하나의 경계구역은 하나의 표시등 또는 하나의 문자가 표시되도록 할 것

⑤ 수신기의 **조작스위치**는 바닥으로부터 높이가 **0.8[m] 이상 1.5[m] 이하**인 장소에 설치할 것

⑥ 하나의 특정소방대상물에 **2 이상**의 **수신기**를 설치하는 경우에는 수신기를 상호 간 연동하여 화재발생상황을 각 수신기마다 확인할 수 있도록 할 것

(3) 수신기의 구조 및 일반기능

① 작동이 확실하고 취급·점검이 쉬워야 할 것

② 외함은 불연성 또는 난연성 재질로 할 것

③ 극성이 있는 경우에는 오접속 방지장치를 할 것

④ 사람이 접촉할 우려가 있는 충전부는 보호할 것

⑤ 정격전압이 60[V]를 넘는 기구의 금속제 외함에는 **접지단자**를 **설치**할 것

⑥ **예비전원회로**에는 단락사고 등으로부터 보호하기 위한 **퓨즈**를 설치할 것

⑦ 내부에 주전원의 **양극**을 **동시**에 **개폐**할 수 있는 **전원스위치**를 설치할 것

⑧ 전면에는 예비전원의 상태감시장치와 주전원의 감시장치를 설치할 것

⑨ 수신기의 외부 배선 연결용 단자에 있어서 **공통신호선용 단자**는 **7개 회로**마다 **1개 이상** 설치할 것

(4) 수신기의 기능검사시험 : 화재표시동작시험, 회로도통시험, 공통선시험, 예비전원시험, 동시동작시험, 저전압시험, 회로저항시험, 비상전원시험, 지구음향장치의 작동시험

> **회로도통시험** : 감지기 회로의 단선 유무, 기기의 접속상태를 확인하기 위한 시험

■ 하나의 특정소방대상물에 2 이상의 수신기 설치 시 상호간 동시 통화가 가능한 설비를 할 것

■ 정격전압 60[V] 초과
 : 외함에 접지단자 설치

■ 신호공통선
 : 7개 회로마다 1개 이상 설치

■ 심 벌
 – 수신기

 – 제어반

 – 부수신기(표시기)

 – 중계기

제 **4** 절　**발신기**

1 개 요

감지기가 작동하기 전에 화재 발견자가 화재주위에 설치된 플라스틱을 깨고 버튼을 눌러 화재발생을 수신기 또는 중계기에 수동으로 발신하는 것이다.

2 발신기의 설치기준

(1) 다수인이 보기 쉽고 조작이 용이한 장소에 설치할 것

(2) 스위치는 바닥으로부터 **0.8[m] 이상 1.5[m] 이하**의 높이에 설치할 것

(3) 특정소방대상물의 **층마다 설치**하되, 해당 특정소방대상물의 각 부분으로부터 하나의 발신기까지의 **수평거리가 25[m] 이하**(터널은 주행 방향의 측벽 길이 50[m] 이내)가 되도록 할 것

(4) 복도 또는 별도의 구획된 실로서 보행거리가 40[m] 이상일 경우에는 추가로 설치한다.

(5) 발신기의 위치를 표시하는 표시등은 함의 상부에 설치하되, 그 불빛은 부착면으로부터 15° 이상의 범위 안에서 부착지점으로부터 10[m] 이내의 어느 곳에서도 쉽게 식별할 수 있는 적색등으로 하여야 한다.

(6) 발신기의 작동스위치는 동작방향으로 가하는 힘이 2[kg]을 초과하고 8[kg] 이하인 범위에서 확실하게 동작하여야 하고, 2[kg] 힘을 가하는 경우 동작하지 않아야 한다.

(7) **발신기 외함 두께**
　① **강 판**
　　㉠ 외함 두께 : 1.2[mm] 이상
　　㉡ 벽속 매립 : 1.6[mm] 이상
　② **합성수지**
　　㉠ 외함 두께 : 3[mm] 이상
　　㉡ 벽속 매립 : 4[mm] 이상

3 P형 1급 발신기

(1) 구성 : 응답확인램프, 전화장치(전화잭), 누름스위치, 보호판

(2) 접속 회선 : 지구선(회로선), 공통선, 응답선(발신기선), 전화선

■ 발신기에 연결하는 선
: 지, 공, 응, 전

[P형 1급 발신기]

제 **5** 절　중계기

1 개 요

감지기 또는 발신기작동에 의한 신호 또는 가스누설경보기의 탐지부에서 발하여진 가스누설신호를 받아 이를 수신기, 가스누설경보기, 자동소화설비의 제어반에 발신하며 소화설비, 제연설비, 그 밖에 이와 유사한 방재설비에 제어신호를 발신하는 작용을 한다.

2 중계기의 종류

[중계기의 결선도]

■ 중계기 설치 위치
  : 수신기와 감지기 사이

■ 반드시 설치해야 하는 시
  험장치
  : 상용전원 및 예비전원 시
    험장치

■ 중계기 수신개시부터 발
  신개시까지 소요시간
  : 5초 이내

3 중계기의 설치기준

(1) 수신기에서 직접감지기회로의 도통시험을 행하지 아니하는 것에 있어서는 **수신기**와 **감지기** 사이에 설치할 것

(2) 수신기에 의하여 감시되지 아니하는 배선을 통하여 전력을 공급받는 것에 있어서는 전원입력 측의 배선에 과전류차단기를 설치하고 해당 전원의 정전이 즉시 수신기에 표시되는 것으로 하며, 상용전원 및 예비전원의 시험을 할 수 있도록 할 것

(3) 조작 및 점검에 편리하고 화재 및 침수 등의 재해로 인한 피해를 받을 우려가 없는 장소에 설치할 것

(4) **중계기의 구조 및 기능**

① 정격전압이 **60[V]**를 넘는 중계기의 강판외함에는 **접지단자**를 설치할 것
② **예비전원회로**에는 단락사고 등으로부터 보호하기 위한 **퓨즈** 등 과전류보호장치를 설치할 것
③ 수신개시로부터 발신개시까지의 시간이 **5초 이내**이어야 할 것

(5) 축전지의 충전시험 및 방전시험은 방전종지전압을 기준하여 시작한다. 이 경우 방전종지전압이라 함은 원통형 니켈카드뮴축전지는 셀당 1.0[V]의 상태를, 무보수밀폐형 연축전지는 단전지당 1.75[V]의 상태를 말한다.

[수신개시 후 소요시간]

설 비	P형, R형 수신기 중계기	비상방송설비	가스누설경보기
소요시간	5초 이내	10초 이내	60초 이내

1-2 출제예상문제

01

P형 2급 수신기는 몇 회선 이하인 경우에 사용하는가?

① 3 　　　　　　② 4

③ 5 　　　　　　④ 6

해설 P형 2급 수신기 : 5회선 이하

답 ③

02

자동화재탐지설비의 수신기 종류가 아닌 것은?

① P형 1급 수신기 　　② R형 수신기

③ A형 수신기 　　　④ GP형 수신기

해설 수신기의 종류 : P형 수신기, R형 수신기, GP형 수신기, GR형 수신기

답 ③

03

P형 수신기의 기능과 가스누설 경보기의 수신부 기능을 겸한 수신기는?

① M형 수신기 　　　② R형 수신기

③ GP형 수신기 　　　④ GR형 수신기

해설 GP형 수신기 : P형 수신기의 기능과 가스누설경보기의 수신부 기능을 겸한 것

답 ③

04

감지기와 수신기 사이에 고유한 신호를 가진 중계기가 연결되어 있는 수신기는?

① M형 　　　　　② R형

③ P형 2급 　　　　④ P형 1급

해설 R형 수신기 : 중계기가 필요하다.

답 ②

05

하나의 특정소방대상물에 2개 이상의 수신기를 설치할 경우 수신기가 설치된 장소 상호 간에 반드시 갖추어야 할 설비는?

① 동시 방송설비

② 동시 통화가 가능한 전화설비

③ 각 지역 감시설비

④ 동시 기동설비

해설 하나의 특정소방대상물에 2 이상의 수신기를 설치하는 경우에는 수신기가 설치된 장소 상호 간에 **동시 통화**가 가능한 설비를 설치할 것

답 ②

06

P형 수신기에 구성되어 있는 표시장치를 나열한 것이다. 옳지 않은 것은?

① 도통시험 스위치등·주경종등

② 화재등·지구표시등

③ 주전원등·예비전원 감시등

④ 발신기등·스위치 주의등

해설 P형 수신기의 표시장치
- 화재표시등(화재등)
- 지구표시등(지구등)
- 주전원등
- 예비전원 감시등
- 발신기등
- 스위치 주의등
- 주경종등, 지구경종등

답 ①

07
다음 수신기의 일반적인 구조 및 기능 중에서 옳은 것은?

① 예비전원회로에는 단락사고 등으로부터 보호하기 위한 누전차단기를 설치하여야 한다.
② 주전원의 양극을 각각 개폐할 수 있는 전원스위치를 설치하여야 한다.
③ 외함은 단단한 가연성 재질을 사용하여 제작하여야 한다.
④ 정격전압이 60[V]를 넘는 금속제 외함에는 접지단자를 설치하여야 한다.

해설 수신기의 구조 및 일반적인 기능
• 예비전원회로에는 단락사고 등으로부터 보호하기 위한 퓨즈 등 과전류 보호장치를 설치하여야 한다.
• 내부에 주전원의 양극을 동시에 개폐할 수 있는 전원스위치를 설치하여야 한다.
• 외함은 불연성 또는 난연성 재질로 만들어져야 한다.
• 정격전압이 60[V]를 넘는 기구의 금속제 외함에는 접지단자를 설치하여야 한다.

답 ④

08
자동화재탐지설비의 수신기 설치기준으로 옳지 않은 것은?

① 수위실 등 상시 사람이 근무하는 장소에 설치할 것
② 수신기가 설치된 장소에는 경계구역 일람도를 비치할 것
③ 하나의 경계구역은 하나의 표시등 또는 하나의 문자로 표시되도록 할 것
④ 수신기의 조작스위치는 바닥으로부터 높이 1.0[m] 이상 1.8[m] 이하에 설치할 것

해설 수신기의 **조작 스위치**는 바닥으로부터 높이가 **0.8[m] 이상 1.5[m] 이하**인 장소에 설치할 것

답 ④

09
자동화재탐지설비의 수신기는 몇 층 이상의 특정소방대상물일 경우 발신기와 전화통화가 가능한 것으로 설치해야 하는가?

① 7층 이상
② 5층 이상
③ 4층 이상
④ 2층 이상

해설 수신기는 4층 이상의 특정소방대상물일 경우 발신기와 전화통화가 가능한 것으로 설치해야 한다.

답 ③

10
수신기의 외부배선 연결용 단자에 있어서 7개 회로마다 1개 이상 설치하여야 하는 단자는?

① 공통신호선용
② 경계구역구분용
③ 지구경종신호용
④ 동시작동시험용

해설 수신기의 외부 배선 연결용 단자에 있어서 **공통신호선용 단자**는 **7개 회로마다 1개 이상** 설치하여야 한다.

답 ①

11
자동화재탐지설비의 GP형 수신기에 감지기회로의 배선을 접속하려고 할 때 경계구역이 15개인 경우 필요한 공통선의 최소 개수는?

① 1
② 2
③ 3
④ 4

해설 경계구역 7개마다 공통선을 설치하므로
$$\frac{15}{7} = 2.14 \ \therefore \ 공통선 \ 3개$$

답 ③

12
다음 (　) 안에 공통으로 들어갈 내용으로 옳은 것은?

> P형 1급 수신기의 비상전원시험은 (　　)이(가) 정전되었을 때 자동적으로 예비전원(비상전원 전용수전설비 제외)으로 절환되며, 정전 복구 시에는 자동적으로 (　　)(으)로 절환되는지 확인하는 시험이다.

① 감지기
② 표시기전원
③ 충전전원
④ 상용전원

해설 비상전원시험은 상용전원이 정전되었을 때 자동적으로 예비전원으로 전환되며, 정전복구 시에는 자동적으로 상용전원으로 전환되는지 확인하는 시험이다.

답 ④

13

수신기를 나타내는 소방시설 도시기호로 옳은 것은?

① 　②

③ 　④

해설 ① 수신기
② 제어반
③ 부수신기(표시기)
④ 중계기

답 ①

14

P형 1급 수신기의 시험 중 감지기 선로의 단락 또는 단선을 시험하는 것은 어느 것인가?

① 작동시험　　② 도통시험
③ 유통시험　　④ 절연내력시험

해설 회로도통시험 : 감지기회로의 단선의 유무, 기기의 접속상황을 확인하기 위한 시험

답 ②

15

수신기의 기능검사와 관계없는 것은?

① 저전압시험
② 화재표시동작시험
③ 공기관 유통시험
④ 동시동작시험

해설 수신기의 기능검사
• **화재표시동작시험**　• 회로도통시험
• 공통선시험　　　　• 예비전원시험
• **동시동작시험**　　• **저전압시험**
• 회로저항시험　　　• 비상전원시험
• 지구음향장치의 작동시험

공기관 유통시험 : 감지기의 기능검사

답 ③

16

자동화재탐지설비의 화재안전기준에서 사용하는 용어의 정의로 틀린 것은?

① 발신기라 함은 화재발생 신호를 수신기에 자동으로 발신하는 것을 말한다.
② 경계구역이라 함은 특정소방대상물 중 화재신호를 발신하고 그 신호를 수신 및 유효하게 제어할 수 있는 구역을 말한다.
③ 거실이라 함은 거주·집무·작업·집회·오락 그 밖에 이와 유사한 목적을 위하여 사용하는 방을 말한다.
④ 중계기라 함은 감지기·발신기 또는 전기적 접점 등의 작동에 따른 신호를 받아 이를 수신기의 제어반에 전송하는 장치를 말한다.

해설 **발신기**라 함은 화재발생 신호를 수신기에 **수동**으로 발신하는 것을 말한다.

답 ①

17

자동화재탐지설비의 발신기 설치기준으로 옳지 않은 것은?

① 특정소방대상물의 층마다 설치한다.
② 스위치는 바닥으로부터 0.8[m] 이상 1.5[m] 이하의 높이에 설치한다.
③ 복도 또는 별도로 구획된 실로서 보행거리가 50[m] 이상일 경우에는 추가로 설치한다.
④ 지하구의 경우에는 발신기를 설치하지 아니할 수 있다.

해설 복도 또는 별도로 구획된 실로서 보행거리 **40[m]** 이상일 경우에는 추가로 발신기를 설치

답 ③

18

발신기의 구조로 옳지 않은 것은?

① 발신기 작동스위치를 누르거나 기타의 방법으로 쉽게 동작시킬 수 있는 것이어야 한다.
② 발신기 외함의 노출부의 색은 녹색이어야 한다.
③ 보호판이 있는 발신기는 유기질 유리를 사용하여야 한다.
④ 작동한 후에 정위치로 복귀시키는 조작을 하여야 하는 발신기는 정위치에 복귀시키는 조작을 잊지 아니하도록 하는 적당한 방법을 강구하여야 한다.

안심Touch

해설 발신기 외함의 노출부의 색 : 적색

답 ②

19

발신기의 외함을 합성수지로 사용하는 경우 외함의 최소 두께는 몇 [mm] 이상이어야 하는가?

① 5
② 3
③ 1.6
④ 1.2

해설 발신기의 외함 두께
- 강 판
  - 외함 : 1.2[mm] 이상
  - 외함(벽 속 매립) : 1.6[mm] 이상
- 합성수지
  - 외함 : 3[mm] 이상
  - 외함(벽 속 매립) : 4[mm] 이상

답 ②

20

P형 1급 발신기에 연결해야 하는 회선은?

① 지구선, 공통선, 소화선, 전화선
② 지구선, 공통선, 응답선, 전화선
③ 지구선, 공통선, 발신기선, 응답선
④ 신호선, 공통선, 발신기선, 응답선

해설 P형 1급 발신기 회선 : 회로선(지구선), 공통선, 발신기선(응답선), 전화선

답 ②

21

P형 1급 발신기의 구성요소가 아닌 것은?

① 보호판
② 누름버튼스위치
③ 전화잭
④ 위치표시등

해설 P형 1급 발신기 : 보호판, 누름스위치, 전화잭, 응답램프, 외함으로 구성

답 ④

22

발신기의 위치를 표시하는 표시등으로 알맞은 것은?

① 황색등
② 적색등
③ 청색등
④ 황색 점멸등

해설
- 황색등 : 가스누설경보기의 표시등
- 적색등 : 발신기의 표시등

답 ②

23

다음 중 자동화재탐지설비의 발신기 스위치의 설치 위치로 알맞은 것은?

① 바닥으로부터 30[cm] 높이인 위치
② 바닥으로부터 75[cm] 높이인 위치
③ 바닥으로부터 120[cm] 높이인 위치
④ 바닥으로부터 160[cm] 높이인 위치

해설 자동화재탐지설비의 발신기 스위치 설치 위치 : 바닥으로부터 0.8[m] 이상 1.5[m] 이하의 위치에 설치

답 ③

24

소방대상물 각 부분에서 하나의 발신기까지의 수평거리는 몇 [m]이며, 복도 또는 별도로 구획된 실에 발신기를 설치하는 경우에는 보행거리를 몇 [m]로 해야 하는가?

① 수평거리 15[m] 이하, 보행거리 30[m] 이상
② 수평거리 25[m] 이하, 보행거리 30[m] 이상
③ 수평거리 15[m] 이하, 보행거리 40[m] 이상
④ 수평거리 25[m] 이하, 보행거리 40[m] 이상

해설
- 발신기는 특정소방대상물의 층마다 설치
- 특정소방대상물의 각 부분으로부터 하나의 발신기까지 수평거리 25[m] 이하
- 복도 또는 별도로 구획된 실로서 보행거리 40[m] 이상

답 ④

25

수동발신기 스위치를 작동시켰더니 화재표시동작을 하지 않았다. 원인으로 볼 수 없는 것은?

① 응답램프 불량
② 배선의 단선
③ 발신기 접점불량
④ 감지기 불량

해설 발신기 작동 후 화재표시 미동작 원인 : 응답램프 불량, 배선의 단선, 발신기 접점불량

답 ④

26

자동화재탐지설비의 발신기는 건축물의 각 부분으로부터 하나의 발신기까지 수평거리는 최대 몇 [m] 이하인가?

① 25[m]
② 50[m]
③ 100[m]
④ 150[m]

해설 발신기는 특정소방대상물의 층마다 설치하되, 해당 특정소방대상물의 각 부분으로부터 하나의 발신기까지의 수평거리가 25[m] 이하가 되도록 할 것

답 ①

27

자동화재탐지설비 발신기의 작동기능 기준 중 다음 ( ) 안에 알맞은 것은?(단, 이 경우 누름판이 있는 구조로서 손끝으로 눌러 작동하는 방식의 작동스위치는 누름판을 포함한다)

> 발신기의 조작부는 작동스위치의 동작방향으로 가하는 힘이 (㉠)[kg]을 초과하고 (㉡)[kg] 이하인 범위에서 확실하게 동작되어야 하며, (㉠)[kg] 힘을 가하는 경우 동작되지 아니하여야 한다.

① ㉠ 2, ㉡ 8
② ㉠ 3, ㉡ 7
③ ㉠ 2, ㉡ 7
④ ㉠ 3, ㉡ 8

해설 **발신기의 형식승인 및 제품검사의 기술기준**
발신기의 작동스위치는 동작방향으로 가하는 힘이 **2[kg]**을 초과하고 **8[kg]** 이하인 범위에서 확실하게 동작하여야 하고, 2[kg] 힘을 가하는 경우 동작하지 않아야 한다.

답 ①

28

자동화재탐지설비의 발신기의 조작부에 대한 설명으로 옳은 것은?

① 작동스위치의 동작방향으로 가하는 힘이 1[kg]을 초과하고 10[kg] 이하인 범위에서 확실하게 동작되어야 한다.
② 작동스위치의 동작방향으로 가하는 힘이 2[kg]을 초과하고 8[kg] 이하인 범위에서 확실하게 동작되어야 한다.
③ 작동스위치가 작동되는 경우 P형 3급 발신기는 발신기의 확인장치에 화재신호가 전송되었음을 표기하여야 한다.
④ 작동스위치가 작동되는 경우 GR형 발신기는 발신기의 확인장치에 화재신호가 전송되었음을 표기하여야 한다.

해설 27번 참조

답 ②

29

자동화재탐지설비의 중계기의 설치기준에 대한 설명 중 옳지 않은 것은?

① 수신기에서 직접 감지기회로의 도통시험을 행하지 아니하는 것에 있어서는 수신기와 감지기 사이에 설치할 것
② 조작 및 점검에 편리하고 화재 및 침수 등의 재해로 인한 피해를 받을 우려가 없는 장소에 설치할 것
③ 수신기에 따라 감시되지 않는 배선을 통하여 전력을 공급받는 것에 있어서는 전원입력 측의 배선에 스위치를 설치할 것
④ 전원의 정전 즉시 수신기에 표시되는 것으로 하며 상용전원 및 예비전원의 시험을 할 수 있도록 할 것

해설 수신기에 따라 감시되지 아니하는 배선을 통하여 전력을 공급받는 것에 있어서는 전원입력 측의 배선에 **과전류차단기**를 설치할 것

답 ③

30

자동화재탐지설비의 중계기를 설치하여야 할 곳은?

① 감지회로가 3 이상이 있는 곳
② 분포형 감지기가 설치되어 있는 곳
③ 수신기에서 직접감지기회로의 도통시험이 불가능한 곳
④ 자동화재속보설비와 연동되는 곳

해설 중계기의 설치기준
수신기에서 직접감지기회로의 도통시험을 행하지 아니하는 것에 있어서는 **수신기**와 **감지기** 사이에 설치할 것

답 ③

31

중계기의 구조 및 기능에 관한 설명으로 옳은 것은?

① 정격전압이 60[V]를 넘는 중계기의 외함에는 접지단자를 설치한다.
② 예비전원회로는 단락사고 등으로부터 보호하기 위한 개폐기를 설치한다.
③ 화재신호에 영향을 미칠 우려가 있더라도 조작부는 설치하여야 한다.
④ 수신개시로부터 발신개시까지의 시간은 30초 이내이어야 한다.

해설 중계기의 구조 및 기능
- 정격전압이 60[V]를 넘는 중계기의 외함에는 **접지단자**를 설치할 것
- **예비전원회로**에는 단락사고 등으로부터 보호하기 위한 **퓨즈**를 설치할 것
- 수신개시로부터 발신개시까지의 시간이 **5초 이내**일 것

답 ①

32

자동화재탐지설비의 중계기에 반드시 설치하여야 할 시험 장치는?

① 회로도통시험 및 과누전시험
② 예비전원시험 및 전로개폐시험
③ 절연저항시험 및 절연내력시험
④ 상용전원시험 및 예비전원시험

해설 수신기에 의하여 감시되지 아니하는 배선을 통하여 전력을 공급받는 것에 있어서는 전원입력 측의 배선에 과전류차단기를 설치하고 해당 전원의 정전이 즉시 수신기에 표시되는 것으로 하며, **상용전원** 및 **예비전원의 시험**을 할 수 있도록 할 것

답 ④

33

자동화재탐지설비의 중계기의 기능에서 수신개시로부터 발신개시까지의 시간은 몇 초 이내이어야 하는가?

① 1초
② 5초
③ 20초
④ 30초

해설 설비별 작동소요시간

구 분	소요시간
수신기(PR형), 중계기	5초 이내
비상방송설비	10초 이내
자동화재속보설비	20초 이내
가스누설경보기	60초 이내

답 ②

34

자동화재탐지설비 중계기에 예비전원을 사용하는 경우 구조 및 기능 기준 중 다음 (   ) 안에 알맞은 것은?

축전지의 충전시험 및 방전시험은 방전종지전압을 기준하여 시작한다. 이 경우 방전종지전압이라 함은 원통형 니켈카드뮴축전지는 셀당 (㉠)[V]의 상태를, 무보수밀폐형 연축전지를 단전지당 (㉡)[V]의 상태를 말한다.

① ㉠ 1.0, ㉡ 1.5
② ㉠ 1.0, ㉡ 1.75
③ ㉠ 1.6, ㉡ 1.5
④ ㉠ 1.6, ㉡ 1.75

해설 중계기의 형식승인 및 제품검사의 기술기준 – 예비전원
축전지의 충전시험 및 방전시험은 방전종지전압을 기준하여 시작한다. 이 경우 방전종지전압이라 함은 원통형 니켈카드뮴축전지는 셀당 1.0[V]의 상태를, 무보수밀폐형 연축전지는 단전지당 1.75[V]의 상태를 말한다.

답 ②

제6절 자동화재속보설비

1 자동화재속보설비의 개요

자동화재속보설비는 자동화재탐지설비와 연동으로 작동하여 자동 또는 수동으로 화재발생을 신속하게 소방관서에 통보하여 주는 설비이다.

2 자동화재속보설비의 용어 정리

① 화재속보설비 : 자동 또는 수동으로 화재의 발생을 소방관서에 통보하는 설비를 말한다.

② 자동화재속보설비의 속보기(속보기) : 수동작동 및 자동화재탐지설비 수신기의 화재신호와 연동으로 작동하여 관계인에게 화재발생을 경보함과 동시에 소방관서에 자동적으로 통신망을 통한 당해 화재발생 및 당해 소방대상물의 위치 등을 음성으로 통보하여 주는 것을 말한다.

③ 문화재용 자동화재속보설비의 속보기 : 속보기에 감지기를 직접 연결(자동화재탐지설비 1개의 경계구역에 한한다)하는 방식의 것을 말한다.

3 자동화재속보설비를 설치해야 하는 특정소방대상물

① 업무시설, 공장, 창고시설, 교정 및 군사시설 중 국방·군사시설, 발전시설(사람이 근무하지 않는 시간에는 무인경비시스템으로 관리하는 시설만 해당한다)로서 바닥면적이 1,500[m²] 이상인 층이 있는 것. 다만, 사람이 24시간 상시 근무하고 있는 경우에는 자동화재속보설비를 설치하지 않을 수 있다.

② 노유자시설, 수련시설(숙박시설이 있는 것) 바닥면적이 500[m²] 이상인 층이 있는 것. 다만, 사람이 24시간 상시 근무하고 있는 경우에는 자동화재속보설비를 설치하지 않을 수 있다.

③ 보물 또는 국보로 지정된 목조건축물. 다만, 사람이 24시간 상시 근무하고 있는 경우에는 자동화재속보설비를 설치하지 않을 수 있다.

④ 노유자생활시설, 판매시설 중 전통시장, 근린생활시설 중 의원, 치과의원 및 한의원으로서 입원실이 있는 시설

⑤ 의료시설 중 다음에 해당하는 것
   ㉠ 종합병원, 병원, 치과병원, 한방병원 및 요양병원(정신병원과 의료재활시설은 제외한다)
   ㉡ 정신병원 및 의료재활시설로 사용되는 바닥면적의 합계가 500[m²] 이상인 층이 있는 것

⑥ ①~⑤까지 해당하지 않는 특정소방대상물 중 층수가 30층 이상인 것

■ 자동화재 속보설비
- 소방관서에 자동으로 통보
- 20초 이내 3회 이상 반복
- 소방대상물 위치 및 화재발생 사항

■ 설치대상
- 공장·창고시설 : 1,500[m²] 이상
- 노유자시설 : 500[m²] 이상
- 요양병원

4 자동화재속보설비 설치기준

① 자동화재탐지설비와 연동으로 작동하여 자동적으로 화재발생 상황을 소방
관서에 전달되는 것으로 할 것. 이 경우 부가적으로 특정소방대상물의 관계
인에게 화재발생상황이 전달되도록 할 수 있다.

② 조작스위치는 바닥으로부터 0.8[m] 이상 1.5[m] 이하의 높이에 설치할 것

③ 속보기는 소방관서에 통신망으로 통보하도록 하며, 데이터 또는 코드전송방
식을 부가적으로 설치할 수 있다.

④ 문화재에 설치하는 자동화재속보설비는 속보기에 감지기를 직접 연결하는
방식(자동화재탐지설비 1개의 경계구역에 한한다)으로 할 수 있다.

⑤ 속보기는 소방청장이 정하여 고시한 「자동화재속보설비의 속보기의 성능인
증 및 제품검사의 기술기준」에 적합한 것으로 설치하여야 한다.

5 자동화재속보설비의 속보기의 성능시험기술기준

(1) 속보기의 구조

① 부식에 의하여 기계적 기능에 영향을 초래할 우려가 있는 부분은 칠, 도금
등으로 기계적 내식가공을 하거나 방청가공을 하여야 하며, 전기적 기능에
영향이 있는 단자 등은 동합금이나 이와 동등 이상의 내식성능이 있는 재질
을 사용하여야 한다.

② 외부에서 쉽게 사람이 접촉할 우려가 있는 충전부는 충분히 보호되어야 하며
정격전압이 60[V]를 넘고 금속제 외함을 사용하는 경우에는 외함에 접지단
자를 설치하여야 한다.

③ 극성이 있는 배선을 접속하는 경우에는 오접속 방지를 위한 필요한 조치를
하여야 하며, 커넥터로 접속하는 방식은 구조적으로 오접속이 되지 않는
형태이어야 한다.

④ 내부에는 예비전원(알칼리계 또는 리튬계 2차축전지, 무보수밀폐형축전지)
을 설치하여야 하며 예비전원의 인출선 또는 접속단자는 오접속을 방지하기
위하여 적당한 색상으로 극성을 구분할 수 있도록 하여야 한다.

⑤ 예비전원회로에는 단락사고 등을 방지하기 위한 퓨즈, 차단기 등과 같은
보호장치를 하여야 한다.

⑥ 전면에는 주전원 및 예비전원의 상태를 표시할 수 있는 장치와 작동 시 작동
여부를 표시하는 장치를 하여야 한다.

⑦ 화재표시 복구스위치 및 음향장치의 울림을 정지시킬 수 있는 스위치를 설치
하여야 한다.

⑧ 작동 시 그 작동시간과 작동횟수를 표시할 수 있는 장치를 하여야 한다.

⑨ 수동통화용 송수화장치를 설치하여야 한다.

⑩ 표시등에 전구를 사용하는 경우에는 2개를 병렬로 설치하여야 한다. 다만, 발광다이오드의 경우에는 그러하지 아니하다.

■ 표시등 전구
: 2개를 병렬로 설치

⑪ 속보기는 다음의 회로방식을 사용하지 아니하여야 한다.

　㉠ 접지전극에 직류전류를 통하는 회로방식

　㉡ 수신기에 접속되는 외부배선과 다른 설비(화재신호의 전달에 영향을 미치지 아니하는 것은 제외한다)의 외부배선을 공용으로 하는 회로방식

⑫ 속보기의 기능에 유해한 영향을 미치는 부속장치는 설치하지 아니하여야 한다.

(2) 속보기의 기능

① 작동신호를 수신하거나 수동으로 동작시키는 경우 20초 이내에 소방관서에 자동적으로 신호를 발하여 통보하되, 3회 이상 속보할 수 있어야 한다.

■ 속보기 기능
: 20초 이내 3회 이상 반복

② 주전원이 정지한 경우에는 자동적으로 예비전원으로 전환되고, 주전원이 정상상태로 복귀한 경우에는 자동적으로 예비전원에서 주전원으로 전환되어야 한다.

③ 예비전원은 자동적으로 충전되어야 하며 자동 과충전방지장치가 있어야 한다.

④ 화재신호를 수신하거나 속보기를 수동으로 동작시키는 경우 자동적으로 적색 화재표시등이 점등되고 음향장치로 화재를 경보하여야 하며 화재표시 및 경보는 수동으로 복구 및 정지시키지 않는 한 지속되어야 한다.

⑤ 연동 또는 수동으로 소방관서에 화재발생 음성정보를 속보 중인 경우에도 송수화장치를 이용한 통화가 우선적으로 가능하여야 한다.

⑥ 예비전원을 병렬로 접속하는 경우에는 역충전 방지 등의 조치를 하여야 한다.

⑦ 예비전원은 감시상태를 60분간 지속한 후 10분 이상 동작(화재속보 후 화재표시 및 경보를 10분간 유지하는 것을 말한다)이 지속될 수 있는 용량이어야 한다.

■ 예비전원은 감시상태를 60분간 지속 후 10분 이상 동작시킬 수 있는 용량일 것

⑧ 속보기는 연동 또는 수동 작동에 의한 다이얼링 후 소방관서와 전화접속이 이루어지지 않는 경우에는 최초 다이얼링을 포함하여 10회 이상 반복적으로 접속을 위한 다이얼링이 이루어져야 한다. 이 경우 매 회 다이얼링 완료 후 호출은 30초 이상 지속되어야 한다.

■ 예비전원을 병렬로 접속하는 경우
: 역충전방지조치

⑨ 속보기의 송수화장치가 정상위치가 아닌 경우에도 연동 또는 수동으로 속보가 가능하여야 한다.

⑩ 음성으로 통보되는 속보내용을 통하여 당해 소방대상물의 위치, 화재발생 및 속보기에 의한 신고임을 확인할 수 있어야 한다.

⑪ 속보기는 음성속보방식 외에 데이터 또는 코드전송방식 등을 이용한 속보기
능을 부가로 설치할 수 있다.

(3) 부품의 구조 및 기능

① 전원변압기

용량은 최대사용전류에 연속하여 견딜 수 있는 것이어야 한다.

② 퓨 즈

㉠ 퓨즈 등 과전류보호장치는 안전인증품 또는 국제적 공인기관으로부터
인증을 받은 제품을 사용하여야 한다.

㉡ 점검 및 교체가 쉬워야 한다.

㉢ 쉽게 흔들리지 아니하도록 부착되어야 한다.

③ 예비전원

㉠ 상온 충방전시험

• 알칼리계 2차 축전지는 방전종지전압 상태의 축전지를 상온에서 정격
충전전압 및 1/20[C]의 전류로 48시간 충전한 후 1[C]의 전류로 방전하
는 경우 48분 이상 지속 방전되어야 한다. 이 경우 축전지는 부풀어
오르거나 누액 발생 등 이상이 생기지 아니하여야 한다.

• 리튬계 2차 축전지는 방전종지전압 상태의 축전지를 상온에서 정격충
전전압 및 1/5[C]의 정전류로 6시간 충전한 후 1[C]의 전류로 방전하는
경우 55분 이상 지속적으로 방전되어야 한다. 이 경우 축전지는 부풀어
오르거나 누액 발생 등 이상이 생기지 아니하여야 한다.

• 무보수 밀폐형 연축전지는 방전종지전압 생태의 축전지를 상온에서
정격충전전압 및 0.1[C]의 전류로 48시간 충전한 후 1[C]의 전류로 방
전시키는 경우 45분 이상 지속 방전되어야 한다. 이 경우 축전지는
부풀어 오르거나 누액 발생 등 이상이 생기지 아니하여야 한다.

㉡ 주위온도 충방전시험

• 알칼리계 2차 축전지는 방전종지전압 상태의 축전지를 주위온도
(−10±2) [℃] 및 (50±2) [℃]의 조건에서 1/20[C]의 전류로 48시간
충전한 다음 1[C]로 방전하는 충・방전을 3회 반복하는 경우 방전종지
전압이 되는 시간이 25분 이상 이어야 하며, 외관이 부풀어 오르거나
누액 등이 생기지 아니하여야 한다.

• 리튬계 2차 축전지는 방전종지전압 상태의 축전지를 주위온도(−10±2)
[℃] 및 (50±2)[℃]의 조건에서 정격충진전압 및 1/5[C]의 정전류로
6시간 충전한 다음 1[C]의 전류로 방전하는 충・방전을 3회 반복하는
경우 방전종지전압이 되는 시간이 40분 이상이어야 하며, 외관이 부풀
어 오르거나 누액 등이 생기지 아니하여야 한다.

• 무보수 밀폐형 연축전지는 방전종지전압 상태에서 0.1[C]로 48시간

■ 전원변압기 1차 정격 전압
  : 300[V] 이하

■ 예비전원 시험
  − 충전시험
  − 방전시험
  − 안전장치시험

충전한 다음 1시간 방치하여 0.05[C]로 방전시킬 때 정격용량의 95[%] 용량을 지속하는 시간이 30분 이상이어야 하며, 외관이 부풀어 오르거나 누액 등이 생기지 아니하여야 한다.

ⓒ 안전장치시험

예비전원은 '1/5[C] 이상 1[C] 이하의 전류로 역충전하는 경우 5시간 이내에 안전장치가 작동하여야 하며, 외관이 부풀어 오르거나 누액 등이 생기지 아니하여야 한다.

ⓓ 제품시험에 합격한 예비전원을 사용하는 경우에는 ㉠ 내지 ㉢의 시험을 생략할 수 있다.

(4) 속보기 보안장치 단선 결선도

F : 차단기(개폐기)

L : 피뢰기

E : 접지(제 1종 접지공사)

※ 피뢰기(L)는 차단기(F) 후단에 설치

> ■ 피뢰기(L)는 항상 인입구 개폐기(차단기) 후단에 설치한다.

제 7 절 비상방송설비

1 비상방송설비의 개요

화재발생 시 수동으로 발신기를 조작하거나, 감지기 동작으로 인하여 화재신호를 자동화재탐지설비의 수신기가 수신하고 비상방송설비로 발신하여 건물에 설치된 확성기(스피커)로 방송하는 설비

2 비상방송설비의 용어 정리

① 확성기 : 소리를 크게 하여 멀리까지 전달될 수 있도록 하는 장치로서 일명 스피커를 말한다.

② 음량조절기 : 가변저항을 이용하여 전류를 변화시켜 음량을 크게 하거나 작게 조절할 수 있는 장치를 말한다.

③ 증폭기 : 전압전류의 진폭을 늘려 감도를 좋게 하고 미약한 음성전류를 커다란 음성전류로 변화시켜 소리를 크게 하는 장치를 말한다.

3 비상방송설비 설치기준

(1) 음향장치

① 확성기의 음성입력은 3[W](실내에 설치하는 것에 있어서는 1[W]) 이상일 것

② 확성기는 **각 층마다** 설치하되, 그 층의 각 부분으로부터 하나의 확성기까지의 수평거리가 **25[m] 이하**가 되도록 하고, 해당 층의 각 부분에 유효하게 경보를 발할 수 있도록 설치할 것

③ 음량조정기를 설치하는 경우 음량조정기의 배선은 **3선식**으로 할 것

④ 조작부의 조작스위치는 바닥으로부터 **0.8[m] 이상 1.5[m] 이하**의 높이에 설치할 것

⑤ 조작부는 기동장치의 작동과 연동하여 해당 기동장치가 작동한 층 또는 구역을 표시할 수 있는 것으로 할 것

⑥ 증폭기 및 조작부는 수위실 등 상시 사람이 근무하는 장소로서 점검이 편리하고 방화상 유효한 곳에 설치할 것

⑦ 층수가 **5층 이상**으로서 연면적이 3,000[m²]를 **초과**하는 특정소방대상물은 다음에 따라 경보를 발할 수 있도록 하여야 한다.

　㉠ **2층 이상**의 층에서 발화한 때에는 **발화층 및 그 직상층**에 경보를 발할 것

　㉡ **1층**에서 발화한 때에는 **발화층·그 직상층 및 지하층**에 경보를 발할 것

　㉢ **지하층**에서 발화한 때에는 **발화층·그 직상층 및 기타의 지하층**에 경보를 발할 것

⑧ 다른 방송설비와 공용하는 것에 있어서는 화재 시 비상경보 외의 방송을 차단할 수 있는 구조로 할 것

⑨ 다른 전기회로에 따라 유도장애가 생기지 아니하도록 할 것

⑩ 하나의 특정소방대상물에 2 이상의 조작부가 설치되어 있는 때에는 각각의 조작부가 있는 장소 상호 간에 동시통화가 가능한 설비를 설치하고, 어느 조작부에서도 해당 특정소방대상물의 전 구역에 방송을 할 수 있도록 할 것

⑪ 기동장치에 따른 화재신고를 수신한 후 필요한 음량으로 화재발생 상황 및 피난에 유효한 방송이 자동으로 개시될 때까지의 소요시간은 **10초 이하**로 할 것

⑫ 음향장치는 다음의 기준에 따른 구조 및 성능의 것으로 하여야 한다.

　㉠ 정격전압의 80[%] 전압에서 음향을 발할 수 있는 것을 할 것

　㉡ 자동화재탐지설비의 작동과 연동하여 작동할 수 있는 것으로 할 것

■ **확성기 입력**
- 실내 : 1[W] 이상
- 실외 : 3[W] 이상
- 층마다 설치
- 수평거리 : 25[m] 이하
- 음량조정기 배성 : 3선식
- 조작위치 : 0.8[m] 이상 1.5[m] 이하
- 방송개시 소요시간 : 10초 이내

■ **직상층 우선 경보방식(층수 5층 이상, 3,000[m²] 초과)**
- 2층 이상 발화 : 발화층 및 직상층
- 1층 발화 : 발화층, 직상층, 지하 전 층
- 지하층 발화 : 발화층, 직상층, 기타 지하층

(2) 배 선

① 화재로 인하여 하나의 층의 확성기 또는 배선이 단락 또는 단선되어도 다른 층의 화재통보에 지장이 없도록 할 것

② 전원회로의 배선은 **내화배선**에 따르고, 그 밖의 배선은 **내화배선 또는 내열배선**에 따라 설치할 것

③ 전원회로의 전로와 대지 사이 및 배선 상호간의 절연저항은 전기사업법 제67조에 따른 기술기준이 정하는 바에 따르고, 부속회로의 전로와 대지 사이 및 배선 상호간의 절연저항은 1경계구역마다 직류 250[V]의 절연저항측정기를 사용하여 측정한 절연저항이 0.1[MΩ] 이상이 되도록 할 것

④ 비상방송설비의 배선은 다른 전선과 별도의 관·덕트·몰드 또는 풀박스 등에 설치할 것. 다만, 60[V] 미만의 약전류회로에 사용하는 전선으로서 각각의 전압이 같을 때에는 그러하지 아니하다.

(3) 전 원

① 비상방송설비의 상용전원은 다음의 기준에 따라 설치하여야 한다.

　㉠ 전원은 전기가 정상적으로 공급되는 축전지, 전기저장장치(외부 전기에너지를 저장해 두었다가 필요한 때 전기를 공급하는 장치) 또는 교류전압의 옥내 간선으로 하고, 전원까지의 배선은 전용으로 할 것

　㉡ 개폐기에는 "비상방송설비용"이라고 표시한 표지를 할 것

② 비상방송설비에는 그 설비에 대한 감시상태를 60분간 지속한 후 유효하게 10분 이상 경보할 수 있는 축전지설비(수신기에 내장하는 경우를 포함한다) 또는 전기저장장치를 설치하여야 한다.

(4) 비상방송설비를 설치하여야 하는 특정소방대상물

① 연면적 3,500[m²] 이상인 것

② 지하층을 제외한 층수가 11층 이상인 것

③ 지하층의 층수가 3층 이상인 것

■ **비상방송설비 절연저항**
: 250[V] 절연저항계로 0.1[MΩ] 이상

■ **비상방송설비**
: 60분간 지속한 후 유효하게 10분 이상 경보

제 8 절 비상경보설비 및 단독경보형 감지기

1 개요

비상경보설비는 자동화재탐지설비 또는 다른 방법에 의해서 감지된 화재발생을 신속하게 특정소방대상물의 내부에 있는 사람에게 알려 피난 또는 초기진압을 용이하게 하기 위한 설비이다.

2 종류

(1) **비상벨설비** : 화재발생 상황을 경종(벨)으로 경보하는 설비

(2) **자동식 사이렌설비** : 화재발생 상황을 사이렌으로 경보하는 설비

(3) **단독경보형 감지기** : 화재발생 상황을 감지기 내에 내장된 음향장치로 경보하는 설비

> 비상경보기구 : 휴대용 확성기, 수동식 사이렌설비, 경종

3 구조 및 기능

(1) **비상경보설비(비상벨 및 자동식사이렌)**

화재발생 시 수동으로 기동장치를 조작하여 음향장치를 통하여 화재를 알리는 장치이다.

① 기동장치 조작으로 경보를 발하는 데 **소요시간**은 **10초 이내**이어야 한다.

② 전원전압은 기준치를 벗어나도 기능에는 이상이 없어야 한다.

  ㉠ 교류전원 : 정격전압 ±10[%]

  ㉡ 축전지설비전원 : 단자전압이 정격전압 ±10[%]

  ㉢ 60분 감시 지속 후 10분 이상 유효하게 경보할 수 있는 축전지설비

[비상벨 또는 자동식사이렌설비의 계통도]

- **비상벨설비**
  : 경종으로 경보

- **자동식사이렌설비**
  : 사이렌으로 경보

- **비상경보설비 경보 소요 시간**
  : 10초 이내

- **축전지 전원 전압변동 범위**
  : 정격전압 ±10[%]

- **비상경보설비**
  : 60분 감시지속 후 10분 이상 유효하게 경보

(2) 비상방송설비

자동화재탐지설비의 감지기가 작동하든지 또는 화재발견자가 수동으로 기동장치를 조작하여 수신기에 화재신호를 보낼 때 자동 또는 수동으로 증폭기의 전원이 작동하여 마이크로폰 또는 테이프레코더를 조작하여 음성이나 비상경보의 방송을 스피커를 통해 알리는 설비이다.

[비상방송설비의 계통도]

4 비상경보설비(비상벨, 비상사이렌) 설치기준

① 비상벨설비 또는 자동식사이렌설비는 부식성가스 또는 습기 등으로 인하여 부식의 우려가 없는 장소에 설치하여야 한다.

② 지구음향장치는 특정소방대상물의 층마다 설치하되, 해당 특정소방대상물의 각 부분으로 부터 하나의 음향장치까지의 수평거리가 25[m] 이하가 되도록 하고, 해당 층의 각 부분에 유효하게 경보를 발할 수 있도록 설치하여야 한다.

③ 음향장치는 정격전압의 80[%] 전압에서 음향을 발할 수 있도록 하여야 한다. 다만, 건전지를 주전원으로 사용하는 음향장치는 그러하지 아니하다.

④ 음향장치의 음량은 부착된 음향장치의 중심으로부터 1[m] 떨어진 위치에서 90[dB] 이상이 되는 것으로 하여야 한다.

⑤ 발신기는 다음의 기준에 따라 설치하여야 한다. 다만, 지하구의 경우에는 발신기를 설치하지 아니할 수 있다.

　㉠ 조작이 쉬운 장소에 설치하고, 조작스위치는 바닥으로부터 0.8[m] 이상 1.5[m] 이하의 높이에 설치할 것

　㉡ 특정소방대상물의 층마다 설치하되, 해당 특정소방대상물의 각 부분으로부터 하나의 발신기까지의 수평거리가 25[m] 이하가 되도록 할 것. 다만, 복도 또는 별도로 구획된 실로서 보행거리가 40[m] 이상일 경우에는 추가로 설치하여야 한다.

　㉢ 발신기의 위치표시등은 함의 상부에 설치하되, 그 불빛은 부착면으로부터 15° 이상의 범위 안에서 부착지점으로부터 10[m] 이내의 어느 곳에서도 쉽게 식별할 수 있는 적색등으로 할 것

⑥ 비상벨설비 또는 자동식사이렌설비의 상용전원은 다음의 기준에 따라 설치하여야 한다.

　㉠ 전원은 전기가 정상적으로 공급되는 축전지, 전기저장장치(외부 전기에너지를 저장해 두었다가 필요한 때 전기를 공급하는 장치) 또는 교류전압의 옥내 간선으로 하고, 전원까지의 배선은 전용으로 할 것

■ 비상경보설비 설치기준
- 층마다 설치
- 수평거리 25[m]이내 마다 설치
- 정격전압 80[%] 전압에서 동작
- 1[m] 떨어진 위치에서 90[dB] 이상
- 소비전류는 정격전압에서 50[mA] 이하이어야 한다.

■ 조작스위치
: 0.8[m] 이상 1.5[m] 이하

ⓛ 개폐기에는 "비상벨설비 또는 자동식사이렌설비용"이라고 표시한 표지
　　　　　　를 할 것
　　　⑦ 비상벨설비 또는 자동식사이렌설비에는 그 설비에 대한 감시상태를 60분간
　　　　지속한 후 유효하게 10분 이상 경보할 수 있는 축전지설비(수신기에 내장하
　　　　는 경우를 포함한다) 또는 전기저장장치(외부 전기에너지를 저장해 두었다
　　　　가 필요한 때 전기를 공급하는 장치)를 설치하여야 한다. 다만, 상용전원이
　　　　축전지설비인 경우 또는 건전지를 주전원으로 사용하는 무선식 설비인 경우
　　　　에는 그러하지 아니하다.
　　　⑧ 비상벨설비 또는 자동식사이렌설비의 배선은 다음의 기준에 따라 설치하여
　　　　야 한다.
　　　　　㉠ 전원회로의 배선은 옥내소화전설비의 화재안전기준에 따른 내화배선에
　　　　　　의하고, 그 밖의 배선은 옥내소화전설비의 화재안전기준에 따른 내화배
　　　　　　선 또는 내열배선에 따를 것
　　　　　㉡ 전원회로의 전로와 대지 사이 및 배선 상호간의 절연저항은 부속회로의 전로
　　　　　　와 대지 사이 및 배선 상호간의 절연저항은 1경계구역마다 직류 250[V]의 절연
　　　　　　저항측정기를 사용하여 측정한 절연저항이 0.1[MΩ] 이상이 되도록 할 것
　　　　　㉢ 배선은 다른 전선과 별도의 관·덕트·몰드 또는 풀박스 등에 설치할
　　　　　　것. 다만, 60[V] 미만의 약전류회로에 사용하는 전선으로서 각각의 전압
　　　　　　이 같을 때에는 그러하지 아니하다.
　　　⑨ 전원전압변동 시 축전지설비는 전원에 정격전압의 90[%] 및 110[%]의 전압
　　　　을 인가하는 경우 정상적인 기능을 발휘하여야 한다.

5 비상경보설비를 설치해야 하는 특정소방대상물

　　　① 연면적 **400[m²]**(지하가 중 터널 또는 사람이 거주하지 않거나 벽이 없는
　　　　축사 등 동·식물 관련시설은 제외) **이상**이거나 지하층 또는 무창층의 바닥
　　　　면적이 150[m²](공연장의 경우 100[m²]) 이상인 것
　　　② 지하가 중 터널로서 길이가 **500[m] 이상**인 것
　　　③ **50명 이상**의 근로자가 작업하는 옥내 작업장

■ 지하층 또는 무창층
: 바닥면적 150[m²] 이상

6 단독경보형 감지기

(1) 설치기준

　　　① 각 실(이웃하는 실내의 바닥면적이 각각 30[m²] 미만이고 벽체의 상부의
　　　　전부 또는 일부가 개방되어 이웃하는 실내와 공기가 상호 유통되는 경우에
　　　　는 이를 1개의 실로 본다)마다 설치하되, 바닥면적이 150[m²]를 초과하는
　　　　경우에는 150[m²]마다 1개 이상 설치할 것

■ 단독경보형 감지기
: 화재발생상황을 단독으로
감지하여 자체에 내장된
음향장치로 경보하는 감
지기

■ 바닥면적 150[m²] 마다 1개
이상 설치

② 최상층의 계단실의 **천장**(외기가 상통하는 계단실의 경우를 제외한다)**에 설치**할 것

③ 건전지를 주전원으로 사용하는 단독경보형 감지기는 정상적인 작동 상태를 유지할 수 있도록 건전지를 교환할 것

④ 상용전원을 주전원으로 사용하는 단독경보형 감지기의 2차전지는 제품검사에 합격한 것을 사용할 것

(2) 단독경보형 감지기를 설치하여야 하는 특정소방대상물

① 연면적 1,000[m²] 미만의 아파트 등

② 연면적 1,000[m²] 미만의 기숙사

③ 교육연구시설 또는 수련시설 내에 있는 합숙소 또는 기숙사로서 연면적 2,000[m²] 미만인 것

④ 연면적 600[m²] 미만의 숙박시설

⑤ 노유자시설로서 연면적 400[m²] 이상인 노유자시설 및 숙박시설이 있는 수련시설로서 수용인원 100명 이상인 것에 해당하지 않는 수련시설(숙박시설이 있는 것만 해당)

⑥ 연면적 400[m²] 미만의 유치원

(3) 단독경보형 감지기의 일반기능

① 자동복귀형 스위치(자동적으로 정위치에 복귀될 수 있는 스위치를 말한다)에 의하여 수동으로 작동시험을 할 수 있는 기능이 있어야 한다.

② 작동되는 경우 작동표시등에 의하여 화재의 발생을 표시하고, 내장된 음향장치의 명동에 의하여 화재경보음을 발할 수 있는 기능이 있어야 한다.

③ 주기적으로 섬광하는 전원표시등에 의하여 전원의 정상 여부를 감시할 수 있는 기능이 있어야 하며, 전원의 정상상태를 표시하는 전원표시등의 섬광주기는 1초 이내의 점등과 30초에서 60초 이내의 소등으로 이루어져야 한다.

④ 화재경보음은 감지기로부터 1[m] 떨어진 위치에서 85[dB] 이상으로 10분 이상 계속하여 경보할 수 있어야 한다.

⑤ 건전지를 주전원으로 하는 감지기는 건전지의 성능이 저하되어 건전지의 교체가 필요한 경우에는 음성안내를 포함한 음향 및 표시등에 의하여 72시간 이상 경보할 수 있어야 한다. 이 경우 음향경보는 1[m] 떨어진 거리에서 70[dB](음성안내는 60[dB]) 이상이어야 한다.

■ 자동복귀형 스위치에 의하여 수동으로 작동시험을 할 수 있을 것

■ 건전지 교체가 필요한 경우
 : 음성안내를 포함한 음량 및 표시등에 의하여 72시간 이상 경보 할 수 있을 것

1-3 출제예상문제

01

다음 중 자동화재탐지설비와 연동으로 작동하여 자동적으로 화재발생 상황을 소방관서에 전달하는 것은?

① 비상경보설비 ② 자동화재속보설비
③ 비상방송설비 ④ 무선통신보조설비

해설 **자동화재속보설비** : 화재가 발생하였을 때 사람의 힘을 빌리지 않고 **자동적**으로 **화재발생장소**를 신속하게 **소방관서에 통보**하여 주는 설비

답 ②

02

자동화재속보설비 속보기의 기능 중 소방관서에 통보하는 신호의 내용으로 알맞은 것은?

① 당해 소방대상물의 위치 및 규모
② 당해 소방대상물의 위치 및 용도
③ 당해 소방대상물의 위치 및 화재발생
④ 당해 소방대상물의 위치 및 사고발생

해설 **속보기의 소방관서 통보사항**
해당 소방대상물의 위치 및 화재발생 사항

답 ③

03

자동화재속보설비에 대한 설명 중 옳지 않은 것은?

① 자동화재탐지설비와 연동으로 작동하여 자동적으로 화재발생 상황을 소방관서에 전달하여야 한다.
② 자동화재탐지설비로부터 작동신호를 수신하는 경우 30초 이내에 3회 이상 소방관서에 속보할 수 있어야 한다.
③ 스위치는 바닥으로부터 0.8[m] 이상 1.5[m] 이하의 높이에 설치하여야 한다.
④ 자동화재속보설비의 속보기는 수동통화용 송수화기를 설치하여야 한다.

해설 자동화재속보설비는 자동화재탐지설비로부터 작동신호를 수신하는 경우 20초 이내에 3회 이상 소방관서에 속보할 수 있어야 한다.

답 ②

04

다음 중 자동화재속보설비의 스위치 설치기준으로 옳은 것은?

① 바닥으로부터 0.5[m] 이상 1.5[m] 이하의 높이에 설치한다.
② 바닥으로부터 0.5[m] 이상 1.8[m] 이하의 높이에 설치한다.
③ 바닥으로부터 0.8[m] 이상 1.5[m] 이하의 높이에 설치한다.
④ 바닥으로부터 0.8[m] 이상 1.8[m] 이하의 높이에 설치한다.

해설 자동화재속보설비의 스위치 설치위치
  : 0.8[m] 이상 1.5[m] 이하

답 ③

05

자동화재속보설비의 속보기의 기능에 대한 설명으로 틀린 것은?

① 자동 또는 수동으로 소방관서에 속보하는 경우 송수화기로 직접 통보할 수 있어야 한다.
② 주전원이 정지한 후 정상상태로 복귀한 경우에는 화재표시 및 경보는 자동으로 복구되어야 한다.
③ 자동화재탐지설비로부터 화재신호를 수신하는 경우 자동적으로 적색 화재표시등이 점등되고 음향장치로 화재를 경보하여야 한다.
④ 수동으로 동작시키는 경우 20초 이내에 소방관서에 자동적으로 신호를 발하여 통보하되, 3회 이상 속보할 수 있어야 한다.

해설 주전원이 정지한 후 정상상태를 복귀한 경우에는 화재표시 및 경보는 수동으로 복구되어야 한다.

답 ②

06

자동화재속보설비 속보기의 구조에 대한 설명 중 틀린 것은?

① 수동통화용 송수화장치를 설치하여야 한다.
② 접지전극에 직류전류를 통하는 회로방식을 사용하여야 한다.
③ 작동 시 그 작동시간과 작동횟수를 표시할 수 있는 장치를 하여야 한다.
④ 부식에 의한 기계적 기능에 영향을 초래할 우려가 있는 부분은 기계식 내식가공을 하거나 방청가공을 하여야 한다.

 자동화재속보설비의 속보기에 적용할 수 없는 회로
- 접지전극에 직류전류를 통하는 회로방식
- 수신기에 접속되는 외부배선과 다른 설비의 외부배선을 공용으로 하는 회로방식

답 ②

07

자동화재속보설비의 속보기는 자동화재탐지설비로부터 작동신호를 수신하여 몇 초 이내에 소방관서에 자동적으로 신호를 발하여 통보하여야 하는가?

① 10초
② 20초
③ 30초
④ 60초

해설 자동화재속보설비의 속보기는 **20초 이내, 3회 이상** 소방관서에 자동적으로 신호를 발할 것

답 ②

08

자동화재속보설비의 속보기는 자동화재탐지설비로부터 작동신호를 수신하거나 수동으로 동작시키는 경우 20초 이내에 소방관서에 자동적으로 신호를 발하여 통보하되, 몇 회 이상 속보할 수 있어야 하는가?

① 2회
② 3회
③ 4회
④ 5회

해설 7번 참조

답 ②

09

자동화재속보설비의 속보기는 연동 또는 수동 작동에 의한 다이얼링 후 소방관서와 전화접속이 이루어지지 않는 경우에는 최초 다이얼링을 포함하여 몇 회 이상 반복적으로 접속을 위한 다이얼링이 이루어져야 하는가?(단, 이 경우 매 회 다이얼링 완료 후 호출은 30초 이상 지속한다)

① 3회
② 5회
③ 10회
④ 20회

해설 **자동화재속보설비의 기능**
속보기는 연동 또는 수동 작동에 의한 다이얼링 후 소방관서와 전화접속이 이루어지지 않는 경우에는 최초 다이얼링을 포함하여 **10회 이상 반복**적으로 접속을 위한 다이얼링이 이루어져야 한다. 이 경우 매 회 다이얼링 완료 후 호출은 **30초 이상 지속**되어야 한다.

답 ③

10

자동화재속보설비 설치기준으로 틀린 것은?

① 화재 시 자동으로 소방관서에 연락되는 설비여야 한다.
② 자동화재탐지설비와 연동되어야 한다.
③ 스위치는 바닥으로부터 0.8[m] 이상 1.5[m] 이하의 높이에 설치한다.
④ 관계인이 24시간 상주하고 있는 경우에는 설치하지 않을 수 있다.

해설 **설치기준**
- 자동화재탐지설비와 연동으로 작동하여 자동적으로 화재발생 상황을 소방관서에 전달되는 것으로 할 것. 이 경우 부가적으로 특정소방대상물의 관계인에게 화재발생상황이 전달되도록 할 수 있다.
- 조작스위치는 바닥으로부터 0.8[m] 이상 1.5[m] 이하의 높이에 설치할 것
- 속보기는 소방관서에 통신망으로 통보하도록 하며, 데이터 또는 코드전송방식을 부가적으로 설치할 수 있다.
- 문화재에 설치하는 자동화재속보설비는 속보기에 감지기를 직접 연결하는 방식(자동화재탐지설비 1개의 경계구역에 한한다)으로 할 수 있다.

답 ④

 안심Touch

11

소방관서에 통보하는 자동화재속보설비에 관한 설명으로 옳지 않은 것은?

① 스위치는 바닥으로부터 0.8[m] 이상 1.5[m] 이하에 설치하여야 한다.
② 자동화재탐지설비와 연동으로 작동하여 자동으로 화재발생 상황을 소방관서에 전달되도록 한다.
③ 속보기는 소방관서에 통신망을 통하여 통보하도록 한다.
④ 관계인이 24시간 상시 근무하고 있는 경우에도 자동화재속보설비를 설치하여야 한다.

해설 10번 참조

답 ④

12

공장 및 창고시설로서 바닥면적이 몇 [m²] 이상인 층이 있는 특정소방대상물에는 자동화재속보설비를 설치하여야 하는가?

① 1,500[m²] 이상
② 2,000[m²] 이상
③ 3,000[m²] 이상
④ 5,000[m²] 이상

해설 자동화재속보설비의 특정소방대상물
① 업무시설, 공장 및 창고시설, 교정 및 군사시설 중 국방·군사시설로서 바닥면적이 1,500[m²] 이상인 층
② 노유자생활시설
③ ②에 해당하지 않는 노유자시설로서 바닥면적이 500[m²] 이상인 층
④ 수련시설(숙박시설이 있는 건축물만 해당)로서 바닥면적이 500[m²] 이상인 층
⑤ 문화재보호법 제23조에 따라 국보 또는 보물로 지정된 목조건축물
⑥ ①~⑤까지에 해당하지 않는 특정소방대상물 중 층수가 30층 이상인 것

답 ①

13

노유자시설로서 바닥면적이 몇 [m²] 이상인 층이 있는 경우에 자동화재속보설비를 설치하는가?

① 200　　　　② 300
③ 500　　　　④ 600

해설 노유자생활시설에 해당되지 않는 노유자시설로서 바닥면적이 500[m²] 이상인 층이 있는 것

답 ③

14

자동화재속보설비를 설치하여야 하는 특정소방대상물의 기준 중 다음 (　　) 안에 알맞은 것은?

> 의료시설 중 요양병원으로서 정신병원과 의료재활시설로 사용되는 바닥면적의 합계가 (　　)[m²] 이상인 층이 있는 것

① 300　　　　② 500
③ 1,000　　　④ 1,500

해설 의료시설 중 요양병원으로서 정신병원과 의료재활시설로 사용되는 바닥면적의 합계가 500[m²] 이상인 층이 있는 것

답 ②

15

자동화재속보설비 속보기의 표시사항이 아닌 것은?

① 품명 및 제품승인번호
② 제조자의 상호·주소·전화번호
③ 주전원의 정격전류용량
④ 예비전원의 종류·정격전류용량·정격전압

해설 자동화재속보설비는 화재경보표시 작동시간 및 회수표시, 전화번호표시 등의 기능이 있어야 한다.

답 ③

16

자동화재속보기의 전원변압기 1차 정격전압은 몇 [V] 이하이어야 하는가?(단, 변압기 외측에는 접지단자가 설치되어 있지 않음)

① 220　　　　② 300
③ 380　　　　④ 440

해설 전원변압기 1차 정격 전압 : 300[V] 이하

답 ②

17

자동화재속설비 속보기의 기능 기준 중 옳은 것은?

① 작동신호를 수신하거나 수동으로 동작시키는 경우 10초 이내에 소방관서에 자동적으로 신호를 발하여 통보하되, 3회 이상 속보할 수 있어야 한다.

② 예비전원을 병렬로 접속하는 경우에는 역충전방지 등의 조치를 하여야 한다.

③ 예비전원은 감시상태를 30분간 지속한 후 10분 이상 동작이 지속될 수 있는 용량이어야 한다.

④ 속보기는 연동 또는 수동 작동에 의한 다이얼링 후 소방관서와 전화접속이 이루어지지 않는 경우에는 최초 다이얼링을 포함하여 20회 이상 반복적으로 접속을 위한 다이얼링이 이루어야 한다. 이 경우 매 회 다이얼링 완료 후 호출은 30초 이상 지속되어야 한다.

해설 예비전원을 **병렬**로 접속하는 경우에는 **역충전방지조치**를 할 것

답 ②

18

자동화재속보설비 속보기의 예비전원을 병렬로 접속하는 경우 필요한 조치는?

① 역충전방지조치
② 자동 직류전환조치
③ 계속충전 유지조치
④ 접지조치

해설 예비전원을 **병렬**로 접속하는 경우에는 **역충전방지조치**를 할 것

답 ①

19

다음 중 자동화재속보설비의 예비전원 시험방법으로 알맞은 것은?

① 저항시험과 내구성시험
② 전압안정시험과 충격시험
③ 충·방전시험과 안전장치시험
④ 최대 사용전압시험과 전류량측정시험

해설 속보기의 예비전원 시험
- 충전시험
- 방전시험
- 안전장치시험

답 ③

20

다음은 자동화재속보설비의 속보기 예비전원용 연축전지의 주위온도 충·방전시험에 관한 설명이다. ( ) 안의 알맞은 내용은?

> 무보수밀폐형 연축전지는 방전종지전압 상태에서 0.1[C]로 48시간 방치 후 0.05[C]로 방전시킬 때 정격용량의 95[%] 용량을 지속하는 시간은 ( ) 이상이어야 한다.

① 20분
② 30분
③ 50분
④ 60분

해설 무보수밀폐형 연축전지는 방전종지전압 상태에서 0.1[C]로 48시간 방치 후 0.05[C]로 방전시킬 때 정격용량의 95[%] 용량을 지속하는 시간은 30분 이상이어야 한다.

답 ②

21

자동화재속보설비 속보기의 예비전원에 대한 안전장치시험을 할 경우 1/5[C] 이상 1[C] 이하의 전류로 역충전하는 경우 안전장치가 작동해야 하는 시간의 기준은?

① 1시간 이내
② 2시간 이내
③ 3시간 이내
④ 5시간 이내

해설 안전장치시험
예비전원은 1/5[C] 이상 1[C] 이하의 전류로 역충전하는 경우 5시간 이내에 안전장치가 작동하여야 하며, 외관이 부풀어 오르거나 누액 등이 생기지 아니하여야 한다.

답 ④

22

자동화재속보설비의 보안장치에 대한 단선결선도가
옳은 것은?(단, F : 차단기, L : 피뢰기)

① 옥외선 / 옥내선

② 옥외선 / 옥내선

③ 옥외선 / 옥내선

④ 옥외선 / 옥내선

> **해설** 피뢰기(L)는 차단기(F)의 후단에 설치할 것
>
> 답 ②

23

화재 발생 상황을 경종으로 경보하는 설비는?

① 비상벨설비　　　② 자동식사이렌설비
③ 비상방송설비　　④ 자동화재속보설비

> **해설**
> • 비상벨설비 : 화재 발생 상황을 경종으로 경보하는
>   설비
> • 자동식사이렌설비 : 화재 발생 상황을 사이렌으로
>   경보하는 설비
>
> 답 ①

24

비상경보설비의 설치기준으로 옳은 것은?

① 음향장치는 정격전압의 90[%] 이상의 전압에서
   음향을 발할 수 있도록 할 것
② 음향장치의 음량은 부착된 음향장치의 중심으로
   부터 1[m] 떨어진 위치에서 80[dB] 이상이 되는
   것으로 할 것
③ 특정소방대상물의 층마다 설치하되, 발신기의
   수평거리가 15[m] 이하가 되도록 할 것
④ 발신기는 조작이 쉬운 장소에 설치하고, 조작스
   위치는 바닥으로부터 0.8[m] 이상 1.5[m] 이하의
   높이에 설치할 것

> **해설** 비상경보설비의 설치기준
> • 음향장치는 정격전압의 80[%] 전압에서 음향을 발
>   할 수 있도록 하여야 한다.
> • 음향장치의 음량은 부착된 음향장치의 중심으로부
>   터 1[m] 떨어진 위치에서 90[dB] 이상이 되는 것으
>   로 하여야 한다.
> • 특정소방대상물의 **층마다 설치**하되, 해당 특정소방
>   대상물의 각 부분으로부터 하나의 발신기까지의 **수
>   평거리가 25[m] 이하**가 되도록 할 것
> • 조작스위치는 바닥으로부터 0.8~1.5[m] 이하에 설
>   치할 것
> • 발신기 위치표시등은 함의 상부에 설치할 것(불빛은
>   부착면 15° 이상 범위에서 부착지점으로부터 10[m]
>   이내에서 식별할 수 있는 적색등일 것)
>
> 답 ④

25

비상경보설비함 상부에 설치하는 발신기 위치표시등
의 불빛은 부착지점으로부터 몇 [m] 이내 떨어진
위치에서도 쉽게 식별할 수 있어야 하는가?

① 5　　　　　　　② 10
③ 15　　　　　　④ 20

> **해설** 비상경보설비의 설치기준
> 발신기 위치표시등은 함의 상부에 설치할 것(불빛은
> 부착면 15° 이상 범위에서 부착지점으로부터 10[m]
> 이내에서 식별할 수 있는 적색등일 것)
>
> 답 ②

26

비상벨설비 또는 자동식사이렌설비에 사용하는 벨
등의 음향장치의 설치기준이 틀린 것은?

① 음향장치용 전원은 교류전압의 옥내간선으로 하
   고 배선은 다른 설비와 겸용으로 할 것
② 음향장치는 정격전압의 80[%] 전압에서 음향을
   발할 수 있도록 할 것
③ 음향장치의 음량은 부착된 음향장치의 중심으로
   부터 1[m] 떨어진 위치에서 90[dB] 이상일 것
④ 지구음향장치는 특정소방대상물의 층마다 설치
   하되, 해당 특정소방대상물의 각 부분으로부터
   하나의 음향장치까지의 수평거리가 25[m] 이하
   가 되도록 할 것

> **해설** 비상벨설비 또는 자동식사이렌설비 음향장치 설치기준
> 음향장치용 전원은 전기가 정상적으로 공급되는 축전
> 지 또는 교류전압의 옥내간선으로 하고, 전원까지의
> 배선은 전용으로 할 것
>
> 답 ①

27

다음 (㉠), (㉡)에 들어갈 내용으로 알맞은 것은?

> "자동화재탐지설비의 지구음향장치는 특정소방대상물의 층마다 설치하되, 해당 특정소방대상물의 각 부분으로부터 하나의 음향장치까지의 (㉠)가 (㉡) 이하가 되도록 설치할 것"

① ㉠ 보행거리, ㉡ 25[m]
② ㉠ 수평거리, ㉡ 25[m]
③ ㉠ 보행거리, ㉡ 50[m]
④ ㉠ 수평거리, ㉡ 50[m]

해설 비상벨설비 또는 자동식사이렌설비 음향장치 설치기준
지구음향장치는 특정소방대상물의 층마다 설치하되, 해당 특정소방대상물의 각 부분으로부터 하나의 음향장치까지의 **수평거리가 25[m]** 이하가 되도록 설치 할 것

답 ②

28

비상벨설비의 음향장치는 정격전압의 몇 [%]의 전압에서 음향을 발할 수 있도록 하여야 하는가?

① 20[%]   ② 25[%]
③ 70[%]   ④ 80[%]

해설 음향장치는 정격전압 **80[%]** 전압에서 음향을 발할 수 있도록 할 것

답 ④

29

비상경보설비의 축전지의 전원전압변동 범위로 알맞은 것은?

① 정격전압의 ±5[%]
② 정격전압의 ±10[%]
③ 정격전압의 ±15[%]
④ 정격전압의 ±20[%]

해설 비상경보설비 축전지 성능인증기준 정격전압의 **±10[%]**
답 ②

30

다음 (㉠), (㉡)에 들어갈 내용으로 옳은 것은?

> 비상경보설비의 비상벨설비는 그 설비에 대한 감시상태를 (㉠)간 지속한 후 유효하게 (㉡) 이상 경보할 수 있는 축전지 설비를 설치하여야 한다.

① ㉠ 30분, ㉡ 30분
② ㉠ 30분, ㉡ 10분
③ ㉠ 60분, ㉡ 60분
④ ㉠ 60분, ㉡ 10분

해설 비상경보설비(비상벨, 자동식사이렌)는 60분 감시지속 후 10분 이상 유효하게 경보할 수 있는 축전지 설비하여야 한다.

답 ④

31

비상경보설비를 설치하여야 할 특정소방대상물의 기준 중 옳은 것은?(단, 지하구·모래·석재 등 불연재료 창고 및 위험물 저장·처리시설 중 가스시설은 제외한다)

① 지하층 또는 무창층의 바닥면적이 150[m²] (공연장의 경우 100[m²]) 이상인 것
② 연면적 500[m²](지하가 중 터널 또는 사람이 거주하지 않거나 벽이 없는 축사 등 동·식물 관련 시설은 제외) 이상인 것
③ 30명 이상의 근로자가 작업하는 옥내 작업장
④ 지하가 중 터널로서 길이가 1,000[m] 이상인 것

해설 비상경보설비를 설치하여야 할 특정소방대상물
• 연면적 **400[m²]**(지하가 중 터널 또는 사람이 거주하지 않거나 벽이 없는 축사 등 동·식물 관련 시설은 제외) **이상**이거나 지하층 또는 무창층의 바닥면적이 150[m²](공연장의 경우 100[m²]) 이상인 것
• 지하가 중 터널로서 길이가 **500[m] 이상**인 것
• **50명 이상**의 근로자가 작업하는 옥내 작업장

답 ①

32

특정소방대상물에서 비상경보설비의 설치 면제기준으로 옳은 것은?

① 물분무소화설비 또는 미분무소화설비를 화재안전기준에 적합하게 설치한 경우
② 음향을 발하는 장치를 부설한 방송설비를 화재안전기준에 적합하게 설치한 경우
③ 단독경보형 감지기를 2개 이상의 단독경보형 감지기와 연동하여 설치하는 경우
④ 피난구유도등 또는 통로유도등을 화재안전기준에 적합하게 설치한 경우

해설 특정소방대상물 소방시설설치의 면제기준
비상경보설비 : 2개 이상의 단독경보형 감지기와 연동하여 설치

답 ③

33

자동화재탐지설비에 사용하는 경종의 구조 및 기능에 관한 설명 중 적합하지 않은 것은?

① 정격전압의 80[%]의 전압에서 음향을 발하여야 한다.
② 정격전압의 80[%]에서 120[%] 사이의 전압변동에서 그 기능에 이상이 생겨서는 아니 된다.
③ 소비전류는 정격전압에서 5[mA] 이하이어야 한다.
④ 음압은 정격전압에서 무향실 내의 정위치에 부착된 경종 중심으로부터 1[m] 떨어진 위치에서 90[dB] 이상이어야 한다.

해설 소비전류는 정격전압에서 50[mA] 이하이어야 한다.

답 ③

34

비상방송설비의 설치기준으로 옳지 않은 것은?

① 음량조정기의 배선은 3선식으로 할 것
② 확성기 음성입력은 5[W] 이상일 것
③ 다른 전기회로에 따라 유도장애가 생기지 아니하도록 할 것
④ 조작스위치는 바닥으로부터 0.8[m] 이상 1.5[m] 이하의 높이에 설치할 것

35

비상방송설비의 설치기준에 대한 설명으로 옳지 않은 것은?

① 실외에 설치하는 확성기의 음성입력은 3[W] 이상일 것
② 확성기는 각 층마다 설치하되, 그 층의 각 부분으로부터 하나의 확성기까지의 수평거리는 25[m] 이하가 되도록 할 것
③ 음향장치는 정격전압의 70[%] 전압에서 음향을 발할 수 있는 것으로 할 것
④ 음향장치는 자동화재탐지설비의 작동과 연동하여 작동할 수 있는 것으로 할 것

해설 음향장치는 정격전압의 80[%] 전압에서 음향을 발할 수 있는 것으로 할 것

답 ③

해설 비상방송설비의 설치기준
- 확성기의 음성입력
  - 실내 1[W] 이상
  - 실외 3[W] 이상
- 확성기 설치 : 수평거리가 25[m] 이하
- 음량조정기의 배선 : 3선식
- 조작부의 조작 스위치 : 0.8[m] 이상 1.5[m] 이하
- 비상방송개시 소요시간 : 10초 이내

답 ②

36

비상방송설비의 특징에 대한 설명으로 틀린 것은?

① 다른 방송설비와 공용하는 경우에는 화재 시 비상경보 외의 방송을 차단할 수 있는 구조로 하여야 한다.
② 비상방송설비의 축전지는 감시상태를 10분간 지속한 후 유효하게 60분 이상 경보할 수 있어야 한다.
③ 확성기의 음성입력은 실외에 설치한 경우 3[W] 이상이어야 한다.
④ 음량조정기의 배선은 3선식으로 한다.

해설 비상방송설비의 특징(설치기준)
자탐설비는 그 설비에 대한 감시상태를 60분 이상 지속한 후 10분 이상 경보할 수 있는 축전지설비를 설치하여야 한다.

답 ②

37

비상방송설비 음향장치의 음량조정기를 설치하는 경우 음량조정기의 배선은?

① 단선식
② 2선식
③ 3선식
④ 4선식

해설 비상방송설비의 설치기준
  • 확성기의 음성입력
    – 실내 1[W] 이상
    – 실외 3[W] 이상
  • 확성기 설치 : 수평거리가 25[m] 이하
  • 음량조정기의 **배선** : **3선식**
  • 조작부의 조작 스위치 : 0.8[m] 이상 1.5[m] 이하
  • 비상방송개시 **소요시간** : **10초 이내**

답 ③

38

다음은 비상방송설비의 음향장치에 관한 설치기준이다. 괄호 안의 알맞은 내용으로 옳은 것은?

"확성기의 음성입력은 (㉠), 실내에 설치하는 것에 있어서는 (㉡) 이상으로 한다."

① ㉠ 3[W], ㉡ 1[W]
② ㉠ 4[W], ㉡ 2[W]
③ ㉠ 1[W], ㉡ 3[W]
④ ㉠ 2[W], ㉡ 4[W]

해설 확성기의 음성입력은 3[W], 실내에 설치하는 것에 있어서는 1[W] 이상으로 한다.

답 ①

39

비상방송설비는 기동장치에 따른 화재신고를 수신한 후 필요한 음량으로 화재발생 상황 및 피난에 유효한 방송이 자동으로 개시될 때까지의 소요시간은 몇 초 이하여야 하는가?

① 5
② 10
③ 30
④ 60

해설 비상방송설비는 기동장치에 의한 화재신고를 수신한 후 필요한 음량으로 방송이 개시될 때까지의 소요시간은 **10초 이내**로 할 것

답 ②

40

다음 ( )에 알맞은 내용은?

"비상방송설비에 사용되는 확성기는 각 층마다 설치하되, 그 층의 각 부분으로부터 하나의 확성기까지의 ( )가 25[m] 이하가 되도록 하여야 하고, 해당 층의 각 부분에 유효하게 경보를 발할 수 있도록 설치할 것"

① 수평거리
② 수직거리
③ 직통거리
④ 보행거리

해설 확성기는 각 층마다 설치하되, 그 층의 각 부분으로부터 하나의 확성기까지의 **수평거리가 25[m] 이하**가 되도록 하고, 해당 층의 각 부분에 유효하게 경보를 발할 수 있도록 설치할 것

답 ①

41

비상방송설비의 축전지설비에 대한 설명 중 옳은 것은?(단, 수신기에 내장하는 경우도 포함하며, 30층 미만인 경우이다)

① 감시상태를 60분간 지속한 후 유효하게 10분 이상 경보할 수 있어야 한다.
② 감시상태를 60분간 지속한 후 유효하게 20분 이상 경보할 수 있어야 한다.
③ 감시상태를 30분간 지속한 후 유효하게 10분 이상 경보할 수 있어야 한다.
④ 감시상태를 30분간 지속한 후 유효하게 20분 이상 경보할 수 있어야 한다.

해설 비상방송설비에는 그 설비에 대한 감시상태를 60분간 지속한 후 유효하게 10분 이상 경보할 수 있는 축전지설비(수신기에 내장하는 경우를 포함한다) 또는 전기저장장치를 설치하여야 한다.

답 ①

42

다음 (㉠), (㉡)에 들어갈 내용으로 알맞은 것은?

"비상방송설비에는 그 설비에 대한 감시상태를 (㉠)간 지속한 후 유효하게 (㉡) 이상 경보할 수 있는 축전지설비(수신기에 내장하는 경우를 포함한다)를 설치하여야 한다."

① ㉠ 10분, ㉡ 30분
② ㉠ 30분, ㉡ 10분
③ ㉠ 10분, ㉡ 60분
④ ㉠ 60분, ㉡ 10분

해설 비상방송설비에는 그 설비에 대한 감시상태를 60분간 지속한 후 유효하게 10분 이상 경보할 수 있는 축전지설비(수신기에 내장하는 경우를 포함한다) 또는 전기저장장치를 설치하여야 한다.

답 ④

43

다음 비상방송설비의 설치 및 시공 내용 중 적법하지 않은 것은?

① 비상전원의 용량을 감시상태 60분 지속 및 유효하게 10분 이상 경보할 수 있는 축전지설비를 설치하였다.
② 비상방송용 배선과 비상콘센트 배선을 동일한 전선관 내에 삽입 시공하였다.
③ 비상방송설비의 전원 개폐기에 "비상방송설비용"이라고 표지하였다.
④ 비상방송의 전원회로를 내화배선으로 시공하였다.

해설 전원은 전기가 정상적으로 공급되는 축전지 또는 교류전압의 옥내간선으로 하고, 전원까지의 배선은 전용으로 할 것

답 ②

44

지하층을 제외한 층수가 11층 이상의 층에서 피난층에 이르는 부분의 소방시설에 있어 비상전원을 60분 이상 유효하게 작동시킬 수 있는 용량으로 하여야 하는 설비들로 옳게 나열된 것은?

① 비상조명등설비, 유도등설비
② 비상조명등설비, 비상경보설비
③ 비상방송설비, 유도등설비
④ 비상방송설비, 비상경보설비

해설 **비상방송설비, 비상경보설비**
그 설비에 대한 감시상태를 60분간 지속한 후 유효하게 10분 이상 경보할 수 있는 축전지 설비 설치

답 ②

45

비상방송설비의 배선에 대한 설치기준으로 틀린 것은?

① 배선은 다른 용도의 전선과 동일한 관, 덕트, 몰드 또는 풀박스 등에 설치할 것
② 전원회로의 배선은 옥내소화전설비의 화재안전기준에 따른 내화배선을 설치할 것
③ 화재로 인하여 하나의 층의 확성기 또는 배선이 단락 또는 단선되어도 다른 층의 화재통보에 지장이 없도록 할 것
④ 부속회로의 전로와 대지 사이 및 배선 상호 간의 절연저항은 1경계구역마다 직류 250[V]의 절연저항측정기를 사용하여 측정한 절연저항이 0.1[MΩ] 이상이 되도록 할 것

해설 **비상방송설비 배선의 설치기준**
비상방송설비의 배선은 다른 전선과 별도의 관·덕트 몰드 또는 풀박스 등에 설치할 것

답 ①

46

비상방송설비의 배선에서 부속회로의 전로와 대지 사이 및 배선 상호 간의 절연저항은 1경계구역마다 직류 250[V]의 절연저항측정기를 사용하여 측정한 절연저항이 몇 [MΩ] 이상이 되도록 하여야 하는가?

① 0.1[MΩ]　　② 0.2[MΩ]
③ 10[MΩ]　　④ 20[MΩ]

해설 감지기회로 및 부속회로의 전로와 대지 사이 및 배선 상호 간의 절연저항은 1경계구역마다 직류 250[V]의 절연저항측정기를 사용하여 측정한 절연저항이 **0.1[MΩ] 이상**이 되어야 한다.

답 ①

47

비상방송설비를 설치하여야 하는 특정소방대상물의 기준 중 틀린 것은?(단, 위험물 저장 및 처리시설 중 가스시설, 사람이 거주하지 않는 동물 및 식물 관련 시설, 지하가 중 터널, 축사 및 지하구는 제외한다)

① 연면적 3,500[m²] 이상인 것
② 지하층을 제외한 층수가 11층 이상인 것
③ 지하층의 층수가 3층 이상인 것
④ 50명 이상의 근로자가 작업하는 옥내 작업장

해설 비상방송설비를 설치하여야 하는 특정소방대상물(위험물 저장 및 처리 시설 중 가스시설, 사람이 거주하지 않는 동물 및 식물 관련 시설, 지하가 중 터널, 축사 및 지하구는 제외)
• 연면적 3,500[m²] 이상인 것
• 지하층을 제외한 층수가 11층 이상인 것
• 지하층의 층수가 3층 이상인 것

답 ④

48

비상방송설비에서 우선경보방식을 적용하여야 할 특정소방대상물은?(단, 특정소방대상물 연면적은 3,000[m²]를 초과한다)

① 3층(지하층은 제외한다)
② 3층(지하층은 포함한다)
③ 5층(지하층은 제외한다)
④ 5층(지하층은 포함한다)

해설 5층 이상(지하층 제외)이고 연면적 3,000[m²] 초과하는 특정소방대상물의 경보는 우선경보방식
• 1층 : 발화층, 직상층, 지하층
• 2층 : 발화층, 직상층
• 지하층 : 발화층, 직상층, 기타의 지하층
• **우선적으로 층수가 30층 이상의 특정소방대상물의 경보를 발하여야 하는 대상은 다음과 같다.**
  – **2층 이상의 층에서 발화한 때** : **발화층** 및 그 **직상 4개 층**
  – **1층에서 발화한 때** : **발화층**, 그 **직상 4개 층** 및 **지하층**
  – **지하층에서 발화한 때** : **발화층**, 그 **직상층** 및 기타의 **지하층**

답 ③

49

비상방송설비의 음향장치의 설치기준 중 다음 (   ) 안에 알맞은 것으로 연결된 것은?

> 층수가 5층 이상으로서 연면적이 3,000[m²]를 초과하는 특정소방대상물의 (㉠) 이상의 층에서 발화한 때에는 발화층 및 그 직상층에, (㉡)에서 발화한 때에는 발화층·그 직상층 및 지하층에, (㉢)에서 발화한 때에는 발화층·그 직상층 및 기타의 지하층에 경보를 발할 것

① ㉠ 2층, ㉡ 1층, ㉢ 지하층
② ㉠ 1층, ㉡ 2층, ㉢ 지하층
③ ㉠ 2층, ㉡ 지하층, ㉢ 1층
④ ㉠ 2층, ㉡ 1층, ㉢ 모든 층

해설 층수가 5층 이상으로서 연면적이 3,000[m²]를 초과하는 특정소방대상물의 2층 이상의 층에서 발화한 때에는 발화층 및 그 직상층에, 1층에서 발화한 때에는 발화층·그 직상층 및 지하층에, 지하층에서 발화한 때에는 발화층·그 직상층 및 기타의 지하층에 경보를 발할 것

답 ①

50

건축 연면적이 5,000[m²]이고 지하 4층, 지상 11층인 특정소방대상물에 비상방송설비를 설치하였다. 지하 2층에서 화재가 발생한 경우 우선적으로 경보를 하여야 하는 층은?

① 건물 내 모든 층에 동시경보
② 지하 1, 2, 3, 4층
③ 지하 1층, 지상 1층
④ 지하 1, 2층

해설 • 발화층 : 지하 2층
• 직상층 : 지하 1층 및 기타 지하층

답 ②

51

지하 2층 , 지상 6층이고 연면적 3,500[m²]인 건물의 1층에서 화재가 발생된 경우 경보를 발하여야 하는 층을 모두 나열한 것은?

① 지하 2층, 지하 1층, 1층
② 지하 2층, 지하 1층, 1층, 2층
③ 1층, 2층
④ 모든 층

해설 우선 경보 대상층
• 2층 이상의 층 : 발화층, 직상층
• **1층 : 발화층, 직상층, 지하층**
• 지하층 : 발화층, 직상층, 기타의 지하층

답 ②

52

다음이 설명하고 있는 기능의 감지기는?

> "작동되는 경우 작동표시등의 점등에 의하여 화재의 발생을 표시하고, 내장된 음향장치의 명동에 의하여 화재경보음을 발할 수 있는 기능이 있어야 한다."

① 보상식감지기   ② 불꽃감지기
③ 광전식분리형 감지기   ④ 단독경보형 감지기

해설 단독경보형 감지기 : 화재발생상황을 단독으로 감지하여 자체에 내장된 음향장치로 경보하는 감지기

답 ④

53

단독경보형 감지기의 설치기준에 대한 설명으로 옳지 않은 것은?

① 건전지를 주전원으로 사용하는 경우 정상적으로 작동할 수 있도록 건전지를 교환할 것

② 각 실마다 설치하되, 바닥면적이 150[m²]마다 1개 이상 설치할 것

③ 상용전원을 주전원으로 사용하는 경우 2차 전지는 관련법 규정에 따른 성능시험에 합격한 것을 사용할 것

④ 외기가 상통하는 계단실의 경우 최상층의 계단실의 천장에 설치할 것

해설 단독경보형 감지기의 설치기준
- 각 실(이웃하는 실내의 바닥면적이 각각 30[m²] 미만이고 벽체의 상부의 전부 또는 일부가 개방되어 이웃하는 실내와 공기가 상호 유통되는 경우에는 이를 1개의 실로 본다)마다 설치하되, 바닥면적이 150[m²]를 초과하는 경우에는 150[m²]마다 1개 이상 설치할 것
- **최상층의 계단실의 천장**(외기가 상통하는 계단실의 경우를 제외한다)에 **설치**할 것
- 건전지를 주전원으로 사용하는 단독경보형 감지기는 정상적인 작동상태를 유지할 수 있도록 건전지를 교환할 것
- 상용전원을 주전원으로 사용하는 단독경보형감지기의 2차 전지는 법 제39조 규정에 따른 성능시험에 합격한 것을 사용할 것

답 ④

54

단독경보형 감지기의 설치기준 중 다음 (   ) 안에 알맞은 것은?

> 이웃하는 실내의 바닥면적이 각각 (   )[m²] 미만이고 벽체의 상부의 전부 또는 일부가 개방되어 이웃하는 실내와 공기가 상호 유통되는 경우에는 이를 1개의 실로 본다.

① 30
② 50
③ 100
④ 150

해설 이웃하는 실내의 바닥면적이 각각 30[m²] 미만이고 벽체의 상부의 전부 또는 일부가 개방되어 이웃하는 실내와 공기가 상호 유통되는 경우에는 이를 1개의 실로 본다.

답 ①

55

단독경보형 감지기를 설치하는 경우 바닥면적이 150[m²]를 초과하는 경우 몇 [m²]마다 1개 이상 설치하여야 하는가?

① 50[m²]
② 100[m²]
③ 150[m²]
④ 200[m²]

해설 바닥면적이 150[m²]를 초과하는 경우에는 150[m²]마다 1개 이상 설치할 것

답 ③

56

바닥 면적이 450[m²]일 경우 단독경보형감지기의 최소 설치개수는?

① 1개
② 2개
③ 3개
④ 4개

해설 단독경보형감지기 : 150[m²]마다 1개 이상 설치

∴ $\frac{450}{150} = 3$개

답 ③

57

거실이 4개인 특정소방대상물에 단독경보형 감지기를 설치하려고 한다. 거실의 면적은 각각 A실 28[m²], B실 310[m²], C실 35[m²], D실 155[m²]이다. 단독경보형 감지기는 몇 개 이상 설치하여야 하는가?

① 4개
② 5개
③ 6개
④ 7개

해설 단독경보형 감지기를 각 실마다 설치하되, 바닥면적이 150[m²]를 초과하는 경우에는 150[m²]마다 1개 이상 설치할 것

A실 $= \frac{28}{150} = 0.19 = 1$개, B실 $= \frac{310}{150} = 2.07 = 3$개

C실 $= \frac{35}{150} = 0.23 = 1$개, D실 $= \frac{155}{150} = 1.03 = 2$개

$A + B + C + D = 7$

∴ 총 7개 이상 설치해야 한다.

답 ④

58

각 실별 실내의 바닥면적이 25[m²]인 4개의 실에 단독경보형감지기를 설치 시 몇 개의 실로 보아야 하는가?(단, 각 실은 이웃하고 있으며, 벽체 상부가 일부 개방되어 이웃하는 실내와 공기가 상호 유통되는 경우이다)

① 1   ② 2
③ 3   ④ 4

해설 이웃하는 실내의 바닥면적이 각각 30[m²] 미만이고 벽체의 상부의 전부 또는 일부가 개방되어 이웃하는 실내와 공기가 상호 유통되는 경우에는 이를 1개의 실로 본다.

답 ①

59

연면적 2,000[m²] 미만의 교육연구시설 내에 있는 합숙소 또는 기숙사에 설치하는 단독경보형 감지기 설치기준으로 틀린 것은?

① 각 실마다 설치하되 바닥면적이 150[m²]를 초과하는 경우에는 150[m²]마다 1개 이상 설치할 것
② 외기가 상통하는 최상층의 계단실의 천장에 설치할 것
③ 건전지를 주전원으로 사용하는 단독경보형 감지기는 정상적인 작동상태를 유지할 수 있도록 건전지를 교환할 것
④ 상용전원을 주전원으로 사용하는 단독경보형 감지기의 2차 전지는 제품검사에 합격한 것을 사용할 것

해설 **최상층의 계단실의 천장에 설치**할 것(외기가 상통하는 계단실의 경우를 제외한다)

답 ②

60

단독경보형 감지기는 건전지의 성능이 저하된 경우에도 음향이나 광원에 의하여 몇 시간 이상 계속하여 그 경보 또는 표시를 할 수 있어야 하는가?

① 1시간   ② 2시간
③ 48시간   ④ 72시간

해설 건전지의 성능이 저하되어 건전지의 교체가 필요한 경우에는 음성안내를 포함한 음향 및 표시등에 의하여 72시간 이상 경보를 할 수 있을 것

답 ④

61

단독경보형 감지기를 설치하여야 하는 특정소방대상물의 기준 중 옳은 것은?

① 연면적 1,000[m²] 미만의 아파트 등
② 연면적 2,000[m²] 미만의 기숙사
③ 교육연구시설 또는 수련시설 내에 있는 합숙소 또는 기숙사로서 연면적 1,000[m²] 미만인 것
④ 연면적 1,000[m²] 미만의 숙박시설

해설 **단독경보형 감지기를 설치하여야 하는 특정소방대상물**
• 연면적 1천[m²] 미만의 아파트 등
• 연면적 **1,000[m²] 미만의 기숙사**
• 교육연구시설 또는 수련시설 내에 있는 합숙소 또는 기숙사로서 연면적 **2,000[m²] 미만**인 것
• 연면적 **600[m²] 미만**의 숙박시설
• 노유자시설로서 연면적 400[m²] 이상인 노유자시설 및 숙박시설이 있는 수련시설로서 수용인원 100명 이상인 것에 해당하지 않는 수련시설(숙박시설이 있는 것만 해당)

답 ①

62

단독경보형 감지기의 일반기능에 대한 설명으로 틀린 것은?

① 자동복귀형 스위치에 의하여 자동으로 작동시험을 할 수 있는 기능이 있어야 한다.
② 전원의 정상상태를 표시하는 전원표시등의 섬광주기는 1초 이내의 점등과 30초에서 60초 이내의 소등으로 이루어져야 한다.
③ 작동되는 경우 작동표시등의 점등에 의하여 화재를 표시하고, 내장된 음향장치의 명동에 의하여 화재 경보음을 발할 수 있는 기능이 있어야 한다.
④ 건전지의 성능이 저하된 경우에도 음향이나 광원에 의하여 72시간 이상 계속하여 그 경보 또는 표시를 할 수 있어야 한다.

해설 단독경보형 감지기는 자동복귀형 스위치에 의하여 **수동으로 작동시험을 할 수 있을 것**

답 ①

제 **9** 절   누전경보기

1 개 요

누전경보기는 사용전압 600[V] 이하인 경계전로의 누설전류를 검출하여 당해 소방 대상물의 관계자에게 경보를 발하는 설비로서 변류기와 수신부로 구성된 것을 말한다.

■ **누전경보기**
  – 경계전로 사용전압 : 600[V] 이하
  – 계약전류용량 : 100[A] 초과
  – 누전 및 지락전류에 의해 동작

2 누전경보기의 용어 정리

① **누전경보기** : 내화구조가 아닌 건축물로서 벽, 바닥 또는 천장의 전부나 일부를 불연재료 또는 준불연재료가 아닌 재료에 철망을 넣어 만든 건물의 전기설비로부터 누설전류를 탐지하여 경보를 발하며 변류기와 수신부로 구성된 것을 말한다.

② **수신부** : 변류기로부터 검출된 신호를 수신하여 누전의 발생을 해당 특정소방대상물의 관계인에게 경보하여 주는 것(차단기구를 갖는 것을 포함한다)을 말한다.

③ **변류기** : 경계전로의 누설전류를 자동적으로 검출하여 이를 누전경보기의 수신부에 송신하는 것을 말한다.

3 설치기준

■ **누전경보기 구성**
  – 수신기
  – 변류기(영상변류기)
  – 차단기
  – 음향장치

(1) 누전경보기 구성 : **수신기, 변류기, 차단기, 음향장치**로 구성

(2) 설치기준

■ **60[A] 초과 : 1급**

■ **60[A] 이하 : 1급 또는 2급**

① 경계전로의 정격전류가 60[A]를 초과하는 전로에 있어서는 1급 누전경보기를, 60[A] 이하의 전로에 있어서는 1급 또는 2급 누전경보기를 설치할 것. 다만, 정격전류가 60[A]를 초과하는 경계전로가 분기되어 각 분기회로의 정격전류가 60[A] 이하로 되는 경우 당해 분기회로마다 2급 누전경보기를 설치한 때에는 당해 경계전로에 1급 누전경보기를 설치한 것으로 본다.

정격전류	60[A] 초과	60[A] 이하
경보기의 종류	1급	1급, 2급

(3) 작동원리

① 단상식

㉠ 평상시

$i_1(\phi_1) = i_2(\phi_2)$: 변류기 2차 코일에 유도전류가 발생하지 않는다.

→ 누전경보기가 작동하지 않는다.

㉡ 누전 시

$i_1(\phi_1) \neq i_2(\phi_2)$: 변류기 2차 코일에 유도전류가 발생한다.

→ 누전경보기가 작동한다.

[변류기의 작동원리(단상전로)]

② 3상식

㉠ 평상시

$i_1 + i_2 + i_3 = 0$: 변류기 2차 코일에 유도전류가 발생하지 않는다.

→ 누전경보기가 작동하지 않는다.

㉡ 누전 시

$i_1 + i_2 + i_3 \neq 0$: 변류기 2차 코일에 유도전류가 발생한다.

→ 누전경보기가 작동한다.

[변류기의 작동원리(3상전로)]

누설전류 I_g 발생 시 영상변류기 2차에 자속 ϕ_g 발생하고 전압을 유기하여 이 유기전압을 증폭하여 경보를 발한다.

■ 방수구조에 따른 분류
 - 옥내형
 - 옥외형

(4) 전 원

① 전원은 분전반으로부터 전용회로로 하고, 각 극에 개폐기 및 15[A] 이하의 과전류차단기(배선용 차단기에 있어서는 20[A] 이하의 것으로 각 극을 개폐할 수 있는 것)를 설치할 것

② 전원을 분기할 때에는 다른 차단기에 따라 전원이 차단되지 아니하도록 할 것

③ 전원의 개폐기에는 누전경보기용임을 표시한 표지를 할 것

(5) 구조 및 기능

① 작동이 확실하고, 취급·점검이 쉬워야 하며, 현저한 잡음이나 장해전파를 발하지 아니하여야 한다. 또한 먼지, 습기, 곤충 등에 의하여 기능에 영향을 받지 아니하여야 한다.

② 보수 및 부속품의 교체가 쉬워야 한다. 다만, 방수형 및 방폭형은 그러하지 아니하다.

③ 외함은 불연성 또는 난연성 재질로 만들어져야 하며 다음과 같아야 한다.
　㉠ 누전경보기의 외함은 1.0[mm] 이상
　㉡ 직접 벽면에 접하여 벽속에 매립되는 외함의 부분은 1.6[mm] 이상

④ 기기 내의 배선은 충분한 전류용량을 갖는 것으로 하여야 하며, 배선의 접속이 정확하고 확실하여야 한다.

⑤ 극성이 있는 경우에는 오접속을 방지하기 위하여 필요한 조치를 하여야 한다.

⑥ 외부에서 쉽게 사람이 접촉할 우려가 있는 충전부는 충분히 보호되어야 한다.

⑦ 정격전압이 60[V]를 넘는 기구의 금속제 외함에는 접지단자를 설치하여야 한다.

(6) 부품의 구조 및 기능

① 경보기구에 내장하는 음향장치
　㉠ 사용전압의 80[%]인 전압에서 소리를 내어야 한다.
　㉡ 사용전압에서의 음압은 무향실내에서 정위치에 부착된 음향장치의 중심으로부터 1[m] 떨어진 지점에서 누전경보기는 70[dB] 이상이어야 한다. 다만, 고장표시장치용 등의 음압은 60[dB] 이상이어야 한다.

② 변압기
　㉠ 정격 1차 전압은 300[V] 이하로 한다.
　㉡ 변압기의 외함에는 접지단자를 설치하여야 한다.
　㉢ 설치위치 : 수위실 등 상시 사람이 근무하는 장소

③ 기기 내의 배선은 충분한 전류용량을 갖는 것으로 하여야 하며, 배선의 접속이 정확하고 확실하여야 한다.

■ 과전류차단기 : 15[A] 이하

■ 배선용차단기 : 20[A] 이하

■ 접지단자설치
　: 정격전압 60[V] 초과

■ 음향장치
　: 1[m] 떨어진 지점에서 누전경보기는 70[dB] 이상일 것

■ 변압기 1차 전압
　: 300[V] 이하

(7) 공칭작동전류치

① 누전경보기의 공칭작동전류치(누전경보기를 작동시키기 위하여 필요한 누설전류의 값으로서 제조자에 의하여 표시된 값을 말한다. 이하 같다)는 200[mA] 이하이어야 한다.

② 감도조정장치를 가지고 있는 누전경보기에 있어서도 그 조정범위의 최소치에 대하여 이를 적용한다.

(8) 감도조정장치

감도조정장치를 갖는 누전경보기에 있어서 감도조정장치의 조정범위는 최대치가 1[A]이어야 한다.

4 수신기

변류기로부터 검출된 신호를 수신하여 누전의 발생을 당해 소방대상물의 관계자에게 경보하여 주는 것(차단기구를 갖는 것은 이를 포함한다)을 말한다.

(1) 수신부의 설치기준

① 누전경보기의 수신부는 옥내의 점검에 편리한 장소에 설치하되, 가연성의 증기·먼지 등이 체류할 우려가 있는 장소의 전기회로에는 해당 부분의 전기회로를 차단할 수 있는 차단기구를 가진 수신부를 설치하여야 한다. 이 경우 차단기구의 부분은 해당 장소 외의 안전한 장소에 설치하여야 한다.

② 누전경보기의 수신부는 다음 각 호의 장소 외의 장소에 설치하여야 한다. (시설제한 장소)

　㉠ 가연성의 **증기·먼지·가스** 등이나 부식성의 **증기·가스** 등이 **다량**으로 **체류**하는 장소

　㉡ 화약류를 제조하거나 저장 또는 취급하는 장소

　㉢ **습도가 높은 장소**

　㉣ **온도**의 **변화**가 **급격한 장소**

　㉤ **대전류회로·고주파 발생회로** 등에 따른 영향을 받을 우려가 있는 장소

(2) 수신부의 구조

① 전원을 표시하는 장치를 설치하여야 한다. 다만, 2급에서는 그러하지 아니하다.

② 수신부는 다음 회로에 단락이 생기는 경우에는 유효하게 보호되는 조치를 강구하여야 한다.

　㉠ 전원 입력측의 회로(다만, 2급수신부에는 적용하지 아니한다)

　㉡ 수신부에서 외부의 음향장치와 표시등에 대하여 직접 전력을 공급하도록 구성된 외부회로

■ 공칭작동전류
: 200[mA] 이하

■ 감도조정장치의 조정범위 최대치 : 1[A]

■ 수신기
: 변류기에서 검출된 미소 전압을 수신하여 증폭시켜주는 역할을 한다.

③ 감도조정장치를 제외하고 감도조정부는 외함의 바깥쪽에 노출되지 아니하여야 한다.

④ 주전원의 양극을 동시에 개폐할 수 있는 전원스위치를 설치하여야 한다. 다만, 보수 시에 전원공급이 자동적으로 중단되는 방식은 그러하지 아니하다.

⑤ 전원입력 및 외부부하에 직접 전원을 송출하도록 구성된 회로에는 퓨즈 또는 브레이커 등을 설치하여야 한다.

(3) 수신부의 기능

① 호환성형 수신부는 신호입력회로에 공칭작동전류치에 대응하는 변류기의 설계출력전압의 52[%]인 전압을 가하는 경우 30초 이내에 작동하지 아니하여야 하며, 공칭작동전류치에 대응하는 변류기의 설계출력전압의 75[%]인 전압을 가하는 경우 1초(차단기구가 있는 것은 0.2초) 이내에 작동하여야 한다.

② 비호환성형 수신부는 신호입력회로에 공칭작동전류치의 42[%]에 대응하는 변류기의 설계출력전압을 가하는 경우 30초 이내에 작동하지 아니하여야 하며, 공칭작동전류치에 대응하는 변류기의 설계출력전압을 가하는 경우 1초(차단기구가 있는 것은 0.2초) 이내에 작동하여야 한다.

③ 집합형 누전경보기의 수신부
   ㉠ 구성요소 : 자동입력절환부, 증폭부, 제어부, 회로접합부, 전원부, 도통시험 및 동작시험부
   ㉡ 집합형 수신기 내부 결선도

[집합형 수신기 내부결선도]

(4) 수신부의 누전표시

수신부는 변류기로부터 송신된 신호를 수신하는 경우 적색표시 및 음향신호에 의하여 누전을 자동적으로 표시할 수 있어야 하며, 이 경우 차단기구가 있는 것은 차단 후에도 누전되고 있음을 적색표시로 계속 표시되는 것이어야 한다.

(5) 수신부의 기능검사

① 기능검사 종류
   ㉠ 전원전압변동시험   ㉡ 온도특성시험
   ㉢ 과입력전압시험   ㉣ 개폐기의 조작시험

■ 비호환성 수신기
: 42[%] 전압으로 30초 이내 동작하지 않을 것

■ 집합형수신기 구성요소
 - 자동입력절환부
 - 증폭부
 - 제어부
 - 도통시험 및 동작시험부
 - 회로접합부
 - 전원부

ⓜ 반복시험　　　　　　　　ⓗ 진동시험
　　ⓢ 충격시험　　　　　　　　ⓞ 방수시험
　　ⓩ 절연저항시험　　　　　　ⓒ 절연내력시험
　　ⓚ 충격파내전압시험

(6) 수신부의 절연저항시험

수신부는 절연된 충전부와 외함 간 및 차단기구의 개폐부(열린 상태에서는 같은 극의 전원단자와 부하측단자와의 사이, 닫힌 상태에서는 충전부와 손잡이 사이)의 절연저항을 DC 500[V]의 절연저항계로 측정하는 경우 5[MΩ] 이상이어야 한다.

(7) 수신부의 반복시험

수신부는 그 정격전압에서 10,000회의 누전작동시험을 실시하는 경우 그 구조 또는 기능에 이상이 생기지 아니하여야 한다.

5 변류기(영상변류기 : ZCT)

경계전로의 누설전류를 자동적으로 검출하여 이를 수신기에 송신하는 장치

(1) 변류기의 설치위치

① 변류기는 특정소방대상물의 형태, 인입선의 시설방법 등에 따라 옥외 인입선의 제1지점의 부하측 또는 제2종 접지선측의 점검이 쉬운 위치에 설치할 것. 다만, 인입선의 형태 또는 특정소방대상물의 구조상 부득이한 경우에는 인입구에 근접한 옥내에 설치할 수 있다.

② 변류기를 옥외의 전로에 설치하는 경우에는 옥외형으로 설치할 것

(2) 변류기의 기능검사

① 기능검사 종류

　　ⓐ 절연저항시험　　　　　　ⓑ 절연내력시험
　　ⓒ 충격파내전압시험　　　　ⓓ 단락전류시험
　　ⓔ 노화시험　　　　　　　　ⓕ 온도특성시험
　　ⓖ 진동시험　　　　　　　　ⓗ 충격시험
　　ⓘ 전로개폐시험　　　　　　ⓙ 과누전시험
　　ⓚ 방수시험　　　　　　　　ⓛ 전압강하방지시험

(3) 변류기의 절연저항시험

변류기는 DC 500[V]의 절연저항계로 다음에 의한 시험을 하는 경우 5[MΩ] 이상이어야 한다.

■ 수신부의 절연저항시험
　DC 500[V]의 절연저항계로 측정하는 경우 5[MΩ] 이상

■ 수신부의 반복시험
　: 10,000회 이상

■ 변류기의 설치위치
　- 옥외인입선의 제1지점의 부하측
　- 제2종 접지선측
　- 부득이한 경우 인입구에 근접한 옥내 설치
　- 변류기를 옥외에 설치 시 옥외형 사용

① 절연된 1차권선과 2차권선 간의 절연저항
② 절연된 1차권선과 외부금속부 간의 절연저항
③ 절연된 2차권선과 외부금속부 간의 절연저항

(4) 변류기의 전압강하방지시험

■ 변류기 경계전로 전압강하
: 0.5[V] 이하

변류기(경계전로의 전선을 그 변류기에 관통시키는 것은 제외한다)는 경계전로에 정격전류를 흘리는 경우, 그 경계전로의 전압강하는 0.5[V] 이하이어야 한다.

제 10 절 가스누설경보기

1 개 요

가스시설이 설치된 장소에서 액화석유가스(LPG), 액화천연가스(LNG), 일산화탄소 또는 기타 가스(이소부탄, 메탄, 수소)를 탐지하여 경보하는 것을 말한다. 다만, 탐지소자 외의 방법에 의하여 가스가 새는 것을 탐지하는 것, 점검용으로 만들어진 휴대용검지기 또는 연동기기에 의하여 경보를 발하는 것은 제외한다.

2 가스누설경보기의 용어 정리

■ 가스누설경보기 종류
– 단독형
– 분리형

① **방폭형** : 폭발성가스가 용기 내부에서 폭발하였을 때 용기가 그 압력에 견디거나 또는 외부의 폭발성가스에 인화될 우려가 없도록 만들어진 형태의 제품을 말한다.
② **방수형** : 그 구조가 방수구조로 되어 있는 것을 말한다.
③ **탐지부** : 가스누설경보기(이하 "경보기"라 한다)중 가스누설을 검지하여 중계기 또는 수신부에 가스누설의 신호를 발신하는 부분 또는 가스누설을 검지하여 이를 음향으로 경보하고 동시에 중계기 또는 수신부에 가스누설의 신호를 발신하는 부분을 말한다.

■ 탐지부
: 가스누설을 검지하여 중
계기 또는 수신부에 가스
누설의 신호를 발신하는
부분

④ **수신부** : 경보기 중 탐지부에서 발하여진 가스누설신호를 직접 또는 중계기를 통하여 수신하고 이를 관계자에게 음향으로서 경보하여 주는 것을 말한다.
⑤ **지구경보부** : 경보기의 수신부로부터 발하여진 신호를 받아 경보음을 발하는 것으로서 경보기에 추가로 부착하여 사용되는 부분을 말한다.
⑥ **부속장치** : 경보기에 연결하여 사용되는 환풍기 또는 지구경보부 등에 작동신호원을 공급시켜 주기 위하여 경보기에 부수적으로 설치되어진 장치를 말한다.

⑦ **분리형** : 탐지부와 수신부가 분리되어 있는 형태의 경보기를 말한다.

⑧ **단독형** : 탐지부와 수신부가 1개의 상자에 넣어 일체로 되어있는 형태의 경보기를 말한다.

⑨ **중계기** : 감지기 또는 발신기의 작동에 의한 신호 또는 탐지부에서 발하여진 가스누설신호를 받아 이를 수신기 또는 수신부에 발신하여, 소화설비·제연설비 그 밖에 이와 유사한 방재설비에 제어 또는 누설신호를 발신 또는 신호 증폭을 하여 발신하는 설비를 말한다.

3 가스누설경보기의 분류

경보기는 구조에 따라 단독형과 분리형으로 구분하며, 분리형은 영업용과 공업용으로 구분한다. 이 경우 영업용은 1회로용으로 하며 공업용은 1회로 이상의 용도로 한다.

4 가스누설경보기의 형식승인 및 제품검사의 기술기준

(1) 경보기의 일반구조

① 수신부 및 분리형의 탐지부 외함은 불연성 또는 난연성 재질로 만들 것
② 전원공급의 상태를 쉽게 확인할 수 있는 **표시등**이 있을 것
③ 정격전압이 60[V]를 초과하는 기구의 금속제 외함에는 **접지단자**를 설치할 것
④ 경보기에는 예비전원을 설치할 수 있으며 예비전원을 설치할 경우에는 다음에 적합하여야 한다.

　㉠ 예비전원을 경보기의 주전원으로 사용하여서는 아니 된다.

　㉡ 예비전원을 단락사고 등으로부터 보호하기 위한 퓨즈 등 과전류 보호장치를 설치하여야 한다.

　㉢ 주전원이 정지한 경우에는 자동적으로 예비전원으로 전환되고, 주전원이 정상상태로 복귀한 경우에는 자동적으로 예비전원으로부터 주전원으로 전환되어야 한다.

　㉣ 앞면에 예비전원의 상태를 감시할 수 있는 장치를 하여야 한다.

　㉤ 자동충전장치 및 전기적 기구에 의한 자동과충전방지장치를 설치하여야 한다. 다만, 과충전 상태가 되어도 성능 또는 구조에 이상이 생기지 아니하는 축전지를 설치하는 경우에는 자동과충전방지장치를 설치하지 아니할 수 있다.

　㉥ 축전지를 병렬로 접속하는 경우에는 역충전방지 등의 조치를 강구하여야 한다.

■ 예비전원을 경보기의 주전원으로 사용하지 않을 것

ⓢ 축전지를 직렬 또는 병렬로 사용하는 경우에는 용량(전압, 전류 등)이 균일한 축전지를 사용하여야 한다.

ⓞ 예비전원은 알칼리계 2차 축전지, 리튬계 2차 축전지 또는 무보수밀폐형 연축전지로서 그 용량은 1회선용(단독형을 포함한다)의 경우 감시상태를 20분간 계속한 후 유효하게 작동되어 10분간 경보를 발할 수 있어야 하며, 2회로 이상인 경보기의 경우에는 연결된 모든 회로에 대하여 감시상태를 10분간 계속한 후 2회선을 유효하게 작동시키고 10분간 경보를 발할 수 있는 용량이어야 한다.

> 예비전원 : 알칼리계 2차축전지, 리튬계 2차축전지, 무보수밀폐형 연축전지

■ 수신개시부터 가스누설표시까지 소요시간은 60초 이내일 것

⑤ 분리형 수신부의 기능에서 수신개시부터 가스누설표시까지 소요시간은 **60초 이내**일 것

⑥ 표시등

㉠ 전구는 사용전압의 130[%]인 교류전압을 20시간 연속하여 가하는 경우, 단선, 현저한 광속변화, 흑화, 전류의 저하 등이 발생하지 아니하여야 한다.

㉡ 소켓은 접촉이 확실하여야 하며 쉽게 전구를 교체할 수 있도록 부착하여야 한다.

㉢ 전구는 2개 이상을 병렬로 접속하여야 한다. 다만, 방전등 또는 발광다이오드의 경우에는 그러하지 아니하다.

㉣ 전구에는 적당한 보호커버를 설치하여야 한다. 다만, 발광다이오드의 경우에는 그러하지 아니하다.

■ 누설등 표시 : 황색
■ 지구등 표시 : 황색

㉤ 가스의 누설을 표시하는 표시등(이하 이 기준에서 "누설등"이라 한다) 및 가스가 누설된 경계구역의 위치를 표시하는 표시등(이하 이 기준에서 "지구등"이라 한다)은 등이 켜질 때 황색으로 표시되어야 한다. 다만, 누설등을 설치한 수신부의 지구등 및 수신기와 병용하지 아니하는 지구등은 그러하지 아니하다.

> 누설등, 지구등 색상 : 황색

㉥ 주위의 밝기가 300[lx]인 장소에서 측정하여 앞면으로부터 3[m] 떨어진 곳에서 켜진등이 확실히 식별되어야 한다.

⑦ 음향장치(가스누설경보기에 지구경보부를 설치하는 것은 이를 포함한다)

㉠ 사용전압의 80[%]인 전압에서 음향을 발하여야 한다.

㉡ 사용전압에서의 음압은 무향실내에서 정위치에 부착된 음향장치의 중심으로부터 1[m] 떨어진 지점에서 주음향장치용의 것은 90[dB](단, 단독형 및 분리형 중 영업용인 경우에는 70[dB]) 이상이어야 한다. 다만, 고장표시용 등의 음압은 60[dB] 이상이어야 한다.

⑧ 변압기

    ⊙ 정격 1차전압은 300[V] 이하로 하고, 분리형 중 공업용의 변압기 외함에 는 접지단자를 설치하여야 한다.

    ⓒ 용량은 최대사용전류에 연속하여 견딜 수 있는 크기 이상이어야 한다.

제 **11** 절 **부대전기설비**

1 개 요

전원은 상용전원설비, 비상전원설비, 예비전원설비 3종류가 있다.

[전원설비]

2 소방설비용 비상전원수전설비의 용어 정리

① **소방회로** : 소방부하에 전원을 공급하는 전기회로를 말한다.

② **일반회로** : 소방회로 이외의 전기회로를 말한다.

③ **수전설비** : 전력수급용 계기용변성기·주차단장치 및 그 부속기기를 말한 다.

④ **변전설비** : 전력용변압기 및 그 부속장치를 말한다.

⑤ **전용큐비클식** : 소방회로용의 것으로 수전설비, 변전설비 그 밖의 기기 및 배선을 금속제 외함에 수납한 것을 말한다.

⑥ **공용큐비클식** : 소방회로 및 일반회로 겸용의 것으로서 수전설비, 변전설비 그 밖의 기기 및 배선을 금속제 외함에 수납한 것을 말한다.

⑦ **전용배전반** : 소방회로 전용의 것으로서 개폐기, 과전류차단기, 계기 그 밖의 배선용기기 및 배손을 금속제 외함에 수납한 것을 말한다.

⑧ **공용배전반** : 소방회로 및 일반회로 겸용의 것으로서 개폐기, 과전류차단기, 계기 그 밖의 배선용기기 및 배선을 금속제 외함에 수납한 것을 말한다.

⑨ **전용분전반** : 소방회로 전용의 것으로서 분기 개폐기, 분기과전류차단기 그 밖의 배선용기기 및 배선을 금속제 외함에 수납한 것을 말한다.

■ **수전설비**
  – 전력수급용 계기용변성기
  – 주차단장치
  – 부속기기

■ **전용큐비클식** : 소방회로 용의 것

■ **공용큐비클식** : 소방회로 및 일반회로 겸용의 것

⑩ **공용분전반** : 소방회로 및 일반회로 겸용의 것으로서 분기개폐기, 분기과전류차단기 그 밖의 배선용기기 및 배선을 금속제 외함에 수납한 것을 말한다.

⑪ **예비전원** : 소방용품에 사용되는 알칼리계 2차 축전지, 리튬계 2차 축전지 및 무보수 밀폐형 연축전지를 말한다.

3 상용전원

전원은 전기가 정상적으로 공급되는 **교류전압**의 **옥내 간선**으로 하고 전원까지의 배선은 전용으로 하되 개폐기에는 "자동화재탐지설비용"이라고 표시한 표지를 할 것

4 비상전원 : 비상전원 수전설비, 축전지설비, 예비전원

■ 비상전원
– 비상전원 수전설비
– 축전지설비
– 예비전원

(1) 비상전원 수전설비

비상전원 수전설비는 해당 설비전용의 변압기에 따라 수전하거나 또는 수전설비의 주변압기의 2차 측에서 직접 전용의 개폐기에 의해 수전하는 설비로 되어 있다.

[비상전원의 배선]

① 특별고압 또는 고압으로 수전하는 경우

■ 고압 또는 특고압 수전
: 큐비클형, 방화구획형, 옥외개방형

㉠ 일반전기사업자로부터 특별고압 또는 고압으로 수전하는 비상전원 수전설비는 방화구획형, 옥외개방형 또는 큐비클(Cubicle)형으로 하여야 한다.

• 전용의 방화구획 내에 설치할 것

• 소방회로배선은 일반회로배선과 불연성 벽으로 구획할 것. 다만, 소방회로배선과 일반회로배선을 15[cm] 이상 떨어져 설치한 경우는 그러하지 아니한다.

■ 소방회로배선과 일반회로 배선 이격거리
: 15[cm] 이상

• 일반회로에서 과부하, 지락사고 또는 단락사고가 발생한 경우에도 이에 영향을 받지 아니하고 계속하여 소방회로에 전원을 공급시켜 줄 수 있어야 할 것

• 소방회로용 개폐기 및 과전류차단기에는 "소방시설용"이라 표시할 것

[다른 용도의 배선이 있는 경우에 시공 방법]

ㄴ 큐비클형은 다음에 적합하게 설치하여야 한다.
- 전용큐비클 또는 공용큐비클식으로 설치할 것
- 외함은 두께 2.3[mm] 이상의 강판과 이와 동등 이상의 강도와 내화성능이 있는 것으로 제작하여야 하며, 개구부에는 갑종방화문 또는 을종방화문을 설치할 것

■ 외함 두께 : 2.3[mm] 이상

- 다음에 해당하는 것은 외함에 노출하여 설치할 수 있다.
  - 표시등(불연성 또는 난연성재료로 덮개를 설치한 것에 한한다)
  - 전선의 인입구 및 인출구
  - 환기장치
  - 전압계(퓨즈 등으로 보호한 것에 한한다)
  - 전류계(변류기의 2차측에 접속된 것에 한한다)
  - 계기용 전환스위치(불연성 또는 난연성재료로 제작된 것에 한한다)
- 외함은 건축물의 바닥 등에 견고하게 고정할 것
- 외함에 수납하는 수전설비, 변전설비 그 밖의 기기 및 배선은 다음에 적합하게 설치할 것
  - 외함 또는 프레임(Frame) 등에 견고하게 고정할 것
  - 외함의 바닥에서 10[cm](시험단자, 단자대 등의 충전부는 15[cm]) 이상의 높이에 설치할 것
- 전선 인입구 및 인출구에는 금속관 또는 금속제 가요전선관을 쉽게 접속할 수 있도록 할 것
- 환기장치는 다음에 적합하게 설치할 것
  - 내부의 온도가 상승하지 않도록 환기장치를 할 것
  - 자연환기구의 개부구 면적의 합계는 외함의 한 면에 대하여 해당 면적의 3분의 1 이하로 할 것. 이 경우 하나의 통기구의 크기는 직경 10[mm] 이상의 둥근 막대가 들어가서는 아니 된다.
  - 자연환기구에 따라 충분히 환기할 수 없는 경우에는 환기설비를 설치할 것
  - 환기구에는 금속망, 방화댐퍼 등으로 방화조치를 하고, 옥외에 설치하는 것은 빗물 등이 들어가지 않도록 할 것
- 공용큐비클식의 소방회로와 일반회로에 사용되는 배선 및 배선용기기는 불연재료로 구획할 것

[큐비클형 배전반]

③ 저압으로 수전하는 경우

저압으로 수전하는 비상전원설비는 전용배전반 (1·2종)·전용분전반(1·2종)또는 공용분전반(1·2종)으로 하여야 한다.

■ 저압 수전
- 전용배전반 (1·2종)
- 전용분전반(1·2종)
- 공용분전반(1·2종)

(2) 축전지설비

① 종 류

■ 축전지 설비 구성요소
- 축전지
- 충전장치
- 보안장치
- 제어장치

② 구성요소 : 축전지, 충전장치, 보안장치, 제어장치

③ 구조 및 비교

[축전지설비의 비교]

종 별		연축전지		알칼리축전지	
형식명		클래식 CS형	페이스트식 HS형	포켓식 AL, AM, AH형	소결식 AH, AHH형
작용물질	양극	PbO₂(산화납)		NiOOH(수산화 니켈)	
	음극	Pb(납)		Cd(카드뮴)	
	전해액	H₂SO₄(황산)		KOH(수산화 칼륨)	
전해액 비중		1.21~1.24(20[℃])		1.2~1.3(20[℃])	
반응식		양극　　　　음극 PbO₂ + 2H₂SO₄ + Pb ↔ PbSO₄ + 2H₂O + PbSO₄		양극　　　　음극 2NiOOH + 2H₂O + Cd ↔ 2Ni(OH)₂ + Cd(OH)₂	
공칭전압		2[V]		1.2[V]	
공칭용량		10시간율(10Ah)		5시간율(5Ah)	

■ 공칭전압
- 연축전지 : 2[V/셀]
- 알칼리축전지 : 1.2[V/셀]

■ 공칭용량
- 연축전지 : 10[Ah]
- 알칼리축전지 : 5[Ah]

㉠ 축전지설비에는 **과충전방지장치** 및 **과방전방지장치**를 설치

㉡ 축전지설비에는 자동적으로 또는 수동에 따라 용이하게 **균등충전**을 행할 수 있는 장치를 설치

㉢ 축전지설비에서 소방용 설비 등의 조작장치에 이르는 배선의 도중에 주전원의 각 극을 개폐할 수 있는 개폐기 및 최대 부하전류의 **1.5~3.0배**의 정격전류로 작동하는 **밀폐형**의 **퓨즈**를 설치

(3) 충전장치

① 자동적으로 충전되고, 또 충전완료 후는 **트리클충전** 또는 **부동충전방식**으로 자동적으로 절환되는 것

② 충전장치의 **입력 측**에는 **개폐기** 및 **과전류차단기**를 설치할 것

③ **충전부**와 **외함**과의 사이의 **절연저항**은 직류 500[V]의 절연저항측정기로 측정치가 **5[MΩ]** 이상으로 할 것

[각 설비의 비상전원의 용량]

설비의 종류	비상전원용량
자동화재탐지설비, 자동화재속보설비, 비상경보설비	10분 이상
제연설비, 비상콘센트설비, 옥내소화전설비, 유도등	20분 이상
무선통신보조설비의 증폭기	30분 이상
유도등, 비상조명등(지하상가 및 11층 이상)	60분 이상

(4) 축전지의 충전방식

① **보통충전** : 필요할 때마다 표준 시간율로 소정의 충전을 하는 방법이다.

② **급속충전** : 비교적 단시간에 보통 충전전류의 2~3배의 전류로 충전하는 방식이다.

③ **부동충전** : 충전장치를 축전지와 부하에 병렬로 연결하여 전지의 자기방전을 보충함과 동시에 상용부하에 대한 전력공급은 충전기가 부담하고 충전기가 부담하기 어려운 대전류 부하는 축전지가 부담하게 하는 방법이다.

④ **균등충전** : 각 전해조에서 일어나는 전위차를 보정하기 위하여 1~3개월마다 1회 정전압으로 충전하여 각 전해조의 용량을 균일하게 하기 위한 충전방식

⑤ **세류충전(트리클충전)** : 자기 방전량만을 항상 보충해 주는 부동충전방식의 일종이다.

(5) 용량산출

$$C = \frac{1}{L}KI = IT \text{ [Ah]}$$

여기서, C : 25[℃]에서 정격방전율 환산용량
I : 방전전류
L : 보수율(0.8)
K : 방전시간 환산계수
T : 방전시간

(6) 기타 현상

① **분극작용** : 전지에 부하를 걸면 발생하는 수소가스가 전극에 붙어 기전력을 저하시키는 현상

② **국부작용** : 불순물에 의해 발생하는 자체 방전현상

③ 도전율 : 전해액 농도에 따라 결정된다.

(7) 예비전원설비

① 예비전원의 구조 및 성능

　　㉠ 취급 및 보수점검이 쉽고 내구성이 있어야 한다.

　　㉡ 먼지, 습기 등에 의하여 기능에 이상이 생기지 아니하여야 한다.

　　㉢ 배선은 충분한 전류 용량을 갖는 것으로서 배선의 접속이 적합하여야 한다.

　　㉣ 부착 방향에 따라 누액이 없고 기능에 이상이 없어야 한다.

　　㉤ 외부에서 쉽게 접촉할 우려가 있는 충전부는 충분히 보호되도록 하고 외함(축전지의 보호커버를 말한다. 이하 같다)과 단자 사이는 절연물로 보호하여야 한다.

　　㉥ 예비전원에 연결되는 배선의 경우 양극은 적색, 음극은 청색 또는 흑색으로 오접속방지 조치를 하여야 한다.

　　㉦ 충전장치의 이상 등에 의하여 내부가스압이 이상 상승할 우려가 있는 것은 안전조치를 강구하여야 한다.

　　㉧ 축전지에 배선 등을 직접 납땜하지 아니하여야 하며 축전지 개개의 연결부분은 스포트용접 등으로 확실하고 견고하게 접속하여야 한다.

　　㉨ 예비전원을 병렬로 접속하는 경우는 역충전방지 등의 조치를 강구하여야 한다.

　　㉩ 겉모양은 현저한 오염, 변형 등이 없어야 한다.

　　㉪ 축전지를 직렬 또는 병렬로 사용하는 경우에는 용량(전압, 전류)이 균일한 축전지를 사용하여야 한다.

② 예비전원 시험방법

　　㉠ 상온 충방전시험

　　㉡ 주위온도 충방전시험

　　㉢ 안전장치시험

■ 예비전원 시험방법
　– 충방전시험
　– 안전장치시험

1-4 출제예상문제

01

사용전압이 600[V] 이하인 경계전로의 누설전류를 검출하여 해당 특정소방대상물의 관계자에게 경보를 발하여 주는 설비로서 변류기와 수신부로 구성된 것은?

① 비상경보설비
② 누전경보기
③ 전기화재경보기
④ 전기누설탐지기

해설 **누전경보기** : 경계전로의 누설전류를 검출하여 해당 특정소방대상물의 관계자에게 자동적으로 경보를 발하는 설비로서 수신기, 변류기, 차단기구, 음향장치로 구성되어 있다.

답 ②

02

누전경보기가 경보를 발할 수 있는 상태는?

① 전로의 과부하에 의하여
② 전로의 지락에 의하여
③ 전로의 단락에 의하여
④ 전로가 다른 전로에서 음파 장해를 받았을 때

해설 누전경보기는 **전로의 지락**에 의하여 경보를 발한다.

답 ②

03

누전경보기의 주요 구성요소로 옳은 것은?

① 변류기, 감지기, 수신기, 차단기
② 수신기, 음향장치, 변류기, 차단기
③ 발신기, 변류기, 수신기, 음향장치
④ 수신기, 감지기, 증폭기, 음향장치

해설 누전경보기의 구성요소 : **수신기, 변류기, 차단기, 음향장치**

답 ②

04

누전경보기의 구성요소에 해당하지 않는 것은?

① 차단기
② 영상변류기(ZCT)
③ 음향장치
④ 발신기

해설 3번 참조

답 ④

05

경계 전류의 정격전류는 최대 몇 [A]를 초과할 때 1급 누전경보기를 설치해야 하는가?

① 30
② 60
③ 90
④ 120

해설 경계전로 정격전류 60[A] 초과 : 1급 누전경보기
경계전로 정격전류 60[A] 이하 : 1급 또는 2급 누전경보기

답 ②

06

1급 및 2급 누전경보기를 모두 설치하는 경우 경계전로의 정격전류는 몇 [A]인가?

① 60[A] 초과
② 60[A] 이하
③ 100[A] 초과
④ 100[A] 이하

해설 **누전경보기의 설치기준**
1급 또는 2급 누전경보기 : 경계전로 정격전류 60[A] 이하

답 ②

07

누전경보기의 전원은 분전반으로부터 전용회로로 하고 각 극에 개폐기와 몇 [A] 이하의 과전류차단기를 설치하여야 하는가?

① 15[A]
② 20[A]
③ 25[A]
④ 30[A]

해설 **누전경보기의 전원**
• 과전류차단기 : 15[A] 이하
• 배선용차단기 : 20[A] 이하

답 ①

08
누전경보기의 전원은 배선용 차단기에 있어서는 몇 [A] 이하의 것으로 각 극을 개폐할 수 있어야 하는가?

① 10[A] ② 20[A]
③ 30[A] ④ 40[A]

해설 배선용 차단기의 경우 20[A] 이하일 것

답 ②

09
다음 ( ) 안에 들어갈 용어로 알맞은 것은?

"누전경보기의 수신부는 변류기로부터 송신된 신호를 수신하는 경우 (㉠) 및 (㉡)에 의하여 누전을 자동적으로 표시할 수 있어야 한다."

① ㉠ 적색표시, ㉡ 음향신호
② ㉠ 황색표시, ㉡ 음향신호
③ ㉠ 적색표시, ㉡ 시각장치신호
④ ㉠ 황색표시, ㉡ 시각장치신호

해설 수신부는 변류기로부터 송신된 신호를 수신하는 경우 적색표시 및 음향신호에 의하여 누전을 자동적으로 표시할 수 있어야 한다.

답 ①

10
5~10회로까지 사용할 수 있는 누전경보기의 집합형 수신기 내부결선도에서 그 구성요소가 아닌 것은?

① 제어부
② 조작부
③ 증폭부
④ 도통시험 및 동작시험부

해설 수신기 내부결선도 구성요소
• 자동입력절환부
• 증폭부
• 제어부
• 도통시험 및 동작시험부
• 회로접합부
• 전원부

답 ②

11
누전경보기의 미소전압을 증폭시켜 주는 곳은?

① 음향장치 ② 변류기
③ 수신기 ④ 세렉터

해설 **수신기**는 누설전류를 유기한 변류기의 미소한 **전압**을 수신하여 계전기를 동작시켜 음향장치의 경보를 발할 수 있도록 증폭시켜 주는 역할을 한다.

답 ③

12
누전경보기의 수신부의 설치 장소로서 옳은 것은?

① 습도가 높은 장소
② 온도의 변화가 급격한 장소
③ 고주파 발생회로 등에 따른 영향을 받을 우려가 있는 장소
④ 부식성의 증기·가스 등이 체류하지 않는 장소

해설 누전경보기 수신부 설치 제외 장소
• 가연성의 증기·먼지·가스 등이나 부식성의 증기·가스 등이 다량으로 체류하는 장소
• 화약류를 제조하거나 저장 또는 취급하는 장소
• 습도가 높은 장소
• 온도의 변화가 급격한 장소
• 대전류회로·고주파 발생회로 등에 따른 영향을 받을 우려가 있는 장소

답 ④

13
누전경보기의 수신부를 설치할 수 있는 장소는?

① 부식성의 증기·가스 등이 다량으로 체류하는 장소
② 화학류의 제조 또는 저장, 취급하는 장소
③ 온도의 변화가 급격한 장소
④ 습도가 낮은 장소

해설 12번 참조

답 ④

14
누전경보기 수신부의 기능검사 항목이 아닌 것은?

① 충격시험
② 절연저항시험
③ 내식성시험
④ 전원전압변동시험

해설 수신부의 기능검사
- 전원전압변동시험
- 온도특성시험
- 과입력전압시험
- 개폐기의 조작시험
- 반복시험
- 진동시험
- 충격시험
- 방수시험
- 절연저항시험
- 절연내력시험
- 충격파내전압시험

답 ③

15
누전경보기의 수신부는 그 정격전압에서 최소 몇 회의 누전작동 반복시험을 실시하는 경우 구조 및 기능에 이상이 생기지 않아야 하는가?

① 1만회　　　　② 2만회
③ 3만회　　　　④ 5만회

해설 수신부는 그 정격전압에서 10,000회의 누전작동시험을 실시하는 경우 구조 및 기능에 이상이 없을 것

답 ①

16
누전경보기 수신부의 구조 기준 중 틀린 것은?

① 2급 수신부에는 전원입력 측의 회로에 단락이 생기는 경우에 유효하게 보호되는 조치를 강구하여야 한다.
② 주전원의 양극을 동시에 개폐할 수 있는 전원스위치를 설치하여야 한다. 다만, 보수 시에 전원공급이 자동적으로 중단되는 방식은 그러하지 아니하다.
③ 감도조정장치를 제외하고 감도조정부는 외함의 바깥쪽에 노출되지 아니하여야 한다.
④ 전원입력 측의 양선(1회선용은 1선 이상) 및 외부부하에 직접 전원을 소출하도록 구성된 회로에는 퓨즈 또는 브레이커 등을 설치하여야 한다.

해설 전원입력 측의 회로에 단락이 생기는 경우에 유효하게 보호되는 조치를 강구하여야 한다(다만, 2급 수신부에는 적용되지 아니한다).

답 ①

17
경계전로의 누설전류를 자동적으로 검출하여 이를 누전경보기의 수신부에 송신하는 것은?

① 변류기　　　　② 중계기
③ 검지기　　　　④ 발신기

해설
- 수신부 : 증폭기로부터 누전신호 수신
- **변류기** : **누설전류**를 검출 증폭기에 신호
- 증폭기 : 변류기로부터의 미소전류를 IC소자 등 증폭시켜 수신기에 신호 송출

답 ①

18
누전경보기의 화재안전기준에서 변류기의 설치위치로 옳은 것은?

① 옥외인입선의 제1지점의 부하 측에 설치
② 제1종 접지선 측의 점검이 쉬운 위치에 설치
③ 옥내인입선의 제1지점의 부하 측에 설치
④ 제3종 접지선 측의 점검이 쉬운 위치에 설치

해설 변류기의 설치위치
- **옥외인입선의 제1지점의 부하 측**
- 제2종 접지선 측
- 부득이한 경우 인입구에 근접한 옥내 설치
- 변류기를 옥외에 설치 시 옥외형 사용

답 ①

19
누전경보기의 기능검사 항목이 아닌 것은?

① 단락전압시험　　② 절연저항시험
③ 온도특성시험　　④ 단락전류감도시험

해설 변류기의 기능검사
- 절연저항시험
- 절연내력시험
- 충격파내전압시험
- 단락전류시험
- 노화시험
- 온도특성시험
- 진동시험
- 충격시험
- 전로개폐시험
- 과누전시험
- 방수시험
- 전압강하방지시험

답 ①

20

누전경보기의 음향장치의 설치 위치는?

① 옥외인입선의 제1지점의 부하 측의 점검이 쉬운
   위치
② 수위실 등 상시 사람이 근무하는 장소
③ 옥외인입선의 제2종 접지선 측의 점검이 쉬운
   위치
④ 옥내의 점검에 편리한 장소

해설 음향장치는 수위실 등 상시 사람이 근무하는 장소에
설치하여야 하며, 그 음량 및 음색은 다른 기기의 소음
등과 명확히 구별할 수 있는 것으로 하여야 한다.

답 ②

21

누전경보기에 사용하는 변압기의 정격 1차 전압은
몇 [V] 이하인가?

① 100   ② 200
③ 300   ④ 400

해설 누전경보기의 정격 1차 전압 : 300[V] 이하

답 ③

22

다음 (   )에 들어갈 내용으로 옳은 것은?

> 누전경보기란 (   ) 이하인 경계전로의 누설전류 또는
> 지락전류를 검출하여 당해 소방대상물의 관계인에게
> 경보를 발하는 설비로서 변류기와 수신부로 구성된
> 것을 말한다.

① 사용전압 220[V]
② 사용전압 380[V]
③ 사용전압 600[V]
④ 사용전압 750[V]

해설 누전경보기는 특정소방대상물의 천장, 바닥, 벽 등의
보강재로 사용하고 있는 금속류 등이 누전의 경로가
되어 화재를 발생시키기 쉬우므로 이것을 방지하기
위하여 600[V] 이하인 경계전로의 누설전류를 검출하
여 해당 특정소방대상물의 관계자에게 자동적으로 경
보를 발하는 설비이다.

답 ③

23

누전경보기의 변류기는 경계전로에 정격전류를 흘리
는 경우 그 경계전로의 전압강하는 몇 [V] 이하여야
하는가?(단, 경계전로의 전선을 그 변류기에 관통시
키는 것은 제외한다)

① 0.3   ② 0.5
③ 1.0   ④ 3.0

해설 누전경보기의 변류기는 경계전로에 정격전류를 흘리
는 경우 그 경계전로의 전압강하는 **0.5[V]** 이하일 것

답 ②

24

누전경보기의 공칭작동전류치는 얼마 이하이어야 하
는가?

① 100[mA]   ② 200[mA]
③ 1,000[mA]   ④ 2,000[mA]

해설 공칭작동전류치 : 200[mA] 이하

답 ②

25

감도조정장치를 갖는 누전경보기에 있어서 감도조정
장치의 조정범위는 최대치가 몇 [A]이어야 하는가?

① 0.2   ② 1.0
③ 1.5   ④ 2.0

해설 감도조정장치의 조정범위 : 최대치 1[A](1,000[mA])

답 ②

26

누전경보기의 영상변류기(ZCT) 절연저항시험 부위
로서 옳지 않은 것은?

① 절연된 1차 권선과 외부금속부 사이
② 절연된 1차 권선과 단자판 사이
③ 절연된 2차 권선과 외부금속부 사이
④ 절연된 1차 권선과 2차 권선 사이

해설 누전경보기의 형식승인 및 제품검사의 기술기준 제19조
절연저항시험
• 절연된 1차 권선과 2차 권선 간의 절연저항
• 절연된 1차 권선과 외부금속부 간의 절연저항
• 절연된 2차 권선과 외부금속부 간의 절연저항

답 ②

27

누전경보기 수신부의 절연저항은 최소 몇 [MΩ] 이상이어야 하는가?

① 0.1   ② 3
③ 5   ④ 100

해설 누전경보기 수신부의 절연저항 : 5[MΩ]

답 ③

28

누전경보기 수신부의 절연된 충전부와 외함 간의 절연저항은 최소 몇 [MΩ] 이상이어야 하는가?

① 5[MΩ]   ② 3[MΩ]
③ 1[MΩ]   ④ 0.2[MΩ]

해설 절연저항시험

적용대상	절연저항	측정기구 및 전압
• 누전경보기 • 자동화재탐지설비 • 수신기(절연된 충전부와 외함 간) • 비상경보, 비상조명설비 • 가스누설경보기 • 유도등	5[MΩ] 이상	DC 500[V] 절연저항체

답 ①

29

누전경보기의 정격전압이 몇 [V]를 넘는 기구의 금속제 외함에는 접지단자를 설치해야 하는가?

① 30[V]   ② 60[V]
③ 70[V]   ④ 100[V]

해설 누전경보기의 정격전압이 60[V]를 넘는 기구의 금속제 외함에는 접지단자를 설치할 것

답 ②

30

누전경보기는 계약전류 용량이 몇 [A]를 초과할 때 설치하여야 하는가?

① 100[A]   ② 150[A]
③ 200[A]   ④ 300[A]

해설 누전경보기 설치 : 계약전류 100[A] 초과

답 ①

31

누전경보기의 전원의 기준으로 틀린 것은?

① 전원은 분전반으로부터 전용회로로 할 것
② 전원의 개폐기에는 누전경보기용임을 표시한 표지를 할 것
③ 전원을 분기할 때에는 다른 차단기에 따라 전원이 차단되지 아니하도록 할 것
④ 각 극에 개폐기 또는 15[A] 이하의 배선용 차단기를 설치할 것

해설
• 과전류차단기 : 15[A] 이하
• 배선용차단기 : 20[A] 이하

답 ④

32

누전경보기에 대한 설명으로 틀린 것은?

① 누전화재의 발생을 표시하는 표시등은 적색으로 표시되어야 한다.
② 감도조정장치를 갖는 누전경보기의 감도조정장치의 조정범위는 최대치가 1[A]이어야 한다.
③ 누전경보기의 공칭작동전류치는 200[mA] 이하이어야 한다.
④ 정격전압이 50[V]를 넘는 기구의 금속제 외함에는 접지단자를 설치하여야 한다.

해설 정격전압이 60[V]를 넘는 기구의 금속제 외함에는 접지단자를 설치하여야 한다.

답 ④

33

다음 누전경보기의 설치방법으로 옳지 않은 것은?

① 경계전로의 정격전류가 60[A]를 초과하는 전로에 있어서는 1급 누전경보기를 설치할 것
② 경계전로의 정격전류가 60[A] 이하의 전로에 있어서는 2급 또는 3급 누전경보기를 설치할 것
③ 변류기는 옥외의 전로에 설치하는 경우에는 옥외형의 것을 설치할 것
④ 변류기는 특정소방대상물의 형태, 인입선의 시설방법 등에 따라 옥외 인입선의 제1지점의 부하측의 점검이 쉬운 위치에 설치할 것

해설 **경계전로 정격전류 60[A] 이하** : 1급 또는 2급 누전경보기

답 ②

34

누전경보기의 화재안전기준에서 규정한 용어, 설치 방법, 전원 등에 관한 설명으로 틀린 것은?

① 경계전로의 정격전류가 60[A]를 초과하는 전로에 있어서는 1급 누전경보기를 설치한다.
② 변류기는 옥외인입선 제1지점의 전원 측에 설치한다.
③ 누전경보기 전원은 분전반으로부터 전용으로 하고, 각 극에 개폐기 및 15[A] 이하의 과전류차단기를 설치한다.
④ 누전경보기는 변류기와 수신부로 구성되어 있다.

해설 변류기는 옥외인입선 제1지점의 부하 측에 설치

답 ②

35

누전경보기의 음향장치는 중심으로부터 1[m] 떨어진 지점에서 몇 [dB] 이상이어야 하는가?

① 60 ② 70
③ 80 ④ 90

해설 음향장치의 음압은 중심으로부터 1[m] 떨어진 지점에서 **70[dB]**(고장표시장치의 음압은 60[dB]) 이상이어야 한다.

답 ②

36

누전경보기에서 옥내형과 옥외형의 차이점은?

① 증폭기의 설치장소
② 정전압회로
③ 방수구조
④ 변류기의 절연저항

해설 방수구조에 따라 옥내형과 옥외형으로 구분

답 ③

37

비호환성형 누전경보기의 수신부는 신호입력회로에 공칭동작전류치의 42[%]에 대응하는 변류기의 설계 출력전압을 인가하는 경우 몇 초 이내에 작동하지 아니하여야 하는가?

① 30초 ② 20초
③ 10초 ④ 1초

해설 비호환성형 수신부는 신호입력회로에 공칭작동전류치의 42[%]에 대응하는 변류기의 설계출력전압을 가하는 경우 **30초 이내**에 작동하지 아니하여야 하며, 공칭작동전류치에 대응하는 변류기의 설계출력전압을 가하는 경우 1초(차단기구가 있는 것은 0.2초) 이내에 작동하여야 한다.

답 ①

38

가스누설경보기의 종류에 해당되는 것은?

① 제1종, 제2종
② 단독형, 분리형
③ 제1급, 제2급, 제3급
④ 공업용, 일반형

해설 가스누설경보기의 종류
 • 단독형
 • 분리형(공업용, 일반용)

답 ②

39

가스누설경보기의 탐지부를 옳게 설명한 것은?

① 가스누설을 검지하여 중계기 또는 수신부에 가스누설의 신호를 발산하는 부분
② 가스누설신호를 수신하고 이를 관계자에게 음량으로 경보하여 주는 부분
③ 탐지기의 수신부로부터 발하여진 신호를 받아 경보음을 발하는 부분
④ 탐지기에 연결하여 사용되는 환풍기 또는 지구경보부등에 작동 신호원을 공급시켜 주는 부분

해설 탐지부 : 가스누설을 검지하여 중계기 또는 수신부에 가스 누설의 신호를 발산하는 부분

답 ①

40

가스누설경보기의 분리형 수신부의 기능에서 수신개시로부터 가스누설표시까지의 소요시간은 몇 초 이내이어야 하는가?

① 5초 ② 10초
③ 30초 ④ 60초

해설 수신개시부터 가스누설표시까지 소요시간은 60초 이내일 것

답 ④

41

가스누설신호를 수신한 가스누설경보기의 누설등의 색 표시는?

① 적 색　　　　　② 황 색
③ 녹 색　　　　　④ 청 색

해설 가스누설등, 지구등 : 황색

답 ②

42

가스누설경보기의 예비전원 설치와 관련한 설명으로 옳지 않은 것은?

① 앞면에는 예비전원의 상태를 감시할 수 있는 장치를 하여야 한다.
② 예비전원을 경보기의 주전원으로 사용한다.
③ 축전지를 병렬로 접속하는 경우에는 역충전 방지 등의 조치를 강구하여야 한다.
④ 예비전원을 단락사고 등으로부터 보호하기 위한 퓨즈 또는 과전류보호장치를 설치하여야 한다.

해설 예비전원을 경보기의 주전원으로 사용하지 않아야 하며 예비전원으로는 알칼리계 2차 축전지, 리튬계 2차 축전지, 무보수밀폐형 연축전지가 있다.

답 ②

43

가스누설경보기의 예비전원에 대한 기준으로 옳은 것은?

① 축전지를 직렬로 사용하는 경우에는 용량이 균일하여야 한다.
② 경보기의 주전원과 공용할 수 있고 축전지 용량은 36[V]로 사용한다.
③ 예비전원은 연축전지를 사용하고, 니켈카드뮴 축전지는 사용하지 않는다.
④ 예비전원을 병렬로 접속하는 경우에는 역충전방지장치가 필요하지 않다.

해설 **가스누설경보기의 예비전원**
• 예비전원을 경보기의 주전원으로 사용하여서는 아니 된다.
• 축전지를 **직렬** 또는 **병렬**로 사용하는 경우에는 **용량**이 **균일**하여야 한다.
• 예비전원에는 자동충전장치 및 전기적 기구에 의한 자동 과충전방지장치를 설치하여야 한다.
• 예비전원을 **병렬**로 **접속**하는 경우에는 **역충전방지 조치**를 하여야 한다.

답 ①

44

다음 중 비상전원이 될 수 없는 것은?

① 교류전원　　　　② 비상전원수전설비
③ 축전지설비　　　④ 예비전원

해설 비상전원 : 비상전원수전설비, 축전지설비, 예비전원

답 ①

45

소방시설용 비상전원수전설비에서 소방회로 및 일반회로 겸용의 것으로서 수전설비, 변전설비 그 밖의 배선을 금속제 외함에 수납한 것을 무엇이라 하는가?

① 공용분전반　　　② 전용배전반
③ 공용큐비클식　　④ 전용큐비클식

해설 **공용큐비클식** : 소방회로 및 일반회로 겸용의 것으로서 수전설비, 변전설비, 그 밖의 기기 및 배선을 금속제 외함에 수납한 것을 말한다.

답 ③

46

소방시설용 비상전원수전설비에서 소방회로용의 것으로 수전설비, 변전설비 그 밖의 기기 및 배선을 금속제 외함에 수납한 것으로 정의되는 것은?

① 전용큐비클식　　② 공용큐비클식
③ 전용분전반　　　④ 공용분전반

해설 **전용큐비클식 배전반** : 소방회로용의 것으로 수전설비, 배전설비, 그 밖의 기기 및 배선을 금속제 외함에 수납한 것

답 ①

47

소방시설용 비상전원수전설비에서 전력수급용 계기용 변성기 · 주차단장치 및 그 부속기기로 정의되는 것은?

① 수전설비　　　　② 변전설비
③ 큐비클설비　　　④ 배전반설비

해설 **수전설비**
• 계기용 변성기(MOF)
• 주차단장치(VCB, S · A, OCR)
• 부속기기(VS, AS, CT 등)

답 ①

48

전기사업자로부터 저압으로 수전하는 경우 비상전원설비로 옳은 것은?

① 방화구획형
② 전용배전반(1·2종)
③ 큐비클형
④ 옥외개방형

해설 비상전원수전설비 : 저압수전
- 전용배전반(1종·2종)
- 전용분전반(1종·2종)
- 공용분전반(1종·2종)

답 ②

49

일반전기사업자로부터 특별고압 또는 고압으로 수전하는 비상전원수전설비의 형식 중 틀린 것은?

① 큐비클(Cubicle)형   ② 옥내개방형
③ 옥외개방형   ④ 방화구획형

해설 고압 또는 특별고압 비상전원수전설비 : 큐비클형, 옥외개방형, 방화구획형

답 ②

50

비상전원수전설비 중 큐비클형 외함의 두께는?

① 1[mm] 이상 강판
② 1.2[mm] 이상 강판
③ 2.3[mm] 이상 강판
④ 3.2[mm] 이상 강판

해설 큐비클형의 설치기준
- 전용큐비클 또는 공용큐비클식으로 설치할 것
- 외함은 두께 2.3[mm] 이상의 강판과 이와 동등 이상의 강도와 내화성능이 있는 것으로 제작하여야 하며, 개구부에는 갑종방화문 또는 을종방화문을 설치할 것

답 ③

51

일반전기사업자로부터 특별고압으로 수전하는 소방시설용 비상전원 수전설비를 방화구획형, 옥외개방형 또는 큐비클형으로 하여야 하는데 설치기준으로 옳지 않은 것은?

① 전용의 방화구획 내에 설치할 것
② 소방회로배선은 일반회로배선과 불연성 벽으로 구획할 것
③ 일반회로에서 과부하, 지락사고 또는 단락사고가 발생한 경우에는 즉시 자가발전설비가 작동되도록 할 것
④ 소방회로용 개폐기 및 과전류차단기에는 "소방시설용"이라 표시할 것

해설 일반회로에서 과부하, 지락사고 또는 단락사고가 발생한 경우에도 이에 영향을 받지 아니하고 계속하여 소방회로에 전원을 공급시켜 줄 수 있어야 할 것

답 ③

52

자동화재탐지설비 배선의 설치기준 중 틀린 것은?

① 감지기 사이의 회로의 배선은 송배전식으로 할 것
② 감지기회로의 도통시험을 위한 종단저항은 전용함을 설치하는 경우 그 설치 높이는 바닥으로부터 1.5[m] 이내로 할 것
③ 감지기회로 및 부속회로의 전로와 대지 사이 및 배선 상호 간의 절연저항은 1경계구역마다 직류 250[V]의 절연저항측정기를 사용하여 측정한 절연저항이 0.1[MΩ] 이상이 되도록 할 것
④ 피(P)형 수신기 및 지피(G.P.)형 수신기의 감지기 회로의 배선에 있어서 하나의 공통선에 접속할 수 있는 경계구역은 9개 이하로 할 것

해설 피(P)형 수신기 및 지피(G.P.)형 수신기의 감지기 회로의 배선에 있어서 하나의 공통선에 접속할 수 있는 경계구역은 **7개 이하**로 할 것

답 ④

53

상용전원이 서로 다른 소방시설은?

① 옥내소화전설비
② 비상방송설비
③ 비상콘센트설비
④ 스프링클러설비

해설 비상방송설비 상용전원 : 축전지 또는 저압옥내간선

답 ②

54

일반전기사업자로부터 특별고압 또는 고압으로 수전하는 비상전원 수전설비의 경우에 있어 소방회로배선과 일반회로 배선을 몇 [cm] 이상 떨어져 설치하는 경우 불연성 벽으로 구획하지 않을 수 있는가?

① 5[cm]　　　② 10[cm]
③ 15[cm]　　　④ 20[cm]

해설

[다른 용도의 배선이 있는 경우에 시공 방법]

답 ③

55

축전지설비의 4가지 구성으로 옳은 것은?

① 축전지, 변환장치, 부하장치, 제어장치
② 축전지, 보안장치, 발전장치, 제어장치
③ 축전지, 충전장치, 보안장치, 제어장치
④ 축전지, 방전장치, 변환장치, 제어장치

해설 **축전지설비의 구성요소**
- 축전지　　　• 충전장치
- 보안장치　　　• 제어장치

답 ③

56

축전지의 전해액으로 사용되는 물질의 도전율은 어느것에 의하여 증가될 수 있는가?

① 전해액의 농도
② 전해액의 고유저항
③ 전해액의 색깔
④ 전해액의 수명

해설 전해액의 농도에 따라 도전율이 결정된다.

답 ①

57

전지를 사용하지 않고 오래두면 못쓰게 되는 까닭은?

① 분극작용　　　② 성극작용
③ 국부작용　　　④ 전해작용

해설 **국부작용** : 불순물에 의해 발생하는 자체 방전현상

답 ③

58

예비전원으로 사용되는 일정전압을 가진 전지에 부하를 걸면 단자 전압이 떨어지게 된다. 이의 일반적인 원인은?

① 이온화작용
② 분극작용
③ 주위온도의 영향
④ 전해액 순도 감소

해설 **분극작용** : 전지에 부하를 걸면 발생하는 수소가스가 전극에 붙어 기전력을 저하시키는 형상

답 ②

59

부동충전방식에 의하여 사용할 때 각 전해조(電解槽)에서 일어나는 전위차를 보정하기 위하여 1~3개월마다 1회 정전압으로 충전하여 각 전해조의 용량을 균일화하기 위하여 충전하는 방식을 무엇이라고 하는가?

① 세류충전　　　② 정전류충전
③ 보통충전　　　④ 균등충전

해설 **균등충전** : 1~3개월마다 셀의 전압을 일정하게 하기 위해 행하는 충전방식

답 ④

60

정전류 부하인 경우 알칼리 축전지의 용량[Ah] 산출 식은?(단, I : 방전전류, L : 보수율, K : 방전시간, C : 25[℃]에 있어서의 정격 방전율 용량)

① $C = \dfrac{1}{K}LI[\text{Ah}]$

② $C = \dfrac{1}{L}K^2I[\text{Ah}]$

③ $C = \dfrac{1}{L}KI[\text{Ah}]$

④ $C = \dfrac{1}{K}L^2I[\text{Ah}]$

해설 축전지용량 : $C = \dfrac{1}{L}KI = IT[\text{Ah}]$

답 ③

제 2 장 소화활동설비

제 1 절 비상콘센트설비

1 개 요

11층 이하에는 화재가 발생한 경우에는 소화활동이 가능하나 11층 이상과 지하 3층 이상인 층일 때는 소화활동설비를 이용하여 소화활동이 불가능하므로 내화 배선에 의한 고정설비인 비상콘센트설비를 설치하여 화재 시 소방대의 조명용 또는 소화활동상 필요한 장비의 전원을 공급해주는 설비이다.

2 비상콘센트를 설치해야 하는 특정소방대상물

① 층수가 11층 이상인 특정소방대상물의 경우에는 11층 이상의 층
② 지하층의 층수가 3층 이상이고, 지하층의 바닥면적의 합계가 1,000[m²] 이상인 것은 지하층의 모든 층
③ 지하가 중 터널로서 길이가 500[m] 이상의 것

3 설치기준

(1) 전 원

① 상용전원회로의 배선은 저압수전인 경우에는 인입개폐기의 직후에서, 고압수전 또는 특고압수전인 경우에는 전력용변압기 2차측의 주차단기 1차측 또는 2차측에서 분기하여 전용배선으로 할 것
② 지하층을 제외한 층수가 7층 이상으로서 연면적이 2,000[m²] 이상이거나 지하층의 바닥면적의 합계가 3,000[m²] 이상인 특정소방대상물의 비상콘센트설비에는 자가발전설비, 비상전원수전설비 또는 전기저장장치를 비상전원으로 설치할 것. 다만, 둘 이상의 변전소에서 전력을 동시에 공급받을 수 있거나 하나의 변전소로부터 전력의 공급이 중단되는 때에는 자동으로 다른 변전소로부터 전력을 공급받을 수 있도록 상용전원을 설치한 경우에는 비상전원을 설치하지 아니할 수 있다.

■ 비상콘센트
 – 지상 11층 이상
 – 지하 3층 이상이고 바닥 면적 1,000[m²] 이상
 – 터널 길이 500[m] 이상

■ 자가발전설비, 비상전원수전설비 또는 전기저장장치를 비상전원으로 설치하여야 하는 특정소방대상물
 – 7층 이상(지하층 제외)
 – 연면적이 2,000[m²] 이상
 – 지하층의 바닥면적의 합계가 3,000[m²] 이상

■ 비상전원
 – 자가발전설비
 – 비상전원수전설비
 – 전기저장장치

③ 비상전원 중 자가발전설비는 다음의 기준에 따라 설치할 것

    ㉠ 점검에 편리하고 화재 및 침수 등의 재해로 인한 피해를 받을 우려가 없는 곳에 설치할 것

    ㉡ 비상콘센트설비를 유효하게 20분 이상 작동시킬 수 있는 용량으로 할 것

    ㉢ 상용전원으로부터 전력의 공급이 중단된 때에는 자동으로 비상전원으로부터 전력을 공급받을 수 있도록 할 것

    ㉣ 비상전원의 설치장소는 다른 장소와 방화구획 할 것. 이 경우 그 장소에는 비상전원의 공급에 필요한 기구나 설비 외의 것을 두어서는 아니 된다.

    ㉤ 비상전원을 실내에 설치하는 때에는 그 실내에 비상조명등을 설치할 것

(2) 비상콘센트설비의 전원회로

① 비상콘센트설비의 전원회로는 단상교류 220[V]인 것으로서, 그 공급용량은 1.5[kVA] 이상인 것으로 할 것

구 분	전 압	공급용량	플러그접속기
단상 교류	220[V]	1.5[kVA] 이상	접지형 2극

② 전원회로는 각층에 2 이상이 되도록 설치할 것. 다만, 설치하여야 할 층의 비상콘센트가 1개인 때에는 하나의 회로로 할 수 있다.

③ 전원회로는 주배전반에서 전용회로로 할 것. 다만, 다른 설비 회로의 사고에 따른 영향을 받지 아니하도록 되어 있는 것은 그러하지 아니하다.

④ 전원으로부터 각 층의 비상콘센트에 분기되는 경우에는 분기배선용 차단기를 보호함 안에 설치할 것

⑤ 콘센트마다 배선용 차단기를 설치하여야 하며, 충전부가 노출되지 아니하도록 할 것

⑥ 개폐기에는 "비상콘센트"라고 표시한 표지를 할 것

⑦ 비상콘센트용의 **풀박스** 등은 방청도장을 한 것으로서, 두께 **1.6[mm] 이상**의 철판으로 할 것

⑧ 하나의 전용회로에 설치하는 비상콘센트는 10개 이하로 할 것. 이 경우 전선의 용량은 각 비상콘센트(비상콘센트가 3개 이상인 경우에는 3개)의 공급용량을 합한 용량 이상의 것으로 하여야 한다.

⑨ 비상콘센트의 플러그접속기는 접지형2극 플러그접속기를 사용하여야 한다.

⑩ 비상콘센트의 플러그접속기의 칼받이의 접지극에는 접지공사를 하여야 한다.

(3) 비상콘센트 설치기준

① 바닥으로부터 높이 **0.8[m] 이상 1.5[m] 이하**의 위치에 설치할 것

② 비상콘센트의 배치는 아파트 또는 바닥면적이 1,000[m²] 미만인 층은 계단

■ 비상전원 용량
: 20분 이상

■ 전원회로
– 각 층에 2 이상 설치
– 단상 : 220[V]
– 용량 : 1.5[kVA] 이상
– 접지형 2극 플러그
– 최대용량 : 4.5[kVA]
  (1.5[kVA]×3개)

■ 풀박스 두께
1.6[mm] 이상

의 출입구(계단의 부속실을 포함하며 계단이 2 이상 있는 경우에는 그중 1개의 계단을 말한다)로부터 5[m] 이내 설치할 것

③ 바닥면적 1,000[m²] 이상인 층(아파트를 제외한다)은 각 계단의 출입구 또는 계단부속실의 출입구(계단의 부속실을 포함하며 계단이 3 이상 있는 층의 경우에는 그중 2개의 계단을 말한다)로부터 5[m] 이내에 설치할 것

④ 비상콘센트 추가 설치

　　㉠ 지하상가 또는 지하층 바닥면적의 합계가 3,000[m²] 이상인 것은 수평거리 25[m]마다 추가 설치

　　㉡ ㉠에 해당하지 아니하는 것은 수평거리 50[m]마다 추가 설치

(4) 전원부와 외함 사이의 절연저항 및 절연내력의 기준

① 절연저항은 전원부와 외함 사이를 500[V] 절연저항계로 측정할 때 **20[MΩ]** 이상일 것

② 절연내력은 전원부와 외함 사이에 다음과 같이 실효전압을 가하는 시험에서 1분 이상 견디는 것으로 할 것

　　㉠ 정격전압이 150[V] 이하 : 1,000[V]의 실효전압

　　㉡ 정격전압이 150[V] 이상 : 정격전압[V] × 2 + 1,000[V]의 실효전압

(5) 비상콘센트의 보호함

① 보호함에는 쉽게 개폐할 수 있는 문을 설치할 것

② 보호함에는 그 표면에 "비상콘센트"라고 표시한 표지를 할 것

③ **보호함 상부**에 **적색**의 **표시등**을 설치할 것(다만, 비상콘센트의 보호함을 옥내소화전함 등과 접속하여 설치하는 경우에는 옥내소화전함 등이 표시등과 겸용 가능)

- **아파트 또는 바닥면적 1,000[m²] 미만** : 계단출입구로부터 5[m] 이내

- **바닥면적 1,000[m²] 이상** : 계단출입구 또는 계단부속실의 출입구로부터 5[m] 이내

- **비상콘센트 터널에 설치** : 주행차로의 우측 측벽에 50[m] 이내마다 설치

- **절연저항** : DC 500[V] 절연저항계로 20[MΩ] 이상

| 제 **2** 절 | **무선통신보조설비**(NFSC 505) |

1 개 요

화재 시에 소화활동에 불편을 느껴 방재센터, 지하가 또는 지상에서 소화활동을 지휘하는 소방대원 간에 원활한 무선통신을 할 수 있도록 하는 설비이다.

2 종류 : 소방용 무선통신보조설비에는 안테나방식, 누설동축케이블방식이 있다.

[무선통신보조설비의 종류]

종 류	외 관	설치비	통화범위
안테나방식	양 호	고 가	안테나의 설치위치에 따라 영향을 많이 받음
누설동축케이블방식	노출 부분이 많다.	저 가	넓다.

3 구성요소

① 누설동축케이블   ② 무선기(기) 접속단자   ③ 전송장치(안테나)
④ 분배기   ⑤ 증폭기   ⑥ 혼합기   ⑦ 분파기

[무선통신보조설비 구성]

4 용어 정리

① **누설동축케이블** : 동축케이블의 외부도체에 가느다란 홈을 만들어서 전파가 외부로 새어나갈 수 있도록 한 케이블
② **동축케이블** : 유도장애를 방지하기 위해 전파가 누설되지 않도록 만든 케이블
③ **분파기** : 서로 다른 주파수의 합성된 신호를 분리하기 위해서 사용하는 장치
④ **분배기** : 신호의 전송로가 분기되는 장소에 설치하는 것으로 임피던스 매칭과 신호의 균등분배를 위해 사용하는 장치
⑤ **증폭기** : 신호 전송 시 신호가 약해져 수신이 불가능 해지는 것을 방지하기 위해서 증폭하는 장치
⑥ **혼합기** : 2개 이상의 입력신호를 원하는 비율로 조합한 출력이 발생하도록 하는 장치

5 설치대상

① 지하가(터널은 제외)로서 연면적 1,000[m²] 이상인 것
② 지하층의 바닥면적의 합계가 3,000[m²] 이상인 것 또는 지하층의 층수가 3층 이상이고, 지하층의 바닥면적의 합계가 1,000[m²] 이상인 것은 지하층의 모든 층
③ 지하가 중 터널로서 길이가 500[m] 이상인 것
④ 공동구
⑤ 층수가 30층 이상인 것으로서 16층 이상 부분의 모든 층

6 설치기준

(1) 누설동축케이블 설치기준

① 소방전용 주파수대에서 전파의 전송 또는 복사에 적합한 것으로 소방전용의 것으로 할 것
② 누설동축케이블과 이에 접속하는 안테나 또는 동축케이블과 이에 접속하는 안테나에 따른 것으로 할 것
③ 누설동축케이블은 불연 또는 난연성의 것으로서 습기에 따라 전기의 특성이 변질되지 아니하는 것으로 하고 노출하여 설치한 경우에는 피난 및 통행에 장애가 없도록 할 것
④ 누설동축케이블은 화재에 따라 해당 케이블의 피복이 소실된 경우에 케이블 본체가 떨어지지 아니하도록 4[m] 이내마다 금속제 또는 자기제 등의 지지금구로 벽·천장·기둥 등에 견고하게 고정시킬 것. 다만, 불연재료로 구획된 반자 안에 설치하는 경우에는 그러하지 아니하다.
⑤ 누설동축케이블 및 안테나는 금속판 등에 따라 전파의 복사 또는 특성이 현저하게 저하되지 아니하는 위치에 설치할 것
⑥ 누설동축케이블 및 안테나는 고압의 전로로부터 1.5[m] 이상 떨어진 위치에 설치할 것. 다만, 해당 전로에 정전기 차폐장치를 유효하게 설치한 경우에는 그러하지 아니하다.
⑦ 누설동축케이블의 끝부분에는 무반사 종단저항을 견고하게 설치할 것 (무반사 종단저항 : 통신선 종단에서 전파의 반사에 의한 신호의 교란을 방지하기 위해 누설동축케이블의 끝부분에 설치하는 저항)
⑧ 누설동축케이블 또는 동축케이블의 임피던스는 50[Ω]으로 하고, 이에 접속하는 안테나·분배기 기타의 장치는 해당 임피던스에 적합한 것으로 하여야 한다.

■ 누설동축케이블
: 4[m] 이내마다 금속제 또는 자기제 지지금구로 고정시킬 것

■ 누설동축케이블과 고압전로
: 이격거리 1.5[m] 이상

■ 임피던스
: 50[Ω] 이하

■ 누설동축케이블 끝부분에 설치하는 것
: 무반사 종단저항

(2) 무선기기 접속단자 설치기준

① 화재층으로부터 지면으로 떨어지는 유리창 등에 의한 지장을 받지 않고 지상에서 유효하게 소방활동을 할 수 있는 장소 또는 수위실 등 상시 사람이 근무하고 있는 장소에 설치할 것

② **단자는** 바닥으로부터 높이 **0.8[m] 이상 1.5[m] 이하**의 위치에 설치할 것

③ **지상**에 설치하는 접속단자는 보행거리 **300[m]** 이내마다 설치하고, **다른 용도**로 사용되는 접속단자에서 **5[m]** 이상의 거리를 둘 것

④ 지상에 설치하는 단자를 보호하기 위하여 견고하고 함부로 개폐할 수 없는 구조의 보호함을 설치하고, 먼지·습기 및 부식 등에 따라 영향을 받지 아니하도록 조치할 것

⑤ 단자의 보호함의 표면에 "무선기 접속단자"라고 표시한 표지를 할 것

(3) 분배기, 분파기 및 혼합기 등의 설치기준

① 먼지·습기 및 부식 등에 따라 기능에 이상을 가져오지 아니하도록 할 것

② 임피던스는 50[Ω]의 것으로 할 것

③ 점검에 편리하고 화재 등의 재해로 인한 피해의 우려가 없는 장소에 설치할 것

(4) 증폭기 및 무선이동 중계기 설치기준

① 전원은 전기가 정상적으로 공급되는 **축전지, 전기저장장치** 또는 **교류전압 옥내간선**으로 하고, 전원까지의 배선은 전용으로 할 것

② 증폭기의 전면에는 주 회로의 전원이 정상인지의 여부를 표시할 수 있는 **표시등** 및 **전압계**를 설치할 것

③ 증폭기에는 비상전원이 부착된 것으로 하고 해당 **비상전원**용량은 무선통신보조설비를 유효하게 **30분** 이상 작동시킬 수 있는 것으로 할 것

(5) 설치제외

지하층으로서 특정소방대상물의 바닥부분 2면 이상이 지표면과 동일하거나 지표면으로부터 깊이가 1[m] 이하인 경우에는 해당 층에 한하여 무선통신보조설비를 설치하지 아니할 수 있다.

제 2 장 출제예상문제

01

비상콘센트의 배치 기준 중 바닥면적이 1,000[m²] 미만인 층은 계단의 출입구로부터 몇 [m] 이내에 설치하여야 하는가?

① 1.5   ② 5
③ 7   ④ 10

해설 바닥면적 1,000[m²] 미만 : 계단출입구로부터 5[m] 이내
바닥면적 1,000[m²] 이상 : 계단부속실 출입구로부터 5[m] 이내

답 ②

02

비상콘센트의 배치는 아파트 또는 바닥면적이 1,000[m²] 미만인 층은 계단의 출입구로부터 몇 [m] 이내에 설치해야 하는가?(단, 계단의 부속실을 포함하며 계단이 2 이상 있는 경우에는 그 중 1개의 계단을 말한다)

① 10   ② 8
③ 5   ④ 3

해설 바닥면적 1,000[m²] 미만 : 계단출입구로부터 5[m] 이내
바닥면적 1,000[m²] 이상 : 계단부속실 출입구로부터 5[m] 이내

답 ③

03

비상콘센트를 다음과 같은 조건으로 현장 설치한 경우 화재안전기준과 맞지 않는 것은?

① 바닥으로부터 높이 1.45[m]에 움직이지 않게 고정시켜 설치된 경우
② 바닥면적이 800[m²]인 층의 계단 출입구에서 4[m] 이내에 설치된 경우
③ 바닥면적의 합계가 12,000[m²]인 지하상가의 수평거리 30[m]마다 추가 설치한 경우
④ 바닥면적의 합계가 2,500[m²]인 지하층의 수평거리 40[m]마다 추가로 설치된 경우

해설 지하상가 또는 지하층의 바닥면적의 합계가 3,000 [m²] 이상인 것은 수평거리 25[m] 이하가 되도록 설치

답 ③

04

비상콘센트설비를 설치하여야 하는 특정소방대상물의 기준으로 옳은 것은?(단, 위험물 저장 및 처리시설 중 가스시설 또는 지하구는 제외한다)

① 지하가(터널은 제외)로서 연면적 1,000[m²] 이상인 것
② 층수가 11층 이상인 특정소방대상물의 경우에는 11층 이상의 층
③ 지하층의 층수가 3층 이상이고 지하층의 바닥면적의 합계가 1,500[m²] 이상인 것은 지하층의 모든 층
④ 창고시설 중 물류터미널로서 해당 용도로 사용되는 부분의 바닥면적의 합계가 1,000[m²] 이상인 것

해설 비상콘센트설비를 설치하여야 하는 특정소방대상물
•층수가 11층 이상인 특정소방대상물의 경우에는 11층 이상의 층
•지하층의 층수가 3층 이상이고 지하층의 바닥면적의 합계가 1,000[m²] 이상인 것은 지하층의 모든 층
•지하가 중 터널로서 길이가 500[m] 이상인 것

답 ②

05

비상콘센트설비 설치 시 자가발전기설비 또는 비상전원수전설비를 비상전원으로 설치하여야 하는 것은?

① 지하층을 포함한 층수가 7층인 특정소방대상물
② 지하층의 바닥면적의 합계가 3,000[m²]인 특정소방대상물
③ 지하층의 층수가 3층인 특정소방대상물
④ 지하층을 제외한 층수가 5층으로 연면적이 1,000[m²]인 특정소방대상물

해설 자가발전설비, 비상전원수전설비 또는 전기저장장치를 비상전원으로 설치하여야 하는 특정소방대상물
•7층 이상(지하층은 제외)
•연면적이 2,000[m²] 이상
•지하층의 바닥면적의 합계가 3,000[m²] 이상(차고, 주차장, 보일러실, 기계실, 전기실의 바닥면적은 제외)

답 ②

06

각종 소방설비에 사용하는 비상전원으로 옳지 않은 것은?

① 자동화재탐지설비 : 축전지설비
② 유도등 : 축전지
③ 비상조명등 : 자가발전설비, 축전지설비
④ 비상콘센트 : 축전지설비, 비상전원수전설비

해설 비상콘센트
- 자가발전설비
- 비상전원수전설비
- 전기저장장치

답 ④

07

비상콘센트설비에 자가발전설비를 비상전원으로 설치할 때의 기준으로 틀린 것은?

① 상용전원으로부터 전력의 공급이 중단된 때에는 자동으로 비상전원으로부터 전력을 공급받도록 할 것
② 비상콘센트설비를 유효하게 10분 이상 작동시킬 수 있는 용량으로 할 것
③ 점검이 편리하고 화재 및 침수 등의 재해로 인한 피해를 받을 우려가 없는 곳에 설치할 것
④ 비상전원을 실내에 설치하는 때에는 그 실내에 비상조명등을 설치할 것

해설 비상전원 자가발전설비는 비상콘센트를 유효하게 20분 이상 작동시킬 수 있는 용량일 것

답 ②

08

비상콘센트설비의 전원설치기준 등에 대한 설명으로 옳지 않은 것은?

① 상용전원으로부터 전력의 공급이 중단된 때에는 자동으로 비상전원으로부터 전력을 공급받을 수 있도록 할 것
② 전원회로는 각층에 있어서 하나의 회로만 설치할 것
③ 비상콘센트설비의 비상전원의 용량은 20분 이상으로 할 것
④ 비상전원의 설치장소는 다른 장소와 방화구획 할 것

해설 전원회로는 각 층에 2 이상이 되도록 설치할 것

답 ②

09

비상콘센트설비의 전원회로에서 하나의 전용회로에 설치하는 비상콘센트는 최대 몇 개 이하로 하여야 하는가?

① 2   ② 3
③ 10   ④ 20

해설 하나의 전용회로에 설치하는 비상콘센트는 10개 이하로 할 것

답 ③

10

비상콘센트의 플러그접속기는 단상교류 220[V]일 경우 접지형 몇 극 플러그접속기를 사용해야 하는가?

① 1극
② 2극
③ 3극
④ 4극

해설 비상콘센트의 설치

구 분	전 압	공급용량	플러그접속기
단상교류	220[V]	1.5[kVA] 이상	접지형 2극

답 ②

11

하나의 전용회로에 단상교류 비상콘센트 6개를 연결하는 경우 전선의 용량은?

① 1.5[kVA] 이상
② 3[kVA] 이상
③ 4.5[kVA] 이상
④ 9[kVA] 이상

해설 단상용량 1.5[kVA]이고, 최대 용량 3개이므로
$1.5 \times 3 = 4.5$[kVA] 이상

답 ③

12

비상콘센트설비의 정격전압이 220[V]인 경우 가하는 절연내력 실효전압은?

① 220[V] ② 500[V]
③ 1,000[V] ④ 1,440[V]

해설 **절연내력 실효전압**
- 정격전압이 150[V] 이하 : 100[V]의 실효전압
- 정격전압이 150[V] 이상 : 정격전압[V]×2 + 1,000
∴ $V = (220 \times 2) + 1,000 = 1,440[V]$

답 ④

13

비상콘센트의 풀박스 등은 두께 몇 [mm] 이상의 철판을 사용하여야 하는가?

① 1.2[mm] ② 1.6[mm]
③ 2.6[mm] ④ 3.2[mm]

해설 풀박스 두께 : 1.6[mm] 이상 철판

답 ②

14

비상콘센트설비의 설치기준으로 옳지 않은 것은?

① 비상콘센트는 지하층 및 지상 8층 이상의 전 층에 설치할 것
② 비상콘센트는 바닥으로부터 높이 0.8[m] 이상 1.5[m] 이하의 위치에 설치할 것
③ 비상콘센트설비의 전원부와 외함 사이의 절연저항은 500[V] 절연저항계로 측정할 때 20[MΩ] 이상일 것
④ 전원으로부터 각 층의 비상콘센트에 분기되는 경우에는 분기배선용 차단기를 보호함 안에 설치할 것

해설 **비상콘센트 설비**
- 지하층을 포함한 11층 이상은 11층 이상의 층
- 지하층의 층수가 3층 이상이고 지하층의 바닥면적의 합계 1,000[m²] 이상인 것은 지하층의 모든 층
- 터널의 길이가 500[m] 이상

답 ①

15

비상콘센트보호함의 설치기준으로 틀린 것은?

① 보호함 상부에 적색의 표시등을 설치하여야 한다.
② 보호함에는 쉽게 개폐할 수 있는 문을 설치하여야 한다.
③ 보호함 표면에 "비상콘센트"라고 표시한 표지를 하여야 한다.
④ 비상콘센트의 보호함을 옥내소화전함 등과 접속하여 설치하는 경우에는 옥내소화전함의 표시등과 분리하여야 한다.

해설 **비상콘센트의 보호함**
- 보호함에는 쉽게 개폐할 수 있는 문을 설치할 것
- 보호함에는 그 표면에 "비상콘센트"라고 표시한 표지를 할 것
- 보호함 상부에 적색의 표시등을 설치할 것(다만, 비상콘센트의 보호함을 옥내소화전함 등과 접속하여 설치하는 경우에는 옥내소화전함 등의 표시등과 겸용 가능)

답 ④

16

비상콘센트를 터널에 설치하고자 할 경우 설치기준으로 옳은 것은?

① 주행방향의 보행거리 50[m] 이내의 간격으로 설치
② 주행방향의 직선거리 50[m] 이내의 간격으로 설치
③ 주행방향의 수평거리 50[m] 이내의 간격으로 설치
④ 주행차로의 우측 측벽에 50[m] 이내의 간격으로 설치

해설 비상콘센트를 터널에 설치 시 주행차로의 우측 측벽에 50[m] 이내의 간격으로 설치할 것

답 ④

17

비상콘센트설비의 전원부와 외함 사이의 절연저항은 전원부와 외함 사이를 500[V] 절연저항계로 측정할 때 몇 [MΩ] 이상이어야 하는가?

① 50
② 40
③ 30
④ 20

해설 절연저항은 전원부와 외함 사이를 500[V] 절연저항계로 측정할 때 20[MΩ] 이상일 것

답 ④

18

비상콘센트설비의 전원회로의 배선을 내열배선으로 하고자 한다. 내열전선의 내열성능을 기술한 다음의 설명 중 괄호 안에 알맞은 내용으로 옳은 것은?

> 내열전선의 내열성능은 온도가 (㉠)[℃]인 불꽃을 (㉡)분간 가한 후 불꽃을 제거하였을 때 (㉢)초 이내에 자연소화가 되고 전선의 연소된 길이가 (㉣)[mm] 이하이어야 한다.

① ㉠ 816±10, ㉡ 20, ㉢ 10, ㉣ 180
② ㉠ 800±10, ㉡ 20, ㉢ 20, ㉣ 180
③ ㉠ 800±10, ㉡ 10, ㉢ 20, ㉣ 180
④ ㉠ 816±10, ㉡ 10, ㉢ 10, ㉣ 180

해설 내열전선의 내열성능은 온도가 816±10[℃]인 불꽃을 20분간 가한 후 불꽃을 제거하였을 때 10초 이내에 자연소화가 되고, 전선의 연소된 길이가 180[mm] 이하이어야 한다.

답 ①

19

무선통신보조설비의 주요 구성요소가 아닌 것은?

① 무선기기 접속단자
② 안테나
③ 분배기
④ 전 등

해설 **무선통신보조설비의 주요 구성요소** : 무선기기 접속단자, 안테나, 분배기, 증폭기, 누설동축케이블

답 ④

20

무선통신보조설비를 설치하여야 하는 특정소방대상물의 기준 중 옳은 것은?(단, 위험물 저장 및 처리시설 중 가스시설은 제외한다)

① 지하가(터널은 제외)로서 연면적 500[m²] 이상인 것
② 지하가 중 터널로서 길이가 1,000[m] 이상인 것
③ 층수가 30층 이상인 것으로서 15층 이상 부분의 모든 층
④ 지하층의 층수가 3층 이상이고 지하층의 바닥면적의 합계가 1,000[m²] 이상인 것은 지하층의 모든 층

해설 **무선통신보조설비를 설치하여야 하는 특정소방대상물**
- 지하가(터널은 제외한다)로서 연면적 **1,000[m²]** 이상인 것
- 지하층의 바닥면적의 합계가 3,000[m²] 이상인 것 또는 지하층의 층수가 3층 이상이고 지하층의 바닥면적의 합계가 1,000[m²] 이상인 것은 지하층의 모든 층
- 지하가 중 터널로서 길이가 **500[m]** 이상인 것
- 국토의 계획 및 이용에 관한 법률에 따른 공동구
- 층수가 30층 이상인 것으로서 **16층 이상** 부분의 모든 층

답 ④

21

무선통신보조설비의 누설동축케이블 및 안테나는 고압의 전로로부터 몇 [m] 이상 떨어진 위치에 설치하여야 하는가?

① 1.5[m]
② 4.0[m]
③ 100[m]
④ 300[m]

해설 누설동축케이블 및 안테나는 고압의 전로로부터 **1.5[m]** 이상 떨어진 위치에 설치할 것(단, 해당 전로에 정전기 차폐장치를 유효하게 설치한 경우에는 제외)

답 ①

22

무선통신보조실비의 누설동축케이블 및 안테나는 고압의 전로로부터 1.5[m] 이상 떨어진 위치에 설치해야 하나 그렇게 하지 않아도 되는 경우는?

① 해당 전로에 정전기 차폐장치를 유효하게 설치한 경우

② 금속제 등의 지지금구로 일정한 간격으로 고정한 경우

③ 끝부분에 무반사 종단저항을 설치한 경우

④ 불연재료로 구획된 반자 안에 설치한 경우

해설 누설동축케이블 및 안테나는 고압의 전로로부터 **1.5[m] 이상** 떨어진 위치에 설치할 것(단, 해당 전로에 정전기 차폐장치를 유효하게 설치한 경우에는 제외)

답 ①

23

무선통신보조설비의 무선기기 접속단자의 설치기준으로 옳지 않은 것은?

① 단자의 보호함의 표면에 "무선기 접속단자"라고 표시한 표지를 한다.

② 접속단자는 수위실 등 상시 사람이 근무하는 장소에 설치한다.

③ 지상에 설치하는 접속단자는 수평거리 200[m] 이내마다 설치한다.

④ 접속단자는 바닥으로부터 높이 0.8[m] 이상 1.5[m] 이하의 위치에 설치한다.

해설 지상에 설치하는 접속단자는 보행거리 300[m] 이내마다 설치하고, 다른 용도로 사용되는 접속단자에서 5[m] 이상의 거리를 둘 것

답 ③

24

다음 (   )에 들어갈 내용으로 옳은 것은?

> 무선통신보조설비의 무선기기 접속단자를 지상에 설치하는 경우 접속단자는 보행거리 (㉮) 이내마다 설치하고, 다른 용도로 사용되는 접속단자에서 (㉯) 이상의 거리를 둘 것

① ㉮ 400[m], ㉯ 5[m]

② ㉮ 300[m], ㉯ 5[m]

③ ㉮ 400[m], ㉯ 3[m]

④ ㉮ 300[m], ㉯ 3[m]

해설 무선통신보조설비의 무선기기 접속단자를 지상에 설치하는 경우 접속단자는 보행거리 300[m] 이내마다 설치하고, 다른 용도로 사용되는 접속단자에서 5[m] 이상의 거리를 둘 것

답 ②

25

금속제 지지금구를 사용하여 무선통신보조설비의 누설동축케이블을 벽에 고정시키고자 하는 경우 몇 [m] 이내마다 고정시켜야 하는가?

① 2[m]　　　　② 3[m]

③ 4[m]　　　　④ 5[m]

해설 누설동축케이블은 화재에 의하여 해당 케이블의 피복이 소실된 경우에 케이블 본체가 떨어지지 아니하도록 **4[m] 이내**마다 금속제 또는 자기제 등의 지지금구로 벽·천장·기둥 등에 견고하게 고정시킬 것

답 ③

26

무선통신보조설비의 누설동축케이블 또는 동축케이블의 임피던스는 몇 [Ω]으로 하여야 하는가?

① 5[Ω]　　　　② 10[Ω]

③ 50[Ω]　　　　④ 100[Ω]

해설 누설동축케이블 또는 동축케이블의 임피던스 : 50[Ω]

답 ③

27

무선통신보조설비에 대한 설명으로 잘못된 것은?

① 소화활동설비이다.

② 비상전원의 용량은 30분 이상이다.

③ 누설동축케이블의 끝부분에는 무반사 종단저항을 부착한다.

④ 누설동축케이블 또는 동축케이블의 임피던스는 100[Ω]의 것으로 한다.

해설 누설동축케이블 또는 동축케이블의 임피던스 : 50[Ω]

답 ④

28

증폭기의 비상전원 용량은 무선통신보조설비를 유효하게 몇 분 이상 작동시킬 수 있는 것으로 하여야 하는가?

① 10분　　　　② 30분
③ 60분　　　　④ 120분

해설 비상전원의 용량

설비의 종류	비상전원용량
자동화재탐비설비, 자동화재속보설비, 비상경보설비	10분 이상
제연설비, 비상콘센트설비, 옥내소화전설비, 유도등	20분 이상
무선통신보조설비의 증폭기	30분 이상

답 ②

29

다음 비상전원 및 배터리 중 최소용량이 가장 큰 것은?

① 지하층을 제외한 11층 미만의 유도등 비상전원
② 비상조명등의 비상전원
③ 휴대용비상조명등의 충전식 배터리용량
④ 무선통신보조설비 증폭기의 비상전원

해설 비상전원의 용량

설비의 종류	비상전원용량
자동화재탐비설비, 자동화재속보설비, 비상경보설비	10분 이상
제연설비, 비상콘센트설비, 옥내소화전설비, 유도등	20분 이상
무선통신보조설비의 증폭기	30분 이상

답 ④

30

각 설비와 비상전원의 최소 용량 연결이 틀린 것은?

① 비상콘센트설비 – 20분 이상
② 제연설비 – 20분 이상
③ 비상경보설비 – 20분 이상
④ 무선통신보조설비의 증폭기 – 30분 이상

해설 설비별 최소용량
- 비상경보설비 : 60분 감시 후 10분 이상 경보
- 비상콘센트설비 : 유효하게 20분 이상 작동
- 무선통신보조설비 : 유효하게 30분 이상 작동
- 제연설비 : 20분 이상 작동

답 ③

31

무선통신보조설비의 화재안전기준에서 사용하는 용어의 정의에 대한 설명 중 맞는 것은?

① 분파기는 신호의 전송로가 분기되는 장소에 설치하는 것을 말한다.
② 분배기는 서로 다른 주파수의 합성된 신호를 분리하기 위해서 사용하는 장치를 말한다.
③ 누설동축케이블은 동축케이블 외부도체에 홈을 만들어서 전파가 외부로 나가도록 한 것이다.
④ 증폭기는 두 개 이상의 입력신호를 원하는 비율로 조합한 출력이 발생되도록 하는 장치이다.

해설 용어의 정의
- 분파기 : 서로 다른 주파수의 합성된 신호를 분리하기 위해서 사용하는 장치
- 분배기 : 신호의 전송로가 분기되는 장소에 설치하는 것으로 임피던스 매칭(Matching)과 신호 균등분배를 위해 사용하는 장치
- 누설동축케이블 : 동축케이블의 외부도체에 가느다란 홈을 만들어서 전파가 외부로 새어나갈 수 있도록 한 케이블
- 증폭기 : 신호 전송 시 신호가 약해져 수신이 불가능해지는 것을 방지하기 위해서 증폭하는 장치

답 ③

32

무선통신보조설비에 사용되는 용어의 설명이 틀린 것은?

① 분파기 : 임피던스 매칭과 신호 균등분배를 위해 사용하는 장치
② 혼합기 : 두 개 이상의 입력신호를 원하는 비율로 조합한 출력이 발생하도록 하는 장치
③ 증폭기 : 신호 전송 시 신호가 약해져 수신이 불가능해지는 것을 방지하기 위해서 증폭하는 장치
④ 누설동축케이블 : 동축케이블의 외부도체에 가느다란 홈을 만들어서 전파가 외부로 새어나갈 수 있도록 한 케이블

해설 분파기 : 서로 다른 주파수의 합성된 신호를 분리하기 위해서 사용하는 장치

답 ①

33

무선통신보조설비에서 2개 이상의 입력신호를 원하는 비율로 조합한 출력이 발생하도록 하는 장치는?

① 분배기
② 동조기
③ 복합기
④ 혼합기

해설 혼합기 : 2개 이상의 입력신호를 원하는 비율로 조합한 출력이 발생하도록 하는 장치를 말한다.

답 ④

34

다음 중 무선통신보조설비의 주회로 전원이 정상인지 여부를 확인하기 위해 증폭기 전면에 설치하는 것은?

① 전압계 및 전류계
② 전압계 및 표시등
③ 회로시험계
④ 전류계

해설 증폭기의 **전면**에는 주 회로의 전원이 정상인지의 여부를 표시할 수 있는 **표시등** 및 **전압계**를 설치할 것

답 ②

35

무선통신보조설비 증폭기의 설치기준으로 틀린 것은?

① 증폭기는 비상전원이 부착된 것으로 한다.
② 증폭기의 전면에는 표시등 및 전류계를 설치한다.
③ 전원은 전기가 정상적으로 공급되는 축전지 또는 교류전압 옥내간선으로 하고 전원까지의 배선은 전용으로 한다.
④ 증폭기의 비상전원용량은 무선통신보조설비 유효하게 30분 이상 작동시킬 수 있는 것으로 한다.

해설 증폭기의 **전면**에는 주 회로의 전원이 정상인지의 여부를 표시할 수 있는 **표시등** 및 **전압계**를 설치할 것

답 ②

36

무선통신보조설비의 설치제외 기준 중 다음 (　　) 안에 알맞은 것으로 연결된 것은?

> 지하층으로서 특정소방대상물의 바닥부분 (㉠)면 이상이 지표면과 동일하거나 지표면으로부터의 깊이가 (㉡)[m] 이하인 경우에는 해당 층에 한하여 무선통신보조설비를 설치하지 아니할 수 있다.

① ㉠ 2, ㉡ 1
② ㉠ 2, ㉡ 2
③ ㉠ 3, ㉡ 1
④ ㉠ 3, ㉡ 2

해설 무선통신보조설비 설치 제외
지하층으로서 특정소방대상물의 바닥부분 **2면 이상**이 지표면과 동일하거나 지표면으로부터의 깊이가 **1[m] 이하**인 경우에는 해당 층에 한하여 무선통신보조설비를 설치하지 아니할 수 있다.

답 ①

37

무선통신보조설비의 무선기기 접속단자의 바닥으로부터 설치기준은?

① 0.5~1.0[m]
② 0.5~1.5[m]
③ 0.8~1.5[m]
④ 0.8~2.0[m]

해설 무선기기 접속단자 : **0.8[m] 이상 1.5[m] 이하**

답 ③

38

무선통신보조설비의 누설동축케이블의 끝부분에는 어떤 것을 설치하는가?

① 인덕터
② 용량형콘덴서
③ 리액터
④ 무반사종단저항

해설 누설동축케이블의 **끝부분**에는 **무반사종단저항**을 견고하게 설치할 것

답 ④

제3장 피난구조설비

제1절 유도등 및 유도표지

1 개 요

유도등은 화재 시 긴급대피를 안내하기 위하여 사용되는 등으로 정상 상태에서는 상용전원에 의하여 켜지고 상용전원이 정전되는 경우에는 비상전원으로 자동 절환되어 켜지는 등을 말한다.

2 유도등 및 유도표지의 용어 정리

① **유도등** : 화재 시에 피난을 유도하기 위한 등으로서 정상상태에서는 상용전원에 따라 켜지고 상용전원이 정전되는 경우에는 비상전원으로 자동전환되어 켜지는 등을 말한다.

② **피난구유도등** : 피난구 또는 피난경로로 사용되는 출입구를 표시하여 피난을 유도하는 등을 말한다.

③ **통로유도등** : 피난통로를 안내하기 위한 유도등으로 복도통로유도등, 거실통로유도등, 계단통로유도등을 말한다.

④ **복도통로유도등** : 피난통로가 되는 복도에 설치하는 통로유도등으로서 피난구의 방향을 명시하는 것을 말한다.

⑤ **거실통로유도등** : 거주, 집무, 작업, 집회, 오락 그 밖에 이와 유사한 목적을 위하여 계속적으로 사용하는 거실, 주차장 등 개방된 통로에 설치하는 유도등으로 피난의 방향을 명시하는 것을 말한다.

⑥ **계단통로유도등** : 피난통로가 되는 계단이나 경사로에 설치하는 통로유도등으로 바닥면 및 디딤 바닥면을 비추는 것을 말한다.

⑦ **객석유도등** : 객석의 통로, 바닥 또는 벽에 설치하는 유도등을 말한다.

⑧ **피난구유도표지** : 피난구 또는 피난경로로 사용되는 출입구를 표시하여 피난을 유도하는 표지를 말한다.

⑨ **통로유도표지** : 피난통로가 되는 복도, 계단 등에 설치하는 것으로서 피난구의 방향을 표시하는 유도표지를 말한다.

⑩ **피난유도선** : 햇빛이나 전등불에 따라 축광(이하 "축광방식"이라 한다)하거나 전류에 따라 빛을 발하는(이하 "광원점등방식"이라 한다) 유도체로서 어

두운 상태에서 피난을 유도할 수 있도록 띠 형태로 설치되는 피난유도시설을 말한다.

3 유도등의 전원 및 배선 기준

① 유도등의 전원은 축전지, 전기저장장치 또는 교류전압의 옥내간선으로 하고, 전원까지의 배선은 전용으로 하여야 한다.

② 비상전원 설치기준

　㉠ 축전지로 할 것

　㉡ 유도등을 **20분 이상** 유효하게 작동시킬 수 있는 용량으로 할 것. 다만, 다음의 특정소방대상물의 경우에는 그 부분에서 피난층에 이르는 부분의 유도등을 60분 이상 유효하게 작동시킬 수 있는 용량으로 하여야 한다.

　　㉮ 지하층을 제외한 층수가 11층 이상의 층

　　㉯ 지하층 또는 무창층으로서 용도가 도매시장·소매시장·여객자동차터미널·지하역사 또는 지하상가

③ 배 선

　㉠ 유도등의 인입선과 옥내배선은 직접 연결할 것

　㉡ 유도등은 전기회로에 점멸기를 설치하지 아니하고 항상 점등상태를 유지할 것. 다만, 특정소방대상물 또는 그 부분에 사람이 없거나 다음에 해당하는 장소로서 3선식 배선에 따라 상시 충전되는 구조인 경우에는 그러하지 아니하다.

　　• 외부광에 따라 피난구 또는 피난방향을 쉽게 식별할 수 있는 장소

　　• 공연장, 암실 등으로서 어두워야 할 필요가 있는 장소

　　• 소방대상물의 관계인 또는 종사원이 주로 사용하는 장소

④ 3선식 배선으로 상시 충전되는 유도등의 전기회로에 점멸기를 설치하는 경우에는 다음에 해당되는 경우에 점등되도록 하여야 한다.

　㉠ 자동화재탐지설비의 감지기 또는 발신기가 작동되는 때

　㉡ 비상경보설비의 발신기가 작동되는 때

　㉢ 상용전원이 정전되거나 전원선이 단선되는 때

　㉣ 방재업무를 통제하는 곳 또는 전기실의 배전반에서 수동으로 점등하는 때

　㉤ 자동소화설비가 작동되는 때

■ **유도등 비상전원 용량**
 : 20분 이상

■ **유도등 비상전원 60분이 상 대상물**
 – 지하층을 제외한 층수 11 층 이상
 – 지하층 또는 무창층으로 용도가 도매시장, 소매시 장, 지하역사, 지하상가, 여객자동차터미널

[3선식 배선]

4 유도등의 형식승인 및 제품검사의 기술기준

(1) 용어 정리

① **광속표준전압** : 비상전원으로 유도등을 켜는 데 필요한 예비전원의 단자전압을 말한다.

② **표시면** : 유도등에 있어서 피난구나 피난방향을 안내하기 위한 문자 또는 부호등이 표시된 면을 말한다.

③ **조사면** : 유도등에 있어서 표시면 외 조명에 사용되는 면을 말한다.

④ **복합표시형피난구유도등** : 피난구유도등의 표시면과 피난목적이 아닌 안내표시면(이하 "안내표시면"이라 한다)이 구분되어 함께 설치된 유도등을 말한다.

⑤ **단일표시형** : 한 가지 형상의 표시만으로 피난유도표시를 구현하는 방식을 말한다.

⑥ **동영상표시형** : 동영상 형태로 피난유도표시를 구현하는 방식을 말한다.

⑦ **단일 · 동영상 연계표시형** : 단일표시형과 동영상표시형의 두 가지 방식을 연계하여 피난유도표시를 구현하는 방식을 말한다.

⑧ **투광식** : 광원의 빛이 통과하는 투과면에 피난유도표시 형상을 인쇄하는 방식을 말한다.

⑨ **패널식** : 영상표시소자(LED, LCD 및 PDP 등)를 이용하여 피난유도표시 형상을 영상으로 구현하는 방식을 말한다.

(2) 일반 구조

① 사용전압은 300[V] 이하이어야 한다. 다만, 충전부가 노출되지 아니한 것은 300[V]를 초과할 수 있다.

② 수송 중 진동 또는 충격에 의하여 기능에 장해를 받지 아니하는 구조이어야 한다.

③ 축전지에 배선 등을 직접 납땜하지 아니하여야 한다.

■ **조사면** : 유도등에 있어서 표시면 외 조명에 사용되는 면

④ 전선의 굵기는 인출선인 경우에는 단면적이 0.75[mm²] 이상, 인출선외의 경우에는 면적이 0.5[mm²] 이상이어야 한다.

⑤ 인출선의 길이는 전선인출 부분으로부터 150[mm] 이상이어야 한다. 다만, 인출선으로 하지 아니할 경우에는 풀어지지 아니하는 방법으로 전선을 쉽고 확실하게 부착할 수 있도록 접속단자를 설치하여야 한다.

⑥ 극성이 있는 경우에는 오접속을 방지하기 위하여 필요한 조치를 하여야 한다.

⑦ 외부에는 쉽게 사람이 접촉할 우려가 있는 충전부는 충분히 보호되어야 한다.

⑧ 예비전원은 다음에 적합하게 설치하여야 한다.

- 유도등의 주전원으로 사용하여서는 아니 된다.
- 인출선을 사용하는 경우에는 적당한 색깔에 의하여 쉽게 구분할 수 있어야 한다.
- 먼지, 수분 등에 의하여 성능에 지장이 생길 우려가 있는 부분은 적당한 보호커버를 설치하여야 한다.
- 유도등의 예비전원은 알칼리계, 리튬계 2차 축전지(이하 "축전지"라 한다) 또는 콘덴서(이하 "축전기"라 한다)이어야 한다.
- 전기적 기구에 의한 자동충전장치 및 자동과충전방지장치를 설치하여야 한다. 다만, 과충전상태가 되어도 성능 또는 구조에 이상이 생기지 아니하는 예비전원을 설치할 경우에는 자동과충전방지장치를 설치하지 아니할 수 있다.
- 예비전원을 병렬로 접속하는 경우는 역충전방지 등의 조치를 강구하여야 한다.

⑨ 피난구유도등 및 거실통로유도등은 상용전원으로 등을 켜는 경우에는 직선거리 30[m]의 위치에서, 비상전원으로 등을 켜는 경우에는 직선거리 20[m]의 위치에서 각기 보통시력으로 피난유도표시에 대한 식별이 가능하여야 한다.

⑩ 복도통로유도등에 있어서 상용전원으로 등을 켜는 경우에는 직선거리 20[m]의 위치에서, 비상전원으로 등을 켜는 경우에는 직선거리 15[m]의 위치에서 보통시력에 의하여 표시면의 화살표가 쉽게 식별되어야 한다.

⑪ 유도등의 표시면 색상은 피난구유도등인 경우 녹색바탕에 백색문자로, 통로유도등인 경우는 백색바탕에 녹색문자를 사용하여야 한다.

(3) 조도 시험

통로유도등 및 객석유도등은 그 유도등은 비상전원의 성능에 따라 유효점등시간 동안 등을 켠 후 주위조도가 0[lx]인 상태에서 다음과 같은 방법으로 측정하는 경우, 그 조도는 다음에 적합하여야 한다.

사이드 노트:

- **인출선 굵기**
  : 0.75[mm²] 이상

- **인출선 길이**
  : 150[mm] 이상

- **예비전원 축전지**
  : 알칼리계 2차 축전지

- **피난구유도등 및 거실통로 유도등 식별**
  – 상용전원
  : 직선거리 30[m] 이상
  – 비상전원
  : 직선거리 20[m] 이상

- **복도유도등 식별**
  – 상용전원
  : 직선거리 20[m] 이상
  – 비상전원
  : 직선거리 15[m] 이상

- **피난구유도등**
  : 녹색바탕 백색문자

- **통로유도등**
  : 백색바탕 녹색문자

안심Touch

① 계단통로유도등은 바닥면 또는 디딤바닥 면으로부터 높이 2.5[m]의 위치에 그 유도등을 설치하고 그 유도등의 바로 밑으로부터 수평거리로 10[m] 떨어진 위치에서의 법선조도가 0.5[lx] 이상이어야 한다.

② 복도통로유도등은 바닥면으로부터 1[m] 높이에, 거실통로유도등은 바닥면으로부터 2[m] 높이에 설치하고 그 유도등의 중앙으로부터 0.5[m] 떨어진 위치의 바닥면 조도와 유도등의 전면 중앙으로부터 0.5[m] 떨어진 위치의 조도가 1[lx] 이상이어야 한다. 다만, 바닥면에 설치하는 통로유도등은 그 유도등의 바로 윗부분 1[m]의 높이에서 법선조도가 1[lx] 이상이어야 한다.

③ 객석유도등은 바닥면 또는 디딤 바닥면에서 높이 0.5[m]의 위치에 설치하고 그 유도등의 바로 밑에서 0.3[m] 떨어진 위치에서의 수평조도가 0.2[lx] 이상이어야 한다.

5 유도등 및 유도표지의 종류

(1) 유도등의 종류

(2) 유도등 및 유도표지의 종류

[특정소방대상물별 유도등 및 유도표지의 종류]

설치장소	유도등 및 유도표지의 종류
① 공연장·집회장(종교집회장 포함)·관람장·운동시설	• 대형피난구유도등
② 유흥주점영업(유흥주점영업 중 손님이 춤을 출 수 있는 무대가 설치된 카바레, 나이트클럽 또는 그 밖에 이와 비슷한 영업시설만 해당한다)	• 통로유도등 • 객석유도등
③ 위락시설·판매시설·운수시설·관광숙박업·의료시설·장례식·방송통신시설·전시장·지하상가·지하철역사	• 대형피난구유도등 • 통로유도등
④ 숙박시설(③의 관광숙박업 외의 것을 말한다)·오피스텔	• 중형피난구유도등 • 통로유도등
⑤ ①부터 ③까지 외의 건축물로서 지하층·무창층 및 11층 이상인 특정방대상물	
⑥ ①부터 ⑤까지 외의 건축물로시 근린생활시설·노유자시설·업무시설·발전시설·종교시설(집회장 용도로 사용되는 부분 제외)·교육연구시설·수련시설·공장·창고시설·교정 및 군사시설(국방·군사시설 제외)·기숙사·자동차정비공장·운전학원 및 정비학원·다중이용업소·복합건축물·아파트	• 소형피난구유도등 • 통로유도등
⑦ 그 밖의 것	• 피난구유도표지 • 통로유도표지

■ 객석유도등 설치
 – 공연장
 – 집회장(종교집회장 포함)
 – 관람장
 – 운동시설

■ 모든 시설물에 설치하는 유도등 : 통로유도등

비고 : 1. 소방서장은 **특정소방대상물**의 위치·구조 및 설비의 상황을 판단하여 대형피난구유도등을 설치하여야 할 장소에 중형피난구유도등 또는 소형피난구유도등을, 중형피난구유도등을 설치하여야 할 장소에 소형피난구유도등을 설치하게 할 수 있다.
2. 복합건축물과 아파트의 경우 주택의 세대 내에는 유도등을 설치하지 아니할 수 있다.

6 피난구유도등

피난구 또는 피난경로로 사용되는 출입구를 표시하여 피난을 유도하는 등을 말한다.

[피난구유도등]

(1) 피난구유도등 설치기준

① 피난구유도등은 피난구의 바닥으로부터 높이 **1.5[m] 이상으로 출입구에 인접하도록 설치하여야 한다.**

② 피난구유도등의 조명도는 피난구로부터 30[m]의 거리에서 문자 및 색채를 쉽게 식별할 수 있는 것으로 하여야 한다(단, 비상전원인 경우는 20[m]).

③ 피난구유도등의 설치장소
　㉠ 옥내로부터 직접 지상으로 통하는 출입구 및 그 부속실의 출입구
　㉡ 직통계단·직통계단의 계단실 및 그 부속실의 출입구
　㉢ ㉠, ㉡의 규정에 의한 출입구에 이르는 복도 또는 통로로 통하는 출입구
　㉣ 안전 구획된 거실로 통하는 출입구

④ 피난구유도등은 **녹색바탕**에 **백색문자**로 **피난방향**을 표시한 등으로 할 것

(2) 피난구유도등 설치 제외

① 바닥면적이 1,000[m^2] 미만인 층으로서 옥내로부터 직접 지상으로 통하는 출입구(외부의 식별이 용이한 경우에 한한다)

② 거실 각 부분으로부터 쉽게 도달할 수 있는 출입구

③ 거실 각 부분으로부터 하나의 출입구에 이르는 보행거리가 20[m] 이하이고 비상조명등과 유도표지가 설치된 거실의 출입구

④ 출입구가 3 이상 있는 거실로서 그 거실 각 부분으로부터 하나의 출입구에 이르는 보행거리가 30[m] 이하인 경우에는 주된 출입구 2개소 외의 출입구(유도표지가 부착된 출입구를 말한다). 다만, 공연장·집회장·관람장·전시장·판매시설·운수시설·숙박시설·노유자시설·의료시설·장례식장의 경우에는 그러하지 아니하다.

■ 피난구유도등 설치높이
: 바닥으로부터 1.5[m] 이상

■ 피난구유도등
: 피난구로부터 30[m] 거리에서 식별가능할 것

■ 피난구유도등
: 녹색바탕, 백색문자

피난구 설치 제외 : 복도 또는 내실로 통하는 출입구

7 통로유도등

피난통로를 안내하기 위한 유도등으로 복도통로유도등, 거실통로유도등, 계단 통로유도등을 말한다.

복도통로유도등	거실통로유도등	계단통로유도등

(1) 통로유도등 종류

■ 통로유도등 종류
- 복도통로유도등
- 거실통로유도등
- 계단통로유도등

① **복도통로유도등** : 피난통로가 되는 복도에 설치하는 통로유도등으로서 피난 구의 방향을 명시하는 것을 말한다.

② **거실통로유도등** : 거주, 집무, 작업, 집회, 오락 그 밖에 이와 유사한 목적을 위하여 계속적으로 사용하는 거실, 주차장 등 개방된 통로에 설치하는 유도 등으로 피난의 방향을 명시하는 것을 말한다.

③ **계단통로유도등** : 피난통로가 되는 계단이나 경사로에 설치하는 통로유도등 으로 바닥면 및 디딤 바닥면을 비추는 것을 말한다.

(2) 통로유도등 설치기준

① 복도통로유도등 설치기준

■ 복도통로유도등
- 구부러진 모퉁이 및 보행거 리 20[m] 마다 설치할 것
- 바닥으로부터 높이 1[m] 이하에 설치

㉠ 복도에 설치할 것

㉡ 구부러진 모퉁이 및 보행거리 20[m]마다 설치할 것

㉢ 바닥으로부터 높이 1[m] 이하의 위치에 설치할 것. 다만, 지하층 또는 무창층의 용도가 도매시장·소매시장·여객자동차터미널·지하역사 또는 지하상가인 경우에는 복도·통로 중앙부분의 바닥에 설치하여야 한다.

㉣ 바닥에 설치하는 통로유도등은 하중에 따라 파괴되지 아니하는 강도의 것으로 할 것

② **거실통로유도등** 설치기준

　㉠ 거실의 통로에 설치할 것. 다만, 거실의 통로가 벽체 등으로 구획된 경우에는 복도통로유도등을 설치하여야 한다.

　㉡ 구부러진 모퉁이 및 **보행거리 20[m]마다 설치**할 것

　㉢ 바닥으로부터 높이 **1.5[m] 이상**의 위치에 설치할 것. 다만, 거실통로에 기둥이 설치된 경우에는 기둥 부분의 바닥으로부터 높이 1.5[m] 이하의 위치에 설치할 수 있다.

■ **거실통로유도등**
- 구부러진모퉁이 및 보행거리 20[m] 마다 설치할 것
- 바닥으로부터 높이 1.5[m] 이상에 설치

③ **계단통로유도등** 설치기준

　㉠ 각층의 **경사로참** 또는 **계단참마다**(1개층에 경사로참 또는 계단참이 2 이상 있는 경우에는 2개의 계단참마다) 설치할 것

　㉡ 바닥으로부터 높이 **1[m] 이하**의 위치에 설치할 것

■ **계단통로유도등**
- 계단참, 경사로참 등에 설치
- 바닥으로부터 높이 1[m] 이하에 설치

[유도등의 설치거리 및 장소 비교]

종 류	복도통로유도등	거실통로유도등	계단통로유도등
설치기준	보행거리 20[m]마다 구부러진 모퉁이	보행거리 20[m]마다 구부러진 모퉁이	각 층의 경사로참 또는 계단참마다 설치
설치장소	복도의 통로	거실의 통로	경사로참, 계단참
설치높이	바닥으로부터 높이 1[m] 이하	바닥으로부터 높이 1.5[m] 이상	바닥으로부터 높이 1[m] 이하

④ 통행에 지장이 없도록 설치할 것

⑤ 주위에 이와 유사한 등화광고물·게시물 등을 설치하지 아니할 것

⑥ 통로유도등은 **백색바탕**에 **녹색문자**로 **피난방향**을 표시한 등으로 할 것

■ **통로 유도등**
: 백색바탕, 녹색문자

⑦ 조도는 통로유도등의 바로 밑의 바닥으로부터 수평으로 **0.5[m]** 떨어진 지점에서 측정하여 **1[lx] 이상**(**바닥**에 **매설**한 것에 있어서는 통로유도등의 직상부 1[m]의 높이에서 측정하여 **1[lx] 이상**)일 것

(3) 설치 제외

① 구부러지지 아니한 복도 또는 통로로서 길이가 30[m] 미만인 복도 또는 통로

② ①에 해당되지 아니하는 복도 또는 통로로서 보행거리가 20[m] 미만이고 그 복도 또는 통로와 연결된 출입구 또는 그 부속실의 출입구에 피난구유도등이 설치된 복도 또는 통로

8　객석유도등 설치기준

① 객석의 **통로**, **바닥** 또는 **벽**에 설치하는 유도등을 말한다.

② 객석 내의 통로가 경사로 또는 수평으로 되어 있는 부분에 있어서는 다음의 식에 의하여 산출한 수(소수점 이하의 수는 1로 본다)의 유도등을 설치하여야 한다.

$$설치개수 = \frac{객석의\ 통로의\ 직선\ 부분의\ 길이[m]}{4} - 1$$

[객석유도등]

9　유도표지

화재 시 신속하고 안전하게 피난할 수 있도록 유도를 목적으로 하는 표지판으로 등화가 없는 표지를 말한다.

〈복도통로유도표지〉　　　　〈계단통로유도표지〉

[통로유도표지]

(1) 유도표지 종류

① **피난구유도표지** : 피난구 또는 피난경로로 사용되는 출입구를 표시하여 피난을 유도하는 표지를 말한다.

② **통로유도표지** : 피난통로가 되는 복도, 계단등에 설치하는 것으로서 피난구의 방향을 표시하는 유도표지를 말한다.

③ **피난유도선** : 햇빛이나 전등불에 따라 축광(이하 "축광방식"이라 한다)하거나 전류에 따라 빛을 발하는(이하 "광원점등방식"이라 한다) 유도체로서 어두운 상태에서 피난을 유도할 수 있도록 띠 형태로 설치되는 피난유도시설을 말한다.

(2) 유도표지 설치기준

① 계단에 설치하는 것을 제외하고는 각층마다 복도 및 통로의 각 부분으로부터 하나의 유도표지까지의 보행거리가 15[m] 이하가 되는 곳과 구부러진 모퉁이의 벽에 설치할 것

② 피난유도표지는 출입구 상단에 설치하고, 통로유도표지는 바닥으로부터 높이 1[m] 이하의 위치에 설치할 것

③ 주위에는 이와 유사한 등화·광고물·게시물 등을 설치하지 아니할 것

④ 유도표지는 부착판 등을 사용하여 쉽게 떨어지지 아니하도록 설치할 것

⑤ 축광방식의 유도표지는 외광 또는 조명장치에 의하여 상시 조명이 제공되거나 비상조명등에 의한 조명이 제공되도록 설치할 것

(3) 유도표지 설치기준

① 축광방식의 피난유도선 설치기준

㉠ 구획된 각 실로부터 주출입구 또는 비상구까지 설치할 것

㉡ 바닥으로부터 높이 50[cm] 이하의 위치 또는 바닥 면에 설치할 것

㉢ 피난유도 표시부는 50[cm] 이내의 간격으로 연속되도록 설치

㉣ 부착대에 의하여 견고하게 설치할 것

㉤ 외광 또는 조명장치에 의하여 상시 조명이 제공되거나 비상조명등에 의한 조명이 제공되도록 설치할 것

② 광원점등방식의 피난유도선 설치기준

㉠ 구획된 각 실로부터 주출입구 또는 비상구까지 설치할 것

㉡ 피난유도 표시부는 바닥으로부터 높이 1[m] 이하의 위치 또는 바닥 면에 설치할 것

㉢ 피난유도 표시부는 50[cm] 이내의 간격으로 연속되도록 설치하되 실내장식물 등으로 설치가 곤란할 경우 1[m] 이내로 설치할 것

㉣ 수신기로부터의 화재신호 및 수동조작에 의하여 광원이 점등되도록 설치할 것

㉤ 비상전원이 상시 충전상태를 유지하도록 설치할 것

㉥ 바닥에 설치되는 피난유도 표시부는 매립하는 방식을 사용할 것

㉦ 피난유도 제어부는 조작 및 관리가 용이하도록 바닥으로부터 0.8[m] 이상 1.5[m] 이하의 높이에 설치할 것

(4) 유도표지 설치 제외

① 유도등이 규정에 적합하게 설치된 **출입구·복도·계단** 및 **통로**

② 바닥면적이 1,000[m²] 미만인 층으로서 옥내로부터 직접 지상으로 통하는 출입구

③ 거실 각 부분으로부터 쉽게 도달할 수 있는 출입구

④ 구부러지지 아니한 복도 또는 통로로서 길이가 **30[m] 미만인 복도** 또는 **통로**

⑤ ④에 해당되지 아니하는 복도 또는 통로로서 보행거리가 20[m] 미만이고 그 복도 또는 통로와 연결된 출입구 또는 그 부속실의 출입구에 피난구유도등이 설치된 복도 또는 통로

■ 축광방식의 피난유도선 피난유도부 바닥면에 설치 시 높이 : 50[cm] 이하

■ 피난유도 표시부는 50[cm] 이내의 간격으로 설치하되 실내장식물 등으로 설치가 곤란할 경우 1[m] 이내로 설치

(5) 축광표지의 성능인증 및 제품검사의 기술기준

① 표시면의 크기

■ 피난구유도표지 기준
  - 가로 : 360[mm] 이상
  - 세로 : 120[mm] 이상

종 류	가로의 길이[mm]	세로의 길이[mm]
피난구 축광유도표지	360 이상	120 이상
통로 축광유도표지	250 이상	85 이상

② 식별도 시험

　㉠ 축광유도표지 및 축광위치표지는 200[lx] 밝기의 광원으로 20분간 조사시킨 상태에서 다시 주위조도를 0[lx]로 하여 60분간 발광시킨 후 직선거리 20[m](축광위치표지의 경우 10[m]) 떨어진 위치에서 유도표지 또는 위치표지가 있다는 것이 식별되어야 하고, 유도표지는 직선거리 3[m]의 거리에서 표시면의 표시 중 주체가 되는 문자 또는 주체가 되는 화살표 등이 쉽게 식별되어야 한다.

　㉡ ㉠의 규정에도 불구하고 보조축광표지는 200[lx] 밝기의 광원으로 20분간 조사시킨 상태에서 다시 주위조도를 0[lx]로 하여 60분간 발광시킨 후 직선거리 10[m]떨어진 위치에서 보조축광표지가 있다는 것이 식별되어야 한다.

■ 유도표지의 표시면의 휘도는 주위 조도 0[lx]에서 60분간 발광시킨 후 7[mcd/m²] 이상으로 할 것

③ 휘도 시험 : 축광유도표지 및 축광위치표지의 표시면을 0[lx] 상태에서 1시간 이상 방치한 후 200[lx] 밝기의 광원으로 20분간 조사시킨 상태에서 다시 주위조도를 0[lx]로 하여 휘도 시험을 실시하는 경우 다음에 적합하여야 한다.

　㉠ 5분간 발광시킨 후의 휘도는 $1[m^2]$당 110[mcd] 이상이어야 한다.
　㉡ 10분간 발광시킨 후의 휘도는 $1[m^2]$당 50[mcd] 이상이어야 한다.
　㉢ 20분간 발광시킨 후의 휘도는 $1[m^2]$당 24[mcd] 이상이어야 한다.
　㉣ 60분간 발광시킨 후의 휘도는 $1[m^2]$당 7[mcd] 이상이어야 한다.

제 2 절　비상조명등

1 개 요

화재발생 등에 의한 정전 시에 안전하고 원활한 피난활동을 할 수 있도록 거실 및 피난통로 등에 설치하는 조명등으로서 비상전원용 축전지가 내장되어 상용전원이 정전되는 경우에는 비상전원으로 자동전환되어 점등되는 조명등을 말하며 정상상태에서는 상용전원에 의하여 점등되는 것을 포함한다.

[비상조명등]

[휴대용 비상조명등]

② 비상조명등 및 휴대용 비상조명등의 용어 정리

① 비상조명등 : 화재발생 등에 따른 정전 시에 안전하고 원활한 피난활동을 할 수 있도록 거실 및 피난통로 등에 설치되어 자동 점등되는 조명등을 말한다.

② 휴대용 비상조명등 : 화재발생 등으로 정전 시 안전하고 원활한 피난을 위하여 피난자가 휴대할 수 있는 조명등을 말한다.

③ 비상조명등

(1) 비상조명등 설치기준

① 특정소방대상물의 각 거실과 그로부터 지상에 이르는 복도·계단 및 그 밖의 통로에 설치할 것

② 조도는 비상조명등이 설치된 장소의 각 부분의 바닥에서 1[lx] 이상이 되도록 할 것

③ 예비전원을 내장하는 비상조명등에는 평상시 점등여부를 확인할 수 있는 점검스위치를 설치하고 해당 조명등을 유효하게 작동시킬 수 있는 용량의 축전지와 예비전원 충전장치를 내장할 것

④ 예비전원을 내장하지 아니하는 비상조명등의 비상전원은 자가발전설비, 축전지설비 또는 전기저장장치를 다음의 기준에 따라 설치하여야 한다.

　㉠ 점검에 편리하고 화재 및 침수 등의 재해로 인한 피해를 받을 우려가 없는 곳에 설치할 것

　㉡ 상용전원으로부터 전력의 공급이 중단된 때에는 자동으로 비상전원으로부터 전력을 공급받을 수 있도록 할 것

　㉢ 비상전원의 설치장소는 다른 장소와 방화구획할 것. 이 경우 그 장소에는 비상전원의 공급에 필요한 기구나 설비 외의 것을 두어서는 아니 된다.

　㉣ 비상전원을 실내에 설치하는 때에는 그 실내에 비상조명등을 설치할 것

⑤ ③과 ④에 따른 비상전원은 비상조명등을 20분 이상 유효하게 작동시킬 수 있는 용량으로 할 것. 다만, 다음의 특정소방대상물의 경우에는 그 부분에서 피난층에 이르는 부분의 비상조명등을 60분 이상 유효하게 작동시킬 수 있

■ 비상조명등 조도
: 각 부분의 바닥에서 1[lx] 이상

■ 점검스위치
: 예비전원을 내장하는 비상조명등은 평상 시 점등여부를 확인할 수 있도록 설치하는 것

■ 비상조명등 비상전원 용량
: 20분 이상

■ 비상조명등 비상전원 60분 이상 특정소방대상물
　－ 지하층 제외 11층 이상
　－ 지하층, 무창층으로 도매시장, 소매시장, 지하역사, 지하상가, 여객자동차터미널

는 용량으로 하여야 한다.

㉠ 지하층을 제외한 층수가 11층 이상의 층

㉡ 지하층 또는 무창층으로서 용도가 도매시장·소매시장·여객자동차터미널·지하역사 또는 지하상가

⑥ 비상조명등의 설치면제 요건에서 "그 유도등의 유효범위 안의 부분"이란 유도등의 조도가 바닥에서 1[lx] 이상이 되는 부분을 말한다.

(2) 비상조명등을 설치해야 하는 특정소방대상물

① 지하층을 포함하는 층수가 5층 이상인 건축물로서 연면적 3,000[m²] 이상인 것

② 지하층 또는 무창층의 바닥면적이 450[m²] 이상인 경우에는 그 지하층 또는 무창층

③ 지하가 중 터널로서 그 길이가 500[m] 이상인 것

■ 지하가 터널길이
　: 500[m] 이상

(3) 비상조명등 설치 제외

① 거실의 각 부분으로부터 하나의 출입구에 이르는 보행거리가 15[m] 이내인 부분

② 의원·경기장·공동주택·의료시설·학교의 거실

■ 비상조명등 설치 제외
　: 보행거리 15[m] 이내

4 휴대용 비상조명등

(1) 휴대용 비상조명등 설치기준

① 다음의 장소에 설치할 것

㉠ 숙박시설 또는 다중이용업소에는 객실 또는 영업장 안의 구획된 실마다 잘 보이는 곳(외부에 설치 시 출입문 손잡이로부터 1[m] 이내 부분)에 1개 이상 설치

㉡ 대규모점포와 영화상영관에는 보행거리 50[m] 이내마다 3개 이상 설치

㉢ 지하상가 및 지하역사에는 보행거리 25[m] 이내마다 3개 이상 설치

② 설치높이는 바닥으로부터 0.8[m] 이상 1.5[m] 이하의 높이에 설치할 것

③ 어둠 속에서 위치를 확인할 수 있도록 할 것

④ 사용 시 자동으로 점등되는 구조일 것

⑤ 외함은 난연성능이 있을 것

⑥ 건전지를 사용하는 경우에는 방전방지조치를 하여야 하고, 충전식 배터리의 경우에는 상시 충전되도록 할 것

⑦ 건전지 및 충전식 배터리의 용량은 20분 이상 유효하게 사용할 수 있는 것으로 할 것

■ 대규모 점포, 영화상영관
　: 보행거리 50[m] 이내마다
　　3개 이상 설치

■ 설치높이
　: 바닥으로부터 0.8[m]
　　이상 1.5[m] 이하

■ 지하상가, 지하역사
　: 보행거리 25[m] 이내마다
　　3개 이상 설치

**■ 휴대용비상조명등 사용
시 자동점등되는 구조**

(2) 휴대용 비상조명등을 설치해야 하는 특정소방대상물

① 숙박시설

② 수용인원 100명 이상의 영화상영관, 판매시설 중 대규모점포, 철도 및 도시
철도 시설 중 지하역사, 지하가 중 지하상가

(3) 휴대용 비상조명등 설치 제외

지상1층 또는 피난층으로서 복도 · 통로 또는 창문 등의 개구부를 통하여 피난이
용이한 경우 또는 숙박시설로서 복도에 비상조명등을 설치한 경우에는 휴대용
비상조명등을 설치하지 아니할 수 있다.

5 비상조명등의 형식승인 및 제품검사의 기술기준

(1) 용어 정리

① **비상조명등** : 화재발생 등에 의한 정전 시에 안전하고 원활한 피난활동을
할 수 있도록 거실 및 피난통로 등에 설치하는 조명등으로서 비상전원용
축전지가 내장되어 상용전원이 정전되는 경우에는 비상전원으로 자동전환
되어 점등되는 조명등을 말하며 정상상태에서는 상용전원에 의하여 점등되
는 것을 포함한다.

② **전용형** : 상용광원과 비상용광원이 각각 별도로 내장되어 있거나 또는 비상
시에 점등하는 비상용광원만 내장되어 있는 비상조명등을 말한다.

③ **겸용형** : 동일한 광원을 상용광원과 비상용광원으로 겸하여 사용하는 비상
조명등을 말한다.

④ **상용광원** : 상용전원에 의해 점등되는 광원을 말한다.

⑤ **비상용광원** : 비상전원에 의해 점등되는 광원을 말한다.

⑥ **광속표준전압** : 비상전원으로 비상조명등을 켜는 데 필요한 축전지의 단자전
압을 말한다.

⑦ **유효점등시간** : 유효한 조도를 확보할 수 있도록 예비전원에 의하여 지속적
으로 점등할 수 있는 시간을 말한다.

(2) 외함의 재질

① 두께 0.5[mm] 이상의 방청가공된 금속판

② 두께 3[mm] 이상의 내열성 강화유리

③ 난연재료 또는 방염성능이 있는 두께 3[mm] 이상의 합성수지

(3) 비상점등 회로의 보호

비상조명등은 비상점등을 위하여 비상전원으로 전환되는 경우 비상점등 회로로 정격전류의 1.2배 이상의 전류가 흐르거나 램프가 없는 경우에는 3초 이내에 예비전원으로부터의 비상전원 공급을 차단하여야 한다.

제3절 피난기구

1 개 요

화재 시 화재대상물 내의 인명을 피난시키기 위하여 사용하는 기구

2 피난기구의 용어 정리

① **피난밧줄** : 급격한 하강을 방지하기 위한 매듭 등을 만들어 놓은 밧줄
② **구조대** : 포지 등을 사용하여 자루형태로 만든 것으로 화재의 사용자가 그 내부에 들어가서 내려옴으로써 대피할 수 있는 것
③ **간이완강기** : 사용자의 몸무게에 따라 자동적으로 내려올 수 있는 기구 중 사용자가 연속적으로 사용할 수 없는 것
④ **완강기** : 사용자의 몸무게에 따라 자동적으로 내려올 수 있는 기구 중 사용자가 교대하여 연속적으로 사용할 수 있는 것
⑤ **피난사다리** : 화재 시 긴급대피를 위해 사용하는 사다리
⑥ **공기안전매트** : 화재발생 시 사람이 건축물 내에서 외부로 긴급히 뛰어내릴 때 충격을 흡수하여 안전하게 지상에 도달할 수 있도록 포지에 공기 등을 주입하는 구조로 되어 있는 것
⑦ **다수인 피난장비** : 화재 시 2인 이상의 피난자가 동시에 해당 층에서 지상 또는 피난층으로 하강하는 피난기구
⑧ **승강식 피난기** : 사용자의 몸무게에 의하여 자동으로 하강하고 내려서면 스스로 상승하여 연속적으로 사용할 수 있는 무동력 승강식 피난기

3 피난기구 적응 및 설치개수

(1) 피난기구 종류

피난용트랩, 피난사다리, 피난교, 구조대, 미끄럼대, 완강기, 간이완강기, 피난밧줄, 공기안전매트, 다수인 피난장비, 승강식 피난기 등이 있다.

(2) 피난기구의 적응성

[특정소방대상물의 설치장소별 피난기구의 적응성]

층 별 설치장소별 구분	지하층	1층	2층	3층	4층 이상 10층 이하
1. 노유자시설	피난용트랩	미끄럼대·구조대·피난교·다수인피난장비·승강식피난기	미끄럼대·구조대·피난교·다수인피난장비·승강식피난기	미끄럼대·구조대·피난교·다수인피난장비·승강식피난기	피난교·다수인피난장비·승강식피난기
2. 의료시설·근린생활시설 중 입원실이 있는 의원·접골원·조산원	피난용트랩	–	–	미끄럼대·구조대·피난교·피난용트랩·다수인피난장비·승강식피난기	구조대·피난교·피난용트랩·다수인피난장비·승강식피난기
3. 「다중이용업소의 안전관리에 관한 특별법 시행령」 제2조에 따른 다중이용업소로서 영업장의 위치가 4층 이하인 다중이용업소	–	–	미끄럼대·피난사다리·구조대·완강기·다수인피난장비·승강식피난기	미끄럼대·피난사다리·구조대·완강기·다수인피난장비·승강식피난기	미끄럼대·피난사다리·구조대·완강기·다수인피난장비·승강식피난기
4. 그 밖의 것	피난사다리·피난용트랩	–	–	미끄럼대·피난사다리·구조대·완강기·피난교·피난용트랩·간이완강기·공기안전매트·다수인피난장비·승강식피난기	피난사다리·구조대·완강기·피난교·간이완강기·공기안전매트·다수인피난장비·승강식피난기

■ 미끄럼대
: 4층 이상 적응성 없다.

※ 비고 : 간이완강기의 적응성은 숙박시설의 3층 이상에 있는 객실에, 공기안전매트의 적응성은 공동주택(주택법시행령 제48조의 규정에 해당하는 공동주택)에 한한다.

- 공기안전매트 : 공동주택(아파트)
- 간이완강기 및 피난밧줄 : 3층 이상의 숙박시설 객실에 설치

(3) 피난기구 설치개수

① 층마다 설치하되, 숙박시설·노유자시설 및 의료시설로 사용되는 층에 있어서는 그 층의 바닥면적 500[m²]마다, 위락시설·문화집회 및 운동시설·판매시설로 사용되는 층 또는 복합용도의 층에 있어서는 그 층의 바닥면적 800[m²]마다, 계단실형 아파트에 있어서는 각 세대마다, 그 밖의 용도의 층에 있어서는 그 층의 바닥면적 1,000[m²]마다 1개 이상 설치할 것

설치기준	시설장소
각 세대마다	계단실형 아파트
바닥면적 500[m²]	의료시설, 숙박시설, 노유자시설
바닥면적 800[m²]	판매시설, 위락시설, 문화집회 및 운동시설, 복합상가
바닥면적 1,000[m²]	그 밖의 용도 층

② 숙박시설(휴양콘도미니엄을 제외한다)의 경우에는 추가로 객실마다 완강기 또는 2 이상의 간이완강기를 설치할 것

③ 공동주택의 경우에는 하나의 관리주체가 관리하는 공동주택 구역마다 공기 안전매트 1개 이상을 추가로 설치할 것. 다만, 옥상으로 피난이 가능하거나 인접세대로 피난할 수 있는 구조인 경우에는 추가로 설치하지 아니할 수 있다.

4 피난기구의 설치기준

(1) 설치기준

① 다수인 피난장비는 다음에 적합하게 설치할 것

㉠ 피난에 용이하고 안전하게 하강할 수 있는 장소에 적재 하중을 충분히 견딜 수 있도록 구조안전의 확인을 받아 견고하게 설치할 것

㉡ 다수인 피난장비 보관실(이하 "보관실"이라 한다)은 건물 외측보다 돌출되지 아니하고, 빗물·먼지 등으로부터 장비를 보호할 수 있는 구조일 것

㉢ 사용 시에 보관실 외측 문이 먼저 열리고 탑승기가 외측으로 자동으로 전개될 것

㉣ 하강 시에 탑승기가 건물 외벽이나 돌출물에 충돌하지 않도록 설치할 것

㉤ 상·하층에 설치할 경우에는 탑승기의 하강경로가 중첩되지 않도록 할 것

㉥ 하강 시에는 안전하고 일정한 속도를 유지하도록 하고 전복, 흔들림, 경로이탈 방지를 위한 안전조치를 할 것

㉦ 보관실의 문에는 오작동 방지조치를 하고, 문 개방 시에는 해당 특정소방 대상물에 설치된 경보설비와 연동하여 유효한 경보음을 발하도록 할 것

㉧ 피난층에는 해당 층에 설치된 피난기구가 착지에 지장이 없도록 충분한 공간을 확보할 것

㉨ 한국소방산업기술원 또는 법 제42조 제1항에 따라 성능시험기관으로 지정받은 기관에서 그 성능을 검증받은 것으로 설치할 것

(2) 피난기구의 설치 제외

① **다음 기준에 적합한 층**

  ㉠ 주요구조부가 내화구조로 되어 있어야 할 것

  ㉡ 실내의 면하는 부분의 마감이 불연재료·준불연재료 또는 난연재료로 되어 있고 방화구획이 규정에 적합하게 구획되어 있어야 할 것

  ㉢ 거실의 각 부분으로부터 직접 복도로 쉽게 통할 수 있어야 할 것

  ㉣ 복도에 2 이상의 특별피난계단 또는 피난계단이 규정에 적합하게 설치되어 있어야 할 것

  ㉤ 복도의 어느 부분에서도 2 이상의 방향으로 각각 다른 계단에 도달할 수 있어야 할 것

② **다음 기준에 적합한 특정소방대상물 중 그 옥상의 직하층 또는 최상층(관람집회 및 운동시설 또는 판매시설을 제외)**

  ㉠ 주요구조부가 내화구조로 되어 있어야 할 것

  ㉡ 옥상의 면적이 1,500[m²] 이상이어야 할 것

  ㉢ 옥상으로 쉽게 통할 수 있는 창 또는 출입구가 설치되어 있어야 할 것

  ㉣ 옥상이 소방사다리차가 쉽게 통행할 수 있는 도로(폭 6[m] 이상의 것) 또는 공지(공원 또는 광장 등)에 면하여 설치되어 있거나 옥상으로부터 피난층 또는 지상으로 통하는 2 이상의 피난계단 또는 특별피난계단이 규정에 적합하게 설치되어 있어야 할 것

제3장 출제예상문제

01

유도등의 전원 및 배선 기준 중 틀린 것은?

① 비상전원은 축전지로 할 것
② 유도등의 전기회로에는 점멸기를 설치하고 항상 점등상태를 유지할 것
③ 유도등의 인입선과 옥내배선은 직접 연결할 것
④ 유도등의 전원은 축전지 또는 교류전압의 옥내간선으로 하고, 전원까지의 배선은 전용으로 할 것

> **해설** 유도등의 전원 및 배선 기준
> • 유도등의 인입선과 옥내배선은 직접 연결할 것
> • 유도등은 전기회로에 점멸기를 설치하지 아니하고 항상 점등상태를 유지할 것. 다만, 특정소방대상물 또는 그 부분에 사람이 없거나 다음에 해당하는 장소로서 3선식 배선에 따라 상시 충전되는 구조인 경우에는 그러하지 아니하다.
> – 외부광에 따라 피난구 또는 피난방향을 쉽게 식별할 수 있는 장소
> – 공연장, 암실 등으로서 어두워야 할 필요가 있는 장소
> – 특정소방대상물의 관계인 또는 종사원이 주로 사용하는 장소
>
> **답** ②

02

유도등의 전기회로에 점멸기를 설치할 수 있는 장소에 해당되지 않는 것은?(단, 유도등은 3선식 배선에 따라 상시 충전되는 구조이다)

① 공연장으로서 어두워야 할 필요가 있는 장소
② 특정소방대상물의 관계인이 주로 사용하는 장소
③ 외부광에 따라 피난구 또는 피난방향을 쉽게 식별할 수 있는 장소
④ 지하층을 제외한 층수가 11층 이상의 장소

> **해설** 유도등의 전원 및 배선 기준
> • 유도등의 인입선과 옥내배선은 직접 연결할 것
> • 유도등은 전기회로에 점멸기를 설치하지 아니하고 항상 점등상태를 유지할 것. 다만, 특정소방대상물 또는 그 부분에 사람이 없거나 다음에 해당하는 장소로서 3선식 배선에 따라 상시 충전되는 구조인 경우에는 그러하지 아니하다.

– 외부광에 따라 피난구 또는 피난방향을 쉽게 식별할 수 있는 장소
– 공연장, 암실 등으로서 어두워야 할 필요가 있는 장소
– 소방대상물의 관계인 또는 종사원이 주로 사용하는 장소

> **답** ④

03

3선식 배선으로 상시 충전되는 유도등의 전기회로에 점멸기를 설치하는 경우 점등되어야 하는 조건으로 틀린 것은?

① 옥외소화전설비의 펌프가 작동되는 때
② 자동화재탐지설비의 감지기 또는 발신기가 작동되는 때
③ 방재업무를 통제하는 곳에서 수동으로 점등하는 때
④ 상용전원이 정전되거나 전원선이 단선되는 때

> **해설** 3선식 배선 시 점등되어야 하는 경우
> • 자동화재탐지설비의 감지기 또는 발신기가 작동되는 때
> • 비상경보설비의 발신기가 작동되는 때
> • 상용전원이 정전되거나 전원선이 단선되는 때
> • 방재업무를 통제하는 곳 또는 전기실의 배전반에서 수동으로 점등하는 때
> • 자동소화설비가 작동되는 때
>
> **답** ①

04

유도등의 일반구조에 적합하지 않은 것은?

① 수송 중 진동 또는 충격에 의하여 장해를 받지 않도록 축전지에 배선 등을 직접 납땜하여야 한다.
② 유도등에는 점멸, 음성 또는 이와 유사한 방식 등에 의한 유도장치를 설치할 수 있다.
③ 바닥에 매립되는 복도통로유도등과 객석유도등을 제외하고 유도등에는 점검용의 자동복귀형점멸기를 설치하여야 한다.
④ 인출선의 길이는 전선 인출 부분으로부터 150[mm] 이상이어야 한다.

해설 축전지에 배선 등을 직접 납땜하지 않는다.

답 ①

05

다음 중 객석유도등을 설치하여야 할 장소는?

① 위락시설   ② 근린생활시설
③ 의료시설   ④ 운동시설

해설 특정소방대상물 구분 유도등 및 유도표지

설치장소	유도등 및 유도표지의 종류
1. 공연장·집회장(종교집회장 포함)·관람장·운동시설	• 대형피난구유도등 • 통로유도등 • 객석유도등
2. 유흥주점영업(유흥주점영업 중 손님이 춤을 출 수 있는 무대가 설치된 카바레, 나이트클럽 또는 그 밖에 이와 비슷한 영업시설만 해당한다)	
3. 위락시설·판매시설·운수시설·관광숙박업·의료시설·장례식장·방송통신시설·전시장·지하상가·지하철역사	• 대형피난구유도등 • 통로유도등
4. 숙박시설(제3호의 관광숙박업 외의 것을 말한다)·오피스텔	• 중형피난구유도등 • 통로유도등
5. 제1호부터 제3호까지 외의 건축물로서 지하층·무창층 및 11층 이상인 특정방대상물	
6. 제1호부터 제5호까지 외의 건축물로서 근린생활시설·노유자시설·업무시설·발전시설·종교시설(집회장 용도로 사용되는 부분 제외)·교육연구시설·수련시설·공장·창고시설·교정 및 군사시설(국방·군사시설 제외)·기숙사·자동차정비공장·운전학원 및 정비학원·다중이용업소·복합건축물·아파트	• 소형피난구유도등 • 통로유도등
7. 그 밖의 것	• 피난구유도표지 • 통로유도표지

비고 :
1. 소방서장은 **특정소방대상물**의 위치·구조 및 설비의 상황을 판단하여 대형피난구유도등을 설치하여야 할 장소에 중형피난구유도등 또는 소형피난구유도등을, 중형피난구유도등을 설치하여야 할 장소에 소형피난구유도등을 설치하게 할 수 있다.
2. 복합건축물과 아파트의 경우 주택의 세대 내에는 유도등을 설치하지 아니할 수 있다.

답 ④

06

공연장 및 집회장에 설치하여야 할 유도등의 종류로 옳은 것은?

① 대형피난구유도등, 통로유도등, 객석유도등
② 중형피난구유도등, 통로유도등
③ 소형피난구유도등, 통로유도등
④ 피난구유도표지, 통로유도표지

해설 특정소방대상물 구분 유도등 및 유도표지

설치장소	유도등 및 유도표지의 종류
공연장·집회장(종교집회장 포함)·관람장·운동시설	• 대형피난구유도등 • 통로유도등 • 객석유도등
유흥주점영업(유흥주점영업 중 손님이 춤을 출 수 있는 무대가 설치된 카바레, 나이트클럽 또는 그 밖에 이와 비슷한 영업시설만 해당한다)	

답 ①

07

유도등은 특정소방대상물의 용도별 적응하는 유도등을 설치하여야 한다. 다음 중 공연장, 위락시설, 일반숙박시설, 근린생활시설(주택용도 제외) 등에 공통적으로 설치하여야 하는 유도등은?

① 소형피난구유도등   ② 통로유도등
③ 객석유도등   ④ 중형피난구유도등

해설 모든 시설물에 공통으로 설치하여야 하는 유도등
: 통로유도등

답 ②

08

대형피난구유도등의 설치장소가 아닌 것은?

① 위락시설   ② 판매시설
③ 지하철역사   ④ 아파트

해설 아파트 : 소형피난구유도등, 통로유도등

답 ④

09

집회, 오락, 그 밖에 이와 유사한 목적을 위하여 계속적으로 사용하는 거실, 주차장 등 개방된 통로에 설치하는 유도등으로 피난 방향을 명시하는 유도등은?

① 피난구유도등   ② 거실통로유도등
③ 복도통로유도등   ④ 통로유도등

해설 **거실통로유도등** : 거실, 주차장 등 개방된 통로에 설치하는 유도등으로서 거주, 집무, 작업집회, 오락 등 이와 유사한 목적의 사용장소의 피난방향을 명시하는 유도등

답 ②

10

유도등에 있어서 표시면 외 조명에 사용되는 면은?

① 조사면   ② 피난면
③ 조도면   ④ 광속면

해설 **조사면** : 유도등에 있어서 표시면 외 조명에 사용되는 면

답 ①

11

피난구유도등에 관한 설명으로 옳지 않은 것은?

① 피난구의 바닥으로부터 높이 1.5[m] 이상의 곳에 설치하여야 한다.
② 조명도는 피난구로부터 20[m]의 거리에서 문자 및 색채를 쉽게 식별할 수 있는 것으로 하여야 한다.
③ 직통계단의 계단실 및 그 부속실의 출입구에 설치한다.
④ 안전구획된 거실로 통하는 출입구에 설치한다.

해설 조명도는 피난구로부터 30[m]의 거리에서 문자 및 색채를 쉽게 식별할 수 있는 것으로 하여야 한다 (단, 비상전원은 20[m]).

답 ②

12

다음 (㉠), (㉡) 안에 들어갈 내용으로 알맞은 것은?

> "피난구유도등의 조명도는 피난구로부터 상용전원으로 등을 켜는 경우에는 (㉠), 비상전원으로 등을 켜는 경우에는 (㉡)의 거리에서 문자 및 색채를 식별할 수 있는 것으로 하여야 한다."

① ㉠ 20[m], ㉡ 10[m]
② ㉠ 30[m], ㉡ 20[m]
③ ㉠ 20[m], ㉡ 20[m]
④ ㉠ 30[m], ㉡ 30[m]

해설 피난구유도등의 조명도는 피난구로부터 상용전원으로 등을 켜는 경우에는 30[m], 비상전원으로 등을 켜는 경우에는 20[m]의 거리에서 문자 및 색채를 식별할 수 있는 것으로 하여야 한다.

답 ②

13

피난구유도등의 설치제외 기준 중 틀린 것은?

① 거실 각 부분으로부터 하나의 출입구에 이르는 보행거리가 20[m] 이하이고 비상조명등과 유도표지가 설치된 거실의 출입구
② 바닥면적이 500[m²] 미만인 층으로서 옥내로부터 직접 지상으로 통하는 출입구(외부의 식별이 용이하지 않은 경우에 한함)
③ 출입구가 3 이상 있는 거실로서 그 거실 각 부분으로부터 하나의 출입구에 이르는 보행거리가 30[m] 이하인 경우에는 주된 출입구 2개소 외의 출입구(유도표지가 부착된 출입구)
④ 거실 각 부분으로부터 쉽게 도달할 수 있는 출입구

해설 바닥면적이 1,000[m²] 미만인 층으로서 옥내로부터 직접 지상으로 통하는 출입구(외부의 식별이 용이한 경우에 한한다)

답 ②

14
피난통로가 되는 계단이나 경사로에 설치하는 통로유도등으로 바닥면 및 디딤 바닥면을 비추어 주는 유도등은?

① 계단통로유도등
② 피난통로유도등
③ 복도통로유도등
④ 바닥통로유도등

해설 **계단통로유도등** : 피난통로가 되는 계단이나 경사로에 설치하는 통로유도등으로 바닥면 및 디딤 바닥면을 비추어 주는 것

답 ①

15
통로유도등은 어떤 색상으로 표시하여야 하는가? (단, 계단에 설치하는 것은 제외한다)

① 백색바탕에 녹색으로 피난방향 표시
② 백색바탕에 적색으로 피난방향 표시
③ 녹색바탕에 백색으로 피난방향 표시
④ 적색바탕에 백색으로 피난방향 표시

해설 **통로유도등** : 백색바탕, 녹색문자(피난방향)

답 ①

16
통로유도등의 설치기준 중 틀린 것은?

① 거실의 통로가 벽체 등으로 구획된 경우에는 거실통로유도등을 설치한다.
② 거실통로유도등은 거실통로에 기둥이 설치된 경우에는 기둥부분의 바닥으로부터 높이 1.5[m] 이하의 위치에 설치할 수 있다.
③ 복도통로유도등은 구부러진 모퉁이 및 보행거리 20[m]마다 설치한다.
④ 계단통로유도등은 바닥으로부터 높이 1[m] 이하의 위치에 설치한다.

해설 거실의 통로가 벽체 등으로 구획된 경우에는 복도통로유도등을 설치할 것

답 ①

17
복도, 거실통로유도등의 설치높이에 대한 기준을 옳게 나타낸 것은?(단, 거실통로에 기둥 등이 설치되지 아니한 경우이다)

① 거실통로유도등 : 바닥으로부터 1.5[m] 이상
   복도통로유도등 : 바닥으로부터 1.0[m] 이하
② 거실통로유도등 : 바닥으로부터 1.0[m] 이상
   복도통로유도등 : 바닥으로부터 1.5[m] 이하
③ 거실통로유도등 : 바닥으로부터 1.5[m] 이하
   복도통로유도등 : 바닥으로부터 1.0[m] 이상
④ 거실통로유도등 : 바닥으로부터 1.0[m] 이하
   복도통로유도등 : 바닥으로부터 1.5[m] 이하

해설 **거실통로유도등** : 바닥으로부터 1.5[m] 이상
복도통로유도등 : 바닥으로부터 1.0[m] 이하

답 ①

18
통로유도등 설치기준으로 옳지 않은 것은?

① 복도통로유도등은 구부러진 모퉁이 및 보행거리 20[m]마다 설치한다.
② 복도통로유도등을 지하상가에 설치하는 경우에는 복도·통로 중앙 부분의 바닥에 설치한다.
③ 계단통로유도등은 바닥으로부터 높이 1.5[m] 이하의 위치에 설치한다.
④ 계단통로유도등은 각 층의 경사로참 또는 계단참마다 설치한다.

해설 **계단통로유도등** : 바닥으로부터 1[m] 이하

답 ③

19
복도통로유도등의 설치기준으로 옳지 않은 것은?

① 복도에 설치할 것
② 구부러진 모퉁이 및 보행거리 15[m]마다 설치할 것
③ 바닥으로부터 높이 1[m] 이하의 위치에 설치할 것
④ 바닥에 설치하는 통로유도등은 하중에 따라 파괴되지 아니하는 강도의 것으로 할 것

해설 구부러진 모퉁이 및 보행거리 20[m]마다 설치할 것

답 ②

20

1개 층에 계단참이 4개 있을 경우 계단통로유도등은 최소 몇 개 이상 설치해야 하는가?

① 1   ② 2

③ 3   ④ 4

해설 계단통로유도등은 각 층의 경사로참 또는 계단참마다 (1개 층에 경사로참 또는 계단참이 2 이상 있는 경우에는 2개의 계단참마다) 설치할 것

답 ②

21

거실로 사용되는 실의 출입구가 3개 이상 있는 경우 그 거실 각 부분으로부터 하나의 출입구에 이르는 보행거리가 몇 [m] 이하인 경우에는 주된 출입구 2개소 외의 출입구(유도표지가 부착된 출입구)에 피난구유도등을 설치하지 않아도 되는가?

① 10[m]   ② 20[m]

③ 30[m]   ④ 50[m]

해설 출입구가 3 이상 있는 거실로서 그 거실 각 부분으로부터 하나의 출입구에 이르는 보행거리가 30[m] 이하인 경우에는 주된 출입구 2개소 외의 출입구(유도표지가 부착된 출입구를 말한다)에는 피난구유도등을 설치하지 아니할 수 있다. 다만, 공연장·집회장·관람장·전시장·판매시설 및 영업시설·숙박시설·노유자시설·의료시설의 경우에는 그러하지 아니하다.

답 ③

22

(㉠), (㉡), (㉢)에 들어갈 용어로 알맞은 것은?

> "객석유도등은 객석의 (㉠), (㉡) 또는 (㉢)에 설치하여야 한다."

① ㉠ 통로, ㉡ 바닥, ㉢ 천장

② ㉠ 통로, ㉡ 바닥, ㉢ 벽

③ ㉠ 바닥, ㉡ 천장, ㉢ 벽

④ ㉠ 바닥, ㉡ 통로, ㉢ 출입구

해설 객석유도등은 객석의 **통로, 바닥** 또는 **벽**에 설치하여야 한다.

답 ②

23

객석유도등의 설치개수를 산출하는 공식으로 옳은 것은?

① $\dfrac{\text{객석 통로의 직선 부분의 길이[m]}}{3} - 1$

② $\dfrac{\text{객석 통로의 직선 부분의 길이[m]}}{4} - 1$

③ $\dfrac{\text{객석 통로의 넓이[m}^2\text{]}}{3} - 1$

④ $\dfrac{\text{객석 통로의 넓이[m}^2\text{]}}{4} - 1$

해설 설치개수 = $\dfrac{\text{객석 통로의 직선 부분의 길이[m]}}{4} - 1$

답 ②

24

객석 통로의 직선부분의 길이가 25[m]인 영화관의 통로에 객석유도등을 설치하는 경우 최소 설치개수는?

① 5   ② 6

③ 7   ④ 8

해설 설치개수 = $\dfrac{\text{객석 통로의 직선부분의 길이[m]}}{4} - 1$

$= \dfrac{25}{4} - 1 = 5.25$(절상) → 6개

답 ②

25

다음 중 유도등의 예비전원은 어떠한 축전지로 설치하여야 하는가?

① 알칼리계 2차 축전지

② 리튬계 1차 축전지

③ 리튬-이온계 2차 축전지

④ 수은계 1차 축전지

해설 유도등 예비전원의 축전지 : 알칼리계 2차 축전지

답 ①

26

유도등의 비상전원과 관련하여 지하층을 제외한 층수가 11층 이상의 층을 갖는 특정소방대상물의 경우 그 부분에서 피난층에 이르는 부분의 유도등을 몇 분 이상 유효하게 작동시킬 수 있는 용량으로 하여야 하는가?

① 20분 ② 40분
③ 60분 ④ 120분

해설 비상전원의 용량

비상전원의 용량	설 비
10분	자동화재탐지설비, 자동화재속보설비, 비상경보설비
20분	유도등, 옥내소화전, 비상콘센트, 제연설비
30분	무선통신보조설비증폭기
60분	유도등 및 비상조명등의 설치가 지하상가 및 11층 이상의 층

답 ③

27

유도등의 전선의 굵기는 인출선의 경우 단면적이 몇 [mm²] 이상이어야 하는가?

① 0.25[mm²] ② 0.5[mm²]
③ 0.75[mm²] ④ 1.25[mm²]

해설 전선의 굵기
• 인출선 : 0.75[mm²] 이상
• 기타(인출선 외) : 0.5[mm²] 이상

답 ③

28

유도표지는 계단에 설치하는 것을 제외하고는 각 층마다 복도 및 통로의 각 부분으로부터 하나의 유도표지까지의 보행거리 몇 [m] 이하마다 설치하여야 하는가?

① 10[m] ② 15[m]
③ 20[m] ④ 25[m]

해설 계단에 설치하는 것을 제외하고는 각 층마다 복도 및 통로의 각 부분으로부터 하나의 유도표지까지의 보행거리가 15[m] 이하가 되는 곳과 구부러진 모퉁이의 벽에 설치할 것

답 ②

29

유도표지의 설치기준으로서 잘못된 것은?

① 부착판 등을 사용하여 쉽게 떨어지지 아니하도록 설치할 것
② 통로유도표지는 출입구 상단에 설치할 것
③ 주위에는 이와 유사한 등화·광고물·게시물 등을 설치하지 아니할 것
④ 축광방식의 유도표지는 외광 또는 조명장치에 의하여 상시 조명이 제공되거나 비상조명등에 의한 조명이 제공되도록 설치할 것

해설 통로유도표지는 바닥으로부터 높이 1.0[m] 이하의 위치에 설치

답 ②

30

유도표지의 설치기준으로 옳지 않은 것은?

① 각 층마다 복도 및 통로의 구부러진 모퉁이의 벽에 설치한다.
② 피난구유도표지는 출입구 상단에 설치한다.
③ 통로유도표지는 바닥으로부터 1[m] 이하의 위치에 설치한다.
④ 피난구유도표지는 가로 250[mm] 이상, 세로 85[mm] 이상 크기로 설치하여야 한다.

해설

종 류	가로의 길이[mm]	세로의 길이[mm]
피난구유도표지	360 이상	120 이상
복도통로유도표지	250 이상	85 이상

답 ④

31

축광표지의 식별도시험에 관련한 기준에서 (   )에 알맞은 것은?

축광유도표지는 200[lx] 밝기의 광원으로 20분간 조사시킨 상태에서 다시 주위조도를 0[lx]로 하여 60분간 발광시킨 후 직선거리 (   )[m]로 떨어진 위치에서 유도표지가 있다는 것이 식별되어야 한다.

① 20 ② 10
③ 5 ④ 3

해설 **축광표지의 성능인증 및 제품검사의 식별도 시험 기술기준**
축광유도표지 및 축광위치표지는 200[lx] 밝기의 광원으로 20분간 조사시킨 상태에서 다시 주위조도를 0[lx]로 하여 60분간 발광시킨 후 직선거리 20[m](축광위치표지의 경우 10[m]) 떨어진 위치에서 유도표지 또는 위치표지가 있다는 것이 식별되어야 한다.

답 ①

32
비상조명등 조도는 비상조명등이 설치된 장소의 각 부분의 바닥에서 얼마 이상이 되어야 하는가?

① 1[lx] 이상 　　② 2[lx] 이상
③ 3[lx] 이상 　　④ 0.5[lx] 이상

해설 조도는 비상조명등이 설치된 장소의 각 부분의 바닥에서 1[lx] 이상이 되도록 할 것

답 ①

33
비상조명등의 설치기준으로 옳지 않은 것은?

① 특정소방대상물의 각 거실로부터 지상으로 통하는 복도 · 계단, 통로에 설치한다.
② 설치된 장소의 바닥에서 조도는 0.5[lx] 이상이 되어야 한다.
③ 예비전원 내장 시에는 점등 여부를 확인할 수 있는 점검스위치를 설치한다.
④ 예비전원을 내장하지 아니한 때에는 축전지설비를 설치한다.

해설 조도는 비상조명등이 설치된 장소의 각 부분의 바닥에서 1[lx] 이상이 되도록 할 것

답 ②

34
예비전원을 내장하지 아니하는 비상조명등의 비상전원은 자가발전설비 및 축전지설비를 설치하여야 한다. 설치기준으로 옳지 않은 것은?

① 비상전원을 실내에 설치하는 때에는 그 실내에는 비상조명등을 설치하지 않아도 된다.
② 점검이 편리하고 화재 및 침수 등의 재해로 인한 피해를 받을 우려가 없는 곳에 설치한다.
③ 비상전원의 설치장소는 다른 장소와 방화구획을 하여야 한다.

④ 상용전원으로부터 전력의 공급이 중단된 때에는 자동으로 비상전원으로부터 전력을 공급받는 장치를 설치하여야 한다.

해설 비상전원을 실내에 설치하는 때에는 그 실내에 비상조명등을 설치할 것

답 ①

35
예비전원을 내장하는 비상조명등에는 평상시 점등 여부를 확인할 수 있도록 반드시 설치하여야 하는 것은?

① 충전기 　　② 리액터
③ 점검스위치 　　④ 정전콘덴서

해설 예비전원을 내장하는 비상조명등에는 평상시 점등 여부를 확인할 수 있는 **점검스위치**를 설치하고 해당 조명등을 유효하게 작동시킬 수 있는 용량의 축전지와 예비전원 충전장치를 내장할 것

답 ③

36
특정소방대상물의 그 부분에서 피난층에 이르는 부분의 비상조명등을 60분 이상 유효하게 작동시킬 수 있는 용량으로 하여야 하는 경우가 아닌 것은?

① 지하층을 제외한 층수가 11층 이상의 층
② 지하층 또는 무창층으로서 용도가 도매시장 · 소매시장
③ 지하층 또는 무창층으로서 용도가 여객자동차터미널 · 지하역사 또는 지하상가
④ 지하가 중 터널로서 길이 500[m] 이상

해설 **비상조명등의 비상전원이 60분 이상 작동하여야 하는 특정소방대상물**
• 지하층을 제외한 층수가 **11층 이상의 층**
• 지하층, 무창층으로서 도매시장, 소매시장, 여객자동차터미널, 지하역사, 지하상가

답 ④

37
무창층의 도매시장에 설치하는 비상조명등용 비상전원은 당해 비상조명등을 몇 분 이상 유효하게 작동시킬 수 있는 용량으로 하여야 하는가?

① 10 　　② 20
③ 40 　　④ 60

해설 비상조명등의 비상전원이 60분 이상 작동하여야 하는 특정소방대상물
- 지하층을 제외한 층수가 **11층 이상의 층**
- 지하층, 무창층으로서 도매시장, 소매시장, 여객자동차터미널, 지하역사, 지하상가

답 ④

38
비상조명등을 60분 이상 유효하게 작동시킬 수 있는 용량의 비상전원을 확보하여야 하는 장소가 아닌 것은?

① 지하층을 제외한 층수가 11층 이상의 층
② 지하층으로 용도가 도매시장·소매시장인 경우
③ 무창층으로 용도가 무도장인 경우
④ 지하층으로 용도가 지하역사 또는 지하상가인 경우

해설 비상조명등의 비상전원이 60분 이상 작동하여야 하는 특정소방대상물
- 지하층을 제외한 층수가 **11층 이상의 층**
- 지하층, 무창층으로서 도매시장, 소매시장, 여객자동차터미널, 지하역사, 지하상가

답 ③

39
지하가 중 터널은 그 길이가 몇 [m] 이상일 경우 비상조명등을 설치하여야 하는가?

① 500[m]   ② 600[m]
③ 700[m]   ④ 1,000[m]

해설 지하가 중 터널로서 길이가 500[m] 이상인 것

답 ①

40
비상조명등에 관한 설치기준으로 옳은 것은?

① 조도는 1[lx]이고 예비전원의 축전지 용량은 10분 이상 비상조명을 작동시킬 수 있어야 한다.
② 예비전원을 내장하는 비상조명등에는 축전지와 예비전원 충전장치를 내장하여야 한다.
③ 비상조명등에는 점검스위치를 설치하여서는 아니 된다.
④ 예비전원을 내장하지 않는 비상조명기구는 사용할 수 없다.

해설 예비전원을 내장하는 비상조명등은 20분 이상 작동시킬 수 있는 용량의 축전지와 예비전원 충전장치를 내장할 것

답 ②

41
비상조명등의 설치 제외 기준 중 다음 (   ) 안에 알맞은 것은?

> 거실의 각 부분으로부터 하나의 출입구에 이르는 보행거리가 (   )[m] 이내인 부분

① 2   ② 5
③ 15   ④ 25

해설 비상조명등의 제외
- 거실의 각 부분으로부터 하나의 출입구에 이르는 **보행거리가 15[m] 이내인 부분**
- **의원, 경기장, 공동주택, 의료시설, 학교의 거실**

답 ③

42
비상조명등의 설치 제외 장소가 아닌 것은?

① 의원의 거실
② 경기장의 거실
③ 의료시설의 거실
④ 종교시설의 거실

해설 비상조명등의 제외
- 거실의 각 부분으로부터 하나의 출입구에 이르는 **보행거리가 15[m] 이내인 부분**
- **의원, 경기장, 공동주택, 의료시설, 학교의 거실**

답 ④

43
비상조명등 비상점등 회로의 보호를 위한 기준 중 다음 (   ) 안에 알맞은 것은?

> 비상조명등은 비상점등을 위하여 비상전원으로 전환되는 경우 비상점등 회로로 정격전류의 (㉠)배 이상의 전류가 흐르거나 램프가 없는 경우에는 (㉡)초 이내에 예비전원으로부터 비상전원 공급을 차단해야 한다.

① ㉠ 2, ㉡ 1   ② ㉠ 1.2, ㉡ 3
③ ㉠ 3, ㉡ 1   ④ ㉠ 2.1, ㉡ 5

해설 비상조명등은 비상점등을 위하여 비상전원으로 전환되는 경우 비상점등 회로로 정격전류의 **1.2배** 이상의 전류가 흐르거나 램프가 없는 경우에는 **3초** 이내에 예비전원으로부터의 비상전원 공급을 차단하여야 한다.

답 ②

44

비상조명등에 사용하는 광원으로 비상전원에 의하여 점등되는 백열전구의 설치기준으로 옳은 것은?

① 백열전구는 2개 이상 직렬로 설치
② 백열전구는 2개 이상 병렬로 설치
③ 백열전구는 3개 이상 직렬 및 병렬로 설치
④ 백열전구는 4개 이상 직렬 및 병렬로 설치

해설 비상전원에 의하여 점등되는 유도등의 전구는 **2개 이상 병렬**로 **설치**하여야 한다.

답 ②

45

비상조명등의 외함 재질의 기준으로 적합하지 않은 것은?

① 두께 0.5[mm] 이상의 방청가공된 금속판
② 두께 3[mm] 이상의 내열성 강화유리
③ 두께 5[mm] 이상의 내열성 세라믹
④ 난연재료 또는 방염성능이 있는 두께 3[mm] 이상의 합성수지

해설 비상조명등 형식승인기준
• 두께 0.5[mm] 이상의 방청가공된 금속판
• 두께 3[mm] 이상의 내열성 강화유리
• 난연재료 또는 방염성능이 있는 두께 3[mm] 이상의 합성수지

답 ③

46

휴대용 비상조명등을 설치하여야 하는 특정소방대상물에 해당하는 것은?

① 종합병원　② 숙박시설
③ 노유자시설　④ 집회장

해설 휴대용 비상조명등 설치대상
• 숙박시설
• 수용인원 100명 이상의 영화상영관, 판매시설 중 대규모점포, 철도 및 도시철도 시설 중 지하역사, 지하가 중 지하상가

답 ②

47

휴대용 비상조명등의 설치기준에 적합하지 않은 것은?

① 다중이용업소에는 구획된 실마다 잘 보이는 곳에 설치
② 사용 시 수동·자동 겸용으로 점등되는 구조일 것
③ 외함은 난연성능이 있을 것
④ 지하상가에는 보행거리 25[m] 이내마다 3개 이상 설치

해설 사용 시 자동으로 점등되는 구조일 것

답 ②

48

휴대용 비상조명등에 대한 기준을 설명한 것으로 틀린 것은?

① 어둠 속에서 위치를 확인할 수 있을 것
② 사용 시 자동으로 점등되는 구조일 것
③ 외함은 난연성능이 있을 것
④ 전원으로 충전식 배터리 이외 건전지를 사용하지 말 것

해설 건전지를 사용하는 경우에는 방전방지조치를 하여야 하고, 충전식 배터리의 경우에는 상시 충전되도록 할 것

답 ④

49

휴대용 비상조명등의 건전지 및 충전식 배터리는 몇 분 이상 유효하게 사용할 수 있어야 하는가?

① 10분　② 20분
③ 30분　④ 40분

해설 배터리 용량 : 20분 이상 유효하게 사용할 수 있는 것으로 할 것

답 ②

50

휴대용 비상조명등의 적합한 기준이 아닌 것은?

① 설치높이는 바닥으로부터 0.8[m] 이상 1.5[m] 이하의 높이에 설치할 것
② 사용 시 자동으로 점등되는 구조일 것
③ 외함은 난연성능이 있을 것
④ 충전식 배터리의 용량은 10분 이상 유효하게 사용할 수 있는 것으로 할 것

해설 휴대용 비상조명등의 건전지 및 충전식 배터리는 20분 이상 유효하게 사용할 수 있을 것

답 ④

51

지하역사의 경우 휴대용 비상조명등의 설치기준으로 알맞은 것은?

① 수평거리 25[m] 이내마다 3개 이상 설치
② 수평거리 50[m] 이내마다 5개 이상 설치
③ 보행거리 25[m] 이내마다 3개 이상 설치
④ 보행거리 50[m] 이내마다 5개 이상 설치

해설 휴대용 비상조명등을 지하상가 및 지하역사에는 보행거리 25[m] 이내마다 3개 이상 설치

답 ③

52

다음 중 백화점에 설치하는 휴대용 비상조명등의 설치기준으로 적합한 것은?

① 수평거리 25[m] 이내마다 2개 이상 설치
② 보행거리 25[m] 이내마다 3개 이상 설치
③ 수평거리 50[m] 이내마다 2개 이상 설치
④ 보행거리 50[m] 이내마다 3개 이상 설치

해설 휴대용 비상조명등을 대규모점포 및 영화상영관에는 보행거리 50[m] 이내마다 3개 이상 설치

답 ④

53

휴대용 비상조명등의 설치기준 중 틀린 것은?

① 영화상영관에는 보행거리 50[m] 이내마다 3개 이상 설치할 것
② 지하상가 및 지하역사에는 보행거리 30[m] 이내마다 3개 이상 설치할 것
③ 숙박시설 또는 다중이용업소에는 객실 또는 영업장 안의 구획된 실마다 잘 보이는 곳에 1개 이상 설치할 것
④ 건전지 및 충전식 배터리의 용량은 20분 이상 유효하게 사용할 수 있는 것으로 할 것

해설 휴대용 비상조명등을 지하상가 및 지하역사에는 보행거리 25[m] 이내마다 3개 이상 설치

답 ②

54

보행거리가 50[m]인 지하상가에 휴대용 비상조명등을 설치하고자 한다. 최소 설치개수는?

① 1개
② 2개
③ 3개
④ 6개

해설 휴대용 비상조명등을 지하상가 및 지하역사에는 보행거리 25[m] 이내마다 3개 이상 설치

$$\therefore \frac{50}{25} \times 3 = 6개$$

답 ④

55

휴대용 비상조명등의 설치높이는 바닥으로부터 몇 [m] 이상 몇 [m] 이하인가?

① 0.5[m] 이상 1.0[m] 이하
② 0.8[m] 이상 1.5[m] 이하
③ 0.8[m] 이상 2.0[m] 이하
④ 1.0[m] 이상 2.5[m] 이하

해설 설치높이 : 바닥에서 0.8[m] 이상 1.5[m] 이하

답 ②

56

복도에 비상조명등을 설치한 경우 휴대용 비상조명등의 설치를 제외할 수 있는 시설로서 옳은 것은?

① 숙박시설
② 근린생활시설
③ 아파트
④ 다중이용업소

해설 **휴대용 비상조명등의 제외**
지상 1층 또는 피난층으로서 복도·통로 또는 창문 등의 개구부를 통하여 피난이 용이한 경우 또는 숙박시설로서 복도에 비상조명등을 설치한 경우에는 휴대용 비상조명등을 설치하지 아니할 수 있다.

답 ①

57

포지 등을 사용하여 자루형태로 만든 것으로서 화재 시 사용자가 그 내부에 들어가서 내려옴으로써 대피할 수 있는 피난기구는?

① 피난사다리
② 완강기
③ 간이완강기
④ 구조대

해설 **구조대** : 포지 등을 이용하여 자루형태로 만든 것으로서 화재 시 사용자가 그 내부에 들어가서 내려옴으로써 대피할 수 있는 것을 말한다.

답 ④

58

피난기구 용어의 정의 중 다음 (　　) 안에 알맞은 것은?

> (　　)란 사용자의 몸무게에 따라 자동적으로 내려올 수 있는 기구 중 사용자가 연속적으로 사용할 수 없는 것을 말한다.

① 간이완강기　　　② 공기안전매트
③ 완강기　　　　　④ 승강식피난기

해설 간이완강기란 사용자의 몸무게에 따라 자동적으로 내려올 수 있는 기구 중 사용자가 연속적으로 사용할 수 없는 것을 말한다.

답 ①

59

화재발생 시 사람이 건축물 내에서 외부로 긴급히 뛰어내릴 때 충격을 흡수하여 안전하게 지상에 도달할 수 있도록 포지에 공기 등을 주입하는 구조로 되어 있는 것은?

① 구조대　　　　　② 피난매트리스
③ 에어포지　　　　④ 공기안전매트

해설 **공기안전매트** : 화재발생 시 사람이 건축물 내에서 외부로 긴급히 뛰어내릴 때 충격을 흡수하여 안전하게 지상에 도달할 수 있도록 포지에 공기 등을 주입하는 구조로 되어 있는 것을 말한다.

답 ④

60

피난기구의 종류가 아닌 것은?

① 미끄럼대
② 공기호흡기
③ 승강식피난기
④ 공기안전매트

해설 • **피난기구의 종류**
　　미끄럼대 · 피난사다리 · 구조대 · 완강기 · 피난교 · 피난용트랩 · 간이완강기 · 공기안전매트 · 다수인피난장비 · 승강식피난기
• **인명구조기구의 종류** : 방열복, 방화복, 공기호흡기, 인공소생기

답 ②

61

지상 4층인 교육연구시설에 적응성이 없는 피난기구는?

① 완강기　　　　　② 구조대
③ 피난교　　　　　④ 미끄럼대

해설 건축물별 층수에 따른 피난기구 적응성

구 분	3층	4층
그 밖의 것 (노유자시설, 의료시설 제외)	• 미끄럼대 • 피난용트랩 • 피난사다리 • 간이완강기 • 구조대 • 공기안전매트 • 완강기 • 다수인피난장비 • 피난교 • 승강식피난기	• 피난사다리 • 공기안전매트 • 구조대 • 다수인피난장비 • 완강기 • 승강식피난기 • 피난교 • 간이완강기

답 ④

62

아파트의 4층 이상 10층 이하에 적응성이 있는 피난기구는?(단, 아파트는 주택법 시행령 제48조의 규정에 해당하는 공동주택이다)

① 간이완강기　　　② 피난용트랩
③ 미끄럼대　　　　④ 공기안전매트

해설 • **간이완강기의 적응성** : 숙박시설의 3층 이상에 있는 객실
• **공기안전매트의 적응성** : 공동주택(아파트)

답 ④

63

근린생활시설 중 입원실이 있는 의원 지하층에 적응성을 가진 피난기구는?

① 피난용트랩
② 피난사다리
③ 피난교
④ 구조대

해설 의료시설 · 근린생활시설 중 입원실이 있는 의원 · 접골원 · 조산원 지하층 : 피난용트랩

답 ①

64

피난기구의 설치기준으로 옳지 않은 것은?

① 숙박시설 · 노유자시설 및 의료시설은 그 층의 바닥면적 500[m²]마다 1개 이상 설치

② 계단실형 아파트의 경우는 각 층마다 1개 이상 설치

③ 복합용도의 층은 그 층의 바닥면적 800[m²]마다 1개 이상 설치

④ 주택법 시행령 제48조의 따른 아파트의 경우 하나의 관리주체가 관리하는 아파트 구역마다 공기안전매트 1개 이상 설치

해설 층마다 설치하되, 숙박시설 · 노유자시설 및 의료시설로 사용되는 층에 있어서는 그 층의 바닥면적 500[m²]마다, 위락시설 · 문화집회 및 운동시설 · 판매시설로 사용되는 층 또는 복합용도의 층(하나의 층이 화재예방, 소방시설 설치 · 유지 및 안전관리에 관한 법률 시행령 별표 2 제1호 내지 제4호 또는 제8호 내지 제18호 중 2 이상의 용도로 사용되는 층을 말한다)에 있어서는 그 층의 바닥면적 800[m²]마다, 계단실형 아파트에 있어서는 각 세대마다, 그 밖의 용도의 층에 있어서는 그 층의 바닥면적 1,000[m²]마다 1개 이상 설치할 것

답 ②

65

피난기구의 설치개수 기준 중 틀린 것은?

① 설치한 피난기구 외에 아파트의 경우에는 하나의 관리주체가 관리하는 아파트 구역마다 공기안전매트 1개 이상을 추가로 설치할 것

② 휴양콘도미니엄을 제외한 숙박시설의 경우에는 추가로 객실마다 완강기 또는 1개 이상의 간이완강기를 설치할 것

③ 층마다 설치하되, 숙박시설 · 노유자시설 및 의료시설로 사용되는 층에 있어서는 그 층의 바닥면적 500[m²]마다 1개 이상 설치할 것

④ 층마다 설치하되, 위락시설 · 문화집회 및 운동시설 · 판매시설로 사용되는 층 또는 복합용도의 층에 있어서는 그 층의 바닥면적 800[m²]마다 1개 이상 설치할 것

해설 휴양콘도미니엄을 제외한 숙박시설의 경우에는 추가로 객실마다 완강기 또는 2개 이상의 간이완강기를 설치할 것

답 ②

66

피난기구 중 다수인 피난장비의 설치기준 중 틀린 것은?

① 사용 시에 보관실 외측 문이 먼저 열리고 탑승기가 외측으로 자동으로 전개될 것

② 하강 시에 탑승기가 건물 외벽이나 돌출물에 충돌하지 않도록 설치할 것

③ 상 · 하층에 설치할 경우에는 탑승기의 하강 경로가 중첩되도록 할 것

④ 보관실은 건물 외측보다 돌출되지 아니하고, 빗물 · 먼지 등으로부터 장비를 보호할 수 있는 구조일 것

해설 다수의 피난장비는 상 · 하층에 설치할 경우에는 탑승기의 하강경로가 중첩되지 않도록 한다.

답 ③

67

피난설비의 설치면제 요건의 규정에 따라 옥상의 면적이 몇 [m²] 이상이어야 그 옥상의 직하층 또는 최상층(관람집회 및 운동시설 또는 판매시설 제외) 그 부분에 피난기구를 설치하지 아니할 수 있는가?(단, 숙박시설[휴양콘도미니엄을 제외]에 설치되는 완강기 및 간이완강기의 경우에 제외한다)

① 500   ② 800

③ 1,000   ④ 1,500

해설 다음 기준에 적합한 특정소방대상물 중 그 옥상의 직하층 또는 최상층(관람집회 및 운동시설 또는 판매시설을 제외)

• 주요구조부가 내화구조로 되어 있어야 할 것

• 옥상의 면적이 **1,500[m²] 이상**이어야 할 것

• 옥상으로 쉽게 통할 수 있는 창 또는 출입구가 설치되어 있어야 할 것

• 옥상이 소방사다리차가 쉽게 통행할 수 있는 도로(폭 6[m] 이상의 것) 또는 공지(공원 또는 광장 등)에 면하여 설치되어 있거나 옥상으로부터 피난층 또는 지상으로 통하는 2 이상의 피난계단 또는 특별피난계단이 건축법 시행령 제35조의 규정에 적합하게 설치되어 있어야 할 것

답 ④

68

경사강하식 구조대의 구조 기준 중 틀린 것은?

① 손잡이는 출구 부근에 좌우 각 3개 이상 균일한 간격으로 견고하게 부착하여야 한다.

② 입구틀 및 취부틀의 입구는 지름 30[cm] 이상의 구체가 통과할 수 있어야 한다.

③ 구조대 본체의 활강부는 낙하방지를 위해 포를 2중구조로 하거나 또는 망목의 변의 길이가 8[cm] 이하인 망을 설치하여야 한다.

④ 구조대 본체의 끝부분에는 길이 4[m] 이상, 지름 4[mm] 이상의 유도선을 부착하여야 하며, 유도선 끝에는 중량 3[N](300[g]) 이상의 모래주머니 등을 설치하여야 한다.

해설 입구틀 및 취부틀의 입구는 지름 50[cm] 이상의 구체가 통과할 수 있어야 한다.

답 ②

69

햇빛이나 전등불에 따라 축광하거나 전류에 따라 빛을 발하는 유도체로서 어두운 상태에서 피난을 유도할 수 있도록 띠 형태로 설치되는 피난유도시설은?

① 피난로프 　② 피난유도선

③ 피난띠 　　④ 피난구조대

해설 피난유도선 : 햇빛이나 전등불에 따라 축광하거나 전류에 따라 빛을 발하는 유도체로서 어두운 상태에서 피난을 유도할 수 있도록 띠 형태로 설치하는 피난유도시설

답 ②

70

축광유도표지의 표지면의 휘도는 주위 조도 0[lx]에서 몇 분간 발광 후 몇 [mcd/m^2] 이상이어야 하는가?

① 30분, 20[mcd/m^2]

② 30분, 7[mcd/m^2]

③ 60분, 20[mcd/m^2]

④ 60분, 7[mcd/m^2]

해설 유도표지의 표지면의 휘도는 주위 조도 0[lx]에서 60분간 발광 후 7[mcd/m^2] 이상으로 할 것

답 ④

71

피난기구의 위치를 표시하는 축광식 표지의 기준으로 적합하지 않은 것은?

① 방사성 물질을 사용하는 위치표지는 쉽게 파괴되지 아니하는 재질로 처리할 것

② 위치표지는 주위 조도 0[lx]에서 60분간 발광 후 직선거리 10[m] 떨어진 위치에서 보통시력으로 표시면의 문자 또는 화살표 등을 쉽게 식별할 수 있는 것으로 할 것

③ 위치표지의 표시 면은 쉽게 변형·변질 또는 변색되지 아니할 것

④ 위치표지의 표지면의 휘도는 주위 조도 0[lx]에서 60분간 발광 후 70[mcd/m^2]로 할 것

해설 위치표지의 표지면의 휘도는 주위 조도 0[lx]에서 60분간 발광 후 7[mcd/m^2]로 할 것

답 ④

72

축광식 위치표지는 주위 조도 0룩스에서 60분간 발광 후 직선거리 몇 [m] 떨어진 위치에서 보통시력으로 표시면의 문자 또는 화살표 등을 쉽게 식별할 수 있는 것으로 하여야 하는가?

① 1[m] 　② 3[m]

③ 5[m] 　④ 10[m]

해설 위치표지는 주위 조도 0[lx]에서 **60분간** 발광 후 직선거리 **10[m]** 떨어진 위치에서 보통시력으로 표시면의 문자 또는 화살표 등을 쉽게 식별할 수 있는 것으로 할 것

답 ④

73

광원점등방식 피난유도선의 설치기준 중 틀린 것은?

① 피난유도 표시부는 50[cm] 이내의 간격으로 연속되도록 설치하되 실내장식물 등으로 설치가 곤란할 경우 2[m] 이내로 설치할 것

② 피난유도 표시부는 바닥으로부터 높이 1[m] 이하의 위치 또는 바닥면에 설치할 것

③ 피난유도 제어부는 조작 및 관리가 용이하도록 바닥으로부터 0.8[m] 이상 1.5[m] 이하의 높이에 설치할 것

④ 구획된 각 실로부터 주출입구 또는 비상구까지 설치할 것

해설 피난유도 표시부는 50[cm] 이내의 간격으로 연속되도록 설치하되 실내장식물 등으로 설치가 곤란할 경우 1[m] 이내로 설치할 것

답 ①

74
축광방식의 피난유도선의 피난유도 표시부는 바닥면에 설치하지 않는 경우 바닥으로부터 높이 몇 [cm] 이하의 위치에 설치하여야 하는가?

① 100[cm] 이하　　② 80[cm] 이하
③ 50[cm] 이하　　④ 30[cm] 이하

해설 피난유도 표시부는 바닥으로부터 높이 50[cm] 이하의 위치 또는 바닥면에 설치 할 것

답 ③

75
옥내소화전설비로서 비상전원을 설치하는 경우, 자가발전설비 또는 축전지설비는 정해진 기준에 따라 설치하여야 한다. 이 기준에 적합하지 않은 것은?

① 점검에 편리하고 화재 및 침수 등의 재해로 인한 피해를 받을 우려가 없는 곳에 설치한다.
② 옥내소화전설비를 유효하게 30분 이상 작동할 수 있도록 설치한다.
③ 상용전원으로부터 전력의 공급이 중단된 때에는 자동으로 비상전원으로부터 전력을 공급받을 수 있도록 설치한다.
④ 비상전원의 설치장소는 다른 장소와 방화구획을 하여 설치한다.

해설 각 설비의 비상전원용량

설비의 종류	비상전원 용량
자동화재탐지비, 자동화재속보설비, 비상경보설비	10분 이상
제연설비, 비상콘센트설비, **옥내소화전설비**, 유도등	20분 이상

답 ②

76
분말소화설비의 비상전원의 기준으로 옳지 않은 것은?

① 자가발전설비 또는 축전지설비로 하여야 한다.
② 유효하게 20분 이상 설비를 작동할 수 있어야 한다.
③ 상용전원으로부터 전원의 공급이 중단되는 때에는 자동으로 비상전원으로부터 전력을 공급받을 수 있어야 한다.
④ 비상전원의 설치장소에는 열병합발전설비 등에 필요한 설비 등을 두어서는 아니 된다.

해설 비상전원의 설치장소는 다른 장소와 방화구획 할 것. 이 경우 그 장소에는 비상전원의 공급에 필요한 기구나 설비 외의 것(열병합발전설비에 필요한 기구나 설비는 제외한다)을 두어서는 아니 된다.

답 ④

여기서 멈출 거예요? 고지가 바로 눈앞에 있어요.
마지막 한 걸음까지 시대에듀가 함께할게요!

(주)시대고시기획 소방시리즈

소방시설관리사	소방시설관리사 1차 소방시설관리사 2차 점검실무행정 소방시설관리사 2차 설계 및 시공	4×6배판 /53,000원 4×6배판 /30,000원 4×6배판 /30,000원
위험물기능장	위험물기능장 필기 위험물기능장 실기	4×6배판 /38,000원 4×6배판 /35,000원
소방설비기사· 산업기사[기계편]	소방설비기사 기본서 필기 소방설비기사 과년도 기출문제 필기 소방설비산업기사 과년도 기출문제 필기 소방설비기사 기본서 실기 소방설비기사 과년도 기출문제 실기	4×6배판 /33,000원 4×6배판 /25,000원 4×6배판 /25,000원 4×6배판 /35,000원 4×6배판 /27,000원
소방설비기사· 산업기사[전기편]	소방설비기사 기본서 필기 소방설비기사 과년도 기출문제 필기 소방설비산업기사 과년도 기출문제 필기 소방설비기사 기본서 실기 소방설비기사 과년도 기출문제 실기	4×6배판 /33,000원 4×6배판 /25,000원 4×6배판 /25,000원 4×6배판 /36,000원 4×6배판 /26,000원
소방안전관리자	소방안전관리자 1급 예상문제집 소방안전관리자 2급 예상문제집	4×6배판 /19,000원 4×6배판 /15,000원

소방기술사
김성곤의 소방기술사 핵심 길라잡이   4×6배판 /75,000원

소방관계법규
화재안전기준(포켓북)   별판 /15,000원

＊ 도서 가격은 변동될 수 있습니다.

시대에듀
소방설비 기사 2
전기편 필기
기본서

시대교육그룹

(주)시대고시기획 시대교육(주)	고득점 합격 노하우를 집약한 최고의 전략 수험서 www.sidaegosi.com
시대에듀	자격증 · 공무원 · 취업까지 분야별 BEST 온라인 강의 www.sdedu.co.kr
이슈&상식	한 달간의 주요 시사이슈 논술 · 면접 등 취업 필독서 매달 25일 발간
시대인	외국어 · IT · 취미 · 요리 생활 밀착형 교육 연구 실용서 전문 브랜드

꿈을 지원하는 행복…

여러분이 구입해 주신 도서 판매수익금의 일부가
국군장병 1인 1자격 취득 및 학점취득 지원사업과
낙도 도서관 지원사업에 쓰이고 있습니다.

명장명품을 위하여
(주)시대고시기획

발행일 2021년 1월 5일(초판인쇄일 2012 · 12 · 21)
발행인 박영일
책임편집 이해욱
편저 이수용
발행처 (주)시대고시기획
등록번호 제10-1521호
주소 서울시 마포구 큰우물로 75 [도화동 538 성지B/D] 9F
대표전화 1600-3600
팩스 (02)701-8823
학습문의 www.sidaegosi.com

항균 99.9%

정가 **33,000원**
ISBN
979-11-254-8580-3

시대에듀

소방설비
기사

전기편 필기
기본서

본 도서는 항균잉크로 인쇄하였습니다.

항균+ 99.9%
안심도서

2011~2020년 기출문제 및 해설수록!

최고의 강사와 함께하는 동영상 강의
www.sdedu.co.kr
유료

편저 이수용

2

NAVER 카페 진격의 소방(소방학습카페)
cafe.naver.com/sogonghak / 소방 관련 수험자료 무료 제공 및 응시료 지원 이벤트

이 책의 특징 최근 **10년간 출제경향분석표 수록**
01 가장 어려운 부분인 소방전기일반을 쉽게 풀이하여 해설하였으며, 구조 원리는 화재안전기준에 준하여 작성하였습니다.
02 한국산업인력공단의 출제기준을 토대로 예상문제를 다양하게 수록하였습니다.
03 최근 개정된 소방법규에 맞게 수정·보완하였습니다.

(주)**시대고시기획**

CONTENTS

제 **5** 편 과년도 기출문제

소방설비 기사 [필기] **[전기편]**

제 **5** 편

과년도 기출문제

소방설비 기사 [필기]

[전기편]

2011년 3월 20일 시행

01

소화기구(자동확산소화기를 제외한다)는 바닥으로부터 높이 몇 [m] 이하의 곳에 비치하여야 하는가?

① 0.5
② 1.0
③ 1.5
④ 2.0

해설 소화기구(자동확산소화기를 제외한다)는 바닥으로부터 높이 1.5[m] 이하의 곳에 비치할 것

02

불연성 기체나 고체 등으로 연소물을 감싸 산소공급원을 차단하는 소화방법은?

① 질식소화
② 냉각소화
③ 연쇄반응차단소화
④ 제거소화

해설 질식소화 : 불연성 기체나 고체 등으로 연소물을 감싸 산소의 농도를 21[%]에서 15[%] 이하로 낮추어 소화하는 방법

03

BLEVE현상을 가장 옳게 설명한 것은?

① 물이 뜨거운 기름표면 아래서 끓을 때 화재를 수반하지 않고 Over Flow되는 현상
② 물이 연소유의 뜨거운 표면에 들어갈 때 발생되는 Over Flow현상
③ 탱크바닥에 물과 기름의 에멀션이 섞여 있을 때 물의 비등으로 인하여 급격하게 Over Flow되는 현상
④ 탱크 주위 화재로 탱크 내 인화성 액체가 비등하고 가스 부분의 압력이 상승하여 탱크가 파괴되고 폭발을 일으키는 현상

해설 블레비(BLEVE) : 가연성 액화가스의 용기가 과열로 파손되어 가스가 분출된 후 불이 붙어 폭발하는 현상

04

소화방법 중 제거소화에 해당되지 않는 것은?

① 산불이 발생하면 화재의 진행방향을 앞질러 벌목함
② 방 안에서 화재가 발생하면 이불이나 담요로 덮음
③ 가스화재 시 밸브를 잠궈 가스흐름을 차단함
④ 불타고 있는 장작더미 속에서 아직 타지 않은 것을 안전한 곳으로 운반

해설 방 안에서 화재가 발생하면 이불이나 담요로 덮어 소화하는 것은 질식소화이다.

05

화재의 소화원리에 따른 소화방법의 적용이 잘못된 것은?

① 냉각소화 : 스프링클러설비
② 질식소화 : 이산화탄소소화설비
③ 제거소화 : 포소화설비
④ 억제소화 : 할론소화설비

해설 포소화설비 : 질식효과, 냉각효과

06

이산화탄소에 대한 설명으로 틀린 것은?

① 불연성 가스로서 공기보다 무겁다.
② 임계온도는 97.5[℃]이다.
③ 고체의 형태로 존재할 수 있다.
④ 상온, 상압에서 기체상태로 존재한다.

해설 이산화탄소의 임계온도 : 31[℃]

07
화재에 관한 설명으로 옳은 것은?

① PVC 저장창고에서 발생하는 화재는 D급 화재이다.
② PVC 저장창고에서 발생하는 화재는 B급 화재이다.
③ 연소의 색상과 온도와의 관계를 고려할 때 일반적으로 암적색보다 휘적색의 온도가 높다.
④ 연소의 색상과 온도와의 관계를 고려할 때 일반적으로 휘백색보다 휘적색의 온도가 높다.

해설 연소의 색과 온도

색 상	담암적색	암적색	적 색	휘적색
온도[℃]	520	700	850	950

색 상	황적색	백적색	휘백색
온도[℃]	1,100	1,300	1,500 이상

08
고층건축물에서 연기의 제어 및 차단은 중요한 문제이다. 연기제어의 기본방법이 아닌 것은?

① 희 석 　　② 차 단
③ 배 기 　　④ 복 사

해설 연기의 제어방식 : 희석, 배기, 차단

09
가연물의 주된 연소형태를 틀리게 나타낸 것은?

① 목재 : 표면연소
② 섬유 : 분해연소
③ 유황 : 증발연소
④ 피크르산 : 자기연소

해설 분해연소 : 석탄, 종이, 목재, 플라스틱 등의 연소 시 열분해에 의해 발생된 가스와 공기가 혼합하여 연소하는 현상

10
다음 연소생성물 중 인체에 가장 독성이 높은 것은?

① 이산화탄소
② 일산화탄소
③ 황화수소
④ 포스겐

해설 포스겐은 사염화탄소가 산소, 물과 반응할 때 발생하는 맹독성 가스로서 인체에 대한 독성이 가장 높다.

11
목조건축물의 화재성상은 내화건물에 비하여 어떠한가?

① 저온장기형이다.
② 저온단기형이다.
③ 고온장기형이다.
④ 고온단기형이다.

해설
• 목조건축물 : 고온단기형
• 내화건축물 : 저온장기형

12
다음 중 인화점이 가장 낮은 것은?

① 산화프로필렌　　② 이황화탄소
③ 메틸알코올　　④ 등 유

해설 제4류 위험물의 인화점

종 류	산화프로필렌	이황화탄소	메틸알코올	등 유
구 분	특수인화물	특수인화물	알코올류	제2석유류
인화점	−37[℃]	−30[℃]	11[℃]	40~70[℃]

13
황린에 대한 설명으로 틀린 것은?

① 발화점이 매우 낮아 자연발화의 위험이 높다.
② 자연발화를 위해 강알칼리 수용액에 저장한다.
③ 독성이 강하고 지정수량은 20[kg]이다.
④ 연소 시 오산화인의 흰 연기를 낸다.

해설 황린은 자연발화를 방지하기 위하여 물속에 저장한다.

14
제1종 분말소화약제가 요리용 기름이나 지방질 기름의 화재 시 소화효과가 탁월한 이유에 대한 설명으로 가장 옳은 것은?

① 비누화반응을 일으키기 때문이다.
② 아이오딘(요오드)화반응을 일으키기 때문이다.
③ 브롬화반응을 일으키기 때문이다.
④ 질화반응을 일으키기 때문이다.

해설 제1종 분말소화약제(중탄산나트륨, 중조, NaHCO₃)
식용유화재 : 주방에서 사용하는 식용유화재에는 가연물과 반응하여 비누화현상을 일으키므로 질식소화 및 재발 방지까지 하므로 효과가 있다.

15
자연발화의 원인이 되는 열의 발생 형태가 다른 것은?

① 기름종이   ② 고무분말
③ 석 탄   ④ 퇴 비

해설 자연발화의 형태
• 산화열에 의한 발화 : 석탄, 건성유, 고무분말
• 분해열에 의한 발화 : 나이트로셀룰로스
• 미생물에 의한 발화 : 퇴비, 먼지
• 흡착열에 의한 발화 : 목탄, 활성탄

16
물리적 방법에 의한 소화라고 볼 수 없는 것은?

① 부촉매의 연쇄반응 억제작용에 의한 방법
② 냉각에 의한 방법
③ 공기와의 접촉 차단에 의한 방법
④ 가연물 제거에 의한 방법

해설 부촉매의 연쇄반응 억제작용에 의한 방법
: 화학적인 소화방법

17
화재의 일반적인 특성이 아닌 것은?

① 확대성   ② 정형성
③ 우발성   ④ 불안정성

해설 화재의 일반적인 특성 : 확대성, 우발성, 불안정성

18
화재 발생 시 피난기구로 직접 활용할 수 없는 것은?

① 완강기   ② 구조대
③ 피난사다리   ④ 무선통신보조설비

해설 무선통신보조설비 : 소화활동설비

19
건물화재 시 패닉(Panic)의 발생원인과 직접적인 관계가 없는 것은?

① 연기에 의한 시계제한
② 유독가스에 의한 호흡장애
③ 외부와 단절되어 고립
④ 건물의 불연내장재

해설 패닉(Panic)의 발생원인
• 연기에 의한 시계 제한
• 유독가스에 의한 호흡장애
• 외부와 단절되어 고립

20
제1종 분말소화약제의 열분해반응식으로 옳은 것은?

① $2NaHCO_3 \rightarrow Na_2CO_3 + CO_2 + H_2O$
② $2KHCO_3 \rightarrow K_2CO_3 + CO_2 + H_2O$
③ $2NaHCO_3 \rightarrow Na_2CO_3 + 2CO_2 + H_2O$
④ $2KHCO_3 \rightarrow K_2CO_3 + 2CO_2 + H_2O$

해설 분말소화약제의 성상

종 별	소화약제	약제의 착색	적응 화재	열분해반응식
제1종 분말	중탄산나트륨 (NaHCO₃)	백 색	B, C급	$2NaHCO_3 \rightarrow$ $Na_2CO_3 + CO_2 + H_2O$
제2종 분말	중탄산칼륨 (KHCO₃)	담회색	B, C급	$2KHCO_3 \rightarrow$ $K_2CO_3 + CO_2 + H_2O$
제3종 분말	제일인산암모늄, 인산염 (NH₄H₂PO₄)	담홍색, 황색	A, B, C급	$NH_4H_2PO_4 \rightarrow$ $HPO_3 + NH_3 + H_2O$
제4종 분말	중탄산칼륨+요소 [KHCO₃+(NH₂)₂CO]	회 색	B, C급	$2KHCO_3 + (NH_2)_2CO$ $\rightarrow K_2CO_3 + 2NH_3 +$ $2CO_2$

안심Touch

제 2 과목 소방전기일반

21

역률을 개선하기 위한 진상용 콘덴서의 설치 개소로 가장 알맞은 것은?

① 수전점   ② 고압모선
③ 변압기 2차측   ④ 부하와 병렬

> **해설** 진상콘덴서 : 부하와 병렬로 설치하여 역률개선, 전압강하 경감, 손실 저감

22

그림과 같은 정류회로에서 부하 R에 흐르는 직류전류의 크기는 약 몇 [A]인가?(단, $V=200[V]$, $R=20\sqrt{2}$ [Ω]이다)

$$V=\sqrt{2}V\sin\omega t \qquad R$$

① 3.2   ② 3.8
③ 4.4   ④ 5.2

> **해설** 직류전압 : $V_d = 0.45\,V = 0.45 \times 200 = 90[V]$
>
> 직류전류 : $I_d = \dfrac{V}{R} = \dfrac{90}{20\sqrt{2}} \fallingdotseq 3.2[A]$

23

제어량이 온도, 압력, 유량 및 액면 등과 같은 일반공업량일 때의 제어는?

① 공정제어   ② 프로그램제어
③ 시퀀스제어   ④ 추종제어

> **해설** 프로세스(공정)제어 : 공업의 프로세스 상태인 온도, 유량, 압력, 농도, 액위면 등을 제어량으로 제어

24

실리콘 정류 소자인 SCR의 특징을 잘못 나타낸 것은?

① 과전압에 비교적 약하다.
② 게이트에 신호를 인가한 때부터 도통 시까지 시간이 짧다.
③ 순방향 전압강하는 크게 발생한다.
④ 열의 발생이 적은 편이다.

> **해설** 실리콘 제어 정류소자(SCR) 특징
> - 정류소자, 위상제어
> - 단방향(역저지) 3단자 소자
> - 게이트 작용 : 브레이크 오버작용
> - PNPN 4층 구조
> - 직류, 교류 모두 사용
> - 부(−)저항 특성
> - 소형, 대전력에 이용
> - 게이트 전류에 의하여 방전개시전압 제어
> - 순방향 시 전압강하가 작다.
> - 사이라트론과 전압, 전류 특성이 비슷하다.

25

광전자 방출현상에서 방출된 에너지는 무엇에 비례하는가?

① 빛의 세기   ② 빛의 파장
③ 빛의 속도   ④ 빛의 이온

> **해설** 빛의 세기가 강하면 강할수록 방출량 증가는 빛의 총량의 비례

26

42.5[mH]의 코일에 60[Hz], 100[V]의 교류를 가할 때 유도리액턴스[Ω]는?

① 16   ② 20
③ 32   ④ 43

> **해설** 유도리액턴스
> $$X_L = \omega L = 2\pi f L[\Omega]$$
> $$= 2\pi \times 60 \times 42.5 \times 10^{-3} \fallingdotseq 16$$

27
논리식 $A(A+B)$를 간단히 하면?

① A ② B

③ $A+B$ ④ $A \cdot B$

해설 출력 $= A(A+B)$
$= AA+AB = A+AB = A(1+B) = A$

28
단상변압기 3대를 △결선으로 운전하는 도중에 1대의 전압기가 고장이나 V결선으로 운전하는 경우 고장 전에 비해 출력은 어떻게 되는가?

① 3   ② $\sqrt{3}$

③ $\dfrac{1}{\sqrt{3}}$ ④ 2

해설 V 결선 $= \dfrac{\sqrt{3}\,V_P I_P \cos\theta}{3\,V_P I_P \cos\theta} = \dfrac{\sqrt{3}}{3} = \dfrac{1}{\sqrt{3}} = 0.577$

29
직류전동기 속도제어 중 전압제어방식이 아닌 것은?

① 워드 레오너드방식

② 일그너방식

③ 직병렬법

④ 정출력제어방식

해설 속도제어의 종류
• 계자 제어법
• 저항 제어법
• 전압 제어법

30
직류 발전기의 자극수 4, 전기자 도체수 500, 각 자극의 유효자속 수 0.01[Wb], 회전수 900[rpm]인 경우 유기 기전력은 얼마인가?(단, 전기자 권수는 파권)

① 130[V]   ② 140[V]

③ 150[V]   ④ 160[V]

해설 $E = \dfrac{PZ\phi N}{60a} = \dfrac{4 \times 500 \times 0.01 \times 900}{60 \times 2} = 150[\text{V}]$
파권 $a=2$, 중권 $a=P$

31
다이오드를 사용한 정류회로에서 과대한 부하전류에 의하여 다이오드가 파손될 우려가 있을 경우의 적당한 대책은?

① 다이오드를 직렬로 추가한다.

② 다이오드를 병렬로 추가한다.

③ 다이오드의 양단에 적당한 값의 저항을 추가한다.

④ 다이오드의 양단에 적당한 값의 콘덴서를 추가한다.

해설 다이오드 접속
• 직렬접속 : 전압이 분배되므로 과전압으로부터 보호
• 병렬접속 : 전류가 분류되므로 과전류로부터 보호

32
지시계기에 대한 동작원리가 옳지 않은 것은?

① 열전대형 계기 – 정전작용

② 유도형 계기 – 회전 자장 및 이동자장

③ 전류력계형 계기 – 코일의 자계

④ 열선형 계기 – 열선의 팽창

해설 열전대형 계기 – 다른 종류의 금속체 사이에 발생되는 기전력 이용

33
0.5[kVA]의 수신기용 변압기가 있다. 변압기의 철손이 7.5[W], 전부하동손이 16[W]이다. 화재가 발생하여 처음 2시간은 전부하 운전되고, 다음 2시간은 1/2의 부하가 걸렸다고 한다. 이 4시간에 걸친 전손실 전력량은 약 몇 [Wh]인가?

① 70   ② 76

③ 82   ④ 94

해설 전력량 $W = P_t$
철손량(고정손) + 동손량(가변손)
처음 2시간 $7.5 \times 2 + 16 \times (1)^2 \times 2 = 47$
다음 2시간 $7.5 \times 2 + 16 \times \left(\dfrac{1}{2}\right)^2 \times 2 = 23$
∴ 총 4시간 $47 + 23 = 70$

34

50[V]를 가하여 30[C]의 전기량을 3초 동안 이동시켰다. 이때의 전력은 몇 [kW]인가?

① 0.5 ② 1
③ 1.5 ④ 2

해설 • 첫 번째 방식

$$Q = I_t, \quad I = \frac{Q}{t} = \frac{30}{3} = 10[A]$$

$$P = VI = 50 \times 10 = 500[W] = 0.5[kW]$$

• 두번째 방식

$$전력 \; P = \frac{W}{t} = \frac{VQ}{t} = \frac{50 \times 30}{3} = 500[W]$$

$$= 0.5[kW]$$

35

전류변환형 센서가 아닌 것은?

① 광전자 방출현상을 이용한 센서
② 전리현상에 의한 전리형 센서
③ 전기화학형(안트로메트리형) 센서
④ 광전형 센서

해설 광전자에 의한 전압변환형 : 광전형 센서

36

어떤 측정계기의 지시값을 M, 참값을 T라 할 때 보정률은 몇 [%]인가?

① $\frac{T-M}{M} \times 100$

② $\frac{M}{M-T} \times 100$

③ $\frac{T-M}{T} \times 100$

④ $\frac{T}{M-T} \times 100$

해설 백분율 보정률 $= \dfrac{참값-지시값}{지시값} \times 100$

$$= \frac{T-M}{M} \times 100$$

37

피드백제어장치에 속하지 않는 요소는?

① 설정부
② 검출부
③ 조절부
④ 전달부

해설 **피드백제어장치** : 제어대상의 작동을 조절하는 장치
기준입력요소(설정부), 제어요소(조절부와 조작부),
궤환요소(검출부)

38

시퀀스제어계의 신호전달계통도이다. 빈칸에 알맞은 용어는?

① 제어대상
② 제어장치
③ 제어요소
④ 제어량

해설 회로가 개방회로이므로 시퀀스제어계이고 상태 전단계는 제어대상이 된다.

39

일정한 저항에 가해지고 있는 전압을 3배로 하면 소비전력은?

① $\frac{1}{3}$

② 3

③ 6

④ 9

해설 전력은 전압의 제곱에 비례하므로 $P = \dfrac{V^2}{R}$ 에서

$$P' = \frac{(3V)^2}{R} = 9 \frac{V^2}{R} \propto 9배$$

40

두 벡터 $A_1 = 3 + j2$, $A_2 = 2 + j3$가 있다.
$A = A_1 \times A_2$라고 할 때 A는?

① $13 \angle 0°$

② $13 \angle 45°$

③ $13 \angle 90°$

④ $13 \angle 135°$

해설 직각좌표형 벡터(A)

- $A = a + jb\left(A = \sqrt{a^2 + b^2}, \quad \theta = \tan^{-1}\dfrac{b}{a}\right)$
- $A_1 \cdot A_2 = A_1 \cdot A_2 \angle \theta_1 + \theta_2$에서

$$A_1 = \sqrt{3^2 + 2^2} \angle \theta_1 = \tan^{-1}\frac{2}{3}$$

$$A_2 = \sqrt{2^2 + 3^2} \angle \theta_2 = \tan^{-1}\frac{3}{2}$$

$$\therefore A_1 \cdot A_2 = (\sqrt{3^2 + 2^2}) \cdot (\sqrt{2^2 + 3^2})$$

$$\angle \left(\tan^{-1}\frac{2}{3}\right) + \left(\tan^{-1}\frac{3}{2}\right) = 13 \angle 90°$$이다.

제 **3** 과목 | 소방관계법규

41

소방시설공사업자는 소방시설공사 결과 소방시설에 하자가 있는 경우 하자보수를 하여야 한다. 다음 중 하자보수를 하여야 하는 소방시설과 소방시설별 하자보수보증기간이 잘못 나열된 것은?

① 유도등 : 2년

② 자동화재탐지설비 : 3년

③ 스프링클러설비 : 3년

④ 무선통신보조설비 : 3년

해설 하자보수보증기간

보증기간	시설의 종류
2년	피난기구 · 유도등 · 유도표지 · 비상경보설비 · 비상조명등 · 비상방송설비 및 **무선통신보조설비**
3년	자동소화장치 · 옥내소화전설비 · 스프링클러설비 · 간이스프링클러설비 · 물분무 등 소화설비 · 옥외소화전설비 · 자동화재탐지설비 · 상수도 소화용수설비 및 소화활동설비(무선통신보조설비를 제외)

42

위험물 간이저장탱크 설비기준에 대한 설명으로 맞는 것은?

① 통기관은 지름 최소 40[mm] 이상으로 한다.

② 용량은 600[L] 이하이어야 한다.

③ 탱크의 주위에 너비는 최소 1.5[m] 이상의 공지를 두어야 한다.

④ 수압시험은 50[kPa]의 압력으로 10분간 실시하여 새거나 변형되지 아니하여야 한다.

해설 간이저장탱크 설비기준

- 통기관은 지름 최소 25[mm] 이상으로 한다.
- 저장탱크의 용량은 600[L] 이하이어야 한다.
- 탱크의 주위에 너비는 최소 1[m] 이상의 공지를 두어야 한다.
- 간이저장탱크의 두께는 3.2[mm] 이상의 강판으로 흠이 없도록 제작하여야 하며, 70[kPa]의 압력으로 10분간의 수압시험을 실시하여 새거나 변형되지 아니하여야 한다.

43

다음 중 경보설비에 해당되지 않는 것은?

① 자동화재탐지설비

② 무선통신보조설비

③ 통합감시시설

④ 누전경보기

해설 **무선통신보조설비** : 소화활동설비

안심Touch

44
다음 용어 설명 중 옳은 것은?

① "소방시설"이란 소화설비·경보설비·피난설비·소화용수설비 그 밖에 소화활동설비로서 대통령령으로 정하는 것을 말한다.
② "소방시설 등"이란 소방시설과 비상구 그 밖에 소방 관련 시설로서 행정안전부령으로 정하는 것을 말한다.
③ "특정소방대상물"이란 소방시설을 설치하여야 하는 소방대상물로서 소방청장이 정하는 것을 말한다.
④ "소방용품"이란 소방시설 등을 구성하거나 소방용으로 사용되는 제품 또는 기기로서 행정안전부령으로 정하는 것을 말한다.

해설 용어 정의
- "소방시설"이란 소화설비·경보설비·피난설비·소화용수설비 그 밖에 소화활동설비로서 대통령령으로 정하는 것을 말한다.
- "소방시설 등"이란 소방시설과 비상구 그 밖에 소방 관련 시설로서 대통령령으로 정하는 것을 말한다.
- "특정소방대상물"이란 소방시설을 설치하여야 하는 소방대상물로서 대통령령으로 정하는 것을 말한다.
- "소방용품"이란 소방시설 등을 구성하거나 소방용으로 사용되는 제품 또는 기기로서 대통령령으로 정하는 것을 말한다.

45
소화활동 및 화재조사를 원활히 수행하기 위해 화재현장에 출입을 통제하기 위하여 설정하는 것은?

① 화재경계지구 지정
② 소방활동구역 설정
③ 방화제한구역 설정
④ 화재통제구역 설정

해설 소방대장은 화재, 재난·재해, 그 밖의 위급한 상황이 발생한 현장에 소방활동구역을 정하여 소방활동에 필요한 사람으로서 대통령령으로 정하는 사람 외의 자에 대하여는 그 구역에 출입을 제한할 수 있다.

46
다음 특정소방대상물 중 주거용 주방자동소화장치를 설치하여야 하는 것은?

① 아파트
② 지하가 중 터널로서 길이가 1,000[m] 이상인 터널
③ 지정문화재 및 가스시설
④ 항공기 격납고

해설 주거용 주방자동소화장치
아파트 등 및 30층 이상 오피스텔의 모든 층

47
화재에 관한 위험경보를 발령할 수 있는 자는?

① 행정안전부장관
② 소방서장
③ 시·도지사
④ 소방청장

해설 화재에 관한 위험경보
소방본부장이나 소방서장은 기상법 제13조 제1항에 따른 이상기상의 예보 또는 특보가 있을 때에는 화재에 관한 경보를 발령하고 그에 따른 조치를 할 수 있다.

48
소방용품에 해당되는 것은?

① 휴대용 비상조명등
② 방염액 및 방염도료
③ 이산화탄소소화약제
④ 화학반응식 거품소화기

해설 소방용품 : 방염액 및 방염도료

49
다음 중 소방기본법 시행령에서 규정하는 화재경계지구의 지정대상지역에 해당되는 기준과 가장 거리가 먼 것은?

① 시장지역
② 공장·창고가 밀집한 지역
③ 소방시설·소방용수시설 또는 소방출동로가 없는 지역
④ 금융업소가 밀집한 지역

해설 **화재경계지구의 지정대상지역**
• 시장지역
• 공장·창고가 밀집한 지역
• 목조건물이 밀집한 지역
• 위험물의 저장 및 처리시설이 밀집한 지역
• 석유화학제품을 생산하는 공장이 있는 지역
• 소방시설·소방용수시설 또는 소방출동로가 없는 지역

50
특정소방대상물 중 근린생활시설과 가장 거리가 먼 것은?

① 안마시술소   ② 찜질방
③ 한의원   ④ 무도학원

해설 위락시설 : 무도장 및 무도학원

51
다음 중 소화활동설비가 아닌 것은?

① 제연설비   ② 연결송수관설비
③ 비상방송설비   ④ 연소방지설비

해설 비상방송설비 : 경보설비

52
다음 중 소방기본법상 소방대상물이 아닌 것은?

① 산 림   ② 선박건조구조물
③ 항공기   ④ 차 량

해설 소방대상물 : 건축물, 차량, 선박(항구 안에 매어둔 선박만 해당), 선박건조구조물, 산림 그 밖의 인공구조물 또는 물건을 말한다.

53
방염업의 등록 결격사유에 해당하지 않는 것은?

① 피성년후견인
② 방염업의 등록이 취소된 날로부터 2년이 지난 사람
③ 위험물안전관리법에 따른 금고 이상의 형의 집행유예의 선고를 받고 그 유예기간 중에 있는 사람
④ 위험물안전관리법에 따른 금고 이상의 실형의 선고를 받고 그 집행이 종료되거나 집행이 면제된 날로부터 2년이 지나지 아니한 사람

해설 **방염업 등록의 결격사유**
• 피성년후견인
• 금고 이상의 실형의 선고를 받고 그 집행이 끝나거나 집행이 면제된 날로부터 2년이 지나지 아니한 사람
• 금고 이상의 형의 집행유예의 선고를 받고 그 유예기간 중에 있는 사람
• 등록하려는 소방시설업의 등록이 취소된 날로부터 2년이 지나지 아니한 사람

54
다른 시·도 간 소방업무에 관한 상호응원협정을 체결하고자 할 때 포함되어야 할 사항이 아닌 것은?

① 응원출동의 요청방법
② 소방신호방법의 통일
③ 소요경비의 부담에 관한 내용
④ 응원출동 대상지역 및 규모

해설 **소방업무의 상호응원협정 사항**
• 소방활동에 관한 사항
  − 화재의 경계·진압활동
  − 구조·구급업무의 지원
  − 화재조사활동
• 응원출동대상지역 및 규모
• 소요경비의 부담사항
  − 출동대원의 수당·식사 및 피복의 수선
  − 소방장비 및 기구의 정비와 연료의 보급
• 응원출동의 요청방법
• 응원출동훈련 및 평가

49 ④   50 ④   51 ③   52 ③   53 ②   54 ②   **정답**

55

소방관서에서 실시하는 화재원인조사 범위에 해당하는 것은?

① 소방활동 중 발생한 사망자 및 부상자
② 소방시설의 사용 또는 작동 등의 상황
③ 열에 의한 탄화, 용융, 파손 등의 피해
④ 소방활동 중 사용된 물로 인한 피해

해설 화재조사의 종류 및 조사의 범위
- **화재원인조사**
  - 발화원인 조사 : 화재발생과정, 화재발생지점 및 불이 붙기 시작한 물질
  - 발견, 통보 및 초기소화상황 조사 : 화재의 발견·통보 및 초기소화 등 일련의 과정
  - 연소상황 조사 : 화재의 연소경로 및 확대원인 등의 상황
  - 피난상황 조사 : 피난경로, 피난상의 장애요인 등의 상황
  - 소방시설 등 조사 : 소방시설의 사용 또는 작동 등의 상황
- **화재피해조사**
  - 인명피해조사
  - 재산피해조사

56

특수가연물의 저장 및 취급의 기준을 위반한 자가 2차 위반 시 과태료 금액은?

① 20만원   ② 50만원
③ 100만원   ④ 150만원

해설 과태료 부과기준

위반사항	근거 법조문	과태료 금액(만원)			
		1회	2회	3회	4회 이상
법 제15조 제2항에 따른 **특수가연물의 저장 및 취급의 기준**을 위반한 경우	법 제56조 제1항	20	50	100	200

57

특정소방대상물의 관계인은 소방안전관리자가 해임한 날부터 며칠 이내에 선임하여야 하는가?

① 10일   ② 20일
③ 30일   ④ 90일

해설 소방안전관리자 해임 시 재선임
: 해임일로부터 30일 이내

58

제4류 위험물로서 제1석유류인 수용성 액체의 지정수량은 몇 [L]인가?

① 100   ② 200
③ 300   ④ 400

해설 제4류 위험물의 지정수량

품 명		위험등급	지정수량
특수인화물		I	50[L]
제1석유류	비수용성 액체	II	200[L]
	수용성 액체	II	**400[L]**
알코올류		II	400[L]
제2석유류	비수용성 액체	III	1,000[L]
	수용성 액체	III	2,000[L]
제3석유류	비수용성 액체	III	2,000[L]
	수용성 액체	III	4,000[L]
제4석유류		III	6,000[L]
동식물유류		III	10,000[L]

59

다음 중에서 소방안전관리자를 두어야 할 특정소방대상물로서 1급 소방안전관리대상물이 아닌 것은?

① 지하구
② 연면적이 15,000[m²] 이상인 것
③ 건물의 층수가 11층 이상인 것
④ 1,000[t] 이상의 가연성 가스저장시설

해설 1급 소방안전관리대상물
동·식물원, 철강 등 불연성 물품을 저장·취급하는 창고, 위험물제조소 등, 지하구와 특급 소방안전관리대상물을 제외한 것
- 30층 이상(지하층은 제외)이거나 지상으로부터 높이가 120[m] 이상인 아파트
- 연면적 15,000[m²] 이상인 특정소방대상물(아파트는 제외)
- 층수가 11층 이상인 특정소방대상물(아파트는 제외)
- 가연성 가스를 1,000[t] 이상 저장·취급하는 시설

60

특정소방대상물의 증축 또는 용도변경 시의 소방시설 기준 적용의 특례에 관한 설명 중 옳지 않은 것은?

① 증축되는 경우에는 기존 부분을 포함한 전체에 대하여 증축 당시의 소방시설의 설치에 관한 대통령령 또는 화재안전기준을 적용하여야 한다.

② 증축 시 기존 부분과 증축되는 부분이 내화구조로 된 바닥과 벽으로 구획되어 있는 경우에는 기존 부분에 대하여는 증축 당시의 소방시설의 설치에 관한 대통령령 또는 화재안전기준을 적용하지 아니한다.

③ 용도변경되는 경우에는 기존 부분을 포함한 전체에 대하여 용도변경 당시의 소방시설의 설치에 관한 대통령령 또는 화재안전기준을 적용한다.

④ 용도변경 시 특정소방대상물의 구조·설비가 화재연소 확대요인이 적어지거나 피난 또는 화재진압활동이 쉬워지도록 용도변경되는 경우에는 전체에 용도변경되기 전의 소방시설 등의 설치에 관한 대통령령 또는 화재안전기준을 적용한다.

해설 소방본부장이나 소방서장은 특정소방대상물이 용도변경되는 경우에는 용도 변경되는 부분에 한하여 용도변경 당시의 소방시설의 설치에 관한 대통령령 또는 화재안전기준을 적용한다.

제 **4** 과목 | **소방전기시설의 구조 및 원리**

61

다음 수신기의 일반적인 구조 및 기능 중에서 옳은 것은?

① 예비전원회로에는 단락사고 등으로부터 보호하기 위한 누전차단기를 설치하여야 한다.

② 주전원의 양극을 각각 개폐할 수 있는 전원스위치를 설치하여야 한다.

③ 외함은 단단한 가연성 재질을 사용하여 제작하여야 한다.

④ 정격전압이 60[V]를 넘는 금속제 외함에는 접지단자를 설치하여야 한다.

해설 **수신기의 구조 및 일반적인 기능**
- 예비전원회로에는 단락사고 등으로부터 보호하기 위한 퓨즈 등 과전류 보호장치를 설치하여야 한다.
- 내부에 주전원의 양극을 동시에 개폐할 수 있는 전원스위치를 설치하여야 한다.
- 외함은 불연성 또는 난연성 재질로 만들어져야 한다.
- 정격전압이 60[V]를 넘는 기구의 금속제 외함에는 접지단자를 설치하여야 한다.

62

누전경보기 수신부의 절연저항은 최소 몇 [MΩ] 이상이어야 하는가?

① 0.1　　　② 3
③ 5　　　④ 100

해설 누전경보기 수신부의 절연저항 : 5[MΩ]

63

다음 중 감지기의 종별이 옳지 않은 것은?

① 보상식스포트형감지기는 차동식스포트형감지기와 정온식스포트형감지기의 성능을 겸한 것

② 보상식스포트형감지기는 차동식스포트형감지기 또는 정온식스포트형감지기의 성능 중 어느 한 기능이 작동되면 작동신호를 발하는 것

③ 이온화식감지기는 주위의 공기가 일정한 온도를 포함하게 되는 경우에 작동하는 것

④ 이온화식감지기는 일국소의 연기에 의하여 이온전류가 변화하여 작동하는 것

해설 이온화식스포트형 : 주위의 공기가 일정한 농도의 연기를 포함하게 되는 경우에 작동하는 것으로서 일국소의 연기에 의하여 이온전류가 변화하여 작동하는 것

64

다음 누전경보기의 설치방법으로 옳지 않은 것은?

① 경계전로의 정격전류가 60[A]를 초과하는 전로에 있어서는 1급 누전경보기를 설치할 것
② 경계전로의 정격전류가 60[A] 이하의 전로에 있어서는 2급 또는 3급 누전경보기를 설치할 것
③ 변류기는 옥외의 전로에 설치하는 경우에는 옥외형의 것을 설치할 것
④ 변류기는 특정소방대상물의 형태, 인입선의 시설방법 등에 따라 옥외 인입선의 제1지점 부하측의 점검이 쉬운 위치에 설치할 것

> **해설** 누전경보기의 설치방법
> 경계전로의 정격전류가 60[A]를 초과하는 전로에 있어서는 1급 누전경보기를, 60[A] 이하의 전로에 있어서는 1급 또는 2급 누전경보기를 설치할 것

65

다음 중 무선통신보조설비의 무선기기 접속단자의 설치기준에 적합하지 않는 것은?

① 단자의 보호함의 표면에 "무선기 접속단자"라고 표시한 표지를 한다.
② 수위실 등 상시 사람이 근무하고 있는 장소에 설치한다.
③ 지상에 설치하는 접속단자는 보행거리 50[m] 이내마다 설치한다.
④ 바닥으로부터 높이 0.8[m] 이상 1.5[m] 이하의 위치에 설치한다.

> **해설** 지상에 설치하는 **접속단자**는 보행거리 300[m] 이내마다 설치하고, 다른 용도로 사용되는 접속단자에서 5[m] 이상의 거리를 둘 것

66

운동시설에 설치하지 아니할 수 있는 유도등은?

① 대형피난구유도등
② 중형피난구유도증
③ 통로유도등
④ 객석유도등

해설

설치장소	유도등 및 유도표지의 종류
공연장·집회장·관람장·운동시설	• 대형피난구유도등 • 통로유도등 • 객석유도등

67

바닥면적이 450[m²]일 경우 단독경보형 감지기의 최소 설치개수는?

① 1개 ② 2개
③ 3개 ④ 4개

> **해설** 바닥면적이 150[m²]를 초과하는 경우에는 150[m²]마다 1개 이상 설치할 것
> ∴ 450[m²] ÷ 150[m²] = 3개

68

통로유도등 설치기준으로 옳지 않은 것은?

① 복도통로유도등은 구부러진 모퉁이 및 보행거리 20[m]마다 설치한다.
② 복도통로유도등을 지하상가에 설치하는 경우에는 복도·통로 중앙 부분의 바닥에 설치한다.
③ 계단통로유도등은 바닥으로부터 높이 1.5[m] 이하의 위치에 설치한다.
④ 계단통로유도등은 각층의 경사로참 또는 계단참마다 설치한다.

> **해설** 계단통로유도등의 설치기준
> • 각 층의 경사로참 또는 계단참마다(1개 층에 경사로참 또는 계단참이 2 이상 있는 경우에는 2개의 계단참마다)설치할 것
> • 바닥으로부터 높이 1[m] 이하의 위치에 설치할 것

69

다음 감지기 중에서 불을 사용하는 설비의 불꽃이 노출되는 장소에 적응하는 감지기는 어느 것인가?

① 차동식분포형감지기 ② 보상식스포트형감지기
③ 정온식감지기 ④ 불꽃감지기

> **해설** 불을 사용하는 설비의 불꽃이 노출되는 장소에는 정온식 특종과 1종 감지기가 적응성이 있다.

70

자동화재탐지설비에 있어서 부착높이가 20[m] 이상에 설치할 수 있는 감지기는?

① 연기복합형
② 불꽃감지기
③ 차동식분포형
④ 이온화식 1종 또는 2종

 20[m] 이상에 설치할 수 있는 감지기 : 불꽃감지기, 광전식(분리형, 공기흡입형) 중 아날로그방식

71

자동화재탐지설비의 수신기는 몇 층 이상의 특정소방대상물일 경우 발신기와 전화통화가 가능한 것으로 설치해야 하는가?

① 7층 이상
② 5층 이상
③ 4층 이상
④ 2층 이상

해설 수신기는 4층 이상의 특정소방대상물일 경우 발신기와 전화통화가 가능한 것으로 설치해야 한다.

72

자동화재탐지설비의 음향장치 설치기준 중 맞는 것은?

① 지구음향장치는 해당 특정소방대상물의 각 부분으로부터 하나의 음향장치까지의 수평거리가 25[m] 이하가 되도록 한다.
② 정격전압의 70[%] 전압에서 음향을 발할 수 있어야 한다.
③ 음량은 부착된 음향장치의 중심으로부터 1[m] 떨어진 위치에서 80[dB] 이상이 되도록 하여야 한다.
④ 5층(지하층을 제외한다)이상으로서 연면적이 3,000[m²]를 초과하는 특정소방대상물 또는 그 부분에 있어서는 2층 이상의 층에서 발화한 때에는 발화층 및 그 직하층에 경보를 발하여야 한다.

해설 자동화재탐지설비의 음향장치 설치기준
• 지구음향장치는 해당 특정소방대상물의 각 부분으로부터 하나의 음향장치까지의 수평거리가 25[m] 이하가 되도록 한다.
• 정격전압의 80[%] 전압에서 음향을 발할 수 있는 것으로 할 것
• 음량은 부착된 음향장치의 중심으로부터 1[m] 떨어진 위치에서 90[dB] 이상이 되는 것으로 할 것

73

비상방송설비 음향장치의 음량조정기를 설치하는 경우 음량조정기의 배선은?

① 단선식
② 2선식
③ 3선식
④ 4선식

해설 음량조정기의 배선 : 3선식

74

예비전원을 내장하는 비상조명등에는 평상시 점등 여부를 확인할 수 있도록 반드시 설치하여야 하는 것은?

① 충전기
② 리액터
③ 점검스위치
④ 정전콘덴서

해설 예비전원을 내장하는 비상조명등에는 평상시 점등 여부를 확인할 수 있는 점검스위치를 설치하고 해당 조명등을 유효하게 작동시킬 수 있는 용량의 축전지와 예비전원 충전장치를 내장할 것

75

다음 중 무선통신보조설비의 주회로 전원이 정상인지 여부를 확인하기 위해 증폭기 전면에 설치하는 것은?

① 전압계 및 전류계
② 전압계 및 표시등
③ 회로시험계
④ 전류계

해설 증폭기의 전면에는 주 회로의 전원이 정상인지의 여부를 표시할 수 있는 표시등 및 전압계를 설치할 것

76

유도표지는 각 층마다 복도 및 통로의 각 부분으로부터 하나의 유도표지까지의 보행거리가 몇 [m]마다 설치하여야 하는가?(단, 계단에 설치하는 것은 제외한다)

① 5[m] 이하   ② 10[m] 이하
③ 15[m] 이하   ④ 20[m] 이하

해설 계단에 설치하는 것을 제외하고는 각층마다 복도 및 통로의 각 부분으로부터 하나의 유도표지까지의 보행거리가 15[m] 이하가 되는 곳과 구부러진 모퉁이의 벽에 설치할 것

77

자동화재속보설비의 속보기는 자동화재탐지설비로부터 작동신호를 수신하여 몇 초 이내에 소방관서에 자동적으로 신호를 발하여 통보하여야 하는가?

① 10초   ② 20초
③ 30초   ④ 60초

해설 작동신호를 수신하여 20초 이내에 3회 이상 반복하여 소방관서에 자동적으로 신호를 발하여야 한다.

78

자동화재탐지설비의 감지기 설치기준에 적합하지 않는 것은?

① 감지기(차동식분포형의 것 및 특수한 것은 제외한다)는 실내로의 공기유입구로부터 3[m] 이상 떨어진 위치에 설치한다.
② 감지기는 천장 또는 반자의 옥내에 면하는 부분에 설치한다.
③ 차동식스포트형감지기는 45° 이상 경사되지 않도록 부착한다.
④ 공기관식차동식분포형감지기 설치 시 공기관은 도중에서 분기하지 아니하도록 부착한다.

해설 감지기(차동식분포형의 것을 제외한다)는 실내로의 공기유입구로부터 1.5[m] 이상 떨어진 위치에 설치할 것

79

비상전원수전설비 중 큐비클형 외함의 두께는?

① 1[mm] 이상 강판
② 1.2[mm] 이상 강판
③ 2.3[mm] 이상 강판
④ 3.2[mm] 이상 강판

해설 큐비클형의 설치기준
• 전용큐비클 또는 공용큐비클식으로 설치할 것
• 외함은 두께 2.3[mm] 이상의 강판과 이와 동등 이상의 강도와 내화성능이 있는 것으로 제작하여야 하며, 개구부에는 갑종방화문 또는 을종방화문을 설치할 것

80

다음 중 무선통신보조설비의 화재안전기준에서 사용하는 용어의 정의로 올바른 것은?

① "분파기"는 신호의 전송로가 분기되는 장소에 설치하는 장치를 말한다.
② "분배기"는 서로 다른 주파수의 합성된 신호를 분리하기 위해서 사용하는 장치를 말한다.
③ "누설동축케이블"은 동축케이블 외부도체에 가느다란 홈을 만들어서 전파가 외부로 새어나갈 수 있도록 한 케이블 말한다.
④ "증폭기"는 두 개 이상의 입력신호를 원하는 비율로 조합한 출력이 발생되도록 하는 장치를 말한다.

해설 누설동축케이블 : 동축케이블의 외부 도체에 가느다란 홈을 만들어서 전파가 외부로 새어나갈 수 있도록 한 케이블

정답 76 ③ 77 ② 78 ① 79 ③ 80 ③

제2회

2011년 6월 12일 시행

제 1 과목 | **소방원론**

01
유황의 주된 연소 형태는?

① 확산연소
② 증발연소
③ 분해연소
④ 자기연소

해설 증발연소 : 황, 나프탈렌

02
화재 시 이산화탄소를 사용하여 화재를 진압하려고 할 때 산소의 농도를 13[%]로 낮추어 진압하려면 공기 중 이산화탄소의 농도는 약 몇 [vol%]가 되어야 하는가?

① 18.1
② 28.1
③ 38.1
④ 48.1

해설 이산화탄소의 농도

$$CO_2 \ 농도[\%] = \frac{21 - O_2}{21} \times 100$$
$$= \frac{21 - 13}{21} \times 100 = 38.09[\%]$$

03
제1종 분말소화약제의 색상으로 옳은 것은?

① 백 색
② 담자색
③ 담홍색
④ 청 색

해설 제1종 분말소화약제 : 백색

04
화재에 대한 설명으로 옳지 않은 것은?

① 인간이 이를 제어하여 인류의 문화, 문명의 발달을 가져오게 한 근본적인 존재를 말한다.
② 불을 사용하는 사람의 부주의와 불안정한 상태에서 발생되는 것을 말한다.
③ 불로 인하여 사람의 신체, 생명 및 재산상의 손실을 가져다주는 재앙을 말한다.
④ 실화, 방화로 발생하는 연소현상을 말하며 사람에게 유익하지 못한 해로운 불을 말한다.

해설 화재 : 사람의 부주의, 사람에게 유익하지 못한 해로운 불로서 사람의 신체, 생명 및 재산상의 손실을 가져다주는 재앙

05
일반적으로 화재의 진행상황 중 플래시오버는 어느 시기에 발생하는가?

① 화재발생 초기
② 성장기에서 최성기로 넘어가는 분기점
③ 성장기에서 감쇄기로 넘어가는 분기점
④ 감쇄기 이후

해설 플래시오버는 성장기에서 최성기로 넘어가는 분기점에서 발생한다.

06
황린과 적린이 서로 동소체라는 것을 증명하는 데 가장 효과적인 실험은?

① 비중을 비교한다.
② 착화점을 비교한다.
③ 유기용제에 대한 용해도를 비교한다.
④ 연소생성물을 확인한다.

해설 동소체 : 같은 원소로 되어 있으나 성질과 모양이 다른 것으로 연소생성물을 확인한다.

07
화씨 95도를 켈빈(Kelvin)온도로 나타내면 약 몇 [K]인가?

① 368   ② 308
③ 252   ④ 178

해설 [℃]를 구해서 [K]를 구한다.
- [°F] = 1.8[℃] + 32

$$\therefore \ [℃] = \frac{[°F] - 32}{1.8} = \frac{95 - 32}{1.8} = 35[℃]$$

- [K] = 273 + [℃] = 273 + 35 = 308[K]

08
유류저장탱크에 화재 발생 시 열유층에 의해 탱크 하부에 고인 물 또는 에멀션이 비점 이상으로 가열되어 부피가 팽창하면서 유류를 탱크 외부로 분출시켜 화재를 확대시키는 현상은?

① 보일오버
② 롤오버
③ 백드래프트
④ 플래시오버

해설 보일오버(Boil Over)
- 중질유탱크에서 장시간 조용히 연소하다가 탱크의 잔존기름이 갑자기 분출(Over Flow)하는 현상
- 유류탱크 바닥에 물 또는 물-기름에 에멀션이 섞여 있을 때 화재가 발생하는 현상
- 연소유면으로부터 100[℃] 이상의 열파가 탱크저부에 고여 있는 물을 비등하게 하면서 연소유를 탱크 밖으로 비산하며 연소하는 현상

09
다음 중 증기비중이 가장 큰 것은?

① Halon 1301   ② Halon 2402
③ Halon 1211   ④ Halon 104

해설 증기비중 = 분자량/29이므로 분자량이 크면 증기비중이 크다.

종류	할론 1301	할론 1211	할론 2402	할론 1011
분자식	CF_3Br	CF_2ClBr	$C_2F_4Br_2$	CH_2ClBr
분자량	148.9	165.4	259.8	129.4

10
연소점에 관한 설명으로 옳은 것은?

① 점화원 없이 스스로 불이 붙는 최저온도
② 산화하면서 발생된 열이 축적되어 불이 붙는 최저온도
③ 점화원에 의해 불이 붙는 최저온도
④ 인화 후 일정시간 이상 연소상태를 계속 유지할 수 있는 온도

해설 연소점 : 인화한 후 점화원을 제거하여도 계속 연소되는 최저온도

11
다음 중 증발잠열[kJ/kg]이 가장 큰 것은?

① 질소   ② 할론 1301
③ 이산화탄소   ④ 물

해설 증발잠열

소화약제	질소	할론 1301	이산화탄소	물
증발잠열 [kJ/kg]	48	119	576.6	2,255.2

※ 물의 증발잠열은 539[kcal/kg]이고
    1[kcal] = 4.184[kJ]이다.

12
소화약제로 사용될 수 없는 물질은?

① 탄산수소나트륨   ② 인산암모늄
③ 다이크롬산나트륨   ④ 탄산수소칼륨

해설
- 제1종 분말 : 탄산수소나트륨
- 제2종 분말 : 탄산수소칼륨
- 제3종 분말 : 인산암모늄

정답 07 ②   08 ①   09 ②   10 ④   11 ④   12 ③

13

동식물유류에서 '아이오딘(요오드)값이 크다'라는 의미를 옳게 설명한 것은?

① 불포화도가 높다.
② 불건성유이다.
③ 자연발화성이 낮다.
④ 산소와의 결합이 어렵다.

해설 아이오딘(요오드)값이 크다는 의미
- 불포화도가 높다. • 건성유이다.
- 자연발화성이 높다. • 산소와 결합이 쉽다.

14

가연물질이 되기 위한 구비조건 중 적합하지 않은 것은?

① 산소와 반응이 쉽게 이루어진다.
② 연쇄반응을 일으킬 수 있다.
③ 산소와의 접촉면적이 작다.
④ 발열량이 크다.

해설 표면적이 클수록 산소와의 접촉면적이 커서 가연물이 되기 쉽다.

15

다음 중 인화점이 가장 낮은 것은?

① 경 유 ② 메틸알코올
③ 이황화탄소 ④ 등 유

해설 인화점

종 류	경 유	메틸알코올	이황화탄소	등 유
인화점	50~70[℃]	11[℃]	-30[℃]	40~70[℃]

16

분말소화기의 소화약제로 사용하는 탄산수소나트륨이 열분해하여 발생하는 가스는?

① 일산화탄소 ② 이산화탄소
③ 사염화탄소 ④ 산 소

해설 제1종 분말(탄산수소나트륨)의 열분해반응

$$2NaHCO_3 \rightarrow Na_2CO_3 + CO_2(이산화탄소) + H_2O$$

17

버너의 불꽃을 제거한 때부터 불꽃을 올리지 아니하고 연소하는 상태가 그칠 때까지의 시간은?

① 방진시간 ② 방염시간
③ 잔진시간 ④ 잔염시간

해설 잔진시간 : 버너의 불꽃을 제거한 때부터 불꽃을 올리지 아니하고 연소하는 상태가 그칠 때까지의 시간

18

목조건축물의 화재진행과정을 순서대로 나열한 것은?

① 무염착화 - 발염착화 - 발화 - 최성기
② 무염착화 - 최성기 - 발염착화 - 발화
③ 발염착화 - 발화 - 최성기 - 무염착화
④ 발염착화 - 최성기 - 무염착화 - 발화

해설 목조건축물의 화재진행과정
화원 → 무염착화 → 발염착화 → 발화(출화) → 최성기 → 연소낙하 → 소화

19

이산화탄소에 대한 설명으로 틀린 것은?

① 무색, 무취의 기체이다.
② 비전도성이다.
③ 공기보다 가볍다.
④ 분자식은 CO_2이다.

해설 이산화탄소는 공기보다 1.52배(44/29=1.517) 무겁다.

20

화재 시 계단실 내 수직방향의 연기상승 속도범위는 일반적으로 몇 [m/s]의 범위에 있는가?

① 0.05~0.1 ② 0.8~1.0
③ 3~5 ④ 10~20

해설 연기의 이동속도

방 향	수평방향	수직방향	계단실 내
이동속도	0.5~1.0[m/s]	2~3[m/s]	3~5[m/s]

제 2 과목 소방전기일반

21

어떤 측정계기의 참값을 T, 지시값을 M이라 할 때 보정률과 오차율이 맞게 짝지어진 것은?

① 보정률$=\dfrac{T-M}{T}$, 오차율$=\dfrac{M-T}{M}$

② 보정률$=\dfrac{M-T}{M}$, 오차율$=\dfrac{T-M}{T}$

③ 보정률$=\dfrac{M-T}{T}$, 오차율$=\dfrac{T-M}{M}$

④ 보정률$=\dfrac{T-M}{M}$, 오차율$=\dfrac{M-T}{T}$

해설 백분율 보정률$=\dfrac{참값-지시값}{지시값}\times100$

$\qquad\qquad\qquad =\dfrac{T-M}{M}\times100$

22

그림과 같은 다이오드 게이트회로에서 출력전압은? (단, 다이오드 내의 전압강하는 무시한다)

① 0[V]　　　　② 1[V]

③ 5[V]　　　　④ 10[V]

해설 DIODE OR게이트 3개 중 어느 1개라도 입력신호 "1" 이면 출력이 발생하는데 입력이 5[V]이므로 출력 5[V]

23

그림과 같은 $R-C$ 필터회로에서 리플 함유율을 가장 효과적으로 줄일 수 있는 방법은?

① C를 크게 한다.

② R을 크게 한다.

③ C와 R을 크게 한다.

④ C와 R을 적게 한다.

해설 리플 함유율(맥동률)

R과 C의 값이 클수록 리플 전압이 낮아져 리플 함유율을 줄일 수 있다.

24

다음 중 피드백 제어계의 일반적인 특성으로 옳은 것은?

① 계의 정확성이 떨어진다.

② 계의 특성변화에 대한 입력 대 출력비의 강도가 감소된다.

③ 비선형과 왜형에 대한 효과가 증대된다.

④ 대역폭이 감소된다.

해설 피드백(폐회로) 제어계

- 미리 정해진 순서에 따라 제어의 각 단계를 순차적으로 제어하며 입력과 출력이 일치해야 출력하는 제어
- 입력과 출력을 비교하는 장치필요(비교부)
- 전달함수 초깃값이 항상 "0"이다.
- 구조가 복잡하고, 시설비가 비싸다.
- 정확성, 감대폭, 대역폭이 증가한다.
- 계의 특성변화에 대한 입력 대 출력비의 감도가 감소된다.
- 비선형과 왜형에 대한 효과가 감소한다.

25

변압기의 전부하 효율을 나타낸 식으로 틀린 것은?

① $\dfrac{변압기용량\times부하역률}{변압기용량\times부하역률+철손+동손}\times100[\%]$

② $\dfrac{변압기출력}{변압기출력+무부하손+부하손}\times100[\%]$

③ $\dfrac{변압기용량\times부하역률+부하손}{변압기용량\times부하역률+무부하손}\times100[\%]$

④ $\dfrac{출력}{출력+손실}\times100[\%]$

해설 변압기 효율

$n=\dfrac{출력}{입력}\times100[\%]=\dfrac{출력}{출력+손실}\times100[\%]$

$\quad=\dfrac{변압기용량\times부하역률}{변압기용량\times부하역률+철손+동손}\times100[\%]$

$$=\frac{\text{변압기출력}}{\text{변압기출력}+\text{무부하손}+\text{부하손}}\times100[\%]$$

26
그림과 같은 무접점회로는 어떤 논리회로인가?

① AND ② OR
③ NOT ④ NAND

해설 • 논리기호

• 진리표

X	Y	Z
0	0	1
0	1	1
1	0	1
1	1	0

27
a~b 간의 합성저항은 c~d 간의 합성저항보다 어떻게
되는가?

① $\frac{2}{3}$ 로 된다. ② $\frac{1}{2}$ 로 된다.
③ 동일하다. ④ 2배로 된다.

해설

$$\frac{1}{R_{ab}}=\frac{3}{2r} \qquad \therefore R_{ab}=\frac{2}{3}r$$

$$\frac{1}{R_{cd}}=\frac{2}{2r} \qquad \therefore R_{cd}=r$$

$$\frac{R_{ab}}{R_{cd}}=\frac{\frac{2}{3}r}{r}=\frac{2}{3} \qquad R_{ab}=\frac{2}{3}R_{cd}$$

28
초고주파용 트랜지스터의 구비조건으로 옳지 않은
것은?

① 컬렉터 전압이 커야 한다.
② 컬렉터 전류가 커야 한다.
③ 이미터 접합면적이 커야 한다.
④ 베이스 두께가 매우 얇아야 한다.

해설 트랜지스터는 반도체 중의 전자 또는 정공의 Carrier
를 제어하는 능동소자이다.

29
그림과 같은 회로에서 임피던스 상수 Z_{22} 는?

① $j\omega L_1$ ② $j\omega L_2$
③ $j\omega L_1 L_2$ ④ $j\omega M$

해설
$$V_1=j\omega L_1 I_1+j\omega M I_2$$
$$V_2=j\omega M I_1+j\omega L_2 I_2$$
$$\begin{bmatrix} V_1 \\ V_2 \end{bmatrix}=\begin{bmatrix} j\omega L_1 & j\omega M \\ j\omega M & j\omega L_2 \end{bmatrix}\begin{bmatrix} I_1 \\ I_2 \end{bmatrix}$$
$$\begin{bmatrix} Z_{11} & Z_{12} \\ Z_{21} & Z_{22} \end{bmatrix}=\begin{bmatrix} j\omega L_1 & j\omega M \\ j\omega M & \boldsymbol{j\omega L_2} \end{bmatrix}$$

30
$V=4+j3[\text{V}]$ 의 전압을 부하에 걸었더니 $I=5-j2[\text{A}]$ 의 전류가 흘렀다. 부하에서의 소비전력은 몇
[W]인가?

① 14 ② 23
③ 26 ④ 35

해설 **복소전력** : $P=\overline{V}I=(4-j3)(5-j2)$
$$=20-j8-j15-6=14-j23$$
유휴(소비)전력 : 14[W], 무효전력 : 23[Var]

31

회로에서 R_1 이 2[Ω]이고, R_2 가 6[Ω]일 때 전류 I_1 의 값은?

① 1　　　　　　　② 2

③ 3　　　　　　　④ 4

해설　전류 : $I_1 = \dfrac{R_2}{R_1 + R_2} \times I = \dfrac{6}{2+6} \times 4 = 3[A]$

32

빛이 닿으면 전류가 흐르는 다이오드로 광량의 변화를 전류값으로 대치하므로 광센서에 주로 사용하는 다이오드는?

① 제너다이오드　　　② 터널다이오드

③ 발광다이오드　　　④ 포토다이오드

해설　포토다이오드 : 빛이 닿으면 전류가 발생하는 다이오드

33

논리식 $F = \overline{A + B}$ 와 같은 것은?

① $F = \overline{A} + \overline{B}$　　　② $F = A + B$

③ $F = \overline{A} \cdot \overline{B}$　　　④ $F = A \cdot B$

해설　$\overline{A + B} = \overline{A} \cdot \overline{B}$, $\overline{A \cdot B} = \overline{A} + \overline{B}$

34

내부저항이 200[Ω]이며 직류 120[mA]인 전류계를 6[A]까지 측정할 수 있는 전류계로 사용하고자 한다. 어떻게 하면 되겠는가?

① 24[Ω]의 저항을 전류계와 직렬로 연결한다.

② 12[Ω]의 저항을 전류계와 병렬로 연결한다.

③ 약 4.08[Ω]의 저항을 전류계와 병렬로 연결한다.

④ 약 0.48[Ω]의 저항을 전류계와 직렬로 연결한다.

해설　분류기 : 전류의 측정범위를 넓히기 위해 전류계와 병렬로 접속한 저항

배율 : $m = \dfrac{I}{I_a} = 1 + \dfrac{r}{R}$ 에서

분류기저항 : $R = \dfrac{r}{\dfrac{I}{I_a} - 1} = \dfrac{200}{\dfrac{6}{120 \times 10^{-3}} - 1}$

$= 4.08[Ω]$

∴ 4.08[Ω]의 저항을 전류계와 병렬 연결

35

다음 중에서 목푯값이 다른 양과 일정한 비율관계를 가지고 변화하는 경우의 제어는 무슨 제어방식인가?

① 정치제어　　　　② 추종제어

③ 프로그램제어　　④ 비율제어

해설　비율제어 : 목푯값이 다른 양과 일정한 비율관계를 가지고 변화하는 것을 제어하는 것

36

수신기에 내장하는 전지를 쓰지 않고 오래 두면 못쓰게 되는 이유는 어떠한 작용 때문인가?

① 충전작용　　　　② 분극작용

③ 국부작용　　　　④ 전해작용

해설　국부작용(Local Action) : 전지의 불순물에 의해 전지 내부에 국부전지 형성 순환전류가 흘러 기전력을 감소시키는 현상

37

반도체를 사용한 화재감지기 중 서미스터(Thermistor)는 무엇을 측정, 제어하기 위한 반도체 소자인가?

① 연기농도　　　　② 온 도

③ 가스농도　　　　④ 불꽃의 스펙트럼강도

해설　서미스터 특징

• 온도보상용

• 부(-)저항온도계수 $\left(\text{온도} \propto \dfrac{1}{\text{저항}} \right)$

38

$R-L-C$직렬회로의 공진 주파수는?

① $\dfrac{1}{2\pi\sqrt{LC}}$

② $\dfrac{2\pi}{\sqrt{LC}}$

③ $\sqrt{\dfrac{1}{LC}-\left(\dfrac{R}{2L}\right)^2}$

④ $\dfrac{1}{2\pi}\sqrt{\dfrac{1}{LC}-\left(\dfrac{R}{2L}\right)^2}$

해설 • 공진조건 $\omega L=\dfrac{1}{\omega C}$에서

• $\omega^2=\dfrac{1}{LC}$이고 $\omega=2\pi f$이므로

∴ $f=\dfrac{1}{2\pi\sqrt{LC}}$

39

$i=I_m\sin\left(\omega t-\dfrac{\pi}{3}\right)$[A]와

$v=V_m\sin\left(\omega t-\dfrac{\pi}{6}\right)$[V]의 위상차는?

① $\dfrac{\pi}{6}$ ② $\dfrac{\pi}{4}$

③ $\dfrac{\pi}{3}$ ④ $\dfrac{\pi}{2}$

해설 $\theta=\theta_1-\theta_2=\dfrac{\pi}{3}-\dfrac{\pi}{6}=\dfrac{\pi}{6}$

40

불연속제어에 속하는 것은?

① ON-OFF제어   ② 비례제어

③ 미분제어   ④ 직분제어

해설 불연속 제어 : ON-OFF 제어

제 3 과목 **소방관계법규**

41

다음 중 소방기본법상 소방대가 아닌 것은?

① 소방공무원   ② 의무소방원

③ 자위소방대원   ④ 의용소방대원

해설 **소방대** : 화재를 진압하고 화재, 재난·재해 그 밖의 위급한 상황에서 구조·구급활동 등을 하기 위하여 소방공무원, 의무소방원 또는 의용소방대원으로 편성된 조직체

42

특정소방대상물의 소방안전관리자의 업무가 아닌 것은?

① 소방시설이나 그 밖의 소방관련시설의 유지·관리

② 의용소방대의 조직

③ 피난시설·방화구획 및 방화시설의 유지·관리

④ 화기취급의 감독

해설 자위소방대의 조직은 소방안전관리자의 업무이다.

43

소방서장이나 소방본부장은 원활한 소방활동을 위하여 소방용수시설 및 지리조사 등을 실시하여야 한다. 실시기간 및 조사횟수가 옳은 것은?

① 1년 1회 이상   ② 6월 1회 이상

③ 3월 1회 이상   ④ 월 1회 이상

해설 **소방용수시설 및 지리조사**
• 실시권자 : 소방본부장이나 소방서장
• 실시횟수 : 월 1회 이상

44

다음 중 화재를 진압하거나 인명구조 활동을 위하여 사용하는 소화활동설비에 포함되지 않는 것은?

① 비상콘센트설비
② 무선통신보조설비
③ 연소방지설비
④ 자동화재속보설비

> **해설** 자동화재속보설비 : 경보설비

45

소방시설공사 착공신고 후 소방시설의 종류를 변경한 경우에 조치사항으로 적절한 것은?

① 건축주는 변경일부터 30일 이내에 소방본부장이나 소방서장에게 신고하여야 한다.
② 소방시설공사업자는 변경일부터 30일 이내에 소방본부장이나 소방서장에게 신고하여야 한다.
③ 건축주는 변경일부터 7일 이내에 소방본부장이나 소방서장에게 신고하여야 한다.
④ 소방시설공사업자는 변경일부터 7일 이내에 소방본부장이나 소방서장에게 신고하여야 한다.

> **해설** 소방시설공사업자는 변경일부터 30일 이내에 해당서류를 첨부하여 소방본부장이나 소방서장에게 신고하여야 한다.

46

근린생활시설 중 일반목욕장인 경우 연면적 몇 [m²] 이상이면 자동화재탐지설비를 설치해야 하는가?

① 500
② 1,000
③ 1,500
④ 2,000

> **해설** 공동주택, 목욕장, 문화 및 집회시설, 종교시설, 판매시설, 운수시설, 운동시설, 업무시설, 공장, 창고시설, 위험물 저장 및 처리시설, 항공기 및 자동차 관련시설, 국방·군사시설, 방송통신시설, 발전시설, 관광휴게시설, 지하가(터널 제외)로서 연면적 1,000[m²] 이상이면 자동화재탐지설비를 설치하여야 한다.

47

소방시설공사가 완공되고 나면 누구에게 완공검사를 받아야 하는가?

① 소발시설 실계입자
② 소방시설 사용자
③ 소방본부장이나 소방서장
④ 시·도지사

> **해설** 완공검사 : 소방본부장이나 소방서장

48

소방대장은 화재, 재난·재해 그 밖의 위급한 상황이 발생한 현장에 소방활동구역을 정하여 소방활동에 필요한 자로서 대통령령이 정하는 자 외의 자에 대하여는 그 구역에의 출입을 제한할 수 있다. 다음 중 소방활동구역에 출입할 수 없는 자는?

① 소방활동구역 안에 있는 소방대상물의 소유자, 관리자 또는 점유자
② 전기, 가스, 수도, 통신, 교통의 업무에 종사하는 자로서 원활한 소방활동을 위하여 필요한 자
③ 의사·간호사 그 밖의 구조·구급업무에 종사하는 자와 취재인력 등 보도업무에 종사하는 자
④ 소방대장의 출입허가를 받지 않는 소방대상물 소유자의 친척

> **해설** **소방활동 구역 출입자**
> • 소방활동구역 안에 있는 소방대상물의 소유자, 관리자, 점유자
> • 전기, 가스, 수도, 통신, 교통의 업무에 종사하는 자로서 원활한 소방활동을 위하여 필요한 자
> • 의사·간호사, 그 밖의 구조·구급업무에 종사하는 자
> • 취재인력 등 보도업무에 종사하는 자
> • 수사업무에 종사하는 자
> • 그 밖에 소방대장이 소방활동을 위하여 출입을 허가한 자

49
화재의 예방조치 등을 위한 옮긴 위험물 또는 물건의 보관기간은 규정에 따라 소방본부나 소방서의 게시판에 공고한 후 어느 기간까지 보관하여야 하는가?

① 공고기간 종료일 다음날부터 5일
② 공고기간 종료일로부터 5일
③ 공고기간 종료일 다음날부터 7일
④ 공고기간 종료일로부터 7일

해설 위험물 또는 물건의 보관기간은 14일 동안 소방본부나 소방서의 게시판에 공고한 후 공고기간 종료일 다음날부터 7일간 보관한 후 매각하여야 한다.

50
특정소방대상물로서 숙박시설에 해당되지 않는 것은?

① 호텔   ② 모텔
③ 휴양콘도미니엄   ④ 오피스텔

해설 오피스텔은 업무시설이다.

51
다음 중 화재예방, 소방시설 설치·유지 및 안전관리에 관한 법률 시행령에서 규정하는 소방대상물의 개수명령의 대상이 아닌 것은?

① 문화 및 집회시설
② 노유자시설
③ 공동주택
④ 의료시설

해설 법 개정으로 인하여 맞지 않는 문제임

52
특수가연물의 품명과 수량기준이 바르게 짝지어진 것은?

① 면화류 – 200[kg] 이상
② 대팻밥 – 300[kg] 이상
③ 가연성 고체류 – 1,000[kg] 이상
④ 발포시킨 합성수지류 – 10[m³] 이상

해설 특수가연물의 기준수량

종류	면화류	대팻밥	가연성 고체류	발포시킨 합성수지류
기준 수량	200[kg] 이상	400[kg] 이상	3,000[kg] 이상	20[m³] 이상

53
다음의 건축물 중에서 건축허가 등을 함에 따라 미리 소방본부장이나 소방서장의 동의를 받아야 하는 범위에 속하는 것은?

① 바닥면적 100[m²]으로 주차장 층이 있는 시설
② 연면적 100[m²]으로 수련시설이 있는 건축물
③ 바닥면적 100[m²]으로 무창층 공연장이 있는 건축물
④ 연면적 100[m²]의 노유자시설이 있는 건축물

해설 건축허가 등의 동의대상물의 범위
- 연면적이 400[m²](학교시설은 100[m²], 노유자시설 및 수련시설은 200[m²], 요양병원 및 정신의료기관(입원실이 없는 정신건강의학과의원은 제외)는 300[m²]) 이상
- 6층 이상인 건축물
- 차고·주차장 또는 주차용도로 사용되는 시설로서
  - 차고·주차장으로 사용되는 바닥면적이 200[m²] 이상인 층이 있는 건축물이나 주차시설
  - 승강기 등 기계장치에 의한 주차시설로서 자동차 20대 이상을 주차할 수 있는 시설
- 항공기 격납고, 관망탑, 항공관제탑, 방송용 송·수신탑
- 지하층 또는 무창층이 있는 건축물로서 바닥면적이 150[m²], **공연장은 100[m²]** 이상인 층이 있는 것
- 위험물 저장 및 처리시설, 지하구
- 노유자시설(법령 참조)

54
다음 위험물 중 자기반응성 물질은 어느 것인가?

① 황 린 ② 염소산염류
③ 알칼리토금속 ④ 질산에스테르류

해설 질산에스테르류는 제5류 위험물(자기반응성 물질)이다.

55
둘 이상의 위험물을 같은 장소에서 저장 또는 취급하는 경우에 있어서 해당 장소에서 저장 또는 취급하는 각 위험물의 수량을 그 위험물의 지정수량으로 각각 나누어 얻은 수의 합계가 얼마 이상인 경우 해당 위험물은 지정수량 이상의 위험물로 보는가?

① 0.5 ② 1
③ 2 ④ 3

해설 둘 이상의 위험물을 취급할 경우 저장량을 지정수량으로 나누어 1 이상이면 위험물로 보므로 위험물안전관리법에 규제를 받는다.

56
소방시설공사업자가 소방시설공사를 하고자 할 때 다음 중 옳은 것은?

① 건축허가와 동의만 받으면 된다.
② 시공 후 완공검사만 받으면 된다.
③ 소방시설 착공신고를 하여야 한다.
④ 건축허가만 받으면 된다.

해설 소방시설공사를 하려면 그 공사의 내용, 시공장소, 그 밖에 필요한 사항을 소방본부장이나 소방서장에게 착공신고를 하여야 한다.

57
공공의 소방활동에 필요한 소화전, 급수탑, 저수조는 누가 설치하고 유지·관리하여야 하는가?

① 소방청장 ② 행정안전부장관
③ 시·도지사 ④ 소방본부장

해설 소방용수시설(소화전, 급수탑, 저수조) 설치 및 유지관리 : 시·도지사

58
소방대상물이 공장이 아닌 경우 일반 소방시설설계업의 영업범위는 연면적 몇 [m²] 미만인 경우인가?

① 5,000 ② 10,000
③ 20,000 ④ 30,000

해설 소방시설설계업(기계분야, 전기분야)의 영업범위
: 연면적 30,000[m²] 미만

59
자동화재탐지설비 등 대통령령으로 정하는 소방시설에 하자가 있을 때 관계인에 의해 하자 발생에 관한 통보를 받은 공사업자는 며칠 이내에 이를 보수하거나 보수일정을 기록한 하자보수계획을 관계인에게 서면으로 알려야 하는가?

① 1일 ② 3일
③ 5일 ④ 7일

해설 관계인은 소방시설의 하자가 발생하였을 때에는 공사업자에게 그 사실을 알려야 하며 통보받은 공사업자는 3일 이내에 하자를 보수하거나 하자보수계획을 관계인에게 서면으로 알려야 한다.

60
특정소방대상물의 소방안전관리대상 관계인이 소방안전관리자를 선임한 날부터 며칠 이내에 소방본부장이나 소방서장에게 신고하여야 하는 기간은?

① 7일 이내 ② 14일 이내
③ 20일 이내 ④ 30일 이내

해설 소방안전관리자 선임 시 : 선임한 날부터 14일 이내에 소방본부장이나 소방서장에게 신고

정답 54 ④ 55 ② 56 ③ 57 ③ 58 ④ 59 ② 60 ②

제 4 과목 소방전기시설의 구조 및 원리

61
비상조명등의 설치기준으로 옳지 않은 것은?

① 특정소방대상물의 각 거실로부터 지상으로 통하는 복도·계단, 통로에 설치한다.
② 설치된 장소의 바닥에서 조도는 0.5[lx] 이상이 되어야 한다.
③ 예비전원 내장 시에는 점등 여부를 확인할 수 있는 점검스위치를 설치한다.
④ 예비전원을 내장하지 아니한 때에는 축전지설비를 설치한다.

해설　조도는 비상조명등이 설치된 장소의 각 부분의 바닥에서 1[lx] 이상이 되도록 할 것

62
지하층을 제외한 층수가 11층 이상인 특정소방대상물에 유도등의 전원 중 비상전원을 축전지로 설치하였다. 몇 분 이상 유효하게 작동시킬 수 있는 용량으로 하여야 하는가?

① 10분 이상　② 20분 이상
③ 30분 이상　④ 60분 이상

해설　유도등의 비상전원 : 20분 이상

63
1급 및 2급 누전경보기를 모두 설치하는 경우 경계전로의 정격전류는 몇 [A]인가?

① 60[A] 초과　② 60[A] 이하
③ 100[A] 초과　④ 100[A] 이하

해설　경계전로의 정격전류가 60[A]를 초과하는 전로에 있어서는 1급 누전경보기를, 60[A] 이하의 전로에 있어서는 1급 또는 2급 누전경보기를 설치하여야 한다.

64
자동화재탐지설비의 감지기회로 및 부속회로의 전로와 대지 사이 및 배선 상호 간의 절연저항은 1경계구역마다 직류 250[V]의 절연저항측정기를 사용하여 측정한 절연저항이 몇 [MΩ] 이상이어야 하는가?

① 0.1　② 0.2
③ 0.4　④ 0.5

해설　전원회로의 전로와 대지 사이 및 배선 상호 간의 절연저항은 전감지기회로 및 부속회로의 전로와 대지 사이 및 배선 상호 간의 절연저항은 1경계구역마다 직류 250[V]의 절연저항측정기를 사용하여 측정한 절연저항이 0.1[MΩ] 이상이 되도록 할 것

65
무선통신보조설비의 화재안전기준에서 사용하는 용어의 정의에 대한 설명 중 맞는 것은?

① 분파기는 신호의 전송로가 분기되는 장소에 설치하는 것을 말한다.
② 분배기는 서로 다른 주파수의 합성된 신호를 분리하기 위해서 사용하는 장치를 말한다.
③ 누설동축케이블은 동축케이블 외부도체에 홈을 만들어서 전파가 외부로 나가도록 한 것이다.
④ 증폭기는 두 개 이상의 입력신호를 원하는 비율로 조합한 출력이 발생되도록 하는 장치이다.

해설　누설동축케이블 : 동축케이블의 외부도체에 가느다란 홈을 만들어서 전파가 외부로 새어나갈 수 있도록 한 케이블

66
지하구의 길이가 1,500[m]인 곳에 자동화재탐지설비를 설치하고자 한다. 최소 경계구역은 몇 개로 하여야 하는가?

① 6개　② 4개
③ 3개　④ 1개

해설　지하구의 경우 하나의 경계구역의 길이는 700[m] 이하로 하여야 하므로
1,500[m] ÷ 700[m] = 2.14　∴ 3개

67

비상경보설비의 설치기준으로 옳은 것은?

① 음향장치는 정격전압의 90[%] 이상의 전압에서 음향을 발할 수 있도록 할 것

② 음향장치의 음량은 부착된 음향장치의 중심으로부터 1[m] 떨어진 위치에서 80[dB] 이상이 되는 것으로 할 것

③ 특정소방대상물의 층마다 설치하되, 발신기의 수평거리가 15[m] 이하가 되도록 할 것

④ 발신기는 조작이 쉬운 장소에 설치하고, 조작스위치는 바닥으로부터 0.8[m] 이상 1.5[m] 이하의 높이에 설치할 것

해설 비상경보설비의 설치기준
- 음향장치는 정격전압의 80[%] 전압에서 음향을 발할 수 있도록 하여야 한다.
- 음향장치의 음량은 부착된 음향장치의 중심으로부터 1[m] 떨어진 위치에서 90[dB] 이상이 되는 것으로 하여야 한다.
- 특정소방대상물의 층마다 설치하되, 해당 특정소방대상물의 각 부분으로부터 하나의 발신기까지의 수평거리가 25[m] 이하가 되도록 할 것

68

감도조정장치를 갖는 누전경보기에 있어서 감도조정장치의 조정범위의 최댓값은 몇 [A]이어야 하는가?

① 0.2[A] ② 0.5[A]
③ 1.0[A] ④ 2.0[A]

해설 누전경보기 감도조정장치의 조정범위 : 최댓값 1[A]

69

다음 중 대형피난구유도등을 설치하지 않아도 되는 장소는?

① 위락시설 ② 판매시설
③ 지하철역사 ④ 창고시설

해설 특정소방대상물의 용도별로 설치하여야 할 유도등 및 유도표지

설치장소	유도등 및 유도표지의 종류
위락시설 · 판매시설 및 영업시설 · 관광숙박시설 · 의료시설 · 통신촬영시설 · 전시장 · 지하상가 · 지하철역사	• 대형피난유도등 • 통로유도등

70

비호환성형 누전경보기의 수신부는 신호입력회로에 공칭동작전류치의 42[%]에 대응하는 변류기의 설계출력전압을 인가하는 경우 몇 초 이내에 작동하지 아니하여야 하는가?

① 30초 ② 20초
③ 10초 ④ 1초

해설 비호환성형 수신부는 신호입력회로에 공칭작동전류치의 42[%]에 대응하는 변류기의 설계출력전압을 가하는 경우 30초 이내에 작동하지 아니하여야 하며, 공칭작동전류치에 대응하는 변류기의 설계출력전압을 가하는 경우 1초(차단기구가 있는 것은 0.2초) 이내에 작동하여야 한다.

71

비상방송설비의 음향장치에 있어서 기동장치에 따른 화재신고를 수신한 후 필요한 음량으로 화재 발생 상황 및 피난에 유효한 방송이 자동으로 개시될 때까지 소요시간은?

① 30초 이하 ② 20초 이하
③ 10초 이하 ④ 5초 이하

해설 기동장치에 따른 화재신고를 수신한 후 필요한 음량으로 화재발생 상황 및 피난에 유효한 방송이 자동으로 개시될 때까지의 소요시간은 10초 이하로 할 것

72

소방시설용 비상전원수전설비에서 전력수급용 계기용 변성기 · 주차단장치 및 그 부속기기로 정의되는 것은?

① 수전설비 ② 변전설비
③ 큐비클설비 ④ 배전반설비

해설 수전설비
- 계기용 변성기(MOF, PT, CT)
- 주차단장치(CB)
- 부속기기(VS, AS, LA, SA, PF 등)

73
비상콘센트설비의 전원부와 외함 사이의 절연저항 및 절연내력을 확인한 결과이다. 화재안전기준에 적합하지 않는 것은?

① 절연저항을 500[V] 절연저항계로 전원부와 외함 사이를 측정한 결과 19[MΩ]이 나타났다.
② 정격전압이 100[V]인 전원부의 절연내력을 확인하기 위해 전원부와 외함 사이에 1,000[V]의 실효전압을 가하였다.
③ 정격전압이 220[V]인 전원부의 절연내력을 확인하기 위해 전원부와 외함 사이에 1,440[V]의 실효전압을 가하였다.
④ 절연내력을 확인하기 위한 시험에서 1분 이상 견디는 것으로 나타났다.

해설 절연저항은 전원부와 외함 사이를 500[V] 절연저항계로 측정할 때 20[MΩ] 이상일 것

74
자동화재탐지설비에서 하나의 경계구역의 기준으로 옳지 않은 것은?

① 2개 이상의 건축물에 미치지 아니하도록 할 것
② 2개 이상의 층에 미치지 아니하도록 할 것
③ 하나의 경계구역의 면적은 600[m²] 이하로 하고 한 변의 길이는 50[m] 이하로 할 것
④ 지하구에 있어서는 길이는 500[m] 이하로 할 것

해설 지하구의 경우 하나의 경계구역의 길이는 700[m] 이하로 할 것

75
다음 중 휴대용 비상조명등의 설치기준으로 알맞은 것은?

① 영화상영관에는 수평거리 25[m] 이내마다 2개 이상 설치할 것
② 지하역사에는 보행거리 50[m] 이내마다 3개 이상 설치할 것
③ 건전지의 용량은 20분 이상 유효하게 사용할 수 있는 것으로 할 것
④ 백화점에는 수평거리 25[m] 이내마다 3개 이상 설치할 것

해설 휴대용 비상조명등의 설치기준
- 숙박시설 또는 다중이용업소에는 객실 또는 영업장 안의 구획된 실마다 잘 보이는 곳(외부에 설치 시 출입문 손잡이로부터 1[m] 이내 부분)에 1개 이상 설치
- 대규모 점포, 영화상영관에는 보행거리 50[m] 이내마다 3개 이상 설치
- 지하상가 및 지하역사에는 보행거리 25[m] 이내마다 3개 이상 설치
- 설치높이는 바닥으로부터 0.8[m] 이상 1.5[m] 이하의 높이에 설치할 것
- 건전지 및 충전식 배터리의 용량은 20분 이상 유효하게 사용할 수 있는 것으로 할 것

76
거실로 사용되는 실의 출입구가 3개 이상 있는 경우 그 거실 각 부분으로부터 하나의 출입구에 이르는 보행거리가 몇 [m] 이하인 경우에는 주된 출입구 2개소 외의 출입구(유도표지가 부착된 출입구)에 피난구유도등을 설치하지 않아도 되는가?

① 10[m] ② 20[m]
③ 30[m] ④ 50[m]

해설 출입구가 3 이상 있는 거실로서 그 거실 각 부분으로부터 하나의 출입구에 이르는 보행거리가 30[m] 이하인 경우에는 주된 출입구 2개소 외의 출입구(유도표지가 부착된 출입구를 말한다)에는 피난구유도등을 설치하지 아니할 수 있다.

77
무선통신보조설비의 주요 구성요소가 아닌 것은?

① 무선기기 접속단자
② 공중선
③ 분배기
④ 전 등

> **해설** 무선통신보조설비의 주요 구성요소 : 무선기기 접속단자, 공중선, 분배기, 증폭기, 누설동축케이블

78
자동화재탐지설비의 감지기회로에 설치하는 종단저항의 설치기준으로 옳지 않은 것은?

① 점검 및 관리가 쉬운 장소에 설치하여야 한다.
② 감지기회로의 끝부분에 설치한다.
③ 전용함을 설치하는 경우 그 설치 높이는 바닥으로부터 1.5[m] 이내에 설치하여야 한다.
④ 종단감지기에 설치하는 경우 별도의 표시를 하지 않아도 된다.

> **해설** 감지기회로의 도통시험을 위한 종단저항의 설치기준
> • 점검 및 관리가 쉬운 장소에 설치할 것
> • 전용함을 설치하는 경우 그 설치 높이는 바닥으로부터 1.5[m] 이내로 할 것
> • 감지기회로의 끝부분에 설치하며, 종단감지기에 설치할 경우에는 구별이 쉽도록 해당감지기의 기판 등에 별도의 표시를 할 것

79
비상방송설비의 음량조정기를 설치하는 경우 음량조정기의 배선방식은?

① 5선식   ② 4선식
③ 3선식   ④ 2선식

> **해설** 음량조정기의 배선방식 : 3선식

80
비상콘센트의 전원회로에 대한 공급용량이 바르게 표기된 것은?

① 3상교류 380[V], 2[kVA]
   단상교류 220[V], 1.0[kVA]
② 3상교류 380[V], 3[kVA]
   단상교류 220[V], 1.5[kVA]
③ 3상교류 380[V], 3[kVA]
   단상교류 220[V], 1.0[kVA]
④ 3상교류 380[V], 2[kVA]
   단상교류 220[V], 1.5[kVA]

> **해설** 비상콘센트설비의 전원회로 규격

구 분	전 압	공급용량	플러그접속기
단상교류	220[V]	1.5[kVA] 이상	접지형 2극

> ※ 2013년 9월 3일 개정으로 3상교류에 대한 내용이 삭제되어 기준에 맞지 않는 문제임

제4회

2011년 10월 2일 시행

제 1 과목   소방원론

01
다음 중 분진폭발을 일으킬 가능성이 가장 낮은 것은?

① 마그네슘 분말　　② 알루미늄 분말
③ 종이 분말　　　　④ 석회석 분말

해설
- 분진폭발을 일으키는 물질 : 마그네슘 분말, 알루미늄 분말, 종이, 밀가루 등
- 분진폭발하지 않는 물질 : 소석회, 생석회, 시멘트분, 탄산칼슘

02
불활성 가스에 해당하는 것은?

① 수증기　　　　② 일산화탄소
③ 아르곤　　　　④ 황 린

해설 불활성 가스 : 헬륨(He), 네온(Ne), 아르곤(Ar), 크립톤(Kr), 제논(Xe), 라돈(Rn)

03
제1류 위험물에 해당하는 것은?

① 염소산나트륨　　② 과염소산
③ 나트륨　　　　　④ 황 린

해설 위험물의 분류

종 류	염소산나트륨	과염소산	나트륨	황 린
유 별	제류 위험물 (염소산나트륨)	제6류 위험물	제3류 위험물	제3류 위험물

04
메탄 80[vol%], 에탄 15[vol%], 프로판 5[vol%]인 혼합가스의 공기 중 폭발하한계는 약 몇 [vol%]인가?(단, 메탄, 에탄, 프로판의 공기 중 폭발하한계는 5.0[%], 3.0[%], 2.1[%]이다)

① 3.23　　　　　② 3.61
③ 4.02　　　　　④ 4.28

해설 혼합가스의 폭발범위

$$L_m = \cfrac{100}{\cfrac{V_1}{L_1} + \cfrac{V_2}{L_2} + \cfrac{V_3}{L_3}}$$

여기서, L_m : 혼합가스의 폭발한계[vol%]
　　　　V_1, V_2, V_3, V_4 : 가연성 가스의 용량[vol%]
　　　　L_1, L_2, L_3, L_4 : 가연성 가스의 폭발한계[vol%]

$$\therefore \ L_m(하한값) = \cfrac{100}{\cfrac{V_1}{L_1} + \cfrac{V_2}{L_2} + \cfrac{V_3}{L_3}}$$

$$= \cfrac{100}{\cfrac{80}{5.0} + \cfrac{15}{3.0} + \cfrac{5}{2.1}}$$

$$= 4.28[\%]$$

05
탄화칼슘의 화재 시 물을 주수하였을 때 발생하는 가스로 옳은 것은?

① C_2H_2　　　　　② H_2
③ C_2　　　　　　④ C_2H_6

해설 탄화칼슘(카바이드)은 물과 반응하면 수산화칼슘(소석회)과 아세틸렌(C_2H_2)가스를 발생한다.

$$CaC_2 + 2H_2O \rightarrow Ca(OH)_2 + C_2H_2 \uparrow$$

06

탄산수소나트륨이 주성분인 분말소화약제는 몇 종인가?

① 제1종   ② 제2종
③ 제3종   ④ 제4종

해설 제1종 분말 : $NaHCO_3$(탄산수소나트륨, 중탄산나트륨)

07

건축물의 피난·방화구조 등의 기준에 관한 규칙에 따르면 철망모르타르로서 그 바름두께가 최소 몇 [cm] 이상인 것을 방화구조로 규정하는가?

① 2   ② 2.5
③ 3   ④ 3.5

해설 방화구조의 기준
- 철망모르타르로서 그 바름두께가 2[cm] 이상인 것
- 석고판 위에 시멘트모르타르 또는 회반죽을 바른 것으로서 그 두께의 합계가 2.5[cm] 이상인 것
- 시멘트모르타르 위에 타일을 붙인 것으로서 그 두께의 합계가 2.5[cm] 이상인 것
- 심벽에 흙으로 맞벽치기한 것

08

피난계획의 일반원칙 중 Fool Proof 원칙에 해당하는 것은?

① 저지능인 상태에서도 쉽게 식별이 가능하도록 그림이나 색채를 이용하는 원칙
② 피난설비를 반드시 이동식으로 하는 원칙
③ 한 가지 피난기구가 고장이 나도 다른 피난수단을 이용할 수 있도록 고려하는 원칙
④ 피난설비를 첨단화된 전자식으로 하는 원칙

해설 Fool Proof : 비상시 머리가 혼란하여 판단능력이 저하되는 상태로 누구나 알 수 있도록 문자나 그림 등을 표시하여 직감적으로 작용하는 것

09

갑작스런 화재 발생 시 인간의 피난 특성으로 틀린 것은?

① 본능적으로 평상시 사용하는 출입구를 사용한다.
② 최초로 행동을 개시한 사람을 따라서 움직인다.
③ 공포감으로 인해서 빛을 피하여 어두운 곳으로 몸을 숨긴다.
④ 무의식 중에 발화장소의 반대쪽으로 이동한다.

해설 지광본능
화재 발생 시 연기와 정전 등으로 가시거리가 짧아져 시야가 흐리면 밝은 방향으로 도피하려는 본능

10

0[℃], 1기압에서 44.8[m³]의 용적을 가진 이산화탄소를 액화하여 얻을 수 있는 액화탄산가스의 무게는 몇 [kg]인가?

① 88   ② 44
③ 22   ④ 11

해설 이상기체 상태방정식을 적용하면

$$PV = nRT = \frac{W}{M}RT \qquad W = \frac{PVM}{RT}$$

$$W = \frac{PVM}{RT} = \frac{1 \times 44.8 \times 44}{0.08205 \times 273} = 88.0[\text{kg}]$$

11

열에너지가 물질을 매개로 하지 않고 전자파의 형태로 옮겨지는 현상은?

① 복 사   ② 대 류
③ 승 화   ④ 전 도

해설 복사 : 열에너지가 물질을 매개로 하지 않고 전자파의 형태로 옮겨지는 현상

12

피난계획의 기본 원칙에 대한 설명으로 옳지 않은 것은?

① 2방향의 피난로를 확보하여야 한다.

② 환자 등 신체적으로 장애가 있는 재해 약자를 고려한 계획을 하여야 한다.

③ 안전구획을 설정하여야 한다.

④ 안전구획은 화재층에서 연기전파를 방지하기 위하여 수직 관통부에서의 방화, 방연성능이 요구된다.

> 해설 **피난계획의 기본원칙**
> • 2방향 이상의 피난로 확보
> • 피난경로 구성
> • 안전구획의 설정
> • 피난시설의 방화, 방연−비화재층으로부터 연기전파를 방지하기 위하여 수직 관통부와 방화, 방연성능이 요구된다.
> • 재해 약자를 배려한 계획
> • 인간의 심리, 생리를 배려한 계획

13

화재 급수에 따른 화재분류가 틀린 것은?

① A급 − 일반화재   ② B급 − 유류화재

③ C급 − 가스화재   ④ D급 − 금속화재

> 해설 C급 − 전기화재

14

금수성 물질에 해당하는 것은?

① 트라이나이트로톨루엔

② 이황화탄소

③ 황 린

④ 칼 륨

> 해설 **위험물의 성질**
>
> | 종 류 | 유 별 | 성 질 |
> |---|---|---|
> | 트라이나이트로톨루엔 | 제5류 위험물 | 자기반응성 물질 |
> | 이황화탄소 | 제4류 위험물 | 인화성 액체 |
> | 황 린 | 제3류 위험물 | 자연발화성 물질 |
> | 칼 륨 | 제3류 위험물 | 금수성 물질 |

15

건축물의 주요구조부에 해당되지 않는 것은?

① 내력벽   ② 기 둥

③ 주계단   ④ 작은 보

> 해설 **주요구조부** : 내력벽, 기둥, 바닥, 보, 지붕틀, 주계단
>
> > 주요구조부 제외 : 사잇벽, 사잇기둥, 최하층의 바닥, 작은 보, 차양, 옥외계단

16

가연물이 되기 쉬운 조건으로 가장 거리가 먼 것은?

① 열전도율이 클 것

② 산소와 친화력이 좋을 것

③ 표면적이 넓을 것

④ 활성화에너지가 작을 것

> 해설 열전도율이 작을수록 열이 축적되어 가연물이 되기 쉽다.

17

위험물안전관리법령상 과산화수소는 그 농도가 몇 [wt%] 이상인 경우 위험물에 해당하는가?

① 1.49   ② 30

③ 36   ④ 60

> 해설 과산화수소는 36[%] 이상이면 제6류 위험물로 본다.
>
> > 질산의 비중 : 1.49 이상

18

소화효과를 고려하였을 경우 화재 시 사용할 수 있는 물질이 아닌 것은?

① 이산화탄소   ② 아세틸렌

③ Halon 1211   ④ Halon 1301

> 해설 아세틸렌 : 가연성 가스

19

일반적으로 공기 중 산소농도를 몇 [vol%] 이하로 감소시키면 연소상태의 중지 및 질식소화가 가능하겠는가?

① 15 ② 21
③ 25 ④ 31

해설 질식소화 : 산소의 농도를 15[vol%] 이하로 낮추어 소화하는 방법

20

공기의 평균분자량이 29일 때 이산화탄소의 기체비중은 얼마인가?

① 1.44 ② 1.52
③ 2.88 ④ 3.24

해설 이산화탄소는 CO_2로서 분자량이 44이다.

$$증기비중 = \frac{분자량}{29}$$

∴ 이산화탄소의 증기비중 $= \frac{44}{29} = 1.517 \Rightarrow 1.52$

제 2 과목 소방전기일반

21

그림과 같은 유접점회로의 논리식은?

① $AB+BC$
② $A+BC$
③ $AB+C$
④ $B+AC$

해설 유접점회로의 논리식
$(A+B) \cdot (A+C) = AA+AC+AB+BC$
$= A(1+C+B)+BC = A+BC$

22

기계적인 변위의 한계부근에다 배치해 놓고 이 스위치를 누름으로서 기계를 정지하거나 명령신호를 내는 데 사용되는 스위치는?

① 단극스위치 ② 리미트스위치
③ 캠스위치 ④ 누름버튼스위치

해설 리미트스위치(Limit Switch) : 스위치를 누름으로서 기계를 정지하거나 명령신호를 내는 데 사용되는 스위치

[리미트 S/W]

23

조작기기는 직접 제어대상에 작용하는 장치이고 응답이 빠른 것이 요구된다. 다음 중 전기식 조작기기가 아닌 것은?

① 전동밸브 ② 서보전동기
③ 전자밸브 ④ 다이어프램밸브

해설 다이어프램밸브 : 기계식

24

전기기기에 생기는 손실 중 권선의 저항에 의하여 생기는 손실은?

① 철 손 ② 표유부하손
③ 동 손 ④ 유전체손

해설 변압기 손실
• 무부하손(고정손) : 철손
• 부하손(가변손) : 동손 (권선저항에 의한 손실)

25

다음 사항 중 직류전동기의 제동법이 아닌 것은?

① 역전제동 ② 발전제동
③ 정상제동 ④ 회생제동

해설 직류전동기의 제동법
• 회생제동 • 발전제동
• 역상제동

26

RC 직렬회로에서 $R = 100[\Omega]$, $C = 5[\mu F]$일 때 $e = 220\sqrt{2}\sin 377t$인 전압을 인가하면 이 회로의 위상차는 대략 얼마인가?

① 전압은 전류보다 약 79°만큼 위상이 빠르다.
② 전압은 전류보다 약 79°만큼 위상이 느리다.
③ 전압은 전류보다 약 43°만큼 위상이 빠르다.
④ 전압은 전류보다 약 43°만큼 위상이 느리다.

해설 $e = 220\sqrt{2}\sin 377t$에서 $\omega = 377$이므로

주파수 : $f = \dfrac{\omega}{2\pi} = \dfrac{377}{2\pi} = 60[\text{Hz}]$

위상차 :

$$\theta = \tan^{-1}\frac{X_C}{R} = \tan^{-1}\frac{\dfrac{1}{\omega C}}{R} = \tan^{-1}\frac{1}{\omega CR}$$

$$= \tan^{-1} \cdot \frac{1}{2\pi \times 60 \times 5 \times 10^{-6} \times 100}$$

$$\doteqdot 79°$$

27

그림과 같은 브리지회로가 평형이 되기 위한 Z의 값은 몇 $[\Omega]$인가?(단, 그림의 임피던스 단위는 모두 $[\Omega]$이다)

① $2 - j4$
② $-2 + j4$
③ $4 + j2$
④ $4 - j2$

해설 브리지 평형조건에서
• $(2+j4)(2-j3) = Z(3+j2)$이므로
• $Z = \dfrac{(2+j4)(2-j3)}{3+j2}$ 에서

$$Z = \frac{\{(2+j4)(2-j3)\}(3-j2)}{(3+j2)(3-j2)}$$

$$= \frac{52 - j26}{13} = 4 - j2$$

28

3상3선식 전로에 접속하는 Y결선의 평형 저항부하가 있다. 이 부하를 △결선하여 같은 전원에 접속한 경우의 선전류는 Y결선을 한 때보다 어떻게 되는가?

① $\dfrac{1}{3}$로 감소한다.   ② $\dfrac{1}{\sqrt{3}}$로 감소한다.

③ $\sqrt{3}$ 배 증가한다.   ④ 3배 증가한다.

해설 Y→△결선
임피던스 : $Z = 3$배
전류 : $I = \dfrac{1}{3}$배

29

전자유도현상에 의하여 생기는 유도기전력의 크기를 정의하는 법칙은?

① 렌츠의 법칙
② 패러데이의 법칙
③ 앙페르의 법칙
④ 플레밍의 오른손법칙

해설 법칙 설명
• 렌츠의 법칙 : 전자유도상 코일의 유도기전력의 방향은 자속의 변화를 방해하려는 방향으로 발생
• 패러데이의 법칙 : 전자유도에 의한 유도기전력의 크기를 결정하는 법칙
• 플레밍의 오른손법칙(발전기) : 자장 중에 도체가 운동하면 유도기전력이 발생하는데, 이 유도기전력의 방향을 결정하는 법칙

30

동작신호를 조작량으로 변환하는 요소로서 조절부와 조작부로 이루어진 요소는?

① 기준입력요소   ② 동작신호요소
③ 제어요소   ④ 피드백요소

해설 제어요소(Control Element)
• 조절부 + 조작부로 구성되어 있다.
• 동작신호를 조작량으로 변화시켜 제어대상에게 신호전달

31
소화설비의 기동장치에 사용하는 전자(電磁)솔레노이드에서 발생되는 자계의 세기는?

① 코일의 권수에 비례한다.
② 코일의 권수에 반비례한다.
③ 전류의 세기에 반비례한다.
④ 전압에 비례한다.

해설 전자솔레노이드의 내부자계의 세기
$H = \dfrac{NI}{l}[\text{AT/m}]$이므로 코일권수($N$)와 전류($I$)와의 곱에 비례한다.

32
제어량을 어떤 일정한 목푯값으로 유지하는 것을 목적으로 하는 제어법은?

① 추종제어　　② 비례제어
③ 정치제어　　④ 프로그래밍제어

해설 목푯값에 의한 자동제어의 종류
• 정치제어 : 목푯값이 시간적으로 변화하지 않고 일정값일 때의 제어(프로세스제어와 자동조정의 전부가 이에 속함)
• 추종제어 : 목푯값이 임의의 시간적 변화를 하는 것에 추치시켜 제어(대공포 포신 등)
• 프로그램제어 : 목푯값이 미리 정해진 시간적 변화를 하는 제어(무인 E/V, 무인열차, 로봇 등)
• 비율제어 : 목푯값이 다른 양과 일정한 비율관계를 가지고 변화하는 것을 제어하는 것

33
시퀀스제어에 관한 설명 중 옳지 않은 것은?

① 논리회로가 조합 사용된다.
② 기계적 계전기접점이 사용된다.
③ 전체시스템에 연결된 접점들이 일시에 동작할 수 있다.
④ 시간지연요소가 사용된다.

해설 시퀀스(개회로) 제어계
• 미리 정해진 순서에 따라 제어의 각 단계를 순차적으로 제어
• 오차가 발생할 수 있으며 신뢰도가 떨어진다.
• 릴레이접점(유접점), 논리회로(무접점), 시간지연요소 등이 사용된다.

34
전압변동률이 10[%]인 정류회로에서 무부하전압이 24[V]인 경우 부하 시 전압은 몇 [V]인가?

① 19.2[V]　　② 20.3[V]
③ 21.8[V]　　④ 22.6[V]

해설 부하전압 : $V = \dfrac{V_0}{1+\varepsilon} = \dfrac{24}{1+0.1} = 21.8[\text{V}]$

35
$e_1 = 10\sqrt{2}\sin\left(\omega t + \dfrac{\pi}{3}\right)[\text{V}]$ 와 $e_2 = 20\sqrt{2}\sin\left(\omega t + \dfrac{\pi}{6}\right)[\text{V}]$의 두 정현파의 합성전압 e 는 약 몇 [V]인가?

① $29.1\sin(\omega t + 60°)$
② $29.1\sin(\omega t - 60°)$
③ $29.1\sin(\omega t - 40°)$
④ $29.1\sin(\omega t + 40°)$

해설
• $e_1 = 10\angle\dfrac{\pi}{3} = 10\left(\cos\dfrac{\pi}{3} + j\sin\dfrac{\pi}{3}\right) = 5 + j5\sqrt{3}$
• $e_2 = 20\angle\dfrac{\pi}{6} = 20\left(\cos\dfrac{\pi}{6} + j\sin\dfrac{\pi}{6}\right) = 10\sqrt{3} + j10$
• $5 + 10\sqrt{3} = 22.32$
• $j5\sqrt{3} + j10 = 18.66$
• $\sqrt{22.32^2 + 18.66^2} = \sqrt{498+348} = \sqrt{846} ≒ 29.1$
• $\theta = \tan^{-1}\dfrac{18.66}{22.32} = 40°$

36

그림과 같은 회로에서 단자 a, b 사이에 주파수 f [Hz]의 정현파 전압을 가했을 때 전류계 A_1, A_2의 값이 같았다. 이 경우 f, L, C 사이의 관계로 옳은 것은?

① $f = \dfrac{1}{2\pi LC}$ [Hz]　　② $f = \dfrac{1}{\sqrt{2\pi LC}}$ [Hz]

③ $f = \dfrac{1}{2\pi\sqrt{LC}}$ [Hz]　④ $f = \dfrac{1}{\sqrt{LC}}$ [Hz]

> **해설** $A_1 = A_2$인 경우는 병렬공진으로만 구동되는 회로와 같다.
>
> 공진주파수 : $f = \dfrac{1}{2\pi\sqrt{LC}}$ [Hz]

37

단상변압기의 3상 결선 중 △–△결선의 장점이 아닌 것은?

① 변압기 외부에 제3고조파가 발생하지 않아 통신장애가 없다.

② 제3고조파 여자전류 통로를 가지므로 정현파전압을 유기한다.

③ 변압기 1대가 고장 나면 V–V결선으로 운전하여 3상 전력을 공급한다.

④ 중성점을 접지할 수 있으므로 고압의 경우 이상전압을 감소시킬 수 있다.

> **해설** △ – △ 결선은 중성점이 없어 지락검출이 곤란하다.

38

어떤 회로 소자에 전압을 가하였더니 흐르는 전류가 전압에 비해 $\dfrac{\pi}{2}$ 만큼 위상이 느리다면 사용한 회로소자는 무엇인가?

① 커패시턴스　　　② 인덕턴스

③ 저 항　　　　　④ 컨덕턴스

> **해설**
> - 인덕턴스(L) : 전류의 위상이 전압보다 $\dfrac{\pi}{2}$ (90°)만큼 느리다.
> - 정전용량(C) : 전류의 위상이 전압보다 $\dfrac{\pi}{2}$ (90°)만큼 앞선다.

39

그림과 같은 회로에서 흐르는 전류 I 는 몇 [A]인가?

① 1　　　　　　　② 2

③ 3　　　　　　　④ 4

> **해설** 합성저항 $R_o = R_1 + R_2$
>
> $R_1 = \dfrac{10 \times 20}{10 + 20} = \dfrac{20}{3}$, $R_2 = 5$, $R_o = \dfrac{35}{3}$
>
> 전류 $I = \dfrac{E}{R_o} = \dfrac{35}{\frac{35}{3}} = 3$ [A]
>
> 회로를 간략하게 하면
>
>
>
> $I_0 = \dfrac{V_0}{R_0} = \dfrac{35}{11.6} = 3$ [A]

40

변압기 결선에서 제3고조파가 발생하여 통신선에 영향을 주는 결선은?

① Y–△　　　　　② △–△

③ Y–Y　　　　　④ V–V

> **해설** 제3고조파 전류는 △결선으로 순환하므로 △결선에서는 발생하지 않고 Y결선에서만 발생하여 통신선에 유도장해 등을 준다.

제 3 과목 | 소방관계법규

41
소방용품 중 우수품질에 대하여 우수품질인증을 할 수 있는 사람은?

① 소방청장
② 한국소방안전원장
③ 소방본부장이나 소방서장
④ 시·도지사

해설 우수품질인증권자 : 소방청장

42
한국소방안전원의 업무와 거리가 먼 것은?

① 소방기술과 안전관리에 관한 각종 간행물의 발간
② 소방기술과 안전관리에 관한 교육 및 조사·연구
③ 화재보험가입에 관한 업무
④ 화재예방과 안전관리의식의 고취를 위한 대국민 홍보

해설 한국소방안전원의 업무
• 소방기술과 안전관리에 관한 교육 및 조사·연구
• 소방기술과 안전관리에 관한 각종 간행물의 발간
• 화재예방과 안전관리 의식의 고취를 위한 대국민 홍보
• 소방업무에 관하여 행정기관이 위탁하는 업무

43
소방시설관리업의 등록기준 중 보조기술인력에 해당되지 않는 사람은?

① 소방설비기사 자격 소지자
② 소방공무원으로 2년 이상 근무한 사람
③ 소방설비산업기사 자격 소지자
④ 대학에서 소방관련학과를 졸업한 사람으로서 소방기술 인정자격수첩을 발급받은 사람

해설 소방시설관리업의 등록기준 중 인력기준
• 주된 기술인력 : 소방시설관리사 1명 이상
• 보조 기술인력 : 다음의 어느 하나에 해당하는 사람 2명 이상. 다만, ② 내지 ④에 해당하는 사람은 소방시설공사업법 제28조 제2항의 규정에 따른 소방기술 인정자격수첩을 발급받은 사람이어야 한다.

① 소방설비기사 또는 소방설비산업기사
② 소방공무원으로 3년 이상 근무한 사람
③ 소방 관련학과의 학사학위를 취득한 사람
④ 행정안전부령으로 정하는 소방기술과 관련된 자격·경력 및 학력이 있는 사람

44
연면적 5,000[m²] 미만의 특정소방대상물에 대한 소방공사감리원의 배치기준은?

① 특급 소방공사감리원 1명 이상
② 초급 이상 소방공사감리원 1명 이상
③ 중급 이상 소방공사감리원 1명 이상
④ 고급 이상 소방공사감리원 1명 이상

해설 소방공사감리원의 배치기준
• 연면적이 5,000[m²] 미만인 특정소방대상물의 경우 : 초급감리원 이상의 소방감리원 1명 이상을 배치

45
제4류 위험물을 저장하는 위험물제조소의 주의사항을 표시한 게시판의 내용으로 적합한 것은?

① 화기엄금   ② 물기엄금
③ 화기주의   ④ 물기주의

해설 제4류 위험물 : 화기엄금

46
소방안전관리대상물의 관계인은 소방훈련과 교육을 실시한 때에는 그 실시결과를 소방훈련·교육실시결과기록부에 기재하고 이를 몇 년간 보관하여야 하는가?

① 1년   ② 2년
③ 3년   ④ 4년

해설 소방훈련·교육실시결과기록부 보관기간 : 2년

정답 41 ①   42 ③   43 ②   44 ②   45 ①   46 ②

47
특정소방대상물의 근린생활시설에 해당되는 것은?

① 기 원　　② 전시장
③ 기숙사　　④ 유치원

해설 특정소방대상물

대상물	분 류
기 원	근린생활시설
전시장	문화 및 집회시설
기숙사	공동주택
유치원	노유자시설

48
위험물제조소에는 보기 쉬운 곳에 기준에 따라 "위험물제조소"라는 표시를 한 표지를 설치하여야 하는데 다음 중 표지의 기준으로 적합한 것은?

① 표지는 한 변의 길이가 0.3[m] 이상, 다른 한 변의 길이가 0.6[m] 이상인 직사각형으로 하되 표지의 바탕은 백색으로 문자는 흑색으로 한다.
② 표지는 한 변의 길이가 0.2[m] 이상, 다른 한 변의 길이가 0.4[m] 이상인 직사각형으로 하되 표지의 바탕은 백색으로 문자는 흑색으로 한다.
③ 표지는 한 변의 길이가 0.2[m] 이상, 다른 한 변의 길이가 0.4[m] 이상인 직사각형으로 하되 표지의 바탕은 흑색으로 문자는 백색으로 한다.
④ 표지는 한 변의 길이가 0.3[m] 이상, 다른 한 변의 길이가 0.6[m] 이상인 직사각형으로 하되 표지의 바탕은 흑색으로 문자는 백색으로 한다.

해설 제조소의 표지
- 크기 : 한 변의 길이가 0.3[m] 이상, 다른 한 변의 길이가 0.6[m] 이상인 직사각형
- 색상 : 표지의 바탕은 백색으로 문자는 흑색

49
소방시설공사의 착공신고 대상이 아닌 것은?

① 무선통신설비의 증설공사
② 자동화재탐지설비의 경계구역이 증설되는 공사
③ 1개 이상의 옥외소화전을 증설하는 공사
④ 연결살수설비의 살수구역을 증설하는 공사

해설 특정소방대상물에 다음의 어느 하나에 해당하는 설비 또는 구역 등을 증설하는 공사
- 옥내·옥외소화전설비
- 스프링클러설비·간이스프링클러설비 또는 물분무 등 소화설비의 방호구역, 자동화재탐지설비의 경계구역, 제연설비의 제연구역, 연결살수설비의 살수구역, 연결송수관설비의 송수구역, 비상콘센트설비의 전용회로, 연소방지설비의 살수구역

50
특수가연물에 해당되지 않는 물품은?

① 볏짚류(1,000[kg] 이상)
② 나무껍질(400[kg] 이상)
③ 목재가공품(10[m³] 이상)
④ 가연성 기체류(2[m³] 이상)

해설 특수가연물에는 가연성 고체류(3,000[kg] 이상)와 가연성 액체류(2[m³] 이상)가 있다.

51
종합상황실의 업무와 직접적으로 관련이 없는 것은?

① 재난상황의 전파 및 보고
② 재난상황의 발생 신고접수
③ 재난상황이 발생한 현장에 대한 지휘 및 피해조사
④ 재난상황의 수습에 필요한 정보수집 및 제공

해설 종합상황실의 업무
- 화재, 재난·재해, 그 밖에 구조·구급이 필요한 상황(이하 "재난상황"이라 한다)의 발생의 신고접수
- 접수된 재난상황을 검토하여 가까운 소방서에 인력 및 장비의 동원을 요청하는 등의 사고수습
- 하급소방기관에 대한 출동지령 또는 동급 이상의 소방기관 및 유관기관에 대한 지원요청
- 재난상황의 전파 및 보고
- 재난상황이 발생한 현장에 대한 지휘 및 피해현황의 파악
- 재난상황의 수습에 필요한 정보수집 및 제공

52

소방기본법에 의하여 5년 이하의 징역 또는 5천만원
이하의 벌금에 해당하는 위반사항이 아닌 것은?

① 불이 번질 우려가 있는 소방대상물 및 토지를
   일시적으로 사용하거나 그 사용의 제한 또는
   소방활동에 필요한 처분을 방해한 사람

② 정당한 사유 없이 소방용수시설을 사용하거나
   소방용수시설의 효용을 해치거나 그 정당한 사
   용을 방해한 사람

③ 화재현장에서 사람을 구출하는 일 또는 불을
   끄거나 불이 번지지 아니하도록 하는 일을 방해
   한 사람

④ 화재진압을 위하여 출동하는 소방자동차의 출동
   을 방해한 사람

해설 5년 이하의 징역 또는 5천만원 이하의 벌금
- 다음에 해당하는 행위를 한 사람
  – 위력을 사용하여 출동한 소방대의 화재진압·인
    명구조 또는 구급활동을 방해하는 행위
  – 소방대가 화재진압·인명구조 또는 구급활동을
    위하여 현장에 출동하거나 현장에 출입하는 것을
    고의로 방해하는 행위
  – 출동한 소방대원에게 폭행 또는 협박을 행사하여
    화재진압·인명구조 또는 구급활동을 방해하는
    행위
  – 출동한 소방대의 소방장비를 파손하거나 그 효용
    을 해하여 화재진압·인명구조 또는 구급활동을
    방해하는 행위
- 소방자동차의 출동을 방해한 사람
- 사람을 구출하는 일 또는 불을 끄거나 불이 번지지
  아니하도록 하는 일을 방해한 사람
- 정당한 사유 없이 소방용수시설을 사용하거나 소방
  용수시설의 효용을 해치거나 그 정당한 사용을 방해
  한 사람

53

제조소 등의 위치·구조 또는 설비의 변경없이 해당
제조소 등에서 저장하거나 취급하는 위험물의 품명·
수량 또는 지정수량의 배수를 변경하고자 할 때에는
누구에게 신고하여야 하는가?

① 행정안전부장관   ② 시·도지사
③ 관할 소방협회장   ④ 관할 소방서장

해설 제조소 등의 위치·구조 또는 설비의 변경 없이 해당
제조소 등에서 저장하거나 취급하는 위험물의 품명
·수량 또는 지정수량의 배수를 변경하고자 하는 자
는 변경하고자 하는 날의 1일 전까지 행정안전부령이
정하는 바에 따라 시·도지사에게 신고하여야 한다.

54

특정소방대상물이 증축되는 경우 소방시설기준 적응
에 관한 설명 중 옳은 것은?

① 기존 부분을 포함한 특정소방대상물의 전체에
   대하여 증축 당시의 화재안전기준을 적용한다.

② 기존 부분을 포함한 특정소방대상물의 전체에
   대하여 증축 전에 화재안전기준을 적용한다.

③ 특정소방대상물의 기존 부분은 증축 전에 적용되
   던 화재안전기준을 적용하고 증축 부분은 증축
   당시의 화재안전기준을 적용한다.

④ 특정소방대상물의 증축 부분은 증축 전에 적용되
   던 화재안전기준을 적용하고 기존 부분은 증축
   당시의 화재안전기준을 적용한다.

해설 특정소방대상물이 증축되는 경우에는 기존 부분을
포함한 특정소방대상물의 전체에 대하여 증축 당시
의 화재안전기준을 적용한다.

55

형식승인을 받지 아니하고 소방용품을 수입한 자의
때 벌칙으로 옳은 것은?

① 3년 이하의 징역 또는 3,000만원 이하의 벌금
② 2년 이하의 징역 또는 1,500만원 이하의 벌금
③ 1년 이하의 징역 또는 1,000만원 이하의 벌금
④ 1년 이하의 징역 또는 500만원 이하의 벌금

해설 소방용품의 형식승인을 받지 아니하고 소방용품을
제조하거나 수입한 자는 3년 이하의 징역 또는 3,000
만원 이하의 벌금에 처한다.

56
위험물안전관리법에 의하여 자체소방대을 두는 제조소로서 제4류 위험물의 최대 수량의 합이 지정수량 24만배 이상 48만배 미만인 경우 보유하여야 할 화학소방차와 자체 소방대원의 기준으로 옳은 것은?

① 2대, 10명 ② 3대, 10명
③ 3대, 15명 ④ 4대, 20명

해설 자체소방대에 두는 화학소방자동차 및 인원(제18조 제3항 관련)

사업소의 구분	화학소방 자동차	자체소방 대원의 수
제조소 또는 일반취급소에서 취급하는 제4류 위험물의 최대수량의 합이 지정수량의 24만배 이상 48만배 미만인 사업소	3대	15명

57
스프링클러설비 또는 물분무 등 소화설비가 설치된 연면적 5,000[m²] 이상인 특정소방대상물(위험물재조소 등을 제외한다)에 대한 종합정밀점검을 할 수 있는 자격자로서 옳지 않은 것은?

① 소방시설관리업자로 선임된 소방기술사
② 소방안전관리자로 선임된 소방기술사
③ 소방안전관리자로 선임된 소방시설관리사
④ 소방안전관리자로 선임된 기계·전기분야를 함께 취득한 소방설비기사

해설 종합정밀점검은 소방시설관리업자, 소방안전관리자로 선임된 소방기술사와 소방시설관리사만 할 수 있다.

58
소방본부장이나 소방서장은 건축허가 등의 동의 요구 서류를 접수한 날부터 며칠 이내에 건축허가 등의 동의 여부를 회신하여야 하는가?(단, 허가 신청한 건축물 등의 특급소방안전관리대상물이다)

① 7일 ② 10일
③ 14일 ④ 30일

해설 건축허가동의 회신
• 일반대상물 : 5일 이내
• 특급소방안전관리대상물 : 10일 이내

59
제4류 위험물제조소의 경우 사용전압이 22[kV]인 특고압가공전선이 지나갈 때 제조소의 외벽과 가공전선 사이의 수평거리(안전거리)는 몇 [m] 이상이어야 하는가?

① 2[m] ② 3[m]
③ 5[m] ④ 10[m]

해설 제조소 등의 안전거리
• 사용전압이 7,000[V] 초과 35,000[V] 이하의 특고압가공전선에 있어서는 3[m] 이상
• 사용전압이 35,000[V]를 초과하는 특고압가공전선에 있어서는 5[m] 이상

60
방염성능기준 이상의 실내장식물을 설치하여야 하는 대상물로서 틀린 것은?

① 다중이용업의 영업장
② 숙박이 가능한 수련시설
③ 방송통신시설 중 전화통신용시설
④ 근린생활시설 중 안마시술소 및 체력단련장

해설 방염성능기준 이상의 실내장식물 등 설치 특정소방대상물
• 근린생활시설 중 의원, 체력단련장, 공연장 및 종교집회장
• 건축물의 옥내에 있는 시설로서 다음의 시설
 – 문화 및 집회시설
 – 종교시설
 – 운동시설(수영장은 제외)
• 의료시설
• 교육연구시설 중 합숙소
• 노유자시설
• 숙박이 가능한 수련시설
• 숙박시설
• 방송통신시설 중 방송국 및 촬영소
• 다중이용업소
• 층수가 11층 이상인 것(아파트는 제외)

제4과목 소방전기시설의 구조 및 원리

61

비상방송설비의 배선과 관련해서 부속회로의 전로와 대지 사이 및 배선 상호 간의 절연저항은?(단, 1경계구역마다 직류 250[V]의 절연저항측정기를 사용하여 측정)

① 0.1[MΩ] 이상

② 0.2[MΩ] 이상

③ 0.3[MΩ] 이상

④ 0.5[MΩ] 이상

해설 비상방송설비의 절연저항(직류 250[V] 절연저항측정기)

전 류	150[V] 이하	150[V] 초과
저항값	0.1[MΩ] 이상	0.2[MΩ] 이상

62

소방시설용 비상전원수전설비에서 소방회로 및 일반회로 겸용의 것으로서 수전설비, 변전설비 그 밖의 배선을 금속제 외함에 수납한 것을 무엇이라 하는가?

① 공용분전반

② 전용배전반

③ 공용큐비클식

④ 전용큐비클식

해설 공용큐비클식 : 소방회로 및 일반회로 겸용의 것으로서 수전설비, 변전설비 그 밖의 기기 및 배선을 금속제 외함에 수납한 것을 말한다.

63

축광식 위치표지는 주위 조도 0[lx]에서 60분간 발광 후 직선거리 몇 [m] 떨어진 위치에서 보통시력으로 표시면의 문자 또는 화살표 등을 쉽게 식별할 수 있는 것으로 하여야 하는가?

① 1

② 3

③ 4

④ 10

해설 위치표지는 주위 조도 0[lx]에서 60분간 발광 후 직선거리 10[m] 떨어진 위치에서 보통시력으로 표시면의 문자 또는 화살표 등을 쉽게 식별할 수 있는 것으로 할 것

64

비상콘센트의 배치는 아파트 또는 바닥면적이 1,000[m²] 미만인 층에 있어서 계단의 출입구(계단의 부속실을 포함하여 계단이 2 이상 있는 경우에는 그 중 1개의 계단을 말한다)로부터 몇 [m] 이내에 설치하여야 하는가?

① 1

② 2

③ 3

④ 5

해설 바닥면적 1,000[m²] 미만 : 계단출입구로부터 5[m] 이내
바닥면적 1,000[m²] 이상 : 계단부속실 출입구로부터 5[m] 이내

65

누전경보기의 수신부를 설치할 수 있는 장소는?

① 부식성의 증기·가스 등이 다량으로 체류하는 장소

② 화학류의 제조 또는 저장, 취급하는 장소

③ 온도의 변화가 급격한 장소

④ 습도가 낮은 장소

해설 누전경보기의 수신부는 습도가 높고 온도변화가 급격한 장소에는 설치할 수 없다.

66

휴대용 비상조명등의 설치기준에 적합하지 않은 것은?

① 다중이용업소에는 구획된 실마다 잘 보이는 곳마다 설치

② 사용 시 수동·자동 겸용으로 점등되는 구조일 것

③ 외함은 난연성능이 있을 것

④ 지하상가에는 보행거리 25[m] 이내마다 3개 이상 설치

해설 휴대용 비상조명등 설치기준
- 대규모 점포, 영화상영관 : 보행거리 50[m] 이내마다 3개 이상 설치
- 숙박시설, 다중이용업소 : 1개 이상 설치
- 지하상가, 지하역사 : 보행거리 25[m] 이내마다 3개 이상 설치
- 설치 높이 : 0.8~1.5[m] 이하
- 배터리 용량 : 20분 이상

67

다음 중 비상콘센트설비의 전원공급회로의 설치기준으로 틀린 것은?

① 전원회로는 3상교류 380[V]와 단상교류 220[V]로 나누어진다.
② 전원회로의 공급용량은 3상교류의 경우 3[kVA] 이상의 것으로 한다.
③ 전원회로는 주배전반에서 전용회로로 한다.
④ 전원으로부터 각 층의 비상콘센트에 분기하는 경우 분기배선용 차단기를 보호함 밖에 설치한다.

해설 전원으로부터 각 층의 비상콘센트에 분기하는 경우 분기배선용 차단기를 보호함 내에 설치한다.
※ 2013년 9월 3일 개정으로 3상 교류에 대한 내용이 삭제되어 기준에 맞지 않는 문제임

68

누전경보기의 화재안전기준에서 변류기의 설치위치로 옳은 것은?

① 옥외인입선의 제1지점의 부하 측에 설치
② 제1종 접지선 측의 점검이 쉬운 위치에 설치
③ 옥내인입선의 제1지점의 부하 측에 설치
④ 제3종 접지선 측의 점검이 쉬운 위치에 설치

해설 **변류기의 설치위치**
• 옥외인입선의 제1지점의 부하 측
• 제2종 접지선 측
• 부득이한 경우 인입구에 근접한 옥내 설치
• 변류기를 옥외에 설치 시 옥외형 사용

69

자동화재탐지설비의 경계구역설정 기준으로 옳은 것은?

① 하나의 경계구역이 3개 이상의 건축물에 미치지 아니할 것
② 하나의 경계구역의 면적은 400[m²] 이하로 하고 한 변의 길이는 60[m] 이하로 할 것
③ 지하구의 경우 하나의 경계구역의 길이는 700[m] 이하로 할 것
④ 하나의 경계구역이 4개 이상의 층에 미치지 아니할 것

해설 **자동화재탐지설비 경계구역**
• 하나의 경계구역이 2개 이상의 건축물에 미치지 아니하도록 할 것
• 하나의 경계구역이 2개 이상의 층에 미치지 아니하도록 할 것. 다만, 500[m²] 이하의 범위 안에서는 2개의 층을 하나의 경계구역으로 할 수 있다.
• 하나의 경계구역의 면적은 600[m²] 이하로 하고 한 변의 길이는 50[m] 이하로 할 것. 다만, 해당 특정소방대상물의 주된 출입구에서 그 내부 전체가 보이는 것에 있어서는 한 변의 길이가 50[m]의 범위 내에서 1,000[m²] 이하로 할 수 있다.
• 지하구의 경우 하나의 경계구역의 길이는 700[m] 이하로 할 것

70

비상방송설비에서 우선경보방식을 적용하여야 할 특정소방대상물은?(단, 특정소방대상물 연면적은 3,000[m²]을 초과한다)

① 3층(지하층은 제외한다)
② 3층(지하층은 포함한다)
③ 5층(지하층은 제외한다)
④ 5층(지하층은 포함한다)

해설 5층 이상(지하층 제외) 이상이고 연면적 3,000[m²] 초과하는 특정소방대상물의 경보는 우선경보방식

71

천장의 높이가 2[m] 이하인 경우에 청각장애인용 시각경보장치는 다음 중 어떤 위치에 설치해야 하는가?

① 천장으로부터 0.15[m] 이내
② 천장으로부터 0.2[m] 이내
③ 천장으로부터 0.25[m] 이내
④ 천장으로부터 0.3[m] 이내

해설 **시각경보장치 설치기준**
• 설치높이는 바닥으로부터 2[m] 이상 2.5[m] 이하의 장소에 설치
• 천장의 높이가 2[m] 이하인 경우에는 천장으로부터 0.15[m] 이내의 장소에 설치할 것

72
피난구유도등에 관한 설명으로 옳지 않은 것은?

① 피난구의 바닥으로부터 높이 1.5[m] 이상의 곳에 설치하여야 한다.
② 조명도는 피난구로부터 20[m]의 거리에서 문자 및 색채를 쉽게 식별할 수 있는 것으로 하여야 한다.
③ 직통계단의 계단실 및 그 부속실의 출입구에 설치한다.
④ 안전구획된 거실로 통하는 출입구에 설치한다.

해설 **피난구유도등의 설치기준**
- 피난구유도등의 설치 : 바닥으로부터 높이 1.5[m] 이상
- 피난구유도등의 조명도 : 피난구로부터 30[m]의 거리에서 문자 및 색채 식별가능

73
누전경보기의 음향장치의 설치 위치는?

① 옥외인입선의 제1지점의 부하 측의 점검이 쉬운 위치
② 수위실 등 상시 사람이 근무하는 장소
③ 옥외인입선의 제2종 접지선 측의 점검이 쉬운 위치
④ 옥내의 점검에 편리한 장소

해설 음향장치는 수위실 등 상시 사람이 근무하는 장소에 설치하여야 하며, 그 음량 및 음색은 다른 기기의 소음 등과 명확히 구별할 수 있는 것으로 하여야 한다.

74
무선통신보조설비에 대한 설명으로 잘못된 것은?

① 소화활동설비이다.
② 비상전원의 용량은 30분 이상이다.
③ 누설동축케이블의 끝부분에는 무반사 종단저항을 부착한다.
④ 누설동축케이블 또는 동축케이블의 임피던스는 100[Ω]의 것으로 한다.

해설 누설동축케이블 또는 동축케이블의 임피던스를 50[Ω]으로 한다.

75
정온식감지선형감지기의 감지선이 늘어지지 않도록 하기 위하여 사용하는 것은?

① 보조선, 고정금구
② 케이블트레이 받침대
③ 접착제
④ 단자대

해설 **정온식감지선형 감지기는 설치기준**
- 고정방법
  - 단자 부분, 굴곡 부분 : 10[cm] 이내
  - 굴곡 부분 : 5[cm] 이상
- 고정금구 및 보조선 사용으로 감지선 늘어나지 않도록 설치

76
다음 비상방송설비의 설치 및 시공 내용 중 적법하지 않은 것은?

① 비상전원의 용량을 감시상태 60분 지속 및 유효하게 10분 이상 경보할 수 있는 축전지설비를 설치하였다.
② 비상방송용 배선과 비상콘센트 배선을 동일한 전선관 내에 삽입 시공하였다.
③ 비상방송설비의 전원 개폐기에 "비상방송설비용"이라고 표지하였다.
④ 비상방송의 전원회로를 내화배선으로 시공하였다.

해설
- 전원은 전기가 정상적으로 공급되는 축전지 또는 교류전압의 옥내 간선으로 하고, 전원까지의 배선은 전용으로 할 것
- 개폐기에는 "비상방송설비용"이라고 표시한 표지를 할 것
- 비상방송설비에는 그 설비에 대한 감시상태를 60분간 지속한 후 유효하게 10분 이상 경보할 수 있는 축전지설비(수신기에 내장하는 경우를 포함한다)를 설치하여야 한다.

77

원칙적으로 집회장에 설치하지 않아도 되는 유도등은?

① 대형피난구유도등　② 중형피난구유도등

③ 통로유도등　　　　④ 객석유도등

해설

유도등 및 유도표지	특정소방대상물 설치 구분
• 대형피난구유도등 • 통로유도등 • 객석유도등	공연장, 집회장, 관람장 운동시설

78

분말소화설비의 비상전원의 기준으로 옳지 않은 것은?

① 자가발전설비 또는 축전지설비로 하여야 한다.

② 유효하게 20분 이상 설비를 작동할 수 있어야 한다.

③ 상용전원으로부터 전원의 공급이 중단되는 때에는 자동으로 비상전원으로부터 전력을 공급받을 수 있어야 한다.

④ 비상전원의 설치장소에는 열병합발전설비 등에 필요한 설비 등을 두어서는 아니 된다.

해설 비상전원의 설치장소는 다른 장소와 방화구획 할 것. 이 경우 그 장소에는 비상전원의 공급에 필요한 기구나 설비 외의 것(열병합발전설비에 필요한 기구나 설비는 제외한다)을 두어서는 아니 된다.

79

무선통신보조설비에서 지상에 설치하는 무선기기 접속단자는 보행거리 몇 [m] 이내마다 설치하여야 하는가?

① 200　　　　　② 300

③ 400　　　　　④ 600

해설 지상에 설치하는 접속단자는 보행거리 300[m] 이내마다 설치할 것

80

다음 중 자동화재속보설비의 예비전원 시험방법으로 알맞은 것은?

① 저항시험과 내구성시험

② 전압안정시험과 충격시험

③ 충·방전시험과 안전장치시험

④ 최대 사용전압시험과 전류량측정시험

해설 속보기의 예비전원 시험
- 충전시험
- 방전시험
- 안전장치시험

2012년 3월 4일 시행

제 1 회

제 1 과목 **소방원론**

01

다음 중 피난자의 집중으로 패닉현상이 일어날 우려가 가장 큰 형태는?

① T형   ② X형

③ Z형   ④ H형

해설 피난방향 및 경로

구 분	구 조	특 징
H형	←→	중앙코어방식으로 피난자의 집중으로 패닉현상이 일어날 우려가 있는 형태

02

할론가스 45[kg]과 함께 기동가스로 질소 2[kg]을 충전하였다. 이 때 질소가스의 몰분율은 약 얼마인가?(단, 할론가스의 분자량은 149이다)

① 0.19   ② 0.24

③ 0.31   ④ 0.39

해설 몰분율을 구하면

$$몰수 = \frac{무게}{분자량} , \quad 몰분율 = \frac{어떤\ 성분\ 몰수}{전체\ 몰수}$$

• 할론가스 몰수 $= \dfrac{45}{149}$

• 질소가스 몰수 $= \dfrac{2}{28}$

∴ 질소가스의 몰분율 $= \dfrac{\frac{2[kg]}{28}}{\frac{2[kg]}{28} + \frac{45[kg]}{149}} = 0.191$

03

분자 자체 내에 포함하고 있는 산소를 이용하여 연소하는 형태를 무슨 연소라 하는가?

① 증발연소   ② 자기연소

③ 분해연소   ④ 표면연소

해설 자기연소 : 제5류 위험물의 연소로서 분자 자체 내에 포함하고 있는 산소를 이용하여 연소하는 형태

04

다음 중 연소속도와 가장 관계가 깊은 것은?

① 증발속도   ② 환원속도

③ 산화속도   ④ 혼합속도

해설 연소 : 가연물이 산소와 반응하여 열과 빛을 동반하는 급격한 산화현상

05

일반적인 방폭구조의 종류에 해당하지 않는 것은?

① 내압방폭구조   ② 유입방폭구조

③ 내화방폭구조   ④ 안전증방폭구조

해설 방폭구조 : 내압방폭구조, 압력방폭구조, 유입방폭구조, 안전증방폭구조, 본질안전방폭구조, 특수방폭구조

06

표준상태에서 11.2[L]의 기체질량이 22[g]이었다면 이 기체의 분자량은 얼마인가?(단, 이상기체를 가정한다)

① 22   ② 35

③ 44   ④ 56

해설 이상기체 상태방정식

$$PV = nRT = \frac{WRT}{M}$$

분자량 : $M = \frac{WRT}{PV} = \frac{22 \times 0.08205 \times 273}{1 \times 11.2} = 44$

07
방화벽에 설치하는 출입문의 너비는 얼마 이하로 하여야 하는가?

① 2.0[m]   ② 2.5[m]

③ 3.0[m]   ④ 3.5[m]

해설 방화벽에 설치하는 출입문의 너비 : 2.5[m] 이하

08
다음 중 착화 온도가 가장 낮은 것은?

① 아세톤   ② 휘발유

③ 이황화탄소   ④ 벤 젠

해설 착화 온도

종 류	아세톤	휘발유	이황화탄소	벤 젠
착화 온도	538[℃]	약 300[℃]	100[℃]	562[℃]

09
상온, 상압상태에서 기체로 존재하는 할로겐화합물 Halon 번호로만 나열된 것은?

① 2402, 1211   ② 1211, 1011

③ 1301, 1011   ④ 1301, 1211

해설 할론 1301과 할론 1211은 상온에서 기체상태로 존재한다.

10
다음 원소 중 수소와의 결합력이 가장 큰 것은?

① F   ② Cl

③ Br   ④ I

해설 플루오린(불소, F)는 전기음성도와 수소와의 결합력이 가장 크다.

11
CO_2 소화약제의 장점으로 가장 거리가 먼 것은?

① 한랭지에서도 사용이 가능하다.

② 자체압력으로도 방사가 가능하다.

③ 전기적으로 비전도성이다.

④ 인체에 무해하고 GWP가 0이다.

해설 CO_2 소화약제의 장점
- 한랭지에서도 사용이 가능하다.
- 자체압력으로도 방사가 가능하다.
- 전기적으로 비전도성이다.
- 고농도의 이산화탄소는 인체에 독성이 있다.

12
연소 시 암적색 불꽃의 온도는 약 몇 [℃] 정도인가?

① 700   ② 950

③ 1,100   ④ 1,300

해설 연소의 색과 온도

색 상	담암적색	암적색	적 색	휘적색
온도[℃]	520	700	850	950

색 상	황적색	백적색	휘백색
온도[℃]	1,100	1,300	1,500 이상

13
분말소화약제 중 A급, B급, C급에 모두 사용할 수 있는 것은?

① 제1종 분말   ② 제2종 분말

③ 제3종 분말   ④ 제4종 분말

해설 분말소화약제의 성상

종 별	소화약제	약제의 착색	적응 화재	열분해반응식
제1종 분말	중탄산나트륨 ($NaHCO_3$)	백 색	B, C급	$2NaHCO_3 \rightarrow Na_2CO_3 + CO_2 + H_2O$
제2종 분말	중탄산칼륨 ($KHCO_3$)	담회색	B, C급	$2KHCO_3 \rightarrow K_2CO_3 + CO_2 + H_2O$
제3종 분말	제일인산암모늄 ($NH_4H_2PO_4$)	담홍색, 황색	A, B, C급	$NH_4H_2PO_4 \rightarrow HPO_3 + NH_3 + H_2O$
제4종 분말	중탄산칼륨+요소 $[KHCO_3 + (NH_2)_2CO]$	회 색	B, C급	$2KHCO_3 + (NH_2)_2CO \rightarrow K_2CO_3 + 2NH_3 + 2CO_2$

14

30[℃]는 랭킨(Rankine)온도로 나타내면 몇 도인가?

① 546도　　　　　② 515도

③ 498도　　　　　④ 463도

해설 온도를 환산하면

$[℉] = 1.8 \times [℃] + 32 = 1.8 \times 30 + 32 = 86[℉]$

랭킨온도 : $[R] = 460 + [℉] = 460 + 86 = 546$

15

연소를 위한 가연물의 조건으로 옳지 않은 것은?

① 산소와 친화력이 크고 발열량이 클 것

② 열전도율이 작을 것

③ 연소 시 흡열반응을 할 것

④ 활성화에너지가 작을 것

해설 연소 시 발열반응을 하여야 가연물이 될 수 있다.

16

프로판가스의 연소범위[vol%]에 가장 가까운 것은?

① 9.8~28.4　　　② 2.5~81

③ 4.0~75　　　　④ 2.1~9.5

해설 연소범위

가스종류	아세틸렌	수 소	프로판
연소범위	2.5~81[%]	4.0~75[%]	2.1~9.5[%]

17

다음 분말소화약제의 열분해반응식에서 ( ) 안에 알맞는 화학식은?

$$2NaHCO_3 \rightarrow Na_2CO_3 + H_2O + (\ )$$

① CO　　　　　　② CO_2

③ Na　　　　　　④ Na_2

해설 제1종 분말약제의 열분해반응식

$$2NaHCO_3 \rightarrow Na_2CO_3 + CO_2 + H_2O$$

18

화재의 분류방법 중 유류화재를 나타낸 것은?

① A급 화재　　　　② B급 화재

③ C급 화재　　　　④ D급 화새

해설 화재의 종류

구 분 ＼ 급 수	A급	B급	C급	D급
화재의 종류	일반화재	유류 및 가스화재	전기화재	금속화재
표시색	백 색	황 색	청 색	무 색

19

포소화설비의 주된 소화작용은?

① 질식작용　　　　② 희석작용

③ 유화작용　　　　④ 촉매작용

해설 포소화설비의 주된 소화 : 질식작용

20

연기농도에서 감광계수 0.1[m⁻¹]은 어떤 현상을 의미하는가?

① 출화실에서 연기가 분출될 때의 연기농도

② 화재 최성기의 연기농도

③ 연기감지기가 작동하는 정도의 농도

④ 거의 앞이 보이지 않을 정도의 농도

해설 연기농도와 가시거리

감광계수	가시거리 [m]	상 황
0.1	20~30	**연기감지기**가 **작동**할 때의 정도
0.3	5	건물 내부에 익숙한 사람이 피난에 지장을 느낄 정도
0.5	3	어둠침침한 것을 느낄 정도
1	1~2	거의 앞이 보이지 않을 정도
10	0.2~0.5	화재 **최성기** 때의 정도

제 2 과목   소방전기일반

21

기전력 1.5[V]이고 내부저항 10[Ω]인 건전지 4개를 직렬 연결하고 20[Ω]의 저항 R을 접속하는 경우, 저항 R에 흐르는 ㉠ 전류 I[A]와 ㉡ 단자전압 V[V]는?

① ㉠ 0.1[A], ㉡ 2[V]
② ㉠ 0.3[A], ㉡ 6[V]
③ ㉠ 0.1[A], ㉡ 6[V]
④ ㉠ 0.3[A], ㉡ 2[V]

해설 전지의 전류
- 건전지의 총기전력 $E = N \cdot e = 4 \times 1.5 = 6$
  건전지의 합성내부저항 $r_0 = N \cdot r = 4 \times 10 = 40$
- $I = \dfrac{E}{R+r_0} = \dfrac{6}{20+40} = 0.1[A]$
  $V = RI = 20 \times 0.1 = 2[V]$

22

그림과 같은 오디오회로에서 스피커 저항이 8[Ω]이고 증폭기 회로의 저항이 288[Ω]이다. 변압기의 권수비로 알맞은 것은?

① 6   ② 7
③ 36   ④ 42

해설 변압기 권수비(a)

$a = \dfrac{V_1}{V_2} = \dfrac{n_1}{n_2} = \dfrac{I_2}{I_1} = \sqrt{\dfrac{R_1}{R_2}}$ 이므로

$\dfrac{n_1}{n_2} = \sqrt{\dfrac{288}{8}} = 6$

23

피트백제어에서 반드시 필요한 장치는?

① 구동장치
② 출력장치
③ 입력과 출력을 비교하는 장치
④ 안정도를 좋게 하는 장치

해설 피드백제어에서는 **입력과 출력을 비교**하는 장치가 반드시 필요하다.

24

농형 유도전동기의 속도 제어방법이 아닌 것은?

① 주파수를 변경하는 방법
② 극수를 변경하는 방법
③ 2차 저항을 제어하는 방법
④ 전원 전압을 바꾸는 방법

해설 3상유도전동기의 기동법
- 농형 유도전동기
  - 직입(전전압) 기동방식
  - Y−△ 기동방식
  - 기동보상기 기동방식
  - 리액터 기동방식
- 권선형 유도전동기 : 2차 저항 기동방식

25

다음 그림과 같은 회로에서 R = 16[Ω], L = 180[mH], ω = 100[rad/s]일 때 합성임피던스는?

① 약 3[Ω]   ② 약 5[Ω]
③ 약 24[Ω]   ④ 약 34[Ω]

해설 직렬합성임피던스(Z)

$Z = \sqrt{R^2 + X^2} = \sqrt{R^2 + (\omega L)^2}$
$= \sqrt{16^2 + (100 \times 180 \times 10^{-3})^2} \fallingdotseq 24[Ω]$

안심Touch

26

60[Hz]의 3상전압을 전파정류하면 맥동주파수는?

① 120[Hz]

② 240[Hz]

③ 360[Hz]

④ 720[Hz]

 정류작용

구 분	정류율	맥동률	맥동주파수
단상반파	$E_d = 0.45E$	1.21	60[Hz]
단상전파	$E_d = 0.90E$	0.482	120[Hz]
3상반파	$E_d = 1.17E$	0.183	180[Hz]
3상전파	$E_d = 1.35E$	0.042	360[Hz]

맥동주파수 $= 6f = 6 \times 60 = 360[Hz]$

27

200[V]전원에 접속하면 1[kW]의 전력을 소비하는 저항을 100[V]전원에 접속하면 소비전력은?

① 250[W]

② 500[W]

③ 750[W]

④ 900[W]

해설 • 전력 : $P = I^2 R = \dfrac{V^2}{R}$ 에서

• $P' = \dfrac{(0.5V)^2}{R} = 0.25 \cdot \dfrac{V^2}{R}$ 이므로

∴ $P' = 0.25 \times P = 0.25 \times 1,000 = 250[W]$

28

그림과 같은 논리회로의 출력 X는?

① $AB + \overline{C}$

② $A + B + \overline{C}$

③ $(A+B)\overline{C}$

④ $AB\overline{C}$

해설 $X = (A \cdot B) \cdot \overline{C} = AB\overline{C}$

29

코일을 지나가는 자속이 변화하면 코일에 기전력이 발생한다. 이때 유기되는 기전력의 방향을 결정하는 법칙은?

① 렌츠의 법칙

② 플레밍의 왼손법칙

③ 키르히호프의 제2법칙

④ 플레밍의 오른손법칙

해설 법칙 설명

• 렌츠의 법칙 : 전자유도상 코일의 유도기전력의 방향은 자속의 변화를 방해하려는 방향으로 발생

• 패러데이의 법칙 : 전자유도에 의한 유도기전력의 크기를 결정하는 법칙

30

그림은 비상시에 대비한 예비전원의 공급회로이다. 직류전압을 일정하게 유지하기 위하여 콘덴서를 설치하였다면 그 위치로 적당한 곳은?

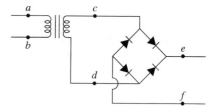

① a와 b 사이

② c와 d 사이

③ e와 f 사이

④ c와 e 사이

해설 • 콘덴서 설치위치 : 정류회로 출력 측 병렬설치 (e와 f 사이)

• 콘덴서 역할 : 전압 맥동분 제거

31

어떤 회로에 $v(t) = 150\sin\omega t$[V]의 전압을 가하니 $i(t) = 6\sin(\omega t - 30)$[A]의 전류가 흘렀다. 이 회로의 소비전력은?

① 약 390[W]

② 약 450[W]

③ 약 780[W]

④ 약 900[W]

해설
- 소비전력 : $P = VI\cos\theta$
- 실횻값 : $V = \dfrac{150}{\sqrt{2}}$, $I = \dfrac{6}{\sqrt{2}}$
- 위상차 : $\theta = 0 - (-30) = 30°$
- $P = VI\cos\theta = \dfrac{150}{\sqrt{2}} \times \dfrac{6}{\sqrt{2}} \cos 30° = 390$[W]

32

논리식 $X + \overline{X}Y$ 를 간단히 하면?

① X

② $X\overline{Y}$

③ $\overline{X}Y$

④ $X + Y$

해설 $X + \overline{X}Y = \underbrace{(X + \overline{X})}_{1} \cdot (X + Y)$ 에서

$(X + \overline{X}) = 1$이므로 $1 \cdot (X + Y) = X + Y$

33

각종 소방설비의 표시등에 사용되는 발광다이오드(LED)에 대한 설명으로 옳은 것은?

① 응답속도가 매우 빠르다.

② PNP접합에 역방향 전류를 흘려서 발광시킨다.

③ 전구에 비해 수명이 길고 진동에 약하다.

④ 발광다이오드의 재료로는 Cu, Ag 등이 사용된다.

해설 발광다이오드
- PN 접합에서 순방향 전압을 가하면 발광한다.
- 응답속도가 빠르다.
- 전구에 비해 수명이 길고 진동에 강하다.
- 재료로는 GaAs, GaP 금속화합물 등을 사용한다.

34

다음 소자 중에서 온도보상용으로 쓰이는 것은?

① 서미스터

② 바리스터

③ 제너다이오드

④ 터널다이오드

해설 서미스터 특징
- 온도보상용
- 부(−)저항온도계수 $\left(\text{온도} \propto \dfrac{1}{\text{저항}}\right)$

35

변압기의 1차 권수가 10회, 2차 권수가 300회인 경우 2차 단자에서 1,500[V]의 전압을 얻고자 하는 경우 1차 단자에서 인가하여야 할 전압은?

① 50[V]

② 100[V]

③ 220[V]

④ 380[V]

해설 권수비 : $n = \dfrac{N_1}{N_2} = \dfrac{V_1}{V_2} = \dfrac{I_2}{I_1} = \sqrt{\dfrac{Z_1}{Z_2}}$

- $\dfrac{N_1}{N_2} = \dfrac{V_1}{V_2}$ 에서 $V_1 = \dfrac{N_1}{N_2} \cdot V_2$

$\therefore V_1 = \dfrac{10}{300} \times 1,500 = 50$[V]

36

자체인덕턴스가 각각 160[mH], 250[mH]의 두 코일이 있다. 두 코일 사이의 상호인덕턴스가 150[mH]이라면 결합계수는?

① 0.5

② 0.75

③ 0.86

④ 1.0

해설
- 상호인덕턴스 $M = K\sqrt{L_1 L_2}$[H]
- 결합계수 $K = \dfrac{M}{\sqrt{L_1 L_2}}$

$K = \dfrac{150 \times 10^{-3}}{\sqrt{160 \times 10^{-3} \times 250 \times 10^{-3}}} = 0.75$

안심Touch

37
그림과 같은 회로에서 전압계 ⓥ의 지시값은?

① 10[V]　　　　② 50[V]

③ 80[V]　　　　④ 100[V]

[해설] $R-L-C$ 직렬회로에 흐르는 전류

- 임피던스 : $Z = \sqrt{R^2 + (X_C - X_L)^2}$
  $$= \sqrt{8^2 + (10-4)^2} = 10[\Omega]$$
- 전류 : $I = \dfrac{V}{Z} = \dfrac{100}{10} = 10[A]$
- 전압계 지시값 : $V_C = I \cdot X_C = 10 \times 10 = 100[V]$

38
작동신호를 조작량으로 변환하는 요소이며, 조절부와 조작부로 이루어진 것은?

① 제어요소

② 제어대상

③ 피드백요소

④ 기준입력요소

[해설] 제어요소(Control Element)

- 조절부＋조작부로 구성되어 있다.
- 동작신호를 조작량으로 변화시켜 제어대상에게 신호전달

39
한쪽 극판의 면적이 0.01[m²], 극판의 간격이 1.5[mm]인 공기 콘덴서의 정전용량은?

① 약 59[pF]

② 약 118[pF]

③ 약 344[pF]

④ 약 1,334[pF]

[해설] 평행판 콘덴서의 정전용량(C)

$$C = \frac{\varepsilon_0 S}{d} = \frac{8.855 \times 10^{-12} \times 0.01}{1.5 \times 10^{-3}}$$
$$\fallingdotseq 59 \times 10^{-12} \fallingdotseq 59[pF]$$

40
피측정량과 일정한 관계가 있는 몇 개의 서로 독립된 값을 측정하고 그 결과로부터 계산에 의하여 피측정량을 구하는 방법은?

① 편위법　　　　② 직접측정법

③ 영위법　　　　④ 간접측정법

[해설]
- 간접측정법 : 측정하고자 하는 양과 일정한 관계가 있는 다른 종류의 양을 각각 측정으로 구하여 그 결과로부터 계산에 의해 측정량의 값을 결정하는 방법
- 직접측정법 : 측정하고자 하는 양을 같은 종류의 기준양과 직접 비교하여 그 양의 크기를 결정하는 방법
- 편위법 : 측정량의 크기에 따라 지침 등을 편위시켜 측정량을 구하는 방법
- 영위법 : 어느 측정량을 그것과 같은 종류의 기준량의 크기로부터 측정량을 구하는 방법

제3과목　소방관계법규

41
소방시설의 종류 중 경보설비에 속하지 않는 것은?

① 비화재보방지기　② 자동화재속보설비

③ 종합감시시설　　④ 가스누설경보기

[해설] 경보설비 : 자동화재탐지설비, 자동화재속보설비, 비상경보설비, 비상방송설비, 누전경보기, 가스누설경보기, 단독경보형 감지기, 시각경보기, 통합감시시설

42
다음 중 화재가 발생할 경우 피난하기 위하여 사용하는 기구 또는 설비인 피난설비에 속하지 않는 것은?

① 완강기　　　　② 인공소생기

③ 피난유도선　　④ 연소방지설비

[해설] 연소방지설비 : 소화활동설비

43

제4류 위험물의 지정수량을 나타낸 것으로 잘못된 것은?

① 특수인화물 - 50[L]

② 알코올류 - 400[L]

③ 동식물유류 - 1,000[L]

④ 제4석유류 - 6,000[L]

해설 동식물유류 - 10,000[L](제1류~제6류까지의 숫자 상으로는 10,000이 가장 크다)

44

하자보수의 이행보증과 관련하여 소방시설공사업을 등록한 공사업자가 금융기관에 예치하여야 하는 하자 보수보증금은 소방시설공사금액의 얼마 이상으로 하여야 하는가?

① 100분의 1 이상

② 100분의 2 이상

③ 100분의 3 이상

④ 100분의 5 이상

해설 하자보수보증금 : 소방시설공사금액의 3/100 이상

45

소방안전관리대상물의 관계인은 소방훈련과 교육을 실시한 때에는 관련 규정에 의하여 그 실시결과를 소방훈련·교육실시 결과기록부에 기재하고 이를 몇 년간 보관하여야 하는가?

① 1년   ② 2년

③ 3년   ④ 5년

해설 소방훈련·교육실시 결과기록부 : 2년간 보관

46

보일러 등의 위치·구조 및 관리와 화재예방을 위하여 불의 사용에 있어서 지켜야 하는 사항으로 잘못된 것은?

① 보일러와 벽·천장 사이의 거리는 0.5[m] 이상 되도록 하여야 한다.

② 가연성 벽·바닥 또는 천장과 접촉하는 증기기관 또는 연통의 부분은 규조토·석면 등 난연성 단열재로 덮어씌워야 한다.

③ 기체연료를 사용하는 경우 보일러가 설치된 장소 에는 가스누설경보기를 설치하여야 한다.

④ 경유·등유 등 액체연료를 사용하는 경우 연료탱 크는 보일러본체로부터 수평거리 1[m] 이상의 간격을 두어 설치하여야 한다.

해설 보일러와 벽·천장 사이의 거리는 0.6[m] 이상 되도 록 하여야 한다.

47

특정소방대상물에 설치하는 소방시설 등의 유지·관리 등에 있어 대통령령 또는 화재안전기준의 변경으로 그 기준이 강화되는 경우 변경 전의 대통령령 또는 화재안전기준이 적용되지 않고 강화된 기준이 적용되는 것은?

① 자동화재속보설비

② 옥내소화전설비

③ 간이스프링클러설비

④ 옥외소화전설비

해설 대통령령 또는 화재안전기준의 변경으로 강화된 기 준을 적용하는 경우(소급 적용대상)
• 다음 시설 중 대통령령으로 정하는 것
소화기구, 비상경보설비, 자동화재속보설비, 피난 구조설비

48
다음 (   ) 안에 들어갈 숫자로 알맞은 것은?

> 인명구조기구는 지하층을 포함하는 층수가 (㉠)층 이상인 관광호텔 및 (㉡)층 이상인 병원에 설치하여야 한다.

① ㉠ 11, ㉡ 7　　　② ㉠ 7, ㉡ 7
③ ㉠ 7, ㉡ 5　　　④ ㉠ 5, ㉡ 5

해설 2014년 7월 7일 법률시행령 개정으로 현행법에 맞지 않는 문제임(법률시행령 [별표] 참조)

49
의용소방대의 설치 및 의용소방대원의 처우 등에 대한 설명으로 틀린 것은?

① 소방본부장이나 소방서장은 소방업무를 보조하게 하기 위하여 특별시·광역시·시·읍·면에 의용소방대(義勇消防隊)를 둔다.
② 의용소방대의 운영과 처우 등에 대한 경비는 그 대원(隊員)의 임면권자가 부담한다.
③ 의용소방대원이 소방업무 및 소방 관련 교육·훈련을 수행하였을 때에는 시·도의 조례로 정하는 바에 따라 수당을 지급한다.
④ 의용소방대원이 소방업무 및 소방 관련 교육·훈련으로 인하여 질병에 걸리거나 부상을 입거나 사망하였을 때에는 행정안전부령이 정하는 바에 따라 보상금을 지급한다.

해설 2014년 1월 28일 전면개정으로 현행법에 맞지 않는 문제임

50
위험물제조소 등의 용도를 폐지한 때에는 용도를 폐지한 날부터 며칠 이내에 시·도지사에게 신고하여야 하는가?

① 7일　　　② 14일
③ 21일　　　④ 30일

해설 제조소용도폐지 신고 : 폐지한 날부터 14일 이내에 시·도지사에게 신고

51
다음 중 위험물별 성질로서 옳지 않은 것은?

① 제1류 - 산화성 고체
② 제2류 - 가연성 고체
③ 제4류 - 인화성 액체
④ 제6류 - 인화성 고체

해설 제6류 위험물 : 산화성 액체

52
소방특별조사대상선정위원회의 위원이 될 수 없는 사람은?

① 소방기술사
② 소방시설관리사
③ 소방 관련 단체에서 소방 관련 업무에 3년 이상 종사한 사람
④ 과장급 직위 이상의 소방공무원

해설 **소방특별조사대상선정위원회의 위원**
- 과장급 직위 이상의 소방공무원
- 소방기술사
- 소방시설관리사
- 소방 관련 석사 학위 이상을 취득한 사람
- 소방 관련 법인 또는 단체에서 소방 관련 업무에 5년 이상 종사한 사람
- 소방공무원 교육기관, 대학 또는 연구소에서 소방과 관련한 교육 또는 연구에 5년 이상 종사한 사람

53
위험물안전관리법령상 위험물을 저장하기 위한 저장소 구분에 해당되지 않는 것은?

① 일반저장소　　　② 이동탱크저장소
③ 간이탱크저장소　　　④ 옥외저장소

해설 저장소 : 옥내저장소, 옥외저장소, 옥내탱크저장소, 옥내탱크저장소, 지하탱크저장소, 이동탱크저장소, 간이탱크저장소, 암반탱크서장소

54
방염처리업의 종류에 속하지 않는 것은?

① 섬유류 방염업
② 위험물류 방염업
③ 합판·목재류 방염업
④ 합성수지류 방염업

해설 방염처리업의 종류 : 섬유류 방염업, 합판·목재류 방염업, 합성수지류 방염업

55
옥내주유취급소에 있어서 해당 사무소 등의 출입구 및 피난구와 해당 피난구로 통하는 통로, 계단 및 출입구에 설치하여야 하는 피난구조설비는?

① 유도등
② 자동식사이렌설비
③ 제연설비
④ 소화기

해설 유도등 : 피난구조설비

56
소방대상물의 방염 등에 있어 제조 또는 가공공정에서 방염대상물품에 해당되지 않는 것은?

① 목재, 책상
② 카 펫
③ 창문에 설치하는 커튼류
④ 전시용합판

해설 제조 또는 가공공정에서 방염물품 대상
- 창문에 설치하는 커튼류(블라인드를 포함한다)
- 카펫, 두께가 2[mm] 미만인 벽지류(종이벽지는 제외한다.)
- 전시용 합판 또는 섬유판, 무대용 합판 또는 섬유판
- 암막·무대막(영화상영관에 설치하는 스크린과 골프연습장에 설치하는 스크린을 포함한다.)
- 소파·의자(단란주점영업, 유흥주점영업, 노래연습장업의 영업장에 설치하는 것만 해당)

57
소방청의 중앙소방기술심의위원회의 심의사항에 해당하지 않는 것은?

① 소방시설공사의 하자를 판단하는 기준에 관한 사항
② 소방시설에 하자가 있는지의 판단에 관한 사항
③ 소방시설의 설계 및 공사감리의 방법에 관한 사항
④ 소방시설의 구조 및 원리 등에서 공법이 특수한 설계 및 시공에 관한 사항

해설 소방기술심의위원회의 심의사항
- 중앙소방기술심의위원회의 심의사항
  - 소방시설공사의 하자를 판단하는 기준에 관한 사항
- 지방소방기술심의위원회의 심의사항
  - 소방시설에 하자가 있는지의 판단에 관한 사항

58
특정소방대상물의 관계인은 그 특정소방대상물에 대하여 소방안전관리업무를 수행하여야 한다. 그 업무에 속하지 않는 것은?

① 피난시설, 방화구획 및 방화시설의 유지·관리
② 화재에 관한 위험정보
③ 화기 취급의 감독
④ 소방시설이나 그 밖의 소방관련시설의 유지·관리

해설 특정소방대상물(소방안전관리대상물은 제외한다)의 관계인과 소방안전관리대상물의 소방안전관리자의 업무
- 피난계획에 관한 사항과 대통령령으로 정하는 사항이 포함된 소방계획서의 작성 및 시행
- 자위소방대 및 초기 대응 체계의 구성·운영·교육
- 피난시설, 방화구획 및 방화시설의 유지·관리
- 소방훈련 및 교육
- 소방시설이나 그 밖의 소방 관련 시설의 유지·관리
- 화기 취급의 감독
- 그 밖에 소방안전관리에 필요한 업무

59

소방기본법령상 특수가연물로서 가연성 고체에 대한 설명으로 틀린 것은?

① 고체로서 인화점이 40[℃] 이상 100[℃] 미만인 것

② 고체로서 인화점이 100[℃] 이상 200[℃] 미만이고, 연소열량이 1[g]당 8[kcal] 이상인 것

③ 고체로서 인화점이 200[℃] 이상이고 연소열량이 1[g]당 8[kcal] 이상인 것으로서 융점이 200[℃] 미만인 것

④ 1기압과 20[℃] 초과 40[℃] 이하에서 액상인 것으로서 인화점이 70[℃] 이상 200[℃] 미만인 것

해설 가연성 고체류

① 인화점이 40[℃] 이상 100[℃] 미만인 것

② 인화점이 100[℃] 이상 200[℃] 미만이고, 연소열량이 1[g]당 8[kcal] 이상인 것

③ 인화점이 200[℃] 이상이고 연소열량이 1[g]당 8[kcal] 이상인 것으로서 융점이 100[℃] 미만인 것

④ 1기압과 20[℃] 초과 40[℃] 이하에서 액상인 것으로서 인화점이 70[℃] 이상 200[℃] 미만이거나 ② 또는 ③에 해당하는 것

60

소방신호의 종류가 아닌 것은?

① 진화신호 ② 발화신호

③ 경계신호 ④ 해제신호

해설 소방신호 : 경계신호, 발화신호, 해제신호, 훈련신호

제4과목 **소방전기시설의 구조 및 원리**

61

지하상가 및 지하역사의 경우 휴대용 비상조명등의 설치기준으로 알맞은 것은?

① 수평거리 25[m] 이내마다 5개 이상 설치

② 수평거리 50[m] 이내마다 5개 이상 설치

③ 보행거리 25[m] 이내마다 3개 이상 설치

④ 보행거리 50[m] 이내마다 3개 이상 설치

해설 휴대용 비상조명을 지하상가 및 지하역사에는 보행거리 25[m] 이내마다 3개 이상 설치

62

누전경보기에서 감도조정장치의 조정범위는 최대 몇 [mA]인가?

① 1[mA]

② 20[mA]

③ 1,000[mA]

④ 1,500[mA]

해설 공칭작동전류치 : 200[mA] 이하
감도조정장치의 조정범위 : 최댓값 1[A](1,000[mA])

63

통로의 직선 부분의 길이가 30[m]인 극장 통로바닥에 설치하여야 하는 객석유도등의 설치 개수는?

① 3개 ② 4개

③ 7개 ④ 17개

해설 객석유도등의 설치개수

$$N = \frac{통로의\ 직선\ 부분의\ 길이}{4} - 1$$

$$= \frac{30}{4} - 1 = 6.5\ 개 \quad \therefore\ 7개$$

64

비상방송설비에서 기동장치에 따른 화재신고를 수신한 후 필요한 음량으로 화재발생 상황 및 피난에 유효한 방송이 자동으로 개시될 때까지의 소요시간은 몇 초 이하이어야 하는가?

① 5초 이하　　② 10초 이하
③ 20초 이하　　④ 30초 이하

해설 비상방송개시 소요시간 : 10초 이내

65

피난기구의 위치를 표시하는 축광식 위치표지의 표지면의 휘도는 주위 조도 0[lx]에서 60분간 발광 후 몇 [mcd/m²]로 하여야 하는가?

① 5[mcd/m²]　　② 7[mcd/m²]
③ 24[mcd/m²]　　④ 60[mcd/m²]

해설 유도표지의 표지면의 휘도는 주위조도 0[lx]에서 60분간 발광 후 7[mcd/m²] 이상으로 할 것

66

다음 ( ) 안에 들어갈 용어로 알맞은 것은?

"누전경보기의 수신부는 변류기로부터 송신된 신호를 수신하는 경우 (㉠) 및 (㉡)에 의하여 누전을 자동적으로 표시할 수 있어야 한다."

① ㉠ 적색표시, ㉡ 음향신호
② ㉠ 황색표시, ㉡ 음향신호
③ ㉠ 적색표시, ㉡ 시각장치신호
④ ㉠ 황색표시, ㉡ 시각장치신호

해설 누전경보기의 수신부는 변류기로부터 송신된 신호를 수신하는 경우 적색표시 및 음향신호에 의하여 누전을 자동적으로 표시할 수 있어야 한다.

67

천장 높이가 5[m]인 경우 청각장애인용 시각경보장치의 설치 높이로 알맞은 것은?

① 바닥으로부터 0.3[m] 이상 0.8[m] 이하의 장소
② 바닥으로부터 0.8[m] 이상 1.2[m] 이하의 장소
③ 바닥으로부터 2.0[m] 이상 2.5[m] 이하의 장소
④ 천장으로부터 0.15[m] 이내의 장소

해설 시각경보장치 설치기준
• 설치높이는 바닥으로부터 2[m] 이상 2.5[m] 이하의 장소에 설치
• 천장의 높이가 2[m] 이하인 경우에는 천장으로부터 0.15[m] 이내의 장소에 설치할 것

68

자동화재탐지설비의 경계구역 설정에 있어서 지하구의 경우 하나의 경계구역의 길이는 몇 [m] 이하로 하여야 하는가?

① 300[m]　　② 500[m]
③ 700[m]　　④ 1,000[m]

해설 지하구의 경계구역길이 : 700[m] 이하

69

비상콘센트설비에서 하나의 전용회로에 설치하는 비상콘센트는 몇 개 이하로 하여야 하는가?

① 2개 이하　　② 3개 이하
③ 10개 이하　　④ 100개 이하

해설 하나의 전용회로에 설치하는 비상콘센트는 10개 이하로 할 것

70

무선통신보조설비에서 2개 이상의 입력신호를 원하는 비율로 조합한 출력이 발생하도록 하는 장치는?

① 분배기　　② 동조기
③ 복합기　　④ 혼합기

해설 혼합기 : 두 개 이상의 입력신호를 원하는 비율로 조합한 출력이 발생하도록 하는 장치를 말한다.

71

감지구역의 바닥면적이 50[m²]의 특정소방대상물에 열전대식 차동식분포형감지기를 설치하는 경우 열전대부는 몇 개 이상으로 하여야 하는가?

① 1개　　　　② 3개
③ 4개　　　　④ 10개

해설 바닥면적이 72[m²](주요구조부가 내화구조일 때에는 88[m²]) 이하인 특정소방대상물에 있어서는 4개 이상으로 할 것

72

가스누설경보기의 분리형 수신부의 기능에서 수신개시로부터 가스누설표시까지의 소요시간은 몇 초 이내이어야 하는가?

① 5초　　　　② 10초
③ 30초　　　　④ 60초

해설 수신개시부터 가스누설표시까지 소요시간은 60초 이내일 것

73

무선통신보조설비의 무선기기 접속단자 중 지상에 설치하는 접속단자는 보행거리 몇 [m] 이내마다 설치하여야 하는가?

① 5[m]　　　　② 50[m]
③ 150[m]　　　④ 300[m]

해설 지상에 설치하는 접속단자는 보행거리 300[m] 이내마다 설치하여야 한다.

74

자동화재탐지설비를 설치하여야 하는 특정소방대상물인 것은?

① 길이 500[m] 이상의 터널
② 연면적 400[m²] 이상의 노유자시설로서 수용인원이 100인 이상인 것
③ 공장으로서 지정수량의 100배 이상의 특수가연물을 저장, 취급하는 것
④ 공장 및 창고시설로서 연면적이 500[m²] 이상인 것

해설 특정소방대상물
- 근린생활시설(목욕장 제외), 의료시설, 숙박시설, 위락시설, 장례식장 및 복합건축물로서 연면적 600[m²] 이상인 것
- 공동주택, 근린생활시설 중 목욕장, 공장 및 창고시설 등으로서 연면적이 1,000[m²] 이상인 것
- 교육연구시설(교육시설 내에 있는 기숙사 및 합숙소 포함), 교정 및 군사시설(국방・군사시설 제외) 등으로 연면적이 2,000[m²] 이상인 것
- 지하구
- 지하가 중 터널로서 길이 1,000[m] 이상인 것
- 노유자시설
- 연면적 400[m²] 이상의 노유자시설 및 숙박시설이 있는 수련시설로서 수용인원이 100명 이상인 것
- 공장 및 창고시설로서 지정수량의 500배 이상의 특수가연물을 저장, 취급하는 것

75

자동화재탐지설비의 감지기의 형식별 특성에서 주위의 온도 또는 연기의 양의 변화에 따라 각각 다른 전류치 또는 전압치 등의 출력을 발하는 방식의 감지기는?

① 디지털식　　　② 아날로그식
③ 다신호식　　　④ 분산신호식

해설 아날로그식 : 주위의 온도 또는 연기의 량의 변화에 따라 각각 다른 전류치 또는 전압치 등의 출력을 발하는 방식의 감지기

76

자동화재탐지설비의 수신기 구조에서 정격전압이 몇 [V]를 넘는 기구의 금속제 외함에는 접지단자를 설치하여야 하는가?

① 30[V]   ② 60[V]

③ 100[V]   ④ 300[V]

해설 정격전압이 60[V]를 넘는 기구의 금속제 외함에는 접지단자를 설치할 것

77

비상조명등은 비상점등을 위하여 비상전원으로 전환되는 경우 비상점등 회로로 정격전류의 1.2배 이상의 전류가 흐르거나 램프가 없는 경우에는 비상점등 회로의 보호를 위하여 몇 초 이내에 예비전원으로부터 비상전원 공급을 차단하여야 하는가?

① 1초   ② 3초

③ 30초   ④ 60초

해설 비상점등 회로의 보호를 위한 예비전원으로부터 비상전원 공급 차단시간 : 3초

78

비상콘센트설비의 전원회로에 대한 전압과 공급용량을 바르게 나타낸 것은?

① 3상교류 : 380[V] 3[kVA] 이상, 단상교류 : 110[V] 1.5[kVA] 이상

② 3상교류 : 380[V] 3[kVA] 이상, 단상교류 : 220[V] 1.5[kVA] 이상

③ 3상교류 : 220[V] 3[kVA] 이상, 단상교류 : 220[V] 1.5[kVA] 이상

④ 3상교류 : 220[V] 3[kVA] 이상, 단상교류 : 110[V] 1.5[kVA] 이상

해설 비상콘센트의 설치

구 분	전 압	공급용량	플러그접속기
단상교류	220[V]	1.5[kVA] 이상	접지형 2극

※ 2013년 9월 3일 개정으로 3상교류에 대한 내용이 삭제되어 기준에 맞지 않는 문제임

79

축광방식의 피난유도선의 피난유도 표시부는 바닥면에 설치하지 않는 경우 바닥으로부터 높이 몇 [cm] 이하의 위치에 설치하여야 하는가?

① 100[cm] 이하   ② 80[cm] 이하

③ 50[cm] 이하   ④ 30[cm] 이하

해설 축광방식의 피난유도선

바닥으로부터 높이 50[cm] 이하의 위치 또는 바닥면에 설치할 것

80

공기관식 차동식분포형감지기의 설치기준으로 옳지 않은 것은?

① 공기관의 노출 부분은 감지구역마다 20[m] 이상이 되도록 할 것

② 하나의 검출 부분에 접속하는 공기관의 길이는 200[m] 이하로 할 것

③ 검출부는 5° 이상 경사되지 아니하도록 부착할 것

④ 검출부는 바닥으로부터 0.8[m] 이상 1.5[m] 이하의 위치에 설치할 것

해설 하나의 검출 부분에 접속하는 공기관의 길이는 100[m]이하로 할 것

2012년 5월 20일 시행

제 **2** 회

제 **1** 과목 | **소방원론**

01
다음 중 발화점이 가장 낮은 것은?

① 황화인
② 적 린
③ 황 린
④ 유 황

해설 발화점

종 류	황화인 (삼황화인)	적 린	황 린	유황 (고무상황)
착화온도	100[℃]	260[℃]	34[℃]	360[℃]

02
1[kcal]의 열은 약 몇 [J]에 해당하는가?

① 5,262
② 4,184
③ 3,943
④ 3,330

해설 1[cal] = 4.184[J]
1[kcal] = 4,184[J]

03
자연발화가 일어나기 쉬운 조건이 아닌 것은?

① 열전도율이 클 것
② 적당량의 수분이 존재할 것
③ 주위의 온도가 높을 것
④ 표면적이 넓을 것

해설 열전도율이 적을수록 자연발화가 잘 일어난다.

04
할론 1301의 화학식에 해당하는 것은?

① CF_3Br
② CBr_2F_2
③ $CBrClF_2$
④ $CBrClF_3$

해설 화학식

종 류	CF_3Br	CBr_2F_2	$CBrClF_2$	$CBrClF_3$
명 칭	할론 1301	할론 1202	할론 1211	할론 1311

05
마그네슘의 화재에 주수하였을 때 물과 마그네슘의 반응으로 인하여 생성하는 가스는?

① 일산화탄소
② 이산화탄소
③ 수 소
④ 산 소

해설 마그네슘은 물과 반응하면 수소가스를 발생한다.

$$Mg + 2H_2O \rightarrow Mg(OH)_2 + H_2 \uparrow$$

06
0[℃]의 물 1[g]이 100[℃]의 수증기가 되려면 몇 [cal]의 열량이 필요한가?

① 539
② 639
③ 719
④ 819

해설 열 량
$$Q = Cm\theta + mq$$
$$= 1[g] \times 1[cal/g \cdot ℃] \times (100-0)[℃]$$
$$+ 539[cal/g] \times 1[g] = 639[cal]$$

07

불티가 바람에 날리거나 또는 화재현장에서 상승하는 열기류 중심에 휩쓸려 원거리 가연물에 착화하는 현상을 무엇이라 하는가?

① 비 화　　　　　② 전 도
③ 대 류　　　　　④ 복 사

해설 비화 : 불티가 바람에 날리어 인접 가연물에 옮겨 붙는 현상

08

표면온도가 300[℃]에서 안전하게 작동하도록 설계된 히터의 표면온도가 360[℃]로 상승하면 300[℃] 때 방출하는 복사열에 비해 약 몇 배의 복사열을 방출하는가?

① 1.2　　　　　② 1.5
③ 2　　　　　④ 2.5

해설 복사열은 절대온도의 4승에 비례한다. 300[℃]에서 열량을 Q_1, 360[℃]에서 열량을 Q_2라고 하면

$$\frac{Q_2}{Q_1} = \frac{(360+273)^4\,[\text{K}]}{(300+273)^4\,[\text{K}]} = 1.5배$$

09

제3종 분말소화약제의 주성분은?

① 인산암모늄
② 탄산수소칼륨
③ 탄산수소나트륨
④ 탄산수소칼륨과 요소

해설 분말소화약제

종 별	소화약제	약제의 착색	적응 화재	열분해반응식
제1종 분말	중탄산나트륨 (NaHCO₃)	백 색	B, C 급	$2NaHCO_3 \rightarrow$ $Na_2CO_3 + CO_2 + H_2O$
제2종 분말	중탄산칼륨 (KHCO₃)	담회색	B, C 급	$2KHCO_3 \rightarrow$ $K_2CO_3 + CO_2 + H_2O$
제3종 분말	제일인산암모늄 (NH₄H₂PO₄)	담홍색, 황색	A, B, C급	$NH_4H_2PO_4 \rightarrow$ $HPO_3 + NH_3 + H_2O$
제4종 분말	중탄산칼륨+요소 [KHCO₃+(NH₂)₂CO]	회 색	B, C 급	$2KHCO_3+(NH_2)_2CO$ $\rightarrow K_2CO_3 + 2NH_3 + 2CO_2$

10

목재 연소 시 일반적으로 발생할 수 있는 연소가스로 가장 관계가 먼 것은?

① 포스겐　　　　　② 수증기
③ CO_2　　　　　④ CO

해설 목재의 연소 시 물(수증기)과 이산화탄소(CO_2), 일산화탄소(CO)는 발생하고 포스겐은 사염화탄소가 물과 공기 등과 반응할 때 발생한다.

11

지하층이라 함은 건축물의 바닥이 지표면 아래에 있는 층으로서 바닥에서 지표면까지의 평균높이가 해당 층 높이의 얼마 이상인 것을 말하는가?

① $\frac{1}{2}$　　　　　② $\frac{1}{3}$
③ $\frac{1}{4}$　　　　　④ $\frac{1}{5}$

해설 지하층 : 건축물의 바닥이 지표면 아래에 있는 층으로서 바닥에서 지표면까지의 평균높이가 해당 층 높이의 1/2 이상인 것

12

질소 79.2[%], 산소 20.8[%]로 이루어진 공기의 평균분자량은?(단, 질소 및 산소의 원자량은 각각 14 및 16이다)

① 15.44　　　　　② 20.21
③ 28.83　　　　　④ 36.00

해설 공기의 평균분자량
$(28 \times 0.792) + (32 \times 0.208) = 28.83$

[분자량]
・질소(N₂)=28　　　　・산소(O₂)=32

13

주된 연소형태가 표면연소인 가연물로만 나열된 것은?

① 숯, 목탄
② 석탄, 종이
③ 나프탈렌, 파라핀
④ 나이트로셀룰로스, 질화면

해설 표면연소 : **목탄**, **코크스**, **숯**, **금속분** 등이 열분해에 의하여 가연성 가스를 발생하지 않고 그 물질 자체가 연소하는 현상

안심Touch

14

이산화탄소를 방출하여 산소농도가 13[%]되었다면 공기 중 이산화탄소의 농도는 약 몇 [%]인가?

① 0.095[%]
② 0.3809[%]
③ 9.5[%]
④ 38.09[%]

해설 이산화탄소의 농도

$$이산화탄소의 농도[\%] = \frac{21 - O_2}{21} \times 100$$

$$\therefore 이산화탄소의 농도[\%] = \frac{21 - 13}{21} \times 100$$
$$= 38.09[\%]$$

15

건축물의 화재발생 시 인간의 피난 특성으로 틀린 것은?

① 평상시 사용하는 출입구나 통로를 사용하는 경향이 있다.
② 화재의 공포감으로 인하여 빛을 피해 어두운 곳으로 몸을 숨기는 경향이 있다.
③ 화염, 연기에 대한 공포감으로 발화지점의 반대 방향으로 이동하는 경향이 있다.
④ 화재 시 최초로 행동을 개시한 사람을 따라 전체가 움직이는 경향이 있다.

해설 지광본능 : 화재 발생 시 연기와 정전 등으로 가시거리가 짧아져 시야가 흐리면 밝은 방향으로 도피하려는 본능

16

인화점이 20[℃]인 액체 위험물을 보관하는 창고의 인화 위험성에 대한 설명 중 옳은 것은?

① 여름철에 창고 안이 더워질수록 인화의 위험성이 커진다.
② 겨울철에 창고 안이 추워질수록 인화의 위험성이 커진다.
③ 20[℃]에서 가장 안전하고 20[℃]보다 높아지거나 낮아질수록 인화의 위험성이 커진다.
④ 인화의 위험성은 계절의 온도와는 상관없다.

해설 인화점이 20[℃]이면 20[℃]가 되면 불이 붙으므로 창고 안의 온도가 높으면 위험하다.

17

알칼리금속의 과산화물을 취급할 때 주의사항으로 옳지 않은 것은?

① 충격, 마찰을 피한다.
② 가연물질과의 접촉을 피한다.
③ 분진발생을 방지하기 위해 분무상의 물을 뿌려준다.
④ 강한 산성류와의 접촉을 피한다.

해설 알칼리금속의 과산화물(Na_2O_2, K_2O_2)은 물과 반응하면 산소를 발생하므로 위험하다.

$$2Na_2O_2 + 2H_2O \rightarrow 4NaOH + O_2$$

18

피난계획의 일반원칙 중 Fool Proof 원칙이란 무엇인가?

① 1가지가 고장이 나도 다른 수단을 이용하는 원칙
② 2방향의 피난동선을 항상 확보하는 원칙
③ 피난수단을 이동식 시설로 하는 원칙
④ 피난수단을 조작이 간편한 원시적 방법으로 하는 원칙

해설 Fool Proof : 비상시 머리가 혼란하여 판단능력이 저하되는 상태로 누구나 알 수 있도록 문자나 그림으로 표시하여 피난수단을 조작이 간편한 원시적인 방법으로 하는 원칙

19

위험물의 유별 성질이 가연성 고체인 위험물은 제몇 류 위험물인가?

① 제1류 위험물
② 제2류 위험물
③ 제3류 위험물
④ 제4류 위험물

해설 제2류 위험물 : 가연성 고체

20

할로겐원소에 해당하지 않는 것은?

① 플루오린(불소)
② 염 소
③ 아이오딘(요오드)
④ 비 소

해설 할로겐원소(7족 원소) : F(플루오린, 불소), Cl(염소), Br(브롬, 취소), I(아이오딘, 요오드, 옥소)

정답 14 ④ 15 ② 16 ① 17 ③ 18 ④ 19 ② 20 ④

제 2 과목 소방전기일반

21
저항 $R[\Omega]$ 3개를 △결선한 부하에 3상전압 $E[V]$를 인가한 경우 선전류는 몇 [A]인가?

① $\dfrac{E}{3R}$

② $\dfrac{E}{\sqrt{3}\,R}$

③ $\dfrac{\sqrt{3}\,E}{R}$

④ $\dfrac{3E}{R}$

해설 △결선 : $V_l = V_P$, $I_l = \sqrt{3}\,I_P$

선전류 : $I_l = \sqrt{3}\,I_P = \sqrt{3} \cdot \dfrac{E}{R} = \dfrac{\sqrt{3}\,E}{R}$[A]

22
그림과 같은 회로에서 전원의 주파수를 2배로 할 때, 소비전력은 몇 [W]인가?

① 250[W]

② 769[W]

③ 816[W]

④ 1,600[W]

해설 임피던스 : $Z = \sqrt{R^2 + X_C^2} = \sqrt{4^2 + \left(\dfrac{6}{2}\right)^2} = 5[\Omega]$

용량성 리액턴스 : $X_C = \dfrac{1}{\omega C} = \dfrac{1}{2\pi f C}\left(X_C \propto \dfrac{1}{f}\right)$

전류 : $I = \dfrac{V}{Z} = \dfrac{100}{5} = 20$[A]

∴ 전력 $P = I^2 R = 20^2 \times 4 = 1,600$[W]

23
같은 평면 내에 3개의 도선 A, B, C가 각각 10[cm]의 거리를 두고 있다. 각 도선에 같은 방향으로 같은 전류가 흐를 때 B가 받는 힘에 대한 설명으로 옳은 것은?

① A, C가 받는 힘의 2배이다.

② 힘은 없다.

③ A, B, C가 똑같은 힘을 받는다.

④ A, C가 받는 힘의 $\dfrac{1}{2}$이다.

해설 A와 B도선의 힘과 B와 C도선의 힘은 서로 흡인력이 작용하여 힘이 존재하지 않는다.

24
키르히호프의 법칙을 이용하여 방정식을 세우는 방법으로 옳지 않은 것은?

① 도선의 접속점에서 키르히호프 제1법칙을 적용한다.

② 각 폐회로에서 키르히호프 제2법칙을 적용한다.

③ 계산 결과 전류가 +로 표시된 것은 처음에 정한 방향과 반대방향임을 나타낸다.

④ 각 회로의 전류를 문자로 나타내고 방향을 가정한다.

해설 계산 결과 전류가 +로 표시된 것은 처음에 정한 방향임을 나타낸다.

25

그림과 같은 1[kΩ]의 저항과 실리콘다이오드의 직렬
회로에서 양단 간의 전압 V_D는 약 몇 [V]인가?

① 0 　　　　　 ② 0.2
③ 12 　　　　　 ④ 24

해설 다이오드가 전지와 역방향으로 접속되어 24[V]전압
이 모두 다이오드에 걸린다.

26

그림과 같이 저항 3개가 병렬로 연결된 회로에 흐르는
가지전류 I_1, I_2, I_3 는 몇 [A]인가?

① $I_1 = 2$, $I_2 = \dfrac{4}{3}$, $I_3 = \dfrac{2}{3}$

② $I_1 = \dfrac{2}{3}$, $I_2 = \dfrac{4}{3}$, $I_3 = 2$

③ $I_1 = 3$, $I_2 = 2$, $I_3 = 1$

④ $I_1 = 1$, $I_2 = 2$, $I_3 = 3$

해설 • 3개 저항이 병렬연결 시 합성저항

$$R = \frac{R_1 R_2 R_3}{R_1 R_2 + R_2 R_3 + R_3 R_1} = \frac{36}{6+18+12} = 1$$

• 전체합성저항 $R_0 = 2 + 1 = 3$

• 전류 $I = \dfrac{V}{R_0} = \dfrac{12}{3} = 4$

$$\therefore I_1 = \frac{\frac{R_2 R_3}{R_2 + R_3}}{R_1 + \frac{R_2 R_3}{R_2 + R_3}} I = \frac{2}{4} \times 4 = 2[A]$$

$$I_2 = \frac{\frac{R_3 R_1}{R_3 + R_1}}{R_2 + \frac{R_3 R_1}{R_3 + R_1}} I = \frac{\frac{3}{2}}{\frac{9}{2}} \times 4 = \frac{4}{3}[A]$$

$$I_3 = \frac{\frac{R_1 R_2}{R_1 + R_2}}{R_3 + \frac{R_1 R_2}{R_1 + R_2}} I = \frac{\frac{6}{5}}{\frac{36}{5}} \times 4 = \frac{2}{3}[A]$$

27

발전기나 변압기의 내부회로 보호용으로 가장 적합한
것은?

① 과전류계전기 　　 ② 접지계전기
③ 비율차동계전기 　 ④ 온도계전기

해설 비율차동계전기 : 발전기나 변압기의 내부사고 시 동
작전류와 억제전류의 차 검출

28

다음의 제어량에서 추종제어에 속하지 않는 것은?

① 유 량 　　　　　 ② 위 치
③ 방 위 　　　　　 ④ 자 세

해설 서보기구가 추종제어에 속하므로 위치, 방위, 면적,
자세등을 제어

29

피드백제어계에서 제어요소에 관한 설명으로 옳은
것은?

① 목푯값에 비례하는 신호를 발생하는 요소
② 조작부와 검출부로 구성
③ 조절부와 검출부로 구성
④ 동작신호를 조작량으로 변화시키는 요소

해설 제어요소(Control Element)
• 조절부＋조작부로 구성되어 있다.
• 동작신호를 조작량으로 변화시켜 제어대상에게 신
호전달

30

코일에 전류가 흐를 때 생기는 자력의 세기를 설명한 것 중 옳은 것은?

① 자력의 세기와 전류와는 무관하다.

② 자력의 세기와 전류는 반비례한다.

③ 자력의 세기는 전류에 비례한다.

④ 자력의 세기는 전류의 2승에 비례한다.

> **해설** 자력의 세기(F)는 코일의 권수(N)와 전류(I)의 곱에 비례한다($F = N \cdot I$).

31

무효전력 $P_r = Q$일 때 역률이 0.6이면 피상전력은?

① $0.6Q$ 　　② $0.8Q$

③ $1.25Q$ 　　④ $1.67Q$

> **해설**
> - 역률 : $\cos\theta = 0.6$
> - 무효율 : $\sin\theta = \sqrt{1 - \cos^2\theta} = \sqrt{1 - 0.6^2} = 0.8$
> - 무효전력 : $P_r = VI\sin\theta = P_a\sin\theta = Q$
> - ∴ 피상전력 : $P_a = \dfrac{Q}{\sin\theta} = \dfrac{Q}{0.8} = 1.25Q$

32

동일 금속에 온도 구배가 있을 경우 여기에 전류를 흘리면 열을 흡수 또는 발생하는 현상을 무엇이라 하는가?

① 제베크효과 　　② 톰슨효과

③ 펠티에효과 　　④ 홀효과

> **해설** **톰슨효과** : 동일(한 종류) 금속에 전류를 흘리면 열이 흡수·발산하는 현상

33

서미스터는 온도가 증가할 때 그 저항은 어떻게 되는가?

① 감소한다. 　　② 증가한다.

③ 임의로 변화한다. 　　④ 변화없다.

> **해설** 서미스터 특징
> - 온도보상용
> - 부(−)저항온도계수 $\left(\text{온도} \propto \dfrac{1}{\text{저항}}\right)$

34

절연저항을 측정할 때 사용하는 계기는?

① 전류계 　　② 전위차계

③ 메 거 　　④ 휘트스톤브리지

> **해설** 메거 : 절연저항 측정

35

회로에서 공진상태의 임피던스는 몇 [Ω]인가?

① $\dfrac{L}{CR}$ 　　② $\dfrac{CR}{L}$

③ $\dfrac{CL}{R}$ 　　④ $\dfrac{R}{CL}$

> **해설** 직렬공진 : $Z = R[\Omega]$
> 병렬공진 : $Z = \dfrac{L}{CR}[\Omega]$

36

$10 + j20[V]$의 전압이 $16 + j9[\Omega]$의 임피던스에 인가되면 유효전력은 약 몇 [W]인가?

① $6.25[W]$ 　　② $17.17[W]$

③ $23.74[W]$ 　　④ $31.25[W]$

> **해설** 전압의 크기 : $V = \sqrt{10^2 + 20^2} \fallingdotseq 22.36$
> 임피던스의 크기 : $Z = \sqrt{16^2 + 9^2} \fallingdotseq 18.36$
> 전류 : $I = \dfrac{V}{Z} = \dfrac{22.36}{18.36} \fallingdotseq 1.22$
> 유효전력 : $P = I^2R = 1.22^2 \times 16 \fallingdotseq 23.74[W]$

37

교류회로에서 8[Ω]의 저항과 6[Ω]의 유도리액턴스가 병렬로 연결되었다면 역률은?

① 0.4
② 0.5
③ 0.6
④ 0.8

해설 병렬회로의 역률

$$\cos\theta = \frac{X}{Z} = \frac{6}{\sqrt{8^2 + 6^2}} = 0.6$$

38

다음은 타이머 코일을 사용한 접점과 그의 타임차트를 나타낸다. 이 접점은?(단, t 는 타이머의 설정값이다)

	기 호	타임차트
타이머 코 일	─Ⓣ─	무여자 여자 무여자
접 점	─o▽o─	Off On t Off

① 한시동작 순시복귀 a접점
② 순시동작 한시복귀 a접점
③ 한시동작 순시복귀 b접점
④ 순시동작 한시보귀 b접점

해설 **순시동작 한시복귀 a접점** : 타이머가 여자되면 접점이 바로 동작하고 타이머가 소자되면 타이머 설정시간 후 접점이 복귀되는 접점

39

단상 교류회로에 연결되어 있는 부하의 역률을 측정하고자 한다. 이때 필요한 계측기의 구성으로 옳은 것은?

① 전압계, 전력계, 회전계
② 상순계, 전력계, 전류계
③ 선압계, 전류계, 진력게
④ 전류계, 전압계, 주파수계

해설 • 전력 $P = VI\cos\theta$ 에서
• 역률 $\cos\theta = \dfrac{P}{VI}$ 이므로, 전력계(P), 전압계(V), 전류계(I)가 필요하다.

40

입력신호 A, B가 동시에 "0"이거나 "1"일 때만 출력신호 X가 "1"이 되는 게이트의 명칭은?

① EXCLUSIVE NOR
② EXCLUSIVE OR
③ NAND
④ AND

해설 EXCLUSIVE NOR = A⊙B
(두 입력이 같으면 출력은 1이다)

제 **3** 과목   **소방관계법규**

41

다음 중 그 성질이 자연발화성 물질 및 금수성 물질인 제3류 위험물에 속하지 않는 것은?

① 황 린
② 칼 륨
③ 나트륨
④ 황화인

해설 황화인 : 제2류 위험물

42

다음 중 화재예방, 소방시설 설치·유지 및 안전관리에 관한 법률 시행령에서 규정하는 특정소방대상물의 분류가 잘못된 것은?

① 자동차검사장 : 운수시설
② 동·식물원 : 문화 및 집회시설
③ 무도장 및 무도학원 : 위락시설
④ 전신전화국 : 방송통신시설

해설 항공기 및 자동차 관련 시설 : 자동차검사장

43

자동화재탐지설비의 화재안전기준을 적용하기 어려운 특정소방대상물로 볼 수 없는 것은?

① 정수장
② 수영장
③ 어류양식용 시설
④ 펄프공장의 작업장

해설 소방시설을 설치하지 아니할 수 있는 특정소방대상물 및 소방시설의 범위

구 분	특정소방대상물	소방시설
화재 위험도가 낮은 특정소방대상물	석재·불연성 금속·불연성 건축재료 등의 가공공장·기계조립공장·주물공장 또는 불연성 물품을 저장하는 창고	옥외소화전 및 연결살수설비
	소방기본법 제2조 제5호의 규정에 의한 소방대가 조직되어 24시간 근무하고 있는 청사 및 차고	옥내소화전설비, 스프링클러설비, 물분무 등 소화설비, 비상방송설비, 피난기구, 소화용수설비, 연결송수관설비, 연결살수설비
화재안전기준을 적용하기가 어려운 특정소방대상물	**펄프공장의 작업장**·음료수공장의 세정 또는 충전하는 작업장 그 밖에 이와 비슷한 용도로 사용하는 것	**스프링클러설비, 상수도 소화용수설비 및 연결살수설비**
	정수장, 수영장, 목욕장, **농예·축산·어류 양식용시설** 그 밖에 이와 비슷한 용도로 사용되는 것	**자동화재탐지설비**, 상수도 소화용수설비 및 연결살수설비
화재안전기준을 달리 적용하여야 하는 특수한 용도 또는 구조를 가진 특정소방대상물	원자력발전소, 핵폐기물처리시설	연결송수관설비 및 연결살수설비
위험물안전관리법 제19조의 규정에 의한 자체소방대가 설치된 특정소방대상물	자체소방대가 설치된 위험물제조소 등에 부속된 사무실	옥내소화전설비, 소화용수설비, 연결살수설비 및 연결송수관설비

44

위험물의 제조소 등을 설치하고자 하는 자는 누구의 허가를 받아야 하는가?

① 시·도지사
② 한국소방산업기술원장
③ 소방본부장 또는 소방서장
④ 행정안전부장관

해설 위험물제조소 등의 설치허가권자 : 시·도지사

45

특정소방대상물의 소방시설 자체점검에 관한 설명 중 종합정밀점검 대상이 아닌 항목은?

① 스프링클러설비가 설치된 연면적 5,000[m²] 이상인 특정소방대상물
② 옥내소화전설비가 설치된 연면적 5,000[m²] 이상인 특정소방대상물
③ 물분무설비가 설치된 연면적 5,000[m²] 이상인 특정소방대상물
④ 스프링클러설비가 설치된 층수가 11층 이상인 아파트

해설 종합정밀점검

구 분	내 용
대 상	• 스프링클러설비가 설치된 특정소방대상물 • 물분무 등 소화설비(호스릴 방식은 제외)가 설치된 연면적 5,000[m²] 이상인 특정소방대상물(위험물 제조소 등은 제외) • 다중이용업의 영업장이 설치된 특정소방대상물로서 연면적이 2,000[m²] 이상인 것(8개 다중이용업소) • 제연설비가 설치된 터널 • 공공기관 중 연면적이 1,000[m²] 이상인 것으로서 옥내소화전설비 또는 자동화재탐지설비가 설치된 것

※ 스프링클러설비가 설치되어 있으면 층수나 면적에 관계없이 종합정밀점검 대상이다.

46

다음 중 제조 또는 가공공정에서 방염대상물품이 아닌 것은?

① 암막 및 무대막
② 전시용합판, 섬유판
③ 두께가 2[mm] 미만인 종이벽지
④ 창문에 설치하는 커튼류, 블라인드

해설 제조 또는 가공공정에서 방염대상물품(설치유지법률 영 제20조)
• 창문에 설치하는 커튼류(블라인드 포함)
• **카펫**, 두께가 2[mm] 미만인 **벽지류**(종이벽지는 제외)
• 전시용 합판 또는 섬유판, 무대용 합판 또는 섬유판
• 암막, 무대막
• 섬유류 또는 합성수지류 등을 원료로 하여 제작된 소파·의자(단란주점영업, 유흥주점영업, 노래연습장의 영업장에 설치하는 것만 해당)

47

다음 (㉠), (㉡)에 들어갈 내용으로 알맞은 것은?

> "이동탱크저장소에는 차량의 전면 및 후면의 보기 쉬운 곳에 사각형의 (㉠)바탕에 (㉡)의 반사도료 그 밖의 반사성이 있는 재료로 '위험물'이라고 표시한 표지를 설치하여야 한다."

① ㉠ 흑색, ㉡ 황색
② ㉠ 황색, ㉡ 흑색
③ ㉠ 백색, ㉡ 적색
④ ㉠ 적색, ㉡ 백색

해설 이동탱크저장소에는 차량의 전면 및 후면의 보기 쉬운 곳에 사각형의 흑색바탕에 황색의 반사도료 그 밖의 반사성이 있는 재료로 "위험물"이라고 표시한 표지를 설치하여야 한다.

48

소방기본법에 다른 소방대상물에 해당되지 않는 것은?

① 건축물
② 항해 중인 선박
③ 차 량
④ 산 림

해설 **소방대상물** : 건축물, 차량, 선박(항구에 매어둔 선박), 선박건조구조물, 산림 인공 구조물 또는 물건

49

다음 중 중앙소방기술심의위원회의 심의를 받아야 하는 사항으로 옳지 않은 것은?

① 연면적 5만[m²] 이상의 특정소방대상물에 설치된 소방시설의 설계·시공·감리의 하자 여부에 관한 사항
② 화재안전기준에 관한 사항
③ 소방시설의 설계 및 공사감리의 방법에 관한 사항
④ 소방시설의 구조 및 원리 등에 있어서 공법이 특수한 설계 및 시공에 관한 사항

해설 **중앙소방기술 심의위원회의 심의사항**
• 화재안전기준에 관한 사항
• 소방시설의 구조 및 원리 등에서 공법이 특수한 설계 및 시공에 관한 사항

• 소방시설의 설계 및 공사감리의 방법에 관한 사항
• 소방시설공사의 하자를 판단하는 기준에 관한 사항
• 그 밖에 소방기술 등에 관하여 대통령령으로 정하는 사항
– 연면적 10만[m²] 이상의 특성소방대상물에 설치된 소방시설의 설계·시공·감리의 하자 유무에 관한 사항
– 새로운 소방시설과 소방용품의 도입 여부에 관한 사항

50

다음 중 소화활동설비에 해당하는 것은?

① 옥내소화전설비
② 무선통신보조설비
③ 통합감시시설
④ 비상방송설비

해설 **소화활동설비** : 제연설비, 연결송수관설비, 연결살수설비, 비상콘센트설비, 무선통신보조설비, 연소방지설비

51

층수가 20층인 아파트인 경우 스프링클러설비를 설치하여야 하는 층수는?

① 6층 이상
② 11층 이상
③ 16층 이상
④ 모든 층

해설 스프링클러설비는 층수가 6층 이상인 특정소방대상물의 경우에는 모든 층에 설치하여야 한다.

52

우수품질인증을 받지 아니한 소방용품에 우수품질인증 표시를 하거나 우수품질인증 표시를 위조 또는 변조하여 사용한 자에 대한 벌칙은?

① 100만원 이하의 벌금
② 200만원 이하의 벌금
③ 300만원 이하의 빌금
④ 500만원 이하의 벌금

해설 우수품질인증을 받지 아니한 제품에 우수품질인증 표시를 하거나 우수품질인증 표시를 위조하거나 변조하여 사용한 자 : 300만원 이하 벌금

정답 47 ① 48 ② 49 ① 50 ② 51 ④ 52 ③

53

도시의 건물, 밀집지역 등 화재가 발생할 우려가 높아 그로 인한 피해가 클 것으로 예상되는 일정한 구역을 화재경계지구로 지정할 수 있는 사람은?

① 소방서장
② 소방청장
③ 시·도지사
④ 소방본부장

해설 화재경계지구 지정권자 : 시·도지사

54

소방관계법에서 피난층의 정의를 가장 올바르게 설명한 것은?

① 지상 1층을 말한다.
② 2층 이하로 쉽게 피난할 수 있는 층을 말한다.
③ 지상으로 통하는 계단이 있는 층을 말한다.
④ 곧바로 지상으로 갈 수 있는 출입구가 있는 층을 말한다.

해설 피난층 : 곧바로 지상으로 갈 수 있는 출입구가 있는 층

55

소방서장은 소방특별조사결과 소방대상물의 보완될 필요가 있는 경우 관계인에게 개수, 이전, 제거 등의 필요조치를 명할 수 있다. 이와 같이 소방특별조사 결과에 따른 조치명령 위반자에 대한 벌칙사항은?

① 100만원 이하의 벌금
② 300만원 이하의 벌금
③ 1년 이하의 징역 또는 1,000만원 이하의 벌금
④ 3년 이하의 징역 또는 3,000만원 이하의 벌금

해설 소방특별조사 결과에 따른 조치명령 위반자
　　: 3년 이하의 징역 또는 3,000만원 이하의 벌금

56

비상경보설비를 설치하여야 할 특정소방대상물이 아닌 것은?

① 지하가 중 터널로서 길이가 500[m] 이상인 것
② 사람이 거주하고 있는 연면적 400[m²] 이상인 건축물
③ 지하층의 바닥면적이 100[m²] 이상으로 공연장인 건축물
④ 35명의 근로자가 작업하는 옥내작업장

해설 50명 이상의 근로자가 작업하는 옥내작업장에는 비상경보설비를 설치하여야 한다.

57

위험물시설의 설치 및 변경, 안전관리에 대한 설명으로 옳지 않은 것은?

① 제조소 등의 용도를 폐지한 때에는 폐지한 날부터 30일 이내에 시·도지사에게 신고하여야 한다.
② 제조소 등의 설치자의 지위를 승계한 자는 승계한 날부터 30일 이내에 시·도지사에게 신고하여야 한다.
③ 위험물안전관리자가 퇴직한 때에는 퇴직한 날부터 30일 이내에 다시 위험물안전관리자를 선임하여야 한다.
④ 위험물안전관리자가 선임한 때에는 선임한 날부터 14일 이내에 소방본부장 또는 소방서장에게 신고하여야 한다.

해설 제조소 등의 용도 폐지신고 : 폐지한 날부터 14일 이내에 시·도지사에게 신고

58

소방기관이 소방업무를 수행하는데 인력과 장비 등에 관한 기준은 다음 어느 것으로 정하는가?

① 대통령령　　　　② 행정안전부령
③ 시·도의 조례　　④ 소방청장령

해설 소방기관이 소방업무를 수행하는데 인력과 장비 등에 관한 기준 : 행정안전부령

59
다음 중 특수가연물의 종류에 해당되지 않는 것은?

① 목탄류　　　　② 석유류
③ 면화류　　　　④ 볏집류

> **해설** 석유류 : 제4류 위험물(인화성 액체)

60
하자보수를 하여야 하는 소방시설과 소방시설별 하자보수보증기간이 알맞은 것은?

① 비상경보설비 : 3년
② 옥내소화전설비 : 2년
③ 스프링클러설비 : 3년
④ 자동화재탐지설비 : 2년

> **해설** 하자보수보증기간
>
> | 보증기간 | 시설의 종류 |
> |---|---|
> | 2년 | 피난기구·유도등·유도표지·비상경보설비·비상조명등·비상방송설비 및 **무선통신보조설비** |
> | 3년 | 자동소화장치·옥내소화전설비·스프링클러설비·간이스프링클러설비·물분무 등 소화설비·옥외소화전설비·자동화재탐지설비·상수도 소화용수설비 및 소화활동설비(무선통신보조설비를 제외) |

제 **4** 과목	**소방전기시설의 구조 및 원리**

61
거실이 4개인 특정소방대상물에 단독경보형감지기를 설치하려고 한다. 거실의 면적은 각각 A실 28[m²], B실 310[m²], C실 35[m²], D실 155[m²]이다. 단독경보형감지기는 몇 개 이상 설치하여야 하는가?

① 4개　　　　② 5개
③ 6개　　　　④ 7개

> **해설** 단독경보형감지기를 각실마다 설치하되, 바닥면적이 150[m²]를 초과하는 경우에는 150[m²]마다 1개 이상 설치할 것
>
> A실 $= \dfrac{28}{150} = 0.18 = 1$개,　B실 $= \dfrac{310}{150} = 2.07 = 3$개
>
> C실 $= \dfrac{35}{150} = 0.23 = 1$개,　D실 $= \dfrac{155}{150} = 1.03 = 2$개
>
> $A + B + C + D = 7$
>
> ∴ 총 7개 이상 설치해야 한다.

62
지하철역사에 설치되는 피난구유도등의 종류로 옳은 것은?

① 특형피난구유도등　　② 대형피난구유도등
③ 중형피난구유도등　　④ 소형피난구유도등

> **해설**
>
> | 유도등 및 유도표지 | 특정소방대상물 설치 구분 |
> |---|---|
> | • 대형피난구유도등
• 통로유도등 | 위락시설·판매시설 및 영업시설·관광숙박시설·의료시설·통신촬영시설·전시장·지하상가·지하철역사 |

63
비상콘센트를 다음과 같은 조건으로 현장 설치한 경우 화재안전기준과 맞지 않는 것은?

① 바닥으로부터 높이 1.45[m]에 움직이지 않게 고정시켜 설치된 경우
② 바닥면적이 800[m²]인 층의 계단 출입구에서 4[m] 이내에 설치된 경우
③ 바닥면적의 합계가 12,000[m²]인 지하상가의 수평거리 30[m]마다 추가 설치한 경우
④ 바닥면적의 합계가 2,500[m²]인 지하층의 수평거리 40[m]마다 추가로 설치된 경우

> **해설** 지하상기 또는 지하층의 바닥면적의 합계가 3,000[m²] 이상인 것은 수평거리 25[m] 이하가 되도록 설치

64

휴대용 비상조명등을 설치한 경우이다. 화재안전기준에 적합하지 않는 경우는?

① 다중이용업소의 객실마다 잘 보이는 곳에 1개 이상 설치하였다.
② 백화점에 보행거리 50[m] 이내마다 5개씩 설치되었다.
③ 지하상가에 보행거리 25[m] 이내마다 4개씩 설치되었다.
④ 지하역사에 보행거리 50[m] 이내마다 3개씩 설치되었다.

해설 비상조명등 설치기준
- 대규모 점포, 영화상영관 : 보행거리 50[m] 이내마다 3개 이상 설치
- 숙박시설, 다중이용업소 : 1개 이상 설치
- 지하상가, 지하역사 : 보행거리 25[m] 이내마다 3개 이상 설치
- 설치 높이 : 0.8~1.5[m] 이하
- 배터리량 : 20분 이상

65

비상콘센트의 풀박스 등은 두께 몇 [mm] 이상의 철판을 사용하여야 하는가?

① 1.2[mm] ② 1.6[mm]
③ 2.6[mm] ④ 3.2[mm]

해설 비상콘센트 풀박스 두께 : 1.6[mm] 이상 철판

66

감지기의 설치기준으로 부적당한 것은?

① 감지기(차동식분포형 제외)는 실내 공기유입구로부터 1.5[m] 이상 떨어진 곳에 설치할 것
② 보상식스포트형감지기는 정온점이 감지기 주위의 평상시 최고온도보다 30[℃] 이상 높은 것으로 설치할 것
③ 정온식감지기는 주방, 보일러실 등 다량의 화기를 취급하는 장소에 설치하되 공칭작동온도가 최고주위온도보다 20[℃] 이상 높은 것으로 설치할 것
④ 스포트형감지기는 45° 이상 경사되지 아니하도록 부착할 것

해설 보상식스포트형감지기는 정온점이 감지기 주위의 평상시 최고온도보다 20[℃] 이상 높은 것으로 설치하여야 할 것

67

주요구조부가 내화구조가 아닌 특정소방대상물에 있어서 열전대식 차동식분포형감지기의 열전대부는 감지구역의 바닥면적 몇 [m²]마다 1개 이상으로 하여야 하는가?

① 18[m²] ② 22[m²]
③ 50[m²] ④ 72[m²]

해설 열전대식감지기의 면적기준

특정소방대상물	1개의 감지면적
주요구조부가 내화구조	22[m²]
기타 구조	18[m²]

68

자동화재탐지설비의 중계기의 설치기준에 대한 설명 중 옳지 않은 것은?

① 수신기에서 직접 감지기회로의 도통시험을 행하지 아니하는 것에 있어서는 수신기와 감지기 사이에 설치할 것
② 조작 및 점검에 편리하고 호재 및 침수 등의 재해로 인한 피해를 받을 우려가 없는 장소에 설치할 것
③ 수신기에 따라 감시되지 않는 배선을 통하여 전력을 공급받는 것에 있어서는 전원 입력측의 배선에 스위치를 설치할 것
④ 전원의 정전 즉시 수신기에 표시되는 것으로 하며 상용전원 및 예비전원의 시험을 할 수 있도록 할 것

해설 수신기에 따라 감시되지 아니하는 배선을 통하여 전력을 공급받는 것에 있어서는 전원입력 측의 배선에 과전류차단기를 설치할 것

69
비상조명등의 조도에 대한 설치기준으로 옳은 것은?

① 비상조명등이 설치된 장소로부터 30[m] 떨어진 곳의 바닥에서 1[lx] 이상 되어야 한다.

② 비상조명등이 설치된 장소로부터 10[m] 떨어진 곳의 바닥에서 1[lx] 이상 되어야 한다.

③ 비상조명등이 설치된 장소로부터 20[m] 떨어진 곳의 바닥에서 1[lx] 이상 되어야 한다.

④ 비상조명등이 설치된 장소의 각 부분의 바닥에서 1[lx] 이상 되어야 한다.

해설 비상조명등의 조도는 설치된 장소의 각 부분의 바닥에서 1[lx] 이상이 되어야 한다.

70
지하 2층, 지상 6층이고 연면적 3,500[m²]인 건물의 1층에서 화재가 발생된 경우 경보를 발하여야 하는 층을 모두 나열한 것은?

① 지하 2층, 지하 1층, 1층

② 지하 2층, 지하 1층, 1층, 2층

③ 1층, 2층

④ 모든 층

해설 직상층 우선경보방식
• 1층 발화 : 발화층(1층), 직상층(2층), 지하층(지하 1층, 지하 2층)

71
자동화재탐지설비의 경계구역 설정에 대한 설명으로 옳지 않은 것은?

① 하나의 경계구역이 2개 이상의 건축물에 미치지 아니하도록 할 것

② 하나의 경계구역이 2개 이상의 층에 미치지 아니하도록 할 것(2개의 층이 500[m²] 이하인 경우 제외)

③ 하나의 경계구역의 면적은 600[m²] 이하로 하고 한 변의 길이는 50[m] 이하로 할 것

④ 지하구의 경우 하나의 경계구역의 길이는 600[m] 이하로 할 것

해설 경계구역 설정기준
• 하나의 경계구역이 2개 이상의 건축물에 미치지 아니할 것
• 하나의 경계구역의 면적은 600[m²] 이하로 하고, 한 변의 길이는 50[m] 이하(예외, 특정소방대상물의 주 출입구에서 그 내부 전체가 보이는 것은 1,000[m²] 이하 가능)
• 지하구 또는 터널에 있어서 하나의 경계구역의 길이는 700[m] 이하로 할 것
• 하나의 경계구역이 2개 이상의 층에 미치지 아니할 것(예외, 500[m²]에서는 2개 층을 하나의 경계구역으로 가능)

72
무선통신보조설비의 무선기기 접속단자의 설치기준에 대한 설명으로 옳지 않은 것은?

① 수위실 등 상시 사람이 근무하고 있는 장소에 설치

② 단자는 바닥으로부터 높이 0.8[m] 이상 1.5[m] 이하의 위치에 설치

③ 지상에 설치하는 접속단자는 보행거리 350[m] 이내마다 설치

④ 단자의 보호함의 표면에 "무선기 접속단자"라고 표시한 표지를 할 것

해설 무선통신보조설비의 지상에 설치하는 접속단자는 보행거리 300[m] 이내마다 설치할 것

73
다음 중 자동화재속보설비의 스위치 설치기준으로 옳은 것은?

① 바닥으로부터 0.5[m] 이상 1.5[m] 이하의 높이에 설치한다.

② 바닥으로부터 0.5[m] 이상 1.8[m] 이하의 높이에 설치한다.

③ 바닥으로부터 0.8[m] 이상 1.5[m] 이하의 높이에 설치한다.

④ 바닥으로부터 0.8[m] 이상 1.8[m] 이하의 높이에 설치한다.

해설 자동화재속보설비의 스위치 설치위치
: 0.8[m] 이상 1.5[m] 이하

74
누전경보기의 전원은 분전반으로부터 전용회로로 하고 각 극에 개폐기와 몇 [A] 이하의 과전류차단기를 설치하여야 하는가?

① 15[A] ② 20[A]
③ 25[A] ④ 30[A]

해설 누전경보기의 전원
- 과전류차단기 : 15[A] 이하
- 배선용 차단기 : 20[A] 이하

75
누전경보기의 수신부를 해당 부분의 전기회로를 차단할 수 있는 차단기구를 가진 수신부로 설치하여야 하는 장소로 알맞은 것은?

① 화약류를 제조하거나 저장 또는 취급하는 장소
② 가연성의 증기·먼지 등이 체류할 우려가 있는 장소
③ 온도의 변화가 급격한 장소나 습도가 높은 장소
④ 대전류회로·고주파발생회로 등에 따른 영향을 받을 우려가 있는 장소

해설 설치 제외 장소〈온대~가습화〉
- 온도의 변화가 심한 장소
- 대전류회로, 고주파발생회로 등의 영향 우려 장소
- 가연성의 먼지, 가스 등 또는 부식성 가스 등이 다량 체류 장소
- 습도가 높은 장소
- 화학류 제조, 저장, 취급하는 장소

76
유도등은 전기회로에 점멸기를 설치하지 아니하고 항상 점등상태를 유지하여야 한다. 다만, 3선식 배선에 따라 상시 충전되는 구조인 경우에는 그렇지 않아도 되는데 그 장소로 적당하지 않은 것은?

① 민방위훈련 등으로 야간등화관제가 필요한 장소
② 특정소방대상물의 관계인 또는 종사원이 주로 사용하는 장소
③ 공연장, 암실 등으로서 어두워야 할 필요가 있는 장소
④ 외부광에 따라 피난구 또는 피난방향을 쉽게 식별할 수 있는 장소

해설 유도등의 전원 및 배선 기준
- 유도등의 인입선과 옥내배선은 직접 연결할 것
- 유도등은 전기회로에 점멸기를 설치하지 아니하고 항상 점등상태를 유지할 것. 다만, 특정소방대상물 또는 그 부분에 사람이 없거나 다음에 해당하는 장소로서 3선식 배선에 따라 상시 충전되는 구조인 경우에는 그러하지 아니하다.
  - 외부광(光)에 따라 피난구 또는 피난방향을 쉽게 식별할 수 있는 장소
  - 공연장, 암실(暗室) 등으로서 어두워야 할 필요가 있는 장소
  - 특정소방대상물의 관계인 또는 종사원이 주로 사용하는 장소

77
통로유도등의 표지면의 색상으로 맞는 것은?

① 녹색바탕에 백색문자
② 녹색바탕에 황색문자
③ 백색바탕에 녹색문자
④ 백색바탕에 청색문자

해설
- 통로유도등 : 백색바탕, 녹색피난방향(녹색문자)
- 피난구유도등 : 녹색바탕에 백색문자

78
무선통신보조설비의 누설동축케이블을 설치하고자 한다. 다음 설치기준 중 옳지 않은 것은?

① 누설동축케이블의 끝부분에는 무반사 종단저항을 설치할 것
② 소방전용주파수대에서 전파의 전송 또는 복사에 적합한 것으로 소방전용의 것으로 할 것
③ 누설동축케이블은 불연성 또는 난연성의 재질을 갖출 것
④ 누설동축케이블은 고압의 전로로부터 1[m] 이상 이격하여 설치할 것

해설 누설동축케이블 및 공중선은 고압의 전로로부터 1.5[m] 이상 떨어진 위치에 설치할 것

79

공장 및 창고시설로서 바닥면적이 몇 [m²] 이상인 층이 있는 특정소방대상물에는 자동화재속보설비를 설치하여야 하는가?

① 1,500[m²] 이상
② 2,000[m²] 이상
③ 3,000[m²] 이상
④ 5,000[m²] 이상

해설 **자동화재속보설비의 특정소방대상물**
업무시설, 공장 및 창고시설, 교정 및 군사시설 중 국방·군사시설로서 바닥면적이 1,500[m²] 이상

80

비상방송설비의 배선에 대한 설치기준으로 옳지 않은 것은?

① 배선은 다른 전선과 동일한 관, 덕트, 몰드 또는 풀박스 등에 설치할 것
② 전원회로의 배선은 화재안전기준에 따른 내화배선을 설치할 것
③ 화재로 인하여 하나의 층의 확성기 또는 배선이 단락 또는 단선되어도 다른 층의 화재통보에 지장이 없도록 할 것
④ 부속회로의 전로와 대지 사이 및 배선상호 간의 절연저항은 1경계구역마다 직류 250[V]의 절연저항측정기를 사용하여 측정한 절연저항이 0.1[MΩ] 이상이 되도록 할 것

해설 배선은 다른 전선과 별도의 관, 덕트(절연효력이 있는 것으로 구획한 때에는 그 구획된 부분은 별개의 덕트로 본다), 몰드 또는 풀박스 등에 설치할 것

2012년 9월 15일 시행

제 **1** 과목   **소방원론**

01

공기를 기준으로 한 CO_2가스 비중은 약 얼마인가? (단, 공기의 분자량은 29이다)

① 0.81   ② 1.52
③ 2.02   ④ 2.51

해설   비중 $= \dfrac{분자량}{29} = \dfrac{44}{29} = 1.517$

02

연소 시 백적색의 온도는 약 몇 [℃] 정도 되는가?

① 400   ② 650
③ 750   ④ 1,300

해설   연소의 색과 온도

색 상	담암적색	암적색	적 색	휘적색
온도[℃]	520	700	850	950

색 상	황적색	백적색	휘백색
온도[℃]	1,100	1,300	1,500 이상

03

다음 중 착화 온도가 가장 낮은 것은?

① 에틸알코올   ② 톨루엔
③ 등 유   ④ 가솔린

해설   착화 온도

종 류	에틸알코올	톨루엔	등 유	가솔린
온도[℃]	423	552	220	약 300

04

휘발유 화재 시 물을 사용하여 소화할 수 없는 이유로 가장 옳은 것은?

① 인화점이 물보다 낮기 때문이다.
② 비중이 물보다 작아 연소면이 확대되기 때문이다.
③ 수용성이므로 물에 녹아 폭발이 일어나기 때문이다.
④ 물과 반응하여 수소가스를 발생하기 때문이다.

해설   제4류 위험물인 휘발유화재 시 물을 사용하면 물과 섞이지 않고 비중이 물보다 작아 연소면을 확대시키므로 적합하지 않다.

05

다음 할로겐원소 중 원자번호가 가장 작은 것은?

① F   ② Cl
③ Br   ④ I

해설   할로겐원소

종 류	F	Cl	Br	I
원자번호	9	17	35	53

06

건축물의 피난 · 방화구조 등의 기준에 관한 규칙에 따른 바닥의 내화구조 기준으로 ( )에 알맞은 수치는?

> 철근콘크리트조 또는 철골철근콘크리트조로서 두께가 (   )[cm] 이상인 것

① 4   ② 5
③ 7   ④ 10

해설 내화구조의 기준

내화구분	내화구조의 기준
바 닥	• 철근콘크리트조 또는 철골 · 철근콘크리트조로서 두께가 10[cm] 이상인 것 • 철재로 보강된 콘크리트블록조 · 벽돌조 또는 석조로서 철재에 덮은 두께가 5[cm] 이상인 것 • 철재의 양면을 두께 5[cm] 이상의 철망모르타르 또는 콘크리트로 덮은 것

07

피난동선에 대한 계획으로 옳지 않은 것은?

① 피난동선은 가급적 일상 동선과 다르게 계획한다.
② 피난동선은 적어도 2개소의 안전장소를 확보한다.
③ 피난동선의 말단은 안전장소이어야 한다.
④ 피난동선은 간단명료해야 한다.

해설 피난동선은 평상시 숙지된 동선으로 일상 동선과 같게 하여야 한다.

08

연기감지기가 작동할 정도이고 가시거리가 20~30[m]에 해당하는 감광계수는 얼마인가?

① $0.1[m^{-1}]$　　② $1.0[m^{-1}]$
③ $2.0[m^{-1}]$　　④ $10[m^{-1}]$

해설 연기농도와 가시거리

감광계수	가시거리[m]	상 황
0.1	20~30	연기감지기가 작동할 때의 정도
0.3	5	건물 내부에 익숙한 사람이 피난에 지장을 느낄 정도
0.5	3	어두침침한 것을 느낄 정도
1	1~2	거의 앞이 보이지 않을 정도
10	0.2~0.5	화재 최성기 때의 정도

09

마그네슘의 화재 시 이산화탄소소화약제를 사용하면 안 되는 주된 이유는?

① 마그네슘과 이산화탄소가 반응하여 흡열반응을 일으키기 때문이다.
② 마그네슘과 이산화탄소가 반응하여 가연성 가스인 일산화탄소가 생성되기 때문이다.
③ 마그네슘이 이산화탄소에 녹기 때문이다.
④ 이산화탄소에 의한 질식의 우려가 있기 때문이다.

해설 마그네슘은 이산화탄소가 반응하여 가연성 가스인 일산화탄소가 생성되기 때문에 소화약제로 적합하지 않다.

$$Mg + CO_2 \rightarrow MgO + CO$$

10

할로겐화합물소화설비에서 Halon 1211약제의 분자식은?

① CF_2BrCl　　② CBr_2ClF
③ CCl_2BrF　　④ BrC_2ClF

해설 Halon 1211의 분자식 : CF_2BrCl

11

분말소화약제의 주성분이 아닌 것은?

① 황산알루미늄
② 탄산수소나트륨
③ 탄산수소칼륨
④ 제1인산암모늄

해설 황산알루미늄은 화학포소화약제의 주성분이다.

12

다음 중 비열이 가장 큰 것은?

① 물　　　　　② 금
③ 수 은　　　　④ 철

해설 물의 비열은 $1[cal/g \cdot ℃]$로서 가장 크다.

13

22[℃]의 물 1[t]을 소화약제로 사용하여 모두 증발시켰을 때 얻을 수 있는 냉각효과는 몇 [kcal]인가?

① 539
② 617
③ 539,000
④ 617,000

해설 열량 $Q = Cm\theta + mq$
$$= 1,000[kg] \times 1[kcal/kg \cdot ℃] \times (100-22)[℃]$$
$$+ (539[kcal/kg] \times 1,000[kg])$$
$$= 617,000[kcal]$$

14

목재화재 시 다량의 물을 뿌려 소화하고자 한다. 이때 가장 큰 소화효과는?

① 제거소화효과
② 냉각소화효과
③ 부촉매소화효과
④ 희석소화효과

해설 냉각소화 : 목재화재 시 다량의 물을 뿌려 발화점 이하로 낮추어 소화하는 방법

15

다음 중 분진폭발의 위험성이 가장 낮은 것은?

① 알루미늄분
② 유 황
③ 팽창질석
④ 소맥분

해설 팽창질석은 소화약제이다.

16

공기와 할론 1301의 혼합기체에서 할론 1301에 비해 공기의 확산속도는 약 몇 배인가?(단, 공기의 평균분자량은 29, 할론 1301의 분자량은 149이다)

① 2.27배
② 3.85배
③ 5.17배
④ 6.46배

해설 확산속도
$$\frac{U_B}{U_A} = \sqrt{\frac{M_A}{M_B}}$$
$$U_B = U_A \times \sqrt{\frac{M_A}{M_B}} = 1 \times \sqrt{\frac{149}{29}} = 2.27$$

17

메탄이 완전 연소할 때의 연소생성물의 옳게 나열한 것은?

① H_2O, HCl
② SO_2, CO_2
③ SO_2, HCl
④ CO_2, H_2O

해설 메탄이 완전 연소하면 이산화탄소(CO_2)와 물(H_2O)이 생성된다.

$$CH_4 + O_2 \rightarrow CO_2 + 2H_2O$$

18

주된 연소의 형태가 분해연소인 물질은?

① 코크스
② 알코올
③ 목 재
④ 나프탈렌

해설 분해연소 : 석탄, 종이, 목재, 플라스틱 등의 연소 시 열분해에 의해 발생된 가스와 공기가 혼합하여 연소하는 현상

종 류	코크스	알코올	목 재	나프탈렌
연소형태	표면연소	증발연소	분해연소	증발연소

19

제2류 위험물에 해당하지 않는 것은?

① 유 황
② 황화인
③ 적 린
④ 황 린

해설 위험물의 분류

종 류	유 황	황화인	적 린	황 린
유 별	제2류 위험물	제2류 위험물	제2류 위험물	제3류 위험물

20

조연성 가스에 해당하는 것은?

① 수 소
② 일산화탄소
③ 산 소
④ 에 탄

해설 조연성 가스 : 산소, 염소와 같이 자신은 연소하지 않고 연소를 도와주는 가스

제 2 과목 소방전기일반

21
변압기의 내부고장 보호에 사용되는 계전기는 다음 중 어느 것인가?

① 차동계전기　　② 저전압계전기
③ 고전압계전기　④ 압력계전기

> **해설** 비율차동계전기(RDF) : 발전기나 **변압기**의 내부 사고 시 동작 전류와 억제 전류의 차 검출

22
이상적인 전압원 및 전류원에 대한 설명이 옳은 것은?

① 전압원의 내부저항은 ∞이고 전류원은 0이다.
② 전압원의 내부저항은 0이고 전류원은 ∞이다.
③ 전압원이나 전류원의 내부저항은 흐르는 전류에 따라 변한다.
④ 전압원의 내부저항은 일정하고, 전류원의 내부 저항은 일정하지 않다.

> **해설** 이상적인 전압원과 전류원은 부하에 관계없이 항상 일정한 전압과 전류를 공급한다.
> • **전압원의 기전력** : 내부저항 0
> • **전류원의 기전력** : 내부저항 ∞

23
주파수 응답 특성을 설명한 것이다. 옳지 않은 것은?

① 저역통과회로 : 차단주파수보다 높은 주파수는 잘 통과시키지 않고 낮은 주파수를 잘 통과시키는 회로
② 고역통과회로 : 차단주파수보다 높은 주파수는 잘 통과 시키지만 낮은 주파수는 잘 통과시키지 않는 회로
③ 대역통과회로 : 중간 범위의 주파수는 잘 통과시키지만 이보다 낮거나 높은 주파수는 잘 통과시키지 않는 회로
④ 대역저지회로 : 어떤 범위의 주파수는 통과시키고 이보다 낮거나 높은 주파수는 잘 통과시키지 않는 회로

> **해설** 대역저지회로 : 어떤 범위의 주파수는 통과시키지 않고 이보다 낮거나 높은 주파수는 잘 통과시키지 않는 회로

24
다음 변환요소의 종류 중 변위를 임피던스로 변환하여 주는 것은?

① 벨로스
② 노즐 플래퍼
③ 가변 저항기
④ 전자 코일

> **해설** 변위 → 임피던스 : 가변 저항기, 용량형 변환기, 가변 저항 스프링

25
다음과 같이 구성한 연산증폭기회로에서 출력전압 v_0 는?

① $v_0 = \dfrac{R_F}{R_1}v_1 + \dfrac{R_F}{R_2}v_2 + \dfrac{R_F}{R_3}v_3$

② $v_0 = \dfrac{R_1}{R_F}v_1 + \dfrac{R_2}{R_F}v_2 + \dfrac{R_3}{R_F}v_3$

③ $v_0 = -\left(\dfrac{R_F}{R_1}v_1 + \dfrac{R_F}{R_2}v_2 + \dfrac{R_F}{R_3}v_3 \right)$

④ $v_0 = -\left(\dfrac{R_1}{R_F}v_1 + \dfrac{R_2}{R_F}v_2 + \dfrac{R_3}{R_F}v_3 \right)$

> **해설** • 입력전류 $i = \dfrac{v_1}{R_1} + \dfrac{v_2}{R_2} + \dfrac{v_3}{R_3}$
> • 출력전압
> $$v_0 = -R_F i = -\left(\dfrac{R_F}{R_1}v_1 + \dfrac{R_F}{R_2}v_2 + \dfrac{R_F}{R_3}v_3 \right)$$

26

피드백 제어계 중 물체의 위치, 방위, 자세 등의 기계적 변위를 제어량으로 하는 것은?

① 서보제어
② 프로세스제어
③ 자동조정
④ 프로그램제어

해설 서보제어(서보기구) : 물체의 위치, 방위, 자세 등의 기계적 변위를 제어량으로 제어

27

길이 l 의 도체로 원형코일을 만들어 일정한 전류를 흘릴 때 M회 감았을 때의 중심의 자계는 N회 감았을 때의 중심의 자계의 몇 배인가?

① $\dfrac{M}{N}$

② $\dfrac{M^2}{N^2}$

③ $\dfrac{N}{M}$

④ $\dfrac{N^2}{M^2}$

해설 M회 감은 원형코일의 반지름 : a

N회 감은 원형코일의 반지름 : b

길이 $l = M2\pi a = N2\pi b$, $\dfrac{b}{a} = \dfrac{M}{N}$

원형코일 중심의 자계 $H = \dfrac{NI}{2r}$

$\therefore \dfrac{H_M}{H_N} = \dfrac{\dfrac{MI}{2a}}{\dfrac{NI}{2b}} = \dfrac{Mb}{Na} = \dfrac{M^2}{N^2}$

28

저항을 설명한 다음 문항 중 틀린 것은?

① 기호는 R, 단위는 $[\Omega]$이다.

② 옴의 법칙은 $R = \dfrac{V}{I}$이다.

③ R의 역수는 서셉턴스이며 단위는 $[\mho]$이다.

④ 전류의 흐름을 방해하는 작용을 저항이라 한다.

해설 R의 역수는 콘덕턴스이며 단위는 $[\Omega^{-1}]$, $[\mho]$, $[s]$이다.

29

대전된 전기의 양을 전하량(전하)이라고 하며, 정(+)전하와 부(−)전하로 나뉜다. 정전하와 부전하의 두 전하 사이에 작용하는 힘을 무엇이라고 하는가?

① 정전기
② 정전용량
③ 전기장
④ 정전력

해설 두 전하 사이에 작용하는 힘(쿨롱의 법칙) : 정전력

30

교류전압계의 지침이 지시하는 전압은 다음 중 어느 것인가?

① 실횻값
② 평균값
③ 최댓값
④ 순시값

해설 교류전압계의 지침이 지시하는 전압 : 실횻값

31

저항 R_1, R_2 와 인덕턴스 L 이 직렬로 연결된 회로에서 시정수[s]는?

① $\dfrac{R_1 + R_2}{L}$

② $-\dfrac{R_1 + R_2}{L}$

③ $\dfrac{L}{R_1 + R_2}$

④ $-\dfrac{L}{R_1 + R_2}$

해설 $R-L$직렬회로의 시정수 $\tau = \dfrac{L}{R_0} = \dfrac{L}{R_1 + R_2}$

32

다음 중 완전 통전상태에 있는 SCR을 차단상태로 하기 위한 방법으로 알맞은 것은?

① 게이트 전류를 차단시킨다.
② 게이트에 역방향 바이어스를 인가한다.
③ 양극전압을 (−)로 한다.
④ 양극전압을 더 높게 한다.

해설 턴오프 방법
• 양극전압을 음(−)으로 한다.
• 유지전류 이하로 한다.

33

동일한 전류가 흐르는 두 개의 평행도체가 있다. 도체 간의 거리를 $\dfrac{1}{2}$ 로 하면 그 작용하는 힘은 몇 배로 되는가?

① 2　　　　　　② 4
③ 8　　　　　　④ 16

해설 평행 도체 간에 작용하는 힘 $F = \dfrac{2I_1 I_2}{r} \times 10^{-7} [\text{N}]$ 이고 $F \propto \dfrac{1}{r}$ 이므로 거리를 $\dfrac{1}{2}$ 로 하면 힘 F는 2배이다.

34

단상 200[V]의 교류전압을 회로에 인가할 때 $\dfrac{\pi}{6}[\text{rad}]$ 만큼 위상이 뒤진 10[A]의 전류가 흐른다고 한다. 이 회로의 역률은 몇 [%]인가?

① 86.6　　　　② 89.6
③ 92.6　　　　④ 95.6

해설 유효전력

$$P = VI\cos\theta = 200 \times 10 \cos 30° = 1,732[\text{W}]$$

$$\cos\theta = \dfrac{P}{VI} = \dfrac{P}{P_a} = \dfrac{1,732}{2,000} = 0.866 \times 100 (86.6[\%])$$

35

그림과 같은 회로의 AB 사이의 합성저항은?

① $\dfrac{9}{10}R$　　　　② $\dfrac{7}{10}R$

③ $\dfrac{10}{7}R$　　　　④ $\dfrac{10}{9}R$

해설 △결선을 Y결선으로 변환 : $R_Y = \dfrac{R_X}{3}$

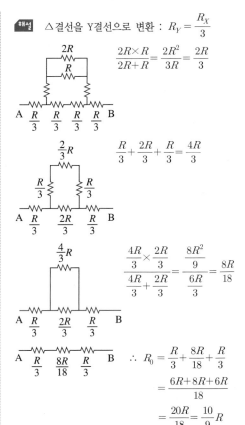

$$\dfrac{2R \times R}{2R + R} = \dfrac{2R^2}{3R} = \dfrac{2R}{3}$$

$$\dfrac{R}{3} + \dfrac{2R}{3} + \dfrac{R}{3} = \dfrac{4R}{3}$$

$$\dfrac{\dfrac{4R}{3} \times \dfrac{2R}{3}}{\dfrac{4R}{3} + \dfrac{2R}{3}} = \dfrac{\dfrac{8R^2}{9}}{\dfrac{6R}{3}} = \dfrac{8R}{18}$$

$$\therefore R_0 = \dfrac{R}{3} + \dfrac{8R}{18} + \dfrac{R}{3}$$
$$= \dfrac{6R + 8R + 6R}{18}$$
$$= \dfrac{20R}{18} = \dfrac{10}{9}R$$

36

유도성 부하를 사용하는 경우 역률을 개선하기 위한 방법으로 콘덴서를 부하에 병렬로 접속시켜 역률을 개선한다. 다음 중 역률개선의 의미와 다른 것은?

① 위상차(θ)를 작게 한다.
② $X_L - X_C = 0$에 가깝도록 조정한다.
③ $\cos\theta$의 값을 크게 해준다.
④ 전압과 전류의 위상차를 크게 한다.

해설 전압과 전류의 위상차를 크게 되면 역률은 더 나빠진다.

37

어떤 회로에 $V=100+j20[\text{V}]$인 전압을 가했을 때 $I=8+j6[\text{A}]$인 전류가 흘렀다. 이 회로의 소비전력은 몇 [W]인가?

① 800[W] ② 920[W]

③ 1,200[W] ④ 1,400[W]

해설 $V=100+j20[\text{V}], \ I=8+j6[\text{A}]$의

복소전력 : $P=\overline{V}I=(100-j20)(8+j6)$

$=800+j600-j160+120$

$=920+j440$

유효(소비)전력 : 920[W]

무효전력 : 440[var]

38

그림과 같은 회로의 역률은 약 얼마인가?

① 0.24 ② 0.59

③ 0.8 ④ 0.97

해설 ㉠

역 률	병렬회로	직렬회로
$\cos\theta$	$\dfrac{X}{\sqrt{R^2+X^2}}$	$\dfrac{R}{\sqrt{R^2+X^2}}$

㉡ 임피던스(Z)

• $Z=\dfrac{R\times(R-jX_c)}{R+(R-jX_c)}$

$=\dfrac{5\times(4-j2)}{5+4-j2}=\dfrac{5\times(4-j2)}{9-j2}$

$=\dfrac{5\times(4-j2)(9+j2)}{(9-j2)(9+j2)}=2.35-j0.59$

• $R=2.35, \ X=0.59$이므로

$\cos\theta=\dfrac{R}{\sqrt{R^2+X^2}}=\dfrac{2.35}{\sqrt{2.35^2+0.59^2}}$

$=0.97$

39

다음과 같은 특성을 갖는 제어계는?

• 발진을 일으키고 불안정한 상태로 되어가는 경향성을 보인다.
• 정확성과 감대폭이 증가한다.
• 계의 특성변화에 대한 입력 대 출력비의 감도가 감소한다.

① 프로세스제어 ② 피드백제어

③ 프로그램제어 ④ 추종제어

해설 피드백(폐회로) 제어계

• 미리 정해진 순서에 따라 제어의 각 단계를 순차적으로 제어하며 입력과 출력이 일치해야 출력하는 제어
• 입력과 출력을 비교하는 장치필요(비교부)
• 전달함수 초깃값이 항상 "0"이다.
• 구조가 복잡하고, 시설비가 비싸다.
• 정확성, 감대폭, 대역폭이 증가한다.
• 계의 특성변화에 대한 입력 대 출력비의 감도가 감소된다.
• 비선형과 왜형에 대한 효과가 감소한다.

40

3상 평형부하가 있다. 선간전압 3,000[V], 선전류 30[A], 역률 0.9(뒤짐)이다. 부하가 Y결선일 때 한 상의 저항은 몇 [Ω]인가?

① 90[Ω] ② 51.96[Ω]

③ 173.20[Ω] ④ 4676.53[Ω]

해설 Y결선 : $V_l=\sqrt{3}\,V_p$

$I_l=I_p$

$P=\sqrt{3}\,VI\cos\theta=3I_p^2R$

$P=\sqrt{3}\,VI\cos\theta=\sqrt{3}\times3,000\times30\times0.9\fallingdotseq140,296[\text{W}]$

$\therefore \ R=\dfrac{P}{3I_P^2}=\dfrac{140,296}{3\times30^2}=51.96[\Omega]$

제3과목 소방관계법규

41
특정소방대상물의 소방계획서의 작성 및 실시에 관한 지도·감독권자로 옳은 것은?

① 소방청장
② 소방본부장 또는 소방서장
③ 시·도지사
④ 행정안전부장관

해설 소방계획서의 작성 및 실시에 관한 지도·감독권자
: 소방본부장 또는 소방서장

42
지정수량의 몇 배 이상의 위험물을 저장하는 옥내저장소에는 화재예방을 위한 예방규정을 정하여야 하는가?

① 10배　　　　② 100배
③ 150배　　　　④ 200배

해설 예방규정을 정하여야 하는 제조소 등
- 지정수량의 10배 이상의 위험물을 취급하는 제조소, 일반취급소
- 지정수량의 100배 이상의 위험물을 저장하는 옥외저장소
- 지정수량의 150배 이상의 위험물을 저장하는 옥내저장소
- 지정수량의 200배 이상의 위험물을 저장하는 옥외탱크저장소
- 암반탱크저장소, 이송취급소

43
다음 중 소방시설관리업의 등록이 불가능한 자는?

① 관리업 등록이 취소된 날부터 1년이 지난 사람
② 소방기본법의 위반으로 실형을 선고받고 그 집행이 끝난 후 3년이 지난 사람
③ 소방시설공사업법 위법으로 금고형의 실형을 선고받고 그 집행이 면제된 날부터 2년이 지난 사람
④ 위험물안전관리법 위반으로 집행유예를 선고받고 집행유예기간이 끝난 날부터 6개월이 지난 사람

해설 관리업의 등록이 취소된 날부터 2년이 지나지 아니한 사람은 등록할 수 없다.

44
소방시설관리업자가 기술인력을 변경해야 하는 경우 제출하지 않아도 되는 서류는?

① 소방시설관리업 등록수첩
② 변경된 기술인력의 기술자격증(자격수첩)
③ 기술인력 연명부
④ 사업자등록증 사본

해설 기술인력을 변경하는 경우
- 소방시설관리업등록수첩
- 변경된 기술인력의 기술자격증(자격수첩)
- 기술인력연명부

45
다음 (　) 안의 알맞은 내용을 바르게 나타낸 것은?

> 위험물제조소 등의 설치자의 지위를 승계한 자는 (　㉠　)이 정하는 바에 따라 승계한 날로부터 (　㉡　) 이내에 (　㉢　)에게 신고하여야 한다.

① ㉠ 대통령령, ㉡ 14일, ㉢ 시·도지사
② ㉠ 대통령령, ㉡ 30일, ㉢ 소방본부장·소방서장
③ ㉠ 행정안전부령, ㉡ 14일, ㉢ 소방본부장·소방서장
④ ㉠ 행정안전부령, ㉡ 30일, ㉢ 시·도지사

해설 제조소 등의 지위승계 : 승계한 날로부터 30일 이내에 시·도지사에게 신고

46
소방시설을 구분하는 경우 소화설비에 해당되지 않는 것은?

① 옥내소화전설비
② 제연설비
③ 간이소화용구
④ 소화기

해설 제연설비는 소화활동설비이다.

47
1급 소방안전관리대상물의 관계인이 소방안전관리자를 선임하고자 한다. 다음 중 1급 소방안전관리대상물의 소방안전관리자로 선임될 수 없는 사람은?

① 소방설비기사 또는 소방설비산업기사의 자격이 있는 사람
② 산업안전기사 또는 산업안전산업기사를 자격을 가지고 2년 이상 2급 소방안전관리대상물의 소방안전관리자로 근무한 실무경력이 있는 사람
③ 소방공무원으로 7년 이상 근무한 경력이 있는 사람
④ 대학에서 소방안전관리학과를 전공하고 졸업한 사람으로서 2년 이상 2급 소방안전관리대상물의 소방안전관리자로 근무한 실무경력이 있는 사람

해설 대학에서 소방안전관리학과를 전공하고 졸업한 사람으로서 2년 이상 2급 또는 3급 소방안전관리대상물의 소방안전관리관리자로 근무한 실무경력이 있는 사람으로서 소방청장이 실시하는 1급 소방안전관리대상물의 소방안전관리에 관한 시험에 합격한 사람

48
함부로 버려두거나 그냥 둔 위험물의 소유자 · 관리자 · 점유자의 주소 · 성명을 알 수 없어 필요한 명령을 할 수 없는 때에 소방본부장 또는 소방서장이 취하여야 하는 조치로 맞는 것은?

① 시 · 도지사에게 보고하여야 한다.
② 경찰서장에게 통보하여 위험물을 처리하도록 하여야한다.
③ 소속공무원으로 하여금 그 위험물을 옮기거나 치우게 할 수 있다.
④ 소유자가 나타날 때까지 기다린다.

해설 함부로 버려두거나 소유자를 모를 경우 소방본부장 또는 소방서장은 소속공무원으로 하여금 그 위험물을 옮기거나 치우게 할 수 있다.

49
소방안전관리자에 대한 강습교육을 실시하고자 할 때 한국소방안전원의 장은 강습교육 며칠 전까지 교육실시에 관하여 필요한 사항을 인터넷 홈페이지 및 게시판에 공고하여야 하는가?

① 14일   ② 20일
③ 30일   ④ 45일

해설 **강습교육**
• 실시권자 : 한국소방안전원장
• 교육공고 : 20일 전

50
시 · 도의 화재 예방 · 경계 · 진압 및 조사와 화재, 재난 · 재해, 그 밖의 위급한 상황에서의 구조 · 구급 등의 소방업무를 수행하는 소방기관의 설치에 필요한 사항은 어떻게 정하는가?

① 시 · 도지사가 정한다.
② 행정안전부령으로 정한다.
③ 소방청장이 정한다.
④ 대통령령으로 정한다.

해설 소방업무를 수행하는 소방기관의 설치에 필요한 사항 : 대통령령

51
화재가 발생하는 경우 화재의 확대가 빠른 고무류 · 면화류 · 석탄 및 목탄 등 특수가연물의 저장 및 취급 기준을 설명한 것 중 옳지 않은 것은?

① 취급 장소에는 품명 · 최대수량 및 화기취급의 금지표지를 설치할 것
② 품명별로 구분하여 쌓아 저장할 것
③ 쌓는 높이는 10[m] 이하가 되도록 하고 쌓는 부분의 바닥면적은 100[m²](석탄 · 목탄류의 경우에는 200[m²]) 이하가 되도록 할 것
④ 쌓는 부분의 바닥면적 사이는 1[m] 이상이 되도록 할 것

해설 특수가연물의 쌓는 높이는 10[m] 이하가 되도록 하고 쌓는 부분의 바닥면적은 **50[m²]**(석탄 · 목탄류의 경우에는 200[m²]) 이하가 되도록 할 것

52

위험물을 취급함에 있어서 정전기가 발생할 우려가 있는 설비에는 정전기를 유효하게 제거할 수 있는 설비를 설치하여야 한다. 다음 중 정전기를 제거하는 방법에 속하지 않는 것은?

① 공기 중의 상대습도를 70[%] 이상으로 하는 방법
② 절연도가 높은 플라스틱을 사용하는 방법
③ 접지에 의한 방법
④ 공기를 이온화하는 방법

해설 정전기 제거방법
• 접지에 의한 방법
• 상대습도를 70[%] 이상으로 하는 방법
• 공기를 이온화하는 방법

53

특정소방대상물에 설치하는 물품 중 제조 또는 가공 공정에서 방염처리 대상이 아닌 것은?

① 창문에 설치하는 블라인드
② 두께가 2[mm] 미만인 종이벽지
③ 무대용 섬유판
④ 영화상영관에 설치된 스크린

해설 방염처리 대상 물품(제조 · 가공공정에서)
• 창문에 설치하는 커튼류(블라인드 포함)
• **카펫, 두께가 2[mm] 미만인 벽지류(종이벽지는 제외)**
• 전시용 합판 또는 섬유판, 무대용 합판 또는 섬유판
• 암막, 무대막
• 소파 · 의자(단란주점, 유흥주점영업, 노래연습장업의 영업장에 설치하는 것만 해당)

54

위험물안전관리법에서 정하는 위험물질에 대한 설명으로 다음 중 옳은 것은?

① 철분이란 철의 분말로서 53[μm]의 표준체를 통과하는 것이 60[wt%] 미만인 것은 제외한다.
② 인화성 고체란 고형알코올 그 밖에 1기압에서 인화점이 21[℃] 미만인 고체를 말한다.
③ 유황은 순도가 60[wt%] 이상인 것을 말한다.
④ 과산화수소는 그 농도가 36[wt%] 이하인 것에 한한다.

해설 위험물의 정의
• 철분 : 철의 분말로서 53[μm]의 표준체를 통과하는 것이 50[wt%] 미만인 것은 제외한다.
• 인화성 고체 : 고형알코올 그 밖에 1기압에서 인화점이 40[℃] 미만인 고체
• 유황 : 순도가 60[wt%] 이상인 것
• 과산화수소 : 농도가 36[wt%] 이상인 것

55

소방시설공사업의 등록사항 변경신고는 변경이 있는 날로부터 며칠 이내에 하여야 하는가?

① 7일 ② 15일
③ 30일 ④ 3개월

해설 소방시설공사업의 등록사항 변경신고 : 변경이 있는 날로부터 30일 이내

56

피난시설 및 방화시설 유지 · 관리에 대한 관계인의 잘못된 행위가 아닌 것은?

① 피난시설 · 방화시설을 수리하는 행위
② 방화시설을 폐쇄하는 행위
③ 피난시설 및 방화시설을 변경하는 행위
④ 방화시설 주위에 물건을 쌓아두는 행위

해설 피난시설 및 방화시설 유지 · 관리 시 금지행위
• 피난시설, 방화구획 및 방화시설을 폐쇄하거나 훼손하는 등의 행위
• 피난시설, 방화구획 및 방화시설의 주위에 물건을 쌓아두거나 장애물을 설치하는 행위
• 피난시설, 방화구획 및 방화시설의 용도에 장애를 주거나 소방기본법 제16조에 따른 소방활동에 지장을 주는 행위
• 그 밖에 피난시설, 방화구획 및 방화시설을 변경하는 행위

57
소화활동설비에서 제연설비를 설치하여야 하는 특정소방대상물의 기준으로 틀린 것은?

① 문화집회 및 운동시설로부터 무대부의 바닥면적이 200[m²] 이상인 것
② 지하층에 설치된 근린생활시설 · 판매시설, 운수시설, 숙박시설, 위락시설로서 바닥면적의 합계가 1,000[m²] 이상인 것
③ 지하가(터널을 제외한다)로서 연면적 1,000[m²] 이상인 것
④ 지하가 중 터널로서 길이가 300[m] 이상인 것

해설 지하가 중 예상 교통량, 경사도 등 터널의 특성을 고려하여 행정안전부령으로 정하는 터널은 제연설비를 설치하여야 한다.

58
화재경계지구 안의 소방대상물에 대한 소방특별조사를 거부 · 방해 또는 기피한자에 대한 벌칙은?

① 100만원 이하의 벌금
② 200만원 이하의 벌금
③ 300만원 이하의 벌금
④ 500만원 이하의 벌금

해설 화재경계지구 안의 소방특별조사를 거부 · 방해 또는 기피한 자에 대한 벌칙 : 100만원 이하 벌금

59
성능위주설계를 할 수 있는 자가 보유하여야 하는 기술인력의 기준은?

① 소방기술사 2명 이상
② 소방기술사 1명 및 소방설비기사 2명(기계 및 전기분야 각 1명) 이상
③ 소방분야 공학박사 2명 이상
④ 소방기술사 1명 및 소방분야 공학박사 1명 이상

해설 성능위주설계를 할 수 있는 기술인력 : 소방기술사 2명 이상

60
건축허가 등을 함에 있어서 소방본부장 또는 소방서장의 동의를 받아야 하는 건축물 등의 범위가 아닌 것은?

① 차고 · 주차장으로 사용되는 층 중 바닥면적 150[m²] 이상인 층이 있는 건축물
② 항공기 격납고, 관망탑, 항공관제탑, 방송용 송 · 수신탑
③ 지하층 또는 무창층이 있는 건축물로서 바닥면적이 150[m²] 이상인 층인 있는 것
④ 승강기 등 기계장치에 의한 주차시설로서 자동차 20대 이상을 주차할 수 있는 시설

해설 차고 · 주차장으로 사용되는 층 중 바닥면적이 200[m²] 이상인 층이 있는 건축물이나 주차시설은 건축허가 동의 대상이다.

제 **4** 과목 **소방전기시설의 구조 및 원리**

61
다음 중 부착 높이가 4[m] 이상 8[m] 미만에 설치할 수 있는 감지기가 아닌 것은?

① 불꽃감지기 ② 정온식 스포트형 2종
③ 연기복합형 ④ 열연기복합형

해설 감지기의 부착높이

부착높이	감지기의 종류
4[m] 이상 8[m] 미만	• 차동식(스포트형, 분포형) • 보상식스포트형 • 정온식(스포트형, 감지선형)특종 또는 1종 • 이온화식 1종 또는 2종 • 광전식(스포트형, 분리형, 공기흡입형) 1종 또는 2종 열복합형 • 연기복합형 • 열연기복합형 • 불꽃감지기

62

예비전원을 내장하지 아니하는 비상조명등의 비상전원은 자가발전설비 및 축전지설비를 설치하여야 한다. 설치기준으로 옳지 않은 것은?

① 비상전원을 실내에 설치하는 때에는 그 실내에는 비상조명등을 설치하지 않아도 된다.

② 점검이 편리하고 화재 및 침수 등의 재해로 인한 피해를 받을 우려가 없는 곳에 설치한다.

③ 비상전원의 설치장소는 다른 장소와 방화구획을 하여야 한다.

④ 상용전원으로부터 전력의 공급이 중단된 때에는 자동으로 비상전원으로부터 전력을 공급받는 장치를 설치하여야 한다.

> **해설** 비상전원을 실내에 설치하는 때에는 그 실내에 비상조명등을 설치할 것

63

누전경보기의 수신부 설치장소로 적당한 곳은?

① 화약류를 제조하는 장소

② 습도가 높은 장소

③ 온도의 변화가 급격한 장소

④ 고주파 등의 발생 우려가 없는 장소

> **해설** 설치 제외 장소〈온대~가습화〉
> • 온도의 변화가 심한 장소
> • 대전류회로, 고주파발생회로 등의 영향 우려 장소
> • 가연성의 먼지, 가스 등 또는 부식성 가스 등이 다량 체류 장소
> • 습도가 높은 장소
> • 화학류 제조, 저장, 취급하는 장소

64

자동화재탐지설비의 감지기회로에 설치하는 종단저항의 설치기준으로 옳지 않은 것은?

① 점검 및 관리가 쉬운 장소에 설치하여야 한다.

② 감지기회로 끝부분에 설치한다.

③ 전용함에 설치하는 경우 그 설치높이는 바닥으로부터 0.8[m] 이내에 설치하여야 한다.

④ 종단감지기에 설치하는 경우 구별이 쉽도록 해당 감지기의 기판 등에 별도의 표시를 하여야 한다.

> **해설** 감지기회로의 도통시험을 위한 종단저항의 설치기준
> • 점검 및 관리가 쉬운 장소에 설치할 것
> • 전용함을 설치하는 경우 그 설치높이는 바닥으로부터 1.5[m] 이내로 할 것
> • 감지기회로의 끝부분에 설치하며 종단감지기에 설치하는 경우에는 구별이 쉽도록 해당 감지기의 기판 등에 별도의 표시를 할 것

65

다음 중 복합형감지기의 종류에 속하지 않는 것은?

① 연기복합형

② 열복합형

③ 열·연기복합형

④ 열·연기·불꽃복합형

> **해설** 복합형 감지기 종류
> • 열복합형 감지기
> • 연기복합형 감지기
> • 열·연기복합형 감지기
> • 불꽃복합형 감지기
> ※ 2017년 12월 6일 개정으로 답이 없음. 기준에 맞지 않는 문제

66

다음 ( )에 알맞은 내용은?

> "비상방송설비에 사용되는 확성기는 각층마다 설치하되, 그 층의 각 부분으로부터 하나의 확성기까지의 ( )가 25[m] 이하가 되도록 하여야 하고, 해당 층의 각 부분에 유효하게 경보를 발할 수 있도록 설치할 것"

① 수평거리

② 수직거리

③ 직통거리

④ 보행거리

> **해설** 확성기는 각층마다 설치하되, 그 층의 각 부분으로부터 하나의 확성기까지의 수평거리가 25[m] 이하가 되도록 하고, 해당 층의 각 부분에 유효하게 경보를 발할 수 있도록 설치할 것

67

무선통신보조설비에서 무선기기 접속단자를 지상에 설치할 경우 보행거리 몇 [m] 이내마다 설치하는가?

① 100[m]

② 140[m]

③ 300[m]

④ 700[m]

해설 무선통신보조설비의 지상에 설치하는 접속단자는 보행거리 300[m] 이내마다 설치할 것

68
무선통신보조설비의 주요 구성요소가 아닌 것은?

① 전송장치(공중선 등) ② 증폭기
③ 음향장치   ④ 분배기

해설 **무선통신보조설비의 주요 구성요소**
- 무선기기접속단자
- 공중선
- 분배기
- 증폭기

69
5층(지하층은 제외한다) 이상의 특정소방대상물 중 지하층에서 발화한 경우 비상방송설비 우선경보 해당 층의 기준으로 옳은 것은?

① 발화층, 그 직상층
② 발화층, 그 직하층
③ 발화층 및 기타의 지하층
④ 발화층, 그 직상층 및 기타의 지하층

해설 **우선 경보 대상층**
- 2층 이상의 층 : 발화층, 그 직상층
- 1층 : 발화층, 직상층, 지하층
- 지하층 : 발화층, 직상층, 기타의 지하층

70
비상콘센트설비의 비상전원을 자가발전설비 또는 비상전원수전설비로 설치하여야하는 특정소방대상물로 옳은 것은?

① 지하층을 제외한 층수가 4층 이상으로 연면적 600[m²] 이상인 특정소방대상물
② 지하층을 제외한 층수가 5층 이상으로 연면적 1,000[m²] 이상인 특정소방대상물
③ 지하층을 제외한 층수가 6층 이상으로 연면적 1,500[m²] 이상인 특정소방대상물
④ 지하층을 제외한 층수가 7층 이상으로 연면적 2,000[m²] 이상인 특정소방대상물

해설 **자가발전설비 또는 비상전원수전설비로 설치하여야하는 특정소방대상물**
- 지하층을 제외한 7층 이상으로 연면적 2,000[m²] 이상
- 지하층의 바닥면적의 합계가 3,000[m²] 이상(차고, 주차장, 보일러실, 기계실, 전기실의 바닥면적은 제외)

71
단독경보형감지기를 설치하는 경우 바닥면적이 150[m²]를 초과하는 경우 몇 [m²]마다 1개 이상 설치하여야 하는가?

① 50[m²]   ② 100[m²]
③ 150[m²]   ④ 200[m²]

해설 **단독경보형감지기의 설치기준**
바닥면적이 150[m²]를 초과하는 경우에는 150[m²]마다 1개 이상 설치할 것

72
다음 중 유도등의 예비전원은 어떠한 축전지로 설치하여야 하는가?

① 알칼리계 2차축전지
② 리튬계 1차축전지
③ 리튬-이온계 2차축전지
④ 수은계 1차축전지

해설 예비전원의 축전지 : 알칼리계 2차축전지

73
자동화재탐지설비의 청각장애인용 시각경보장치의 설치기준으로 옳지 않은 것은?

① 복도·통로·청각장애인용 객실 및 공용으로 사용하는 거실에 설치
② 공연장 등에 설치하는 경우 인식이 용이하도록 객석 부분에 설치
③ 설치높이는 바닥으로부터 2[m] 이상 2.5[m] 이하의 장소에 설치
④ 시각경보장치의 광원은 전용의 축전지설비에 의하여 점등되도록 할 것

해설 시각경보장치 설치기준
공연장·집회장·관람장 또는 이와 유사한 장소에 설치하는 경우에는 시선이 집중되는 무대부 부분 등에 설치할 것

74
비상콘센트용 풀박스 등은 방청도장을 한 것으로서 두께는 몇 [mm] 이상의 철판으로 하는가?

① 1.0
② 1.2
③ 1.5
④ 1.6

해설 비상콘센트 풀박스 두께 : 1.6[mm] 이상 철판

75
복도, 거실통로유도등의 설치높이에 대한 기준을 옳게 나타낸 것은?(단, 거실통로에 기둥 등이 설치되지 아니한 경우이다)

① 거실통로유도등 : 바닥으로부터 1.5[m] 이상
　복도통로유도등 : 바닥으로부터 1.0[m] 이하
② 거실통로유도등 : 바닥으로부터 1.0[m] 이상
　복도통로유도등 : 바닥으로부터 1.5[m] 이하
③ 거실통로유도등 : 바닥으로부터 1.5[m] 이하
　복도통로유도등 : 바닥으로부터 1.0[m] 이상
④ 거실통로유도등 : 바닥으로부터 1.0[m] 이하
　복도통로유도등 : 바닥으로부터 1.5[m] 이하

해설 • 거실통로유도등 : 바닥으로부터 1.5[m] 이상
• 복도통로유도등 : 바닥으로부터 1.0[m] 이하

76
비상방송설비의 설치기준에 대한 설명으로 옳은 것은?

① 다른 전기회로에 따라 유도장애가 발생할 수 있을 것
② 다른 방송설비와 공용할 경우 화재 시 비상경보 외의 방송을 차단할 수 있을 것
③ 화재신고를 수신한 후 20초 이내에 방송이 자동으로 개시될 것
④ 음량조정기를 설치하는 경우 음량조정기의 배선은 2선식으로 할 것

해설 비상방송설비의 설치기준
• 확성기의 음성입력
　- 실내 1[W] 이상
　- 실외 3[W] 이상
• 확성기 설치 : 수평거리가 25[m] 이하
• 음량조정기의 배선 : 3선식
• 조작부의 조작 스위치 : 0.8[m] 이상 1.5[m] 이하
• 비상방송개시 소요시간 : 10초 이내

77
비상콘센트설비에서 저압의 범위는?

① 직류 600[V] 이하, 교류는 600[V] 이하
② 직류 750[V] 이하, 교류는 600[V] 이하
③ 직류 750[V] 이하, 교류는 750[V] 이하
④ 직류 600[V] 이하, 교류는 750[V] 이하

해설 저압 범위
직류 : 750[V] 이하, 교류 : 600[V] 이하
※ 2021년 1월 1일 개정으로 저압 범위가 1.5[kV] 이하, 교류 1[kV] 이하로 변경되어 규정에 맞지 않는 문제임

78

소방시설용 비상전원수전설비에서 전력수급용 계기용 변성기·주차단장치 및 그 부속기기를 무엇이라 하는가?

① 큐비클설비   ② 배전반설비
③ 수전설비   ④ 변전설비

[해설] 수전설비
- 계기용 변성기(MOF, PT, CT)
- 주차단장치(CB)
- 부속기기(VS, AS, LA, SA, PF 등)

79

자동화재탐지설비의 경계구역에 대한 설명 중 맞는 것은?

① 하나의 경계구역이 2개 이상의 건축물에 미치지 아니하도록 하여야 한다.
② 600[m²] 이하의 범위 안에서는 2개의 층을 하나의 경계구역으로 할 수 있다.
③ 하나의 경계구역의 면적은 600[m²], 한 변의 길이는 30[m] 이하로 한다.
④ 지하구에 있어서는 경계구역의 길이는 500[m] 이하로 한다.

[해설] 경계구역 설정기준
- 하나의 경계구역이 2개 이상의 건축물에 미치지 아니할 것(예외, 500[m²]에서는 2개층을 하나의 경계구역으로 가능)
- 하나의 경계구역의 면적은 60[m²] 이하로 하고, 한 변의 길이는 50[m] 이하(예외, 특정소방대상물의 주출입구에서 그 내부 전체가 보이는 것은 1,000[m²] 이하 가능)
- 지하구의 경우 경계구역의 길이는 700[m] 이하로 할 것

80

P형 1급 발신기에 사용하는 회선의 종류는?

① 회로선, 공통선, 소화선, 전화선
② 회로선, 공통선, 발신기선, 전화선
③ 회로선, 공통선, 발신기선, 응답선
④ 신호선, 공통선, 발신기선, 응답선

[해설] P형 1급 발신기 회선 : 회로선, 공통선, 발신기선, 전화선

2013년 3월 10일 시행

제 **1** 회

제 **1** 과목 | **소방원론**

01

물이 소화약제로서 사용되는 장점으로 가장 거리가 먼 것은?

① 가격이 저렴하다.
② 많은 양을 구할 수 있다.
③ 증발잠열이 크다.
④ 가연물과 화학반응이 일어나지 않는다.

해설 **물을 소화약제로 사용하는 장점**
• 구하기 쉽고 가격이 저렴하다.
• 비열과 증발잠열이 크다.
• 냉각효과가 뛰어나다.
• 많은 양을 구할 수 있다.

02

가연물의 종류에 따라 분류하면 섬유류 화재는 무슨 화재인가?

① A급 화재
② B급 화재
③ C급 화재
④ D급 화재

해설 **A급 화재** : 종이, 목재, 섬유류, 플라스틱 등

03

포화설비의 국가화재안전기준에서 정한 포의 종류 중 저발포라 함은?

① 팽창비가 20 이하인 것
② 팽창비가 120 이하인 것
③ 팽창비가 250 이하인 것
④ 팽창비가 1,000 이하인 것

해설 **팽창비**

구 분	팽창비
저발포용	6배 이상 20배 이하

04

다음 중 제거소화 방법과 무관한 것은?

① 산불의 확산방지를 위하여 산림의 일부를 벌채한다.
② 화학반응기의 화재 시 원료 공급관의 밸브를 잠근다.
③ 유류화재 시 가연물을 포로 덮는다.
④ 유류탱크 화재 시 주변에 있는 유류탱크의 유류를 다른 곳으로 이동시킨다.

해설 **질식소화** : 유류화재 시 가연물을 포로 덮어 산소의 농도를 15[%] 이하로 낮추어 소화하는 방법

05

1기압, 0[℃]의 어느 밀폐된 공간 1[m³] 내에 Halon 1301 약제가 0.32[kg] 방사되었다. 이때 Halon 1301의 농도는 약 몇 [vol%]인가?(단, 원자량은 C 12, F 19, Br 80, Cl 35.5이다)

① 4.8[%]
② 5.5[%]
③ 8[%]
④ 10[%]

해설 **할론 1301의 농도**
• 표준상태(1기압, 0[℃])일 때 기체 1[kg-mol]이 차지하는 부피 : 22.4[m³]
∴ Halon 1301 약제 0.32[kg]을 부피로 환산하면
$$\frac{0.32[kg]}{149[kg]} \times 22.4[m^3] = 0.0481[m^3]$$
Halon 1301 농도
$$= \frac{방출가스량}{방호구역체적 + 방출가스량} \times 100[\%]$$
$$= \frac{0.048}{1 + 0.048} \times 100[\%] \fallingdotseq 4.8[\%]$$

06

연면적이 1,000[m²] 이상인 건축물에 설치하는 방화벽이 갖추어야 할 기준으로 틀린 것은?

① 내화구조로서 홀로 설 수 있는 구조일 것
② 방화벽의 양쪽 끝과 위쪽 끝을 건축물의 외벽면 및 지붕면으로부터 0.1[m] 이상 튀어 나오게 할 것
③ 방화벽에 설치하는 출입문의 너비는 2.5[m] 이하로 할 것
④ 방화벽에 설치하는 출입문의 높이는 2.5[m] 이하로 할 것

해설 **방화벽** : 화재 시 연소의 확산을 막고 피해를 줄이기 위해 주로 목재건축물에 설치하는 벽
- 내화구조로서 홀로 설 수 있는 구조일 것
- 방화벽의 양쪽 끝과 위쪽 끝을 건축물의 외벽면 및 지붕면으로부터 0.5[m] 이상 튀어 나오게 할 것
- 방화벽에 설치하는 출입문의 너비 및 높이는 각각 2.5[m] 이하로 하고, 해당 출입문에는 제26조에 따른 갑종방화문을 설치할 것

07

Halon 1301의 증기비중은 약 얼마인가?(단, 원자량은 C 12, F 19, Br 80, Cl 35.50이고, 공기의 평균분자량은 29이다)

① 4.14
② 5.14
③ 6.14
④ 7.14

해설 증기비중

$$증기비중 = \frac{분자량}{공기의\ 평균분자량} = \frac{분자량}{29}$$

∴ 증기비중 $= \dfrac{149}{29} = 5.14$

08

분말소화약제의 주성분이 아닌 것은?

① $C_2F_4Br_2$
② $NaHCO_3$
③ $KHCO_3$
④ $NH_4H_2PO_4$

해설 소화약제

종류	$C_2F_4Br_2$	$NaHCO_3$	$KHCO_3$	$NH_4H_2PO_4$
명칭	할론 2402	중탄산나트륨	중탄산칼륨	제일인산암모늄
구분	할로겐화합물소화약제	제1종분말	제2종분말	제3종분말

09

실내에서 화재가 발생하여 실내의 온도가 21[℃]에서 650[℃]로 되었다면 공기의 팽창은 처음의 약 몇 배가 되는가?(단, 대기압은 공기가 유동하여 화재 전후가 같다고 가정한다)

① 3.14
② 4.27
③ 5.69
④ 6.01

해설 샤를의 법칙을 적용하면

$$V_2 = V_1 \times \frac{T_2}{T_1}$$

∴ $V_2 = V_1 \times \dfrac{T_2}{T_1} = 1 \times \dfrac{(273+650)}{(273+21)} = 3.14$

10

제4류 위험물의 성질에 해당되는 것은?

① 가연성 고체
② 산화성 고체
③ 인화성 액체
④ 자기반응성 물질

해설 위험물의 성질

종류	제2류위험물	제1류위험물	제4류위험물	제5류위험물
성질	가연성고체	산화성고체	인화성액체	자기반응성물질

11

위험물안전관리법령에 의한 제2류 위험물이 아닌 것은?

① 철 분
② 유 황
③ 적 린
④ 황 린

해설 황린 : 제3류 위험물

12

건축물의 내화구조에서 바닥의 경우에는 철근콘크리트조의 두께가 몇 [cm] 이상이어야 하는가?

① 7   ② 10

③ 12   ④ 15

해설 내화구조

내화구분	내화구조의 기준
바 닥	• 철근콘크리트조 또는 철골·철근콘크리트조로서 두께가 10[cm] 이상인 것 • 철재로 보강된 콘크리트블록조·벽돌조 또는 석조로서 철재에 덮은 두께가 5[cm] 이상인 것 • 철재의 양면을 두께 5[cm] 이상의 철망모르타르 또는 콘크리트로 덮은 것

13

화재의 위험에 대한 설명으로 옳지 않은 것은?

① 인화점 및 착화점이 낮을수록 위험하다.

② 착화에너지가 작을수록 위험하다.

③ 비점 및 융점이 높을수록 위험하다.

④ 연소범위는 넓을수록 위험하다.

해설 비점 및 융점이 낮을수록 위험하다.

14

연소에 대한 설명으로 옳은 것은?

① 환원반응이 이루어진다.

② 산소를 발생한다.

③ 빛과 열을 수반한다.

④ 연소생성물은 액체이다.

해설 연소 : 가연물이 산소와 반응하여 열과 빛을 동반하는 급격한 산화현상

15

열원으로서 화학적 에너지에 해당되지 않는 것은?

① 연소열   ② 분해열

③ 마찰열   ④ 용해열

해설 기계적 에너지 : 마찰열, 압축열, 마찰스파크

16

칼륨에 화재가 발생할 경우에 주수를 하면 안 되는 이유로 가장 옳은 것은?

① 수소가 발생하기 때문에

② 산소가 발생하기 때문에

③ 질소가 발생하기 때문에

④ 수증기가 발생하기 때문에

해설 칼륨은 물과 반응하면 수소가스를 발생하므로 위험하다.

$$2K + 2H_2O \rightarrow 2KOH + H_2 \uparrow$$

17

건축물에 화재가 발생하여 일정 시간이 경과하게 되면 일정 공간 안에 열과 가연성 가스가 축적되고 한 순간에 폭발적으로 화재가 확산하는 현상을 무엇이라 하는가?

① 보일오버현상   ② 플래시오버현상

③ 패닉현상   ④ 리프팅현상

해설 플래시오버(Flash Over) : 화재가 발생하여 일정 시간이 경과하게 되면 일정 공간 안에 열과 가연성 가스가 축적되고 한 순간에 폭발적으로 화재가 확산하는 현상

18

화재를 소화하는 방법 중 물리적 방법에 의한 소화라고 볼 수 없는 것은?

① 억제소화   ② 제거소화

③ 질식소화   ④ 냉각소화

해설 화학적인 소화방법 : 억제소화(부촉매소화)

19
내화건축물 화재의 진행과정으로 가장 옳은 것은?

① 화원 → 최성기 → 성장기 → 감퇴기
② 화원 → 감퇴기 → 성장기 → 최성기
③ 초기 → 성장기 → 최성기 → 감퇴기 → 종기
④ 초기 → 감퇴기 → 최성기 → 성장기 → 종기

해설 내화건축물 화재의 진행과정
초기 → 성장기 → 최성기 → 감퇴기 → 종기

20
물과 반응하여 가연성 기체를 발생하지 않는 것은?

① 칼 륨   ② 인화아연
③ 산화칼슘   ④ 탄화알루미늄

해설 산화칼슘(CaO, 생석회)은 물과 반응하면 많은 열을 발생하고 가스는 발생하지 않는다.
$CaO + H_2O \rightarrow Ca(OH)_2 + Q[kcal]$

> • **칼륨과 물의 반응**
> $2K + 2H_2O \rightarrow 2KOH + H_2 \uparrow$
> • **인화아연과 물의 반응**
> $Zn_3P_2 + 6H_2O \rightarrow 3Zn(OH)_2 + 2PH_3 \uparrow$
> • **탄화알루미늄과 물의 반응**
> $Al_4C_3 + 12H_2O \rightarrow 4Al(OH)_3 + 3CH_4 \uparrow$

제 2 과목 **소방전기일반**

21
궤환제어계에서 제어요소에 대한 설명으로 옳은 것은?

① 조작부와 검출부로 구성되어 있다.
② 제어량을 검출하는 작용을 한다.
③ 목푯값에 비례하는 신호를 발생하는 제어이다.
④ 동작신호를 조작량으로 변화시키는 요소이다.

해설 제어요소(Control Element)
• 조절부 + 조작부로 구성되어 있다.
• 동작신호를 조작량으로 변화시켜 제어대상에게 신호전달

22
코일의 권수가 1,250회인 공심 환상솔레노이드의 평균길이가 50[cm]이며, 단면적이 20[cm²]이고, 코일에 흐르는 전류가 1[A]일 때 솔레노이드의 내부 자속은?

① $2\pi \times 10^{-6}[Wb]$
② $2\pi \times 10^{-8}[Wb]$
③ $\pi \times 10^{-6}[Wb]$
④ $\pi \times 10^{-8}[Wb]$

해설
자속 : $\phi = \dfrac{F}{R} = \dfrac{NI}{\dfrac{l}{\mu A}} = \dfrac{\mu NIA}{l}$

$= 4\pi \times 10^{-7} \times \dfrac{1,250 \times 1}{50 \times 10^{-2}} \times 20 \times 10^{-4} = 2\pi \times 10^{-6}$

23
3상 유도전동기의 기동법이 아닌 것은?

① Y-△ 기동법
② 기동 보상기법
③ 1차 저항 기동법
④ 전전압 기동법

해설 **3상 농형 기동법** : 전전압(직입)기동, $Y-\triangle$기동, 기동보상기법 리액터 기동
3상 권선형 기동법 : 2차 저항 기동법, 게르게스법

24
그림과 같은 계전기 접점회로의 논리식은?

① $(X+Y)(X+\overline{Y})(\overline{X}+Y)$
② $(X+Y)+(X+\overline{Y})+(\overline{X}+Y)$
③ $(XY)+(X\overline{Y})+(\overline{X}Y)$
④ $(XY)(X\overline{Y})(\overline{X}Y)$

해설 **직렬회로** : AND(곱), **병렬회로** : OR(합)
$XY + X\overline{Y} + \overline{X}Y$

25
그림과 같은 브리지 회로가 평형이 되기 위한 Z의 값은 몇 [Ω]인가?(단, 그림의 임피던스 단위는 모두 [Ω]이다)

① $4-j2$ ② $2-j4$
③ $-2+j4$ ④ $4+j2$

해설 브리지 평형조건에서
• $(2+j4)(2-j3)=Z(3+j2)$이므로
• $Z=\dfrac{(2+j4)(2-j3)}{3+j2}$에서
$Z=\dfrac{\{(2+j4)(2-j3)\}(3-j2)}{(3+j2)(3-j2)}$
$=\dfrac{52-j26}{13}=4-j2$

26
직류 발전기의 자극수 4, 전기자 도체수 500, 각 자극의 유효자속수 0.01[Wb], 회전수 1,800[rpm]인 경우 유기 기전력은 얼마인가?(단, 전기자 권선은 파권이다)

① 100[V] ② 150[V]
③ 200[V] ④ 300[V]

해설 유기기전력
$E=\dfrac{PZ\phi N}{60a}=\dfrac{4\times500\times0.01\times1,800}{60\times2}=300[V]$

27
3상 유도전동기에 있어서 권선형 회전자에 비교한 농형 회전자의 장점이 아닌 것은?
① 구조가 간단하고 튼튼하다.
② 취급이 쉽고 효율도 좋다.
③ 보수가 용이한 이점이 있다.
④ 속도 조정이 용이하고 기동토크가 크다.

해설 권선형 유도전동기 : 속도 조정이 용이

28
전압 $v=50\cdot2\sin(\omega t+\theta)[V]$,
전류 $i=10\cdot2\sin\left(\omega t+\theta-\dfrac{\pi}{6}\right)[A]$일 때 무효전력은?

① 100[Var] ② 150[Var]
③ 200[Var] ④ 250[Var]

해설 무효전력
위상차 : $\theta=\dfrac{\pi}{6}=30°$
$P=VI\sin\theta[Var]$
$P=50\times10\times\sin30°=250[Var]$

29
그림과 같은 무접점회로는 어떤 논리회로인가?

① NOR ② OR
③ NAND ④ AND

해설 NAND회로 : AND회로의 부정회로로서 AND회로의 출력과 반대되는 출력을 내보내는 회로

30
입력신호와 출력신호가 모두 직류(DC)로서 출력이 최대 5[kW]까지로 견고성이 좋고 토크가 에너지원이 되는 전기식 증폭기기는?
① 계전기
② SCR
③ 자기증폭기
④ 앰플리다인

해설 앰플리다인 : 근소한 전력변화를 증폭시키는 직류발전기

정답 25 ① 26 ④ 27 ④ 28 ④ 29 ③ 30 ④

31

동일한 저항을 가진 감지기 배선 2가닥을 병렬로 접속
하였을 때의 합성저항은?

① 한 가닥 배선의 2배가 된다.

② 한 가닥 배선의 1/2로 된다.

③ 한 가닥 배선의 1/3로 된다.

④ 한 가닥 배선과 동일하다.

해설 동일한 저항 n개 병렬접속 시 합성저항 $R_0 = \dfrac{R_1}{n}[\Omega]$

이므로 $\dfrac{R_1}{n} = \dfrac{1}{2}$

32

그림과 같은 회로에서 단자 a, b 사이에 주파수 f[Hz]
의 정현파 전압을 가했을 때 전류계 A_1, A_2의 값이
같았다. 이 경우 f, L, C 사이의 관계로 옳은 것은?

① $f = \dfrac{1}{2\pi LC}[\text{Hz}]$ ② $f = \dfrac{1}{2\pi\sqrt{LC}}[\text{Hz}]$

③ $f = \dfrac{1}{\sqrt{2\pi LC}}[\text{Hz}]$ ④ $f = \dfrac{1}{\sqrt{LC}}[\text{Hz}]$

해설 $A_1 = A_2$인 경우는 병렬공진으로만 구동되는 회로와

같다. 공진주파수 : $f = \dfrac{1}{2\pi\sqrt{LC}}$

33

공업공정의 상태량을 제어량으로 하는 제어를 어떤
제어라 하는가?

① 프로세스제어   ② 프로그램제어

③ 비율제어   ④ 정치제어

해설 **프로세스제어** : 공정상태를 제어량으로 하는 제어방식

34

그림과 같은 회로에서 a-b 간의 합성저항은?

① 2.5[Ω]

② 5[Ω]

③ 7.5[Ω]

④ 10[Ω]

해설 동일한 저항 n개 병렬접속 시 합성저항

$R_0 = \dfrac{R_1}{n} = \dfrac{2}{2} + \dfrac{3}{2} = 2.5[\Omega]$

35

건물 내 부하 설비용량이 700[kVA]이며, 수용률이
95[%]인 경우 자가 발전기의 용량은?

① 630[kVA]

② 665[kVA]

③ 737[kVA]

④ 770[kVA]

해설 수용률 $= \dfrac{\text{자가 발전기 용량}}{\text{부하 설비 용량}} \times 100$

자가 발전기 용량 $= \dfrac{\text{수용률} \times \text{부하 설비 용량}}{100}$

$= \dfrac{95 \times 700}{100} = 665[\text{kVA}]$

36

단상 변압기 3대를 △결선하여 부하에 전력을 공급하
고 있는데, 변압기 1대의 고장으로 V결선을 한 경우
고장 전의 몇 [%]의 출력을 낼 수 있는가?

① 50%

② 57.7%

③ 66.7%

④ 86.6%

해설 출력비 $= \dfrac{1}{\sqrt{3}} = 0.577(57.7[\%])$

37
코일의 감긴 수와 전류와의 곱을 무엇이라 하는가?

① 기전력　　　　　② 전자력
③ 기자력　　　　　④ 보자력

해설 기자력 : $F = NI[\text{AT}]$

38
SCR의 동작상태 중 래칭전류(Latching Current)에 대한 설명으로 옳은 것은?

① 사이리스터의 게이트를 개방한 상태에서 전압을 상승하면 급히 증가하게 되는 순전류
② 트리거 신호가 제거된 직후에 사이리스터를 ON상태로 유지하는 데 필요로 하는 최소한의 주전류
③ 사이리스터가 ON상태를 유지하다가 OFF상태로 전환하는 데 필요로 하는 최소한의 전류
④ 게이트를 개방한 상태에서 사이리스터가 도통상태를 차단하기 위한 최소의 순전류

해설 래칭전류 : 사이리스터가 도통상태를 유지하기 위한 최소의 순전류

39
어떤 전압계의 측정 범위를 10배로 하려면 배율기의 저항은 내부저항보다 어떻게 하여야 하는가?

① 9배로 한다.
② 10배로 한다.
③ $\frac{1}{9}$로 한다.
④ $\frac{1}{10}$로 한다.

해설 배율 : $m = 1 + \frac{R}{r}$ 에서
배율기 저항 : $R = (m-1)r = (10-1)r$
$\therefore R = 9r$

40
자기인덕턴스 L_1, L_2 가 각각 4[mH], 9[mH]인 두 코일이 이상적인 결합이 되었다면 상호인덕턴스 M 은?(단, 결합계수 k=1이다)

① 4[mH]　　　　　② 6[mH]
③ 9[mH]　　　　　④ 36[mH]

해설 상호인덕턴스
$$M = k\sqrt{L_1 L_2}\,[\text{H}]$$
$$= \sqrt{4\times10^{-3}\times9\times10^{-3}} = 6[\text{mH}]$$

제 3 과목　소방관계법규

41
소방기술자가 소방시설공사업법에 따른 명령을 따르지 아니하고 업무를 수행한 경우의 벌칙은?

① 100만원 이하의 벌금
② 300만원 이하의 벌금
③ 1년 이하의 징역 또는 1,000만원 이하의 벌금
④ 3년 이하의 징역 또는 1,500만원 이하의 벌금

해설 1년 이하의 징역 또는 1,000만원 이하의 벌금
- 영업정지처분을 받고 그 영업정지 기간에 영업을 한 자
- 규정을 위반하여 설계나 시공을 한 자
- 규정을 위반하여 감리를 하거나 거짓으로 감리한 자
- 규정을 위반하여 공사감리자를 지정하지 아니한 자
- 규정을 소방시설업자가 아닌 자에게 소방시설공사를 도급한 자
- 규정을 제3자에게 소방시설공사 시공을 하도급한 자
- 제27조제1항을 위반하여 같은 항에 따른 법 또는 명령을 따르지 아니하고 업무를 수행한 자

42

소방시설관리업의 보조기술인력으로 등록할 수 없는 사람은?

① 소방설비기사 자격증 소지자

② 산업안전기사 자격증 소지자

③ 대학의 소방관련학과를 졸업하고 소방기술 인 정자격 수첩을 발급받은 사람

④ 소방공무원으로 3년 이상 근무하고 소방기술 인정자격 수첩을 발급받은 사람

해설 **소방시설관리업의 등록기준 중 인력기준**
- 주된 기술인력 : 소방시설관리사 1명 이상
- 보조 기술인력 : 다음의 어느 하나에 해당하는 사람 2명 이상. 다만, ② 내지 ④에 해당하는 사람은 소방 시설공사업법 제28조 제2항의 규정에 따른 소방기 술 인정자격수첩을 발급받은 사람이어야 한다.
  ① 소방설비기사 또는 소방설비산업기사
  ② **소방공무원으로 3년 이상 근무한 사람**
  ③ 소방 관련학과의 학사학위를 취득한 사람
  ④ 행정안전부령으로 정하는 소방기술과 관련된 자 격·경력 및 학력이 있는 사람

43

한국소방안전원의 업무가 아닌 것은?

① 화재 예방과 안전관리의식 고취를 위한 대국민 홍보

② 소방기술과 안전관리에 관한 각종 간행물의 발간

③ 소방용 기계·기구에 대한 검정기준의 개정

④ 소방기술과 안전관리에 관한 교육 및 조사·연구

해설 **한국소방안전원의 업무**
- 소방기술과 안전관리에 관한 교육 및 조사·연구
- 소방기술과 안전관리에 관한 각종 간행물 발간
- 화재 예방과 안전관리의식 고취를 위한 대국민 홍보
- 소방업무에 관하여 행정기관이 위탁하는 업무
- 그 밖에 회원의 복리 증진 등 정관으로 정하는 사항

44

소방시설업자가 영업정지기간 중에 소방시설공사 등을 한 경우 1차 행정처분으로 옳은 것은?

① 등록취소

② 9개월 이내의 영업정지

③ 12개월 이내의 영업정지

④ 24개월 이내의 영업정지

해설 **영업정지기간 중에 소방시설공사 등을 한 경우**
- 1차 : 등록취소

45

위험물안전관리법에서 정하는 제4류 위험물 중 석유 류별에 따른 분류로 옳은 것은?

① 제1석유류 : 아세톤, 휘발유

② 제2석유류 : 중유, 크레오소트유

③ 제3석유류 : 기어유, 실린더유

④ 제4석유류 : 등유, 경유

해설 **제4류 위험물의 분류**
- 특수인화물 : 이황화탄소, 다이에틸에테르
- 제1석유류 : 아세톤, 휘발유
- 제2석유류 : 등유, 경유
- 제3석유류 : 중유, 크레오소트유
- 제4석유류 : 기어유, 실린더유

46

다음 중 연 1회 이상 소방시설관리업자 또는 소방안전 관리자로 선임된 소방시설관리사, 소방기술사 1명 이상을 점검자로 하여 종합정밀점검을 의무적으로 실시하여야 하는 것은?(단, 위험물제조소 등은 제외 한다)

① 옥내소화전설비가 설치된 연면적 5,000[m²] 이 상인 특정소방대상물

② 옥내소화전설비가 설치된 연면적 3,000[m²] 이 상인 특정소방대상물

③ 물분무소화설비가 설치된 연면적 5,000[m²] 이 상인 특정소방대상물

④ 10층 이상인 아파트

안심Touch

해설 종합정밀점검

구분	내 용
대상	1) 스프링클러설비가 설치된 특정소방대상물 2) 물분무 등 소화설비(호스릴 방식은 제외)가 설치된 연면적 5,000[m²] 이상인 특정소방대상물(위험물 제조소 등은 제외) 3) 다중이용업의 영업장(9개)이 설치된 특정소방대상물로서 연면적이 2,000[m²] 이상인 것 4) 제연설비가 설치된 터널 5) 공공기관 중 연면적이 1,000[m²] 이상인 것으로서 옥내소화전설비 또는 자동화재탐지설비가 설치된 것

47

화재를 진압하거나 인명구조활동을 위하여 특정소방대상물에는 소화활동설비를 설치하여야 한다. 다음 중 소화활동설비에 해당되지 않는 것은?

① 제연설비, 비상콘센트설비
② 연결송수관설비, 연결살수설비
③ 무선통신보조설비, 연소방지설비
④ 자동화재속보설비, 통합감시시설

해설 자동화재속보설비, 통합감시시설 : 경보설비

48

소방본부장이나 소방서장은 특정소방대상물에 설치하는 소방시설 가운데 기능과 성능이 유사한 물분무소화설비, 간이스프링클러설비, 비상경보설비 및 비상방송설비 등 소방시설의 경우, 유사한 소방시설의 설치 면제를 어떻게 정하는가?

① 소방청장이 정한다.
② 시·도의 조례로 정한다.
③ 행정안전부령으로 정한다.
④ 대통령령으로 정한다.

해설 유사한 소방시설의 경우 설치 면제 : 대통령령으로 정한다.

49

특정소방대상물의 규모에 관계없이 물분무 등 소화설비를 설치하여야 하는 대상은?(단, 위험물 저장 및 처리시설 중 가스시설 또는 지하구는 제외한다)

① 주차용 건축물
② 전산실 및 통신기기실
③ 전기실 및 발전실
④ 항공기격납고

해설 물분무 등 소화설비 설치 대상물
• 항공기 및 자동차 관련 시설 중 항공기격납고

50

소방공사의 감리를 완료하였을 경우 소방공사감리결과를 통보하는 대상으로 옳지 않은 것은?

① 특정소방대상물의 관계인
② 특정소방대상물의 설계업자
③ 소방시설공사의 도급인
④ 특정소방대상물의 공사를 감리한 건축사

해설 공사감리결과 서면 통보
• 특정소방대상물의 관계인
• 소방시설공사의 도급인
• 특정소방대상물의 공사를 감리한 건축사

51

특수가연물을 저장 또는 취급하는 장소에 설치하는 표지의 기재사항이 아닌 것은?

① 품 명   ② 안전관리자 성명
③ 최대수량   ④ 화기취급의 금지

해설 특수가연물을 저장 또는 취급하는 장소의 표지의 기재사항
• 품 명
• 최대수량
• 화기취급의 금지

52

위험물안전관리법에서 정하는 용어의 정의에 대한 설명 중 틀린 것은?

① 위험물이란 인화성 또는 발화성 등의 성질을 가지는 것으로서 행정안전부령이 정하는 물품을 말한다.

② 지정수량이란 위험물의 종류별로 위험성을 고려하여 제조소 등의 설치허가 등에 있어서 최저 기준이 되는 수량을 말한다.

③ 제조소란 위험물을 제조할 목적으로 지정수량 이상의 위험물을 취급하기 위하여 위험물설치 허가를 받은 장소를 말한다.

④ 취급소란 지정수량 이상의 위험물을 제조 외의 목적으로 취급하기 위하여 위험물설치 허가를 받은 장소를 말한다.

> **해설** 위험물 : 인화성 또는 발화성 등의 성질을 가지는 것으로서 대통령령이 정하는 물품

53

다음 중 소방대에 속하지 않는 사람은?

① 의용소방대원   ② 의무소방원

③ 소방공무원   ④ 소방시설공사업자

> **해설** 소방대
> • 소방공무원
> • 의무소방원
> • 의용소방대원

54

건축 허가 등을 할 때 미리 소방본부장 또는 소방서장의 동의를 받아야 하는 대상 건축물 등의 범위로서 옳지 않은 것은?

① 승강기 등 기계장치에 의한 주차시설로서 자동차 20대 이상을 주차할 수 있는 시설

② 지하층 또는 무창층이 있는 모든 건축물

③ 노유자시설 및 수련시설로서 연면적이 200[m²] 이상인 건축물

④ 항공기격납고, 관망탑, 항공관제탑 등

> **해설** 건축허가 등의 동의 대상 범위
> • 연면적이 400[m²] 이상인 건축물
>   다만, 다음 시설은 해당 목에서 정한 기준 이상인 건축물로 한다.
>   – 학교시설 : 100[m²]
>   – 노유자시설 및 수련시설 : 200[m²]
>   – 장애인 의료재활시설, 정신의료기관(입원실이 없는 정신건강의학과의원은 제외한다.) : 300[m²]
> • 6층 이상인 건축물
> • 차고 · 주차장 또는 주차용도로 사용되는 시설로서 다음 각목의 어느 하나에 해당하는 것
>   – 차고 · 주차장으로 사용되는 바닥면적이 200[m²] 이상인 층이 있는 건축물이나 주차시설
>   – 승강기 등 기계장치에 의한 주차시설로서 자동차 20대 이상을 주차할 수 있는 시설
> • 항공기격납고, 관망탑, 항공관제탑, 방송용 송 · 수신탑
> • 지하층 또는 무창층이 있는 건축물로서 바닥면적이 150[m²](공연장의 경우에는 100[m²]) 이상인 층이 있는 것

55

화학소방자동차의 소화능력 및 설비 기준에서 분말 방사차의 분말의 방사능력은 매초 몇 [kg] 이상이어야 하는가?

① 25[kg]   ② 30[kg]

③ 35[kg]   ④ 40[kg]

> **해설** 화학소방자동차에 갖추어야 하는 소화능력 및 설비의 기준

화학소방 자동차의 구분	소화능력 및 설비의 기준
분말 방사차	분말의 방사능력이 매초 35[kg] 이상일 것
	분말탱크 및 가압용 가스설비를 비치할 것
	1,400[kg] 이상의 분말을 비치할 것

56

소방시설공사업의 명칭 · 상호를 변경하고자 하는 경우 민원인이 반드시 제출하여야 하는 서류는?

① 소방시설업등록증 및 등록수첩

② 법인 등기부등본 및 소방기술인력 연명부

③ 기술인력의 기술자격증 및 자격수첩

④ 사업자등록증 및 기술인력의 기술자격증

해설 등록사항의 변경신고 등
• 명칭·상호 또는 영업소 소재지를 변경하는 경우
 – 소방시설업등록증 및 등록수첩

57
방염업자가 사망하거나 그 영업을 양도한 때 방염업자의 지위를 승계한자의 법적 절차는?

① 시·도지사에게 신고하여야 한다.
② 시·도지사의 허가를 받는다.
③ 시·도지사의 인가를 받는다.
④ 시·도지사에게 통지한다.

해설 방염업자의 지위승계 : 시·도지사에게 신고

58
특정소방대상물에 소방시설이 화재안전기준에 따라 설치 또는 유지·관리 되지 아니한 때 특정소방대상물의 관계인에게 필요한 조치를 명할 수 있는 사람은?

① 소방본부장 또는 소방서장
② 소방청장
③ 시·도지사
④ 종합상황실의 실장

해설 특정소방대상물의 관계인에게 필요한 조치명령권자
: 소방본부장 또는 소방서장

59
소방용수시설의 저수조에 대한 설치기준으로 옳지 않은 것은?

① 지면으로부터의 낙차가 4.5[m] 이하일 것
② 흡수 부분의 수심이 0.3[m] 이상일 것
③ 흡수관의 투입구가 사각형의 경우에는 한 변의 길이가 60[cm] 이상일 것
④ 흡수관의 투입구가 원형의 경우에는 지름이 60[cm] 이상일 것

해설 저수조의 흡수 부분의 수심이 0.5[m] 이상일 것

60
소방시설공사의 설계와 감리에 관한 약정을 함에 있어서 그 대가를 산정하는 기준으로 옳은 것은?

① 발주자와 도급자 간의 약정에 따라 산정한다.
② 국가를 당사자로 하는 계약에 관한 법률에 따라 산정한다.
③ 민법에서 정하는 바에 따라 산정한다.
④ 엔지니어링산업 진흥법에 따른 실비정액 가산방식으로 산정한다.

해설 기술용역의 대가 기준
• 소방시설 설계의 대가 : 통신부문에 적용하는 공사비 요율에 따른 방식
• 소방공사 감리의 대가 : 실비정액 가산방식

제 4 과목 소방전기시설의 구조 및 원리

61
누전경보기에서 변류기의 기능검사 항목이 아닌 것은?

① 진동시험
② 단락전류강도시험
③ 충격파내전압시험
④ 과전류시험

해설 변류기의 기능검사
• 절연저항시험   • 절연내력시험
• 충격파내전압시험   • 단락전류시험
• 노화시험   • 온도특성시험
• 진동시험   • 충격시험
• 전로개폐시험   • 과누전시험
• 방수시험   • 전압강하방지시험

62
누전경보기의 구성요소에 해당하지 않는 것은?

① 차단기   ② 영상변류기(ZCT)
③ 발신기   ④ 음향장치

> **해설** 누전경보기의 구성요소
> • 변류기
> • 수신기
> • 차단기
> • 음향장치

63

다중이용업소의 영업장 안에 통로 또는 복도가 있는 경우 피난유도선을 설치하여야 한다. 다음 중 피난유도선의 설명으로 옳은 것은?

① 통로나 복도에 피난 시 활용하도록 홈이 있는 선을 그어 놓아 유사시 피난을 유도할 수 있는 시설을 말한다.

② 햇빛이나 전등불에 따라 축광하거나 전류에 따라 빛을 발하는 유도체로서 어두운 상태에서 피난을 유도할 수 있도록 띠 형태로 설치된 시설을 말한다.

③ 피난구가 되는 복도나 통로에 설치하는 유도등으로서 유사시 피난구의 방향을 명시하는 시설을 말한다.

④ 벽에 손잡이 등을 설치하여 유사시 어두운 상태에서 피난을 유도할 수 있는 시설을 말한다.

> **해설** 피난유도선이란 햇빛이나 전등불에 따라 축광하거나 전류에 따라 빛을 발하는 유도체로서 어두운 상태에서 피난을 유도할 수 있도록 띠 형태로 설치되는 피난유도시설을 말한다.

64

자동화재탐지설비의 중계기 설치기준에 대한 설명으로 옳지 않은 것은?

① 조작 및 점검에 편리한 곳에 설치한다.

② 수신기에서 직접 감지기회로의 도통시험을 행하지 아니하는 것에 있어서는 수신기와 감지기 사이에 설치한다.

③ 수신기에 따라 감시되지 아니하는 배선을 통하여 전력을 공급받는 것에 있어서는 전원입력측의 배선에 누전차단기를 설치한다.

④ 화재 및 침수 등의 재해로 인한 피해를 받을 우려가 없는 장소에 설치한다.

> **해설** 중계기의 설치기준
> 수신기에 의하여 감시되지 아니하는 배선을 통하여 전력을 공급받는 것에 있어서는 전원입력측의 배선에 과전류차단기를 설치할 것.

65

광전식분리형 감지기의 설치기준으로 옳은 것은?

① 광축은 나란한 벽으로부터 1[m] 이상 이격하여 설치할 것

② 광축의 높이는 천장 등(천장의 실내에 면한 부분) 높이의 80[%] 이상일 것

③ 감지기의 송광부와 수광부는 설치된 뒷벽으로부터 0.6[m] 이내 위치에 설치할 것

④ 감지기의 수광면은 햇빛을 직접 받는 곳에 설치할 것

> **해설** 광전식분리형감지기의 설치기준
> • 감지기의 수광면은 햇빛을 직접 받지 않도록 설치할 것
> • 광축(송광면과 수광면의 중심을 연결한 선)은 나란한 벽으로부터 0.6[m] 이상 이격하여 설치할 것
> • 감지기의 송광부와 수광부는 설치된 뒷벽으로부터 1[m] 이내 위치에 설치할 것
> • 광축의 높이는 천장 등(천장의 실내에 면한부분 또는 상층의 바닥하부면을 말한다) 높이의 80[%] 이상일 것
> • 감지기의 광축의 길이는 공칭감시거리 범위 이내일 것

66

유도표지의 설치기준으로 옳지 않은 것은?

① 각 층마다 복도 및 통로의 구부러진 모퉁이의 벽에 설치한다.

② 피난구 유도표지는 출입구 상단에 설치한다.

③ 통로유도표지는 바닥으로부터 1[m] 이하의 위치에 설치한다.

④ 피난구 유도표지는 가로 250[mm] 이상, 세로 85[mm] 이상 크기로 설치하여야 한다.

해설

종 류	가로의 길이[mm]	세로의 길이[mm]
피난구 유도표지	360 이상	120 이상
복도통로 유도표지	250 이상	85 이상

67

자동화재탐지설비의 경계구역에 대한 기준이다. 옳지 않은 것은?

① 지하구의 경우 하나의 경계구역의 길이는 800 [m] 이하로 할 것

② 하나의 경계구역이 2개 이상의 층에 미치지 아니하도록 할 것

③ 하나의 경계구역의 면적은 600[m²] 이하로 하고 한 변의 길이는 50[m] 이하로 할 것

④ 하나의 경계구역이 2개 이상의 건축물에 미치지 아니하도록 할 것

해설 자동화재탐지설비의 경계구역의 설정기준
- 지하구의 경우 하나의 경계구역의 길이는 700[m] 이하로 한다.

68

휴대용 비상조명등의 건전지 및 충전식 배터리는 몇 분 이상 유효하게 사용할 수 있어야 하는가?

① 10분

② 20분

③ 30분

④ 40분

해설 배터리 용량 : 20분 이상 유효하게 사용할 수 있는 것으로 할 것

69

비상콘센트설비의 전원회로의 배선을 내열배선으로 하고자 한다. 내열전선의 내열성능을 기술한 다음의 설명 중 (   ) 안에 알맞은 내용으로 옳은 것은?

내열전선의 내열성능은 온도가 (㉠)[℃]인 불꽃을 (㉡)분간 가한 후 불꽃을 제거하였을 때 (㉢)초 이내에 자연소화가 되고 전선의 연소된 길이가 (㉣)[mm] 이하이어야 한다.

① ㉠ 816±10, ㉡ 20, ㉢ 10, ㉣ 180

② ㉠ 800±10, ㉡ 20, ㉢ 20, ㉣ 180

③ ㉠ 800±10, ㉡ 10, ㉢ 20, ㉣ 180

④ ㉠ 816±10, ㉡ 10, ㉢ 10, ㉣ 180

해설 내열전선의 내열성능은 온도가 816±10[℃]인 불꽃을 20분간 가한 후 불꽃을 제거하였을 때 10초 이내에 자연소화가 되고, 전선의 연소된 길이가 180[mm] 이하 이어야 한다.

70

액체기둥의 높이에 의하여 압력 또는 압력차를 측정하는 기구로서, 공기 관의 공기누설을 측정하는 기구는 어느 것인가?

① 회로 시험기　　　② 메 가

③ 비중계　　　　　④ 마노미터

해설 공기관의 공기누설 측정기 : 마노미터

71

자동화재속보설비 속보기의 기능 중 소방관서에 통보하는 신호의 내용으로 알맞은 것은?

① 당해 소방대상물의 위치 및 규모

② 당해 소방대상물의 위치 및 용도

③ 당해 소방대상물의 위치 및 화재발생

④ 당해 소방대상물의 위치 및 사고발생

해설 속보기 소방관서 통보사항
- 해당 소방대상물의 위치 및 화재발생 사항

72

건축 연면적이 5,000[m²]이고 지하 4층, 지상 11층인 특정소방대상물에 비상방송설비를 설치하였다. 지하 2층에서 화재가 발생한 경우 우선적으로 경보를 하여야 하는 층은?

① 건물 내 모든 층에 동시경보
② 지하 1, 2, 3, 4층
③ 지하 1층, 지상 1층
④ 지하 1, 2층

해설 직상층 우선경보방식
- 지하층 : 발화층·그 직상층 및 기타 지하층(지하 전층)

73

비상조명등의 설치 제외 장소가 아닌 것은?

① 백화점
② 의원, 의료시설
③ 경기장
④ 공동주택

해설 비상조명등 설치 제외 장소
- 거실의 각 부분으로부터 하나의 출입구에 이르는 보행거리가 15[m] 이내인 부분
- 의원·경기장·공동주택·의료시설·학교의 교실

74

설치장소가 현저하게 고온으로 되는 건조실, 살균실 등인 경우 적응성이 없는 감지기는?

① 정온식 특종 감지기
② 정온식 1종 감지기
③ 차동식 분포형 1종 감지기
④ 열아날로그식 감지기

해설 현저하게 고온으로 되는 장소에 설치하는 열감지기
- 정온식 특종, 1종
- 열아날로그식

75

비상경보설비의 화재안전기준에서 사용하는 용어의 정의로 옳지 않은 것은?

① 발신기란 화재발생 신호를 자동으로 발신하는 장치를 말한다.
② 비상벨설비란 화재발생 상황을 경종으로 경보하는 설비를 말한다.
③ 자동식사이렌설비란 화재발생 상황을 사이렌으로 경보하는 설비를 말한다.
④ 단독경보형감지기란 화재발생 상황을 단독으로 감지하여 자체에 내장된 음향장치로 경보하는 감지기를 말한다.

해설 발신기 : 화재발생신호를 수신기에 수동으로 발신하는 장치

76

객석 내의 통로의 직선부분의 길이가 85[m]이다. 객석유도등을 몇 개 설치하여야 하는가?

① 17개   ② 19개
③ 21개   ④ 22개

해설
$$설치개수 = \frac{객석\ 통로의\ 직선부분의\ 길이[m]}{4} - 1$$
$$= \frac{85}{4} - 1 ≒ 20.25 \qquad ∴ \ 21개$$

77

각종 소방설비에 사용하는 비상전원으로 옳지 않은 것은?

① 자동화재탐지설비 : 축전지설비
② 유도등 : 축전지
③ 비상조명등 : 자가발전설비, 축전지설비
④ 비상콘센트 : 축전지설비, 비상전원수전설비

해설 비상콘센트 비상전원
- 자가발전설비
- 비상전원수전설비

78
감지기 회로의 도통시험을 위한 종단저항의 설치기준으로 옳지 않은 것은?

① 점검 및 관리가 쉬운 장소에 설치할 것
② 동일층 발신기함 외부에 설치할 것
③ 전용함을 설치하는 경우 그 설치 높이는 바닥으로부터 1.5[m] 이내로 할 것
④ 종단 감지기에 설치하는 경우에는 구별이 쉽도록 해당 감지기의 기판 등에 별도의 표시를 할 것

해설 감지기회로의 도통시험을 위한 종단저항의 기준
- 점검 및 관리가 쉬운 장소에 설치할 것
- 전용함을 설치하는 경우, 그 설치 높이는 바닥으로부터 1.5[m] 이내로 할 것
- 감지기회로의 끝부분에 설치하며, 종단감지기에 설치할 경우에는 구별이 쉽도록 해당감지기의 기판 등에 별도의 표시를 할 것

79
출입구 부근에 연기감지기를 설치하는 경우는?

① 감지기의 유효면적이 충분한 경우
② 부착할 반자 또는 천장이 목조 건물인 경우
③ 반자가 높은 실내 또는 넓은 실내인 경우
④ 반자가 낮은 실내 또는 좁은 실내인 경우

해설 연기감지기의 설치기준
- 천장 또는 반자가 낮은 실내 또는 좁은 실내에 있어서는 출입구의 가까운 부분에 설치할 것
- 천장 또는 반자 부근에 배기구가 있는 경우에는 그 부근에 설치할 것
- 감지기는 벽 또는 보로부터 0.6[m] 이상 떨어진 곳에 설치할 것

80
무선통신보조설비 증폭기의 전면에는 주회로의 전원이 정상인지의 여부를 표시할 수 있는 표시등 및 무엇을 설치하여야 하는가?

① 전압계
② 전류계
③ 역률계
④ 전력계

해설 증폭기의 전면에는 주회로의 전원이 정상인지의 여부를 표시할 수 있는 표시등 및 전압계를 설치할 것

제2회 2013년 6월 2일 시행

제1과목 소방원론

01

위험물안전관리법령상 위험물의 적재 시 혼재기준에서 다음 중 혼재가 가능한 위험물로 짝지어진 것은? (단, 각 위험물은 지정수량의 10배로 가정한다)

① 질산칼륨과 가솔린
② 과산화수소와 황린
③ 철분과 유기과산화물
④ 등유와 과염소산

> **해설** 위험물의 혼재 가능
> • 철분(제2류)과 유기과산화물(제5류)

02

다음 위험물 중 물과 접촉 시 위험성이 가장 높은 것은?

① $NaClO_3$
② P
③ TNT
④ Na_2O_2

> **해설** 과산화나트륨은 물과 반응하면 조연성 가스인 산소를 발생한다.
>
> $$2Na_2O_2 + 2H_2O \rightarrow 4NaOH + O_2\uparrow + 발열$$

03

Twin Agent System으로 분말소화약제와 병용하여 소화효과를 증진시킬 수 있는 소화약제로 다음 중 가장 적합한 것은?

① 수성막포
② 이산화탄소
③ 단백포
④ 합성계면활성포

> **해설** 수성막포는 분말소화약제와 병용하여 소화효과를 증진시킬 수 있는 소화약제이다.

04

다음 물질 중 공기 중에서 연소범위가 가장 넓은 것은?

① 부 탄
② 프로판
③ 메 탄
④ 수 소

> **해설** 연소(폭발)범위
>
> | 종 류 | 연소범위[%] | 종 류 | 연소범위[%] |
> |---|---|---|---|
> | 부 탄 | 1.8~8.4 | 메 탄 | 5.0~15.0 |
> | 프로판 | 2.1~9.5 | 수 소 | 4.0~75 |

05

다음 중 제1류 위험물로 그 성질이 산화성 고체인 것은?

① 황 린
② 아염소산염류
③ 금속분
④ 유 황

> **해설** 위험물의 분류
>
> | 종 류 | 유 별 | 성 질 |
> |---|---|---|
> | 황 린 | 제3류 위험물 | 자연발화성 물질 |
> | 아염소산염류 | 제1류 위험물 | 산화성 고체 |
> | 금속분 | 제2류 위험물 | 가연성 고체 |
> | 유 황 | 제2류 위험물 | 가연성 고체 |

06

화재에 관한 설명으로 옳은 것은?

① PVC저장창고에서 발생한 화재는 D급 화재이다.
② PVC저장창고에서 발생한 화재는 B급 화재이다.
③ 연소의 색상과 온도와의 관계를 고려할 때 일반적으로 암적색보다는 휘적색의 온도가 높다.
④ 연소의 색상과 온도와의 관계를 고려할 때 일반적으로 휘백색보다는 휘적색의 온도가 높다.

해설 화재와 연소온도
- PVC저장창고에서 발생한 화재 A급 화재이다.
- 연소의 색과 온도

색 상	온도[℃]
담암적색	520
암적색	700
적 색	850
휘적색	950
황적색	1,100
백적색	1,300
휘백색	1,500 이상

07
Halon 1301의 화학기호에 해당하는 것은?

① CF_3Br
② $CClBr$
③ CF_2ClBr
④ $C_2F_4Br_2$

해설 할론소화약제

종류 구분	할론 1301	할론 1211	할론 2402	할론 1011
분자식	CF_3Br	CF_2ClBr	$C_2F_4Br_2$	CH_2ClBr
분자량	148.9	165.4	259.8	129.4

08
물체의 표면온도가 250[℃]에서 650[℃]로 상승하면 열 복사량은 약 몇 배 정도 상승하는가?

① 2.5
② 5.7
③ 7.5
④ 9.7

해설 복사열은 절대온도의 4승에 비례한다.
250[℃]에서 열량을 Q_1, 650[℃]에서 열량을 Q_2 라고 하면

$$\frac{Q_2}{Q_1} = \frac{(650+273)^4 \ [\text{K}]}{(250+273)^4 \ [\text{K}]} = 9.7 \ \text{배}$$

09
물질의 연소 시 산소공급원이 될 수 없는 것은?

① 탄화칼슘
② 과산화나트륨
③ 질산나트륨
④ 압축공기

해설 산소공급원
- 제1류 위험물(산화성 고체 : 과산화나트륨, 질산나트륨)
- 제6류 위험물(산화성 액체 : 질산, 과염소산, 과산화수소)
- 압축공기, 산소

10
LNG와 LPG에 대한 설명으로 틀린 것은?

① LNG는 증기비중이 1보다 크기 때문에 유출되면 바닥에 가라앉는다.
② LNG의 주성분은 메탄이고 LPG의 주성분은 프로판이다.
③ LPG는 원래 냄새는 없으나 누설 시 쉽게 알 수 있도록 부취제를 넣는다.
④ LNG는 Liquefied Natural Gas의 약자이다.

해설 LNG와 LPG의 비교

종류 구분	LNG	LPG
원 명	Liquefied Natural Gas	Liquefied Petroleum Gas
주성분	메탄(CH_4)	프로판(C_3H_8)
증기비중	16/29 = 0.55	44/29 = 1.52
누설 시	천장으로 상승한다.	바닥에 가라앉는다.

11
담홍색으로 착색된 분말소화약제의 주성분은?

① 황산알루미늄
② 탄산수소나트륨
③ 제1인산암모늄
④ 과산화나트륨

해설 분말소화약제의 성상

종 별	소화약제	약제의 착색	적응 화재	열분해반응식
제1종 분말	중탄산나트륨 ($NaHCO_3$)	백 색	B, C급	$2NaHCO_3 \rightarrow Na_2CO_3 + CO_2 + H_2O$
제2종 분말	중탄산칼륨 ($KHCO_3$)	담회색	B, C급	$2KHCO_3 \rightarrow K_2CO_3 + CO_2 + H_2O$
제3종 분말	제일인산암모늄, 인산염 ($NH_4H_2PO_4$)	담홍색, 황색	A, B, C급	$NH_4H_2PO_4 \rightarrow HPO_3 + NH_3 + H_2O$
제4종 분말	중탄산칼륨+요소 [$KHCO_3 + (NH_2)_2CO$]	회 색	B, C급	$2KHCO_3 + (NH_2)_2CO \rightarrow K_2CO_3 + 2NH_3 + 2CO_2$

12
건물의 주요구조부에 해당되지 않는 것은?

① 바 닥
② 천 장
③ 기 둥
④ 주계단

해설 주요구조부 : 내력벽, **기둥, 바닥, 보, 지붕틀**, 주계단

주요구조부 제외 : 사잇벽, 사잇기둥, 최하층의 바닥, **작은 보**, 차양, 옥외계단, **천장**

13
다음 중 인화성 액체의 발화원으로 가장 거리가 먼 것은?

① 전기불꽃
② 냉 매
③ 마찰스파크
④ 화 염

해설 발화원 : 전기불꽃, 마찰스파크, 화염

14
방화구조에 대한 기준으로 틀린 것은?

① 철망모르타르로서 그 바름두께가 2[cm] 이상 인 것
② 석고판 위에 시멘트모르타르를 바른 것으로서 그 두께의 합계가 2.5[cm] 이상인 것

③ 시멘트모르타르 위에 타일을 붙인 것으로서 그 두께의 합계가 2[cm] 이상인 것
④ 심벽에 흙으로 맞벽치기한 것

해설 방화구조의 기준
- 철망모르타르로서 그 바름두께가 2[cm] 이상인 것
- 석고판 위에 시멘트모르타르 또는 회반죽을 바른 것으로서 그 두께의 합계가 2.5[cm] 이상인 것
- 시멘트모르타르 위에 타일을 붙인 것으로서 그 두께의 합계가 2.5[cm] 이상인 것
- 심벽에 흙으로 맞벽치기한 것

15
열경화성 플라스틱에 해당하는 것은?

① 폴리에틸렌
② 염화비닐수지
③ 페놀수지
④ 폴리스틸렌

해설 수지의 종류
- 열경화성 수지 : 열에 의해 굳어지는 수지로서 페놀수지, 요소수지, 멜라민수지
- 열가소성 수지 : 열에 의해 변형되는 수지로서 폴리에틸렌수지, 폴리스틸렌수지, PVC수지

16
발화온도 500[℃]에 대한 설명으로 다음 중 가장 옳은 것은?

① 500[℃]로 가열하면 산소 공급 없이 인화한다.
② 500[℃]로 가열하면 공기 중에서 스스로 타기 시작한다.
③ 500[℃]로 가열하여도 점화원이 없으면 타지 않는다.
④ 500[℃]로 가열하면 마찰열에 의하여 연소한다.

해설 발화온도 500[℃]란 점화원이 없어도 500[℃]가 되면 공기 중에서 스스로 타기 시작한다.

17

다음 중 플래시오버(Flash Over)를 가장 옳게 설명한 것은?

① 도시가스의 폭발적인 연소를 말한다.

② 휘발유 등 가연성 액체가 넓게 흘러서 발화한 상태를 말한다.

③ 옥내 화재가 서서히 진행하여 열 및 가연성 기체가 축적되었다가 일시에 연소하여 화염이 크게 발생한 상태를 말한다.

④ 화재층의 불이 상부층으로 올라가는 현상을 말한다.

> **해설** 플래시오버(Flash Over) : 옥내화재가 서서히 진행하여 열 및 가연성 기체가 축적되었다가 일시에 연소하여 화염이 크게 발생한 상태

18

1기압, 100[℃]에서의 물 1[g]의 기화잠열은 약 몇 [cal]인가?

① 425

② 539

③ 647

④ 734

> **해설** 물의 기화(증발)잠열 : 539[cal/g]
> 얼음의 융해잠열 : 80[cal/g]

19

화재 발생 시 주수소화를 할 수 없는 물질은?

① 부틸리튬

② 질산에틸

③ 나이트로셀룰로스

④ 적 린

> **해설** 부틸리튬(알킬리튬)은 물과 반응하면 가연성 가스인 수소를 발생한다.

20

이산화탄소의 물성으로 옳은 것은?

① 임계온도 : 31.35[℃], 증기비중 : 0.52

② 임계온도 : 31.35[℃], 증기비중 : 1.52

③ 임계온도 : 0.35[℃], 증기비중 : 1.52

④ 임계온도 : 0.35[℃], 증기비중 : 0.52

> **해설** 이산화탄소의 물성
> • 임계온도 : 31.35[℃]
> • 증기비중 : 1.52

제 2 과목   소방전기일반

21

변위를 전압으로 변환시키는 장치가 아닌 것은?

① 포텐셔미터   ② 차동변압기

③ 전위차계   ④ 측온저항

> **해설** 변위를 전압으로 변환시키는 장치
> : 포텐셔미터, 차동변압기, 전위차계

22

그림과 같은 트랜지스터를 사용한 정전압회로에서 Q_1의 역할로서 옳은 것은?

① 증폭용   ② 비교부용

③ 제어용   ④ 기준부용

> **해설** Q_1 역할 : 제어용
> Q_2 역할 : 증폭용

23

그림과 같은 교류브리지의 평형조건으로 옳은 것은?

① $R_2 C_4 = R_1 C_3, \ R_2 C_1 = R_4 C_3$

② $R_1 C_1 = R_4 C_4, \ R_2 C_3 = R_1 C_1$

③ $R_2 C_4 = R_4 C_3, \ R_1 C_3 = R_2 C_1$

④ $R_1 C_1 = R_4 C_4, \ R_2 C_3 = R_1 C_4$

해설 브리지 방법

- 교류브리지 평형조건 $Z_1 Z_3 = Z_2 Z_x$
- 이 조건을 이용하여 풀면

  $R_2 R_4 = R_1 C_3, \ R_2 C_1 = R_4 C_3$

24

구동점 임피던스(Driving Point Impedance) 함수에서 극점(Pole)이란 무엇을 의미하는가?

① 개방회로상태를 의미한다.

② 단락회로상태를 의미한다.

③ 전류가 많이 흐르는 상태를 의미한다.

④ 접지상태를 의미한다.

해설
- 영점 : 단락상태
- 극점 : 개방상태

25

그림과 같은 시스템의 등가합성 전달함수는?

① $G_1 + G_2$

② $G_1 - G_2$

③ $G_1 G_2$

④ $\dfrac{G_1}{G_2}$

해설 $Y = X \cdot G_1 \cdot G_2$

$G(s) = Y/X = X \cdot G_1 \cdot G_2 / X = G_1 \cdot G_2$

26

단상변압기(용량 100[kVA]) 3대를 △결선으로 운전하던 중 한 대가 고장이 생겨 V결선하였다면 출력을 몇 [kVA]인가?

① 200

② 300

③ $200\sqrt{3}$

④ $100\sqrt{3}$

해설   V결선의 출력은 변압기 1대 용량의 $\sqrt{3}$ 배이다.

$P_V = \sqrt{3}\,P_1 = 100\sqrt{3}$

27

2개의 저항을 직렬로 연결하여 30[V]의 전압을 가하면 6[A]의 전류가 흐르고, 병렬로 연결하여 동일 전압을 가하면 25[A]의 전류가 흐른다. 두 저항값은 각각 몇 [Ω]인가?

① 2, 3

② 3, 5

③ 4, 5

④ 5, 6

해설   직렬접속 시 저항 : $R_0 = \dfrac{V}{I} = \dfrac{30}{6} = 5[\Omega]$

∴ $R_0 = R_1 + R_2 = 5[\Omega]$이므로 더해서 $5[\Omega]$ 되는 것이 답

28

압력이 1과 0일 때 1의 출력이 나오지 않는 게이트는?

① OR 게이트

② NAND 게이트

③ NOR 게이트

④ EXCLUSIVE OR 게이트

해설 NOR회로 : OR회로의 부정회로

A	B	X
0	0	1
0	1	0
1	0	0
1	1	0

29
콘덴서와 코일에서 실제적으로 급격히 변화할 수 없는 것이 있다면 어느 것인가?

① 코일에서 전압, 콘덴서에서 전류
② 코일에서 전류, 콘덴서에서 전압
③ 코일, 콘덴서 모두 전압
④ 코일, 콘덴서 모두 전류

해설 코일에서는 전류, 콘덴서에서는 전압이 급격히 변화할 수 없다.

30
공기 중에서 20[cm] 거리에 있는 두 자극의 세기가 2×10^{-3}[Wb]와 4×10^{-3}[Wb]일 때, 두 자극 사이에 작용하는 힘은 약 몇 [N]인가?

① 2×10^{-8} 　　② 2×10^{-2}
③ 12.66×10^{-4}　④ 12.66

해설 쿨롱의 법칙

$$F = 6.33 \times 10^4 \times \frac{m_1 m_2}{r^2} [\mathrm{N}]$$

$$= 6.33 \times 10^4 \times \frac{2 \times 10^{-3} \times 4 \times 10^{-3}}{(20 \times 10^{-2})^2} = 12.66[\mathrm{N}]$$

31
$v = \sqrt{2}\, V \sin \omega t$[V]인 전압에서 $\omega t = \dfrac{\pi}{6}$[rad]일 때의 크기가 70.7[V]이면 이 전원의 실횻값은 몇 [V]가 되는가?

① 100[V] 　　② 200[V]
③ 300[V] 　　④ 400[V]

해설 $v = \sqrt{2}\, V \sin \omega t = 70.7$

$\qquad = \sqrt{2}\, V \sin \dfrac{\pi}{6} = 70.7$

$\qquad \therefore\ V = \dfrac{70.7 \times 2}{\sqrt{2}} = 100[\mathrm{V}]$

32
SCR의 양극 전류가 10[A]일 때 게이트 전류를 반으로 줄이면 양극 전류는?

① 0.1[A] 　　② 5[A]
③ 10[A] 　　④ 20[A]

해설 게이트 단자는 SCR을 ON시키는 용도이며 게이트전류를 변경시켜도 도통전류는 변하지 않는다.

33
1차 전압 6,600[V], 권수비 60인 단상 변압기가 전등 부하에 40[A]를 공급할 때 1차 전류는 몇 [A]인가?

① $\dfrac{1}{2}$ 　　② $\dfrac{2}{3}$
③ $\dfrac{5}{6}$ 　　④ $\dfrac{4}{11}$

해설 권수비 : $a = \dfrac{V_1}{V_2} = \dfrac{N_1}{N_2} = \dfrac{I_2}{I_1}$ 에서

1차 전류 : $I_1 = \dfrac{I_2}{a} = \dfrac{40}{60} = \dfrac{2}{3}[\mathrm{A}]$

(전등 부하 40[A]는 I_2 전류)

34
2개의 전하 사이에 작용하는 정전기력과 거리 사이의 관계는?

① 거리에 반비례한다.
② 거리에 비례한다.
③ 거리의 제곱에 반비례한다.
④ 거리의 제곱에 비례한다.

해설 쿨롱의 법칙

$$F = 9 \times 10^9 \times \frac{Q_1 Q_2}{r^2} [\mathrm{N}]$$ 에서 힘 F는 거리 r의 제곱에 반비례

정답 29 ② 30 ④ 31 ① 32 ③ 33 ② 34 ③

35

그림과 같은 논리회로는?

① OR회로   ② AND회로
③ NOT회로   ④ NOR회로

해설 출력 X에 대해 A와 B는 직렬회로이므로 AND회로

36

조작기기는 직접 제어대상에 작용하는 장치이고 응답이 빠른 것이 요구된다. 다음 중 전기식 조작기기가 아닌 것은?

① 서보 전동기
② 전동 밸브
③ 다이어프램 밸브
④ 전자 밸브

해설 **다이어프램 밸브** : 다이어프램에 의해서 통로를 개폐하는 형식의 밸브

37

RLC 직렬회로에서 일반적인 공진조건으로 옳지 않은 것은?

① 리액턴스 성분이 0이 되는 조건
② 임피던스가 최대가 되어 전류가 최소로 되는 조건
③ 임피던스의 허수부가 0이 되는 조건
④ 전압과 전류가 동상이 되는 상태

해설 직렬공진 : 임피던스(Z) 최소, 전류(I) 최대
병렬공진 : 임피던스(Z) 최대, 전류(I) 최소

38

어떤 측정계기의 지시값을 M, 참값을 T라 할 때 보정율은?

① $\dfrac{T-M}{M} \times 100[\%]$

② $\dfrac{M}{M-T} \times 100[\%]$

③ $\dfrac{T-M}{T} \times 100[\%]$

④ $\dfrac{T}{M-T} \times 100[\%]$

해설 보정율 $= \dfrac{\text{참값}-\text{지시값}}{\text{지시값}} \times 100 = \dfrac{T-M}{M} \times 100$

39

다음 중 쌍방향성 사이리스터인 것은?

① 브리지 정류기   ② SCR
③ IGBT   ④ TRIAC

해설 **쌍방향(양방향) 사이리스터**
SSS, DIAC, TRIAC

40

차동식스포트형 반도체식 감지기 회로의 일부이다. (가)의 명칭과 감시상태에서의 A점의 전압은?

① 서미스터, $\dfrac{1}{2} Va$

② 열전대, Va

③ 백금측온저항체, $\dfrac{1}{2} Va$

④ 광센서, Va

해설 (가) 명칭 : 서미스터

A점 전압은 입력전압의 $\dfrac{1}{2}$ 이므로 $\dfrac{1}{2} V_a$ 만큼 걸린다.

제 3 과목　소방관계법규

41

소방기본법에 규정한 한국소방안전원의 회원이 될 수 없는 사람은?

① 소방관련 박사 또는 석사학위를 취득한 사람
② 소방공무원으로 3년 이상 근무한 경력이 있는 사람
③ 소방청장이 정하는 소방관련학과를 졸업한 사람
④ 소방설비기사 자격을 취득한 사람

해설 한국소방안전원의 회원자격
- 소방관련 박사 또는 석사학위를 취득한 사람
- 소방공무원으로 5년 이상 근무한 경력이 있는 사람
- 소방청장이 정하는 소방관련학과를 졸업한 사람
- 소방기술사, 소방관리사, 소방설비기사, 소방설비산업기사, 위험물기능장, 위험물기능사
  자격을 취득한 사람

42

소방대상물에 대한 소방특별조사결과 화재가 발생되면 인명 또는 재산의 피해가 클 것으로 예상되는 경우 소방본부장 또는 소방서장이 소방대상물 관계인에게 조치를 명할 수 있는 사항과 가장 거리가 먼 것은?

① 이전명령
② 개수명령
③ 사용금지명령
④ 증축명령

해설 소방특별조사 결과에 따른 조치명령
- 조치명령권자 : 소방청장, 소방본부장, 소방서장
- 조사 대상 : 소방대상물의 위치·구조·설비 또는 관리의 상황
- 조치명령 : 개수(改修)·이전·제거, 사용의 금지 또는 제한, 사용폐쇄, 공사의 정지 또는 중지

43

스프링클러설비를 설치하여야 할 대상의 기준으로 옳지 않은 것은?

① 문화 및 집회시설로서 수용인원이 100명 이상인 것
② 판매시설, 운수시설로서 층수가 3층 이하인 건축물로서 바닥면적 합계가 6,000[m²] 이상인 모든 층
③ 숙박이 가능한 수련시설로서 해당용도로 사용되는 바닥면적의 합계가 600[m²] 이상인 모든 층
④ 지하가(터널은 제외)로서 연면적 800[m²] 이상인 것

해설 지하가(터널은 제외한다)로서 연면적 1,000[m²] 이상인 것에는 스프링클러설비를 설치하여야 한다.

44

위험물을 취급함에 있어서 정전기가 발생할 우려가 있는 설비는 공기 중의 상대습도를 몇 [%] 이상으로 하는 방법으로 정전기를 유효하게 제거할 수 있는 설비를 설치하여야 하는가?

① 30[%]　　　　② 60[%]
③ 70[%]　　　　④ 90[%]

해설 정전기 방지법
- 접지할 것
- 상대습도를 70[%] 이상으로 할 것
- 공기를 이온화 할 것

45

다음의 특정소방대상물 중 의료시설에 해당되지 않는 것은?

① 마약진료소
② 노인의료복지시설
③ 상애인 의료재활시설
④ 한방병원

해설 노인의료복지시설 : 노유자 시설

46

소방안전관리자를 두어야 하는 특정소방대상물로서
1급 소방안전관리대상물에 해당하는 것은?

① 자동화재탐지설비를 설치하는 연면적 10,000[m²]
   인 소방대상물
② 전력용 또는 통신용 지하구
③ 스프링클러설비를 설치하는 연면적 3,000[m²]
   인 소방대상물
④ 가연성 가스를 1,000[t] 이상 저장·취급하는
   시설

해설 1급 소방안전관리대상물
동·식물원, 철강 등 불연성 물품을 저장·취급하는
창고, 위험물제조소 등, 지하구와 특급소방안전관리
대상물을 제외한 것
• 30층 이상(지하층은 제외)이거나 지상으로부터 높
  이가 120[m] 이상인 아파트
• 연면적 15,000[m²] 이상인 특정소방대상물(아파트
  는 제외)
• 층수가 11층 이상인 특정소방대상물(아파트는 제외)
• 가연성 가스를 1,000[t] 이상 저장·취급하는 시설

47

규정에 의한 지정수량 10배 이상의 위험물을 저장
또는 취급하는 제조소 등에 설치하는 경보설비로 옳
지 않은 것은?

① 자동화재탐지설비
② 자동화재속보설비
③ 비상경보설비
④ 확성장치

해설 위험물제조소 등에 설치하는 경보설비(지정수량 10배
이상일 때)
• 자동화재탐지설비
• 비상경보설비
• 비상방송설비
• 확성장치

48

소방안전관리대상물의 소방안전관리자로 선임된 자
가 실시하여야 할 업무가 아닌 것은?

① 소방계획서의 작성
② 자위소방대의 조직
③ 소방시설 공사
④ 소방훈련 및 교육

해설 특정소방대상물(소방안전관리대상물은 제외한다)의
관계인과 소방안전관리대상물의 소방안전관리자의
업무(다만, 제1호·제2호 및 제4호의 업무는 소방안
전관리대상물의 경우에만 해당한다)
• 피난계획에 관한 사항과 대통령령으로 정하는 사항
  이 포함된 소방계획서의 작성 및 시행
• 자위소방대 및 초기 대응 체계의 구성·운영·교육
• 피난시설, 방화구획 및 방화시설의 유지·관리
• 소방훈련 및 교육
• 소방시설이나 그 밖의 소방 관련 시설의 유지·관리
• 화기 취급의 감독
• 그 밖에 소방안전관리에 필요한 업무

49

소방안전교육사는 누가 실시하는 시험에 합격하여야
하는가?

① 소방청장
② 행정안전부장관
③ 소방본부장 또는 소방서장
④ 시·도지사

해설 소방안전교육사, 소방시설관리사의 시험실시권자
     : 소방청장

50

소방시설관리업의 기술인력으로 등록된 소방기술자
가 받아야 하는 실무교육의 주기 및 회수는?

① 매년 1회 이상   ② 매년 2회 이상
③ 2년마다 1회 이상   ④ 3년마다 1회 이상

해설 소방기술인력의 실무교육
• 실시권자 : 한국소방안전원장
• 주기 : 2년마다 1회 이상

51

원활한 소방활동을 위하여 소방용수시설에 대한 조사를 실시하는 사람은?

① 소방청장
② 시·도지사
③ 소방본부장 또는 소방서장
④ 행정안전부장관

해설 소방용수시설의 조사권자 : 소방본부장 또는 소방서장

52

소방본부장 또는 소방서장은 화재경계지구 안의 관계인에 대하여 소방상 필요한 훈련 및 교육을 실시하고자 하는 때에는 관계인에게 며칠 전까지 그 사실을 통보하여야 하는가?

① 5일　　　　② 10일
③ 15일　　　　④ 20일

해설 화재경계지구 안의 소방훈련 및 교육
: 관계인에게 10일전까지 통보

53

제조 또는 가공공정에서 방염대상물품에 해당되지 않는 것은?

① 창문에 설치하는 블라인드
② 두께가 2[mm] 미만인 종이벽지
③ 카 펫
④ 전시용합판 또는 섬유판

해설 제조 또는 가공공정에서 방염대상물품
• 창문에 설치하는 커튼류(블라인드를 포함)
• 카펫, 두께가 2[mm] 미만인 벽지류(종이벽지는 제외한다)
• 전시용 합판 또는 섬유판, 무대용 합판 또는 섬유판
• 암막·무대막
• 섬유류 또는 합성수지류 등을 원료로 하여 제작된 소파·의자(단란주점영업, 유흥주점영업, 노래연습장업의 영업장에 설치하는 것만 해당한다)

54

소방청장 등은 관할 구역에 있는 소방대상물에 대하여 소방특별조사를 실시할 수 있다. 특별조사 대상과 거리가 먼 것은?(단, 개인 주거에 대하여는 관계인의 승낙을 득한 경우이다)

① 화재경계지구에 대한 소방특별조사 등 다른 법률에서 소방특별조사를 실시하도록 한 경우
② 관계인이 법령에 따라 실시하는 소방시설등, 방화시설, 피난시설 등에 대한 자체점검 등이 불성실하거나 불완전하다고 인정되는 경우
③ 화재가 발생할 우려는 없으나 소방대상물의 정기점검이 필요한 경우
④ 국가적 행사 등 주요 행사가 개최되는 장소에 대하여 소방안전관리 실태를 점검할 필요가 있는 경우

해설 소방특별조사를 실시할 수 있는 경우
① 관계인이 이 법 또는 다른 법령에 따라 실시하는 소방시설 등, 방화시설, 피난시설 등에 대한 자체점검 등이 불성실하거나 불완전하다고 인정되는 경우
② 「소방기본법」제13조에 따른 화재경계지구에 대한 소방특별조사 등 다른 법률에서 소방특별조사를 실시하도록 한 경우
③ 국가적 행사 등 주요 행사가 개최되는 장소 및 그 주변의 관계 지역에 대하여 소방안전관리 실태를 점검할 필요가 있는 경우
④ 화재가 자주 발생하였거나 발생할 우려가 뚜렷한 곳에 대한 점검이 필요한 경우
⑤ 재난예측정보, 기상예보 등을 분석한 결과 소방대상물에 화재, 재난·재해의 발생 위험이 높다고 판단되는 경우
⑥ ①부터 ⑤까지에서 규정한 경우 외에 화재, 재난·재해, 그 밖의 긴급한 상황이 발생할 경우 인명 또는 재산 피해의 우려가 현저하다고 판단되는 경우

55

연면적이 3만[m²] 이상 20만[m²] 미만인 특정소방대상물(아파트는 제외) 또는 지하층을 포함한 층수가 16층 이상 40층 미만인 특정소방대상물의 공사현장인 경우 소방공사 책임감리원의 배치기준은?

① 특급감리원 이상의 소방공사감리원 1명 이상
② 고급감리원 이상의 소방공사감리원 1명 이상
③ 중급감리원 이상의 소방공사감리원 1명 이상
④ 초급감리원 이상의 소방공사감리원 1명 이상

해설 소방공사 책임감리원의 배치 기준(영 별표 4, 제11조)

감리원의 배치기준		소방시설공사 현장의 기준
책임감리원	보조감리원	
2. 행정안전부령으로 정하는 특급감리원 이상의 소방공사감리원(기계분야 및 전기분야)	행정안전부령으로 정하는 초급감리원 이상의 소방공사감리원(기계분야 및 전기분야)	가. 연면적 3만[m²] 이상 20만[m²] 미만인 특정소방대상물(아파트는 제외)의 공사현장 나. 지하층을 포함한 층수가 16층 이상 40층 미만인 특정소방대상물의 공사 현장

56

다음 중 위험물탱크 안전성능시험자로 시·도지사에게 등록하기 위하여 갖추어야 할 사항이 아닌 것은?

① 자본금   ② 기술능력
③ 시 설   ④ 장 비

해설 위험물탱크 안전성능시험자의 등록사항
기술능력, 시설, 장비

57

다음 중 소방용품의 우수품질에 대한 인증업무를 담당하고 있는 기관은?

① 한국기술표준원
② 한국소방산업기술원
③ 한국방재시험연구원
④ 건설기술연구원

해설 소방용품의 우수품질에 대한 인증업무
: 한국소방산업기술원

58

소방활동 종사 명령으로 소방활동에 종사한 사람이 사망하거나 부상을 입은 경우 보상하여야 하는 사람은?

① 행정안전부장관
② 소방청장
③ 소방본부장 또는 소방서장
④ 시·도지사

해설 시·도지사는 소방활동에 종사한 사람이 사망하거나 부상을 입은 경우 보상하여야 한다.

59

제조소 등에 설치하여야 할 자동화재탐지설비의 설치기준으로 옳지 않은 것은?

① 하나의 경계구역의 면적은 600[m²] 이하로 하고 그 한 변의 길이는 50[m] 이하로 한다.
② 경계구역은 건축물 그 밖의 공작물의 2 이상의 층에 걸치지 아니하도록 한다.
③ 건축물의 그 밖의 공작물의 주요한 출입구에서 그 내부의 전체를 볼 수 있는 경우에 경계구역의 면적을 1,000[m²] 이하로 할 수 있다.
④ 계단·경사로·승강기의 승강로 그 밖에 이와 유사한 장소에 열기감지기를 설치하는 경우 3개의 층에 걸쳐 경계구역을 설정할 수 있다.

해설 자동화재탐지설비의 설치기준
- 자동화재탐지설비의 경계구역(화재가 발생한 구역을 다른 구역과 구분하여 식별할 수 있는 최소단위의 구역을 말한다)은 건축물 그 밖의 공작물의 2 이상의 층에 걸치지 아니하도록 할 것. 다만, 하나의 경계구역의 면적이 500[m²] 이하이면서 당해 경계구역이 두개의 층에 걸치는 경우이거나 계단·경사로·승강기의 승강로 그 밖에 이와 유사한 장소에 연기감지기를 설치하는 경우에는 그러하지 아니하다.
- 하나의 경계구역의 면적은 600[m²] 이하로 하고 그 한 변의 길이는 50[m](광전식분리형 감지기를 설치할 경우에는 100[m]) 이하로 할 것. 다만, 당해 건축물 그 밖의 공작물의 주요한 출입구에서 그 내부의 전체를 볼 수 있는 경우에 있어서는 그 면적을 1,000[m²] 이하로 할 수 있다.
- 자동화재탐지설비의 감지기는 지붕(상층이 있는 경우에는 상층의 바닥) 또는 벽의 옥내에 면한 부분(천

장이 있는 경우에는 천장 또는 벽의 옥내에 면한 부분 및 천장의 뒷 부분)에 유효하게 화재의 발생을 감지할 수 있도록 설치할 것

• 자동화재탐지설비에는 비상전원을 설치할 것

60
소방기본법이 정하는 목적을 설명한 것으로 거리가 먼 것은?

① 풍수해의 예방, 경계, 진압에 관한 계획, 예산의 지원 활동
② 화재, 재난·재해, 그 밖의 위급한 상황에서의 구조·구급 활동
③ 구조·구급 활동 등을 통한 국민의 생명·신체 및 재산의 보호
④ 구조·구급 활동 등을 통한 공공의 안녕 및 질서의 유지

해설 **소방기본법의 목적**
화재를 예방·경계하거나 진압하고 화재, 재난·재해, 그 밖의 위급한 상황에서의 구조·구급 활동 등을 통하여 국민의 생명·신체 및 재산을 보호함으로써 공공의 안녕 및 질서 유지와 복리증진에 이바지함을 목적으로 한다.

제 4 과목 | 소방전기시설의 구조 및 원리

61
자동화재속보설비의 속보기의 기능에 대한 설명으로 틀린 것은?

① 자동 또는 수동으로 소방관서에 속보하는 경우
② 주전원이 정지한 후 정상상태로 복귀한 경우에는 화재표시 및 경보는 자동으로 복구되어야 한다.
③ 자동화재탐지설비로부터 화재신호를 수신하는 경우 자동적으로 적색 화재표시등이 점등되고 음향장치로 화재를 경보하여야 한다.
④ 수동으로 동작시키는 경우 20초 이내에 소방관서에 자동적으로 신호를 발하여 통보하되, 3회 이상 속보할 수 있어야 한다.

해설 주전원이 정지한 후 정상상태를 복귀한 경우에는 화재표시 및 정보는 수동으로 복구되어야 한다.

62
비상방송설비에서 기동장치에 의한 화재신고를 수신한 후 방송이 개시될 때까지의 소요시간은 몇 초 이내여야 하는가?

① 5초
② 10초
③ 15초
④ 20초

해설 화재신고를 수신한 후 필요한 음량으로 화재발생 상황 및 피난에 유효한 방송이 자동으로 개시될 때까지의 소요시간은 10초 이하로 할 것

63
비상방송설비의 축전지설비에 대한 설명 중 옳은 것은?(단, 수신기에 내장하는 경우도 포함하며, 30층 미만인 경우이다)

① 감시상태를 60분간 지속한 후 유효하게 10분 이상 경보할 수 있어야 한다.
② 감시상태를 60분간 지속한 후 유효하게 20분 이상 경보할 수 있어야 한다.
③ 감시상태를 30분간 지속한 후 유효하게 10분 이상 경보할 수 있어야 한다.
④ 감시상태를 30분간 지속한 후 유효하게 20분 이상 경보할 수 있어야 한다.

해설 비상방송설비에는 그 설비에 대한 감시상태를 60분간 지속한 후 유효하게 10분 이상, 층수가 30층 이상은 30분 이상 경보할 수 있는 축전지설비(수신기에 내장하는 경우를 포함한다)를 설치하여야 한다.

64
다음 중 단자부와 마감 고정금구와의 설치간격을 10[cm] 이내로 설치하고, 굴곡반경은 5[cm] 이상으로 하여야 하는 감지기는?

① 차동식스포트형감지기
② 불꽃감지기
③ 광전식스포트형감지기
④ 정온식감지선형감지기

해설 **정온식감지선형감지기 설치기준**
- 고정방법
  - 단자 부분, 굴곡 부분 : 10[cm] 이내
  - 굴곡 부분 : 5[cm] 이상
- 고정금구 및 보조선 사용으로 감지선이 늘어나지 않도록 설치

65
자동화재탐지설비에서 4층 이상의 소방대상물에는 어떤 기기와 전화통화가 가능한 수신기를 설치하여야 하는가?

① 감지기
② 시각경보장치
③ 중계기
④ 발신기

해설 4층 이상의 특정소방대상물에는 발신기와 전화통화가 가능한 수신기를 설치할 것

66
누전경보기의 변류기(ZCT)가 경계전로에 정격전류를 흘리는 경우 그 경계전로의 전압강하는 몇 [V] 이하이어야 하는가?(단, 경계전로의 전선을 그 변류기에 관통시키는 것은 제외한다)

① 0.3[V]
② 0.5[V]
③ 1.0[V]
④ 3.0[V]

해설 **전압강하방지시험**
변류기는 경계전로에 정격전류를 흘리는 경우 그 경계전로의 전압강하는 0.5[V] 이하일 것

67
누전경보기는 계약전류 용량이 몇 [A]를 초과할 때 설치하여야 하는가?

① 100[A]
② 150[A]
③ 200[A]
④ 300[A]

해설 **누전경보기 계약전류 용량** : 100[A] 초과

68
비상조명등 조도는 비상조명등이 설치된 장소의 각 부분의 바닥에서 얼마 이상이 되어야 하는가?

① 1[lx] 이상
② 2[lx] 이상
③ 3[lx] 이상
④ 0.5[lx] 이상

해설 조도는 비상조명등이 설치된 장소의 각 부분의 바닥에서 1[lx] 이상이 되도록 할 것

69
일반전기사업자로부터 특별고압으로 수전하는 소방시설용 비상전원 수전설비를 방화구획형, 옥외개방형 또는 큐비클형으로 하여야 하는데 설치기준으로 옳지 않은 것은?

① 전용의 방화구획 내에 설치할 것
② 소방회로배선은 일반회로배선과 불연성 벽으로 구획할 것
③ 일반회로에서 과부하, 지락사고 또는 단락사고가 발생한 경우에는 즉시 자가발전설비가 작동되도록 할 것
④ 소방회로용 개폐기 및 과전류차단기에는 "소방시설용"이라 표시할 것

해설 일반회로에서 과부하, 지락사고 또는 단락사고가 발생한 경우에도 이에 영향을 받지 아니하고 계속하여 소방회로에 전원을 공급시켜 줄 수 있어야 할 것

70
자동화재탐지설비의 수신기 설치기준으로 옳지 않은 것은?

① 수위실 등 상시 사람이 근무하는 장소에 설치할 것
② 수신기가 설치된 장소에는 경계구역 일람도를 비치할 것
③ 하나의 경계구역은 하나의 표시등 또는 하나의 문자로 표시되도록 할 것
④ 수신기의 조작스위치는 바닥으로부터 높이 1.0[m] 이상 1.8[m] 이하에 설치할 것

안심Touch

해설 수신기의 조작스위치는 바닥으로부터 높이 0.8[m] 이상 1.5[m] 이하에 설치할 것

71
누전경보기의 변류기는 직류 500[V]의 절연저항계로 절연된 1차권선과 2차권선간을 절연저항시험을 할 때 몇 [MΩ] 이상이어야 하는가?

① 1
② 5
③ 10
④ 100

해설 **절연저항시험**

적용대상	절연저항	측정기구 및 전압
• 누전경보기 • 자동화재탐지설비 • 수신기(절연된 충전부와 외함 간) • 비상경보, 비상조명설비 • 가스누설경보기 • 유도등	5[MΩ] 이상	DC 500[V] 절연저항체
• 발신기 • 비상콘센트 • 지구경종, 중계기 • 기기 및 수신기(교류입력측과 외함 간, 절연된 선로 간)	20[MΩ] 이상	DC 500[V] 절연저항체
• 10회로 이상의 수신기, 가스누설경보기 • 감지기(정온식감지선형 제외)	50[MΩ] 이상	DC 500[V] 절연저항체
정온식감지선형감지기	1,000[MΩ] 이상	DC 500[V] 절연저항체
하나의 경계구역	0.1[MΩ] 이상	DC 250[V] 절연저항체

72
무선통신보조설비의 증폭기에는 비상전원이 부착된 것으로 하고 당해 비상전원의 용량은 무선통신보조설비를 유효하게 몇 분 이상 작동시킬 수 있는 것으로 하여야 하는가?

① 5분
② 10분
③ 20분
④ 30분

해설 **비상전원의 용량**

설비의 종류	비상전원용량(이상)
자동화재탐지설비, 자동화재속보설비, 비상경보설비	10분
제연설비, 비상콘센트설비, 옥내소화전설비, 유도등	20분
무선통신보조설비의 증폭기	30분

73
유도표지는 계단에 설치하는 것을 제외하고는 각 층마다 복도 및 통로의 각 부분으로부터 하나의 유도표지까지의 보행거리 몇 [m] 이하마다 설치하여야 하는가?

① 10[m]
② 15[m]
③ 20[m]
④ 25[m]

해설 계단에 설치하는 것을 제외하고는 각 층마다 복도 및 통로의 각 부분으로부터 하나의 유도표지까지의 보행거리가 15[m] 이하가 되는 곳과 구부러진 모퉁이의 벽에 설치할 것

74
비상콘센트를 터널에 설치하고자 할 경우 설치기준으로 옳은 것은?

① 주행방향의 보행거리 50[m] 이내의 간격으로 설치
② 주행방향의 직선거리 50[m] 이내의 간격으로 설치
③ 주행방향의 수평거리 50[m] 이내의 간격으로 설치
④ 주행차로의 우측 측벽에 50[m] 이내의 간격으로 설치

해설 **비상콘센트설비의 설치기준**
• 주행차로의 우측 측벽에 50[m] 이내의 간격으로 바닥으로부터 0.8[m] 이상 1.5[m] 이하의 높이에 설치할 것

75
무선통신보조설비의 누설동축케이블 또는 동축케이블의 임피던스를 몇 [Ω]으로 하는가?

① 10[Ω]
② 30[Ω]
③ 50[Ω]
④ 100[Ω]

해설 누설동축케이블, 동축케이블의 임피던스 : 50[Ω]

76
비상경보설비의 축전지의 전원 전압변동 범위로 알맞은 것은?

① 정격전압의 ±5[%]
② 정격전압의 ±10[%]
③ 정격전압의 ±15[%]
④ 정격전압의 ±20[%]

해설 비상경보설비 축전지 성능인증기준 정격전압의 ±10[%]

77
비상콘센트설비의 전원회로 설치기준에 대한 설명으로 틀린 것은?

① 비상콘센트설비의 공급용량은 3상 교류의 경우 3[kVA] 이상, 단상교류의 경우 1.5[kVA] 이상인 것으로 할 것
② 전원회로는 각 층에 있어서 2 이상이 되도록 설치할 것
③ 콘센트마다 배선용 차단기를 설치하며, 충전부는 점검이 용이하도록 노출시킬 것
④ 비상용콘센트용 풀박스 등은 방청도장을 하며, 두께 1.6[mm] 이상의 철판으로 할 것

해설 비상콘센트 전원회로 시설기준
콘센트마다 배선용 차단기를 설치하여야 하며, 충전부가 노출되지 아니하도록 할 것
※ 2013년 9월 3일 개정으로 3상교류에 대한 내용이 삭제되어 기준에 맞지 않는 문제임

78
각층의 면적이 200[m²]인 15층 건축물 2개동이 서로 인접할 때 자동화재탐지설비를 설치하려고 한다. 화재안전기준에 맞게 경계구역을 설정한 것은?

① 각각의 건물에서 2개 층마다 묶어 하나의 경계구역으로 설정하였다.
② 각각의 건물에서 3개 층마다 묶어 하나의 경계구역으로 설정하였다.
③ 인접한 건물 2개동의 같은 층을 연결하여 하나의 경계구역으로 하였다.
④ 각각의 건물에서 전 층을 하나의 경계구역으로 묶어서 자동화재 탐지설비를 설치하였다.

해설 하나의 경계구역이 2개 이상의 층에 미치지 아니할 것. 다만, 500[m²] 이하의 범위 안에서는 2개의 층을 하나의 경계구역으로 할 수 있다.

79
비상조명등의 외함 재질의 기준으로 적합하지 않은 것은?

① 두께 0.5[mm] 이상의 방청가공된 금속판
② 두께 3[mm] 이상의 내열성 강화유리
③ 두께 5[mm] 이상의 내열성 세라믹
④ 난연재료 또는 방염성능이 있는 두께 3[mm] 이상의 합성수지

해설 비상조명등 형식승인기준
• 두께 0.5[mm] 이상의 방청가공된 금속판
• 두께 3[mm] 이상의 내열성 강화유리
• 난연재료 또는 방염성능이 있는 두께 3[mm] 이상의 합성수지

80

비상방송설비의 설치기준에 대한 설명으로 옳지 않은 것은?

① 실외에 설치하는 확성기의 음성입력은 3[W] 이상일 것

② 확성기는 각 층마다 설치하되, 그 층의 각 부분으로부터 하나의 확성기까지의 수평거리는 25[m] 이하가 되도록 할 것

③ 음향장치는 정격전압의 70[%] 전압에서 음향을 발할 수 있는 것으로 할 것

④ 음향장치는 자동화재탐지설비의 작동과 연동하여 작동할 수 있는 것으로 할 것

해설 음향장치는 정격전압의 80[%] 전압에서 음향을 발할 수 있는 것으로 할 것

2013년 9월 28일 시행

제 **4** 회

제 **1** 과목 소방원론

01

표면온도가 350[℃]인 전기히터의 표면온도 750[℃]로 상승시킬 경우, 복사에너지는 처음보다 약 몇 배로 상승되는가?

① 1.64
② 2.14
③ 4.58
④ 7.27

해설 복사열은 절대온도의 4승에 비례한다.

350[℃]에서 열량을 Q_1, 750[℃]에서 열량을 Q_2 라고 하면

$$\therefore \frac{Q_2}{Q_1} = \frac{(750+273)^4\,[\text{K}]}{(350+273)^4\,[\text{K}]} = \frac{1.095 \times 10^{12}}{1.506 \times 10^{11}}$$

$$= 7.27배$$

02

다음 중 인화성 물질이 아닌 것은?

① 기어유
② 질 소
③ 이황화탄소
④ 에테르

해설 위험물의 분류

종 류	유 별	품 명	성 질
기어유	제4류 위험물	제4석유류	인화성 액체
질 소	-	-	불연성 가스
이황화탄소	제4류 위험물	특수인화물	인화성 액체
에테르	제4류 위험물	특수인화물	인화성 액체

03

다음 중 화재하중을 나타내는 단위는?

① [kcal/kg]
② [℃/m²]
③ [kg/m²]
④ [kg/kcal]

해설 화재하중 : 단위면적당 중량[kg/m²]

04

상온, 상압에서 액체인 물질은?

① CO_2
② Halon 1301
③ Halon 1211
④ Halon 2402

해설 소화약제의 상태

종 류	상 태
CO_2	기 체
Halon 1301	기 체
Halon 1211	기 체
Halon 2402	액 체

05

가스 A가 40[vol%], 가스 B가 60[vol%]로 혼합된 가스의 연소하한계는 몇 [vol%]인가?(단, 가스 A의 연소하한계는 4.9[vol%] 이며, 가스 B의 연소하한계는 4.15[vol%]이다)

① 1.82
② 2.02
③ 3.22
④ 4.42

해설 혼합가스의 폭발범위

$$L_m = \frac{100}{\dfrac{V_1}{L_1} + \dfrac{V_2}{L_2}}$$

$$\therefore L_m (하한값) = \frac{100}{\dfrac{V_1}{L_1} + \dfrac{V_2}{L_2}} = \frac{100}{\dfrac{40}{4.9} + \dfrac{60}{4.15}} = 4.42$$

06

가연성의 기체나 액체, 고체에서 나오는 분해가스의 농도를 엷게 하여 소화하는 방법은?

① 냉각소화
② 제거소화
③ 부촉매소화
④ 희석소화

해설 **희석소화** : 가연물에서 나오는 가스나 액체의 농도를 묽게 하여 소화하는 방법

07

화재 분류에서 C급 화재에 해당하는 것은?

① 전기화재
② 차량화재
③ 일반화재
④ 유류화재

해설 **화재의 종류**

급 수 구 분	A급	B급	C급	D급
화재의 종류	일반 화재	유류 및 가스화재	전기 화재	금속 화재
표시색	백 색	황 색	청 색	무 색

08

나이트로셀룰로스에 대한 설명으로 잘못된 것은?

① 질화도가 낮을수록 위험성이 크다.
② 물을 첨가하여 습윤시켜 운반한다.
③ 화약의 원료로 쓰인다.
④ 고체이다.

해설 **나이트로셀룰로스** : 질화도가 클수록 폭발성이 크다.

09

소화약제로서 물 1[g]이 1기압, 100[℃]에서 모두 증기로 변할 때 열의 흡수량은 몇 [cal]인가?

① 429
② 499
③ 539
④ 639

해설 물의 증발(기화)잠열 : 539[cal/g]
물의 융해잠열 : 80[cal/g]

10

다음 중 인화점이 가장 낮은 물질은?

① 메틸에틸케톤
② 벤 젠
③ 에탄올
④ 다이에틸에테르

해설 **인화점**

종 류	품 명	인화점
메틸에틸케톤	제1석유류	−7[℃]
벤 젠	제1석유류	−11[℃]
에탄올	알코올류	13[℃]
다이에틸에테르	특수인화물	−45[℃]

11

건물 내부의 화재 시 발생한 연기의 농도(감광계수)와 가시거리의 관계를 나타낸 것으로 틀린 것은?

① 감광계수 0.1일 때 가시거리는 20~30[m]이다.
② 감광계수 0.3일 때 가시거리는 10~20[m]이다.
③ 감광계수 1.0일 때 가시거리는 1~2[m]이다.
④ 감광계수 10일 때 가시거리는 0.2~0.5[m]이다.

해설 **연기농도와 가시거리**

감광계수	가시거리[m]	상 황
0.1	20~30	연기감지기가 작동할 때의 정도
0.3	5	건물 내부에 익숙한 사람이 피난에 지장을 느낄 정도
0.5	3	어둠침침한 것을 느낄 정도
1	1~2	거의 앞이 보이지 않을 정도
10	0.2~0.5	화재 **최성기** 때의 정도

12

일반적인 화재에서 연소 불꽃 온도가 1,500[℃]이었을 때의 연소 불꽃의 색상은?

① 적 색　　　　② 휘백색
③ 휘적색　　　　④ 암적색

해설 연소의 색과 온도

색 상	담암적색	암적색	적 색	휘적색
온도[℃]	520	700	850	950

색 상	황적색	백적색	휘백색
온도[℃]	1,100	1,300	1,500 이상

13

소화의 원리로 가장 거리가 먼 것은?

① 가연성 물질을 제거한다.
② 불연성 가스의 공기 중 농도를 높인다.
③ 가연성 물질을 냉각시킨다.
④ 산소의 공급을 원활히 한다.

해설 소화는 연소의 3요소 중 한 가지 이상을 제거하는 것인데 산소를 공급하면 연소를 도와주는 현상이다.

14

Halon 2402의 화학식은?

① $C_2H_4Cl_2$　　　　② $C_2Br_4F_2$
③ $C_2Cl_4Br_2$　　　　④ $C_2F_4Br_2$

해설 할론소화약제의 물성

물성 ＼ 종류	할론 1301	할론 1211	할론 2402
분자식	CF_3Br	CF_2ClBr	$C_2F_4Br_2$
분자량	148.93	165.4	259.8
임계 온도[℃]	67.0	153.8	214.6
임계 압력[atm]	39.1	40.57	33.5
상태(20[℃])	기 체	기 체	**액 체**
오존층 파괴지수	14.1	2.4	6.6
밀도[g/cm³]	1.57	1.83	2.18
증기비중	5.1	5.7	9.0
증발잠열[kJ/kg]	119	130.6	105

15

건물의 피난동선에 대한 설명으로 옳지 않은 것은?

① 피난동선은 가급적 단순한 형태가 좋다.
② 피난동선은 가급적 상호 반대방향으로 다수의 출구와 연결되는 것이 좋다.
③ 피난동선은 수평동선과 수직동선으로 구분된다.
④ 피난동선은 복도, 계단을 제외한 엘리베이터와 같은 피난전용 통행구조를 말한다.

해설 피난동선의 조건
• 수평동선과 수직동선으로 구분한다.
• 가급적 단순형태가 좋다.
• 상호반대방향으로 다수의 출구와 연결되는 것이 좋다.
• 어느 곳에서도 2개 이상의 방향으로 피난할 수 있으며 그 말단은 화재로부터 안전한 장소이어야 한다.

16

건축물에서 주요구조부가 아닌 것은?

① 차 양　　　　② 주계단
③ 내력벽　　　　④ 기 둥

해설 주요구조부 : 내력벽, 기둥, 바닥, 보, 지붕틀, 주계단

주요구조부 제외 : 사잇벽, 사잇기둥, 최하층의 바닥, 작은 보, **차양**, **옥외계단**

17

기온이 20[℃]인 실내에서 인화점이 70[℃]인 가연성의 액체표면에 성냥불 한 개를 던지면 어떻게 되는가?

① 즉시 불이 붙는다.
② 불이 붙지 않는다.
③ 즉시 폭발한다.
④ 즉시 불이 붙고 3~5초 후에 폭발한다.

해설 기온이 20[℃]인 실내에서 인화점이 70[℃]인 가연성의 액체표면에 점화원(성냥불)이 있으면 불이 붙지 않는다.

액체 위험물은 인화점 이상이 되면 불이 붙는다.

18
위험물안전관리법령상 위험물에 해당하지 않는 물질은?

① 질 산　　　　② 과염소산
③ 황 산　　　　④ 과산화수소

해설 제6류 위험물의 분류

종 류	분 류
질 산	제6류 위험물
과염소산	제6류 위험물
황 산	유독물
과산화수소	제6류 위험물

※ 황산은 2004년 법 개정으로 삭제됨(2004년 이전에는 제6류 위험물이었음)

19
공기 중의 산소를 필요로 하지 않고 물질 자체에 포함되어 있는 산소에 의하여 연소하는 것은?

① 확산연소　　　② 분해연소
③ 자기연소　　　④ 표면연소

해설 자기연소 : 공기 중의 산소를 필요로 하지 않고 제5류 위험물처럼 물질 자체에 포함되어 있는 산소에 의하여 연소하는 것

20
밀폐된 공간에 이산화탄소를 방사하여 산소의 체적농도를 12[%] 되게 하려면 상대적으로 방사된 이산화탄소의 농도는 얼마가 되어야 하는가?

① 25.40[%]　　② 28.70[%]
③ 38.35[%]　　④ 42.86[%]

해설 이산화탄소 농도
$$CO_2 = \frac{21-O_2}{21}\times100 = \frac{21-12}{21}\times100 = 42.86[\%]$$

제 **2** 과목 　**소방전기일반**

21
$L-C$ 직렬회로의 공진조건은?

① $\omega L = \dfrac{1}{\omega C}$　　② $\omega L = \omega C$
③ $\omega L + \omega C = 0$　　④ $\omega L + \omega C = 1$

해설 직렬공진 조건 : 허수부가 0인 조건이므로
$$X_L = X_C, \ \omega L = \frac{1}{\omega C}$$

22
그림에서 1[Ω]의 저항 단자에 걸리는 전압의 크기는?

① 40[V]　　　　② 60[V]
③ 100[V]　　　④ 140[V]

해설 전압원이 주가 되었을 때에는 전류원의 두 선을 단선시키므로 1[Ω]에는 100[V]가 걸리게 된다.

23
그림과 같은 반파정류회로에 스위치 A 를 사용하여 부하저항 R_L 을 떼어 냈을 경우, 콘덴서 C의 충전전압[V]은?

① 12π　　　　② 24π
③ $12\sqrt{2}$　　　④ $24\sqrt{2}$

해설 스위치 A 개방 시 R_L이 없어지므로 C 에 전압이 최댓값까지 충전된다.
$$\therefore V_m = \sqrt{2}\,V = \sqrt{2}\times24 = 24\sqrt{2}$$

24

논리식 $F = \overline{A \cdot B}$ 와 같은 것은?

① $F = \overline{A} + \overline{B}$

② $F = A + B$

③ $F = \overline{A} \cdot \overline{B}$

④ $F = A \cdot B$

해설 $F = \overline{A \cdot B} = \overline{A} + \overline{B}$

25

△ 결선된 부하를 Y결선으로 바꾸면 소비전력은 어떻게 되는가?(단, 선간전압은 일정하다)

① 3배로 늘어난다.

② 9배로 늘어난다.

③ $\dfrac{1}{3}$ 로 줄어든다.

④ $\dfrac{1}{9}$ 로 줄어든다.

해설 △→Y결선

임피던스 : $Z = \dfrac{1}{3}$ 배

전력 : $P = \dfrac{1}{3}$ 배

전류 : $I = 3$ 배

26

내부저항이 200[Ω]이며 직류 120[mA]인 전류계를 6[A]까지 측정할 수 있는 전류계로 사용하고자 한다. 어떻게 하면 되겠는가?

① 24[Ω]의 저항을 전류계와 직렬로 연결한다.

② 12[Ω]의 저항을 전류계와 병렬로 연결한다.

③ 약 6.24[Ω]의 저항을 전류계와 직렬로 연결한다.

④ 약 4.08[Ω]의 저항을 전류계와 병렬로 연결한다.

해설 분류기 : 전류의 측정범위를 넓히기 위해 전류계와 병렬로 접속한 저항

배율 : $m = \dfrac{I}{I_a} = 1 + \dfrac{r}{R}$ 에서

분류기저항 : $R = \dfrac{r}{\dfrac{I}{I_a} - 1} = \dfrac{200}{\dfrac{6}{120 \times 10^{-3}} - 1}$

$= 4.08[\Omega]$

∴ 4.08[Ω]의 저항을 전류계와 병렬 연결

27

그림과 같은 회로에서 b-d 사이의 전압을 50[V]로 하려면 콘덴서 C 의 정전용량은 몇 [μF]인가?

① $5.6[\mu F]$

② $0.56[\mu F]$

③ $0.056[\mu F]$

④ $0.0056[\mu F]$

해설 분배전압 : $V_1 = \dfrac{C_2}{C_1 + C_2} V[\text{V}]$

분배전압 : $V_2 = \dfrac{C_1}{C_1 + C_2} V[\text{V}]$

문제에서 C_2, V값을 주었으므로

$V_2 = \dfrac{C_1}{C_1 + C_2} V[\text{V}] \rightarrow C_1 V = V_2(C_1 + C_2)$

$500C_1 = 50(C_1 + 0.5) \rightarrow 500C_1 - 50C_1 = 25$

$C_1 = \dfrac{25}{450} = 0.056[\mu F]$

28

발전기의 조속기에 사용되는 제어는?

① 자동조정

② 서보제어

③ 프로세스제어

④ 추종제어

해설 **자동조정** : 전기적, 기계적 양을 주로 제어하며 전압, 전류, 주파수, 장력, 회전속도등을 제어량으로 제어 (발전기 조속기 제어에 적용)

29

직류전동기의 회전수는 자속이 감소하면 어떻게 되는가?

① 속도가 저하한다.
② 불변이다.
③ 전동기가 정지한다.
④ 속도가 상승한다.

해설 계자저항(R_f)↑∝계자전류(I_f)↓∝자속(ϕ)↓
∝회전수(N)↑

30

자동제어계에서 각 요소를 블록선도로 표시할 때 각 요소는 전달함수로 표시한다. 신호의 전달경로는 무엇으로 표현하는가?

① 접 점   ② 점 선
③ 화살표   ④ 스위치

해설 자동제어 블록선도에서 신호의 전달경로는 화살표로 표시한다.

31

시퀀스제어에 관한 설명 중 옳지 않은 것은?

① 기계적 계전기접점이 사용된다.
② 논리회로가 조합 사용된다.
③ 시간 지연요소가 사용된다.
④ 전체시스템에 연결된 접점들이 일시에 동작할 수 있다.

해설 시퀀스(개회로) 제어계
• 미리 정해진 순서에 따라 제어의 각 단계를 순차적으로 제어
• 오차가 발생 할 수 있으며 신뢰도가 떨어진다.
• 릴레이접점(유접점), 논리회로(무접점), 시간지연요소등이 사용된다.

32

그림과 같은 다이오드 게이트 회로에서 출력전압은? (단, 다이오드 내의 전압강하는 무시한다)

① 10[V]   ② 5[V]
③ 1[V]   ④ 0[V]

해설 OR게이트로서 입력 중 어느 하나라도 1이면 출력이 발생하므로 출력전압은 5[V]이다.

33

동기발전기의 병렬운전 조건으로 옳지 않은 것은?

① 상회전 방향이 같을 것
② 발생전압의 크기가 같을 것
③ 기전력의 위상이 같을 것
④ 회전수가 같을 것

해설 동기발전기 병렬운전조건
• 기전력의 크기가 같을 것
• 기전력의 위상이 같을 것
• 기전력의 파형이 같을 것
• 기전력의 주파수가 같을 것

34

발전기의 부하가 불평형이 되어 발전기의 회전자가 과열소손되는 것을 방지하기 위하여 설치하는 계전기는?

① 역상과전류계전기
② 부족전압계전기
③ 비율차동계전기
④ 온도계전기

해설 역상과전류계전기 : 발전기의 부하 불평형이 되어 발전기 회전자 과열소손 방지

35
부궤한 증폭기의 장점에 해당되는 것은?

① 전력이 절약된다.
② 안정도가 증진된다.
③ 증폭도가 증가된다.
④ 능률이 증대된다.

해설 부궤한 증폭기의 장점
- 안정도 향상
- 잡음 감소
- 왜곡 감소
- 이득 감소

36
비사인파의 일반적인 구성이 아닌 것은?

① 직류분 ② 기본파
③ 삼각파 ④ 고조파

해설 비정현파(비사인파)＝기본파+고조파+직류분

37
회로에서 주파수를 60[Hz], 단상교류전압 $V = 100[V]$, 저항 $R = 18.8[\Omega]$일 때 L의 크기는?(단, L을 가감해서 R의 전력을 $L=0$일 때의 $\frac{1}{2}$이라 한다)

① 10[mH] ② 50[mH]
③ 100[mH] ④ 150[mH]

해설
R의 전력 $P = \dfrac{V^2}{R} = \dfrac{100^2}{18.8} \fallingdotseq 532[W]$

$P' = \dfrac{V^2}{X_L} = \dfrac{V^2}{\omega L} = \dfrac{V^2}{2\pi f L}$에서

$L = \dfrac{V^2}{2\pi f \times P'} = \dfrac{100^2}{2\pi \times 60 \times 532} \fallingdotseq 0.05[H]$

∴ 50[mH]

38
그림의 논리기호를 표시한 것으로 옳은 식은?

① $X = (A \cdot B \cdot C) \cdot D$
② $X = (A + B + C) \cdot D$
③ $X = (A \cdot B \cdot C) + D$
④ $X = A + B + C + D$

해설 논리식 : $X = (A + B + C) \cdot D$

39
자동화재탐지설비의 수신기(정격전압 220[V]인 경우)의 금속제 외함에 행하여야 하는 접지공사는?

① 제1종 접지공사
② 제2종 접지공사
③ 제3종 접지공사
④ 특별 제3종 접지공사

해설 철대, 외함의 접지공사
400[V] 미만 : 제3종 접지공사(100[Ω] 이하)
※ 2021년 1월 1일 개정으로 저압 범위가 1.5[kV] 이하, 교류 1[kV] 이하로 변경되어 규정에 맞지 않는 문제임

40
축전지 용액의 저항을 측정할 때 사용하는 것은?

① 절연저항계
② 콜라우시브리지
③ 회로시험기
④ 용액비중측정기

해설 콜라우시브리지 : 전지(축전지)의 내부저항 측정

제 3 과목 소방관계법규

41

지정수량의 10배 이상의 위험물을 저장 또는 취급하는 제조소 등(이동탱크저장소를 제외한다)에서 화재 발생 시 이를 알릴 수 있는 경보설비를 설치하여야 한다. 이 경보설비의 종류로서 옳지 않은 것은?

① 확성장치(휴대용확성기 포함)
② 비상방송설비
③ 자동화재탐지설비
④ 자동화재속보설비

해설 제조소 등별로 설치하여야 하는 경보설비의 종류

제조소 등의 구분	제조소 등의 규모, 저장 또는 취급하는 위험물의 종류 및 최대수량 등	경보설비
제조소 및 일반취급소, 옥내저장소, 옥내탱크저장소, 주유취급소의 자동화재탐지설비 설치대상에 해당하지 아니하는 제조소 등	지정수량의 10배 이상을 저장 또는 취급하는 것	자동화재탐지설비, 비상경보설비, 확성장치 또는 비상방송설비 중 1종 이상

42

소방대상물의 관계인은 소방대상물에 화재, 재난·재해 등이 발생한 경우 소방대가 현장에 도착할 때까지 사람을 구출하는 조치 또는 불을 끄거나 불이 번지지 않도록 조치를 하여야 한다. 정당한 사유 없이 이를 위반한 관계인에 대한 벌칙은?

① 1년 이하의 징역
② 1,000만원 이하의 벌금
③ 500만원 이하의 벌금
④ 100만원 이하의 벌금

해설 100만원 이하의 벌금
화재경계지구 안의 소방대상물에 대한 소방특별조사를 거부·방해 또는 기피한 자

• 정당한 사유 없이 소방대가 현장에 도착할 때까지 사람을 구출하는 조치 또는 불을 끄거나 불이 번지지 아니하도록 하는 조치를 하지 아니한 사람
• 피난명령을 위반한 사람
• 정당한 사유 없이 물의 사용이나 수도의 개폐장치의 사용 또는 조작을 하지 못하게 하거나 방해한 자

43

전문소방시설공사업의 법인의 자본금은?

① 5,000만원 이상
② 1억원 이상
③ 2억원 이상
④ 3억원 이상

해설 자본금

종류	자본금	
	법인	개인
전문소방시설공사업	1억원 이상	자산평가액 1억원 이상
일반소방시설공사업	1억원 이상	자산평가액 1억원 이상

44

소방청장·소방본부장 또는 소방서장은 소방업무를 전문적이고 효과적으로 수행하기 위하여 소방대원에게 필요한 교육·훈련을 실시하여야 하는데, 다음 설명 중 옳지 않은 것은?

① 소방교육·훈련은 2년마다 1회 이상 실시하되, 교육훈련기간은 2주 이상으로 한다.
② 법령에서 정한 것 이외의 소방교육·훈련의 실시에 관하여 필요한 사항은 소방청장이 정한다.
③ 교육·훈련의 종류는 화재진압훈련, 인명구조훈련, 응급처치훈련, 민방위훈련, 현장지휘훈련이 있다.
④ 현장지휘훈련은 소방위·소방경·소방령 및 소방정을 대상으로 한다.

해설 소방대원의 교육 및 훈련 종류
• 화재진압훈련
• 인명구조훈련
• 응급처치훈련
• 인명대피훈련
• 현장지휘훈련

45

특정소방대상물의 각 부분으로부터 수평거리 140[m] 이내에 공공의 소방을 위해 소화전이 화재안전기준이 정하는 바에 따라 적합하게 설치되어 있는 경우에 설치가 면제되는 것은?

① 옥외소화전

② 연결송수관

③ 연소방지설비

④ 상수도소화용수설비

해설 특정소방대상물의 소방시설 설치의 면제기준

설치가 면제 되는 소방시설	설치면제 요건
1. 상수도 소화 용수 설비	가. 상수도소화용수비를 설치하여야 하는 특정소방대상물의 각 부분으로부터 수평거리 140[m] 이내에 공공의 소방을 위한 소화전이 화재안전기준에 적합하게 설치되어 있는 경우에는 설치가 면제된다. 나. 소방본부장 또는 소방서장이 상수도소화용수설비의 설치가 곤란하다고 인정하는 경우로서 화재안전기준에 적합한 소화수조 또는 저수조가 설치되어 있거나 이를 설치하는 경우에는 그 설비의 유효범위에서 설치가 면제된다.

46

소방시설관리업의 등록기준 중 이산화탄소 소화설비의 장비기준에 맞는 것은?

① 검량계

② 헤드결합렌치

③ 반사경

④ 저 울

해설 소방시설관리업의 등록기준

※ 2016년 6월 30일 법 개정으로 인하여 내용이 삭제되었습니다.

47

소방안전교육사와 관련된 내용으로 옳지 않은 것은?

① 소방안전교육사의 자격시험 실시권자는 행정안전부장관이다.

② 소방안전교육사는 소방안전교육의 기획·진행·분석·평가 및 교수업무를 수행한다.

③ 피성년후견인은 소방안전교육사가 될 수 없다.

④ 소방안전교육사를 소방청에 배치할 수 있다.

해설 소방안전교육사의 자격시험 실시권자 : 소방청장

48

소방안전관리자 선임에 관한 설명 중 옳은 것은?

> 소방안전관리대상물의 관계인이 소방안전관리자를 선임한 경우에는 행정안전부령이 정하는 바에 따라 선임한 날부터 (㉠) 이내에 (㉡)에게 신고하여야 한다.

① ㉠ 14일 ㉡ 시·도지사

② ㉠ 14일 ㉡ 소방본부장이나 소방서장

③ ㉠ 30일 ㉡ 시·도지사

④ ㉠ 30일 ㉡ 소방본부장이나 소방서장

해설 소방안전관리자 선임

• 선임신고 : 선임한 날부터 14일 이내
• 신고 : 소방본부장 또는 소방서장

49

화재예방, 소방시설 설치·유지 및 안전관리에 관한 법률 시행령에서 규정하는 소화활동설비에 속하지 않는 것은?

① 제연설비

② 연결송수관설비

③ 무선통신보조설비

④ 비상방송설비

해설 비상방송설비 : 경보설비

50

"소방용품"이란 소방시설 등을 구성하거나 소방용으로 사용되는 기기를 말하는데, 피난구조설비를 구성하는 제품 또는 기기에 속하지 않는 것은?

① 피난사다리

② 소화기구

③ 공기호흡기

④ 유도등

해설 소화기구 : 소화설비

51

다음 중 소방안전관리자를 두어야 하는 1급 소방안전관리대상물에 속하지 않는 것은?

① 층수가 15층인 건물
② 연면적이 20,000[m²]인 건물
③ 10층인 건물로서 연면적 10,000[m²]인 건물
④ 가연성가스 1,500[t]을 저장·취급하는 시설

[해설] 1급 소방안전관리대상물

동·식물원, 철강 등 불연성 물품을 저장·취급하는 창고, 위험물제조소 등, 지하구와 특급소방안전관리대상물을 제외한 것
- 30층 이상(지하층은 제외)이거나 지상으로부터 높이가 120[m] 이상인 아파트
- 연면적 15,000[m²] 이상인 특정소방대상물(아파트는 제외)
- 층수가 11층 이상인 특정소방대상물(아파트는 제외)
- 가연성 가스를 1,000[t] 이상 저장·취급하는 시설

52

건축물 등의 신축·증축·개축·재축 또는 이전의 허가·협의 및 사용승인의 권한이 있는 행정기관은 건축허가 등을 함에 있어서 미리 그 건축물 등의 공사 시 공지 또는 소재지를 관할하는 소방본부장 또는 소방서장의 동의를 받아야 한다. 다음 중 건축허가 등의 동의대상물의 범위로서 옳지 않은 것은?

① 주차장으로 사용되는 층 중 바닥면적이 200[m²] 이상인 층이 있는 시설
② 무창층이 있는 건축물로서 바닥면적이 150[m²] 이상인 층이 있는 것
③ 승강기 등 기계장치에 의한 주차시설로서 자동차 10대 이상을 주차할 수 있는 시설
④ 수련시설로서 연면적 200[m²] 이상인 건축물

[해설] 건축허가 등의 동의대상물의 범위 등

① 연면적이 400[m²] 이상인 건축물. 다만, 다음 각목의 어느 하나에 해당하는 시설은 해당 목에서 정한 기준 이상인 건축물로 한다.
  ㉠ 학교시설 : 100[m²]
  ㉡ 노유자시설 및 수련시설 : 200[m²]
  ㉢ 의료재활시설, 정신의료기관(입원실이 없는 정신건강의학과의원은 제외한다) : 300[m²]
② 6층 이상인 건축물
③ 차고·주차장 또는 주차용도로 사용되는 시설로서 다음 각 목의 어느 하나에 해당하는 것
  ㉠ 차고·주차장으로 사용되는 바닥면적이 200[m²] 이상인 층이 있는 건축물이나 주차시설
  ㉡ 승강기 등 기계장치에 의한 주차시설로서 자동차 20대 이상을 주차할 수 있는 시설
④ 지하층 또는 무창층이 있는 건축물로서 바닥면적이 150[m²](공연장의 경우에는 100[m²]) 이상인 층이 있는 것

53

소방안전관리대상물의 소방계획서에 포함되어야 할 내용으로 옳지 않은 것은?

① 소방안전관리대상물의 위치·구조·연면적·용도 및 수용인원 등의 일반현황
② 화재예방을 위한 자체점검계획 및 진압대책
③ 재난방지계획 및 민방위조직에 관한 사항
④ 특정소방대상물의 근무자 및 거주자의 자위소방대 조직과 대원의 임무에 관한 사항

[해설] 소방계획서 포함사항
- 소방안전관리대상물의 위치·구조·연면적·용도 및 수용인원 등 일반현황
- 화재예방을 위한 자체점검계획 및 진압대책
- 특정소방대상물의 근무자 및 거주자의 자위소방대 조직과 대원의 임무에 관한 사항

54

제조 또는 가공공정에서 방염대상물품 중 제조 또는 가공공정에서 방염처리를 하여야 하는 물품이 아닌 것은?

① 암 막
② 두께가 2[mm] 미만인 종이벽지
③ 무대용 합판
④ 창문에 설치하는 블라인드

[해설] 제조 또는 가공공정에서 방염대상물품
- 창문에 설치하는 커튼류(블라인드를 포함)
- 카펫, 두께가 2[mm] 미만인 벽지류(종이벽지는 제외한다)
- 전시용 합판 또는 섬유판, 무대용 합판 또는 섬유판
- 암막·무대막(영화상영관에 설치하는 스크린과 골프연습장업에 설치하는 스크린을 포함한다)
- 섬유류 또는 합성수지류 등을 원료로 하여 제작된 소파·의자(단란주점영업, 유흥주점영업, 노래연습장업의 영업장에 설치하는 것만 해당)

55

인화성 액체인 제4류 위험물의 품명별 지정수량으로 옳지 않은 것은?

① 특수인화물 – 50[L]
② 제1석유류 중 비수용성 액체 – 200[L]
③ 알코올류 – 300[L]
④ 제4석유류 – 6,000[L]

해설 제4류 위험물인 알코올류의 지정수량 : 400[L]

56

소방시설공사업자는 소방시설공사를 하려면 소방시설 착공(변경)신고서 등의 서류를 첨부하여 소방본부장 또는 소방서장에게 언제까지 신고하여야 하는가?

① 착공 전까지
② 착공 후 7일 이내
③ 착공 후 14일 이내
④ 착공 후 30일 이내

해설 착공신고

소방시설공사업자는 소방시설공사를 하려면 해당 소방시설공사의 착공 전까지 소방본부장 또는 소방서장에게 신고하여야 한다.

57

다음 중 소방시설 등의 자체점검업무에 관한 종합정밀 점검 시 점검자의 자격이 될 수 없는 사람은?

① 소방시설관리업자(소방시설관리사가 참여한 경우)
② 소방안전관리자로 선임된 소방시설관리사
③ 소방안전관리자로 선임된 소방기술사
④ 소방설비기사

해설 종합정밀점검

구 분	내 용
점검자의 자격	1) 소방시설관리업자(소방시설관리사가 참여한 경우만 해당한다) 또는 소방안전관리자로 선임된 소방시설관리사 · 소방기술사 1명 이상을 점검자로 한다. 2) 소방시설관리업자가 점검 하는 경우에는 별표 2에 따른 점검인력 배치기준을 따라야 한다. 3) 소방안전관리자로 선임된 소방시설관리사 · 소방기술사가 점검하는 경우에는 영 제23조 제1항부터 제3항까지의 어느 하나에 해당하는 소방안전관리자의 자격을 갖춘 사람을 보조점검자로 둘 수 있다.

58

다음 중 대통령령으로 정하는 화재경계지구의 지역대상지역으로 옳지 않은 것은?

① 소방통로가 있는 지역
② 목재건물이 밀집한 지역
③ 공장 · 창고가 밀집한 지역
④ 시장지역

해설 화재경계지구의 지정대상지역
• 시장지역
• 공장 · 창고가 밀집한 지역
• 목재건물이 밀집한 지역
• 위험물의 저장 및 처리시설이 밀집한 지역
• 석유화학제품을 생산하는 공장이 있는 지역
• 소방시설 · 소방용수시설 또는 소방출동로가 없는 지역

59

소방본부장 또는 소방서장 등이 화재현장에서 소방활동을 원활히 수행하기 위하여 규정하고 있는 사항으로 틀린 것은?

① 화재경계지구의 지정
② 강제처분
③ 소방활동 종사명령
④ 피난명령

해설 화재현장에서 소방활동을 원활히 수행하기 위한 규정 사항
• 소방활동 종사명령
• 강제처분
• 피난명령
• 위험시설 등에 대한 긴급조치

60

위험물시설의 설치 및 변경 등에 있어서 허가를 받지 아니하고 당해 제조소 등을 설치하거나 그 위치·구조 또는 설비를 변경할 수 있으며, 신고를 하지 아니하고 위험물의 품명·수량 또는 지정수량의 배수를 변경할 수 있는 경우의 제조소 등으로 옳지 않은 것은?

① 주택의 난방시설을 위한 저장소 또는 취급소
② 공동주택의 중앙난방시설을 위한 저장소 또는 취급소
③ 수산용으로 필요한 건조시설을 위한 지정수량 20배 이하의 저장소
④ 농예용으로 필요한 난방시설을 위한 지정수량 20배 이하의 저장소

해설 다음 각 호에 해당하는 제조소 등의 경우에는 허가를 받지 아니하고 당해 제조소 등을 설치하거나 그 위치·구조 또는 설비를 변경할 수 있으며, **신고를 하지 아니하고** 위험물의 품명·수량 또는 지정수량의 배수를 **변경**할 수 있다.
- 주택의 난방시설(**공동주택의 중앙난방시설을 제외**한다)을 위한 저장소 또는 취급소
- 농예용·축산용 또는 수산용으로 필요한 난방시설 또는 건조시설을 위한 지정수량 20배 이하의 저장소

제 4 과목 소방전기시설의 구조 및 원리

61

감지기를 설치하지 않는 기준으로 틀린 것은?

① 천장 및 반자의 높이가 20[m] 이하인 장소
② 부식성 가스가 체류하고 있는 장소
③ 목욕실·욕조나 샤워시설이 있는 화장실과 같은 장소
④ 실내의 용적이 20[m³] 이하인 장소

해설 천장 및 반자의 높이가 20[m]이상인 장소
④ 실내용적 20[m³]이하인 장소(2015년 1월 23일 삭제 내용)

62

누전경보기는 계약전류용량이 얼마를 초과하는 특정소방대상물에 설치하여야 하는가?(단, 특정소방대상물은 내화구조가 아닌 건축물로서 벽·바닥 또는 반자의 전부나 일부를 불연재료 또는 준불연재료가 아닌 재료에 철망을 넣어 만든 것에 한한다)

① 60[A] 초과
② 80[A] 초과
③ 100[A] 초과
④ 120[A] 초과

해설 누전경보기 계약전류 용량 : 100[A] 초과

63

P형 수신기에 구성되어 있는 표시장치를 나열한 것이다. 옳지 않은 것은?

① 도통시험 스위치등·주경종등
② 화재등·지구표시등
③ 주전원등·예비전원 감시등
④ 발신기등·스위치 주의등

해설 P형 수신기의 표시장치
- 화재표시등(화재등)
- 지구표시등(지구등)
- 주전원등
- 예비전원 감시등
- 발신기등
- 스위치 주의등
- 주경종, 지구경종

64

다음은 비상방송설비의 음향장치에 관한 설치기준이다. ( ) 안의 알맞은 내용으로 옳은 것은?

> "확성기의 음성입력은 (㉠) 실내에 설치하는 것에 있어서는 (㉡) 이상으로 한다."

① ㉠ 3[W] ㉡ 1[W]
② ㉠ 4[W] ㉡ 2[W]
③ ㉠ 1[W] ㉡ 3[W]
④ ㉠ 2[W] ㉡ 4[W]

해설 **비상방송설비의 설치기준**
- 확성기의 음성입력
  - 실내 1[W] 이상
  - 실외 3[W] 이상
- 확성기 설치 : 수평거리가 25[m] 이하
- 음량조정기의 배선 : 3선식
- 조작부의 조작 스위치 : 0.8[m] 이상 1.5[m] 이하
- 비상방송개시 소요시간 : 10초 이내

65

옥내소화전설비로서 비상전원을 설치하는 경우, 자가발전설비 또는 축전지설비는 정해진 기준에 따라 설치하여야 한다. 이 기준에 적합하지 않은 것은?

① 점검에 편리하고 화재 및 침수 등의 재해로 인한 피해를 받을 우려가 없는 곳에 설치한다.
② 옥내소화전설비를 유효하게 30분 이상 작동할 수 있도록 설치한다.
③ 상용전원으로부터 전력의 공급이 중단된 때에는 자동으로 비상전원으로부터 전력을 공급받을 수 있도록 설치한다.
④ 비상전원의 설치장소는 다른 장소와 방화구획을 하여 설치한다.

해설 **각 설비의 비상전원용량**

설비의 종류	비상전원 용량
자동화재탐지설비, 자동화재속보설비, 비상경보설비	10분 이상
제연설비, 비상콘센트설비, **옥내소화전설비**, 유도등	20분 이상

66

열반도체식 차동식분포형감지기 설치기준으로 옳은 것은?

① 부착높이가 8[m] 미만인 장소로 주요 구조부가 내화구조로 된 소방대상물은 감지기 1종은 40[m²], 2종은 23[m²]이다.
② 부착높이가 8[m] 미만인 장소로 기타 구조의 소방대상물 또는 그 부분은 감지기 1종은 30[m²], 2종은 23[m²]이다.
③ 부착높이가 8[m] 이상 15[m] 미만인 장소로

주요 구조부가 내화구조로 된 소방대상물은 감지기 1종은 50[m²], 2종은 36[m²]이다.
④ 하나의 검출기에 접속하는 감지부는 2개 이상 10개 이하가 되도록 하여야 한다.

해설 **열반도체식 차동식분포형감지기**

부착높이 및 소방대상물의 구분		감지기의 종류	
		1종	2종
8[m] 미만	주요 구조부가 내화구조로 된 소방대상물 또는 그 구분	65	36
	기타 구조의 소방대상물 또는 그 부분	40	23
8[m] 이상 15[m] 미만	주요 구조부가 내화구조로 된 소방대상물 또는 그 부분	50	36
	기타 구조의 소방대상물 또는 그 부분	30	23

67

다음 중 감지기의 종별에 관한 설명으로 옳지 않은 것은?

① 보상식스포트형감지기는 차동식스포트형감지기와 정온식스포트형감지기의 성능을 겸한 것이다.
② 보상식스포트형감지기는 차동식스포트형감지기 또는 정온식스포트형감지기의 성능 중 어느 한 기능이 작동되면 작동신호를 발하는 것이다.
③ 이온화식감지기는 주위의 공기가 일정한 온도 이상되는 경우에 작동하는 것이다.
④ 이온화식감지기는 일국소의 연기에 의하여 이온전류가 변화하여 작동하는 것이다.

해설 **이온화식스포트형** : 주위의 공기가 일정한 농도의 연기를 포함하게 되는 경우에 작동하는 것으로서 일국소의 연기에 의하여 이온전류가 변화하여 작동하는 것

68
유도등의 전선의 굵기는 인출선의 경우 단면적이 몇 [mm²] 이상이어야 하는가?

① 0.25[mm²] ② 0.5[mm²]
③ 0.75[mm²] ④ 1.25[mm²]

해설 **유도등의 전선의 굵기**
- 인출선인 경우 : 단면적이 0.75[mm²] 이상
- 인출선 외의 경우 : 단면적이 0.5[mm²] 이상

69
전압의 종별을 구분할 때 저압의 기준으로 옳은 것은?

① 직류 600[V] 이하, 교류 600[V] 이하
② 직류 750[V] 이하, 교류 750[V] 이하
③ 직류 750[V] 이하, 교류 600[V] 이하
④ 직류 600[V] 이하, 교류 750[V] 이하

해설 **저압 범위**
직류 : 750[V] 이하, 교류 : 600[V] 이하
※ 2021년 1월 1일 개정으로 저압 범위가 1.5[kV] 이하, 교류 1[kV] 이하로 변경되어 규정에 맞지 않는 문제임

70
복도에 비상조명등을 설치한 경우 휴대용 비상조명등의 설치를 제외할 수 있는 시설로서 옳은 것은?

① 숙박시설 ② 근린생활시설
③ 아파트 ④ 다중이용업소

해설 지상1층 또는 피난층으로서 복도·통로 또는 창문 등의 개구부를 통하여 피난이 용이한 경우 또는 숙박시설로서 복도에 비상조명등을 설치한 경우에는 휴대용비상조명등을 설치하지 아니할 수 있다.

71
P형 1급 발신기의 구성요소가 아닌 것은?

① 보호판 ② 누름버튼스위치
③ 전화잭 ④ 위치표시등

해설 P형 1급 발신기 : 보호판, 누름버튼스위치, 전화잭, 응답램프, 외함으로 구성

72
소방관서에 통보하는 자동화재속보설비에 관한 설명으로 옳지 않은 것은?

① 스위치는 바닥으로부터 0.8[m] 이상 1.5[m] 이하에 설치하여야 한다.
② 자동화재탐지설비와 연동으로 작동하여 자동으로 화재발생 상황을 소방관서에 전달되도록 한다.
③ 속보기는 소방관서에 통신망을 통하여 통보하도록 한다.
④ 관계인이 24시간 상시 근무하고 있는 경우에도 자동화재속보설비를 설치하여야 한다.

해설 관계인이 24시간 근무하고 있는 경우에는 자동화재속보설비를 설치하지 아니할 수 있다. 다만, 노유자생활시설과 층수가 30층 이상(공동주택은 제외한다)의 특정소방대상물에 있어서는 그러하지 아니하다.

73
비상콘센트설비의 정격전압이 220[V]인 경우 가하는 절연내력 실효전압은?

① 220[V] ② 500[V]
③ 1,000[V] ④ 1,440[V]

해설 **절연내력 실효전압**
- 정격전압 150[V] 이하 : 1,000[V]의 실효전압
- 정격전압 150[V] 이상 : 정격전압 × 2배 + 1,000
∴ $V = (220 \times 2) + 1,000 = 1,440[V]$

74
누전경보기의 영상변류기(ZCT) 절연저항시험 부위로서 옳지 않은 것은?

① 절연된 1차권선과 외부금속부 사이
② 절연된 1차권선과 단자판 사이
③ 절연된 2차권선과 외부금속부 사이
④ 절연된 1차권선과 2차권선 사이

해설 **누전경보기의 절연저항시험**
- 절연된 1차권선과 2차권선 간의 절연저항
- 절연된 1차권선과 외부금속부 간의 절연저항
- 절연된 2차권선과 외부금속부 간의 절연저항

75
광전식분리형감지기의 광축 높이는 천장 등 높이의 몇 [%] 이상이어야 하는가?

① 30[%]   ② 50[%]
③ 70[%]   ④ 80[%]

해설 광전식분리형감지기 설치기준
광축의 높이는 천장 등(천장의 실내에 면한 부분 또는 상층의 바닥하부면을 말한다) 높이의 80[%] 이상일 것

76
터널 내에 비상콘센트를 설치하는 경우 주행차로의 우측측벽에 얼마 이내의 간격으로 설치하여야 하는가?

① 30[m]   ② 50[m]
③ 70[m]   ④ 100[m]

해설 비상콘센트 설치기준
주행차로의 우측 측벽에 50[m] 이내의 간격으로 바닥으로부터 0.8[m] 이상 1.5[m] 이하의 높이에 설치할 것

77
비상조명등에 관한 설치기준으로 옳은 것은?

① 조도는 1[lx]이고 예비전원의 축전지 용량은 10분 이상 비상조명을 작동시킬 수 있어야 한다.
② 예비전원을 내장하는 비상조명등에는 축전지와 예비전원 충전장치를 내장하여야 한다.
③ 비상조명등에는 점검스위치를 설치하여서는 아니 된다.
④ 예비전원을 내장하지 않는 비상조명기구는 사용할 수 없다.

해설 비상조명등에 관한 설치기준
예비전원을 내장하는 비상조명등에는 축전지와 예비전원 충전장치를 내장하여야 한다.

78
무선통신보조설비의 무선기기 접속단자의 설치기준으로 옳지 않은 것은?

① 단자의 보호함의 표면에 "무선기 접속단자"라고 표시한 표지를 한다.
② 접속단자는 수위실 등 상시 사람이 근무하는 장소에 설치한다.
③ 지상에 설치하는 접속단자는 수평거리 200[m] 이내마다 설치한다.
④ 접속단자는 바닥으로부터 높이 0.8[m] 이상 1.5[m] 이하의 위치에 설치한다.

해설 지상에 설치하는 접속단자는 보행거리 300[m] 이내마다 설치하고, 다른 용도로 사용되는 접속단자에서 5[m] 이상의 거리를 둘 것

79
자동화재탐지설비의 경계구역 설정기준으로 옳지 않은 것은?

① 하나의 경계구역이 2개 이상의 건축물에 미치지 않을 것
② 하나의 경계구역이 2개 이상의 층에 미치지 않을 것
③ 하나의 경계구역의 면적은 500[m²] 이하로 할 것
④ 한 변의 길이는 50[m] 이하로 할 것

해설 하나의 경계구역의 면적은 600[m²] 이하로 하고 한 변의 길이는 50[m] 이하로 할 것

80
누전경보기 수신부의 기능검사 항목이 아닌 것은?

① 충격시험
② 진공가압시험
③ 과입력전압시험
④ 전원전압변동시험

해설 **수신부의 기능검사**

• 전원전압변동시험	• 온도특성시험
• 과입력전압시험	• 개폐기의 조작시험
• 반복시험	• 진동시험
• 충격시험	• 방수시험
• 절연저항시험	• 절연내력시험
• 충격파내전압시험	

2014년 3월 2일 시행

제 **1** 회

제 **1** 과목 | **소방원론**

01

보일오버(Boil Over) 현상에 대한 설명으로 옳은 것은?

① 아래층에서 발생한 화재가 위층으로 급격히 옮겨 가는 현상
② 연소유의 표면이 급격히 증발하는 현상
③ 탱크 저부의 물이 급격히 증발하여 기름이 탱크 밖으로 화재를 동반하여 방출하는 현상
④ 기름이 뜨거운 물표면 아래에서 끓는 현상

해설 **보일오버** : 탱크 저부의 물이 급격히 증발하여 기름이 탱크 밖으로 화재를 동반하여 방출하는 현상

02

Halon 1301의 분자식에 해당하는 것은?

① CCl$_3$H
② CH$_3$Cl
③ CF$_3$Br
④ C$_2$F$_2$Br$_2$

해설 **할론소화약제**

종 류 구 분	할론 1301	할론 1211	할론 2402	할론 1011
분자식	CF$_3$Br	CF$_2$ClBr	C$_2$F$_4$Br$_2$	CH$_2$ClBr
분자량	148.9	165.4	259.8	129.4

03

다음 중 소화약제로 사용할 수 없는 것은?

① KHCO$_3$
② NaHCO$_3$
③ CO$_2$
④ NH$_3$

해설 **소화약제**
• KHCO$_3$(중탄산칼륨) : 제2종 분말소화약제
• NaHCO$_3$(중탄산나트륨) : 제3종 분말소화약제
• CO$_2$: 이산화탄소 소화약제

04

다음 중 할론 소화약제의 가장 주된 소화효과에 해당하는 것은?

① 냉각효과
② 제거효과
③ 부촉매효과
④ 분해효과

해설 할론 소화약제 소화효과 : 질식, 냉각, 부촉매효과

할론 소화약제 주된 소화효과 : 부촉매효과

05

화재 시 발생하는 연소가스에 대한 설명으로 가장 옳은 것은?

① 물체가 열분해 또는 연소할 때 발생할 수 있다.
② 주로 산소를 발생한다.
③ 완전연소할 때만 발생할 수 있다.
④ 대부분 유독성이 없다.

해설 연소가스는 물질이 열분해 또는 연소할 때 발생한다.

06

경유화재가 발생할 때 주수소화가 오히려 위험할 수 있는 이유는?

① 경유는 물보다 비중이 가벼워 화재면의 확대 우려가 있으므로
② 경유는 물과 반응하여 유독가스를 발생하므로
③ 경유의 연소열로 인하여 산소가 방출되어 연소를 돕기 때문에
④ 경유가 연소할 때 수소가스를 발생하여 연소를 돕기 때문에

해설 경유는 비중이 1이 안되므로 물보다 가볍고 물과 섞이지 않아 화재(연소)면이 확대할 우려가 있다.

07
피난계획의 일반원칙 중 Fool Proof 원칙에 해당하는 것은?

① 저지능인 상태에서도 쉽게 식별이 가능하도록 그림이나 색채를 이용하는 원칙
② 피난설비를 반드시 이동식으로 하는 원칙
③ 한 가지 피난기구가 고장이 나도 다른 수단을 이용할 수 있도록 고려하는 원칙
④ 피난설비를 첨단화된 전자식으로 하는 원칙

해설 Fool Proof : 비상시 머리가 혼란하여 판단능력이 저하되는 상태로 누구나 알 수 있도록 문자나 그림 등을 표시하여 직감적으로 작용하는 것

08
다음 중 가연성 물질에 해당하는 것은?

① 질 소   ② 이산화탄소
③ 아황산가스   ④ 일산화탄소

해설 가연성 물질 : 일산화탄소 $\left(CO + \dfrac{1}{2}O_2 = CO_2\right)$

> 불연성 물질 : 질소, 이산화탄소, 아황산가스

09
다음 중 증발잠열[kJ/kg]이 가장 큰 것은?

① 질 소   ② 할론 1301
③ 이산화탄소   ④ 물

해설 증발잠열

소화약제	증발잠열[kJ/kg]
질 소	48
할론 1301	119
이산화탄소	576.6
물	2,255(539[kcal/kg]×4.184[kJ/kcal] = 2,255[kJ/kg])

10
인화점이 낮은 것부터 높은 순서로 옳게 나열된 것은?

① 에틸알코올 < 이황화탄소 < 아세톤
② 이황화탄소 < 에틸알코올 < 아세톤
③ 에틸알코올 < 아세톤 < 이황화탄소
④ 이황화탄소 < 아세톤 < 에틸알코올

해설 인화점

종 류	이황화탄소	아세톤	에틸알코올
인화점[℃]	-30	-18	13

11
실내화재에서 화재의 최성기에 돌입하기 전에 다량의 가연성 가스가 동시에 연소되면서 급격한 온도상승을 유발하는 현상은?

① 패닉(Panic)현상
② 스택(Stack)현상
③ 파이어 볼(Fire Ball)현상
④ 플래시오버(Flash Over)현상

해설 플래시오버(Flash Over)현상 : 실내화재에서 화재의 최성기에 돌입하기 전에 다량의 가연성 가스가 동시에 연소되면서 급격한 온도 상승을 유발하는 현상

12
점화원이 될 수 없는 것은?

① 정전기
② 기화열
③ 금속성 불꽃
④ 전기 스파크

해설 점화원이 될 수 없는 것 : 기화열, 액화열, 응고열

13

주된 연소의 형태가 표면연소에 해당하는 물질이 아닌 것은?

① 숯
② 나프탈렌
③ 목 탄
④ 금속분

해설　**표면연소** : 목탄, 코크스, 숯, 금속분 등이 열분해에 의하여 가연성 가스를 발생하지 않고 그 물질 자체가 연소하는 현상

14

$NH_4H_2PO_4$를 주성분으로 한 분말소화약제는 제 몇 종 분말소화약제인가?

① 제1종
② 제2종
③ 제3종
④ 제4종

해설　**분말소화약제의 성상**

종 류	주성분	착 색	적응 화재	열분해 반응식
제1종 분말	탄산수소 나트륨 ($NaHCO_3$)	백 색	B, C급	$2NaHCO_3 \rightarrow Na_2CO_3$ $+CO_2+H_2O$
제2종 분말	탄산수소 칼륨 ($KHCO_3$)	담회색	B, C급	$2KHCO_3 \rightarrow K_2CO_3+$ CO_2+H_2O
제3종 분말	제일인산 암모늄 ($NH_4H_2PO_4$)	담홍색 황색	A, B, C급	$NH_4H_2PO_4 \rightarrow HPO_3+$ NH_3+H_2O
제4종 분말	탄산수소 칼륨＋요소 [$KHCO_3$＋ $(NH_2)_2CO$]	회 색	B, C급	$2KHCO_3+(NH_2)_2CO$ $\rightarrow K_2CO_3+2NH_3+$ $2CO_2$

15

"FM200"이라는 상품명을 가지며 오존파괴지수(ODP)가 0인 할론 대체 소화약제는 어느 계열인가?

① HFC계열
② HCFC계열
③ FC계열
④ Blend계열

해설　**할로겐화합물 및 불활성기체 소화약제**

소화약제	화학식
퍼플루오로부탄(이하 "FC-3-1 -10"이라 한다)	C_4F_{10}
하이드로클로로플루오로카본혼 화제(이하 "HCFC BLEND A"라 한다)	HCFC-123 ($CHCl_2CF_3$) : 4.75[%] HCFC-22 ($CHClF_2$) : 82[%] HCFC-124 ($CHClFCF_3$) : 9.5[%] $C_{10}H_{16}$: 3.75[%]
클로로테트라플루오로에탄 (이하 "HCFC-124"라 한다)	$CHClFCF_3$
펜타플루오로에탄 (이하 "HFC-125"라 한다)	CHF_2CF_3
헵타플루오로프로판(이하 "HFC -227ea"라 한다)[FM200]	CF_3CHFCF_3
트리플루오로메탄 (이하 "HFC-23"이라 한다)	CHF_3
헥사플루오로프로판 (이하 "HFC-236fa"라 한다)	$CF_3CH_2CF_3$
트리플루오로이오다이드 (이하 "FIC-13I1"이라 한다)	CF_3I
불연성·불활성기체 혼합가스 (이하 "IG-01"이라 한다)	Ar
불연성·불활성기체 혼합가스 (이하 "IG-100"이라 한다)	N_2
불연성·불활성기체 혼합가스 (이하 "IG-541"이라 한다)	N_2 : 52[%], Ar : 40[%], CO_2 : 8[%]
불연성·불활성기체 혼합가스 (이하 "IG-55"라 한다)	N_2 : 50[%], Ar : 50[%]
도데카플루오로-2-메틸펜탄 -3-원(이하 "FK-5-1-12"라 한다)	$CF_3CF_2C(O)CF(CF_3)_2$

16

탄산가스에 대한 일반적인 설명으로 옳은 것은?

① 산소와 반응 시 흡열반응을 일으킨다.
② 산소와 반응하여 불연성 물질을 발생시킨다.
③ 산화하지 않으나 산소와는 반응한다.
④ 산소와 반응하지 않는다.

해설 탄산가스(CO_2)는 산소와 더 이상 반응하지 않는 불연성 가스이다.

17

화재하중의 단위로 옳은 것은?

① $[kg/m^2]$
② $[℃/m^2]$
③ $[kg \cdot L/m^3]$
④ $[℃ \cdot L/m^3]$

해설 화재하중 : 단위면적당 가연성 수용물의 양$[kg/m^2]$

18

위험물안전관리법령에 따른 위험물의 유별 분류가 나머지 셋과 다른 것은?

① 트라이에틸알루미늄 ② 황 린
③ 칼 륨   ④ 벤 젠

해설 위험물의 분류

종류	유별
트라이에틸알루미늄	제3류 위험물 알킬알루미늄
황 린	제3류 위험물
칼 륨	제3류 위험물
벤 젠	제4류 위험물 제1석유류

19

일반적으로 공기 중 산소농도를 몇 [vol%] 이하로 감소시키면 연소상태의 중지 및 질식소화가 가능하겠는가?

① 15
② 21
③ 25
④ 31

해설 질식소화 시 산소한계농도 : 15[%] 이하

20

열의 전달현상 중 복사현상과 가장 관계 깊은 것은?

① 푸리에 법칙
② 슈테판-볼츠만의 법칙
③ 뉴턴의 법칙
④ 옴의 법칙

해설 슈테판-볼츠만 법칙 : 복사열은 절대온도 차의 4제곱에 비례하고 열전달면적에 비례한다.

법 칙	관련 현상
푸리에 법칙	열전도
슈테판-볼츠만의 법칙	복 사
뉴턴의 법칙	운 동
옴의 법칙	전 압

제 **2** 과목   **소방전기일반**

21

부하저항 R에 5[A]의 전류가 흐를 때 소비전력이 500[W]이었다. 부하저항 R은?

① 5$[\Omega]$
② 10$[\Omega]$
③ 20$[\Omega]$
④ 100$[\Omega]$

해설 전력 : $P = I^2 R$에서

저항 : $R = \dfrac{P}{I^2} = \dfrac{500}{5^2} = 20[\Omega]$

22

3상 유도전동기의 기동법 중에서 2차 저항제어법은 무엇을 이용하는가?

① 전자유도작용   ② 플레밍의 법칙
③ 비례추이   ④ 게르세스현싱

해설 3상 권선형 유도 전동기 : 비례추이 이용
3상 권선형 유도 전동기 속도제어법
• 2차저항제어법
• 2차 여자법

정답 16 ④ 17 ① 18 ④ 19 ① 20 ② 21 ③ 22 ③

23

42.5[mH]의 코일에 60[Hz], 220[V]의 교류를 가할 때 유도리액턴스는 몇 [Ω]인가?

① 16[Ω]　　　　　② 20[Ω]

③ 32[Ω]　　　　　④ 43[Ω]

[해설] 유도성 리액턴스

$$X_L = \omega L = 2\pi f L[\Omega]$$
$$= 2\pi \times 60 \times 42.5 \times 10^{-3} = 16[\Omega]$$

24

서보전동기는 제어기기의 어디에 속하는가?

① 검출부　　　　　② 조절부

③ 증폭부　　　　　④ 조작부

[해설] 조절부 : 동작신호를 만드는 부분
조작부 : 서보모터 기능을 하는 부분

25

2차계에서 무제동으로 무한 진동이 일어나는 감쇠율 (Damping Ratio) δ는 어떤 경우인가?

① $\delta = 0$　　　　　② $\delta > 1$

③ $\delta = 1$　　　　　④ $0 < \delta < 1$

[해설] 2차제어계의 과도응답에서 특성근의 위치에 따른 제동비로 특성근이 허수축상에 존재 시 $\delta = 0$인 지속진동(공진)이 일어난다.
② $\delta > 1$(과제동)
③ $\delta = 1$(임계제동)
④ $0 < \delta < 1$(부족제동) : 가장 일반적
$\delta < 0$(점점 진동이 커진다, 발산)

26

그림과 같은 계통의 전달함수는?

① $\dfrac{G_1}{1 + G_2}$　　　　　② $\dfrac{G_2}{1 + G_1}$

③ $\dfrac{G_1}{1 + G_1 G_2}$　　　　④ $\dfrac{G_2}{1 + G_1 G_2}$

[해설]
전달함수 : $G_{(s)} = \dfrac{\text{Pass}}{1 - (\text{Loop})} = \dfrac{G_1}{1 - (- G_1 G_2)}$

$$\therefore G_{(s)} = \dfrac{G_1}{1 + G_1 G_2}$$

27

계측기 접점의 불꽃 제거나 서지 전압에 대한 과입력 보호용으로 사용되는 것은?

① 바리스터　　　　　② 사이리스터

③ 서미스터　　　　　④ 트랜지스터

[해설] 바리스터 특징
• 서지전압(이상전압)에 대한 회로보호용
• 서지에 의한 접점의 불꽃 소거

28

그림과 같은 변압기 철심의 단면적 $A = 5[\text{cm}^2]$, 길이 $l = 50[\text{cm}]$, 비투자율 $\mu_s = 1,000$, 코일의 감은 횟수 $N = 200$ 이라 하고 1[A]의 전류를 흘렸을 때 자계에 축적되는 에너지는 몇 [J]인가?(단, 누설자속은 무시한다)

① $2\pi \times 10^{-3}$　　　　② $4\pi \times 10^{-3}$

③ $6\pi \times 10^{-3}$　　　　④ $8\pi \times 10^{-3}$

[해설]
• 자속 $\phi = \dfrac{N \cdot I}{R_m} = \dfrac{N \cdot I}{\dfrac{l}{\mu S}} = \dfrac{\mu \cdot S \cdot N \cdot I}{l}[\text{Wb}]$

• 쇄교자속수 $N \cdot \phi = \dfrac{\mu S n^2 I}{l} = L \times I$

• 자기인덕턴스 $L = \dfrac{\mu S n^2}{l}$

$\therefore W_L = \dfrac{1}{2} \times L \times I^2 = \dfrac{1}{2} \times \dfrac{\mu S n^2}{l} \times I^2$

$= \dfrac{1}{2} \times \dfrac{4\pi \times 10^{-7} \times 1,000 \times 5 \times 10^{-4} \times 200^2}{50 \times 10^{-2}} \times 1^2$

$= 8\pi \times 10^{-3}[\text{J}]$

29

교류의 파고율은?

① $\dfrac{\text{실횻값}}{\text{평균값}}$

② $\dfrac{\text{최댓값}}{\text{실횻값}}$

③ $\dfrac{\text{최댓값}}{\text{평균값}}$

④ $\dfrac{\text{실횻값}}{\text{최댓값}}$

> **해설** 정현파(사인파)의 파고율 및 파형률
> - 파고율 $= \dfrac{\text{최댓값}}{\text{실횻값}}$　　• 파형률 $= \dfrac{\text{실횻값}}{\text{평균값}}$

30

제어요소의 구성이 올바른 것은?

① 조절부와 조작부　　② 비교부와 검출부

③ 설정부와 검출부　　④ 설정부와 비교부

> **해설** 제어요소(Control Element)
> - 조절부 + 조작부로 구성되어 있다.
> - 동작신호를 조작량으로 변화시켜 제어대상에게 신호전달

31

지시계기에 대한 동작원리가 옳지 않은 것은?

① 열전대형 계기 - 대전된 도체 사이에 작용하는 정전력을 이용

② 가동 철편형 계기 - 전류에 의한 자기장이 연철편에 작용하는 힘을 이용

③ 전류력계형 계기 - 전류 상호 간에 작용하는 힘을 이용

④ 유도형 계기 - 회전 자기장 또는 이동 자기장과 이것에 의한 유도전류와의 상호 작용을 이용

> **해설** 열전대형 계기 : 다른 종류의 금속체 사이에 발생되는 기전력 이용

32

권선수가 100회인 코일을 200회로 늘리면 인덕턴스는 어떻게 변화하는가?

① $\dfrac{1}{2}$로 감소　　② $\dfrac{1}{4}$로 감소

③ 2배로 감소　　④ 4배로 감소

> **해설** $L \propto N^2$ 비례하고 권선수(N)가 2배 증가했으므로 $L = (2배)^2 = 4$배 증가한다.

33

1개의 용량이 25[W]인 객석유도등 10개가 연결되어 있다. 이 회로에 흐르는 전류는 약 몇 [A]인가? (단, 전원 전압은 220[V]이고, 기타 선로손실 등은 무시한다)

① 0.88[A]　　② 1.14[A]

③ 1.25[A]　　④ 1.36[A]

> **해설** 전력 : $P = VI$에서
> 전류 : $I = \dfrac{P}{V} = \dfrac{25 \times 10}{220} ≒ 1.14$[A]

34

정전용량이 0.5[F]인 커패시터 양단에 $V = 10 \angle -60°$[V]인 전압을 가하였을 때 흐르는 전류의 순시값은 몇 [A]인가?(단, $\omega = 30$[rad/s]이다)

① $i = 150\sqrt{2}\sin(30t + 30°)$

② $i = 150\sin(30t - 30°)$

③ $i = 150\sqrt{2}\sin(30t + 60°)$

④ $i = 150\sin(30t - 60°)$

> **해설** 용량성 리액턴스 : $X_C = \dfrac{1}{\omega C} = \dfrac{1}{30 \times 0.5} = \dfrac{1}{15}$[Ω]
> 전류 : $I = \dfrac{V}{X_C} = \dfrac{10}{\dfrac{1}{15}} = 150$[A]
> 위상차 : $\theta = 90° - 60° = 30°$
> (용량성이므로 전류의 위상이 90° 앞선다.)
> ∴ 순시전류 : $i = 150\sqrt{2}\sin(30t + 30°)$

35

P형 반도체에 첨가되는 불순물에 관한 설명으로 옳은 것은?

① 5개의 가전자를 갖는다.

② 억셉터 불순물이라 한다.

③ 과잉전자를 만든다.

④ 게르마늄에는 첨가할 수 있으나 실리콘에는 첨가가 되지 않는다.

해설 P형 반도체 불순물 : 억셉터
N형 반도체 불순물 : 도너

36
1[C/s]는 다음 중 어느 것과 같은가?

① 1[J]
② 1[V]
③ 1[A]
④ 1[W]

해설 전기량 : $Q = IT$ [C]=[A·s]

전류 : $I = \dfrac{Q}{T}$ [A]=[C/s]

37
3상 유도전동기를 기동하기 위하여 권선을 Y 결선하면 △결선하였을 때 보다 토크는 어떻게 되는가?

① $\dfrac{1}{\sqrt{3}}$ 로 감소
② $\dfrac{1}{3}$ 로 감소
③ 3배로 감소
④ $\sqrt{3}$ 배로 감소

해설 Y-△ 기동 시 : 전압 $\dfrac{1}{\sqrt{3}}$ 배 감소

∴ 토크 : $T \propto V^2 = \left(\dfrac{1}{\sqrt{3}}\right)^2 = \dfrac{1}{3}$ 배 감소

38
자동제어에서 미리 정해 놓은 순서에 따라 각 단계가 순차적으로 진행되는 제어방식은?

① 피드백제어
② 서보제어
③ 프로그램제어
④ 시퀀스제어

해설 시퀀스(개회로) 제어계
- 미리 정해진 순서에 따라 제어의 각 단계를 순차적으로 제어
- 오차가 발생 할 수 있으며 신뢰도가 떨어진다.
- 릴레이접점(유접점), 논리회로(무접점), 시간지연 요소등이 사용된다.

39
다음 무접점 논리회로의 출력 X는?

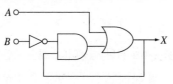

① $A(\overline{B}+X)$
② $B(\overline{A}+X)$
③ $A+\overline{B}X$
④ $\overline{B}+AX$

해설 논리식 : $X = A + \overline{B}X$

40
최대눈금 100[mV], 내부저항 20[Ω]의 직류 전압계에 10[kΩ]의 배율기를 접속하면 약 몇 [V]까지 측정할 수 있는가?

① 50[V]
② 80[V]
③ 100[V]
④ 200[V]

해설 배율 : $m = \dfrac{V}{V_r} = 1 + \dfrac{R}{r}$ 에서

측정전압 : $V = \left(1 + \dfrac{R}{r}\right)V_r$

$= \left(1 + \dfrac{10 \times 10^3}{20}\right) \times 100 \times 10^{-3} = 50[V]$

제 3 과목 소방관계법규

41
소방특별조사에 관한 설명이다. 틀린 것은?

① 소방특별조사 업무를 수행하는 관계 공무원 및 관계 전문가는 그 권한을 표시하는 증표를 지니고 이를 관계인에게 내보여야 한다.

② 소방특별조사 시 관계인의 업무에 지장을 주지 아니하여야 하나 조사업무를 위해 필요하다고 인정되는 경우 일정 부분 관계인의 업무를 중지시킬 수 있다.

③ 조사업무를 수행하면서 취득한 자료나 알게 된 비밀을 다른 사람에게 제공 또는 누설하거나 목적 외의 용도로 사용하여서는 아니 된다.

④ 소방특별조사 업무를 수행하는 관계 공무원 및 관계 전문가는 관계인의 정당한 업무를 방해하여서는 아니 된다.

해설 **소방특별조사**
- 소방특별조사 업무를 수행하는 관계 공무원 및 관계 전문가는 그 권한 또는 자격을 표시하는 증표를 지니고 이를 관계인에게 내보여야 한다.
- 소방특별조사 업무를 수행하는 관계 공무원 및 관계 전문가는 관계인의 정당한 업무를 방해하여서는 아니 되며 조사업무를 수행하면서 취득한 자료나 알게된 비밀을 다른 사람에게 제공 또는 누설하거나 목적 외의 용도로 사용하여서는 아니 된다.

42
제조소 중 위험물을 취급하는 건축물은 특수한 경우를 제외하고 어떤 구조로 하여야 하는가?

① 지하층이 없는 구조어이야 한다.
② 지하층이 있는 구조어이야 한다.
③ 지하층이 있는 1층 이내의 건축물이어야 한다.
④ 지하층이 있는 2층 이내의 건축물이어야 한다.

해설 제조소의 건축물의 구조는 지하층이 없어야 한다.

43
소방시설공사가 설계도서나 화재안전기준에 맞지 아니할 경우 감리업자가 가장 우선하여 조치하여야 할 사항은?

① 공사업자에게 공사의 시정 또는 보완을 요구하여야 한다.
② 공사업자의 규정위반 사실을 관계인에게 알리고 관계인으로 하여금 시정 요구토록 조치한다.
③ 공사업자의 규정위반 사실을 발견 즉시 소방본부장 또는 소방서장에게 보고한다.
④ 공사업자의 규정위반사실을 시·도지사에게 신고한다.

해설 감리업자는 감리를 할 때 소방시설공사가 설계도서나 화재안전기준에 맞지 아니할 때에는 관계인에게 알리고, 공사업자에게 그 공사의 시정 또는 보완 등을 요구하여야 한다.

44
소방시설의 하자가 발생한 경우 통보를 받은 공사업자는 며칠 이내에 이를 보수하거나 보수 일정을 기록한 하자보수계획을 관계인에게 서면으로 알려야 하는가?

① 3일 ② 7일
③ 14일 ④ 30일

해설 관계인은 하자보수기간에 소방시설의 하자가 발생하였을 때에는 공사업자에게 그 사실을 알려야 하며, 통보를 받은 공사업자는 3일 이내에 하자를 보수하거나 보수 일정을 기록한 하자보수계획을 관계인에게 서면으로 알려야 한다.

45
다음 특정소방대상물에 대한 설명으로 옳은 것은?

① 의원은 근린생활시설이다.
② 동물원 및 식물원은 동식물관련시설이다.
③ 종교집회장은 면적에 상관없이 문화집회시설이다.
④ 철도시설(정비창 포함)은 항공기 및 자동차관련시설이다.

해설　특정소방대상물

종 류	분 류	
의 원	근린생활시설	
동물원, 식물원	문화집회시설(동·식물원)	
종교집회장	바닥면적이 300[m²] 미만	바닥면적이 300[m²] 이상
	근린생활시설	종교시설
철도시설 (정비창 포함)	운수시설	

46
특수가연물의 저장 및 취급의 기준으로서 옳지 않은 것은?

① 특수가연물을 저장 또는 취급하는 장소에는 품명·최대 수량 및 화기취급의 금지표지를 설치하여야 한다.

② 품명별로 구분하여 쌓아야 한다.

③ 석탄이나 목탄류를 쌓는 경우에는 쌓는 부분의 바닥면적은 50[m²] 이하가 되도록 하여야 한다.

④ 쌓는 높이는 10[m] 이하가 되도록 하여야 한다.

해설

특수가연물의 저장 및 취급의 기준
- 특수가연물을 저장 또는 취급하는 장소에는 품명·최대수량 및 화기취급의 금지표지를 설치할 것
- 품명별로 구분하여 쌓을 것
- 쌓는 높이는 10[m] 이하가 되도록 하고, 쌓는 부분의 바닥면적은 50[m²](석탄·목탄류의 경우에는 200[m²]) 이하가 되도록 할 것. 다만, 살수설비를 설치하거나, 방사능력 범위에 해당 특수가연물이 포함되도록 대형소화기를 설치하는 경우에는 쌓는 높이를 15[m] 이하, 쌓는 부분의 바닥면적을 200[m²](석탄·목탄류의 경우에는 300[m²]) 이하로 할 수 있다.
- 쌓는 부분의 바닥면적 사이는 1[m] 이상이 되도록 할 것

47
소방청장은 방염대상물품의 방염성능검사 업무를 어디에 위탁할 수 있는가?

① 한국소방공사협회

② 한국소방안전원

③ 소방산업공제조합

④ 한국소방산업기술원

해설　한국소방산업기술원에 위탁하는 업무
- 방염성능검사 중 대통령령으로 정하는 검사
- 소방용품의 형식승인
- 형식승인의 변경승인
- 소방용품에 대한 성능인정
- 우수품질인증

48
공동 소방안전관리자를 선임하여야 하는 특정소방대상물의 기준으로 옳지 않은 것은?

① 소매시장

② 도매시장

③ 3층 이상인 학원

④ 연면적이 5,000[m²] 이상인 복합건축물

해설　공동 소방안전관리대상물
- 고층 건축물(지하층을 제외한 층수가 11층 이상인 건축물만 해당한다)
- 지하가(지하의 인공구조물 안에 설치된 상점 및 사무실, 그 밖에 이와 비슷한 시설이 연속하여 지하도에 접하여 설치된 것과 그 지하도를 합한 것을 말한다)
- 그 밖에 대통령령으로 정하는 특정소방대상물
  - 복합건축물로서 연면적이 5,000[m²] 이상인 것 또는 층수가 5층 이상인 것
  - 판매시설 중 도매시장 및 소매시장

49
소방기본법에 규정된 화재조사에 대한 내용이다. 틀린 것은?

① 화재조사 전담부서에는 발굴용구, 기록용 기기, 감식용 기기, 조명기기, 그 밖의 장비를 갖추어야 한다.

② 소방청장은 화재조사에 관한 시험에 합격한 자에게 3년마다 전문보수교육을 실시하여야 한다.

③ 화재의 원인과 피해조사를 위해 소방청, 시·도의 소방본부와 소방서에 화재조사를 전담하는 부서를 설치·운영한다.

④ 화재조사는 장비를 활용하여 소화활동과 동시에 실시되어야 한다.

해설 소방청장은 화재조사에 관한 시험에 합격한 자에게 2년마다 전문보수교육을 실시하여야 한다.

50
방염업을 운영하는 방염업자가 규정을 위반하여 다른 사람에게 등록증 또는 등록수첩을 빌려준 때 받게 되는 행정 처분기준으로 옳은 것은?

① 1차 – 등록 취소
② 1차 – 경고(시정명령), 2차 – 영업정지 6개월
③ 1차 – 영업정지 6개월, 2차 – 등록 취소
④ 1차 – 경고(시정명령), 2차 – 등록 취소

해설 등록증이나 등록수첩을 빌려준 경우
• 1차 : 영업정지 6개월
• 2차 : 등록취소

51
다음 위험물 중 자기반응성 물질은 어느 것인가?

① 황 린
② 염소산염류
③ 알칼리토금속
④ 질산에스테르류

해설 위험물의 분류

종 류	유 별	성 질
황 린	제3류 위험물	자연발화성 물질
염소산염류	제1류 위험물	산화성 고체
알칼리토금속	제3류 위험물	금수성 물질
질산에스테르류	제5류 위험물	자기반응성 물질

52
다음 중 특수가연물에 해당되지 않는 것은?

① 800[kg] 이상의 종이부스러기
② 1,000[kg] 이상의 볏짚류
③ 1,000[kg] 이상의 사류
④ 400[kg] 이상의 나무껍질

해설 특수가연물

품 명	수 량
면화류	200[kg] 이상
나무껍질 및 대팻밥	400[kg] 이상
넝마 및 종이부스러기	1,000[kg] 이상
사 류	1,000[kg] 이상
볏짚류	1,000[kg] 이상
가연성 고체류	3,000[kg] 이상

53
자동화재탐지설비를 화재안전기준에 적합하게 설치한 경우에 그 설비의 유효범위 내에서 설치가 면제되는 소방시설로서 옳은 것은?

① 비상경보설비
② 누전경보기
③ 비상조명등
④ 무선통신 보조설비

해설 특정소방대상물의 소방시설 설치의 면제기준

설치가 면제되는 소방시설	설치면제 요건
비상경보설비 또는 단독경보형감지기	비상경보설비 또는 단독경보형감지기를 설치하여야 하는 특정소방대상물에 자동화재탐지설비를 화재안전기준에 적합하게 설치한 경우에는 그 설비의 유효범위 안의 부분에서 설치가 면제된다.

54
소방시설업의 지위를 승계한 자는 그 지위를 승계한 날부터 30일 이내에 상속인, 영업을 양수한 자와 시설의 전부를 인수한 자의 경우에는 소방시설업 지위승계신고서에, 합병 후 존속하는 법인 또는 합병에 의하여 설립되는 법인의 경우에는 소방시설업 합병신고서에 서류를 첨부하여야 시 · 도지사에게 제출하여야 한다. 제출서류에 포함하지 않아도 되는 것은?

① 소방시설업 등록증 및 등록수첩
② 영업소 위치, 면적 등이 기록된 등기부 등본
③ 계약서 사본 등 지위승계 증명하는 서류
④ 소방기술인력 연명부 및 기술자격증 · 자격수첩

해설 지위승계 시 제출서류
- 소방시설업 등록증 및 등록수첩
- 계약서 사본 등 지위승계를 증명하는 서류(전자문서를 포함한다)
- 소방기술인력 연명부 및 기술자격증·자격수첩
- 계약일을 기준으로 하여 작성한 지위승계인의 자산평가액 또는 기업진단보고서(소방시설공사업만 해당한다) 1부
- 출자·예치·담보 금액 확인서(소방시설공사업만 해당한다) 1부

55

아파트로서 층수가 몇 층 이상인 것은 모든 층에 스프링클러를 설치하여야 하는가?

① 6층　　　　　② 11층
③ 15층　　　　　④ 20층

해설 스프링클러는 층수가 6층 이상인 특정소방대상물의 경우에는 모든 층에 설치하여야 한다.

56

소방본부장 또는 소방서장은 함부로 버려두거나 그냥 둔 위험물 또는 물건을 옮겨 보관하는 경우 소방본부 또는 소방서 게시판에 공고한 후 공고기간 종료일 다음 날부터 며칠 동안 보관하여야 하는가?

① 7일 동안　　　　② 14일 동안
③ 21일 동안　　　　④ 28일 동안

해설 공 고
- 게시판에 공고기간 : 보관한 날부터 14일 동안
- 보관기간 : 게시판공고 종료일로부터 7일

57

위험물운송자 자격을 취득하지 아니한 자가 위험물 이동탱크저장소 운전 시의 벌칙으로 옳은 것은?

① 50만원 이하의 벌금
② 100만원 이하의 벌금
③ 200만원 이하의 벌금
④ 300만원 이하의 벌금

해설 위험물운송 시 자격을 취득하지 아니한 자가 운전하는 경우
: 300만원 이하의 벌금

58

소방공사 감리원 배치 시 배치일로부터 며칠 이내에 관련서류를 첨부하여 소방본부장 또는 소방서장에게 알려야 하는가?

① 3일　　　　　② 7일
③ 14일　　　　　④ 30일

해설 감리원 배치신고는 감리원 배치일부터 7일 이내에 소방본부장 또는 소방서장에게 알려야 한다.

59

국가는 소방업무에 필요한 경비의 일부를 국고에서 보조한다. 국고보조 대상 소화활동장비 및 설비로서 옳지 않은 것은?

① 소방헬리콥터 및 소방정 구입
② 소방전용 통신설비 설치
③ 소방관서 직원숙소 건립
④ 소방자동차 구입

해설 국고보조 대상사업의 범위와 기준보조율
- 소방활동장비와 설비의 구입 및 설치
  - 소방자동차
  - 소방헬리콥터 및 소방정
  - 소방전용 통신설비 및 전산설비
  - 그 밖에 방화복 등 소방활동에 필요한 소방장비
- 소방관서용 청사의 건축

60

건축물 등의 신축·증축 동의요구를 소재지 관한 소방본부장 또는 소방서장에게 한 경우 소방본부장 또는 소방서장은 건축허가 등의 동의요구서류를 접수한 날부터 며칠 이내에 건축허가 등의 동의 여부를 회신하여야 하는가?(단, 허가 신청한 건축물이 연면적 20만[m²] 이상의 특정소방대상물인 경우이다)

① 5일　　　　　② 7일
③ 10일　　　　　④ 30일

해설 건축허가 등의 동의 여부 회신기간
- 1급, 2급, 일반안전관리대상물 : 5일 이내
- 특급소방안전관리대상물 : 10일 이내
  - 30층 이상(지하층포함)
  - 높이 120[m] 이상
  - 연면적 20만[m²] 이상

해설 설치개수

$$= \frac{객석의\ 통로의\ 직선\ 부분의\ 길이[m]}{4} - 1$$

$$= \frac{20}{4} - 1 = 4\,개$$

제 **4** 과목 | **소방전기시설의 구조 및 원리**

61

비상방송설비의 음향장치 설치기준으로 옳지 않은 것은?

① 음량조정기를 설치하는 경우 음량조정기의 배선은 3선식으로 할 것

② 다른 방송설비와 공용하는 것에 있어서는 화재 시 비상경보 외의 방송을 차단할 수 있는 구조로 할 것

③ 기동장치에 따른 화재신고를 수신한 후 필요한 음량으로 화재발생 상황 및 피난에 유효한 방송이 자동으로 개시될 때까지의 소요시간은 20초 이하로 할 것

④ 조작부는 기동장치의 작동과 연동하여 당해 기동장치가 작동한 층 또는 구역을 표시할 수 있는 것으로 할 것

해설 화재신고 수신 후 소요시간
- 비상방송설비 10초 이내
- 가스누설경보기 60초 이내

62

객석 통로에서 직선 부분의 길이가 20[m]인 경우 객석유도등의 설치개수는?

① 3개   ② 4개
③ 5개   ④ 6개

63

다음 (   ) 안에 공통으로 들어갈 내용으로 옳은 것은?

> P형 1급 수신기의 비상전원시험은 (   )이(가) 정전되었을 때 자동적으로 예비전원(비상전원 전용수전설비 제외)으로 절환되며, 정전 복구 시에는 자동적으로 (   )(으)로 절환되는지 확인하는 시험이다.

① 감지기   ② 표시기전원
③ 충전전원   ④ 상용전원

해설 P형 1급 수신기의 비상전원시험은 상용전원이 정전되었을 때 자동적으로 예비전원(비상전원 전용수전설비 제외)으로 절환되며, 정전 복구 시에는 자동적으로 상용전원으로 절환되는지 확인하는 시험이다.

64

하나의 전용회로에 단상 교류 비상콘센트 6개를 연결하는 경우 전선의 용량은?

① 1.5[kVA] 이상
② 3[kVA] 이상
③ 4.5[kVA] 이상
④ 9[kVA] 이상

해설 단상 용량 : 1.5[kVA], 최대용량 : 3개까지
1.5[kVA] × 3개 = 4.5[kVA]

65
다음은 자동화재속보설비의 속보기 예비전원용 연축전지의 주위온도 충·방전시험에 관한 설명이다. (   ) 안의 알맞은 내용은?

> 무보수 밀폐형 연축전지는 방전종지전압 상태에서 0.1[C]로 48시간 충전한 다음 1시간 방치 후 0.05[C]로 방전시킬 때 정격용량의 95[%]용량을 지속하는 시간은 (   ) 이상이어야 한다.

① 20분 ② 30분
③ 50분 ④ 60분

해설 무보수 밀폐형 연축전지는 방전종지전압 상태에서 0.1[C]로 48시간 방치 후 0.05[C]로 방전시킬 때 정격용량의 95[%]용량을 지속하는 시간은 30분 이상이어야 한다.

66
자동화재탐지설비에서 특정배선은 전자파방해를 방지하기 위하여 쉴드선을 사용해야 한다. 그 대상이 아닌 것은?

① R형 수신기
② 복합형 감지기
③ 다신호식 감지기
④ 아날로그식 감지기

해설 쉴드선 사용 감지기
• 다신호식 감지기
• 아날로그식 감지기
• R형 수신용 사용 감지기

67
누전경보기의 변류기의 설치 위치는?

① 옥외인입선 제1지점 부하 측의 점검이 쉬운 위치
② 옥내인입선 제1지점 부하 측의 점검이 쉬운 위치
③ 옥외인입선 제1종 접지선 측의 점검이 쉬운 위치
④ 옥내인입선 제1종 접지선 측의 점검이 쉬운 위치

해설 변류기는 특정소방대상물의 형태, 인입선의 시설방법 등에 따라 옥외인입선의 제1지점의 부하 측 또는 제2종의 접지선 측의 점검이 쉬운 위치에 설치할 것

68
공연장 및 집회장에 설치하여야 할 유도등의 종류로 옳은 것은?

① 대형피난구유도등, 통로유도등, 객석유도등
② 중형피난구유도등, 통로유도등
③ 소형피난구유도등, 통로유도등
④ 피난구유도표지, 통로유도표지

해설 특정소방대상물별 유도등 및 유도표지의 종류

소방대상물 구분	유도등 및 유도표지
공연장·집회장·관람장·운동시설	• 대형피난구유도등 • 통로유도등 • 객석유도등

69
가스누설경보기의 예비전원 설치와 관련한 설명으로 옳지 않은 것은?

① 앞면에는 예비전원의 상태를 감시할 수 있는 장치를 하여야 한다.
② 예비전원을 경보기의 주전원으로 사용한다.
③ 축전지를 병렬로 접속하는 경우에는 역충전 방지 등의 조치를 강구하여야 한다.
④ 예비전원을 단락사고 등으로부터 보호하기 위한 퓨즈 또는 과전류 보호장치를 설치하여야 한다.

해설 예비전원을 경보기의 주전원으로 사용하지 않아야 하며 예비전원으로는 알칼리계 2차 축전지, 리튬계 2차 축전지, 무보수밀폐형 연축전지가 있다.

70
무선통신보조설비의 주회로 전원이 정상인지 여부를 확인하기 위해 증폭기 전면에 설치하는 것은?

① 전압계 및 전류계 ② 전압계 및 표시등
③ 상순계 ④ 전류계

해설 증폭기의 설치기준
무선통신보조설비의 증폭기 전면에는 주전원의 정상 여부를 확인하기 위해 전압계 및 표시등을 설치하여야 한다.

71

비상벨설비 또는 자동사이렌설비의 지구음향장치는 특정소방대상물의 층마다 설치하되, 해당 특정소방대상물의 각 부분으로부터 하나의 음향장치까지의 수평거리가 몇 [m] 이하가 되도록 하여야 하는가?

① 25[m] 이하   ② 30[m] 이하

③ 40[m] 이하   ④ 50[m] 이하

해설 비상벨설비 또는 자동사이렌설비의 지구음향장치는 특정소방대상물의 층마다 설치하되, 해당 특정소방대상물의 각 부분으로부터 하나의 음향장치까지의 수평거리는 25[m] 이하가 되도록 할 것

72

자동화재탐지설비의 경계구역설정 기준으로 옳은 것은?

① 하나의 경계구역이 3개 이상의 건축물에 미치지 아니하도록 할 것

② 하나의 경계구역의 면적은 500[m²] 이하로 하고 한 변의 길이는 60[m] 이하로 할 것

③ 지하구의 경우 하나의 경계구역의 길이는 700[m] 이하로 할 것

④ 800[m²] 이하의 범위 안에서는 2개 층을 하나의 경계구역으로 할 것

해설 자동화재탐지설비 경계구역
- 하나의 경계구역이 2개 이상의 건축물에 미치지 아니하도록 할 것
- 하나의 경계구역의 면적은 600[m²] 이하로 하고 한 변의 길이는 60[m] 이하로 할 것
- 500[m²] 이하의 범위 안에서는 2개 층을 하나의 경계구역으로 할 것
- 지하구의 경우 하나의 경계구역의 길이는 700[m] 이하로 할 것

73

비상방송설비에서 연면적은 3,000[m²]을 초과하는 특정소방대상물로 몇 층 이상인 경우 우선경보방식을 적용할 수 있는가?

① 2층   ② 3층

③ 4층   ④ 5층

해설 지하층을 제외한 5층 이상의 연면적 300[m²]를 초과하는 소방대상물에 우선경보방식을 적용한다.

74

자동화재탐지설비 전원회로의 전로와 대지 사이 및 배선 상호 간의 절연저항 기준은?

① DC 250[V], 0.1[MΩ] 이상

② DC 250[V], 0.2[MΩ] 이상

③ DC 500[V], 0.1[MΩ] 이상

④ DC 500[V], 0.2[MΩ] 이상

해설 전로와 대지 사이 및 배선상호 간의 절연저항은 직류 250[V]의 절연저항측정기를 사용하여 측정한 절연저항이 0.1[MΩ] 이상으로 할 것

75

누전경보기의 전원의 기준으로 틀린 것은?

① 전원은 분전반으로부터 전용회로로 할 것

② 전원의 개폐기에는 누전경보기용임을 표시한 표지를 할 것

③ 전원을 분기할 때에는 다른 차단기에 따라 전원이 차단되지 아니하도록 할 것

④ 각 극에 개폐기 또는 15[A] 이하의 배선용 차단기를 설치할 것

해설 각 극에 개폐기 및 15[A] 이하의 과전류차단기(배선용 차단기에 있어서는 20[A] 이하의 것으로 각 극을 개폐할 수 있는 것)를 설치할 것

76

비상콘센트설비의 설치기준으로 옳지 않은 것은?

① 비상콘센트는 지하층 및 지상 8층 이상의 전층에 설치할 것

② 비상콘센트는 바닥으로부터 높이 0.8[m] 이상 1.5[m] 이하의 위치에 설치할 것

③ 비상콘센트설비의 전원부와 외함 사이의 절연저항은 500[V] 절연저항계로 측정할 때 20[MΩ] 이상일 것

④ 전원으로부터 각 층의 비상콘센트에 분기되는 경우에는 분기배선용 차단기를 보호함 안에 설치할 것

해설 비상콘센트 설비
지하층을 포함한 11층 이상은 11층 이상의 층에 시설할 것

77
비상방송설비의 설치기준으로 틀린 것은?

① 확성기의 음성입력은 1[W](실내에 설치하는 것에 있어서는 3[W]) 이상일 것
② 확성기는 각 층마다 설치하되, 그 층의 각 부분으로부터 하나의 확성기까지의 수평거리가 25[m] 이하가 되도록 하고, 해당 층의 각 부분에 유효하게 경보를 발할 수 있도록 설치할 것
③ 음량조정기를 설치하는 경우 음량조정기의 배선은 3선식으로 할 것
④ 기동장치에 의한 화재신고를 수신한 후 필요한 음량으로 피난에 유효한 방송이 자동으로 개시될 때까지의 소요시간은 10초 이하로 할 것

해설 비상방송설비의 설치기준
• 확성기의 음성입력
  – 실내 1[W] 이상
  – 실외 3[W] 이상
• 확성기 설치 : 수평거리가 25[m] 이하
• 음량조정기의 배선 : 3선식
• 조작부의 조작 스위치 : 0.8[m] 이상 1.5[m] 이하
• 비상방송개시 소요시간 : 10초 이내

78
부착높이가 15[m] 이상 20[m] 미만일 경우 적응성이 없는 감지기는?

① 차동식 분포형
② 이온화식 1종
③ 광전식(스포트형) 1종
④ 불꽃감지기

해설 차동식 분포형 감지기 : 8[m] 이상 15[m] 미만

79
자동화재탐지설비를 설치하여야 하는 특정소방대상물에 대한 설명 중 옳은 것은?

① 위락시설, 숙박시설, 의료시설로서 연면적 500[m²] 이상인 것
② 근린생활 시설 중 목욕장, 문화집회 및 운동시설, 통신촬영시설로 연면적 600[m²] 이상인 것
③ 지하구
④ 길이 500[m] 이상의 터널

해설 자동화재탐지설비 특정소방대상물
• 위락시설, 숙박시설, 의료시설로서 연면적 600[m²] 이상인 것
• 근린생활 시설 중 목욕장, 문화집회 및 운동시설, 통신촬영시설로 연면적 1,000[m²] 이상인 것
• 길이 1,000[m] 이상의 터널
• 노유자 생활 시설

80
복도통로유도등의 설치기준으로 옳지 않은 것은?

① 복도에 설치할 것
② 구부러진 모퉁이 및 보행거리 15[m]마다 설치할 것
③ 바닥으로부터 높이 1[m] 이하의 위치에 설치할 것
④ 바닥에 설치하는 통로유도등은 하중에 따라 파괴되지 아니하는 강도의 것으로 할 것

해설 유도등의 설치거리 및 장소 비교

종 류	설치기준	설치장소
복도통로유도등 거실통로유도등	보행거리 20[m]마다 구부러진 모퉁이	복도, 거실의 통로
계단통로유도등	경사로참, 계단참	경사로참, 계단참
유도표지	보행거리 15[m] 이하 구부러진 모퉁이	

안심Touch

2014년 5월 25일 시행

제 2 회

제 1 과목 | 소방원론

01
가연성 액체에서 발생하는 증기와 공기의 혼합기체에 불꽃을 대었을 때 연소가 일어나는 최저 온도를 무엇이라 하는가?

① 발화점　　　　② 인화점
③ 연소점　　　　④ 착화점

해설 인화점(Flash Point) : 휘발성 물질에 불꽃을 접하여 발화될 수 있는 최저의 온도

02
제3종 분말소화약제의 열분해 시 생성되는 물질과 관계 없는 것은?

① NH_3　　　　② HPO_3
③ H_2O　　　　④ CO_2

해설 분말소화약제의 성상

종 류	주성분	착 색	적응 화재	열분해 반응식
제3종 분말	제일인산 암모늄 ($NH_4H_2PO_4$)	담홍색 황색	A, B, C급	$NH_4H_2PO_4$ → HPO_3 $+NH_3+H_2O$

03
Halon 1211의 성질에 관한 설명으로 틀린 것은?

① 상온, 상압에서 기체이다.
② 전기의 전도성은 없다.
③ 공기보다 무겁다.
④ 짙은 갈색을 나타낸다.

해설 Halon 1211의 성질
• 상온, 상압에서 기체이다.
• 전기의 전도성은 없다.
• 공기보다 무겁다.

04
다음 중 조연성 가스에 해당하는 것은?

① 일산화탄소　　　　② 산 소
③ 수 소　　　　④ 부 탄

해설 조연성 가스 : 자신은 연소하지 않고 연소를 도와주는 가스(산소, 공기)

05
화재에 대한 설명으로 옳지 않은 것은?

① 인간이 제어하여 인류의 문화, 문명의 발달을 가져오게 한 근본적인 존재를 말한다.
② 불을 사용하는 사람의 부주의와 불안정한 상태에서 발생되는 것을 말한다.
③ 불로 인하여 사람의 신체, 생명 및 재산상의 손실을 가져다주는 재앙을 말한다.
④ 실화, 방화로 발생하는 연소현상을 말하며 사람에게 유익하지 못한 해로운 불을 밀한다.

해설 화재 : 사람의 부주의, 사람에게 유익하지 못한 해로운 불로서 사람의 신체, 생명 및 재산상의 손실을 가져다주는 재앙

정답 01 ②　02 ④　03 ④　04 ②　05 ①

06

다음 중 가연물의 제거와 가장 관련이 없는 소화방법은?

① 촛불을 입김으로 불어서 끈다.
② 산불 화재 시 나무를 잘라서 없앤다.
③ 팽창진주암을 사용하여 진화한다.
④ 가스화재 시 중간밸브를 잠근다.

해설 제거소화

- 촛불을 입김으로 불어서 끈다.
- 산불 화재 시 화재진행 전방에 나무를 잘라서 없앤다.
- 가스화재 시 중간밸브를 잠근다.
- 유전지대에 화재 시 질소폭약을 투하한다.

07

위험물 탱크에 압력이 0.3[MPa]이고 온도가 0[℃]인 가스가 들어 있을 때 화재로 인하여 100[℃]까지 가열되었다면 압력은 약 몇 [MPa]인가?(단, 이상기체로 가정한다)

① 0.41
② 0.52
③ 0.63
④ 0.74

해설 보일샤를의 법칙을 이용하면

$$P_2 = P_1 \times \frac{T_2}{T_1} \times \frac{V_2}{V_1} = 0.3[\text{MPa}] \times \frac{(100+273)[\text{K}]}{(0+273)[\text{K}]}$$

$$= 0.41[\text{MPa}]$$

08

소화를 하기 위한 산소농도를 알 수 있다면 CO_2 소화약제 사용 시 최소 소화농도를 구하는 식은?

① $CO_2[\%] = 21 \times \left(\dfrac{100 - O_2[\%]}{100} \right)$

② $CO_2[\%] = \left(\dfrac{21 - O_2[\%]}{21} \right) \times 100$

③ $CO_2[\%] = 21 \times \left(\dfrac{O_2[\%]}{100} - 1 \right)$

④ $CO_2[\%] = \left(\dfrac{21 \times O_2[\%]}{100} - 1 \right)$

해설 이산화탄소의 농도

$$CO_2[\%] = \left(\frac{21 - O_2[\%]}{21} \right) \times 100$$

09

다음 중 pH9 정도의 물을 보호액으로 하여 보호액 속에 저장하는 물질은?

① 나트륨
② 탄화칼슘
③ 칼 륨
④ 황 린

해설 보호액

- 이황화탄소, 황린 : 물속에 저장
- 칼륨, 나트륨 : 등유, 경유, 유동파라핀 속에 저장

10

다음 중 인화점이 가장 낮은 물질은?

① 산화프로필렌
② 이황화탄소
③ 메틸알코올
④ 등 유

해설 제4류 위험물의 인화점

구 분	산화 프로필렌	이황화 탄소	메틸 알코올	등 유
품 명	특수인화물	특수 인화물	알코올유	제2석유류
인화점	−37[℃]	−30[℃]	11[℃]	40~70[℃]

11

가연성 가스의 화재 위험성에 대한 설명으로 가장 옳지 않은 것은?

① 연소하한계가 낮을수록 위험하다.
② 온도가 높을수록 위험하다.
③ 인화점이 높을수록 위험하다.
④ 연소범위가 넓을수록 위험하다.

해설 화재 위험성

- 연소하한계가 낮을수록 위험하다.
- 온도가 높을수록 위험하다.
- 인화점이 낮을수록 위험하다.
- 연소범위가 넓을수록 위험하다.

12

화재 시 발생하는 연소가스 중 인체에서 혈액의 산소운반을 저해하고 두통, 근육조절의 장애를 일으키는 것은?

① CO_2 ② CO

③ HCN   ④ H_2S

해설 주요 연소생성물의 영향

가 스	현 상
$COCl_2$ (포스겐)	매우 독성이 강한 가스로서 연소 시에는 거의 발생하지 않으나 사염화탄소약제 사용 시 발생한다.
CH_2CHCHO (아크롤레인)	석유제품이나 유지류가 연소할 때 생성
SO_2 (아황산가스)	**황을 함유**하는 유기화합물이 **완전연소** 시에 발생
H_2S (황화수소)	**황을 함유**하는 유기화합물이 **불완전연소시에 발생** 달걀썩는 냄새가 나는 가스
CO_2 (이산화탄소)	연소가스 중 가장 많은 양을 차지, **완전 연소 시 생성**
CO (일산화탄소)	**불완전연소** 시에 **다량 발생**, 혈액 중의 헤모그로빈(Hb)과 결합하여 혈액 중의 산소운반 저해하여 사망
HCl (염화수소)	PVC와 같이 염소가 함유된 물질의 연소 시 생성

13

소화작용을 크게 4가지로 구분할 때 이에 해당하지 않는 것은?

① 질식소화   ② 제거소화

③ 가압소화   ④ 냉각소화

해설 소화의 종류
- 냉각소화 : 화재현장에 물을 주수하여 발화점 이하로 온도를 낮추어 소화하는 방법
- 질식소화 : 공기 중 산소의 농도를 21[%]에서 15[%] 이하로 낮추어 소화하는 방법
- 제거소화 : 화재현장에서 가연물을 없애주어 소화하는 방법
- 화학소화(부촉매효과) : 연쇄반응을 차단하여 소화하는 방법
- 희석소화 : 알코올, 에테르, 에스테르, 케톤류 등 수용성 물질에 다량의 물을 방사하여 가연물의 농도를 낮추어 소화하는 방법

- 유화효과 : 물분무소화설비를 중유에 방사하는 경우 유류표면에 엷은 막으로 유화층을 형성하여 화재를 소화하는 방법
- 피복효과 : 이산화탄소약제 방사 시 가연물의 구석까지 침투하여 피복하므로 연소를 차단하여 소화하는 방법

14

다음 중 이산화탄소의 3중점에 가장 가까운 온도는?

① -48[℃]   ② -57[℃]

③ -62[℃]   ④ -75[℃]

해설 이산화탄소의 3중점 : -56.3[℃]

15

다음 중 Flash Over를 가장 옳게 표현한 것은?

① 소화현상의 일종이다.

② 건물 외부에서 연소가스의 소멸현상이다.

③ 실내에서 폭발적인 화재의 확대현상이다.

④ 폭발로 인한 건물의 붕괴현상이다.

해설 Flash Over
- 폭발적인 착화현상
- 순발적인 연소확대현상

16

내화건축물과 비교한 목재건축물 화재의 일반적인 특징을 옳게 나타낸 것은?

① 고온, 단시간형

② 저온, 단시간형

③ 고온, 장시간형

④ 저온, 장시간형

해설 건축물의 화재성상
- 내화건축물의 화재성상 : 저온, 장기형
- 목재건축물의 화재성상 : 고온, 단기형

17

동식물유류에서 "아이오딘(요오드)값이 크다"라는 의미를 옳게 설명한 것은?

① 불포화도가 높다.

② 불건성유이다.

③ 자연발화성이 낮다.

④ 산소와의 결합이 어렵다.

해설 아이오딘(요오드)값이 크다는 의미
- 불포화도가 높다.
- 건성유이다.
- 자연발화성이 높다.
- 산소와 결합이 쉽다.

18

다음 중 내화구조에 해당하는 것은?

① 두께 1.2[cm] 이상의 석고판 위에 석면 시멘트판을 붙인 것

② 철근콘크리트조의 벽으로서 두께가 10[cm] 이상인 것

③ 철망모르타르로서 그 바름 두께가 2[cm] 이상인 것

④ 심벽에 흙으로 맞벽치기 한 것

해설 방화구조
- 철망모르타르로서 그 바름두께가 2[cm] 이상인 것
- 석고판 위에 시멘트모르타르 또는 회반죽을 바른 것으로서 그 두께의 합계가 2.5[cm] 이상인 것
- 심벽에 흙으로 맞벽치기한 것

19

연기의 감광계수[m⁻¹]에 대한 설명으로 옳은 것은?

① 0.5는 거의 앞이 보이지 않을 정도이다.

② 10은 화재 최성기 때의 농도이다.

③ 0.5는 가시거리가 20~30[m] 정도이다.

④ 10은 연기감지기가 작동하기 직전의 농도이다.

해설 연기농도와 가시거리

감광계수	가시거리 [m]	상 황
0.1	20~30	연기감지기가 **작동**할 때의 정도
0.3	5	건물 내부에 익숙한 사람이 피난에 지장을 느낄 정도
0.5	3	어둠침침한 것을 느낄 정도
1	1~2	거의 앞이 보이지 않을 정도
10	0.2~0.5	**화재 최성기** 때의 정도

20

열전달의 대표적인 3가지 방법에 해당되지 않는 것은?

① 전 도　　　　② 복 사

③ 대 류　　　　④ 대 전

해설 열전달 : 전도, 대류, 복사

제 **2** 과목　**소방전기일반**

21

다음 단상 유도전동기 중 기동토크가 가장 큰 것은?

① 셰이딩 코일형

② 콘덴서 기동형

③ 분상 기동형

④ 반발 기동형

해설 반발 기동형 > 반발 유도형 > 콘덴서 기동형 > 분상 기동형 > 셰이딩 코일형의 순이다.

22

Q[C]의 전하에서 나오는 전기력선의 총수는?(단, ε 및 E는 유전율 및 전계의 세기를 나타낸다)

① $\dfrac{\varepsilon}{Q}$　　　　　② $\dfrac{Q}{\varepsilon}$

③ EQ　　　　　④ Q

해설 전기력선의 총수 : $N= \dfrac{Q}{\varepsilon}$ 개

23
제어계의 안정도를 판별하는 가장 보편적인 방법으로 볼 수 없는 것은?

① 루드의 안정 판별법
② 홀비츠의 안정 판별법
③ 나이퀴스트의 안정 판별법
④ 볼츠만의 안정 판별법

해설 제어계 안정도 판별법
• 루드의 안정 판별법
• 홀비츠의 안정 판별법
• 나이퀴스트의 안정 판별법

24
$e_1=10\sqrt{2}\sin(\omega t+\dfrac{\pi}{3})$[V]와 $e_2=20\sqrt{2}\ \sin\left(\omega t+\dfrac{\pi}{6}\right)$[V]의 두 정현파의 합성전압 e 는 약 몇 [V]인가?

① $29.1\sin(\omega t+60°)$
② $29.1\sin(\omega t-60°)$
③ $29.1\sin(\omega t+40°)$
④ $29.1\sin(\omega t-40°)$

해설
• $e_1=10\angle\dfrac{\pi}{3}=10\left(\cos\dfrac{\pi}{3}+j\sin\dfrac{\pi}{3}\right)$
$=5+j5\sqrt{3}$
• $e_2=20\angle\dfrac{\pi}{6}=20\left(\cos\dfrac{\pi}{6}+j\sin\dfrac{\pi}{6}\right)$
$=10\sqrt{3}+j10$
• 실수 측 : $5+10\sqrt{3}=22.32$
• 허수 측 : $j5\sqrt{3}+j10=18.66$
• 크기 : $\sqrt{22.32^2+18.66^2}=\sqrt{498+348}=\sqrt{846}$
$=29.1$
• 위상 : $\theta=\tan^{-1}\dfrac{18.66}{22.32}=40°$
• 합성전압 : $e=29.1\sin(\omega t+40°)$

25
바이폴라 트랜지스터(BJT)와 비교할 때 전계효과 트랜지스터(FET)의 일반적인 특성을 잘못 설명한 것은?

① 소자특성은 단극성 소자이다.
② 입력저항은 매우 크다.
③ 이득대역폭은 작다.
④ 집적도는 낮다.

해설 BJT(NPN, PNP형)는 쌍극성 소자이며, 전류로 전류를 제어하는 반면, FET(N채널, P채널)는 단극자 소자로서 전압으로 전류를 제어하며 제조도 간편하여 많이 이용된다.

26
다이오드를 여러 개 병렬로 접속하는 경우에 대한 설명으로 옳은 것은?

① 과전류로부터 보호할 수 있다.
② 과전압으로부터 보호할 수 있다.
③ 부하 측의 맥동률을 감소시킬 수 있다.
④ 정류기의 역방향 전류를 감소시킬 수 있다.

해설 다이오드 접속
• 직렬접속 : 전압이 분배되므로 과전압으로부터 보호
• 병렬접속 : 전류가 분류되므로 과전류로부터 보호

27
그림과 같은 시퀀스 제어회로에서 자기유지접점은?

① ⓐ ② ⓑ
③ ⓒ ④ ⓓ

해설

ⓐ 자기유지접점
ⓑ 기동스위치
ⓒ 정지스위치
ⓓ 열동계전기 b접점

28

온도 측정을 위하여 사용하는 소자로서 온도–저항부 특성을 가지는 일반적인 소자는?

① 노즐플래퍼   ② 서미스터
③ 앰플리다인   ④ 트랜지스터

해설 서미스터 특징
• 온도보상용
• 부(-)저항온도계수 $\left(\text{온도} \propto \dfrac{1}{\text{저항}}\right)$

29

자기인덕턴스 L_1, L_2가 각각 4[mH], 9[mH]인 두 코일이 이상적인 결합이 되었다면 상호인덕턴스 M은?(단, 결합계수 $K=1$이다)

① 6[mH]   ② 12[mH]
③ 24[mH]   ④ 36[mH]

해설 상호인덕턴스
$$M = k\sqrt{L_1 L_2}\,[\mathrm{H}]$$
$$= \sqrt{4\times10^{-3}\times9\times10^{-3}} = 6[\mathrm{mH}]$$

30

기전력 3.6[V], 용량 600[mAh]인 축전지 5개를 직렬연결할 때의 기전력 V와 용량은?

① 3.6[V], 3[Ah]
② 18[V], 3[Ah]
③ 3.6[V], 600[mAh]
④ 18[V], 600[mAh]

해설 직렬연결 시
• 기전력 : $V = 3.6\times5 = 18[\mathrm{V}]$
• 용량 일정

31

그림과 같은 회로에서 단자 a, b 사이에 주파수 f [Hz]의 정현파 전압을 가했을 때 전류계 A_1, A_2의 값이 같았다. 이 경우 f, L, C 사이의 관계로 옳은 것은?

① $f = \dfrac{1}{2\pi^2 LC}$ ② $f = \dfrac{1}{4\pi\sqrt{LC}}$

③ $f = \dfrac{1}{\sqrt{2\pi^2 LC}}$ ④ $f = \dfrac{1}{2\pi\sqrt{LC}}$

해설 $A_1 = A_2$인 경우는 병렬공진으로만 구동되는 회로와 같다. 공진주파수 : $f = \dfrac{1}{2\pi\sqrt{LC}}$

32

교류전압과 전류의 곱 형태로 된 전력값은?

① 유효전력
② 무효전력
③ 소비전력
④ 피상전력

해설
• 피상전력, 겉보기 전력 : $P_a = V \cdot I\,[\mathrm{VA}]$
• 유효전력, 소비전력 : $P = V \cdot I\cos\theta\,[\mathrm{W}]$
• 무효전력 : $P_r = V \cdot I\sin\theta\,[\mathrm{Var}]$

33

전압의 구분으로 잘못된 것은?

① 직류 650[V] 이상은 고압이다.

② 교류 600[V] 이하는 저압이다.

③ 교류 600[V]를 초과하고 7,000[V] 이하는 고압이다.

④ 7,000[V]를 초과하면 특고압이다.

> **해설** • 저압 : 직류 750[V] 이하, 교류 600[V] 이하
> • 고압 : 직류 750[V] 초과, 교류 600[V]를 넘고 7,000[V] 이하
> • 특고압 : 7,000[V]를 넘는 것
> ※ 2021년 1월 1일 개정으로 저압 범위가 1.5[kV] 이하, 교류 1[kV] 이하로 변경되어 규정에 맞지 않는 문제임

34

빛이 닿으면 전류가 흐르는 다이오드로 광량의 변화를 전류값으로 대치하므로 광센서에 주로 사용하는 다이오드는?

① 제너다이오드

② 터널다이오드

③ 발광다이오드

④ 포토다이오드

> **해설** **포토다이오드** : 빛이 닿으면 전류가 발생하는 다이오드

35

10 [kΩ] 저항의 허용 전력은 10[kW]라 한다. 이때의 허용전류는 몇 [A]인가?

① 100[A]　　　　② 10[A]

③ 1[A]　　　　④ 0.1[A]

> **해설** 전력 : $P - I^2 R$에서 $\left(I^2 = \dfrac{P}{R} \right)$
>
> 전류 : $I = \sqrt{\dfrac{P}{R}} = \sqrt{\dfrac{10 \times 10^3}{10 \times 10^3}} = 1[\text{A}]$

36

실리콘제어정류 소자인 SCR의 특징을 잘못 나타낸 것은?

① 게이트에 신호를 인가한 때부터 도통 시까지 시간이 짧다.

② 과전압에 비교적 약하다.

③ 열의 발생이 적은 편이다.

④ 순방향 전압강하는 크게 발생한다.

> **해설** **실리콘 제어 정류소자(SCR) 특징**
> • 정류소자, 위상제어
> • 단방향(역저지) 3단자 소자
> • 게이트 작용 : 브레이크 오버작용
> • PNPN 4층 구조
> • 직류, 교류 모두 사용
> • 부(−)저항 특성
> • 소형, 대전력에 이용
> • 게이트 전류에 의하여 방전개시전압 제어
> • 순방향시 전압강하가 작다.
> • 사이라트론과 전압, 전류 특성이 비슷하다.

37

그림과 같은 블록선도에서 C는?

① $C = \dfrac{G_1 G_2}{1 + G_1 G_2} R + \dfrac{G_1}{1 + G_1 G_2} D$

② $C = \dfrac{G_1 G_2}{1 + G_1 G_2} R + \dfrac{G_1 G_2}{1 - G_1 G_2} D$

③ $C = \dfrac{G_1 G_2}{1 + G_1 G_2} R + \dfrac{G_1 G_2}{1 + G_1 G_2} D$

④ $C = \dfrac{G_1 G_2}{1 + G_1 G_2} R + \dfrac{G_2}{1 + G_1 G_2} D$

> **해설** 출력 : C= 전달함수×입력
>
> $= \dfrac{G_1 G_2}{1 - (- G_1 G_2)} \cdot R + \dfrac{G_2}{1 - (- G_1 G_2)} \cdot D$
>
> $\therefore C = \dfrac{G_1 G_2}{1 + G_1 G_2} \cdot R + \dfrac{G_2}{1 + G_1 G_2} \cdot D$

정답 33 ①　34 ④　35 ③　36 ④　37 ④

38

변압기와 관련된 설명으로 옳지 않은 것은?

① 2개의 코일 사이에 작용하는 전자유도작용에 변압하는 기능이다.

② 1차측과 2차측의 전압비의 변압비라 한다.

③ 자속을 발생시키기 위해 필요한 전류를 유도기 전력이라 한다.

④ 변류비는 권수비와 반비례한다.

 자화전류 : 자속을 만드는 전류

39

공기 중에서 3×10^{-4}[C]와 5×10^{-3}[C]의 두 극 사이에 작용하는 힘이 13[N]이었다. 두 극 사이의 거리는 약 몇 [cm]인가?

① 4.3 　　　　② 32.21

③ 13 　　　　④ 17

해설
$$F = 9 \times 10^9 \times \frac{Q_1 Q_2}{r^2} \text{[N]에서}$$

$$r^2 = 9 \times 10^9 \times \frac{Q_1 Q_2}{F}$$

$$r = \sqrt{9 \times 10^9 \times \frac{Q_1 Q_2}{F}}$$

$$\therefore r = \sqrt{9 \times 10^9 \times \frac{3 \times 10^{-4} \times 5 \times 10^{-3}}{13}}$$

$$= 32.2 \text{[m]}$$

40

직류 전압계의 내부저항이 500[Ω], 최대 눈금이 50[V]라면, 이 전압계에 3[kΩ]의 배율기를 접속하여 전압을 측정할 때 최대 측정치는 몇 [V]인가?

① 250 　　　　② 300

③ 350 　　　　④ 500

해설
배율 : $m = \dfrac{V}{V_r} = 1 + \dfrac{R}{r}$ 에서

측정전압 : $V = \left(1 + \dfrac{R}{r}\right) V_r$

$$= \left(1 + \frac{3 \times 10^3}{500}\right) \times 50 = 350 \text{[V]}$$

제 3 과목　소방관계법규

41

공동 소방안전관리자 선임대상 특정소방대상물의 기준으로 옳은 것은?

① 복합건축물로서 연면적이 1,000[m²] 이상인 것 또는 층수가 10층 이상인 것

② 복합건축물로서 연면적이 2,000[m²] 이상인 것 또는 층수가 10층 이상인 것

③ 복합건축물로서 연면적이 3,000[m²] 이상인 것 또는 층수가 5층 이상인 것

④ 복합건축물로서 연면적이 5,000[m²] 이상인 것 또는 층수가 5층 이상인 것

해설 공동소방안전관리 특정소방대상물
- 고층건축물(지하층을 제외한 11층 이상)
- 지하가
- 복합건축물로서 연면적이 5,000[m²] 이상 또는 5층 이상
- 판매시설 중 도매시장 또는 소매시장

42

다음 중 화재원인조사의 종류가 아닌 것은?

① 발화원인조사

② 재산피해조사

③ 연소상황조사

④ 피난상황조사

해설 화재조사의 종류 및 조사의 범위
- 화재원인조사
  - 발화원인 조사
  - 발견, 통보 및 초기소화상황 조사
  - 연소상황 조사
  - 피난상황 조사
  - 소방시설 등 조사
- 화재피해조사
  - 인명피해조사
  - 재산피해조사

43

소방본부장이나 소방서장이 소방시설공사가 공사감리 결과 보고서대로 완공되었는지 완공검사를 위한 현장 확인할 수 있는 대통령령으로 정하는 특정소방대상물이 아닌 것은?

① 노유자 시설
② 문화집회 및 운동시설
③ 1,000[m²] 미만의 공동주택
④ 지하상가

해설 완공검사를 위한 현장 확인 대상 특정소방대상물의 범위
• 문화 및 집회시설, 종교시설, 판매시설, 노유자시설, 수련시설, 운동시설, 숙박시설, 창고시설, 지하상가 및 다중이용업소의 안전관리에 관한 특별법에 따른 다중이용업소
• 스프링클러설비 등, 물분무 등 소화설비(호스릴 방식은 제외)가 설치되는 특정소방대상물
• 연면적 10,000[m²] 이상이거나 11층 이상인 특정소방대상물(아파트는 제외한다)
• 가연성 가스를 제조·저장 또는 취급하는 시설 중 지상에 노출된 가연성 가스탱크의 저장용량 합계가 1,000[t] 이상인 시설

44

위험물 제조소에는 보기 쉬운 곳에 기준에 따라 "위험물제조소"라는 표시를 한 표지를 설치하여야 하는데 다음 중 표지의 기준으로 적합한 것은?

① 표지는 한 변의 길이가 0.3[m] 이상, 다른 한 변의 길이가 0.6[m] 이상인 직사각형으로 하되 표지의 바탕은 백색으로 문자는 흑색으로 한다.
② 표지는 한 변의 길이가 0.2[m] 이상, 다른 한 변의 길이가 0.4[m] 이상인 직사각형으로 하되 표지의 바탕은 백색으로 문자는 흑색으로 한다.
③ 표지는 한 변의 길이가 0.2[m] 이상, 다른 한 변의 길이가 0.4[m] 이상인 직사각형으로 하되 표지의 바탕은 흑색으로 문자는 백색으로 한다.
④ 표지는 한 변의 길이가 0.3[m] 이상, 다른 한 변의 길이가 0.6[m] 이상인 직사각형으로 하되 표지의 바탕은 흑색으로 문자는 백색으로 한다.

해설 제조소의 표지 및 게시판
• "위험물제조소"라는 표지를 설치
  – 표지의 크기 : 한 변의 길이 0.3[m] 이상, 다른 한 변의 길이 0.6[m] 이상
  – 표지의 색상 : 백색바탕에 흑색문자

45

소방시설의 하자가 발생한 경우 소방시설공사업자는 관계인으로부터 그 사실을 통보 받은 날로부터 며칠 이내에 이를 보수하거나 보수일정을 기록한 하자보수계획을 관계인에게 알려야 하는가?

① 3일 이내   ② 5일 이내
③ 7일 이내   ④ 14일 이내

해설 관계인은 규정에 따른 기간 내에 소방시설의 하자가 발생한 때에는 공사업자에게 그 사실을 알려야 하며, 통보를 받은 공사업자는 3일 이내에 이를 보수하거나 보수일정을 기록한 하자보수계획을 관계인에게 서면으로 알려야 한다.

46

소방시설관리업의 기술인력으로 등록된 소방기술자는 실무교육을 몇 년마다 1회 이상 받아야 하며 실무교육기관의 장은 교육일정 몇 일전까지 교육대상자에게 알려야 하는가?

① 2년, 7일전   ② 3년, 7일전
③ 2년, 10일전   ④ 3년, 10일전

해설 실무교육
• 소방안전관리자의 실무교육 : 2년마다 1회 이상
• 교육 통보 : 교육실시 10일 전까지 대상자에게 통보

47

승강기 등 기계장치에 의한 주차시설로서 자동차 몇 대 이상 주차할 수 있는 시설을 할 경우 소방본부장 또는 소방서장의 건축허가 등의 동의를 받아야 하는가?

① 10대   ② 20대
③ 30대   ④ 50대

해설 승강기 등 기계장치에 의한 주차시설로서 자동차 20대 이상을 주차할 수 있는 시설

정답 43 ③ 44 ① 45 ① 46 ③ 47 ②

48
제품검사에 합격하지 않은 제품에 합격표시를 하거나 합격표시를 위조 또는 변조하여 사용한 사람에 대한 벌칙은?

① 1년 이하의 징역 또는 1,000만원 이하의 벌금
② 3년 이하의 징역 또는 3,000만원 이하의 벌금
③ 500만원 이하의 벌금
④ 300만원 이하의 벌금

> **해설** 제품검사에 합격하지 아니한 제품에 합격표시를 하거나 합격표시를 위조 또는 변조하여 사용한 자에 대한 벌칙
> : 1년 이하의 징역 또는 1,000만원 이하의 벌금

49
위험물시설의 설치 및 변경에 있어서 허가를 받지 아니하고 제조소 등을 설치하거나 그 위치·구조 또는 설비를 변경할 수 없는 경우는?

① 주택의 난방시설(공동주택의 중앙난방시설은 제외)을 위한 저장소 또는 취급소
② 농예용으로 필요한 난방시설 또는 건조시설을 위한 지정수량 20배 이하의 저장소
③ 공업용으로 필요한 난방시설 또는 건조시설을 위한 지정수량 20배 이하의 저장소
④ 수산용으로 필요한 난방시설 또는 건조시설을 위한 지정수량 20배 이하의 저장소

> **해설** 허가 또는 신고사항이 아닌 경우
> • 주택의 난방시설(공동주택의 중앙난방시설을 제외)을 위한 저장소 또는 취급소
> • 농예용·축산용 또는 수산용으로 필요한 난방시설 또는 건조시설을 위한 지정수량 20배 이하의 저장소

50
옥외탱크저장소에 설치하는 방유제의 설치기준으로 옳지 않은 것은?

① 방유제 내의 면적은 60,000[m²] 이하로 할 것
② 방유제의 높이는 0.5[m] 이상 3[m] 이하로 할 것
③ 방유제 내의 옥외저장탱크의 수는 10 이하로 할 것
④ 방유제는 철근콘크리트로 만들 것

> **해설** 방유제의 설치기준
> • 방유제의 높이는 0.5[m] 이상 3[m] 이하로 할 것
> • 방유제 내의 면적은 80,000[m²] 이하로 할 것
> • 방유제 내에 설치하는 옥외저장탱크의 수는 10 이하로 할 것
> • 방유제는 철근콘크리트로 하고, 방유제와 옥외저장 탱크 사이의 지표면은 불연성과 불침투성이 있는 구조(철근콘크리트 등)로 할 것

51
소방특별조사의 세부항목에 대한 사항으로 옳지 않은 것은?

① 소방대상물 및 관계지역에 대한 강제처분·피난명령에 관한 사항
② 소방안전관리 업무 수행에 관한 사항
③ 자체점검 및 정기적 점검 등에 관한 사항
④ 소방계획서의 이행에 관한 사항

> **해설** 소방특별조사의 세부항목
> • 소방안전관리 업무 수행에 관한 사항
> • 소방계획서의 이행에 관한 사항
> • 자체점검 및 정기적 점검 등에 관한 사항
> • 화재의 예방조치 등에 관한 사항
> • 불을 사용하는 설비 등의 관리와 특수가연물의 저장·취급에 관한 사항

52
건축허가 등의 동의대상물로서 건축허가 등의 동의를 요구하는 때 동의요구서에 첨부하여야 하는 서류로서 옳지 않은 것은?

① 건축허가신청서 및 건축허가서
② 소방시설설계업 등록증과 자본금 내역서
③ 소방시설 설치계획표
④ 소방시설(기계·전기 분야)의 층별 평면도 및 층별 계통도

> **해설** 건축허가 등의 동의 시 첨부서류
> • 건축허가신청서 및 건축허가서 또는 건축·대수선 ·용도변경신고서 등 건축허가 등을 확인할 수 있는 서류의 사본
> • 다음 각 목의 설계도서. 다만, ㉠ 및 ㉡의 설계도서는 소방시설공사업법 시행령 제4조에 따른 소방시

안심Touch

설공사 착공신고대상에 해당되는 경우에 한한다.
- ㉠ 건축물의 단면도 및 주단면 상세도(내장재료를 명시한 것에 한한다)
- ㉡ 소방시설(기계・전기 분야의 시설을 말한다)의 층별 평면도 및 층별 계통도(시설별 계산서를 포함한다)
- ㉢ 창호도
- 소방시설 설치계획표

53

주유취급소의 고정주유설비의 주위에는 주유를 받으려는 자동차 등이 출입할 수 있도록 너비 몇 [m] 이상, 길이 몇 [m] 이상의 콘크리트로 포장한 공지를 보유하여야 하는가?

① 너비 10[m] 이상, 길이 5[m] 이상
② 너비 10[m] 이상, 길이 10[m] 이상
③ 너비 15[m] 이상, 길이 6[m] 이상
④ 너비 20[m] 이상, 길이 8[m] 이상

해설 주유취급소에 설치하는 고정주유설비의 보유 공지 : 너비 15[m], 길이 6[m]

54

소방대상물의 관계인에 해당하지 않는 사람은?

① 소방대상물의 소유자
② 소방대상물의 점유자
③ 소방대상물의 관리자
④ 소방대상물을 검사 중인 소방공무원

해설 관계인 : 소방대상물의 소유자, 관리자, 점유자

55

자동화재속보설비를 설치하여야 하는 특정소방대상물은?

① 연면적이 800[m²]인 아파트
② 연면적이 800[m²]인 기숙사
③ 바닥면적이 1,000[m²]인 층이 있는 발전시설
④ 바닥면적이 500[m²]인 층이 있는 노유자시설

해설 노유자생활시설에 해당하지 않는 노유자시설로서 바닥면적이 500[m²] 이상인 층이 있는 것

56

지정수량의 몇 배 이상의 위험물을 취급하는 제조소에는 피뢰침을 설치하여야 하는가?(단, 제6류 위험물을 취급하는 위험물제조소는 제외)

① 5배
② 10배
③ 50배
④ 100배

해설 피뢰침 설치 : 지정수량의 10배 이상(제6류 위험물은 제외)

57

위험물을 취급하는 건축물에 설치하는 채광 및 조명설비 설치의 원칙적인 기준으로 적합하지 않은 것은?

① 모든 조명등은 방폭등으로 할 것
② 전선은 내화・내열전선으로 할 것
③ 점멸스위치는 출입구 바깥 부분에 설치할 것
④ 채광설비는 불연재료로 할 것

해설 **채광 및 조명설비의 기준**
- 채광설비는 불연재료로 하고, 연소의 우려가 없는 장소에 설치하되 채광면적을 최소로 할 것
- 조명설비의 기준
  - 가연성 가스 등이 체류할 우려가 있는 장소의 조명등은 방폭등으로 할 것
  - 전선은 내화・내열전선으로 할 것
  - 점멸스위치는 출입구 바깥 부분에 설치할 것. 다만, 스위치의 스파크로 인한 화재・폭발의 우려가 없는 경우에는 그러하지 아니하다.

58

특수가연물의 저장 및 취급 기준으로 옳지 않은 것은?

① 품명별로 구분하여 쌓을 것
② 쌓는 높이는 10[m] 이하가 되도록 할 것
③ 쌓는 부분의 바닥면적은 300[m²] 이하가 되도록 할 것
④ 쌓는 부분의 바닥면적 사이는 1[m] 이상이 되도록 할 것

해설 **특수가연물의 저장 및 취급의 기준**
- 품명별로 구분하여 쌓을 것
- 쌓는 높이는 10[m] 이하가 되도록 하고 쌓는 부분의 바닥면적은 50[m²] 이하가 되도록 할 것
- 쌓는 부분의 바닥면적 사이는 1[m] 이상이 되도록 할 것

정답 53 ③　54 ④　55 ④　56 ②　57 ①　58 ③

59

1급 소방안전관리대상물의 공공기관 소방안전관리자에 대한 강습교육의 과목 및 시간으로 옳지 않은 것은?

① 방염성능기준 및 방염대상물품 – 1시간
② 소방관계법령 – 4시간
③ 구조 및 응급처치교육 – 4시간
④ 소방실무 – 21시간

> **해설** ※ 2017년 2월 10일 법 개정으로 전체 내용이 변경되어 맞지 않는 문제임

60

각 시·도의 소방업무에 필요한 경비의 일부를 국가가 보조하는 대상이 아닌 것은?

① 전산설비
② 소방헬리콥터
③ 소방관서용 청사의 건축
④ 소방용수시설장비

> **해설** **국고보조 대상사업의 범위**
> • 소방활동장비와 설비의 구입 및 설치
> – 소방자동차
> – 소방헬리콥터 및 소방정
> – 소방전용 통신설비 및 전산설비
> – 그 밖에 방화복 등 소방활동에 필요한 소방장비
> • 소방관서용 청사의 건축(건축법 제2조제1항 제8호에 따른 건축을 말한다)

제**4**과목	**소방전기시설의 구조 및 원리**

61

누전경보기의 전원은 배선용 차단기에 있어서는 몇 [A] 이하의 것으로 각 극을 개폐할 수 있어야 하는가?

① 10[A]   ② 20[A]
③ 30[A]   ④ 40[A]

> **해설** 누전경보기의 전원은 분전반으로부터 전용회로로 하고, 각 극에 개폐기 및 15[A] 이하의 과전류차단기(배선용차 전기에 있어서는 20[A] 이하의 것으로 각 극을 개폐할 수 있는 것)를 설치할 것

62

통로유도등은 어떤 색상으로 표시하여야 하는가? (단, 계단에 설치하는 것은 제외한다)

① 백색바탕에 녹색으로 피난방향 표시
② 백색바탕에 적색으로 피난방향 표시
③ 녹색바탕에 백색으로 피난방향 표시
④ 적색바탕에 백색으로 피난방향 표시

> **해설** 피난구유도등은 녹색바탕에 백색문자로 표시

63

자동화재탐지설비에는 그 설비에 대한 감시상태를 위하여 축전지설비를 설치하여야 한다. 다음 중 그 기준으로 옳은 것은?(단, 지상 15층인 소방대상물로서 상용전원이 축전지 설비가 아닌 경우이다)

① 자동화재탐지설비에는 그 설비에 대한 감시상태를 20분간 지속한 후 유효하게 5분 이상 경보할 수 있는 축전지설비를 설치하여야 한다.
② 자동화재탐지설비에는 그 설비에 대한 감시상태를 30분간 지속한 후 유효하게 15분 이상 경보할 수 있는 축전지설비를 설치하여야 한다.
③ 자동화재탐지설비에는 그 설비에 대한 감시상태를 50분간 지속한 후 유효하게 20분 이상 경보할 수 있는 축전지설비를 설치하여야 한다.
④ 자동화재탐지설비에는 그 설비에 대한 감시상태를 60분간 지속한 후 유효하게 10분 이상 경보할 수 있는 축전지설비를 설치하여야 한다.

> **해설** 층수가 30층 이상은 30분 이상 경보할 수 있는 축전지 설비(수신기에 내장하는 경우 포함)를 설치하여야 한다.

64

자동화재속보설비의 속보기는 자동화재탐지설비로부터 작동신호를 수신하거나 수동으로 동작시키는 경우 20초 이내에 소방관서에 자동적으로 신호를 발하여 통보하되, 몇 회 이상 속보할 수 있어야 하는가?

① 2회   ② 3회
③ 4회   ④ 5회

해설 자동화재속보설비의 속보기는 20초 이내, 3회 이상 소방관서에 자동적으로 신호를 발할 것

65
자동화재탐지설비의 경계구역에 대한 설명 중 옳은 것은?

① 1,000[m²] 이하의 범위 내에서는 2개의 층을 하나의 경계 구역으로 할 수 있다.

② 하나의 경계구역의 면적은 600[m²] 이하로 하고 한 변의 길이는 50[m] 이하로 한다.

③ 당해 소방대상물의 주된 출입구에서 그 내부 전체가 보이는 경우에는 경계구역의 면적은 1,200[m²] 이하로 할 수 있다.

④ 지하구의 경우 하나의 경계구역의 길이는 1,000[m] 이하로 한다.

해설 경계 구역
- 하나의 경계구역이 2개 이상의 건축물에 미치지 아니하도록 할 것
- 하나의 경계구역의 면적은 600[m²] 이하로 하고 한 변의 길이는 60[m] 이하로 할 것
- 500[m²] 이하의 범위 안에서는 2개 층을 하나의 경계구역으로 할 것
- 지하구의 경우 하나의 경계구역의 길이는 700[m] 이하로 할 것

66
무선통신보조설비의 누설동축케이블 또는 동축케이블의 임피던스는 몇 [Ω]으로 하여야 하는가?

① 5[Ω]　　　② 10[Ω]
③ 50[Ω]　　　④ 100[Ω]

해설 누설동축케이블 또는 동축케이블 및 분배기 등의 임피던스 : 50[Ω]

67
소방대상물 각 부분에서 하나의 발신기까지의 수평거리는 몇 [m]이며, 복도 또는 별도로 구획된 실에 발신기를 설치하는 경우에는 보행거리를 몇 [m]로 해야 하는가?

① 수평거리 15[m] 이하, 보행거리 30[m] 이상
② 수평거리 25[m] 이하, 보행거리 30[m] 이상
③ 수평거리 15[m] 이하, 보행거리 40[m] 이상
④ 수평거리 25[m] 이하, 보행거리 40[m] 이상

해설 발신기는 특정소방대상물의 층마다 설치한다.
- 특정소방대상물의 각 부분으로부터 하나의 발신기까지 수평거리 25[m] 이하
- 복도 또는 별도로 구획된 실로서 보행거리 40[m] 이상

68
무선통신보조설비의 누설동축케이블 및 공중선은 고압의 전로로부터 일정한 간격을 유지하여야 하나 그렇게 하지 않아도 되는 경우는?

① 정전기 차폐장치를 유효하게 설치한 경우
② 금속제 등의 지지금구로 일정한 간격으로 고정한 경우
③ 끝부분에 무반사 종단저항을 설치한 경우
④ 불연재료로 구획된 반자 안에 설치한 경우

해설 누설동축케이블 및 공중선은 고압의 전로로부터 1~5[m] 이상 떨어진 위치에 설치할 것. 다만, 해당전로에 정전기 차폐장치를 유효하게 설치한 경우에는 그러하지 아니하다.

69
비상조명등을 60분 이상 유효하게 작동시킬 수 있는 용량의 비상전원을 확보하여야 하는 장소가 아닌 것은?

① 지하층을 제외한 층수가 11층 이상의 층
② 지하층으로 용도가 도매시장·소매시장인 경우
③ 무창층으로 용도가 무도장인 경우
④ 지하층으로 용도가 지하역사 또는 지하상가인 경우

해설 비상조명등의 비상전원이 60분 이상 작동하여야 하는 특정소방대상물
- 지하층을 제외한 층수가 11층 이상의 층
- 지하층, 무창층으로서 도매시장, 소매시장, 여객자동차터미널, 지하역사, 지하상가

70
비상콘센트설비의 전원설치기준 등에 대한 설명으로 옳지 않은 것은?

① 상용전원으로부터 전력의 공급이 중단된 때에는 자동으로 비상전원으로부터 전력을 공급받을 수 있도록 할 것
② 전원회로는 각층에 있어서 하나의 회로만 설치할 것
③ 비상콘센트설비의 비상전원의 용량은 20분 이상으로 할 것
④ 비상전원의 설치장소는 다른 장소와 방화구획할 것

해설 전원회로는 각 층에 있어서 전압별로 2 이상이 되도록 설치할 것

71
비상조명등의 설치기준에 대한 설명으로 틀린 것은?

① 지하층을 제외한 층수가 11층 이상의 층의 비상전원은 30분 이상의 용량으로 할 것
② 예비전원 비내장 비상조명등의 비상전원은 자가발전기설비 또는 축전지설비를 설치할 것
③ 비상전원을 실내에 설치하는 때에는 그 실내에 비상조명등을 설치할 것
④ 비상조명등의 조도는 설치된 장소의 각 부분 바닥에서 1[lx] 이상이 되도록 할 것

해설 비상조명등의 비상전원이 60분 이상 작동하여야 하는 특정소방대상물
- 지하층을 제외한 층수가 11층 이상의 층
- 지하층, 무창층으로서 도매시장, 소매시장, 여객자동차터미널, 지하역사, 지하상가

72
누전경보기의 수신부 설치 제외 장소가 아닌 것은?

① 온도의 변화가 급격한 장소
② 대전류회로·고주파 발생회로 등에 의한 영향을 받을 우려가 있는 장소
③ 가연성 증기, 가스, 먼지 등이나 부식성의 증기, 가스 등이 다량으로 체류하는 장소
④ 방폭, 방온, 방습, 방진 및 정전기차폐 등의 방호조치를 한 장소

해설 누전경보기 수신부 설치 제외 장소
- 가연성의 증기·먼지·가스 등이나 부식성의 증기·가스 등이 다량으로 체류하는 장소
- 화약류를 제조하거나 저장 또는 취급하는 장소
- 습도가 높은 장소
- 온도의 변화가 급격한 장소
- 대전류회로·고주파 발생회로 등에 따른 영향을 받을 우려가 있는 장소

73
비상방송설비의 음향장치에 있어서 기동장치에 따른 화재신고를 수신한 후 필요한 음량으로 화재발생 상황 및 피난에 유효한 방송이 자동으로 개시될 때까지의 소요시간의 기준으로 옳은 것은?

① 30초 이하   ② 20초 이하
③ 10초 이하   ④ 5초 이하

해설 화재신고 수신 후 소요시간

설비의 종류	비상방송설비	누설경보기
소요시간	10초 이내	60초 이내

74
배기가스가 다량으로 체류하는 장소인 차고에 적응성이 없는 감지기는?

① 차동식 스포트형 1종 감지기
② 차동식 스포트형 2종 감지기
③ 차동식 분포형 1종 감지기
④ 정온식 1종 감지기

해설 정온식 스포트형 감지기는 주방, 보일러실 등 화기취급 장소에 설치한다.

75
복도통로유도등의 설치기준으로 틀린 것은?

① 바닥으로부터 높이 1.5[m] 이하의 위치에 설치할 것
② 구부러진 모퉁이 및 보행거리 20[m]마다 설치할 것
③ 지하역사, 지하상가인 경우에는 복도·통로 중앙 부분의 바닥에 설치할 것
④ 바닥에 설치하는 통로유도등은 하중에 따라 파괴되지 아니하는 강도의 것으로 할 것

해설 바닥으로부터 높이 1[m] 이하의 위치에 설치할 것

76
누전경보기 수신부의 절연된 충전부와 외함 간의 절연저항은 최소 몇 [MΩ] 이상이어야 하는가?

① 5[MΩ]
② 3[MΩ]
③ 1[MΩ]
④ 0.2[MΩ]

해설 절연저항시험

적용대상	절연 저항	측정기구 및 전압
• 누전경보기 • 자동화재탐지설비 • 수신기(절연된 충전부와 외함 간) • 비상경보, 비상조명설비 • 가스누설경보기 • 유도등	5[MΩ] 이상	DC 500[V] 절연저항계

77
부착 높이가 4[m] 미만으로 연기감지기 3종을 설치할 때, 바닥면적 몇 [m²]마다 1개 이상 설치하여야 하는가?

① 150[m²]
② 100[m²]
③ 75[m²]
④ 50[m²]

해설 연기감지기의 부착 높이에 따른 감지기의 바닥면적

부착 높이	감지기의 종류	
	1종 및 2종	3종
4[m] 미만	150	50
4[m] 이상 20[m] 미만	75	-

78
비상방송설비의 음향장치 설치기준으로 틀린 것은?

① 실내에 설치하지 않는 확성기의 음성입력은 3[W](실내는 1[W]) 이상일 것
② 음량조정기를 설치하는 경우 음량조정기의 배선은 3선식으로 할 것
③ 조작부의 조작스위치는 바닥으로부터 0.5[m] 이상 1.0[m] 이하로 할 것
④ 확성기는 각 층마다 설치하되 그 층의 각 부분으로부터 하나의 확성기까지의 수평거리가 25[m] 이하가 되도록 할 것

해설 조작부의 조작스위치는 바닥으로부터 0.8[m] 이상 1.5[m] 이하로 할 것

79
일반전기사업자로부터 특고압 또는 고압으로 수전하는 비상전원 수전설비의 경우에 있어 소방회로배선과 일반회로배선을 몇 [cm] 이상 떨어져 설치하는 경우 불연성 벽으로 구획하지 않을 수 있는가?

① 5[cm]
② 10[cm]
③ 15[cm]
④ 20[cm]

해설 소방회로 배선과 고압, 특고압 전선의 이격거리 : 15[cm] 이상 이격

80
부착 높이에 따른 감지기의 종류로서 옳지 않은 것은?

① 4[m] 미만 : 차동식 스포트형
② 4[m] 이상 8[m] 미만 : 보상식 스포트형
③ 8[m] 이상 15[m] 미만 : 열복합형
④ 15[m] 이상 20[m] 미만 : 연기복합형

해설 열복합형 : 4[m] 미만

2014년 9월 20일 시행

제 4 회

제 1 과목 소방원론

01
수소 1[kg]이 완전연소할 때 필요한 산소량은 몇 [kg]인가?

① 4 ② 8
③ 16 ④ 32

해설 수소의 완전연소반응

$$2H_2 \quad + \quad O_2 \quad \rightarrow \quad 2H_2O$$

$$2 \times 2[kg] \qquad\qquad 32[kg]$$
$$1[kg] \qquad\qquad\qquad x$$

$$\therefore x = \frac{1[kg] \times 32[kg]}{2 \times 2[kg]} = 8[kg]$$

02
물의 기화열이 539[cal]인 것은 어떤 의미인가?

① 0[℃]의 물 1[g]이 얼음으로 변하는 데 539[cal]의 열량이 필요하다.
② 0[℃]의 얼음 1[g]이 물으로 변하는 데 539[cal]의 열량이 필요하다.
③ 0[℃]의 물 1[g]이 100[℃]의 물로 변하는 데 539[cal]의 열량이 필요하다.
④ 100[℃]의 물 1[g]이 수증기로 변하는 데 539[cal]의 열량이 필요하다.

해설 물의 기화열은 100[℃]의 물 1[g]이 수증기로 변하는 데 539[cal]의 열량이 필요하다.

03
유류탱크의 화재 시 탱크 저부의 물이 뜨거운 열류층에 의하여 수증기로 변하면서 급작스런 부피 팽창을 일으켜 유류가 탱크 외부로 분출하는 현상을 무엇이라 하는가?

① 보일오버 ② 슬롭오버
③ 블레이브 ④ 파이어볼

해설 보일오버(Boil Over)
• 중질유 탱크에서 장시간 조용히 연소하다가 탱크의 잔존기름이 갑자기 분출(Over Flow)하는 현상
• 유류탱크 바닥에 물 또는 물-기름에 에멀션이 섞여 있을 때 화재가 발생하는 현상
• 연소유면으로부터 100[℃] 이상의 열파가 탱크저부에 고여 있는 물을 비등하게 하면서 연소유를 탱크 밖으로 비산하며 연소하는 현상

04
위험물안전관리법령상 인화성 액체인 클로로벤젠은 몇 석유류에 해당하는가?

① 제1석유류 ② 제2석유류
③ 제3석유류 ④ 제4석유류

해설 클로로벤젠 : 제2석유류

05
제5류 위험물인 자기반응성 물질의 성질 및 소화에 관한 사항으로 가장 거리가 먼 것은?

① 대부분 산소를 함유하고 있어 자기연소 또는 내부연소를 일으키기 쉽다.
② 연소속도가 빨라 폭발하는 경우가 많다.
③ 질식소화가 효과적이며 냉각소화는 불가능하다.
④ 가열, 충격, 마찰에 의해 폭발의 위험이 있는 것이 있다.

안심Touch

해설 위험물의 소화방법

유 별	소화방법
제1류 위험물	냉각소화(무기과산화물 : 마른모래, 탄산수소염류에 의한 질식소화)
제2류 위험물	냉각소화(마그네슘, 철분, 금속분 : 마른모래, 탄산수소염류에 의한 질식소화)
제3류 위험물	질식소화(마른모래, 탄산수소염류에 의한 질식소화)
제4류 위험물	질식소화(이산화탄소, 할로겐화합물, 청정소화약제, 분말)
제5류 위험물	냉각소화
제6류 위험물	다량의 냉각소화

06
일반적인 자연발화 예방대책으로 옳지 않은 것은?

① 습도를 높게 유지한다.
② 통풍을 양호하게 한다.
③ 열의 축적을 방지한다.
④ 주위 온도를 낮게 한다.

해설 자연발화 방지대책
- 습도를 낮게 할 것
- 주위의 온도를 낮출 것
- 통풍을 잘 시킬 것
- 불활성 가스를 주입하여 공기와 접촉을 피할 것
- 가능한 입자를 크게 할 것

07
에테르의 공기 중 연소범위를 1.9~48[vol%]라고 할 때 이에 대한 설명으로 틀린 것은?

① 공기 중 에테르의 증기가 48[vol%]를 넘으면 연소한다.
② 연소범위의 상한점이 48[vol%]이다.
③ 공기 중 에테르 증기가 1.9~48[vol%] 범위에 있을 때 연소한다.
④ 연소범위의 하한점이 1.9[vol%]이다.

해설 에테르의 공기 중 연소범위는 하한점이 1.9[vol%]이고, 상한점이 48[vol%]이므로 이 범위 내에서만 연소한다.

08
공기의 평균분자량이 29일 때 이산화탄소 기체의 증기비중은 얼마인가?

① 1.44   ② 1.52
③ 2.88   ④ 3.24

해설
$$증기비중 = \frac{분자량}{공기의\ 평균분자량} = \frac{44}{29} = 1.517$$

이산화탄소의 분자량 $CO_2 = 12 + (16 \times 2) = 44$

09
A급, B급, C급의 어떤 화재에도 사용할 수 있기 때문에 일명 ABC 소화약제라고도 부르는 제3종 분말 소화약제의 분자식은?

① $NaHCO_3$ ② $KHCO_3$
③ $NH_4H_2PO_4$ ④ Na_2CO_3

해설 분말소화약제의 성상

종 류	주성분	착 색	적응화재	열분해 반응식
제3종 분말	제일인산 암모늄 ($NH_4H_2PO_4$)	담홍색 황색	A, B, C급	$NH_4H_2PO_4$ → $HPO_3 + NH_3 + H_2O$

10
할론(Halon)1301의 분자식은?

① CH_3Cl ② CH_3Br
③ CF_3Cl ④ CF_3Br

해설 할론(Halon)의 분자식

분자식	CH_3Cl	CH_3Br	CF_3Cl	CF_3Br
명 칭	할론 101	할론 1001	할론 1310	할론 1301

11
0[℃], 1기압에서 11.2[L]의 기체질량이 22[g]이었다면 이 기체의 분자량은 얼마인가?(단, 이상기체라고 생각한다)

① 22   ② 35
③ 44   ④ 56

해설 풀이방법

· 표준상태에서 어떤 기체 1[g-mol]이 차지하는 부피는 22.4[L]이므로

$$\frac{22.4[L]}{11.2[L]} \times 22[g] = 44(분자량 : 44이다)$$

· 이상기체상태 방정식

$$PV = nRT = \frac{W}{M}RT$$

$$M = \frac{WRT}{PV} = \frac{22[g] \times 0.08205 \times 273}{1 \times 11.2[L]} = 44$$

12
다음 점화원 중 기계적인 원인으로만 구성된 것은?

① 산화, 중합

② 산화, 분해

③ 중합, 화합

④ 충격, 마찰

해설 기계적인 원인 : 충격, 마찰, 단열 압축

13
가연성 액체로부터 발생한 증기가 액체표면에서 연소범위의 하한계에 도달할 수 있는 최저온도를 의미하는 것은?

① 비 점   ② 연소점

③ 발화점   ④ 인화점

해설 인화점 : 액체로부터 발생한 증기가 액체표면에서 연소범위의 하한계에 도달할 수 있는 최저온도

14
건물 내에 피난동선의 조건으로 옳지 않은 것은?

① 2개 이상의 방향으로 피난할 수 있어야 한다.

② 가급적 단순한 형태로 한다.

③ 통로의 말단은 안전한 장소이어야 한다.

④ 수직동선은 금하고 수평동선만 고려한다.

해설 피난동선은 수직동선은 비상용 승강기나 계단이고 수평동선은 복도이다.

15
촛불의 주된 연소형태에 해당하는 것은?

① 표면연소

② 분해연소

③ 증발연소

④ 자기연소

해설 증발연소 : 촛불과 같이 고체를 가열하면 액체가 되고 액체를 가열하면 증기가 되어 연소하는 현상

16
가연물이 되기 위한 조건으로 가장 거리가 먼 것은?

① 열전도율이 클 것

② 산소와 친화력이 좋을 것

③ 비표면적이 넓을 것

④ 활성화 에너지가 작을 것

해설 가연물의 구비조건
· **열전도율이 작을 것**
· 발열량이 클 것
· 표면적이 넓을 것
· 산소와 친화력이 좋을 것
· 활성화 에너지가 작을 것

17
이산화탄소 소화기의 일반적인 성질에서 단점이 아닌 것은?

① 인체의 질식이 우려된다.

② 소화약제의 방출 시 인체에 닿으면 동상이 우려된다.

③ 소화약제의 방사 시 소음이 크다.

④ 전기를 잘 통하기 때문에 전기설비에 사용할 수 없다.

해설 이산화탄소 소화기는 전기부도체이므로 전기설비에 적합하다.

18

전열기의 표면온도가 250[℃]에서 650[℃]로 상승
되면 복사열은 약 몇 배 정도 상승하는가?

① 2.5

② 9.7

③ 17.2

④ 45.1

해설 복사열은 절대온도의 4승에 비례한다.

250[℃]에서 열량을 Q_1, 650[℃]에서 열량을 Q_2

$$\frac{Q_2}{Q_1} = \frac{(650+273)^4[\text{K}]}{(250+273)^4[\text{K}]} = 9.7$$

19

다음 중 위험물안전관리법령상 제1류 위험물에 해당
하는 것은?

① 염소산나트륨

② 과염소산

③ 나트륨

④ 황 린

해설 위험물의 분류

명 칭	염소산 나트륨	과염소산	나트륨	황 린
유 별	제1류 위험물	제6류 위험물	제3류 위험물	제3류 위험물

20

인화칼슘과 물이 반응할 때 생성되는 가스는?

① 아세틸렌

② 황화수소

③ 황 산

④ 포스핀

해설 인화칼슘이 물과 반응하면 수산화칼슘과 포스핀(인
화수소)이 발생한다.

$$\text{Ca}_3\text{P}_2 + 6\text{H}_2\text{O} \rightarrow 3\text{Ca(OH)}_2 + 2\text{PH}_3 \uparrow$$

제 **2** 과목   소방전기일반

21

그림과 같은 유접점 회로의 논리식은?

① $A+BC$

② $AB+C$

③ $B+AC$

④ $AB+BC$

해설 논리식 : $X = (A+B) \cdot (A+C)$

$\qquad = AA + AC + AB + BC$

$\qquad = A(1+C+B) + BC$

$\qquad = A+BC$

22

일정 전압의 직류전원에 저항 R을 접속하면 전류가
흐른다. 이때 저항 R을 변화시켜 전류값을 20[%]
증가시키려면 저항값을 어떻게 하면 되는가?

① 64[%]로 줄인다.

② 83[%]로 줄인다.

③ 120[%]로 증가시킨다.

④ 125[%]로 증가시킨다.

해설 전류 $I = \frac{V}{R}$ 에서 전압이 일정하므로

저항 $R' = \frac{V}{I'} = \frac{V}{1.2I} = 0.83 \times \frac{V}{I} = 0.83R$

23

RLC 직렬공진회로에서 제 n 고조파의 공진주파수
(f_n)는?

① $\dfrac{1}{\pi n \sqrt{LC}}$

② $\dfrac{1}{2\pi \sqrt{nLC}}$

③ $\dfrac{n}{2\pi \sqrt{LC}}$

④ $\dfrac{1}{2\pi n \sqrt{LC}}$

해설 공진조건 $X_L = X_C$이므로

n고조파 시 $n\omega L = \dfrac{1}{n\omega C}$ 이며

공진각속도 $\omega = 2\pi f [\text{rad/s}]$이므로

$$\omega^2 = \frac{1}{n^2 LC} \rightarrow (2\pi f_n)^2$$

$$= \frac{1}{n^2 LC} \rightarrow f_n = \frac{1}{2\pi n \sqrt{LC}} [\text{Hz}]$$

24
A–B 양단에서 본 합성 인덕턴스는?(단, 코일 간의 상호 유도는 없다고 본다)

① 2.5[H]　　　　② 5[H]

③ 10[H]　　　　④ 15[H]

해설 상호유도 $M = 0$이므로

$$L_0 = \frac{L_1 \times L_2}{L_1 + L_2} + L_3 = \frac{10 \times 10}{10 + 10} + 5 = 10[\text{H}]$$

25
그림과 같은 브리지 회로가 평형이 되기 위한 Z의 값은 몇 [Ω]인가?(단, 그림의 임피던스 단위는 모두 [Ω]이다)

① $-3 + j4$　　　　② $2 - j4$

③ $4 - j2$　　　　④ $3 + j2$

해설 브리지 평형조건에서
- $(2 + j4)(2 - j3) = Z(3 + j2)$이므로

- $Z = \dfrac{(2 + j4)(2 - j3)}{3 + j2}$에서

$$Z = \frac{\{(2 + j4)(2 - j3)\}(3 - j2)}{(3 + j2)(3 - j2)}$$

$$= \frac{52 - j26}{13} = 4 - j2$$

26
평행한 두 도체 사이의 거리가 2배로 되면 그 작용력은 어떻게 되는가?

① $\dfrac{1}{4}$　　　　② $\dfrac{1}{2}$

③ 2　　　　④ 4

해설 평행 도체 간에 작용하는 힘 : $F = \dfrac{2I_1 I_2}{r} \times 10^{-7}[\text{N}]$

이고 $F \propto \dfrac{1}{r}$ 이므로 거리를 2배로 하면 힘 F는 $\dfrac{1}{2}$ 배이다.

27
그림과 같은 블록선도에서 C 는?

① $\dfrac{G}{1 + HG}R + \dfrac{G}{1 + HG}D$

② $\dfrac{1}{1 + HG}R + \dfrac{1}{1 + HG}D$

③ $\dfrac{G}{1 + HG}R + \dfrac{1}{1 + HG}D$

④ $\dfrac{1}{1 + HG}R + \dfrac{G}{1 + HG}D$

해설

- 출력 : $C = $ 전달함수 × 입력

$$= \frac{G}{1 - (-GH)} \cdot R + \frac{1}{1 - (-GH)} \cdot D$$

$$\therefore C = \frac{G}{1 + GH} \cdot R + \frac{1}{1 + GH} \cdot D$$

안심Touch

28

PI제어 동작은 프로세스 제어계의 정상 특성 개선에 많이 사용되는데, 이것에 대응하는 보상요소는?

① 지상보상요소　　② 진상보상요소
③ 동상보상요소　　④ 지상 및 진상보상요소

해설 비례적분(PI)제어
　• 잔류편차 제거
　• 간헐현상이 발생한다.
　• 지상보상회로에 대응

29

다이오드를 사용한 정류회로에서 과대한 부하전류에 의하여 다이오드가 파손될 우려가 있을 경우의 적당한 대책은?

① 다이오드를 직렬로 추가한다.
② 다이오드를 병렬로 추가한다.
③ 다이오드의 양단에 적당한 값의 저항을 추가한다.
④ 다이오드의 양단에 적당한 값의 콘덴서를 추가한다.

해설 다이오드 접속
　• 직렬접속 : 전압이 분배되므로 과전압으로부터 보호
　• 병렬접속 : 전류가 분류되므로 과전류로부터 보호

30

참값이 4.8[A]인 전류를 측정하였더니 4.65[A]이었다. 이때 보정 백분율[%]은 약 얼마인가?

① +1.6　　　　② −1.6
③ +3.2　　　　④ −3.2

해설
$$백분율\ 보정률 = \frac{참값-지시값}{지시값} \times 100$$
$$= \frac{T-M}{M} \times 100$$
$$= \frac{4.8-4.65}{4.65} \times 100 = 3.2$$

31

전기기기에서 생기는 손실 중 권선의 저항에 의하여 생기는 손실은?

① 철 손　　　　② 동 손
③ 표유부하손　　④ 유전체손

해설 변압기 손실
　• 무부하손(고정손) : 철손
　• 부하손(가변손) : 동손(권선저항에 의한 손실)

32

제어량을 어떤 일정한 목푯값으로 유지하는 것을 목적으로 하는 제어법은?

① 추종제어　　　② 비례제어
③ 정치제어　　　④ 프로그래밍제어

해설 정치제어 : 목푯값이 시간에 대하여 변하지 않고, 제어량을 어떤 일정한 목푯값으로 유지하는 제어

33

측정기의 측정범위 확대를 위한 방법의 설명으로 옳지 않은 것은?

① 전류의 측정범위 확대를 위하여 분류기를 사용하고, 전압의 측정범위 확대를 위하여 배율기를 사용한다.
② 분류기는 계기에 직렬로 배율기는 병렬로 접속한다.
③ 측정기 내부 저항을 R_a, 분류기 저항을 R_s라 할 때, 분류기의 배율은 $1 + \dfrac{R_a}{R_s}$로 표시된다.
④ 측정기 내부 저항을 R_v, 배율기 저항을 R_m라 할 때, 배율기의 배율은 $1 + \dfrac{R_m}{R_v}$로 표시된다.

해설 • 분류기 : 계기에 병렬로 접속하여 전류의 측정범위 확대한다.
　• 배율기 : 계기에 직렬로 접속하여 전압의 측정범위 확대한다.

34

그림과 같은 회로에서 a, b단자에 흐르는 전류 I가 인가전압 E와 동위상이 되었다. 이때 L 값은?

① $\dfrac{R}{1+\omega CR}$　　　② $\dfrac{R^2}{1+(\omega CR)^2}$

③ $\dfrac{CR^2}{1+\omega CR}$　　　④ $\dfrac{CR^2}{1+(\omega CR)^2}$

해설

$$j\omega L = \cfrac{1}{\cfrac{1}{R}+\cfrac{1}{j\cfrac{1}{\omega C}}} = \cfrac{1}{\cfrac{1}{R}-j\omega C}$$

$$= \frac{R(1+j\omega CR)}{1+(\omega CR)^2} = 실수부+허수부$$

$$= \frac{R}{1+(\omega CR)^2} + j\omega \frac{CR^2}{1+(\omega CR)^2}\ 이므로,$$

허수부가 같아야 동위상이므로

$$\therefore\ L = \frac{CR^2}{1+(\omega CR)^2}$$

35

전자회로에서 온도 보상용으로 가장 많이 사용되는 것은?

① 코 일　　　② 저 항

③ 서미스터　　　④ 콘덴서

해설 서미스터 특징
- 온도보상용
- 부(−)저항온도계수 $\left(온도 \propto \dfrac{1}{저항}\right)$

36

그림에서 저항 20[Ω]에 흐르는 전류는 몇 [A]인가?

① 0.8[A]　　　② 1.0[A]

③ 1.8[A]　　　④ 2.8[A]

해설 한 회로에 전압원, 전류원 동시에 존재하므로 중첩의 원리 적용
- 전류원만 존재 시

$$I_1 = \frac{R_2}{R_1+R_2} \times I = \frac{5}{20+5} \times 5 = 1[A]$$

- 전압원만 존재 시

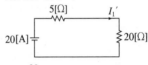

$$I_1' = \frac{20}{5+20} = 0.8$$

- 20[Ω]에 흐르는 전전류

$$I_{20} = I_1 + I_1'$$
$$I_{20} = 1 + 0.8 = 1.8[A]$$

37

그림과 같은 시퀀스회로는 어떤 회로인가?

① 자기유지회로　　　② 인터록회로

③ 타이머회로　　　④ 수동복귀회로

해설 **자기유지회로** : 계전기 Ⓡ이 여자되면 $R-a$접점에 의해 전원이 계속 공급되는 자기유지회로이다.

38
전동기가 동력원으로 많이 사용되는 이유는?

① 종류가 많고 설치가 용이하며, 개별운전이 편리하고 제어가 쉽다.
② 종류가 많고 전압이 쉽게 변동되며, 개별운전이 편리하고 제어가 쉽다.
③ 단락 등의 고장처리가 간단하며, 무공해 동력원으로 제어가 쉽다.
④ 단락 등의 고장처리가 간단하며, 이동용 동력으로 적당하고 설치가 쉽다.

해설 전동기가 동력원으로 사용되는 이유
• 전원별로 종류가 많다.
• 설치 및 제어조작이 용이하다.
• 개별운전 및 병렬운전이 용이하다.

39
시퀀스 제어계의 신호전달 계통도이다. 빈칸에 들어갈 알맞은 내용은?

① 제어대상
② 제어장치
③ 제어요소
④ 제어량

해설 회로가 개방회로이므로 시퀀스제어계이고 상태 전단계는 제어대상이 된다.

40
교류전압 $V = 100[\text{V}]$와 전류 $I = 3 + j4[\text{A}]$가 주어졌을 때 유효전력은 몇 [W]인가?

① 300
② 400
③ 500
④ 600

해설 피상전력 : $P_a = VI = 100 \times (3 + j4) = 300 + j400$
유효전력 : $P = 300[\text{W}]$
무효전력 : $P_r = 400[\text{Var}]$

제 **3** 과목 | **소방관계법규**

41
소방특별조사를 실시할 수 있는 경우가 아닌 것은?

① 화재가 자주 발생하였거나 발생할 우려가 뚜렷한 곳에 대한 점검이 필요한 경우
② 재난예측정보, 기상예보 등을 분석한 결과 소방대상물에 화재, 재난·재해의 발생 위험이 높다고 판단되는 경우
③ 화재, 재난·재해 등이 발생할 경우 인명 또는 재산 피해의 우려가 낮다고 판단되는 경우
④ 관계인이 실시하는 소방시설 등에 대한 자체점검 등이 불성실하거나 불완전하다고 인정되는 경우

해설 소방특별조사를 실시할 수 있는 경우
• 화재, 재난·재해, 그 밖의 긴급한 상황이 발생할 경우 인명 또는 재산 피해의 우려가 현저하다고 판단되는 경우

42
화재예방, 소방시설 설치·유지 및 안전관리에 관한 법률상의 특정소방대상물 중 오피스텔은 어디에 속하는가?

① 병원시설
② 업무시설
③ 공동주택시설
④ 근린생활시설

해설 오피스텔 : 업무시설

43
소방안전관리대상물에 대한 소방안전관리자의 업무가 아닌 것은?

① 소방계획서의 작성
② 소방훈련 및 교육
③ 소방시설의 공사 발주
④ 자위소방대 및 초기대응체계의 구성

해설 소방안전관리자의 업무
- 피난계획에 관한 사항과 대통령령으로 정하는 사항이 포함된 소방계획서의 작성 및 시행
- 자위소방대 및 초기대응체계의 구성·운영·교육
- 피난시설, 방화구획 및 방화시설의 유지·관리
- 소방훈련 및 교육
- 소방시설이나 그 밖의 소방 관련 시설의 유지·관리
- 화기 취급의 감독

44
국고보조의 대상이 되는 소방활동장비 또는 설비에 해당하지 않는 것은?

① 소방자동차
② 소방헬리콥터 및 소방정
③ 사무용 집기
④ 전산설비

해설 국고보조 대상사업의 범위
- 다음 각 목의 소방활동장비와 설비의 구입 및 설치
  - 소방자동차
  - 소방헬리콥터 및 소방정
  - 소방전용 통신설비 및 전산설비
  - 그 밖에 방화복 등 소방활동에 필요한 소방장비
- 소방관서용 청사의 건축

45
소방안전관리대상물의 소방안전관리자 업무에 해당하지 않는 것은?

① 소방계획서의 작성 및 시행
② 화기취급의 감독
③ 소방용 기계·기구의 형식승인
④ 피난시설, 방화구획 및 방화시설의 유지·관리

해설 소방안전관리자의 업무
- 피난계획에 관한 사항과 대통령령으로 정하는 사항이 포함된 소방계획서의 작성 및 시행
- 자위소방대 및 초기대응체계의 구성·운영·교육
- 피난시설, 방화구획 및 방화시설의 유지·관리
- 소방훈련 및 교육
- 소방시설이나 그 밖의 소방 관련 시설의 유지·관리
- 화기 취급의 감독

46
형식승인을 받지 아니한 소방용품을 판매할 목적으로 진열했을 때 벌칙으로 옳은 것은?

① 3년 이하의 징역 또는 3,000만원 이하의 벌금
② 2년 이하의 징역 또는 1,500만원 이하의 벌금
③ 1년 이하의 징역 또는 1,000만원 이하의 벌금
④ 1년 이하의 징역 또는 500만원 이하의 벌금

해설 소방용품의 형식승인을 받지 아니하고 소방용품을 제조하거나 수입한 자는 3년 이하의 징역 또는 3,000만원 이하의 벌금에 처한다.

47
특정소방대상물의 관계인은 근무자 및 거주자에 대한 소방훈련과 교육은 연 몇 회 이상 실시하여야 하는가?

① 연 1회 이상
② 연 2회 이상
③ 연 3회 이상
④ 연 4회 이상

해설 근무자 및 거주자에 대한 소방훈련과 교육 : 연 1회 이상

48
시·도지사는 도시의 건물밀집지역 등 화재가 발생할 우려가 있는 경우 화재경계지구로 지정할 수 있는데 지정대상지역으로 옳지 않은 것은?

① 석유화학제품을 생산하는 공장이 있는 지역
② 공장이 밀집한 지역
③ 목재건물이 밀집한 지역
④ 소방 출동로가 확보된 지역

해설 화재경계지구의 지정대상지역
- 시장지역
- 공장·창고가 밀집한 지역
- 목재건물이 밀집한 지역
- 위험물의 저장 및 처리시설이 밀집한 지역
- 석유화학제품을 생산하는 공장이 있는 지역
- 소방시설·소방용수시설 또는 소방 출동로가 없는 지역

49

관계인이 특정소방대상물에 대한 소방시설공사를 하고자 할 때 소방공사 감리자를 지정하지 않아도 되는 경우는?

① 연면적 1,000[m²] 이상을 신축하는 특정소방대상물
② 용도 변경으로 인하여 비상방송설비를 추가적으로 설치하여야 하는 특정소방대상물
③ 제연설비를 설치하여야 하는 특정소방대상물
④ 자동화재탐지설비를 설치하는 길이가 1,000[m] 이상인 지하구

해설 **공사감리자 지정대상 특정소방대상물의 범위**
• 연면적 1,000[m²] 이상의 특정소방대상물

> 연면적 1,000[m²] 이상이라도 비상경보설비를 설치하는 특정소방대상물은 제외한다.

50

소방기본법에서 정의하는 용어에 대한 설명으로 틀린 것은?

① "소방대상물"이란 건축물, 차량, 항해 중인 모든 선박과 산림 그 밖의 공작물 또는 물건을 말한다.
② "관계지역"이란 소방대상물이 있는 장소 및 그 이웃지역으로서 화재의 예방·경계·진압, 구조·구급 등의 활동에 필요한 지역을 말한다.
③ "소방본부장"이란 특별시·광역시·도 또는 특별자치도에서 화재의 예방·경계·진압·조사 및 구조·구급 등의 업무를 담당하는 부서의 장을 말한다.
④ "소방대장"이란 소방본부장이나 소방서장 등 화재, 재난·재해 그 밖의 위급한 상황이 발생한 현장에서 소방대를 지휘하는 자를 말한다.

해설 **소방대상물** : 건축물, 차량, 선박(항구 안에 매어둔 선박만 해당), 선박건조구조물, 산림 그 밖의 인공구조물 또는 물건

51

제조소 등의 완공검사 신청시기로서 틀린 것은?

① 지하탱크가 있는 제조소 등의 경우에는 당해 지하탱크를 매설하기 전
② 이동탱크저장소의 경우에는 이동저장탱크를 완공하고 상치장소를 확보한 후
③ 이송취급소의 경우에는 이송배관 공사의 전체 또는 일부 완료 후
④ 배관을 지하에 매설하는 경우에는 소방서장이 지정하는 부분을 매몰하고 난 직후

해설 **완공검사 신청시기**
① 지하탱크가 있는 제조소 등의 경우 : 당해 지하탱크를 매설하기 전
② 이동탱크저장소의 경우 : 이동저장탱크를 완공하고 상치장소를 확보한 후
③ 이송취급소의 경우 : 이송배관 공사의 전체 또는 일부를 완료한 후. 다만, 지하·하천 등에 매설하는 이송배관의 공사의 경우에는 이송배관을 매설하기 전
④ 전체 공사가 완료된 후에는 완공검사를 실시하기 곤란한 경우 : 다음에서 정하는 시기
  ㉠ 위험물설비 또는 배관의 설치가 완료되어 기밀시험 또는 내압시험을 실시하는 시기
  ㉡ 배관을 지하에 설치하는 경우에는 시·도지사, 소방서장 또는 기술원이 지정하는 부분을 매몰하기 직전
  ㉢ 기술원이 지정하는 부분의 비파괴시험을 실시하는 시기
⑤ ①~④에 해당하지 아니하는 제조소 등의 경우 : 제조소 등의 공사를 완료한 후

52

소방업무를 전문적이고 효과적으로 수행하기 위하여 소방대원에게 필요한 소방교육·훈련의 횟수와 기간은?

① 2년마다 1회 이상 실시하되, 기간은 1주 이상
② 3년마다 1회 이상 실시하되, 기간은 1주 이상
③ 2년마다 1회 이상 실시하되, 기간은 2주 이상
④ 3년마다 1회 이상 실시하되, 기간은 2주 이상

해설 **소방대원의 교육 및 훈련**
• 소방안전교육과 훈련 실시 : 2년마다 1회 이상
• 교육·훈련기간 : 2주 이상

53

소방시설공사업자의 시공능력을 평가하여 공시할 수 있는 사람은?

① 관계인 또는 발주자
② 소방본부장 또는 소방서장
③ 시·도지사
④ 소방청장

> **해설** 소방청장은 관계인 또는 발주자가 적절한 공사업자를 선정할 수 있도록 하기 위하여 공사업자의 신청이 있으면 그 공사업자의 소방시설공사 실적, 자본금 등에 따라 시공능력을 평가하여 공시할 수 있다.

54

대통령령 또는 화재안전기준의 변경으로 그 기준이 강화되는 경우 기존의 특정소방대상물의 소방시설 등에 강화된 기준을 적용해야 하는 소방시설로서 옳은 것은?

① 비상경보설비
② 옥내소화전설비
③ 스프링클러설비
④ 자동화재탐지설비

> **해설** 소급 적용대상(대통령령이나 화재안전기준이 개정되면 현재 법령 적용)
> • 다음 소방시설 중 대통령령으로 정하는 것
> – 소화기구
> – 비상경보설비
> – 자동화재속보설비
> – 피난구조설비

55

특수가연물 중 가연성 고체류의 기준으로 옳지 않은 것은?

① 인화점이 40[℃] 이상 100[℃] 미만인 것
② 인화점이 100[℃] 이상 200[℃] 미만이고 연소열량이 8[kcal/g] 이상인 것
③ 인화점이 200[℃] 이상이고 연소열량이 8[kcal/g] 이상인 것으로서 융점이 100[℃] 미만인 것
④ 인화점이 70[℃] 이상 250[℃] 미만이고 연소열량이 10[kcal/g] 이상인 것

> **해설** 가연성 고체류
> ① 인화점이 40[℃] 이상 100[℃] 미만인 것
> ② 인화점이 100[℃] 이상 200[℃] 미만이고, 연소열량이 1[g]당 8[kcal] 이상인 것
> ③ 인화점이 200[℃] 이상이고 연소열량이 1[g]당 8[kcal] 이상인 것으로서 융점이 100[℃] 미만인 것
> ④ 1기압과 20[℃] 초과 40[℃] 이하에서 액상인 것으로서 인화점이 70[℃] 이상 200[℃] 미만이거나 ② 또는 ③에 해당하는 것

56

위험물제조소 등의 자체소방대가 갖추어야 하는 화학소방차의 소화능력 및 설비기준으로 틀린 것은?

① 포수용액을 방사하는 화학소방자동차는 방사능력이 2,000[L/min] 이상이어야 한다.
② 이산화탄소를 방사하는 화학소방차는 방사능력이 40[kg/s] 이상이어야 한다.
③ 할로겐화합물방사차의 경우 할로겐화합물탱크 및 가압용 가스설비를 비치하여야 한다.
④ 제독차를 갖추는 경우 가성소오다 및 규조토를 각각 30[kg] 이상 비치하여야 한다.

> **해설** 화학소방자동차에 갖추어야 하는 소화능력 및 설비의 기준
>
> | 화학소방
자동차의 구분 | 소화능력 및 설비의 기준 |
> | --- | --- |
> | 제독차 | 가성소오다 및 규조토를 각각 50[kg] 이상 비치할 것 |

57

화재예방, 소방시설 설치·유지 및 안전관리에 관한 법률에서 정의하는 소방용품 중 소화설비를 구성하는 제품 및 기기가 아닌 것은?

① 소화전
② 방염제
③ 유수제어밸브
④ 기동용 수압개폐장치

> **해설** 소방용품
> • 소화설비를 구성하는 제품 또는 기기
> – 소화기구
> – 자동소화장치
> – 소화설비를 구성하는 소화전, 송수구, 관창, 소방호스, 스프링클러헤드, 기동용 수압개폐장치, 유수제어밸브 및 가스관선택밸브

58
제조소 또는 일반취급소의 변경허가를 받아야 하는 경우에 해당하지 않는 것은?

① 배출설비를 신설하는 경우
② 소화기의 종류를 변경하는 경우
③ 불활성기체의 봉입장치를 신설하는 경우
④ 위험물취급탱크의 탱크전용실을 증설하는 경우

해설 소화기 종류를 변경하는 경우에는 변경허가를 받을 필요 없다.

59
다음 중 소방시설 중 피난설비에 속하는 것은?

① 제연설비, 휴대용비상조명등
② 자동화재속보설비 유도등
③ 비상방송설비, 비상벨설비
④ 비상조명등, 유도등

해설 피난구조설비 : 화재가 발생할 경우 피난하기 위하여 사용하는 기구 또는 설비
• 피난기구(피난사다리, 구조대, 완강기 등)
• 인명구조기구(방열복 또는 방화복, 공기호흡기, 인공소생기)
• 유도등(피난유도선, 피난구유도등, 통로유도등, 객석유도등, 유도표지)
• 비상조명등 및 휴대용 비상조명등

60
성능위주설계를 하여야 하는 특정소방대상물의 범위의 기준으로 옳지 않은 것은?

① 연면적 3만[m²] 이상인 철도 및 도시철도시설
② 연면적 20만[m²] 이상인 특정소방대상물
③ 아파트를 포함한 건축물의 높이가 100[m] 이상인 특정소방대상물
④ 하나의 건축물에 영화 및 비디오물의 진흥에 관한 법률에 따른 영화상영관이 10개 이상인 특정소방대상물

해설 성능위주설계를 하여야 하는 특정소방대상물의 범위
• 연면적 20만[m²] 이상인 특정소방대상물(아파트 등은 제외)
• 건축물의 높이가 100[m] 이상인 특정소방대상물

과 지하층을 포함한 층수가 30층 이상인 특정소방대상물을 포함(아파트는 제외)
• 연면적 3만[m²] 이상인 철도 및 도시철도시설, 공항시설
• 하나의 건축물에 영화상영관이 10개 이상인 특정소방대상물

제 **4** 과목 **소방전기시설의 구조 및 원리**

61
자동화재탐지설비의 음향장치는 층수가 5층인 소방대상물로서 연면적이 3,000[m²]를 초과하는 특정소방대상물에 있어서 지하층에서 발화한 경우 경보를 발할 수 있도록 하여야 하는 층은?

① 발화층·그 직상층 및 기타의 지하층
② 발화층 및 최상층
③ 발화층 및 그 직상층
④ 발화층·그 직상층 및 최상층

해설 우선 경보 대상층
• 2층 이상의 층 : 발화층, 그 직상층
• 1층 : 발화층, 직상층, 지하층
• 지하층 : 발화층, 직상층, 기타의 지하층

62
자동화재탐지설비의 화재안전기준에서 사용하는 용어의 정의를 설명한 것이다. 다음 중 옳지 않은 것은?

① "경계구역"이란 소방대상물 중 화재신호를 발신하고 그 신호를 수신 및 유효하게 제어할 수 있는 구역을 말한다.
② "중계기"란 감지기·발신기 또는 전기적접점 등의 작동에 따른 신호를 받아 이를 수신기의 제어반에 전송하는 장치를 말한다.
③ "감지기"란 화재 시 발생하는 열, 연기, 불꽃 또는 연소생성물을 자동적으로 감지하여 수신기에 발신하는 장치를 말한다.
④ "시각경보장치"란 자동화재탐지설비에서 발하는 화재신호를 시각경보기에 전달하여 시각장애인에게 경보를 하는 것을 말한다.

정답 58 ② 59 ④ 60 ③ 61 ① 62 ④

> **해설** **시각경보장치** : 자동화재탐지설비에서 발하는 화재신호를 시각경보기에 전달하여 청각장애인에게 점멸형태의 시각경보를 발하는 것

63
비상콘센트설비 설치 시 자가발전기설비 또는 비상전원수전설비를 비상전원으로 설치하여야 하는 것은?

① 지하층을 포함한 층수가 7층인 특정소방대상물
② 지하층의 바닥면적의 합계가 3,000[m²]인 특정소방대상물
③ 지하층의 층수가 3층인 특정소방대상물
④ 지하층을 제외한 층수가 5층으로 연면적이 1,000[m²]인 특정소방대상물

> **해설** **자가발전설비 또는 비상전원수전설비를 비상전원으로 설치하여야 하는 특정소방대상물**
> • 7층 이상(지하층은 제외)
> • 연면적이 2,000[m²] 이상
> • 지하층의 바닥면적의 합계가 3,000[m²] 이상(차고, 주차장, 보일러실, 기계실, 전기실의 바닥면적은 제외)

64
발신기의 구조 및 원리에 대한 설명으로 틀린 것은?

① P형 1급 발신기는 P형 1급 수신기에 접속하여 사용되는 것으로 응답확인램프, 전화장치(전화잭), 스위치, 보호판 등으로 구성되어 있다.
② P형 2급 발신기는 P형 1급 발신기의 구조와 거의 비슷하나 P형 2급 수신기에 접속하여 사용하는 것이다.
③ T형 발신기는 수동으로 각 발신기의 공통신호를 수신기에 발신하는 것으로 발신과 동시에 통화가 가능하며 송수화기를 든 경우에는 화재신호를 보낼 수 있어야 한다.
④ M형 발신기는 자동으로 각 발신기의 고유신호를 P형 1급 수신기에 발신하는 것으로 방수형으로 되어 있고 하나의 배선에 의하여 병렬로 접속되어 있다.

> **해설** ※ 2016년 4월 1일 규정이 변경되어 M형 발신기 삭제됨

65
특정소방대상물에서 비상경보설비의 설치 면제 기준으로 옳은 것은?

① 물분무소화설비 또는 미분무소화설비를 화재안전기준에 적합하게 설치한 경우
② 음향을 발하는 장치를 부설한 방송설비를 화재안전기준에 적합하게 설치한 경우
③ 단독경보형 감지기를 2개 이상의 단독경보형 감지기와 연동하여 설치하는 경우
④ 피난구유도등 또는 통로유도등을 화재안전기준에 적합하게 설치한 경우

> **해설** **특정소방대상물 소방시설설치의 면제기준**
> 비상경보설비 : 2개이상의 단독경보형 감지기와 연동하여 설치

66
청각장애인용 시각경보장치의 설치기준으로 옳지 않은 것은?

① 공연장·집회장·관람장의 경우 시선이 집중되는 무대부 부분 등에 설치할 것
② 복도·통로·청각장애인용 객실 및 공용으로 사용하는 거실에 설치하며, 각 부분으로부터 유효하게 경보를 발할 수 있는 위치에 설치할 것
③ 시각경보장치의 광원은 상용전원에 의하여 점등되도록 할 것
④ 설치높이는 바닥으로부터 2[m] 이상 2.5[m] 이하의 장소에 설치할 것

> **해설** **시각경보장치 설치기준**
> 시각경보장치의 광원은 전용의 축전지설비에 의하여 점등되도록 할 것

67

열반도체식 차동식분포형감지기의 설치개수를 결정하는 기준 바닥면적으로 적합한 것은?

① 부착높이가 8[m] 미만인 장소로 주요구조부가 내화구조로 된 소방대상물인 경우 감지기 1종은 40[m²], 2종은 23[m²]이다.

② 부착높이가 8[m] 미만인 장소로 주요구조부가 내화구조가 아닌 소방대상물인 경우 감지기 1종은 30[m²], 2종은 23[m²]이다.

③ 부착높이가 8[m] 이상 15[m] 미만인 장소로 주요구조부가 내화구조로 된 소방대상물인 경우 감지기 1종은 50[m²], 2종은 36[m²]이다.

④ 부착높이가 8[m] 이상 15[m] 미만인 장소로 주요구조부가 내화구조가 아닌 소방대상물인 경우 감지기 1종은 40[m²], 2종은 18[m²]이다.

해설 특정소방대상물에 따른 감지기의 종류

(단위 : [m²])

부착높이 및 특정소방대상물의 구분		감지기의 종류	
		1종	2종
8[m] 미만	내화구조	65	36
	기타구조	40	23
8[m] 이상 15[m] 미만	내화구조	50	36
	기타구조	30	23

68

자동화재속보설비 속보기의 표시사항이 아닌 것은?

① 품명 및 제품승인번호
② 제조자의 상호·주소·전화번호
③ 주전원의 정격전류용량
④ 예비전원의 종류·정격전류용량·정격전압

해설 자동화재속보설비는 화재경보표시 작동시간 및 회수표시, 전화번호표시 등의 기능이 있어야 한다.

69

복도통로유도등의 설치기준으로 틀린 것은?

① 구부러진 모퉁이 및 보행거리 20[m]마다 설치할 것
② 바닥으로부터 높이 1.5[m] 이하의 위치에 설치할 것
③ 지하역사 및 지하상가인 경우에는 복도·통로 중앙 부분의 바닥에 설치할 것
④ 바닥에 설치하는 통로유도등은 하중에 따라 파괴되지 아니하는 강도의 것으로 할 것

해설 바닥으로부터 높이 1[m] 이하의 위치에 설치할 것

종 류	피난구 유도등	복도통로 유도등	비상콘센트	유도표지
설치위치	1.5[m] 이상	1[m] 이하	1.0[m] 이상 1.5[m] 이하	1[m] 이하

70

자동화재탐지설비 수신기의 각 회로별 종단에 설치되는 감지기에 접속되는 배선의 전압은 감지기 정격전압의 몇 [%] 이상이어야 하는가?

① 50   ② 60
③ 70   ④ 80

해설 음향을 발할 수 있는 전압도 정격전압의 80[%]이다.

71

다음 괄호 안의 알맞은 내용으로 옳은 것은?

> 지하층으로서 특정소방대상물의 바닥 부분 (㉠)면 이상이 지표면과 동일하거나 지표면으로부터의 깊이가 (㉡)[m] 이하인 경우에는 해당층에 한하여 무선통신보조설비를 설치하지 아니할 수 있다.

① ㉠ 1, ㉡ 1   ② ㉠ 1, ㉡ 2
③ ㉠ 2, ㉡ 1   ④ ㉠ 2, ㉡ 2

해설 지하층으로서 특정소방대상물의 바닥 부분 2면 이상이 지표면과 동일하거나 지표면으로부터의 깊이가 1[m] 이하인 경우에는 해당층에 한하여 무선통신보조설비를 설치하지 아니할 수 있다.

72

객석유도등의 설치개수를 산출하는 공식으로 옳은 것은?

① $\dfrac{\text{객석통로의 직선 부분의 길이[m]}}{3} - 1$

② $\dfrac{\text{객석통로의 직선 부분의 길이[m]}}{4} - 1$

③ $\dfrac{\text{객석통로의 넓이[m}^2]}{3} - 1$

④ $\dfrac{\text{객석통로의 넓이[m}^2]}{4} - 1$

해설

설치개수 $= \dfrac{\text{객석통로의 직선 부분의 길이[m]}}{4} - 1$

73

3선식 배선으로 상시 충전되는 유도등의 전기회로에 점멸기를 설치하는 경우 점등되어야 하는 조건으로 틀린 것은?

① 옥외소화전설비의 펌프가 작동되는 때

② 자동화재탐지설비의 감지기 또는 발신기가 작동되는 때

③ 방재업무를 통제하는 곳에서 수동으로 점등하는 때

④ 상용전원이 정전되거나 전원선이 단선되는 때

해설 **3선식 배선 시 점등되어야 하는 경우**
- 자동화재탐지설비의 감지기 또는 발신기가 작동되는 때
- 비상경보설비의 발신기가 작동되는 때
- 상용전원이 정전되거나 전원선이 단선되는 때
- 방재업무를 통제하는 곳 또는 전기실의 배전반에서 수동으로 점등하는 때
- 자동소화설비가 작동되는 때

74

감지기 중 주위의 온도 또는 연기 양의 변화에 따라 각각 다른 전류치 또는 전압치 등의 출력을 발하는 방식은?

① 다신호식   ② 아날로그식

③ 2신호식   ④ 디지털식

해설 아날로그식 : 주위의 온도 또는 연기의 양의 변화에 따라 각각 다른 전류치 또는 전압치 등의 출력을 발하는 방식의 감지기

75

누전경보기의 주요 구성요소로 옳은 것은?

① 변류기, 감지기, 수신기, 차단기

② 수신기, 음향장치, 변류기, 차단기

③ 발신기, 변류기, 수신기, 음향장치

④ 수신기, 감지기, 증폭기, 음향장치

해설 누전경보기의 구성요소 : 수신기, 변류기, 차단기, 음향장치

76

누전경보기 수신부의 설치로 적당한 곳은?

① 옥내에 점검이 편리한 건조한 장소

② 부식성의 증기 등이 다량 체류하는 장소

③ 습도가 높은 장소

④ 온도의 변화가 급격한 장소

해설 **누전경보기 수신부 설치 제외 장소**
- 가연성의 증기 · 먼지 · 가스 등이나 부식성의 증기 · 가스 등이 다량으로 체류하는 장소
- 화약류를 제조하거나 저장 또는 취급하는 장소
- 습도가 높은 장소
- 온도의 변화가 급격한 장소
- 대전류회로 · 고주파 발생회로 등에 따른 영향을 받을 우려가 있는 장소

77

비상콘센트설비에서 사용되는 용어의 정의 중 "특별고압"이라 함은?

① 직류 750[V] 이하, 교류 600[V] 이하인 것
② 교류 600[V]를 넣고 10,000[V] 이하인 것
③ 7,000[V]를 초과하는 것
④ 10,000[V]를 초과하는 것

해설 특별고압 : 7,000[V] 초과

78

화재발생 상황을 경종으로 경보하는 설비는?

① 비상벨설비
② 자동식사이렌설비
③ 비상방송설비
④ 자동화재속보설비

해설
• 비상벨설비 : 화재발생 상황을 경종으로 경보하는 설비
• 자동식 사이렌 설비 : 화재발생 상황을 사이렌으로 경보하는 설비

79

휴대용 비상조명등의 설치높이는 바닥으로부터 몇 [m] 이상 몇 [m] 이하인가?

① 0.5[m] 이상 1.0[m] 이하
② 0.8[m] 이상 1.5[m] 이하
③ 0.8[m] 이상 2.0[m] 이하
④ 1.0[m] 이상 2.5[m] 이하

해설 휴대용 비상조명등
• 지하역사 : 보행거리 25[m] 이내 3개 이상
• 설치높이 : 바닥에서 0.8[m] 이상 1.5[m] 이하

80

누전경보기에서 옥내형과 옥외형의 차이점은?

① 증폭기의 설치장소
② 정전압회로
③ 방수구조
④ 변류기의 절연저항

해설 방수구조에 따라 옥내형과 옥외형으로 구분

2015년 3월 8일 시행

제 1 회

제 1 과목 소방원론

01
유류탱크 화재 시 발생하는 슬롭오버(Slop Over) 현상에 관한 설명으로 틀린 것은?

① 소화 시 외부에서 방사하는 포에 의해 발생한다.
② 연소유가 비산되어 탱크 외부까지 화재가 확산된다.
③ 탱크의 바닥에 고인 물의 비등 팽창에 의해 발생한다.
④ 연소면의 온도가 100[℃] 이상일 때 물을 주수하면 발생한다.

해설 슬롭오버(Slop Over) 현상
- 연화 시 외부에서 방사하는 포나 물에 의해 발생한다.
- 연소유가 비산되어 탱크 외부까지 화재가 확산된다.
- 연소면의 온도가 100[℃] 이상일 때 물을 주수하면 발생한다.

02
간이소화용구에 해당되지 않는 것은?

① 이산화탄소소화기
② 마른모래
③ 팽창질석
④ 팽창진주암

해설 간이소화용구 : 마른모래, 팽창질석, 팽창진주암

03
축압식 분말소화기의 충전압력이 정상인 것은?

① 지시압력계의 지침이 노란색 부분을 가리키면 정상이다.
② 지시압력계의 지침이 흰색 부분을 가리키면 정상이다.
③ 지시압력계의 지침이 빨간색 부분을 가리키면 정상이다.
④ 지시압력계의 지침이 녹색 부분을 가리키면 정상이다.

해설 축압식 분말소화기의 정상압력
: 지시압력계의 지침이 녹색 부분(0.7~0.98[MPa])

04
할론 소화약제의 분자식이 틀린 것은?

① 할론 2402 : $C_2F_4Br_2$
② 할론 1211 : CCl_2FBr
③ 할론 1301 : CF_3Br
④ 할론 104 : CCl_4

해설 화학식

물 성 종 류	분자식	분자량
할론 1301	CF_3Br	148.9
할론 1211	CF_2ClBr	165.4
할론 2402	$C_2F_4Br_2$	259.8
할론 1011	CH_2ClBr	129.4
할론 104	CCl_4	154

05

이산화탄소의 증기비중은 약 얼마인가?

① 0.81
② 1.52
③ 2.02
④ 2.51

해설 이산화탄소는 CO_2로서 분자량이 44이다.

$$증기비중 = \frac{분자량}{29}$$

∴ 이산화탄소의 증기비중 $= \frac{44}{29} = 1.517 \rightarrow 1.52$

06

화재 시 불티가 바람에 날리거나 상승하는 열기류에 휩쓸려 멀리 있는 가연물에 착화되는 현상은?

① 비 화
② 전 도
③ 대 류
④ 복 사

해설 비화 : 화재현장에서 불티가 바람에 날려 먼 지역까지 날아가 가연물에 착화하는 현상

07

위험물안전관리법령상 옥외탱크저장소에 설치하는 방유제의 면적기준으로 옳은 것은?

① 30,000$[m^2]$ 이하
② 50,000$[m^2]$ 이하
③ 80,000$[m^2]$ 이하
④ 100,000$[m^2]$ 이하

해설 방유제
• 면적 : 80,000$[m^2]$ 이하
• 높이 : 0.5[m] 이상 3[m] 이하

08

가연물이 되기 쉬운 조건이 아닌 것은?

① 발열량이 커야 한다.
② 열전도율이 커야 한다.
③ 산소와 친화력이 좋아야 한다.
④ 활성화 에너지가 작아야 한다.

해설 가연물의 구비조건
• 열전도율이 작을 것
• **발열량이 클 것**
• 활성화 에너지가 작을 것
• 열의 축적이 용이할 것
• 산소와 친화력이 좋을 것

09

마그네슘에 관한 설명으로 옳지 않은 것은?

① 마그네슘의 지정수량은 500[kg]이다.
② 마그네슘 화재 시 주수하면 폭발이 일어날 수도 있다.
③ 마그네슘 화재 시 이산화탄소 소화약제를 사용하여 소화한다.
④ 마그네슘의 저장·취급 시 산화제와의 접촉을 피한다.

해설 마그네슘
• 제2류 위험물로서 지정수량은 500[kg]이다.
• 마그네슘은 물과 반응하면 **수소가스**를 발생하므로 위험하다.

$$Mg + 2H_2O \rightarrow Mg(OH)_2 + H_2\uparrow$$

• 마그네슘은 이산화탄소와 반응하면 산화마그네슘과 가연성 가스인 일산화탄소를 생성한다.

$$Mg + CO_2 \rightarrow MgO + CO$$

• 마그네슘의 저장·취급 시 산화제와의 접촉을 피한다.

10

가연성물질별 소화에 필요한 이산화탄소 소화약제의 설계농도로 틀린 것은?

① 메탄 : 34[vol%]
② 천연가스 : 37[vol%]
③ 에틸렌 : 49[vol%]
④ 아세틸렌 : 53[vol%]

해설 가연성 액체 또는 가연성 가스의 소화에 필요한 설계농도

방호대상물	메 탄	천연가스	에틸렌	아세틸렌
설계농도[%]	34	37	49	66

11

소방안전관리대상물에 대한 소방안전관리자의 업무
가 아닌 것은?

① 소방계획서의 작성

② 자위소방대의 구성

③ 소방훈련 및 교육

④ 소방용수시설의 지정

> **해설** 소방안전관리자의 업무
> - 피난계획에 관한 사항과 대통령령으로 정하는 사항
>   이 포함된 소방계획서의 작성 및 시행
> - 자위소방대 및 초기대응체계의 구성·운영·교육
> - 피난시설·방화구획 및 방화시설의 유지·관리
> - 소방훈련 및 교육
> - 소방시설이나 그 밖의 소방관련시설의 유지·관리
> - 화기 취급의 감독
> - 그 밖에 소방안전관리상 필요한 업무

12

위험물안전관리법령상 제4류 위험물인 알코올류에
속하지 않는 것은?

① C_2H_5OH

② C_4H_9OH

③ CH_3OH

④ C_3H_7OH

> **해설** 알코올류 : C_1~C_3의 포화 1가 알코올로서 농도 60[%]
> 이상

종 류	메틸 알코올	에틸 알코올	프로필 알코올	부틸 알코올
화학식	CH_3OH	C_2H_5OH	C_3H_7OH	C_4H_9OH
품 명	알코올류	알코올류	알코올류	제2석유류 (비수용성)
지정 수량	400[L]	400[L]	400[L]	1,000[L]

13

그림에서 내화구조 건물의 표준 화재 온도-시간 곡
선은?

① a

② b

③ c

④ d

> **해설**
>
> | 그 림 | a | d |
> |---|---|---|
> | 건물구조 | 일반건축물 | 내화건축물 |
> | 화재성상 | 고온단기형 | 저온장기형 |

14

벤젠의 소화에 필요한 CO_2의 이론소화농도가 공기
중에서 37[vol%]일 때 한계산소농도는 약 몇 [vol%]
인가?

① 13.2

② 14.5

③ 15.5

④ 16.5

> **해설** 이산화탄소의 농도
>
> $$CO_2[\%] = \frac{21 - O_2[\%]}{21} \times 100$$
>
> $$\therefore O_2 = \frac{2,100 - (CO_2 \times 21)}{100} = \frac{2,100 - (37 \times 21)}{100}$$
>
> $$= 13.23[\%]$$

15

가연성 액화가스의 용기가 과열로 파손되어 가스가
분출된 후 불이 붙어 폭발하는 현상은?

① 블레비(BLEVE)

② 보일오버(Boil Over)

③ 슬롭오버(Slop Over)

④ 플래시오버(Flash Over)

> **해설** 블레비(BLEVE) : 가연성 액화가스의 용기가 과열로
> 파손되어 가스가 분출된 후 불이 붙어 폭발하는 현상

16
할로겐화합물 소화약제에 관한 설명으로 틀린 것은?

① 비열, 기화열이 작기 때문에 냉각효과는 물보다 작다.
② 할로겐 원자는 활성기의 생성을 억제하여 연쇄반응을 차단한다.
③ 사용 후에도 화재현장을 오염시키지 않기 때문에 통신기기실 등에 적합하다.
④ 약제의 분자 중에 포함되어 있는 할로겐 원자의 소화효과는 F > Cl > Br > I의 순이다.

해설 소화효과 : F < Cl < Br < I

전기음성도 : F > Cl > Br > I

17
부촉매소화에 관한 설명으로 옳은 것은?

① 산소의 농도를 낮추어 소화하는 방법이다.
② 화학반응으로 발생한 탄산가스에 의한 소화방법이다.
③ 활성기(Free Radical)의 생성을 억제하는 소화방법이다.
④ 용융잠열에 의한 냉각효과를 이용하여 소화하는 방법이다.

해설 부촉매소화 : 할론, 할로겐화합물 및 불활성기체소화약제와 같이 활성기(Free Radical)의 생성을 억제하는 소화방법

18
불활성기체 소화약제인 IG-541의 성분이 아닌 것은?

① 질 소
② 아르곤
③ 헬 륨
④ 이산화탄소

해설 할로겐화합물 및 불활성기체소화약제의 종류

소화약제	화학식
불연성 · 불활성기체혼합가스 (이하 "IG-541"이라 한다)	N_2 : 52[%], Ar : 40[%], CO_2 : 8[%]

19
건축물의 주요구조부에 해당되지 않는 것은?

① 기 둥
② 작은 보
③ 지붕틀
④ 바 닥

해설 주요구조부 : 내력벽, 기둥, 바닥, 보, 지붕틀, 주계단

주요구조부 제외 : **사잇벽**, 사잇기둥, 최하층의 바닥, **작은 보**, 차양, **옥외계단**

20
착화에너지가 충분하지 않아 가연물이 발화되지 못하고 다량의 연기가 발생되는 연소형태는?

① 훈 소
② 표면연소
③ 분해연소
④ 증발연소

해설 훈소 : 착화에너지가 충분하지 않아 가연물이 발화되지 못하고 다량의 연기가 발생되는 연소현상

제 **2** 과목 **소방전기일반**

21
다음 중 등전위면의 성질로 적당치 않은 것은?

① 전위가 같은 점들을 연결해 형성된 면이다.
② 등전위면 간의 밀도가 크면 전기장의 세기는 커진다.
③ 항상 전기력선과 수평을 이룬다.
④ 유전체의 유전율이 일정하면 등전위면은 동심원을 이룬다.

해설 등전위면과 전기력선은 수직으로 만난다.

22
진동이 발생되는 장치의 진동을 억제시키는 데 가장 효과적인 제어동작은?

① 온 · 오프동작
② 미분동작
③ 적분동작
④ 비례동작

> **해설** 미분제어(동작) : 진동을 억제시키고 과도특성을 개선하며 진상요소이다.

23
3상 전원에서 6상 전압을 얻을 수 있는 변압기의 결선방법은?

① 우드브리지 결선   ② 메이어 결선
③ 스코트 결선   ④ 환상 결선

> **해설** 3상에서 6상으로 상변화 결선법
> : 포크결선, 환상결선, 대각결선, 2중성형결선, 2중3각결선

24
논리식 $\overline{X}+XY$를 간략화한 것은?

① $\overline{X}+Y$ ② $X+\overline{Y}$
③ $\overline{X}Y$ ④ $X\overline{Y}$

> **해설** 분배법칙을 이용
> $$\overline{X}+XY = \underset{1}{(\overline{X+X})} \cdot (\overline{X}+Y) = \overline{X}+Y$$

25
그림과 같은 1[kΩ]의 저항과 실리콘다이오드의 직렬회로에서 양단 간의 전압 V_D는 약 몇 [V]인가?

① 0   ② 0.2
③ 12   ④ 24

> **해설** 다이오드가 전지와 역방향으로 접속되어 24[V]전압이 모두 다이오드에 걸린다.

26
그림의 회로에서 공진상태의 임피던스는 몇 [Ω]인가?

① $\dfrac{R}{CL}$ ② $\dfrac{L}{CR}$
③ $\dfrac{1}{LR}$ ④ $\dfrac{1}{RC}$

> **해설** • 직렬공진 : $Z=R[\Omega]$
> • 병렬공진 : $Z=\dfrac{L}{CR}[\Omega]$

27
계측방법이 잘못된 것은?

① 후크온 메타에 의한 전류측정
② 회로시험기에 의한 저항측정
③ 메거에 의한 접지저항측정
④ 전류계, 전압계, 전력계에 의한 측정

> **해설** 메거는 절연저항측정 장치이다.

28
그림과 같은 논리회로의 출력 L을 간략화한 것은?

① $L=X$ ② $L=Y$
③ $L=\overline{X}$ ④ $L=\overline{Y}$

> **해설** $L = (X+Y)(\overline{X}+Y) = X\overline{X}+XY+\overline{X}Y+YY$
> $= 0 + Y(X+\overline{X}+1) = Y$

29

소형이면서 대전력용 정류기로 사용하는 데 적당한 것은?

① 게르마늄 정류기 ② CdS
③ 셀렌정류기 ④ SCR

해설 실리콘 제어 정류소자(SCR) 특징
- 정류소자, 위상제어
- 단방향(역저지) 3단자 소자
- 게이트 작용 : 브레이크 오버작용
- PNPN 4층 구조
- 직류, 교류 모두 사용
- 부(−)저항 특성
- 소형, 대전력에 이용
- 게이트 전류에 의하여 방전개시전압 제어
- 순방향 시 전압강하가 작다.
- 사이라트론과 전압, 전류 특성이 비슷하다.

30

단상교류회로에 연결되어 있는 부하의 역률을 측정하는 경우 필요한 계측기의 구성은?

① 전압계, 전력계, 회전계
② 상순계, 전력계, 전류계
③ 전압계, 전류계, 전력계
④ 전류계, 전압계, 주파수계

해설
- 전력 $P = VI\cos\theta$에서
- 역률 $\cos\theta = \dfrac{P}{VI}$ 이므로, 전력계(P), 전압계(V), 전류계(I)가 필요하다.

31

제어량이 온도, 압력, 유량 및 액면 등과 같은 일반공업량일 때의 제어방식은?

① 추정제어 ② 공정제어
③ 프로그램제어 ④ 시퀀스제어

해설 프로세스(공정)제어 : 공업의 프로세스 상태인 온도, 유량, 압력, 농도, 액위면 등을 제어량으로 제어

32

다음 중 피드백 제어계에서 반드시 필요한 장치는?

① 증폭도를 향상시키는 장치
② 응답속도를 개선시키는 장치
③ 기어장치
④ 입력과 출력을 비교하는 장치

해설 피드백 제어에서 입력과 출력을 비교하는 장치는 반드시 필요하다.

33

그림과 같은 회로에서 R_1과 R_2가 각각 2[Ω] 및 3[Ω]이었다. 합성저항이 4[Ω]이면 R_3는 몇 [Ω]인가?

① 5 ② 6
③ 7 ④ 8

해설 합성저항 : $R_0 = R_1 + \dfrac{R_2 R_3}{R_2 + R_3}$ 이므로

$$4 = 2 + \frac{3R_3}{3 + R_3}$$

$$4 - 2 = \frac{3R_3}{3 + R_3}$$

$$2 \times (3 + R_3) = 3R_3 \quad \therefore R_3 = 6[\Omega]$$

34

3상 3선식 전원으로부터 80[m] 떨어진 장소에 50[A] 전류가 필요해서 14[mm²] 전선으로 배선하였을 경우 전압강하는 몇 [V]인가?(단, 리액턴스 및 역률은 무시한다)

① 10.17 ② 9.6
③ 8.8 ④ 5.08

해설 3상 3선식에서 전압강하
$$e = \frac{30.8 \times L \times I}{1,000 \times A} = \frac{30.8 \times 80 \times 50}{1,000 \times 14} = 8.8[V]$$

35

다음 중 회로의 단락과 같이 이상 상태에서 자동적으로 회로를 차단하여 피해를 최소화하는 기능을 가진 것은?

① 나이프 스위치   ② 금속함 개폐기

③ 컷아웃 스위치   ④ 서킷 브레이커

해설 차단기(CB) : 무부하전로, 부하전로 개폐 및 사고전류 차단

36

그림과 같은 논리회로의 출력 Y를 간략화한 것은?

① $\overline{AB}$

② $A \cdot B + \overline{B}$

③ $\overline{A \cdot B} + B$

④ $\overline{A+B} \cdot B$

해설 논리식 : $Y = AB + \overline{B}$

37

제3고조파 전류가 나타나는 결선방식은?

① $Y-Y$ ② $Y-\triangle$

③ $\triangle-\triangle$ ④ $\triangle-Y$

해설 $Y-Y$**결선** : 제3고조파 전류에 의한 통신선 유도장해 발생

38

용량 0.02[μF] 콘덴서 2개와 0.01[μF]의 콘덴서 1개를 병렬로 접속하여 24[V]의 전압을 가하였다. 합성용량은 몇 [μF]이며, 0.01[μF]의 콘덴서에 축적되는 전하량은 몇 [C]인가?

① 0.05, 0.12×10^{-6}

② 0.05, 0.24×10^{-6}

③ 0.03, 0.12×10^{-6}

④ 0.03, 0.24×10^{-6}

해설 합성용량 : $C = 0.02 + 0.02 + 0.01 = 0.05[\mu F]$
축적되는 전하량
$Q = CV = 0.01 \times 10^{-6} \times 24 = 0.24 \times 10^{-6}[C]$

39

축전지의 부동충전방식에 대한 일반적인 회로계통은?

① 교류 → 필터 → 변압기 → 정류회로 → 부하보상 → 부하   ↳ 전지

② 교류 → 변압기 → 정류회로 → 필터 → 부하보상 → 부하   ↳ 전지

③ 교류 → 변압기 → 필터 → 정류회로 → 전지 → 부하   ↳ 부하보상

④ 교류 → 변압기 → 부하보상 → 정류회로 → 필터 → 부하   ↳ 전지

해설 **부동충전방식 회로계통도**
교류→변압기→정류회로→필터→부하보상→부하

40

옥내 배선의 굵기를 결정하는 요소가 아닌 것은?

① 기계적 강도   ② 허용 전류

③ 전압 강하   ④ 역률

해설 **전선 굵기결정 3요소**
: 허용전류, 전압강하, 기계적 강도

제 **3** 과목   **소방관계법규**

41

소방시설업을 등록할 수 있는 사람은?

① 피성년후견인

② 소방기본법에 따른 금고 이상의 실형을 선고받고 그 집행이 종료된 후 1년이 경과한 사람

③ 위험물안전관리법에 따른 금고 이상의 형의 집행유예를 선고받고 그 유예기간 중에 있는 사람

④ 등록하려는 소방시설업 등록이 취소된 날부터 2년이 경과한 사람

해설 소방시설업의 등록 결격사유
- 피성년후견인
- 소방관련 4개 법령에 따른 금고 이상의 실형의 선고를 받고 그 집행이 끝나거나 면제된 날부터 2년이 지나지 아니한 사람
- 소방관련 4개 법령에 따른 금고 이상의 형의 집행유예 선고를 받고 그 유예기간 중에 있는 사람
- 등록하려는 소방시설업 등록이 취소된 날부터 2년이 지나지 아니한 자

42

다음의 위험물 중에서 위험물안전관리법령에서 정하고 있는 지정수량이 가장 적은 것은?

① 브롬산염류   ② 유 황
③ 알칼리토금속   ④ 과염소산

해설 지정수량

종 류	브롬산염류	유 황	알칼리토금속	과염소산
유 별	제1류 위험물	제2류 위험물	제3류 위험물	제6류 위험물
지정수량	300[kg]	100[kg]	50[kg]	300[kg]

43

소방대장은 화재, 재난·재해, 그 밖의 위급한 상황이 발생한 현장에 소방활동구역을 정하여 지정한 사람 외에는 그 구역에 출입하는 것을 제한할 수 있다. 소방활동구역을 출입할 수 없는 사람은?

① 의사·간호사 그 밖의 구조·구급업무에 종사하는 사람
② 수사업무에 종사하는 사람
③ 소방활동구역 밖의 소방대상물을 소유한 사람
④ 전기·가스 등의 업무에 종사하는 사람으로서 원활한 소방활동을 위하여 필요한 사람

해설 소방활동구역 출입자
- 소방활동구역 안에 있는 소방대상물의 소유자, 관리자, 점유자

- 전기, 가스, 수도, 통신, 교통의 업무에 종사하는 자로서 원활한 소방활동을 위하여 필요한 사람
- 의사·간호사 그 밖의 구조·구급업무에 종사하는 사람
- 취재인력 등 보도업무에 종사하는 사람
- 수사업무에 종사하는 사람
- 그 밖에 소방대장이 소방활동을 위하여 출입을 허가한 사람

44

제4류 위험물을 저장하는 위험물제조소의 주의사항을 표시한 게시판의 내용으로 적합한 것은?

① 화기엄금   ② 물기엄금
③ 화기주의   ④ 물기주의

해설 위험물제조소 등의 주의사항

위험물의 종류	주의사항	게시판의 색상
제1류 위험물 중 알칼리금속의 과산화물 제3류 위험물 중 금수성물질	물기엄금	청색바탕에 백색문자
제2류 위험물(인화성 고체는 제외)	화기주의	적색바탕에 백색문자
제2류 위험물 중 인화성 고체 제3류 위험물 중 자연발화성 물질 **제4류 위험물** 제5류 위험물	화기엄금	적색바탕에 백색문자
제1류 위험물의 알칼리금속의 과산화물 외의 것과 제6류 위험물	별도의 표시를 하지 않는다.	

45

소방시설관리사 시험을 시행하고자 하는 때에는 응시자격 등 필요한 사항을 시험 시행일 며칠 전까지 일간신문에 공고하여야 하는가?

① 15   ② 30
③ 60   ④ 90

해설 소방시설관리사 시험의 응시자격 등 필요한 사항
: 시험 시행일 90일 전까지 일간신문에 공고

46

무창층 여부 판단 시 개구부 요건기준으로 옳은 것은?

① 해당 층의 바닥면으로부터 개구부 밑 부분까지의 높이가 1.5[m] 이내일 것

② 개구부의 크기가 지름 50[cm] 이상의 원이 내접할 수 있을 것

③ 개구부는 도로 또는 차량이 진입할 수 없는 빈터를 향할 것

④ 내부 또는 외부에서 쉽게 파괴 또는 개방할 수 없을 것

> **해설** 무창층 : 지상층 중 다음 요건을 갖춘 개구부의 면적의 합계가 당해 층의 바닥면적의 1/30 이하가 되는 층
> • 개구부의 크기가 지름 50[cm] 이상의 원이 내접할 수 있을 것
> • 해당 층의 바닥면으로부터 개구부의 밑 부분까지의 높이가 1.2[m] 이내일 것
> • 개구부는 도로 또는 차량이 진입할 수 있는 빈터를 향할 것
> • 화재 시 건축물로부터 쉽게 피난할 수 있도록 개구부에 창살 또는 그 밖의 장애물이 설치되지 아니할 것
> • 내부 또는 외부에서 쉽게 부수거나 열 수 있을 것

47

피난시설, 방화구획 및 방화시설을 폐쇄·훼손·변경 등의 행위를 3차 이상 위반한 자에 대한 과태료는?

① 200만원   ② 300만원
③ 500만원   ④ 1,000만원

> **해설** 과태료 부과기준

위반행위	근거 법조문	과태료금액 (단위 : 만원)		
		1차 위반	2차 위반	3차 이상 위반
나. 법 제10조 제1항 제1호를 위반하여 피난시설·방화구획 또는 방화시설을 폐쇄·훼손·변경 등의 행위를 한 경우	법 제53조 제1항 제2호	100	200	300

48

소방기본법에서 규정하는 소방용수시설에 대한 설명으로 틀린 것은?

① 시·도지사는 소방활동에 필요한 소화전·급수탑·저수조를 설치하고 유지·관리하여야 한다.

② 소방본부장 또는 소방서장은 원활한 소방활동을 위하여 소방용수시설에 대한 조사를 월 1회 이상 실시하여야 한다.

③ 소방용수시설 조사의 결과는 2년간 보관하여야 한다.

④ 수도법의 규정에 따라 설치된 소화전도 시·도지사가 유지·관리하여야 한다.

> **해설** 수도법에 따라 소화전을 설치하는 일반수도사업자는 관할 소방서장과 사전협의를 거친 후 소화전을 설치하여야 하며, 설치 사실을 관할 소방서장에게 통지하고, 그 소화전을 유지·관리하여야 한다.

49

화재예방, 소방시설 설치·유지 및 안전관리에 관한 법률에서 규정하는 소방용품 중 경보설비를 구성하는 제품 또는 기기에 해당하지 않는 것은?

① 비상조명등   ② 누전경보기
③ 발신기   ④ 감지기

> **해설** 비상조명등 : 피난구조설비

50

다음 소방시설 중 소화활동설비가 아닌 것은?

① 제연설비
② 연결송수관설비
③ 무선통신보조설비
④ 자동화재탐지설비

> **해설** 자동화재탐지설비 : 경보설비

51

위험물안전관리법령에서 규정하는 제3류 위험물의 품명에 속하는 것은?

① 나트륨
② 염소산염류
③ 무기과산화물
④ 유기과산화물

해설 위험물의 분류

종 류	나트륨	염소산 염류	무기 과산화물	유기 과산화물
유 별	제3류 위험물	제1류 위험물	제1류 위험물	제5류 위험물
지정 수량	10[kg]	50[kg]	50[kg]	10[kg]

52

하자를 보수하여야 하는 소방시설에 따른 하자보수 보증기간의 연결이 옳은 것은?

① 무선통신보조설비 : 3년
② 상수도소화용수설비 : 3년
③ 피난기구 : 3년
④ 자동화재탐지설비 : 2년

해설 하자보수보증기간

보증기간	시설의 종류
2년	피난기구 · 유도등 · 유도표지 · 비상경보설비 · 비상조명등 · 비상방송설비 및 **무선통신보조설비**
3년	자동소화장치 · 옥내소화전설비 · 스프링클러설비 · 간이스프링클러설비 · 물분무 등 소화설비 · 옥외소화전설비 · 자동화재탐지설비 · 상수도 소화용수설비 및 소화활동설비(무선통신보조설비를 제외)

53

위험물안전관리법령에 의하여 자체소방대에 배치해야 하는 화학소방자동차의 구분에 속하지 않는 것은?

① 포수용액 방사차
② 고가 사다리차
③ 제독차
④ 할로겐화합물 방사차

해설 화학소방자동차 종류
• 포수용액 방사차　• 분말 방사차
• 할로겐화합물 방사차 • 이산화탄소 방사차
• 제독차

54

소방력의 기준에 따라 관할구역 안의 소방력을 확충하기 위한 필요 계획을 수립하여 시행하는 사람은?

① 소방서장
② 소방본부장
③ 시 · 도지사
④ 자치소방대장

해설 소방력의 기준
• 소방업무를 수행하는 데에 필요한 인력과 장비 등 (소방력)에 관한 기준 : 행정안전부령
• 관할구역의 소방력을 확충하기 위하여 필요한 계획의 수립 · 시행권자 : 시 · 도지사
• 소방자동차 등 소방장비의 분류 · 표준화와 그 관리 등에 필요한 사항 : 행정안전부령

55

제조소 등의 위치 · 구조 또는 설비의 변경 없이 당해 제조소 등에서 저장하거나 취급하는 위험물의 품명 · 수량 또는 지정수량의 배수를 변경하고자 할 때는 누구에게 신고해야 하는가?

① 국무총리
② 시 · 도지사
③ 소방청장
④ 관할소방서장

해설 위험물의 품명 · 수량 또는 지정수량의 배수 변경신고 : 시 · 도지사

56

아파트로서 층수가 20층인 특정소방대상물에는 몇 층 이상의 층에 스프링클러설비를 설치해야 하는가?

① 6층
② 11층
③ 16층
④ 전 층

해설 스프링클러설비 : 6층 이상인 것은 전층에 설치

57

소방특별조사 결과 화재예방을 위하여 필요한 때 관계인에게 소방대상물의 개수 · 이전 · 제거, 사용의 금지 또는 제한 등의 필요한 조치를 명할 수 있는 사람이 아닌 것은?

① 소방서장
② 소방본부장
③ 소방청장
④ 시 · 도지사

[해설] 개수명령권자 : 소방청장, 소방본부장, 소방서장

58
관계인이 예방규정을 정하여야 하는 옥외저장소는 지정수량의 몇 배 이상의 위험물을 저장하는 것을 말하는가?

① 10   ② 100
③ 150   ④ 200

[해설] 예방규정을 정하여야 할 제조소 등
- 지정수량의 10배 이상의 위험물을 취급하는 제조소
- 지정수량의 10배 이상의 위험물을 취급하는 일반취급소
- 지정수량의 100배 이상의 위험물을 저장하는 옥외저장소
- 지정수량의 150배 이상의 위험물을 저장하는 옥내저장소
- 지정수량의 200배 이상의 위험물을 저장하는 옥외탱크저장소
- 암반탱크저장소
- 이송취급소

59
소방공사업자가 소방시설공사를 마친 때에는 완공검사를 받아야하는데 완공검사를 위한 현장 확인을 할 수 있는 특정소방대상물의 범위에 속하지 않은 것은? (단, 가스계소화설비를 설치하지 않는 경우이다)

① 문화 및 집회시설   ② 노유자시설
③ 지하상가   ④ 의료시설

[해설] 의료시설 : 완공검사를 위한 현장 확인 대상 특정소방대상물이 아니다.

60
1급 소방안전관리 대상물에 해당하는 건축물은?

① 연면적 15,000[m²] 이상인 동물원
② 층수가 15층인 업무시설
③ 층수가 20층인 아파트
④ 지하구

[해설] 1급 소방안전관리 대상물
동·식물원, 철강 등 불연성 물품을 저장·취급하는 창고, 위험물제조소 등, 지하구와 특급소방안전관리대상물을 제외한 것
- 30층 이상(지하층은 제외)이거나 지상으로부터 높이가 120[m] 이상인 아파트
- 연면적 15,000[m²] 이상인 특정소방대상물(아파트는 제외)
- 층수가 11층 이상인 특정소방대상물(아파트는 제외)
- 가연성 가스를 1,000[t] 이상 저장·취급하는 시설

[제 4 과목] **소방전기시설의 구조 및 원리**

61
차동식 감지기에 리크구멍을 이용하는 목적으로 가장 적합한 것은?

① 비화재보를 방지하기 위하여
② 완만한 온도상승을 감지하기 위해서
③ 감지기의 감도를 예민하게 하기 위해서
④ 급격한 전류변화를 방지하기 위해서

[해설] 리크구멍(리크밸브)의 기능 : 비화재보의 방지

62
다음 중 객석유도등을 설치하여야 할 장소는?

① 위락시설   ② 근린생활시설
③ 의료시설   ④ 운동시설

[해설] 특정소방대상물 구분 유도등 및 유도표지

설치장소	유도등 및 유도표지의 종류
공연장·집회장(종교집회장 포함)·관람장·운동시설	·대형피난구 유도등 ·통로유도등 ·객석유도등
유흥주점영업(유흥주점영업 중 손님이 춤을 출 수 있는 무대가 설치된 카바레, 나이트클럽 또는 그 밖에 이와 비슷한 영업시설만 해당한다)	

안심Touch

63
경계 전류의 정격전류는 최대 몇 [A]를 초과할 때 1급 누전경보기를 설치해야 하는가?

① 30 ② 60
③ 90 ④ 120

해설
• 경계전로 정격전류 60[A] 초과 : 1급 누전경보기
• 경계전로 정격전류 60[A] 이하 : 1급 또는 2급 누전경보기

64
포지 등을 사용하여 자루형태로 만든 것으로서 화재 시 사용자가 그 내부에 들어가서 내려옴으로써 대피할 수 있는 피난기구는?

① 피난사다리 ② 완강기
③ 간이완강기 ④ 구조대

해설
구조대 : 포지 등을 이용하여 자루형태로 만든 것으로서 화재 시 사용자가 그 내부에 들어가서 내려옴으로써 대피할 수 있는 것을 말한다.

65
연면적 2,000[m²] 미만의 교육연구시설 내에 있는 합숙소 또는 기숙사에 설치하는 단독경보형 감지기 설치기준으로 틀린 것은?

① 각 실마다 설치하되 바닥면적이 150[m²]를 초과하는 경우에는 150[m²]마다 1개 이상 설치할 것
② 외기가 상통하는 최상층의 계단실의 천장에 설치할 것
③ 건전지를 주 전원으로 사용하는 단독경보형 감지기는 정상적인 작동상태를 유지할 수 있도록 건전지를 교환할 것
④ 상용전원을 주 전원으로 사용하는 단독경보형 감지기의 2차 전지는 제품검사에 합격한 것을 사용할 것

해설
단독경보형감지기의 설치기준 중 최상층의 계단실의 천장(외기가 상통하는 계단실의 경우 제외)에 설치할 것

66
열반도체 감지기의 구성부분이 아닌 것은?

① 수열판 ② 미터릴레이
③ 열반도체 소자 ④ 열전대

해설
열반도체감지기의 구성 : 열반도체 소자, 수열판, 미터릴레이

67
불꽃감지기 중 도로형의 최대시야각은?

① 30° 이상 ② 45° 이상
③ 90° 이상 ④ 180° 이상

해설
불꽃감지기 도로형 최대시야각 : 180°이상

68
자동화재탐지설비의 음향장치 설치기준 중 옳은 것은?

① 지구음향장치는 당해 소방대상물의 각 부분으로부터 하나의 음향장치까지의 수평거리가 30[m] 이하가 되도록 한다.
② 정격전압의 80[%] 전압에서 음향을 발할 수 있어야 한다.
③ 음량은 부착된 음향장치의 중심으로부터 1[m] 떨어진 위치에서 80[dB] 이상이 되도록 하여야 한다.
④ 8층으로서 연면적 3,000[m²]를 초과하는 소방대상물에 있어서는 2층 이상의 층에서 발화 시 발화층 및 직하층에 경보를 발하여야 한다.

해설
정격전압의 80[%] 전압에서 음향을 발할 수 있어야 한다.

69
무선통신보조설비의 무선기기 접속단자 중 지상에 설치하는 접속단자는 보행거리 최대 몇 [m] 이내마다 설치하여야 하는가?

① 5 ② 50
③ 150 ④ 300

해설 지상에 설치하는 접속단자는 보행거리 300[m] 이내마다 설치하고, 다른 용도로 사용되는 접속단자에서 5[m] 이상의 거리를 둘 것

70
무선통신보조설비의 주요 구성요소가 아닌 것은?

① 누설동축케이블   ② 증폭기
③ 음향장치   ④ 분배기

해설 무선통신보조설비의 주요 구성요소 : 무선기기 접속단자, 공중선, 분배기, 증폭기, 누설동축케이블

71
비상방송설비의 설치기준에서 기동장치에 따른 화재신고를 수신한 후 필요한 음량으로 화재발생상황 및 피난에 유효한 방송이 자동으로 개시될 때까지의 소요시간은 몇 초 이하인가?

① 10   ② 20
③ 30   ④ 40

해설 비상방송설비의 설치기준
• 확성기의 음성입력
 – 실내 1[W] 이상
 – 실외 3[W] 이상
• 확성기 설치 : 수평거리 25[m] 이하
• 음량조정기의 배선 : 3선식
• 조작부의 조작 스위치 : 0.8[m] 이상 1.5[m] 이하
• 비상방송개시 소요시간 : 10초 이내

72
누전경보기에 사용하는 변압기의 정격 1차 전압은 몇 [V] 이하인가?

① 100   ② 200
③ 300   ④ 400

해설 누전경보기의 정격 1차 전압 : 300[V] 이하

73
경계전로의 누설전류를 자동적으로 검출하여 이를 누선경보기의 수신부에 송신하는 것은?

① 변류기   ② 중계기
③ 검지기   ④ 발신기

해설 변류기 : 경계전로의 누설전류를 검출하여 누전경보기의 수신부에 송신

74
공기관식 차동식 분포형 감지기의 설치기준으로 틀린 것은?

① 공기관의 노출부분은 감지구역마다 20[m] 이상이 되도록 할 것
② 하나의 검출부분에 접속하는 공기관의 길이는 100[m] 이하로 할 것
③ 검출부는 15° 이상 경사되지 아니하도록 부착할 것
④ 검출부는 바닥으로부터 0.8[m] 이상 1.5[m] 이하의 위치에 설치할 것

해설 차동식 감지기 검출부 설치 각도
• 차동식 스포트형 : 45도
• 차동식 분포형 : 5도

75
연면적 15,000[m²], 지하 3층 지상 20층인 소방대상물의 1층에서 화재가 발생한 경우 비상방송설비에서 경보를 발하여야 하는 층은?

① 지상 1층
② 지하 전층, 지상 1층, 지상 2층
③ 지상 1층, 지상 2층
④ 지하 전층, 지상 1층

해설 직상층 우선경보방식
1층 발화 : 발화층(1층), 직상층(2층), 지하전층

76

휴대용 비상조명등을 설치하여야 하는 특정소방대상물에 해당하는 것은?

① 종합병원　　　　② 숙박시설
③ 노유자시설　　　④ 집회장

해설　휴대용 비상조명등 설치기준
- 대규모 점포와 영화상영관 : 보행거리 50[m] 이내마다 3개 이상 설치
- 숙박시설, 다중이용업소 : 1개 이상 설치
- 지하상가, 지하역사 : 보행거리 25[m] 이내마다 3개 이상 설치
- 설치 높이 : 0.8~1.5[m] 이하
- 배터리 용량 : 20분 이상

77

자동화재탐지설비의 경계구역에 대한 설명 중 옳은 것은?

① 하나의 경계구역이 2개 이상의 건축물에 미치지 아니하도록 하여야 한다.
② 600[m²] 이하의 범위 안에서는 2개의 층을 하나의 경계구역으로 할 수 있다.
③ 하나의 경계구역의 면적은 600[m²], 한 변의 길이는 최대 30[m] 이하로 한다.
④ 지하구에 있어서는 경계구역의 길이는 최대 50[m] 이하로 한다.

해설　경계구역의 설치기준
- 하나의 경계구역이 2개 이상의 건축물에 미치지 아니하도록 할 것
- 하나의 경계구역이 2개 이상의 층에 미치지 아니하도록 할 것(다만, 500[m²] 이하의 범위 안에서는 2개의 층을 하나의 경계구역으로 할 수 있다)
- 하나의 경계구역의 면적은 600[m²] 이하로 하고, 한 변의 길이는 50[m] 이하로 할 것
- 지하구의 경계구역의 길이 : 700[m] 이하

78

비상콘센트의 플러그접속기는 단상교류 220[V]일 경우 접지형 몇 극 플러그 접속기를 사용해야 하는가?

① 1극　　　　　　② 2극
③ 3극　　　　　　④ 4극

해설　비상콘센트 설비의 전원회로 규격

구 분	전 압	공급용량	플러그접속기
단상교류	220[V]	1.5[kVA] 이상	접지형 2극

79

비상콘센트설비의 전원부와 외함 사이의 절연저항은 전원부와 외함 사이를 500[V] 절연저항계로 측정할 때 몇 [MΩ] 이상이어야 하는가?

① 50　　　　　　② 40
③ 30　　　　　　④ 20

해설 절연저항은 전원부와 외함 사이를 500[V] 절연저항계로 측정할 때 20[MΩ] 이상일 것

80

소방시설용 비상전원수전설비에서 전력수급용 계기용 변성기·주차단장치 및 그 부속기기로 정의되는 것은?

① 큐비클설비　　　② 배전반설비
③ 수전설비　　　　④ 변전설비

해설　수전설비
- 계기용 변성기(MOF, PT, CT)
- 주차단장치(CB)
- 부속기기(VS, AS, LA, SA, PF 등)

제 2 회 2015년 5월 31일 시행

제 1 과목 소방원론

01
플래시 오버(Flash Over) 현상에 대한 설명으로 틀린 것은?

① 산소의 농도와 무관하다.
② 화재공간의 개구율과 관계가 있다.
③ 화재공간 내의 가연물의 양과 관계가 있다.
④ 화재실 내의 가연물의 종류와 관계가 있다.

해설 **플래시 오버에 미치는 영향**
- 개구부의 크기(개구율) • 내장재료
- 화원의 크기 • 가연물의 양과 종류
- 실내의 표면적 • 건축물의 형태

02
화재강도(Fire Intensity)와 관계가 없는 것은?

① 가연물의 비표면적 ② 발화원의 온도
③ 화재실의 구조 ④ 가연물의 발열량

해설 **화재강도에 영향을 미치는 인자**
- 가연물의 비표면적
- 화재실의 구조
- 가연물의 배열상태 및 발열량

03
건축물의 방재계획 중에서 공간적 대응계획에 해당되지 않는 것은?

① 도피성 대응 ② 대항성 대응
③ 회피성 대응 ④ 소방시설방재 대응

해설 **공간적 대응** : 대항성, 회피성, 도피성

04
버너의 불꽃을 제거한 때부터 불꽃을 올리며 연소하는 상태가 끝날 때까지의 시간은?

① 10초 이내 ② 20초 이내
③ 30초 이내 ④ 40초 이내

해설 **잔염, 잔진시간**
- 잔염시간 : 버너의 불꽃을 제거한 때부터 불꽃을 올리며 연소하는 상태가 그칠 때까지의 시간(20초 이내)
- 잔진시간 : 버너의 불꽃을 제거한 때부터 불꽃을 올리지 아니하고 연소하는 상태가 그칠 때까지의 시간(30초 이내)

05
전기에너지에 의하여 발생되는 열원이 아닌 것은?

① 저항가열 ② 마찰 스파크
③ 유도가열 ④ 유전가열

해설 **마찰 스파크** : 기계에너지 열원

06
이산화탄소 소화설비의 적용대상이 아닌 것은?

① 가솔린 ② 전기설비
③ 인화성 고체 위험물 ④ 나이트로셀룰로스

해설 **나이트로셀룰로스(제5류 위험물)**
: 냉각소화(수계 소화설비)

07
화재 시 이산화탄소를 방출하여 산소농도를 13[vol%]로 낮추어 소화하기 위한 공기 중의 이산화탄소의 농도는 약 몇 [vol%]인가?

① 9.5 ② 25.8
③ 38.1 ④ 61.5

해설 이산화탄소의 소화농도

$$CO_2[\%] = \frac{(21 - O_2)}{21} \times 100$$

$$\therefore CO_2 = \frac{21 - 13}{21} \times 100 = 38.09[\%]$$

08
목재건축물에서 발생하는 옥내출화 시기를 나타낸 것으로 옳지 않은 것은?

① 천장 속, 벽 속 등에서 발염 착화할 때
② 창, 출입구 등에 발염 착화할 때
③ 가옥의 구조에는 천장면에 발염 착화할 때
④ 불연 벽체나 불연 천장인 경우 실내의 그 뒷면에 발염 착화할 때

해설 옥외출화 : 창, 출입구 등에 발염 착화할 때

09
유류탱크 화재 시 기름표면에 물을 살수하면 기름이 탱크 밖으로 비산하여 화재가 확대되는 현상은?

① 슬롭오버(Slop Over)
② 보일오버(Boil Over)
③ 프로스오버(Froth Over)
④ 블레비(BLEVE)

해설 보일오버(Boil Over)
• 중질유 탱크에서 장시간 조용히 연소하다가 탱크의 잔존기름이 갑자기 분출(Over Flow)하는 현상
• 유류탱크 바닥에 물 또는 물−기름에 에멀션이 섞여 있을 때 화재가 발생하는 현상
• 연소유면으로부터 100[℃] 이상의 열파가 탱크저부에 고여 있는 물을 비등하게 하면서 연소유를 탱크 밖으로 비산하며 연소하는 현상

10
이산화탄소 소화약제의 주된 소화효과는?

① 제거소화   ② 억제소화
③ 질식소화   ④ 냉각소화

해설 주된 소화효과
• 이산화탄소 : 질식효과
• 할로겐화합물 : 부촉매(억제)효과

11
저팽창포와 고팽창포에 모두 사용할 수 있는 포 소화약제는?

① 단백포 소화약제
② 수성막포 소화약제
③ 불화단백포 소화약제
④ 합성계면활성제포 소화약제

해설 공기포 소화약제의 혼합비율에 따른 분류

구 분	약제 종류	약제 농도
저발포용	단백포	3[%], 6[%]
	합성계면활성제포	3[%], 6[%]
	수성막포	3[%], 6[%]
	내알코올용포	3[%], 6[%]
	불화단백포	3[%], 6[%]
고발포용	합성계면활성제포	1[%], 1.5[%], 2[%]

12
제6류 위험물의 공통성질이 아닌 것은?

① 산화성 액체이다.
② 모두 유기화합물이다.
③ 불연성 물질이다.
④ 대부분 비중이 1보다 크다.

해설 제6류 위험물의 일반적인 성질
• 산화성 액체이며, 무기화합물로 이루어져 형성된다.
• 무색, 투명하며 비중은 1보다 크고 표준상태에서는 모두가 액체이다.
• 과산화수소를 제외하고 강산성 물질이며, 물에 녹기 쉽다.
• 불연성 물질이며 가연물, 유기물 등과의 혼합으로 발화한다.
• 증기는 유독하며, 피부와 접촉 시 점막을 부식시킨다.

13
화재 시 분말 소화약제와 병용하여 사용할 수 있는 포 소화약제는?

① 수성막포 소화약제
② 단백포 소화약제
③ 알코올형포 소화약제
④ 합성계면활성제포 소화약제

해설 수성막포 소화약제는 분말소화약제와 병용하여 사용할 수 있다.

14
분말소화약제의 열분해 반응식 중 옳은 것은?

① $2KHCO_3 \rightarrow KCO_3 + 2CO_2 + H_2O$
② $2NaHCO_3 \rightarrow NaCO_3 + 2CO_2 + H_2O$
③ $NH_4H_2PO_4 \rightarrow HPO_3 + NH_3 + H_2O$
④ $2KHCO_3 + (NH_2)_2CO \rightarrow K_2CO_3 + NH_2 + CO_2$

해설 분말소화약제의 열분해 반응식

종 별	소화약제	약제의 착색	적응 화재	열분해
제1종 분말	중탄산나트륨 ($NaHCO_3$)	백 색	B, C급	$2NaHCO_3 \rightarrow$ $Na_2CO_3 + CO_2 + H_2O$
제2종 분말	중탄산칼륨 ($KHCO_3$)	담회색	B, C급	$2KHCO_3 \rightarrow$ $K_2CO_3 + CO_2 + H_2O$
제3종 분말	인산암모늄 ($NH_4H_2PO_4$)	담홍색, 황색	A, B, C급	$NH_4H_2PO_4 \rightarrow$ $HPO_3 + NH_3 + H_2O$
제4종 분말	중탄산칼륨 +요소 [$KHCO_3$ + $(NH_2)_2CO$]	회 색	B, C급	$2KHCO_3 + (NH_2)_2CO \rightarrow$ $K_2CO_3 + 2NH_3 + 2CO_2$

15
방화구조의 기준으로 틀린 것은?

① 심벽에 흙으로 맞벽치기한 것
② 철망모르타르로서 그 바름두께가 2[cm] 이상인 것
③ 시멘트모르타르 위에 타일을 붙인 것으로서 그 두께의 합계가 1.5[cm] 이상인 것
④ 석고판 위에 시멘트모르타르 또는 회반죽을 바른 것으로서 그 두께의 합계가 2.5[cm] 이상인 것

해설 방화구조의 기준

구조 내용	방화구조의 기준
철망모르타르 바르기	바름 두께가 2[cm] 이상인 것
• 석고판 위에 시멘트모르타르, 회반죽을 바른 것 • 시멘트모르타르위에 타일을 붙인 것	두께의 합계가 2.5[cm] 이상인 것
심벽에 흙으로 맞벽치기한 것	그대로 모두 인정됨

16
위험물안전관리법령상 가연성 고체는 제 몇 류 위험물인가?

① 제1류
② 제2류
③ 제3류
④ 제4류

해설 위험물의 분류

구 분	제1류 위험물	제2류 위험물	제3류 위험물	제4류 위험물	제5류 위험물	제6류 위험물
성 질	산화성 고체	가연성 고체	자연발화성 및 금수성 물질	인화성 액체	자기 반응성 물질	산화성 액체

17
소화약제로서 물에 관한 설명으로 틀린 것은?

① 수소결합을 하므로 증발잠열이 작다.
② 가스계 소화약제에 비해 사용 후 오염이 크다.
③ 무상으로 주수하면 중질유 화재에도 사용할 수 있다.
④ 타 소화약제에 비해 비열이 크기 때문에 냉각효과가 우수하다.

해설 물은 수소결합을 하고 비열과 증발잠열이 크기 때문에 냉각효과가 우수하다.

18
표준상태에서 메탄가스의 밀도는 몇 [g/L]인가?

① 0.21
② 0.41
③ 0.71
④ 0.91

13 ① 14 ③ 15 ③ 16 ② 17 ① 18 ③ **정답**

해설 메탄의 밀도

$$밀도 = \frac{분자량}{22.4[L]}$$

$\therefore$ 밀도 $= \dfrac{분자량}{22.4[L]} = \dfrac{16[g]}{22.4[L]} = 0.714[g/L]$

메탄$(CH_4) = 12 + 1 \times 4 = 16$

19
분진폭발을 일으키는 물질이 아닌 것은?

① 시멘트 분말　　② 마그네슘 분말
③ 석탄 분말　　　④ 알루미늄 분말

해설
• 분진폭발하는 물질 : 밀가루, 알루미늄, 마그네슘, 어분, 석탄분말 등
• 분진폭발하지 않는 물질 : 소석회$(CaCO_3)$, 생석회(CaO), 시멘트가루

20
가연물이 공기 중에서 산화되어 산화열이 축적으로 발화되는 현상은?

① 분해연소　　　② 자기연소
③ 자연발화　　　④ 폭 굉

해설 자연발화 : 가연물이 공기 중에서 산화되어 산화열이 축적으로 발화되는 현상

제 2 과목　소방전기일반

21
선간전압이 일정한 경우 △ 결선된 부하를 Y결선으로 바꾸면 소비전력은 어떻게 되는가?

① $\dfrac{1}{3}$로 감소한다.

② $\dfrac{1}{9}$로 감소한다.

③ 3배로 증가한다.

④ 9배로 증가한다.

해설 △→Y결선

임피던스 : $Z = \dfrac{1}{3}$ 배

전력 : $P = \dfrac{1}{3}$ 배

전류 : $I = 3$ 배

22
피드백 제어계의 일반적인 특성으로 옳은 것은?

① 계의 정확성이 떨어진다.
② 계의 특성변화에 대한 입력 대 출력비의 감도가 감소된다.
③ 비선형과 왜형에 대한 효과가 증대된다.
④ 대역폭이 감소된다.

해설 피드백(폐회로) 제어계
• 미리 정해진 순서에 따라 제어의 각 단계를 순차적으로 제어하며 입력과 출력이 일치해야 출력하는 제어
• 입력과 출력을 비교하는 장치필요(비교부)
• 전달함수 초깃값이 항상 "0"이다
• 구조가 복잡하고, 시설비가 비싸다.
• 정확성, 감대폭, 대역폭이 증가한다.
• 계의 특성변화에 대한 입력 대 출력비의 감도가 감소된다.
• 비선형과 왜형에 대한 효과가 감소한다.

23
서보기구에 있어서의 제어량은?

① 유 량　　　　② 위 치
③ 주파수　　　　④ 전 압

해설 서보제어(서보기구) : 물체의 위치, 방위, 자세 등의 기계적 변위를 제어량으로 제어

24
개루프 제어계를 동작시키는 기준으로 직접 제어계에 가해지는 신호는?

① 기준입력신호　　② 피드백신호
③ 제어편차신호　　④ 동작신호

해설 제어계에서 직접 제어계에 가는 신호는 제어계를 동작시키는 기준이 되는 기준입력요소(Reference Input)를 말한다.

25

한 코일의 전류가 매초 150[A]의 비율로 변화할 때 다른 코일에 10[V]의 기전력이 발생하였다면 두 코일의 상호 인덕턴스[H]는?

① $\dfrac{1}{3}$ 　　　　② $\dfrac{1}{5}$

③ $\dfrac{1}{10}$ 　　　　④ $\dfrac{1}{15}$

해설 유도기전력 : $e = M\dfrac{di}{dt}$ 에서 상호인덕턴스

$$M = e\dfrac{dt}{di} = 10 \times \dfrac{1}{150} = \dfrac{1}{15}\,[\text{H}]$$

26

반도체의 특징을 설명한 것 중 틀린 것은?

① 진성 반도체의 경우 온도가 올라갈수록 양(+)의 온도계수를 나타낸다.
② 열전현상, 광전현상, 홀효과 등이 심하다.
③ 반도체와 금속의 접촉면 또는 P형, N형 반도체의 접합면에서 정류작용을 한다.
④ 전류와 전압의 관계는 비직선형이다.

해설 진성 반도체의 경우 온도가 올라갈수록 음(−)의 온도계수를 나타낸다.

27

논리식 $\overline{(A \cdot A)}$ 를 간략화한 것은?

① $\overline{A}$ 　　　　② A

③ 0 　　　　④ ϕ

해설 $\overline{(A \cdot A)} = \overline{A} + \overline{A} = \overline{A}$

28

반파 정류 정현파의 최댓값이 1일 때, 실횻값과 평균값은?

① $\dfrac{1}{\sqrt{2}},\ \dfrac{2}{\pi}$ 　　　　② $\dfrac{1}{2},\ \dfrac{\pi}{2}$

③ $\dfrac{1}{\sqrt{2}},\ \dfrac{\pi}{2\sqrt{2}}$ 　　　　④ $\dfrac{1}{2},\ \dfrac{1}{\pi}$

해설 정현반파 실횻값 : $V = \dfrac{V_m}{2} = \dfrac{1}{2}$

정현반파 평균값 : $V_a = \dfrac{V_m}{\pi} = \dfrac{1}{\pi}$

29

주파수 60[Hz], 인덕턴스 50[mH]인 코일의 유도리액턴스는 몇 [Ω]인가?

① 14.14 　　　　② 18.85

③ 22.12 　　　　④ 26.86

해설 **유도리액턴스**

$$X_L = \omega L = 2\pi f L = 2 \times \pi \times 60 \times 50 \times 10^{-3}$$
$$= 18.85\,[\Omega]$$

30

실리콘 정류기(SCR)의 애노드 전류가 5[A]일 때 게이트 전류를 2배로 증가시키면 애노드 전류[A]는?

① 2.5 　　　　② 5

③ 10 　　　　④ 20

해설 게이트 단자는 SCR을 ON시키는 용도이며 게이트전류를 변경시켜도 도통전류는 변하지 않는다.

31

2[Ω]의 저항 5개를 직렬로 연결하면 병렬연결 때의 몇 배가 되는가?

① 2 　　　　② 5

③ 10 　　　　④ 25

해설 $\dfrac{R_{직}}{R_{병}} = \dfrac{2 \times 5}{\dfrac{2}{5}} = \dfrac{50}{2} = 25\,[\Omega]$

32

3상 유도전동기의 회전자 철손이 작은 이유는?

① 효율, 역률이 나쁘다.

② 성층 철심을 사용한다.

③ 주파수가 낮다.

④ 2차가 권선형이다.

해설 3상 유도전동기는 주파수가 낮아지면 철손이 작아진다.

33

그림과 같은 게이트의 명칭은?

① AND

② OR

③ NOR

④ NAND

해설 OR회로

유접점	⊕선 A B X₋ₐ 릴레이 Ⓧ Ⓛ 전구 ⊖선
무접점과 논리식	A○ B○ —○X X=A+B
회로도	A○ B○ —○X R 0[V]
진리값표	<table><tr><td>A</td><td>B</td><td>X</td></tr><tr><td>0</td><td>0</td><td>0</td></tr><tr><td>0</td><td>1</td><td>1</td></tr><tr><td>1</td><td>0</td><td>1</td></tr><tr><td>1</td><td>1</td><td>1</td></tr></table>

34

단상전력을 간접적으로 측정하기 위해 3전압계법을 사용하는 경우 단상교류전력 P[W]는?

① $P = \dfrac{1}{2R}(V_3 - V_2 - V_1)^2$

② $P = \dfrac{1}{R}(V_3^2 - V_1^2 - V_2^2)$

③ $P = \dfrac{1}{2R}(V_3^2 - V_1^2 - V_2^2)$

④ $P = V_3 I \cos\theta$

해설 3전압계법 : $P = \dfrac{1}{2R}(V_3^2 - V_1^2 - V_2^2)$[W]

35

저항이 있는 도체에 전류를 흘리면 열이 발생되는 법칙은?

① 옴의 법칙   ② 플레밍의 법칙

③ 줄의 법칙   ④ 키르히호프의 법칙

해설 **줄의 법칙** : 도체에 전류가 흐를 때 단위 시간 동안에 도선에 발생하는 열의 양을 구하는 법칙

36

A, B 2개의 코일에 동일 주파수, 동일 전압을 가하면 두 코일의 전류는 같고, 코일 A는 역률이 0.96, 코일 B는 역률이 0.80인 경우 코일 A에 대한 코일 B의 저항비는 얼마인가?

① 0.833   ② 1.544

③ 3.211   ④ 7.621

해설 A와 B의 역률비는 저항비에 반비례하므로

$$\frac{r_A}{r_B} = \frac{\cos\theta_B}{\cos\theta_A} = \frac{0.8}{0.96} = 0.833$$

37
온도, 유량, 압력 등의 공업프로세스 상태량을 제어량으로 하는 제어계로서 외란의 억제를 주된 목적으로 하는 제어방식은?

① 서보시구   ② 자동제어
③ 정치제어   ④ 프로세스제어

> 해설 프로세스(공정)제어 : 공업의 프로세스 상태인 온도, 유량, 압력, 농도, 액위면 등을 제어량으로 제어

38
반도체를 사용한 화재감지기 중 서미스터(Thermistor)는 무엇을 측정·제어하기 위한 반도체 소자인가?

① 온 도   ② 연기 농도
③ 가스 농도   ④ 불꽃의 스펙트럼 강도

> 해설 서미스터 특징
> • 온도보상용
> • 부(−)저항온도계수 $\left(온도 \propto \dfrac{1}{저항}\right)$

39
주로 정전압 회로용으로 사용되는 소자는?

① 터널다이오드   ② 포토다이오드
③ 제너다이오드   ④ 메트릭스다이오드

> 해설 • 제너다이오드 : 전원전압 안정 유지
> • 터널다이오드 : 발진, 증축, 스위칭 작용에 사용하는 다이오드
> • 포토다이오드 : 광량의 변화에 따라 전류가 흐르는 다이오드

40
Y−△ 기동방식인 3상 동형 유도전동기는 직입기동방식에 비해 기동전류는 어떻게 되는가?

① $\dfrac{1}{\sqrt{3}}$로 줄어든다.
② $\dfrac{1}{3}$로 줄어든다.
③ $\sqrt{3}$ 배로 증가한다.
④ 3배로 증가한다.

> 해설 Y−△ 기동 시 : 기동전류 $\dfrac{1}{3}$ 감소

제3과목 소방관계법규

41
시·도지사가 소방시설업의 등록취소처분이나 영업정지처분을 하고자 할 경우 실시하여야 하는 것은?

① 청문을 실시하여야 한다.
② 징계위원회의 개최를 요구하여야 한다.
③ 직권으로 취소처분을 결정하여야 한다.
④ 소방기술심의위원회의 개최를 요구하여야 한다.

> 해설 청문 실시하는 경우(공사업법)
> • 실시권자 : 시·도지사
> • 실시 사유 : 소방시설업 등록취소처분이나 영업정지처분, 소방기술인정자격취소처분

42
소방자동차의 출동을 방해한 자는 5년 이하의 징역 또는 얼마 이하의 벌금에 처하는가?

① 1,500만원   ② 2,000만원
③ 3,000만원   ④ 5,000만원

> 해설 소방자동차의 출동을 방해한 사람
> : 5년 이하의 징역 또는 5,000만원 이하의 벌금

43
고형알코올 그 밖에 1기압 상태에서 인화점이 40[℃] 미만인 고체에 해당하는 것은?

① 가연성 고체
② 산화성 고체
③ 인화성 고체
④ 자연발화성 물질

> 해설 인화성 고체 : 고형알코올, 그 밖에 1기압 상태에서 인화점이 40[℃] 미만인 고체

44

"무창층"이라 함은 지상층 중 개구부 면적의 합계가 해당 층의 바닥면적의 얼마 이하가 되는 층을 말하는가?

① $\frac{1}{3}$ ② $\frac{1}{10}$

③ $\frac{1}{30}$ ④ $\frac{1}{300}$

해설 무창층 : 지상층 중 다음 요건을 갖춘 개구부의 면적의 합계가 해당 층의 바닥면적의 1/30 이하가 되는 층
- 크기는 지름 50[cm] 이상의 원이 내접할 수 있는 크기일 것
- 해당 층의 바닥면으로부터 개구부의 밑부분까지의 높이가 1.2[m] 이내일 것
- 도로 또는 차량이 진입할 수 있는 빈터를 향할 것
- 화재 시 건축물로부터 쉽게 피난할 수 있도록 창살이나 그 밖의 장애물이 설치되지 아니할 것
- 내부 또는 외부에서 쉽게 부수거나 열 수 있을 것

45

위험물제조소 등에 자동화재탐지설비를 설치하여야 할 대상은?

① 옥내에서 지정수량 50배의 위험물을 저장·취급하고 있는 일반취급소
② 하루에 지정수량 50배의 위험물을 제조하고 있는 제조소
③ 지정수량의 100배의 위험물을 저장·취급하고 있는 옥내저장소
④ 연면적 100[m²] 이상의 제조소

해설 자동화재탐지설비 설치대상물
- 옥내저장소 : 지정수량의 100배 이상을 저장 또는 취급하는 것

46

제4류 위험물로서 제1석유류인 수용성 액체의 지정수량은 몇 리터인가?

① 100 ② 200

③ 300 ④ 400

해설 제4류 위험물의 지정수량

종류	제1석유류 (수용성)	제1석유류 (비수용성)	제2석유류 (수용성)	제2석유류 (비수용성)
지정수량	400[L]	200[L]	2,000[L]	1,000[L]

47

다음 중 스프링클러설비를 의무적으로 설치하여야 하는 기준으로 틀린 것은?

① 숙박시설로 11층 이상인 것
② 지하가로 연면적이 1,000[m²] 이상인 것
③ 판매시설로 수용인원이 300명 이상인 것
④ 복합건축물로 연면적 5,000[m²] 이상인 것

해설 판매시설, 운수시설 및 창고시설(물류터미널에 한정)로서 바닥면적의 합계가 5천[m²] 이상이거나 수용인원이 500명 이상인 경우에는 모든 층에는 스프링클러설비를 설치하여야 한다.

48

소방대상물이 아닌 것은?

① 산림 ② 항해 중인 선박

③ 건축물 ④ 차량

해설 소방대상물 : 건축물, 차량, 선박(항구에 매어둔 선박), 선박건조구조물, 산림 그 밖의 인공 구조물 또는 물건

49

특정소방대상물 중 노유자시설에 해당되지 않는 것은?

① 요양병원
② 아동복지시설
③ 장애인직업재활시설
④ 노인의료복지시설

해설 요양병원 : 의료시설

50

다음 중 소방용품에 해당되지 않는 것은?

① 방염도료　　　　② 소방호스

③ 공기호흡기　　　④ 휴대용 비상조명등

해설 휴대용 비상조명등은 소방용품에 해당되지 않는다.

51

제1류 위험물 산화성 고체에 해당하는 것은?

① 질산염류　　　　② 특수인화물

③ 과염소산　　　　④ 유기과산화물

해설 위험물의 유별

종 류	질산염류	특수인화물	괴염소산	유기 과산화물
유 별	제1류 위험물	제4류 위험물	제6류 위험물	제5류 위험물
성 질	산화성 고체	인화성 액체	산화성 액체	자기반응성 물질

52

다음 소방시설 중 하자보수보증기간이 다른 것은?

① 옥내소화전설비　　② 비상방송설비

③ 자동화재탐지설비　④ 상수도소화용수설비

해설 하자보수보증기간

보증기간	시설의 종류
2년	피난기구·유도등·유도표지·비상경보설비·비상조명등·비상방송설비 및 **무선통신보조설비**
3년	자동소화장치·옥내소화전설비·스프링클러설비·간이스프링클러설비·물분무 등 소화설비·옥외소화전설비·자동화재탐지설비·상수도 소화용수설비 및 소화활동설비(무선통신보조설비를 제외)

53

인접하고 있는 시·도 간 소방업무의 상호응원협정 사항이 아닌 것은?

① 화재조사활동

② 응원출동의 요청방법

③ 소방교육 및 응원출동훈련

④ 응원출동대상지역 및 규모

해설 소방업무의 상호응원협정

- 소방활동에 관한 사항
  - 화재의 경계·진압활동
  - 구조·구급업무의 지원
  - 화재조사활동
- 응원출동대상지역 및 규모
- 소요경비의 부담에 관한 사항
  - 출동대원의 수당·식사 및 피복의 수선
  - 소방장비 및 기구의 정비와 연료의 보급
- 응원출동의 요청방법
- 응원출동훈련 및 평가

54

소방시설업자가 특정소방대상물의 관계인에 대한 통보의무사항이 아닌 것은?

① 지위를 승계한 때

② 등록취소 또는 영업정치 처분을 받은 때

③ 휴업 또는 폐업한 때

④ 주소지가 변경된 때

해설 소방시설업자가 특정소방대상물의 관계인에 대한 통보의무사항

- 지위를 승계한 때
- 등록취소 또는 영업정치 처분을 받은 때
- 휴업 또는 폐업한 때

55

소방시설 중 화재를 진압하거나 인명구조활동을 위하여 사용하는 설비로 나열된 것은?

① 상수도소화용수설비, 연결송수관설비

② 연결살수설비, 제연설비

③ 연소방지설비, 피난설비

④ 무선통신보조설비, 통합감시시설

해설 소화활동설비

: 화재를 진압하거나 인명구조 활동을 위하여 사용하는 설비

- 제연설비　　　　　　· 연결송수관설비
- 연결살수설비　　　　· 비상콘센트설비
- 무선통신보조설비　　· 연소방지설비

56
다음 중 특수가연물에 해당되지 않는 것은?

① 나무껍질 500[kg]
② 가연성 고체류 2,000[kg]
③ 목재가공품 15[m³]
④ 가연성 액체류 3[m³]

해설 특수가연물

품 명		수 량
면화류		200[kg] 이상
나무껍질 및 대팻밥		400[kg] 이상
넝마 및 종이부스러기		1,000[kg] 이상
사 류		1,000[kg] 이상
볏짚류		1,000[kg] 이상
가연성 고체류		**3,000[kg] 이상**
석탄·목탄류		10,000[kg] 이상
가연성 액체류		2[m³] 이상
목재가공품 및 나무부스러기		10[m³] 이상
합성수지류	발포시킨 것	20[m³] 이상
	그 밖의 것	3,000[kg] 이상

57
소화활동을 위한 소방용수시설 및 지리조사의 실시횟수는?

① 주 1회 이상
② 주 2회 이상
③ 월 1회 이상
④ 분기별 1회 이상

해설 소방용수시설 및 지리조사
- 실시횟수 : 월 1회 이상
- 실시권자 : 소방본부장, 소방서장

58
비상경보설비를 설치하여야 할 특정소방대상물이 아닌 것은?

① 지하가 중 터널로서 길이가 1,000[m] 이상인 것
② 사람이 거주하고 있는 연면적 400[m²] 이상인 건축물
③ 지하층의 바닥면적이 100[m²] 이상으로 공연장인 건축물
④ 35명의 근로자가 작업하는 옥내작업장

해설 비상경보설비를 설치하여야 할 특정소방대상물(위험물 저장 및 처리 시설 중 가스시설 또는 지하구는 제외)
- 연면적 400[m²](지하가 중 터널 또는 사람이 거주하지 않거나 벽이 없는 축사는 제외) 이상이거나 지하층 또는 무창층의 바닥면적이 150[m²](공연장의 경우 100[m²]) 이상인 것
- 지하가 중 터널로서 길이가 500[m] 이상인 것
- 50명 이상의 근로자가 작업하는 옥내 작업장

59
소방대상물에 대한 개수명령권자는?

① 소방본부장 또는 소방서장
② 한국소방안전원장
③ 시·도지사
④ 국무총리

해설 개수명령권자 : 소방본부장 또는 소방서장

60
다음은 소방기본법의 목적을 기술한 것이다. (㉮), (㉯), (㉰)에 들어갈 내용으로 알맞은 것은?

> 화재를 (㉮)·(㉯)하거나 (㉰)하고 화재, 재난·재해 그 밖의 위급한 상황에서의 구조·구급활동 등을 통하여 국민의 생명·신체 및 재산을 보호함으로써 공공의 안녕질서 유지와 복리증진에 이바지함을 목적으로 한다.

① ㉮ 예방 ㉯ 경계 ㉰ 복구
② ㉮ 경보 ㉯ 소화 ㉰ 복구
③ ㉮ 예방 ㉯ 경계 ㉰ 진압
④ ㉮ 경계 ㉯ 통제 ㉰ 진압

해설 소방기본법의 목적 : 화재를 예방·경계하거나 진압하고 화재, 재난·재해, 그 밖의 위급한 상황에서의 구조·구급 활동 등을 통하여 국민의 생명·신체 및 재산을 보호함으로써 공공의 안녕 및 질서 유지와 복리증진에 이바지함을 목적으로 한다.

제 4 과목 | 소방전기시설의 구조 및 원리

61
휴대용 비상조명등의 적합한 기준이 아닌 것은?

① 설치높이는 바닥으로부터 0.8[m] 이상 1.5[m] 이하의 높이에 설치할 것
② 사용 시 자동으로 점등되는 구조일 것
③ 외함은 난연성능이 있을 것
④ 충전식 배터리의 용량은 10분 이상 유효하게 사용할 수 있는 것으로 할 것

> **해설** 휴대용 비상조명등 설치기준
> • 건전지 및 충전식 배터리의 용량은 20분 이상 유효하게 사용할 수 있는 것으로 할 것

62
다음 (   )에 들어갈 내용으로 옳은 것은?

> 고압이라 함은 직류는 (㉮)[V]를 교류는 (㉯)[V]를 초과하고 (㉰)[kV] 이하인 것을 말한다.

① ㉮ 750, ㉯ 600, ㉰ 7
② ㉮ 600, ㉯ 750, ㉰ 7
③ ㉮ 600, ㉯ 700, ㉰ 10
④ ㉮ 700, ㉯ 600, ㉰ 10

> **해설** 고압 : 직류 750[V], 교류 600[V]를 넘고 7[kV] 이하
> ※ 2021년 1월 1일 개정으로 저압 범위가 1.5[kV] 이하, 교류 1[kV] 이하로 변경되어 규정에 맞지 않는 문제임

63
비상콘센트설비에 자가발전설비를 비상전원으로 설치할 때의 기준으로 틀린 것은?

① 상용전원으로부터 전력의 공급이 중단된 때에는 자동으로 비상전원으로부터 전력을 공급받도록 할 것
② 비상콘센트설비를 유효하게 10분 이상 작동시킬 수 있는 용량으로 할 것
③ 점검이 편리하고 화재 및 침수 등의 재해로 인한 피해를 받을 우려가 없는 곳에 설치할 것
④ 비상전원을 실내에 설치하는 때에는 그 실내에 비상조명등을 설치할 것

> **해설** 각 설비의 비상전원용량
>
> | 설비의 종류 | 비상전원 용량(이상) |
> | --- | --- |
> | 자동화재탐지설비, 자동화재속보설비, 비상경보설비 | 10분 |
> | 제연설비, 비상콘센트설비, 옥내소화전설비, 유도등 | 20분 |

64
누전경보기의 화재안전기준에서 변류기의 설치위치 기준으로 옳은 것은?

① 제1종 접지선 측의 점검이 쉬운 위치에 설치
② 옥외 인입선의 제1지점의 부하 측에 설치
③ 인입구에 근접한 옥외에 설치
④ 제3종 접지선 측의 점검이 쉬운 위치에 설치

> **해설** 변류기의 설치위치
> • 옥외 인입선의 제1지점의 부하 측
> • 제2종 접지선 측
> • 부득이한 경우 인입구에 근접한 옥내 설치
> • 변류기를 옥외에 설치 시 옥외형 사용

65
축광유도표지의 표지면의 휘도는 주위 조도 0[lx]에서 몇 분간 발광 후 몇 [mcd/m²] 이상이어야 하는가?

① 30분, 20[mcd/m²]
② 30분, 7[mcd/m²]
③ 60분, 20[mcd/m²]
④ 60분, 7[mcd/m²]

> **해설** 유도표지의 표지면의 휘도는 주위 조도 0[lx]에서 60분간 발광 후 7[mcd/m²] 이상으로 할 것

66
정온식 스포트형 감지기의 구조 및 작동원리에 대한 형식이 아닌 것은?

① 가용절연물을 이용한 방식
② 줄열을 이용한 방식
③ 바이메탈의 반전을 이용한 방식
④ 금속의 팽창계수차를 이용한 방식

안심Touch

해설 정온식 스포트형 감지기
- 바이메탈의 활곡을 이용한 방식
- 바이메탈의 반전을 이용한 방식
- 금속의 팽창계수차를 이용한 방식
- 액체(기체) 팽창을 이용한 방식
- 가용절연물을 이용한 방식
- 감열 반도체소자를 이용한 방식

67
유도표지의 설치기준 중 틀린 것은?

① 계단에 설치하는 것을 제외하고는 각 층마다 복도 및 통로의 각 부분으로 하나의 유도표지까지의 보행거리가 15[m] 이하가 되는 곳에 설치한다.
② 피난구유도표지는 출입구 상단에 설치한다.
③ 통로유도표지는 바닥으로부터 높이 1.5[m] 이하의 위치에 설치한다.
④ 주위에는 이와 유사한 등화·광고물·게시물 등을 설치하지 않는다.

해설 통로유도표지는 바닥으로부터 높이 1[m] 이하의 위치에 설치한다.

68
다음 ( )에 들어갈 내용으로 옳은 것은?

> 누전경보기란 ( ) 이하인 경계전로의 누설전류 또는 지락전류를 검출하여 당해 소방대상물의 관계인에게 경보를 발하는 설비로서 변류기와 수신부로 구성된 것을 말한다.

① 사용전압 220[V] ② 사용전압 380[V]
③ 사용전압 600[V] ④ 사용전압 750[V]

해설 누전경보기란 600[V] 이하인 경계전로의 누설전류를 검출하여 해당 특정소방대상물의 관계인에게 자동적으로 경보를 발하는 설비이다.

69
감지기의 설치기준 중 틀린 것은?

① 감지기는 천장 또는 반자의 옥내에 면하는 부분에 설치할 것
② 차동식분포형의 것을 제외하고 감지기는 실내로의 공기유입구로부터 1.5[m] 이상 떨어진 위치에 설치할 것
③ 정온식감지기는 주방·보일러실 등으로서 다량의 화기를 취급하는 장소에 설치하되, 공칭작동온도가 주위온도보다 10[℃] 이상 높은 것으로 설치할 것
④ 스포트형감지기는 45° 이상 경사되지 아니하도록 부착할 것

해설 정온식감지기는 주방, 보일러실 등 다량의 화기를 취급하는 장소에 설치하되 공칭작동온도가 최고주위온도보다 20[℃] 이상 높은 것으로 설치할 것

70
자동화재속보설비 설치기준으로 틀린 것은?

① 화재 시 자동으로 소방관서에 연락되는 설비여야 한다.
② 자동화재탐지설비와 연동되어야 한다.
③ 스위치는 바닥으로부터 0.8[m] 이상 1.5[m] 이하의 높이에 설치한다.
④ 관계인이 24시간 상주하고 있는 경우에는 설치하지 않을 수 있다.

해설 자동화재속보 설치기준
- 자동화재탐지설비와 연동으로 작동하여 소방관서에 전달되는 것으로 할 것
- 스위치는 바닥으로부터 0.8[m] 이상 1.5[m] 이하의 높이에 설치하고, 보기 쉬운 곳에 스위치임을 표시한 표지를 할 것

71

비상콘센트보호함의 설치기준으로 틀린 것은?

① 보호함 상부에 적색의 표시등을 설치하여야 한다.
② 보호함에는 쉽게 개폐할 수 있는 문을 설치하여야 한다.
③ 보호함 표면에 "비상콘센트"라고 표시한 표지를 하여야 한다.
④ 비상콘센트의 보호함을 옥내소화전함 등과 접속하여 설치하는 경우에는 옥내소화전함의 표시등과 분리하여야 한다.

해설 비상콘센트의 보호함
• 보호함에는 쉽게 개폐할 수 있는 문을 설치할 것
• 보호함에는 그 표면에 "비상콘센트"라고 표시한 표지를 할 것
• 보호함 상부에 적색의 표시등을 설치할 것(다만, 비상콘센트의 보호함을 옥내소화전함 등과 접속하여 설치하는 경우에는 옥내소화전함 등이 표시등과 겸용 가능)

72

연기감지기를 설치하지 않아도 되는 장소는?

① 계단 및 경사로   ② 엘리베이터 승강로
③ 파이프 피트 및 덕트 ④ 20[m]인 복도

해설 연기감지기의 설치 장소
• **계단·경사로** 및 에스컬레이터 경사로(15[m] 미만은 제외)
• **복도(30[m] 미만은 제외)**
• 엘리베이터 승강로(권상기실), 린넨슈트, 파이프피트 및 파이프덕트 기타 이와 유사한 장소
• 천장 또는 반자의 높이가 15[m] 이상 20[m] 미만의 장소

73

비상방송설비의 음향장치 설치기준으로 옳은 것은?

① 음량조정기의 배선은 2선식으로 할 것
② 5층 건물 중 2층에서 화재 발생 시 1층, 2층, 3층에서 경보를 발할 수 있을 것
③ 기동장치에 의한 화재신고 수신 후 피난에 유효한 방송이 자동으로 개시될 때까지의 소요시간은 10초 이하로 할 것
④ 음향장치는 자동화재탐지설비의 작동과 별도로 작동하는 방식의 성능으로 할 것

해설 비상방송설비의 설치기준
• 확성기의 음성입력
 – 실내 1[W] 이상
 – 실외 3[W] 이상
• 확성기 설치 : 수평거리가 25[m] 이하
• 음량조정기의 배선 : 3선식
• 조작부의 조작 스위치 : 0.8[m] 이상 1.5[m] 이하
• 비상방송개시 소요시간 : 10초 이내

74

부착높이 20[m] 이상에 설치되는 광전식 중 아날로그방식의 감지기 공칭감지농도 하한값의 기준은?

① 감광률 5[%/m] 미만
② 감광률 10[%/m] 미만
③ 감광률 15[%/m] 미만
④ 감광률 20[%/m] 미만

해설 부착높이 20[m] 이상에 설치되는 광전식 중 아날로그방식의 감지기는 공칭감지농도 하한값이 감광률 5[%/m] 미만인 것으로 한다

75

수신기를 나타내는 소방시설 도시기호로 옳은 것은?

①   ②

③   ④

해설
① 수신기
② 제어반
③ 부수신기(표시기)
④ 중계기

76

비상방송설비에 사용되는 확성기는 각 층마다 설치하되, 그 층의 각 부분으로부터 하나의 확성기까지의 수평거리는 최대 몇 [m] 이하인가?

① 15   ② 20
③ 25   ④ 30

해설 지구음향장치는 특정소방대상물의 층마다 설치하되 해당 특정소방대상물의 각 부분으로부터 하나의 음향장치까지의 수평거리가 25[m] 이하가 되도록 할 것

77
다음 ( )에 들어갈 내용으로 옳은 것은?

> 무선통신보조설비의 무선기기 접속단자를 지상에 설치하는 경우 접속단자는 보행거리 (㉮) 이내마다 설치하고, 다른 용도로 사용되는 접속단자에서 (㉯) 이상의 거리를 둘 것

① ㉮ 400[m], ㉯ 5[m]
② ㉮ 300[m], ㉯ 5[m]
③ ㉮ 400[m], ㉯ 3[m]
④ ㉮ 300[m], ㉯ 3[m]

해설 무선통신보조설비의 무선기기 접속단자를 지상에 설치하는 접속단자는 보행거리 300[m] 이내 마다 설치하고, 다른 용도로 사용되는 접속단자에서 5[m] 이상의 거리를 둘 것

78
일반전기사업자로부터 특별고압 또는 고압으로 수전하는 비상전원수전설비의 형식 중 틀린 것은?

① 큐비클(Cubicle)형
② 옥내개방형
③ 옥외개방형
④ 방화구획형

해설 고압 또는 특별고압 비상전원수전설비
 : 큐비클형, 옥외개방형, 방화구획형

79
감도조정장치를 갖는 누전경보기에 있어서 감도조정장치의 조정범위는 최댓값이 몇 [A]이어야 하는가?

① 0.2
② 1.0
③ 1.5
④ 2.0

해설 감도조정장치의 조정범위 최댓값 : 1[A]

80
피난통로가 되는 계단이나 경사로에 설치하는 통로유도등으로 바닥면 및 디딤 바닥면을 비추어 주는 유도등은?

① 계단통로유도등
② 피난통로유도등
③ 복도통로유도등
④ 바닥통로유도등

해설 **계단통로유도등** : 계단이나 경사로에 설치하는 통로유도등으로 바닥면 및 디딤 바닥면을 비추어 주는 유도등

2015년 9월 19일 시행

제 **4** 회

제 **1** 과목 소방원론

01

갑종방화문과 을종방화문의 비차열 성능은 각각 얼마 이상이어야 하는가?

① 갑종 : 90분, 을종 : 40분

② 갑종 : 60분, 을종 : 30분

③ 갑종 : 45분, 을종 : 20분

④ 갑종 : 30분, 을종 : 10분

해설 **방화문의 비차열 성능**
- 갑종방화문 : 비차열 60분 이상 성능 확보
- 을종방화문 : 비차열 30분 이상 성능 확보

02

다음 물질 중 공기에서 위험도(H)가 가장 큰 것은?

① 에테르 ② 수 소

③ 에틸렌 ④ 프로판

해설 위험성이 큰 것은 위험도가 크다는 것이다.
- 각 물질의 연소범위

종 류	하한계[%]	상한계[%]
에테르($C_2H_5OC_2H_5$)	1.9	48.0
수소(H_2)	4.0	75.0
에틸렌(C_2H_4)	2.7	36.0
프로판(C_3H_8)	2.1	9.5

- 위험도 계산식

$$위험도(H) = \frac{U-L}{L} = \frac{폭발상한계 - 폭발하한계}{폭발하한계}$$

- 위험도 계산

  - 에테르 $H = \dfrac{48.0 - 1.9}{1.9} = 24.26$

  - 수소 $H = \dfrac{75.0 - 4.0}{4.0} = 17.75$

  - 에틸렌 $H = \dfrac{36.0 - 2.7}{2.7} = 12.33$

  - 프로판 $H = \dfrac{9.5 - 2.1}{2.1} = 3.52$

03

물리적 소화방법이 아닌 것은?

① 연쇄반응의 억제에 의한 방법

② 냉각에 의한 방법

③ 공기와의 접촉 차단에 의한 방법

④ 가연물 제거에 의한 방법

해설 **소화방법**
- 화학적인 소화방법 : 연쇄반응의 억제에 의한 방법
- 물리적인 방법
  - 냉각에 의한 방법
  - 공기와의 접촉 차단에 의한 방법
  - 가연물 제거에 의한 방법

04

마그네슘의 화재에 주수하였을 때 물과 마그네슘의 반응으로 인하여 생성되는 가스는?

① 산 소

② 수 소

③ 일산화탄소

④ 이산화탄소

해설 마그네슘은 물과 반응하면 가연성 가스인 수소(H_2)를 발생하므로 위험하다.

$$Mg + 2H_2O \rightarrow Mg(OH)_2 + H_2 \uparrow$$

안심Touch

05

비수용성 유류의 화재 시 물로 소화할 수 없는 이유는?

① 인화점이 변하기 때문
② 발화점이 변하기 때문
③ 연소면이 확대되기 때문
④ 수용성으로 변하여 인화점이 상승하기 때문

해설 비수용성(벤젠, 톨루엔, 크실렌)은 주수소화 하면 비중이 물보다 가볍고 물과 반응하지 않기 때문에 연소면(화재면)이 확대되므로 위험하다.

06

제1인산암모늄이 주성분인 분말 소화약제는?

① 1종 분말소화약제   ② 2종 분말소화약제
③ 3종 분말소화약제   ④ 4종 분말소화약제

해설 분말소화약제의 성상

종 류	주성분	착 색	적응 화재	열분해 반응식
제1종 분말	탄산수소나트륨 (NaHCO₃)	백 색	B, C급	2NaHCO₃ → Na₂CO₃+CO₂+H₂O
제2종 분말	탄산수소칼륨 (KHCO₃)	담회색	B, C급	2KHCO₃ → K₂CO₃+CO₂+H₂O
제3종 분말	제일인산암모늄, 인산염 (NH₄H₂PO₄)	담홍색, 황색	A, B, C급	NH₄H₂PO₄ → HPO₃+NH₃+H₂O
제4종 분말	탄산수소칼륨 +요소 [KHCO₃ +(NH₂)₂CO]	회 색	B, C급	2KHCO₃+(NH₂)₂CO → K₂CO₃+2NH₃ +2CO₂

07

고비점유 화재 시 무상주수하여 가연성 증기의 발생을 억제함으로써 기름의 연소성을 상실시키는 소화효과는?

① 억제효과   ② 제거효과
③ 유화효과   ④ 파괴효과

해설 **유화효과** : 중유와 같이 고비점의 위험물 화재 시 무상주수하여 가연성 증기의 발생을 억제함으로써 기름의 연소성을 상실시키는 소화효과이다.

08

할로겐화합물 소화약제의 구성 원소가 아닌 것은?

① 염 소   ② 브 롬
③ 네 온   ④ 탄 소

해설 **할로겐화합물 소화약제의 구성 원소** : 플루오린(불소, F), 염소(Cl), 브롬(Br), 아이오딘(요오드, I) , 탄소(C)

09

다음 중 인화점이 가장 낮은 물질은?

① 경 유   ② 메틸알코올
③ 이황화탄소   ④ 등 유

해설 인화점

종 류	경 유	메틸 알코올	이황화 탄소	등 유
인화점	50~70[℃]	11[℃]	−30[℃]	40~70[℃]

10

건물 내에서 화재가 발생하여 실내온도가 20[℃]에서 600[℃]까지 상승하였다면 온도 상승만으로 건물 내외 공기 부피는 처음의 약 몇 배 정도 팽창하는가? (단, 화재로 인한 압력의 변화는 없다고 가정한다)

① 3   ② 9
③ 15   ④ 30

해설 **보일-샤를의 법칙** : 기체가 차지하는 부피는 압력에 반비례하고 절대온도에 비례한다.

$$\frac{P_1 V_1}{T_1} = \frac{P_2 V_2}{T_2} , \ V_2 = V_1 \times \frac{P_1}{P_2} \times \frac{T_2}{T_1}$$

$$\therefore \ V_2 = V_1 \times \frac{T_2}{T_1}$$

$$= 1 \times \frac{(273+600)[\text{K}]}{(273+20)[\text{K}]} = 2.98$$

11
건축물 화재에서 플래시 오버(Flash Over) 현상이 일어나는 시기는?

① 초기에서 성장기로 넘어가는 시기
② 성장기에서 최성기로 넘어가는 시기
③ 최성기에서 감쇠기로 넘어가는 시기
④ 감쇠기에서 종기로 넘어가는 시기

해설 플래시오버 발생 시기
: 성장기에서 최성기로 넘어가는 단계

12
화재하중 계산 시 목재의 단위발열량은 약 몇 [kcal/kg]인가?

① 3,000   ② 4,500
③ 9,000   ④ 12,000

해설 화재하중

$$Q = \frac{\sum(G_t \times H_t)}{H \times A} = \frac{Q_t}{4,500 \times A}$$

여기서, Q : 화재하중[kg/m^2]
  G_t : 가연물의 질량[kg]
  H_t : 가연물의 단위발열량[kcal/kg]
  H : 목재의 단위발열량(4,500[kcal/kg])
  A : 화재실의 바닥면적[m^2]
  Q_t : 가연물의 전발열량[kcal]

13
위험물의 유별에 따른 대표적인 성질의 연결이 옳지 않은 것은?

① 제1류 : 산화성 고체
② 제2류 : 가연성 고체
③ 제4류 : 인화성 액체
④ 제5류 : 산화성 액체

해설 위험물의 성질

유별	제1류	제2류	제3류	제4류	제5류	제6류
성질	산화성 고체	가연성 고체	자연발화성 및 금수성 물질	인화성 액체	자기 반응성 물질	산화성 액체

14
같은 원액으로 만들어진 포의 특성에 관한 설명으로 옳지 않은 것은?

① 발포배율이 커지면 환원시간은 짧아진다.
② 환원시간이 길면 내열성이 떨어진다.
③ 유동성이 좋으면 내열성이 떨어진다.
④ 발포배율이 작으면 유동성이 떨어진다.

해설 환원시간이 길면 내열성이 좋아진다.

15
가연물의 종류에 따른 화재의 분류방법 중 유류화재를 나타내는 것은?

① A급 화재   ② B급 화재
③ C급 화재   ④ D급 화재

해설 화재의 종류

구 분 \ 급 수	A급	B급	C급	D급
화재의 종류	일반화재	유류 및 가스화재	전기화재	금속화재
표시색	백 색	황 색	청 색	무 색

16
제2류 위험물에 해당하지 않는 것은?

① 유 황   ② 황화인
③ 적 린   ④ 황 린

해설 황린 : 제3류 위험물

17
다음 중 방염대상물품이 아닌 것은?

① 카 펫
② 무대용 합판
③ 창문에 설치하는 커튼
④ 두께 2[mm] 미만인 종이벽지

해설 **방염대상물품**
- 창문에 설치하는 커튼류(브라인드를 포함)
- 카펫, 두께가 2[mm] 미만인 벽지류로서 종이벽지를 제외한 것
- 전시용 합판 또는 섬유판, 무대용 합판 또는 섬유판
- 암막·무대막(영화 및 비디오물의 진흥에 관한 법률에 따른 영화상영관에 설치하는 스크린을 포함)

해설 **화재의 손실정도**
- 부분소 화재 : 전소화재, 반소화재에 해당하지 않는 것
- 반소 화재 : 건축물에 화재가 발생하여 건축물의 30[%] 이상 70[%] 미만 소실된 상태
- 전소 화재 : 건축물에 화재가 발생하여 건축물의 70[%] 이상이 소실된 상태

> 훈소 화재 : 물질이 착화하여 불꽃 없이 연기를 내면서 연소하다가 어느 정도 시간이 지나면서 발염될 때까지의 연소 상태로서 화재 초기에 많이 발생한다.

18
화재의 일반적 특성이 아닌 것은?

① 확대성   ② 정형성
③ 우발성   ④ 불안정성

해설 화재의 일반적인 특성 : 확대성, 우발성, 불안정성

19
공기 중에서 연소상한값이 가장 큰 물질은?

① 아세틸린   ② 수 소
③ 가솔린   ④ 프로판

해설 **연소범위**

종 류	아세틸렌	수 소	가솔린	프로판
연소범위	2.5~81[%]	4.0~75[%]	1.4~7.6[%]	2.1~9.5[%]

20
화재에 대한 건축물의 손실정도에 따른 화재형태를 설명한 것으로 옳지 않은 것은?

① 부분소 화재란 전소화재, 반소화재에 해당하지 않는 것을 말한다.
② 반소화재란 건축물에 화재가 발생하여 건축물의 30[%] 이상 70[%] 미만 소실된 상태를 말한다.
③ 전소화재란 건축물에 화재가 발생하여 건축물의 70[%] 이상이 소실된 상태를 말한다.
④ 훈소화재란 건축물에 화재가 발생하여 건축물의 10[%] 이하가 소실된 상태를 말한다.

제 2 과목   소방전기일반

21
전기화재의 원인이 되는 누전전류를 검출하기 위해 사용되는 것은?

① 접지계전기   ② 영상변류기
③ 계기용변압기   ④ 과전류계전기

해설 **영상변류기(ZCT)**
영상(지락, 누설)전류 검출

22
$i = I_m \sin \omega t$인 정현파에서 순시값과 실횻값이 같아지는 위상은 몇 도인가?

① 30°   ② 45°
③ 50°   ④ 60°

해설 정현파의 실횻값은 $I = \dfrac{I_m}{\sqrt{2}}$이며, 순시값은
$i = I_m \sin \omega t$이므로 두 값이 같아지는 위상은
$\dfrac{I_m}{\sqrt{2}} = I_m \sin \omega t$에서 $\sin \omega t = \dfrac{1}{\sqrt{2}}$이므로
$\omega t = \theta = 45°$이다.

23
다음 그림을 논리식으로 표현한 것은?

① $X(Y+Z)$
② XYZ
③ $XY+ZY$
④ $(X+Y)(X+Z)$

해설 논리식 : $(X+Y)(X+Z) = XX+XZ+XY+YZ$
$\qquad = X(1+Z+Y)+YZ$
$\qquad = X+YZ$

24
조작량(Manipulated Variable)은 제어요소에서 무엇에 인가되는 양인가?

① 조작대상
② 제어대상
③ 측정대상
④ 입력대상

해설 **조작량** : 제어요소에서 제어대상에 인가되는 양

25
온도보상장치에 사용되는 소자인 NTC형 서미스터의 저항값과 온도의 관계를 옳게 설명한 것은?

① 저항값은 온도에 비례한다.
② 저항값은 온도에 반비례한다.
③ 저항값은 온도의 제곱에 비례한다.
④ 저항값은 온도의 제곱에 반비례한다.

해설 서미스터 특징(NCT형)
  • 온도보상용
  • 부(−)저항온도계수 $\left(온도 \propto \dfrac{1}{저항}\right)$

26
반지름이 1[m]인 원형 코일에서 중심점에서의 자계의 세기가 1[AT/m]라면 흐르는 전류는 몇 [A]인가?

① 1
② 2
③ 3
④ 4

해설 원형 코일 자계의 세기 $H = \dfrac{I}{2r}$ 에서
전류 : $I = 2rH = 2 \times 1 \times 1 = 2[A]$

27
60[Hz]의 3상 전압을 전파정류하면 맥동주파수는?

① 120[Hz]
② 240[Hz]
③ 360[Hz]
④ 720[Hz]

해설 정류작용

구 분	정류율	맥동률	맥동주파수
단상반파	$E_d = 0.45E$	1.21	60[Hz]
단상전파	$E_d = 0.90E$	0.482	120[Hz]
3상반파	$E_d = 1.17E$	0.183	180[Hz]
3상전파	$E_d = 1.35E$	0.042	360[Hz]

맥동주파수 $= 6f = 6 \times 60 = 360[Hz]$

28
제어요소의 구성으로 옳은 것은?

① 검출부와 비교부
② 조작부와 검출부
③ 검출부와 조절부
④ 조작부와 조절부

해설 제어요소(Control Element)
  • 조절부＋조작부로 구성되어 있다.
  • 동작신호를 조작량으로 변화시켜 제어대상에게 신호전달

29
A급 싱글 전력증폭기에 관한 설명으로 옳지 않은 것은?

① 바이어스점은 부하선이 거의 가운데인 중앙점에 취한다.
② 회로의 구성이 매우 복잡하다.
③ 출력용의 트랜지스터가 1개이다.
④ 찌그러짐이 적다.

해설 A급 증폭기는 구성이 간단하게 하나의 TR로 구성할 수 있고, 효율이 낮고 전력의 소비가 많은 편이다.

30
다음 중 3상 유도전동기에 속하는 것은?

① 권선형 유도전동기
② 셰이딩코일형 전동기
③ 분상기동형 전동기
④ 콘덴서기동형 전동기

[해설] **3상 유도전동기** : 농형, 권선형

31
다음 중 직류전동기의 제동법이 아닌 것은?

① 회생제동   ② 정상제동
③ 발전제동   ④ 역전제동

[해설] **직류전동기의 제동법**
- 회생제동
- 발전제동
- 역상제동

32
그림과 같이 전압계 V_1, V_2, V_3와 5[Ω]의 저항 R을 접속하였다. 전압계의 지시가 V_1=20, V_2=40, V_3=50[V]라면 부하전력은 몇 [W]인가?

① 50   ② 100
③ 150   ④ 200

[해설] **3전압계법**
$$P = \frac{1}{2r}(V_3^2 - V_1^2 - V_2^2)$$
$$= \frac{1}{2 \times 5}(50^2 - 20^2 - 40^2) = 50[\text{W}]$$

33
확산형 트랜지스터에 관한 설명으로 옳지 않은 것은?

① 불활성가스 속에서 확산시킨다.
② 단일 확산형과 2중 확산형이 있다.
③ 이미터, 베이스의 순으로 확산시킨다.
④ 기체반도체가 용해하는 것보다 낮은 온도에서 불순물을 확산시킨다.

[해설] 캐리어 확산형 트랜지스터에서 이미터에서 베이스에 주입된 소수 캐리어가 베이스 내에서 확산현상에 의해서만 이동하는 트랜지스터로, 편이형 트랜지스터에 비교되는 것으로 접합 트랜지스터라고 하면 이 형을 말한다. 편이형보다 캐리어의 이동 속도가 느리므로 고주파에서의 동작이 제한된다. 저주파용 트랜지스터는 대부분 확산형 트랜지스터이다.

34
전원을 넣자마자 곧바로 점등되는 형광등용 안정기는?

① 글로우 스타트식   ② 필라멘트 단락식
③ 래피드 스타트식   ④ 점등관식

[해설] **래피드 스타트형 안정기** : 스타트램프 없이 전원을 넣자마자 점등되는 형광등 안정기

35
제어량에 따라 분류되는 자동제어로 옳은 것은?

① 정치(Fixed Value) 제어
② 비율(Ratio) 제어
③ 프로세스(Process) 제어
④ 시퀀스(Sequence) 제어

[해설] **제어량에 의한 분류**
- 서보기구
- 자동조정
- 프로세스제어

36

전류계의 오차율 ±2[%], 전압계의 오차율 ±1[%]인 계기로 저항을 측정하면 저항의 오차율은 몇 %인가?

① ±0.5[%] ② ±1[%]

③ ±3[%] ④ ±7[%]

해설 오차율[%] = ±2[%] + ±1[%] = ±3[%]

37

전압변동률이 20[%]인 정류회로에서 무부하전압이 24[V]인 경우 부하전압은 몇 [V]인가?

① 19.2 ② 20

③ 21.6 ④ 22.6

해설 부하전압 : $V = \dfrac{V_0}{1+\varepsilon} = \dfrac{24}{1+0.2} = 20[\text{V}]$

38

두 종류의 금속으로 폐회로를 만들어 전류를 흘리면 양 접속점에서 한 쪽은 온도가 올라가고 다른 쪽은 온도가 내려가는 현상은?

① 펠티에 효과 ② 제벡 효과

③ 톰슨 효과 ④ 홀 효과

해설 펠티에효과 : 두 종류의 금속선으로 폐회로를 만들 어 전류를 흘리면 그 접합점에서 열이 흡수, 발생(전자냉동에 이용)

39

그림과 같은 정현파에서 $v = V_m\sin(\omega t+\theta)$의 주기 T로 옳은 것은?

① $\dfrac{4\pi}{\omega}$ ② $\dfrac{2\pi}{\omega}$

③ $\dfrac{\omega^2}{2\pi}$ ④ $4\pi f^2$

해설 정현파 주기 $T = \dfrac{1}{f}$ 이고

각속도 $\omega = 2\pi f$ 에서 $f = \dfrac{\omega}{2\pi}$[Hz]

∴ $T = \dfrac{1}{f} = \dfrac{2\pi}{\omega}$ 이다.

40

지멘스(Simens)는 무엇의 단위인가?

① 비저항 ② 도전률

③ 컨덕턴스 ④ 자 속

해설 **지멘스(Simens)**
컨덕턴스(Conductance)의 단위[S]
$G = \dfrac{1}{R}[\mho][\text{S}][\Omega^{-1}]$

제 **3** 과목 | **소방관계법규**

41

방염성능기준 이상의 실내장식물 등을 설치하여야 하는 특정소방대상물에 해당하지 않는 것은?

① 숙박시설

② 노유자시설

③ 층수가 11층 이상의 아파트

④ 건축물의 옥내에 있는 종교시설

해설 층수에 관계없이 아파트는 방염성능 이상의 실내장식물로 할 필요는 없다.

42

다음 중 위험물의 성질이 자기반응성 물질에 속하지 않는 것은?

① 유기과산화물 ② 무기과산화물

③ 하이드라진 유도체 ④ 나이트로화합물

해설 무기과산화물 : 제1류 위험물(산화성 고체)

43
소방기본법상 화재경계지구에 대한 소방특별조사권자는 누구인가?

① 시·도지사
② 소방본부장·소방서장
③ 한국소방안전원장
④ 행정자치부장관

해설 소방특별조사권자 : 소방청장, 소방본부장 또는 소방서장

44
점포에서 위험물을 용기에 담아 판매하기 위하여 위험물을 취급하는 판매취급소는 위험물안전관리법상 지정수량의 몇 배 이하의 위험물까지 취급할 수 있는가?

① 지정수량의 5배 이하
② 지정수량의 10배 이하
③ 지정수량의 20배 이하
④ 지정수량의 40배 이하

해설 판매취급소 : 지정수량의 40배 이하의 위험물을 취급

45
특정소방대상물의 관계인이 피난시설 또는 방화시설의 폐쇄·훼손·변경 등의 행위를 했을 때 과태료 처분으로 옳은 것은?

① 100만원 이하
② 200만원 이하
③ 300만원 이하
④ 500만원 이하

해설 특정소방대상물의 관계인이 피난시설 또는 방화시설의 폐쇄·변경 등의 행위를 했을 때 과태료 : 300만원 이하

46
소방시설공사업법상 소방시설공사에 관한 발주자의 권한을 대행하여 소방시설공사가 설계도서 및 관계 법령에 따라 적법하게 시공되는지 여부의 확인과 품질·시공 관리에 대한 기술지도를 수행하는 영업은 무엇인가?

① 소방시설유지업
② 소방시설설계업
③ 소방시설공사업
④ 소방공사감리업

해설 소방공사감리업 : 소방시설공사에 관한 발주자의 권한을 대행하여 소방시설공사가 설계도서 및 관계 법령에 따라 적법하게 시공되는지 여부의 확인과 품질·시공 관리에 대한 기술지도를 수행하는 영업

47
소방시설관리업 등록의 결격사유에 해당되지 않는 것은?

① 피성년후견인
② 집행이 면제된 날부터 2년이 지나지 아니한 사람
③ 소방시설관리업의 등록이 취소된 날로부터 2년이 지난 자
④ 금고 이상의 형의 집행유예를 선고받고 그 유예기간 중에 있는 자

해설 소방시설관리업 등록의 결격사유
• 피성년후견인
• 금고 이상의 실형을 선고받고 그 집행이 끝나거나 집행이 면제된 날부터 2년이 지나지 아니한 사람
• 금고 이상의 형의 집행유예를 선고받고 그 유예기간 중에 있는 사람
• 소방시설관리업의 등록이 취소된 날로부터 2년이 지나지 아니한 사람
• 임원 중에 이상의 어느 하나에 해당하는 사람이 있는 법인

48
제4류 위험물 제조소의 경우 사용전압이 22[kV]인 특고압 가공전선이 지나갈 때 제조소의 외벽과 가공전선 사이의 수평거리(안전거리)는 몇 [m] 이상이어야 하는가?

① 2
② 3
③ 5
④ 10

해설 제조소 등의 안전거리

건축물	안전거리
사용전압 7,000[V] 초과 35,000[V] 이하의 특고압 가공전선	3[m] 이상

49
소방시설공사업의 상호 · 영업소 소재지가 변경된 경우 제출하여야 하는 서류는?

① 소방기술인력의 자격증 및 자격수첩
② 소방시설업 등록증 및 등록수첩
③ 법인등기부등본 및 소방기술인력 연명부
④ 사업자등록증 및 소방기술인력의 자격증

해설 공사업의 등록사항 변경신고 시 제출서류
상호(명칭) · 영업소 소재지가 변경된 경우
: 소방시설업 등록증 및 등록수첩

50
소방안전관리자가 작성하는 소방계획서의 내용에 포함되지 않는 것은?

① 소방시설공사 하자의 판단기준에 관한 사항
② 소방시설 · 피난시설 및 방화시설의 점검 · 정비 계획
③ 공동 및 분임 소방안전관리에 관한 사항
④ 소화 및 연소 방지에 관한 사항

해설 소방계획서의 내용
• 소방안전관리대상물의 위치 · 구조 · 연면적 · 용도 및 수용인원 등 일반현황
• 소방안전관리대상물에 설치한 소방시설, 방호시설, 전기시설, 가스시설 및 위험물시설의 현황
• 소방시설 · 피난시설 및 방화시설의 점검 · 정비 계획
• 공동 및 분임 소방안전관리에 관한 사항
• 소화 및 연소 방지에 관한 사항 등

51
소방시설 중 화재를 진압하거나 인명구조활동을 위하여 사용하는 설비로 정의되는 것은?

① 소화활동설비   ② 피난설비
③ 소화용수설비   ④ 소화설비

해설 소화활동설비 : 화재를 진압하거나 인명구조활동을 위하여 사용하는 설비

52
소방기본법상 화재의 예방조치 명령이 아닌 것은?

① 불장난 · 모닥불 · 흡연 및 화기취급의 금지 또는 제한
② 타고 남은 불 또는 화기의 우려가 있는 재의 처리
③ 함부로 버려두거나 그냥 둔 위험물, 그 밖에 탈 수 있는 물건을 옮기거나 치우게 하는 등의 조치
④ 불이 번지는 것을 막기 위하여 불이 번질 우려가 있는 소방대상물의 사용 제한

해설 화재의 예방조치 등
• 불장난, 모닥불, 흡연, 화기 취급 그 밖에 화재예방상 위험하다고 인정되는 행위의 금지 또는 제한
• 타고 남은 불 또는 화기가 있을 우려가 있는 재의 처리
• 함부로 버려두거나 그냥 둔 위험물 그 밖에 불에 탈 수 있는 물건을 옮기거나 치우게 하는 등의 조치

53
소방시설 중 연결살수설비는 어떤 설비에 속하는가?

① 소화설비   ② 구조설비
③ 피난구조설비   ④ 소화활동설비

해설 연결살수설비 : 소화활동설비

54
소방본부장 또는 소방서장이 원활한 소방활동을 위하여 행하는 지리조사의 내용에 속하지 않는 것은?

① 소방대상물에 인접한 도로의 폭
② 소방대상물에 인접한 도로의 교통상황
③ 소방대상물에 인접한 도로주변의 토지의 고저
④ 소방대상물에 인접한 지역에 대한 유동인원의 현황

해설 소방용수시설 및 지리조사의 내용
• 소방용수시설에 대한 조사
• 소방대상물에 인접한 도로의 폭, 교통상황, 도로주변의 토지의 고저, 건축물의 개황 그 밖의 소방활동에 필요한 지리에 대한 조사

55

지정수량의 몇 배 이상의 위험물을 취급하는 제조소에는 화재예방을 위한 예방규정을 정하여야 하는가?

① 10배   ② 20배

③ 30배   ④ 50배

해설 예방규정을 정하여야 하는 제조소 등
- 지정수량의 10배 이상의 위험물을 취급하는 제조소, 일반취급소
- 지정수량의 100배 이상의 위험물을 저장하는 옥외저장소
- 지정수량의 150배 이상의 위험물을 저장하는 옥내저장소
- 지정수량의 200배 이상의 위험물을 저장하는 옥외탱크저장소
- 암반탱크저장소, 이송취급소

56

소방기술자의 자격의 정지 및 취소에 관한 기준 중 1차 행정처분기준이 자격정지 1년에 해당되는 경우는?

① 자격수첩을 다른 자에게 빌려준 경우

② 동시에 둘 이상의 업체에 취업한 경우

③ 거짓이나 그 밖의 부정한 방법으로 자격수첩을 발급받은 경우

④ 업무수행 중 해당 자격과 관련하여 중대한 과실로 다른 자에게 손해를 입히고 형의 선고를 받은 경우

해설 소방기술자의 자격의 정지 및 취소에 관한 기준

위반사항	근거 법령	행정처분		
		1차	2차	3차
① 거짓이나 그 밖의 부정한 방법으로 자격수첩 또는 경력수첩을 발급받은 경우	법 제28조 제4항	자격 취소		
② 법 제27조 제2항을 위반하여 자격수첩 또는 경력수첩을 다른 자에게 빌려준 경우	법 제28조 제4항	자격 취소		
③ 법 제27조 제3항을 위반하여 동시에 둘 이상의 업체에 취업한 경우	법 제28조 제4항	자격 정지 1년	자격 취소	

57

소방기본법상 5년 이하의 징역 또는 5,000만원 이하의 벌금에 해당하는 위반사항이 아닌 것은?

① 정당한 사유 없이 소방용수시설을 사용하거나 소방용수시설의 효용을 해하거나 그 정당한 사용을 방해한 자

② 화재현장에서 사람을 구출하는 일 또는 불을 끄거나 불이 번지지 아니하도록 하는 일을 방해한 자

③ 불이 번질 우려가 있는 소방대상물 및 토지를 일시적으로 사용하거나 그 사용의 제한 또는 소방활동에 필요한 처분을 방해한 자

④ 화재진압을 위하여 출동하는 소방자동차의 출동을 방해한 자

해설 불이 번질 우려가 있는 소방대상물 및 토지를 일시적으로 사용하거나 그 사용의 제한 또는 소방활동에 필요한 처분을 방해한 자
: 3년 이하의 징역 또는 3,000만원 이하의 벌금

58

일반음식점에서 조리를 위해 불을 사용하는 설비를 설치할 때 지켜야 할 사항의 기준으로 옳지 않은 것은?

① 주방시설에는 동물 또는 식물의 기름을 제거할 수 있는 필터 등을 설치할 것

② 열을 발생하는 조리기구는 반자 또는 선반에서 50[cm] 이상 떨어지게 할 것

③ 주방시설에 부속된 배기덕트는 0.5[mm] 이상의 아연도금강판 또는 이와 동등 이상의 내식성 불연재료로 설치할 것

④ 열을 발생하는 조리기구로부터 15[cm] 이내의 거리에 있는 가연성 주요 구조부는 석면판 또는 단열성이 있는 불연재료로 덮어씌울 것

해설 일반음식점에서 조리를 위해 불을 사용하는 경우 지켜야 할 사항
- 주방시설에 부속된 배기덕트는 0.5[mm] 이상의 아연도금강판 또는 이와 동등 이상의 내식성 불연재료로 설치할 것
- 주방시설에는 동물 또는 식물의 기름을 제거할 수 있는 필터 등을 설치할 것
- 열을 발생하는 조리기구는 반자 또는 선반에서

- 60[cm] 이상 떨어지게 할 것
- 열을 발생하는 조리기구로부터 15[cm] 이내의 거리에 있는 가연성 주요 구조부는 석면판 또는 단열성이 있는 불연재료로 덮어씌울 것

59

다음 중 특수가연물에 해당되지 않는 것은?

① 사류 1,000[kg]
② 면화류 200[kg]
③ 나무껍질 및 대패밥 400[kg]
④ 넝마 및 종이부스러기 500[kg]

해설 특수가연물의 기준수량

종 류	기준수량
사 류	1,000[kg] 이상
면화류	200[kg] 이상
나무껍질 및 대팻밥	400[kg] 이상
넝마 및 종이부스러기	1,000[kg] 이상

60

형식승인대상 소방용품에 해당하지 않는 것은?

① 관 창
② 공기안전매트
③ 피난사다리
④ 방염액

해설 공기안전매트는 형식승인을 받아야 할 소방용품이 아니다.

제 **4** 과목   **소방전기시설의 구조 및 원리**

61

소방회로용으로 수전설비, 변전설비, 그 밖의 기기 및 배선을 금속제 외함에 수납한 것은?

① 전용분전반
② 공용분전반
③ 전용큐비클식
④ 공용큐비클식

해설 전용큐비클식 배전반 : 소방회로용의 것으로 수전설비, 배전설비 그 밖의 기기 및 배선을 금속제 외함에 수납한 것

62

무선통신보조설비에 사용되는 용어의 설명이 틀린 것은?

① 분파기 : 임피던스 매칭과 신호 균등분배를 위해 사용하는 장치
② 혼합기 : 두 개 이상의 입력신호를 원하는 비율로 조합한 출력이 발생하도록 하는 장치
③ 증폭기 : 신호 전송 시 신호가 약해져 수신이 불가능해지는 것을 방지하기 위해서 증폭하는 장치
④ 누설동축케이블 : 동축케이블의 외부도체에 가느다란 홈을 만들어서 전파가 외부로 새어나갈 수 있도록 한 케이블

해설 분파기 : 서로 다른 주파수의 합성된 신호를 분리하기 위해서 사용하는 장치를 말한다.

63

다음 비상전원 및 배터리 중 최소용량이 가장 큰 것은?

① 지하층을 제외한 11층 미만의 유도등 비상전원
② 비상조명등의 비상전원
③ 휴대용비상조명등의 충전식 배터리용량
④ 무선통신보조설비 증폭기의 비상전원

해설 비상전원의 용량

설비의 종류	비상전원 용량(이상)
자동화재탐비설비, 자동화재속보설비, 비상경보설비	10분
제연설비, 비상콘센트설비, 옥내소화전설비, 유도등	20분
무선통신보조설비의 증폭기	30분

64

휴대용비상조명등의 설치기준으로 옳지 않은 것은?

① 숙박시설 또는 다중이용업소에는 객실 또는 영업장 안의 구획된 실마다 잘 보이는 곳에 1개 이상 설치
② 대규모점포에는 보행거리 30[m] 이내마다 2개 이상 설치
③ 영화상영관에는 보행거리 50[m] 이내마다 3개 이상 설치
④ 지하역사에는 보행거리 25[m]마다 3개 이상 설치

안심Touch

해설 비상조명등 설치기준
- 대규모 점포, 영화상영관 : 보행거리 50[m] 이내마다 3개 이상 설치
- 숙박시설, 다중이용업소 : 1개 이상 설치
- 지하상가, 지하역사 : 보행거리 25[m] 이내마다 3개 이상 설치
- 설치 높이 : 0.8~1.5[m] 이하
- 배터리 용량 : 20분 이상

65

비상콘센트 풀박스 등의 두께는 최소 몇 [mm] 이상의 철판을 사용하여야 하는가?

① 1.2[mm]　　② 1.5[mm]
③ 1.6[mm]　　④ 2.0[mm]

해설 비상콘센트 풀박스 두께 : 1.6[mm] 이상 철판

66

비상방송설비의 설치기준으로 옳지 않은 것은?

① 음량조정기의 배선은 3선식으로 할 것
② 확성기 음성입력은 5[W] 이상일 것
③ 다른 전기회로에 따라 유도장애가 생기지 아니하도록 할 것
④ 조작스위치는 바닥으로부터 0.8[m] 이상 1.5[m] 이하의 높이에 설치할 것

해설 비상방송설비의 설치기준
- 확성기의 음성입력
  - 실내 1[W] 이상
  - 실외 3[W] 이상
- 확성기 설치 : 수평거리가 25[m] 이하
- 음량조정기의 배선 : 3선식
- 조작부의 조작 스위치 : 0.8[m] 이상 1.5[m] 이하
- 비상방송개시 소요시간 : 10초 이내

67

다음 (㉠), (㉡)에 들어갈 내용으로 옳은 것은?

> 비상경보설비의 비상벨설비는 그 설비에 대한 감시 상태를 (㉠)간 지속한 후 유효하게 (㉡) 이상 경보 할 수 있는 축전지 설비를 설치하여야 한다.

① ㉠ 30분, ㉡ 30분
② ㉠ 30분, ㉡ 10분
③ ㉠ 60분, ㉡ 60분
④ ㉠ 60분, ㉡ 10분

해설 비상경보설비(비상벨, 자동식사이렌)는 60분 감시지속 후 10분 이상 유효하게 경보할 수 있는 축전지 설비하여야 한다.

68

피난기구의 설치기준으로 옳지 않은 것은?

① 숙박시설·노유자시설 및 의료시설은 그 층의 바닥면적 500[m]마다 1개 이상 설치
② 계단실형 아파트의 경우는 각 층마다 1개 이상 설치
③ 복합용도의 층은 그 층의 바닥면적 800[m²]마다 1개 이상 설치
④ 주택법 시행령 제48조의 따른 아파트의 경우 하나의 관리주체가 관리하는 아파트 구역마다 공기안전매트 1개 이상 설치

해설 층마다 설치하되, 숙박시설·노유자시설 및 의료시설로 사용되는 층에 있어서는 그 층의 바닥면적 500[m²]마다, 위락시설·문화집회 및 운동시설·판매시설로 사용되는 층 또는 복합용도의 층(하나의 층이 화재예방, 소방시설 설치·유지 및 안전관리에 관한 법률 시행령 별표 2 제1호 내지 제4호 또는 제8호 내지 제18호 중 2 이상의 용도로 사용되는 층을 말한다)에 있어서는 그 층의 바닥면적 800[m²]마다, 계단실형 아파트에 있어서는 각 세대마다, 그 밖의 용도의 층에 있어서는 그 층의 바닥면적 1,000[m²]마다 1개 이상 설치할 것

69

부착높이가 15[m] 이상 20[m] 미만에 적응성이 있는 감지기가 아닌 것은?

① 이온화식 1종감지기 ② 연기복합형감지기

③ 불꽃감지기 ④ 차동식 분포형감지기

해설 감지기 설치높이

설치높이	감지기의 종류
15[m] 이상 20[m] 미만	· 이온화식 1종 · 광전식 1종 · 연기복합형 · 불꽃감지기

70

자동화재속보설비 속보기의 예비전원에 대한 안전장치시험을 할 경우 1/5[C] 이상 1[C] 이하의 전류로 역충전하는 경우 안전장치가 작동해야 하는 시간의 기준은?

① 1시간 이내 ② 2시간 이내

③ 3시간 이내 ④ 5시간 이내

해설 안전장치시험

예비전원은 1/5[C] 이상 1[C] 이하의 전류로 역충전하는 경우 5시간 이내에 안전장치가 작동하여야 하며, 외관이 부풀어 오르거나 누액 등이 생기지 아니하여야 한다.

71

열전대식 감지기의 구성요소가 아닌 것은?

① 열전대 ② 미터릴레이

③ 접속전선 ④ 공기관

해설 열전대식 감지기의 구성
 : 열전대, 미터릴레이, 접속전선

72

누전경보기의 기능검사 항목이 아닌 것은?

① 단락전압시험 ② 절연저항시험

③ 온도특성시험 ④ 단락전류감도시험

해설 변류기의 기능검사
- 절연저항시험
- 절연내력시험
- 충격파내전압시험
- 단락전류시험
- 노화시험
- 온도특성시험
- 진동시험
- 충격시험
- 전로개폐시험
- 과누전시험
- 방수시험
- 전압강하방지시험

73

누전경보기의 수신부는 그 정격전압에서 최소 몇 회의 누전작동 반복시험을 실시하는 경우 구조 및 기능에 이상이 생기지 않아야 하는가?

① 1만회 ② 2만회

③ 3만회 ④ 5만회

해설 누전경보기의 반복시험 : 10,000회

74

자동화재탐지설비의 발신기는 건축물의 각 부분으로부터 하나의 발신기까지 수평거리는 최대 몇 [m] 이하인가?

① 25[m] ② 50[m]

③ 100[m] ④ 150[m]

해설 발신기는 특정소방대상물의 층마다 설치하되, 해당 특정소방대상물의 각 부분으로부터 하나의 발신기까지의 수평거리가 25[m] 이하가 되도록 할 것

75

자동화재탐지설비에 있어서 지하구의 경우 하나의 경계구역의 길이는?

① 700[m] 이하 ② 800[m] 이하

③ 900[m] 이하 ④ 1,000[m] 이하

해설 경계구역의 설치기준
지하구의 경계구역의 길이 : 700[m] 이하

76

누전경보기의 전원은 분전반으로부터 전용회로로 하고 각 극에는 최대 몇 [A] 이하의 과전류 차단기를 설치해야 하는가?

① 5   ② 15

③ 25   ④ 35

해설 **누전경보기의 전원**
- 과전류 차단기 : 15[A] 이하
- 배선용 차단기 : 20[A] 이하

77

P형 1급 발신기에 연결해야 하는 회선은?

① 지구선, 공통선, 소화선, 전화선
② 지구선, 공통선, 응답선, 전화선
③ 지구선, 공통선, 발신기선, 응답선
④ 신호선, 공통선, 발신기선, 응답선

해설 **P형 1급 발신기 회선** : 지구선, 공통선, 발신기선, 전화선
(회로선 = 지구선 = 신호선 등)

78

무성통신보조설비의 누설동축케이블 및 공중선은 고압의 전로로부터 몇 [m] 이상 떨어진 위치에 설치해야 하는가?

① 1.5   ② 4.0

③ 100   ④ 300

해설 누설동축케이블 및 공중선은 고압의 전로로부터 1.5 [m] 이상 떨어진 위치에 설치할 것(단, 해당 전로에 정전기 차폐장치를 유효하게 설치한 경우에는 제외)

79

비상경보설비함 상부에 설치하는 발신기 위치표시등의 불빛은 부착지점으로부터 몇 [m] 이내 떨어진 위치에서도 쉽게 식별할 수 있어야 하는가?

① 5   ② 10

③ 15   ④ 20

해설 **비상경보설비 및 비상방송설비 설치기준**
- 발신기위치표시등은 함의 상부에 설치할 것(불빛은 부착면 15° 이상 범위에서 부착지점으로부터 10[m] 이내에서 식별할 수 있는 적색등일 것)

80

비상콘센트설비의 전원공급회로의 설치기준으로 옳지 않은 것은?

① 전원회로는 단상 교류 220[V]인 것으로 한다.
② 전원회로의 공급용량은 1.5[kVA] 이상의 것으로 한다.
③ 전원회로는 주배전반에서 전용회로로 한다.
④ 하나의 전용회로에 설치하는 비상콘센트는 10개 이상으로 한다.

해설 하나의 전용회로에 설치하는 비상콘센트는 10개 이하로 할 것

2016년 3월 6일 시행

제 1 회

제 1 과목 | 소방원론

01

증기비중의 정의로 옳은 것은?(단, 보기에서 분자, 분모의 단위는 모두 [g/mol]이다)

① $\dfrac{분자량}{22.4}$ ② $\dfrac{분자량}{29}$

③ $\dfrac{분자량}{44.8}$ ④ $\dfrac{분자량}{100}$

해설 증기비중

$$증기비중 = \dfrac{분자량}{29}$$

02

위험물안전관리법령상 제4류 위험물의 화재에 적응성이 있는 것은?

① 옥내소화전설비 ② 옥외소화전설비

③ 봉상수소화기 ④ 물분무소화설비

해설 제4류 위험물의 적응성
- 물분무소화설비
- 포소화설비
- 이산화탄소소화설비
- 할론소화설비
- 할로겐화합물 및 불활성기체소화설비
- 분말소화설비

03

화재최성기 때의 농도로 유도등이 보이지 않을 정도의 연기 농도는?(단, 감광계수로 나타낸다)

① 0.1[m⁻¹] ② 1[m⁻¹]
③ 10[m⁻¹] ④ 30[m⁻¹]

해설 연기농도와 가시거리

감광계수 [m⁻¹]	가시거리 [m]	상 황
0.1	20~30	연기감지기가 작동할 때의 정도
0.3	5	건물 내부에 익숙한 사람이 피난에 지장을 느낄 정도
0.5	3	어둠침침한 것을 느낄 정도
1	1~2	거의 앞이 보이지 않을 정도
10	0.2~0.5	화재 최성기 때의 정도
30	–	출화실에서 연기가 분출될 때의 연기농도

04

가연성 가스가 아닌 것은?

① 일산화탄소 ② 프로판
③ 수 소 ④ 아르곤

해설 가연성 가스 : 일산화탄소, 프로판, 수소
불연성 가스 : 아르곤, 이산화탄소, 질소

05

위험물안전관리법령상 위험물 유별에 따른 성질이 잘못 연결된 것은?

① 제1류 위험물 – 산화성 고체
② 제2류 위험물 – 가연성 고체
③ 제4류 위험물 – 인화성 액체
④ 제6류 위험물 – 자기반응성 물질

해설 자기반응성 물질 : 제5류 위험물

안심Touch

5-226 제5편 | 과년도 기출문제

06
무창층 여부를 판단하는 개구부로서 갖추어야 할 조건으로 옳은 것은?

① 개구부 크기가 지름 30[cm]의 원이 내접할 수 있는 것
② 해당 층의 바닥면으로부터 개구부 밑 부분까지의 높이가 1.5[m]인 것
③ 내부 또는 외부에서 쉽게 부수거나 열 수 있을 것
④ 창에 방범을 위하여 40[cm] 간격으로 창살을 설치한 것

해설 무창층의 조건
- 크기는 지름 50[cm] 이상의 원이 내접할 수 있는 크기일 것
- 해당 층의 바닥면으로부터 개구부 밑부분까지의 높이가 1.2[m] 이내일 것
- 도로 또는 차량이 진입할 수 있는 빈터를 향할 것
- 화재 시 건축물로부터 쉽게 피난할 수 있도록 창살이나 그 밖의 장애물이 설치되지 아니할 것
- 내부 또는 외부에서 쉽게 부수거나 열 수 있을 것

07
황린의 보관방법으로 옳은 것은?

① 물속에 보관
② 이황화탄소 속에 보관
③ 수산화칼륨 속에 보관
④ 통풍이 잘되는 공기 중에 보관

해설 황린, 이황화탄소 : 물속에 보관

08
가연성 가스나 산소의 농도를 낮추어 소화하는 방법은?

① 질식소화
② 냉각소화
③ 제거소화
④ 억제소화

해설 질식소화 : 공기 중의 산소 농도를 21[%]에서 15[%] 이하로 낮추어 소화하는 방법

09
분말소화약제 중 A급, B급, C급 화재에 모두 사용할 수 있는 것은?

① Na_2CO_3
② $NH_4H_2PO_4$
③ $KHCO_3$
④ $NaHCO_3$

해설 분말소화약제의 종류

종 류	Na_2CO_3	$NH_4H_2PO_4$	$KHCO_3$	$NaHCO_3$
명 칭	탄산 나트륨	제일인산 암모늄	중탄산 칼륨	중탄산 나트륨
적응 화재	–	A, B, C급	B, C급	B, C급

10
화재 발생 시 건축물의 화재를 확대시키는 주요인이 아닌 것은?

① 비 화
② 복사열
③ 화염의 접촉(접염)
④ 흡착열에 의한 발화

해설 건축물 화재의 확대요인 : 접염, 비화, 복사열

11
제2종 분말소화약제가 열분해되었을 때 생성되는 물질이 아닌 것은?

① CO_2
② H_2O
③ H_3PO_4
④ K_2CO_3

해설 분말소화약제

종 별	소화약제	약제의 착색	적응 화재	열분해반응식
제1종 분말	탄산수소나트륨 ($NaHCO_3$)	백 색	B, C급	$2NaHCO_3 \rightarrow Na_2CO_3 + CO_2 + H_2O$
제2종 분말	탄산수소칼륨 ($KHCO_3$)	담회색	B, C급	$2KHCO_3 \rightarrow K_2CO_3 + CO_2 + H_2O$
제3종 분말	제일인산암모늄 ($NH_4H_2PO_4$)	담홍색, 황색	A, B, C급	$NH_4H_2PO_4 \rightarrow HPO_3 + NH_3 + H_2O$
제4종 분말	중탄산칼륨+요소 [$KHCO_3 + (NH_2)_2CO$]	회 색	B, C급	$2KHCO_3 + (NH_2)_2CO \rightarrow K_2CO_3 + 2NH_3 + 2CO_2$

12
제거소화의 예가 아닌 것은?

① 유류화재 시 다량의 포를 방사한다.
② 전기화재 시 신속하게 전원을 차단한다.
③ 가연성 가스 화재 시 가스의 밸브를 닫는다.
④ 산림화재 시 확산을 막기 위하여 산림의 일부를 벌목한다.

해설 유류화재 시 다량의 포를 방사하는 것은 질식소화이다.

13
공기 중에서 수소의 연소범위로 옳은 것은?

① 0.4~4[vol%] ② 1~12.5[vol%]
③ 4~75[vol%] ④ 67~92[vol%]

해설 수소의 연소범위 : 4.0~75[vol%]

14
일반적으로 자연발화의 방지법으로 틀린 것은?

① 습도를 높일 것
② 저장실의 온도를 낮출 것
③ 정촉매 작용을 하는 물질을 피할 것
④ 통풍을 원활하게 하여 열축적을 방지할 것

해설 자연발화의 방지법
• 습도를 낮게 할 것
• 저장실의 온도를 낮출 것
• 정촉매 작용을 하는 물질을 피할 것
• 통풍을 원활하게 하여 열축적을 방지할 것

15
이산화탄소(CO_2)에 대한 설명으로 틀린 것은?

① 임계온도는 97.5[℃]이다.
② 고체의 형태로 존재할 수 있다.
③ 불연성 가스로서 공기보다 무겁다.
④ 상온, 상압에서 기체 상태로 존재한다.

해설 이산화탄소의 임계온도 : 31.35[℃]

16
건물화재 시 패닉(Panic)의 발생원인과 직접적인 관계가 없는 것은?

① 연기에 의한 시계 제한
② 유독가스에 의한 호흡장애
③ 외부와 단절되어 고립
④ 불연내장재의 사용

해설 패닉(Panic)의 발생원인
• 연기에 의한 시계 제한
• 유독가스에 의한 호흡장애
• 외부와 단절되어 고립

17
화학적 소화방법에 해당하는 것은?

① 모닥불에 물을 뿌려 소화한다.
② 모닥불을 모래에 덮어 소화한다.
③ 유류화재를 할론 1301로 소화한다.
④ 지하실 화재를 이산화탄소로 소화한다.

해설 유류화재를 할론 1301로 소화하는 것은 화학적 소화방법이다.

18
목재건축물에서 발생하는 옥외출화 시기를 나타낸 것으로 옳은 것은?

① 창, 출입구 등에 발염착화한 때
② 천장 속, 벽 속 등에서 발염착화한 때
③ 가옥 구조에서는 천장면에 발염착화한 때
④ 불연 천장인 경우 실내의 그 뒷면에 발염착화한 때

해설 옥외출화 시기 : 창, 출입구 등에 발염착화한 때

19
공기 중 산소의 농도는 약 몇 [vol%]인가?

① 10 ② 13
③ 17 ④ 21

해설 공기 중 산소의 농도 : 21[vol%]

20

화재 발생 시 주수소화가 적합하지 않은 물질은?

① 적 린
② 마그네슘분말
③ 과염소산칼륨
④ 유 황

해설 마그네슘분말은 물과 반응하면 가연성 가스인 수소를 발생한다.

$$Mg \ + \ 2H_2O \ \rightarrow \ Mg(OH)_2 \ + \ H_2$$

제 2 과목　소방전기일반

21

저항 6[Ω]과 유도리액턴스 8[Ω]이 직렬로 접속된 회로에 100[V]의 교류전압을 가할 때 흐르는 전류의 크기는 몇 [A]인가?

① 10
② 20
③ 50
④ 80

해설 임피던스 : $Z = \sqrt{R^2 + X_L^2} = \sqrt{6^2 + 8^2} = 10$

전류 : $I = \dfrac{V}{Z} = \dfrac{100}{10} = 10[A]$

22

다음과 같은 블록선도의 전달함수는?

① G/(1+G)
② G/(1−G)
③ 1+G
④ 1−G

해설 피드백 전달함수

$$G(s) = \frac{\text{Pass}}{1 - (\text{Loop})} = \frac{G}{1 - (-G)} = \frac{G}{1 + G}$$

23

콘덴서와 정전유도에 관한 설명으로 틀린 것은?

① 정전용량이란 콘덴서가 전하를 축적하는 능력을 말한다.
② 콘덴서에서 전압을 가하는 순간 콘덴서는 단락 상태가 된다.
③ 정전유도에 의하여 작용하는 힘은 반발력이다.
④ 같은 부호의 전하끼리는 반발력이 생긴다.

해설 **콘덴서와 정전유도**
• 정전유도에 작용하는 힘(정전력)은 같은 전하는 반발력이, 다른 전하는 흡인력이 있다.

24

그림과 같은 브리지 회로의 평형조건은?

① $R_1 C_1 = R_2 C_2, \ R_2 R_3 = C_1 L$
② $R_1 C_1 = R_2 C_2, \ R_2 R_3 C_1 = L$
③ $R_1 C_2 = R_2 C_1, \ R_2 R_3 = C_1 L$
④ $R_1 C_2 = R_2 C_1, \ L = R_2 R_3 C_1$

해설

브리지 회로의 평형조건 교차곱은 같다.

$$[R_1 + j\omega L] \cdot \frac{1}{j\omega C_1} = [R_3 + \frac{1}{j\omega C_2}] \cdot R_2$$

$$\frac{R_1}{j\omega C_1} + \frac{L}{C_1} = R_2 R_3 + \frac{R_2}{j\omega C_2}$$

양 변에서 실수부와 허수부는 같다.

• 허수부 : $\dfrac{R_1}{\omega C_1} = \dfrac{R_2}{\omega C_2}$, 실수부 : $\dfrac{L}{C_1} = R_2 R_3$

• 허수부 : $R_1 C_2 = R_2 C_1$, 실수부 : $L = R_2 R_3 C_1$

25
작동 신호를 조작량으로 변환하는 요소이며, 조절부
와 조작부로 이루어진 것은?

① 제어요소 ② 제어대상
③ 피드백요소 ④ 기준입력요소

해설 제어요소(Control Element)
• 조절부+조작부로 구성되어 있다.
• 동작신호를 조작량으로 변화시켜 제어대상에게 신호전달

26
어떤 측정계기의 참값을 T, 지시값을 M이라 할 때
보정률과 오차율이 옳은 것은?

① 보정률 = $\dfrac{T-M}{T}$, 오차율 = $\dfrac{M-T}{M}$

② 보정률 = $\dfrac{M-T}{M}$, 오차율 = $\dfrac{T-M}{T}$

③ 보정률 = $\dfrac{T-M}{M}$, 오차율 = $\dfrac{M-T}{T}$

④ 보정률 = $\dfrac{M-T}{T}$, 오차율 = $\dfrac{T-M}{M}$

해설 보 정
측정값과 참값을 같게 하는 데 필요한 차
• 보정률 = $\dfrac{T-M}{M}\times100[\%]$
• 오차율 = $\dfrac{M-T}{T}\times100[\%]$

27
$R=9[\Omega]$, $X_L=10[\Omega]$, $X_C=5[\Omega]$인 직렬부하회
로에 220[V]의 정현파 전압을 인가시켰을 때의 유효
전력은 약 몇 [kW]인가?

① 1.98
② 2.41
③ 2.77
④ 4.1

해설 임피던스 : $Z=\sqrt{R^2+(X_L-X_C)^2}$
$=\sqrt{9^2+(10-5)^2}\fallingdotseq10.3[\Omega]$

전류 : $I=\dfrac{V}{Z}=\dfrac{220}{10.3}\fallingdotseq21.4[A]$

역률 : $\cos\theta=\dfrac{R}{Z}=\dfrac{9}{10.3}=0.87$

유효전력 : $P=VI\cos\theta\times10^{-3}$
$=220\times21.4\times0.87\times10^{-3}$
$\fallingdotseq4.1[kW]$

28
논리식을 간략화한 것 중 그 값이 다른 것은?

① $AB+A\overline{B}$
② $A(\overline{A}+B)$
③ $A(A+B)$
④ $(A+B)(A+\overline{B})$

해설
• $AB+A\overline{B}=A(\underset{1}{B+\overline{B}})=A$
• $A(\overline{A}+B)=\underset{0}{A\overline{A}}+AB=AB$
• $A(A+B)=\underset{A}{AA}+AB=A(\underset{1}{1+B})=A$
• $(A+B)(A+\overline{B})=\underset{A}{AA}+A\overline{B}+AB+\underset{0}{B\overline{B}}$
$=A(\underset{1}{1+\overline{B}+B})=A$

29
금속이나 반도체에 압력이 가해진 경우 전기저항이
변화하는 성질을 이용한 압력센서는?

① 벨로스
② 다이어프램
③ 가변저항기
④ 스트레인 게이지

해설 ① 벨로스 : 압력이나 힘을 가할 때 늘어난 성질을
가진 물체
② 다이어프램 : 온도와 압력을 높이거나 낮출 때 부
풀어 오르는 성질의 물체
③ 가변저항기 : 전기저항의 조절을 할 수 있는 장치
로 저항이 변화하면 정전압이 상태에서 전류를 변
화시킬 수 있는 설비
④ 스트레인 게이지 : 왜곡을 측정하는 장치로 합금에
작은 왜곡을 줄 때 저항이 현저하게 변하는 원리를
이용한 물체

30

변압기의 내부고장 보호에 사용되는 계전기는 다음 중 어느 것인가?

① 비율차동 계전기   ② 저전압 계전기
③ 고전압 계전기   ④ 압력 계전기

해설 **비율차동 계전기** : 발전기나 변압기의 내부사고 시 동작전류와 억제전류의 차 검출

31

알칼리 축전지의 음극 재료는?

① 수산화니켈   ② 카드뮴
③ 이산화납   ④ 납

해설 • 양극재료 : 수산화니켈
• 음극재료 : 카드뮴

32

PNPN 4층 구조로 되어 있는 사이리스터 소자가 아닌 것은?

① SCR   ② TRIAC
③ Diode   ④ GTO

해설 Diode : PN 접합형 정류소자(2층 구조)

33

미지의 임의 시간적 변화를 하는 목푯값에 제어량을 추종시키는 것을 목적으로 하는 제어는?

① 추종제어
② 정치제어
③ 비율제어
④ 프로그래밍제어

해설 **추종제어** : 목푯값이 임의로 시간적 변화를 하는 경우 제어량을 그것에 추종시키기 위한 제어

34

무한장 솔레노이드 자계의 세기에 대한 설명으로 틀린 것은?

① 전류의 세기에 비례한다.
② 코일의 권수에 비례한다.
③ 솔레노이드 내부에서의 자계의 세기는 위치에 관계없이 일정한 평등자계이다.
④ 자계의 방향과 암페어 경로 간에 서로 수직인 경우 자계의 세기가 최고이다.

해설 **무한장 솔레노이드 자계의 세기**
솔레노이드 내부에서의 자계는 위치에 관계없이 평등자장이고, 누설자속이 없다.
• 내부자계 $H_I = NI[AT/m]$([m] : 단위길이당 권수 [회/m], [T/m])
• 외부자계 $H_0 = 0$

35

저항 R_1, R_2와 인덕턴스 L이 직렬로 연결된 회로에서 시정수[sec]는?

① $\dfrac{R_1 - R_2}{2L}$ ② $\dfrac{R_1 + R_2}{2L}$

③ $\dfrac{L}{R_1 - R_2}$ ④ $\dfrac{L}{R_1 + R_2}$

해설 $R-L$직렬회로의 시정수
$$\tau = \frac{L}{R_0} = \frac{L}{R_1 + R_2}$$

36

아날로그와 디지털 통신에서 데시벨의 단위로 나타내는 SN비를 올바르게 풀어 쓴 것은?

① SIGN TO NUMBER RATING
② SIGNAL TO NOISE RATIO
③ SOURCE NULL RESISTANCE
④ SOURCE NETWORK RANGE

해설 **S/N or SNR(Signal-to-Noise Ratio, 신호 대 잡음비)**
아날로그와 디지털 통신에서의 신호 대 잡음비, 즉 S/N은 신호 대 잡음의 상대적인 크기를 재는 것으로 대개 데시벨이라는 단위가 사용된다.

정답 30 ① 31 ② 32 ③ 33 ① 34 ④ 35 ④ 36 ②

37

분류기를 써서 배율을 9로 하기 위한 분류기의 저항은 전류계 내부저항의 몇 배인가?

① $\dfrac{1}{8}$　　　　　　② $\dfrac{1}{9}$

③ 8　　　　　　　　④ 9

해설 배율 : $n = 1 + \dfrac{r}{R}$ 에서

분류기 저항 : $R = \dfrac{r}{(n-1)} = \dfrac{r}{(9-1)} = \dfrac{r}{8}$

∴ $\dfrac{1}{8}r\left(\dfrac{1}{8}배\right)$

38

전지의 자기방전을 보충함과 동시에 상용부하에 대한 전력공급은 충전기가 부담하도록 하되, 충전기가 부담하기 어려운 일시적인 대전류 부하는 축전지로 하여금 부담하게 하는 충전방식은?

① 급속충전　　　② 부동충전
③ 균등충전　　　④ 세류충전

해설 **부동충전**
다음 그림과 같이 충전장치를 축전지와 부하에 병렬로 연결하여 전지의 자기방전을 보충함과 동시에 상용부하에 대한 전력공급은 충전기가 부담하고, 충전기가 부담하기 어려운 대전류 부하는 축전지가 부담하게 하는 방법(충전기와 축전지가 부하와 병렬상태에서 자기방전 보충방식)

39

그림과 같은 $R-C$ 필터회로에서 리플 함유율을 가장 효과적으로 줄일 수 있는 방법은?

① C를 크게 한다.
② R을 크게 한다.
③ C와 R을 크게 한다.
④ C와 R을 적게 한다.

해설 **리플 함유율(맥동률)**
R과 C의 값이 클수록 리플 전압이 낮아져 리플 함유율을 줄일 수 있다.

40

그림과 같은 릴레이 시퀀스회로의 출력식을 간략화한 것은?

① $\overline{AB}$　　　　　　② $\overline{A+B}$
③ AB　　　　　　　④ $A+B$

해설 논리식 : $A + \overline{A} \cdot B = (A + \overline{A}) \cdot (A+B)$
$= 1 \cdot (A+B) = A+B$

제 3 과목　소방관계법규

41

소방용수시설 저수조의 설치기준으로 틀린 것은?

① 지면으로부터 낙차가 4.5[m] 이하일 것
② 흡수부분의 수심이 0.3[m] 이상일 것
③ 흡수관의 투입구가 사각형의 경우에는 한 변의 길이가 60[cm] 이상일 것
④ 흡수관의 투입구가 원형의 경우에는 지름이 60[cm] 이상일 것

해설 **저수조의 설치기준**
• 지면으로부터 낙차가 4.5[m] 이하일 것
• 흡수부분의 수심이 0.5[m] 이상일 것
• 흡수관의 투입구가 사각형의 경우에는 한 변의 길이가 60[cm] 이상일 것
• 흡수관의 투입구가 원형의 경우에는 지름이 60[cm] 이상일 것
• 저수조에 물을 공급하는 방법은 상수도에 연결하여 자동으로 급수되는 구조일 것

42
공동 소방안전관리자를 선임하여야 할 특정소방대상물의 기준으로 틀린 것은?

① 지하가
② 지하층을 포함한 층수가 11층 이상의 건축물
③ 복합건축물로서 층수가 5층 이상인 것
④ 판매시설 중 도매시장 또는 소매시장

해설 공동 소방안전관리자를 선임하여야 할 특정소방대상물
- 고층 건축물(지하층을 제외한 층수가 11층 이상인 건축물만 해당한다)
- 지하가(지하의 인공구조물 안에 설치된 상점 및 사무실, 그 밖에 이와 비슷한 시설이 연속하여 지하도에 접하여 설치된 것과 그 지하도를 합한 것을 말한다)
- 그 밖에 대통령령으로 정하는 특정소방대상물
  - 복합건축물로서 연면적이 5,000[m²] 이상인 것 또는 층수가 5층 이상인 것
  - 판매시설 중 도매시장 및 소매시장
  - 특정소방대상물 중 소방본부장 또는 소방서장이 지정하는 것

43
종합정밀점검의 경우 점검인력 1단위가 하루 동안 점검할 수 있는 특정소방대상물의 연면적 기준으로 옳은 것은?

① 12,000[m²]
② 10,000[m²]
③ 8,000[m²]
④ 6,000[m²]

해설 점검인력 1단위의 점검한도면적
- 종합정밀점검 : 10,000[m²]
- 작동기능점검 : 12,000[m²]
  (소규모 점검의 경우 : 3,500[m²])

44
화재현장에서의 피난 등을 체험할 수 있는 소방체험관의 설립·운영권자는?

① 시·도지사
② 소방청장
③ 소방본부장 또는 소방서장
④ 한국소방안전원장

해설 설립·운영권자
- 소방박물관 : 소방청장
- 소방체험관 : 시·도지사

45
제3류 위험물 중 금수성 물품에 적응성이 있는 소화약제는?

① 물
② 강화액
③ 팽창질석
④ 인산염류분말

해설 금수성 물질에 적합한 소화약제
: 마른모래, 팽창질석, 팽창진주암

46
소방서의 종합상황실 실장이 서면 모사전송 또는 컴퓨터통신 등으로 소방본부의 종합상황실에 보고하여야 하는 화재가 아닌 것은?

① 사상자가 10명 발생한 화재
② 이재민이 100명 발생한 화재
③ 관공서·학교·정부미도정공장의 화재
④ 재산피해액이 10억원 발생한 일반화재

해설 종합상황실에 보고하여야 하는 화재
- 사망자가 5명 이상 발생하거나 사상자가 10명 이상 발생한 화재
- 이재민이 100명 발생한 화재
- 관공서·학교·정부미도정공장, 문화재, 지하철 또는 지하구의 화재
- 재산피해액이 50억원 발생한 화재

47
시·도의 조례가 정하는 바에 따라 지정수량 이상의 위험물을 임시로 저장·취급할 수 있는 기간 (㉠)과 임시저장 승인권자 (㉡)는?

① ㉠ 30일 이내, ㉡ 시·도지사
② ㉠ 60일 이내, ㉡ 소방본부장
③ ㉠ 90일 이내, ㉡ 관할 소방서장
④ ㉠ 120일 이내, ㉡ 소방청장

해설 위험물 임시 저장
- 임시저장기간 : 90일 이내
- 임시저장승인권자 : 관할 소방서장

정답 42 ② 43 ② 44 ① 45 ③ 46 ④ 47 ③

48

소방시설관리업의 등록을 반드시 취소해야 하는 사유에 해당하지 않는 것은?

① 거짓으로 등록을 한 경우
② 등록기준에 미달하게 된 경우
③ 다른 사람에게 등록증을 빌려준 경우
④ 등록의 결격사유에 해당하게 된 경우

> **해설** 등록기준에 미달하게 된 경우
> : 6개월 이내의 시정이나 영업정지 처분

49

소방시설업의 등록권자로 옳은 것은?

① 국무총리　　　　② 시 · 도지사
③ 소방서장　　　　④ 한국소방안전원장

> **해설** 소방시설업의 등록권자 : 시 · 도지사

50

( ) 안의 내용으로 알맞은 것은?

> 다량의 위험물을 저장 · 취급하는 제조소 등으로서 ( ) 위험물을 취급하는 제조소 또는 일반취급소가 있는 동일한 사업소에서 지정수량의 3,000배 이상의 위험물을 저장 또는 취급하는 경우 당해 사업소의 관계인은 대통령령이 정하는 바에 따라 당해 사업소에 자체소방대를 설치하여야 한다.

① 제1류　　　　② 제2류
③ 제3류　　　　④ 제4류

> **해설** 자체소방대 설치
> 제4류 위험물을 지정수량의 3,000배 이상의 위험물을 저장 또는 취급하는 경우

51

소방기본법상 소방용수시설 · 소화기구 및 설비 등의 설치명령을 위반한 자의 과태료는?

① 100만원 이하　　② 200만원 이하
③ 300만원 이하　　④ 500만원 이하

> **해설** 200만원 이하의 과태료
> • 소방용수시설, 소화기구 및 설비 등의 설치 명령을 위반한 자
> • 화재 또는 구조 · 구급이 필요한 상황을 거짓으로 알린 사람

52

가연성 가스를 저장 · 취급하는 시설로서 1급 소방안전관리대상물의 가연성 가스 저장 · 취급 기준으로 옳은 것은?

① 100[t] 미만
② 100[t] 이상 1,000[t] 미만
③ 500[t] 이상 1,000[t] 미만
④ 1,000[t] 이상

> **해설** 소방안전관리대상물
> • 1급 소방안전관리대상물 : 가연성 가스 1,000[t] 이상을 저장 · 취급하는 시설
> • 2급 소방안전관리대상물 : 가연성 가스 100 이상 1,000[t] 이하를 저장 · 취급하는 시설

53

연면적이 500[m²] 이상인 위험물 제조소 및 일반취급소에 설치하여야 하는 경보설비는?

① 자동화재탐지설비　　② 확성장치
③ 비상경보설비　　　　④ 비상방송설비

> **해설** 제조소 등의 자동화재탐지설비 설치기준
> • 제조소 및 일반취급소
> – 연면적이 500[m²] 이상인 것
> – 옥내에서 지정수량의 100배 이상을 취급하는 것 (고인화점 위험물만을 100[℃] 미만의 온도에서 취급하는 것은 제외)

54

방염처리업의 종류가 아닌 것은?

① 섬유류 방염업
② 합성수지류 방염업
③ 합판 · 목재류 방염업
④ 실내장식물류 방염업

> **[해설]** **방염처리업의 종류**
> - 섬유류 방염업
> - 합성수지류 방염업
> - 합판·목재류 방염업

55
특정소방대상물의 관계인이 소방안전관리자를 해임한 경우 재선임을 해야 하는 기준은?(단, 해임한 날부터를 기준일로 한다)

① 10일 이내   ② 20일 이내
③ 30일 이내   ④ 40일 이내

> **[해설]** 소방안전관리자나 위험물안전관리자를 해임한 경우 해임한 날로부터 30일 이내에 재선임하여야 한다. 선임신고는 선임한 날부터 14일 이내에 하여야 한다.

56
소방시설공사업자의 시공능력평가 방법에 대한 설명 중 틀린 것은?

① 시공능력평가액은 실적평가액 + 자본금평가액 + 기술력평가액 + 경력평가액 ± 신인도평가액으로 산출한다.
② 신인도평가액 산정 시 최근 1년간 국가기관으로부터 우수시공업자로 선정된 경우에는 3[%] 가산한다.
③ 신인도평가액 산정 시 최근 1년간 부도가 발생된 사실이 있는 경우에는 2[%]를 감산한다.
④ 실적평가액은 최근 5년간의 연평균공사실적액을 의미한다.

> **[해설]** **시공능력평가의 평가방법**
> - 실적평가액 = 최근 3년간 연평균공사 실적액

57
자동화재탐지설비를 설치하여야 하는 특정소방대상물의 기준으로 틀린 것은?

① 지하구
② 지하가 중 터널로서 길이 700[m] 이상인 것
③ 교정시설로서 연면적 2,000[m²] 이상인 것
④ 복합건축물로서 연면적 600[m²] 이상인 것

> **[해설]** 지하가 중 터널로서 길이 1,000[m] 이상이면, 자동화재탐지설비를 설치하여야 한다.

58
소방시설공사의 착공신고 시 첨부서류가 아닌 것은?

① 공사업자의 소방시설공사업 등록증 사본
② 공사업자의 소방시설공사업 등록수첩 사본
③ 해당 소방시설공사의 책임 시공 및 기술관리를 하는 기술인력의 기술등급을 증명하는 서류 사본
④ 해당 소방시설을 설계한 기술인력자의 기술자격증 사본

> **[해설]** **착공신고 시 첨부서류**
> - 공사업자의 소방시설공사업 등록증 사본 1부 및 등록수첩 사본 1부
> - 해당 소방시설공사의 책임시공 및 기술관리를 하는 기술인력의 기술등급을 증명하는 서류 사본 1부
> - 소방시설공사 계약서 사본 1부
> - 설계도서 1부
> - 하도급대금지급에 관하여 해당하는 서류
>   - 공사대금지급을 보증한 경우에는 하도급대금지급보증서 사본 1부
>   - 보증이 필요하지 않거나 보증이 적합하지 않다고 인정되는 경우 이를 증빙하는 서류 사본 1부

59
소방시설의 자체점검에 관한 설명으로 옳지 않은 것은?

① 작동기능점검은 소방시설 등을 인위적으로 조작하여 정상적으로 작동하는 것을 점검하는 것이다.
② 종합정밀점검은 설비별 주요 구성부품의 구조기준이 화재안전기준 및 관련 법령에 적합한지 여부를 점검하는 것이다.
③ 종합정밀점검에는 작동기능점검사항이 해당되지 않는다.
④ 종합정밀점검은 소방시설관리사가 참여한 경우 소방시설관리업자 또는 소방안전관리자로 선임된 소방시설관리사·소방기술사 1명 이상을 점검자로 한다.

> **[해설]** **종합정밀점검**
> 소방시설 등의 작동기능점검을 포함하여 소방시설 등의 설비별 주요 구성부품의 구조기준이 화재안전기준 및 건축법 등 관련 법령에서 정하는 기준에 적합한지 여부를 점검하는 것

[정답] 55 ③ 56 ④ 57 ② 58 ④ 59 ③

60

시 · 도지사가 설치하고 유지 · 관리하여야 하는 소방용수시설이 아닌 것은?

① 저수조 ② 상수도
③ 소화전 ④ 급수탑

해설 소화용수시설 : 소화전, 저수조, 급수탑

제 4 과목 소방전기시설의 구조 및 원리

61

비상방송설비의 특징에 대한 설명으로 틀린 것은?

① 다른 방송설비와 공용하는 경우에는 화재 시 비상경보 외의 방송을 차단할 수 있는 구조로 하여야 한다.
② 비상방송설비의 축전지는 감시상태를 10분간 지속한 후 유효하게 60분 이상 경보할 수 있어야 한다.
③ 확성기의 음성입력은 실외에 설치한 경우 3[W] 이상이어야 한다.
④ 음량조정기의 배선은 3선식으로 한다.

해설 비상방송설비의 특징(설치기준)
비상방송설비는 그 설비에 대한 감시상태를 60분 이상 지속한 후 10분 이상 경보할 수 있는 축전지 설비를 설치하여야 한다.

62

자동화재탐지설비의 수신기 설치기준에 관한 사항 중 최소 몇 층 이상의 특정소방대상물에는 발신기와 전화통화가 가능한 수신기를 설치하여야 하는가?

① 3 ② 4
③ 5 ④ 7

해설 수신기는 4층 이상의 특정소방대상물일 경우 발신기와 전화통화가 가능한 것으로 설치해야 한다.

63

지하층을 제외한 층수가 11층 이상의 층에서 피난층에 이르는 부분의 소방시설에 있어 비상전원을 60분 이상 유효하게 작동시킬 수 있는 용량으로 하여야 하는 설비들로 옳게 나열된 것은?

① 비상조명등설비, 유도등설비
② 비상조명등설비, 비상경보설비
③ 비상방송설비, 유도등설비
④ 비상방송설비, 비상경보설비

해설 비상조명등 및 유도등의 비상전원이 60분 이상 작동하여야 하는 특정소방대상물
• 지하층을 제외한 층수가 11층 이상의 층
• 지하층, 무창층으로서 도매시장, 소매시장, 여객자동차터미널, 지하역사, 지하상가

64

화재안전기준에서 정하고 있는 연기감지기를 설치하지 않아도 되는 장소는?

① 에스컬레이터 경사로
② 길이가 15[m]인 복도
③ 엘리베이터 권상기실
④ 천장의 높이가 15[m] 이상 20[m] 미만의 장소

해설 연기감지기 설치장소
• 계단 · 경사로 및 에스컬레이터 경사로
• 복도(30[m] 미만은 제외)
• 엘리베이터 승강로(권상기실), 린넨슈트, 파이프피트 및 파이프덕트 기타 이와 유사한 장소
• 천장 또는 반자의 높이가 15[m] 이상 20[m] 미만의 장소

65

누전경보기의 수신부 설치 장소로서 틀린 것은?

① 습도가 높은 장소
② 온도의 변화가 급격한 장소
③ 고주파 발생회로 등에 따른 영향을 받을 우려가 있는 장소
④ 부식성의 증기 · 가스 등이 체류하지 않는 장소

해설 수신기 설치 제외 장소
- 가연성의 증기·먼지·가스 등이나 부식성의 증기·가스 등이 다량으로 체류하는 장소
- 화약류를 제조하거나 저장 또는 취급하는 장소
- 습도가 높은 장소
- 온도의 변화가 급격한 장소
- 대전류회로·고주파 발생회로 등에 따른 영향을 받을 우려가 있는 장소

66
상용전원이 서로 다른 소방시설은?

① 옥내소화전설비　　② 비상방송설비
③ 비상콘센트설비　　④ 스프링클러설비

해설 비상방송설비 상용전원 : 축전지 또는 저압옥내간선

67
노유자시설로서 바닥면적이 몇 [m²] 이상인 층이 있는 경우에 자동화재속보설비를 설치하는가?

① 200　　　　　　② 300
③ 500　　　　　　④ 600

해설 자동화재속보설비 : 노유자생활시설에 해당되지 않는 노유자시설로서 바닥면적이 500[m²] 이상인 층이 있는 것

68
경계구역에 관한 다음 내용 중 (　　) 안에 맞는 것은?

> 외기에 면하여 상시 개방된 부분이 있는 차고, 주차장, 창고 등에 있어서는 외기에 면하는 각 부분으로부터 최대 (　　)[m] 미만의 범위 안에 있는 부분은 자동화재탐지설비 경계구역의 면적에 산입하지 아니한다.

① 3　　　　　　　② 5
③ 7　　　　　　　④ 10

해설 외기에 면하여 상시 개방된 부분이 있는 차고, 주차장, 창고 등에 있어서는 외기에 면하는 각 부분으로부터 5[m] 미만의 범위 안에 있는 부분은 경계구역의 면적에 산입하지 아니한다.

69
절연저항시험에 관한 기준에서 (　　)에 알맞은 것은?

> 누전경보기 수신부의 절연된 충전부와 외함 간 및 차단기구의 개폐부 절연저항은 직류 500[V]의 절연저항계로 측정하여 최소 (　　)[MΩ] 이상이어야 한다.

① 0.1　　　　　　② 3
③ 5　　　　　　　④ 10

해설 누전경보기 절연저항시험
누전경보기 절연저항시험은 500[V]의 절연저항계로 5[MΩ] 이상이어야 한다.

70
축광표지의 식별도 시험에 관련한 기준에서 (　　)에 알맞은 것은?

> 축광유도표지는 200[lx] 밝기의 광원으로 20분간 조사시킨 상태에서 다시 주위조도를 0[lx]로 하여 60분간 발광시킨 후 직선거리 (　　)[m]로 떨어진 위치에서 유도표지가 있다는 것이 식별되어야 한다.

① 20　　　　　　② 10
③ 5　　　　　　　④ 3

해설 축광표지의 성능인증 및 제품검사의 식별도 시험 기술기준
축광유도표지 및 축광위치표지는 200[lx] 밝기의 광원으로 20분간 조사시킨 상태에서 다시 주위조도를 0[lx]로 하여 60분간 발광시킨 후 직선거리 20[m] (축광위치표지의 경우 10[m]) 떨어진 위치에서 유도표지 또는 위치표지가 있다는 것이 식별되어야 하고, 유도표지는 직선거리 3[m]의 거리에서 표시면의 표시 중 주체가 되는 문자 또는 주체가 되는 화살표 등이 쉽게 식별되어야 한다.

71
환경상태가 현저하게 고온으로 되어 연기감지기를 설치할 수 없는 건조실 또는 살균실 등에 적응성 있는 열감지기가 아닌 것은?

① 정온식 1종　　　② 정온식 특종
③ 열아날로그식　　④ 보상식 스포트형 1종

해설 현저하게 고온으로 되는 장소에 설치하는 열감지기
- 정온식 특종, 1종
- 열아날로그식

72
누전경보기의 화재안전기준에서 규정한 용어, 설치방법, 전원 등에 관한 설명으로 틀린 것은?

① 경계전로의 정격전류가 60[A]를 초과하는 전로에 있어서는 1급 누전경보기를 설치한다.

② 변류기는 옥외 인입선 제1지점의 전원측에 설치한다.

③ 누전경보기 전원은 분전반으로부터 전용으로 하고, 각 극에 개폐기 및 15[A] 이하의 과전류차단기를 설치한다.

④ 누전경보기는 변류기와 수신부로 구성되어 있다.

해설 누전경보기 설치기준
- 변류기는 특정소방대상물의 형태, 인입선의 시설방법 등에 따라 옥외 인입선의 제1지점의 부하 측 또는 제2종 접지선 측의 점검이 쉬운 위치에 설치한다.

73
누전경보기에서 감도조정장치의 조정범위는 최대 몇 [mA]인가?

① 1   ② 20
③ 1,000   ④ 1,500

해설 감도조정장치의 조정범위 최댓값 : 1[A](1,000[mA])

74
자동화재탐지설비의 GP형 수신기에 감지기회로의 배선을 접속하려고 할 때 경계구역이 15개인 경우 필요한 공통선의 최소 개수는?

① 1   ② 2
③ 3   ④ 4

해설 경계구역 7개마다 공통선을 설치하므로

$$\frac{15}{7} = 2.14 \qquad \therefore \ 3개$$

75
무선통신보조설비에 대한 설명으로 틀린 것은?

① 소화활동설비이다.

② 증폭기에는 비상전원이 부착된 것으로 하고 비상전원의 용량은 30분 이상이다.

③ 누설동축케이블의 끝부분에는 무반사 종단저항을 부착한다.

④ 누설동축케이블 또는 동축케이블의 임피던스는 100[Ω]의 것으로 한다.

해설 무선통신보조설비
- 소화활동설비(전기부분 : 비상콘센트, 무선통신보조설비)
- 증폭기에는 비상전원이 부착된 것으로 하고, 해당 비상전원 용량은 무선통신보조설비를 유효하게 30분 이상 작동시킬 수 있는 것으로 할 것
- 누설동축케이블의 끝부분에는 무반사 종단저항을 견고하게 설치할 것
- 누설동축케이블 또는 동축케이블의 임피던스는 50[Ω]으로 할 것

76
비상방송설비가 기동장치에 의한 화재신고를 수신한 후 필요한 음량으로 화재발생 상황 및 피난에 유효한 방송이 자동으로 개시될 때까지의 소요시간은 최대 몇 초 이하인가?

① 5   ② 10
③ 20   ④ 30

해설 비상방송설비는 기동장치에 의한 화재신고를 수신한 후 필요한 음량으로 화재발생 상황 및 피난에 유효한 음량으로 개시될 때까지의 소요시간은 10초 이내일 것

77
지하층으로서 특정소방대상물의 바닥부분 중 최소 몇 면이 지표면과 동일한 경우에 무선통신 보조설비의 설치를 제외할 수 있는가?

① 1면 이상   ② 2면 이상
③ 3면 이상   ④ 4면 이상

안심Touch

해설 무선통신보조설비의 설치제외

지하층으로서 특정소방대상물의 바닥부분 2면 이상이 지표면과 동일하거나 지표면으로부터의 깊이가 1[m] 이하인 경우에는 해당 층에 한하여 무선통신보조설비를 설치하지 아니할 수 있다.

78

무창층의 도매시장에 설치하는 비상조명등용 비상전원은 당해 비상조명등을 몇 분 이상 유효하게 작동시킬 수 있는 용량으로 하여야 하는가?

① 10 ② 20
③ 40 ④ 60

해설 비상전원은 비상조명등을 20분 이상 유효하게 작동시킬 수 있는 용량으로 할 것. 다만, 다음 각 목의 특정소방대상물의 경우에는 그 부분에서 피난층에 이르는 부분의 비상조명등을 60분 이상 유효하게 작동시킬 수 있는 용량으로 할 것
– 지하층을 제외한 층수가 11층 이상의 층
– 지하층 또는 무창층으로서 용도가 도매시장・소매시장・여객자동차터미널・지하역사 또는 지하상가

79

청각장애인용 시각경보장치는 천장의 높이가 2[m] 이하인 경우 천장으로부터 몇 [m] 이내의 장소에 설치해야 하는가?

① 0.1 ② 0.15
③ 2.0 ④ 2.5

해설 시각경보장치 설치높이는 바닥으로부터 2[m] 이상 2.5[m] 이하의 장소에 설치할 것. 다만, 천장의 높이가 2[m] 이하인 경우에는 천장으로부터 0.15[m] 이내의 장소에 설치하여야 한다.

80

신호의 전송로가 분기되는 장소에 설치하는 것으로 임피던스 매칭과 신호 균등분배를 위해 사용되는 장치는?

① 분배기 ② 혼합기
③ 증폭기 ④ 분파기

해설 분배기 : 전송로가 분기되는 장소에 설치하여 임피던스 매칭과 신호 균등분배를 위해 설치

제 **2** 회

2016년 5월 8일 시행

제 1 과목 소방원론

01
폭굉(Detonation)에 관한 설명으로 틀린 것은?

① 연소속도가 음속보다 느릴 때 나타난다.
② 온도의 상승은 충격파의 압력에 기인한다.
③ 압력상승은 폭연의 경우보다 크다.
④ 폭굉의 유도거리는 배관의 지름과 관계가 있다.

> **해설** 폭굉과 폭연
> • 폭굉(Detonation) : 음속보다 빠르다.
> • 폭연(Deflagration) : 음속보다 느리다.

02
블레비(BLEVE) 현상과 관계가 없는 것은?

① 핵분열
② 가연성액체
③ 화구(Fire Ball)의 형성
④ 복사열의 대량방출

> **해설** 블레비(BLEVE) 현상
> • 정의 : 액화가스 저장탱크의 누설로 부유 또는 확산된 액화가스가 착화원과 접촉하여 액화가스가 공기 중으로 확산·폭발하는 현상
> • 관련현상 : 가연성액체, 화구의 형성, 복사열 대량방출

03
화재의 종류에 따른 표시색 연결이 틀린 것은?

① 일반화재 – 백색   ② 전기화재 – 청색
③ 금속화재 – 흑색   ④ 유류화재 – 황색

> **해설** 화재의 종류
>
> | 구 분 \ 급 수 | A급 | B급 | C급 | D급 |
> |---|---|---|---|---|
> | 화재의 종류 | 일반화재 | 유류 및 가스화재 | 전기화재 | 금속화재 |
> | 표시색 | 백 색 | 황 색 | 청 색 | 무 색 |

04
제4류 위험물의 화재 시 사용되는 주된 소화방법은?

① 물을 뿌려 냉각한다.
② 연소물을 제거한다.
③ 포를 사용하여 질식소화한다.
④ 인화점 이하로 냉각한다.

> **해설** 제4류 위험물의 소화방법
> 질식소화(포, 이산화탄소, 할론 등)

05
위험물에 관한 설명으로 틀린 것은?

① 유기금속화합물인 사에틸납은 물로 소화할 수 없다.
② 황린은 자연발화를 막기 위해 통상 물속에 저장한다.
③ 칼륨, 나트륨은 등유 속에 보관한다.
④ 유황은 자연발화를 일으킬 가능성이 없다.

> **해설** 사에틸납은 제4류 위험물 제3석유류의 비수용성으로 물로 소화하면 효과가 없다.

01 ① 02 ① 03 ③ 04 ③ 05 ① **정답**

안심Touch

06
위험물안전관리법상 위험물의 지정수량이 틀린 것은?

① 과산화나트륨 - 50[kg]
② 적린 - 100[kg]
③ 트라이나이트로톨루엔 - 200[kg]
④ 탄화알루미늄 - 400[kg]

해설 지정수량

종 류	품 명	지정수량
과산화나트륨	제1류 위험물 무기과산화물	50[kg]
적 린	제2류 위험물	100[kg]
트라이나이트로 톨루엔	제5류 위험물 나이트로화합물	200[kg]
탄화알루미늄	제3류 위험물 알루미늄의 탄화물	300[kg]

07
알킬알루미늄 화재에 적합한 소화약제는?

① 물
② 이산화탄소
③ 팽창질석
④ 할로겐화합물

해설 알킬알루미늄의 소화약제
: 팽창질석, 팽창진주암

08
굴뚝효과에 관한 설명으로 틀린 것은?

① 건물 내·외부의 온도차에 따른 공기의 흐름현상이다.
② 굴뚝효과는 고층건물에서는 잘 나타나지 않고 저층건물에서 주로 나타난다.
③ 평상시 건물 내의 기류분포를 지배하는 중요 요소이며, 화재 시 연기의 이동에 큰 영향을 미친다.
④ 건물외부의 온도가 내부의 온도보다 높은 경우 저층부에서는 내부에서 외부로 공기의 흐름이 생긴다.

해설 굴뚝효과
건물 내·외부의 온도차에 따른 공기의 흐름현상으로 고층건축물에서 주로 나타난다.

09
제1종 분말 소화약제의 열분해 반응식으로 옳은 것은?

① $2NaHCO_3 \rightarrow Na_2CO_3 + CO_2 + H_2O$
② $2KHCO_3 \rightarrow K_2CO_3 + CO_2 + H_2O$
③ $2NaHCO_3 \rightarrow Na_2CO_3 + 2CO_2 + H_2O$
④ $2KHCO_3 \rightarrow K_2CO_3 + 2CO_2 + H_2O$

해설 열분해 반응식
- 제1종 분말
  - 1차 분해반응식(270[℃]) : $2NaHCO_3 \rightarrow Na_2CO_3 + CO_2 + H_2O - Q$[kcal]
  - 2차 분해반응식(850[℃]) : $2NaHCO_3 \rightarrow Na_2O + 2CO_2 + H_2O - Q$[kcal]
- 제2종 분말
  - 1차 분해반응식(190[℃]) : $2KHCO_3 \rightarrow K_2CO_3 + CO_2 + H_2O - Q$[kcal]
  - 2차 분해반응식(590[℃]) : $2KHCO_3 \rightarrow K_2O + 2CO_2 + H_2O - Q$[kcal]
- 제3종 분말
  - 190[℃]에서 분해
    $NH_4H_2PO_4 \rightarrow NH_3 + H_3PO_4$(인산, 오쏘인산)
  - 215[℃]에서 분해
    $2H_3PO_4 \rightarrow H_2O + H_4P_2O_7$(피로인산)
  - 300[℃]에서 분해
    $H_4P_2O_7 \rightarrow H_2O + 2HPO_3$(메타인산)
- 제4종 분말
  $2KHCO_3 + (NH_2)_2CO \rightarrow K_2CO_3 + 2NH_3\uparrow + 2CO_2\uparrow - Q$[kcal]

10
화재 발생 시 인간의 피난 특성으로 틀린 것은?

① 본능적으로 평상시 사용하는 출입구를 사용한다.
② 최초로 행동을 개시한 사람을 따라서 움직인다.
③ 공포감으로 인해서 빛을 피하여 어두운 곳으로 몸을 숨긴다.
④ 무의식 중에 발화 장소의 반대쪽으로 이동한다.

해설 지광본능 : 화재 발생 시 연기와 정전 등으로 가시거리가 짧아져 시야가 흐리면 밝은 방향으로 도피하려는 본능

11

슈테판-볼츠만의 법칙에 의해 복사열과 절대온도와의 관계를 옳게 설명한 것은?

① 복사열은 절대온도의 제곱에 비례한다.
② 복사열은 절대온도의 4제곱에 비례한다.
③ 복사열은 절대온도의 제곱에 반비례한다.
④ 복사열은 절대온도의 4제곱에 반비례한다.

해설 **슈테판-볼츠만의 법칙**
복사열은 절대온도의 4제곱에 비례한다.

12

에스테르가 알칼리의 작용으로 가수분해 되어 알코올과 산의 알칼리염이 생성되는 반응은?

① 수소화 분해반응
② 탄화 반응
③ 비누화 반응
④ 할로겐화 반응

해설 **비누화반응**
에스테르가 알칼리(KOH, NaOH)에 의해 비누화 된다.

$$C_{17}H_{35}COOC_2H_5 + NaOH$$
스테아르산에틸
$$\rightarrow C_{17}H_{35}COONa + C_2H_5OH$$
스테아르산나트륨

13

건축물의 내화구조 바닥이 철근콘크리트조 또는 철골철근콘크리트조인 경우 두께가 몇 [cm] 이상이어야 하는가?

① 4
② 5
③ 7
④ 10

해설 **내화구조**

내화구분	내화구조의 기준
바 닥	• 철근콘크리트조 또는 철골·철근콘크리트조로서 두께가 10[cm] 이상인 것 • 철재로 보강된 콘크리트블록조·벽돌조 또는 석조로서 철재에 덮은 두께가 5[cm] 이상인 것 • 철재의 양면을 두께 5[cm] 이상의 철망모르타르 또는 콘크리트로 덮은 것

14

소화기구는 바닥으로부터 높이 몇 [m] 이하의 곳에 비치하여야 하는가?(단, 자동확산소화기를 제외한다)

① 0.5
② 1.0
③ 1.5
④ 2.0

해설 소화기 설치위치 : 바닥으로부터 1.5[m] 이하

15

증발잠열을 이용하여 가연물의 온도를 떨어뜨려 화재를 진압하는 소화방법은?

① 제거소화
② 억제소화
③ 질식소화
④ 냉각소화

해설 **냉각소화** : 증발잠열을 이용하여 가연물의 온도를 떨어뜨려 화재를 진압하는 소화방법

16

화씨 95도를 켈빈(Kelvin)온도로 나타내면 약 몇 [K]인가?

① 178
② 252
③ 308
④ 368

해설 켈빈온도 : $[K] = 273 + [℃] = 273 + 35[℃] = 308[K]$
$$[℃] = \frac{5}{9}([℉] - 32) = \frac{5}{9}(95 - 32) = 35[℃]$$

17

연쇄반응을 차단하여 소화하는 약제는?

① 물
② 포
③ 할론 1301
④ 이산화탄소

해설 **부촉매효과** : 연쇄반응을 차단하는 것으로 할로겐화합물, 분말 등

18

화재 및 폭발에 관한 설명으로 틀린 것은?

① 메탄가스는 공기보다 무거우므로 가스탐지부는 가스기구의 직하부에 설치한다.
② 옥외저장탱크의 방유제는 화재 시 화재의 확대를 방지하기 위한 것이다.
③ 가연성 분진이 공기 중에 부유하면 폭발할 수도 있다.
④ 마그네슘의 화재 시 주수소화는 화재를 확대할 수 있다.

해설 메탄(CH_4)는 공기보다 0.55배(16/29 = 0.55) 가벼워서 가스탐지부는 가스기구의 상부에 설치한다.

19

물을 사용하여 소화가 가능한 물질은?

① 트리메틸알루미늄　　② 나트륨
③ 칼 륨　　　　　　　④ 적 린

해설 적린 : 주수소화 가능

20

분말소화약제 중 담홍색 또는 황색으로 착색하여 사용하는 것은?

① 탄산수소나트륨
② 탄산수소칼륨
③ 제일인산암모늄
④ 탄산수소칼륨과 요소와의 반응물

해설 분말소화약제

종 별	주성분	약제의 착색	적응 화재
제1종 분말	탄산수소나트륨 ($NaHCO_3$)	백 색	B, C급
제2종 분말	탄산수소칼륨 ($KHCO_3$)	담회색	B, C급
제3종 분말	제일인산암모늄 ($NH_4H_2PO_4$)	담홍색, 황색	A, B, C급
제4종 분말	중탄산칼륨 + 요소 [$KHCO_3$ +(NH_2)$_2CO$]	회 색	B, C급

제 2 과목　소방전기일반

21

제어계가 부정확하고 신뢰성은 없으나 출력과 입력이 서로 독립인 제어계는?

① 자동 제어계　　　② 개회로 제어계
③ 폐회로 제어계　　④ 피드백 제어계

해설 시퀀스(개회로) 제어계
• 미리 정해진 순서에 따라 제어의 각 단계를 순차적으로 제어
• 오차가 발생 할 수 있으며 신뢰도가 떨어진다.
• 릴레이접점(유접점), 논리회로(무접점), 시간지연 요소 등이 사용된다.

22

제어량을 어떤 일정한 목푯값으로 유지하는 것을 목적으로 하는 제어방식은?

① 정치 제어　　　② 추종 제어
③ 프로그램 제어　④ 비율 제어

해설 정치제어 : 목푯값이 시간에 대하여 변하지 않고, 제어량을 어떤 일정한 목푯값으로 유지하는 제어

23

서로 다른 두 개의 금속도선 양끝을 연결하여 폐회로를 구성한 후 양단에 온도차를 주었을 때 두 접점 사이에서 기전력이 발생하는 효과는?

① 톰슨 효과　　　② 제베크 효과
③ 펠티에 효과　　④ 핀치 효과

해설 제베크효과 : 서로 다른 두 종류의 금속에 온도차를 주면 기전력이 발생하는 효과

24

일정전압의 직류전원에 저항을 접속하고 전류를 흘릴 때 전류의 값을 20[%] 감소시키기 위한 저항값은 처음의 몇 배인가?

① 0.05　　　② 0.83
③ 1.25　　　④ 1.5

해설 전류가 20[%] 감소이므로 $0.8\,I = \dfrac{V}{R}$ 에서

$$R = \dfrac{V}{0.8\,I} = 1.25\dfrac{V}{I} \quad \therefore 1.25배$$

25
제어량을 조절하기 위하여 제어 대상에 주어지는 양으로 제어부의 출력이 되는 것은?

① 제어량　　　　　　② 주 피드백신호
③ 기준입력　　　　　④ 조작량

해설 조작량 : 제어요소에서 제어대상에 인가되는 양

26
변압기의 내부회로 고장검출용으로 사용되는 계전기는?

① 비율차동계전기　　② 과전류계전기
③ 온도계전기　　　　④ 접지계전기

해설 비율차동계전기 : 발전기나 변압기의 내부사고 시 동작전류와 억제전류의 차 검출

27
단상 반파정류회로에서 출력되는 전력은?

① 입력전압의 제곱에 비례한다.
② 입력전압에 비례한다.
③ 부하저항에 비례한다.
④ 부하임피던스에 비례한다.

해설 출력전력 : $P = \dfrac{V^2}{R}$ [W]

28
100[Ω]인 저항 3개를 같은 전원에 △ 결선으로 접속할 때와 Y결선으로 접속할 때, 선전류의 크기의 비는?

① 3　　　　　　　　② $\dfrac{1}{3}$

③ $\sqrt{3}$　　　　　　　④ $\dfrac{1}{\sqrt{3}}$

해설 △→Y결선

임피던스 : $Z = \dfrac{1}{3}$ 배

전력 : $P = \dfrac{1}{3}$ 배

전류 : $I = 3$ 배

29
한 조각의 실리콘 속에 많은 트랜지스터, 다이오드, 저항 등을 넣고 상호 배선을 하여 하나의 회로에서의 기능을 갖게 한 것은?

① 포토 트랜지스터　　② 서미스터
③ 바리스터　　　　　④ IC

해설 IC(집적소자)
2개 또는 그것 이상의 회로소자(트랜지스터, 저항, 용량 등)의 모두를 기판상 또는 기판 내에 집적하여 어느 회로의 기능을 가지게 한 정보소자

30
변류기에 결선된 전류계가 고장이 나서 교환하는 경우 옳은 방법은?

① 변류기의 2차를 개방시키고 한다.
② 변류기의 2차를 단락시키고 한다.
③ 변류기의 2차를 접지시키고 한다.
④ 변류기에 피뢰기를 달고 한다.

해설 변류기는 2차측을 개방하고 하면 과전압에 의한 소손 가능성이 있으므로 2차측을 단락시키고 교환한다.

31
단상변압기 권수비 a=80이고, 1차 교류전압은 110[V]이다. 변압기 2차 전압을 단상 반파정류회로를 이용하여 정류했을 때 발생하는 직류전압의 평균값은 약 몇 [V]인가?

① 6.19　　　　　　② 6.29
③ 6.39　　　　　　④ 6.88

해설 변압기 2차전압 : $V_2 = \dfrac{V_1}{a} = \dfrac{110}{8}$ [V]

직류전압 :

$$V_d = 0.45\,V = 0.45 \times \dfrac{110}{8} \fallingdotseq 6.19\,[\text{V}]$$

32

전류에 의한 자계의 세기를 구하는 법칙은?

① 쿨롱의 법칙
② 페러데이의 법칙
③ 비오사바르의 법칙
④ 렌츠의 법칙

해설 비오-사바르의 법칙(전류에 의한 자계의 세기)
전류가 흐르고 있는 도체의 미소 부분에 일정부분 떨어진 곳에서 자기장의 세기를 구하는 법칙이다.

33

공기 중에 $1 \times 10^{-7}C$의 (+)전하가 있을 때, 이 전하로부터 15[cm]의 거리에 있는 점의 전장의 세기는 몇 [V/m]인가?

① 1×10^4
② 2×10^4
③ 3×10^4
④ 4×10^4

해설 전장의 세기 : $E = 9 \times 10^9 \times \dfrac{Q}{r^2}$

$$= 9 \times 10^9 \times \frac{1 \times 10^{-7}}{0.15}$$
$$= 4 \times 10^4 [\text{V/m}]$$

34

선간전압 E[V]의 3상 평형전원에 대칭 3상 저항부하 R[Ω]이 그림과 같이 접속되었을 때 a, b 두 상간에 접속된 전력계의 지시값이 W[W]라면 C상의 전류는 몇 [A]인가?

① $\dfrac{2W}{\sqrt{3}E}$
② $\dfrac{3W}{\sqrt{3}E}$
③ $\dfrac{W}{\sqrt{3}E}$
④ $\dfrac{\sqrt{3}W}{\sqrt{E}}$

해설 전력 : $P = 2W = \sqrt{3}VI$

$$\therefore I = \frac{2W}{\sqrt{3}E}$$

35

그림과 같은 회로에서 2[Ω]에 흐르는 전류는 몇 [A]인가?(단, 저항의 단위는 모두 [Ω]이다)

① 0.8
② 1.0
③ 1.2
④ 2.0

해설 합성저항 $R_0 = R_1 + \dfrac{R_2 R_3}{R_2 + R_3}$

$$R_0 = 1.8 + \frac{2 \times 3}{2+3} = 3[\Omega]$$

전체전류 : $I = \dfrac{V}{R} = \dfrac{6}{3} = 2[\text{A}]$

2[Ω]에 흐르는 전류 : $I' = \dfrac{R_3}{R_2 + R_3} \cdot I$

$$I' = \frac{3}{2+3} \times 2 = 1.2[\text{A}]$$

36

논리식 $X \cdot (X+Y)$를 간략화하면?

① X
② Y
③ $X+Y$
④ $X \cdot Y$

해설 논리식 : $X \cdot (X+Y) = \underbrace{X \cdot X}_{X} + XY$

$$= X + XY = X \cdot (\underbrace{1+Y}_{1}) = X$$

37

단상 변압기 3대를 △ 결선하여 부하에 전력을 공급하고 있는데, 변압기 1대의 고장으로 V결선을 한 경우 고장 전의 몇 [%] 출력을 낼 수 있는가?

① 51.6
② 53.6
③ 55.7
④ 57.7

해설 출력비 $= \dfrac{1}{\sqrt{3}} = 0.577(57.7[\%])$

38

그림과 같은 다이오드 논리회로의 명칭은?

① NOT회로 ② AND회로
③ OR회로 ④ NAND회로

해설 **AND회로** : 입력신호 A, B가 동시에 1일 때 출력신호
F가 1이 되는 회로

39

$i = 50\sin\omega t$인 교류전류의 평균값은 약 몇 [A]인가?

① 25 ② 31.8
③ 35.9 ④ 50

해설 평균값 $V_{av} = \dfrac{2}{\pi}V_m = \dfrac{2}{\pi}\times 50 = 31.8$

40

그림과 같은 계전기 접점회로를 논리식으로 나타내면?

① $XY + X\overline{Y} + \overline{X}Y$
② $(XY) + (X\overline{Y})(\overline{X}Y)$
③ $(X+Y)(X+\overline{Y})(\overline{X}+Y)$
④ $(X+Y) + (X+\overline{Y}) + (\overline{X}+Y)$

해설 논리식 : $XY + X\overline{Y} + \overline{X}Y$

 제 **3** 과목 | **소방관계법규**

41

1급 소방안전관리대상물의 소방안전관리에 관한 시험응시 자격자의 기준으로 옳은 것은?

① 1급 소방안전관리대상물의 소방안전관리에 관한 강습교육을 수료한 후 2년이 경과되지 아니한 자
② 1급 소방안전관리대상물의 소방안전관리에 관한 강습교육을 수료한 후 1년 6개월이 경과되지 아니한 자
③ 1급 소방안전관리대상물의 소방안전관리에 관한 강습교육을 수료한 자
④ 1급 소방안전관리대상물의 소방안전관리에 관한 강습교육을 수료한 후 3년이 경과되지 아니한 자

해설 1급 소방안전관리대상물의 소방안전관리에 관한 강습교육을 수료한 자는 1급 소방안전관리대상물에 응시할 수 있다.

42

다음 중 그 성질이 자연발화성 물질 및 금수성 물질인 제3류 위험물에 속하지 않는 것은?

① 황 린 ② 황화인
③ 칼 륨 ④ 나트륨

해설 **위험물의 분류**

종 류	황 린	황화인	칼 륨	나트륨
유 별	제3류 위험물	제2류 위험물	제3류 위험물	제3류 위험물
지정수량	20[kg]	100[kg]	10[kg]	10[kg]

안심Touch

43

소방의 역사와 안전문화를 발전시키고 국민의 안전의식을 높이기 위하여 ㉠ 소방박물관과 ㉡ 소방체험관을 설립 및 운영할 수 있는 사람은?

① ㉠ : 소방청장, ㉡ : 소방청장
② ㉠ : 소방청장, ㉡ : 시·도지사
③ ㉠ : 시·도지사, ㉡ : 시·도지사
④ ㉠ : 소방본부장, ㉡ : 시·도지사

해설 설립·운영권자
- 소방박물관 : 소방청장
- 소방체험관 : 시·도지사

44

다음 중 자동화재탐지설비를 설치해야 하는 특정소방대상물은?

① 길이가 1.3[km]인 지하가 중 터널
② 연면적 600[m²]인 볼링장
③ 연면적 500[m²]인 산후조리원
④ 지정수량 100배의 특수가연물을 저장하는 창고

해설 자동화재탐지설비 설치대상
- 길이가 1[km]인 지하가 중 터널
- 연면적 1,000[m²]인 운동시설(볼링장)
- 연면적 600[m²]인 근린생활시설(산후조리원)
- 지정수량 500배 이상의 특수가연물을 저장·취급하는 공장 또는 창고

45

연소 우려가 있는 건축물의 구조에 대한 기준 중 다음 보기 (㉠), (㉡)에 들어갈 수치로 알맞은 것은?

[보 기]

건축물 대장의 건축물 현황도에 표시된 대지 경계선 안에 2 이상의 건축물이 있는 경우로서 각각의 건축물이 다른 건축물의 외벽으로부터 수평거리가 1층에 있어서는 (㉠)[m] 이하, 2층 이상의 층에 있어서는 (㉡)[m] 이하이고 개구부가 다른 건축물을 향하여 설치된 구조를 말한다.

① ㉠ 5, ㉡ 10   ② ㉠ 6, ㉡ 10
③ ㉠ 10, ㉡ 5   ④ ㉠ 10, ㉡ 6

해설 연소 우려가 있는 건축물의 구조
- 건축물대장의 건축물 현황도에 표시된 대지경계선 안에 둘 이상의 건축물이 있는 경우
- 각각의 건축물이 다른 건축물의 외벽으로부터 수평거리가 1층의 경우에는 6[m] 이하, 2층 이상의 층의 경우에는 10[m] 이하인 경우
- 개구부가 다른 건축물을 향하여 설치되어 있는 경우

46

보일러 등의 위치·구조 및 관리와 화재예방을 위하여 불의 사용에 있어서 지켜야 하는 사항 중 보일러에 경유·등유 등 액체연료를 사용하는 경우에 연료탱크는 보일러 본체로부터 수평거리 최소 몇 [m] 이상 간격을 두어 설치해야 하는가?

① 0.5   ② 0.6
③ 1   ④ 2

해설 경유, 등유 등 액체연료를 사용하는 경우 연료탱크는 보일러 본체로부터 수평거리 최소 1[m] 이상 간격을 두고 설치할 것

47

소방시설업 등록사항의 변경신고 사항이 아닌 것은?

① 상 호   ② 대표자
③ 보유설비   ④ 기술인력

해설 소방시설업 등록사항의 변경신고 사항
명칭(상호) 또는 영업소 소재지, 대표자, 기술인력

48

신축·증축·개축·재축·대수선 또는 용도변경으로 해당 특정소방대상물의 소방안전관리자를 신규로 선임하는 경우 해당 특정소방대상물의 관계인은 특정소방대상물의 완공일로부터 며칠 이내에 소방안전관리자를 선임하여야 하는가?

① 7일   ② 14일
③ 30일   ④ 60일

해설 용도변경으로 안전관리자를 신규로 선임하는 경우
: 완공일로부터 30일 이내

정답 43 ② 44 ① 45 ② 46 ③ 47 ③ 48 ③

49

도시의 건물 밀집지역 등 화재가 발생할 우려가 높거나 화재가 발생하는 경우 그로 인하여 피해가 클 것으로 예상되는 일정한 구역을 화재경계지구로 지정할 수 있는 권한을 가진 사람은?

① 시・도지사   ② 소방청장
③ 소방서장   ④ 소방본부장

해설 화재경계지구 지정권자 : 시・도지사

50

옥내주유취급소에 있어 당해 사무소 등의 출입구 및 피난구와 당해 피난구로 통하는 통로・계단 및 출입구에 설치해야 하는 피난구조설비는?

① 유도등   ② 구조대
③ 피난사다리   ④ 완강기

해설 통로・계단 및 출입구 : 유도등 설치

51

완공된 소방시설 등의 성능시험을 수행하는 자는?

① 소방시설공사업자   ② 소방공사감리업자
③ 소방시설설계업자   ④ 소방기구제조업자

해설 소방공사감리업자의 업무 중 하나인 완공된 소방시설 등의 성능시험이 해당된다.

52

화재예방, 소방시설 설치・유지 및 안전관리에 관한 법률상 소방시설 등에 대한 자체점검 중 종합정밀점검 대상기준으로 옳지 않은 것은?

① 제연설비가 설치된 터널
② 노래연습장업으로서 연면적이 2,000[m²] 이상인 것
③ 옥내소화전설비가 설치된 아파트
④ 소방대가 근무하지 않는 국공립학교 중 연면적이 1,000[m²] 이상인 것으로서 자동화재탐지설비가 설치된 것

해설 종합정밀점검대상

- 스프링클러설비 등, 물분무 등 소화설비(호스릴 방식의 소화설비는 제외)가 설치되는 특정소방대상물
- 연면적이 5,000[m²] 이상이고 11층 이상으로서 스프링클러설비 또는 물분무 등 소화설비가 설치된 아파트
- 단란주점영업, 유흥주점영업, 영화상영관, 비디오물감상실업, 복합영상물제공업, 노래연습장업, 산후조리원, 고시원업, 안마시술소로서 연면적이 2,000[m²] 이상인 것
- 제연설비가 설치된 터널
- 공공기관으로 연면적이 1,000[m²] 이상인 것으로서 옥내소화전설비 또는 자동화재탐지설비가 설치된 것(단, 소방대가 근무하는 공공기관은 제외)

53

다음 중 위험물별 성질로서 틀린 것은?

① 제1류 : 산화성 고체
② 제2류 : 가연성 고체
③ 제4류 : 인화성 액체
④ 제6류 : 인화성 고체

해설 유별 성질

종 류	성 질
제1류 위험물	산화성 고체
제2류 위험물	가연성 고체
제3류 위험물	자연발화성 및 금수성 물질
제4류 위험물	인화성 액체
제5류 위험물	자기반응성 물질
제6류 위험물	산화성 액체

54

소방본부장 또는 소방서장이 소방특별조사를 하고자 하는 때에는 며칠 전에 관계인에게 서면으로 알려야 하는가?

① 1일   ② 3일
③ 5일   ④ 7일

해설 소방청장, 소방본부장 또는 소방서장은 소방특별조사를 하려면 7일 전에 관계인에게 조사대상, 조사기간 및 조사사유 등을 서면으로 알려야 한다.

55
형식승인을 얻어야 할 소방용품이 아닌 것은?

① 감지기
② 휴대용 비상조명등
③ 소화기
④ 방염액

해설 휴대용 비상조명등은 형식승인을 얻어야하는 소방용품이 아니다.

56
위력을 사용하여 출동한 소방대의 화재진압·인명구조 또는 구급활동을 방해하는 행위를 한자에 대한 벌칙 기준은?

① 200만원 이하의 벌금
② 300만원 이하의 벌금
③ 3년 이하의 징역 또는 3,000만원 이하의 벌금
④ 5년 이하의 징역 또는 5,000만원 이하의 벌금

해설 위력을 사용하여 출동한 소방대의 화재진압·인명구조 또는 구급활동을 방해하는 행위를 한자
: 5년 이하의 징역 또는 5,000만원 이하의 벌금

57
소방용수시설 중 저수조 설치 시 지면으로부터 낙차 기준은?

① 2.5[m] 이하　　② 3.5[m] 이하
③ 4.5[m] 이하　　④ 5.5[m] 이하

해설 저수조의 설치기준
• 지면으로부터의 낙차가 4.5[m] 이하일 것
• 흡수부분의 수심이 0.5[m] 이상일 것
• 소방펌프자동차가 쉽게 접근할 수 있도록 할 것
• 흡수에 지장이 없도록 토사 및 쓰레기 등을 제거할 수 있는 설비를 갖출 것
• 흡수관의 투입구가 사각형의 경우에는 한 변의 길이가 60[cm] 이상, 원형의 경우에는 지름이 60[cm] 이상일 것
• 저수조에 물을 공급하는 방법은 상수도에 연결하여 자동으로 급수되는 구조일 것

58
위험물 제조소에서 저장 또는 취급하는 위험물에 따른 주의사항을 표시한 게시판 중 화기엄금을 표시하는 게시판의 바탕색은?

① 청 색　　② 적 색
③ 흑 색　　④ 백 색

해설 위험물 표지판의 주의사항

주의사항	화기엄금	화기주의	물기엄금
게시판 색상	적색바탕 백색문자	적색바탕 백색문자	청색바탕 백색문자

59
소방시설공사업자가 소방시설공사를 하고자 하는 경우 소방시설공사 착공신고서를 누구에게 제출해야 하는가?

① 시·도지사
② 소방청장
③ 한국소방시설협회장
④ 소방본부장 또는 소방서장

해설 소방시설공사 착공신고서 제출
: 소방본부장 또는 소방서장

60
특정소방대상물의 근린생활시설에 해당되는 것은?

① 전시장　　② 기숙사
③ 유치원　　④ 의 원

해설 특정소방대상물

대상물	구 분
전시장	문화 및 집회시설
기숙사	공동주택
유치원	• 초등학교(병설) : 교육연구시설 • 유치원 : 노유자시설
의 원	근린생활시설

제 **4** 과목 소방전기시설의 구조 및 원리

61

무선통신보조설비의 화재안전기준에서 사용하는 용어의 정의로 옳은 것은?

① 혼합기는 신호의 전송로가 분기되는 장소에 설치하는 장치를 말한다.

② 분배기는 서로 다른 주파수의 합성된 신호를 분리하기 위해서 사용하는 장치를 말한다.

③ 증폭기는 두 개 이상의 입력 신호를 원하는 비율로 조합한 출력이 발생되도록 하는 장치를 말한다.

④ 누설동축케이블은 동축케이블 외부도체에 가느다란 홈을 만들어서 전파가 외부로 새어나갈 수 있도록 한 케이블을 말한다.

 누설동축케이블 : 동축케이블 외피 안쪽에 슬롯이라는 가느다란 홈이 있어 그 홈에서 신호를 주고받을 수 있는 설비

62

자동화재속보설비 속보기의 예비전원을 병렬로 접속하는 경우 필요한 조치는?

① 역충전 방지 조치

② 자동 직류 전환 조치

③ 계속충전 유지 조치

④ 접지 조치

 예비전원(축전지)의 병렬접속 시 조치
  : 역충전 방지

63

비상벨설비 또는 자동식사이렌설비에 사용하는 벨 등의 음향장치의 설치기준이 틀린 것은?

① 음향장치용 전원은 교류전압의 옥내간선으로 하고 배선은 다른 설비와 겸용으로 할 것

② 음향장치는 정격전압의 80[%] 전압에서 음향을 발할 수 있도록 할 것

③ 음향장치의 음량은 부착된 음향장치의 중심으로부터 1[m] 떨어진 위치에서 90[dB] 이상일 것

④ 지구음향장치는 특정소방대상물의 층마다 설치하되, 해당 특정소방대상물의 각 부분으로부터 하나의 음향장치까지의 수평거리가 25[m] 이하가 되도록 할 것

 음향장치용 전원은 전기가 정상적으로 공급되는 축전지 또는 교류전압의 옥내 간선으로 하고, 전원까지의 배선은 전용으로 할 것

64

비상콘센트설비의 화재안전기준에서 정하고 있는 저압의 정의는?

① 직류는 750[V] 이하, 교류는 600[V] 이하인 것

② 직류는 750[V] 이하, 교류는 380[V] 이하인 것

③ 직류는 750[V]를, 교류는 600[V]를 넘고 7,000 [V] 이하인 것

④ 직류는 750[V]를, 교류는 380[V]를 넘고 7,000 [V] 이하인 것

 저압의 범위
  직류 : 750[V] 이하, 교류 : 600[V] 이하
  ※ 2021년 1월 1일 개정으로 저압 범위가 1.5[kV] 이하, 교류 1[kV] 이하로 변경되어 규정에 맞지 않는 문제임

65

부착높이가 6[m]이고 주요구조부를 내화구조로 한 특정소방대상물 또는 그 부분에 정온식 스포트형감지기 특종을 설치하고자 하는 경우 바닥면적 몇 [m²]마다 1개 이상 설치해야 하는가?

① 15   ② 25

③ 35   ④ 45

해설 특정소방대상물에 따른 감지기의 종류와 높이에 따른 바닥면적 기준(단위 : [m²])

부착높이 및 특정소방대상물의 구분		감지기의 종류				
		차동식·보상식 스포트형		정온식 스포트형		
		1종	2종	특종	1종	2종
4[m] 미만	내화구조	90	70	70	60	20
	기타구조	50	40	40	30	15
4[m] 이상 8[m] 미만	내화구조	45	35	35	30	–
	기타구조	30	25	25	15	–

66

누전경보기의 수신부의 설치 장소로서 옳은 것은?

① 습도가 높은 장소
② 온도의 변화가 급격한 장소
③ 고주파 발생회로 등에 따른 영향을 받을 우려가 있는 장소
④ 부식성의 증기·가스 등이 체류하지 않는 장소

해설 누전경보기 수신부 설치 제외 장소
• 가연성의 증기·먼지·가스 등이나 부식성의 증기·가스 등이 다량으로 체류하는 장소
• 화약류를 제조하거나 저장 또는 취급하는 장소
• 습도가 높은 장소
• 온도의 변화가 급격한 장소
• 대전류회로·고주파 발생회로 등에 따른 영향을 받을 우려가 있는 장소

67

비상방송설비는 기동장치에 의한 화재신고를 수신한 후 필요한 음량으로 화재발생상황 및 피난에 유효한 방송이 자동으로 개시될 때까지의 소요시간은 몇 초 이하가 되도록 하여야 하는가?

① 5 　　　　② 10
③ 20 　　　　④ 30

해설 비상방송설비는 기동장치 조작으로 경보를 발하는데 필요한 소요시간은 10초 이내이어야 한다.

68

자동화탐지설비 감지기의 구조 및 기능에 대한 설명으로 틀린 것은?

① 차동식분포형감지기는 그 기판면을 부착한 정위치로부터 45°를 경사시킨 경우 그 기능에 이상이 생기지 않아야 한다.
② 연기를 감지하는 감지기는 감시체임버로 1.3 ± 0.05[mm] 크기의 물체가 침입할 수 없는 구조이어야 한다.
③ 방사성물질을 사용하는 감지기는 그 방사성물질을 밀봉선원으로 하여 외부에서 직접 접촉할 수 없도록 하여야 한다.
④ 차동식분포형 감지기로서 공기관식 공기관의 두께는 0.3[mm] 이상, 바깥지름은 1.9[mm] 이상이어야 한다.

해설 차동식분포형감지기는 검출부는 5° 이상 경사되지 아니하도록 부착할 것

69

자동화재탐지설비의 연기복합형 감지기를 설치할 수 없는 부착높이는?

① 4[m] 이상 8[m] 미만
② 8[m] 이상 15[m] 미만
③ 15[m] 이상 20[m] 미만
④ 20[m] 이상

해설 연기복합형 감지기 설치 높이 : 20[m] 미만

70

3종 연기감지기의 설치기준 중 다음 (　　) 안에 알맞은 것으로 연결된 것은?

> 3종 연기감지기는 복도 및 통로에 있어서 보행거리 (㉠)[m]마다, 계단 및 경사로에 있어서는 수직거리 (㉡)[m]마다 1개 이상으로 설치해야 한다.

① ㉠ 15, ㉡ 10 　　② ㉠ 20, ㉡ 10
③ ㉠ 30, ㉡ 15 　　④ ㉠ 30, ㉡ 20

해설 연기감지기
- 복도 또는 통로에 설치하는 경우에는 보행거리 30[m](3종은 20[m])마다 1개 이상을 원칙적으로 중심에 설치할 것
- 계단 또는 경사로에 설치하는 경우에는 수직거리 15[m](3종은 10[m])마다 1개 이상을 각각 실내에 면하는 부분 또는 상층의 바닥하부 또는 정상부에 설치할 것

71
비상방송설비의 배선에 대한 설치기준으로 틀린 것은?

① 배선은 다른 용도의 전선과 동일한 관, 덕트, 몰드 또는 풀박스 등에 설치할 것
② 전원회로의 배선은 옥내소화전설비의 화재안전기준에 따른 내화배선을 설치할 것
③ 화재로 인하여 하나의 층의 확성기 또는 배선이 단락 또는 단선되어도 다른 층의 화재통보에 지장이 없도록 할 것
④ 부속회로의 전로와 대지사이 및 배선상호간의 절연저항은 1경계구역마다 직류 250[V]의 절연저항측정기를 사용하여 측정한 절연저항이 0.1[MΩ] 이상이 되도록 할 것

해설 비상방송설비 배선의 설치기준
비상방송설비의 배선은 다른 전선과 별도의 관·덕트 몰드 또는 풀박스 등에 설치할 것

72
무선통신보조설비의 설치기준으로 틀린 것은?

① 누설동축케이블 또는 동축케이블의 임피던스는 50[Ω]으로 한다.
② 누설동축케이블 및 공중선은 고압의 전로로부터 0.5[m] 이상 떨어진 위치에 설치한다.
③ 무선기기 접속단자 중 지상에 설치하는 접속단자는 보행거리 300[m] 이내마다 설치한다.
④ 누설동축케이블의 끝부분에는 무반사 종단저항을 견고하게 설치한다.

해설 무선통신보조설비의 설치기준
누설동축케이블 및 공중선은 고압의 전로로부터 1.5[m] 이상 떨어진 위치에 설치할 것

73
누전경보기의 수신부의 절연된 충전부와 외함 간의 절연저항은 DC 500[V]의 절연저항계로 측정하는 경우 몇 [MΩ] 이상이어야 하는가?

① 0.5 ② 5
③ 10 ④ 20

해설 누전경보기의 수신부의 절연된 충전부와 외함 간의 절연저항은 DC 500[V] 절연저항계로 5[MΩ] 이상이어야 한다.

74
지상 4층인 교육연구시설에 적응성이 없는 피난기구는?

① 완강기 ② 구조대
③ 피난교 ④ 미끄럼대

해설 건축물별 층수에 따른 피난기구 적응성

설치장소 / 층	의료시설, 노약자시설	기 타
지하층	• 피난용 트랩	• 피난사다리 • 피난용 트랩
3층	• 피난용 트랩 • 피난교 • 구조대 • 미끄럼대	• 피난사다리, 피난교 • 피난용 트랩, 구조대 • 완강기, 간이완강기 • 미끄럼대 • 피난밧줄 • 공기안전매트
4층 이상 10층 이하	• 피난용 트랩 • 피난교 • 구조대	• 피난사다리, 피난교 • 구조대 • 완강기, 간이완강기 • 공기안전매트

75
대형피난구유도등의 설치장소가 아닌 것은?

① 위락시설 ② 판매시설
③ 지하철역사 ④ 아파트

해설 특정소방대상물별 유도등 및 유도표지의 종류

설치장소	유도등 및 유도표지의 종류
① 공연장·집회장(종교집회장 포함)·관람장·운동시설	
② 유흥주점영업(유흥주점영업 중 손님이 춤을 출 수 있는 무대가 설치된 카바레, 나이트클럽 또는 그 밖에 이와 비슷한 영업시설만 해당한다.)	· 대형피난구유도등 · 통로유도등 · 객석유도등
③ 위락시설·판매시설·운수시설·관광숙박업·의료시설·장례식·방송통신시설·전시장·지하상가·지하철역사	· 대형피난유도등 · 통로유도등

76

비상콘센트설비의 전원회로에서 하나의 전용회로에 설치하는 비상콘센트는 최대 몇 개 이하로 하여야 하는가?

① 2
② 3
③ 10
④ 20

해설 하나의 전용회로에 설치하는 비상콘센트는 10개 이하로 할 것

77

비상조명등의 설치 제외 장소가 아닌 것은?

① 의원의 거실
② 경기장의 거실
③ 의료시설의 거실
④ 종교시설의 거실

해설 비상조명등 제외
• 거실의 각 부분으로부터 하나의 출입구에 이르는 보행거리가 15[m] 이내인 부분
• 의원·경기장·공동주택·의료시설·학교의 거실

78

1개 층에 계단참이 4개 있을 경우 계단통로유도등은 최소 몇 개 이상 설치해야 하는가?

① 1
② 2
③ 3
④ 4

해설 계단통로유도등은 각층의 경사로참 또는 계단참마다 (1개 층에 경사로참 또는 계단참이 2 이상 있는 경우에는 2개의 계단참마다) 설치할 것

79

바닥 면적이 450[m²]일 경우 단독경보형감지기의 최소 설치개수는?

① 1개
② 2개
③ 3개
④ 4개

해설 단독경보형 감지기는 각실마다 설치하고, 바닥면적이 150[m²]를 초과하는 경우에는 150[m²]마다 1개 이상 설치할 것

$$\frac{450}{150} = 3 \text{ 개}$$

80

누전경보기의 정격전압이 몇 [V]를 넘는 기구의 금속제 외함에는 접지단자를 설치해야 하는가?

① 30[V]
② 60[V]
③ 70[V]
④ 100[V]

해설 누전경보기의 정격전압이 60[V]를 넘는 기구의 금속제 외함에는 접지단자를 설치할 것

2016년 10월 1일 시행

제 **4** 회

제 1 과목 **소방원론**

01

제1종 분말소화약제인 탄산수소나트륨은 어떤 색으로 착색되어 있는가?

① 담회색   ② 담홍색

③ 회 색   ④ 백 색

해설 **분말소화약제의 성상**

종 류	주성분	약제의 착색	적응 화재
제1종 분말	탄산수소나트륨, 중탄산나트륨 ($NaHCO_3$)	백 색	B, C급
제2종 분말	탄산수소칼륨 ($KHCO_3$)	담회색	B, C급
제3종 분말	제일인산암모늄 ($NH_4H_2PO_4$)	담홍색	A, B, C급
제4종 분말	탄산수소칼륨 + 요소 [$KHCO_3 + (NH_2)_2CO$]	회 색	B, C급

02

정전기에 의한 발화과정으로 옳은 것은?

① 방전 → 전하의 축적 → 전하의 발생 → 발화

② 전하의 발생 → 전하의 축적 → 방전 → 발화

③ 전하의 발생 → 방전 → 전하의 축적 → 발화

④ 전하의 축적 → 방전 → 전하의 발생 → 발화

해설 **정전기에 의한 발화과정**
전하의 발생 → 전하의 축적 → 방전 → 발화

03

화재실 혹은 화재공간의 단위바닥면적에 대한 등가가연물량의 값을 화재하중이라 하며, 식으로 표시할 경우에는 $Q = \sum (G_t \cdot H_t)/H \cdot A$와 같이 표현할 수 있다. 여기서 H는 무엇을 나타내는가?

① 목재의 단위발열량

② 가연물의 단위발열량

③ 화재실 내 가연물의 전체 발열량

④ 목재의 단위발열량과 가연물의 단위발열량을 합한 것

해설 **화재하중**
단위면적당 가연성 수용물의 양으로서 건물 화재 시 발열량 및 화재의 위험성을 나타내는 용어이고, 화재의 규모를 결정하는 데 사용된다.

$$\text{화재하중 } Q = \frac{\sum (G_t \times H_t)}{H \times A} = \frac{Q_t}{4,500 \times A} [kg/m^2]$$

여기서, G_t : 가연물의 질량
           H_t : 가연물의 단위발열량[kcal/kg]
           H : 목재의 단위발열량(4,500[kcal/kg])
           A : 화재실의 바닥면적[m^2]
           Q_t : 가연물의 총량

04

피난계획의 일반원칙 중 Fool Proof 원칙에 해당하는 것은?

① 저지능인 상태에서도 쉽게 식별이 가능하도록 그림이나 색채를 이용하는 원칙

② 피난설비를 반드시 이동식으로 하는 원칙

③ 한 가지 피난기구가 고장이 나도 다른 수단을 이용할 수 있도록 고려하는 원칙

④ 피난설비를 첨단화된 전자식으로 하는 원칙

안심Touch

해설 **Fool Proof**
비상시 머리가 혼란하여 판단능력이 저하되는 상태로 누구나 알 수 있도록 문자나 그림으로 표시하여 피난수단을 조작이 간편한 원시적인 방법으로 하는 원칙

05
연기에 의한 감광계수가 0.1[m⁻¹], 가시거리가 20~30[m]일 때의 상황을 옳게 설명한 것은?

① 건물 내부에 익숙한 사람이 피난에 지장을 느낄 정도
② 연기감지기가 작동할 정도
③ 어두운 것을 느낄 정도
④ 앞이 거의 보이지 않을 정도

해설 **연기농도와 가시거리**

감광계수 [m⁻¹]	가시거리 [m]	상 황
0.1	20~30	연기감지기가 작동할 때의 정도
0.3	5	건물 내부에 익숙한 사람이 피난에 지장을 느낄 정도
0.5	3	어두침침한 것을 느낄 정도
1	1~2	거의 앞이 보이지 않을 정도
10	0.2~0.5	화재 최성기 때의 정도
30	–	출화실에서 연기가 분출될 때의 연기농도

06
다음 중 증기비중이 가장 큰 것은?

① 이산화탄소
② 할론 1301
③ 할론 1211
④ 할론 2402

해설 증기비중 = 분자량/29이므로 분자량이 크면 증기비중이 크다.

종 류	이산화탄소	할론 1301	할론 1211	할론 2402
화학식	CO_2	CF_3Br	F_2ClBr	$C_2F_4Br_2C$
분자량	44	148.9	165.4	259.8
증기비중	1.52	5.14	5.70	8.96

07
밀폐된 내화건물의 실내에 화재가 발생했을 때 그 실내의 환경변화에 대한 설명 중 틀린 것은?

① 기압이 강하한다.
② 산소가 감소된다.
③ 일산화탄소가 증가한다.
④ 이산화탄소가 증가한다.

해설 실내에 화재가 발생하면 기압, 일산화탄소, 이산화탄소는 증가하고 산소는 감소한다.

08
다음 중 제거소화 방법과 무관한 것은?

① 산불의 확산방지를 위하여 산림의 일부를 벌채한다.
② 화학반응기의 화재 시 원료 공급관의 밸브를 잠근다.
③ 유류화재 시 가연물을 포로 덮는다.
④ 유류탱크 화재 시 주변에 있는 유류탱크의 유류를 다른 곳으로 이동시킨다.

해설 **질식소화** : 유류화재 시 가연물을 포로 덮어 산소의 농도를 21[%]에서 15[%] 이하로 낮추어 소화하는 방법

09
분말소화약제의 열분해 반응식 중 다음 ( ) 안에 알맞은 화학식은?

$$2NaHCO_3 \rightarrow Na_2CO_3 + H_2O + (\quad)$$

① CO
② CO_2
③ Na
④ Na_2

해설 **제1종 분말 열분해반응식**

$$2NaHCO_3 \rightarrow Na_2CO_3 + H_2O + CO_2$$

10

실내에서 화재가 발생하여 실내의 온도가 21[℃]에서 650[℃]로 되었다면, 공기의 팽창은 처음의 약 몇 배가 되는가? (단, 대기압은 공기가 유동하여 화재 전후가 같다고 가정한다)

① 3.14 　　　　② 4.27

③ 5.69 　　　　④ 6.01

해설 21[℃]에서 열량을 Q_1, 650[℃]에서 열량이 Q_2일 때

공기팽창 $\dfrac{Q_2}{Q_1} = \dfrac{(650+273)[\text{K}]}{(21+273)[\text{K}]} = 3.14$

11

나이트로셀룰로스에 대한 설명으로 틀린 것은?

① 질화도가 낮을수록 위험성이 크다.

② 물을 첨가하여 습윤시켜 운반한다.

③ 화약의 원료로 쓰인다.

④ 고체이다.

해설 나이트로셀룰로스는 질화도(질소의 함유량)가 클수록 위험성이 크다.

12

조연성가스로만 나열되어 있는 것은?

① 질소, 플루오린(불소), 수증기

② 산소, 플루오린(불소), 염소

③ 산소, 이산화탄소, 오존

④ 질소, 이산화탄소, 염소

해설 조연성 가스 : 자신은 연소하지 않고 연소를 도와주는 가스(산소, 공기, 플루오린(불소), 염소 등)

13

칼륨에 화재가 발생할 경우에 주수를 하면 안 되는 이유는?

① 산소가 발생하기 때문에

② 질소가 발생하기 때문에

③ 수소가 발생하기 때문에

④ 수증기가 발생하기 때문에

해설 칼륨은 물과 반응하면 수소가스를 발생하므로 위험하다.

$$2K + 2H_2O \rightarrow 2KOH + H_2 \uparrow$$

14

건축물의 화재성상 중 내화 건축물의 화재성상으로 옳은 것은?

① 저온 장기형 　　　② 고온 단기형

③ 고온 장기형 　　　④ 저온 단기형

해설 화재성상
- 목재건축물 : 고온 단기형
- 내화구조건축물 : 저온 장기형

15

할로겐화합물 및 불활성기체소화약제 중 HCFC-22를 82[%] 포함하고 있는 것은?

① IG-541 　　　　② HFC-227ea

③ IG-55 　　　　④ HCFC BLEND A

해설 할로겐화합물 및 불활성기체소화약제의 종류

소화약제	화학식
하이드로클로로플루오로카본혼화제(이하 "HCFC BLEND A"라 한다)	HCFC-123 ($CHCl_2CF_3$) : 4.75[%]
	HCFC-22 ($CHClF_2$) : 82[%]
	HCFC-124 ($CHClFCF_3$) : 9.5[%]
	$C_{10}H_{16}$: 3.75[%]

16

자연발화의 예방을 위한 대책이 아닌 것은?

① 열의 축적을 방지한다.
② 주위 온도를 낮게 유지한다.
③ 열전도성을 나쁘게 한다.
④ 산소와의 접촉을 차단한다.

해설 열전도율이 좋아야 열의 축적이 되지 않아 자연발화를 방지할 수 있다.

17

물의 물리 · 화학적 성질로 틀린 것은?

① 증발잠열은 539.6[cal/g]으로 다른 물질에 비해 매우 큰 편이다.
② 대기압하에서 100[℃]의 물이 액체에서 수증기로 바뀌면 체적은 약 1,700배 정도 증가한다.
③ 수소 1분자와 산소 1/2분자로 이루어져 있으며, 이들 사이의 화학결합은 극성 공유결합이다.
④ 분자 간의 결합은 쌍극자–쌍극자 상호작용의 일종인 산소결합에 의해 이루어진다.

해설 물은 분자 간의 결합은 쌍극자–쌍극자의 비공유적 상호작용의 일종인 수소결합에 의해 이루어진다.

18

할론 소화설비에서 Halon 1211 약제의 분자식은?

① CBr_2ClF　　　② CF_2BrCl
③ CCl_2BrF　　　④ BrC_2ClF

해설 할론 소화약제

종 류	CBr_2ClF	CF_2BrCl	CCl_2BrF	BrC_2ClF
명 칭	할론 1112	할론 1211	할론 1121	할론 2111

19

보일 오버(Boil Over) 현상에 대한 설명으로 옳은 것은?

① 아래층에서 발생한 화재가 위층으로 급격히 옮겨가는 현상
② 연소유의 표면이 급격히 증발하는 현상
③ 기름이 뜨거운 물 표면 아래에서 끓는 현상
④ 탱크 저부의 물이 급격히 증발하여 기름이 탱크 밖으로 화재를 동반하여 방출하는 현상

해설 보일 오버 : 탱크 저부의 물이 급격히 증발하여 기름이 탱크 밖으로 화재를 동반하여 방출하는 현상

20

위험물안전관리법령상 위험물의 적재 시 혼재기준 중 혼재가 가능한 위험물로 짝지어진 것은?(단, 각 위험물은 지정수량의 10배로 가정한다)

① 질산칼륨과 가솔린
② 과산화수소와 황린
③ 철분과 유기과산화물
④ 등유와 과염소산

해설 위험물의 혼재 가능 : 철분(제2류)과 유기과산화물(제5류)

제 **2** 과목	소방전기일반

21

전원과 부하가 다같이 △ 결선된 3상 평형회로가 있다. 전원전압이 200[V], 부하 1상의 임피던스가 $4+j3[\Omega]$인 경우 선전류는 몇 [A]인가?

① $\dfrac{40}{\sqrt{3}}$ 　　　② $\dfrac{40}{3}$

③ 40 　　　④ $40\sqrt{3}$

해설 △결선 : $V_l=V_P,\ I_l=\sqrt{3}\,I_P$

상전류 : $I_P=\dfrac{V_P}{Z}=\dfrac{200}{\sqrt{4^2+3^2}}=\dfrac{200}{5}=40[\text{A}]$

선간전류 : $I_l=\sqrt{3}\,I_P=\sqrt{3}\times40=40\sqrt{3}\,[\text{A}]$

22

온도 측정을 위하여 사용하는 소자로서 온도-저항 부특성을 가지는 일반적인 소자는?

① 노즐 플래퍼 　　　② 서미스터

③ 앰플리다인 　　　④ 트랜지스터

해설 **서미스터 특징**
- 온도보상용
- 부(-)저항온도계수 $\left(온도\propto\dfrac{1}{저항}\right)$

23

자기장 내에 있는 도체에 전류를 흘리면 힘이 작용한다. 이 힘을 무엇이라 하는가?

① 자속력 　　　② 기전력

③ 전기력 　　　④ 전자력

해설 자기장(자석) 내에 있는 도체에 전류를 흘리면 힘이 작용하고, 이 힘을 전자력이라 한다. 이것이 전동기의 원리인데, 자석과 외부전기를 흘려주면 힘이 발생하는 원리이다.

24

히스테리시스 곡선의 종축과 횡축은?

① 종축 : 자속밀도, 횡축 : 투자율

② 종축 : 자계의 세기, 횡축 : 투자율

③ 종축 : 자계의 세기, 횡축 : 자속밀도

④ 종축 : 자속밀도, 횡축 : 자계의 세기

해설 히스테리시스 곡선은 종축에는 자속밀도(B)와 횡축의 자계의 세기(H)로 구성되어 있다.

히스테리시스 손실곡선

25

4단자 정수 $A=\dfrac{5}{3}$, $B=800$, $C=\dfrac{1}{450}$, $D=\dfrac{5}{3}$일 때 영상 임피던스 Z_{01}과 Z_{02}는 각각 몇 [Ω]인가?

① $Z_{01}=300,\ Z_{02}=300$

② $Z_{01}=600,\ Z_{02}=600$

③ $Z_{01}=800,\ Z_{02}=800$

④ $Z_{01}=1,000,\ Z_{02}=1,000$

해설 **영상 임피던스**

$$Z_{01}(\text{입력 측})=\sqrt{\dfrac{AB}{CD}}=\sqrt{\dfrac{\dfrac{5}{3}\times800}{\dfrac{1}{450}\times\dfrac{5}{3}}}=600$$

$$Z_{02}(\text{출력 측})=\sqrt{\dfrac{BD}{AC}}=\sqrt{\dfrac{800\times\dfrac{5}{3}}{\dfrac{5}{3}\times\dfrac{1}{450}}}=600$$

26
200[Ω]의 저항을 가진 경종 10개와 50[Ω]의 저항을 가진 표시등 3개가 있다. 이들을 모두 직렬로 접속할 때의 합성저항은 몇 [Ω]인가?

① 250　　　　② 1,250
③ 1,750　　　④ 2,150

해설　R = 경종(10개×200[Ω])+표시등(3개×50[Ω])
　　　= (10×200)+(3×50) = 2,150[Ω]

27
그림과 같은 무접점회로는 어떤 논리회로인가?

① NOR　　　　② OR
③ NAND　　　④ AND

해설　NAND회로 : AND회로의 부정회로로서 AND회로의 출력과 반대되는 출력을 내보내는 회로

28
지시계기에 대한 동작원리가 틀린 것은?

① 열전형 계기-대전된 도체 사이에 작용하는 정전력을 이용
② 가동 철편형 계기-전류에 의한 자기장이 연철편에 작용하는 힘을 이용
③ 전류력계형 계기-전류 상호 간에 작용하는 힘을 이용
④ 유도형 계기-회전 자기장 또는 이동 자기장과 이것에 의한 유도전류와의 상호작용을 이용

해설　열전대형 계기 : 다른 종류의 금속체 사이에 발생되는 기전력 이용

29
다음 중 쌍방향성 사이리스터인 것은?

① 브리지 정류기　② SCR
③ IGBT　　　　　④ TRIAC

해설　쌍방향(양방향) 사이리스터
: SSS, DIAC, TRIAC

30
SCR의 양극 전류가 10[A]일 때 게이트 전류를 반으로 줄이면 양극 전류는 몇 [A]인가?

① 20　　　　② 10
③ 5　　　　　④ 0.1

해설　게이트 단자는 SCR을 ON시키는 용도이며 게이트전류를 변경시켜도 도통전류는 변하지 않는다.

31
어떤 측정계기의 지시값을 M, 참값을 T라 할 때 보정률은?

① $\frac{T-M}{M}\times100[\%]$

② $\frac{M}{M-T}\times100[\%]$

③ $\frac{T-M}{T}\times100[\%]$

④ $\frac{T}{M-T}\times100[\%]$

해설　측정값과 참값을 같게 하는 데 필요한 차
• 보정률 = $\frac{T-M}{M}\times100[\%]$
• 오차율 = $\frac{M-T}{T}\times100[\%]$

32
자기인덕턴스 L_1, L_2가 각각 4[mH], 9[mH]인 두 코일이 이상적인 결합이 되었다면 상호인덕턴스는 몇 [mH]인가?(단, 결합계수는 1이다)

① 6　　　　② 12
③ 24　　　④ 36

정답　26 ④　27 ③　28 ①　29 ④　30 ②　31 ①　32 ①

해설 상호인덕턴스

$$M = k\sqrt{L_1 L_2} = \sqrt{4 \times 9} = 6[\text{mH}]$$

33
국제 표준 연동 고유저항은 몇 [Ω · m]인가?

① 1.7241×10^{-9}
② 1.7241×10^{-8}
③ 1.7241×10^{-7}
④ 1.7241×10^{-6}

해설 국제 표준 연동선의 고유저항 : $1.7241 \times 10^{-8}[\Omega \cdot m]$

34
도너(Donor)와 억셉터(Acceptor)의 설명 중 틀린 것은?

① 반도체 결정에서 Ge이나 Si에 넣는 5가의 불순물을 도너라고 한다.
② 반도체 결정에서 Ge이나 Si에 넣는 3가의 불순물에는 In, Ga, B 등이 있다.
③ 진성반도체는 불순물이 전혀 섞이지 않은 반도체이다.
④ N형 반도체의 불순물이 억셉터이고, P형 반도체의 불순물이 도너이다.

해설 P형 반도체 불순물 : 억셉터
N형 반도체 불순물 : 도너

35
변압기의 철심구조를 여러 겹으로 성층시켜 사용하는 이유는 무엇인가?

① 와전류로 인한 전력손실을 감소시키기 위해
② 전력공급 능력을 높이기 위해
③ 변압비를 크게 하기 위해
④ 변압비의 중량을 적게 하기 위해

해설 규소강판 : 히스테리시스손 감소
성층철심 : 와류손 감소

36
자동제어계를 제어목적에 의해 분류한 경우를 설명한 것 중 틀린 것은?

① 정치제어 : 제어량을 주어진 일정목표로 유지시키기 위한 제어
② 추종제어 : 목표치가 시간에 따라 일정한 변화를 하는 제어
③ 프로그램제어 : 목표치가 프로그램대로 변하는 제어
④ 서보제어 : 선박의 방향제어계인 서보제어는 정치제어와 같은 성질

해설 서보기구(제어)는 추종제어에 속한다.

37
$V = 141\sin 377t[\text{V}]$인 정현파 전압의 주파수는 몇 [Hz]인가?

① 50
② 55
③ 60
④ 65

해설 주파수 : $f = \dfrac{\omega}{2\pi} = \dfrac{377}{2\pi} = 60 \ [\text{Hz}]$

38
그림과 같은 정류회로에서 부하 R에 흐르는 직류전류의 크기는 약 몇 [A]인가?(단, $v = 200[\text{V}]$, $R = 20\sqrt{2}\,[\Omega]$이며, 이상적인 다이오드이다)

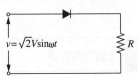

① 3.2
② 3.8
③ 4.4
④ 5.2

해설 직류전압 : $V_d = 0.45\,V = 0.45 \times 200 = 90[\text{V}]$

직류전류 : $I_d = \dfrac{V}{R} = \dfrac{90}{20\sqrt{2}} = 3.2 [\text{A}]$

39

계단변화에 대하여 잔류편차가 없는 것이 장점이며, 간헐현상이 있는 제어계는?

① 비례제어계

② 비례미분제어계

③ 비례적분제어계

④ 비례적분미분제어계

해설 **비례적분(PI)제어**
- 잔류편차 제거
- 간헐현상이 발생한다.
- 지상보상회로에 대응

40

그림과 같은 트랜지스터를 사용한 정전압회로에서 Q_1의 역할로서 옳은 것은?

① 증폭용

② 비교부용

③ 제어용

④ 기준부용

해설 Q_1 역할 : 제어용

Q_2 역할 : 증폭용

제 3 과목 소방관계법규

41

위험물 제조소 게시판의 바탕 및 문자의 색으로 올바르게 연결된 것은?

① 바탕 – 백색, 문자 – 청색

② 바탕 – 청색, 문자 – 흑색

③ 바탕 – 흑색, 문자 – 백색

④ 바탕 – 백색, 문자 – 흑색

해설 위험물 제조소의 색상 : 백색바탕, 흑색문자

42

화재예방, 소방시설 설치·유치 및 안전관리에 관한 법률에 따른 소방안전관리 업무를 하지 아니한 특정소방대상물의 관계인에게는 몇 만원 이하의 과태료를 부과하는가?

① 100

② 200

③ 300

④ 500

해설 소방안전관리업무 태만 : 200만원 이하의 과태료

43

교육연구시설 중 학교 지하층은 바닥면적의 합계가 몇 [m²] 이상인 경우 연결살수설비를 설치해야 하는가?

① 500

② 600

③ 700

④ 1,000

해설 **연결살수설비 설치 대상**
- 판매시설, 운수시설, 물류터미널로서 바닥면적의 합계가 1,000[m²] 이상인 것
- 지하층으로서 바닥면적의 합계가 150[m²] 이상인 것(단, 국민주택규모 이하인 아파트의 지하층(대피시설로 사용하는 것만 해당) 또는 학교의 지하층으로서 700[m²] 이상인 것)
- 가스시설 중 지상에 노출된 탱크의 용량이 30[t] 이상인 탱크 시설

44

일반 소방시설 설계업(기계분야)의 영업범위는 공장의 경우 연면적 몇 [m²] 미만의 특정소방대상물에 설치되는 기계분야 소방시설의 설계에 한하는가? (단, 제연설비가 설치되는 특정소방대상물은 제외한다)

① 10,000[m²]

② 20,000[m²]

③ 30,000[m²]

④ 40,000[m²]

정답 39 ③ 40 ③ 41 ④ 42 ② 43 ③ 44 ①

해설 일반 소방시설 설계업(기계분야)의 영업범위
- 아파트에 설치되는 기계분야 소방시설(제연설비는 제외)의 설계
- 연면적 30,000[m²](공장의 경우에는 10,000[m²]) 미만의 특정소방대상물에 설치되는 기계분야 소방시설의 설계
- 위험물제조소 등에 설치되는 기계분야 소방시설의 설계

45
소방시설공사업법상 소방시설업 등록신청 신청서 및 첨부서류에 기재되어야 할 내용이 명확하지 아니한 경우 서류의 보완 기간은 며칠 이내인가?

① 14   ② 10
③ 7   ④ 5

해설 소방시설업 등록신청 시 첨부서류의 보완 기간
: 10일 이내

46
소방용수시설 중 소화전과 급수탑의 설치기준으로 틀린 것은?

① 소화전은 상수도와 연결하여 지하식 또는 지상식의 구조로 할 것
② 소방용호스와 연결하는 소화전의 연결금속구의 구경은 65[mm]로 할 것
③ 급수탑 급수배관의 구경은 100[mm] 이상으로 할 것
④ 급수탑의 개폐밸브는 지상에서 1.5[m] 이상 1.8[m] 이하의 위치에 설치할 것

해설 급수탑의 개폐밸브 : 지상에서 1.5[m] 이상 1.7[m] 이하에 설치

47
소방본부장이 소방특별조사위원회 위원으로 임명하거나 위촉할 수 있는 사람이 아닌 것은?

① 소방시설관리사
② 과장급 직위 이상의 소방공무원
③ 소방 관련 분야의 석사학위 이상을 취득한 사람
④ 소방 관련 법인 또는 단체에서 소방 관련 업무에 3년 이상 종사한 사람

해설 소방 관련 법인 또는 단체에서 소방 관련 업무에 5년 이상 종사한 사람은 소방특별조사의 위원이 될 수 있다.

48
소화난이도등급 Ⅰ의 제조소 등에 설치해야 하는 소화설비기준 중 유황만을 저장·취급하는 옥내탱크저장소에 설치해야 하는 소화설비는?

① 옥내소화전설비
② 옥외소화전설비
③ 물분무소화설비
④ 고정식 포소화설비

해설 소화난이도등급 Ⅰ의 제조소 등(유황만을 저장·취급하는 옥내탱크저장소)의 소화설비
: 물분무소화설비

49
고형알코올 그 밖에 1기압 상태에서 인화점이 40[℃] 미만인 고체에 해당하는 것은?

① 가연성 고체   ② 산화성 고체
③ 인화성 고체   ④ 자연발화성 물질

해설 인화성 고체
고형알코올 그 밖에 1기압 상태에서 인화점이 40[℃] 미만인 고체

50
소방체험관의 설립 · 운영권자는?

① 국무총리
② 소방청장
③ 시 · 도지사
④ 소방본부장 및 소방서장

해설 설립 · 운영권자
• 소방박물관 : 소방청장
• 소방체험관 : 시 · 도지사

51
제2류 위험물의 품명에 따른 지정수량의 연결이 틀린 것은?

① 황화인 – 100[kg]
② 유황 – 300[kg]
③ 철분 – 500[kg]
④ 인화성 고체 – 1,000[kg]

해설 제2류 위험물의 지정수량

품 명	지정수량
황화인, 적린, 유황	100[kg]
철분, 금속분, 마그네슘	500[kg]
인화성 고체	1,000[kg]

52
소방장비 등에 대한 국고보조 대상사업의 범위와 기준보조율은 무엇으로 정하는가?

① 행정안전부령
② 대통령령
③ 시 · 도의 조례
④ 국토교통부령

해설 국고보조 대상사업의 범위와 기준보조율 : 대통령령

53
정기점검의 대상인 제조소 등에 해당하지 않는 것은?

① 이송취급소
② 이동탱크저장소
③ 암반탱크저장소
④ 판매취급소

해설 정기점검의 대상인 제조소 등
• 예방규정대상 제조소 등
• 지하탱크저장소
• 이동탱크저장소

54
위험물안전관리법상 행정처분을 하고자 하는 경우 청문을 실시해야 하는 것은?

① 제조소 등 설치허가의 취소
② 제조소 등 영업정지 처분
③ 탱크시험자의 영업정지
④ 과징금 부과처분

해설 청문 실시대상
• 제조소 등 설치허가의 취소
• 탱크시험자의 등록취소

55
소방용품의 형식승인을 반드시 취소하여야 하는 경우가 아닌 것은?

① 거짓 또는 부정한 방법으로 형식승인을 받은 경우
② 시험시설의 시설기준에 미달되는 경우
③ 거짓 또는 부정한 방법으로 제품검사를 받은 경우
④ 변경승인을 받지 아니한 경우

해설 소방용품의 형식승인 취소 사유
• 거짓 또는 부정한 방법으로 형식승인을 받은 경우
• 거짓 또는 부정한 방법으로 제품검사를 받은 경우
• 변경승인을 받지 아니하거나 부정한 방법으로 변경승인을 받은 경우

정답 50 ③ 51 ② 52 ② 53 ④ 54 ① 55 ②

56
소방기본법상의 벌칙으로 5년 이하의 징역 또는 5,000만원 이하의 벌금에 해당하지 않는 것은?

① 소방자동차가 화재진압 및 구조·구급활동을 위하여 출동할 때 그 출동을 방해한 자
② 사람을 구출하거나 불이 번지는 것을 막기 위하여 불이 번질 우려가 있는 소방대상물의 사용제한의 강제처분을 방해한 자
③ 출동한 소방대의 소방장비를 파손하거나 그 효용을 해하여 화재진압·인명구조 또는 구급활동을 방해한 자
④ 정당한 사유 없이 소방용수시설의 효용을 해치거나 그 정당한 사용을 방해한 자

해설 사람을 구출하거나 불이 번지는 것을 막기 위하여 불이 번질 우려가 있는 소방대상물의 사용제한의 강제처분을 방해한 자
: 3년 이하의 징역 또는 3,000만원 이하의 벌금

57
하자보수 대상 소방시설 중 하자보수 보증기간이 2년이 아닌 것은?

① 유도표지   ② 비상경보설비
③ 무선통신보조설비   ④ 자동화재탐지설비

해설 하자보수 보증기간

보증기간	시설의 종류
2년	피난기구·유도등·유도표지·비상경보설비·비상조명등·비상방송설비 및 **무선통신보조설비**
3년	자동소화장치·옥내소화전설비·스프링클러설비·간이스프링클러설비·물분무 등 소화설비·옥외소화전설비·자동화재탐지설비·상수도 소화용수설비 및 소화활동설비(무선통신보조설비를 제외)

58
소방기본법상 소방용수시설의 저수조는 지면으로부터 낙차가 몇 [m] 이하가 되어야 하는가?

① 3.5
② 4
③ 4.5
④ 6

해설 저수조 : 지면으로부터 낙차가 4.5[m] 이하

59
특정소방대상물 중 의료시설에 해당되지 않는 것은?

① 노숙인 재활시설
② 장애인 의료재활시설
③ 정신의료기관
④ 마약진료소

해설 노숙인 재활시설 : 노유자시설

60
작동기능점검을 실시한 자는 작동기능점검 실시결과 보고서를 며칠 이내에 소방본부장 또는 소방서장에게 제출해야 하는가?

① 7
② 10
③ 20
④ 30

해설 작동기능점검과 종합정밀점검 보고 : 점검을 실시한 날부터 7일 이내에 소방본부장 또는 소방서장에게 제출(2019년 8월 13일 개정)
※ 점검결과보고서 제출 기간이 30일 이내에서 7일 이내로 변경

해설 비상조명등은 비상점등을 위하여 비상전원으로 전환되는 경우 비상점등 회로로 정격전류의 1.2배 이상의 전류가 흐르거나 램프가 없는 경우에는 3초 이내에 예비전원으로부터의 비상전원 공급을 차단하여야 한다.

제4과목 소방전기시설의 구조 및 원리

61
통로유도등의 설치기준 중 틀린 것은?

① 거실의 통로가 벽체 등으로 구획된 경우에는 거실통로유도등을 설치한다.
② 거실통로유도등은 거실통로에 기둥이 설치된 경우에는 기둥부분의 바닥으로부터 높이 1.5[m] 이하의 위치에 설치할 수 있다.
③ 복도통로유도등은 구부러진 모퉁이 및 보행거리 20[m]마다 설치한다.
④ 계단통로유도등은 바닥으로부터 높이 1[m] 이하의 위치에 설치한다.

해설 거실의 통로가 벽체 등으로 구획된 경우에는 복도통로유도등을 설치할 것

62
비상콘센트설비의 전원회로의 공급용량은 최소 몇 [kVA] 이상인 것으로 설치해야 하는가?

① 1.5　　② 2
③ 2.5　　④ 3

해설 비상콘센트의 전원회로

구 분	전 압	공급용량	플러그접속기
단상교류	220[V]	1.5[kVA] 이상	접지형 2극

63
비상조명등 비상점등 회로의 보호를 위한 기준 중 다음 (　) 안에 알맞은 것은?

> 비상조명등은 비상점등을 위하여 비상전원으로 전환되는 경우 비상점등 회로로 정격전류의 (㉠)배 이상의 전류가 흐르거나 램프가 없는 경우에는 (㉡)초 이내에 예비전원으로부터 비상전원 공급을 차단해야 한다.

① ㉠ 2, ㉡ 1　　② ㉠ 1.2, ㉡ 3
③ ㉠ 3, ㉡ 1　　④ ㉠ 2.1, ㉡ 5

64
무선통신보조설비의 누설동축케이블 및 안테나는 고압의 전로로부터 1.5[m] 이상 떨어진 위치에 설치해야 하나 그렇게 하지 않아도 되는 경우는?

① 해당 전로에 정전기 차폐장치를 유효하게 설치한 경우
② 금속제 등의 지지금구로 일정한 간격으로 고정한 경우
③ 끝부분에 무반사 종단저항을 설치한 경우
④ 불연재료로 구획된 반자 안에 설치한 경우

해설 누설동축케이블 및 안테나는 고압의 전로로부터 1.5[m] 이상 떨어진 위치에 설치할 것(단 해당 전로에 정전기 차폐장치를 유효하게 설치할 경우에는 제외)

65
유도등의 전기회로에 점멸기를 설치할 수 있는 장소에 해당되지 않는 것은?(단, 유도등은 3선식 배선에 따라 상시 충전되는 구조이다)

① 공연장으로서 어두워야 할 필요가 있는 장소
② 특정소방대상물의 관계인이 주로 사용하는 장소
③ 외부광에 따라 피난구 또는 피난방향을 쉽게 식별할 수 있는 장소
④ 지하층을 제외한 층수가 11층 이상의 장소

해설 유도등은 전기회로에 점멸기를 설치하지 아니하고 항상 점등상태를 유지할 것. 다만, 특정소방대상물 또는 그 부분에 사람이 없거나 다음 각 목의 어느 하나에 해당하는 장소로서 3선식 배선에 따라 상시 충전되는 구조인 경우에는 그러하지 아니한다.
- 외부광에 따라 피난구 또는 피난 방향을 쉽게 식별할 수 있는 장소
- 공연장, 암실 등으로서 어두워야 할 필요가 있는 장소
- 소방대상물의 관계인 또는 종사원이 주로 사용하는 장소

66

각 실별 실내의 바닥면적이 25[m²]인 4개의 실에 단독경보형 감지기를 설치 시 몇 개의 실로 보아야 하는가?(단, 각 실은 이웃하고 있으며, 벽체 상부가 일부 개방되어 이웃하는 실내와 공기가 상호유통되는 경우이다)

① 1
② 2
③ 3
④ 4

> **해설** 각 실(이웃하는 실내의 바닥면적이 각각 30[m²] 미만이고 벽체의 상부의 전부 또는 일부가 개방되어 이웃하는 실내와 공기가 상호 유통하는 경우에는 이를 1개의 실로 본다)마다 설치하되, 바닥면적이 150[m²]를 초과하는 경우에는 150[m²]마다 1개 이상 설치한다.

67

피난기구 중 다수인 피난장비의 설치기준 중 틀린 것은?

① 사용 시에 보관실 외측 문이 먼저 열리고 탑승기가 외측으로 자동으로 전개될 것
② 하강 시에 탑승기가 건물 외벽이나 돌출물에 충돌하지 않도록 설치할 것
③ 상·하층에 설치할 경우에는 탑승기의 하강 경로가 중첩되도록 할 것
④ 보관실은 건물 외측보다 돌출되지 아니하고, 빗물·먼지 등으로부터 장비를 보호할 수 있는 구조일 것

> **해설** 다수인 피난장비는 상·하층에 설치할 경우에는 탑승기의 하강경로가 중첩되지 않도록 한다.

68

누전경보기 수신부의 기능검사 항목이 아닌 것은?

① 충격시험
② 절연저항시험
③ 내식성시험
④ 전원전압 변동시험

> **해설** **수신부의 기능검사**
> · 전원전압변동시험   · 온도특성시험
> · 과입력전압시험   · 개폐기의 조작시험
> · 반복시험   · 진동시험
> · 충격시험   · 방수시험
> · 절연저항시험   · 절연내력시험
> · 충격파내전압시험

69

아파트형 공장의 지하 주차장에 설치된 비상방송용 스피커의 음량조정기 배선방식은?

① 단선식
② 2선식
③ 3선식
④ 복합식

> **해설** 비상방송설비는 음량조정기를 설치하는 경우 음량조정기의 배선은 3선식으로 한다.

70

아파트의 4층 이상 10층 이하에 적응성이 있는 피난기구는?(단, 아파트는 주택법 시행령 제48조의 규정에 해당하는 공동주택이다)

① 간이완강기
② 피난용 트랩
③ 미끄럼대
④ 공기안전매트

> **해설**

설치 장소 / 층	의료시설, 노약자시설	기 타
지하층	피난용 트랩	· 피난사다리 · 피난용 트랩
3층	· 피난용 트랩 · 피난교 · 구조대 · 미끄럼대	· 피난사다리, 피난교 · 피난용 트랩, 구조대 · 완강기, 간이완강기 · 미끄럼대 · 피난밧줄 · 공기안전매트
4층 이상 10층 이하	· 피난용 트랩 · 피난교 · 구조대	· 피난사다리, 피난교 · 구조대 · 완강기, 간이완강기 · 공기안전매트

71

감지기의 설치기준 중 부착높이 20[m] 이상에 설치되는 광전식 중 아날로그방식의 감지기는 공칭감지농도 하한값이 감광률 몇 [%/m] 미만인 것으로 하는가?

① 3
② 5
③ 7
④ 10

> **해설** 부착높이 20[m] 이상에 설치되는 광전식 중 아날로그방식의 감지기는 공칭감지농도 하한값이 감광률 5[%/m] 미만인 것으로 한다.

72
연기감지기 설치 시 천장 또는 반자부근에 배기구가 있는 경우에 감지기의 설치위치로 옳은 것은?

① 배기구가 있는 그 부근
② 배기구로부터 가장 먼 곳
③ 배기구로부터 0.6[m] 이상 떨어진 곳
④ 배기구로부터 1.5[m] 이상 떨어진 곳

해설 연기감지기는 천장 또는 반자 부근에 배기구가 있는 경우에는 그 부근에 설치한다.

73
자동화재탐지설비 배선의 설치기준 중 다음 (　　) 안에 알맞은 것은?

> 자동화재탐지설비 감지기회로의 전로저항은 (㉠)이 (가) 되도록 하여야 하며, 수신기 각 회로별 종단에 설치되는 감자기에 접속되는 배선의 전압은 감지기 정격전압의 (㉡)[%] 이상이어야 한다.

① ㉠ 50[Ω] 이상, ㉡ 70
② ㉠ 50[Ω] 이하, ㉡ 80
③ ㉠ 40[Ω] 이상, ㉡ 70
④ ㉠ 40[Ω] 이상, ㉡ 80

해설 자동화재탐지설비의 감지기회로의 전로저항은 50[Ω] 이하가 되도록 하여야 하며, 수신기의 각 회로별 종단에 설치되는 감지기에 접속되는 배선의 전압은 감지기 정격전압의 80[%] 이상이어야 한다.

74
누전경보기의 변류기는 경계전로에 정격전류를 흘리는 경우 그 경계전로의 전압강하는 몇 [V] 이하여야 하는가?(단, 경계전로의 전선을 그 변류기에 관통시키는 것은 제외한다)

① 0.3
② 0.5
③ 1.0
④ 3.0

해설 누전경보기의 변류기는 경계전로에 정격전류를 흘리는 경우 그 경계전로의 전압강하는 0.5[V] 이하일 것

75
무선통신보조설비 증폭기의 설치기준으로 틀린 것은?

① 증폭기는 비상전원이 부착된 것으로 한다.
② 증폭기의 전면에는 표시등 및 전류계를 설치한다.
③ 전원은 전기가 정상적으로 공급되는 축전지 또는 교류전압 옥내간선으로 하고 전원까지의 배선은 전용으로 한다.
④ 증폭기의 비상전원용량은 무선통신보조설비를 유효하게 30분 이상 작동시킬 수 있는 것으로 한다.

해설 증폭기의 전면에는 주회로의 전원이 정상인지의 여부를 표시할 수 있는 표시등 및 전압계를 설치하여야 한다.

76
비상콘센트의 배치는 아파트 또는 바닥면적이 1,000[m²] 미만인 층은 계단의 출입구로부터 몇 [m] 이내에 설치해야 하는가?(단, 계단의 부속실을 포함하며 계단이 2 이상 있는 경우에는 그중 1개의 계단을 말한다)

① 10
② 8
③ 5
④ 3

해설 비상콘센트의 배치는 아파트 또는 바닥면적이 1,000[m²] 미만인 층은 계단의 출입구로부터 5[m] 이내에, 바닥면적 1,000[m²] 이상인 층은 각 계단의 출입구 또는 계단부속실의 출입로부터 5[m] 이내에 설치하되 그 비상콘센트로부터 그 층의 각 부분까지의 거리가 다음 각 목의 기준을 초과하는 경우에는 그 기준 이하가 되도록 비상콘센트를 추가하여 설치할 것
① 지하상가 또는 지하층의 바닥면적의 합계가 3,000[m²] 이상인 것은 수평거리 25[m]
② ①에 해당하지 아니하는 것은 수평거리 50[m]

77

비상방송설비는 기동장치에 따른 화재신고를 수신한 후 필요한 음량으로 화재발생 상황 및 피난에 유효한 방송이 자동으로 개시될 때까지의 소요시간은 몇 초 이하여야 하는가?

① 5   ② 10
③ 30   ④ 60

해설 비상방송설비는 기동장치에 의한 화재신고를 수신한 후 필요한 음량으로 방송이 개시될 때까지의 소요시간은 10초 이내로 할 것

78

누전경보기 음향장치의 설치 위치로 옳은 것은?

① 옥내의 점검에 편리한 장소
② 옥외 인입선의 제1지점의 부하 측의 점검이 쉬운 위치
③ 수위실 등 상시 사람이 근무하는 장소
④ 옥외인입선의 제2종 접지선 측의 점검이 쉬운 위치

해설 누전경보기의 음향장치는 수위실 등 상시 근무하는 장소에 설치하여야 하며, 그 음량 및 음색은 다른 기기의 소음 등과 명확히 구별될 수 있는 것으로 하여야 한다.

79

광전식 분리형감지기의 설치기준 중 틀린 것은?

① 감지기의 광축의 길이는 공칭감시거리 범위 이내 일 것
② 감지기의 송광부와 수광부는 설치된 뒷벽으로부터 1[m]이내 위치에 설치할 것
③ 광축의 높이는 천장 등(천장의 실내에 면한 부분 또는 상층의 바닥하부면) 높이의 80[%] 이상 일 것
④ 광축은 나란한 벽으로부터 0.5[m] 이상 이격하여 설치할 것

해설 광전식 분리형 감지기는 광축(송광면과 수광면의 중심을 연결한 선)은 나란한 벽으로부터 0.6[m] 이상 이격하여 설치할 것

80

자동화재속보설비 속보기의 구조에 대한 설명 중 틀린 것은?

① 수동통화용 송수화장치를 설치하여야 한다.
② 접지전극에 직류전류를 통하는 회로방식을 사용하여야 한다.
③ 작동 시 그 작동시간과 작동횟수를 표시할 수 있는 장치를 하여야 한다.
④ 부식에 의한 기계적 기능에 영향을 초래할 우려가 있는 부분은 기계식 내식가공을 하거나 방청가공을 하여야 한다.

해설 속보기는 다음 각 호의 회로방식을 사용하지 아니하여야 한다.
- 접지전극에 직류전류를 통하는 회로방식
- 수신기에 접속되는 외부배선과 다른 설비(화재신호의 전달에 영향을 미치지 아니하는 것은 제외한다)의 외부배선을 공용으로 하는 회로방식

2017년 3월 5일 시행

제 **1** 회

제 **1** 과목　소방원론

01

분말소화약제 중 탄산수소칼륨($KHCO_3$)과 요소 [$CO(NH_2)_2$]와의 반응물을 주성분으로 하는 소화약제는?

① 제1종 분말　　② 제2종 분말
③ 제3종 분말　　④ 제4종 분말

해설 분말소화약제의 성상

종 별	소화약제	약제의 착색	적응 화재	열분해반응식
제1종 분말	중탄산나트륨 ($NaHCO_3$)	백 색	B, C급	$2NaHCO_3 \rightarrow$ $Na_2CO_3 + CO_2 + H_2O$
제2종 분말	중탄산칼륨 ($KHCO_3$)	담회색	B, C급	$2KHCO_3 \rightarrow$ $K_2CO_3 + CO_2 + H_2O$
제3종 분말	제일인산암모늄 ($NH_4H_2PO_4$)	담홍색, 황색	A, B, C급	$NH_4H_2PO_4 \rightarrow$ $HPO_3 + NH_3 + H_2O$
제4종 분말	중탄산칼륨+요소 [$KHCO_3 + (NH_2)_2CO$]	회 색	B, C급	$2KHCO_3 + (NH_2)_2CO$ $\rightarrow K_2CO_3 + 2NH_3 +$ $2CO_2$

02

할론(Halon)1301의 분자식은?

① CH_3Cl　　② CH_3Br
③ CF_3Cl　　④ CF_3Br

해설 할로겐화합물소화약제

종 류 구 분	할론 1301	할론 1211	할론 2402	할론 1011
화학식	CF_3Br	CF_2ClBr	$C_2F_4Br_2$	CH_2ClBr
분자량	148.95	165.4	259.8	129.4

03

유류 저장탱크의 화재에서 일어날 수 있는 현상이 아닌 것은?

① 플래시오버(Flash Over)
② 보일오버(Boil Over)
③ 슬롭오버(Slop Over)
④ 프로스오버(Froth Over)

해설 유류저장탱크에 나타나는 현상 : 보일오버, 슬롭오버, 프로스오버

> 플래시오버 : 가연성 가스를 동반하는 연기와 유독 가스가 방출하여 실내의 급격한 온도상승으로 실내전체가 순간적으로 연기가 충만하는 현상으로 일반건축물에 나타난다.

04

건축물의 화재 시 피난자들의 집중으로 패닉(Panic) 현상이 일어날 수 있는 피난방향은?

해설 피난방향 및 경로

구 분	구 조	특 징
H형		중앙코어방식으로 피난자의 집중으로 패닉현상이 일어날 우려가 있는 형태

05

섭씨 30도는 랭킨(Rankine)온도로 나타내면 몇 도인가?

① 546도　　② 515도
③ 498도　　④ 463도

해설 랭킨온도

> • $[R] = 460 + [°F]$ • $[°F] = 1.8 × [℃] + 32$

$[°F] = 1.8 × [℃] + 32 = (1.8 × 30) + 32 = 86[°F]$
$[R] = 460 + [°F] = 460 + 86 = 546[R]$

06
A급, B급, C급 화재에 사용이 가능한 제3종 분말 소화약제의 분자식은?

① $NaHCO_3$
② $KHCO_3$
③ $NH_4H_2PO_4$
④ Na_2CO_3

해설 제3종 분말약제(제일인산암모늄, $NH_4H_2PO_4$)

07
1기압, 100[℃]에서의 물 1[g]의 기화잠열은 약 몇 [cal]인가?

① 425
② 539
③ 647
④ 734

해설 표준상태에서 물의 기화잠열 : 539[cal]

08
건축방화계획에서 건축구조 및 재료를 불연화하여 화재를 미연에 방지하고자 하는 공간적 대응방법은?

① 회피성 대응
② 도피성 대응
③ 대항성 대응
④ 설비적 대응

해설 회피성 대응 : 건축구조 및 재료를 불연화함으로써 화재를 미연에 방지하는 공간적 대응

09
물질의 연소범위와 화재 위험도에 대한 설명으로 틀린 것은?

① 연소범위의 폭이 클수록 화재 위험이 높다.
② 연소범위의 하한계가 낮을수록 화재 위험이 높다.
③ 연소범위의 상한계가 높을수록 화재 위험이 높다.
④ 연소범위의 하한계가 높을수록 화재 위험이 높다.

해설 연소범위
• 연소범위가 넓을수록 위험하다.
• 하한값이 낮을수록 위험하다.
• 온도와 압력을 증가하면 하한값은 불변, 상한값은 증가하므로 위험하다.

10
다음 중 착화온도가 가장 낮은 것은?

① 에틸알코올
② 톨루엔
③ 등 유
④ 가솔린

해설 착화 온도

종 류	착화 온도[℃]
에틸알코올	423
톨루엔	552
등 유	220
가솔린	300

11
위험물의 저장 방법으로 틀린 것은?

① 금속나트륨 - 석유류에 저장
② 이황화탄소 - 수조 물탱크에 저장
③ 알킬알루미늄 - 벤젠액에 희석하여 저장
④ 산화프로필렌 - 구리 용기에 넣고 불연성 가스를 봉입하여 저장

해설 산화프로필렌, 아세트알데하이드 : 구리, 마그네슘, 수은, 은과의 접촉을 피하고, 불연성 가스를 불입하여 저장한다.

12

소화약제의 방출수단에 대한 설명으로 가장 옳은 것은?

① 액체 화학반응을 이용하여 발생되는 열로 방출한다.
② 기체의 압력으로 폭발, 기화작용 등을 이용하여 방출한다.
③ 외기의 온도, 습도, 기압 등을 이용하여 방출한다.
④ 가스압력, 동력, 사람의 손 등에 의하여 방출한다.

해설 소화기, 소화설비는 내부가스압력, 사람의 손(수동기동)에 의하여 방출한다.

13

가연물의 제거와 가장 관련이 없는 소화방법은?

① 촛불을 입김으로 불어서 끈다.
② 산불 화재 시 나무를 잘라 없앤다.
③ 팽창진주암을 사용하여 진화한다.
④ 가스화재 시 중간밸브를 잠근다.

해설 질식소화 : 팽창진주암이나 팽창질석을 사용하여 진화하는 방법

14

연기의 감광계수[m⁻¹]에 대한 설명으로 옳은 것은?

① 0.5는 거의 앞이 보이지 않을 정도이다.
② 10은 화재 최성기 때의 농도이다.
③ 0.5는 가시거리가 20~30[m] 정도이다.
④ 10은 연기감지기가 작동하기 직전의 농도이다.

해설 감광계수에 따른 상황

감광계수	가시거리[m]	상 황
0.1	20~30	연기감지기가 작동할 때의 정도
0.3	5	건물 내부에 익숙한 사람이 피난에 지장을 느낄 정도
0.5	3	어두침침한 것을 느낄 정도
1	1~2	거의 앞이 보이지 않을 정도
10	0.2~0.5	화재 **최성기** 때의 정도

15

다음 중 가연성 가스가 아닌 것은?

① 일산화탄소
② 프로판
③ 아르곤
④ 수 소

해설 가연성 가스 : 연소하는 가스(일산화탄소, 프로판, 부탄, 메탄, 에탄)

> 아르곤 : 불활성 가스

16

할론가스 45[kg]과 함께 기동가스로 질소 2[kg]을 충전하였다. 이때 질소가스의 몰분율은?(단, 할론가스의 분자량은 149이다)

① 0.19
② 0.24
③ 0.31
④ 0.39

해설
- 할론가스 몰수 : $\dfrac{45}{149}$
- 질소가스 몰수 : $\dfrac{2}{28}$
- 몰분율 $= \dfrac{\dfrac{\text{각 성분의 무게}}{\text{분자량}}}{\dfrac{\text{각 성분의 무게}}{\text{분자량}}} = \dfrac{\dfrac{2[\text{kg}]}{28}}{\dfrac{45[\text{kg}]}{149} + \dfrac{2[\text{kg}]}{28}}$

$≒ 0.19$

17

고층 건축물 내 연기거동 중 굴뚝효과에 영향을 미치는 요소가 아닌 것은?

① 건물 내·외의 온도차
② 화재실의 온도
③ 건물의 높이
④ 층의 면적

해설 연돌효과와 관계있는 것
- 건물 내외의 온도차
- 화재실의 온도
- 건물의 높이

18

B급 화재 시 사용할 수 없는 소화방법은?

① CO_2 소화약제로 소화한다.

② 봉상주수로 소화한다.

③ 3종 분말약제로 소화한다.

④ 단백포로 소화한다.

해설 봉상주수는 옥내소화설비, 옥외소화전설비로서 A급 (일반 화재)에 적합하다.

19

인화성 액체의 연소점, 인화점, 발화점을 온도가 높은 것부터 옳게 나열한 것은?

① 발화점 > 연소점 > 인화점

② 연소점 > 인화점 > 발화점

③ 인화점 > 발화점 > 연소점

④ 인화점 > 연소점 > 발화점

해설 온도의 높은 순서 : 발화점 > 연소점 > 인화점

20

소화효과를 고려하였을 경우 화재 시 사용할 수 있는 물질이 아닌 것은?

① 이산화탄소   ② 아세틸렌

③ Halon 1211   ④ Halon 1301

해설 아세틸렌(C_2H_2)은 제3류 위험물인 탄화칼슘이 물과 반응할 때 발생하는 가스로서 가연성가스이다.

제 **2** 과목   **소방전기일반**

21

최대눈금이 70[V]인 직류전압계에 5[kΩ]의 배율기를 접속하여 전압의 최대측정치가 350[V]라면 내부저항은 몇 [kΩ]인가?

① 0.8   ② 1

③ 1.25   ④ 20

해설 배율 : $m = \dfrac{V}{V_r} = 1 + \dfrac{R}{r}$ 에서

내부저항 : $r = \dfrac{R}{\dfrac{V}{V_r} - 1} = \dfrac{5}{\dfrac{350}{70} - 1} = 1.25[k\Omega]$

22

발전기에서 유도기전력의 방향을 나타내는 법칙은?

① 페러데이의 전자유도법칙

② 플레밍의 오른손법칙

③ 앙페르의 오른나사법칙

④ 플레밍의 왼손법칙

해설 플레밍의 오른손법칙 : 발전기 법칙

엄지 : 운동의 방향
검지 : 자속의 방향
중지 : 기전력의 방향

23

다음의 논리식들 중 틀린 것은?

① $(\overline{A} + B) \cdot (A + B) = B$

② $(A + B) \cdot \overline{B} = A\overline{B}$

③ $\overline{AB + AC} + \overline{A} = \overline{A} + \overline{B}\,\overline{C}$

④ $\overline{(\overline{A} + B) + CD} = A\overline{B}(\overline{C} + \overline{D})$

해설
• $(\overline{A} + B) \cdot (A + B) = \overline{A}A + \overline{A}B + AB + B$
  $= 0 + B(\overline{A} + A + 1)$
  $= 0 + B \cdot 1 = B$

• $(A + B) \cdot \overline{B} = (A \cdot \overline{B}) + (B \cdot \overline{B}) = A \cdot \overline{B}$

• $\overline{AB + AC} + \overline{A} = (\overline{A} + \overline{B})(\overline{A} + \overline{C}) + \overline{A}$
  $= \overline{A}(1 + \overline{C} + \overline{B}) + \overline{B}\,\overline{C} = \overline{A} + \overline{B}\,\overline{C}$

• $\overline{(\overline{A} + B) + CD} = \overline{(\overline{A} + B)} \times \overline{CD}$
  $= (\overline{\overline{A}} \times \overline{B}) \times (\overline{C} + \overline{D})$
  $= (A\overline{B}) \times (\overline{C} + \overline{D})$

안심Touch

24

길이 1[m]의 철심(비투자율 $\mu_s = 700$) 자기회로에 2[mm]의 공극이 생겼다면 자기저항은 몇 배 증가하는가?(단, 각 부의 단면적은 일정하다)

① 1.4 ② 1.7
③ 2.4 ④ 2.7

해설 R_1 : 철심의 자기저항, R_2 : 공극의 자기저항

공극이 없을 때 ($R=R_1$)	$R=R_1=\dfrac{1-0.002}{\mu_s\mu_o A}=\dfrac{1-0.002}{700\mu_o A}$
공극이 있을 때 ($R=R_1+R_2$)	$R_1=\dfrac{1-0.002}{700\mu_o A}$, $R_2=\dfrac{0.002}{1\mu_o A}$, $R'=R_1+R_2=\dfrac{1-0.002}{700\mu_o A}+\dfrac{0.002}{1\mu_o A}$

$$\therefore \frac{R'}{R}=\frac{\frac{9.998}{700\mu_o A}+\frac{0.002}{1\mu_o A}}{\frac{9.998}{700\mu_o A}}=\frac{3.426\times10^{-3}}{1.426\times10^{-3}}=2.4$$

25

빛이 닿으면 전류가 흐르는 다이오드로 광량의 변화를 전류값으로 대치하므로 광센서에 주로 사용하는 다이오드는?

① 제너다이오드 ② 터널다이오드
③ 발광다이오드 ④ 포토다이오드

해설 포토다이오드 : 빛이 닿으면 전류가 발생하는 다이오드

26

3상 직권 정류자 전동기에서 중간 변압기를 사용하는 이유 중 틀린 것은?

① 경부하 시 속도의 이상 상승 방지
② 실효 권수비 선정 조정
③ 전원전압의 크기에 관계없이 정류에 알맞은 회전자 전압 선택
④ 회전자 상수의 감소

해설 중간변압기 사용 이유
• 속도조정
• 변압기 권수비 조정
• 권수비에 따른 변압기 전압 조정

27

피드백제어계에서 제어요소에 대하여 설명 중 옳은 것은?

① 조작부와 검출부로 구성되어 있다.
② 조절부와 변환부로 구성되어 있다.
③ 동작신호를 조작량으로 변화시키는 요소이다.
④ 목푯값에 비례하는 신호를 발생하는 요소이다.

해설 제어요소(Control Element)
• 조절부+조작부로 구성되어 있다.
• 동작신호를 조작량으로 변화시켜 제어대상에게 신호전달

28

균등 눈금을 사용하며 소비전력이 적게 소요되고 정확도가 높은 지시계기는?

① 가동 코일형 계기 ② 전류력계형 계기
③ 정전형 계기 ④ 열전형 계기

해설 • 가동 코일형 계기
  – 구조 및 원리 : 영구 자석이 만드는 자기장 내에 가동 코일을 놓고, 코일에 측정하고자 하는 전류를 흘리면 이 전류와 자기장 사이에 전자력이 발생한다. 이 전자력을 구동 토크로 한 계기를 영구자석 가동 코일형 계기라 한다.
• 가동 코일형 계기의 특징
  – 감도와 정확도가 높다.
  – 구동 토크가 크고 정확한 측정이 된다.
  – 소비 전력이 대단히 적다.
  – 균등 눈금을 사용함으로써 측정 범위를 간단히 변경시킬 수 있다.
  – 직류 전용이므로 교류를 측정하려면 정류기를 삽입해야 한다.
  – 측정 범위가 낮으므로 측정 범위를 확대하기 위해서는 분류기나 배율기를 삽입해야 한다.

29

그림과 같은 유접점회로의 논리식은?

① $A+BC$ ② $AB+C$
③ $B+AC$ ④ $AB+BC$

해설 논리식 : $(A+B)\cdot(A+C)=A+BC$

30

50[kW] 전력의 안테나에서 사방으로 균일하게 방사될 때, 안테나에서 1[km] 거리에 있는 점에서의 전계의 실횻값은 약 몇 [V/m]인가?

① 0.87
② 1.22
③ 1.73
④ 3.98

 해설

- 포인팅벡터 : $P = \dfrac{E^2}{377} = \dfrac{W}{4\pi r^2}$

- 전계의 세기 : $E = \sqrt{\dfrac{W}{4\pi r^2} \times 377}$

$$= \sqrt{\dfrac{50 \times 10^3}{4\pi \times (10^3)^2} \times 377} = 1.22$$

31

그림과 같은 반파정류회로에 스위치 A를 사용하여 부하 저항 R_L을 떼어냈을 경우 콘덴서 C의 충전전압은 몇 [V]인가?

① 12π
② 24π
③ $12\sqrt{2}$
④ $24\sqrt{2}$

해설 스위치 A 개방 시 R_L이 없어지므로 C에 전압이 최댓값까지 충전 된다.

$$\therefore V_m = \sqrt{2}\,V = \sqrt{2} \times 24 = 24\sqrt{2}$$

32

그림과 같은 교류브리지의 평형조건으로 옳은 것은?

① $R_2 C_4 = R_1 C_3$, $R_2 C_1 = R_4 C_3$
② $R_1 C_1 = R_4 C_4$, $R_2 C_3 = R_1 C_1$

③ $R_2 C_4 = R_4 C_3$, $R_1 C_3 = R_2 C_1$
④ $R_1 C_1 = R_4 C_4$, $R_2 C_3 = R_1 C_4$

해설 브리지 방법

- 교류브리지 평형조건 $Z_1 Z_3 = Z_2 Z_x$
- 이 조건을 이용하여 풀면
$$R_2 R_4 = R_1 C_3, \quad R_2 C_1 = R_4 C_3$$

33

MOSFET(금속–산화물 반도체 전계효과 트랜지스터)의 특성으로 틀린 것은?

① 2차 항복이 없다.
② 집적도가 낮다.
③ 소전력으로 작동한다.
④ 큰 입력저항으로 게이트 전류가 거의 흐르지 않는다.

해설 MOSFET의 특성

- 2차 항복전압이 없으며, 큰 입력저항으로서 게이트 전류가 거의 흐르지 않는다.
- 안정적이며, 집적도가 높다.
- 소전력으로 작동한다.

34

인덕턴스가 0.5[H]인 코일의 리액턴스가 753.6[Ω]일 때 주파수는 약 몇 [Hz]인가?

① 120
② 240
③ 360
④ 480

해설 유도리액턴스 : $X_L = \omega L = 2\pi f L [\Omega]$ 에서

주파수 : $f = \dfrac{X_L}{2\pi L} = \dfrac{753.6}{2\pi \times 0.5} = 240[Hz]$

35
폐루프 제어의 특징에 대한 설명으로 옳은 것은?

① 외부의 변화에 대한 영향을 증가시킬 수 있다.
② 제어기 부품의 성능 차이에 따라 영향을 많이 받는다.
③ 대역폭이 증가한다.
④ 정확도와 전체 이득이 증가한다.

해설 피드백(폐회로) 제어계
- 미리 정해진 순서에 따라 제어의 각 단계를 순차적으로 제어하며 입력과 출력이 일치해야 출력하는 제어
- 입력과 출력을 비교하는 장치필요(비교부)
- 전달함수 초깃값이 항상 "0"이다
- 구조가 복잡하고, 시설비가 비싸다.
- 정확성, 감대폭, 대역폭이 증가한다.
- 계의 특성변화에 대한 입력 대 출력비의 감도가 감소된다.
- 비선형과 왜형에 대한 효과가 감소한다.

36
20[℃]의 물 2[L]를 64[℃]가 되도록 가열하기 위해 400[W]의 온수기를 20분 사용하였을 때 이 온수기의 효율은 약 몇 [%]인가?

① 27 ② 59
③ 77 ④ 89

해설 $Cm(T-T_0)=860\eta Pt$에서 효율을 구하면

$$\eta=\frac{Cm(T-T_0)}{860Pt}\times100=\frac{1\times2\times(64-20)}{860\times0.4\times\frac{20}{60}}\times100$$

$$=76.7[\%]$$

37
PD(비례 미분) 제어 동작의 특징으로 옳은 것은?

① 잔류편차 제거 ② 간헐현상 제거
③ 불연속 제어 ④ 응답 속응성 개선

해설 비례미분제어
- 감쇠비를 증가시키고 초과를 억제
- 시스템의 과도응답 특성을 개선하여 응답 속응성 개선

38
정현파 전압의 평균값과 최댓값의 관계식 중 옳은 것은?

① $V_{av}=0.707V_m$ ② $V_{av}=0.840V_m$
③ $V_{av}=0.637V_m$ ④ $V_{av}=0.956V_m$

해설 $V_{av}=\frac{2}{\pi}V_m=0.637V_m[V]$

39
열팽창식 온도계가 아닌 것은?

① 열전대 온도계 ② 유리 온도계
③ 바이메탈 온도계 ④ 압력식 온도계

해설
- 열전대 온도계 : 두 종류의 금속을 접속하고 한 쪽은 높은 온도로 다른 쪽은 낮은 온도로 유지하면 온도 차이에 의하여 기전력이 발생한다. 이때 기전력을 측정하면 온도의 측정이 가능해지는데 이것을 열전대 온도계라 한다.
- 유리 온도계 : 진공 상태의 가느다란 유리관에 수은이나 알코올을 적당량 넣은 것이며, 열을 얻은 수은이나 알코올의 부피가 열적 평형 상태가 될 때까지 늘어나 유리관 위로 올라간다.
- 바이메탈 온도계 : 바이메탈은 온도가 상승하면 휘는 성질이 있는데, 이 휘는 정도에 따라 온도를 측정하는 것을 말한다.
- 압력식 온도계 : 지시부, 감응부, 모세관 등으로 구성되어 있고 모세관에 액체 또는 가스로 충만하고, 액체 또는 가스가 온도 변화에 따라 팽창 또는 수축을 하게 되고, 이것은 압력의 변화는 부르동관에 전달되어 압력의 지침을 움직이게 하는 원리이다.

40
동기발전기의 병렬조건으로 틀린 것은?

① 기전력의 크기가 같을 것
② 기전력의 위상이 같을 것
③ 기전력의 주파수가 같을 것
④ 극수가 같을 것

해설 동기발전기 병렬운전조건
- 기전력의 크기가 같을 것
- 기전력의 위상이 같을 것
- 기전력의 파형이 같을 것
- 기전력의 주파수가 같을 것

제 3 과목 소방관계법규

41

소방특별조사의 연기를 신청하려는 자는 소방특별조사 시작 며칠 전까지 소방청장, 소방본부장 또는 소방서장에게 소방특별조사 연기신청서에 증명서류를 첨부하여 제출해야 하는가?(단, 천재지변 및 그 밖에 대통령령으로 정하는 사유로 소방특별조사를 받기 곤란한 경우이다)

① 3 　　　　　　　② 5
③ 7 　　　　　　　④ 10

> 해설 소방특별조사 시작 3일 전까지 소방특별조사 연기신청서(전자문서로 된 신청서를 포함)에 소방특별조사를 받기가 곤란함을 증명할 수 있는 서류(전자문서로 된 서류를 포함)를 첨부하여 소방청장, 소방본부장 또는 소방서장에게 제출하여야 한다.

42

화재예방, 소방시설 설치·유지 및 안전관리에 관한 법률상 특정소방대상물 중 오피스텔에 해당하는 것은?

① 숙박시설 　　　　　② 업무시설
③ 공동주택 　　　　　④ 근린생활시설

> 해설 오피스텔 : 업무시설

43

옥내저장소의 위치·구조 및 설비의 기준 중 지정수량의 몇 배 이상의 저장창고(제6류 위험물의 저장창고 제외)에 피뢰침을 설치해야 하는가?(단, 저장창고 주위의 상황이 안전상 지장이 없는 경우는 제외한다)

① 10배 　　　　　　② 20배
③ 30배 　　　　　　④ 40배

> 해설 피뢰설비 : 지정수량의 10배 이상(제6류 위험물은 제외)

44

지정수량 미만인 위험물의 저장 또는 취급에 관한 기술상의 기준은 무엇으로 정하는가?

① 대통령령 　　　　　② 행정안전부령
③ 소방청령 　　　　　④ 시·도의 조례

> 해설 저장 또는 취급에 관한 기술상의 기준
> • 지정수량 이상 : 위험안전관리법 적용
> • 지정수량 미만 : 시·도의 조례

45

특정소방대상물이 증축되는 경우 기존 부분에 대해서 증축 당시의 소방시설의 설치에 관한 대통령령 또는 화재안전기준을 적용하지 않는 경우가 아닌 것은?

① 증축으로 인하여 천장·바닥·벽 등에 고정되어 있는 가연성 물질의 양이 줄어드는 경우
② 자동차 생산공장 등 화재 위험이 낮은 특정소방대상물 내부에 연면적 $33[m^2]$ 이하의 직원 휴게실을 증축하는 경우
③ 기존 부분과 증축 부분이 갑종방화문(국토교통부장관이 정하는 기준에 적합한 자동방화셔터를 포함한다)으로 구획되어 있는 경우
④ 자동차 생산공장 등 화재 위험이 낮은 특정소방대상물에 캐노피(3면 이상에 벽이 없는 구조의 캐노피)를 설치하는 경우

> 해설 대통령령 또는 화재안전기준을 적용하지 않는 경우
> • 기존 부분과 증축 부분이 내화구조로 된 바닥과 벽으로 구획된 경우
> • 기존 부분과 증축 부분이 「건축법 시행령」 제64조에 따른 갑종방화문(국토교통부장관이 정하는 기준에 적합한 자동방화셔터를 포함한다)으로 구획되어 있는 경우
> • 자동차 생산공장 등 화재 위험이 낮은 특정소방대상물 내부에 연면적 $33[m^2]$ 이하의 직원 휴게실을 증축하는 경우
> • 자동차 생산공장 등 화재 위험이 낮은 특정소방대상물에 캐노피(3면 이상에 벽이 없는 구조의 캐노피를 말한다)를 설치하는 경우

46
소방용수시설 급수탑 개폐밸브의 설치기준으로 옳은 것은?

① 지상에서 1.0[m] 이상 1.5[m] 이하
② 지상에서 1.5[m] 이상 1.7[m] 이하
③ 지상에서 1.2[m] 이상 1.8[m] 이하
④ 지상에서 1.5[m] 이상 2.0[m] 이하

해설 　**소방용수시설 급수탑 개폐밸브**
: 지상에서 1.5[m] 이상 1.7[m] 이하

47
소방청장, 소방본부장 또는 소방서장이 소방특별조사 조치명령서를 해당 소방대상물의 관계인에게 발급하는 경우가 아닌 것은?

① 소방대상물의 신축
② 소방대상물의 개수
③ 소방대상물의 이전
④ 소방대상물의 제거

해설 　소방특별조사 조치명령서에 소방대상물의 개수·이전·제거, 사용의 금지 또는 제한, 사용폐쇄, 공사의 정지 또는 중지, 그 밖의 필요한 조치를 명할 수 있다.

48
성능위주설계를 실시하여야 하는 특정소방대상물의 범위 기준으로 틀린 것은?

① 연면적 200,000[m²] 이상인 특정소방대상물 (아파트 등은 제외)
② 지하층을 포함한 층수가 30층 이상인 특정소방대상물(아파트 등은 제외)
③ 건축물의 높이가 100[m] 이상인 특정소방대상물(아파트 등은 제외)
④ 하나의 건축물에 영화상영관이 5개 이상인 특정소방대상물

해설 　**성능위주설계 대상**
• 연면적 200,000[m²] 이상인 특정소방대상물(아파트 등은 제외)
• 다음의 어느 하나에 해당하는 특정소방대상물(아파트 등은 제외).

– 건축물의 높이가 100[m] 이상인 특정소방대상물
– 지하층을 포함한 층수가 30층 이상인 특정소방대상물
• 연면적 30,000[m²] 이상인 특정소방대상물로서 다음 각 목의 어느 하나에 해당하는 특정소방대상물
– 철도 및 도시철도 시설
– 공항시설
• 하나의 건축물에 영화상영관이 10개 이상인 특정소방대상물

49
시장지역에서 화재로 오인할 만한 우려가 있는 불을 피우거나 연막소독을 하려는 자가 소방본부장 또는 소방서장에게 신고를 하지 아니하여 소방자동차를 출동하게 한 자에 대한 과태료 부과금액 기준으로 옳은 것은?

① 20만원 이하　　② 50만원 이하
③ 100만원 이하　　④ 200만원 이하

해설 　소방서에 신고를 하지 않고 시장지역에서 화재로 오인할 만한 우려가 있는 불을 피우거나 연막소독을 한 자는 소방자동차를 출동하게 하면 20만원 이하의 과태료를 부과해야 한다.

> 4개 법령에서 가장 낮은 과태료 금액이다.

50
대통령령 또는 화재안전기준이 변경되어 그 기준이 강화되는 경우에 기존 특정소방대상물의 소방시설에 대하여 변경으로 강화된 기준을 적용하여야 하는 소방시설은?

① 비상경보설비　　② 비상콘센트설비
③ 비상방송설비　　④ 옥내소화전설비

해설 　**대통령령 또는 화재안전기준의 변경으로 강화된 기준을 적용(소급적용 대상)**
• 다음 소방시설 중 대통령령으로 정하는 것
– 소화기구
– 비상경보설비
– 자동화재속보설비
– 피난설비

51
다음 조건을 참고하여 숙박시설이 있는 특정소방대상물의 수용인원 산정 수로 옳은 것은?

> 침대가 있는 숙박시설로서 1인용 침대의 수는 20개이고 2인용 침대의 수는 10개이며, 종업원의 수는 3명이다.

① 33 ② 40
③ 43 ④ 46

해설 수용인원 = 종업원수 + 1인용 침대수 + 2인용 침대수 × 2
= 3 + 20 + 10 × 2 = 43명

52
출동한 소방대의 화재진압 및 인명구조 · 구급 등 소방활동 방해에 따른 벌칙이 5년 이하의 징역 또는 5,000만원 이하의 벌금에 처하는 행위가 아닌 것은?

① 위력을 사용하여 출동한 소방대의 구급활동을 방해하는 행위
② 화재진압을 마치고 소방서로 복귀 중인 소방자동차의 통행을 고의로 방해하는 행위
③ 출동한 소방대원에게 협박을 행사하여 구급활동을 방해하는 행위
④ 출동한 소방대의 소방장비를 파손하거나 그 효용을 해하여 구급활동을 방해하는 행위

해설 소방대가 화재진압 · 인명구조 또는 구급활동을 위하여 현장에 출동하거나 현장에 출입하는 것을 고의로 방해하는 행위
: 5년 이하의 징역 또는 5천만원 이하의 벌금

53
대통령령으로 정하는 특정소방대상물 소방시설공사의 완공검사를 위하여 소방본부장이나 소방서장의 현장 확인 대상 범위가 아닌 것은?

① 문화 및 집회시설
② 수계 소화설비가 설치되는 곳
③ 연면적 10,000[m²] 이상이거나 11층 이상인 특정소방대상물(아파트는 제외)

④ 가연성가스를 제조 · 저장 또는 취급하는 시설 중 지상에 노출된 가연성가스탱크의 저장용량 합계가 1,000[t] 이상인 시설

해설 현장 확인 대상 범위
• 문화 및 집회시설, 종교시설, 판매시설, 노유자시설, 수련시설, 운동시설, 숙박시설, 창고시설, 지하상가 및 다중이용업소
• 스프링클러설비 등, 물분무 등 소화설비(호스릴 방식은 제외)가 설치되는 특정소방대상물
• 연면적 10,000[m²] 이상이거나 11층 이상인 특정소방대상물(아파트는 제외한다)
• 가연성가스를 제조 · 저장 또는 취급하는 시설 중 지상에 노출된 가연성가스탱크의 저장용량 합계가 1,000[t] 이상인 시설

54
관계인이 예방규정을 정하여야 하는 제조소 등의 기준이 아닌 것은?

① 지정수량의 10배 이상의 위험물을 취급하는 제조소
② 지정수량의 50배 이상의 위험물을 취급하는 옥외저장소
③ 지정수량의 150배 이상의 위험물을 취급하는 옥내저장소
④ 지정수량의 200배 이상의 위험물을 취급하는 옥외탱크저장소

해설 지정수량의 100배 이상의 위험물을 취급하는 옥외저장소는 예방규정 대상이다.

55
소방본부장 또는 소방서장은 건축허가 등의 동의요구 서류를 접수한 날부터 최대 며칠 이내에 건축허가 등의 동의여부를 회신하여야 하는가?(단, 허가 신청한 건축물은 지상으로부터 높이가 200[m]인 아파트이다)

① 5일 ② 7일
③ 10일 ④ 15일

해설 건축허가 등의 동의여부 회신
• 일반대상물 : 5일 이내
• 특급소방안전관리대상물 : 10일 이내

[특급소방안전관리대상물]
① 50층 이상(지하층은 제외)이거나 지상으로부터 높이가 200[m] 이상인 아파트
② 30층 이상(지하층을 포함)이거나 지상으로부터 높이가 120[m] 이상인 특정소방대상물(아파트는 제외)
③ ②에 해당하지 아니하는 특정소방대상물로서 연면적 200,000[m²] 이상인 특정소방대상물(아파트는 제외)

해설 소방공사 감리원의 배치기준

감리원의 배치기준		소방시설공사 현장의 기준
책임감리원	보조감리원	
3. 행정안전부령으로 정하는 고급감리원 이상의 소방공사 감리원(기계분야 및 전기분야)	행정안전부령으로 정하는 초급감리원 이상의 소방공사 감리원(기계분야 및 전기분야)	가. 물분무 등 소화설비(호스릴 방식의 소화설비는 제외) 또는 제연설비가 설치되는 특정소방대상물의 공사 현장 나. 연면적 3만[m²] 이상 20만[m²] 미만인 아파트의 공사 현장

56
소화난이도등급 Ⅲ인 지하탱크저장소에 설치하여야 하는 소화설비의 설치기준으로 옳은 것은?

① 능력단위 수치가 3 이상의 소형 수동식소화기 등 1개 이상
② 능력단위 수치가 3 이상의 소형 수동식소화기 등 2개 이상
③ 능력단위 수치가 2 이상의 소형 수동식소화기 등 1개 이상
④ 능력단위 수치가 2 이상의 소형 수동식소화기 등 2개 이상

해설 소화난이도등급 Ⅲ인 지하탱크저장소에 설치하는 소화기
: 능력단위 수치가 3 이상의 소형 수동식소화기 등 2개 이상

57
행정안전부령으로 정하는 고급감리원 이상의 소방공사감리원의 소방시설공사 배치 현장기준으로 옳은 것은?

① 연면적 5,000[m²] 이상 30,000[m²] 미만인 특정소방대상물의 공사 현장
② 연면적 30,000[m²] 이상 200,000[m²] 미만인 아파트의 공사 현장
③ 연면적 30,000[m²] 이상 200,000[m²] 미만인 특정소방대상물(아파트는 제외)의 공사 현장
④ 연면적 200,000[m²] 이상인 특정소방대상물의 공사 현장

58
소방시설업에 대한 행정처분 기준 중 1차 처분이 영업정지 3개월이 아닌 경우는?

① 국가, 지방자치단체 또는 공공기관이 발주하는 소방시설의 설계·감리업자 선정에 따른 사업수행능력 평가에 관한 서류를 위조하거나 변조하는 등 거짓이나 그 밖의 부정한 방법으로 입찰에 참여한 경우
② 소방시설업의 감독을 위하여 필요한 보고나 자료제출 명령을 위반하여 보고 또는 자료제출을 하지 아니하거나 거짓으로 보고 또는 자료제출을 한 경우
③ 정당한 사유 없이 출입·검사업무에 따른 관계 공무원의 출입 또는 검사·조사를 거부·방해 또는 기피한 경우
④ 감리업자의 감리 시 소방시설공사가 설계도서에 맞지 아니하여 공사업자에게 공사의 시정 또는 보완 등의 요구를 하였으나 따르지 아니한 경우

해설 감리업자의 감리 시 소방시설공사가 설계도서에 맞지 아니하여 공사업자에게 공사의 시정 또는 보완 등의 요구를 하였으나 따르지 아니한 경우 1차 행정처분
: 영업정지 1개월

59

소방시설기준 적용의 특례 중 특정소방대상물의 관계인이 소방시설을 갖추어야 함에도 불구하고 관련 소방시설을 설치하지 아니할 수 있는 소방시설의 범위로 옳은 것은?(단, 화재 위험도가 낮은 특정소방대상물로서 석재, 불연성 금속, 불연성 건축재료 등의 가공공장·기계조립공장·주물공장 또는 불연성 물품을 저장하는 창고이다)

① 옥외소화전 및 연결살수설비
② 연결송수관설비 및 연결살수설비
③ 자동화재탐지설비, 상수도소화용수설비 및 연결살수설비
④ 스프링클러설비, 상수도소화용수설비 및 연결살수설비

해설 소방시설을 설치하지 아니할 수 있는 소방시설의 범위

구 분	특정소방대상물	소방시설
1. 화재 위험도가 낮은 특정소방대상물	석재·불연성 금속·불연성 건축재료 등의 가공공장·기계조립공장·주물공장 또는 불연성 물품을 저장하는 창고	옥외소화전 및 연결살수설비
	소방기본법 제2조 제5호의 규정에 의한 소방대가 조직되어 24시간 근무하고 있는 청사 및 차고	옥내소화전설비, 스프링클러설비, 물분무 등 소화설비, 비상방송설비, 피난기구, 소화용수설비, 연결송수관설비, 연결살수설비

60

우수품질인증을 받지 아니한 제품에 우수품질 표시를 하거나 우수품질인증 표시를 위조 또는 변조하여 사용한 자에 대한 벌칙기준은?

① 1년 이하의 징역 또는 1,000만원 이하의 벌금
② 500만원 이하의 벌금
③ 300만원 이하의 벌금
④ 100만원 이하의 벌금

해설 우수품질인증을 받지 아니한 제품에 우수품질인증 표시를 하거나 우수품질인증 표시를 위조하거나 변조하여 사용한 자 : 1년 이하의 징역 또는 1,000만원 이하의 벌금

제 **4** 과목 | **소방전기시설의 구조 및 원리**

61

감지기의 설치기준 중 옳은 것은?

① 보상식 스포트형 감지기는 정온점이 감지기 주위의 평상시 최고 온도보다 20[℃] 이상 높은 것으로 설치할 것
② 정온식 감지기는 주방·보일러실 등으로서 다량의 화기를 취급하는 장소에 설치하되, 공칭작동온도가 최고주위온도보다 30[℃] 이상 높은 것으로 설치할 것
③ 스포트형 감지기는 15° 이상 경사되지 아니하도록 부착할 것
④ 공기관식 차동식 분포형 감지기의 검출부는 45° 이상 경사되지 아니하도록 부착할 것

해설 보상식스포트형감지기는 정온점이 감지기 주위의 평상시 최고온도보다 20[℃] 이상 높은 것으로 설치 할 것

62

경사강하식 구조대의 구조 기준 중 틀린 것은?

① 손잡이는 출구 부근에 좌우 각 3개 이상 균일한 간격으로 견고하게 부착하여야 한다.
② 입구틀 및 취부틀의 입구는 지름 30[cm] 이상의 구체가 통과할 수 있어야 한다.
③ 구조대 본체의 활강부는 낙하방지를 위해 포를 2중구조로 하거나 또는 망목의 변의 길이가 8[cm] 이하인 망을 설치하여야 한다.
④ 구조대 본체의 끝부분에는 길이 4[m] 이상, 지름 4[mm] 이상의 유도선을 부착하여야 하며, 유도선 끝에는 중량 3[N](300[g]) 이상의 모래주머니 등을 설치하여야 한다.

해설 경사강하식구조대의 구조기준
• 입구틀 및 취부틀의 입구는 지름 50[cm] 이상의 구체가 통과할 수 있어야 한다.

63
휴대용비상조명등의 설치기준 중 틀린 것은?

① 영화상영관에는 보행거리 50[m] 이내마다 3개 이상 설치할 것

② 지하상가 및 지하역사에는 보행거리 30[m] 이내마다 3개 이상 설치할 것

③ 숙박시설 또는 다중이용업소에는 객실 또는 영업장 안의 구획된 실마다 잘 보이는 곳에 1개 이상 설치할 것

④ 건전지 및 충전식 배터리의 용량은 20분 이상 유효하게 사용할 수 있는 것으로 할 것

해설 **휴대용 비상용 조명등 설치기준**
- 숙박시설 또는 다중이용업소에는 객실 또는 영업장 안의 구획된 실마다 잘 보이는 곳(외부에 설치 시 출입문 손잡이로부터 1[m] 이내 부분)에 1개 이상 설치
- 대규모 점포와 영화상영관 : 보행거리 50[m] 이내마다 3개 이상 설치
- 지하상가, **지하역사** : **보행거리 25[m] 이내마다 3개 이상 설치**
- 설치높이 : 바닥으로부터 0.8[m] 이상 1.5[m] 이하
- **배터리 용량** : **20분 이상** 유효하게 사용할 수 있는 것으로 할 것

64
전기사업자로부터 저압으로 수전하는 경우 비상전원설비로 옳은 것은?

① 방화구획형 ② 전용배전반(1·2종)
③ 큐비클형   ④ 옥외개방형

해설 비상전원수전설비 : 저압수전
- 제1종 배전반 및 제1종 분전반
- 제2종 배전반 및 제2종 분전반

65
비상콘센트의 배치 기준 중 바닥면적이 1,000[m²] 미만인 층은 계단의 출입구로부터 몇 [m] 이내에 설치하여야 하는가?

① 1.5   ② 5
③ 7   ④ 10

해설 비상콘센트의 배치는 아파트 또는 바닥면적이 1,000[m²] 미만인 층은 계단의 출입구로부터 5[m] 이내에 설치할 것

66
광원점등방식 피난유도선의 설치기준 중 틀린 것은?

① 피난유도 표시부는 50[cm] 이내의 간격으로 연속되도록 설치하되 실내장식물 등으로 설치가 곤란할 경우 2[m] 이내로 설치할 것

② 피난유도 표시부는 바닥으로부터 높이 1[m] 이하의 위치 또는 바닥면에 설치할 것

③ 피난유도 제어부는 조작 및 관리가 용이하도록 바닥으로부터 0.8[m] 이상 1.5[m] 이하의 높이에 설치할 것

④ 구획된 각 실로부터 주출입구 또는 비상구까지 설치할 것

해설 광원점등방식 피난유도선의 설치기준
- 피난유도 표시부는 50[cm] 이내의 간격으로 연속되도록 설치하되 실내장식물 등으로 설치가 곤란할 경우 1[m] 이내로 설치할 것

67
자동화재속보설비의 속보기는 연동 또는 수동 작동에 의한 다이얼링 후 소방관서와 전화접속이 이루어지지 않는 경우에는 최초 다이얼링을 포함하여 몇 회 이상 반복적으로 접속을 위한 다이얼링이 이루어져야 하는가?(단, 이 경우 매회 다이얼링 완료 후 호출은 30초 이상 지속한다)

① 3회   ② 5회
③ 10회 ④ 20회

해설 **자동화재속보설비의 기능**
속보기는 연동 또는 수동 작동에 의한 다이얼링 후 소방관서와 전화접속이 이루어지지 않는 경우에는 최초 다이얼링을 포함하여 10회 이상 반복적으로 접속을 위한 다이얼링이 이루어져야 한다. 이 경우 매회 다이얼링 완료 후 호출은 30초 이상 지속되어야 한다.

68

무선통신보조설비의 설치제외 기준 중 다음 (　) 안에 알맞은 것으로 연결된 것은?

> 지하층으로서 특정소방대상물의 바닥부분 (㉠)면 이상이 지표면과 동일하거나 지표면으로부터의 깊이가 (㉡)[m] 이하인 경우에는 해당 층에 한하여 무선통신보조설비를 설치하지 아니할 수 있다.

① ㉠ 2, ㉡ 1　　　② ㉠ 2, ㉡ 2
③ ㉠ 3, ㉡ 1　　　④ ㉠ 3, ㉡ 2

해설 무선통신보조설비 설치 제외
지하층으로서 특정소방대상물의 바닥부분 2면 이상이 지표면과 동일하거나 지표면으로부터의 깊이가 1[m] 이하인 경우에는 해당 층에 한하여 무선통신보조설비를 설치하지 아니할 수 있다.

69

5~10회로까지 사용할 수 있는 누전경보기의 집합형 수신기 내부결선도에서 그 구성요소가 아닌 것은?

① 제어부　　　② 조작부
③ 증폭부　　　④ 도통시험 및 동작시험부

해설 누전경보기 집합형 수신기 내부결선도

수신기 내부결선도 구성요소
• 자동입력전환부
• 증폭부
• 제어부
• 도통시험 및 동작시험부
• 회로접합부
• 전원부

70

무선통신보조설비의 증폭기 전면에 주회로의 전원이 정상인지의 여부를 표시할 수 있도록 설치하는 것으로 옳은 것은?

① 전력계 및 전류계
② 전류계 및 전압계
③ 표시등 및 전압계
④ 표시등 및 전력계

해설 증폭기의 전면에는 주회로의 전원이 정상인지의 여부를 표시할 수 있는 표시등 및 전압계를 설치할 것

71

피난기구의 설치개수 기준 중 틀린 것은?

① 설치한 피난기구 외에 아파트의 경우에는 하나의 관리주체가 관리하는 아파트 구역마다 공기안전매트 1개 이상을 추가로 설치할 것
② 휴양콘도미니엄을 제외한 숙박시설의 경우에는 추가로 객실마다 완강기 또는 1개 이상의 간이완강기를 설치할 것
③ 층마다 설치하되, 숙박시설·노유자시설 및 의료시설로 사용되는 층에 있어서는 그 층의 바닥면적 500[m²]마다 1개 이상 설치할 것
④ 층마다 설치하되, 위락시설·문화집회 및 운동시설·판매시설로 사용되는 층 또는 복합용도의 층에 있어서는 그 층의 바닥면적 800[m²]마다 1개 이상 설치할 것

해설 휴양콘도미니엄을 제외한 숙박시설의 경우에는 추가로 객실마다 완강기 또는 2개 이상의 간이완강기를 설치할 것

72

비상콘센트설비의 전원회로의 설치기준 중 틀린 것은?

① 비상콘센트용 풀박스 등은 방청도장을 한 것으로서, 두께 1.6[mm] 이상의 철판으로 할 것
② 하나의 전용회로에 설치하는 비상콘센트는 10개 이하로 할 것
③ 콘센트마다 배선용 차단기(KS C 8321)를 설치하여야 하며, 충전부가 노출되지 아니하도록 할 것
④ 전원회로는 단상교류 220[V]인 것으로서, 그 공급용량은 3[kVA] 이상인 것으로 할 것

해설 비상콘센트 설비의 전원회로 규격

구 분	전 압	공급용량	플러그접속기
단상교류	220[V]	1.5[kVA] 이상	접지형 2극

73

특정소방대상물의 그 부분에서 피난층에 이르는 부분의 비상조명등을 60분 이상 유효하게 작동시킬 수 있는 용량으로 하여야 하는 경우가 아닌 것은?

① 지하층을 제외한 층수가 11층 이상의 층
② 지하층 또는 무창층으로서 용도가 도매시장 · 소매시장
③ 지하층 또는 무창층으로서 용도가 여객자동차터미널 · 지하역사 또는 지하상가
④ 지하가 중 터널로서 길이 500[m] 이상

해설 비상조명등의 비상전원이 60분 이상 작동하여야 하는 특정소방대상물
• 지하층을 제외한 층수가 11층 이상의 층
• 지하층, 무창층으로서 도매시장, 소매시장, 여객자동차터미널, 지하역사, 지하상가

74

주요구조부를 내화구조로 한 특정소방대상물의 바닥면적이 370[m²]인 부분에 설치해야 하는 감지기의 최소 수량은?(단, 감지기의 부착높이는 바닥으로부터 4.5[m]이고, 보상식스포트형 1종을 설치한다)

① 6개   ② 7개
③ 8개   ④ 9개

해설 특정소방대상물에 따른 감지기의 종류
(단위 : [m²])

부착높이 및 특정소방대상물의 구분		감지기의 종류				
		차동식 · 보상식스포트형		정온식스포트형		
		1종	2종	특종	1종	2종
4[m] 미만	내화구조	90	70	70	60	20
	기타구조	50	40	40	30	15
4[m] 이상 8[m] 미만	내화구조	45	35	35	30	–
	기타구조	30	25	25	15	–

$$\therefore \frac{370[\text{m}^2]}{45[\text{m}^2]} = 8.22\text{개} \qquad \therefore 9\text{개}$$

75

자동화재탐지설비의 경계구역 설정 기준으로 옳은 것은?

① 하나의 경계구역이 3개 이상의 건축물에 미치지 아니하도록 하여야 한다.
② 하나의 경계구역의 면적은 500[m²] 이하로 하고 한 변의 길이는 60[m] 이하로 하여야 한다.
③ 지하구의 경우 하나의 경계구역의 길이는 700[m] 이하로 하여야 한다.
④ 특정소방대상물의 주된 출입구에서 그 내부 전체가 보이는 것에 있어서는 한 변의 길이가 100[m]의 범위 내에서 1,500[m²] 이하로 할 수 있다.

[해설] 자동화재탐지설비의 경계구역
- 하나의 경계구역이 2개 이상의 건축물에 미치지 아니하도록 할 것
- 하나의 경계구역이 2개 이상의 층에 미치지 아니하도록 할 것. 다만, 500[m^2] 이하의 범위 안에서는 2개의 층을 하나의 경계구역으로 할 수 있다.
- 하나의 경계구역의 면적은 600[m^2] 이하로 하고, 한 변의 길이는 50[m] 이하로 할 것(다만, 특정소방대상물의 주된 출입구에서 그 내부 전체가 보이는 것에 있어서는 한 변의 길이가 50[m]의 범위 내에서 1,000[m^2] 이하로 할 수 있다)
- 지하구에 있어서 하나의 경계구역의 길이는 700[m] 이하로 할 것

76
피난구유도등의 설치제외 기준 중 틀린 것은?

① 거실 각 부분으로부터 하나의 출입구에 이르는 보행거리가 20[m] 이하이고 비상조명등과 유도표지가 설치된 거실의 출입구
② 바닥면적이 500[m^2] 미만인 층으로서 옥내로부터 직접 지상으로 통하는 출입구(외부의 식별이 용이하지 않은 경우에 한함)
③ 출입구가 3 이상 있는 거실로서 그 거실 각 부분으로부터 하나의 출입구에 이르는 보행거리가 30[m] 이하인 경우에는 주된 출입구 2개소 외의 출입구(유도표지가 부착된 출입구)
④ 거실 각 부분으로부터 쉽게 도달할 수 있는 출입구

[해설] 피난구유도등 설치제외기준
바닥면적이 1,000[m^2] 미만인 층으로서 옥내로부터 직접 지상으로 통하는 출입구(외부의 식별이 용이한 경우에 한한다)

77
각 설비와 비상전원의 최소용량 연결이 틀린 것은?

① 비상콘센트설비 – 20분 이상
② 제연설비 – 20분 이상
③ 비상경보설비 – 20분 이상
④ 무선통신보조설비의 증폭기 – 30분 이상

[해설] 설비별 최소용량
- 비상경보설비 : 60분 감시 후 10분 이상 경보
- 비상콘센트설비 : 유효하게 20분 이상 작동
- 무선통신보조설비 : 유효하게 30분 이상 작동
- 제연설비 : 20분 이상 작동

78
감지기의 부착면과 실내 바닥과의 거리가 2.3[m] 이하인 곳으로서 일시적으로 발생한 열·연기 또는 먼지 등으로 인하여 화재신호를 발신할 우려가 있는 장소에 적응성이 있는 감지기가 아닌 것은?

① 불꽃감지기
② 축적방식의 감지기
③ 정온식 감지선형 감지기
④ 광전식 스포트형 감지기

[해설]
- 비화재보 발생가능 장소
  - 지하층·무창층 등으로서 환기가 잘되지 아니하거나 실내면적이 40[m^2] 미만인 장소
  - 감지기의 부착면과 실내바닥과의 거리가 2.3[m] 이하인 장소로서 일시적으로 발생한 열·연기 또는 먼지 등으로 인하여 감지기가 화재신호를 발생할 우려가 있는 장소
- 비화재보 발생우려 장소 가능한 감지기 종류 : 특수감지기
  - **축적방식의 감직기**
  - 복합형 감지기
  - 다신호방식의 감지기
  - **불꽃감지기**
  - 아날로그 방식의 감지기
  - **광전식분리형 감지기**
  - **정온식 감지선형 감지기**
  - 분포형 감지기

79

비상방송설비의 배선의 설치기준 중 부속회로의 전로와 대지 사이 및 배선 상호 간의 절연저항은 1경계구역마다 직류 250[V]의 절연저항측정기를 사용하여 측정한 절연저항이 몇 [MΩ] 이상이 되도록 해야 하는가?

① 0.1
② 0.2
③ 10
④ 20

해설 **비상방송설비의 배선**

전로와 대지 사이 및 배선 상호 간의 절연저항
: 직류 250[V] 절연저항계로 0.1[MΩ] 이상

80

비상방송설비의 음향장치의 설치기준 중 다음 ( ) 안에 알맞은 것으로 연결된 것은?

> 층수가 5층 이상으로서 연면적이 3,000[m²]를 초과하는 특정소방대상물의 (㉠) 이상의 층에서 발화한 때에는 발화층 및 그 직상층에, (㉡)에서 발화한 때에는 발화층·그 직상층 및 지하층에, (㉢)에서 발화한 때에는 발화층·그 직상층 및 기타의 지하층에 경보를 발할 것

① ㉠ 2층, ㉡ 1층, ㉢ 지하층
② ㉠ 1층, ㉡ 2층, ㉢ 지하층
③ ㉠ 2층, ㉡ 지하층, ㉢ 1층
④ ㉠ 2층, ㉡ 1층, ㉢ 모든 층

해설 **비상방송설비 음향장치 설치기준**

• 층수가 5층 이상으로 연면적 3,000[m²]를 초과하는 특정소방대상물의 경보를 발하여야 하는 대상은 다음과 같다.
 – 2층 이상의 층에서 발화한 때 : 발화층 및 그 직상층
 – 1층에서 발화한 때 : 발화층, 그 직상층 및 지하층
 – 지하층에서 발화한 때 : 발화층, 그 직상층 및 기타의 지하층

05

질식소화 시 공기 중의 산소농도는 일반적으로 약 몇 [vol%] 이하로 하여야 하는가?

① 25   ② 21
③ 19   ④ 15

해설 질식소화 시 공기 중의 산소농도 : 15[vol%] 이하

06

내화구조의 기준 중 벽의 경우 벽돌조로서 두께가 최소 몇 [cm] 이상이어야 하는가?

① 5   ② 10
③ 12   ④ 19

해설 내화구조

내화구분		내화구조의 기준
벽	모든 벽	• 철근콘크리트조 또는 철골·철근콘크리트조로서 두께가 10[cm] 이상인 것 • 골구를 철골조로 하고 그 양면을 두께 4[cm] 이상의 철망모르타르로 덮은 것 • 두께 5[cm] 이상의 콘크리트 블록·벽돌 또는 석재로 덮은 것 • 철재로 보강된 콘크리트블록조·벽돌조 또는 석조로서 철재에 덮은 콘크리트 블록 등의 두께가 5[cm] 이상인 것 • **벽돌조로서 두께가 19[cm] 이상인 것** • 고온·고압의 증기로 양생된 경량기포 콘크리트패널 또는 경량기포 콘크리트블록조로서 두께가 10[cm] 이상인 것
	외벽 중 비내력벽	• 철근콘크리트조 또는 철골·철근콘크리트조로서 두께가 7[cm] 이상인 것 • 골구를 철골조로 하고 그 양면을 두께 3[cm] 이상의 철망모르타르로 덮은 것 • 두께 4[cm] 이상의 콘크리트 블록·벽돌 또는 석재로 덮은 것 • 무근콘크리트조·콘크리트블록조·벽돌조 또는 석조로서 두께가 7[cm] 이상인 것

07

다음 원소 중 수소와의 결합력이 가장 큰 것은?

① F   ② Cl
③ Br   ④ I

해설 할로겐족 원소
• 소화효과 : F < Cl < Br < I
• 전기음성도, 수소와 결합력 : F > Cl > Br > I

08

다음 중 연소 시 아황산가스를 발생시키는 것은?

① 적 린   ② 유 황
③ 트라이에틸알루미늄   ④ 황 린

해설 유황 : $S + O_2 \rightarrow SO_2$(아황산가스, 이산화황)

09

화재를 소화하는 방법 중 물리적 방법에 의한 소화가 아닌 것은?

① 억제소화   ② 제거소화
③ 질식소화   ④ 냉각소화

해설 억제소화 : 화학적인 소화방법

10

화재의 소화원리에 따른 소화방법의 적용으로 틀린 것은?

① 냉각소화 : 스프링클러설비
② 질식소화 : 이산화탄소소화설비
③ 제거소화 : 포소화설비
④ 억제소화 : 할론소화설비

해설 질식소화 : 포소화설비

11

표면온도가 300[℃]에서 안전하게 작동하도록 설계된 히터의 표면온도가 360[℃]로 상승하면 300[℃]에 비하여 약 몇 배의 열을 방출할 수 있는가?

① 1.1배　　　　　② 1.5배
③ 2.0배　　　　　④ 2.5배

해설 복사열은 절대온도의 4승에 비례한다.
300[℃]에서 열량을 Q_1, 360[℃]에서 열량을 Q_2

$$\frac{Q_2}{Q_1} = \frac{(273+360)^4[\text{K}]}{(273+300)^4[\text{K}]} = 1.49$$

12

프로판 50[vol%], 부탄 40[vol%], 프로필렌 10[vol%]로 된 혼합가스의 폭발하한계는 약 몇 [vol%]인가?(단, 각 가스의 폭발하한계는 프로판은 2.2 [vol%], 부탄은 1.9[vol%], 프로필렌은 2.4[vol%]이다)

① 0.83　　　　　② 2.09
③ 5.05　　　　　④ 9.44

해설 혼합가스의 폭발범위

$$L_m = \frac{100}{\dfrac{V_1}{L_1} + \dfrac{V_2}{L_2} + \dfrac{V_3}{L_3} + \cdots + \dfrac{V_n}{L_n}}$$

여기서,
L_m : 혼합가스의 폭발한계(하한값, 상한값의 [vol%])
V_1, V_2, V_3, $\cdots$, V_n : 가연성 가스의 용량[vol%]
L_1, L_2, L_3, $\cdots$, L_n : 가연성 가스의 하한값 또는 상한값[vol]

$$\therefore \ L_m (\text{하한값}) = \frac{100}{\dfrac{V_1}{L_1} + \dfrac{V_2}{L_2} + \dfrac{V_3}{L_3}}$$

$$= \frac{100}{\dfrac{50}{2.2} + \dfrac{40}{1.9} + \dfrac{10}{2.4}}$$

$$= 2.09[\%]$$

13

동식물유류에서 "아이오딘(요오드)값이 크다"라는 의미를 옳게 설명한 것은?

① 불포화도가 높다.
② 불건성유이다.
③ 자연발화성이 낮다.
④ 산소와의 결합이 어렵다.

해설 아이오딘(요오드)값이 크다는 의미
　• 불포화도가 높다.　　• 건성유이다.
　• 자연발화성이 높다.　• 산소와 결합이 쉽다.

14

탄화칼슘이 물과 반응할 때 발생되는 기체는?

① 일산화탄소　　　　② 아세틸렌
③ 황화수소　　　　　④ 수 소

해설 **탄화칼슘의 반응**
　• 물과의 반응
　$CaC_2 + 2H_2O \ \rightarrow \ Ca(OH)_2 + C_2H_2\uparrow$
　　　　　　　　(소석회, 수산화칼슘) (아세틸렌)

15

에테르, 케톤, 에스테르, 알데하이드, 카르복실산, 아민 등과 같은 가연성인 수용성 용매에 유효한 포소화약제는?

① 단백포　　　　　② 수성막포
③ 불화단백포　　　④ 내알코올포

해설 **내알코올포** : 에테르, 케톤, 에스테르 등 수용성 가연물의 소화에 가장 적합한 소화약제

16

화재 시 이산화탄소를 사용하여 화재를 진압하려고 할 때 산소의 농도를 13[vol%]로 낮추어 화재를 진압하려면 공기 중 이산화탄소의 농도는 약 몇 [vol%]가 되어야 하는가?

① 18.1　　　　　② 28.1
③ 38.1　　　　　④ 48.1

해설 이산화탄소의 농도

$$CO_2[\%] = \frac{21 - O_2[\%]}{21} \times 100$$

$$\therefore CO_2[\%] = \frac{21 - O_2[\%]}{21} \times 100 = \frac{21 - 13}{21} \times 100$$
$$= 38.09[\%]$$

17

유류탱크 화재 시 발생하는 슬롭오버(Slop Over) 현상에 관한 설명으로 틀린 것은?

① 소화 시 외부에서 방사하는 포에 의해 발생한다.
② 연소유가 비산되어 탱크 외부까지 화재가 확산된다.
③ 탱크의 바닥에 고인 물의 비등 팽창에 의해 발생한다.
④ 연소면의 온도가 100[℃] 이상일 때 물을 주수하면 발생한다.

해설 슬롭오버 현상
• 연소면의 온도가 100[℃] 이상일 때 발생
• 소화 시 외부에서 뿌려지는 물에 의하여 발생

> 보일오버 : 탱크 저부의 물이 급격히 증발하여 기름이 탱크 밖으로 화재를 동반하여 방출하는 현상

18

가연물이 연소가 잘 되기 위한 구비조건으로 틀린 것은?

① 열전도율이 클 것
② 산소와 화학적으로 친화력이 클 것
③ 표면적이 클 것
④ 활성화 에너지가 작을 것

해설 가연물의 구비조건
• **열전도율이 작을 것**
• 발열량이 클 것
• 표면적이 넓을 것
• 산소와 친화력이 좋을 것
• 활성화 에너지가 작을 것

19

주성분이 인산염류인 제3종 분말소화약제가 다른 분말소화약제와 다르게 A급 화재에 적용할 수 있는 이유는?

① 열분해 생성물인 CO_2가 열을 흡수하므로 냉각에 의하여 소화된다.
② 열분해 생성물인 수증기가 산소를 차단하여 탈수작용을 한다.
③ 열분해 생성물인 메타인산(HPO_3)이 산소의 차단 역할을 하므로 소화가 된다.
④ 열분해 생성물인 암모니아가 부촉매작용을 하므로 소화가 된다.

해설 제3종 분말약제는 A, B, C급 화재에 적합하나 열분해 생성물인 메타인산(HPO_3)이 산소의 차단 역할을 하므로 일반화재(A급)에도 적합하다.

20

위험물의 유별 성질이 자연발화성 및 금수성 물질은 제 몇 류 위험물인가?

① 제1류 위험물
② 제2류 위험물
③ 제3류 위험물
④ 제4류 위험물

해설 유별 성질

종 류	성 질
제1류 위험물	산화성 고체
제2류 위험물	가연성 고체
제3류 위험물	자연발화성 및 금수성 물질
제4류 위험물	인화성 액체
제5류 위험물	자기반응성 물질
제6류 위험물	산화성 액체

제 2 과목   소방전기일반

21
다음과 같은 회로에서 a-b간의 합성저항은 몇 [Ω]인가?

① 2.5
② 5
③ 7.5
④ 10

해설 합성저항 : $R = \dfrac{2}{2} + \dfrac{3}{2} = 2.5\ [\Omega]$

22
그림은 개루프 제어계의 신호전달 계통도이다. 다음 (   ) 안에 알맞은 제어계의 동작요소는?

① 제어량
② 제어대상
③ 제어장치
④ 제어요소

해설 회로가 개방회로이므로 시퀀스제어계이고 상태 전단계는 제어대상이 된다.

23
3상 농형유도전동기의 기동방식으로 옳은 것은?

① 분상기동형
② 콘덴서기동형
③ 기동보상기법
④ 셰이딩일체형

해설 3상 농형유도전동기 기동법
- 전전압(직입) 기동법
- Y-△기동법
- 기동보상기에 의한 기동법
- 리액터 기동법

24
제어기기 및 전자회로에서 반도체소자별 용도에 대한 설명 중 틀린 것은?

① 서미스터 : 온도 보상용으로 사용
② 사이리스터 : 전기신호를 빛으로 변환
③ 제너다이오드 : 정전압소자(전원전압을 일정하게 유지)
④ 바리스터 : 계전기 접점에서 발생하는 불꽃소거에 사용

해설 사이리스터 : 실리콘 제어 정류소자

25
2차계에서 무제동으로 무한 진동이 일어나는 감쇠율 (Damping Ratio) δ는 어떤 경우인가?

① $\delta = 0$
② $\delta > 1$
③ $\delta = 1$
④ $0 < \delta < 1$

해설 2차 제어계의 과도응답에서 특성근의 위치에 따른 제동비로 특성근이 허수축상에 존재 시 $\delta = 0$인 지속진동이 일어난다.
- $\delta = 0$: 무제동
- $\delta > 1$: 과제동
- $\delta = 1$: 임계제동
- $0 < \delta < 1$: 부족제동

26
$R-L-C$ 회로의 전압과 전류 파형의 위상차에 대한 설명으로 틀린 것은?

① $R-L$ 병렬회로 : 전압과 전류는 동상이다.
② $R-L$ 직렬회로 : 전압이 전류보다 θ만큼 앞선다.
③ $R-C$ 병렬회로 : 전류가 전압보다 θ만큼 앞선다.
④ $R-C$ 직렬회로 : 전류가 전압보다 θ만큼 앞선다.

해설
- $R-L$ 병렬회로, $R-L$ 직렬회로 : 전압이 전류보다 θ만큼 앞선다.
- $R-C$ 병렬회로, $R-C$ 직렬회로 : 전류가 전압보다 θ만큼 앞선다.

27

지름 8[mm]의 경동선 1[km]의 저항을 측정하였더니 0.63536[Ω]이었다. 같은 재료로 지름 2[mm], 길이 500[m]의 경동선의 저항은 약 몇 [Ω]인가?

① 2.8   ② 5.1
③ 10.2   ④ 20.4

 지름 8[mm]일 경우 고유저항 ρ는

$$R = \rho \frac{l}{A} \text{에서} \quad \rho = \frac{R \cdot A}{l} = \frac{R \cdot \frac{\pi \cdot D^2}{4}}{l}$$

$$= \frac{0.63536 \times \frac{\pi \times 8^2}{4}}{1000} = 0.0319$$

지름 2[mm]일 경우 경동선 저항 R은

$$R = \rho \cdot \frac{l}{A} = 0.0319 \times \frac{500}{\frac{\pi \times 2^2}{4}} \fallingdotseq 5.1[\Omega]$$

28

정현파교류의 최댓값이 100[V]인 경우 평균값은 몇 [V]인가?

① 45.04   ② 50.64
③ 63.69   ④ 69.34

 $V_{av} = \frac{2}{\pi} V_m = \frac{2}{\pi} \times 100 \fallingdotseq 63.69[V]$

29

자동제어 중 플랜트나 생산공정 중의 상태량을 제어량으로 하는 제어방법은?

① 정치제어   ② 추종제어
③ 비율제어   ④ 프로세스제어

 프로세스제어가 정치제어에 속하며 공업공정의 상태량을 제어량으로 하는 제어

30

자동화재탐지설비의 감지기 회로의 길이가 500[m]이고, 종단에 8[kΩ]의 저항이 연결되어 있는 회로에 24[V]의 전압이 가해졌을 경우 도통 시험 시 전류는 약 몇 [mA]인가?(단, 동선의 저항률은 1.69×10^{-8}[$\Omega \cdot m$]이며, 동선의 단면적은 2.5[mm²]이고, 접촉저항 등은 없다고 본다)

① 2.4   ② 3.0
③ 4.8   ④ 6.0

배선저항 : $R = \rho \frac{l}{A} = 1.69 \times 10^{-8} \times \frac{500}{2.5}$

$\qquad\qquad = 0.338 \times 10^{-5}$[$\Omega$] (무시)

$\therefore$ 도통전류 : $I = \frac{\text{전압}}{\text{종단저항}} = \frac{24}{8 \times 10^3} \times 10^3$

$\qquad\qquad \fallingdotseq 3[mA]$

31

그림과 같은 회로 A, B 양단에 전압을 인가하여 서서히 상승시킬 때 제일 먼저 파괴되는 콘덴서는? (단, 유전체의 재질 및 두께는 동일한 것으로 한다)

$$1C[\mu F] \qquad 2C[\mu F] \qquad 3C[\mu F]$$

$$A \qquad\qquad\qquad\qquad\qquad B$$

① $1C$ ② $2C$
③ $3C$ ④ 모두

 정전용량(C)은 전하(Q)를 얼마나 저장할 수 있는 가를 나타내기 때문에 정전용량이 작은 것은 전하를 담아둘 수 있는 한계가 빠르다. 그러므로 $1C$가 가장 빠르게 파괴되고, 다음에 $2C$, $3C$의 순서가 된다.

32

정현파 교류회로에서 최댓값은 V_m, 평균값은 V_{av} 일 때 실횻값(V)은?

① $\dfrac{\pi}{\sqrt{2}} V_m$ ② $\dfrac{\pi}{2\sqrt{2}} V_{av}$

③ $\dfrac{\pi}{2\sqrt{2}} V_m$ ④ $\dfrac{1}{\pi} V_m$

해설

실횻값$(V) = \dfrac{V_m}{\sqrt{2}}$

평균값$(V_{av}) = \dfrac{2}{\pi} V_m$, $V_m = \dfrac{\pi V_{av}}{2}$

$\therefore$ 실횻값$(V) = \dfrac{\dfrac{\pi V_{av}}{2}}{\sqrt{2}} = \dfrac{\pi}{2\sqrt{2}} V_{av}$

33

직류 전압계의 내부저항이 500[Ω], 최대 눈금이 50[V]라면, 이 전압계에 3[kΩ]의 배율기를 접속하여 전압을 측정할 때 최대 측정치는 몇 [V]인가?

① 250 ② 303
③ 350 ④ 500

해설

배율 : $m = \dfrac{V}{V_r} = 1 + \dfrac{R}{r}$ 에서

측정전압 : $V = \left(1 + \dfrac{R}{r}\right) V_r$

$= \left(1 + \dfrac{3 \times 10^3}{500}\right) \times 50 = 350[\text{V}]$

34

저항 R_1, R_2와 인덕턴스 L의 직렬회로가 있다. 이 회로의 시정수는?

① $-\dfrac{R_1 + R_2}{L}$ ② $\dfrac{R_1 + R_2}{L}$

③ $-\dfrac{L}{R_1 + R_2}$ ④ $\dfrac{L}{R_1 + R_2}$

해설 *R-L* 직렬회로 과도현상

시정수$(\tau) = \dfrac{L}{R_0} = \dfrac{L}{R_1 + R_2}$

35

화재 시 온도상승으로 인해 저항값이 감소하는 반도체 소자는?

① 서미스터(NTC)
② 서미스터(PTC)
③ 서미스터(CTR)
④ 바리스터

해설 열감지기의 서미스터의 원리

화재 시 온도가 상승하고 브리지회로를 이용하여 동작시키는 설비

• NTC(Negative Temperature Coefficient) : 부온도 특성 금속
• PTC(Positive Temperature Coefficient) : 정온도 특성 금속
• CTR(Critical Temperature Resistor) : 임계온도 저항 금속(온도에 따라 급격히 저항이 변하는 금속)

36

Y - △ 기동방식으로 운전하는 3상 농형유도전동기의 Y 결선의 기동전류(I_Y)와 △ 결선의 기동전류($I_\triangle$)의 관계로 옳은 것은?

① $I_Y = \dfrac{1}{3} I_\triangle$ ② $I_Y = \sqrt{3} I_\triangle$

③ $I_Y = \dfrac{1}{\sqrt{3}} I_\triangle$ ④ $I_Y = \dfrac{\sqrt{3}}{2} I_\triangle$

해설 Y - △ 기동 시 : 기동전류 $\dfrac{1}{3}$ 감소

$I_Y = \dfrac{1}{3} I_\triangle$

37

그림과 같은 회로에 전압 $v = \sqrt{2} V\sin\omega t$[V]를 인가하였을 때 옳은 것은?

① 역률 : $\cos\theta = \dfrac{R}{\sqrt{R^2 + \omega C^2}}$

② i의 실횻값 : $I = \dfrac{V}{\sqrt{R^2 + \omega C^2}}$

③ 전압과 전류의 위상차 : $\theta = \tan^{-1}\dfrac{R}{\omega C}$

④ 전압평형방정식 : $Ri + \dfrac{1}{C}\displaystyle\int i\,dt = \sqrt{2} V\sin\omega t$

해설 역률 : $\cos\theta = \dfrac{R}{Z} = \dfrac{R}{\sqrt{R^2 + X_c^2}} = \dfrac{R}{\sqrt{R^2 + \left(\dfrac{1}{\omega C}\right)^2}}$

i의 실횻값 : $I = \dfrac{V}{\sqrt{R^2 + \left(\dfrac{1}{\omega C}\right)^2}}$

전압과 전류의 위상차 : $\theta = \tan^{-1}\dfrac{X_C}{R} = \tan^{-1}\dfrac{1}{\omega CR}$

38

다음 무접점회로의 논리식(X)은?

① $A \cdot B + \overline{C}$
② $A + B + \overline{C}$
③ $(A+B) \cdot \overline{C}$
④ $A \cdot B \cdot \overline{C}$

해설 논리식 : $X = A \cdot B \cdot \overline{C}$

39

동선의 저항이 20[℃]일 때 0.8[Ω]이라 하면 60[℃]일 때의 저항은 약 몇 [Ω]인가?(단, 동선의 20[℃]의 온도계수는 0.0039이다)

① 0.034
② 0.925
③ 0.644
④ 2.4

해설 $R_{60} = R_{20}[1 + \alpha_t(t - t_0)]$
$= 0.8 \times [1 + 0.0039 \times (60 - 20)]$
$= 0.925$

40

어떤 전지의 부하로 6[Ω]을 사용하니 3[A]의 전류가 흐르고, 이 부하에 직렬로 4[Ω]을 연결했더니 2[A]가 흘렀다. 이 전지의 기전력은 몇 [V]인가?

① 8
② 16
③ 24
④ 32

해설 전류 : $I = \dfrac{E}{r + R}$ 에서

기전력 : $E = I(r + R)$ 이므로
$E = 3 \times (r + 6) = 2 \times (r + 6 + 4)$
$3r + 18 = 2r + 20$
$3r - 2r = 20 - 18 \quad \therefore r = 2[\Omega]$
$E = I(r + R) = 3 \times (2 + 6) = 24[\text{V}]$
$E = I(r + R + 4) = 2 \times (2 + 6 + 4) = 24[\text{V}]$

제 **3** 과목 **소방관계법규**

41

소방기본법상 소방대장의 권한이 아닌 것은?

① 화재가 발생하였을 때에는 화재의 원인 및 피해 등에 대한 조사
② 화재, 재난·재해, 그 밖의 위급한 상황이 발생한 현장에 소방활동구역을 정하여 소방활동에 필요한 사람으로서 대통령령으로 정하는 사람 외에는 그 구역에 출입하는 것을 제한

③ 사람을 구출하거나 불이 번지는 것을 막기 위하여 필요할 때에는 화재가 발생하거나 불이 번질 우려가 있는 소방대상물 및 토지를 일시적으로 사용하거나 그 사용의 제한 또는 소방활동에 필요한 처분

④ 화재 진압 등 소방활동을 위하여 필요할 때에는 소방용수 외에 댐·저수지 또는 수영장 등의 물을 사용하거나 수도의 개폐장치 등을 조작

해설 업무의 권한
- ①의 업무(화재의 원인 및 피해조사)
  : 소방청장, 소방본부장 또는 소방서장
- ②의 업무(소방활동구역의 설정)
  : 소방대장
- ③의 업무(강제처분 등)
  : 소방본부장, 소방서장, 소방대장
- ④의 업무(위험시설 등에 대한 긴급조치)
  : 소방본부장, 소방서장, 소방대장

42
위험물안전관리법령상 위험물 시설의 변경 기준 중 다음 (   ) 안에 알맞은 것은?

> 제조소 등의 위치·구조 또는 설비의 변경 없이 당해 제조소 등에서 저장하거나 취급하는 위험물의 품명·수량 또는 지정수량의 배수를 변경하고자 하는 자는 변경하고자 하는 날의 (㉠)일 전까지 행정안전부령이 정하는 바에 따라 (㉡)에게 신고하여야 한다.

① ㉠ 1, ㉡ 소방본부장 또는 소방서장
② ㉠ 1, ㉡ 시·도지사
③ ㉠ 7, ㉡ 소방본부장 또는 소방서장
④ ㉠ 7, ㉡ 시·도지사

해설 위험물 변경신고(위치, 구조, 설비 변경 없이 신고하는 경우)
- 변경사유 : 위험물의 품명, 수량, 지정수량의 배수
- 변경신고기한 : 변경하고자 하는 날의 1일 전까지
- 누구에게 변경신고 : 시·도지사

43
화재예방, 소방시설 설치·유지 및 안전관리에 관한 법령상 자동화재탐지설비를 설치하여야 하는 특정소방대상물의 기준으로 틀린 것은?

① 문화 및 집회시설로서 연면적이 1,000[m²] 이상인 것
② 지하가(터널은 제외)로서 연면적이 1,000[m²] 이상인 것
③ 의료시설(정신의료기관 또는 요양병원은 제외)로서 연면적 1,000[m²] 이상인 것
④ 지하가 중 터널로서 길이가 1,000[m] 이상인 것

해설 자동화재탐지설비 설치 대상
- 근린생활시설(목욕장은 제외한다), 의료시설(정신의료기관 또는 요양병원은 제외한다), 숙박시설, 위락시설, 장례식장 및 복합건축물로서 연면적 600[m²] 이상인 것
- 공동주택, 근린생활시설 중 목욕장, 문화 및 집회시설, 종교시설, 판매시설, 운수시설, 운동시설, 업무시설, 공장, 창고시설, 위험물 저장 및 처리시설, 항공기 및 자동차 관련 시설, 교정 및 군사시설 중 국방·군사시설, 방송통신시설, 발전시설, 관광 휴게시설, 지하가(터널은 제외한다)로서 연면적 1,000[m²] 이상인 것
- 지하가 중 터널로서 길이가 1,000[m] 이상인 것

44
위험물안전관리법령상 제조소 등의 완공검사 신청시기 기준으로 틀린 것은?

① 지하탱크가 있는 제조소 등의 경우에는 당해 지하탱크를 매설하기 전
② 이동탱크저장소의 경우에는 이동저장탱크를 완공하고 상치장소를 확보한 후
③ 이송취급소의 경우에는 이송배관공사의 전체 또는 일부 완료한 후
④ 배관을 지하에 설치하는 경우에는 소방서장이 지정하는 부분을 매몰하고 난 직후

해설 완공검사 신청시기
- 이송취급소의 경우 : 이송배관 공사의 전체 또는 일부를 완료한 후. 다만, 지하·하천 등에 매설하는 이송배관의 공사의 경우에는 이송배관을 매설하기 전

45
위험물안전관리법령상 제조소 또는 일반 취급소에서 취급하는 제4류 위험물의 최대 수량의 합이 지정수량의 24만배 이상 48만배 미만인 사업소의 관계인이 두어야 하는 화학소방자동차와 자체소방대원의 수의 기준으로 옳은 것은?(단, 화재나 그 밖의 재난발생 시 다른 사업소 등과 상호응원에 관한 협정을 체결하고 있는 사업소는 제외한다)

① 화학소방자동차 : 2대, 자체소방대원의 수 : 10명
② 화학소방자동차 : 3대, 자체소방대원의 수 : 10명
③ 화학소방자동차 : 3대, 자체소방대원의 수 : 15명
④ 화학소방자동차 : 4대, 자체소방대원의 수 : 20명

해설 자체소방대에 두는 화학소방자동차 및 인원(제18조 제3항 관련)

사업소의 구분	화학소방자동차	자체소방대원의 수
3. 제조소 또는 일반취급소에서 취급하는 제4류 위험물의 최대수량의 합이 지정수량의 **24만배 이상 48만배 미만**인 사업소	3대	15명

46
소방시설공사업법령상 하자를 보수하여야 하는 소방시설과 소방시설별 하자보수 보증기간으로 옳은 것은?

① 유도등 : 1년
② 자동소화장치 : 3년
③ 자동화재탐지설비 : 2년
④ 상수도소화용수설비 : 2년

해설 하자보수보증기간

보증기간	시설의 종류
2년	피난기구·유도등·유도표지·비상경보설비·비상조명등·비상방송설비 및 **무선통신보조설비**
3년	자동소화장치·옥내소화전설비·스프링클러설비·간이스프링클러설비·물분무 등 소화설비·옥외소화전설비·자동화재탐지설비·상수도 소화용수설비 및 소화활동설비(무선통신보조설비를 제외)

47
화재예방, 소방시설 설치·유지 및 안전관리에 관한 법률상 시·도지사는 관리업자에게 영업정지를 명하는 경우로서 그 영업정지가 국민에게 심한 불편을 주거나 그 밖에 공익을 해칠 우려가 있을 때에는 영업정지처분을 갈음하여 얼마 이하의 과징금을 부과할 수 있는가?

① 1,000만원　　② 2,000만원
③ 3,000만원　　④ 5,000만원

해설 화재예방, 소방시설 설치·유지 및 안전관리에 관한 법률에서 영업정지처분을 갈음하는 과징금
: 3,000만원 이하

48
소방기본법령상 불꽃을 사용하는 용접·용단기구의 용접 또는 용단 작업장에서 지켜야 하는 사항 중 다음 (　　　) 안에 알맞은 것은?

- 용접 또는 용단 작업자로부터 반경 (㉠)[m] 이내에 소화기를 갖추어 둘 것
- 용접 또는 용단 작업장 주변 반경 (㉡)[m] 이내에는 가연물을 쌓아두거나 놓아두지 말 것. 다만, 가연물의 제거가 곤란하여 방지포 등으로 방호조치를 한 경우는 제외한다.

① ㉠ 3, ㉡ 5　　② ㉠ 5, ㉡ 3
③ ㉠ 5, ㉡ 10　　④ ㉠ 10, ㉡ 5

해설 불꽃을 사용하는 용접·용단기구의 작업장에 지켜야 하는 사항
1. 용접 또는 용단 작업자로부터 반경 5[m] 이내에 소화기를 갖추어 둘 것
2. 용접 또는 용단 작업장 주변 반경 10[m] 이내에는 가연물을 쌓아두거나 놓아두지 말 것. 다만, 가연물의 제거가 곤란하여 방지포 등으로 방호조치를 한 경우는 제외한다.

정답 45 ③　46 ②　47 ③　48 ③

49

화재예방, 소방시설 설치·유지 및 안전관리에 관한 법률상 특정소방대상물의 관계인이 소방시설에 폐쇄(잠금을 포함)·차단 등의 행위를 하여서 사람을 상해에 이르게 한 때에 대한 벌칙기준으로 옳은 것은?

① 10년 이하의 징역 또는 1억원 이하의 벌금
② 7년 이하의 징역 또는 7,000만원 이하의 벌금
③ 5년 이하의 징역 또는 5,000만원 이하의 벌금
④ 3년 이하의 징역 또는 3,000만원 이하의 벌금

해설 벌 칙
- 소방시설에 폐쇄·차단 등의 행위를 한 자
  : 5년 이하의 징역 또는 5,000만원 이하의 벌금
- 소방시설에 폐쇄·차단 등의 행위의 죄를 범하여 사람을 상해에 이르게 한 때
  : 7년 이하의 징역 또는 7,000만원 이하의 벌금
- 소방시설에 폐쇄·차단 등의 행위를 하여 사람을 사망에 이르게 한 때
  : 10년 이하의 징역 또는 1억원 이하의 벌금

50

소방기본법상 관계인의 소방활동을 위반하여 정당한 사유 없이 소방대가 현장에 도착할 때까지 사람을 구출하는 조치 또는 불을 끄거나 불이 번지지 아니하도록 하는 조치를 하지 아니한 자에 대한 벌칙 기준으로 옳은 것은?

① 100만원 이하의 벌금
② 200만원 이하의 벌금
③ 300만원 이하의 벌금
④ 400만원 이하의 벌금

해설 100만원 이하의 벌금
- 화재경계지구 안의 소방대상물에 대한 소방특별조사를 거부·방해 또는 기피한 자
- 정당한 사유 없이 소방대가 현장에 도착할 때까지 사람을 구출하는 조치 또는 불을 끄거나 불이 번지지 아니하도록 하는 조치를 하지 아니한 사람

51

화재위험도가 낮은 특정소방대상물 중 소방대가 조직되어 24시간 근무하고 있는 청사 및 차고에 설치하지 아니할 수 있는 소방시설이 아닌 것은?

① 자동화재탐지설비
② 연결송수관설비
③ 피난기구
④ 비상방송설비

해설 소방시설을 설치하지 아니할 수 있는 특정소방대상물 및 소방시설의 범위(제18조 관련)

구 분	특정소방대상물	소방시설
1. 화재 위험도가 낮은 특정소방대상물	「소방기본법」 제2조 제5호에 따른 소방대가 조직되어 24시간 근무하고 있는 **청사 및 차고**	옥내소화전설비, 스프링클러설비, 물분무 등 소화설비, **비상방송설비**, 피난기구, 소화용수설비, **연결송수관설비**, 연결살수설비

52

제조소 등의 위치·구조 및 설비의 기준 중 위험물을 취급하는 건축물의 환기설비 설치기준으로 다음 (　　) 안에 알맞은 것은?

> 급기구는 당해 급기구가 설치된 실의 바닥면적 (　㉠　)[m²]마다 1개 이상으로 하되, 급기구의 크기는 (　㉡　)[cm²] 이상으로 할 것

① ㉠ 100, ㉡ 800
② ㉠ 150, ㉡ 800
③ ㉠ 100, ㉡ 1,000
④ ㉠ 150, ㉡ 1,000

해설 환기설비의 설치기준
- 환기는 자연배기방식으로 할 것
- 급기구는 당해 급기구가 설치된 실의 바닥면적 150[m²]마다 1개 이상으로 하되, 급기구의 크기는 800[cm²] 이상으로 할 것

53

소방시설공사업법상 특정소방대상물에 설치된 소방시설 등을 구성하는 것의 전부 또는 일부를 개설, 이전 또는 정비하는 공사의 경우 소방시설공사의 착공신고 대상이 아닌 것은?(단, 고장 또는 파손 등으로 인하여 작동시킬 수 없는 소방시설을 긴급히 교체하거나 보수하여야 하는 경우는 제외한다)

① 수신반   ② 소화펌프

③ 동력(감시)제어반   ④ 압력체임버

해설 **착공신고**

수신반, 소화펌프, 동력(감시)제어반은 긴급히 교체 또는 보수하여야 하는 경우는 착공신고하지 않아도 된다.

54

특정소방대상물에서 사용하는 방염대상물품의 방염성능검사 방법과 검사결과에 따른 합격표시 등에 필요한 사항은 무엇으로 정하는가?

① 대통령령

② 행정안전부령

③ 소방청장령

④ 시·도의 조례

해설 방염대상물품의 방염성능검사 방법과 검사결과에 따른 합격표시 등에 필요한 사항 : 행정안전부령

55

시장지역에서 화재로 오인할 만한 우려가 있는 불을 피우거나 연막소독을 하려는 자가 신고를 하지 아니하여 소방자동차를 출동하게 한 자에게 대한 과태료 부과·징수권자는?

① 국무총리   ② 소방청장

③ 시·도지사   ④ 소방서장

해설 **과태료 부과권자** : 시·도지사, 소방본부장, 소방서장
과태료 : 200만원 이하

56

소방기본법령상 소방용수시설에 대한 설명으로 틀린 것은?

① 시·도지사는 소방활동에 필요한 소방용수 시설을 설치하고 유지·관리하여야 한다.

② 수도법의 규정에 따라 설치된 소화전도 시·도지사가 유지·관리하여야 한다.

③ 소방본부장 또는 소방서장은 원활한 소방활동을 위하여 소방용수시설에 대한 조사를 월 1회 이상 실시하여야 한다.

④ 소방용수시설 조사의 결과는 2년간 보관하여야 한다.

해설 **소방용수시설**

• 시·도지사는 소방활동에 필요한 소방용수 시설을 설치하고 유지·관리하여야 한다.

• 수도법의 규정에 따라 소화전을 설치하는 일반수도 사업자는 관할 소방서장과 사전협의를 거친 후 소화전을 설치하여야 하며, 설치 사실을 관할 소방서장에게 통지하고, 그 소화전을 유지·관리하여야 한다.

• 소방본부장 또는 소방서장은 원활한 소방활동을 위하여 소방용수시설에 대한 조사를 월 1회 이상 실시하여야 한다.

• 소방용수시설 조사의 결과는 2년간 보관하여야 한다.

57

소방기본법령상 소방서 종합상황실의 실장이 서면·모사전송 또는 컴퓨터통신 등으로 소방본부의 종합상황실에 지체 없이 보고하여야 하는 기준으로 틀린 것은?

① 사망자가 5인 이상 발생하거나 사상자가 10인 이상 발생한 화재

② 층수가 11층 이상인 건축물에서 발생한 화재

③ 이재민이 50인 이상 발생한 화재

④ 재산피해액이 50억원 이상 발생한 화재

해설 **종합상황실의 보고**

• 사망자가 5인 이상 발생하거나 사상자가 10인 이상 발생한 화재

• 이재민이 100인 이상 발생한 화재

• 재산피해액이 50억원 이상 발생한 화재

• 층수가 11층 이상인 건축물

정답 53 ④ 54 ② 55 ④ 56 ② 57 ③

58

화재예방, 소방시설 설치·유지 및 안전관리에 관한 법령상 시·도지사가 실시하는 방염성능 검사 대상으로 옳지 않는 것은?

① 설치 현장에서 방염처리를 하는 합판·목재
② 제조 또는 가공 공정에서 방염처리를 한 카펫
③ 제조 또는 가공 공정에서 방염처리를 한 창문에 설치하는 블라인드
④ 설치 현장에서 방염처리를 하는 암막·무대막

[해설] 방염대상물품
• 제조 또는 가공 공정에서 방염처리를 한 물품(합판·목재류의 경우에는 설치 현장에서 방염처리를 한 것을 포함한다)으로서 다음 각 목의 어느 하나에 해당하는 것
 – 창문에 설치하는 커튼류(블라인드를 포함)
 – 카펫, 두께가 2[mm] 미만인 벽지류(종이벽지는 제외한다)
 – 전시용 합판 또는 섬유판, 무대용 합판 또는 섬유판
 – 암막·무대막(「영화 및 비디오물의 진흥에 관한 법률」 제2조 제10호에 따른 영화상영관에 설치하는 스크린과 「다중이용업소의 안전관리에 관한 특별법 시행령」 제2조 제7호의4에 따른 골프연습장업에 설치하는 스크린을 포함한다)

59

화재예방, 소방시설 설치·유지 및 안전관리에 관한 법령상 건축허가 등의 동의를 요구하는 때 동의요구서에 첨부하여야 하는 설계도서가 아닌 것은?(단, 소방시설공사 착공신고대상에 해당하는 경우이다)

① 창호도
② 실내 전개도
③ 건축물의 단면도
④ 건축물의 주단면 상세도(내장재료를 명시한 것)

[해설] 동의요구서에 첨부하는 설계도서
• 건축물의 단면도 및 주단면 상세도(내장재료를 명시한 것에 한한다)
• 소방시설(기계·전기분야의 시설을 말한다)의 층별 평면도 및 층별 계통도
• 창호도

60

지하층을 포함한 층수가 16층 이상 40층 미만인 특정소방대상물의 소방시설 공사현장에 배치하여야 할 소방공사 책임감리원의 배치기준으로 옳은 것은?

① 행정안전부령으로 정하는 특급감리원 중 소방기술사
② 행정안전부령으로 정하는 특급감리원 이상의 소방공사 감리원(기계분야 및 전기분야)
③ 행정안전부령으로 정하는 고급감리원 이상의 소방공사 감리원(기계분야 및 전기분야)
④ 행정안전부령으로 정하는 중급감리원 이상의 소방공사 감리원(기계분야 및 전기분야)

[해설] 소방공사 감리원의 배치기준

감리원의 배치기준		소방시설공사 현장의 기준
책임감리원	보조감리원	
2. 행정안전부령으로 정하는 특급감리원 이상의 소방공사 감리원(기계분야 및 전기분야)	행정안전부령으로 정하는 초급 감리원 이상의 소방공사감리원(기계분야 및 전기분야)	가. 연면적 3만[m²] 이상 20만[m²] 미만인 특정소방대상물(아파트는 제외)의 공사 현장 나. 지하층을 포함한 층수가 16층 이상 40층 미만인 특정소방대상물의 공사 현장

제 **4** 과목 **소방전기시설의 구조 및 원리**

61

비상방송설비는 기동장치에 따른 화재신고를 수신한 후 필요한 음량으로 화재발생 상황 및 피난에 유효한 방송이 자동으로 개시될 때까지의 소요시간은 몇 초 이하로 하여야 하는가?

① 5 ② 10
③ 20 ④ 30

[해설] 비상방송설비의 설치기준
기동장치에 의한 화재신고를 수신한 후 필요한 음량으로 방송이 개시될 때까지의 소요시간은 10초 이내로 할 것

62

비상콘센트설비 전원회로의 설치기준 중 옳은 것은?

① 전원회로는 단상교류 220[V]인 것으로서, 그 공급용량은 3.0[kVA] 이상인 것으로 할 것

② 비상콘센트용의 풀박스 등은 방청도장을 한 것으로, 두께 2.0[mm] 이상의 철판으로 할 것

③ 하나의 전용회로에 설치하는 비상콘센트는 8개 이하로 할 것

④ 전원으로부터 각 층의 비상콘센트에 분기되는 경우에는 분기배선용 차단기를 보호함 안에 설치할 것

해설 비상콘센트설비의 전원회로
• 전원으로부터 각 층의 비상콘센트에 분기되는 경우에는 분기배선용 차단기를 보호함 안에 설치할 것

63

비상벨설비 또는 자동식사이렌설비의 지구음향장치는 특정소방대상물의 층마다 설치하되 해당 특정소방대상물의 각 부분으로부터 하나의 음향장치까지의 수평거리가 몇 [m] 이하가 되도록 하여야 하는가?

① 15 ② 25
③ 40 ④ 50

해설 지구음향장치는 특정소방대상물의 층마다 설치하되, 해당 특정소방대상물의 각 부분으로부터 하나의 음향장치까지의 수평거리가 25[m] 이하가 되도록 하고, 해당 층의 각 부분에 유효하게 경보를 발할 수 있도록 설치하여야 한다.

64

자동화재탐지설비 중계기에 예비전원을 사용하는 경우 구조 및 기능 기준 중 다음 (   ) 안에 알맞은 것은?

> 축전지의 충전시험 및 방전시험은 방전종지전압을 기준하여 시작한다. 이 경우 방전종지전압이라 함은 원통형니켈카드뮴축전지는 셀당 (㉠)[V]의 상태를, 무보수밀폐형연축전지를 단전지당 (㉡)[V]의 상태를 말한다.

① ㉠ 1.0, ㉡ 1.5   ② ㉠ 1.0, ㉡ 1.75
③ ㉠ 1.6, ㉡ 1.5   ④ ㉠ 1.6, ㉡ 1.75

해설 축전지의 충전시험 및 방전시험은 방전종지전압을 기준하여 시작한다. 이 경우 방전종지전압이라 함은 원통형니켈카드뮴축전지는 셀당 1.0[V]의 상태를, 무보수밀폐형연축전지는 단전지당 1.75[V]의 상태를 말한다.

65

비상콘센트설비의 화재안전기준에 따른 용어의 정의 중 옳은 것은?

① "저압"이란 직류는 750[V] 이하, 교류는 600[V] 이하인 것을 말한다.

② "저압"이란 직류는 700[V] 이하, 교류는 600[V] 이하인 것을 말한다.

③ "고압"이란 직류는 700[V]를, 교류는 600[V]를 초과하는 것을 말한다.

④ "특고압"이란 8[kV]를 초과하는 것을 말한다.

해설 저압이란 직류는 750[V] 이하, 교류는 600[V] 이하인 것을 말한다.
※ 2021년 1월 1일 개정으로 저압 범위가 1.5[kV] 이하, 교류 1[kV] 이하로 변경되어 규정에 맞지 않는 문제임

66

자동화재속보설비 속보기의 기능 기준 중 옳은 것은?

① 작동신호를 수신하거나 수동으로 동작시키는 경우 10초 이내에 소방관서에 자동적으로 신호를 발하여 통보하되, 3회 이상 속보할 수 있어야 한다.

② 예비전원을 병렬로 접속하는 경우에는 역충전 방지 등의 조치를 하여야 한다.

③ 예비전원은 감시상태를 30분간 지속한 후 10분 이상 동작이 지속될 수 있는 용량이어야 한다.

④ 속보기는 연동 또는 수동 작동에 의한 다이얼링 후 소방관서와 전화접속이 이루어지지 않는 경우에는 최초 다이얼링을 포함하여 20회 이상 반복적으로 접속을 위한 다이얼링이 이루어야 한다. 이 경우 매회 다이얼링 완료 후 호출은 30초 이상 지속되어야 한다.

해설 자동화재속보설비의 기능기준
- 자동화재탐지설비로부터 작동신호를 수신하거나 수동으로 동작시키는 경우 20초 이내에 소방관서에 자동적으로 신호를 발하여 통보하되 3회 이상 속보할 수 있어야 한다.
- 예비전원은 자동적으로 충전되어야 하며, 자동과충전 방지장치가 있어야 할 것
- 예비전원은 감시상태를 60분간 지속한 후 10분 이상 동작(화재속보 후 화재표시 및 경보를 10분간 유지하는 것을 말한다)이 지속될 수 있는 용량이어야 할 것
- 예비전원을 병렬로 접속하는 경우에는 역충전 방지조치를 할 것

67

휴대용비상조명등의 설치 기준 중 다음 (   ) 안에 알맞은 것은?

> 지하상가 및 지하역사에는 보행거리 (㉠)[m] 이내마다 (㉡)개 이상 설치할 것

① ㉠ 25, ㉡ 1   ② ㉠ 25, ㉡ 3
③ ㉠ 50, ㉡ 1   ④ ㉠ 50, ㉡ 3

해설 휴대용 비상조명등의 설치기준
- 설치장소
  - 숙박시설 또는 다중이용업소에는 객실 또는 영업장 안의 구획된 실마다 잘 보이는 곳(외부에 설치 시 출입문 손잡이로부터 1[m] 이내 부분)에 1개 이상 설치
  - 대규모 점포와 영화상영관 : 보행거리 50[m] 이내마다 3개 이상 설치
  - 지하상가, 지하역사 : 보행거리 25[m] 이내마다 3개 이상 설치

68

무선통신보조설비의 누설동축케이블 또 동축케이블의 임피던스는 몇 [Ω]으로 하여야 하는가?

① 5[Ω]   ② 10[Ω]
③ 50[Ω]   ④ 100[Ω]

해설 누설동축케이블 또는 동축케이블의 임피던스는 50[Ω]으로 할 것

69

무선통신보조설비 증폭기 무선이동중계기를 설치하는 경우의 설치기준으로 틀린 것은?

① 전원은 전기가 정상적으로 공급되는 축전지, 전기저장장치 또는 교류전압 옥내간선으로 하고, 전원까지의 배선은 전용으로 할 것
② 증폭기의 전면에는 주회로의 전원이 정상인지의 여부를 표시할 수 있는 표시등 및 전류계를 설치할 것
③ 증폭기에는 비상전원이 부착된 것으로 하고, 해당 비상전원 용량은 무선통신보조설비를 유효하게 30분 이상 작동시킬 수 있는 것으로 할 것
④ 무선이동중계기를 설치하는 경우에는 「전파법」의 규정에 따른 적합성평가를 받은 제품으로 설치할 것

해설 증폭기의 전면에는 주회로의 전원이 정상인지의 여부를 표시할 수 있는 표시등 및 전압계를 설치할 것

70

피난설비의 설치면제 요건의 규정에 따라 옥상의 면적이 몇 [m²] 이상이어야 그 옥상의 직하층 또는 최상층(관람집회 및 운동시설 또는 판매시설 제외) 그 부분에 피난기구를 설치하지 아니할 수 있는가?(단, 숙박시설[휴양콘도미니엄을 제외]에 설치되는 완강기 및 간이완강기의 경우에 제외한다)

① 500   ② 800
③ 1,000   ④ 1,500

해설 다음 기준에 적합한 특정소방대상물 중 그 옥상의 직하층 또는 최상층(관람집회 및 운동시설 또는 판매시설을 제외)
- 주요구조부가 내화구조로 되어 있어야 할 것
- 옥상의 면적이 1,500[m²] 이상이어야 할 것
- 옥상으로 쉽게 통할 수 있는 창 또는 출입구가 설치되어 있어야 할 것
- 옥상이 소방사다리차가 쉽게 통행할 수 있는 도로(폭 6[m] 이상의 것) 또는 공지(공원 또는 광장 등)에 면하여 설치되어 있거나 옥상으로부터 피난층 또는 지상으로 통하는 2 이상의 피난계단 또는 특별피난계단이 「건축법 시행령」 제35조의 규정에 적합하게 설치되어 있어야 할 것

71

청각장애인용 시각경보장치의 설치기준 중 천장의 높이가 2[m] 이하인 경우에는 천장으로부터 몇 [m] 이내의 장소에 설치하여야 하는가?

① 0.15
② 0.3
③ 0.5
④ 0.7

해설 **시각경보장치 설치기준**

설치높이는 바닥으로부터 2[m] 이상 2.5[m] 이하의 장소에 설치할 것 다만, 천장의 높이가 2[m] 이하인 경우에는 천장으로부터 0.15[m] 이내의 장소에 설치하여야 한다.

72

주요구조부가 내화구조인 특정소방대상물에 자동화재탐지설비의 감지기를 열전대식 차동식분포형으로 설치하려고 한다. 바닥면적이 256[m²]일 경우 열전대부와 검출부는 각각 최소 몇 개 이상으로 설치하여야 하는가?

① 열전대부 11개, 검출부 1개
② 열전대부 12개, 검출부 1개
③ 열전대부 11개, 검출부 2개
④ 열전대부 12개, 검출부 2개

해설 **열전대식 차동식분포형감지기의 설치기준**

• 열전대식감지기의 면적기준

특정소방대상물	1개의 감지면적
내화구조	22[m²]
기타구조	18[m²]

다만, 바닥면적이 72[m²](주요구조부가 내화구조일 때에는 88[m²]) 이하인 특정소방대상물에 있어서는 4개 이상으로 할 것

• 하나의 검출부에 접속하는 열전대부는 20개 이하로 할 것

$$\therefore \frac{256}{22} = 11.6$$

∴ 12개, 즉 하나의 검출부에 접속하는 열전대부는 20개 이하이므로 열전대부 12개, 검출부 1개이다.

73

자동화재탐지설비 발신기의 작동기능 기준 중 다음 (   ) 안에 알맞은 것은?(단, 이 경우 누름판이 있는 구조로서 손끝으로 눌러 작동하는 방식의 작동스위치는 누름판을 포함한다)

발신기의 조작부는 작동스위치의 동작방향으로 가하는 힘이 (㉠)[kg]을 초과하고 (㉡)[kg] 이하인 범위에서 확실하게 동작되어야 하며, (㉠)[kg] 힘을 가하는 경우 동작되지 아니하여야 한다.

① ㉠ 2, ㉡ 8   ② ㉠ 3, ㉡ 7
③ ㉠ 2, ㉡ 7   ④ ㉠ 3, ㉡ 8

해설 발신기의 작동스위치는 동작방향으로 가하는 힘이 2[kg]을 초과하고 8[kg] 이하인 범위에서 확실하게 동작하여야 하고, 2[kg] 힘을 가하는 경우 동작하지 않아야 한다.

74

객석 통로의 직선부분의 길이가 25[m]인 영화관의 통로에 객석유도등을 설치하는 경우 최소 설치개수는?

① 5   ② 6
③ 7   ④ 8

해설
$$설치개수 = \frac{객석\ 통로의\ 직선부분의\ 길이[m]}{4} - 1$$
$$= \frac{25}{4} - 1 = 5.25 \qquad \therefore\ 6개$$

75

공기관식 차동식분포형 감지기의 구조 및 기능 기준 중 다음 (   ) 안에 알맞은 것은?

• 공기관은 하나의 길이(이음매가 없는 것)가 (㉠)[m] 이상의 것으로 안지름 및 관의 두께가 일정하고 흠, 갈라짐 및 변형이 없어야 하며, 부식되지 아니하여야 한다.
• 공기관의 두께는 (㉡)[mm] 이상, 바깥지름은 (㉢)[mm] 이상이어야 한다.

① ㉠ 10, ㉡ 0.5, ㉢ 1.5

② ㉠ 20, ㉡ 0.3, ㉢ 1.9

③ ㉠ 10, ㉡ 0.3, ㉢ 1.9

④ ㉠ 20, ㉡ 0.5, ㉢ 1.5

해설 **차동식분포형감지기의 공기관식의 기능**
- 공기관은 하나의 길이(이음매가 없는 것)가 20[m] 이상의 것으로 할 것
- 공기관의 두께는 0.3[mm] 이상, 바깥지름은 1.9 [mm] 이상이어야 할 것

76
광전식분리형감지기의 설치기준 중 광축은 나란한 벽으로부터 몇 [m] 이상 이격하여 설치하여야 하는가?

① 0.6   ② 0.8
③ 1   ④ 1.5

해설 **광전식분리형감지기의 설치기준**
- 광축(송광면과 수광면의 중심을 연결한 선)은 나란한 벽으로부터 0.6[m] 이상 이격하여 설치할 것

77
근린생활시설 중 입원실이 있는 의원 지하층에 적응성을 가진 피난기구는?

① 피난용트랩   ② 피난사다리
③ 피난교   ④ 구조대

해설 의료시설(장례식장을 제외) · 노유자시설 · 근린생활시설 중 입원실이 있는 의원 · 산후조리원 · 접골원 · 조산소 : 피난용트랩

78
누전경보기 부품의 구조 및 기능 기준 중 누전경보기에 변압기를 사용하는 경우 변압기의 정격 1차 전압은 몇 [V] 이하로 하는가?

① 100   ② 200
③ 300   ④ 400

해설 변압기 1차 정격전압 : 300[V] 이하

79
누전경보기 수신부의 구조 기준 중 틀린 것은?

① 2급 수신부에는 전원 입력측의 회로에 단락이 생기는 경우에 유효하게 보호되는 조치를 강구하여야 한다.
② 주전원의 양극을 동시에 개폐할 수 있는 전원스위치를 설치하여야 한다. 다만, 보수 시에 전원공급이 자동적으로 중단되는 방식은 그러하지 아니하다.
③ 감도조정장치를 제외하고 감도조정부는 외함의 바깥쪽에 노출되지 아니하여야 한다.
④ 전원입력측의 양선(1회선용은 1선 이상) 및 외부부하에 직접 전원을 송출하도록 구성된 회로에는 퓨즈 또는 브레이커 등을 설치하여야 한다.

해설 **수신부의 구조**
- 전원을 표시하는 장치를 설치하여야 한다. 다만, 2급에서는 그러하지 아니하다.
- 수신부는 다음 회로에 단락이 생기는 경우에는 유효하게 보호되는 조치를 강구하여야 한다.
  - 전원 입력측의 회로(다만, 2급수신부에는 적용하지 아니한다)
  - 수신부에서 외부의 음향장치와 표시등에 대하여 직접 전력을 공급하도록 구성된 외부회로
- 감도조정장치를 제외하고 감도조정부는 외함의 바깥쪽에 노출되지 아니하여야 한다.
- 주전원의 양극을 동시에 개폐할 수 있는 전원스위치를 설치하여야 한다. 다만, 보수시에 전원공급이 자동적으로 중단되는 방식은 그러하지 아니하다.
- 전원입력측의 양선(1회선용은 1선 이상) 및 외부부하에 직접 전원을 송출하도록 구성된 회로에는 퓨즈 또는 브레이커 등을 설치하여야 한다.

80
발신기의 외함을 합성수지로 사용하는 경우 외함의 최소 두께는 몇 [mm] 이상이어야 하는가?

① 5   ② 3
③ 1.6   ④ 1.2

해설 **발신기의 외함 두께**
- 강 판
  - 외함 : 1.2[mm] 이상
  - 외함(벽속매립) : 1.6[mm] 이상
- 합성수지
  - 외함 : 3[mm] 이상
  - 외함(벽속매립) 4[mm] 이상

제4회 2017년 9월 23일 시행

제1과목 소방원론

01
건축물에 설치하는 방화벽의 구조에 대한 기준 중 틀린 것은?

① 내화구조로서 홀로 설 수 있는 구조로 할 것
② 방화벽의 양쪽 끝은 지붕면으로부터 0.2[m] 이상 튀어 나오게 하여야 한다.
③ 방화벽의 위쪽 끝은 지붕면으로부터 0.5[m] 이상 튀어 나오게 하여야 한다.
④ 방화벽에 설치하는 출입문의 너비 및 높이는 각각 2.5[m] 이하인 갑종방화문을 설치하여야 한다.

해설 방화벽
화재 시 연소의 확산을 막고 피해를 줄이기 위해 주로 목재건축물에 설치하는 벽

대상 건축물	주요구조부가 내화구조 또는 불연재료가 아닌 연면적 1,000[m²] 이상인 건축물
구획단지	연면적 1,000[m²] 미만마다 구획
방화벽의 구조	• 내화구조로서 홀로 설수 있는 구조로 할 것 • **방화벽의 양쪽 끝과 위쪽 끝**을 건축물의 외벽면 및 지붕면으로부터 **0.5[m]** 이상 튀어 나오게 할 것 • 방화벽에 설치하는 출입문의 너비 및 높이는 각각 2.5[m] 이하로 하고 갑종방화문을 설치할 것

02
목재 화재 시 다량의 물을 뿌려 소화할 경우 기대되는 주된 소화효과는?

① 제거효과
② 냉각효과
③ 부촉매효과
④ 희석효과

해설 냉각소화
화재현장에 물을 주수하여 발화점 이하로 온도를 낮추어 열을 제거하여 소화하는 방법으로, 목재 화재 시 다량의 물을 뿌려 소화하는 것이다.

03
폭발의 형태 중 화학적 폭발이 아닌 것은?

① 분해폭발
② 가스폭발
③ 수증기폭발
④ 분진폭발

해설 화학적 폭발 : 분해폭발, 산화폭발, 중합폭발, 가스폭발, 분진폭발

04
이산화탄소 20[g]은 몇 [mol]인가?

① 0.23
② 0.45
③ 2.2
④ 4.4

해설 mol수 = 무게/분자량

$$\therefore \ \text{mol수} = \frac{20[g]}{44} = 0.45[g-mol]$$

CO_2의 분자량 = 44

05

FM 200이라는 상품명을 가지며 오존파괴지수(ODP)가 0인 할론 대체 소화약제는 무슨 계열인가?

① HFC계열 ② HCFC계열

③ FC계열 ④ Blend계열

해설 할로겐화합물 대체 소화약제 : HFC계열

06

포소화약제 중 고팽창포로 사용할 수 있는 것은?

① 단백포

② 불화단백포

③ 내알코올포

④ 합성계면활성제포

해설 공기포 소화약제의 혼합비율에 따른 분류

구 분	약제 종류	약제 농도
저발포용	단백포	3[%], 6[%]
	합성계면활성제포	3[%], 6[%]
	수성막포	3[%], 6[%]
	내알코올용포	3[%], 6[%]
	불화단백포	3[%], 6[%]
고발포용	합성계면활성제포	1[%], 1.5[%], 2[%]

07

공기 중에서 자연발화 위험성이 높은 물질은?

① 벤 젠

② 톨루엔

③ 이황화탄소

④ 트라이에틸알루미늄

해설 위험물의 성질

종 류	성 질
벤 젠	인화성 액체
톨루엔	인화성 액체
이황화탄소	인화성 액체
트라이에틸알루미늄	자연발화성 물질

08

분말소화약제에 관한 설명 중 틀린 것은?

① 제1종 분말은 담홍색 또는 황색으로 착색되어 있다.

② 제3분말이 열분해하여 이산화탄소가 생성되지 않는다.

③ 일반화재에도 사용할 수 있는 분말소화약제는 제3종 분말이다.

④ 제2종 분말의 열분해식은 $2KHCO_3 \rightarrow K_2CO_3 + CO_2 + H_2O$이다.

해설 분말소화약제

종 별	주성분	약제의 착색	적응 화재	열분해반응식
제1종 분말	중탄산나트륨 ($NaHCO_3$)	백 색	B, C급	$2NaHCO_3 \rightarrow$ $Na_2CO_3 + CO_2 + H_2O$
제2종 분말	중탄산칼륨 ($KHCO_3$)	담회색	B, C급	$2KHCO_3 \rightarrow$ $K_2CO_3 + CO_2 + H_2O$
제3종 분말	제일인산암모늄 ($NH_4H_2PO_4$)	담홍색, 황색	A, B, C급	$NH_4H_2PO_4 \rightarrow$ $HPO_3 + NH_3 + H_2O$
제4종 분말	중탄산칼륨+요소 $[KHCO_3+(NH_2)_2CO]$	회 색	B, C급	$2KHCO_3+(NH_2)_2CO$ $\rightarrow K_2CO_3 + 2NH_3 +$ $2CO_2$

09

화재의 종류에 따른 분류가 틀린 것은?

① A급 : 일반화재

② B급 : 유류화재

③ C급 : 가스화재

④ D급 : 금속화재

해설 화재의 분류

등 급	화재의 종류	표시색상
A급	일반화재	백 색
B급	유류 및 가스화재	황 색
C급	전기화재	청 색
D급	금속화재	무 색
K급	식용유화재	–

10
연소확대 방지를 위한 방화구획과 관계없는 것은?

① 일반승강기의 승강장 구획
② 층 또는 면적별 구획
③ 용도별 구획
④ 방화댐퍼

해설 연소확대 방지를 위한 방화구획과 관계
: 층별, 면적별, 용도별 구획, 방화댐퍼 등

11
질소 79.2[vol%], 산소 20.8[vol%]로 이루어진 공기의 평균분자량은?

① 15.44   ② 20.21
③ 28.83   ④ 36.00

해설 공기의 평균분자량
• 분자량

종 류	질 소	산 소
분자식	N_2	O_2
분자량	28	32

• 평균분자량 = $(28 \times 0.792) + (32 \times 0.208)$
         = 28.83

12
제3류 위험물로서 자연발화성만 있고 금수성이 없기 때문에 물속에 보관하는 물질은?

① 염소산암모늄   ② 황 린
③ 칼 륨   ④ 질 산

해설 황린 : 제3류 위험물로서 자연발화성물질이고 물속에 보관한다.

13
화재 시 소화에 관한 설명으로 틀린 것은?

① 내알코올포 소화약제는 수용성용제의 화재에 적합하다.
② 물은 불에 닿을 때 증발하면서 다량이 열을 흡수하여 소화한다.
③ 제3종 분말소화약제는 식용유 화재에 적합하다.
④ 할로겐화합물 소화약제는 연쇄반응을 억제하여 소화한다.

해설 제1종 분말소화약제 : 식용유 화재에 적합

14
고비점 유류의 탱크화재 시 열유층에 의해 탱크 아래의 물이 비등·팽창하여 유류를 탱크 외부로 분출시켜 화재를 확대시키는 현상은?

① 보일오버(Boil Over)
② 롤오버(Roll Over)
③ 백드래프트(Back Draft)
④ 플래시오버(Flash Over)

해설 보일오버(Boil Over)
유류탱크화재에서 비점이 낮은 다른 액체가 밑에 있는 경우에 열류층이 탱크 아래의 비점이 낮은 액체에 도달할 때 급격히 부피가 팽창하여 다량의 유류가 외부로 넘치는 현상

15
건물의 주요구조부에 해당되지 않는 것은?

① 바 닥   ② 천 장
③ 기 둥   ④ 주계단

해설 주요구조부 : 내력벽, 기둥, 바닥, 보, 지붕틀, 주계단

주요구조부 제외 : 사잇벽, 사잇기둥, 최하층의 바닥, 작은 보, 차양, 옥외계단, 천장

16

공기 중에서 연소범위가 가장 넓은 물질은?

① 수 소　　　　② 이황화탄소
③ 아세틸렌　　　④ 에테르

[해설] 연소범위

종 류	연소범위
수 소	4.0~75[%]
이황화탄소	1.0~44[%]
아세틸렌	2.5~81[%]
에테르	1.9~48[%]

17

휘발유의 위험성에 관한 설명으로 틀린 것은?

① 일반적인 고체 가연물에 비해 인화점이 낮다.
② 상온에서 가연성 증기가 발생한다.
③ 증기는 공기보다 무거워 낮은 곳에 체류한다.
④ 물보다 무거워 화재 발생 시 물분무소화는 효과가 없다.

[해설] 휘발유는 제4류 위험물 제1석유류로서 물보다 가벼워서 물분무소화가 가능하다.

18

피난층에 대한 정의로 옳은 것은?

① 지상으로 통하는 피난계단이 있는 층
② 비상용 승강기의 승강장이 있는 층
③ 비상용 출입구가 설치되어 있는 층
④ 직접 지상으로 통하는 출입구가 있는 층

[해설] 피난층 : 직접 지상으로 통하는 출입구가 있는 층

19

전기불꽃, 아크 등이 발생하는 부분을 기름 속에 넣어 폭발을 방지하는 방폭구조는?

① 내압방폭구조　　　② 유입방폭구조
③ 안전증방폭구조　　④ 특수방폭구조

[해설] 유입방폭구조 : 전기불꽃, 아크 등이 발생하는 부분을 기름 속에 넣어 폭발을 방지하는 방폭구조

20

할로겐원소의 소화효과가 큰 순서대로 배열된 것은?

① $I > Br > Cl > F$　② $Br > I > F > Cl$
③ $Cl > F > I > Br$　④ $F > Cl > Br > I$

[해설] 할로겐원소 소화효과 : $I > Br > Cl > F$

> 전기음성도 : $F > Cl > Br > I$

제 2 과목　소방전기일반

21

그림과 같은 회로에서 a, b단자에 흐르는 전류 I가 인가전압 E와 동위상이 되었다. 이때 L의 값은?

① $\dfrac{R}{1+\omega CR}$　　　② $\dfrac{R^2}{1+(\omega CR)^2}$

③ $\dfrac{CR^2}{1+\omega CR}$　　　④ $\dfrac{CR^2}{1+(\omega CR)^2}$

[해설]

$$j\omega L = \cfrac{1}{\cfrac{1}{R}+\cfrac{1}{j\dfrac{1}{\omega C}}} = \cfrac{1}{\dfrac{1}{R}-j\omega C}$$

$$= \frac{R(1+j\omega CR)}{1+(\omega CR)^2} = \text{실수부+허수부}$$

$$= \frac{R}{1+(\omega CR)^2} + j\omega \frac{CR^2}{1+(\omega CR)^2} \text{ 이므로,}$$

허수부가 같아야 동위상이므로

$$\therefore \ L = \frac{CR^2}{1+(\omega CR)^2}$$

22

그림과 같은 회로에서 단자 a, b 사이에 주파수 f[Hz]의 정현파 전압을 가했을 때 전류계 A_1, A_2의 값이 같았다. 이 경우 f, L, C 사이의 관계로 옳은 것은?

① $f = \dfrac{1}{2\pi^2 LC}$ ② $f = \dfrac{1}{4\pi\sqrt{LC}}$

③ $f = \dfrac{1}{\sqrt{2\pi^2 LC}}$ ④ $f = \dfrac{1}{2\pi\sqrt{LC}}$

해설
- 직렬공진 $f = \dfrac{1}{2\pi\sqrt{LC}}$
- 병렬공진 $f = \dfrac{1}{2\pi\sqrt{LC}}$

23

추종제어에 대한 설명으로 가장 옳은 것은?

① 제어량의 종류에 의하여 분류한 자동제어의 일종
② 목푯값이 시간에 따라 임의로 변하는 제어
③ 제어량이 공업 프로세스의 상태량일 경우의 제어
④ 정치제어의 일종으로 주로 유량, 위치, 주파수, 전압 등을 제어

해설 추종제어 : 목푯값이 임의로 시간적 변화를 하는 경우 제어량을 그것에 추종시키기 위한 제어

24

다음 그림과 같은 논리회로로 옳은 것은?

① OR회로   ② AND회로
③ NOT 회로   ④ NOR 회로

해설 출력 X에 대해 A와 B가 직렬회로이므로 AND회로이다.

25

진공 중에 놓인 5[μC]의 점전하에서 2[m]되는 점의 전계는 몇 [V/m]인가?

① 11.25×10^3 ② 16.25×10^3
③ 22.25×10^3 ④ 28.25×10^3

해설
전계의 세기 : $E = 9 \times 10^9 \times \dfrac{Q}{r^2}$
$= 9 \times 10^9 \times \dfrac{5 \times 10^{-6}}{2^2}$
$= 11.25 \times 10^3 [\text{V/m}]$

26

전류 측정 범위를 확대시키기 위하여 전류계와 병렬로 연결해야만 되는 것은?

① 배율기   ② 분류기
③ 중계기   ④ CT

해설
- 배율기 : 전압계의 측정범위를 넓히기 위하여 전압계와 직렬로 접속한 저항
- 분류기 : 전류계의 측정범위를 넓히기 위하여 전류계와 병렬로 접속한 저항

27

100[V], 500[W]의 전열선 2개를 같은 전압에서 직렬로 접속한 경우와 병렬로 접속한 경우의 전력은 각각 몇 [W]인가?

① 직렬 : 250, 병렬 : 500
② 직렬 : 250, 병렬 : 1,000
③ 직렬 : 500, 병렬 : 500
④ 직렬 : 500, 병렬 : 1,000

해설
전력 : $P = \dfrac{V^2}{R}$ 에서 $P \propto \dfrac{1}{R}$ (반비례)
직렬접속 : $P_1 = \dfrac{P}{2} = \dfrac{500}{2} = 250[\text{W}]$
병렬접속 : $P_2 = 2P = 2 \times 500 = 1,000[\text{W}]$
$\left(\text{직렬 : 저항 2배, 병렬 : 저항 } \dfrac{1}{2} \text{ 배}\right)$

정답 22 ④ 23 ② 24 ② 25 ① 26 ② 27 ②

28

정속도 운전의 직류발전기로 작은 전력의 변화를 큰 전력의 변화로 증폭하는 발전기는?

① 앰플리다인
② 로젠베르그 발전기
③ 솔레노이드
④ 서보전동기

해설 특수 직류발전기
- 앰플리다인 발전기 : 계자전류를 변화시켜 출력(전력)을 조절하는 직류발전기
- 로젠베르그 발전기 : 정전압 발전기

29

전압 및 전류측정 방법에 대한 설명 중 틀린 것은?

① 전압계를 저항 양단에 병렬로 접속한다.
② 전류계는 저항에 직렬로 접속한다.
③ 전압계의 측정범위를 확대하기 위하여 배율기는 전압계와 직렬로 접속한다.
④ 전류계의 측정범위를 확대하기 위하여 저항분류기는 전류계와 직렬로 접속한다.

해설
- 배율기 : 전압계의 측정범위를 넓히기 위하여 전압계와 직렬로 접속한 저항
- 분류기 : 전류계의 측정범위를 넓히기 위하여 전류계와 병렬로 접속한 저항

30

공진작용과 관계가 없는 것은?

① C급 증폭회로
② 발진회로
③ LC 병렬회로
④ 변조회로

해설
- C급 증폭회로 : 출력은 입력과 같은 주파수의 정현파와 비슷한 파형이 되는 인덕터와 커패시터의 공진회로를 통과시켜 얻는다.
- 발진회로 : 발진회로는 특정한 주파수의 전류만이 회로에 흐르게 한 것이므로, 특정한 주파수의 전류에 공진하는 회로와 공진전류를 지속적으로 공급하는 증폭회로로 이루어지는 것이 보통이다.
- LC 병렬회로 : LC 회로에서 인덕터와 커패시터가 전기장과 자기장으로 에너지를 축적하고 방출하면서 에너지를 주거나 받거나 하는 과정이 정확히 평형을 이룬 상태. 이것을 공진이라고 한다. 즉, LC 공진이다.
- 변조회로 : 고주파의 교류신호를 저주파의 교류 신호에 따라 변화시키는 일. 신호의 전송을 위하여 반송파라고 하는 비교적 높은 주파수에 비교적 낮은 주파수를 포함시키는 과정이다.

31

다음 그림과 같은 회로에서 전달함수로 옳은 것은?

① $X(s) + Y(s)$
② $X(s)\,Y(s)$
③ $Y(s)/X(s)$
④ $X(s)/Y(s)$

해설

$$즉, \ G(s) = \frac{Y(s)}{X(s)} \qquad Y(s) = G(s)X(s)$$

32

0.5[kVA]의 수신기용 변압기가 있다. 변압기의 철손이 7.5[W], 전부하동손이 16[W]이다. 화재가 발생하여 처음 2시간은 전부하 운전되고, 다음 2시간은 $\frac{1}{2}$ 의 부하가 걸렸다고 한다. 4시간에 걸친 전손실 전력량은 약 몇 [Wh]인가?

① 65
② 70
③ 75
④ 80

해설
$$전손실 : P = \left[P_i + \left(\frac{1}{m}\right)^2 P_c\right]t$$
$$= 7.5 \times 2 + (1)^2 \times 16 \times 2 + 7.5 \times 2 + \left(\frac{1}{2}\right)^2 \times 16 \times 2$$
$$= 70[\text{Wh}]$$

33

지름 1.2[m], 저항 7.6[Ω]의 동선에서 이 동선의 저항률을 0.0172[$\Omega \cdot$ m]라고 하면 동선의 길이는 약 몇 [m]인가?

① 200
② 300
③ 400
④ 500

해설 저항 : $R = \rho \dfrac{l}{A} \left(A = \dfrac{\pi D^2}{4} \right)$ 에서

$$l = \dfrac{R \cdot A}{\rho} = \dfrac{7.6 \times \left(\dfrac{\pi \times 1.2^2}{4} \right)}{0.0172} = 500 \, [\Omega]$$

34
제어 목표에 의한 분류 중 미지의 임의 시간적 변화를 하는 목푯값에 제어량을 추종시키는 것을 목적으로 하는 제어법은?

① 정치제어
② 비율제어
③ 추종제어
④ 프로그램제어

해설 추종제어 : 목푯값이 임의로 시간적 변화를 하는 경우 제어량을 그것에 추종시키기 위한 제어

35
논리식 $X = \overline{A \cdot B}$ 와 같은 것은?

① $X = \overline{A} + \overline{B}$
② $X = A + B$
③ $X = \overline{A} \cdot \overline{B}$
④ $X = A \cdot B$

해설 논리식 : $X = \overline{A \cdot B} = \overline{A} + \overline{B}$

36
다이오드를 여러 개 병렬로 접속하는 경우에 대한 설명으로 옳은 것은?

① 과전류로부터 보호할 수 있다.
② 과전압으로부터 보호할 수 있다.
③ 부하 측의 맥동률을 감소시킬 수 있다.
④ 정류기의 역방향 전류를 감소시킬 수 있다.

해설 다이오드 접속
- 직렬접속 : 전압이 분배되므로 과전압으로부터 보호
- 병렬접속 : 전류가 분류되므로 과전류로부터 보호

37
이상적인 트랜지스터의 α 값은?(단, α 는 베이스접지 증폭기의 전류증폭률이다)

① 0
② 1
③ 100
④ ∞

해설 이상적인 트랜지스터 베이스접지 전류증폭률 $\alpha = 1$

38
저항이 R, 유도리액턴스가 X_L, 용량리액턴스가 X_C 인 $R - L - C$ 직렬회로에서의 $\dot{Z}$ 와 Z 값으로 옳은 것은?

① $\dot{Z} = R + j(X_L - X_C), \ Z = \sqrt{R^2 + (X_L - X_C)^2}$
② $\dot{Z} = R + j(X_L + X_C), \ Z = \sqrt{R + (X_L + X_C)^2}$
③ $\dot{Z} = R + j(X_C - X_L), \ Z = \sqrt{R^2 + (X_C - X_L)^2}$
④ $\dot{Z} = R + j(X_C + X_L), \ Z = \sqrt{R^2 + (X_C + X_L)^2}$

해설 $R - L - C$ 직렬회로
$$Z = R + j(X_L - X_C) = \sqrt{R^2 + (X_L - X_C)^2}$$

39
3상 유도전동기의 기동법이 아닌 것은?

① $Y - \triangle$ 기동법
② 기동 보상기법
③ 1차 저항 기동법
④ 전전압 기동법

해설 3상 농형 기동법 : 전전압(직입)기동, $Y - \triangle$ 기동, 기동보상기법 리액터 기동
3상 권선형 기동법 : 2차 저항 기동법, 게르게스법

40

조작기기는 직접 제어대상에 작용하는 장치이고 빠른 응답이 요구된다. 다음 중 전기식 조작기기가 아닌 것은?

① 서보 전동기
② 전동 밸브
③ 다이어프램 밸브
④ 전자 밸브

해설 전기식 조작기기 : 전동밸브, 전자밸브, 서보전동기

제 **3** 과목 **소방관계법규**

41

대통령령으로 정하는 특정소방대상물의 소방시설 중 내진설계 대상이 아닌 것은?

① 옥내소화전설비   ② 스프링클러설비
③ 미분무소화설비   ④ 연결살수설비

해설 내진설계대상 : 옥내소화전설비, 스프링클러설비, 물분무 등 소화설비

> **물분무 등 소화설비**
> 물분무, 미분무, 포, 이산화탄소, 할론, 할로겐화합물 및 불활성기체, 분말, 강화액, 고체에어로졸소화설비

42

위험물로서 제1석유류에 속하는 것은?

① 중 유   ② 휘발유
③ 실린더유   ④ 등 유

해설 제4류 위험물의 분류

종 류	품 명	지정수량
중 유	제3석유류	2,000[L]
휘발유	제1석유류	200[L]
실린더유	제4석유류	6,000[L]
등 유	제2석유류	1,000[L]

43

방염성능기준 이상의 실내장식물 등을 설치해야 하는 특정소방대상물이 아닌 것은?

① 건축물 옥내에 있는 종교시설
② 방송통신시설 중 방송국 및 촬영소
③ 층수가 11층 이상인 아파트
④ 숙박이 가능한 수련시설

해설 방염성능기준 이상의 실내장식물 등 설치 특정소방대상물
• 근린생활시설 중 의원, 체력단련장, 공연장 및 종교 집회장
• 건축물의 옥내에 있는 시설로서 다음의 시설
 – 문화 및 집회시설
 – 종교시설
 – 운동시설(수영장은 제외)
• 의료시설
• 교육연구시설 중 합숙소
• 노유자시설
• 숙박이 가능한 수련시설
• 숙박시설
• 방송통신시설 중 방송국 및 촬영소
• 다중이용업소
• 층수가 11층 이상인 것(아파트는 제외)

44

정기점검의 대상이 되는 제조소 등이 아닌 것은?

① 옥내탱크저장소   ② 지하탱크저장소
③ 이동탱크저장소   ④ 이송취급소

해설 정기점검의 대상인 제조소 등
• 제조소 등(이송취급소, 암반탱크저장소)
• 지하탱크저장소
• 이동탱크저장소
• 위험물을 취급하는 탱크로서 지하에 매설된 탱크가 있는 제조소·주유취급소 또는 일반취급소

45

특정소방대상물의 소방시설 설치의 면제기준 중 다음 (   ) 안에 알맞은 것은?

> 비상경보설비 또는 단독경보형 감지기를 설치하여야 하는 특정소방대상물에 (   )를 화재안전기준에 적합하게 설치한 경우에는 그 설비의 유효범위에서 설치가 면제된다.

① 자동화재탐지설비   ② 스프링클러설비
③ 비상조명등   ④ 무선통신보조설비

해설 비상경보설비 또는 단독경보형 감지기를 설치하여야
하는 특정소방대상물에 자동화재탐지설비를 화재안
전기준에 적합하게 설치한 경우에는 그 설비의 유효
범위에서 설치가 면제된다.

46

행정안전부령으로 정하는 연소 우려가 있는 구조에
대한 기준 중 다음 (   ) 안에 알맞은 것은?

> 건축물대장의 건축물 현황도에 표시된 대지경계선
> 안에 2 이상의 건축물이 있는 경우로서 각각의 건축
> 물이 다른 건축물의 외벽으로부터 수평거리가 1층의
> 경우에는 (㉠)[m] 이하, 2층 이상의 층의 경우에는
> (㉡)[m] 이하이고 개구부가 다른 건축물을 향하여
> 설치된 구조를 말한다.

① ㉠ 3, ㉡ 5
② ㉠ 5, ㉡ 8
③ ㉠ 6, ㉡ 8
④ ㉠ 6, ㉡ 10

해설 행정안전부령으로 정하는 연소 우려가 있는 구조
- 건축물대장의 건축물 현황도에 표시된 대지경계선
  안에 둘 이상의 건축물이 있는 경우
- 각각의 건축물이 다른 건축물의 외벽으로부터 수평
  거리가 1층의 경우에는 6[m] 이하, 2층 이상의 층
  의 경우에는 10[m] 이하인 경우
- 개구부가 다른 건축물을 향하여 설치되어 있는 경우

47

건축허가 등을 함에 있어서 미리 소방본부장 또는
소방서장의 동의를 받아야 하는 건축물 등의 범위기
준이 아닌 것은?

① 노유자시설 및 수련시설로서 연면적 100[m²]
   이상인 건축물
② 지하층 또는 무창층이 있는 건축물로서 바닥면
   적이 150[m²] 이상인 층이 있는 것
③ 차고·주차장으로 사용되는 바닥면적이 200
   [m²] 이상인 층이 있는 건축물이나 주차시설
④ 장애인 의료재활시설로서 연면적 300[m²] 이상
   인 건축물

해설 건축허가 등의 동의대상물의 범위
노유자시설 및 수련시설 : 200[m²]

48

소방용수시설의 설치기준 중 주거지역·상업지역 및
공업지역에 설치하는 경우 소방대상물과의 수평거리
는 최대 몇 [m] 이하인가?

① 50
② 100
③ 150
④ 200

해설 소방용수시설의 공통기준
주거지역·상업지역 및 공업지역에 설치하는 경우
: 소방대상물과의 수평거리를 100[m] 이하가 되도록
할 것

49

자동화재탐지설비의 일반 공사 감리 기간으로 포함시
켜 산정할 수 있는 항목은?

① 고정금속구를 설치하는 기간
② 전선관의 매립을 하는 공사 기간
③ 공기유입구의 설치 기간
④ 소화약제 저장용기 설치 기간

해설 소방시설용 배관(전선관을 포함한다)을 설치하거나
매립하는 때부터 소방시설 완공검사증명서를 발급받
을 때까지 소방공사감리현장에 감리원을 배치할 것

50

소방시설업의 반드시 등록 취소에 해당하는 경우는?

① 거짓이나 그 밖의 부정한 방법으로 등록한 경우
② 다른 자에게 등록증 또는 등록수첩을 빌려준
   경우
③ 소속 소방기술자를 공사현장에 배치하지 아니
   하거나 거짓으로 한 경우
④ 등록을 한 후 정당한 사유 없이 1년이 지날 때까
   지 영업을 시작하지 아니하거나 계속하여 1년
   이상 휴업한 경우

해설 등록취소 사유
- 거짓이나 그 밖의 부정한 방법으로 등록한 경우
- 등록 결격사유에 해당하게 된 경우
- 영업정지 기간 중에 소방시설공사 등을 한 경우

51
건축물의 공사 현장에 설치하여야 하는 임시소방시설과 기능 및 성능이 유사하여 임시소방시설을 설치한 것으로 보는 소방시설로 연결이 틀린 것은?(단, 임시소방시설-임시소방시설을 설치한 것으로 보는 소방시설 순이다)

① 간이소화장치 – 옥내소화전
② 간이피난유도선 – 유도표지
③ 비상경보장치 – 비상방송설비
④ 비상경보장치 – 자동화재탐지설비

해설 임시소방시설과 기능 및 성능이 유사한 소방시설로서 임시소방시설을 설치한 것으로 보는 소방시설
- 간이소화장치를 설치한 것으로 보는 소방시설 : 옥내소화전 또는 소방청장이 정하여 고시하는 기준에 맞는 소화기
- 비상경보장치를 설치한 것으로 보는 소방시설 : 비상방송설비 또는 자동화재탐지설비
- 간이피난유도선을 설치한 것으로 보는 소방시설 : 피난유도선, 피난구유도등, 통로유도등 또는 비상조명등

52
경보설비 중 단독경보형 감지기를 설치해야 하는 특정소방대상물의 기준으로 틀린 것은?

① 연면적 600[m²] 미만의 숙박시설
② 연면적 1,000[m²] 미만의 아파트 등
③ 연면적 1,000[m²] 미만의 기숙사
④ 교육연구시설 내에 있는 연면적 3,000[m²] 미만의 합숙소

해설 단독경보형 감지기 설치대상
- 연면적 1,000[m²] 미만의 아파트 등
- 연면적 1,000[m²] 미만의 기숙사
- 교육연구시설 또는 수련시설 내에 있는 합숙소 또는 기숙사로서 연면적 2,000[m²] 미만인 것
- 연면적 600[m²] 미만의 숙박시설
- 수련시설(숙박시설이 있는 것만 해당한다)

53
스프링클러설비가 설치된 소방시설 등의 자체점검에서 종합정밀점검을 받아야 하는 아파트의 기준으로 옳은 것은?

① 연면적이 3,000[m²] 이상이고 층수가 11층 이상인 것만 해당
② 연면적이 3,000[m²] 이상이고 층수가 16층 이상인 것만 해당
③ 층수에 관계없이 스프링클러설비가 설치된 아파트
④ 연면적이 3,000[m²] 이상이고 할론소화설비가 설치된 것만 해당

해설 종합정밀점검대상
- 스프링클러설비가 설치된 특정소방대상물
- 물분무 등 소화설비[호스릴(Hose Reel) 방식의 물분무 등 소화설비만을 설치한 경우는 제외한다]가 설치된 연면적 5,000[m²] 이상인 특정소방대상물(위험물 제조소 등은 제외한다)

54
위험물안전관리자로 선임할 수 있는 위험물취급자격자가 취급할 수 있는 위험물의 기준으로 틀린 것은?

① 위험물기능장 자격 취득자 : 모든 위험물
② 안전관리교육이수자 : 위험물 중 제4류 위험물
③ 소방공무원으로 근무한 경력이 3년 이상인 자 : 위험물 중 제4류 위험물
④ 위험물산업기사 자격 취득자 : 위험물 중 제4류 위험물

해설 위험물기능장, 위험물산업기사 자격 취득자
: 모든 위험물(제1류 위험물~제6류 위험물)

55
다음 중 과태료 대상이 아닌 것은?

① 소방안전관리대상물의 소방안전관리자를 선임하지 아니한 자
② 소방안전관리 업무를 수행하지 아니한 자
③ 특정소방대상물의 근무자 및 거주자에 대한 소방훈련 및 교육을 하지 아니한 자
④ 특정소방대상물 소방시설 등의 점검결과를 보고하지 아니한 자

51 ② 52 ④ 53 ③ 54 ④ 55 ① **정답**

해설
- 소방안전관리대상물의 소방안전관리자를 선임하지 아니한 자 : 300만원 이하의 벌금
- 소방안전관리업무를 수행하지 아니한 자 : 200만원 이하 과태료
- 특정소방대상물 소방시설 등의 점검결과를 보고하지 아니한 자 : 200만원 이하 과태료

56
화재의 예방조치 등과 관련하여 불장난, 모닥불, 흡연, 화기 취급, 그 밖에 화재예방상 위험하다고 인정되는 행위의 금지 또는 제한의 명령을 할 수 있는 자는?

① 시·도지사
② 국무총리
③ 소방청장
④ 소방본부장

해설 화재예방조치명령권자 : 소방본부장, 소방서장

57
시·도지사가 소방시설업의 영업정지처분에 갈음하여 부과할 수 있는 최대 과징금의 범위로 옳은 것은?

① 1,000만원 이하
② 2,000만원 이하
③ 3,000만원 이하
④ 5,000만원 이하

해설 화재예방, 소방시설 설치·유지 및 안전관리에 관한 법률에서 영업정지처분을 갈음하는 과징금 : 3,000만원 이하

58
화재경계지구의 지정대상이 아닌 것은?

① 공장·창고가 밀집한 지역
② 목재건물이 밀집한 지역
③ 농촌지역
④ 시장지역

해설 화재경계지구의 지정대상
- 시장지역
- 공장·창고가 밀집한 지역
- 목재건물이 밀집한 지역
- 위험물의 저장 및 처리시설이 밀집한 지역
- 석유화학제품을 생산하는 공장이 있는 지역
- 소방시설·소방용수시설 또는 소방출동로가 없는 지역
- 그 밖에 지역으로서 소방본부장 또는 소방서장이 화재가 발생할 우려가 높거나 화재가 발생하는 경우 그로 인하여 피해가 클 것으로 인정하는 지역

59
1급 소방안전관리대상물에 대한 기준이 아닌 것은? (단, 동·식물원, 철강 등 불연성 물품을 저장·취급하는 창고, 위험물 저장 및 처리 시설 중 위험물제조소 등, 지하구를 제외한 것이다)

① 연면적 15,000[m²] 이상인 특정소방대상물(아파트는 제외)
② 150세대 이상으로서 승강기가 설치된 공동주택
③ 가연성 가스를 1,000톤 이상 저장·취급하는 시설
④ 30층 이상(지하층은 제외)이거나 지상으로부터 높이가 120[m] 이상인 아파트

해설 1급 소방안전관리대상물
- 30층 이상(지하층은 제외한다)이거나 지상으로부터 높이가 120[m] 이상인 아파트
- 연면적 15,000[m²] 이상인 특정소방대상물(아파트는 제외한다)
- 층수가 11층 이상인 특정소방대상물(아파트는 제외한다)
- 가연성 가스를 1,000톤 이상 저장·취급하는 시설

60
2급 소방안전관리대상물의 소방안전관리자 선임 기준으로 틀린 것은?

① 전기공사산업기사 자격을 가진 자
② 소방공무원으로 3년 이상 근무한 경력이 있는 자
③ 의용소방대원으로 2년 이상 근무한 경력이 있는 자
④ 위험물산업기사 자격을 가진 자

해설 소방공무원, 의용소방대원, 경찰공무원으로서 3년 이상 근무한 경력이 있는 사람은 2급 소방안전관리대상물의 자격이 된다.

제 4 과목 소방전기시설의 구조 및 원리

61
자동화재속보설비를 설치하여야 하는 특정소방대상물의 기준 중 다음 ( ) 안에 알맞은 것은?

> 의료시설 중 요양병원으로서 정신병원과 의료재활시설로 사용되는 바닥면적의 합계가 ( )[m²] 이상인 층이 있는 것

① 300
② 500
③ 1,000
④ 1,500

해설 자동화재속보설비 설치대상
의료시설 중 요양병원으로서 다음의 어느 하나에 해당하는 시설
- 요양병원(정신병원과 의료재활시설은 제외)
- 정신병원과 의료재활시설로 사용되는 바닥면적의 합계가 500[m²] 이상인 층이 있는 것

62
무선통신보조설비 무선기기 접속단자의 설치기준 중 다음 ( ) 안에 알맞은 것은?

> 지상에 설치하는 접속단자는 보행거리 (㉠)[m] 이내마다 설치하고, 다른 용도로 사용되는 접속단자에서 (㉡)[m] 이상의 거리를 둘 것

① ㉠ 500, ㉡ 5
② ㉠ 500, ㉡ 3
③ ㉠ 300, ㉡ 5
④ ㉠ 300, ㉡ 3

해설 무선기기 접속단자
- 지상에 설치하는 접속단자는 보행거리 300[m] 이내마다 설치하고, 다른 용도로 사용되는 접속단자에서 5[m] 이상의 거리를 둘 것

63
객석유도등을 설치하여야 하는 특정소방대상물의 대상으로 옳은 것은?

① 운수시설
② 운동시설
③ 의료시설
④ 근린생활시설

해설 특정소방대상물별 유도등 및 유도표지의 종류

설치장소	유도등 및 유도표지의 종류
① 공연장·집회장(종교집회장 포함)·관람장·운동시설	• 대형피난구유도등 • 통로유도등 • 객석유도등
② 유흥주점영업(유흥주점영업 중 손님이 춤을 출 수 있는 무대가 설치된 카바레, 나이트클럽 또는 그 밖에 이와 비슷한 영업시설만 해당한다)	

64
누전경보기의 구성요소에 해당하지 않는 것은?

① 차단기
② 영상변류기(ZCT)
③ 음향장치
④ 발신기

해설 누전경보기 구성 : 수신기, 변류기, 차단기구, 음향장치

65
자동화재탐지설비 수신기의 설치기준 중 다음 ( ) 안에 알맞은 것은?

> ( )층 이상의 특정소방대상물에는 발신기와 전화통화가 가능한 수신기를 설치할 것

① 2
② 4
③ 6
④ 11

해설 4층 이상의 특정소방대상물에는 발신기와 전화통화가 가능한 수신기를 설치할 것

66
피난기구 용어의 정의 중 다음 ( ) 안에 알맞은 것은?

> ( )란 사용자의 몸무게에 따라 자동적으로 내려올 수 있는 기구 중 사용자가 연속적으로 사용할 수 없는 것을 말한다.

① 간이완강기
② 공기안전매트
③ 완강기
④ 승강식피난기

해설 간이완강기란 사용자의 몸무게에 따라 자동적으로 내려올 수 있는 기구 중 사용자가 연속적으로 사용할 수 없는 것을 말한다.

67
무선통신보조설비를 설치하여야 하는 특정소방대상물의 기준 중 옳은 것은?(단, 위험물 저장 및 처리시설 중 가스시설은 제외한다)

① 지하가(터널은 제외)로서 연면적 500[m²] 이상인 것

② 지하가 중 터널로서 길이가 1,000[m] 이상인 것

③ 층수가 30층 이상인 것으로서 15층 이상 부분의 모든 층

④ 지하층의 층수가 3층 이상이고 지하층의 바닥면적의 합계가 1,000[m²] 이상인 것은 지하층의 모든 층

해설 무선통신보조설비를 설치하여야 하는 특정소방대상물
(위험물 저장 및 처리 시설 중 가스시설은 제외)
• 지하가(터널은 제외한다)로서 연면적 1천[m²] 이상인 것
• 지하층의 바닥면적의 합계가 3천[m²] 이상인 것 또는 지하층의 층수가 3층 이상이고 지하층의 바닥면적의 합계가 1천[m²] 이상인 것은 지하층의 모든 층
• 지하가 중 터널로서 길이가 500[m] 이상인 것
• 층수가 30층 이상인 것으로서 16층 이상 부분의 모든 층

68
피난기구의 종류가 아닌 것은?

① 미끄럼대

② 공기호흡기

③ 승강식피난기

④ 공기안전매트

해설 피난기구의 종류
미끄럼대 · 피난사다리 · 구조대 · 완강기 · 피난교 · 피난용트랩 · 간이완강기 · 공기안전매트 · 다수인피난장비 · 승강식피난기

69
누전경보기의 전원은 배선용 차단기에 있어서는 몇 [A] 이하의 것으로 각 극을 개폐할 수 있는 것을 설치하여야 하는가?

① 10　　　　　　② 15

③ 20　　　　　　④ 30

해설 누전경보기의 전원
• 과전류 차단기 : 15[A] 이하
• 배선용 차단기 : 20[A] 이하

70
자동화재탐지설비 배선의 설치기준 중 틀린 것은?

① 감지기 사이의 회로의 배선은 송배전식으로 할 것

② 감지기회로의 도통시험을 위한 종단저항은 전용함을 설치하는 경우 그 설치 높이는 바닥으로부터 1.5[m] 이내로 할 것

③ 감지기회로 및 부속회로의 전로와 대지 사이 및 배선 상호 간의 절연저항은 1경계구역마다 직류 250[V]의 절연저항측정기를 사용하여 측정한 절연저항이 0.1[MΩ] 이상이 되도록 할 것

④ 피(P)형 수신기 및 지피(G.P.)형 수신기의 감지기 회로의 배선에 있어서 하나의 공통선에 접속할 수 있는 경계구역은 9개 이하로 할 것

해설 피(P)형 수신기 및 지피(G.P.)형 수신기의 감지기 회로의 배선에 있어서 하나의 공통선에 접속할 수 있는 경계구역은 7개 이하로 할 것

71
비상경보설비를 설치하여야 할 특정소방대상물의 기준 중 옳은 것은?(단, 지하구 · 모래 · 석재 등 불연재료 창고 및 위험물 저장 · 처리시설 중 가스시설은 제외한다)

① 지하층 또는 무창층의 바닥면적이 150[m²](공연장의 경우 100[m²]) 이상인 것

② 연면적 500[m²](지하가 중 터널 또는 사람이 거주하지 않거나 벽이 없는 축사 등 동 · 식물관련시설은 제외) 이상인 것

③ 30명 이상의 근로자가 작업하는 옥내 작업장

④ 지하가 중 터널로서 길이가 1,000[m] 이상인 것

해설 비상경보설비를 설치하여야 할 특정소방대상물(지하구, 모래·석재 등 불연재료 창고 및 위험물 저장·처리 시설 중 가스시설은 제외)
- 연면적 400[m²](지하가 중 터널 또는 사람이 거주하지 않거나 벽이 없는 축사 등 동·식물 관련시설은 제외) 이상이거나 지하층 또는 무창층의 바닥면적이 150[m²](공연장의 경우 100[m²]) 이상인 것
- 지하가 중 터널로서 길이가 500[m] 이상인 것
- 50명 이상의 근로자가 작업하는 옥내 작업장

72
단독경보형감지기를 설치하여야 하는 특정소방대상물의 기준 중 옳은 것은?

① 연면적 1,000[m²] 미만의 아파트 등
② 연면적 2,000[m²] 미만의 기숙사
③ 교육연구시설 또는 수련시설 내에 있는 합숙소 또는 기숙사로서 연면적 1,000[m²] 미만인 것
④ 연면적 1,000[m²] 미만의 숙박시설

해설 단독경보형 감지기를 설치하여야 하는 특정소방대상물
- 연면적 1천[m²] 미만의 아파트 등
- 연면적 1천[m²] 미만의 기숙사
- 교육연구시설 또는 수련시설 내에 있는 합숙소 또는 기숙사로서 연면적 2천[m²] 미만인 것
- 연면적 600[m²] 미만의 숙박시설
- 노유자시설로서 연면적 400[m²] 이상인 노유자시설 및 숙박시설이 있는 수련시설로서 수용인원 100명 이상인 것에 해당하지 않는 수련시설(숙박시설이 있는 것만 해당)

73
비상방송설비의 설치기준 중 기동장치에 따른 화재신고를 수신한 후 필요한 음량으로 화재발생 상황 및 피난에 유효한 방송이 자동으로 개시될 때까지의 소요시간은 몇 초 이하로 하여야 하는가?

① 10   ② 15
③ 20   ④ 25

해설 기동장치에 따른 화재신고를 수신한 후 필요한 음량으로 화재발생 상황 및 피난에 유효한 방송이 자동으로 개시될 때까지의 소요시간은 10초 이하로 할 것

74
비상방송설비를 설치하여야 하는 특정소방대상물의 기준 중 틀린 것은?(단, 위험물 저장 및 처리시설 중 가스시설, 사람이 거주하지 않는 동물 및 식물 관련 시설, 지하가 중 터널, 축사 및 지하구는 제외한다)

① 연면적 3,500[m²] 이상인 것
② 지하층을 제외한 층수가 11층 이상인 것
③ 지하층의 층수가 3층 이상인 것
④ 50명 이상의 근로자가 작업하는 옥내 작업장

해설 비상방송설비를 설치하여야 하는 특정소방대상물(위험물 저장 및 처리 시설 중 가스시설, 사람이 거주하지 않는 동물 및 식물 관련 시설, 지하가 중 터널, 축사 및 지하구는 제외)
- 연면적 3,500[m²] 이상인 것
- 지하층을 제외한 층수가 11층 이상인 것
- 지하층의 층수가 3층 이상인 것

75
지하층·무창층 등으로서 환기가 잘되지 아니하거나 실내면적이 40[m²] 미만인 장소에 설치하여야 하는 적응성이 있는 감지기가 아닌 것은?

① 정온식스포트형감지기
② 불꽃감지기
③ 광전식분리형감지기
④ 아날로그방식의 감지기

해설
- 비화재보 발생가능 장소
  - 지하층·무창층 등으로서 환기가 잘되지 아니하거나 실내면적이 40[m²] 미만인 장소
  - 감지기의 부착면과 실내바닥과의 거리가 2.3[m] 이하인 장소로서 일시적으로 발생한 열·연기 또는 먼지 등으로 인하여 감지기가 화재신호를 발생할 우려가 있는 장소
- 비화재보 발생우려 장소 가능한 감지기 종류 : 특수감지기
  - 축적방식의 감지기
  - 복합형 감지기
  - 다신호방식의 감지기
  - 불꽃감지기
  - 아날로그 방식의 감지기
  - 광전식분리형 감지기
  - 정온식 감지선형 감지기
  - 분포형 감지기

76
단독경보형감지기의 설치기준 중 다음 (   ) 안에 알맞은 것은?

> 이웃하는 실내의 바닥면적이 각각 (   )[m²] 미만이고 벽체의 상부의 전부 또는 일부가 개방되어 이웃하는 실내와 공기가 상호 유통되는 경우에는 이를 1개의 실로 본다.

① 30 ② 50
③ 100 ④ 150

해설 단독경보형감지기
각 실(이웃하는 실내의 바닥면적이 각각 **30[m²]** 미만이고 벽체의 상부의 전부 또는 일부가 개방되어 이웃하는 실내와 공기가 상호 유통되는 경우에는 이를 1개의 실로 본다)마다 설치하되, 바닥면적이 150[m²]를 초과하는 경우에는 150[m²]마다 1개 이상 설치할 것

77
비상콘센트설비의 전원부와 외함 사이의 절연저항은 전원부와 외함 사이를 500[V] 절연저항계로 측정할 때 몇 [MΩ] 이상이어야 하는가?

① 10 ② 15
③ 20 ④ 25

해설 절연저항은 전원부와 외함 사이를 500[V] 절연저항계로 측정할 때 20[MΩ] 이상일 것

78
비상콘센트설비를 설치하여야 하는 특정소방대상물의 기준으로 옳은 것은?(단, 위험물 저장 및 처리시설 중 가스시설 또는 지하구는 제외한다)

① 지하가(터널은 제외)로서 연면적 1,000[m²] 이상인 것
② 층수가 11층 이상인 특정소방대상물의 경우에는 11층 이상의 층
③ 지하층의 층수가 3층 이상이고 지하층의 바닥면적의 합계가 1,500[m²] 이상인 것은 지하층의 모든 층
④ 창고시설 중 물류터미널로서 해당 용도로 사용되는 부분의 바닥면적의 합계가 1,000[m²] 이상인 것

해설 비상콘센트설비를 설치하여야 하는 특정소방대상물(위험물 저장 및 처리시설 중 가스시설 또는 지하구는 제외)
• 층수가 11층 이상인 특정소방대상물의 경우에는 11층 이상의 층
• 지하층의 층수가 3층 이상이고 지하층의 바닥면적의 합계가 1,000[m²] 이상인 것은 지하층의 모든 층
• 지하가 중 터널로서 길이가 500[m] 이상인 것

79
비상조명등의 설치제외 기준 중 다음 (   ) 안에 알맞은 것은?

> 거실의 각 부분으로부터 하나의 출입구에 이르는 보행거리가 (   )[m] 이내인 부분

① 2 ② 5
③ 15 ④ 25

해설 비상조명등의 제외
• 거실의 각 부분으로부터 하나의 출입구에 이르는 보행거리가 15[m] 이내인 부분
• 의원, 경기장, 공동주택, 의료시설, 학교의 거실

80
자동화재탐지설비 수신기의 구조기준 중 정격전압이 몇 [V]를 넘는 기구의 금속제 외함에는 접지단자를 설치하여야 하는가?

① 30 ② 60
③ 100 ④ 300

해설 정격전압이 60[V]를 넘는 기구의 금속제 외함에는 접지단자를 설치할 것

2018년 3월 4일 시행

제 1 과목 소방원론

01
분진폭발의 위험성이 가장 낮은 것은?

① 알루미늄분
② 유 황
③ 팽창질석
④ 소맥분

해설 팽창질석은 소화약제로 분진폭발을 일으키지 않는다.

02
0[℃], 1[atm] 상태에서 부탄(C_4H_{10}) 1[mol]을 완전 연소시키기 위해 필요한 산소의 [mol] 수는?

① 2
② 4
③ 5.5
④ 6.5

해설 부탄 1[mol] 완전연소에 필요한 산소 : 6.5[mol]

$$C_nH_m + \left(n + \frac{m}{4}\right)O_2 \rightarrow nCO_2 + \frac{m}{2}H_2O$$

$$C_4H_{10} + \left(4 + \frac{10}{4}\right)O_2 \rightarrow 4CO_2 + \frac{10}{2}H_2O$$

$$C_4H_{10} + 6.5O_2 \rightarrow 4CO_2 + 5H_2O$$

$$\text{1몰} \qquad \text{6.5몰}$$

03
고분자 재료와 열적 특성의 연결이 옳은 것은?

① 폴리염화비닐 수지 - 열가소성
② 페놀 수지 - 열가소성
③ 폴리에틸렌 수지 - 열경화성
④ 멜라민 수지 - 열가소성

해설 **수지의 종류**
- 열가소성 수지 : 열에 의하여 변형되는 수지로서 폴리에틸렌, PVC, 폴리스타이렌 수지 등
- 열경화성 수지 : 열에 의하여 굳어지는 수지로서 페놀 수지, 요소 수지, 멜라민 수지

04
상온, 상압에서 액체인 물질은?

① CO_2
② Halon 1301
③ Halon 1211
④ Halon 2402

해설 상온, 상압에서 액체상태 : 할론 1011, 할론 2402

05
다음 그림에서 목재 건물의 표준 화재 온도-시간 곡선으로 옳은 것은?

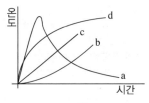

① a
② b
③ c
④ d

해설
- 목재건축물 : 고온단기형
- 내화건축물 : 저온장기형

06
1기압상태에서, 100[℃] 물 1[g]이 모두 기체로 변할 때 필요한 열량은 몇 [cal]인가?

① 429
② 499
③ 539
④ 639

해설 물의 기화잠열 : 539[cal]

07

pH 9 정도의 물을 보호액으로 하여 보호액 속에 저장하는 물질은?

① 나트륨　　　　② 탄화칼슘
③ 칼　륨　　　　④ 황　린

해설 황린, 이황화탄소 : 물속에 저장
　　　칼륨, 나트륨 : 석유속에 저장

08

포소화약제가 갖추어야 할 조건이 아닌 것은?

① 부착성이 있을 것
② 유동성과 내열성이 있을 것
③ 응집성과 안정성이 있을 것
④ 소포성이 있고 기화가 용이할 것

해설 포소화약제의 구비조건
• 포의 안정성과 응집성이 좋을 것
• 독성이 없고 변질되지 말 것
• 화재면과 부착성이 좋을 것
• 유동성과 내열성이 좋을 것

09

소화의 방법으로 틀린 것은?

① 가연성 물질을 제거한다.
② 불연성 가스의 공기 중 농도를 높인다.
③ 산소의 공급을 원활히 한다.
④ 가연성 물질을 냉각시킨다.

해설 소화는 연소의 3요소(가연물, 산소공급원, 점화원) 중 한 가지 이상을 제거하는 것으로 산소 공급을 차단해야 소화된다.

10

대두유가 침적된 기름걸레를 쓰레기통에 장시간 방치한 결과 자연발화에 의하여 화재가 발생한 경우 그 이유로 옳은 것은?

① 분해열 축적　　　② 산화열 축적
③ 흡착열 축적　　　④ 발효열 축적

해설 기름걸레를 장시간 방치하면 산화열의 축적에 의하여 자연발화한다.

11

탄화칼슘이 물과 반응 시 발생하는 가연성 가스는?

① 메　탄　　　　② 포스핀
③ 아세틸렌　　　④ 수　소

해설 탄화칼슘(카바이드)과 물의 반응식

$$CaC_2 + 2H_2O \rightarrow Ca(OH)_2 + C_2H_2 \uparrow$$

(소석회, 수산화칼슘) (아세틸렌)

12

위험물안전관리법령에서 정하는 위험물의 한계에 대한 정의로 틀린 것은?

① 유황은 순도가 60[wt%] 이상인 것
② 인화성 고체는 고형알코올 그 밖에 1기압에서 인화점이 섭씨 40도 미만인 고체
③ 과산화수소는 그 농도가 35[wt%] 이상인 것
④ 제1석유류는 아세톤, 휘발유 그 밖에 1기압에서 인화점이 섭씨 21도 미만인 것

해설 과산화수소는 그 농도가 36[wt%] 이상이면 제6류 위험물로 취급한다.

13

Fourier법칙(전도)에 대한 설명으로 틀린 것은?

① 이동열량은 전열체의 단면적에 비례한다.
② 이동열량은 전열체의 두께에 비례한다.
③ 이동열량은 전열체의 열전도율에 비례한다.
④ 이동열량은 전열체 내·외부의 온도차에 비례한다.

해설 푸리에(Fourier)법칙 : $q = -\lambda A \dfrac{dt}{dx}$

여기서 q : 열전달량([W], [kcal/h])
　　　　λ : 열전도율([W/m·K], [kcal/h·m℃])
　　　　A : 단면적[m²]
　　　　t : 온도차([K], [℃])
　　　　x : 거리[m]

정답 07 ④　08 ④　09 ③　10 ②　11 ③　12 ③　13 ②

14

건축물 내 방화벽에 설치하는 출입문의 너비 및 높이의 기준은 각각 몇 [m] 이하인가?

① 2.5
② 3.0
③ 3.5
④ 4.0

해설 방화벽에 설치하는 출입문의 너비 및 높이 : 2.5[m] 이하

15

다음 중 발화점이 가장 낮은 물질은?

① 휘발유
② 이황화탄소
③ 적린
④ 황린

해설 발화점(발화온도)
휘발유 : 300[℃]   이황화탄소 : 100[℃]
적린 : 260[℃]   황린 : 34[℃]

16

MOC(Minimum Oxygen Concentration : 최소 산소 농도)가 가장 작은 물질은?

① 메탄
② 에탄
③ 프로판
④ 부탄

해설 최소산소농도(MOC) : 화염을 전파하기 위해 필요한 최소한의 산소농도
최소산소농도 = 하한값 × 산소의 몰수
메탄 = 5 × 2 = 10
에탄 = 3 × 3.5 = 10.5
프로판 = 2.1 × 5 = 10.5
부탄 = 1.8 × 6.5 = 11.7

17

수성막포 소화약제의 특성에 대한 설명으로 틀린 것은?

① 내열성이 우수하여 고온에서 수성막의 형성이 용이하다.
② 기름에 의한 오염이 적다.
③ 다른 소화약제와 병용하여 사용이 가능하다.
④ 플루오린(불소)계 계면활성제가 주성분이다.

해설 수성막포 특징
• 내유성과 유동성이 우수하며 방출 시 유면에 얇은 수성막 형성
• 내열성이 약하며, 기름에 의한 오염이 적다.
• 다른 소화약제와 병용하여 사용이 가능하다.
• 플루오린(불소)계 계면활성제가 주성분이다.

18

다음의 가연성 물질 중 위험도가 가장 높은 것은?

① 수소
② 에틸렌
③ 아세틸렌
④ 이황화탄소

해설

종류	하한계[%]	상한계[%]
아세틸렌(C_2H_2)	2.5	81.0
수소(H_2)	4.0	75.0
이황화탄소(CS_2)	1.0	44
에틸렌(C_2H_4)	2.7	36.0

$$위험도(H) = \frac{폭발상한계 - 폭발하한계}{폭발하한계} = \frac{U - L}{L}$$

- 수소 : $H = \dfrac{75.0 - 4.0}{4.0} = 17.75$

- 에틸렌 : $H = \dfrac{36.0 - 2.7}{2.7} = 12.33$

- 아세틸렌 : $H = \dfrac{81.0 - 2.5}{2.5} = 31.4$

- 이황화탄소 : $H = \dfrac{44 - 1}{1} = 43$

19

소화약제로 물을 사용하는 주된 이유는?

① 촉매역할을 하기 때문에
② 증발잠열이 크기 때문에
③ 연소작용을 하기 때문에
④ 제거작용을 하기 때문에

해설 물을 소화약제로 사용하는 이유
: 비열과 증발잠열이 크기 때문에

20

건축물의 바깥쪽에 설치하는 피난계단의 구조 기준 중 계단의 유효너비는 몇 [m] 이상으로 하여야 하는가?

① 0.6
② 0.7
③ 0.8
④ 0.9

해설 건축물의 바깥쪽에 설치하는 피난계단의 유효너비
　　　 : 0.9[m] 이상

제 **2** 과목 　 **소방전기일반**

21

대칭 3상 Y부하에서 각 상의 임피던스는 20[Ω]이고, 부하 전류가 8[A]일 때 부하의 선간전압은 약 몇 [V]인가?

① 160　　　　　　② 226

③ 277　　　　　　④ 480

해설
- Y결선 : $I_l = I_p$,　$V_l = \sqrt{3}\,V_p$
- 상전압 : $V_p = I_p Z = 8 \times 20 = 160\,[\mathrm{V}]$
- 선간전압 : $V_l = \sqrt{3}\,V_p = \sqrt{3} \times 160 = 277\,[\mathrm{V}]$

22

터널다이오드를 사용하는 목적이 아닌 것은?

① 스위칭작용　　　② 증폭작용

③ 발진작용　　　　④ 정전압 정류작용

해설 터널다이오드 : 발진작용, 증폭작용, 개폐(스위칭)작용

23

제어동작에 따른 제어계의 분류에 대한 설명 중 틀린 것은?

① 미분동작 : D동작 또는 Rate동작이라고 부르며, 동작신호의 기울기에 비례한 조작신호를 만든다.
② 적분동작 : I동작 또는 리셋동작이라고 부르며, 적분값의 크기에 비례하여 조절신호를 만든다.
③ 2위치제어 : On/Off 동작이라고도 하며, 제어량이 목푯값보다 작은지 큰지에 따라 조작량으로 On 또는 Off의 두 가지 값의 조절신호를 발생한다.
④ 비례동작 : P동작이라고도 부르며, 제어동작신호에 반비례하는 조절신호를 만드는 제어동작이다.

해설 비례동작(제어) : P동작(제어)
　　　 잔류편차를 갖는 제어로 편차에 비례하는 조작량에 의해 제어하는 방식

24

PB-on 스위치와 병렬로 접속된 보조접점 X-a의 역할은?

① 인터록 회로　　　② 자기유지회로

③ 전원차단회로　　　④ 램프점등회로

해설 자기유지접점(회로) : 기동스위치(PB-ON)와 병렬연결

25

집적회로(IC)의 특징으로 옳은 것은?

① 시스템이 대형화된다.
② 신뢰성이 높으나, 부품의 교체가 어렵다.
③ 열에 강하다.
④ 마찰에 의한 정전기 영향에 주의해야 한다.

해설 집적회로(IC)의 특징
- 소형이고, 열에 약하다.
- 신뢰성이 높고, 교체가 용이하다.
- 정전기 등의 영향을 받는다.

26

$R = 10[\Omega]$, $\omega L = 20[\Omega]$인 **직렬회로에 220[V]의 전압을 가하는 경우 전류와 전압과 전류의 위상각은 각각 어떻게 되는가?**

① 24.5[A], 26.5°　　② 9.8[A], 63.4°

③ 12.2[A], 13.2°　　④ 73.6[A], 79.6°

해설 전류 : $I = \dfrac{V}{Z} = \dfrac{V}{\sqrt{R^2 + X_L^2}}$

$$= \dfrac{220}{\sqrt{10^2 + 20^2}} = 9.8[\text{A}]$$

위상 : $\theta = \tan^{-1}\dfrac{X_L}{R} = \tan^{-1}\dfrac{20}{10} = 63.4°$

27

그림과 같이 전압계 V_1, V_2, V_3와 5[Ω]의 저항 R을 접속하였다. 전압계의 지시가 $V_1 = 20[\text{V}]$, $V_2 = 40[\text{V}]$, $V_3 = 50[\text{V}]$라면 부하전력은 몇 [W]인가?

① 50

② 100

③ 150

④ 200

해설 3전압계법

$$P = \dfrac{1}{2R}(V_3^2 - V_1^2 - V_2^2)$$

$$= \dfrac{1}{2 \times 5} \times (50^2 - 20^2 - 40^2) = 50[\text{W}]$$

28

교류에서 파형의 개략적인 모습을 알기 위해 사용하는 파고율과 파형률에 대한 설명으로 옳은 것은?

① 파고율 $= \dfrac{\text{실횻값}}{\text{평균값}}$, 파형률 $= \dfrac{\text{평균값}}{\text{실횻값}}$

② 파고율 $= \dfrac{\text{최댓값}}{\text{실횻값}}$, 파형률 $= \dfrac{\text{실횻값}}{\text{평균값}}$

③ 파고율 $= \dfrac{\text{실횻값}}{\text{최댓값}}$, 파형률 $= \dfrac{\text{평균값}}{\text{실횻값}}$

④ 파고율 $= \dfrac{\text{최댓값}}{\text{평균값}}$, 파형률 $= \dfrac{\text{평균값}}{\text{실횻값}}$

해설 파고율 $= \dfrac{\text{최댓값}}{\text{실횻값}}$, 파형률 $= \dfrac{\text{실횻값}}{\text{평균값}}$

29

단상 유도전동기의 Slip은 5.5[%], 회전자의 속도가 1,700[rpm]인 경우 동기속도(N_s)는?

① 3,090[rpm]

② 9,350[rpm]

③ 1,799[rpm]

④ 1,750[rpm]

해설 동기속도

$$N_s = \dfrac{N}{1-s} = \dfrac{1,700}{1-0.055} = 1,799[\text{rpm}]$$

30

다음 그림과 같은 계통의 전달함수는?

① $\dfrac{G_1}{1+G_2}$

② $\dfrac{G_2}{1+G_1}$

③ $\dfrac{G_2}{1+G_1 G_2}$

④ $\dfrac{G_1}{1+G_1 G_2}$

해설 전달함수 : $G_{(s)} = \dfrac{\text{Pass}}{1-(\text{Loop})} = \dfrac{G_1}{1-(-G_1 G_2)}$

$$\therefore G_{(s)} = \dfrac{G_1}{1+G_1 G_2}$$

31

불대수의 기본정리에 관한 설명으로 틀린 것은?

① $A + A = A$

② $A + 1 = 1$

③ $A \cdot 0 = 1$

④ $A + 0 = A$

해설

AND회로	
$A \cdot 0$	0
$A \cdot 1$	A
$A \cdot A$	A
$A \cdot \bar{A}$	0

32

3상유도전동기 Y-△ 기동회로의 제어요소가 아닌 것은?

① MCCB   ② THR

③ MC   ④ ZCT

- MCCB : 배선용 차단기(기동회로 전원 투입, 차단)
- MC : 전자접촉기(기동스위치에 의해 전동기 기동, 정지)
- THR : 열동계전기(전동기 부하에 과부하전류가 흐를 시 동작하여 전동기 보호)
- ZCT : 영상변류기(지락사고 시 지락전류 검출)

33

권선수가 100회인 코일을 200회로 늘리면 코일에 유기되는 유도기전력은 어떻게 변화하는가?

① $\frac{1}{2}$로 감소   ② $\frac{1}{4}$로 감소

③ 2배로 증가   ④ 4배로 증가

해설 $L \propto N^2$ 비례하고 권선수(N)가 2배 증가했으므로 $L = (2배)^2 = 4배$ 증가한다.

34

용량 0.02[μF]콘덴서 2개와 0.01[μF]콘덴서 1개를 병렬로 접속하여 24[V]의 전압을 가하였다. 합성용량은 몇 [μF]이며, 0.01[μF]콘덴서에 축적되는 전하량은 몇 [C]인가?

① 0.05, 0.12×10⁻⁶   ② 0.05, 0.24×10⁻⁶

③ 0.03, 0.12×10⁻⁶   ④ 0.03, 0.24×10⁻⁶

해설 합성용량 : $C = 0.02 + 0.02 + 0.01 = 0.05[\mu F]$
전하량 : $Q = CV = 0.01 \times 10^{-6} \times 24$
$= 0.24 \times 10^{-6}[C]$

35

1차 권선수 10회, 2차 권선수 300회인 변압기에서 2차 단자전압 1,500[V]가 유도되기 위한 1차 단자전압은 몇 [V]인가?

① 30   ② 50

③ 120   ④ 150

해설 권수비 : $a = \dfrac{V_1}{V_2} = \dfrac{N_1}{N_2}$ 에서

$$V_1 = \frac{N_1}{N_2} \cdot V_2 = \frac{10}{300} \times 1{,}500 = 50[V]$$

36

회로의 전압과 전류를 측정하기 위한 계측기의 연결 방법으로 옳은 것은?

① 전압계 : 부하와 직렬, 전류계 : 부하와 병렬
② 전압계 : 부하와 직렬, 전류계 : 부하와 직렬
③ 전압계 : 부하와 병렬, 전류계 : 부하와 병렬
④ 전압계 : 부하와 병렬, 전류계 : 부하와 직렬

해설
- 전압계 : 부하와 병렬
- 전류계 : 부하와 직렬

37

배전선에 6,000[V]의 전압을 가하였더니 2[mA]의 누설전류가 흘렀다. 이 배전선의 절연저항은 몇 [MΩ]인가?

① 3   ② 6

③ 8   ④ 12

해설 절연저항 = $\dfrac{사용전압}{누설전류} = \dfrac{6{,}000}{2 \times 10^{-3}}$
$= 3 \times 10^6 = 3[M\Omega]$

38

RLC 직렬공진회로에서 제n고조파의 공진 주파수(f_n)는?

① $\dfrac{1}{2\pi n\sqrt{LC}}$ ② $\dfrac{1}{\pi n\sqrt{LC}}$

③ $\dfrac{1}{2\pi\sqrt{nLC}}$ ④ $\dfrac{n}{2\pi\sqrt{LC}}$

해설
- 공진주파수 : $f = \dfrac{1}{2\pi\sqrt{LC}}[Hz]$
- n고조파의 공진주파수 : $f_n = \dfrac{1}{2\pi n\sqrt{LC}}[Hz]$

39
다음과 같은 결합회로의 합성인덕턴스로 옳은 것은?

① $L_1 + L_2 + 2M$ ② $L_1 + L_2 - 2M$
③ $L_1 + L_2 - M$ ④ $L_1 + L_2 + M$

해설 가동접속 : $L = L_1 + L_2 + 2M$

40
자동화재탐지설비의 수신기에서 교류 220[V]를 직류 24[V]로 정류 시 필요한 구성요소가 아닌 것은?

① 변압기   ② 트랜지스터
③ 정류 다이오드   ④ 평활 콘덴서

해설 정류기 구성요소 : 변압기, 정류 다이오드, 평활 콘덴서

제 3 과목 소방관계법규

41
화재예방, 소방시설 설치 · 유지 및 안전관리에 관한 법령상 종합정밀점검 실시 대상이 되는 특정소방대상물의 기준 중 다음 ( ) 안에 알맞은 것은?

> 물분무 등 소화설비(호스릴 방식의 소화설비는 제외)가 설치된 연면적 (   )[m²] 이상인 특정소방대상물(위험물제조소 등은 제외)

① 1,000   ② 2,000
③ 3,000   ④ 5,000

해설 종합정밀점검 실시 대상
- 스프링클러설비가 설치된 특정소방대상물
- 물분무 등 소화설비(호스릴 방식의 소화설비는 제외)가 설치된 **연면적 5,000[m²] 이상인 특정소방대상물**(위험물 제조소 등은 제외).
- 다중이용업소의 안전관리에 관한 특별법 시행령 제2조 제1호 단란주점영업과 유흥주점영업, 영화상영관 · 비디오물감상실업 · 복합영상물제공업(비디오물소극장업은 제외한다) · 노래연습장업, 산후조리

업, 고시원업, 안마시술소의 다중이용업의 영업장이 설치된 특정소방대상물로서 연면적이 2,000[m²] 이상인 것
- 제연설비가 설치된 터널
- 공공기관의 소방안전관리에 관한 규정 제2조에 따른 공공기관 중 연면적(터널 · 지하구의 경우 그 길이와 평균폭을 곱하여 계산된 값을 말한다)이 1,000[m²] 이상인 것으로서 옥내소화전설비 또는 자동화재탐지설비가 설치된 것. 다만, 소방기본법 제2조 제5호에 따른 소방대가 근무하는 공공기관은 제외한다.

42
소방기본법령상 일반음식점에서 조리를 위하여 불을 사용하는 설비를 설치하는 경우 지켜야 하는 사항 중 다음 ( ) 안에 알맞은 것은?

> - 주방설비에 부속된 배기덕트는 (㉠)[mm] 이상의 아연도금강판 또는 이와 동등 이상의 내식성 불연재료로 설치할 것
> - 열을 발생하는 조리기구로부터 (㉡)[m] 이내의 거리에 있는 가연성 주요구조부는 석면판 또는 단열성이 있는 불연재료로 덮어 씌울 것

① ㉠ 0.5, ㉡ 0.15   ② ㉠ 0.5, ㉡ 0.6
③ ㉠ 0.6, ㉡ 0.15   ④ ㉠ 0.6, ㉡ 0.5

해설 일반음식점에서 조리를 위하여 불을 사용하는 설비를 설치하는 경우 기준
- 주방설비에 부속된 배기덕트는 0.5[mm] 이상의 아연도금강판 또는 이와 동등 이상의 내식성 불연재료로 설치할 것
- 열을 발생하는 조리기구로부터 0.15[m] 이내의 거리에 있는 가연성 주요구조부는 석면판 또는 단열성이 있는 불연재료로 덮어 씌울 것

43
위험물안전관리법상 시 · 도지사의 허가를 받지 아니하고 당해 제조소 등을 설치할 수 있는 기준 중 다음 ( ) 안에 알맞은 것은?

> 농예용 · 축산용 또는 수산용으로 필요한 난방시설 또는 건조시설을 위한 지정수량 ( )배 이하의 저장소

① 20   ② 30
③ 40   ④ 50

해설 허가를 받지 아니하고 제조소 등을 설치할 수 있는 기준
농예용·축산용 또는 수산용으로 필요한 난방시설
또는 건조시설을 위한 지정수량 20배 이하의 저장소
는 허가를 받지 않아도 된다.

44
소방기본법상 소방업무의 응원에 대한 설명 중 틀린 것은?

① 소방본부장이나 소방서장은 소방활동을 할 때에 긴급한 경우에는 이웃한 소방본부장 또는 소방서장에게 소방업무의 응원을 요청할 수 있다.

② 소방업무의 응원 요청을 받은 소방본부장 또는 소방서장은 정당한 사유 없이 그 요청을 거절하여서는 아니 된다.

③ 소방업무의 응원을 위하여 파견된 소방대원은 응원을 요청한 소방본부장 또는 소방서장의 지휘에 따라야 한다.

④ 시·도지사는 소방업무의 응원을 요청하는 경우를 대비하여 출동 대상지역 및 규모와 필요한 경비의 부담 등에 관하여 필요한 사항을 대통령령으로 정하는 바에 따라 이웃하는 시·도지사와 협의하여 미리 규약으로 정하여야 한다.

해설 **소방업무 응원**
시·도지사는 소방업무의 응원을 요청하는 경우를 대비하여 출동 대상지역 및 규모와 필요한 경비의 부담 등에 관하여 필요한 사항을 행정안전부령으로 정하는 바에 따라 이웃하는 시·도지사와 협의하여 미리 규약으로 정하여야 한다.

45
화재예방, 소방시설 설치·유지 및 안전관리에 관한 법령상 소방안전관리대상물의 소방안전관리자가 소방훈련 및 교육을 하지 않은 경우 1차 위반 시 과태료 금액 기준으로 옳은 것은?

① 200만원　　　② 100만원
③ 50만원　　　④ 30만원

해설 **소방훈련 및 교육을 하지 않은 경우**
• 1차 위반 : 50만원
• 2차 위반 : 100만원
• 3차 위반 이상 : 200만원

46
소방기본법령상 소방용수시설별 설치기준 중 옳은 것은?

① 저수조는 지면으로부터의 낙차가 4.5[m] 이상일 것

② 소화전은 상수도와 연결하여 지하식 또는 지상식의 구조로 하고, 소방용호스와 연결하는 소화전의 연결금속구의 구경은 50[mm]로 할 것

③ 저수조 흡수관의 투입구가 사각형의 경우에는 한 변의 길이가 60[cm] 이상일 것

④ 급수탑 급수배관의 구경은 65[mm] 이상으로 하고, 개폐밸브는 지상에서 0.8[m] 이상 1.5[m] 이하의 위치에 설치하도록 할 것

해설 **소방용수시설별 설치기준**
• **소화전의 설치기준** : 상수도와 연결하여 지하식 또는 지상식의 구조로 하고 소화전의 연결금속구의 구경은 65[mm]로 할 것
• **급수탑 설치기준**
　– 급수배관의 구경 : 100[mm] 이상
　– 개폐밸브의 설치 : 지상에서 1.5[m] 이상 1.7[m] 이하
• **저수조 설치기준**
　– 지면으로부터의 낙차가 4.5[m] 이하일 것
　– 흡수 부분의 수심이 0.5[m] 이상일 것
　– 소방펌프자동차가 쉽게 접근할 수 있을 것
　– 흡수에 지장이 없도록 토사, 쓰레기 등을 제거할 수 있는 설비를 갖출 것
　– 흡수관의 투입구가 사각형의 경우에는 한 변의 길이가 60[cm] 이상, 원형의 경우에는 지름이 60[cm] 이상일 것
　– 저수조에 물을 공급하는 방법은 상수도에 연결하여 자동으로 급수되는 구조일 것

47
화재예방, 소방시설 설치·유지 및 안전관리에 관한 법률상 중앙소방기술심의위원회의 심의사항이 아닌 것은?

① 화재안전기준에 관한 사항

② 소방시설의 설계 및 공사감리의 방법에 관한 사항

③ 소방시설에 하자가 있는지의 판단에 관한 사항

④ 소방시설의 구조 및 원리 등에서 공법이 특수한 설계 및 시공에 관한 사항

정답 44 ④　45 ③　46 ③　47 ③

해설 **소방기술심의위원회의 심의사항**
- 중앙소방기술심의위원회의 심의사항
  - 화재안전기준에 관한 사항
  - 소방시설의 구조 및 원리 등에서 공법이 특수한 설계 및 시공에 관한 사항
  - 소방시설의 설계 및 공사감리의 방법에 관한 사항
  - 소방시설공사의 하자를 판단하는 기준에 관한 사항
- 지방소방기술심의위원회의 심의사항
  - 소방시설에 하자가 있는지의 판단에 관한 사항

48

소방기본법령상 특수가연물의 품명별 수량 기준으로 틀린 것은?

① 합성수지류(발포시킨 것) : 20[m³] 이상
② 가연성 액체류 : 2[m³] 이상
③ 넝마 및 종이부스러기 : 400[kg] 이상
④ 볏짚류 : 1,000[kg] 이상

해설 **특수가연물**

품 명		수 량
면화류		200[kg] 이상
나무껍질 및 대팻밥		400[kg] 이상
넝마 및 종이부스러기		1,000[kg] 이상
사 류		1,000[kg] 이상
볏짚류		1,000[kg] 이상
가연성 고체류		3,000[kg] 이상
석탄·목탄류		10,000[kg] 이상
가연성 액체류		2[m³] 이상
목재가공품 및 나무부스러기		10[m³] 이상
합성수지류	발포시킨 것	20[m³] 이상
	그 밖의 것	3,000[kg] 이상

49

화재예방, 소방시설 설치·유지 및 안전관리에 관한 법령상 단독경보형감지기를 설치하여야 하는 특정소방대상물의 기준 중 옳은 것은?

① 연면적 600[m²] 미만의 아파트 등
② 연면적 1,000[m²] 미만의 기숙사
③ 연면적 1,000[m²] 미만의 숙박시설
④ 교육연구시설 또는 수련시설 내에 있는 합숙소 또는 기숙사로서 연면적 1,000[m²] 미만인 것

해설 **단독경보형감지기를 설치하여야 하는 특정소방대상물**
- 연면적 1,000[m²] 미만의 아파트 등
- 연면적 1,000[m²] 미만의 기숙사
- 교육연구시설 또는 수련시설 내에 있는 **합숙소** 또는 **기숙사로서 연면적 2,000[m²] 미만인 것**
- 연면적 600[m²] 미만의 숙박시설

50

화재예방, 소방시설 설치·유지 및 안전관리에 관한 법령상 화재안전기준을 달리 적용하여야 하는 특수한 용도 또는 구조를 가진 특정소방대상물인 원자력발전소에 설치하지 아니할 수 있는 소방시설은?

① 물분무 등 소화설비
② 스프링클러설비
③ 상수도소화용수설비
④ 연결살수설비

해설 **원자력발전소 및 핵폐기물 처리시설에 설치하지 아니할 수 있는 소방시설**
: 연결살수설비 및 연결송수관설비

51

소방시설공사업법령상 소방시설공사 완공검사를 위한 현장 확인 대상 특정소방대상물의 범위가 아닌 것은?

① 위락시설
② 판매시설
③ 운동시설
④ 창고시설

해설 **완공검사를 위한 현장 확인 대상 특정소방대상물**
- 문화 및 집회시설, 종교시설, 판매시설, 노유자시설, 수련시설, 운동시설, 숙박시설, 창고시설, 지하상가, 다중이용업소
- 스프링클러설비 등, 물분무 등 소화설비(호스릴 방식은 제외)가 설치되는 특정소방대상물
- **연면적 10,000[m²] 이상**이거나 **11층 이상**인 특정소방대상물(아파트는 제외)
- **가연성 가스를 제조·저장 또는 취급하는 시설 중 지상에 노출된 가연성 가스탱크의 저장용량의 합계가 1,000[t] 이상인 시설**

52
소방기본법상 시·도지사가 화재경계지구로 지정할 필요가 있는 지역을 화재경계지구로 지정하지 아니하는 경우 해당 시·도지사에게 해당 지역의 화재경계지구 지정을 요청할 수 있는 자는?

① 행정안전부장관　② 소방청장
③ 소방본부장　　　④ 소방서장

해설　시·도지사에게 화재경계지구 지정을 요청할 수 있는 사람
: 소방청장

53
위험물안전관리법령상 제조소의 위치·구조 및 설비의 기준 중 위험물을 취급하는 건축물 그 밖의 시설의 주위에는 그 취급하는 위험물의 최대수량이 지정수량의 10배 이하인 경우 보유하여야 할 공지의 너비는 몇 [m] 이상이어야 하는가?

① 3　　　　　　② 5
③ 8　　　　　　④ 10

해설　위험물 최대수량에 따른 공지의 너비
지정수량의 10배 이하인 경우 보유 공지의 너비
: 3[m] 이상
지정수량의 10배 초과인 경우 보유 공지의 너비
: 5[m] 이상

54
위험물안전관리법령상 인화성액체위험물(이황화탄소를 제외)의 옥외탱크저장소의 탱크 주위에 설치하여야 하는 방유제의 설치기준 중 틀린 것은?

① 방유제 내의 면적은 60,000[m²] 이하로 하여야 한다.
② 방유제는 높이 0.5[m] 이상 3[m] 이하, 두께 0.2[m] 이상, 지하매설깊이가 1[m] 이상으로 할 것. 다만, 방유제와 옥외저장탱크 사이의 지반면 아래에 불침윤성 구조물을 설치하는 경우에는 지하매설깊이를 해당 불침윤성 구조물까지로 할 수 있다.
③ 방유제의 용량은 방유제 안에 설치된 탱크가 하나인 때에는 그 탱크 용량의 110[%] 이상,

2기 이상인 때에는 그 탱크 중 용량이 최대인 것의 용량의 110[%] 이상으로 하여야 한다.
④ 방유제는 철근콘크리트로 하고, 방유제와 옥외저장탱크 사이의 지표면은 불연성과 불침윤성이 있는 구조(철근콘크리트 등)로 할 것. 다만, 누출된 위험물을 수용할 수 있는 전용유조 및 펌프 등의 설비를 갖춘 경우에는 방유제와 옥외저장탱크 사이의 지표면을 흙으로 할 수 있다.

해설　방유제 내의 면적 : 80,000[m²] 이하

55
화재예방, 소방시설 설치·유지 및 안전관리에 관한 법령상 용어의 정의 중 다음 ( ) 안에 알맞은 것은?

특정소방대상물이란 소방시설을 설치하여야 하는 소방대상물로서 ( )으로 정하는 것을 말한다.

① 행정안전부령
② 국토교통부령
③ 고용노동부령
④ 대통령령

해설　특정소방대상물이란 소방시설을 설치하여야 하는 소방대상물로서 대통령령으로 정하는 것을 말한다.

56
소방시설공사업법상 특정소방대상물의 관계인 또는 발주자가 해당 도급계약의 수급인을 도급계약 해지할 수 있는 경우의 기준 중 틀린 것은?

① 하도급계약의 적정성 심사 결과 하수급인 또는 하도급계약 내용의 변경 요구에 정당한 사유 없이 따르지 아니하는 경우
② 정당한 사유 없이 15일 이상 소방시설공사를 계속하지 아니하는 경우
③ 소방시설업이 등록취소되거나 영업정지된 경우
④ 소방시설업을 휴업하거나 폐업한 경우

해설　도급계약을 해지할 수 있는 경우
정당한 사유 없이 30일 이상 소방시설공사를 계속하지 아니하는 경우

정답 52 ② 53 ① 54 ① 55 ④ 56 ②

57

위험물안전관리법상 업무상 과실로 제조소 등에서 위험물을 유출·방출 또는 확산시켜 사람의 생명·신체 또는 재산에 대하여 위험을 발생시킨 자에 대한 벌칙기준으로 옳은 것은?

① 10년 이하의 징역 또는 금고나 1억원 이하의 벌금
② 7년 이하의 금고 또는 7천만원 이하의 벌금
③ 5년 이하의 징역 또는 1억원 이하의 벌금
④ 3년 이하의 징역 또는 3천만원 이하의 벌금

해설 업무 과실로 제조소 등에서 위험물을 유출·방출 또는 확산시켜 사람의 생명·신체 또는 재산에 대하여 위험을 발생시킨 자에 대한 벌칙
: 7년 이하의 금고 또는 7천만원 이하의 벌금

58

화재예방, 소방시설 설치·유지 및 안전관리에 관한 법령상 소방안전 특별관리시설물의 대상 기준 중 틀린 것은?

① 수련시설
② 항만시설
③ 전력용 및 통신용 지하구
④ 지정문화재인 시설(시설이 아닌 지정문화재를 보호하거나 소장하고 있는 시설을 포함)

해설 소방안전 특별관리시설물
• 공항시설
• 철도시설
• 도시철도시설
• 항만시설
• 지정문화재인 시설(시설이 아닌 지정문화재를 보호하거나 소장하고 있는 시설을 포함한다)
• 산업기술단지
• 산업단지
• 초고층 건축물 및 지하연계 복합건축물
• 영화상영관 중 수용인원 1,000명 이상인 영화상영관
• 전력용 및 통신용 지하구
• 석유비축시설
• 천연가스 인수기지 및 공급망
• 전통시장으로서 대통령령으로 정하는 전통시장
• 그 밖에 대통령령으로 정하는 시설물

59

화재예방, 소방시설 설치·유지 및 안전관리에 관한 법령상 공동 소방안전관리자 선임대상 특정소방대상물의 기준 중 틀린 것은?

① 판매시설 중 상점
② 고층 건축물(지하층을 제외한 층수가 11층 이상인 건축물만 해당)
③ 지하가(지하의 인공구조물 안에 설치된 상점 및 사무실, 그 밖에 이와 비슷한 시설이 연속하여 지하도에 접하여 설치된 것과 그 지하도를 합한 것)
④ 복합건축물로서 연면적이 5,000[m²] 이상인 것 또는 층수가 5층 이상인 것

해설 공동소방안전관리자 선임대상물
• 고층건축물(지하층을 제외한 11층 이상)
• 지하가
• 복합건축물로서 연면적이 5,000[m²] 이상 또는 5층 이상
• 도매시장 또는 소매시장
• 특정소방대상물 중 소방본부장 또는 소방서장이 지정하는 것

60

소방기본법령상 특수가연물의 저장 및 취급의 기준 중 다음 ( ) 안에 알맞은 것은?(단, 석탄·목탄류를 발전용으로 저장하는 경우는 제외한다)

> 살수설비를 설치하거나, 방사능력 범위에 해당 특수가연물이 포함되도록 대형수동식소화기를 설치하는 경우에는 쌓는 높이를 (㉠)[m] 이하, 석탄·목탄류의 경우에는 쌓는 부분의 바닥면적을 (㉡)[m²] 이하로 할 수 있다.

① ㉠ 10, ㉡ 50
② ㉠ 10, ㉡ 200
③ ㉠ 15, ㉡ 200
④ ㉠ 15, ㉡ 300

해설 살수설비를 설치하거나, 방사능력 범위에 해당 특수가연물이 포함되도록 대형수동식 소화기를 설치하는 경우에 쌓는 높이를 15[m] 이하, 쌓는 부분의 바닥면적은 200[m²](석탄, 목탄류의 경우에는 300[m²]) 이하로 할 수 있다.

제4과목 소방전기시설의 구조 및 원리

61

복도통로유도등의 식별도 기준 중 다음 ( ) 안에 알맞은 것은?

> 복도통로유도등에 있어서 사용전원으로 등을 켜는 경우에는 직선거리 (㉠)[m]의 위치에서, 비상전원으로 등을 켜는 경우에는 직선거리 (㉡)[m]의 위치에서 보통시력에 의하여 표시면의 화살표가 쉽게 식별되어야 한다.

① ㉠ 15, ㉡ 20
② ㉠ 20, ㉡ 15
③ ㉠ 30, ㉡ 20
④ ㉠ 20, ㉡ 30

해설 복도통로유도등에 있어서 사용전원으로 등을 켜는 경우에는 직선거리 20[m]의 위치에서, 비상전원으로 등을 켜는 경우에는 직선거리 15[m]의 위치에서 보통시력에 의하여 표시면의 화살표가 쉽게 식별되어야 한다.

62

누전경보기를 설치하여야 하는 특정소방대상물의 기준 중 다음 ( ) 안에 알맞은 것은?(단, 위험물 저장 및 처리 시설 중 가스시설, 지하가 중 터널 또는 지하구의 경우는 제외한다)

> 누전경보기는 계약전류용량이 ( )[A]를 초과하는 특정소방대상물(내화구조가 아닌 건축물로서 벽·바닥 또는 반자의 전부나 일부를 불연재료 또는 준불연재료가 아닌 재료에 철망을 넣어 만든 것만 해당)에 설치하여야 한다.

① 60
② 100
③ 200
④ 300

해설 누전경보기 계약전류용량 : 100[A] 초과
공칭작동전류 : 200[mA] 이하
감도조정장치 전류 최댓값 : 1[A] 이하

63

누전경보기 수신부의 구조 기준 중 옳은 것은?

① 감도조정장치와 감도조정부는 외함의 바깥쪽에 노출되지 아니하여야 한다.
② 2급 수신부는 전원을 표시하는 장치를 설치하여야 한다.
③ 전원입력측의 양선(1회선용은 1선 이상) 및 외부부하에 직접 전원을 송출하도록 구성된 회로에는 퓨즈 또는 브레이커 등을 설치하여야 한다.
④ 2급 수신부에는 전원 입력측의 회로에 단락이 생기는 경우에는 유효하게 보호되는 조치를 강구하여야 한다.

해설 **누전경보기 수신부 구조 기준**
- 감도 조정장치를 제외하고 감도조정부는 외함의 바깥쪽에 노출되지 아니하여야 한다.
- 수신부는 전원을 표시하는 장치를 설치 하여야 한다(2급은 적용되지 않는다).
- 전원입력측의 양선(1선용은 1선 이상) 및 외부부하에 직접 전원을 송출하도록 구성된 회로에는 퓨즈 또는 브레이커 등을 설치하여야 한다.
- 전원 입력측의 회로에 단락이 생기는 경우에 유효하게 보호되는 조치를 강구하여야 한다(2급은 적용되지 않는다).

64

비상콘센트설비의 전원부와 외함 사이의 절연내력 기준 중 다음 ( ) 안에 알맞은 것은?

> 전원부와 외함 사이에 정격전압이 150[V] 이상인 경우에는 그 정격전압에 (㉠)을/를 곱하여 (㉡)을 더한 실효전압을 가하는 시험에서 1분 이상 견디는 것으로 할 것

① ㉠ 2, ㉡ 1,500
② ㉠ 3, ㉡ 1,500
③ ㉠ 2, ㉡ 1,000
④ ㉠ 3, ㉡ 1,000

해설 **절연내력 실효전압**
- 정격전압이 150[V] 이하 : 1,000[V]의 실효전압
- 정격전압이 150[V] 이상
  : 정격전압[V]×2배+1,000

65

자동화재탐지설비 배선의 설치기준 중 옳은 것은?

① 감지기 사이의 회로의 배선은 교차회로 방식으로 설치하여야 한다.

② 피(P)형 수신기 및 지피(G.P.)형 수신기의 감지기 회로의 배선에 있어서 하나의 공통선에 접속할 수 있는 경계구역은 10개 이하로 설치하여야 한다.

③ 자동화재탐지설비의 감지기회로의 전로저항은 80[Ω] 이하가 되도록 하여야 하며, 수신기의 각 회로별 종단에 설치되는 감지기에 접속되는 배선의 전압은 감지기 정격전압의 50[%] 이상이어야 한다.

④ 자동화재탐지설비의 배선은 다른 전선과 별도의 관·덕트·몰드 또는 풀박스 등에 설치할 것. 다만, 60[V] 미만의 약 전류회로에 사용하는 전선으로서 각각의 전압이 같을 때에는 그러하지 아니하다.

해설
- 자동화재탐지설비 회로 배선 : 송배전방식
- 공통선 : 경계구역 7개(7회로) 이하
- 감지기회로 전로저항 : 50[Ω]
- 감지기 회로 배선 전압 : 80[%] 이상

66

광전식분리형감지기의 설치기준 중 틀린 것은?

① 감지기의 수광면은 햇빛을 직접 받지 않도록 설치할 것

② 광축은 나란한 벽으로부터 0.6[m] 이상 이격하여 설치할 것

③ 감지기의 송광부와 수광부는 설치된 뒷벽으로부터 0.5[m] 이내 위치에 설치할 것

④ 광축의 높이는 천장 등 높이의 80[%] 이상일 것

해설 감지기의 송광부와 수광부는 설치된 뒷벽으로부터 1[m] 이내 위치에 설치

67

지하층을 제외한 층수가 7층 이상으로서 연면적이 2,000[m²] 이상이거나 지하층의 바닥면적의 합계가 3,000[m²] 이상인 특정소방대상물의 비상콘센트 설비에 설치하여야 할 비상전원의 종류가 아닌 것은?

① 비상전원수전설비　② 자가발전설비

③ 전기저장장치　④ 축전지설비

해설 자가발전설비, 비상전원 수전설비 또는 전기저장장치를 비상전원으로 설치하여야 하는 특정소방대상물
- 7층 이상(지하층은 제외)
- 연면적이 2,000[m²] 이상
- 지하층의 바닥면적의 합계가 3,000[m²] 이상(차고, 주차장, 보일러실, 기계실, 전기실의 바닥면적은 제외)

68

승강식피난기 및 하향식 피난구용 내림식 사다리의 설치기준 중 틀린 것은?

① 착지점과 하강구는 상호 수평거리 15[cm] 이상의 간격을 두어야 한다.

② 대피실 출입문이 개방되거나, 피난기구 작동 시 해당층 및 직상층 거실에 설치된 표시등 및 경보장치가 작동되고, 감시 제어반에서는 피난기구의 작동을 확인할 수 있어야 한다.

③ 하강구 내측에는 기구의 연결 금속구 등이 없어야 하며 전개된 피난기구는 하강구 수평투영면적 공간 내의 범위를 침범하지 않는 구조이어야 할 것. 단, 직경 60[cm] 크기의 범위를 벗어난 경우이거나, 직하층의 바닥면으로부터 높이 50[cm] 이하의 범위는 제외한다.

④ 대피실 내에는 비상조명등을 설치하여야 한다.

해설 대피실 출입문이 개방되거나, 피난기구 작동 시 해당층 및 직하층 거실에 설치된 표시등 및 경보장치가 작동되고, 감시 제어반에서는 피난기구의 작동을 확인 할 수 있어야 한다.

69

소방대상물의 설치장소별 피난기구의 적응성 기준 중 다음 ( ) 안에 알맞은 것은?

> 간이완강기의 적응성은 숙박시설의 (㉠)층 이상에 있는 객실에, 공기안전매트의 적응성은 (㉡)에 한한다.

① ㉠ 3, ㉡ 공동주택   ② ㉠ 4, ㉡ 공동주택
③ ㉠ 3, ㉡ 단독주택   ④ ㉠ 4, ㉡ 단독주택

해설 간이완강기의 적응성은 숙박시설의 3층 이상에 있는 객실에, 공기안전매트의 적응성은 공동주택에 한한다.

70

무선통신보조설비를 설치하지 아니할 수 있는 기준 중 다음 ( ) 안에 알맞은 것은?

> (㉠)으로서 특정소방대상물의 바닥부분 2면 이상이 지표면과 동일하거나 지표면으로부터의 깊이가 (㉡) [m] 이하인 경우에는 해당층에 한하여 무선통신보조설비를 설치하지 아니할 수 있다.

① ㉠ 지하층, ㉡ 1   ② ㉠ 지하층, ㉡ 2
③ ㉠ 무창층, ㉡ 1   ④ ㉠ 무창층, ㉡ 2

해설 지하층으로서 특정소방대상물의 바닥부분 2면 이상이 지표면과 동일하거나 지표면으로부터의 깊이가 1[m] 이하인 경우에는 해당층에 한하여 무선통신보조설비를 설치하지 아니할 수 있다.

71

피난기구 설치 개수의 기준 중 다음 ( ) 안에 알맞은 것은?

> 층마다 설치하되, 숙박시설·노유자시설 및 의료시설로 사용되는 층에 있어서는 그 층의 바닥면적 (㉠) [m²]마다, 위락시설·판매시설로 사용되는 층 또는 복합용도의 층에 있어서는 그 층의 바닥면적 (㉡) [m²]마다, 계단실형 아파트에 있어서는 각 세대마다, 그 밖의 용도의 층에 있어서는 그 층의 바닥면적 (㉢)[m²]마다 1개 이상 설치할 것

① ㉠ 300, ㉡ 500, ㉢ 1,000
② ㉠ 500, ㉡ 800, ㉢ 1,000

③ ㉠ 300, ㉡ 500, ㉢ 1,500
④ ㉠ 500, ㉡ 800, ㉢ 1,500

해설 **피난기구 설치 기준**
층마다 설치하되, 숙박시설·노유자시설 및 의료시설로 사용되는 층에 있어서는 그 층의 바닥면적 500[m²]마다, 위락시설·판매시설로 사용되는 층 또는 복합용도의 층에 있어서는 그 층의 바닥면적 800[m²]마다, 계단실형 아파트에 있어서는 각 세대마다, 그 밖의 용도 층에 있어서는 그 층의 바닥면적 1,000[m²]마다 1개 이상 설치할 것

72

수신기의 구조 및 일반기능에 대한 설명 중 틀린 것은?(단, 간이형수신기는 제외한다)

① 수신기(1회선용은 제외한다)는 2회선이 동시에 작동하여도 화재표시가 되어야 하며, 감지기의 감지 또는 발신기의 발신개시로부터 P형, P형복합식, GP형, GP형복합식, R형, R형복합식, GR형 또는 GR형복합식 수신기의 수신완료까지의 소요시간은 5초(축적형의 경우에는 60초) 이내이어야 한다.

② 수신기의 외부배선 연결용 단자에 있어서 공통신호선용 단자는 10개 회로마다 1개 이상 설치하여야 한다.

③ 화재신호를 수신하는 경우 P형, P형복합식, GP형, GP형복합식, R형, R형복합식, GR형 또는 GR형복합식의 수신기에 있어서는 2 이상의 지구표시장치에 의하여 각각 화재를 표시할 수 있어야 한다.

④ 정격전압이 60[V]를 넘는 기구의 금속제 외함에는 접지단자를 설치하여야 한다.

해설 **공통신호선** : 7개 회로마다 1개 이상 설치

73

비상방송설비 음향장치의 설치기준 중 옳은 것은?

① 확성기는 각층마다 설치하되, 그 층의 각 부분으로부터 하나의 확성기까지의 수평거리가 15[m] 이하가 되도록 하고, 해당층의 각 부분에 유효하게 경보를 발할 수 있도록 설치할 것

② 층수가 5층 이상으로서 연면적이 3,000[m²]를 초과하는 특정소방대상물의 지하층에서 발화한 때에는 직상층에만 경보를 발할 것

③ 음향장치는 자동화재탐지설비의 작동과 연동하여 작동할 수 있는 것으로 할 것

④ 음향장치는 정격전압의 60[%] 전압에서 음향을 발할 수 있는 것으로 할 것

[해설] 비상방송설비 음향장치 설치기준
- 확성기는 **각 층마다** 설치하되, 그 층의 각 부분으로부터 하나의 확성기까지의 수평거리가 **25[m] 이하**가 되도록 하고, 해당 층의 각 부분에 유효하게 경보를 발할 수 있도록 설치할 것
- 층수가 **5층 이상**으로서 연면적이 **3,000[m²]를 초과**하는 특정소방대상물 **지하층**에서 발화한 때에는 **발화층·그 직상층 및 기타의 지하층**에 경보를 발할 것
- 음향장치는 자동화재탐지설비의 작동과 연동하여 작동할 수 있는 것으로 할 것
- 음향장치는 정격전압의 80[%] 전압에서 음향을 발할 수 있는 것을 할 것

74

비상조명등의 일반구조 기준 중 틀린 것은?

① 상용전원전압의 130[%] 범위 안에서는 비상조명등 내부의 온도상승이 그 기능에 지장을 주거나 위해를 발생시킬 염려가 없어야 한다.

② 사용전압은 300[V] 이하이어야 한다. 다만, 충전부가 노출되지 아니한 것은 300[V]를 초과할 수 있다.

③ 전선의 굵기가 인출선인 경우에는 단면적이 0.75[mm²] 이상, 인출선 외의 경우에는 단면적이 0.5[mm²] 이상이어야 한다.

④ 인출선의 길이는 전선인출 부분으로부터 150[mm] 이상이어야 한다. 다만, 인출선으로 하지 아니할 경우에는 풀어지지 아니하는 방법으로

전선을 쉽고 확실하게 부착할 수 있도록 접속단자를 설치하여야 한다.

[해설] 상용전원전압의 80[%] 이상 120[%] 범위안에서는 비상조명등 내부의 온도상승이 그 기능에 지장을 주거나 위해를 발생시킬 염려가 없어야 한다.

75

비상조명등의 비상전원은 지하층 또는 무창층으로서 용도가 도매시장·소매시장·여객자동차터미널·지하역사 또는 지하상가인 경우 그 부분에서 피난층에 이르는 부분의 비상조명등을 몇 분 이상 유효하게 작동시킬 수 있는 용량으로 하여야 하는가?

① 10 ② 20
③ 30 ④ 60

[해설] 비상조명등의 비상전원이 60분 이상 작동하여야 하는 특정소방대상물
- 지하층을 제외한 층수가 11층 이상의 층
- 지하층, 무창층으로서 도매시장, 소매시장, 여객자동차터미널, 지하역사, 지하상가

76

자동화재속보설비 속보기의 기능에 대한 기준 중 틀린 것은?

① 작동신호를 수신하거나 수동으로 동작시키는 경우 30초 이내에 소방관서에 자동적으로 신호를 발하여 통보하되, 3회 이상 속보할 수 있어야 한다.

② 예비전원을 병렬로 접속하는 경우에는 역충전 방지 등의 조치를 하여야 한다.

③ 연동 또는 수동으로 소방관서에 화재발생 음성정보를 속보중인 경우에도 송수화장치를 이용한 통화가 우선적으로 가능하여야 한다.

④ 속보기의 송수화장치가 정상위치가 아닌 경우에도 연동 또는 수동으로 속보가 가능하여야 한다.

[해설] 자동화재속보설비는 자동화재탐지설비로부터 작동신호를 수신하는 경우 20초 이내에 3회 이상 소방관서에 속보할 수 있어야 한다.

77

비상벨설비 또는 자동식사이렌설비의 설치기준 중 틀린 것은?

① 전원은 전기가 정상적으로 공급되는 축전지, 전기저장장치 또는 교류전압의 옥내간선으로 하고, 전원까지의 배선은 전용으로 설치하여야 한다.

② 비상벨설비 또는 자동식사이렌설비에는 그 설비에 대한 감시상태를 60분간 지속한 후 유효하게 10분 이상 경보할 수 있는 축전지 설비(수신기에 내장하는 경우를 포함) 또는 전기저장장치를 설치하여야 한다.

③ 특정소방대상물의 층마다 설치하되, 해당 특정소방대상물의 각 부분으로부터 하나의 발신기까지의 수평거리가 25[m] 이하가 되도록 할 것. 다만, 복도 또는 별도로 구획된 실로서 보행거리가 40[m] 이상일 경우에는 추가로 설치하여야 한다.

④ 발신기의 위치표시등은 함의 상부에 설치하되, 그 불빛은 부착 면으로부터 45° 이상의 범위 안에서 부착지점으로부터 10[m] 이내의 어느 곳에서도 쉽게 식별할 수 있는 적색등으로 설치하여야 한다.

해설 발신기위치표시등은 함의 상부에 설치하되, 불빛은 부착면 15° 이상 범위에서 부착지점으로부터 10[m] 이내에서 식별할 수 있는 적색등일 것

78

비상벨설비 음향장치의 음량은 부착된 음향장치의 중심으로부터 1[m] 떨어진 위치에서 몇 [dB] 이상이 되는 것으로 하여야 하는가?

① 90 ② 80
③ 70 ④ 60

해설 비상벨설비 음향장치
: 1[m] 떨어진 위치에서 90[dB] 이상

79

일시적으로 발생한 열·연기 또는 먼지 등으로 인하여 화재신호를 발신할 우려가 있는 장소의 설치장소별 감지기 적응성 기준 중 항공기 격납고, 높은 천장의 창고 등 감지기 부착 높이가 8[m] 이상의 장소에 적응성을 갖는 감지기가 아닌 것은?(단, 연기감지기를 설치할 수 있는 장소이며, 설치장소는 넓은 공간으로 천장이 높아 열 및 연기가 확산하는 환경상태이다)

① 광전식 스포트형 감지기
② 차동식 분포형 감지기
③ 광전식 분리형 감지기
④ 불꽃감지기

해설 설치장소가 넓은 공간으로 천장이 높아 열 및 연기가 확산되는 곳에 시설할 수 없는 감지기
: 광전식 스포트형 감지기

80

특정소방대상물의 비상방송설비 설치의 면제 기준 중 다음 ( ) 안에 알맞은 것은?

> 비상방송설비를 설치하여야 하는 특정소방대상물에 ( ) 또는 비상경보설비와 같은 수준 이상의 음향을 발하는 장치를 부설한 방송설비를 화재안전기준에 적합하게 설치한 경우에는 그 설비의 유효범위에서 설치가 면제된다.

① 자동화재속보설비
② 시각경보기
③ 단독경보형 감지기
④ 자동화재탐지설비

해설 비상방송설비를 설치하여야 하는 특정소방대상물에 자동화재탐지설비 또는 비상경보설비와 같은 수준 이상의 음향을 발하는 장치를 부설한 방송설비를 화재안전기준에 적합하게 설치한 경우에는 그 설비의 유효범위에서 설치가 면제된다.

제 2 회

2018년 4월 28일 시행

제 1 과목 소방원론

01

다음의 소화약제 중 오존파괴지수(ODP)가 가장 큰 것은?

① 할론 104　　　　② 할론 1301

③ 할론 1211　　　　④ 할론 2402

해설 할론 1301(CF_3Br) : 할론소화약제 중 소화효과가 가장 좋고 독성이 가장 약하고 오존층파괴지수가 가장 크다.

02

자연발화 방지대책에 대한 설명 중 틀린 것은?

① 저장실의 온도를 낮게 유지한다.

② 저장실의 환기를 원활히 시킨다.

③ 촉매물질과의 접촉을 피한다.

④ 저장실의 습도를 높게 유지한다.

해설 자연발화 방지대책
  • 습도를 낮게 할 것
  • 주위의 온도를 낮출 것
  • 통풍을 잘 시킬 것
  • 불활성 가스를 주입하여 공기와 접촉을 피할 것
  • 가능한 입자를 크게 할 것

03

건축물의 화재 발생 시 인간의 피난 특성으로 틀린 것은?

① 평상시 사용하는 출입구나 통로를 사용하는 경향이 있다.

② 화재의 공포감으로 인하여 빛을 피해 어두운 곳으로 몸을 숨기는 경향이 있다.

③ 화염, 연기에 대한 공포감으로 발화지점의 반대 방향으로 이동하는 경향이 있다.

④ 화재 시 최초로 행동을 개시한 사람을 따라 전체가 움직이는 경향이 있다.

해설 **지광본능** : 화재 발생 시 연기와 정전 등으로 가시거리가 짧아져 시야가 흐리면 **밝은 방향**으로 도피하려는 본능

04

건축물에 설치하는 방화구획의 설치기준 중 스프링클러설비를 설치한 11층 이상의 층은 바닥면적 몇 [m²] 이내마다 방화구획을 하여야 하는가?(단, 벽 및 반자의 실내에 접하는 부분의 마감은 불연재료가 아닌 경우이다)

① 200　　　　② 600

③ 1,000　　　　④ 3,000

해설 방화구획의 기준

건축물의 규모	구획 기준		비 고
11층 이상의 층	실내마감이 불연재료의 경우	바닥면적 500[m²] (1,500[m²] 이내마다 구획)	( ) 안의 면적은 스프링클러 등 자동식 소화설비를 설치한 경우임
	실내마감이 불연재료가 아닌 경우	바닥면적 200[m²] (600[m²]) 이내마다 구획	

05

인화점이 낮은 것부터 높은 순서로 옳게 나열된 것은?

① 에틸알코올 < 이황화탄소 < 아세톤

② 이황화탄소 < 에틸알코올 < 아세톤

③ 에틸알코올 < 아세톤 < 이황화탄소

④ 이황화탄소 < 아세톤 < 에틸알코올

해설 인화점

종 류	이황화탄소	아세톤	에틸알코올
인화점[℃]	-30	-18	13

06

분말소화약제로서 ABC급 화재에 적응성이 있는 소화약제의 종류는?

① $NH_4H_2PO_4$ ② $NaHCO_3$
③ Na_2CO_3 ④ $KHCO_3$

해설 분말소화약제의 성상

종 류	주성분	착 색	적응 화재	열분해 반응식
제1종 분말	탄산수소나트륨 ($NaHCO_3$)	백색	B, C급	$2NaHCO_3 \rightarrow$ $Na_2CO_3 + CO_2 + H_2O$
제2종 분말	탄산수소칼륨 ($KHCO_3$)	담회색	B, C급	$2KHCO_3 \rightarrow$ $K_2CO_3 + CO_2 + H_2O$
제3종 분말	제일인산암모늄 인산염 ($NH_4H_2PO_4$)	담홍색 황색	A, B, C급	$NH_4H_2PO_4 \rightarrow$ $HPO_3 + NH_3 + H_2O$
제4종 분말	탄산수소칼륨 +요소 [$KHCO_3$ +$(NH_2)_2CO$]	회 색	B, C급	$2KHCO_3 + (NH_2)_2CO \rightarrow$ $K_2CO_3 + 2NH_3 + 2CO_2$

07

조연성 가스에 해당하는 것은?

① 일산화탄소 ② 산 소
③ 수 소 ④ 부 탄

해설 조연성 가스 : 자신은 연소하지 않고 연소를 도와주는 가스(산소, 공기, 플루오린(불소), 염소 등)

08

액화석유가스(LPG)에 대한 성질로 틀린 것은?

① 주성분은 프로판, 부탄이다.
② 천연고무를 잘 녹인다.
③ 물에 녹지 않으나 유기용매에 용해된다.
④ 공기보다 1.5배 가볍다.

해설 LPG(액화석유가스)
• 주성분 : 프로판(C_3H_8=44), 부탄(C_4H_{10}=58)
• 무색무취
• 물에 불용, 유기용제에 용해
• 석유류, 동식물유류, 천연고무를 잘 녹인다.
• 공기 중에서 쉽게 **연소 폭발**한다.
• 액체상태에서 기체로 될 때 체적은 **약 250배**로 된다.
• 액체상태는 물보다 **가볍고**(약 0.5배), 기체상태는 공기보다 무겁다(약 1.5~2.0배).
• 가스누설탐지기 : 바닥에서 30[cm] 이내 시설

09

과산화칼륨이 물과 접촉하였을 때 발생하는 것은?

① 산 소 ② 수 소
③ 메 탄 ④ 아세틸렌

해설 과산화칼륨은 물과 반응 시 산소가 발생한다.
$2K_2O_2 + 2H_2O \rightarrow 4KOH + O_2$(산소 발생)

10

제2류 위험물에 해당하는 것은?

① 유 황 ② 질산칼륨
③ 칼 륨 ④ 톨루엔

해설 제2류 위험물
: 유황, 황화인, 적린, 금속분, 철분, 마그네슘

11

물리적 폭발에 해당하는 것은?

① 분해 폭발
② 분진 폭발
③ 증기운 폭발
④ 수증기 폭발

해설 물리적인 폭발
: 화산폭발, 진공용기의 과열폭발, 수증기 폭발

12

산림화재 시 소화효과를 증대시키기 위해 물에 첨가하는 증점제로서 적합한 것은?

① Ethylene Glycol

② Potassium Carbonate

③ Ammonium Phosphate

④ Sodium Carboxy Methyl Cellulose

> **해설** 산림화재 시 사용되는 증점제
> : Sodium Carboxy Cellulose

13

물과 반응하여 가연성 기체를 발생하지 않는 것은?

① 칼 륨　　　　　　② 인화아연

③ 산화칼슘　　　　④ 탄화알루미늄

> **해설** 산화칼슘(CaO, 생석회)은 물과 반응하면 많은 열을 발생하고 가스는 발생하지 않는다.
> $CaO + H_2O \rightarrow Ca(OH)_2 + Q[kcal]$

14

피난계획의 일반원칙 중 Fool Proof 원칙에 대한 설명으로 옳은 것은?

① 1가지가 고장이 나도 다른 수단을 이용하는 원칙

② 2방향의 피난동선을 항상 확보하는 원칙

③ 피난수단을 이동식 시설로 하는 원칙

④ 피난수단을 조작이 간편한 원시적 방법으로 하는 원칙

> **해설** 피난계획의 일반원칙
> Fool Proof : 비상시 머리가 혼란하여 판단능력이 저하되는 상태로 누구나 알 수 있도록 **문자**나 **그림** 등을 표시하여 직감적으로 작용하는 것

15

물체의 표면온도가 250[℃]에서 650[℃]로 상승하면 열 복사량은 약 몇 배 정도 상승하는가?

① 2.5　　　　　　② 5.7

③ 7.5　　　　　　④ 9.7

> **해설** 복사열은 절대온도의 4승에 비례한다.
> 250[℃]에서 열량을 Q_1, 650[℃]에서 열량을 Q_2
> $$\frac{Q_2}{Q_1} = \frac{(650+273)^4 [K]}{(250+273)^4 [K]} = 9.7$$

16

화재발생 시 발생하는 연기에 대한 설명으로 틀린 것은?

① 연기의 유동속도는 수평방향이 수직방향보다 빠르다.

② 동일한 가연물에 있어 환기지배형 화재가 연료지배형 화재에 비하여 연기발생량이 많다.

③ 고온상태의 연기는 유동확산이 빨라 화재전파의 원인이 되기도 한다.

④ 연기는 일반적으로 불완전 연소 시에 발생한 고체, 액체, 기체 생성물의 집합체이다.

> **해설** 연기의 이동속도 : 수직방향이 수평방향보다 빠르다.
>
> | 방 향 | 수평방향 | 수직방향 | 실내계단 |
> |---|---|---|---|
> | 이동속도 | 0.5~1.0[m/s] | 2.0~3.0[m/s] | 3.0~5.0[m/s] |

17

소화방법 중 제거소화에 해당되지 않는 것은?

① 산불이 발생하면 화재의 진행방향을 앞질러 벌목

② 방 안에서 화재가 발생하면 이불이나 담요로 덮음

③ 가스 화재 시 밸브를 잠가 가스흐름을 차단

④ 불타고 있는 장작더미 속에서 아직 타지 않은 것을 안전한 곳으로 운반

> **해설** 방 안에서 화재가 발생하면 이불이나 **담요**로 덮어 소화하는 것은 **질식소화**이다.

18

주수소화 시 가연물에 따라 발생하는 가연성 가스의 연결이 틀린 것은?

① 탄화칼슘 – 아세틸렌

② 탄화알루미늄 – 프로판

③ 인화칼슘 – 포스핀

④ 수소화리튬 – 수소

해설 탄화알루미늄과 물과의 반응 : 메탄가스 발생

$$Al_4C_3 + 12H_2O \rightarrow 4Al(OH)_3 + 3CH_4 \uparrow$$
수산화알루미늄　　메탄

19
포소화약제의 적응성이 있는 것은?

① 칼륨 화재　　　② 알킬리튬 화재

③ 가솔린 화재　　④ 인화알루미늄 화재

해설 포소화약제 : 제4류위험물(가연성 액체) 화재 시 적합하며 질식, 냉각의 소화효과가 좋다.

20
위험물안전관리법령상 지정된 동식물유류의 성질에 대한 설명으로 틀린 것은?

① 아이오딘(요오드)값이 작을수록 자연발화의 위험성이 크다.

② 상온에서 모두 액체이다.

③ 물에는 불용성이지만 에테르 및 벤젠 등의 유기용매에는 잘 녹는다.

④ 인화점은 1기압하에서 250[℃] 미만이다.

해설 동식물유류 아이오딘(요오드)값이 큰 경우
- 건성유
- 불포화도가 높다.
- 자연발화성이 높다.
- 산소와 결합이 쉽다.

제 **2** 과목 **소방전기일반**

21
다음 그림과 같은 브리지 회로의 평형조건은?

---

① $R_1 C_1 = R_2 C_2$, $R_2 R_3 = C_1 L$

② $R_1 C_1 = R_2 C_2$, $R_2 R_3 C_1 = L$

③ $R_1 C_2 = R_2 C_1$, $R_2 R_3 = C_1 L$

④ $R_1 C_2 = R_2 C_1$, $L = R_2 R_3 C_1$

해설

브리지 회로의 평형조건 교차곱은 같다.

$$\left[R_1 + j\omega L\right] \cdot \frac{1}{j\omega C_1} = \left[R_3 + \frac{1}{j\omega C_2}\right] \cdot R_2$$

$$\frac{R_1}{j\omega C_1} + \frac{L}{C_1} = R_2 R_3 + \frac{R_2}{j\omega C_2}$$

양변에서 실수부와 허수부는 같다.

허수부 : $\dfrac{R_1}{\omega C_1} = \dfrac{R_2}{\omega C_2}$, 실수부 : $\dfrac{L}{C_1} = R_2 R_3$

허수부 : $R_1 C_2 = R_2 C_1$, 실수부 : $L = R_2 R_3 C_1$

22
$R-C$ 직렬 회로에서 저항 R을 고정시키고 X_C를 0에서 ∞ 까지 변화시킬 때 어드미턴스 궤적은?

① 1사분면 내의 반원이다.

② 1사분면 내의 직선이다.

③ 4사분면 내의 반원이다.

④ 4사분면 내의 직선이다.

해설 저항 R을 일정하게 고정시키고 리액턴스 X_c를 0 ~ ∞ 까지 변화 시 어드미턴스 궤적 : 1사분면 내의 반원

23
비투자율 $\mu_s = 500$, 평균 자로의 길이 1[m]의 환상 철심 자기회로에 2[mm]의 공극을 내면 전체의 자기저항은 공극이 없을 때의 약 몇 배가 되는가?

① 5　　　　　　　② 2.5

③ 2　　　　　　　④ 0.5

해설 자기저항은 공극에 비례해서 커지므로 공극이 2[mm]로 2배 증가하였으므로 자기저항도 2배로 증가한다.

24

1개의 용량이 25[W]인 객석유도등 10개가 연결되어 있다. 이 회로에 흐르는 전류는 약 몇 [A]인가?(단, 전원 전압은 220[V]이고, 기타 선로손실 등은 무시한다)

① 0.88[A]　　　　② 1.14[A]

③ 1.25[A]　　　　④ 1.36[A]

해설 전력 : $P = VI$ 에서

전류 : $I = \dfrac{P}{V} = \dfrac{25 \times 10}{220} ≒ 1.14[A]$

25

분류기를 써서 배율을 9로 하기 위한 분류기의 저항은 전류계 내부저항의 몇 배인가?

① $\dfrac{1}{8}$　　　　② $\dfrac{1}{9}$

③ 8　　　　④ 9

해설 배율 : $m = 1 + \dfrac{r}{R}$ 에서

분류기 저항 : $R = \dfrac{r}{(n-1)} = \dfrac{r}{(9-1)} = \dfrac{r}{8}$

$\therefore R = \dfrac{1}{8}r \left(\dfrac{1}{8} 배 \right)$

26

$R-L$ 직렬 회로의 설명으로 옳은 것은?

① v, i는 각 다른 주파수를 가지는 정현파이다.

② v는 i보다 위상이 $\theta = \tan^{-1}\left(\dfrac{\omega L}{R}\right)$ 만큼 앞선다.

③ v와 i의 최댓값과 실횻값의 비는 $\sqrt{R^2 + \left(\dfrac{1}{X_L}\right)^2}$ 이다.

④ 용량성 회로이다.

해설 $R-L$ 직렬회로

위상 : $\theta = \tan^{-1}\dfrac{X_L}{R} = \tan^{-1}\dfrac{\omega L}{R}$

전압(v)의 위상이 전류(i)보다 $\theta = \tan^{-1}\left(\dfrac{\omega L}{R}\right)$ 만큼 앞선다.

27

두 개의 코일 L_1과 L_2를 동일방향으로 직렬 접속하였을 때 합성인덕턴스가 140[mH]이고, 반대방향으로 접속하였더니 합성 인덕턴스가 20[mH]이었다. 이때, L_1=40[mH]이면 결합계수 K는?

① 0.38　　　　② 0.5

③ 0.75　　　　④ 1.3

해설 동일방향(가동접속) : $L_1 + L_2 + 2M = 140$에서

$\qquad L_1 + L_2 = 140 - 2M$

반대방향(차동접속) : $L_1 + L_2 - 2M = 20$에서

$\qquad L_1 + L_2 = 20 + 2M$

$\qquad 140 - 2M = 20 + 2M$

$\qquad 4M = 120$

상호인덕턴스 : $M = \dfrac{120}{4} = 30[mH]$

가동접속 : $L_1 + L_2 + 2M = 140$에서

$\qquad L_2 = 140 - L_1 - 2M$

$\qquad = 140 - 40 - 2 \times 30 = 40[mH]$

결합계수 : $K = \dfrac{M}{\sqrt{L_1 L_2}}$

$\qquad = \dfrac{30}{\sqrt{40 \times 40}} = \dfrac{30}{40} = 0.75$

28

삼각파의 파형률 및 파고율은?

① 1.0, 1.0　　　　② 1.04, 1.226

③ 1.11, 1.414　　　　④ 1.155, 1.732

해설

구 분	파형률	파고율
정현파	1.11	1.414
정현반파	1.57	2
구형파	1	1
구형반파	1.41	1.41
삼각파	1.15	1.73

29

P형 반도체에 첨가되는 불순물에 관한 설명으로 옳은 것은?

① 5개의 가전자를 갖는다.

② 억셉터 불순물이라 한다.

③ 과잉전자를 만든다.

④ 게르마늄에는 첨가할 수 있으나 실리콘에는 첨가가 되지 않는다.

해설 P형 반도체 불순물 : 억셉터
N형 반도체 불순물 : 도너

30
그림과 같은 게이트의 명칭은?

① AND   ② OR
③ NOR   ④ NAND

해설 다이오드가 모두 출력측을 향하고, 입력 A, B 중 어느 하나만 1이면 출력하는 OR회로이다.

31
어떤 코일의 임피던스를 측정하고자 직류전압 30[V]를 가했더니 300[W]가 소비되고, 교류전압 100[V]를 가했더니 2,000[W]가 소비되었다. 이 코일의 리액턴스는 몇 [Ω]인가?

① 2   ② 4
③ 6   ④ 8

해설 저항(직류) : $R = \dfrac{V^2}{P} = \dfrac{30^2}{300} = 3[\Omega]$

임피던스(교류) : $Z = \dfrac{V^2}{P} = \dfrac{100^2}{2,000} = 5[\Omega]$

리액턴스 : $X = \sqrt{Z^2 - R^2} = \sqrt{5^2 - 3^2} = 4[\Omega]$

32
저항 6[Ω]과 유도리액턴스 8[Ω]이 직렬로 접속된 회로에 100[V]의 교류전압을 가할 때 흐르는 전류의 크기는 몇 [A]인가?

① 10   ② 20
③ 50   ④ 80

해설 임피던스 : $Z = \sqrt{R^2 + X^2}$
$= \sqrt{6^2 + 8^2} = 10[\Omega]$

전류 : $I = \dfrac{V}{Z} = \dfrac{100}{10} = 10[A]$

33
백열전등의 점등스위치로는 다음 중 어떤 스위치를 사용하는 것이 적합한가?

① 복귀형 a접점 스위치
② 복귀형 b접점 스위치
③ 유지형 스위치
④ 전자 접촉기

해설 점등스위치 : 유지형 스위치

34
$L-C$ 직렬 회로에서 직류전압 E를 $t=0$에서 인가할 때 흐르는 전류는?

① $\dfrac{E}{\sqrt{L/C}} \cos \dfrac{1}{\sqrt{LC}} t$

② $\dfrac{E}{\sqrt{L/C}} \sin \dfrac{1}{\sqrt{LC}} t$

③ $\dfrac{E}{\sqrt{C/L}} \cos \dfrac{1}{\sqrt{LC}} t$

④ $\dfrac{E}{\sqrt{C/L}} \sin \dfrac{1}{\sqrt{LC}} t$

해설 $L-C$ 직렬 회로에서 $t=0$에서

전류 : $I = \dfrac{E}{\sqrt{L/C}} \sin \dfrac{1}{\sqrt{LC}} t$

35
피드백 제어계에 대한 설명 중 틀린 것은?

① 감대역 폭이 증가한다.
② 정확성이 있다.
③ 비선형에 대한 효과가 증대된다.
④ 발진을 일으키는 경향이 있다.

해설 피드백(폐회로) 제어계
• 미리 정해진 순서에 따라 제어의 각 단계를 순차적으로 제어하며 입력과 출력이 일치해야 출력하는 제어
• 입력과 출력을 비교하는 장치필요(비교부)
• 전달함수 초깃값이 항상 "0"이다
• 구조가 복잡하고, 시설비가 비싸다.
• 정확성, 감대폭, 대역폭이 증가한다.
• 계의 특성변화에 대한 입력 대 출력비의 감도가 감소된다.
• 비선형과 왜형에 대한 효과가 감소한다.

36

어떤 계를 표시하는 미분 방정식이 $5\dfrac{d^2}{dt^2}y(t)+3\dfrac{d}{dt}y(t)-2y(t)=x(t)$ 라고 한다. $x(t)$는 입력신호, $y(t)$는 출력신호라고 하면 이계의 전달 함수는?

① $\dfrac{1}{(s+1)(s-5)}$　　② $\dfrac{1}{(s-1)(s+5)}$

③ $\dfrac{1}{(5s-1)(s+2)}$　　④ $\dfrac{1}{(5s+1)(s-2)}$

해설 전달 함수 : $G(s)=\dfrac{출력}{입력}=\dfrac{y(t)}{x(t)}$

$\dfrac{d}{dt}$를 s로 변환

$5s^2y(t)+3sy(t)-2y(t)=x(t)$

$y(t)(5s^2+3s-2)=x(t)$

$y(t)(5s-2)(s+1)=x(t)$

$\therefore\ G(s)=\dfrac{y(t)}{x(t)}=(5s-2)(x+1)$

37

측정기의 측정범위 확대를 위한 방법의 설명으로 틀린 것은?

① 전류의 측정범위 확대를 위하여 분류기를 사용하고, 전압의 측정범위 확대를 위하여 배율기를 사용한다.

② 분류기는 계기에 직렬로 배율기는 병렬로 접속한다.

③ 측정기 내부 저항을 R_a, 분류기 저항을 R_s라 할 때, 분류기의 배율은 $1+\dfrac{R_a}{R_s}$로 표시된다.

④ 측정기 내부 저항을 R_v, 배율기 저항을 R_m라 할 때, 배율기의 배율은 $1+\dfrac{R_m}{R_v}$로 표시된다.

해설
• 배율기 : 전압계의 측정범위를 넓히기 위해 전압계와 직렬로 접속한 저항
• 분류기 : 전류계의 측정범위를 넓히기 위해 전류계와 병렬로 접속한 저항

38

논리식 $X=AB\overline{C}+\overline{A}BC+\overline{A}B\overline{C}$을 가장 간소화 하면?

① $B(\overline{A}+\overline{C})$　　② $B(\overline{A}+A\overline{C})$

③ $B(\overline{A}C+\overline{C})$　　④ $B(A+\overline{C})$

해설 논리식 : $X=AB\overline{C}+\overline{A}BC+\overline{A}B\overline{C}$

$=B\overline{C}(A+\overline{A})+\overline{A}BC$

$=B\overline{C}+\overline{A}BC$

$=B(\overline{C}+\overline{A}C)=B(\overline{A}+\overline{C})$

39

원형 단면적이 $S[\text{m}^2]$, 평균자로의 길이가 $l[\text{m}]$, 1[m] 당 권선수가 N회인 공심 환상솔레노이드에 $I[\text{A}]$의 전류를 흘릴 때 철심 내의 자속은?

① $\dfrac{NI}{l}$　　　　② $\dfrac{\mu_0 SNI}{l}$

③ $\mu_0 SNI$　　　④ $\dfrac{\mu_0 SN^2I}{l}$

해설 자속 : $\phi=\dfrac{F}{R}=\dfrac{NI}{\dfrac{l}{\mu S}}=\dfrac{\mu SNI}{l}$

40

무한장 솔레노이드 자계의 세기에 대한 설명으로 틀린 것은?

① 전류의 세기에 비례한다.

② 코일의 권수에 비례한다.

③ 솔레노이드 내부에서의 자계의 세기는 위치에 관계없이 일정한 평등자계이다.

④ 자계의 방향과 암페어 경로 간에 서로 수직인 경우 자계의 세기가 최고이다.

해설 **무한장 솔레노이드 자계의 세기**
솔레노이드 내부에서의 자계는 위치에 관계없이 평등자장이고, 누설자속이 없다.
• 내부자계 $H_I=NI[\text{AT/m}]$
　([m] : 단위길이당 권수[회/m], [T/m])
• 외부자계 $H_0=0$

제 3 과목　소방관계법규

41

소방기본법령상 소방본부 종합상황실 실장이 소방청의 종합상황실에 서면·모사전송 또는 컴퓨터통신 등으로 보고하여야 하는 화재의 기준 중 틀린 것은?

① 항구에 매어둔 총 톤수가 1,000[t] 이상인 선박에서 발생한 화재

② 층수가 5층 이상이거나 병상이 30개 이상인 종합병원·정신병원·한방병원·요양소에서 발생한 화재

③ 지정수량의 1,000배 이상의 위험물의 제조소·저장소·취급소에서 발생한 화재

④ 연면적 15,000[m²] 이상인 공장 또는 화재경계지구에서 발생한 화재

해설 종합상황실 보고 사항
- 사망자 5명 이상, 사상자 10명 이상 발생한 화재
- 이재민이 100명 이상 발생한 화재
- 재산피해액이 50억원 이상 발생한 화재
- 관공서, 학교, 정부미도정공장, 문화재, 지하철, 지하구의 화재
- **관광호텔, 11층 이상인** 건축물, 지하상가, **시장, 백화점**, 지정수량의 3,000배 이상의 위험물제조소·저장소·취급소, 5층 이상이거나 객실 30실 이상인 숙박시설, 5층 이상이거나 병상 30개 이상인 종합병원, 정신병원, 한방병원, 요양소, 연면적이 15,000[m²] 이상인 공장, 화재경계지구에서 발생한 **화재**
- 철도차량, 항구에 매어둔 총톤수가 1,000[t] 이상인 선박, 항공기, 발전소, 변전소에서 발생한 화재

42

소방기본법령상 소방용수시설별 설치기준 중 틀린 것은?

① 급수탑 개폐밸브는 지상에서 1.5[m] 이상 1.7[m] 이하의 위치에 설치하도록 할 것

② 소화전은 상수도와 연결하여 지하식 또는 지상식의 구조로 하고, 소방용 호스와 연결하는 소화전의 연결금속구의 구경은 100[mm]로 할 것

③ 저수조 흡수관의 투입구가 사각형의 경우에는 한 변의 길이가 60[cm] 이상, 원형의 경우에는 지름이 60[cm] 이상일 것

④ 저수조는 지면으로부터의 낙차가 4.5[m] 이하일 것

해설 소화전은 상수도와 연결하여 지하식 또는 지상식의 구조로 하고 소화전의 연결금속구의 구경은 65[mm]로 할 것

43

소방기본법상 소방본부장, 소방서장 또는 소방대장의 권한이 아닌 것은?

① 화재, 재난·재해, 그 밖의 위급한 상황이 발생한 현장에서 소방활동을 위하여 필요할 때에는 그 관할구역에 사는 사람 또는 그 현장에 있는 사람으로 하여금 사람을 구출하는 일 또는 불을 끄거나 불이 번지지 아니하도록 하는 일을 하게 할 수 있다.

② 소방활동을 할 때에 긴급한 경우에는 이웃한 소방본부장 또는 소방서장에게 소방업무의 응원을 요청할 수 있다.

③ 사람을 구출하거나 불이 번지는 것을 막기 위하여 필요할 때에는 화재가 발생하거나 불이 번질 우려가 있는 소방대상물 및 토지를 일시적으로 사용하거나 그 사용의 제한 또는 소방활동에 필요한 처분을 할 수 있다.

④ 소방활동을 위하여 긴급하게 출동할 때에는 소방자동차의 통행과 소방활동에 방해가 되는 주차 또는 정차된 차량 및 물건 등을 제거하거나 이동시킬 수 있다.

해설
①의 업무 : 소방본부장, 소방서장, 소방대장
②의 업무 : 소방본부장, 소방서장
③의 업무 : 소방본부장, 소방서장, 소방대장
④의 업무 : 소방본부장, 소방서장, 소방대장

44

위험물안전관리법령상 위험물의 안전관리와 관련된 업무를 수행하는 자로서 소방청장이 실시하는 안전교육대상자가 아닌 것은?

① 안전관리자로 선임된 자
② 탱크시험자의 기술인력으로 종사하는 자
③ 위험물운송자로 종사하는 자
④ 제조소 등의 관계인

해설 위험물 안전교육대상자
- 안전관리자로 선임된 자
- 탱크시험자의 기술인력으로 종사하는 자
- 위험물운송자로 종사하는 자

45

화재예방, 소방시설 설치·유지 및 안전관리에 관한 법령상 소방안전관리대상물의 소방안전관리자 업무가 아닌 것은?

① 소방훈련 및 교육
② 자위소방대 및 초기대응체계의 구성·운영·교육
③ 피난시설, 방화구획 및 방화시설의 유지·관리
④ 피난계획에 관한 사항과 대통령령으로 정하는 사항이 포함된 소방계획서의 작성 및 시행

46

화재예방, 소방시설 설치·유지 및 안전관리에 관한 법령상 소방용품이 아닌 것은?

① 소화약제 외의 것을 이용한 간이소화용구
② 자동소화장치
③ 가스누설경보기
④ 소화용으로 사용하는 방염제

해설 형식승인 소방용품
- 소화기구(소화약제 외의 것을 이용한 간이소화용구는 제외)
- 자동소화장치(상업용 주방자동소화장치는 제외)
- **누전경보기 및 가스누설경보기**
- **방염제**(방염액·방염도료 및 방염성 물질)

47

화재예방, 소방시설 설치·유지 및 안전관리에 관한 법령상 스프링클러설비를 설치하여야 하는 특정소방대상물의 기준 중 틀린 것은?(단, 위험물 저장 및 처리 시설 중 가스시설 또는 지하구는 제외한다)

① 숙박이 가능한 수련시설 용도로 사용되는 시설의 바닥면적의 합계가 600[m²] 이상인 것은 모든 층
② 지하가(터널은 제외)로서 연면적이 1,000[m²] 이상인 것
③ 판매시설, 운수시설 및 창고시설(물류터미널에 한정)로서 바닥면적의 합계가 5,000[m²] 이상이거나 수용인원이 500명 이상인 경우에는 모든 층
④ 복합건축물로서 연면적이 3,000[m²] 이상인 경우에는 모든 층

해설 스프링클러설비 설치 특정소방대상물
- 판매시설, 운수시설 및 **창고시설(물류터미널)**로서 바닥면적의 합계가 5,000[m²] 이상이거나 수용인원 500명 이상인 경우에는 모든 층
- 숙박이 가능한 수련시설로서 해당 용도로 사용되는 바닥면적의 합계가 600[m²] 이상인 것
- 창고시설(물류터미널은 제외)로서 바닥면적의 합계가 5,000[m²] 이상인 경우에는 모든 층
- 기숙사(교육연구시설·수련시설 내에 있는 학생 수용을 위한 것을 말한다) 또는 복합건축물로서 연면적 5,000[m²] 이상인 경우에는 모든 층

48

소방기본법령상 특수가연물의 저장 및 취급기준 중 다음 ( ) 안에 알맞은 것은?(단, 석탄·목탄류를 발전용으로 저장하는 경우는 제외한다)

> 살수설비를 설치하거나, 방사능력 범위에 해당 특수가연물이 포함되도록 대형수동식 소화기를 설치하는 경우에는 쌓는 높이를 (㉠)[m] 이하, 쌓는 부분의 바닥면적을 (㉡)[m²] 이하로 할 수 있다.

① ㉠ 10, ㉡ 30   ② ㉠ 10, ㉡ 50
③ ㉠ 15, ㉡ 100   ④ ㉠ 15, ㉡ 200

해설 살수설비를 설치하거나, 방사능력 범위에 해당 특수가연물이 포함되도록 대형수동식 소화기를 설치하는 경우에 쌓는 높이를 15[m] 이하, 쌓는 부분의 바닥면적은 200[m²](석탄, 목탄류의 경우에는 300[m²]) 이하로 할 수 있다.

49
위험물안전관리법상 위험물시설의 설치 및 변경 등에 관한 기준 중 다음 (　) 안에 알맞은 것은?

> 제조소 등의 위치·구조 또는 설비의 변경없이 당해 제조소 등에서 저장하거나 취급하는 위험물의 품명·수량 또는 지정수량의 배수를 변경하고자 하는 자는 변경하고자 하는 날의 (㉠)일 전까지 (㉡)이 정하는 바에 따라 (㉢)에게 신고하여야 한다.

① ㉠ 1, ㉡ 행정안전부령, ㉢ 시·도지사
② ㉠ 1, ㉡ 대통령령, ㉢ 소방본부장·소방서장
③ ㉠ 14, ㉡ 행정안전부령, ㉢ 시·도지사
④ ㉠ 14, ㉡ 대통령령, ㉢ 소방본부장·소방서장

해설 제조소 등의 위치·구조 또는 설비의 변경없이 당해 제조소 등에서 저장하거나 취급하는 위험물의 품명·수량 또는 지정수량의 배수를 변경하고자 하는 자는 변경하고자 하는 날의 1일 전까지 행정안전부령이 정하는 바에 따라 시·도지사에게 신고하여야 한다.

50
화재예방, 소방시설 설치·유지 및 안전관리에 관한 법령상 소방안전관리대상물의 소방계획서에 포함되어야 하는 사항이 아닌 것은?

① 예방규정을 정하는 제조소 등의 위험물 저장·취급에 관한 사항
② 소방시설·피난시설 및 방화시설의 점검·정비계획
③ 특정소방대상물의 근무자 및 거주자의 자위소방대 조직과 대원의 임무에 관한 사항
④ 방화구획, 제연구획, 건축물의 내부 마감재료(불연재료·준불연재료 또는 난연재료로 사용된 것) 및 방염물품의 사용현황과 그 밖의 방화구조 및 설비의 유지·관리계획

해설 소방계획서의 내용
• 소방시설·피난시설 및 방화시설의 점검·정비계획
• 특정소방대상물의 근무자 및 거주자의 자위소방대 조직과 대원의 임무(장애인 및 노약자의 피난 보조 임무를 포함)에 관한 사항
• 방화구획, 제연구획, 건축물의 내부 마감재료(불연재료, 준불연재료 또는 난연재료로 사용된 것) 및 방염물품의 사용현황과 그 밖의 방화구조 및 설비의 유지·관리 계획

51
소방공사업법령상 공사감리자 지정대상 특정소방대상물의 범위가 아닌 것은?

① 캐비닛형 간이스프링클러설비를 신설·개설하거나 방호·방수 구역을 증설할 때
② 물분무 등 소화설비(호스릴 방식의 소화설비는 제외)를 신설·개설하거나 방호·방수구역을 증설할 때
③ 제연설비를 신설·개설하거나 제연구역을 증설할 때
④ 연소방지설비를 신설·개설하거나 살수구역을 증설할 때

해설 소방공사감리자 지정대상 특정소방대상물의 범위
• 물분무 등 소화설비(호스릴 방식의 소화설비는 제외한다)를 신설·개설하거나 방호·방수 구역을 증설할 때
• 제연설비를 신설·개설하거나 제연구역을 증설할 때
• 연소방지설비를 신설·개설하거나 살수구역을 증설할 때

52
화재예방, 소방시설 설치·유지 및 안전관리에 관한 법률상 특정소방대상물에 소방시설이 화재안전기준에 따라 설치 또는 유지·관리되어 있지 아니할 때 해당 특정소방대상물의 관계인에게 필요한 조치를 명할 수 있는 자는?

① 소방본부장　　② 소방청장
③ 시·도지사　　④ 행정안전부장관

해설 특정소방대상물의 관계인에게 필요한 조치 명령을 할 수 있는 사람 : 소방본부장, 소방서장

53
위험물안전관리법상 업무상 과실로 제조소 등에서 위험물을 유출·방출 또는 확산시켜 사람의 생명·신체 또는 재산에 대하여 위험을 발생시킨 자에 대한 벌칙 기준으로 옳은 것은?

① 5년 이하의 금고 또는 2,000만원 이하의 벌금
② 5년 이하의 금고 또는 7,000만원 이하의 벌금
③ 7년 이하의 금고 또는 2,000만원 이하의 벌금
④ 7년 이하의 금고 또는 7,000만원 이하의 벌금

해설 업무상 과실로 제조소 등에서 위험물을 유출·방출 또는 확산시켜 사람의 생명·신체 또는 재산에 대하여 위험을 발생시킨 자
: 7년 이하의 금고 또는 7,000만원 이하의 벌금

해설 위험물 또는 물건을 보관하는 경우에는 그 날부터 14일 동안 소방본부 또는 소방서의 게시판에 그 사실을 공고한 후 공고기간의 종료일 다음 날부터 7일간 보관한 후 매각하여야 한다.

54

화재예방, 소방시설 설치·유지 및 안전관리에 관한 법률상 소방시설 등에 대한 자체점검을 하지 아니하거나 관리업자 등으로 하여금 정기적으로 점검하게 하지 아니한 자에 대한 벌칙 기준으로 옳은 것은?

① 6개월 이하의 징역 또는 1,000만원 이하의 벌금
② 1년 이하의 징역 또는 1,000만원 이하의 벌금
③ 3년 이하의 징역 또는 1,500만원 이하의 벌금
④ 3년 이하의 징역 또는 3,000만원 이하의 벌금

해설 1년 이하의 징역 또는 1,000만원 이하의 벌금
• 관계인의 정당한 업무를 방해한 자, 조사·검사 업무를 수행하면서 알게 된 비밀을 제공 또는 누설하거나 목적 외의 용도로 사용한 자
• 관리업의 등록증이나 등록수첩을 다른 자에게 빌려 준 자
• 영업정지처분을 받고 그 영업정지기간 중에 관리업의 업무를 한 자
• 소방시설 등에 대한 자체점검을 하지 아니하거나 관리업자 등으로 하여금 정기적으로 점검하게 하지 아니한 자

55

소방기본법상 소방활동구역의 설정권자로 옳은 것은?

① 소방본부장　　② 소방서장
③ 소방대장　　　④ 시·도지사

해설 소방활동구역 설정권자 : 소방대장

56

소방기본법령상 위험물 또는 물건의 보관기간은 소방본부 또는 소방서의 게시판에 공고하는 기간의 종료일 다음 날부터 며칠로 하는가?

① 3　　　　　　② 4
③ 5　　　　　　④ 7

57

화재예방, 소방시설 설치·유지 및 안전관리에 관한 법령상 비상경보설비를 설치하여야 할 특정소방대상물의 기준 중 옳은 것은?(단, 지하구, 모래·석재 등 불연재료 창고 및 위험물 저장·처리 시설 중 가스시설은 제외한다)

① 지하층 또는 무창층의 바닥면적이 $50[m^2]$ 이상인 것
② 연면적 $400[m^2]$ 이상인 것
③ 지하가 중 터널로서 길이가 $300[m]$ 이상인 것
④ 30명 이상의 근로자가 작업하는 옥내작업장

해설 비상경보설비
① 연면적이 $400[m^2]$ 이상
② 지하층 또는 무창층의 바닥면적이 $150[m^2]$ 이상 (공연장은 $100[m^2]$ 이상)
③ 지하가 중 터널로서 길이가 500[m] 이상
④ 50명 이상의 근로자가 작업하는 옥내작업장

58

화재예방, 소방시설 설치·유지 및 안전관리에 관한 법률상 특정소방대상물의 피난시설, 방화구획 또는 방화시설의 폐쇄·훼손·변경 등의 행위를 한 자에 대한 과태료 기준으로 옳은 것은?

① 200만원 이하의 과태료
② 300만원 이하의 과태료
③ 500만원 이하의 과태료
④ 600만원 이하의 과태료

해설 특정소방대상물의 피난시설, 방화 구획 또는 방화시설의 폐쇄·훼손·변경 등의 행위를 한 자에 대한 과태료
: 300만원 이하

59

소방시설공사업법령상 상주 공사감리 대상기준 중 다음 ( ) 안에 알맞은 것은?

> · 연면적 (㉠)[m²] 이상의 특정소방대상물(아파트는 제외)에 대한 소방시설의 공사
> · 지하층을 포함한 층수가 (㉡)층 이상으로서 (㉢)세대 이상인 아파트에 대한 소방시설의 공사

① ㉠ 10,000, ㉡ 11, ㉢ 600
② ㉠ 10,000, ㉡ 16, ㉢ 500
③ ㉠ 30,000, ㉡ 11, ㉢ 600
④ ㉠ 30,000, ㉡ 16, ㉢ 500

해설 상주 공사감리 대상
- 연면적 30,000[m²] 이상의 특정소방대상물(아파트는 제외한다)에 대한 소방시설의 공사
- 지하층을 포함한 층수가 16층 이상으로서 500세대 이상인 아파트에 대한 소방시설의 공사

60

위험물안전관리법상 지정수량 미만인 위험물의 저장 또는 취급에 관한 기술상의 기준은 무엇으로 정하는가?

① 대통령령   ② 총리령
③ 시·도의 조례   ④ 행정안전부령

해설 지정수량 미만인 위험물의 저장 또는 취급에 관한 기술상의 기준은 특별시·광역시·특별자치시·도 및 특별자치도의 조례로 정한다.

제4과목 | 소방전기시설의 구조 및 원리

61

비상콘센트설비 전원회로의 설치기준 중 틀린 것은?

① 전원회로는 3상교류 380[V]인 것으로서, 그 공급용량은 3[kVA] 이상인 것으로 하여야 한다.
② 전원회로는 각층에 2 이상이 되도록 설치할 것. 다만, 설치하여야 할 층의 비상콘센트가 1개인 때에는 하나의 회로로 할 수 있다.

③ 비상콘센트용의 풀박스 등은 방청도장을 한 것으로서, 두께 1.6[mm] 이상의 철판으로 하여야 한다.
④ 하나의 전용회로에 설치하는 비상콘센트는 10개 이하로 할 것. 이 경우 전선의 용량은 각 비상콘센트(비상콘센트가 3개 이상인 경우에는 3개)의 공급용량을 합한 용량 이상의 것으로 하여야 한다.

해설 비상콘센트 전원회로 설치기준
- 비상콘센트설비의 전원회로는 단상교류 220[V]의 것으로서, 그 공급용량은 1.5[kVA] 이상인 것으로 할 것
- 전원회로는 각 층에 있어서 전압별로 2 이상이 되도록 설치할 것(단, 전압별로 설치하여야 할 층의 콘센트가 1개인 때에는 하나의 회로로 할 수 있다)
- 전원회로는 주배전반에서 전용회로로 할 것
- 전원으로부터 각 층의 비상콘센트에 분기되는 경우에는 분기배선용 차단기를 보호함 안에 설치할 것
- 콘센트마다 배선용 차단기를 설치하여야 하며, 충전부가 노출되지 아니하도록 할 것
- 개폐기에는 "비상콘센트"라고 표시한 표지를 할 것
- 비상콘센트용의 풀박스 등은 방청도장을 한 것으로서, 두께 1.6[mm] 이상의 철판으로 할 것
- 하나의 전용회로에 설치하는 비상콘센트는 10개 이하로 할 것
  이 경우 전선의 용량은 각 비상콘센트(비상콘센트가 3개 이상인 경우에는 3개)의 공급용량을 합한 용량 이상의 것으로 하여야 한다.

62

불꽃감지기 중 도로형의 최대시야각 기준으로 옳은 것은?

① 30° 이상
② 45° 이상
③ 90° 이상
④ 180° 이상

해설 불꽃감지기 도로형 최대시야각 : 180° 이상

63

비상경보설비를 설치하여야 하는 특정소방대상물의 기준으로 옳은 것은?(단, 지하구, 모래·석재 등 불연재료 창고 및 위험물 저장·처리 시설 중 가스시설은 제외한다)

① 공연장의 경우 지하층 또는 무창층의 바닥면적이 100[m²] 이상인 것
② 지하층을 제외한 층수가 11층 이상인 것
③ 지하층의 층수가 3층 이상인 것
④ 30명 이상의 근로자가 작업하는 옥내작업장

해설 비상경보설비를 설치하여야 할 특정소방대상물
- 연면적 **400[m²]**(지하가 중 터널 또는 사람이 거주하지 않거나 벽이 없는 축사 등 동·식물 관련시설은 제외) **이상**이거나 지하층 또는 무창층의 바닥면적이 150[m²](공연장의 경우 100[m²]) 이상인 것
- 지하가 중 터널로서 길이가 **500[m] 이상**인 것
- **50명 이상**의 근로자가 작업하는 옥내 작업장

64

객석 내의 통로가 경사로 또는 수평로로 되어있는 부분에 설치하여야 하는 객석유도등의 설치개수 산출 공식으로 옳은 것은?

① $\dfrac{\text{객석통로의 직선부분의 길이[m]}}{3}-1$

② $\dfrac{\text{객석통로의 직선부분의 길이[m]}}{4}-1$

③ $\dfrac{\text{객석통로의 넓이[m²]}}{3}-1$

④ $\dfrac{\text{객석통로의 넓이[m²]}}{4}-1$

해설 설치개수 $= \dfrac{\text{객석통로의 직선 부분의 길이[m]}}{4}-1$

65

휴대용비상조명등의 설치기준 중 틀린 것은?

① 대규모점포(지하상가 및 지하역사는 제외)와 영화상영관에는 보행거리 50[m] 이내마다 3개 이상 설치할 것

② 사용 시 수동으로 점등되는 구조일 것
③ 건전지 및 충전식 배터리의 용량은 20분 이상 유효하게 사용할 수 있는 것으로 할 것
④ 지하상가 및 지하역사에는 보행거리 25[m] 이내마다 3개 이상 설치할 것

해설 휴대용 비상조명등 : 사용 시 자동으로 점등되는 구조

66

객석유도등을 설치하지 아니하는 경우의 기준 중 다음 ( ) 안에 알맞은 것은?

> 거실 등의 각 부분으로부터 하나의 거실 출입구에 이르는 보행거리가 ( )[m] 이하인 객석의 통로로서 그 통로에 통로유도등이 설치된 객석

① 15   ② 20
③ 30   ④ 50

해설 객석유도등 설치 제외 기준
- 주간에만 사용하는 장소로서 채광이 충분한 객석
- 거실 등의 각 부분으로부터 하나의 거실 출입구에 이르는 보행거리가 20[m] 이하인 객석의 통로로서 그 통로에 통로유도등이 설치된 객석

67

비상벨설비의 설치기준 중 다음 ( ) 안에 알맞은 것은?

> 비상벨설비에는 그 설비에 대한 감시상태를 (㉠)분간 지속한 후 유효하게 (㉡)분 이상 경보할 수 있는 축전지설비 또는 전기저장장치를 설치하여야 한다.

① ㉠ 30, ㉡ 10
② ㉠ 10, ㉡ 30
③ ㉠ 60, ㉡ 10
④ ㉠ 10, ㉡ 60

해설 비상벨설비 또는 자동식사이렌설비에는 그 설비에 대한 감시상태를 60분간 지속한 후 유효하게 10분 이상 경보할 수 있는 축전지설비(수신기에 내장하는 경우를 포함한다) 또는 전기저장장치를 설치하여야 한다.

68
누전경보기 변류기의 절연저항시험 부위가 아닌 것은?

① 절연된 1차권선과 단자판 사이
② 절연된 1차권선과 외부금속부 사이
③ 절연된 1차권선과 2차권선 사이
④ 절연된 2차권선과 외부금속부 사이

해설 누전경보기 변류기 절연저항시험 : 변류기는 직류 500[V]의 절연저항계로 5[MΩ] 이상이어야 한다.
• 절연된 1차 권선과 2차 권선 간
• 절연된 1차 권선과 외부금속부 간
• 절연된 2차 권선과 외부금속부 간

69
피난기구의 설치기준 중 틀린 것은?

① 피난기구를 설치하는 개구부는 서로 동일 직선 상이 아닌 위치에 있을 것. 다만, 피난교·피난 용트랩·간이완강기·아파트에 설치되는 피 난기구(다수인 피난장비는 제외) 기타 피난상 지장이 없는 것에 있어서는 그러하지 아니하다.
② 4층 이상의 층에 하향식 피난구용 내림식 사다리 를 설치하는 경우에는 금속성 고정사다리를 설 치하고, 당해 고정사다리에는 쉽게 피난할 수 있는 구조의 노대를 설치하여야 한다.
③ 다수인 피난장비 보관실은 건물 외측보다 돌출 되지 아니하고, 빗물·먼지 등으로부터 장비를 보호할 수 있는 구조이어야 한다.
④ 승강식 피난기 및 하향식 피난구용 내림식 사다 리의 착지점과 하강구는 상호 수평거리 15[cm] 이상의 간격을 두어야 한다.

해설 피난기구 설치 기준
4층 이상의 층에 피난사다리(하향식 피난구용 내림식 사다리는 제외한다)를 설치하는 경우에는 금속성 고 정사다리를 설치하고, 당해 고정사다리에는 쉽게 피 난할 수 있는 구조의 노대를 설치할 것

70
소방시설용 비상전원수전설비에서 전력수급용 계기 용변성기·주차단장치 및 그 부속기기로 정의되는 것은?

① 큐비클설비 ② 배전반설비
③ 수전설비 ④ 변전설비

해설 수전설비
• 계기용 변성기(MOF, PT, CT)
• 주차단장치(CB)
• 부속기기(VS, AS, LA, SA, PF 등)

71
비상콘센트설비의 설치기준 중 다음 ( ) 안에 알맞은 것은?

도로터널의 비상콘센트설비는 주행차로의 우측 측 벽에 ( )[m] 이내의 간격으로 바닥으로부터 0.8[m] 이상 1.5[m] 이하의 높이에 설치할 것

① 15 ② 25
③ 30 ④ 50

해설 비상콘센트를 터널에 설치 시 주행차로의 우측 측벽 에 50[m] 이내의 간격으로 설치할 것

72
자동화재속보설비 속보기 예비전원의 주위온도 충방 전시험 기준 중 다음 ( ) 안에 알맞은 것은?

무보수 밀폐형 연축전지는 방전종지전압 상태에서 0.1[C]로 48시간 충전한 다음 1시간 방치 후 0.05[C] 로 방전시킬 때 정격용량의 95[%] 용량을 지속하는 시간이 ( )분 이상이어야 하며, 외관이 부풀어 오르 거나 누액 등이 생기지 아니하여야 한다.

① 10 ② 25
③ 30 ④ 40

해설 무보수 밀폐형 연축전지는 방전종지전압 상태에서 0.1[C]로 48시간 방치 후 0.05[C]로 방전시킬 때 정격 용량의 95[%]용량을 지속하는 시간은 30분 이상이어 야 한다.

73

비상방송설비 음향장치 설치기준 중 층수가 5층 이상으로서 연면적 3,000[m²]를 초과하는 특정소방대상물의 1층에서 발화한 때의 경보기준으로 옳은 것은?

① 발화층에 경보를 발할 것
② 발화층 및 그 직상층에 경보를 발할 것
③ 발화층·그 직상층 및 기타의 지하층에 경보를 발할 것
④ 발화층·그 직상층 및 지하층에 경보를 발할 것

해설 비상방송설비 음향장치 설치기준
• 층수가 5층 이상으로 연면적 3,000[m²]를 초과하는 특정소방대상물의 경보를 발하여야 하는 대상은 다음과 같다.
　– 2층 이상의 층에서 발화한 때 : **발화층** 및 그 **직상층**
　– 1층에서 발화한 때 : **발화층**, 그 **직상층** 및 **지하층**
　– 지하층에서 발화한 때 : **발화층**, 그 **직상층** 및 기타의 **지하층**

74

비상방송설비 음향장치의 구조 및 성능 기준 중 다음 (　) 안에 알맞은 것은?

• 정격전압의 (㉠)[%] 전압에서 음향을 발할 수 있는 것을 할 것
• (㉡)의 작동과 연동하여 작동할 수 있는 것으로 할 것

① ㉠ 65, ㉡ 자동화재탐지설비
② ㉠ 80, ㉡ 자동화재탐지설비
③ ㉠ 65, ㉡ 단독경보형감지기
④ ㉠ 80, ㉡ 단독경보형감지기

해설 비상방송설비 음향장치 구조 및 성능 기준
• 정격전압의 80[%] 전압에서 음향을 발할 수 있는 것을 할 것
• 자동화재탐지설비의 작동과 연동하여 작동할 수 있는 것으로 할 것

75

무선통신보조설비를 설치하여야 할 특정소방대상물의 기준 중 다음 (　) 안에 알맞은 것은?

층수가 30층 이상인 것으로서 (　)층 이상 부분의 모든 층

① 11　　　　　② 15
③ 16　　　　　④ 20

해설 무선통신보조설비 설치 대상
• 지하가(터널은 제외)로서 연면적 500[m²] 이상인 것
• 지하층의 바닥면적의 합계가 3,000[m²] 이상인 것 또는 지하층의 층수가 3층 이상이고, 지하층의 바닥면적의 합계가 1,000[m²] 이상인 것은 지하층의 모든 층
• 지하가 중 터널로서 길이가 500[m] 이상인 것
• 공동구
• 층수가 30층 이상인 것으로서 16층 이상 부분의 모든 층

76

자동화재탐지설비 수신기의 설치기준 중 다음 (　) 안에 알맞은 것은?

4층 이상의 특정소방대상물에는 (　)와 전화통화가 가능한 수신기를 설치할 것

① 감지기　　　　② 발신기
③ 중계기　　　　④ 시각경보기

해설 수신기는 4층 이상의 특정소방대상물일 경우 발신기와 전화통화가 가능한 것으로 설치해야 한다.

77

노유자시설 지하층에 적응성을 가진 피난기구는?

① 미끄럼대　　　② 다수인피난장비
③ 피난교　　　　④ 피난용트랩

해설 특정소방대상물의 설치장소별 피난기구의 적응성
(제4조 제1항 관련)

층별 설치 장소별 구분	지하층	1층	2층	3층	4층 이상 10층 이하
1. 노유자 시설	피난용 트랩	미끄럼대 ·구조대 ·피난교 ·다수인 피난장비 ·승강식 피난기	미끄럼대 ·구조대 ·피난교 ·다수인 피난장비 ·승강식 피난기	미끄럼대 ·구조대 ·피난교 ·다수인 피난장비 ·승강식 피난기	피난교· 다수인피 난장비· 승강식피 난기

78
자동화재탐지설비의 감지기 중 연기를 감지하는 감지기는 감시체임버로 몇 [mm] 크기의 물체가 침입할 수 없는 구조이어야 하는가?

① (1.3±0.05)　　　　② (1.5±0.05)
③ (1.8±0.05)　　　　④ (2.0±0.05)

해설 연기를 감지하는 감지기는 감시체임버로 (1.3±0.05)[mm] 크기의 물체가 침입할 수 없는 구조이어야 한다.

79
무선통신보조설비 증폭기의 비상전원 용량은 무선통신보조설비를 유효하게 몇 분 이상 작동시킬 수 있는 것으로 설치하여야 하는가?

① 10　　　　② 20
③ 30　　　　④ 60

해설 각 설비의 비상전원의 용량

설비의 종류	비상전원용량 (이상)
자동화재탐지설비, 자동화재속보설비, 비상경보설비	10분
제연설비, 비상콘센트설비, 옥내소화 전설비, 유도등	20분
무선통신보조설비의 **증폭기**	30분
유도등, 비상조명등 (지하상가 및 11층 이상)	60분

80
광전식 분리형 감지기의 설치기준 중 옳은 것은?

① 감지기의 수광년은 햇빛을 직접 받도록 설치할 것
② 광축(송광면과 수광면의 중심을 연결한 선)은 나란한 벽으로부터 1.5[m] 이상 이격하여 설치할 것
③ 감지기의 송광부와 수광부는 설치된 뒷벽으로부터 0.6[m] 이내 위치에 설치할 것
④ 광축의 높이는 천장 등(천장의 실내에 면한 부분 또는 상층의 바닥하부면) 높이의 80[%] 이상일 것

해설 광전식분리형감지기의 설치기준
• 감지기의 수광면은 햇빛을 직접 받지 않도록 설치할 것
• 광축의 높이는 천장 등 높이의 80[%] 이상일 것
• 광축(송광면과 수광면의 중심을 연결한 선)은 나란한 벽으로부터 0.6[m] 이상 이격하여 설치할 것
• 감지기의 송광부와 수광부는 설치된 뒷벽으로부터 1[m] 이내 위치에 설치할 것
• 감지기의 광축의 길이는 공칭감시거리범위 이내일 것
• 광축길이 100[m] 이내일 것

2018년 9월 15일 시행

제4회

제 1 과목 | **소방원론**

01

경유화재가 발생했을 때 주수소화가 오히려 위험할 수 있는 이유는?

① 경유는 물과 반응하여 유독가스를 발생하므로
② 경유의 연소열로 인하여 산소가 방출되어 연소를 돕기 때문에
③ 경유는 물보다 비중이 가벼워 화재면의 확대 우려가 있으므로
④ 경유가 연소할 때 수소가스를 발생하여 연소를 돕기 때문에

해설 경유는 물보다 가볍고 섞이지 않으므로 주수소화를 하면 화재면이 확대할 우려가 있어 위험하다.

02

할론계 소화약제의 주된 소화효과 및 방법에 대한 설명으로 옳은 것은?

① 소화약제의 증발잠열에 의한 소화방법이다.
② 산소의 농도를 15[%] 이하로 낮게 하는 소화방법이다.
③ 소화약제의 열분해에 의해 발생하는 이산화탄소에 의한 소화방법이다.
④ 자유활성기(Free Radical)의 생성을 억제하는 소화방법이다.

해설 할론계 소화약제 주된 소화효과
: 부촉매효과(자유활성기의 생성을 억제)

03

내화구조에 해당하지 않는 것은?

① 철근콘크리트조로 두께가 10[cm] 이상인 벽
② 철근콘크리트조로 두께가 5[cm] 이상인 외벽 중 비내력벽
③ 벽돌조로서 두께가 19[cm] 이상인 벽
④ 철골철근콘크리트조로서 두께가 10[cm] 이상인 벽

해설 **내화구조의 기준**

내화구분		내화구조의 기준
벽	모든 벽	① **철근콘크리트조** 또는 철골·철근콘크리트조로서 두께가 **10[cm]** 이상인 것 ② 골구를 철골조로 하고 그 양면을 두께 4[cm] 이상의 철망모르타르로 덮은 것 ③ 두께 5[cm] 이상의 콘크리트 블록·벽돌 또는 석재로 덮은 것 ④ 철재로 보강된 콘크리트블록조·벽돌조 또는 석조로서 철재에 덮은 콘크리트 블록 등의 두께가 5[cm] 이상인 것 ⑤ 벽돌조로서 두께가 19[cm] 이상인 것
	외벽 중 비내력벽	① **철근콘크리트조** 또는 철골·철근콘크리트조로서 두께가 **7[cm]** 이상인 것 ② 골구를 철골조로 하고 그 양면을 두께 3[cm] 이상의 철망모르타르로 덮은 것 ③ 두께 4[cm] 이상의 콘크리트 블록·벽돌 또는 석재로 덮은 것 ④ 무근콘크리트조·콘크리트블록조·벽돌조 또는 석조로서 두께가 7[cm] 이상인 것

04

제3종 분말소화약제에 대한 설명으로 틀린 것은?

① A, B, C급 화재에 모두 적응한다.
② 주성분은 탄산수소칼륨과 요소이다.
③ 열분해 시 발생되는 불연성 가스에 의한 질식효과가 있다.
④ 분말운무에 의한 열방사를 차단하는 효과가 있다.

안심Touch

해설 분말소화약제

종 별	소화약제	약제의 착색	적응 화재	열분해반응식
제3종 분말	인산암모늄 $(NH_4H_2PO_4)$	담홍색, 황색	A, B, C급	$NH_4H_2PO_4 \rightarrow HPO_3 + NH_3 + H_2O$

05
피난로의 안전구획 중 2차 안전구획에 속하는 것은?

① 복 도
② 계단부속실(계단전실)
③ 계 단
④ 피난층에서 외부와 직면한 현관

해설 피난시설의 안전구획
　① 1차 안전구획 : 복도
　② 2차 안전구획 : 계단부속실(전실)
　③ 3차 안전구획 : 계단

06
제4류 위험물의 물리·화학적 특성에 대한 설명으로 틀린 것은?

① 증기비중은 공기보다 크다.
② 정전기에 의한 화재발생위험이 있다.
③ 인화성 액체이다.
④ 인화점이 높을수록 증기발생이 용이하다.

해설 인화점이 낮을수록 증기발생이 용이해진다.

07
소화약제로 사용할 수 없는 것은?

① $KHCO_3$　　　② $NaHCO_3$
③ CO_2　　　　④ NH_3

해설 소화약제
　• $KHCO_3$(중탄산칼륨) : 제2종 분말소화약제
　• $NaHCO_3$(중탄산나트륨) : 제3종 분말소화약제
　• CO_2 : 이산화탄소 소화약제

08
연소의 4요소 중 자유활성기(Free Radical)의 생성을 저하시켜 연쇄반응을 중지시키는 소화방법은?

① 제거소화　　　② 냉각소화
③ 질식소화　　　④ 억제소화

해설 억제소화 : 자유활성기의 생성을 저하시켜 연쇄반응을 중지시키는 소화

09
갑종방화문과 을종방화문의 비차열 성능은 각각 최소 몇 분 이상이어야 하는가?

① 갑종 : 90분, 을종 : 40분
② 갑종 : 60분, 을종 : 30분
③ 갑종 : 45분, 을종 : 20분
④ 갑종 : 30분, 을종 : 10분

해설 방화문의 비차열 성능
　• 갑종방화문 : 비차열 60분 이상 성능 확보
　• 을종방화문 : 비차열 30분 이상 성능 확보

10
소방시설 중 피난구조설비에 해당하지 않는 것은?

① 무선통신보조설비　　② 완강기
③ 구조대　　　　　　④ 공기안전매트

해설 무선통신보조설비 : 소화활동설비

11
TLV(Threshold Limit Value)가 가장 높은 가스는?

① 시안화수소　　　② 포스겐
③ 일산화탄소　　　④ 이산화탄소

해설 허용농도(TLV) : 성인 남성이 매일 8시간씩 주 5일을 연속해서 이 농도의 가스를 함유하고 있는 장소에서 작업해도 건강에 영향이 없는 농도
　시안화수소 : 10[ppm]
　포스겐 : 0.1[ppm]
　일산화탄소 : 50[ppm]
　이산화탄소 : 5,000[ppm]

12

염소산염류, 과염소산염류, 알칼리금속의 과산화물, 질산염류, 과망간산염류의 특징과 화재 시 소화방법에 대한 설명 중 틀린 것은?

① 가열 등에 의해 분해하여 산소를 발생하고 화재 시 산소의 공급원 역할을 한다.
② 가연물, 유기물, 기타 산화하기 쉬운 물질과 혼합물은 가열, 충격, 마찰 등에 의해 폭발하는 수도 있다.
③ 알칼리금속의 과산화물을 제외하고 다량의 물로 냉각소화한다.
④ 그 자체가 가연성이며 폭발성을 지니고 있어 화약류 취급 시와 같이 주의를 요한다.

해설 제5류 위험물(자기연소성) : 그 자체가 가연성이며 폭발성을 지니고 있어 화약류 취급 시와 같이 주의를 요하는 것

13

건축물의 피난·방화구조 등의 기준에 관한 규칙에 따른 철망모르타르로서 그 바름두께가 최소 몇 [cm] 이상인 것을 방화구조로 규정하는가?

① 2
② 2.5
③ 3
④ 3.5

해설 방화구조의 기준 : 철망모르타르로서 그 바름두께가 2[cm] 이상인 것

14

화재예방, 소방시설 설치·유지 및 안전관리에 관한 법령에 따른 개구부의 기준으로 틀린 것은?

① 해당 층의 바닥면으로부터 개구부 밑부분까지의 높이가 1.5[m] 이내일 것
② 크기는 지름 50[cm] 이상의 원이 내접할 수 있는 크기일 것
③ 도로 또는 차량이 진입할 수 있는 빈터를 향할 것
④ 내부 또는 외부에서 쉽게 부수거나 열 수 있을 것

해설 해당 층의 바닥면으로부터 개구부 밑부분까지의 높이가 1.2[m] 이내일 것

15

폭연에서 폭굉으로 전이되기 위한 조건에 대한 설명으로 틀린 것은?

① 정상연소속도가 작은 가스일수록 폭굉으로 전이가 용이하다.
② 배관 내에 장애물이 존재할 경우 폭굉으로 전이가 용이하다.
③ 배관의 관경이 가늘수록 폭굉으로 전이가 용이하다.
④ 배관 내 압력이 높을수록 폭굉으로 전이가 용이하다.

해설 폭굉 : 화염의 전파(연소) 속도가 음속보다 빠른 폭발 연소속도가 작은 가스는 폭굉으로 전이가 어렵다.

16

비열이 가장 큰 물질은?

① 구 리
② 수 은
③ 물
④ 철

해설 물의 비열은 $1[cal/g \cdot \text{℃}]$로서 가장 크다.

17

어떤 기체가 0[℃], 1기압에서 부피가 11.2[L], 기체질량이 22[g]이었다면 이 기체의 분자량은?(단, 이상기체로 가정한다)

① 22
② 35
③ 44
④ 56

해설 이상기체상태방정식 $PV = \dfrac{W}{M}RT$에서 분자량

$$M = \frac{WRT}{PV} = \frac{22 \times 0.08205 \times 273}{1 \times 11.2} = 44$$

18

다음 중 분진 폭발의 위험성이 가장 낮은 것은?

① 소석회
② 알루미늄분
③ 석탄분말
④ 밀가루

해설 분진폭발하지 않는 물질
: 소석회[$Ca(OH)_2$], 생석회(CaO), 시멘트분

19

어떤 유기화합물을 원소 분석한 결과 중량백분율이
C : 39.9[%], H : 6.7[%], O : 53.4[%]인 경우 이
화합물의 분자식은?(단, 원자량은 C = 12, O = 16,
H = 1이다)

① $C_3H_8O_2$ 　　　　② $C_2H_4O_2$

③ C_2H_4O 　　　　④ $C_2H_6O_2$

해설 분자식
- 실험식

$$\frac{39.9}{12} : \frac{6.7}{1} : \frac{53.4}{16} = 3.325 : 6.5 : 3.33 = 1 : 2 : 1$$
$$= CH_2O$$

- 분자식 = 실험식 × n = CH_2O × 2 = $C_2H_4O_2$

20

유류 탱크의 화재 시 탱크 저부의 물이 뜨거운 열류층
에 의하여 수증기로 변하면서 급작스런 부피 팽창을
일으켜 유류가 탱크 외부로 분출하는 현상은?

① 슬롭 오버(Slop Over)

② 블레비(BLEVE)

③ 보일 오버(Boil Over)

④ 파이어 볼(Fire Ball)

해설 보일 오버(Boil Over)
- 중질유탱크에서 장시간 조용히 연소하다가 탱크의 잔존기름이 갑자기 분출(Over Flow)하는 현상
- 유류탱크 바닥에 물 또는 물-기름에 에멀션이 섞여 있을 때 화재가 발생하는 현상
- 연소유면으로부터 100[℃] 이상의 열파가 탱크저부에 고여 있는 물을 비등하게 하면서 연소유를 탱크 밖으로 비산하며 연소하는 현상

제 **2** 과목　소방전기일반

21

전지의 내부 저항이나 전해액의 도전율 측정에 사용
되는 것은?

① 접지저항계　　② 캘빈 더블 브리지법

③ 콜라우시 브리지법　④ 메거

해설 콜라우시브리지(Kohlrausch Bridge)
: 전지의 내부저항, 전해액의 저항 측정

22

입력신호와 출력신호가 모두 직류(DC)로서 출력이
최대 5[kW]까지로 견고성이 좋고 토크가 에너지원이
되는 전기식 증폭기기는?

① 계전기　　　　② SCR

③ 자기증폭기　　④ 앰플리다인

해설 앰플리다인
근소한 전력변화를 증폭시키는 직류발전기

23

그림과 같은 회로에서 전압계 3개로 단상전력을 측정
하고자 할 때의 유효전력은?

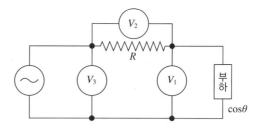

① $P = \frac{R}{2}(V_3^2 - V_1^2 - V_2^2)$

② $P = \frac{1}{2R}(V_3^2 - V_1^2 - V_2^2)$

③ $P = \frac{R}{2}(V_3^2 + V_1^2 + V_2^2)$

④ $P = \frac{1}{2R}(V_3^2 + V_1^2 + V_2^2)$

해설 3전압계법 : $P = \frac{1}{2R}(V_3{}^2 - V_1{}^2 - V_2{}^2)$[W]

24

어느 도선의 길이를 2배로 하고 전기 저항을 5배로
하려면 도선의 단면적은 몇 배로 되는가?

① 10배　　　　② 0.4배

③ 2배　　　　④ 2.5배

정답 19 ②　20 ③　21 ③　22 ④　23 ②　24 ②

해설 전기저항 : $R = \rho \dfrac{l}{A}$ 에서 길이(l)는 비례하고, 단면적 (A)은 반비례하므로 저항(R)이 5배가 되려면 $5 = \dfrac{2}{A}$ 따라서, 단면적 : $A = \dfrac{2}{5} = 0.4$배

25
시퀀스제어에 관한 설명 중 틀린 것은?

① 기계적 계전기접점이 사용된다.
② 논리회로가 조합 사용된다.
③ 시간 지연요소가 사용된다.
④ 전체시스템에 연결된 접점들이 일시에 동작할 수 있다.

해설 시퀀스(개회로) 제어계
- 미리 정해진 순서에 따라 제어의 각 단계를 순차적으로 제어
- 오차가 발생 할 수 있으며 신뢰도가 떨어진다.
- 릴레이접점(유접점), 논리회로(무접점), 시간지연 요소 등이 사용된다.

26
반도체에 빛을 쬐이면 전자가 방출되는 현상은?

① 홀효과   ② 광전효과
③ 펠티어효과   ④ 압전기효과

해설 광전효과 : 조사되는 빛에 의해 전자가 방출되는 현상

27
그림과 같은 다이오드 게이트 회로에서 출력전압은? (단, 다이오드 내의 전압강하는 무시한다)

① 10[V]   ② 5[V]
③ 1[V]   ④ 0[V]

해설 • OR게이트로서 입력 중 어느 하나라도 1이면 출력이 발생하는 회로이므로 출력 5[V]

28
용량 10[kVA]의 단권 변압기를 그림과 같이 접속하면 역률 80[%]의 부하에 몇 [kW]의 전력을 공급할 수 있는가?

① 8   ② 54
③ 80   ④ 88

해설
$$부하전력 = 자기용량 \times 배수\left(\dfrac{V_h}{e}\right) \times \cos\theta$$
$$= 10 \times \dfrac{3,300}{300} \times 0.8 = 88[kW]$$

29
전자유도현상에서 코일에 생기는 유도기전력의 방향을 정의한 법칙은?

① 플레밍의 오른손법칙
② 플레밍의 왼손법칙
③ 렌츠의 법칙
④ 패러데이의 법칙

해설 법칙 설명
- 렌츠의 법칙 : 전자유도상 코일의 유도기전력의 방향은 자속의 변화를 방해하려는 방향으로 발생
- 패러데이의 법칙 : 전자유도에 의한 유도기전력의 크기를 결정하는 법칙

안심Touch

30

입력 $r(t)$, 출력 $c(t)$인 제어시스템에서 전달함수 $G(s)$는?(단, 초깃값은 0이다)

$$\frac{d^2c(t)}{dt^2}+3\frac{dc(t)}{dt}+2c(t)=\frac{dr(t)}{dt}+3r(t)$$

① $\dfrac{3s+1}{2s^2+3s+1}$ ② $\dfrac{s^2+3s+2}{s+3}$

③ $\dfrac{s+1}{s^2+3s+2}$ ④ $\dfrac{s+3}{s^2+3s+2}$

[해설] 전달함수는 $G_{(s)} = \dfrac{출력}{입력} = \dfrac{C_{(t)}}{r_{(t)}}$ 이므로

미분방정식을 라플라스 변환하면

$s^2C_{(t)} + 3sC_{(t)} + 2C_{(t)} = sr_{(t)} + 3r_{(t)}$,

$C_{(t)}(s^2 + 3s + 2) = r_{(t)}(s + 3)$ 이므로

$G_{(s)} = \dfrac{C_{(t)}}{r_{(t)}} = \dfrac{s+3}{s^2+3s+2}$

31

다음 소자 중에서 온도 보상용으로 쓰이는 것은?

① 서미스터 ② 바리스터

③ 제너다이오드 ④ 터널다이오드

[해설] 서미스터 특징
• 온도보상용
• 부(−)저항온도계수 $\left(온도 \propto \dfrac{1}{저항}\right)$

32

한 상의 임피던스가 $Z = 16 + j12[\Omega]$인 Y결선 부하에 대칭 3상 선간전압 380[V]를 가할 때 유효전력은 약 몇 [kW]인가?

① 5.8 ② 7.2

③ 17.3 ④ 21.6

[해설] 임피던스 : $Z = \sqrt{R^2 + X^2}$
$= \sqrt{16^2 + 12^2} = 20[\Omega]$

상 전류 : $I_P = \dfrac{V_P}{Z} = \dfrac{\frac{380}{\sqrt{3}}}{20} = 11[A]$

(Y결선 : $I_l = I_P$)

역률 : $\cos\theta = \dfrac{R}{Z} = \dfrac{16}{20} = 0.8$

유효전력 : $P = \sqrt{3}\,V_l I_l \cos\theta$
$= \sqrt{3} \times 380 \times 11 \times 0.8 \times 10^{-3}$
$= 5.8[\text{kW}]$

33

그림과 같은 계전기 접점회로의 논리식은?

① $(X+Y)(X+\overline{Y})(\overline{X}+Y)$

② $(X+Y)+(X+\overline{Y})+(\overline{X}+Y)$

③ $(XY)+(X\overline{Y})+(\overline{X}Y)$

④ $(XY)(X\overline{Y})(\overline{X}Y)$

[해설] 논리식 $= (XY) + (X\overline{Y}) + (\overline{X}Y)$

34

1[cm]의 간격을 둔 평행 왕복전선에 25[A]의 전류가 흐른다면 전선 사이에 작용하는 전자력은 몇 [N/m]이며, 이것은 어떤 힘인가?

① 2.5×10^{-2}, 반발력

② 1.25×10^{-2}, 반발력

③ 2.5×10^{-2}, 흡인력

④ 1.25×10^{-2}, 흡인력

[해설] 전류의 방향이 다를 경우(왕복도선) : 반발력

전자력 : $F = \dfrac{2I_1 I_2}{r} \times 10^{-7}$
$= \dfrac{2 \times 25 \times 25}{10^{-2}} \times 10^{-7}$
$= 1.25 \times 10^{-2}[\text{N/m}]$

35

다음 단상 유도전동기 중 기동토크가 가장 큰 것은?

① 셰이딩 코일형   ② 콘덴서 기동형
③ 분상 기동형   ④ 반발 기동형

해설 기동토크가 큰 순서
반발 기동형 > 반발 유도형 > 콘덴서 기동형 > 분상
기동형 > 셰이딩 코일형

36

정현파 전압의 평균값이 150[V]이면 최댓값은 약
몇 [V]인가?

① 235.6   ② 212.1
③ 106.1   ④ 95.5

해설 평균값 : $V_a = \dfrac{2}{\pi} V_m$

최댓값 : $V_m = \dfrac{\pi}{2} V_a = \dfrac{\pi}{2} \times 150 = 235.6[V]$

37

각 전류의 대칭분 I_0, I_1, I_2가 모두 같게 되는 고장의
종류는?

① 1선 지락   ② 2선 지락
③ 2선 단락   ④ 3선 단락

해설 1선 지락사고 : $I_0 = I_1 = I_2$
I_0 : 영상전류, I_1 : 정상전류, I_2 : 역상전류

38

10[μF]인 콘덴서를 60[Hz] 전원에 사용할 때 용량
리액턴스는 약 몇 [Ω]인가?

① 250.5   ② 265.3
③ 350.5   ④ 465.3

해설 용량 리액턴스

$X_C = \dfrac{1}{\omega C} = \dfrac{1}{2\pi f C} = \dfrac{1}{2\pi \times 60 \times 10 \times 10^{-6}}$
$= 265.3[\Omega]$

39

$X = \overline{A}\overline{B}C + \overline{A}B\overline{C} + \overline{A}\,\overline{B}\,\overline{C} + \overline{A}\,\overline{B}\,C + A\overline{B}\,\overline{C}$를 가
장 간소화한 것은?

① $\overline{A}BC + \overline{B}$ ② $B + \overline{A}C$
③ $\overline{B} + \overline{A}C$ ④ $\overline{A}BC + B$

해설 논리식 간소화
$X = A\overline{B}C + \overline{A}B\overline{C} + \overline{A}\,\overline{B}C + \overline{A}\,\overline{B}\,\overline{C} + A\overline{B}\,\overline{C}$
$= \overline{B}C(A + \overline{A}) + \overline{A}B\overline{C} + \overline{B}\,\overline{C}(A + \overline{A})$
$= \overline{B}C + \overline{A}B\overline{C} + \overline{B}\,\overline{C}$
$= \overline{B}(C + \overline{C}) + \overline{A}B\overline{C}$
$= \overline{B} + \overline{A}B\overline{C} = \overline{B} + \overline{A}\,\overline{C}$

40

변위를 압력으로 변환하는 소자로 옳은 것은?

① 다이어프램   ② 가변 저항기
③ 벨로스   ④ 노즐 플래퍼

해설 변위 → 압력 변환 : 노즐 플래퍼, 유압분사관, 스프링

제 **3** 과목   **소방관계법규**

41

화재예방, 소방시설 설치 · 유지 및 안전관리에 관한
법령에 따른 특정소방대상물의 수용인원의 산정방법
기준 중 틀린 것은?

① 침대가 있는 숙박시설의 경우는 해당 특정소방
대상물의 종사자수에 침대 수(2인용 침대는 2인
으로 산정)를 합한 수

② 침대가 없는 숙박시설의 경우는 해당 특정소방
대상물의 종사자수에 숙박시설 바닥면적의 합
계를 3[m²]로 나누어 얻은 수를 합한 수

③ 강의실 용도로 쓰이는 특정소방대상물의 경우
는 해당 용도로 사용하는 바닥면적의 합계를
1.9[m²]로 나누어 얻은 수

④ 문화 및 집회시설의 경우는 해당 용도로 사용하는
바닥면적의 합계를 2.6[m²]로 나누어 얻은 수

해설 수용인원 산정방법
- 숙박시설이 있는 특정소방대상물
  - 침대가 있는 숙박시설 : 해당 특정소방물의 종사자 수에 침대수(2인용 침대는 2개로 산정한다)를 합한 수
  - 침대가 없는 숙박시설 : 해당 특정소방대상물의 종사자수에 숙박시설 바닥면적의 합계를 3[m²] 나누어 얻은 수를 합한 수
- 특정소방대상물
  - 강의실·교무실·상담실·실습실·휴게실 용도로 쓰이는 특정소방대상물 : 해당 용도로 사용하는 바닥면적의 합계를 1.9[m²]로 나누어 얻은 수
  - 강당, 문화 및 집회시설, 운동시설, 종교시설 : 해당 용도로 사용하는 바닥면적의 합계를 4.6[m²]로 나누어 얻은 수

42
화재예방, 소방시설 설치·유지 및 안전관리에 관한 법령에 따른 소방안전 특별관리시설물의 안전관리 대상 전통시장의 기준 중 다음 ( ) 안에 알맞은 것은?

> 전통시장으로서 대통령령으로 정하는 전통시장 : 점포가 ( )개 이상인 전통시장

① 100 　　② 300
③ 500 　　④ 600

해설 전통시장으로 대통령령으로 정하는 전통시장
: 점포가 500개 이상인 전통시장

43
소방시설공사업법령에 따른 소방시설공사 중 특정소방대상물에 설치된 소방시설 등을 구성하는 것의 전부 또는 일부를 개설, 이전 또는 정비하는 공사의 착공신고를 하지 않을 수 있다. 해당되지 않는 것은?
(단, 긴급으로 교체를 요할 때이다)

① 수신반
② 소화펌프
③ 동력(감시)제어반
④ 제연설비의 제연구역

해설 착공신고대상
특정소방대상물에 설치된 소방시설 등을 구성하는 다음의 어느 하나에 해당하는 것의 전부 또는 일부를 개설, 이전 또는 정비하는 공사. 다만, 고장 또는 파손 등으로 인하여 작동시킬 수 없는 소방시설을 긴급히 교체하거나 보수하여야 하는 경우에는 신고하지 않을 수 있다.
- 수신반
- 소화펌프
- 동력(감시)제어반

44
소방기본법에 따른 벌칙의 기준이 다른 것은?
① 정당한 사유 없이 불장난, 모닥불, 흡연, 화기취급, 풍등 등 소형 열기구 날리기, 그 밖에 화재예방상 위험하다고 인정되는 행위의 금지 또는 제한에 따른 명령에 따르지 아니하거나 이를 방해한 사람
② 소방활동 종사 명령에 따른 사람을 구출하는 일 또는 불을 끄거나 불이 번지지 아니하도록 하는 일을 방해한 사람
③ 정당한 사유 없이 소방용수시설 또는 비상소화장치를 사용하거나 소방용수시설 또는 비상소화장치의 효용을 해치거나 그 정당한 사용을 방해한 사람
④ 출동한 소방대의 소방장비를 파손하거나 그 효용을 해하여 화재진압·인명구조 또는 구급활동을 방해하는 행위를 한 사람

해설
- 200만원 이하의 벌금 : 정당한 사유 없이 불장난, 모닥불, 흡연, 화기취급, 풍등 등 소형 열기구 날리기, 그 밖에 화재예방상 위험하다고 인정되는 행위의 금지 또는 제한에 따른 명령에 따르지 아니하거나 이를 방해한 사람
- 5년 이하의 징역 또는 5천만원 이하의 벌금
  - 소방활동 종사 명령에 따른 사람을 구출하는 일 또는 불을 끄거나 불이 번지지 아니하도록 하는 일을 방해한 사람
  - 정당한 사유 없이 소방용수시설 또는 비상소화장치를 사용하거나 소방용수시설 또는 비상소화장치의 효용을 해치거나 그 정당한 사용을 방해한 사람
  - 출동한 소방대의 소방장비를 파손하거나 그 효용을 해하여 화재진압·인명구조 또는 구급활동을 방해하는 행위를 한 사람

45

피난시설, 방화구획 또는 방화시설을 폐쇄·훼손·변경 등의 행위를 3차 이상 위반한 경우에 대한 과태료 부과기준으로 옳은 것은?

① 200만원
② 300만원
③ 500만원
④ 1,000만원

해설
• 1차 위반 : 100만원
• 2차 위반 : 200만원
• 3차 위반 이상 : 300만원

46

소방기본법령에 따른 화재경계지구의 관리기준 중 다음 ( ) 안에 알맞은 것은?

• 소방본부장 또는 소방서장은 화재경계지구 안의 소방대상물의 위치·구조 및 설비 등에 대한 소방특별조사를 (㉠)회 이상 실시하여야 한다.
• 소방본부장 또는 소방서장은 소방상 필요한 훈련 및 교육을 실시하고자 하는 때에는 화재경계지구 안의 관계인에게 훈련 또는 교육 (㉡)일 전까지 그 사실을 통보하여야 한다.

① ㉠ 월 1, ㉡ 7
② ㉠ 월 1, ㉡ 10
③ ㉠ 연 1, ㉡ 7
④ ㉠ 연 1, ㉡ 10

해설
• 소방본부장 또는 소방서장은 화재경계지구 안의 소방대상물 위치·구조 및 설비 등에 대한 소방특별조사를 연 1회 이상 실시하여야 한다.
• 소방본부장 또는 소방서장은 소방상 필요한 훈련 및 교육을 실시하고자하는 때에는 화재경계지구 안의 관계인에게 훈련 또는 교육 10일 전까지 그 사실을 통보하여야 한다.

47

화재예방, 소방시설 설치·유지 및 안전관리에 관한 법령에 따른 임시소방시설 중 간이소화장치를 설치하여야 하는 공사의 작업현장의 규모의 기준 중 다음 ( ) 안에 알맞은 것은?

• 연면적 (㉠)[m²] 이상
• 지하층, 무창층 또는 (㉡)층 이상의 층. 이 경우 해당 층의 바닥면적이 (㉢)[m²] 이상인 경우만 해당

① ㉠ 1,000, ㉡ 6, ㉢ 150
② ㉠ 1,000, ㉡ 6, ㉢ 600
③ ㉠ 3,000, ㉡ 4, ㉢ 150
④ ㉠ 3,000, ㉡ 4, ㉢ 600

해설 임시소방시설 중 간이소화장치 설치 기준
• 연면적 3,000[m²] 이상
• 지하층, 무창층 및 4층 이상의 층. 이 경우 해당 층의 바닥 면적이 600[m²] 이상인 경우만 해당한다.

48

화재예방, 소방시설 설치·유지 및 안전관리에 관한 법령에 따른 소방안전관리대상물의 관계인 및 소방안전관리자를 선임하여야 하는 공공기관의 장은 작동기능점검을 실시한 경우 며칠 이내에 소방시설등 작동기능점검 실시결과 보고서를 소방본부장 또는 소방서장에게 제출하여야 하는가?

① 7일
② 15일
③ 30일
④ 60일

해설 작동기능점검 : 소방안전관리대상물, 공공기관에 작동기능점검을 실시한 자는 7일 이내에 작동기능점검 결과보고서를 소방본부장 또는 소방서장에게 제출하여야 한다(2019년 8월 13일 개정).
※ 점검결과보고서 제출 기간이 30일 이내에서 7일 이내로 변경

49

화재예방, 소방시설 설치·유지 및 안전관리에 관한 법령에 따른 공동 소방안전관리자를 선임하여야 하는 특정소방대상물 중 고층 건축물은 지하층을 제외한 층수가 몇 층 이상인 건축물만 해당되는가?

① 6층 ② 11층
③ 20층 ④ 30층

해설 **공동 소방안전관리자 선임대상물**
- **고층건축물**(지하층을 제외한 **11층 이상**)
- **지하가**
- **복합건축물**로서 연면적이 5,000[m²] 이상 또는 5층 이상
- **도매시장** 또는 **소매시장**
- 특정소방대상물 중 소방본부장 또는 소방서장이 지정하는 것

50

소방시설공사업법령에 따른 성능위주설계를 할 수 있는 자의 설계범위 기준 중 틀린 것은?

① 연면적 30,000[m²] 이상인 특정소방대상물로서 공항시설
② 연면적 100,000[m²] 이상인 특정소방대상물(단, 아파트 등은 제외)
③ 지하층을 포함한 층수가 30층 이상인 특정소방대상물(단, 아파트 등은 제외)
④ 하나의 건축물에 영화상영관이 10개 이상인 특정소방대상물

해설 **성능위주설계를 하여야 하는 특정소방대상물의 범위**
- 연면적 20만[m²] 이상인 특정소방대상물 (아파트 등은 제외)
- 다음 각 목의 어느 하나에 해당하는 특정소방대상물(단, 아파트 등은 제외)
  - 건축물의 높이가 100[m] 이상인 특정소방대상물
  - 지하층을 포함한 층수가 30층 이상인 특정소방대상물
- 연면적 3만[m²] 이상인 특정소방대상물로서 다음의 어느 하나에 해당하는 특정소방대상물
  ① 철도 및 도시철도 시설
  ② 공항시설
- 하나의 건축물에 영화상영관이 10개 이상인 특정소방대상물

51

소방기본법령에 따른 용접 또는 용단 작업장에서 불꽃을 사용하는 용접·용단기구 사용에 있어서 작업자로부터 반경 몇 [m] 이내에 소화기를 갖추어야 하는가?(단, 산업안전보건법에 따른 안전조치의 적용을 받는 사업장의 경우는 제외한다)

① 1 ② 3
③ 5 ④ 7

해설 용접 또는 용단 작업장에서 불꽃을 사용하는 용접·용단기구 사용에 있어서 작업자로부터 반경 5[m] 이내에 소화기를 갖추어야 한다.

52

소방기본법령에 따른 소방대원에게 실시할 교육·훈련 횟수 및 기간의 기준 중 다음 ( ) 안에 알맞은 것은?

횟 수	기 간
(㉠)년마다 1회	(㉡)주 이상

① ㉠ 2, ㉡ 2 ② ㉠ 2, ㉡ 4
③ ㉠ 1, ㉡ 2 ④ ㉠ 1, ㉡ 4

해설 **소방대원의 교육 및 훈련**
- 소방안전교육과 훈련 실시 : 2년마다 1회 이상
- 교육·훈련기간 : 2주 이상

53

소방기본법에 따른 소방력의 기준에 따라 관할구역의 소방력을 확충하기 위하여 필요한 계획을 수립하여 시행하여야 하는 자는?

① 소방서장
② 소방본부장
③ 시·도지사
④ 행정안전부장관

해설 소방력의 기준에 따라 관할 구역의 소방력을 확충하기 위하여 필요한 계획의 수립·시행권자 : 시·도지사

54

위험물안전관리법령에 따른 인화성액체위험물(이황화탄소를 제외)의 옥외탱크저장소의 탱크 주위에 설치하는 방유제의 설치기준 중 옳은 것은?

① 방유제의 높이는 0.5[m] 이상 2.0[m] 이하로 할 것

② 방유제 내의 면적은 100,000[m²] 이하로 할 것

③ 방유제의 용량은 방유제 안에 설치된 탱크가 2기 이상인 때에는 그 탱크 중 용량이 최대인 것의 용량의 120[%] 이상으로 할 것

④ 높이가 1[m]를 넘는 방유제 및 칸막이 둑의 안팎에는 방유제 내에 출입하기 위한 계단 또는 경사로를 약 50[m]마다 설치할 것

해설 옥외탱크저장소의 방유제
- 방유제의 용량
  - 탱크가 **하나일 때** : 탱크 용량의 **110[%] 이상**(인화성이 없는 액체 위험물은 100[%])
  - 탱크가 2기 이상일 때 : 탱크 중 용량이 최대인 것의 용량의 **110[%] 이상**(인화성이 없는 액체 위험물은 100[%])
- 방유제의 높이 : 0.5[m] 이상 3[m] 이하, 두께 0.2m 이상, 지하매설깊이 1[m] 이상
- 방유제의 면적 : 80,000[m²] 이하
- 높이가 1[m] 이상이면 계단 또는 경사로를 약 50[m]마다 설치할 것

55

화재예방, 소방시설 설치 · 유지 및 안전관리에 관한 법령에 따른 화재안전기준을 달리 적용하여야 하는 특수한 용도 또는 구조를 가진 특정소방대상물 중 핵폐기물처리시설에 설치하지 아니할 수 있는 소방시설은?

① 소화용수설비

② 옥외소화전설비

③ 물분무 등 소화설비

④ 연결송수관설비 및 연결살수설비

해설 원자력발전소 및 핵폐기물처리시설에 설치하지 아니할 수 있는 소방시설 : 연결송수관설비 및 연결살수설비

56

위험물안전관리법령에 따른 정기점검의 대상인 제조소 등의 기준 중 틀린 것은?

① 암반탱크저장소

② 지하탱크저장소

③ 이동탱크저장소

④ 지정수량의 150배 이상의 위험물을 저장하는 옥외탱크저장소

해설 지정수량의 200배 이상의 위험물을 저장하는 옥외탱크저장소

57

위험물안전관리법령에 따른 위험물제조소의 옥외에 있는 위험물취급탱크 용량이 100[m³] 및 180[m³]인 2개의 취급탱크 주위에 하나의 방유제를 설치하는 경우 방유제의 최소용량은 몇 [m³]이어야 하는가?

① 100

② 140

③ 180

④ 280

해설 옥외에 있는 위험물취급탱크 방유제의 용량

> 방유제의 용량 = (최대용량×0.5) + (나머지 탱크용량 합계×0.1)

∴ 방유제 용량 = (180[m³]×0.5) + (100[m³]×0.1)
= 100[m³]

58

화재예방, 소방시설 설치 · 유지 및 안전관리에 관한 법령에 따른 방염성능기준 이상의 실내장식물 등을 설치하여야 하는 특정소방대상물의 기준 중 틀린 것은?

① 건축물의 옥내에 있는 시설로서 종교시설

② 층수가 11층 이상인 아파트

③ 의료시설 중 종합병원

④ 노유자시설

해설 방염성능기준 이상의 실내장식물 등 설치 특정소방대상물
- 근린생활시설 중 의원, 체력단련장, 공연장 및 종교 집회장
- 건축물의 옥내에 있는 시설로서 다음의 시설
  - 문화 및 집회시설
  - 종교시설
  - 운동시설(수영장은 제외)
- 의료시설
- 교육연구시설 중 합숙소
- 노유자시설
- 숙박이 가능한 수련시설
- 숙박시설
- 방송통신시설 중 방송국 및 촬영소
- 다중이용업소
- 층수가 11층 이상인 것(아파트는 제외)

59

위험물안전관리법령에 따른 소화난이도등급 Ⅰ의 옥내탱크저장소에서 유황만을 저장·취급할 경우 설치하여야 하는 소화설비로 옳은 것은?

① 물분무소화설비　　② 스프링클러설비
③ 포소화설비　　　　④ 옥내소화전설비

해설 유황만을 저장·취급하는 경우 소화설비
: 물분무소화설비

60

화재예방, 소방시설 설치·유지 및 안전관리에 관한 법령에 따른 특정소방대상물 중 의료시설에 해당하지 않는 것은?

① 요양병원　　　　② 마약진료소
③ 한방병원　　　　④ 노인의료복지시설

해설 노인의료복지시설 : 노유자시설

제 **4** 과목　소방전기시설의 구조 및 원리

61

비상콘센트설비의 전원부와 외함 사이의 절연내력 기준 중 다음 (　) 안에 알맞은 것은?

> 절연내력은 전원부와 외함 사이에 정격전압이 150[V] 이하인 경우에는 (　㉠　)[V]의 실효전압을, 정격전압이 150[V] 이상인 경우에는 그 정격전압에 (　㉡　)을 곱하여 1,000을 더한 실효전압을 가하는 시험에서 1분 이상 견디는 것으로 할 것

① ㉠ 500, ㉡ 2　　　② ㉠ 500, ㉡ 3
③ ㉠ 1,000, ㉡ 2　　④ ㉠ 1,000, ㉡ 3

해설 비상콘센트 절연내력 시험 기준
- 정격전압이 150[V] 이하 : 1,000[V]의 실효전압
- 정격전압이 150[V] 이상 : 정격전압[V] × 2 + 1,000

62

누전경보기 전원의 설치기준 중 다음 (　) 안에 알맞은 것은?

> 전원은 분전반으로부터 전용회로로 하고, 각극에 개폐기 및 (　㉠　)[A] 이하의 과전류차단기(배선용 차단기에 있어서는 (　㉡　)[A] 이하의 것으로 각 극을 개폐할 수 있는 것)를 설치할 것

① ㉠ 15, ㉡ 30　　　② ㉠ 15, ㉡ 20
③ ㉠ 10, ㉡ 30　　　④ ㉠ 10, ㉡ 20

해설 누전경보기 전원
- 과전류차단기 : 15[A] 이하
- 배선용차단기 : 20[A] 이하

63

비상경보설비를 설치하여야 하는 특정소방대상물의 기준 중 옳은 것은?(단, 지하구, 모래·석재 등 불연재료 창고 및 위험물 저장·처리 시설 중 가스시설은 제외한다)

① 지하층 또는 무창층의 바닥면적이 150[m²] 이상인 것

② 공연장으로서 지하층 또는 무창층의 바닥면적이 200[m²] 이상인 것
③ 지하가 중 터널로서 길이가 400[m] 이상인 것
④ 30명 이상의 근로자가 작업하는 옥내작업장

해설 비상경보설비를 설치하여야 할 특정소방대상물
• 연면적 **400[m²]**(지하가 중 터널 또는 사람이 거주하지 않거나 벽이 없는 축사 등 동·식물 관련시설은 제외) **이상**이거나 지하층 또는 무창층의 바닥면적이 **150[m²]**(공연장의 경우 **100[m²]**) 이상인 것
• 지하가 중 터널로서 길이가 **500[m] 이상인 것**
• **50명 이상**의 근로자가 작업하는 옥내 작업장

64
무선통신보조설비 무선기기 접속단자의 설치기준 중 다음 ( ) 안에 알맞은 것은?

> 무선통신보조설비의 무선기기 접속단자를 지상에 설치하는 경우 접속단자는 보행거리 (㉠)[m] 이내마다 설치하고, 다른 용도로 사용되는 접속단자에서 (㉡)[m] 이상의 거리를 둘 것

① ㉠ 400, ㉡ 5   ② ㉠ 300, ㉡ 5
③ ㉠ 400, ㉡ 3   ④ ㉠ 300, ㉡ 3

해설 무선통신보조설비 무선기기 접속단자를 지상에 설치하는 접속단자는 보행거리 300[m] 이내마다 설치하고, 다른 용도로 사용되는 접속단자에서 5[m] 이상의 거리를 둘 것

65
비상조명등의 설치 제외 기준 중 다음 ( ) 안에 알맞은 것은?

> 거실의 각 부분으로부터 하나의 출입구에 이르는 보행거리가 ( )[m] 이내인 부분

① 2   ② 5
③ 15   ④ 25

해설 비상조명등 설치 제외
• 거실의 각 부분으로부터 하나의 출입구에 이르는 **보행거리가 15[m] 이내인 부분**
• **의원, 경기장, 공동주택, 의료시설, 학교의 거실**

66
자동화재탐지설비의 경계구역에 대한 설정기준 중 틀린 것은?

① 지하구의 경우 하나의 경계구역의 길이는 800[m] 이하로 할 것
② 하나의 경계구역이 2개 이상의 층에 미치지 아니하도록 할 것
③ 하나의 경계구역의 면적은 600[m²] 이하로 하고 한 변의 길이는 50[m] 이하로 할 것
④ 하나의 경계구역이 2개 이상의 건축물에 미치지 아니하도록 할 것

해설 자동화재탐지설비의 경계구역
• 하나의 경계구역이 2개 이상의 건축물에 미치지 아니하도록 할 것
• 하나의 경계구역이 2개 이상의 층에 미치지 아니하도록 할 것. 다만, **500[m²]** 이하의 범위 안에서는 2개의 층을 **하나의 경계구역**으로 할 수 있다.
• 하나의 경계구역의 면적은 **600[m²]** 이하로 하고, 한 변의 길이는 **50[m]** 이하로 할 것(다만, 특정소방대상물의 주된 출입구에서 그 내부 전체가 보이는 것에 있어서는 한 변의 길이가 50[m]의 범위 내에서 1,000[m²] 이하로 할 수 있다)
• **지하구**에 있어서 하나의 경계구역의 길이는 **700[m] 이하로 할 것**

67
무선통신보조설비의 분배기·분파기 및 혼합기의 설치기준 중 틀린 것은?

① 먼지·습기 및 부식 등에 따라 기능에 이상을 가져오지 아니하도록 할 것
② 임피던스는 50[Ω]의 것으로 할 것
③ 전원은 전기가 정상적으로 공급되는 축전지, 전기저장장치 또는 교류전압 옥내간선으로 하고, 전원까지의 배선은 전용으로 할 것
④ 점검에 편리하고 화재 등의 재해로 인한 피해의 우려가 없는 장소에 설치할 것

해설 분배기·분파기 및 혼합기 설치기준
• 먼지·습기 및 부식 등에 따라 기능에 이상을 가져오지 아니하도록 할 것
• 임피던스는 50[Ω]의 것으로 할 것
• 점검에 편리하고 화재 등의 재해로 인한 피해의 우려가 없는 장소에 설치할 것

68
비상방송설비의 음향장치 구조 및 성능기준 중 다음 ( ) 안에 알맞은 것은?

> · 정격전압은 (㉠)[%] 전압에서 음향을 발할 수 있는 것을 할 것
> · (㉡)의 작동과 연동하여 작동할 수 있는 것으로 할 것

① ㉠ 65, ㉡ 단독경보형감지기
② ㉠ 65, ㉡ 자동화재탐지설비
③ ㉠ 80, ㉡ 단독경보형감지기
④ ㉠ 80, ㉡ 자동화재탐지설비

해설 비상방송설비 음향장치 구조 및 성능 기준
· 정격전압의 80[%] 전압에서 음향을 발할 수 있는 것을 할 것
· 자동화재탐지설비의 작동과 연동하여 작동할 수 있는 것으로 할 것

69
축광방식의 피난유도선 설치기준 중 다음 ( ) 안에 알맞은 것은?

> · 바닥으로부터 높이 (㉠)[cm] 이하의 위치 또는 바닥 면에 설치할 것
> · 피난유도 표시부는 (㉡)[cm] 이내의 간격으로 연속되도록 설치할 것

① ㉠ 50, ㉡ 50
② ㉠ 50, ㉡ 100
③ ㉠ 100, ㉡ 50
④ ㉠ 100, ㉡ 100

해설 축광방식의 피난유도선의 설치기준
· 구획된 각 실로부터 주출입구 또는 비상구까지 설치할 것
· 바닥으로부터 높이 50[cm] 이하의 위치 또는 바닥 면에 설치할 것
· 피난유도 표시부는 50[cm] 이내의 간격으로 연속되도록 설치
· 부착대에 의하여 견고하게 설치할 것
· 외광 또는 조명장치에 의하여 상시 조명이 제공되거나 비상조명등에 의한 조명이 제공되도록 설치할 것

70
비상콘센트용의 풀박스 등은 방청도장을 한 것으로서 두께는 최소 몇 [mm] 이상의 철판으로 하여야 하는가?

① 1.0
② 1.2
③ 1.5
④ 1.6

해설 비상콘센트용 풀박스 두께 : 1.6[mm] 이상

71
유도등 예비전원의 종류로 옳은 것은?

① 알칼리계 2차축전지
② 리튬계 1차축전지
③ 리튬-이온계 2차축전지
④ 수은계 1차축전지

해설 유도등 예비전원 축전지 : 알칼리계 2차 축전지

72
비상방송설비의 배선과 전원에 관한 설치기준 중 옳은 것은?

① 부속회로의 전로와 대지 사이 및 배선 상호 간의 절연저항은 1경계구역마다 직류 110[V]의 절연저항측정기를 사용하여 측정한 절연저항이 1[MΩ] 이상이 되도록 한다.
② 전원은 전기가 정상적으로 공급되는 축전지 또는 교류전압의 옥내 간선으로 하고, 전원까지의 배선은 전용이 아니어도 무방하다.
③ 비상방송설비에는 그 설비에 대한 감시상태를 30분간 지속한 후 유효하게 10분 이상 경보할 수 있는 축전지설비를 설치하여야 한다.
④ 비상방송설비의 배선은 다른 전선과 별도의 관·덕트 몰드 또는 풀박스 등에 설치하되 60[V] 미만의 약전류회로에 사용하는 전선으로서 각각의 전압이 같을 때에는 그러하지 아니하다.

해설 비상방송설비 배선 및 전원 설치 기준
· 부속회로의 전로와 대지 사이 및 배선 상호간의 절연저항은 1경계구역마다 직류 250[V]의 절연저항측정기를 사용하여 측정한 절연저항이 0.1[MΩ] 이상이 되도록 할 것

- 전원은 전기가 정상적으로 공급되는 축전지, 전기저장장치(외부 전기에너지를 저장해 두었다가 필요한 때 전기를 공급하는 장치) 또는 교류전압의 옥내간선으로 하고, 전원까지의 배선은 전용으로 할 것
- 비상방송설비에는 그 설비에 대한 감시상태를 60분간 지속한 후 유효하게 10분 이상 경보할 수 있는 축전지설비(수신기에 내장하는 경우를 포함한다) 또는 전기저장장치를 설치하여야 한다.
- 비상방송설비의 배선은 다른 전선과 별도의 관·덕트·몰드 또는 풀박스 등에 설치할 것. 다만, 60[V] 미만의 약전류회로에 사용하는 전선으로서 각각의 전압이 같을 때에는 그러하지 아니하다.

73
자동화재탐지설비의 연기복합형 감지기를 설치할 수 없는 부착높이는?

① 4[m] 이상 8[m] 미만
② 8[m] 이상 15[m] 미만
③ 15[m] 이상 20[m] 미만
④ 20[m] 이상

해설 연기복합형 감지기 설치 높이 : 20[m] 미만

74
7층인 의료시설에 적응성을 갖는 피난기구가 아닌 것은?

① 구조대
② 피난교
③ 피난용트랩
④ 미끄럼대

설치장소 / 층	의료시설, 노약자시설	기 타
지하층	• 피난용 트랩	• 피난사다리 • 피난용 트랩
3층	• 피난용 트랩 • 피난교 • 구조대 • 미끄럼대	• 피난사다리, 피난교 • 피난용 트랩, 구조대 • 완강기, 간이완강기 • 미끄럼대 • 피난밧줄 • 공기안전매트
4층 이상 10층 이하	• 피난용 트랩 • 피난교 • 구조대	• 피난사다리, 피난교 • 구조대 • 완강기, 간이완강기 • 공기안전매트

75
청각장애인용 시각경보장치는 천장의 높이가 2[m] 이하인 경우에는 천장으로부터 몇 [m] 이내의 장소에 설치하여야 하는가?

① 0.1
② 0.15
③ 1.0
④ 1.5

해설 청각장애인용 시각경보장치의 설치높이는 바닥으로부터 2[m] 이상 2.5[m] 이하의 장소에 설치할 것. 다만, 천장의 높이가 2[m] 이하인 경우에는 천장으로부터 0.15[m] 이내의 장소에 설치하여야 한다.

76
각 소방설비별 비상전원의 종류와 비상전원 최소용량의 연결이 틀린 것은?(단, 소방설비-비상전원의 종류-비상전원 최소용량 순서이다)

① 자동화재탐지설비-축전비설비-20분
② 비상조명등설비-축전지설비 또는 자가발전설비-20분
③ 할로겐화합물 및 불활성기체소화설비-축전지설비 또는 자가발전설비-20분
④ 유도등-축전지설비-20분

해설
- 자동화재탐지설비의 비상전원을 축전지설비로 할 경우 감시상태를 60분 이상 지속한 후 10분 이상 경보할 수 있는 용량 이상일 것
- 유도등 비상전원 : 축전지 - 20분

77
비상방송설비 음향장치의 설치기준 중 다음 ( ) 안에 알맞은 것은?

- 음량조정기를 설치하는 경우 음량조정기의 배선은 (㉠)선식으로 할 것
- 확성기는 각층마다 설치하되, 그 층의 각 부분으로부터 하나의 확성기까지의 수평거리가 (㉡)[m] 이하가 되도록 하고, 해당층의 각 부분에 유효하게 경보를 발할 수 있도록 설치할 것

① ㉠ 2, ㉡ 15
② ㉠ 2, ㉡ 25
③ ㉠ 3, ㉡ 15
④ ㉠ 3, ㉡ 25

해설 비상방송설비의 설치기준
- 확성기의 음성입력
  - 실내 1[W] 이상
  - 실외 3[W] 이상
- 확성기 설치 : 수평거리가 25[m] 이하
- 음량조정기의 배선 : 3선식
- 조작부의 조작 스위치 : 0.8[m] 이상 1.5[m] 이하
- 비상방송개시 소요시간 : 10초 이내

78
연기감지기의 설치기준 중 틀린 것은?

① 부착높이 4[m] 이상 20[m] 미만에는 3종 감지기를 설치할 수 없다.
② 복도 및 통로에 있어서 보행거리 30[m]마다 설치한다.
③ 계단 및 경사로에 있어서 3종은 수직거리 10[m]마다 설치한다.
④ 감지기는 벽이나 보로부터 1.5[m] 이상 떨어진 곳에 설치하여야 한다.

해설 연기감지기는 벽 또는 보로부터 0.6[m] 이상 떨어진 곳에 설치할 것

[연기감지기 장소에 따른 설치기준]

설치장소	복도 및 통로		계단 및 경사로	
	1종, 2종	3종	1종, 2종	3종
설치거리	보행거리 30[m]	보행거리 20[m]	수직거리 15[m]	수직거리 10[m]

79
자동화재속보설비를 설치하여야 하는 특정소방대상물의 기준 중 틀린 것은?(단, 사람이 24시간 상시 근무하고 있는 경우는 제외한다)

① 판매시설 중 전통시장
② 지하가 중 터널로서 길이가 1,000[m] 이상인 것
③ 수련시설(숙박시설이 있는 건축물만 해당)로서 바닥면적이 500[m²] 이상인 층이 있는 것
④ 업무시설, 공장, 창고시설, 교정 및 군사시설 중 국방·군사시설, 발전시설(사람이 근무하지 않는 시간에는 무인경비시스템으로 관리하는 시설만 해당)로서 바닥면적이 1,500[m²] 이상인 층이 있는 것

해설 자동화재속보설비 설치대상물
① 업무시설, 공장, 창고시설, 교정 및 군사시설 중 국방·군사시설, 발전시설(사람이 근무하지 않는 시간에는 무인경비시스템으로 관리하는 시설만 해당)로서 바닥면적이 1,500[m²] 이상인 층이 있는 것(24시간 상시근무 시 설치 제외)
② 노유자 생활시설
③ ②에 해당하지 않는 노유자시설로서 바닥면적이 500[m²] 이상인 층이 있는 것(24시간 상시근무 시 설치 제외)
④ 수련시설(숙박시설이 있는 건축물만 해당한다)로서 바닥면적이 500[m²] 이상인 층이 있는 것(24시간 상시근무 시 설치 제외)
⑤ 보물 또는 국보로 지정된 목조건축물(다만, 사람이 24시간 상주 시 제외)
⑥ 근린생활시설 중 의원, 치과의원 및 한의원으로서 입원실이 있는 시설
⑦ 의료시설 중 다음 각 호의 어느 하나에 해당하는 시설
  ⊙ 종합병원, 병원, 치과병원, 한방병원 및 요양병원(정신병원과 의료재활시설은 제외)
  ⊙ 정신병원과 의료재활시설로 사용되는 바닥면적의 합계가 500[m²] 이상인 층이 있는 것
⑧ 판매시설 중 전통시장
⑨ ①부터 ⑧까지에 해당하지 않는 특정소방대상물 중 층수가 30층 이상인 것

80
피난기구의 용어의 정의 중 다음 ( ) 안에 알맞은 것은?

( )란 사용자의 몸무게에 따라 자동적으로 내려올 수 있는 기구 중 사용자가 연속적으로 사용할 수 없는 것을 말한다.

① 구조대
② 완강기
③ 간이완강기
④ 다수인피난장비

해설 간이완강기
사용자의 몸무게에 따라 자동적으로 내려올 수 있는 기구 중 사용자가 연속적으로 사용할 수 없는 것

2019년 3월 3일 시행

제 **1** 회

제 **1** 과목 **소방원론**

01

불활성 가스에 해당하는 것은?

① 수증기
② 일산화탄소
③ 아르곤
④ 아세틸렌

해설 불활성 가스 : 헬륨(He), 네온(Ne), 아르곤(Ar), 크립톤(Kr), 제논(Xe), 라돈(Rn)

02

이산화탄소 소화약제의 임계온도로 옳은 것은?

① 24.4[℃]
② 31.1[℃]
③ 56.4[℃]
④ 78.2[℃]

해설 이산화탄소의 임계온도 : 31.1[℃]

03

분말 소화약제 중 A급, B급, C급 화재에 모두 사용할 수 있는 것은?

① Na_2CO_3
② $NH_4H_2PO_4$
③ $KHCO_3$
④ $NaHCO_3$

해설 분말소화약제의 성상

종 별	소화약제	약제의 착색	적응 화재	열분해반응식
제3종 분말	제일인산암모늄, 인산염 ($NH_4H_2PO_4$)	담홍색, 황색	A, B, C	$NH_4H_2PO_4 \rightarrow HPO_3 + NH_3 + H_2O$

04

방화구획의 설치기준 중 스프링클러 기타 이와 유사한 자동식소화설비를 설치한 10층 이하의 층은 몇 [m²] 이내마다 구획하여야 하는가?

① 1,000
② 1,500
③ 2,000
④ 3,000

해설 방화구획의 기준

건축물의 규모	구획기준	비 고
10층 이하의 층	바닥면적 1,000[m²](3,000[m²]) 이내마다 구획	( )안의 면적은 스프링클러 등 자동식 소화설비를 설치한 경우임
지하층, 3층 이상의 층	층마다 구획(면적에 무관)	
11층 이상의 층	실내마감이 불연재료의 경우	바닥면적 500 [m²](1,500[m²]) 이내마다 구획	
	실내마감이 불연재료가 아닌 경우	바닥면적 200 [m²](600[m²]) 이내마다 구획	

05

탄화칼슘의 화재 시 물을 주수하였을 때 발생하는 가스로 옳은 것은?

① C_2H_2
② H_2
③ O_2
④ C_2H_6

해설 탄화칼슘의 반응
• 물과의 반응
$$CaC_2 + 2H_2O \rightarrow Ca(OH)_2 + C_2H_2 \uparrow$$
(소석회, 수산화칼슘) (아세틸렌)

06

이산화탄소의 질식 및 냉각 효과에 대한 설명 중 틀린 것은?

① 이산화탄소의 증기비중이 산소보다 크기 때문에 가연물과 산소의 접촉을 방해한다.

② 액체 이산화탄소가 기화되는 과정에서 열을 흡수한다.

③ 이산화탄소는 불연성 가스로서 가연물의 연소반응을 방해한다.

④ 이산화탄소는 산소와 반응하며 이 과정에서 발생한 연소열을 흡수하므로 냉각효과를 나타낸다.

해설 이산화탄소 : 산소와 반응하지 않는 불연성 가스이며 이산화탄소 방출 시 기화열에 의한 냉각효과를 나타낸다.

07

증기비중의 정의로 옳은 것은?(단, 분자, 분모의 단위는 모두 [g/mol]이다)

① $\dfrac{분자량}{22.4}$ ② $\dfrac{분자량}{29}$

③ $\dfrac{분자량}{44.8}$ ④ $\dfrac{분자량}{100}$

해설 증기비중 $=\dfrac{분자량}{29}$

08

화재의 분류 방법 중 유류화재를 나타낸 것은?

① A급 화재 ② B급 화재

③ C급 화재 ④ D급 화재

해설 화재의 종류

구 분 \ 급 수	A급	B급	C급	D급
화재의 종류	일반화재	유류 및 가스화재	전기화재	금속화재
표시색	백 색	황 색	청 색	무 색

09

공기와 접촉되었을 때 위험도(H)가 가장 큰 것은?

① 에테르 ② 수 소

③ 에틸렌 ④ 부 탄

해설 위험성이 큰 것은 위험도가 크다는 것이다.

• 각 물질의 연소범위

종 류	하한계[%]	상한계[%]
에테르($C_2H_5OC_2H_5$)	1.9	48.0
수소(H_2)	4.0	75.0
에틸렌(C_2H_4)	2.7	36.0
부탄(C_4H_{10})	1.8	8.4

• 위험도 계산식

$$위험도(H) = \frac{U-L}{L}$$
$$= \frac{폭발상한계-폭발하한계}{폭발하한계}$$

• 위험도 계산

- 에테르 : $H = \dfrac{48.0-1.9}{1.9} = 24.26$

- 수소 : $H = \dfrac{75.0-4.0}{4.0} = 17.75$

- 에틸렌 : $H = \dfrac{36.0-2.7}{2.7} = 12.33$

- 부탄 : $H = \dfrac{8.4-1.8}{1.8} = 3.67$

10

제2류 위험물에 해당하지 않는 것은?

① 유 황 ② 황화인

③ 적 린 ④ 황 린

해설 황린은 제3류 위험물로서 물속에 저장한다.

11

주요구조부가 내화구조로된 건축물에서 거실 각 부분으로부터 하나의 직통계단에 이르는 보행거리는 피난자의 안전상 몇 [m] 이하이어야 하는가?

① 50 ② 60

③ 70 ④ 80

정답 06 ④ 07 ② 08 ② 09 ① 10 ④ 11 ①

해설 거실 각 부분으로부터 하나의 직통계단에 이르는 보행거리 : 30[m] 이하 (단, 내화구조 : 50[m] 이하)

12
분말 소화약제 분말입도의 소화성능에 관한 설명으로 옳은 것은?

① 미세할수록 소화성능이 우수하다.
② 입도가 클수록 소화성능이 우수하다.
③ 입도와 소화성능과는 관련이 없다.
④ 입도가 너무 미세하거나 너무 커도 소화성능은 저하된다.

해설 분말 소화약제 분말입도가 너무 미세하거나 너무 커도 소화성능이 저하된다.

13
마그네슘의 화재에 주수하였을 때 물과 마그네슘의 반응으로 인하여 생성되는 가스는?

① 산 소
② 수 소
③ 일산화탄소
④ 이산화탄소

해설 마그네슘은 물과 반응하면 **수소가스를 발생**하므로 위험하다.

$$Mg + 2H_2O \rightarrow Mg(OH)_2 + H_2\uparrow$$

14
물질의 취급 또는 위험성에 대한 설명 중 틀린 것은?

① 융해열은 점화원이다.
② 질산은 물과 반응 시 발열 반응하므로 주의를 해야 한다.
③ 네온, 이산화탄소, 질소는 불연성 물질로 취급한다.
④ 암모니아를 충전하는 공업용 용기의 색상은 백색이다.

해설 점화원이 될 수 없는 것 : 기화열, 액화열, 응고열, 융해열, 냉매 등

15
화재에 관련된 국제적인 규정을 제정하는 단체는?

① IMO(International Maritime Organization)
② SFPE(Society of Fire Protection Engineers)
③ NFPA(Nation Fire Protection Association)
④ ISO(International Organization for Standardization) TC 92

해설
- IMO : 국제해사기구
- SFPE : 소방기술자협회
- NFPA : 전미방화협회
- ISO : 국제표준화기구 → 모든 나라의 공업규격을 표준화(규격화)

16
위험물안전관리법령상 위험물의 지정수량이 틀린 것은?

① 과산화나트륨 – 50[kg]
② 적 린 – 100[kg]
③ 트라이나이트로톨루엔 – 200[kg]
④ 탄화알루미늄 – 400[kg]

해설

위험물	지정수량
과산화나트륨	50[kg]
적 린	100[kg]
트라이나이트로톨루엔	200[kg]
탄화알루미늄	300[kg]

17
연면적이 1,000[m²] 이상인 목재건축물은 그 외벽 및 처마 밑의 연소할 우려가 있는 부분을 방화구조로 하여야 하는데 이때 연소우려가 있는 부분은?(단, 동일한 대지 안에 2동 이상의 건물이 있는 경우이며, 공원·광장·하천의 공지나 수면 또는 내화구조의 벽 기타 이와 유사한 것에 접하는 부분을 제외한다)

① 상호의 외벽 간 중심선으로부터 1층은 3[m] 이내의 부분
② 상호의 외벽 간 중심선으로부터 2층은 7[m] 이내의 부분

③ 상호의 외벽 간 중심선으로부터 3층은 11[m] 이내의 부분

④ 상호의 외벽 간 중심선으로부터 4층은 13[m] 이내의 부분

해설 연소할 우려가 있는 부분
- 상호의 외벽 간 중심선으로부터 1층은 3[m] 이내의 부분
- 상호의 외벽 간 중심선으로부터 2층은 5[m] 이내의 부분

18
물의 기화열이 539.6[cal/g]인 것은 어떤 의미인가?

① 0[℃]의 물 1[g]이 얼음으로 변화하는 데 539.6[cal]의 열량이 필요하다.

② 0[℃]의 얼음 1[g]이 물로 변화하는 데 539.6[cal]의 열량이 필요하다.

③ 0[℃]의 물 1[g]이 100[℃]의 물로 변화하는 데 539.6[cal]의 열량이 필요하다.

④ 100[℃]의 물 1[g]이 수증기로 변화하는 데 539.6[cal]의 열량이 필요하다.

해설 물의 기화열은 100[℃]의 물 1[g]이 수증기로 변하는 데 539.6[cal/g]의 열량이 필요하다는 의미이다.

19
인화점이 40[℃] 이하인 위험물을 저장, 취급하는 장소에 설치하는 전기설비는 방폭구조로 설치하는데, 용기의 내부에 기체를 압입하여 압력을 유지하도록 함으로써 폭발성가스가 침입하는 것을 방지하는 구조는?

① 압력 방폭구조
② 유입 방폭구조
③ 안전증 방폭구조
④ 본질안전 방폭구조

해설 압력 방폭구조 : 점화원이 되는 부분을 용기에 넣고 신선한 공기 및 불활성기체 등의 보호기체를 압입하고, 내부 압력을 유지하여 가스가 점화되지 못하도록 하는 구조

20
화재하중에 대한 설명 중 틀린 것은?

① 화재하중이 크면 단위면적당의 발열량이 크다.

② 화재하중이 크다는 것은 화재구획의 공간이 넓다는 것이다.

③ 화재하중이 같더라도 물질의 상태에 따라 가혹도는 달라진다.

④ 화재하중은 화재구획실 내의 가연물 총량을 목재 중량당비로 환산하여 면적으로 나눈 수치이다.

해설 화재하중 : $Q = \dfrac{\sum(G_t \times H_t)}{H \times A} = \dfrac{Q_t}{4,500 \times A}$

여기서, Q : 하재하중[kg/m²]
G_t : 가연물의 질량[kg]
H_t : 가연물의 단위발열량[kcal/kg]
H : **목재의 단위발열량(4,500[kcal/kg])**
A : 화재실의 바닥면적[m²]
Q_t : 가연물의 전발열량[kcal]
따라서, 화재하중과 화재실 면적은 반비례하므로 공간이 좁은 곳에 가연물이 많을수록 화재하중은 커진다.

제 **2** 과목 **소방전기일반**

21
$R = 10[\Omega]$, $C = 33[\mu F]$, $L = 20[mH]$인 RLC 직렬회로의 공진주파수는 약 몇 [Hz]인가?

① 169 ② 176
③ 196 ④ 206

해설 공진주파수 : $f = \dfrac{1}{2\pi\sqrt{LC}}$

$\therefore \dfrac{1}{2\pi\sqrt{20\times10^{-3}\times33\times10^{-6}}} = 196[Hz]$

22
PNPN 4층 구조로 되어 있는 소자가 아닌 것은?

① SCR ② TRIAC
③ Diode ④ GTO

> **해설** 다이오드(diode)는 PN접합 2층 구조로 된 정류소자이다.

23
역률 80[%], 유효전력 80[kW]일 때, 무효전력 [kVar]은?

① 10   ② 16
③ 60   ④ 64

> **해설** 무효전력
> $$P_r = P_a \sin\theta = P\tan\theta = P\frac{\sin\theta}{\cos\theta}$$
> $$P_r = 80 \times \frac{0.6}{0.8} = 60[\text{kVar}]$$

24
전자회로에서 온도보상용으로 많이 사용되고 있는 소자는?

① 저 항   ② 리액터
③ 콘덴서   ④ 서미스터

> **해설** 서미스터 특징
> • 온도보상용
> • 부(−)저항온도계수 $\left(\text{온도} \propto \frac{1}{\text{저항}}\right)$

25
서보전동기는 제어기기의 어디에 속하는가?

① 검출부   ② 조절부
③ 증폭부   ④ 조작부

> **해설** • 조절부 : 동작신호를 만드는 부분
> • 조작부 : 서보모터 기능을 하는 부분

26
자동제어계를 제어목적에 의해 분류한 경우, 틀린 것은?

① 정치제어 : 제어량을 주어진 일정목표로 유지시키기 위한 제어

② 추종제어 : 목표치가 시간에 따라 변화하는 제어
③ 프로그램제어 : 목표치가 프로그램대로 변하는 제어
④ 서보제어 : 선박의 방향제어계인 서보제어는 정치제어와 같은 성질

> **해설** 서보제어 : 제어량이 물체의 자세, 위치, 방향 등의 기계적인 변위를 하는 제어계를 말하며 추종제어에 속한다.

27
그림의 논리기호를 표시한 것으로 옳은 식은?

① $X = (A \cdot B \cdot C) \cdot D$
② $X = (A + B + C) \cdot D$
③ $X = (A \cdot B \cdot C) + D$
④ $X = A + B + C + D$

> **해설**
>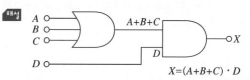
> 논리식 : $X = (A + B + C) \cdot D$

28
20[Ω]과 40[Ω]의 병렬회로에서 20[Ω]에 흐르는 전류가 10[A]라면, 이 회로에 흐르는 총 전류는 몇 [A]인가?

① 5   ② 10
③ 15   ④ 20

> **해설** 병렬회로이므로 전압일정($V = V_1 = V_2$)
> $V = I_1 R_1 = 10 \times 20 = 200[\text{V}]$
> $I_2 = \frac{V}{R_2} = \frac{200}{40} = 5[\text{A}]$
> $\therefore I = I_1 + I_2 = 10 + 5 = 15[\text{A}]$

29

3상 유도전동기가 중부하로 운전되던 중 1선이 절단되면 어떻게 되는가?

① 전류가 감소한 상태에서 회전이 계속된다.
② 전류가 증가한 상태에서 회전이 계속된다.
③ 속도가 증가하고 부하전류가 급상승한다.
④ 속도가 감소하고 부하전류가 급상승한다.

해설 3상 유도전동기가 운전 중 1선이 단선되면 속도는 감소하며, 건전상(단선되지 않은 상)의 전류가 급격하게 상승한다.

30

SCR의 양극 전류가 10[A]일 때 게이트 전류를 반으로 줄이면 양극 전류는 몇 [A]인가?

① 20 ② 10
③ 5   ④ 0.1

해설 게이트 단자는 SCR을 도통(ON)시키는 용도이며 도통 후 게이트전류를 변경시켜도 도통전류는 변하지 않고 10[A] 그대로 흐른다.

31

비례+적분+미분동작(PID 동작) 식을 바르게 나타낸 것은?

① $x_0 = K_p\left(x_i + \dfrac{1}{T_I}\int x_i dt + T_D\dfrac{dx_i}{dt}\right)$

② $x_0 = K_p\left(x_i - \dfrac{1}{T_I}\int x_i dt - T_D\dfrac{dx_i}{dt}\right)$

③ $x_0 = K_p\left(x_i + \dfrac{1}{T_I}\int x_i dt + T_D\dfrac{dt}{dx_i}\right)$

④ $x_0 = K_p\left(x_i - \dfrac{1}{T_I}\int x_i dt - T_D\dfrac{dt}{dx_i}\right)$

해설 비례적분미분동작
$$x_0 = K_p\left(x_i + \dfrac{1}{T_I}\int x_i dt + T_D\dfrac{dx_i}{dt}\right)$$

32

그림과 같은 회로에서 분류기의 배율은?(단, 전류계 A의 내부저항은 R_A이며, R_S는 분류기 저항이다)

① $\dfrac{R_A}{R_A + R_S}$ ② $\dfrac{R_S}{R_A + R_S}$

③ $\dfrac{R_A + R_S}{R_S}$ ④ $\dfrac{R_A + R_S}{R_A}$

해설 배율
$$n = 1 + \dfrac{R_A}{R_S} = \dfrac{R_S}{R_S} + \dfrac{R_A}{R_S} = \dfrac{R_S + R_A}{R_S}$$

33

어떤 옥내배선에 380[V]의 전압을 가하였더니 0.2[mA]의 누설전류가 흘렀다. 이 배선의 절연저항은 몇 [MΩ]인가?

① 0.2   ② 1.9
③ 3.8   ④ 7.6

해설 절연저항
$$R = \dfrac{V}{I} = \dfrac{380}{0.2 \times 10^{-3}} \times 10^{-6} = 1.9[\text{M}\Omega]$$

34

변류기에 결선된 전류계가 고장이 나서 교체하는 경우 옳은 방법은?

① 변류기의 2차를 개방시키고 전류계를 교체한다.
② 변류기의 2차를 단락시키고 전류계를 교체한다.
③ 변류기의 2차를 접지시키고 전류계를 교체한다.
④ 변류기에 피뢰기를 연결하고 전류계를 교체한다.

해설 변류기(CT) 점검 교체 시 : 2차측을 단락시킨다.
　　　이유 : 2차측 고전압에 의한 절연을 보호하기 위해

35
두 콘덴서 C_1, C_2를 병렬로 접속하고 전압을 인가하였더니, 전체 전하량이 Q[C]이었다. C_2에 충전된 전하량은?

① $\dfrac{C_1}{C_1+C_2}Q$ ② $\dfrac{C_1+C_2}{C_1}Q$

③ $\dfrac{C_1+C_2}{C_2}Q$ ④ $\dfrac{C_2}{C_1+C_2}Q$

해설
C_1에 충전된 전하량 : $Q_1=\dfrac{C_1}{C_1+C_2}Q$

C_2에 충전된 전하량 : $Q_2=\dfrac{C_2}{C_1+C_2}Q$

36
논리식 $\overline{X}+XY$를 간략화한 것은?

① $\overline{X}+Y$ ② $X+\overline{Y}$

③ $\overline{X}Y$ ④ $X\overline{Y}$

해설 논리식
$$\overline{X}+XY=(\overline{X}+X)(\overline{X}+Y)$$
$$=1+(\overline{X}+Y)=\overline{X}+Y$$

37
전기화재의 원인이 되는 누전전류를 검출하기 위해 사용되는 것은?

① 접지계전기 ② 영상변류기
③ 계기용변압기 ④ 과전류계전기

해설 **영상변류기(ZCT)** : 영상전류(지락전류, 누설전류) 검출

38
공기 중에 2[m]의 거리에 10[μC], 20[μC]의 두 점전하가 존재할 때 이 두 전하 사이에 작용하는 정전력은 약 몇 [N]인가?

① 0.45 ② 0.9
③ 1.8 ④ 3.6

해설 정전력
$$F=9\times10^9\times\dfrac{Q_1Q_2}{r^2}$$
$$=9\times10^9\times\dfrac{10\times10^{-6}\times20\times10^{-6}}{2^2}=0.45[\text{N}]$$

39
100[V], 1[kW]의 니크롬선을 3/4의 길이로 잘라서 사용할 때 소비전력은 약 몇 [W]인가?

① 1,000 ② 1,333
③ 1,430 ④ 2,000

해설 전력 : $P\propto\dfrac{1}{R}=\dfrac{1}{\rho\dfrac{l}{A}}\left(P\propto\dfrac{1}{l}\right)$

$P'\propto\dfrac{1}{l}=\dfrac{1}{\dfrac{3}{4}}=\dfrac{4}{3}$ 배이므로

$P'=\dfrac{4}{3}\times1,000=1,333[\text{W}]$

40
줄의 법칙에 관한 수식으로 틀린 것은?

① $H=I^2Rt[\text{J}]$ ② $H=0.24I^2Rt[\text{cal}]$
③ $H=0.12VIt[\text{J}]$ ④ $H=\dfrac{1}{4.2}I^2Rt[\text{cal}]$

해설 줄 법칙 : $H=Pt=VIt=I^2Rt[\text{J}]$
$H=0.24Pt=0.24VIt=0.24I^2Rt[\text{cal}]$
$\left(0.24=\dfrac{1}{4.2}\right)$

제 **3** 과목 **소방관계법규**

41
아파트로 층수가 20층인 특정소방대상물에서 스프링클러설비를 하여야 하는 층수는?(단, 아파트는 신축을 실시하는 경우이다)

① 전 층 ② 15층 이상
③ 11층 이상 ④ 6층 이상

해설　스프링클러설비 : 층수가 6층 이상인 경우 모든 층에 설치

42
1급 소방안전관리대상물이 아닌 것은?

① 15층인 특정소방대상물(아파트는 제외)
② 가연성가스를 2,000[t] 저장·취급하는 시설
③ 21층인 아파트로서 300세대인 것
④ 연면적 20,000[m²]인 문화집회 및 운동시설

해설　**1급 소방안전관리대상물**
　　동·식물원, 철강 등 불연성 물품을 저장·취급하는 창고, 위험물제조소 등, 지하구와 특급소방안전관리대상물을 제외한 것
　　• **30층 이상(지하층은 제외)이거나 지상으로부터 높이가 120[m] 이상인 아파트**
　　• **연면적 15,000[m²] 이상인 특정소방대상물(아파트는 제외)**
　　• **층수가 11층 이상인 특정소방대상물(아파트는 제외)**
　　• **가연성 가스를 1,000[t] 이상 저장·취급하는 시설**

43
다음 중 중급기술자의 학력·경력자에 대한 기준으로 옳은 것은?(단, "학력·경력자"란 고등학교·대학 또는 이와 같은 수준 이상의 교육기관의 소방 관련학과의 정해진 교육과정을 이수하고 졸업하거나 그 밖의 관계법령에 따라 국내 또는 외국에서 이와 같은 수준 이상의 학력이 있다고 인정되는 사람을 말한다)

① 고등학교를 졸업 후 10년 이상 소방 관련 업무를 수행한 자
② 학사학위를 취득한 후 6년 이상 소방 관련 업무를 수행한 자
③ 석사학위를 취득한 후 2년 이상 소방 관련 업무를 수행한 자
④ 박사학위를 취득한 후 1년 이상 소방 관련 업무를 수행한 자

해설　• 중급기술자 : 학사학위를 취득한 후 6년 이상 소방 관련 업무를 수행한 자

해설　• 고급기술자 : 석사학위를 취득한 후 6년 이상 소방 관련 업무를 수행한 자

44
소방특별조사 결과에 따른 조치명령으로 손실을 입어 손실을 보상하는 경우 그 손실을 입은 자는 누구와 손실보상을 협의하여야 하는가?

① 소방서장
② 시·도지사
③ 소방본부장
④ 행정안전부장관

해설　시·도지사는 소방특별조사 결과에 따른 조치명령으로 인하여 손실을 입은 자가 있는 경우에는 대통령령으로 정하는 바에 따라 보상하여야 한다.

45
소방기본법령상 특수가연물을 저장 및 취급 기준 중 석탄·목탄류를 발전용 외의 경우로 저장하는 경우 쌓는 부분의 바닥면적은 몇 [m²] 이하인가?(단, 살수설비를 설치하거나, 방사능력 범위에 해당 특수가연물이 포함되도록 대형수동식소화기를 설치하는 경우이다)

① 200　　　　② 250
③ 300　　　　④ 350

해설　**특수가연물의 저장 및 취급 기준**
　　• 특수가연물을 저장 또는 취급하는 장소에는 품명·최대수량 및 화기취급의 금지표지를 설치할 것
　　• 다음의 기준에 따라 쌓아 저장할 것. 다만, 석탄·목탄류를 발전용으로 저장하는 경우에는 그러하지 아니하다.
　　　– 품명별로 구분해서 쌓을 것
　　　– 쌓는 높이는 10[m] 이하가 되도록 하고, 쌓는 부분의 바닥면적은 50[m²](석탄·목탄류의 경우에는 200[m²]) 이하가 되도록 할 것. 다만, 살수설비를 설치하거나, 방사능력 범위에 해당 특수가연물이 포함되도록 대형수동식소화기를 설치하는 경우에는 쌓는 높이를 15[m] 이하, 쌓는 부분의 바닥면적을 200[m²](석탄·목탄류의 경우에는 300[m²]) 이하로 할 수 있다.
　　　– 쌓는 부분의 바닥면적 사이는 1[m] 이상이 되도록 할 것

46
소방기본법상 명령권자가 소방본부장, 소방서장 또는 소방대장에게 있는 사항은?

① 소방 활동을 할 때에 긴급한 경우에는 이웃한 소방본부장 또는 소방서장에게 소방업무의 응원을 요청할 수 있다.
② 화재, 재난·재해, 그 밖의 위급한 상황이 발생한 현장에서 소방활동을 위하여 필요할 때에는 그 관할구역에서 사는 사람 또는 그 현장에 있는 사람으로 하여금 사람을 구출하는 일 또는 불을 끄거나 불이 번지지 아니하도록 하는 일을 하게 할 수 있다.
③ 수사기관이 방화 또는 실화의 혐의가 있어서 이미 피의자를 체포하였거나 증거물을 압수하였을 때에 화재조사를 위하여 필요한 경우에는 수사에 지장을 주지 아니하는 범위에서 그 피의자 또는 압수된 증거물에 대한 조사를 할 수 있다.
④ 화재, 재난·재해, 그 밖의 위급한 상황이 발생하였을 때에는 소방대를 현장에 신속하게 출동시켜 화재진압과 인명구조·구급 등 소방에 필요한 활동을 하게 하여야 한다.

해설 화재, 재난·재해, 그 밖의 위급한 상황이 발생한 현장에서 소방활동을 위하여 필요할 때에는 그 관할구역에서 사는 사람 또는 그 현장에 있는 사람으로 하여금 사람을 구출하는 일 또는 불을 끄거나 불이 번지지 아니하도록 하는 일을 하게 할 수 있는 사람 : 소방본부장, 소방서방, 소방대장

47
경유의 저장량이 2,000[L], 중유의 저장량이 4,000[L], 등유의 저장량이 2,000[L]인 저장소에 있어서 지정수량의 배수는?

① 동 일   ② 6배
③ 3배   ④ 2배

해설 지정수량의 배수(비수용성)

구 분	경 유	중 유	등 유
지정수량	1,000[L]	2,000[L]	1,000[L]

$$\text{지정수량의 배수} = \frac{\text{저장량}}{\text{지정수량}} + \frac{\text{저장량}}{\text{지정수량}} + \cdots$$

$$= \frac{2,000[L]}{1,000[L]} + \frac{4,000[L]}{2,000[L]} + \frac{2,000[L]}{1,000[L]}$$
$$= 6배$$

48
소방용수시설 중 소화전과 급수탑의 설치기준으로 틀린 것은?

① 급수탑 급수배관의 구경은 100[mm] 이상으로 할 것
② 소화전은 상수도와 연결하여 지하식 또는 지상식의 구조로 할 것
③ 소방용호스와 연결하는 소화전의 연결금속구의 구경은 65[mm]로 할 것
④ 급수탑의 개폐밸브는 지상에서 1.5[m] 이상 1.8[m] 이하의 위치에 설치할 것

해설 소방용수시설 설치의 기준
① 소방대상물과의 수평거리
   ㉠ 주거지역, 상업지역, 공업지역 : 100[m] 이하
   ㉡ 그 밖의 지역 : 140[m] 이하
② 소방용수시설 설치기준
   ㉠ 소화전의 설치기준 : 상수도와 연결하여 지하식 또는 지상식의 구조로 하고 소화전의 연결금속구의 구경은 65[mm]로 할 것
   ㉡ 급수탑 설치기준
   • 급수배관의 구경 : 100[mm] 이상
   • 개폐밸브의 설치 : 지상에서 1.5[m] 이상 1.7[m] 이하
   ㉢ 저수조 설치기준
   • 지면으로부터의 낙차가 4.5[m] 이하일 것
   • 흡수 부분의 수심이 0.5[m] 이상일 것
   • 소방펌프자동차가 쉽게 접근할 수 있을 것
   • 흡수에 지장이 없도록 토사, 쓰레기 등을 제거할 수 있는 설비를 갖출 것
   • 흡수관의 투입구가 사각형의 경우에는 한 변의 길이가 60[cm] 이상, 원형의 경우에는 지름이 60[cm] 이상일 것
   • 저수조에 물을 공급하는 방법은 상수도에 연결하여 자동으로 급수되는 구조일 것

49
특정소방대상물의 관계인이 소방안전관리자를 해임한 경우 재선임을 해야 하는 기준은?(단, 해임한 날부터를 기준일로 한다)

① 10일 이내   ② 20일 이내
③ 30일 이내   ④ 40일 이내

해설 소방안전관리자 선임 : 30일 이내에 선임하고 선임한 날부터 14일 이내에 소방본부장 또는 소방서방에게 신고

50

화재예방, 소방시설 설치·유지 및 안전관리에 관한 법령상 소방안전관리대상물의 소방안전관리자 업무가 아닌 것은?

① 소방훈련 및 교육
② 피난시설, 방화구획 및 방화시설의 유지·관리
③ 자위소방대 및 초기대응체계의 구성·운영·교육
④ 피난계획에 관한 사항과 대통령으로 정하는 사항이 포함된 소방계획서의 작성 및 시행

해설 소방안전관리자 업무
• 피난계획에 관한 사항과 대통령령으로 정하는 사항이 포함된 소방계획서의 작성 및 시행
• 자위소방대 및 초기 대응체계의 구성·운영·교육
• 피난시설·방화구획 및 방화시설의 유지·관리
• 소방훈련 및 교육
• 소방시설이나 그 밖의 소방관련 시설의 유지·관리
• 화기 취급의 감독

51

문화재보호법의 규정에 의한 유형문화재와 지정문화재에 있어서는 제조소 등과의 수평거리를 몇 [m] 이상 유지하여야 하는가?

① 20   ② 30
③ 50   ④ 70

해설 유형문화재와 지정문화재의 제조소 등과의 수평거리 : 50[m] 이상

52

화재예방, 소방시설 설치·유지 및 안전관리에 관한 법령상 소방시설 등에 대한 자체점검을 하지 아니하거나 관리업자 등으로 하여금 정기적으로 점검하게 하지 아니한 자에 대한 벌칙 기준으로 옳은 것은?

① 1년 이하의 징역 또는 1,000만원 이하의 벌금
② 3년 이하의 징역 또는 1,500만원 이하의 벌금

③ 3년 이하의 징역 또는 3,000만원 이하의 벌금
④ 6개월 이하의 징역 또는 1,000만원 이하의 벌금

해설 1년 이하의 징역 또는 1,000만원 이하의 벌금
• 관리업의 등록증이나 등록수첩을 다른 자에게 빌려준 사람
• 영업정지처분을 받고 그 영업정지기간 중에 관리업의 업무를 한 사람
• 소방시설 등에 대한 자체점검을 하지 아니하거나 관리업자 등으로 하여금 정기적으로 점검하게 하지 아니한 사람
• 소방시설관리사증을 다른 자에게 빌려주거나 동시에 둘 이상의 업체에 취업한 사람
• 형식승인의 변경승인을 받지 아니한 사람

53

소방기본법령상 소방본부 종합상황실 실장이 소방청의 종합상황실에 서면·모사전송 또는 컴퓨터통신 등으로 보고하여야 하는 화재의 기준에 해당하지 않는 것은?

① 항구에 매어둔 총 톤수가 1,000[t] 이상인 선박에서 발생한 화재
② 연면적 15,000[m²] 이상인 공장 또는 화재경계지구에서 발생환 화재
③ 지정수량의 1,000배 이상의 위험물의 제조소·저장소·취급소에서 발생한 화재
④ 층수가 5층 이상이거나 병상이 30개 이상인 종합병원·정신병원·한방병원·요양소에서 발생한 화재

해설 종합상황실 보고 사항
• 사망자 5명 이상, 사상자 10명 이상 발생한 화재
• 이재민이 100명 이상 발생한 화재
• 재산피해액이 50억원 이상 발생한 화재
• 관공서, 학교, 정부미도정공장, 문화재, 지하철, 지하구의 화재
• 관광호텔, 11층 이상인 건축물, 지하상가, 시장, 백화점, 지정수량의 3,000배 이상의 위험물제조소·저장소·취급소, 5층 이상이거나 객실 30실 이상인 숙박시설, 5층 이상이거나 병상 30개 이상인 종합병원, 정신병원, 한방병원, 요양소, 연면적이 15,000[m²] 이상인 공장, 화재경계지구에서 발생한 화재
• 철도차량, 항구에 매어둔 총톤수가 1,000[t] 이상인 선박, 항공기, 발전소, 변전소에서 발생한 화재

54

소방시설공사업법령상 상주 공사감리 대상 기준 중 다음 ㉠, ㉡, ㉢에 알맞은 것은?

> • 연면적 (㉠)[m^2] 이상의 특정소방대상물(아파트 는 제외)에 대한 소방시설의 공사
> • 지하층을 포함한 층수가 (㉡)층 이상으로서 (㉢) 세대 이상인 아파트에 대한 소방시설의 공사

① ㉠ 10,000, ㉡ 11, ㉢ 600
② ㉠ 10,000, ㉡ 16, ㉢ 500
③ ㉠ 30,000, ㉡ 11, ㉢ 600
④ ㉠ 30,000, ㉡ 16, ㉢ 500

해설 **상주공사감리**
• 연면적 3만[m^2] 이상의 특정소방대상물(아파트는 제외한다)에 대한 소방시설의 공사
• 지하층을 포함한 층수가 16층 이상으로서 500세대 이상인 아파트에 대한 소방시설의 공사

55

화재예방, 소방시설 설치·유지 및 안전관리에 관한 법령상 소방특별조사위원회의 위원에 해당하지 아니 하는 사람은?

① 소방기술사
② 소방시설관리사
③ 소방 관련 분야의 석사학위 이상을 취득한 사람
④ 소방 관련 법인 또는 단체에서 소방 관련 업무에 3년 이상 종사한 사람

해설 **소방특별조사대상 선정위원회 위원의 자격**
• 과장급 직위 이상의 소방공무원
• 소방기술사
• 소방시설관리사
• 소방 관련 석사 학위 이상을 취득한 사람
• 소방 관련 법인 또는 단체에서 소방 관련 업무에 5년 이상 종사한 사람
• 소방공무원 교육기관, 대학 또는 연구소에서 소방 과 관련한 교육 또는 연구에 5년 이상 종사한 사람

56

제3류 위험물 중 금수성 물품에 적응성이 있는 소화약 제는?

① 물
② 강화액
③ 팽창질석
④ 인산염류분말

해설 금수성 물질 소화약제 : 팽창질석, 팽창진주암

57

화재가 발생하는 경우 인명 또는 재산의 피해가 클 것으로 예상되는 때 소방대상물의 개수·이전·제 거, 사용금지 등의 필요한 조치를 명할 수 있는 자는?

① 시·도지사
② 의용소방대장
③ 기초자치단체장
④ 소방본부장 또는 소방서장

해설 화재가 발생하는 경우 인명 또는 재산의 피해가 클 것으 로 예상되는 때 소방대상물의 개수·이전·제거, 사용금 지 등의 필요한 조치를 명할 수 있는 사람
: 소방본부장 또는 소방서장

58

소방기본법령상 소방본부장 또는 소방서장은 소방상 필요한 훈련 및 교육을 실시하고자 하는 때에는 화재 경계지구 안의 관계인에게 훈련 또는 교육 며칠 전까 지 그 사실을 통보하여야 하는가?

① 5
② 7
③ 10
④ 14

해설 화재경계지구 안의 관계인에게 소방훈련과 교육 통보
: 훈련 및 교육 10일 전까지 통보

59

소방기본법상 보일러, 난로, 건조설비, 가스·전기시 설, 그 밖에 화재 발생 우려가 있는 설비 또는 기구 등의 위치·구조 및 관리와 화재 예방을 위하여 불을 사용할 때 지켜야 하는 사항은 무엇으로 정하는가?

① 총리령
② 대통령령
③ 시·도 조례
④ 행정안전부령

해설 보일러, 난로, 건조설비, 가스·전기시설 그 밖에 화재발생의 우려가 있는 설비 또는 기구 등의 위치·구조 및 관리와 화재예방을 위하여 불을 사용할 때 지켜야 하는 사항 : 대통령령

60
위험물운송자 자격을 취득하지 아니한 자가 위험물 이동탱크저장소 운전 시의 벌칙으로 옳은 것은?

① 100만원 이하의 벌금
② 300만원 이하의 벌금
③ 500만원 이하의 벌금
④ 1,000만원 이하의 벌금

해설 위험물운송자 자격을 취득하지 아니한 자가 위험물 이동탱크저장소 운전 시 벌칙 : 1,000만원 이하의 벌금

제 **4** 과목   **소방전기시설의 구조 및 원리**

61
경계전로의 누설전류를 자동적으로 검출하여 이를 누전경보기의 수신부에 송신하는 것을 무엇이라고 하는가?

① 수신부   ② 확성기
③ 변류기   ④ 증폭기

해설 영상변류기(ZCT) : 경계전로의 누설전류를 자동으로 검출하여 누전경보기의 수신부에 송신

62
누전경보기의 5~10회로까지 사용할 수 있는 집합형 수신기 내부결선도에서 구성요소가 아닌 것은?

① 제어부   ② 증폭부
③ 조작부   ④ 자동입력 절환부

해설 집합형 수신기 구성요소 : 전원부, 제어부, 증폭부, 회로접합부, 자동입력 절환부

63
비상콘센트설비의 화재안전기준에서 정하고 있는 저압의 정의는?

① 직류는 750[V] 이하, 교류는 600[V] 이하인 것
② 직류는 750[V] 이하, 교류는 380[V] 이하인 것
③ 직류는 750[V]를, 교류는 600[V]를 넘고 7,000[V] 이하인 것
④ 직류는 750[V]를, 교류는 380[V]를 넘고 7,000[V] 이하인 것

해설 저압 : 직류는 750[V] 이하, 교류는 600[V] 이하인 것
※ 2021년 1월 1일 개정으로 저압 범위가 1.5[kV] 이하, 교류 1[kV] 이하로 변경되어 규정에 맞지 않는 문제임

64
비상방송설비의 음향장치는 정격전압의 몇 [%] 전압에서 음향을 발할 수 있는 것으로 하여야 하는가?

① 80   ② 90
③ 100   ④ 110

해설 비상방송설비의 음향장치는 정격전압의 80[%] 전압에서 음향을 발할 수 있을 것

65
자가발전설비, 비상전원수전설비 또는 전기저장장치(외부 전기에너지를 저장해 두었다가 필요한 때 전기를 공급하는 장치)를 비상콘센트설비의 비상전원으로 설치하여야 하는 특정소방대상물로 옳은 것은?

① 지하층을 제외한 층수가 4층 이상으로서 연면적 600[m²] 이상인 특정소방대상물
② 지하층을 제외한 층수가 5층 이상으로서 연면적 1,000[m²] 이상인 특정소방대상물
③ 지하층을 제외한 층수가 6층 이상으로서 연면적 1,500[m²] 이상인 특정소방대상물
④ 지하층을 제외한 층수가 7층 이상으로서 연면적 2,000[m²] 이상인 특정소방대상물

해설 자가발전설비, 비상전원수전설비를 비상전원으로 설치하여야 하는 특정소방대상물
• 7층 이상(지하층은 제외)

- 연면적이 2,000[m²] 이상
- 지하층의 바닥면적의 합계가 3,000[m²] 이상(차고, 주차장, 보일러실, 기계실, 전기실의 바닥면적은 제외)
- 단, 둘 이상의 변전소에서 전력을 동시에 공급받을 수 있거나 하나의 변전소로부터 전력의 공급이 중단되는 때에는 자동으로 다른 변전소로부터 전력을 공급받을 수 있도록 상용전원을 설치한 경우에는 비상전원 제외가능

66
불꽃감지기의 설치기준으로 틀린 것은?

① 수분이 많이 발생할 우려가 있는 장소에는 방수형으로 설치할 것
② 감지기를 천장에 설치하는 경우에는 감지기는 천장을 향하여 설치할 것
③ 감지기는 화재감지를 유효하게 감지할 수 있는 모서리 또는 벽 등에 설치할 것
④ 감지기는 공칭감시거리와 공칭시야각을 기준으로 감시구역이 모두 포용될 수 있도록 설치할 것

해설 감지기를 천장에 설치하는 경우에는 감지기는 바닥을 향하여 설치할 것

67
무선통신보조설비의 무선기기 접속단자 중 지상에 설치하는 접속단자는 보행거리 최대 몇 [m] 이내마다 설치하여야 하는가?

① 5
② 50
③ 150
④ 300

해설 무선기기 접속단자
- 단자를 한국산업규격에 적합한 것으로 하고, 바닥으로부터 높이 0.8[m] 이상 1.5[m] 이하의 위치에 설치할 것
- 지상에 설치하는 접속단자는 보행거리 300[m] 이내(터널의 경우에는 진출입구별 1개소)마다 설치하고, 다른 용도로 사용되는 접속단자에서 5[m] 이상의 거리를 둘 것
- 단자의 보호함의 표면에 "무선기 접속단자"라고 표시한 표지를 할 것

68
정온식감지선형감지기에 관한 설명으로 옳은 것은?

① 일국소의 주위온도 변화에 따라서 차동 및 정온식의 성능을 갖는 것을 말한다.
② 일국소의 주위온도가 일정한 온도 이상이 되었을 때 작동하는 것으로서 외관이 전선으로 되어 있는 것을 말한다.
③ 그 주위온도가 일정한 온도상승률 이상이 되었을 때 작동하는 것으로서 일국소의 열효과에 의해서 동작하는 것을 말한다.
④ 그 주위온도가 일정한 온도상승률 이상이 되었을 때 작동하는 것으로서 광범위한 열효과의 누적에 의하여 동작하는 것을 말한다.

해설 정온식감지선형감지기 : 일국소의 주위온도가 일정한 온도 이상이 되는 경우에 작동하는 것으로서 외관이 전선으로 되어 있는 것

69
축전지의 자기방전을 보충함과 동시에 상용부하에 대한 전력공급은 충전기가 부담하도록 하되 충전기가 부담하기 어려운 일시적인 대전류 부하는 축전지로 하여금 부담하게 하는 충전방식은?

① 과충전방식
② 균등충전방식
③ 부동충전방식
④ 세류충전방식

해설 부동충전 : 충전장치를 축전지와 부하에 병렬로 연결하여 전지의 자기방전을 보충함과 동시에 상용부하에 대한 전력공급은 충전기가 부담하고 충전기가 부담하기 어려운 대전류 부하는 축전지가 부담하게 하는 충전방식

70
단독경보형감지기 중 연동식감지기의 무선기능에 대한 설명으로 옳은 것은?

① 화재신호를 수신한 단독경보형감지기는 60초 이내에 경보를 발해야 한다.
② 무선통신 점검은 단독경보형감지기가 서로 송수신하는 방식으로 한다.

③ 작동한 단독경보형감지기는 화재경보가 정지하기 전까지 100초 이내 주기마다 화재신호를 발신해야 한다.

④ 무선통신 점검은 168시간 이내에 자동으로 실시하고 이때 통신이상이 발생하는 경우에는 300초 이내에 통신이상 상태의 단독경보형감지기를 확인할 수 있도록 표시 및 경보를 해야 한다.

해설 단독경보형 감지기의 무선기능 : 단독경보형 감지기 간 무선으로 송·수신을 위한 통신을 하는 기능

71
정온식감지기의 설치 시 공칭작동온도가 최고주위온도보다 최소 몇 [℃] 이상 높은 것으로 설치하여야 하나?

① 10　　　　　② 20
③ 30　　　　　④ 40

해설 정온식감지기는 주방, 보일러실 등 다량의 화기를 취급하는 장소에 설치하되 공칭작동 온도가 최고주위온도보다 20[℃] 이상 높은 것으로 설치할 것

72
무선통신보조설비의 누설동축케이블의 설치기준으로 틀린 것은?

① 끝부분에는 반사 종단저항을 견고하게 설치할 것
② 고압의 전로로부터 1.5[m] 이상 떨어진 위치에 설치할 것
③ 금속판 등에 따라 전파의 복사 또는 특성이 현저하게 저하되지 아니하는 위치에 설치할 것
④ 불연 또는 난연성의 것으로서 습기에 따라 전기의 특성이 변질되지 아니하는 것으로 설치할 것

해설 누설동축케이블 등
• 누설동축케이블은 불연 또는 난연성의 것으로서 습기에 따라 전기의 특성이 변질되지 아니하는 것으로 하고, 노출하여 설치한 경우에는 피난 및 통행에 장애가 없도록 할 것
• 누설동축케이블 및 안테나는 금속판 등에 따라 전파의 복사 또는 특성이 현저하게 저하되지 아니하는 위치에 설치할 것

• 누설동축케이블 및 안테나는 고압의 전로로부터 1.5[m] 이상 떨어진 위치에 설치할 것(단, 해당 전로에 정전기 차폐장치를 유효하게 설치한 경우에는 제외)
• 누설동축케이블의 끝부분에는 무반사 종단저항을 견고하게 설치할 것(**무반사 종단저항** : 통신선 종단에서 전파의 반사에 의한 신호의 교란을 방지하기 위해 누설동축케이블의 끝부분에 설치하는 저항)

73
소화활동 시 안내방송에 사용하는 증폭기의 종류로 옳은 것은?

① 탁상형　　　　② 휴대형
③ Desk형　　　　④ Rack형

해설 소화활동 시 안내방송에 사용하는 증폭기
: 휴대형 증폭기

74
계단통로유도등은 각층의 경사로 참 또는 계단참마다 설치하도록 하고 있는데 1개층에 경사로 참 또는 계단참이 2 이상 있는 경우에는 몇 개의 계단참마다 계단통로유도등을 설치하여야 하는가?

① 2개　　　　　② 3개
③ 4개　　　　　④ 5개

해설 계단통로유도등은 다음의 기준에 따라 설치할 것
• 각층의 **경사로참** 또는 **계단참마다**(1개 층에 경사로참 또는 계단참이 2 이상 있는 경우에는 2개의 계단참마다) 설치할 것
• 바닥으로부터 높이 1[m] 이하의 위치에 설치할 것

75
자동화재탐지설비의 수신기의 각 회로별 종단에 설치되는 감지기에 접속되는 배선의 전압은 감지기 정격전압의 최소 몇 [%] 이상이어야 하는가?

① 50　　　　　② 60
③ 70　　　　　④ 80

해설 감지기에 접속되는 배선의 전압
: 감지기 정격전압의 80[%] 이상일 것

76

비상벨설비 또는 자동식사이렌설비에는 그 설비에 대한 감시상태를 몇 시간 지속한 후 유효하게 10분 이상 경보할 수 있는 축전지설비(수신기를 내장하는 경우를 포함한다)를 설치하여야 하는가?

① 1시간
② 2시간
③ 4시간
④ 6시간

해설 비상벨설비 또는 자동식 사이렌설비에는 그 설비에 대한 감시상태를 60분간 지속한 후 유효하게 10분 이상 경보할 수 있는 축전지설비(수신기에 내장하는 경우를 포함한다) 또는 전기저장장치를 설치하여야 한다.

77

자동화재속보설비의 설치기준으로 틀린 것은?

① 조작스위치는 바닥으로부터 1[m] 이상 1.5[m] 이하의 높이에 설치할 것
② 속보기는 소방관서에 통신망으로 통보하도록 하며, 데이터 또는 코드전송방식을 부가적으로 설치할 수 있다.
③ 자동화재탐지설비와 연동으로 작동하여 자동적으로 화재발생 상황을 소방관서에 전달되는 것으로 할 것
④ 속보기는 소방청장이 정하여 고시한 자동화재속보설비의 속보기의 성능인증 및 제품검사의 기술기준에 적합한 것으로 설치하여야 한다.

해설 자동화재속보설비 설치기준
• 자동화재탐지설비와 연동으로 작동하여 소방관서에 전달되는 것으로 할 것
• 스위치는 바닥으로부터 0.8[m] 이상 1.5[m] 이하의 높이에 설치하고, 보기 쉬운 곳에 스위치임을 표시한 표지를 할 것
• 속보기는 소방관서에 통신망으로 통보하도록 하며, 데이터 또는 코드전송방식을 부가적으로 설치할 수 있다.
• 문화재에 설치하는 자동화재속보설비는 속보기에 감지기를 직접 연결하는 방식(자동화재탐지설비 1개의 경계구역에 한한다)으로 할 수 있다.
• 속보기는 소방청장이 정하여 고시한 「자동화재속보설비의 속보기의 성능인증 및 제품검사의 기술기준」에 적합한 것으로 설치하여야 한다.
• 수신기가 설치된 장소에 상시통화가 가능한 전화가 설치되어 있고, 감시인이 상주하는 경우에 자동화재 속보설비를 설치하지 아니할 수 있다.

78

휴대용비상조명등 설치 높이는?

① 0.8[m]~1.0[m]
② 0.8[m]~1.5[m]
③ 1.0[m]~1.5[m]
④ 1.0[m]~1.8[m]

해설 휴대용 비상조명등 설치 높이
: 0.8[m] 이상 1.5[m] 이하

79

자동화재탐지설비의 화재안전기준에서 사용하는 용어가 아닌 것은?

① 중계기
② 경계구역
③ 시각경보장치
④ 단독경보형감지기

해설 단독경보형 감지기 : 비상경보설비 및 단독경보형 감지기에 사용되는 용어

80

비상경보설비를 설치하여야 할 특정소방대상물로 옳은 것은?(단, 지하구, 모래·석재 등 불연재료 창고 및 위험물 저장·처리 시설 중 가스시설은 제외한다)

① 지하가 중 터널로서 길이가 400[m] 이상인 것
② 30명 이상의 근로자가 작업하는 옥내 작업장
③ 지하층 또는 무창층의 바닥면적이 150[m²](공연장의 경우 100[m²]) 이상인 것
④ 연면적 300[m²](지하가 중 터널 또는 사람이 거주하지 않거나 벽이 없는 축사 등 동·식물 관련시설은 제외) 이상인 것

해설 비상경보설비를 설치하여야 할 특정소방대상물
• 연면적 400[m²](지하가 중 터널 또는 사람이 거주하지 않거나 벽이 없는 축사 등 동·식물 관련시설은 제외) 이상이거나 지하층 또는 무창층의 바닥면적이 150[m²](공연장의 경우 100[m²]) 이상인 것
• 지하가 중 터널로서 길이가 500[m] 이상인 것
• 50명 이상의 근로자가 작업하는 옥내 작업장

안심Touch

제 2 회

2019년 4월 27일 시행

제 1 과목 │ 소방원론

01

연면적이 1,000[m²] 이상인 건축물에 설치하는 방화벽이 갖추어야 할 기준으로 틀린 것은?

① 내화구조로서 홀로 설 수 있는 구조일 것
② 방화벽의 양쪽 끝과 위쪽 끝을 건축물의 외벽면 및 지붕면으로부터 0.1[m] 이상 튀어나오게 할 것
③ 방화벽에 설치하는 출입문의 너비는 2.5[m] 이하로 할 것
④ 방화벽에 설치하는 출입문의 높이는 2.5[m] 이하로 할 것

해설 **방화벽** : 화재 시 연소의 확산을 막고 피해를 줄이기 위해 주로 목재건축물에 설치하는 벽
- 내화구조로서 홀로 설 수 있는 구조일 것
- 방화벽의 양쪽 끝과 위쪽 끝을 건축물의 외벽면 및 지붕면으로부터 **0.5[m]** 이상 튀어 나오게 할 것
- 방화벽에 설치하는 **출입문의 너비 및 높이**는 각각 **2.5[m] 이하**로 하고, 해당 출입문에는 갑종방화문을 설치할 것

02

화재의 일반적 특성으로 틀린 것은?

① 확대성   ② 정형성
③ 우발성   ④ 불안정성

해설 화재의 특성 : 우발성, 확대성, 불안전성

03

방호공간 안에서 화재의 세기를 나타내고 화재가 진행되는 과정에서 온도에 따라 변하는 것으로 온도-시간 곡선으로 표시할 수 있는 것은?

① 화재저항   ② 화재가혹도
③ 화재하중   ④ 화재플럼

해설 **화재가혹도** : 방호공간 안에서 화재의 세기를 나타내며, 온도-시간 곡선으로 표시할 수 있다.
화재가혹도 = 최고온도 × 지속시간

04

탱크화재 시 발생되는 보일오버(Boil Over)의 방지방법으로 틀린 것은?

① 탱크 내용물의 기계적 교반
② 물의 배출
③ 과열방지
④ 위험물 탱크 내의 하부에 냉각수 저장

해설 **보일오버(Boil Over)**
- 중질유탱크에서 장시간 조용히 연소하다가 탱크의 잔존기름이 갑자기 분출(Over Flow)하는 현상
- 유류탱크 바닥에 물 또는 물-기름에 에멀션이 섞여 있을 때 화재가 발생하는 현상
- 연소유면으로부터 100[℃] 이상의 열파가 탱크저부에 고여 있는 물을 비등하게 하면서 연소유를 탱크 밖으로 비산하며 연소하는 현상

05

다음 가연성 기체 1몰이 완전 연소하는 데 필요한 이론공기량으로 틀린 것은?(단, 체적비로 계산하며 공기 중 산소의 농도를 21[vol%]로 한다)

① 수소 - 약 2.38몰
② 메탄 - 약 9.52몰
③ 아세틸렌 - 약 16.91몰
④ 프로판 - 약 23.81몰

해설 **이론공기량**
① 수 소
$$H_2 + 1/2O_2 \rightarrow H_2O$$
1[mol]   0.5[mol]
∴ 이론공기량 = 0.5[mol]/0.21 = 2.38[mol]
② 메 탄
$$CH_4 + 2O_2 \rightarrow CO_2 + 2H_2O$$
1[mol]   2[mol]
∴ 이론공기량 = 2[mol]/0.21 = 9.52[mol]

③ 아세틸렌

$$C_2H_2 \;+\; 2.5O_2 \;\rightarrow\; 2CO_2 \;+\; H_2O$$

$$1[mol] \qquad 2.5[mol]$$

$$\therefore \text{이론공기량} = 2.5[mol]/0.21 = 11.90[mol]$$

④ 프로판

$$C_3H_8 \;+\; 5O_2 \;\rightarrow\; 3CO_2 \;+\; 4H_2O$$

$$1[mol] \qquad 5[mol]$$

$$\therefore \text{이론공기량} = 5[mol]/0.21 = 23.81[mol]$$

06

다음 위험물 중 특수인화물이 아닌 것은?

① 아세톤   ② 다이에틸에테르

③ 산화프로필렌   ④ 아세트알데하이드

해설 **아세톤** : 용제가스(아세틸렌을 저장하는 가스)

07

공기의 부피 비율이 질소 79[%], 산소 21[%]인 전기실에 화재가 발생하여 이산화탄소 소화약제를 방출하여 소화하였다. 이때 산소의 부피농도가 14[%]이었다면 이 혼합 공기의 분자량은 약 얼마인가?(단, 화재 시 발생한 연소가스는 무시한다)

① 28.9   ② 30.9

③ 33.9   ④ 35.9

해설 이산화탄소 농도

$$CO_2 = \frac{21 - O_2}{21} \times 100[\%]$$

$$= \frac{21 - 14}{21} \times 100[\%] = 33.3[\%]$$

• 이산화탄소 농도 : 33[%], 분자량 : 44
• 산소 농도 : 14[%], 분자량 : 32
• 질소 농도 : 53[%], 분자량 : 28(이산화탄소와 산소 농도를 뺀 나머지 질소 농도)
• 혼합공기분자량 = $44 \times 0.33 + 32 \times 0.14 + 28 \times 0.53$
  $= 33.9[\%]$

08

화재실의 연기를 옥외로 배출시키는 제연방식으로 효과가 가장 적은 것은?

① 자연 제연방식

② 스모크 타워 제연방식

③ 기계식 제연방식

④ 냉난방설비를 이용한 제연방식

해설 **제연방식** : 자연 제연방식, 스모크 타워 제연방식, 기계식 제연방식

09

건축물의 화재를 확산시키는 요인이라 볼 수 없는 것은?

① 비 화   ② 복사열

③ 자연발화   ④ 접 염

해설 화재를 확산시키는 요인 : 비화, 접염, 복사열

10

다음 중 동일한 조건에서 증발잠열[kJ/kg]이 가장 큰 것은?

① 질 소   ② 할론 1301

③ 이산화탄소   ④ 물

해설 비열과 증발잠열이 가장 큰 물질 : 물

11

물의 소화능력에 관한 설명 중 틀린 것은?

① 다른 물질보다 비열이 크다.

② 다른 물질보다 융해잠열이 작다.

③ 다른 물질보다 증발잠열이 크다.

④ 밀폐된 장소에서 증발가열되면 산소희석작용을 한다.

해설 **물소화약제의 장점**
• 인체에 무해하여 다른 약제와 혼합하여 수용액으로 사용할 수 있다.
• 가격이 저렴하고 장기 보존이 가능하다.
• 냉각의 효과가 우수하며 무상주수일 때는 질식, 유화효과가 있다.
• 비열과 증발잠열이 크며 많은 양을 구하기 쉽다.
• 물의 융해잠열 : 80[cal/g]

12

다음 중 가연물의 제거를 통한 소화 방법과 무관한 것은?

① 산불의 확산방지를 위하여 산림의 일부를 벌채한다.
② 화학반응기의 화재 시 원료 공급관의 밸브를 잠근다.
③ 전기실 화재 시 IG-541 약제를 방출한다.
④ 유류탱크 화재 시 주변에 있는 유류탱크의 유류를 다른 곳으로 이동시킨다.

해설 IG-541 약제 : 질식소화 및 냉각소화

13

산불화재의 형태로 틀린 것은?

① 지중화 형태   ② 수평화 형태
③ 지표화 형태   ④ 수관화 형태

해설 산불화재 형태 : 지중화, 지표화, 수관화, 수간화

14

목재건축물의 화재 진행상황에 관한 설명으로 옳은 것은?

① 화원 – 발연착화 – 무염착화 – 출화 – 최성기 – 소화
② 화원 – 발염착화 – 무염착화 – 소화 – 연소낙하
③ 화원 – 무염착화 – 발염착화 – 출화 – 최성기 – 소화
④ 화원 – 무염착화 – 출화 – 발염착화 – 최성기 – 소화

해설 목재건축물의 화재진행과정

15

화재 시 CO_2를 방사하여 산소농도를 11[vol%]로 낮추어 소화하려면 공기 중 CO_2의 농도는 약 몇 [vol%]가 되어야 하는가?

① 47.6   ② 42.9
③ 37.9   ④ 34.5

해설 이산화탄소 농도

$$CO_2 = \frac{21 - O_2}{21} \times 100 = \frac{21-11}{21} \times 100 = 47.6 [\%]$$

16

분말 소화약제의 취급 시 주의사항으로 틀린 것은?

① 습도가 높은 공기 중에 노출되면 고화되므로 항상 주의를 기울인다.
② 충진 시 다른 소화약제와 혼합을 피하기 위하여 종별로 각각 다른 색으로 착색되어 있다.
③ 실내에서 다량 방사하는 경우 분말을 흡입하지 않도록 한다.
④ 분말 소화약제와 수성막포를 함께 사용할 경우 포의 소포 현상을 발생시키므로 병용해서는 안 된다.

해설 분말 소화약제와 수성막포를 함께 사용할 경우 포의 소포 현상을 발생시키므로 병용해서 사용 가능하다.

17

석유, 고무, 동물의 털, 가죽 등과 같이 황성분을 함유하고 있는 물질이 불완전연소될 때 발생하는 연소가스로 계란 썩는 듯한 냄새가 나는 기체는?

① 아황산가스   ② 시안화수소
③ 황화수소   ④ 암모니아

해설 H_2S(황화수소) : 황을 함유하는 유기화합물이 **불완전연소** 시에 발생, 달걀 썩는 냄새가 나는 가스

18

물 소화약제를 어떠한 상태로 주수할 경우 전기화재의 진압에서도 소화능력을 발휘할 수 있는가?

① 물에 의한 봉상주수
② 물에 의한 적상주수
③ 물에 의한 무상주수
④ 어떤 상태의 주수에 의해서도 효과가 없다.

> **해설** 무상주수 : 물분무 헤드와 같이 안개 또는 구름 모양을 형성하면서 방사되는 것(적용화재 : 일반, 유류, 전기)

19

화재 표면온도(절대온도)가 2배로 되면 복사에너지는 몇 배로 증가 되는가?

① 2   ② 4
③ 8   ④ 16

> **해설** 슈테판 볼츠만법칙 : 복사열은 절대온도차의 4제곱에 비례하고 열전달면적에 비례한다.
>
> 복사에너지 = 2^4 = 16(절대온도가 2배이므로 복사에너지는 4승에 비례)

20

도장작업 공정에서의 위험도를 설명한 것으로 틀린 것은?

① 도장작업 그 자체 못지않게 건조공정도 위험하다.
② 도장작업에서는 인화성 용제가 쓰이지 않으므로 폭발의 위험이 없다.
③ 도장작업장은 폭발 시를 대비하여 지붕을 시공한다.
④ 도장실의 환기덕트를 주기적으로 청소하여 도료가 덕트 내에 부착되지 않게 한다.

> **해설** 도장 작업 시 인화성 용제가 많이 사용되므로 폭발의 위험이 높다.

제 **2** 과목 | 소방전기일반

21

선간전압 E[V]의 3상 평형전원에 대칭 3상 저항부하 R[Ω]이 그림과 같이 접속되었을 때, a, b 두 상 간에 접속된 전력계의 지시값이 W[W]라면 C상의 전류는?

① $\dfrac{2W}{\sqrt{3}\,E}$ ② $\dfrac{3W}{\sqrt{3}\,E}$

③ $\dfrac{W}{\sqrt{3}\,E}$ ④ $\dfrac{\sqrt{3}\,W}{E}$

> **해설** 3상 전력 : $P = 2W = \sqrt{3}\,EI$이므로
>
> 전류 : $I = \dfrac{2W}{\sqrt{3}\,E}$[A]

22

다이오드를 사용한 정류회로에서 과전압 방지를 위한 대책으로 가장 알맞은 것은?

① 다이오드를 직렬로 추가한다.
② 다이오드를 병렬로 추가한다.
③ 다이오드의 양단에 적당한 값의 저항을 추가한다.
④ 다이오드의 양단에 적당한 값의 콘덴서를 추가한다.

> **해설** 다이오드 접속
> • 직렬접속 : 전압이 분배되므로 과전압으로부터 보호
> • 병렬접속 : 전류가 분류되므로 과전류로부터 보호

23

SCR를 턴온시킨 후 게이트 전류를 0으로 하여도 온(ON)상태를 유지하기 위한 최소의 애노드 전류를 무엇이라 하는가?

① 래칭전류   ② 스텐드온전류
③ 최대전류   ④ 순시전류

해설 **래칭전류** : SCR이 OFF 상태에서 ON 상태로의 전환 되고, 트리거 신호가 제거된 직후에 SCR을 ON 상태로 유지하는 데 필요로 하는 최소한의 양극전류

24

정현파 신호 $\sin t$의 전달함수는?

① $\dfrac{1}{s^2+1}$ ② $\dfrac{1}{s^2-1}$

③ $\dfrac{s}{s^2+1}$ ④ $\dfrac{s}{s^2-1}$

해설 **전달함수** : $C_s = \mathcal{L}[\sin t] = \dfrac{1}{s^2+1}$

25

인덕턴스가 1[H]인 코일과 정전용량이 $0.2[\mu F]$인 콘덴서를 직렬로 접속할 때 이 회로의 공진주파수는 약 몇 [Hz]인가?

① 89   ② 178
③ 267   ④ 356

해설 **공진주파수**

$$f_0 = \frac{1}{2\pi\sqrt{LC}} = \frac{1}{2\pi\sqrt{1\times0.2\times10^{-6}}} = 356[\text{Hz}]$$

26

그림과 같은 회로에서 A–B 단자에 나타나는 전압은 몇 [V]인가?

① 20   ② 40
③ 60   ④ 80

해설 A와 B단자에 걸리는 전압은 전원전압의 반이므로 60[V]가 인가된다.

27

그림과 같은 회로에서 각 계기의 지시값이 Ⓥ는 180[V], Ⓐ는 5[A], W는 720[W]라면 이 회로의 무효전력 [Var]은?

① 480   ② 540
③ 960   ④ 1,200

해설 • 피상전력 : $P_a = VI = 180\times5 = 900[\text{VA}]$ 이므로
• 무효전력 : $P_r = \sqrt{P_a^2 - P^2} = \sqrt{900^2 - 720^2} = 540$

28

제어량이 압력, 온도 및 유량 등과 같은 공업량일 경우의 제어는?

① 시퀀스제어
② 프로세스제어
③ 추종제어
④ 프로그램제어

해설 프로세스 제어 : 제어량이 유량, 온도, 액위면, 압력, 밀도, 농도 등으로 하는 제어계를 말하며, 석유공업, 화학공업, 식품공업 등 일용품 등을 만드는 곳

29

그림과 같은 RL직렬회로에서 소비되는 전력은 몇 [W]인가?

200[V]

① 6,400
② 8,800
③ 10,000
④ 12,000

해설
• 임피던스 : $Z = \sqrt{4^2 + 3^2} = 5\,[\Omega]$
• 전류 : $I = \dfrac{V}{Z} = \dfrac{200}{5} = 40\,[A]$
• 소비전력 : $P = I^2 R = 40^2 \times 4 = 6,400\,[W]$

30

부궤환 증폭기의 장점에 해당되는 것은?

① 전력이 절약된다.
② 안정도가 증진된다.
③ 증폭도가 증가된다.
④ 능률이 증대된다.

해설 부궤환 증폭기 특성
• 이득이 감소한다.
• 이득의 안정도가 높아진다.

31

단상전력을 간접적으로 측정하기 위해 3전압계법을 사용하는 경우 단상 교류전력 P[W]는?

① $P = \dfrac{1}{2R}(V_3 - V_2 - V_1)^2$
② $P = \dfrac{1}{R}(V_3^2 - V_1^2 - V_2^2)$
③ $P = \dfrac{1}{2R}(V_3^2 - V_1^2 - V_2^2)$
④ $P = V_3 I \cos\theta$

해설 3전압계법의 단상 전력 : $P = \dfrac{1}{2R}(V_3^2 - V_1^2 - V_2^2)$

32

온도 $t[℃]$에서 저항이 R_1, R_2이고 저항의 온도계수가 각각 α_1, α_2인 두 개의 저항을 직렬로 접속했을 때 합성저항 온도계수는?

① $\dfrac{R_1\alpha_2 + R_2\alpha_1}{R_1 + R_2}$
② $\dfrac{R_1\alpha_1 + R_2\alpha_2}{R_1 R_2}$
③ $\dfrac{R_1\alpha_1 + R_2\alpha_2}{R_1 + R_2}$
④ $\dfrac{R_1\alpha_2 + R_2\alpha_1}{R_1 R_2}$

해설 온도계수 α_1, α_2 두 개의 저항 직렬접속 시
합성저항 온도계수 : $\alpha_T = \dfrac{R_1\alpha_1 + R_2\alpha_2}{R_1 + R_2}$

33

전기기기에서 생기는 손실 중 권선의 저항에 의하여 생기는 손실은?

① 철 손
② 동 손
③ 표유부하손
④ 히스테리시스손

해설 동손 : 저항부하에 전류가 흘러 발생하는 줄열에 의한
손실(동손 = 구리손 = 저항손)

34
그림과 같은 무접점회로는 어떤 논리회로인가?

① NOR　　　　　② OR
③ NAND　　　　④ AND

해설 NAND회로

회 로	NAND회로 AND회로의 부정회로
유접점	⊕선 ···· A ···· X_{-b} ···· X ···· L ···· ⊖선
무접점과 논리식	A B ▷ X $X = \overline{A \cdot B} = \overline{A} + \overline{B}$ $=$ A B ▷ X $X = \overline{A} + \overline{B} = \overline{A \cdot B}$
회로도	$+V$ R_1 R_3 R_2 D_1 X D_2 R_4 T_r
진리값표	A B X 0 0 1 0 1 1 1 0 1 1 1 0

35
단상 반파정류회로에서 교류 실횻값 220[V]를 정류
하면 직류 평균전압은 약 몇 [V]인가?(단, 정류기의
전압강하는 무시한다)

① 58　　　　　② 73
③ 88　　　　　④ 99

해설 단상 반파정류에서 직류전압
$$V_d = 0.45\,V = 0.45 \times 220 = 99\,[\text{V}]$$

36
논리식 $X + \overline{X}Y$를 간단히 하면?

① X　　　　　② $X\overline{Y}$
③ $\overline{X}Y$　　　　④ $X + Y$

해설 논리식
$$X + \overline{X}Y = (X + \overline{X})(X + Y) = 1 + (X + Y) = X + Y$$

37
이미터 전류를 1[mA] 증가시켰더니 컬렉터 전류는
0.98[mA] 증가되었다. 이 트랜지스터의 증폭률 β
는?

① 4.9　　　　　② 9.8
③ 49.0　　　　④ 98.0

해설 전류증폭률 : $\beta = \dfrac{I_C}{I_E - I_C} = \dfrac{0.98}{1 - 0.98} = 49$

38
교류전력변환장치로 사용되는 인버터회로에 대한 설
명으로 옳지 않은 것은?

① 직류 전력을 교류 전력으로 변환하는 장치를
인버터라고 한다.
② 전류형 인버터와 전압형 인버터로 구분할 수
있다.
③ 전류방식에 따라서 타려식과 자려식으로 구분
할 수 있다.
④ 인버터의 부하장치에는 직류직권전동기를 사
용할 수 있다.

해설 인버터(Inverter)의 설명

- 직류전력을 교류전력으로 변환하는 장치이다.
- 인버터의 부하장치에는 교류 직권전동기를 사용한다.

39

저항이 4[Ω], 인덕턴스가 8[mH]인 코일을 직렬로 연결하고 100[V], 60[Hz]인 전압을 공급할 때 유효전력은 약 몇 [kW]인가?

① 0.8 　　　　　② 1.2
③ 1.6 　　　　　④ 2.0

해설 리액턴스 : $X_L = 2\pi f L = 2\pi \times 60 \times 8 \times 10^{-3}$
$= 3[\Omega]$

- 임피던스 : $Z = \sqrt{4^2 + 3^2} = 5[\Omega]$
- 전류 : $I = \dfrac{V}{Z} = \dfrac{100}{5} = 20[A]$
- 전력 : $P = I^2 R = 20^2 \times 4 \times 10^{-3} = 1.6[\text{kW}]$

40

열감지기의 온도감지용으로 사용하는 소자는?

① 서미스터 　　　② 바리스터
③ 제너다이오드 　④ 발광다이오드

해설 서미스터 특징
- 온도보상용
- 부(−)저항온도계수$\left(\text{온도} \propto \dfrac{1}{\text{저항}}\right)$

제 3 과목 소방관계법규

41

화재예방, 소방시설 설치·유지 및 안전관리에 관한 법령상, 종사자 수가 5명이고, 숙박시설이 모두 2인용 침대이며 침대수량은 50개인 청소년 시설에서 수용인원은 몇 명인가?

① 55 　　　　　② 75
③ 85 　　　　　④ 105

해설 수용인원 = 종사자수 + 침대수량×2
= 5 + 50 × 2 = 105명

42

다음 중 고급기술자에 해당하는 학력·경력 기준으로 옳은 것은?

① 박사학위를 취득한 후 2년 이상 소방 관련 업무를 수행한 사람
② 석사학위를 취득한 후 6년 이상 소방 관련 업무를 수행한 사람
③ 학사학위를 취득한 후 8년 이상 소방 관련 업무를 수행한 사람
④ 고등학교를 졸업 후 10년 이상 소방 관련 업무를 수행한 사람

해설 • 중급기술자 : 학사학위를 취득한 후 6년 이상 소방 관련 업무를 수행한 자
• 고급기술자 : 석사학위를 취득한 후 6년 이상 소방 관련 업무를 수행한 자

43

소방특별조사 결과 소방대상물의 위치·구조·설비 또는 관리의 상황이 화재나 재난·재해 예방을 위하여 보완될 필요가 있거나 화재가 발생하면 인명 또는 재산의 피해가 클 것으로 예상되는 때에 관계인에게 그 소방대상물의 개수·이전·제거, 사용의 금지 또는 제한, 사용폐쇄, 공사의 정지 또는 중지, 그 밖의 필요한 조치를 명할 수 있는 자로 틀린 것은?

① 시·도지사 　　② 소방서장
③ 소방청장 　　　④ 소방본부장

해설 소방특별조사 결과에 따른 조치명령
- 조치명령권자 : 소방청장, 소방본부장 또는 소방서장
- 조치명령의 내용 : 소방대상물의 위치·구조·설비 또는 관리의 상황
- 조치명령 시기 : 화재나 재난·재해 예방을 위하여 보완될 필요가 있거나 화재가 발생하면 인명 또는 재산의 피해가 클 것으로 예상되는 때
- 조치사항 : 그 소방대상물의 개수·이전·제거, 사용의 금지 또는 제한, 사용폐쇄, 공사의 정지 또는 중지, 그 밖의 필요한 조치

44

제4류 위험물을 저장·취급하는 제조소에 "화기엄금"이란 주의사항을 표시하는 게시판을 설치할 경우 게시판의 색상은?

① 청색바탕에 백색문자

② 적색바탕에 백색문자

③ 백색바탕에 적색문자

④ 백색바탕에 흑색문자

해설 주의사항을 표시한 게시판 설치

위험물의 종류	주의사항	게시판의 색상
제1류 위험물 중 알칼리금속의 과산화물 제3류 위험물 중 금수성물질	물기엄금	청색바탕에 백색문자
제2류 위험물(인화성 고체는 제외)	화기주의	적색바탕에 백색문자
제2류 위험물 중 인화성 고체 제3류 위험물 중 자연발화성 물질 **제4류 위험물** 제5류 위험물	화기엄금	적색바탕에 백색문자
제1류 위험물의 알칼리금속의 과산화물 외의 것과 제6류 위험물	별도의 표시를 하지 않는다.	

45

산화성고체인 제1류 위험물에 해당되는 것은?

① 질산염류

② 특수인화물

③ 과염소산

④ 유기과산화물

해설 제1류 위험물

위험물		
유별	성질	품명
제1류	산화성 고체	아염소산염류, 염소산염류, 과염소산염류, 무기과산화물
		브롬산염류, **질산염류**, 아이오딘(요오드)산염류
		과망간산염류, 다이크롬산염류

46

소방본부장 또는 소방서장은 건축허가 등의 동의요구 서류를 접수한 날부터 최대 며칠 이내에 건축허가 등의 동의여부를 회신하여야 하는가?(단, 허가 신청한 건축물은 지상으로부터 높이가 200[m]인 아파트이다)

① 5일   ② 7일

③ 10일   ④ 15일

해설 건축허가 등의 동의 여부에 대한 회신
- 일반대상물 : 5일 이내
- 특급소방안전관리대상물 : 10일 이내
  - ㉠ 50층 이상(지하층은 제외)이거나 지상으로부터 높이가 200[m] 이상인 아파트
  - ㉡ 30층 이상(지하층을 포함)이거나 지상으로부터 높이가 120[m] 이상인 특정소방대상물(아파트는 제외)
  - ㉢ ㉡에 해당하지 아니하는 특정소방대상물로서 연면적이 20만[m²] 이상인 특정소방대상물(아파트는 제외)
- 서류보완기간 : 4일 이내

47

소방기본법령상 인접하고 있는 시·도간 소방업무의 상호응원협정을 체결하고자 할 때, 포함되어야 하는 사항으로 틀린 것은?

① 소방교육·훈련의 종류에 관한 사항

② 화재의 경계·진압활동에 관한 사항

③ 출동대원의 수당·식사 및 피복의 수선의 소요 경비의 부담에 관한 사항

④ 화재조사활동에 관한 사항

해설 소방업무의 상호응원협정사항
- **소방활동에 관한 사항**
  - 화재의 경계·진압 활동
  - 구조·구급 업무의 지원
  - 화재조사활동
- 응원출동대상지역 및 규모
- **소요경비의 부담에 관한 사항**
  - 출동대원의 수당·식사 및 피복의 수선
  - 소방장비 및 기구의 정비와 연료의 보급
  - 그 밖의 경비
- 응원출동의 요청방법
- 응원출동훈련 및 평가

정답 44 ② 45 ① 46 ③ 47 ①

48
화재예방, 소방시설 설치·유지 및 안전관리에 관한 법령상 둘 이상의 특정소방대상물이 내화구조로 된 연결통로가 벽이 없는 구조로서 그 길이가 몇 [m] 이하인 경우 하나의 소방대상물로 보는가?

① 6　　　　　② 9
③ 10　　　　④ 12

해설 둘 이상의 특정소방대상물이 내화구조로 된 연결통로가 벽이 없는 구조로서 그 길이가 6[m] 이하인 경우 하나의 소방대상물로 본다.

49
소방시설을 구분하는 경우 소화설비에 해당되지 않는 것은?

① 스프링클러설비　② 제연설비
③ 자동확산소화기　④ 옥외소화전설비

해설 제연설비 : 소화활동설비

50
위험물안전관리법상 청문을 실시하여 처분해야 하는 것은?

① 제조소 등 설치허가의 취소
② 제조소 등 영업정지 처분
③ 탱크시험자의 영업정지 처분
④ 과징금 부과 처분

해설 위험물안전관리법상 청문 실시 내용
• 제조소 등 설치허가의 취소
• 탱크시험자의 등록취소

51
화재예방, 소방시설 설치·유지 및 안전관리에 관한 법령상 건축허가 등의 동의를 요구한 기관이 그 건축허가 등을 취소하였을 때, 취소한 날부터 최대 며칠 이내에 건축물 등의 시공지 또는 소재지를 관할하는 소방본부장 또는 소방서장에게 그 사실을 통보하여야 하는가?

① 3일　　　　② 4일
③ 7일　　　　④ 10일

해설 건축허가 등을 취소하였을 때에는 취소한 날부터 7일 이내에 건축물의 시공지 또는 소재지를 관할하는 소방본부장 또는 소방서장에게 그 사실을 통보하여야 한다.

52
화재예방, 소방시설 설치·유지 및 안전관리에 관한 법령상 특정소방대상물 중 오피스텔은 어느 시설에 해당하는가?

① 숙박시설　　　② 일반업무시설
③ 공동주택　　　④ 근린생활시설

해설 오피스텔 : 업무시설

53
소방기본법상 화재 현장에서의 피난 등을 체험할 수 있는 소방체험관의 설립·운영권자는?

① 시·도지사
② 행정안전부장관
③ 소방본부장 또는 소방서장
④ 소방청장

해설 • 소방박물관의 설립·운영권자 : 소방청장
• 소방체험관의 설립·운영권자 : 시·도지사

54
소방기본법령상 위험물 또는 물건의 보관기간은 소방본부 또는 소방서의 게시판에 공고하는 기간의 종료일 다음 날부터 며칠로 하는가?

① 3일　　　　② 5일
③ 7일　　　　④ 14일

해설 위험물 또는 물건을 보관하는 경우에는 그 날부터 14일 동안 소방본부 또는 소방서의 게시판에 그 사실을 공고한 후 공고기간의 종료일 다음 날부터 7일간 보관한 후 매각하여야 한다.

55

소방대라 함은 화재를 진압하고 화재, 재난·재해 그 밖의 위급한 상황에서 구조·구급 활동 등을 하기 위하여 구성된 조직체를 말한다. 소방대의 구성원으로 틀린 것은?

① 소방공무원　　② 소방안전관리원
③ 의무소방원　　④ 의용소방대원

해설 소방대 : 소방공무원, 의무소방원, 의용소방대원

56

다음 중 300만원 이하의 벌금에 해당되지 않는 것은?

① 등록수첩을 다른 자에게 빌려준 자
② 소방시설공사의 완공검사를 받지 아니한 자
③ 소방기술자가 동시에 둘 이상의 업체에 취업한 사람
④ 소방시설공사 현장에 감리원을 배치하지 아니한 자

해설 300만원 이하의 벌금
- 등록증이나 등록수첩을 다른 자에게 빌려준 자
- 소방시설공사 현장에 감리원을 배치하지 아니한 자
- 감리업자의 보완 요구에 따르지 아니한 자
- 공사감리 계약을 해지하거나 대가 지급을 거부하거나 지연시키거나 불이익을 준 자
- 자격수첩 또는 경력수첩을 빌려 준 사람
- 동시에 둘 이상의 업체에 취업한 사람
- 관계인의 정당한 업무를 방해하거나 업무상 알게 된 비밀을 누설한 사람

57

소방시설관리업자가 기술인력을 변경하는 경우, 시·도지사에게 제출하여야 하는 서류로 틀린 것은?

① 소방시설관리업 등록수첩
② 변경된 기술인력의 기술자격증(자격수첩)
③ 기술인력 연명부
④ 사업자등록증 사본

해설 기술인력을 변경하는 경우
- 소방시설관리업등록수첩
- 변경된 기술인력의 기술자격증(자격수첩)
- 기술인력연명부

58

다음 중 품질이 우수하다고 인정되는 소방용품에 대하여 우수품질인증을 할 수 있는 자는?

① 산업통상자원부장관
② 시·도지사
③ 소방청장
④ 소방본부장 또는 소방서장

해설 소방용품의 우수품질인증권자 : 소방청장

59

지정수량의 최소 몇 배 이상의 위험물을 취급하는 제조소에는 피뢰침을 설치해야 하는가?(단, 제6류 위험물을 취급하는 위험물 제조소는 제외하고, 제조소 주위의 상황에 따라 안정상 지장이 없는 경우도 제외한다)

① 5배　　② 10배
③ 50배　　④ 100배

해설 피뢰침 설치 : 지정수량의 10배 이상의 저장창고

60

소방기본법령상 소방활동구역의 출입자에 해당되지 않는 자는?

① 소방활동구역 안에 있는 소방대상물의 소유자·관리자 또는 점유자
② 전기·가스·수도·통신·교통의 업무에 종사하는 사람으로서 원활한 소방활동을 위하여 필요한 자
③ 화재건물과 관련 있는 부동산업자
④ 취재인력 등 보도업무에 종사하는 자

해설 소방활동구역의 출입자
- 소방활동구역 안에 있는 소방대상물의 소유자, 관리자, 점유자
- 전기, 가스, 수도, 통신, 교통의 업무에 종사하는 자로서 원활한 소방활동을 위하여 필요한 자
- 의사·간호사 그 밖의 구조·구급업무에 종사하는 자
- 취재인력 등 보도업무에 종사하는 자
- 수사업무에 종사하는 자
- 그 밖에 소방대장이 소방활동을 위하여 출입을 허가한 자

정답 55 ② 56 ② 57 ④ 58 ③ 59 ② 60 ③

제 4 과목 | 소방전기시설의 구조 및 원리

61

자동화재속보설비의 설치기준으로 틀린 것은?

① 조작스위치는 바닥으로부터 0.8[m] 이상 1.5 [m] 이하의 높이에 설치한다.

② 비상경보설비와 연동으로 작동하여 자동적으로 화재발생 상황을 소방관서에 전달하도록 한다.

③ 속보기는 소방관서에 통신망으로 통보하도록 하며, 데이터 또는 코드전송방식을 부가적으로 설치할 수 있다.

④ 속보기는 소방청장이 정하여 고시한 자동화재 속보설비의 속보기의 성능인증 및 제품검사의 기술기준에 적합한 것으로 설치하여야 한다.

 해설 자동화재속보설비는 자동화재탐지설비와 연동으로 작동하여 자동적으로 화재발생을 신속하게 소방관서에 통보하여 주는 설비이다.

62

일국소의 주위온도가 일정한 온도 이상이 되는 경우에 작동하는 것으로서 외관이 전선으로 되어 있는 감지기는 어떤 것인가?

① 공기흡입형   ② 광전식분리형
③ 차동식스포트형   ④ 정온식감지선형

해설 정온식감지선형 감지기 : 일국소의 주위온도가 일정한 온도 이상이 되는 경우에 작동하는 것으로서 **외관이 전선으로 되어 있는 것**

63

비상방송설비 음향장치에 대한 설치기준으로 옳은 것은?

① 다른 전기회로에 따라 유도장애가 생기지 않도록 한다.

② 음량조정기를 설치하는 경우 음량조정기의 배선은 2선식으로 한다.

③ 다른 방송설비와 공용하는 것에 있어서는 화재 시 비상경보 외의 방송을 차단되는 구조가 아니어야 한다.

④ 기동장치에 따른 화재신고를 수신한 후 필요한 음량으로 화재발생 상황 및 피난에 유효한 방송이 자동으로 개시될 때까지의 소요시간은 60초 이하로 한다.

해설 **비상방송설비 음향장치 설치기준**
• 확성기의 음성입력은 3[W](실내에 설치하는 것에 있어서는 1[W]) 이상일 것
• 확성기는 **각 층마다** 설치하되, 그 층의 각 부분으로부터 하나의 확성기까지의 수평거리가 25[m] 이하가 되도록 하고, 해당 층의 각 부분에 유효하게 경보를 발할 수 있도록 설치할 것
• 음량조정기를 설치하는 경우 음량조정기의 배선은 **3선식**으로 할 것
• 조작부의 조작스위치는 바닥으로부터 0.8[m] 이상 1.5[m] 이하의 높이에 설치할 것
• 다른 방송설비와 공용하는 것에 있어서는 화재 시 비상경보 외의 방송을 차단할 수 있는 구조로 할 것
• 다른 전기회로에 따라 유도장애가 생기지 아니하도록 할 것
• 기동장치에 따른 화재신고를 수신한 후 필요한 음량으로 화재발생 상황 및 피난에 유효한 방송이 자동으로 개시될 때까지의 소요시간은 **10초 이하**로 할 것

64

비상전원이 비상조명등을 60분 이상 유효하게 작동시킬 수 있는 용량으로 하지 않아도 되는 특정소방대상물은?

① 지하상가
② 숙박시설
③ 무창층으로서 용도가 소매시장
④ 지하층을 제외한 층수가 11층 이상의 층

해설 **비상조명등 및 유도등의 비상전원이 60분 이상 작동하여야 하는 특정소방대상물**
• 지하층을 제외한 층수가 11층 이상의 층
• 지하층, 무창층으로서 도매시장, 소매시장, 여객자동차터미널, 지하역사, 지하상가

65
비상콘센트설비 상용전원회로의 배선이 고압수전 또는 특고압수전인 경우의 설치기준은?

① 인입개폐기의 직전에서 분기하여 전용배선으로 할 것
② 인입개폐기의 직후에서 분기하여 전용배선으로 할 것
③ 전력용변압기 1차측의 주차단기 2차측에서 분기하여 전용배선으로 할 것
④ 전력용변압기 2차측의 주차단기 1차측 또는 2차측에서 분기하여 전용배선으로 할 것

해설 비상콘센트설비 상용전원회로의 배선이 저압수전인 경우에는 인입개폐기의 직후에서, 고압수전 또는 특고압수전인 경우에는 전력용변압기 2차측의 주차단기 1차측 또는 2차측에서 분기하여 전용배선으로 할 것

66
소방회로용의 것으로 수전설비, 변전설비 그 밖의 기기 및 배선을 금속제 외함에 수납한 것으로 정의되는 것은?

① 전용분전반　　② 공용분전반
③ 공용큐비클식　　④ 전용큐비클식

해설
• 전용큐비클 : 소방회로용의 것으로 수전설비, 변전설비 그 밖의 기기 및 배선을 금속제 외함에 수납한 것
• 공용큐비클 : 소방회로 및 일반회로 겸용의 것으로서 수전설비, 변전 설비 그 밖의 기기 및 배선을 금속제 외함에 수납한 것

67
다음 ( )에 들어갈 내용으로 옳은 것은?

> 누전경보기란 ( ) 이하인 경계전로의 누설전류 또는 지락전류를 검출하여 당해 소방대상물의 관계인에게 경보를 발하는 설비로서 변류기와 수신부로 구성된 것을 말한다.

① 사용전압 220[V]　　② 사용전압 380[V]
③ 사용전압 600[V]　　④ 사용전압 750[V]

해설 누전경보기란 600[V] 이하인 경계전로의 누설전류 또는 지락전류를 검출하여 당해 소방대상물의 관계인에게 경보를 받하는 설비로서 변류기와 수신부로 구성된 것을 말한다.

68
부착높이가 11[m]인 장소에 적응성 있는 감지기는?

① 차동식분포형　　② 정온식스포트형
③ 차동식스포트형　　④ 정온식감지선형

해설 부착높이에 따른 감지기 종류

부착높이	감지기의 종류
4[m] 미만	• 차동식(스포트형, 분포형) • 보상식스포트형 • 정온식(스포트형, 감지선형) • 열복합형 • 이온화식 또는 광전식(스포트형, 분리형, 공기흡입형) • 연기복합형 • 열연기복합형 • 불꽃감지기
4[m] 이상 8[m] 미만	• 차동식(스포트형, 분포형) • 보상식스포트형 • 정온식(스포트형, 감지선형)특종 또는 1종 • 이온화식 1종 또는 2종 • 광전식(스포트형, 분리형, 공기흡입형) 1종 또는 2종 • 열복합형 • 연기복합형 • 열연기복합형 • 불꽃감지기
8[m] 이상 15[m] 미만	• 차동식 분포형 • 이온화식 1종 또는 2종 • 광전식(스포트형, 분리형, 공기흡입형) 1종 또는 2종 • 연기복합형 • 불꽃감지기
15[m] 이상 20[m] 미만	• 이온화식 1종 • 광전식(스포트형, 분리형, 공기흡입형) 1종 • 연기복합형 • 불꽃감지기
20[m] 이상	• 불꽃감지기 • 광전식(분리형, 공기흡입형) 중 아날로그방식

정답 65 ④　66 ④　67 ③　68 ①

69

비상경보설비의 축전지설비의 구조에 대한 설명으로 틀린 것은?

① 예비전원을 병렬로 접속하는 경우에는 역충전 방지 등의 조치를 하여야 한다.

② 내부에 주전원의 양극을 동시에 개폐할 수 있는 전원스위치를 설치하여야 한다.

③ 축전지설비는 접지전극에 교류전류를 통하는 회로방식을 사용하여서는 아니 된다.

④ 예비전원은 축전지설비용 예비전원과 외부부하 공급용 예비전원을 별도로 설치하여야 한다.

 축전지설비는 접지전극에 직류, 교류전류를 통하는 회로방식을 사용할 수 있다.

70

객석 내의 통로의 직선부분의 길이가 85[m]이다. 객석유도등을 몇 개 설치하여야 하는가?

① 17개   ② 19개

③ 21개   ④ 22개

 설치개수 $= \dfrac{\text{객석 통로의 직선부분의 길이[m]}}{4} - 1$

$\qquad\quad = \dfrac{85}{4} - 1 = 20.25(\text{절상}) \to 21$개

71

비상콘센트설비의 설치기준으로 틀린 것은?

① 개폐기에는 "비상콘센트"라고 표시한 표지를 할 것

② 하나의 전용회로에 설치하는 비상콘센트는 10개 이하로 할 것

③ 비상전원을 실내에 설치하는 때에는 그 실내에 비상조명등을 설치할 것

④ 비상전원은 비상콘센트설비를 유효하게 10분 이상 작동시킬 수 있는 용량으로 할 것

 전원회로

• 비상콘센트설비의 전원회로

구 분	전 압	공급용량	플러그접속기
단상 교류	220[V]	1.5[kVA] 이상	접지형 2극

• 전원회로는 각 층에 있어서 전압별로 2 이상이 되도록 설치할 것(단, 전압별로 설치하여야 할 층의 콘센트가 1개인 때에는 하나의 회로로 할 수 있다)

• 전원회로는 주배전반에서 전용회로로 할 것

• 전원으로부터 각 층의 비상콘센트에 분기되는 경우에는 분기배선용 차단기를 보호함 안에 설치할 것

• 콘센트마다 배선용 차단기(KS C8321)를 설치하여야 하며, 충전부가 노출되지 아니하도록 할 것

• 개폐기에는 "비상콘센트"라고 표시한 표지를 할 것

• 비상콘센트용의 풀박스 등은 방청도장을 한 것으로서, 두께 1.6[mm] 이상의 철판으로 할 것

• 하나의 전용회로에 설치하는 비상콘센트는 10개 이하로 할 것

• 비상전원은 유효하게 20분 이상 작동시킬 수 있는 용량으로 할 것

72

무선통신보조설비의 증폭기에는 비상전원이 부착된 것으로 하고 비상전원의 용량은 무선통신보조설비를 유효하게 몇 분 이상 작동시킬 수 있는 것이어야 하는가?

① 10분   ② 20분

③ 30분   ④ 40분

 무선통신보조설비의 증폭기에는 비상전원이 부착된 것으로 하고 해당 **비상전원**용량은 무선통신보조설비를 유효하게 **30분** 이상 작동시킬 수 있는 것으로 할 것

73

자동화재탐지설비의 감지기회로에 설치하는 종단저항의 설치기준으로 틀린 것은?

① 감지기회로 끝부분에 설치한다.

② 점검 및 관리가 쉬운 장소에 설치하여야 한다.

③ 전용함에 설치하는 경우 그 설치 높이는 바닥으로부터 0.8[m] 이내에 설치하여야 한다.

④ 종단감지기에 설치할 경우에는 구별이 쉽도록 해당감지기의 기판 및 감지기 외부 등에 별도의 표시를 하여야 한다.

해설 종단저항 : 감지기 회로 도통시험을 용이하게 하기 위해 설치
- 점검 및 관리가 쉬운 장소에 설치할 것
- 전용함을 설치하는 경우, 그 설치 높이는 바닥으로부터 1.5[m] 이내로 할 것
- 감지기회로의 끝부분에 설치하며, 종단감지기에 설치할 경우에는 구별이 쉽도록 해당 감지기의 기판 등에 별도의 표시를 할 것

74
3선식 배선에 따라 상시 충전되는 유도등의 전기회로에 점멸기를 설치하는 경우 유도등이 점등되어야 할 경우로 관계없는 것은?

① 제연설비가 작동한 때
② 자동소화설비가 작동한 때
③ 비상경보설비의 발신기가 작동한 때
④ 자동화재탐지설비의 감지기가 작동한 때

해설 3선식 배선 시 점등되어야 하는 경우
- 자동화재탐지설비의 감지기 또는 발신기가 작동되는 때
- 비상경보설비의 발신기가 작동되는 때
- 상용전원이 정전되거나 전원선이 단선되는 때
- 방재업무를 통제하는 곳 또는 전기실의 배전반에서 수동으로 점등하는 때
- 자동소화설비가 작동되는 때

75
누전경보기의 전원은 분전반으로부터 전용회로로 하고 각 극에 개폐기와 몇 [A] 이하의 과전류차단기를 설치하여야 하는가?

① 15 ② 20
③ 25 ④ 30

해설
- 과전류차단기 : 15[A] 이하
- 배선용차단기 : 20[A] 이하

76
다음 비상경보설비 및 비상방송설비에 사용되는 용어 설명 중 틀린 것은?

① 비상벨설비라 함은 화재발생 상황을 경종으로 경보하는 설비를 말한다.
② 증폭기라 함은 전압전류의 주파수를 늘려 감도를 좋게 하고 소리를 크게 하는 장치를 말한다.
③ 확성기라 함은 소리를 크게 하여 멀리까지 전달될 수 있도록 하는 장치로서 일명 스피커를 말한다.
④ 음량조절기라 함은 가변저항을 이용하여 전류를 변화시켜 음량을 크게 하거나 작게 조절할 수 있는 장치를 말한다.

해설 증폭기 : 전압전류의 진폭을 늘려 감도를 좋게 하고 미약한 음성전류를 커다란 음성전류로 변화시켜 소리를 크게 하는 장치

77
신호의 전송로가 분기되는 장소에 설치하는 것으로 임피던스 매칭과 신호 균등분배를 위해 사용되는 장치는?

① 혼합기 ② 분배기
③ 증폭기 ④ 분파기

해설 분배기 : 신호의 전송로가 분기되는 장소에 설치하는 것으로 임피던스 매칭과 신호 균등분배를 위해 사용하는 장치

78
부착높이가 3[m], 바닥면적 50[m²]인 주요구조부를 내화구조로 한 소방대상물에 1종 열반도체식 차동식분포형감지기를 설치하고자 할 때 감지부의 최소 설치개수는?

① 1개 ② 2개
③ 3개 ④ 4개

해설 열반도체식 차동식분포형감지기의 설치기준
- 감지부는 그 부착높이 및 특정소방대상물에 따라 다음 표에 따른 바닥면적마다 1개 이상으로 할 것. 다만, 바닥면적이 다음 표에 따른 면적의 2배 이하인 경우에는 2개 (부착높이가 8[m] 미만이고, 바닥면적이 다음 표에 따른 면적 이하인 경우에는 1개) 이상으로 하여야 한다.

[특정소방대상물에 따른 감지기의 종류]

(단위 : [m²])

부착높이 및 특정소방대상물의 구분		감지기의 종류	
		1종	2종
8[m] 미만	내화구조	65	36
	기타구조	40	23
8[m] 이상 15[m] 미만	내화구조	50	36
	기타구조	30	23

• 하나의 검출기에 접속하는 감지부는 **2개 이상 15개 이하**가 되도록 할 것

79

비상콘센트를 보호하기 위한 비상콘센트 보호함의 설치기준으로 틀린 것은?

① 비상콘센트 보호함에는 쉽게 개폐할 수 있는 문을 설치하여야 한다.

② 비상콘센트 보호함 상부에 적색의 표시등을 설치하여야 한다.

③ 비상콘센트 보호함에는 그 내부에 "비상콘센트"라고 표시한 표식을 하여야 한다.

④ 비상콘센트 보호함을 옥내소화전함 등과 접속하여 설치하는 경우에는 옥내소화전함 등의 표시등과 겸용할 수 있다.

해설 **비상콘센트의 보호함**

• 보호함에는 쉽게 개폐할 수 있는 문을 설치할 것

• 보호함에는 그 표면에 "비상콘센트"라고 표시한 표지를 할 것

• 보호함 상부에 적색의 표시등을 설치할 것(다만, 비상콘센트의 보호함을 옥내소화전함 등과 접속하여 설치하는 경우에는 옥내소화전함 등이 표시등과 겸용 가능)

80

비상방송설비의 배선에 대한 설치기준으로 틀린 것은?

① 배선은 다른 용도의 전선과 동일한 관, 덕트, 몰드 또는 풀박스 등에 설치할 것

② 전원회로의 배선은 옥내소화전설비의 화재안전기준에 따른 내화배선으로 설치할 것

③ 화재로 인하여 하나의 층의 확성기 또는 배선이 단락 또는 단선되어도 다른 층의 화재통보에 지장이 없도록 할 것

④ 부속회로의 전로와 대지 사이 및 배선 상호간의 절연저항은 1 경계구역마다 직류 250[V]의 절연저항측정기를 사용하여 측정한 절연저항이 0.1[MΩ] 이상이 되도록 할 것

해설 비상방송설비의 배선은 다른 전선과 별도의 관·덕트·몰드 또는 풀박스 등에 설치할 것. 다만, 60[V] 미만의 약전류회로에 사용하는 전선으로서 각각의 전압이 같을 때에는 그러하지 아니하다.

제4회 2019년 9월 21일 시행

제 1 과목 소방원론

01
프로판가스의 연소범위[vol%]에 가장 가까운 것은?

① 9.8~28.4
② 2.5~81
③ 4.0~75
④ 2.1~9.5

해설 연소범위

가스종류	아세틸렌	수 소	프로판
연소범위	2.5~81[%]	4.0~75[%]	2.1~9.5[%]

02
화재의 지속시간 및 온도에 따라 목재건물과 내화건물을 비교했을 때, 목재건물의 화재성상으로 가장 적합한 것은?

① 저온장기형이다.
② 저온단기형이다.
③ 고온장기형이다.
④ 고온단기형이다.

해설 건축물의 화재성상
 • 내화건축물의 화재성상 : 저온, 장기형
 • 목재건축물의 화재성상 : 고온, 단기형

03
특정소방대상물(소방안전관리대상물은 제외)의 관계인과 소방안전관리대상물의 소방안전관리자의 업무가 아닌 것은?

① 화기 취급의 감독
② 자체소방대의 운용
③ 소방 관련 시설의 유지 · 관리
④ 피난시설, 방화구획 및 방화시설의 유지 · 관리

해설 소방안전관리자 업무
 • 피난계획에 관한 사항과 대통령령으로 정하는 사항

이 포함된 소방계획서의 작성 및 시행
 • 자위소방대 및 초기 대응체계의 구성 · 운영 · 교육
 • 피난시설 · 방화구획 및 방화시설의 유지 · 관리
 • 소방훈련 및 교육
 • 소방시설이나 그 밖의 소방 관련 시설의 유지 · 관리
 • 화기 취급의 감독

04
가연물의 제거와 가장 관련이 없는 소화방법은?

① 유류화재 시 유류공급 밸브를 잠근다.
② 산불화재 시 나무를 잘라 없앤다.
③ 팽창 진주암을 사용하여 진화한다.
④ 가스화재 시 중간밸브를 잠근다.

해설 팽창 진주암을 사용하여 진화하는 것은 질식소화이다.

05
화재의 유형별 특성에 관한 설명으로 옳은 것은?

① A급 화재는 무색으로 표시하며, 감전의 위험이 있으므로 주수소화를 엄금한다.
② B급 화재는 황색으로 표시하며, 질식소화를 통해 화재를 진압한다.
③ C급 화재는 백색으로 표시하며, 가연성이 강한 금속의 화재이다.
④ D급 화재는 청색으로 표시하며, 연소 후에 재를 남긴다.

해설 화재의 종류

구 분 ＼ 급 수	A급	B급	C급	D급
화재의 종류	일반화재	유류 및 가스화재	전기화재	금속화재
표시색	백 색	황 색	청 색	무 색

정답 01 ④ 02 ④ 03 ② 04 ③ 05 ②

06

다음 중 인명구조기구에 속하지 않는 것은?

① 방열복
② 공기안전매트
③ 공기호흡기
④ 인공소생기

해설 **인명구조기구**
- 방열복, 방화복(안전헬멧, 보호장갑 및 안전화를 포함한다)
- 공기호흡기
- 인공소생기

07

다음 중 전산실, 통신 기기실 등에서의 소화에 가장 적합한 것은?

① 스프링클러설비
② 옥내소화전설비
③ 분말소화설비
④ 할로겐화합물 및 불활성기체 소화설비

해설 **전산실, 통신 기기실 등의 화재 시 적합한 소화 설비**
: 할로겐화합물 및 불활성기체 소화설비

08

화재강도(Fire Intensity)와 관계가 없는 것은?

① 가연물의 비표면적
② 발화원의 온도
③ 화재실의 구조
④ 가연물의 발열량

해설 **화재강도에 영향을 미치는 인자**
- 가연물의 비표면적
- 화재실의 구조
- 가연물의 배열상태 및 발열량

09

방화벽의 구조 기준 중 다음 (   ) 안에 알맞은 것은?

> - 방화벽의 양쪽 끝과 위쪽 끝을 건축물의 외벽면 및 지붕면으로부터 (㉠)[m] 이상 튀어 나오게 할 것
> - 방화벽에 설치하는 출입문의 너비 및 높이는 각각 (㉡)[m] 이하로 하고, 해당 출입문에는 갑종방화문을 설치할 것

① ㉠ 0.3, ㉡ 2.5
② ㉠ 0.3, ㉡ 3.0
③ ㉠ 0.5, ㉡ 2.5
④ ㉠ 0.5, ㉡ 3.0

해설 **방화벽** : 화재 시 연소의 확산을 막고 피해를 줄이기 위해 주로 목재건축물에 설치하는 벽

대상 건축물	주요구조부가 내화구조 또는 불연재료가 아닌 연면적 1,000[m²] 이상인 건축물
구획단지	연면적 1,000[m²] 미만마다 구획
방화벽의 구조	• 내화구조로서 홀로 설수 있는 구조로 할 것 • **방화벽의 양쪽 끝과 위쪽 끝을 건축물의 외벽면 및 지붕면으로부터 0.5[m] 이상 튀어 나오게 할 것** • 방화벽에 설치하는 출입문의 너비 및 높이는 각각 2.5[m] 이하로 하고 갑종방화문을 설치할 것

10

BLEVE 현상을 설명한 것으로 가장 옳은 것은?

① 물이 뜨거운 기름표면 아래에서 끓을 때 화재를 수반하지 않고 Over Flow 되는 현상
② 물이 연소유의 뜨거운 표면에 들어갈 때 발생되는 Over Flow 현상
③ 탱크 바닥에 물과 기름의 에멀션이 섞여있을 때 물의 비등으로 인하여 급격하게 Over Flow 되는 현상
④ 탱크 주위 화재로 탱크 내 인화성 액체가 비등하고 가스부분의 압력이 상승하여 탱크가 파괴되고 폭발을 일으키는 현상

해설 **블레비(BLEVE)** : 액화가스 저장탱크 주위에 화재가 발생하면 기상부 탱크 상부가 국부적으로 가열되고, 강도 저하에 따라 파열되어 내부의 가스가 분출되면서 화구를 형성, 폭발하는 현상

11
화재 발생 시 인명피해 방지를 위한 건물로 적합한 것은?

① 피난설비가 없는 건물
② 특별피난계단의 구조로 된 건물
③ 피난기구가 관리되고 있지 않은 건물
④ 피난구 폐쇄 및 피난구유도등이 미비되어 있는 건물

해설 인명피해를 방지하기 위해서는 피난설비가 구비되어 있고, 특별피난계단의 구조로 된 건축물이어야 하며, 피난구는 폐쇄되지 않고, 피난기구들은 정기 검사를 통해 유지 관리되어야 한다.

12
다음 중 인화점이 가장 낮은 물질은?

① 산화프로필렌　　② 이황화탄소
③ 메틸알코올　　　④ 등 유

해설 제4류 위험물의 인화점

종 류	구 분	인화점
산화프로필렌	특수인화물	-37[℃]
이황화탄소	특수인화물	-30[℃]
메틸알코올	알코올류	11[℃]
등 유	제2석유류	40~70[℃]

13
소화원리에 대한 설명으로 틀린 것은?

① 냉각소화 : 물의 증발잠열에 의해서 가연물의 온도를 저하시키는 소화방법
② 제거소화 : 가연성 가스의 분출화재 시 연료공급을 차단시키는 소화방법
③ 질식소화 : 포소화약제 또는 불연성가스를 이용해서 공기 중의 산소공급을 차단하여 소화하는 방법
④ 억제소화 : 불활성기체를 방출하여 연소범위 이하로 낮추어 소화하는 방법

해설 억제소화(부촉매효과)
: 연쇄반응을 차단하여 소화하는 방법

14
CF_3Br 소화약제의 명칭을 옳게 나타낸 것은?

① 할론 1011　　② 할론 1211
③ 할론 1301　　④ 할론 2402

해설

물 성　종 류	분자식	분자량
할론 1301	CF_3Br	148.9
할론 1211	CF_2ClBr	165.4
할론 2402	$C_2F_4Br_2$	259.8
할론 1011	CH_2ClBr	129.4

15
에테르, 케톤, 에스테르, 알데하이드, 카르복실산, 아민 등과 같은 가연성인 수용성 용매에 유효한 포소화약제는?

① 단백포　　　　② 수성막포
③ 불화단백포　　④ 내알코올포

해설 내알코올포 : 에테르, 케톤, 에스테르 등 수용성 가연물의 소화에 가장 적합한 소화약제(수용성 액체 : 물과 잘 섞이는 액체)

16
독성이 매우 높은 가스로서 석유제품, 유지(油脂) 등이 연소할 때 생성되는 알데하이드 계통의 가스는?

① 시안화수소　　② 암모니아
③ 포스겐　　　　④ 아크롤레인

해설 아크롤레인 : 독성이 매우 높고, 석유제품이나 유지류 등이 연소할 때 생성되는 가스

17

물의 소화력을 증대시키기 위하여 첨가하는 첨가제 중 물의 유실을 방지하고 건물 임야 등의 입체 면에 오랫동안 잔류하게 하기 위한 것은?

① 증점제   ② 강화액
③ 침투제   ④ 유화제

해설 증점제 : 물의 점도를 증가시키기 위한 첨가제이며, 물의 유실을 방지하고 건물 등의 입체면에 오랫동안 잔류하기 위한 것

18

화재 시 이산화탄소를 방출하여 산소농도를 13 [vol%]로 낮추어 소화하기 위한 공기 중 이산화탄소의 농도는 약 몇 [vol%]인가?

① 9.5   ② 25.8
③ 38.1   ④ 61.5

해설 이산화탄소 농도 : $CO_2 = \dfrac{21-O_2}{21} \times 100$

$= \dfrac{21-13}{21} \times 100 = 38.09[\%]$

19

할로겐화합물 및 불활성기체소화약제는 일반적으로 열을 받으면 할로겐족이 분해되어 가연물질의 연소 과정에서 발생하는 활성종과 화합하여 연소의 연쇄반응을 차단한다. 연쇄반응의 차단과 가장 거리가 먼 소화약제는?

① FC-3-1-10   ② HFC-125
③ IG-541   ④ FIC-13I1

해설 할로겐화합물 및 불활성기체소화약제 : 질식, 냉각, 부촉매효과(연쇄반응 차단)
 • 퍼플루오로부탄(FC-3-1-10)
 • 펜타플루오로에탄(HFC-125)
 • 트리플루오로이오다이드(FIC-1311)
 불연성 · 불활성 기체혼합가스 : 질식, 냉각효과 → IG-541

20

불포화 섬유지나 석탄에 자연발화를 일으키는 원인은?

① 분해열   ② 산화열
③ 발효열   ④ 중합열

해설 자연발화의 형태
 • 산화열에 의한 발화 : 석탄, 건성유, 고무분말, 기름종이
 • 분해열에 의한 발화 : 나이트로셀룰로스
 • 미생물에 의한 발화 : 퇴비, 먼지
 • 흡착열에 의한 발화 : 목탄, 활성탄
 • 중합열에 의한 발화 : 시안화수소

제 **2** 과목   **소방전기일반**

21

다음 논리식 중 틀린 것은?

① $X+X=X$ ② $X \cdot X=X$
③ $X+\overline{X}=1$ ④ $X \cdot \overline{X}=1$

해설 논리식 : $X \cdot \overline{X} = 0$

22

다음과 같은 블록선도의 전체 전달함수는?

① $\dfrac{C(s)}{R(s)} = \dfrac{G(s)}{1+G(s)}$ ② $\dfrac{C(s)}{R(s)} = \dfrac{G(s)}{1-G(s)}$

③ $\dfrac{C(s)}{R(s)} = 1+G(s)$ ④ $\dfrac{C(s)}{R(s)} = 1-G(s)$

해설 $\dfrac{C(s)}{R(s)} = \dfrac{\text{Pass}}{1-(\text{Loop})} = \dfrac{G(s)}{1+G(s)}$

23
바리스터(Varistor)의 용도는?

① 정전류 제어용
② 정전압 제어용
③ 과도한 전류로부터 회로보호
④ 과도한 전압으로부터 회로보호

해설 바리스터 특징
• 서지전압(이상전압)에 대한 회로보호용
• 서지에 의한 접점의 불꽃 소거

24
SCR(Silicon−Controlled Rectifier)에 대한 설명으로 틀린 것은?

① PNPN 소자이다.
② 스위칭 반도체 소자이다.
③ 양방향 사이리스터이다.
④ 교류의 전력제어용으로 사용된다.

해설 실리콘 제어 정류소자(SCR)
• 단방향(역저지) 3단자 소자
• 정류소자, 위상제어
• PNPN 4층 구조
• 직류제어, 교류제어 모두 사용

25
변압기 내부 보호에 사용되는 계전기는?

① 비율 차동 계전기 ② 부족 전압 계전기
③ 역전류 계전기 ④ 온도 계전기

해설 변압기 내부 고장 보호 계전기
: 부흐홀츠계전기, 비율차동계전기, 차동계전기

26
직류회로에서 도체를 균일한 체적으로 길이를 10배 늘이면 도체의 저항은 몇 배가 되는가?(단, 도체의 전체 체적은 변함이 없다)

① 10 ② 20
③ 100 ④ 1,000

해설 체적이 일정할 경우 길이를 10배로 늘이면 단면적은 $\frac{1}{10}$ 로 감소하게 된다.

전기저항 : $R = \rho \frac{l}{A} = \rho \frac{l \, 10}{A \frac{1}{10}} = \rho \frac{l}{A} \cdot 10^2 [\Omega]$

∴ $10^2 = 100$배로 된다.

27
1[W·s]와 같은 것은?

① 1[J] ② 1[kg·m]
③ 1[kWh] ④ 860[kcal]

해설 에너지(일) : $W[J] = PT[W·s]$
∴ $1[J] = 1[W·s]$

28
가동철편형 계기의 구조 형태가 아닌 것은?

① 흡인형 ② 회전자장형
③ 반발형 ④ 반발흡인형

해설 가동철편형 계기의 구조형태
• 반발형(Repulsion Type)
• 반발흡인형(Combination)
• 흡인형(Attraction Type)

29
교류전압계의 지침이 지시하는 전압은 다음 중 어느 것인가?

① 실횻값 ② 평균값
③ 최댓값 ④ 순시값

해설 • 교류전압계 지시값 : 실횻값(실효전압)
• 직류전압계 지시값 : 평균값(평균전압)

30

내부저항이 200[Ω]이며 직류 120[mA]인 전류계를 6[A]까지 측정할 수 있는 전류계로 사용하고자 한다. 어떻게 하면 되겠는가?

① 24[Ω]의 저항을 전류계와 직렬로 연결한다.
② 12[Ω]의 저항을 전류계와 병렬로 연결한다.
③ 약 6.24[Ω]의 저항을 전류계와 직렬로 연결한다.
④ 약 4.08[Ω]의 저항을 전류계와 병렬로 연결한다.

해설 • 분류기 : 전류의 측정범위를 넓히기 위해 전류계와 병렬로 접속한 저항

• 배율 : $m = \dfrac{I}{I_a} = 1 + \dfrac{r}{R}$ 에서

• 분류기 저항

$$R = \dfrac{r}{\dfrac{I}{I_a} - 1} = \dfrac{200}{\dfrac{6}{120 \times 10^{-3}} - 1} = 4.08[\Omega]$$

∴ 4.08[Ω]의 저항을 전류계와 병렬 연결

31

상순이 a, b, c인 경우 V_a, V_b, V_c를 3상 불평형 전압이라 하면 정상분 전압은?(단, $\alpha = e^{j2\pi/3} = 1 \angle 120°$)

① $\dfrac{1}{3}(V_a + V_b + V_c)$

② $\dfrac{1}{3}(V_a + \alpha V_b + \alpha^2 V_c)$

③ $\dfrac{1}{3}(V_a + \alpha^2 V_b + \alpha V_c)$

④ $\dfrac{1}{3}(V_a + \alpha V_b + \alpha V_c)$

해설 대칭 3상 불평형 시 영상분(V_0), 정상분(V_1), 역상분(V_2)

• 영상분 : $V_0 = \dfrac{1}{3}(V_a + V_b + V_c)$

• 정상분 : $V_1 = \dfrac{1}{3}(V_a + \alpha V_b + \alpha^2 V_c)$

• 역상분 : $V_2 = \dfrac{1}{3}(V_a + \alpha^2 V_b + \alpha V_c)$

32

수신기에 내장된 축전지의 용량이 6[Ah]인 경우 0.4[A]의 부하전류로는 몇 시간 동안 사용할 수 있는가?

① 2.4시간
② 15시간
③ 24시간
④ 30시간

해설 • 축전기 용량 : $C = IT[Ah]$에서 시간을 구하면

• 시간 : $T = \dfrac{C}{I} = \dfrac{6}{0.4} = 15[h]$

33

변압기의 임피던스 전압을 구하기 위하여 행하는 시험은?

① 단락시험
② 유도저항시험
③ 무부하 통전시험
④ 무극성시험

해설 변압기 등가회로 : 복잡한 변압기 회로를 1차와 2차 등가 임피던스를 통해 간단한 회로로 만드는 것으로 권선저항 측정시험, 무부하시험, 단락시험 등을 통해 여러 가지 값들을 산출하여 등가회로를 만들 수 있다.

• 권선저항 측정시험
• 무부하(개방)시험 : 철손, 여자전류, 여자어드미턴스 등을 구할 수 있다.
• 단락시험 : 동손, 임피던스 와트, 임피던스 전압, 단락전류 등을 구할 수 있다.

34

어떤 회로에 $v(t) = 150\sin\omega t$[V]의 전압을 가하니 $i(t) = 6\sin(\omega t - 30°)$[A]의 전류가 흘렀다. 이 회로의 소비전력(유효전력)은 약 몇 [W]인가?

① 390
② 450
③ 780
④ 900

해설 실효전압 : $V = \dfrac{150}{\sqrt{2}}$[V]

실효전류 : $I = \dfrac{6}{\sqrt{2}}$[A]

위상차 : $\theta = \theta_1 - \theta_2 = 0 - (-30) = 30°$

유효(소비)전력 : $P = VI\cos\theta$

$$= \dfrac{150}{\sqrt{2}} \times \dfrac{6}{\sqrt{2}} \times \cos 30°$$

$$= 390[W]$$

안심Touch

35

배선의 절연저항은 어떤 측정기를 사용하여 측정하는가?

① 전압계   ② 전류계

③ 메 거   ④ 서미스터

해설 절연저항 측정기구 : 메거(절연저항계)

36

50[F]의 콘덴서 2개를 직렬로 연결하면 합성 정전용량은 몇 [F]인가?

① 25   ② 50

③ 100   ④ 1,000

해설 콘덴서 2개 직렬연결 시 합성 정전용량

$$C_0 = \frac{C}{2} = \frac{50}{2} = 25 \, [\text{F}]$$

37

반파 정류회로를 통해 정현파를 정류하여 얻은 반파 정류파의 최댓값이 1일 때, 실홋값과 평균값은?

① $\frac{1}{\sqrt{2}}, \frac{2}{\pi}$ ② $\frac{1}{2}, \frac{\pi}{2}$

③ $\frac{1}{\sqrt{2}}, \frac{\pi}{2\sqrt{2}}$ ④ $\frac{1}{2}, \frac{1}{\pi}$

해설

구 분	실홋값	평균값	파형률	파고율
정현파	$\frac{V_m}{\sqrt{2}}$	$\frac{2V_m}{\pi}$	1.11	1.414
정현반파	$\frac{V_m}{2}$	$\frac{V_m}{\pi}$	1.57	2

정현반파 정류회로이고, 최댓값(V_m)이 1이므로

실홋값 : $V = \frac{V_m}{2} = \frac{1}{2}$

평균값 : $V_a = \frac{V_m}{\pi} = \frac{1}{\pi}$

38

제연용으로 사용되는 3상 유동전동기를 $Y - \triangle$ 기동 방식으로 하는 경우, 기동을 위해 제어회로에서 사용되는 것과 거리가 먼 것은?

① 타이머   ② 영상변류기

③ 전자접촉기   ④ 열동계전기

해설 $Y - \triangle$ 기동방식의 제어회로에 사용되는 재료

- 전자접촉기(MC) : Y 기동용 전자접촉기, $\triangle$ 운전용 전자접촉기
- 열동계전기(THR) : 전동기를 과부하로부터 보호
- 타이머(T) : Y 기동 후 타이머 설정시간이 지나면 $\triangle$ 운전으로 전환

39

제어요소의 구성으로 옳은 것은?

① 조절부와 조작부   ② 비교부와 검출부

③ 설정부와 검출부   ④ 설정부와 비교부

해설 제어요소(Control Element)

- 조절부+조작부로 구성되어 있다.
- 동작신호를 조작량으로 변화시켜 제어대상에게 신호전달

40

논리식 $X \cdot (X + Y)$를 간략화하면?

① X ② Y

③ $X + Y$ ④ $X \cdot Y$

해설 논리식 : $X(X + Y) = XX + XY = X + XY$
$$= X(1 + Y) = X$$

제 **3** 과목   소방관계법규

41
다음 중 화재원인조사의 종류에 해당하지 않는 것은?

① 발화원인 조사   ② 피난상황 조사

③ 인명피해 조사   ④ 연소상황 조사

해설 화재조사의 종류 및 조사의 범위

• 화재원인조사

종 류	조사범위
발화원인조사	화재가 발생한 과정, 화재가 발생한 지점 및 불이 붙기 시작한 물질
발견·통보 및 초기 화상황조사	화재의 발견·통보 및 초기소화 등 일련의 과정
연소상황조사	화재의 연소경로 및 확대원인 등의 상황
피난상황조사	피난경로, 피난상의 장애요인 등의 상황
소방시설 등 조사	소방시설의 사용 또는 작동 등의 상황

• 화재피해조사

종 류	조사범위
인명피해조사	• 소방활동 중 발생한 사망자 및 부상자 • 그 밖에 화재로 인한 사망자 및 부상자
재산피해조사	• 열에 의한 탄화, 용융, 파손 등의 피해 • 소화활동 중 사용된 물로 인한 피해 • 그 밖에 연기, 물품반출, 화재로 인한 폭발 등에 의한 피해

42
소방안전관리자 및 소방안전관리보조자에 대한 실무교육의 교육대상, 교육일정 등 실무교육에 필요한 계획을 수립하여 매년 누구의 승인을 얻어 교육을 실시하는가?

① 한국소방안전원장

② 소방본부장

③ 소방청장

④ 시·도지사

해설 소방안전관리자 및 소방안전관리보조자에 대한 실무교육의 교육대상, 교육일정 등 실무교육에 필요한 계획을 수립하여 매년 소방청장의 승인을 얻어 교육실시 30일 전까지 교육대상자에게 통보하여야 한다.

43
소방기본법상 소방대의 구성원에 속하지 않는 자는?

① 소방공무원법에 따른 소방공무원

② 의용소방대 설치 및 운영에 관한 법률에 따른 의용소방대원

③ 위험물안전관리법에 따른 자체소방대원

④ 의무소방대설치법에 따라 임용된 의무소방원

해설 "소방대"란 화재를 진압하고 화재, 재난·재해, 그 밖의 위급한 상황에서 구조·구급 활동 등을 하기 위하여 다음의 사람으로 구성된 조직체를 말한다.
• 「소방공무원법」에 따른 소방공무원
• 「의무소방대설치법」에 따라 임용된 의무소방원
• 「의용소방대 설치 및 운영에 관한 법률」에 따른 의용소방대원

44
항공기격납고는 특정소방대상물 중 어느 시설에 해당하는가?

① 위험물 저장 및 처리 시설

② 항공기 및 자동차 관련 시설

③ 창고시설

④ 업무시설

해설 항공기 및 자동차 관련 시설(건설기계 관련 시설을 포함한다)
• 항공기 격납고
• 차고, 주차용 건축물, 철골 조립식 주차시설(바닥면이 조립식이 아닌 것을 포함한다) 및 기계장치에 의한 주차시설
• 세차장
• 폐차장
• 자동차 검사장
• 자동차 매매장
• 자동차 정비공장
• 운전학원·정비학원

45

소방대상물의 방염 등과 관련하여 방염성능기준은 무엇으로 정하는가?

① 대통령령
② 행정안전부령
③ 소방청훈령
④ 소방청예규

> **해설** 대통령령으로 정하는 특정소방대상물에 실내장식 등의 목적으로 설치 또는 부착하는 물품으로서 대통령령으로 정하는 물품(이하 "방염대상물품"이라 한다)은 방염성능기준 이상의 것으로 설치하여야 한다.

46

위험물 안전관리법령상 제조소 등의 관계인은 위험물의 안전관리에 관한 직무를 수행하게 하기 위하여 제조소 등마다 위험물의 취급에 관한 자격이 있는 자를 위험물안전관리자로 선임하여야 한다. 이 경우 제조소 등의 관계인이 지켜야 할 기준으로 틀린 것은?

① 제조소 등의 관계인은 안전관리자를 해임하거나 안전관리자가 퇴직한 때에는 해임하거나 퇴직한 날부터 15일 이내에 다시 안전관리자를 선임하여야 한다.

② 제조소 등의 관계인이 안전관리자를 선임한 경우에는 선임한 날부터 14일 이내에 소방본부장 또는 소방서장에게 신고하여야 한다.

③ 제조소 등의 관계인은 안전관리자가 여행·질병 그 밖의 사유로 인하여 일시적으로 직무를 수행할 수 없는 경우에는 국가기술자격법에 따른 위험물의 취급에 관한 자격취득자 또는 위험물안전에 관한 기본지식과 경험이 있는 자를 대리자로 지정하여 그 직무를 대행하게 하여야 한다. 이 경우 대행하는 기간은 30일을 초과할 수 없다.

④ 안전관리자는 위험물을 취급하는 작업을 하는 때에는 작업자에게 안전관리에 관한 필요한 지시를 하는 등 위험물의 취급에 관한 안전관리와 감독을 하여야 하고, 제조소 등의 관계인은 안전관리자의 위험물 안전관리에 안전관리와 감독을 하여야 하고, 제조소 등의 관한 의견을 존중하고 그 권고에 따라야 한다.

> **해설** 제조소 등의 관계인은 안전관리자를 해임하거나 안전관리자가 퇴직한 때에는 해임하거나 퇴직한 날부터 30일 이내에 다시 안전관리자를 선임하여야 한다.

47

다음 중 상주 공사감리를 하여야 할 대상의 기준으로 옳은 것은?

① 지하층을 포함한 층수가 16층 이상으로서 300세대 이상인 아파트에 대한 소방시설의 공사

② 지하층을 포함한 층수가 16층 이상으로서 500세대 이상인 아파트에 대한 소방시설의 공사

③ 지하층을 포함하지 않은 층수가 16층 이상으로서 300세대 이상인 아파트에 대한 소방시설의 공사

④ 지하층을 포함하지 않은 층수가 16층 이상으로서 500세대 이상인 아파트에 대한 소방시설의 공사

> **해설**
>
> | 종류 | 대 상 |
> |---|---|
> | 상주 공사 감리 | • 연면적 3만[m^2] 이상의 특정소방대상물(아파트는 제외한다)에 대한 소방시설의 공사
• 지하층을 포함한 층수가 16층 이상으로서 500세대 이상인 아파트에 대한 소방시설의 공사 |

48

화재예방, 소방시설 설치·유지 및 안전관리에 관한 법령상 소방대상물의 개수·이전·제거, 사용의 금지 또는 제한, 사용폐쇄, 공사의 정지 또는 중지, 그 밖의 필요한 조치로 인하여 손실을 받은 자가 손실보상청구서에 첨부하여야 하는 서류로 틀린 것은?

① 손실보상합의서
② 손실을 증명할 수 있는 사진
③ 손실을 증명할 수 있는 증빙자료
④ 소방대상물의 관계인임을 증명할 수 있는 서류(건축물대장은 제외)

> **해설** 손실을 받은 자가 손실보상을 청구하고자 하는 때에는 손실보상청구서(전자문서로 된 청구서를 포함한다)에 다음의 서류(전자문서를 포함한다)를 첨부하여 시·도지사에게 제출하여야 한다.
> • 소방대상물의 관계인임을 증명할 수 있는 서류(건축대장은 제외)
> • 손실을 증명할 수 있는 사진 그 밖의 증빙자료

49
제6류 위험물에 속하지 않는 것은?

① 질산   ② 과산화수소
③ 과염소산   ④ 과염소산염류

> **해설** 제6류 위험물(산화성액체)
> : 과염소산, 질산, 과산화수소

50
화재예방, 소방시설 설치·유지 및 안전관리에 관한 법령상 소방청장, 소방본부장 또는 소방서장은 관할 구역에 있는 소방대상물에 대하여 소방특별조사를 실시할 수 있다. 소방특별조사 대상과 거리가 먼 것은?(단, 개인 주거에 대하여는 관계인의 승낙을 득한 경우이다)

① 화재경계지구에 대한 소방특별조사 등 다른 법률에서 소방특별조사를 실시하도록 한 경우
② 관계인이 법령에 따라 실시하는 소방시설 등, 방화시설, 피난시설 등에 대한 자체점검 등이 불성실하거나 불완전하다고 인정되는 경우
③ 화재가 발생할 우려는 없으나 소방대상물의 정기점검이 필요한 경우
④ 국가적 행사 등 주요 행사가 개최되는 장소에 대하여 소방안전관리 실태를 점검할 필요가 있는 경우

> **해설** 소방특별조사를 실시하는 경우
> ① 관계인이 이 법 또는 다른 법령에 따라 실시하는 소방시설 등, 방화시설, 피난시설 등에 대한 자체점검 등이 불성실하거나 불완전하다고 인정되는 경우
> ② 화재경계지구에 대한 소방특별조사 등 다른 법률에서 소방특별조사를 실시하도록 한 경우
> ③ 국가적 행사 등 주요 행사가 개최되는 장소 및 그 주변의 관계 지역에 대하여 소방안전관리 실태를 점검할 필요가 있는 경우
> ④ 화재가 자주 발생하였거나 발생할 우려가 뚜렷한 곳에 대한 점검이 필요한 경우
> ⑤ 재난예측정보, 기상예보 등을 분석한 결과 소방대상물에 화재, 재난·재해의 발생 위험이 높다고 판단되는 경우
> ⑥ ①부터 ⑤까지에서 규정한 경우 외에 화재, 재난·재해, 그 밖의 긴급한 상황이 발생할 경우 인명 또는 재산 피해의 우려가 현저하다고 판단되는 경우

51
소방본부장 또는 소방서장은 화재경계지구 안의 관계인에 대하여 소방상 필요한 훈련 및 교육은 연 몇 회 이상 실시할 수 있는가?

① 1   ② 2
③ 3   ④ 4

> **해설** 소방본부장 또는 소방서장은 화재경계지구 안의 관계인에 대하여 소방상 필요한 훈련 및 교육을 연 1회 이상 실시할 수 있다.

52
화재예방, 소방시설 설치·유지 및 안전관리에 관한 법령상 소방시설 등의 자체점검 시 점검인력 배치기준 중 종합정밀점검에 대한 점검인력 1단위가 하루 동안 점검할 수 있는 특정소방대상물의 연면적 기준으로 옳은 것은?(단, 보조인력을 추가하는 경우는 제외한다)

① 3,500[m²]   ② 7,000[m²]
③ 10,000[m²]   ④ 12,000[m²]

> **해설** 점검인력 1단위가 하루 동안 점검할 수 있는 특정소방대상물의 연면적(이하 "점검한도 면적"이라 한다)은 다음 각 목과 같다.
> • 종합정밀점검 : 10,000[m²]
> • 작동기능점검 : 12,000[m²](소규모점검의 경우에는 3,500[m²])

53
다음 중 한국소방안전원의 업무에 해당하지 않는 것은?

① 소방용 기계·기구의 형식승인
② 소방업무에 관하여 행정기관이 위탁하는 업무
③ 화재 예방과 안전관리의식 고취를 위한 대국민 홍보
④ 소방기술과 안전관리에 관한 교육, 조사·연구 및 각종 간행물 발간

> **해설** 한국소방안전원의 업무
> • 소방기술과 안전관리에 관한 교육 및 조사·연구
> • 소방기술과 안전관리에 관한 각종 간행물의 발간
> • 화재 예방과 안전관리의식의 고취를 위한 대 국민 홍보
> • 소방업무에 관하여 행정기관이 위탁하는 업무

54
소방기본법령상 국고 보조 대상사업의 범위 중 소방활동장비와 설비에 해당하지 않는 것은?

① 소방자동차
② 소방헬리콥터 및 소방정
③ 소화용수설비 및 피난구조설비
④ 방화복 등 소방활동에 필요한 소방장비

해설 국고보조대상 소방활동장비와 설비
• 소방자동차
• 소방헬리콥터 및 소방정
• 소방전용통신설비 및 전산설비
• 그 밖의 방열복 또는 방화복 등 소방활동에 필요한 소방장비

55
화재예방, 소방시설 설치·유지 및 안전관리에 관한 법령상 간이스프링클러설비를 설치하여야 하는 특정소방대상물의 기준으로 옳은 것은?

① 근린생활시설로 사용하는 부분의 바닥면적 합계가 1,000[m²] 이상인 것은 모든 층
② 교육연구시설 내에 있는 합숙소로서 연면적 500[m²] 이상인 것
③ 정신병원과 의료재활시설을 제외한 요양병원으로 사용되는 바닥면적의 합계가 300[m²] 이상 600[m²] 미만인 시설
④ 정신의료기관 또는 의료재활시설로 사용되는 바닥면적의 합계가 600[m²] 미만인 시설

해설 간이스프링클러설비를 설치해야 하는 특정소방대상물
• 근린생활시설로 사용되는 부분의 바닥면적의 합계가 1,000[m²] 이상인 것은 모든 층
• 교육연구시설 내에 있는 합숙소로서 연면적이 100[m²] 이상
• 정신의료기관 또는 요양병원으로서
  – 요양병원(정신병원과 의료재활시설은 제외)으로 사용되는 바닥면적의 합계가 600[m²] 미만인 시설
  – 정신의료기관 또는 의료재활시설로 사용되는 바닥면적의 합계가 300[m²] 이상 600[m²] 미만인 시설
  – 정신의료기관 또는 의료재활시설로 사용되는 바닥면적의 합계가 300[m²] 미만이고, 창살(철재·플라스틱 또는 목재 등으로 사람의 탈출 등을

막기 위하여 설치한 것을 말하며, 화재 시 자동으로 열리는 구조로 되어 있는 창살은 제외)이 설치된 시설
• 노유자시설로서
  – 노유자생활시설(시행령 제12조 제1항 제6호 전부)
  – 바닥면적의 합계가 300[m²] 이상 600[m²] 미만인 시설
  – 바닥면적의 합계가 300[m²] 미만이고 창살이 설치된 시설
• 생활형 숙박시설로서 바닥면적의 합계가 600[m²] 이상인 것
• 복합건축물로서 연면적 1,000[m²] 이상인 것은 모든 층

56
제조소 등의 위치·구조 또는 설비의 변경 없이 당해 제조소 등에서 저장하거나 취급하는 위험물의 품명·수량 또는 지정수량의 배수를 변경하고자 할 때는 누구에게 신고해야 하는가?

① 국무총리
② 시·도지사
③ 관할소방서장
④ 행정안전부장관

해설 제조소 등의 위치·구조 또는 설비의 변경 없이 당해 제조소 등에서 저장하거나 취급하는 위험물의 품명·수량 또는 지정수량의 배수를 변경하고자 하는 자는 변경하고자 하는 날의 1일 전까지 행정안전부령이 정하는 바에 따라 시·도지사에게 신고하여야 한다.

57
화재경계지구로 지정할 수 있는 대상이 아닌 것은?

① 시장지역
② 소방출동로가 있는 지역
③ 공장·창고가 밀집한 지역
④ 목조건물이 밀집한 지역

해설 화재경계지구의 지정지역
• 시장지역
• 공장·창고가 밀집한 지역
• 목조건물이 밀집한 지역
• 위험물의 저장 및 처리시설이 밀집한 지역
• 석유화학제품을 생산하는 공장이 있는 지역
• 소방시설·소방용수시설 또는 소방출동로가 없는 지역

정답 54 ③ 55 ① 56 ② 57 ②

58

다음 조건을 참고하여 숙박시설이 있는 특정소방대상물의 수용인원 산정 수로 옳은 것은?

> 침대가 있는 숙박시설로서 1인용 침대의 수는 20개이고, 2인용 침대의 수는 10개이며, 종업원의 수는 3명이다.

① 33명   ② 40명
③ 43명   ④ 46명

해설 수용인원 = 종사자수 + 2인용 침대수량 × 2
             + 1인용 침대수량
           = 3 + 10 × 2 + 20 = 43명

59

화재예방, 소방시설 설치 · 유지 및 안전관리에 관한 법령상 정당한 사유 없이 소방특별조사 결과에 따른 조치명령을 위반한 자에 대한 벌칙으로 옳은 것은?

① 100만원 이하의 벌금
② 300만원 이하의 벌금
③ 1년 이하의 징역 또는 1,000만원 이하의 벌금
④ 3년 이하의 징역 또는 3,000만원 이하의 벌금

해설 3년 이하의 징역 또는 3,000만원 이하의 벌금
- 소방특별조사 결과에 따른 조치명령을 정당한 사유 없이 위반한 사람
- **관리업의 등록을 하지 아니하고 영업을 한 사람**
- 소방용품의 **형식승인을 받지 아니하고** 소방용품을 제조하거나 수입한 사람
- 소방용품의 **제품검사를 받지 아니한 사람**
- 규정을 위반하여 소방용품을 판매 · 진열하거나 소방시설공사에 사용한 사람
- 거짓이나 그 밖의 부정한 방법으로 전문기관의 지정을 받은 사람

60

위험물안전관리법령상 제조소 등이 아닌 장소에서 지정수량 이상의 위험물을 취급할 수 있는 기준 중 다음 (　　) 안에 알맞은 것은?

> 시 · 도의 조례가 정하는 바에 따라 관할 소방서장의 승인을 받아 지정수량 이상의 위험물을 (　　)일 이내의 기간 동안 임시로 저장 또는 취급하는 경우

① 15   ② 30
③ 60   ④ 90

해설 제조소 등이 아닌 장소에서 지정수량 이상의 위험물을 취급할 수 있다. 이 경우 임시로 저장 또는 취급하는 장소에서의 저장 또는 취급의 기준과 임시로 저장 또는 취급하는 장소의 위치 · 구조 및 설비의 기준은 시 · 도의 조례로 정한다.
- 시 · 도의 조례가 정하는 바에 따라 관할소방서장의 승인을 받아 지정수량 이상의 위험물을 90일 이내의 기간 동안 임시로 저장 또는 취급하는 경우
- 군부대가 지정수량 이상의 위험물을 군사목적으로 임시로 저장 또는 취급하는 경우

제4과목 | **소방전기시설의 구조 및 원리**

61

자동화재탐지설비 및 시각경보장치의 화재안전기준(NFSC 203)에 따른 경계구역에 관한 기준이다. 다음 (　　)에 들어갈 내용으로 옳은 것은?

> 하나의 경계구역의 면적은 (㉮) 이하로 하고 한 변의 길이는 (㉯) 이하로 하여야 한다.

① ㉮ 600[m²]   ㉯ 50[m]
② ㉮ 600[m²]   ㉯ 100[m]
③ ㉮ 1,200[m²]   ㉯ 50[m]
④ ㉮ 1,200[m²]   ㉯ 100[m]

해설 하나의 경계구역의 면적은 **600[m²] 이하**로 하고, 한 변의 길이는 **50[m] 이하**로 할 것. (다만, 특정소방대상물의 주된 출입구에서 그 내부 전체가 보이는 것에 있어서는 한 변의 길이가 50[m]의 범위 내에서 1,000[m²] 이하로 할 수 있다)

62

차동식분포형감지기의 동작방식이 아닌 것은?

① 공기관식   ② 열전대식
③ 열반도체식   ④ 불꽃 자외선식

해설 **차동식분포형감지기 동작방식**
: 공기관식, 열전대식, 열반도체식

63

비상방송설비의 화재안전기준(NFSC 202)에 따라 다음 ( )의 ㉠, ㉡에 들어갈 내용으로 옳은 것은?

> 비상방송설비에는 그 설비에 대한 감시상태를 (㉠)분간 지속한 후 유효하게 (㉡)분 이상 경보할 수 있는 축전지설비(수신기에 내장하는 경우를 포함한다)를 설치하여야 한다.

① ㉠ 30, ㉡ 5   ② ㉠ 30, ㉡ 10
③ ㉠ 60, ㉡ 5   ④ ㉠ 60, ㉡ 10

해설 비상방송설비에는 그 설비에 대한 감시상태를 60분간 지속한 후 유효하게 10분 이상 경보할 수 있는 축전지설비(수신기에 내장하는 경우를 포함한다) 또는 전기저장장치를 설치하여야 한다.

64

누전경보기의 형식승인 및 제품검사의 기술기준에 따라 누전경보기의 경보기구에 내장하는 음향장치는 사용전압의 몇 [%]인 전압에서 소리를 내어야 하는가?

① 40   ② 60
③ 80   ④ 100

해설 누전경보기 음향장치
• 사용전압의 80[%]인 전압에서 소리를 내어야 할 것
• 음향장치의 중심으로부터 1[m] 떨어진 지점에서 70[dB] 이상일 것(단, 고장표시장치용의 음압은 60[dB] 이상)

65

자동화재속보설비의 속보기의 성능인증 및 제품검사의 기술기준에 따라 자동화재속보설비의 속보기의 외함에 합성수지를 사용할 경우 외함의 최소 두께[mm]는?

① 1.2   ② 3
③ 6.4   ④ 7

해설 자동화재속보설비 속보기 외함의 두께
• 강판 외함 : 1.2[mm] 이상
• 합성수지 외함 : 3[mm] 이상

66

소방시설용 비상전원수전설비의 화재안전기준(NFSC 602)에 따라 일반전기사업자로부터 특고압 또는 고압으로 수전하는 비상전원 수전설비의 경우에 있어 소방회로배선과 일반회로배선을 몇 [cm] 이상 떨어져 설치하는 경우 불연성 벽으로 구획하지 않을 수 있는가?

① 5   ② 10
③ 15   ④ 20

해설 고압 또는 특별고압으로 수전하는 비상전원 수전설비의 소방회로배선과 일반회로배선은 15[cm] 이상 이격시켜 시설할 것(단, 15[cm] 이하로 설치 시 중간에 불연성 격벽을 시설할 것).

[다른 용도의 배선이 있는 경우에 시공 방법]

67

비상콘센트설비의 화재안전기준(NFSC 504)에 따라 비상콘센트설비의 전원회로(비상콘센트에 전력을 공급하는 회로를 말한다)에 대한 전압과 공급용량으로 옳은 것은?

① 전압 : 단상교류 110[V], 공급용량 : 1.5[kVA] 이상
② 전압 : 단상교류 220[V], 공급용량 : 1.5[kVA] 이상
③ 전압 : 단상교류 110[V], 공급용량 : 3[kVA] 이상
④ 전압 : 단상교류 220[V], 공급용량 : 3[kVA] 이상

해설

구 분	전 압	공급용량	플러그접속기
단상 교류	220[V]	1.5[kVA] 이상	접지형 2극

68
유도등 및 유도표지의 화재안전기준(NFSC 303)에 따른 통로유도등의 설치기준에 대한 설명으로 틀린 것은?

① 복도·거실통로유도등은 구부러진 모퉁이 및 보행거리 20[m]마다 설치
② 복도·계단통로유도등은 바닥으로부터 높이 1[m] 이하의 위치에 설치
③ 통로유도등은 녹색바탕에 백색으로 피난방향을 표시한 등으로 할 것
④ 거실통로유도등은 바닥으로부터 높이 1.5[m] 이상의 위치에 설치

해설 유도등 표시면의 표시

항목 유도등	표시면	표시면 글자크기	표시사항
피난구 유도등	녹색바탕에 백색문자	25[cm²] 이상 (함께 표시 : 6.25[cm²] 이상)	비상문, 비상계단, 계단
통로 유도등	백색바탕에 녹색문자	거실통로유도등 : 9[cm²] 이상 복도통로유도등 : 6.25[cm²] 이상	비상문, 비상계단

[유도등의 설치거리 및 장소 비교]

종류	복도통로유도등	거실통로유도등	계단통로유도등
설치기준	보행거리 20[m] 마다 구부러진 모퉁이	보행거리 20[m] 마다 구부러진 모퉁이	각 층의 경사로 참 또는 계단참 마다 설치
설치장소	복도의 통로	거실의 통로	경사로참, 계단참
설치높이	바닥으로부터 높이 1[m] 이하	바닥으로부터 높이 1.5[m] 이상	바닥으로부터 높이 1[m] 이하

69
비상콘센트설비의 화재안전기준(NFSC 504)에 따른 용어의 정의 중 옳은 것은?

① "저압"이란 직류는 750[V] 이하, 교류는 600[V] 이하인 것을 말한다.
② "저압"이란 직류는 700[V] 이하, 교류는 600[V] 이하인 것을 말한다.
③ "고압"이란 직류는 700[V]를, 교류는 600[V]를 초과하는 것을 말한다.
④ "고압"이란 직류는 750[V]를, 교류는 600[V]를 초과하는 것을 말한다.

해설
• 저압 : 직류 750[V] 이하, 교류 600[V] 이하
• 고압 : 저압을 넘고 7,000[V] 이하
• 특고압 : 7,000[V]를 초과하는 전압
※ 2021년 1월 1일 개정으로 저압 범위가 1.5[kV] 이하, 교류 1[kV] 이하로 변경되어 규정에 맞지 않는 문제임

70
유도등 및 유도표지의 화재안전기준(NFSC 303)에 따라 운동시설에 설치하지 아니할 수 있는 유도등은?

① 통로유도등   ② 객석유도등
③ 대형피난구유도등   ④ 중형피난구유도등

해설 특정소방대상물별 유도등 및 유도표지의 종류

설치장소	유도등 및 유도표지의 종류
공연장·집회장(종교집회장 포함)·관람장·운동시설	• 대형피난구유도 등 • 통로유도등 • 객석유도등
유흥주점영업(유흥주점영업 중 손님이 춤을 출 수 있는 무대가 설치된 카바레, 나이트클럽 또는 그 밖에 이와 비슷한 영업시설만 해당한다)	

71
자동화재탐지설비 및 시각경보장치의 화재안전기준(NFSC 203)에 따른 감지기의 설치기준으로 틀린 것은?

① 스포트형감지기는 45° 이상 경사되지 아니하도록 부착할 것
② 감지기(차동식분포형의 것을 제외한다)는 실내로의 공기유입구로부터 1.5[m] 이상 떨어진 위치에 설치할 것
③ 보상식스포트형 감지기는 정온점이 감지기 주위의 평상시 최고온도보다 10[℃] 이상 높은 것으로 설치할 것
④ 정온식감지기는 주방·보일러실 등으로서 다량의 화기를 취급하는 장소에 설치하되 공칭작동온도가 최고주위온도보다 20[℃] 이상 높은 것으로 설치할 것

해설 감지기의 설치기준
- 감지기(차동식 분포형은 제외)는 실내로의 공기유입구로부터 1.5[m] 이상 떨어진 위치에 설치할 것
- 감지기는 천장 또는 반자의 옥내의 면하는 부분에 설치할 것
- 보상식스포트형 감지기는 정온점이 감지기 주위의 평상 시 최고온도보다 20[℃] 이상 높은 것으로 설치할 것
- 정온식감지기는 주방·보일러실 등 다량의 화기를 취급하는 장소에 설치하되 공칭작동온도가 최고주위온도보다 20[℃] 이상 높은 것으로 설치할 것
- 스포트형 감지기는 45° 이상 경사되지 아니하도록 부착할 것

72

무선통신보조설비의 화재안전기준(NFSC 505)에 따라 무선통신보조설비의 누설동축케이블의 설치기준으로 틀린 것은?

① 누설동축케이블은 불연 또는 난연성으로 할 것
② 누설동축케이블의 중간 부분에는 무반사 종단저항을 견고하게 설치할 것
③ 누설동축케이블 및 안테나는 고압의 전로로부터 1.5[m] 이상 떨어진 위치에 설치할 것
④ 누설동축케이블과 이에 접속하는 안테나 또는 동축케이블과 이에 접속하는 안테나로 구성할 것

해설 누설동축케이블의 끝부분에는 무반사 종단저항을 견고하게 설치할 것(무반사 종단저항 : 통신선 종단에서 전파의 반사에 의한 신호의 교란을 방지하기 위해 누설동축케이블의 끝부분에 설치하는 저항)

73

누전경보기의 화재안전기준(NFSC 205)의 용어 정의에 따라 변류기로부터 검출된 신호를 수신하여 누전의 발생을 해당 특정소방대상물의 관계인에게 경보하여 주는 것은?

① 축전지   ② 수신부
③ 경보기   ④ 음향장치

해설 수신부 : 변류기에서 검출된 미소한 전압을 수신하여 계전기를 동작시켜 음향장치의 경보를 발할 수 있도록 증폭시켜 주는 역할을 한다.

74

비상조명등의 화재안전기준(NFSC 304)에 따라 비상조명등의 비상전원을 설치하는 데 있어서 어떤 특정소방대상물의 경우에는 그 부분에서 피난층에 이르는 부분의 비상조명등을 60분 이상 유효하게 작동시킬 수 있는 용량으로 하여야 한다. 이 특정소방대상물에 해당하지 않는 것은?

① 무창층인 지하역사
② 무창층인 소매시장
③ 지하층인 관람시설
④ 지하층을 제외한 층수가 11층 이상인 층

해설 비상조명등의 비상전원이 60분 이상 작동하여야 하는 특정소방대상물
- 지하층을 제외한 층수가 11층 이상의 층
- 지하층, 무창층으로서 도매시장, 소매시장, 여객자동차터미널, 지하역사, 지하상가

75

자동화재탐지설비 및 시각경보장치의 화재안전기준(NFSC 203)에 따른 자동화재탐지설비의 수신기 설치기준에 관한 사항 중, 최소 몇 층 이상의 특정소방대상물에는 발신기와 전화통화가 가능한 수신기를 설치하여야 하는가?

① 3   ② 4
③ 5   ④ 7

해설 수신기는 4층 이상의 특정소방대상물일 경우 발신기와 전화통화가 가능한 것으로 설치해야 한다.

76

비상방송설비의 화재안전기준(NFSC 202)에 따라 비상방송설비 음향장치의 정격전압이 220[V]인 경우 최소 몇 [V] 이상에서 음향을 발할 수 있어야 하는가?

① 165   ② 176
③ 187   ④ 198

해설 비상방송설비의 음향장치는 정격전압의 80[%] 전압
에서 음향을 발할 수 있어야 한다.

$$V = 220[V] \times 0.8 = 176[V]$$

77
유도등 및 유도표지의 화재안전기준(NFSC 303)에
따라 광원점등방식 피난유도선의 설치기준으로 틀린
것은?

① 구획된 각 실로부터 주출입구 또는 비상구까지
설치할 것
② 피난유도 표시부는 바닥으로부터 높이 1[m] 이
하의 위치 또는 바닥 면에 설치할 것
③ 피난유도 제어부는 조작 및 관리가 용이하도록
바닥으로부터 0.8[m] 이상 1.5[m] 이하의 높이
에 설치할 것
④ 피난유도 표시부는 50[cm] 이내의 간격으로 연
속되도록 설치하되 실내장식물 등으로 설치가
곤란할 경우 2[m] 이내로 설치할 것

해설 **광원점등방식의 피난유도선 설치기준**
• 구획된 각 실로부터 주출입구 또는 비상구까지 설
치할 것
• 피난유도 표시부는 바닥으로부터 높이 1[m] 이하의
위치 또는 바닥 면에 설치할 것
• 피난유도 표시부는 50[cm] 이내의 간격으로 연속
되도록 설치하되 실내장식물 등으로 설치가 곤란할
경우 1[m] 이내로 설치할 것
• 수신기로부터의 화재신호 및 수동조작에 의하여 광
원이 점등되도록 설치할 것
• 비상전원이 상시 충전상태를 유지하도록 설치할 것
• 바닥에 설치되는 피난유도 표시부는 매립하는 방식
을 사용할 것
• 피난유도 제어부는 조작 및 관리가 용이하도록 바
닥으로부터 0.8[m] 이상 1.5[m] 이하의 높이에 설
치할 것

78
예비전원의 성능인증 및 제품검사의 기술기준에 따라
다음의 (   )에 들어갈 내용으로 옳은 것은?

> 예비전원은 1/5[C] 이상 1[C] 이하의 전류로 역충전
> 하는 경우 (   )시간 이내에 안전장치가 작동되어야
> 하며, 외관이 부풀어 오르거나 누액 등이 없어야
> 한다.

① 1   ② 3
③ 5   ④ 10

해설 **예비전원 시험**
• 충・방전시험 : 원통형 니켈카드뮴 축전지의 충전
시험 및 방전시험은 **완전방전**상태를 기준하여 시작
한다.
• 안전장치시험 : 예비전원은 1/5[C] 이상 1[C] 이하
의 전류로 역충전하는 경우 5시간 이내에 안전장치
가 작동하여야 하며 외관이 부풀어 오르거나 누액
등이 생기지 아니할 것

79
비상경보설비 및 단독경보형감지기의 화재안전기준
(NFSC 201)에 따라 비상벨설비 또는 자동식사이렌
설비의 지구음향장치는 특정소방대상물의 층마다 설
치하되, 해당 특정소방대상물의 각 부분으로부터 하
나의 음향장치까지의 수평거리가 몇 [m] 이하가 되도
록 하여야 하는가?

① 15   ② 25
③ 40   ④ 50

해설 비상벨설비 또는 자동식 사이렌설비의 지구음향장치
는 특정소방대상물의 층마다 설치하되, 해당 특정소
방대상물의 각 부분으로부터 하나의 음향장치까지의
수평거리가 25[m] 이하가 되도록 하고, 해당 층의 각
부분에 유효하게 경보를 발할 수 있도록 설치하여야
한다.

80

무선통신보조설비의 화재안전기준(NFSC 505)에 따라 지하층으로서 특정소방대상물의 바닥부분 2면 이상이 지표면과 동일하거나 지표면으로부터의 깊이가 몇 [m] 이하인 경우에는 해당 층에 한하여 무선통신보조설비를 설치하지 않을 수 있는가?

① 0.5　　　　② 1.0
③ 1.5　　　　④ 2.0

해설 지하층으로서 특정소방대상물의 바닥부분 2면 이상이 지표면과 동일하거나 지표면으로부터 깊이가 1[m] 이하인 경우에는 해당 층에 한하여 무선통신보조설비를 설치하지 아니할 수 있다.

2020년 6월 6일 시행

제 1·2 회

제 1 과목 소방원론

01
다음 중 상온 상압에서 액체인 것은?

① 탄산가스　　　　② 할론 1301
③ 할론 2402　　　　④ 할론 1211

해설 **상온 상압에서 액체** : 할론 1011, 할론 2402

02
물질의 화재 위험성에 대한 설명으로 틀린 것은?

① 인화점 및 착화점이 낮을수록 위험
② 착화에너지가 작을수록 위험
③ 비점 및 융점이 높을수록 위험
④ 연소범위가 넓을수록 위험

해설 **물질의 화재 위험성 상호관계**

제반사항	위험성
온도, 압력	높을수록 위험
인화점, 착화점, 융점, 비점	낮을수록 위험
연소범위	넓을수록 위험
연소속도, 증기압, 연소열	클수록 위험

03
인화알루미늄의 화재 시 주수소화하면 발생하는 물질은?

① 수 소　　　　② 메 탄
③ 포스핀　　　　④ 아세틸렌

해설
$$AlP + 3H_2O \rightarrow Al(OH)_3 + PH_3\uparrow$$
인화알루미늄　물　　수산화알루미늄　포스핀

04
산소의 농도를 낮추어 소화하는 방법은?

① 냉각소화
② 질식소화
③ 제거소화
④ 억제소화

해설 **질식소화** : 공기 중 산소의 농도를 21[%]에서 15[%] 이하로 낮추어 소화하는 방법

05
유류탱크 화재 시 기름 표면에 물을 살수하면 기름이 탱크 밖으로 비산하여 화재가 확대되는 현상은?

① 슬롭 오버(Slop Over)
② 플래시 오버(Flash Over)
③ 프로스 오버(Froth Over)
④ 블레비(BLEVE)

해설 **슬롭 오버(Slop Over)** : 연소유면 화재 시 물을 살수하면 물과 기름이 탱크 밖으로 비산하여 화재가 확대되는 현상

06
화재 시 나타나는 인간의 피난특성으로 볼 수 없는 것은?

① 어두운 곳으로 대피한다.
② 최초로 행동한 사람을 따른다.
③ 발화지점의 반대방향으로 이동한다.
④ 평소에 사용하던 문, 통로를 사용한다.

해설 **지광본능** : 화재 발생 시 연기와 정전 등으로 가시거리가 짧아져 시야가 흐리면 밝은 방향으로 도피하려는 본능

07

0[℃], 1기압에서 44.8[m³]의 용적을 가진 이산화탄소를 액화하여 얻을 수 있는 액화탄산 가스의 무게는 약 몇 [kg]인가?

① 88

② 44

③ 22

④ 11

 이상기체 상태방정식 $PV = nRT = \dfrac{W}{M}RT$에서

무게 : $W = \dfrac{PVM}{RT} = \dfrac{1 \times 44.8 \times 44}{0.082 \times (273+0)} \fallingdotseq 88[kg]$

08

다음 중 연소범위를 근거로 계산한 위험도 값이 가장 큰 물질은?

① 이황화탄소

② 메 탄

③ 수 소

④ 일산화탄소

위험도 : $H = \dfrac{U-L}{L}$

• 이황화탄소 : $H = \dfrac{44-1}{1} = 43$

• 메탄 : $H = \dfrac{15-5}{5} = 2$

• 수소 : $H = \dfrac{75.0-4.0}{4.0} = 17.75$

• 일산화탄소 : $H = \dfrac{74.0-12.5}{12.5} = 4.92$

09

종이, 나무, 섬유류 등에 의한 화재에 해당하는 것은?

① A급 화재

② B급 화재

③ C급 화재

④ D급 화재

일반화재(A급 화재) : 목재, 종이, 합성수지류, 섬유류 등의 일반 가연물의 화재

10

다음 물질 중 연소하였을 때 시안화수소를 가장 많이 발생시키는 물질은?

① Polyethylene

② Polyurethane

③ Polyvinyl Chloride

④ Polystyrene

시안화수소 : 폴리우레탄 연소 시 가장 많이 발생

11

실내 화재 시 발생한 연기로 인한 감광계수[m⁻¹]와 가시거리에 대한 설명 중 틀린 것은?

① 감광계수가 0.1일 때 가시거리는 20~30[m]이다.

② 감광계수가 0.3일 때 가시거리는 15~20[m]이다.

③ 감광계수가 1.0일 때 가시거리는 1~2[m]이다.

④ 감광계수가 10일 때 가시거리는 0.2~0.5[m]이다.

연기농도와 가시거리

감광계수	가시거리[m]	상 황
0.1	20~30	연기감지기가 작동할 때 농도
0.3	5	건물 내부에 익숙한 사람이 피난할 정도의 농도
0.5	3	어두운 것을 느낄 정도의 농도
1	1~2	거의 앞이 보이지 않을 정도의 농도
10	0.2~5	화재 최성기 때의 농도
30	–	출화실에서 연기가 분출할 때의 농도

12

다음 물질의 저장창고에서 화재가 발생하였을 때 주수소화를 할 수 없는 물질은?

① 부틸리튬　　　② 질산에틸

③ 나이트로셀룰로스　　④ 적 린

• **부틸리튬** : 제3류 위험물(금수성 물질) → 주수소화 시 가연성 가스 발생
• **질산에틸, 나이트로셀룰로스** : 제5류 위험물(자기반응성 물질) → 주수소화
• **적린** : 제2류 위험물(가연성 고체) → 주수소화

13

가연물이 연소가 잘 되기 위한 구비조건으로 틀린 것은?

① 열전도율이 클 것
② 산소와 화학적으로 친화력이 클 것
③ 표면적이 클 것
④ 활성화 에너지가 작을 것

해설 가연물의 조건
- **열전도율**이 작을 것
- **발열량**이 클 것
- **표면적**이 넓을 것
- 산소와 친화력이 좋을 것
- 활성화 에너지가 작을 것

14

다음 중 소화에 필요한 이산화탄소 소화약제의 최소 설계농도 값이 가장 높은 물질은?

① 메 탄
② 에틸렌
③ 천연가스
④ 아세틸렌

해설 이산화탄소 소화약제 최소 설계농도
- 메탄 : 34[%]
- 에틸렌 : 49[%]
- 천연가스 : 37[%]
- 아세틸렌 : 66[%]

15

위험물안전관리법령상 제2석유류에 해당하는 것으로만 나열된 것은?

① 아세톤, 벤젠
② 중유, 아닐린
③ 에테르, 이황화탄소
④ 아세트산, 아크릴산

해설 **제2석유류** : 등유, 경유, 아세트산, 아크릴산 등

16

이산화탄소의 증기비중은 약 얼마인가?(단, 공기의 분자량은 29이다)

① 0.81
② 1.52
③ 2.02
④ 2.51

해설 이산화탄소의 증기비중 $= \dfrac{분자량}{29} = \dfrac{44}{29} ≒ 1.52$

17

$NH_4H_2PO_4$를 주성분으로 한 분말소화약제는 제 몇 종 분말소화약제인가?

① 제1종
② 제2종
③ 제3종
④ 제4종

해설 분말소화약제

종 별	주성분	약제의 착색	적응 화재
제1종 분말	중탄산나트륨 ($NaHCO_3$)	백 색	B, C급
제2종 분말	중탄산칼륨 ($KHCO_3$)	담회색	B, C급
제3종 분말	제일인산암모늄 ($NH_4H_2PO_4$)	담홍색	A, B, C급
제4종 분말	중탄산칼륨+요소 $[KHCO_3+(NH_2)_2CO]$	회 색	B, C급

18

제거소화의 예에 해당하지 않는 것은?

① 밀폐 공간에서의 화재 시 공기를 제거한다.
② 가연성가스 화재 시 가스의 밸브를 닫는다.
③ 산림화재 시 확산을 막기 위하여 산림의 일부를 벌목한다.
④ 유류탱크 화재 시 연소되지 않은 기름을 다른 탱크로 이동시킨다.

해설 **밀폐 공간에서의 화재 시 공기를 제거** : 질식소화

13 ① 14 ④ 15 ④ 16 ② 17 ③ 18 ① **정답**

19

밀폐된 내화건물의 실내에 화재가 발생했을 때 그 실내의 환경변화에 대한 설명 중 틀린 것은?

① 기압이 급강하한다.

② 산소가 감소된다.

③ 일산화탄소가 증가한다.

④ 이산화탄소가 증가한다.

해설 실내 화재 발생 시 온도 및 압력(기압)이 급상승한다.

20

이산화탄소에 대한 설명으로 틀린 것은?

① 임계온도는 $97.5[℃]$이다.

② 고체의 형태로 존재할 수 있다.

③ 불연성가스로 공기보다 무겁다.

④ 드라이아이스와 분자식이 동일하다.

해설 이산화탄소의 물성

구 분	물성치
화학식	CO_2
분자량	44
비중(공기=1)	1.517
삼중점	$-56.3[℃](0.42[MPa])$
임계온도	$31.35[℃]$

제 2 과목 | **소방전기일반**

21

다음 중 직류전동기의 제동법이 아닌 것은?

① 회생제동

② 정상제동

③ 발전제동

④ 역전제동

해설 직류전동기의 제동법

- 발전제동 : 전동기를 발전기로 구동시켜 발생한 기전력을 저항에서 열에너지로 소비시키며 제동
- 회생제동 : 전도기를 발전기로 구동시켜 발생한 기전력을 전원전압보다 높게 하여 전원으로 되돌려주며 제동
- 역상(역전)제동 : 전원 3선 중 2선의 접속을 바꾸어 역방향 토크를 발생시켜 급히 제동

22

그림과 같은 유접점 회로의 논리식은?

① $A + B \cdot C$

② $A \cdot B + C$

③ $B + A \cdot C$

④ $A \cdot B + B \cdot C$

해설 논리식
$$(A+B)(A+C) = A+AC+AB+BC$$
$$= A(1+C+B)+BC$$
$$= A+BC$$

23

평형 3상 부하의 선간전압이 200[V], 전류가 10[A], 역률이 70.7[%]일 때 무효전력은 약 몇 [Var]인가?

① 2,880

② 2,450

③ 2,000

④ 1,410

해설 피상전력 : $P_a = \sqrt{3}\, VI = \sqrt{3} \times 200 \times 10$
$$= 3,464[VA]$$

유효전력 : $P = \sqrt{3}\, VI\cos\theta$
$$= \sqrt{3} \times 200 \times 10 \times 0.707$$
$$= 2,449[W]$$

무효전력 : $P_r = \sqrt{P_a^2 - P^2} = \sqrt{3,464^2 - 2,449^2}$
$$\fallingdotseq 2,450[Var]$$

무효전력 : $P_r = \sqrt{3}\, VI\sin\theta$
$$= \sqrt{3} \times 200 \times 10 \times \sqrt{1 - 0.707^2}$$
$$\fallingdotseq 2,450[Var]$$

24

최고 눈금 50[mV], 내부저항이 100[Ω]인 직류 전압계에 1.2[MΩ]의 배율기를 접속하면 측정할 수 있는 최대 전압은 약 몇 [V]인가?

① 3
② 60
③ 600
④ 1,200

해설 배율기에서 측정할 수 있는 최대 전압

$$V = \left(1 + \frac{R}{r}\right)V_r = \left(1 + \frac{1.2 \times 10^6}{100}\right) \times 50 \times 10^{-3}$$
$$\fallingdotseq 600[V]$$

25

복소수로 표시된 전압 $10 - j$[V]를 어떤 회로에 가하는 경우 $5 + j$[A]의 전류가 흘렀다면 이 회로의 저항은 약 몇 [Ω]인가?

① 1.88
② 3.6
③ 4.5
④ 5.46

해설 저항 : $R = \dfrac{V}{I} = \dfrac{10-j}{5+j} = \dfrac{(10-j)(5-j)}{(5+j)(5-j)}$

$$= \frac{49 - j15}{26} = \frac{\sqrt{49^2 + 15^2}}{26} \fallingdotseq 1.89[\Omega]$$

26

그림과 같은 블록선도에서 출력 $C(s)$는?

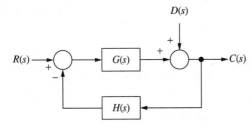

① $\dfrac{G(s)}{1+G(s)H(s)}R(s) + \dfrac{G(s)}{1+G(s)H(s)}D(s)$

② $\dfrac{1}{1+G(s)H(s)}R(s) + \dfrac{1}{1+G(s)H(s)}D(s)$

③ $\dfrac{G(s)}{1+G(s)H(s)}R(s) + \dfrac{1}{1+G(s)H(s)}D(s)$

④ $\dfrac{1}{1+G(s)H(s)}R(s) + \dfrac{G(s)}{1+G(s)H(s)}D(s)$

해설 출력 = 전달함수 × 입력

$$C(s) = \frac{G(s)}{1-(-G(s)H(s))}R(s)$$
$$+ \frac{1}{1-(-G(s)H(s))}D(s)$$
$$= \frac{G(s)}{1+G(s)H(s)}R(s) + \frac{1}{1+G(s)H(s)}D(s)$$

27

그림과 같이 전류계 A₁, A₂를 접속할 경우 A₁은 25[A], A₂는 5[A]를 지시하였다. 전류계 A₂의 내부저항은 몇 [Ω]인가?

① 0.05
② 0.08
③ 0.12
④ 0.15

해설 0.02[Ω]에 흐르는 전류

$I = A_1 - A_2 = 25 - 5 = 20[A]$

$A_2 = 5[A]$, 0.02[Ω]에 흐르는 전류 $I = 20[A]$가 흐르면 A_2에 흐르는 전류가 4배 작으므로 저항의 크기는 0.02[Ω]보다 4배 커지게 된다($R \propto \dfrac{1}{I}$).

∴ A_2 내부저항 : $r = 0.02 \times 4 = 0.08[\Omega]$

28

다음 회로에서 출력전압은 몇 [V]인가?(단, $A = 5$[V], $B = 0$[V]인 경우이다)

① 0
② 5
③ 10
④ 15

안심Touch

해설 A와 B가 모두 5[V]의 입력신호가 들어와야 출력하는 AND회로이고, B의 입력이 없으므로 출력은 나오지 게 된다.

29
동기발전기의 병렬 운전 조건으로 틀린 것은?

① 기전력의 크기가 같을 것
② 기전력의 위상이 같을 것
③ 기전력의 주파수가 같을 것
④ 극수가 같을 것

해설 동기발전기의 병렬 운전 조건
• 기전력의 크기가 같을 것
• 기전력의 위상이 같을 것
• 기전력의 파형이 같을 것
• 기전력의 주파수가 같을 것

30
수정, 전기석 등의 결정에 압력을 가하여 변형을 주면 변형에 비례하여 전압이 발생하는 현상을 무엇이라 하는가?

① 국부작용   ② 전기분해
③ 압전현상   ④ 성극작용

해설 압전효과(현상) : 기계적 에너지를 전기적 에너지로 변환시키는 현상으로 압전 소자에 외부 응력, 진동 등을 가하면 압전 소자로부터 전기 신호가 발생하는 효과(현상)

31
인덕턴스가 0.5[H]인 코일의 리액턴스가 753.6[Ω] 일 때 주파수는 약 몇 [Hz]인가?

① 120   ② 240
③ 360   ④ 480

해설 유도 리액턴스 $X_L = \omega L = 2\pi f L[\Omega]$에서

주파수 : $f = \dfrac{X_L}{2\pi L} = \dfrac{753.6}{2\pi \times 0.5} = 240[\text{Hz}]$

32
메거(Megger)는 어떤 저항을 측정하기 위한 장치인가?

① 절연저항   ② 접지저항
③ 전지의 내부저항   ④ 궤조저항

해설 메거(절연저항계) : 절연저항 측정

33
제어 대상에서 제어량을 측정하고 검출하여 주 궤환 신호를 만드는 것은?

① 조작부   ② 출력부
③ 검출부   ④ 제어부

해설 검출부 : 제어 대상으로부터 제어에 필요한 신호를 검출하는 부분

34
그림과 같은 무접점회로의 논리식(Y)은?

① $A \cdot B + \overline{C}$ ② $A + B + \overline{C}$
③ $(A + B) \cdot \overline{C}$ ④ $A \cdot B \cdot \overline{C}$

해설 논리식 : $Y = AB\overline{C}$

35

단상변압기의 권수비가 $a=8$이고, 1차 교류 전압의 실효치는 110[V]이다. 변압기 2차 전압을 단상 반파 정류회로를 이용하여 정류했을 때 발생하는 직류 전압의 평균치는 약 몇 [V]인가?

① 6.19　　　　　② 6.29
③ 6.39　　　　　④ 6.88

해설 단상 반파 정류에서 직류 전압

$V_d = 0.45 V = 0.45 \times 13.75 ≒ 6.19 [V]$

교류전압(변압기 2차 전압)

$V = \dfrac{V_1}{a} = \dfrac{110}{8} = 13.75 [V]$

36

평행한 왕복 전선에 10[A]의 전류가 흐를 때 전선 사이에 작용하는 전자력[N/m]은?(단, 전선의 간격은 40[cm]이다)

① 5×10^{-5}[N/m], 서로 반발하는 힘
② 5×10^{-5}[N/m], 서로 흡인하는 힘
③ 7×10^{-5}[N/m], 서로 반발하는 힘
④ 7×10^{-5}[N/m], 서로 흡인하는 힘

해설 평행 도선에 작용하는 힘

$F = \dfrac{2 I_1 I_2}{r} \times 10^{-7} = \dfrac{2 \times 10 \times 10}{0.4} \times 10^{-7}$

$= 5 \times 10^{-5} [N]$

왕복 도선(반대방향 전류)이므로 두 도체 간에는 반발력이 작용한다.

37

변위를 전압으로 변환시키는 장치가 아닌 것은?

① 포텐셔미터　　　② 차동변압기
③ 전위차계　　　　④ 측온저항체

해설 변위를 전압으로 변환시키는 장치 : 포텐셔미터, 차동변압기, 전위차계

38

자동화재탐지설비의 감지기 회로의 길이가 500[m]이고, 종단에 8[kΩ]의 저항이 연결되어 있는 회로에 24[V]의 전압이 가해졌을 경우 도통 시험 시 전류는 약 몇 [mA]인가?(단, 동선의 저항률은 1.69×10^{-8} [Ω·m]이며, 동선의 단면적은 2.5[mm²]이고, 접촉저항 등은 없다고 본다)

① 2.4　　　　　② 3.0
③ 4.8　　　　　④ 6.0

해설 전로 저항 : $R_{전} = \rho \dfrac{l}{A} = 1.69 \times 10^{-8} \times \dfrac{500}{2.5}$

$= 3.38 \times 10^{-6} [\Omega] \Rightarrow$ 작아서 무시

전류 : $I = \dfrac{V}{R_{종} + R_{전}} \times 10^3 = \dfrac{24}{8 \times 10^3} \times 10^3 = 3 [\Omega]$

39

반지름 20[cm], 권수 50회인 원형코일에 2[A]의 전류를 흘려주었을 때 코일 중심에서 자계(자기장)의 세기[AT/m]는?

① 70　　　　　② 100
③ 125　　　　　④ 250

해설 원형코일 중심에서 자계의 세기

$H = \dfrac{NI}{2r} = \dfrac{50 \times 2}{2 \times 0.2} = 250 [AT/m]$

40

전원 전압을 일정하게 유지하기 위하여 사용하는 다이오드는?

① 쇼트키다이오드　　② 터널다이오드
③ 제너다이오드　　　④ 버랙터다이오드

해설 제너다이오드 : 정전압 다이오드
교류입력전압이 변하여도 직류측 출력전압은 항상 일정하게 유지하는 다이오드

41

화재예방, 소방시설 설치·유지 및 안전관리에 관한 법률상 소방용품의 형식승인을 받지 아니하고 소방용품을 제조하거나 수입한 자에 대한 벌칙 기준은?

① 100만원 이하의 벌금

② 300만원 이하의 벌금

③ 1년 이하의 징역 또는 1,000만원 이하의 벌금

④ 3년 이하의 징역 또는 3,000만원 이하의 벌금

> **해설** **3년 이하의 징역 또는 3,000만원 이하의 벌금**
> • 관리업의 등록을 하지 아니하고 영업을 한 사람
> • 소방용품의 형식승인을 받지 아니하고 소방용품을 제조하거나 수입한 사람
> • 소방용품의 제품검사를 받지 아니한 사람
> • 규정을 위반하여 소방용품을 판매·진열하거나 소방시설공사에 사용한 사람

42

소방시설공사업법령상 소방공사감리를 실시함에 있어 용도와 구조에서 특별히 안전성과 보안성이 요구되는 소방대상물로서 소방시설물에 대한 감리를 감리업자가 아닌 자가 감리할 수 있는 장소는?

① 정보기관의 청사

② 교도소 등 교정관련시설

③ 국방 관계시설 설치장소

④ 원자력안전법상 관계시설이 설치되는 장소

> **해설** 감리업자가 아닌 자가 감리할 수 있는 보안성 등이 요구되는 소방대상물 시공 장소 : [원자력안전법] 제2조 제10호에 따른 관계시설이 설치되는 장소

43

화재예방, 소방시설 설치·유치 및 안전관리에 관한 법률상 소방시설 등에 대한 자체점검 중 종합정밀점검 대상인 것은?

① 제연설비가 설치되지 않은 터널

② 스프링클러설비가 설치된 연면적이 5,000[m²]이고 12층인 아파트

③ 물분무 등 소화설비가 설치된 연면적이 5,000[m²]인 위험물 제조소

④ 호스릴 방식의 물분무 등 소화설비만을 설치한 연면적 3,000[m²]인 특정소방대상물

> **해설** **종합정밀점검 대상**
> • 스프링클러설비가 설치된 특정소방대상물
> • 물분무 등 소화설비[호스릴방식의 물분무 등 소화설비만을 설치한 경우는 제외]가 설치된 연면적 5,000[m²] 이상인 특정소방대상물(위험물 제조소 등은 제외)
> • 다중이용업의 영업장이 설치된 특정소방대상물로서 연면적이 2,000[m²] 이상인 것
> • 제연설비가 설치된 터널
> • 연면적이 1,000[m²] 이상인 것으로서 옥내소화전설비 또는 자동화재탐지설비가 설치된 것(소방대가 근무하는 공공기관은 제외)

44

소방시설공사업법령에 따른 소방시설업 등록이 가능한 사람은?

① 피성년후견인

② 위험물안전관리법에 따른 금고 이상의 형의 집행유예를 선고받고 그 유예기간 중에 있는 사람

③ 등록하려는 소방시설업 등록이 취소된 날부터 3년이 지난 사람

④ 소방기본법에 따른 금고 이상의 실형을 선고받고 그 집행이 면제된 날부터 1년이 지난 사람

> **해설** **소방시설업 등록의 결격사유**
> • 피성년후견인
> • 이 법, 「소방기본법」, 「소방시설공사업법」 또는 「위험물 안전관리법」에 따른 금고 이상의 실형을 선고받고 그 집행이 끝나거나(집행이 끝난 것으로 보는 경우를 포함한다) 집행이 면제된 날부터 2년이 지나지 아니한 사람
> • 이 법, 「소방기본법」, 「소방시설공사업법」 또는 「위험물 안전관리법」에 따른 금고 이상의 형의 집행유예를 선고받고 그 유예기간 중에 있는 사람
> • 소방시설업의 등록이 취소된 날부터 2년이 지나지 아니한 사람

45

화재예방, 소방시설 설치·유지 및 안전관리에 관한 법률상 건축허가 등의 동의대상물이 아닌 것은?

① 항공기격납고
② 연면적이 300[m²]인 공연장
③ 바닥면적이 300[m²]인 차고
④ 연면적이 300[m²]인 노유자시설

해설 건축허가 등의 동의대상물의 범위
- 연면적이 400[m²] 이상인 건축물. 다만, 다음 각 목의 어느 하나에 해당하는 시설은 해당 목에서 정한 기준 이상인 건축물로 한다.
  - 학교시설 : 100[m²]
  - 노유자시설 및 수련시설 : 200[m²]
  - 정신의료기관(입원실이 없는 정신건강의학과 의원은 제외) : 300[m²]
  - 장애인 의료재활시설(의료재활시설) : 300[m²]
- 차고·주차장 또는 주차용도로 사용되는 시설로서 다음의 어느 하나에 해당하는 것
  - 차고·주차장으로 사용되는 바닥면적이 200[m²] 이상인 층이 있는 건축물이나 주차시설
  - 승강기 등 기계장치에 의한 주차시설로서 자동차 20대 이상을 주차할 수 있는 시설
- 항공기격납고, 관망탑, 항공관제탑, 방송용 송수신탑

46

위험물안전관리법령상 정기검사를 받아야 하는 특정·준특정옥외탱크저장소의 관계인은 특정·준특정옥외탱크저장소의 설치허가에 따른 완공검사필증을 발급받은 날부터 몇 년 이내에 정기검사를 받아야 하는가?

① 9   ② 10
③ 11   ④ 12

해설 위험물안전관리법령상 정기검사를 받아야하는 특정·준특정옥외탱크저장소의 관계인은 특정·준특정옥외탱크저장소의 설치허가에 따른 완공검사필증을 발급받은 날부터 12년 이내에 정기검사를 받아야 한다.

47

소방기본법령에 따른 소방용수시설 급수탑 개폐밸브의 설치기준으로 맞는 것은?

① 지상에서 1.0[m] 이상 1.5[m] 이하
② 지상에서 1.2[m] 이상 1.8[m] 이하
③ 지상에서 1.5[m] 이상 1.7[m] 이하
④ 지상에서 1.5[m] 이상 2.0[m] 이하

해설 소화용수시설 급수탑 설치기준
- 급수배관의 구경 : 100[mm] 이상
- 개폐밸브의 설치 : **지상에서 1.5[m] 이상 1.7[m] 이하**

48

위험물안전관리법령상 다음의 규정을 위반하여 위험물의 운송에 관한 기준을 따르지 아니한 자에 대한 과태료 기준은?

> 위험물운송자는 이동탱크저장소에 의하여 위험물을 운송하는 때에는 행정안전부령으로 정하는 기준을 준수하는 등 당해 위험물의 안전확보를 위하여 세심한 주의를 기울여야 한다.

① 50만원 이하
② 100만원 이하
③ 200만원 이하
④ 300만원 이하

해설 위험물의 운송에 관한 기준을 따르지 아니한 자
200만원 이하 과태료

49

소방기본법령상 소방업무 상호응원협정 체결 시 포함되어야 하는 사항이 아닌 것은?

① 응원출동의 요청방법
② 응원출동훈련 및 평가
③ 응원출동대상지역 및 규모
④ 응원출동 시 현장지휘에 관한 사항

해설 **소방업무의 상호응원협정 사항**
• 소방활동에 관한 사항
－화재의 경계 · 진압 활동
－구조 · 구급 업무의 지원
－화재조사활동
• 응원출동대상지역 및 규모
• 소요경비의 부담에 관한 사항
－출동대원의 수당 · 식사 및 피복의 수선
－소방장비 및 기구의 정비와 연료의 보급
－그 밖의 경비
• 응원출동의 요청방법
• 응원출동훈련 및 평가

50
위험물안전관리법령상 제조소 등의 경보설비 설치기준에 대한 설명으로 틀린 것은?

① 제조소 및 일반취급소의 연면적이 500[m²] 이상인 것에는 자동화재탐지설비를 설치한다.
② 자동신호장치를 갖춘 스프링클러설비 또는 물분무 등 소화설비를 설치한 제조소 등에 있어서는 자동화재탐지설비를 설치한 것으로 본다.
③ 경보설비는 자동화재탐지설비 · 비상경보설비(비상벨장치 또는 경종 포함) · 확성장치(휴대용확성기 포함) 및 비상방송설비로 구분한다.
④ 지정수량의 10배 이상의 위험물을 저장 또는 취급하는 제조소 등(이동탱크저장소를 포함한다)에는 화재 발생 시 이를 알릴 수 있는 경보설비를 설치하여야 한다.

해설 **제조소 및 일반취급소 경보설비 시설**
• 연면적 500[m²] 이상인 것
• 옥내에서 지정수량의 100배 이상을 취급하는 것

51
소방시설공사업법령에 따른 소방시설업의 등록권자는?

① 국무총리　　　② 소방서장
③ 시 · 도지사　　④ 한국소방안전협회장

해설 **소방시설업의 등록 : 시 · 도지사**

52
소방기본법령상 불꽃을 사용하는 용접 · 용단 기구의 용접 또는 용단 작업장에서 지켜야 하는 사항 중 다음 (　　) 안에 알맞은 것은?

> • 용접 또는 용단 작업자로부터 반경 (㉠)[m] 이내에 소화기를 갖추어 둘 것
> • 용접 또는 용단 작업장 주변 반경 (㉡)[m] 이내에는 가연물을 쌓아두거나 놓아두지 말 것. 다만, 가연물의 제거가 곤란하여 방지포 등으로 방호조치를 한 경우는 제외한다.

① ㉠ 3, ㉡ 5
② ㉠ 5, ㉡ 3
③ ㉠ 5, ㉡ 10
④ ㉠ 10, ㉡ 5

해설 • 용접 또는 용단 작업자로부터 반경 5[m] 이내에 소화기를 갖추어 둘 것
• 용접 또는 용단 작업장 주변 반경 10[m] 이내에는 가연물을 쌓아두거나 놓아두지 말 것

53
소방기본법령에 따라 주거지역 · 상업지역 및 공업지역에 소방용수시설을 설치하는 경우 소방대상물과의 수평거리를 몇 [m] 이하가 되도록 해야 하는가?

① 50　　　　　② 100
③ 150　　　　④ 200

해설 **소방대상물과의 수평거리**
• 주거지역, 상업지역, 공업지역 : 100[m] 이하
• 그 밖의 지역 : 140[m] 이하

54
위험물안전관리법령에 따라 위험물안전관리자를 해임하거나 퇴직한 때에는 해임하거나 퇴직한 날부터 며칠 이내에 다시 안전관리자를 선임하여야 하는가?

① 30일　　　　② 35일
③ 40일　　　　④ 55일

해설 **위험물 안전관리자 해임, 퇴직 시 :** 해임 또는 퇴직한 날부터 30일 이내에 안전관리자 재선임

55

화재예방, 소방시설 설치 · 유지 및 안전관리에 관한 법률상 화재위험도가 낮은 특정소방대상물 중 소방대가 조직되어 24시간 근무하고 있는 청사 및 차고에 설치하지 아니할 수 있는 소방시설이 아닌 것은?

① 피난기구
② 비상방송설비
③ 연결송수관설비
④ 자동화재탐지설비

해설 소방시설을 설치하지 아니할 수 있는 특정소방대상물 및 소방시설의 범위

구 분	특정소방대상물	소방시설
1. 화재 위험도가 낮은 특정 소방대상물	소방대가 조직되어 24시간 근무하고 있는 청사 및 차고	옥내소화전설비, 스프링클러설비, 물분무 등 소화설비, 비상방송설비, 피난기구, 소화용수설비, 연결송수관설비, 연결살수설비

56

소방기본법령상 정당한 사유 없이 화재의 예방조치에 관한 명령에 따르지 아니한 경우에 대한 벌칙은?

① 100만원 이하의 벌금
② 200만원 이하의 벌금
③ 300만원 이하의 벌금
④ 500만원 이하의 벌금

해설 200만원 이하의 벌금
- 정당한 사유 없이 화재의 예방조치 명령에 따르지 아니하거나 이를 방해한 사람
- 정당한 사유 없이 관계공무원의 출입 또는 조사를 거부 · 방해 또는 기피한 사람

57

화재예방, 소방시설 설치 · 유지 및 안전관리에 관한 법률상 소방안전관리대상물의 소방안전관리자의 업무가 아닌 것은?

① 소방시설 공사
② 소방훈련 및 교육
③ 소방계획서의 작성 및 시행
④ 자위소방대의 구성 · 운영 · 교육

해설 소방안전관리자의 업무
- 피난계획에 관한 사항과 대통령령으로 정하는 사항이 포함된 소방계획서의 작성 및 시행
- 자위소방대 및 초기 대응체계의 구성 · 운영 · 교육
- 피난시설 · 방화구획 및 방화시설의 유지 · 관리
- 소방훈련 및 교육
- 소방시설이나 그 밖의 소방관련 시설의 유지 · 관리
- 화기 취급의 감독
- 소방계획서의 내용

58

다음 소방시설 중 경보설비가 아닌 것은?

① 통합감시시설
② 가스누설경보기
③ 비상콘센트설비
④ 자동화재속보설비

해설 비상콘센트설비 : 소화활동설비

59

화재예방, 소방시설 설치 · 유지 및 안전관리에 관한 법률상 방염성능기준 이상의 실내장식물 등을 설치해야 하는 특정소방대상물이 아닌 것은?

① 숙박이 가능한 수련시설
② 층수가 11층 이상인 아파트
③ 건축물 옥내에 있는 종교시설
④ 방송통신시설 중 방송국 및 촬영소

해설 방염성능기준 이상의 실내장식물 등 설치 특정소방대상물
- 근린생활시설 중 의원, 체력단련장, 공연장 및 종교집회장
- 건축물의 옥내에 있는 시설로서 다음의 시설
  - 문화 및 집회시설
  - 종교시설
  - 운동시설(수영장은 제외)
- 의료시설
- 교육연구시설 중 합숙소
- 노유자시설
- 숙박이 가능한 수련시설
- 숙박시설
- 방송통신시설 중 방송국 및 촬영소
- 다중이용업소
- 층수가 11층 이상인 것(아파트는 제외)

60

소방기본법에 따라 화재 등 그 밖의 위급한 상황이 발생한 현장에서 소방활동을 위하여 필요한 때에는 그 관할구역에 사는 사람 또는 그 현장에 있는 사람으로 하여금 사람을 구출하는 일 또는 불을 끄는 등의 일을 하도록 명령할 수 있는 권한이 없는 사람은?

① 소방서장
② 소방대장
③ 시·도지사
④ 소방본부장

해설 소방본부장, 소방서장 또는 소방대장은 화재, 재난·재해, 그 밖의 위급한 상황이 발생하였을 때에는 소방대를 현장에 신속하게 출동시켜 화재진압과 인명구조·구급 등 소방에 필요한 활동을 하게 하여야 한다.

제 4 과목 소방전기시설의 구조 및 원리

61

자동화재탐지설비 및 시각경보장치의 화재안전기준(NFSC 203)에 따른 공기관식 차동식분포형감지기의 설치기준으로 틀린 것은?

① 검출부는 3° 이상 경사되지 아니하도록 부착할 것
② 공기관의 노출부분은 감지구역마다 20[m] 이상이 되도록 할 것
③ 하나의 검출부분에 접속하는 공기관의 길이는 100[m] 이하로 할 것
④ 공기관과 감지구역의 각 변과의 수평거리는 1.5[m] 이하가 되도록 할 것

해설 설치조건
- 공기관의 노출 부분은 감지구역마다 20[m] 이상이 되도록 할 것
- 하나의 검출 부분에 접속하는 공기관의 길이는 100[m] 이하로 할 것
- 공기관의 두께는 0.3[mm] 이상, 바깥지름은 1.9[mm] 이상일 것
- 검출부는 5° 이상 경사되지 아니하도록 부착할 것
- 공기관과 감지구역의 각 변과의 수평거리는 1.5[m] 이하가 되도록 하고 공기관 상호 간의 거리는 6[m] (내화구조 : 9[m]) 이하가 되도록 할 것
- 검출부는 바닥으로부터 0.8[m] 이상 1.5[m] 이하의 위치에 설치할 것
- 공기관은 도중에서 분기하지 아니하도록 할 것

62

비상콘센트설비의 화재안전기준(NFSC 504)에 따른 비상콘센트의 시설기준에 적합하지 않은 것은?

① 바닥으로부터 높이 1.45[m]에 움직이지 않게 고정시켜 설치된 경우
② 바닥면적이 800[m²]인 층의 계단의 출입구로부터 4[m]에 설치된 경우
③ 바닥면적의 합계가 12,000[m²]인 지하상가의 수평거리 30[m]마다 추가 설치한 경우
④ 바닥면적의 합계가 2,500[m²]인 지하층의 수평거리 40[m]마다 추가로 설치된 경우

해설 비상콘센트

- 바닥으로부터 높이 0.8[m] 이상 1.5[m] 이하의 위치에 설치할 것
- 바닥면적 1,000[m²] 미만 : 각 계단의 출입구로부터 5[m] 이내 설치
- 바닥면적 1,000[m²] 이상 : 각 계단이나 계단부속실의 출입구로부터 5[m] 이내 설치
- 지하상가 또는 지하층 바닥면적의 합계가 3,000[m²] 이상인 것은 수평거리 25[m] 이내마다 설치하고, 기타는 수평거리 50[m] 이내마다 설치
- 터널에 설치 시 주행차로의 우측 측벽에 50[m] 이내 간격으로 설치

63

자동화재속보설비의 속보기의 성능인증 및 제품검사의 기술기준에 따른 자동화재속보설비의 속보기에 대한 설명이다. 다음 (   )의 ㉠, ㉡에 들어갈 내용으로 옳은 것은?

> 작동신호를 수신하거나 수동으로 동작시키는 경우 (㉠)초 이내에 소방관서에 자동적으로 신호를 발하여 통보하되, (㉡)회 이상 속보할 수 있어야 한다.

① ㉠ : 20, ㉡ : 3
② ㉠ : 20, ㉡ : 4
③ ㉠ : 30, ㉡ : 3
④ ㉠ : 30, ㉡ : 4

해설 자동화재탐지설비로부터 작동신호를 수신하거나 수동으로 동작시키는 경우 20초 이내에 소방관서에 자동적으로 신호를 발하여 통보하되 3회 이상 속보할 수 있어야 한다.

64

비상경보설비 및 단독경보형감지기의 화재안전기준(NFSC 201)에 따른 비상벨설비 또는 자동식사이렌설비에 대한 설명이다. 다음 (   )의 ㉠, ㉡에 들어갈 내용으로 옳은 것은?

> 비상벨설비 또는 자동식사이렌설비에는 그 설비에 대한 감시상태를 (㉠)분간 지속한 후 유효하게 (㉡)분 이상 경보할 수 있는 축전지설비(수신기에 내장하는 경우를 포함한다) 또는 전기저장장치(외부 전기에너지를 저장해 두었다가 필요한 때 전기를 공급하는 장치)를 설치하여야 한다.

① ㉠ : 30, ㉡ : 10
② ㉠ : 60, ㉡ : 10
③ ㉠ : 30, ㉡ : 20
④ ㉠ : 60, ㉡ : 20

해설 비상벨설비 또는 자동식사이렌설비에는 그 설비에 대한 감시상태를 60분간 지속한 후 유효하게 10분 이상 경보할 수 있는 축전지설비(수신기에 내장하는 경우를 포함한다) 또는 전기저장장치(외부 전기에너지를 저장해 두었다가 필요한 때 전기를 공급하는 장치)를 설치하여야 한다.

65

소방시설용 비상전원수전설비의 화재안전기준(NFSC 602)에 따라 소방시설용 비상전원수전설비에서 소방회로 및 일반회로 겸용의 것으로서 수전설비, 변전설비 그 밖의 기기 및 배선을 금속제 외함에 수납한 것은?

① 공용분전반
② 전용배전반
③ 공용큐비클식
④ 전용큐비클식

해설 **공용큐비클** : 소방회로 및 일반회로 겸용의 것으로서 수전설비, 변전설비 그 밖의 기기 및 배선을 금속제 외함에 수납한 것

66
수신기를 나타내는 소방시설 도시기호로 옳은 것은?

① ▢(대각선 X) ② ▢(X 채움)
③ ▢(가로 세로 격자) ④ ▢(가로 분할)

> **해설** ① 제어반
> ② 수신기
> ③ 부수신기
> ④ 중계기

67
비상경보설비의 구성요소로 옳은 것은?

① 기동장치, 경종, 화재표시등, 전원
② 전원, 경종, 기동장치, 위치표시등
③ 위치표시등, 경종, 화재표시등, 전원
④ 경종, 기동장치, 화재표시등, 위치표시등

> **해설** **비상경보설비의 구성요소** : 전원, 경종, 기동장치, 위치표시등(화재표시등은 포함되지 않는다)

68
자동화재탐지설비 및 시각경보장치의 화재안전기준(NFSC 203)에 따라 감지기 회로의 도통시험을 위한 종단저항의 설치기준으로 틀린 것은?

① 동일 층 발신기함 외부에 설치할 것
② 점검 및 관리가 쉬운 장소에 설치할 것
③ 전용함을 설치하는 경우 그 설치 높이는 바닥으로부터 1.5[m] 이내로 할 것
④ 종단감지기에 설치할 경우에는 구별이 쉽도록 해당 감지기의 기판 등에 별도의 표시를 할 것

> **해설** **종단저항** : 감지기 회로 도통시험을 용이하게 하기 위해 설치
> • 점검 및 관리가 쉬운 장소에 설치할 것
> • 전용함을 설치하는 경우, 그 설치 높이는 바닥으로부터 1.5[m] 이내로 할 것
> • 감지기회로의 **끝부분에 설치**하며, 종단감지기에 설치할 경우에는 구별이 쉽도록 해당감지기의 기판 등에 별도의 표시를 할 것

69
유도등 및 유도표지의 화재안전기준(NFSC 303)에 따라 지하층을 제외한 층수가 11층 이상인 특정소방대상물의 유도등의 비상전원을 축전지로 설치한다면 피난층에 이르는 부분의 유도등을 몇 분 이상 유효하게 작동시킬 수 있는 용량으로 하여야 하는가?

① 10
② 20
③ 50
④ 60

> **해설** **유도등 비상전원 설치기준**
> • 축전지로 할 것
> • 유도등을 **20분 이상** 유효하게 작동시킬 수 있는 용량으로 할 것. 다만, 다음의 특정소방대상물의 경우에는 그 부분에서 피난층에 이르는 부분의 유도등을 **60분 이상** 유효하게 작동시킬 수 있는 용량으로 하여야 한다.
> – 지하층을 제외한 층수가 11층 이상의 층
> – 지하층 또는 무창층으로서 용도가 도매시장·소매시장·여객자동차터미널·지하역사 또는 지하상가

70
비상방송설비의 배선공사 종류 중 합성수지관 공사에 대한 설명으로 틀린 것은?

① 금속관 공사에 비해 중량이 가벼워 시공이 용이하다.
② 절연성이 있어 누전의 우려가 없기 때문에 접지공사가 필요치 않다.
③ 열에 약하며, 기계적 충격 및 중량물에 의한 압력 등 외력에 약하다.
④ 내식성이 있어 부식성 가스가 체류하는 화학공장 등에 적합하며, 금속관과 비교하여 가격이 비싸다.

> **해설** **합성수지관 공사의 특징**
> • 시공이 용이하고, 내식성이 강하다.
> • 누전이 없으며, 절연체이므로 접지할 필요가 없다.
> • 기계적 강도 및 열에 약하다.
> • 금속관에 비해 가격이 저렴하다.

71

무선통신보조설비의 화재안전기준(NFSC 505)에 따라 서로 다른 주파수의 합성된 신호를 분리하기 위하여 사용하는 장치는?

① 분배기   ② 혼합기
③ 증폭기   ④ 분파기

> **해설**
> - **분파기** : 서로 다른 주파수의 합성된 신호를 분리하기 위해서 사용하는 장치
> - **분배기** : 신호의 전송로가 분기되는 장소에 설치하는 것으로 임피던스 매칭과 신호 균등분배를 위해 사용하는 장치
> - **혼합기** : 2개 이상의 입력신호를 원하는 비율로 조합한 출력이 발생하도록 하는 장치
> - **증폭기** : 신호 전송 시 신호가 약해져 수신이 불가능해지는 것을 방지하기 위해서 증폭하는 장치

72

무선통신보조설비의 화재안전기준(NFSC 505)에 따라 무선통신보조설비의 주회로 전원이 정상인지 여부를 확인하기 위해 증폭기의 전면에 설치하는 것은?

① 상순계
② 전류계
③ 전압계 및 전류계
④ 표시등 및 전압계

> **해설**
> 증폭기의 전면에는 주 회로의 전원이 정상인지의 여부를 표시할 수 있는 **표시등 및 전압계**를 설치할 것

73

비상방송설비의 화재안전기준(NFSC 202)에 따라 비상방송설비에서 기동장치에 따른 화재신고를 수신한 후 필요한 음량으로 화재발생 상황 및 피난에 유효한 방송이 자동으로 개시될 때까지의 소요시간은 몇 초 이하로 하여야 하는가?

① 5   ② 10
③ 15   ④ 20

> **해설**
> 비상방송설비 기동장치에 따른 화재신고를 수신한 후 필요한 음량으로 화재발생 상황 및 피난에 유효한 방송이 자동으로 개시될 때까지의 소요시간은 **10초 이하**로 할 것

74

자동화재탐지설비 및 시각경보장치의 화재안전기준(NFSC 203)에 따라 자동화재탐지설비에서 4층 이상의 특정소방대상물에는 어떤 기기와 전화통화가 가능한 수신기를 설치하여야 하는가?

① 발신기
② 감지기
③ 중계기
④ 시각경보장치

> **해설**
> 4층 이상의 특정소방대상물에는 **발신기**와 **전화통화**가 가능한 수신기를 설치할 것

75

비상경보설비 및 단독경보형감지기의 화재안전기준(NFSC 201)에 따라 비상경보설비의 발신기 설치 시 복도 또는 별도로 구획된 실로서 보행거리가 몇 [m] 이상일 경우에는 추가로 설치하여야 하는가?

① 25   ② 30
③ 40   ④ 50

> **해설**
> 발신기 설치 시 복도 또는 별도의 구획된 실로서 보행거리가 40[m] 이상일 경우에는 추가로 설치한다.

76

비상조명등의 화재안전기준(NFSC 304)에 따른 비상조명등의 시설기준에 적합하지 않은 것은?

① 조도는 비상조명등이 설치된 장소의 각 부분의 바닥에서 0.5[lx]가 되도록 하였다.
② 특정소방대상물의 각 거실과 그로부터 지상에 이르는 복도·계단 및 그 밖의 통로에 설치하였다.
③ 예비전원을 내장하는 비상조명등에 평상시 점등 여부를 확인할 수 있는 점검스위치를 설치하였다.
④ 예비전원을 내장하는 비상조명등에 해당 조명등을 유효하게 작동시킬 수 있는 용량의 축전지와 예비전원 충전장치를 내장하도록 하였다.

해설 비상조명등 설치기준
- 특정소방대상물의 각 거실과 그로부터 지상에 이르는 복도·계단 및 그 밖의 통로에 설치할 것
- 조도는 비상조명등이 설치된 장소의 각 부분의 바닥에서 1[lx] 이상이 되도록 할 것
- 예비전원을 내장하는 비상조명등에는 평상시 점등 여부를 확인할 수 있는 점검스위치를 설치하고 해당 조명등을 유효하게 작동시킬 수 있는 용량의 축전지와 예비전원 충전장치를 내장할 것

77

비상경보설비 및 단독경보형감지기의 화재안전기준(NFSC 201)에 따라 비상벨설비 또는 자동식사이렌설비의 전원회로 배선 중 내열배선에 사용하는 전선의 종류가 아닌 것은?

① 버스덕트(Bus Duct)
② 600[V] 1종 비닐절연전선
③ 0.6/1[kV] EP 고무절연 클로로프렌 시스 케이블
④ 450/750[V] 저독성 난연 가교 폴리올레핀 절연전선

해설 내열배선

사용전선의 종류
1. 450/750[V] 저독성 난연 가교 폴리올레핀 절연전선
2. 0.6/1[kV] 가교 폴리에틸렌 절연 저독성 난연 폴리올레핀 시스 전력 케이블
3. 6/10[kV] 가교 폴리에틸렌 절연 저독성 난연 폴리올레핀 시스 전력용 케이블
4. 가교 폴리에틸렌 절연 비닐시스 트레이용 난연 전력 케이블
5. 0.6/1[kV] EP 고무절연 클로로프렌 시스 케이블
6. 300/500[V] 내열성 실리콘 고무 절연전선 (180[℃])
7. 내열성 에틸렌-비닐 아세테이트 고무 절연 케이블
8. 버스덕트(Bus Duct)
9. 기타 전기용품안전관리법 및 전기설비기술기준에 따라 동등 이상의 내열성능이 있다고 주무부장관이 인정하는 것

78

누전경보기의 형식승인 및 제품검사의 기술기준에 따라 누전경보기의 수신부는 그 정격전압에서 몇 회의 누전작동시험을 실시하는가?

① 1,000회
② 5,000회
③ 10,000회
④ 20,000회

해설 누전경보기 반복시험 : 수신부는 그 정격전압에서 10,000회 누전작동시험을 실시하는 경우 구조 및 기능에 이상이 없을 것

79

비상콘센트설비의 화재안전기준(NFSC 504)에 따라 비상콘센트설비의 전원부와 외함 사이의 절연저항은 전원부와 외함 사이를 500[V] 절연저항계로 측정할 때 몇 [MΩ] 이상이어야 하는가?

① 20
② 30
③ 40
④ 50

해설 비상콘센트설비 전원부와 외함 사이의 절연저항 및 절연내력의 기준
- 절연저항은 전원부와 외함 사이를 500[V] 절연저항계로 측정할 때 20[MΩ] 이상일 것
- 절연내력은 전원부와 외함 사이에 다음과 같이 실효전압을 가하는 시험에서 1분 이상 견디는 것으로 할 것
  – 정격전압이 150[V] 이하 : 1,000[V]의 실효전압
  – 정격전압이 150[V] 이상 : 정격전압 × 2 + 1,000

80

비상경보설비 및 단독경보형감지기의 화재안전기준(NFSC 201)에 따라 바닥면적이 450[m²]일 경우 단독경보형감지기의 최소 설치 개수는?

① 1개
② 2개
③ 3개
④ 4개

해설 단독경보형감지기는 바닥면적 150[m²] 이내마다 설치해야 하므로
$$\therefore \ \frac{450}{150} = 3개$$

2020년 8월 22일 시행

제 **3** 회

제 1 과목 소방원론

01

공기의 평균 분자량이 29일 때 이산화탄소 기체의 증기비중은 얼마인가?

① 1.44
② 1.52
③ 2.88
④ 3.24

 이산화탄소의 증기비중 $= \dfrac{분자량}{29} = \dfrac{44}{29} ≒ 1.52$

02

밀폐된 공간에 이산화탄소를 방사하여 산소의 체적 농도를 12[%] 되게 하려면 상대적으로 방사된 이산화탄소의 농도는 얼마가 되어야 하는가?

① 25.40[%]
② 28.70[%]
③ 38.35[%]
④ 42.86[%]

 이산화탄소의 농도

$$CO_2 = \frac{21 - O_2}{21} \times 100 = \frac{21 - 12}{21} \times 100 ≒ 42.86[\%]$$

03

다음 중 고체 가연물이 덩어리보다 가루일 때 연소되기 쉬운 이유로 가장 적합한 것은?

① 발열량이 작아지기 때문이다.
② 공기와 접촉면이 커지기 때문이다.
③ 열전도율이 커지기 때문이다.
④ 활성화 에너지가 커지기 때문이다.

해설 **가연물의 조건**
• 열전도율이 작을 것
• 발열량이 클 것
• 표면적이 넓을 것
• 산소와 친화력이 좋을 것
• 활성화 에너지가 작을 것
※ 덩어리보다 가루 형태일 경우 공기와 접촉하는 표면적이 넓어지므로 연소하기 쉬워진다.

04

다음 중 발화점이 가장 낮은 물질은?

① 휘발유
② 이황화탄소
③ 적 린
④ 황 린

종 류	발화점
휘발유	300[℃]
이황화탄소	100[℃]
적 린	260[℃]
황 린	34[℃]

05

질식소화 시 공기 중의 산소농도는 일반적으로 약 몇 [vol%] 이하로 하여야 하는가?

① 25
② 21
③ 19
④ 15

해설 **질식소화** : 공기 중 산소의 농도를 21[%]에서 15[%] 이하로 낮추어 소화하는 방법

06

화재하중의 단위로 옳은 것은?

① $[kg/m^2]$
② $[℃/m^2]$
③ $[kg \cdot L/m^3]$
④ $[℃ \cdot L/m^3]$

화재하중

$$Q = \frac{\sum(G_t \times H_t)}{H \times A} = \frac{Q_t}{4,500 \times A} \, [\text{kg/m}^2]$$

여기서, G_t : 가연물의 질량

H_t : 가연물의 단위발열량[kcal/kg]

H : 목재의 단위발열량(4,500[kcal/kg])

A : 화재실의 바닥면적[m^2]

Q_t : 가연물의 전발열량[kcal]

07

제1종 분말소화약제의 주성분으로 옳은 것은?

① $KHCO_3$
② $NaHCO_3$
③ $NH_4H_2PO_4$
④ $Al_2(SO_4)_3$

해설

종 별	주성분	약제의 착색	적응화재
제1종 분말	중탄산나트륨 ($NaHCO_3$)	백 색	B, C급
제2종 분말	중탄산칼륨 ($KHCO_3$)	담회색	B, C급
제3종 분말	제일인산암모늄 ($NH_4H_2PO_4$)	담홍색	A, B, C급
제4종 분말	중탄산칼륨+요소 [$KHCO_3$+(NH_2)$_2CO$]	회 색	B, C급

08

소화약제인 IG-541의 성분이 아닌 것은?

① 질 소
② 아르곤
③ 헬 륨
④ 이산화탄소

해설 **소화약제 IG-541 성분**

- 질소(N_2) : 52[%]
- 아르곤(Ar) : 40[%]
- 이산화탄소(CO_2) : 8[%]

09

다음 중 연소와 가장 관련 있는 화학반응은?

① 중화반응
② 치환반응
③ 환원반응
④ 산화반응

해설 **연소** : 가연물이 공기 중에서 산소와 반응하여 열과 빛을 동반하는 산화현상(산화반응)

10

위험물과 위험물안전관리법령에서 정한 지정수량을 옳게 연결한 것은?

① 무기과산화물 – 300[kg]
② 황화인 – 500[kg]
③ 황린 – 20[kg]
④ 질산에스테르류 – 200[kg]

해설 **위험물 지정수량**

종 류	지정수량
무기과산화물	50[kg]
황화인	100[kg]
황 린	20[kg]
질산에스테르류	10[kg]

11

화재의 종류에 따른 분류가 틀린 것은?

① A급 : 일반화재
② B급 : 유류화재
③ C급 : 가스화재
④ D급 : 금속화재

해설

급 수 \ 구 분	A급	B급	C급	D급
화재의 종류	일반화재	유류 및 가스화재	전기화재	금속화재
표시색	백 색	황 색	청 색	무 색

12

이산화탄소 소화약제 저장용기의 설치장소에 대한 설명 중 옳지 않은 것은?

① 반드시 방호구역 내의 장소에 설치한다.
② 온도의 변화가 적은 곳에 설치한다.
③ 방화문으로 구획된 실에 설치한다.
④ 해당 용기가 설치된 곳임을 표시하는 표지를 한다.

해설 이산화탄소 소화약제의 저장용기 설치 장소
- 방호구역외의 장소에 설치할 것. 다만, 방호구역 내에 설치할 경우에는 피난 및 조작이 용이하도록 피난구 부근에 설치하여야 한다.
- 온도가 40[℃] 이하이고, 온도변화가 적은 곳에 설치할 것
- 직사광선 및 빗물이 침투할 우려가 없는 곳에 설치할 것
- 방화문으로 구획된 실에 설치할 것
- 용기의 설치장소에는 해당 용기가 설치된 곳임을 표시하는 표지를 할 것

13
화재의 소화원리에 따른 소화방법의 적용으로 틀린 것은?

① 냉각소화 : 스프링클러설비
② 질식소화 : 이산화탄소소화설비
③ 제거소화 : 포소화설비
④ 억제소화 : 할론소화설비

해설 포소화설비 : 질식소화

14
Halon 1301의 분자식은?

① CH_3Cl
② CH_3Br
③ CF_3Cl
④ CF_3Br

물 성 종 류	분자식	분자량	상온(상압) 에서 상태
할론 1301	CF_3Br	148.9	기 체
할론 1211	CF_2ClBr	165.4	기 체
할론 2402	$C_2F_4Br_2$	259.8	액 체
할론 1011	CH_2ClBr	129.4	액 체

15
소화효과를 고려하였을 경우 화재 시 사용할 수 있는 물질이 아닌 것은?

① 이산화탄소
② 아세틸렌
③ Halon 1211
④ Halon 1301

해설 이산화탄소, 할론 1211, 할론 1301 : 소화약제
아세틸렌 : 가연성 물질(가연성 기체)

16
탄화칼슘이 물과 반응 시 발생하는 가연성 가스는?

① 메 탄
② 포스핀
③ 아세틸렌
④ 수 소

해설 $CaC_2 + 2H_2O \rightarrow Ca(OH)_2 + C_2H_2 \uparrow$
탄화칼슘　　　물　　　수산화칼슘　아세틸렌

17
다음 원소 중 전기 음성도가 가장 큰 것은?

① F
② Br
③ Cl
④ I

해설 전기 음성도, 수소와 결합력 : F > Cl > Br > I

18
건축물의 내화구조에서 바닥의 경우에는 철근콘크리트조의 두께가 몇 [cm] 이상이어야 하는가?

① 7
② 10
③ 12
④ 15

해설

바 닥	• 철근콘크리트조 또는 철골·철근콘크리트조로서 두께가 10[cm] 이상인 것 • 철재로 보강된 콘크리트블록조·벽돌조 또는 석조로서 철재에 덮은 콘크리트 블록 등의 두께가 5[cm] 이상인 것 • 철재의 양면을 두께 5[cm] 이상의 철망모르타르 또는 콘크리트로 덮은 것

19
화재 시 발생하는 연소가스 중 인체에서 헤모글로빈과 결합하여 혈액의 산소운반을 저해하고 두통, 근육조절의 장애를 일으키는 것은?

① CO_2
② CO
③ HCN
④ H_2S

해설 일산화탄소(CO) : 불완전 연소 시에 다량 발생, 혈액 중의 헤모글로빈(Hb)과 결합하여 혈액 중의 산소운반 능력을 저해하여 두통, 근육조절의 장애를 일으킨다.

20

인화점이 20[℃]인 액체위험물을 보관하는 창고의 인화 위험성에 대한 설명 중 옳은 것은?

① 여름철에 창고 안이 더워질수록 인화의 위험성이 커진다.

② 겨울철에 창고 안이 추워질수록 인화의 위험성이 커진다.

③ 20[℃]에서 가장 안전하고 20[℃]보다 높아지거나 낮아질수록 인화의 위험성이 커진다.

④ 인화의 위험성은 계절의 온도와는 상관없다.

해설 인화점 : 가연성 물질에 불꽃을 접하여 발화될 수 있는 최저의 온도
여름철 창고 안이 더워져 인화점(20[℃])에 도달하면 점화원에 의해 연소할 수 있으므로 위험한 상태가 된다.

제 2 과목   소방전기일반

21

최대눈금이 200[mA], 내부저항이 0.8[Ω]인 전류계가 있다. 8[mΩ]의 분류기를 사용하여 전류계의 측정범위를 넓히면 몇 [A]까지 측정할 수 있는가?

① 19.6   ② 20.2

③ 21.4   ④ 22.8

해설 분류기 배수 : $n = \dfrac{I}{I_a} = 1 + \dfrac{r_a}{R_S}$ 에서

측정 가능한 전류

$I = \left(1 + \dfrac{r}{R}\right)I_a = \left(1 + \dfrac{0.8}{8 \times 10^{-3}}\right) \times 0.2 = 20.2[A]$

22

5[Ω]의 저항과 2[Ω]의 유도성 리액턴스를 직렬로 접속한 회로에 5[A]의 전류를 흘렸을 때 이 회로의 복소전력[VA]은?

① $25 + j10$ ② $10 + j25$

③ $125 + j50$ ④ $50 + j125$

해설 임피던스 : $Z = R + jX = 5 + j2[Ω]$
복소전력 : $P = I^2 Z = 5^2 \times (5 + j2) = 125 + j50[VA]$

23

그림과 같은 회로에서 전압계 Ⓥ가 10[V]일 때 단자 A-B 간의 전압은 몇 [V]인가?

① 50

② 85

③ 100

④ 135

해설 • 20[Ω]과 5[Ω]의 직렬회로에 걸리는 전체 전압
($R_1 = 20[Ω], R_2 = 5[Ω]$)

$V_2 = \dfrac{R_2}{R_1 + R_2} V$ 에서 전체 전압

$V = \dfrac{R_1 + R_2}{R_2} V_2 = \dfrac{20 + 5}{5} \times 10 = 50[V]$

• 20[Ω]과 5[Ω]의 직렬회로에 흐르는 전류

$I' = \dfrac{V}{R} = \dfrac{50}{20 + 5} = 2[A]$

• 10[Ω]에 흐르는 전류 (20[Ω]과 5[Ω]의 직렬회로와 병렬연결이므로 전압은 50[V])

$I'' = \dfrac{V}{R} = \dfrac{50}{10} = 5[A]$

• A-B 간에 흐르는 전체 전류
$I = I' + I'' = 2 + 5 = 7[A]$

• 5[Ω]에 걸리는 전압 : $V = IR_5 = 7 \times 5 = 35[V]$

• A-B 간에 전체 합성 전압
$V_0 = V_5 + V = 35 + 50 = 85[V]$

24

50[Hz]의 3상 전압을 전파 정류하였을 때 리플(맥동) 주파수[Hz]는?

① 50　　　　　　② 100

③ 150　　　　　　④ 300

해설 3상 전파(6상 반파) 정류 맥동 주파수
$= 6f = 6 \times 50 = 300[\text{Hz}]$

25

개루프 제어와 비교하여 폐루프 제어에서 반드시 필요한 장치는?

① 안정도를 좋게 하는 장치

② 제어대상을 조작하는 장치

③ 동작신호를 조절하는 장치

④ 기준입력신호와 주궤환신호를 비교하는 장치

해설 폐루프 제어에서 반드시 필요한 장치
: 입력과 출력(궤환신호)을 비교하는 장치

26

그림의 시퀀스 회로와 등가인 논리 게이트는?

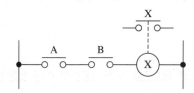

① OR게이트　　　② AND게이트

③ NOT게이트　　④ NOR게이트

해설 입력 A와 B가 직렬 연결되었으므로 AND회로이다(단, 출력 X접점이 B접점일 경우는 NAND회로가 된다).

27

전압 이득이 60[dB]인 증폭기와 궤환율(β)이 0.01인 궤환회로를 부궤환 증폭기로 구성하였을 때 전체 이득은 약 몇 [dB]인가?

① 20　　　　　　② 40

③ 60　　　　　　④ 80

해설 전압 이득 : $60[\text{dB}] = 20\log_{10}A = 20\log_{10}10^3$
$\therefore A = 1,000$

증폭기 이득
$A_f = \dfrac{A}{1+\beta A} = \dfrac{1,000}{1+0.01 \times 1,000} = 100$

전체 이득[dB] $= 20\log_{10}A_f = 20\log_{10}10^2 = 40[\text{dB}]$

28

지하 1층, 지상 2층, 연면적이 1,500[m²]인 기숙사에서 지상 2층에 설치된 차동식스포트형감지기가 작동하였을 때 전 층의 지구경종이 동작되었다. 각 층 지구경종의 정격전류가 60[mA]이고, 24[V]가 인가되고 있을 때 모든 지구경종에서 소비되는 총 전력[W]은?

① 4.23

② 4.32

③ 5.67

④ 5.76

해설 지하 1층, 지상 1층, 지상 2층의 3층 건물이고, 연면적이 1,500[mm²]이므로 각 층의 바닥면적은
$\dfrac{1,500}{3} = 500\,[\text{mm}^2]$이 된다. 따라서 각 층의 바닥면적이 600[mm²]을 초과하지 않았으므로 각 층별 1경계구역으로 경종이 1개씩 총 3개가 설치된다.
총 소비전력
$P = VI \times 개수 = 24 \times 6 \times 10^{-3} \times 3 = 4.32[\text{W}]$

29

진공 중에 놓인 5[μC]의 점전하에서 2[m]되는 점에서의 전계는 몇 [V/m]인가?

① 11.25×10^3

② 16.25×10^3

③ 22.25×10^3

④ 28.25×10^3

해설 전계의 세기
$E = 9 \times 10^9 \dfrac{Q}{r^2} = 9 \times 10^9 \times \dfrac{5 \times 10^{-6}}{2^2}$
$= 11.25 \times 10^3 [\text{V/m}]$

30

열팽창식 온도계가 아닌 것은?

① 열전대 온도계
② 유리 온도계
③ 바이메탈 온도계
④ 압력식 온도계

해설 유리 온도계, 바이메탈 온도계, 압력식 온도계
: 열팽창을 이용
열전대 온도계 : 열전대의 열기전력을 이용

31

3상 유도전동기를 Y결선으로 기동할 때 전류의 크기 ($|I_Y|$)와 △결선으로 기동할 때 전류의 크기 ($|I_\triangle|$)의 관계로 옳은 것은?

① $|I_Y| = \dfrac{1}{3}|I_\triangle|$

② $|I_Y| = \sqrt{3}\,|I_\triangle|$

③ $|I_Y| = \dfrac{1}{\sqrt{3}}|I_\triangle|$

④ $|I_Y| = \dfrac{\sqrt{3}}{2}|I_\triangle|$

해설 Y-△ 기동
• 임피던스 : 3배 ($Z_\triangle = 3Z_Y$)
• 기동전류 : $\dfrac{1}{3}$배 ($I_Y = \dfrac{1}{3}I_\triangle$)

32

역률 0.8인 전동기에 200[V]의 교류전압을 가하였더니 10[A]의 전류가 흘렀다. 피상전력은 몇 [VA]인가?

① 1,000
② 1,200
③ 1,600
④ 2,000

해설 피상전력 : $P_a = VI = 200 \times 10 = 2,000[\text{VA}]$
유효전력 : $P = VI\cos\theta = 200 \times 10 \times 0.8 = 1,600[\text{W}]$

33

다음 중 강자성체에 속하지 않는 것은?

① 니 켈
② 알루미늄
③ 코발트
④ 철

해설 **강자성체** : 철, 니켈, 코발트 등
상자성체 : 알루미늄, 백금, 산소 등

34

프로세스제어의 제어량이 아닌 것은?

① 액 위
② 유 량
③ 온 도
④ 자 세

해설 **제어량에 의한 분류**
• 서보기구 : 제어량이 물체의 **자세, 위치, 방향** 등의 기계적인 변위로 하는 제어
• 프로세스 제어 : 제어량이 **유량, 온도, 액위면, 압력, 밀도, 농도** 등으로 하는 제어
• 자동조정 : 전기적 또는 기계적인 양, 즉 **전압, 전류, 힘, 주파수, 회전속도** 등을 주로 제어

35

3상 농형 유도전동기의 기동법이 아닌 것은?

① Y-△ 기동법
② 기동 보상기법
③ 2차 저항 기동법
④ 리액터 기동법

해설 **3상 농형 유도 전동기 기동법**
• 전전압(직입) 기동
• Y-△ 기동
• 기동 보상기법
• 리액터 기동
3상 권선형 유도 전동기 기동법
• 2차 저항 기동법
• 게르게스법

36

100[V], 500[W]의 전열선 2개를 같은 전압에서 직렬로 접속한 경우와 병렬로 접속한 경우에 각 전열선에서 소비되는 전력은 각각 몇 [W]인가?

① 직렬 : 250, 병렬 : 500
② 직렬 : 250, 병렬 : 1,000
③ 직렬 : 500, 병렬 : 500
④ 직렬 : 500, 병렬 : 1,000

해설 전열선 소비전력

- 전열선 직렬 연결 시 소비전력 : $P = \dfrac{500}{2} = 250[\text{W}]$
- 전열선 병렬 연결 시 소비전력
  $P = 500 \times 2 = 1,000[\text{W}]$

37

그림과 같은 논리회로의 출력 Y는?

① $AB + \overline{C}$
② $A + B + \overline{C}$
③ $(A+B)\overline{C}$
④ $AB\overline{C}$

해설 논리회로 출력 : $Y = AB + \overline{C}$

38

단상변압기 3대를 △결선하여 부하에 전력을 공급하고 있는 중 변압기 1대가 고장 나서 V결선으로 바꾼 경우에 고장 전과 비교하여 몇 [%] 출력을 낼 수 있는가?

① 50
② 57.7
③ 70.7
④ 86.6

해설 V결선 출력 : $P_V = \sqrt{3}\,P$

이용률 $= \dfrac{\sqrt{3}}{2} = 0.866\,(86.6[\%])$

출력비(전력비) $= \dfrac{1}{\sqrt{3}} = 0.577\,(57.7[\%])$

39

대칭 n상의 환상결선에서 선전류와 상전류(환상전류) 사이의 위상차는?

① $\dfrac{n}{2}\left(1 - \dfrac{2}{\pi}\right)$
② $\dfrac{n}{2}\left(1 - \dfrac{\pi}{2}\right)$
③ $\dfrac{\pi}{2}\left(1 - \dfrac{2}{n}\right)$
④ $\dfrac{\pi}{2}\left(1 - \dfrac{n}{2}\right)$

해설 대칭 n상 환상결선 선전류와 상전류 위상차

$$\dfrac{\pi}{2}\left(1 - \dfrac{2}{n}\right)$$

40

공기 중에서 50[kW]의 방사 전력이 안테나에서 사방으로 균일하게 방사될 때, 안테나에서 1[km] 거리에 있는 점에서의 전계의 실횻값은 약 몇 [V/m]인가?

① 0.87
② 1.22
③ 1.73
④ 3.98

해설 전력 $P = EH = 377H^2 = \dfrac{E^2}{377} = \dfrac{P}{S}$ 에서

전계의 실횻값

$$E = \sqrt{\dfrac{P}{S} \times 377} = \sqrt{\dfrac{P}{4\pi r^2} \times 377}$$

$$= \sqrt{\dfrac{50 \times 10^3}{4\pi \times 1,000^2} \times 377} ≒ 1.22\,[\text{V/m}]$$

제 **3** 과목   **소방관계법규**

41

소방기본법령상 화재피해조사 중 재산피해조사의 조사범위에 해당하지 않는 것은?

① 소화활동 중 사용된 물로 인한 피해
② 열에 의한 탄화, 용융, 파손 등의 피해
③ 소방활동 중 발생한 사망자 및 부상자
④ 연기, 물품반출, 화재로 인한 폭발 등에 의한 피해

해설 소방활동 중 발생한 사망자 및 부상자 : 인명피해조사

42

위험물안전관리법령상 제조소의 기준에 따라 건축물의 외벽 또는 이에 상당하는 공작물의 외측으로부터 제조소의 외벽 또는 이에 상당하는 공작물의 외측까지의 안전거리 기준으로 틀린 것은?(단, 제6류 위험물을 취급하는 제조소를 제외하고, 건축물에 불연재료로 된 방화상 유효한 담 또는 벽을 설치하지 않는 경우이다)

① 의료법에 의한 종합병원에 있어서는 30[m] 이상

② 도시가스사업법에 의한 가스공급시설에 있어서는 20[m] 이상

③ 사용전압 35,000[V]를 초과하는 특고압가공전선에 있어서는 5[m] 이상

④ 문화재보호법에 의한 유형문화재와 기념물 중 지정문화재에 있어서는 30[m] 이상

해설 문화재보호법에 의한 유형문화재와 기념물 중 지정문화재에 있어서는 50[m] 이상

43

위험물안전관리법령상 허가를 받지 아니하고 당해 제조소 등을 설치하거나 그 위치·구조 또는 설비를 변경할 수 있으며, 신고를 하지 아니하고 위험물의 품명·수량 또는 지정수량의 배수를 변경할 수 있는 기준으로 옳은 것은?

① 축산용으로 필요한 건조시설을 위한 지정수량 40배 이하의 저장소

② 수산용으로 필요한 건조시설을 위한 지정수량 30배 이하의 저장소

③ 농예용으로 필요한 난방시설을 위한 지정수량 40배 이하의 저장소

④ 주택의 난방시설(공동주택의 중앙난방시설 제외)을 위한 저장소

해설 허가를 받지 아니하고 당해 제조소 등을 설치하거나 그 위치·구조 또는 설비를 변경할 수 있으며, 신고를 하지 아니하고 위험물의 품명·수량 또는 지정수량의 배수를 변경할 수 있는 기준
• 주택의 난방시설(공동주택의 중앙난방시설을 제외한다)을 위한 저장소 또는 취급소
• 농예용·축산용 또는 수산용으로 필요한 난방시설 또는 건조시설을 위한 지정수량 **20배 이하**의 저장소

44

소방시설공사업법령상 공사감리자 지정대상 특정소방대상물의 범위가 아닌 것은?

① 제연설비를 신설·개설하거나 제연구역을 증설할 때

② 연소방지설비를 신설·개설하거나 살수구역을 증설할 때

③ 캐비닛형 간이스프링클러설비를 신설·개설하거나 방호·방수 구역을 증설할 때

④ 물분무 등 소화설비(호스릴 방식의 소화설비 제외)를 신설·개설하거나 방호·방수 구역을 증설할 때

해설 **소방공사감리자 지정대상 특정소방대상물의 범위**
• 옥내소화전설비를 신설·개설 또는 증설할 때
• 스프링클러설비 등(캐비닛형 간이스프링클러설비는 제외한다)을 신설·개설하거나 방호·방수 구역을 증설할 때
• 물분무 등 소화설비(호스릴 방식의 소화설비는 제외한다)를 신설·개설하거나 방호·방수 구역을 증설할 때
• 옥외소화전설비를 신설·개설 또는 증설할 때
• 자동화재탐지설비를 신설·개설하거나 경계구역을 증설할 때
• 통합감시시설을 신설 또는 개설할 때
• 소화용수설비를 신설 또는 개설할 때
• 다음 각 목에 따른 소화활동설비에 대하여 각 목에 따른 시공을 할 때
  - 제연설비를 신설·개설하거나 제연구역을 증설할 때
  - 연결송수관설비를 신설 또는 개설할 때
  - 연결살수설비를 신설·개설하거나 송수구역을 증설할 때
  - 비상콘센트설비를 신설·개설하거나 전용회로를 증설할 때
  - 무선통신보조설비를 신설 또는 개설할 때
  - 연소방지설비를 신설·개설하거나 살수구역을 증설할 때
• 수신반, 소화펌프, 동력(감시)제어반 중 어느 하나에 해당하는 설비의 전부 또는 일부를 개설·이전하거나 정비할 때

45

다음 중 소방기본법령상 특수가연물에 해당하는 품명별 기준수량으로 틀린 것은?

① 사류 1,000[kg] 이상
② 면화류 200[kg] 이상
③ 나무껍질 및 대팻밥 400[kg] 이상
④ 넝마 및 종이부스러기 500[kg] 이상

해설 특수가연물 종류 및 지정수량

품 명		수 량
면화류		200[kg] 이상
나무껍질 및 대팻밥		400[kg] 이상
넝마 및 종이부스러기		**1,000[kg] 이상**
사 류		1,000[kg] 이상
볏짚류		1,000[kg] 이상
가연성 고체류		3,000[kg] 이상
석탄·목탄류		10,000[kg] 이상
가연성 액체류		2[m³] 이상
목재가공품 및 나무부스러기		10[m³] 이상
합성수지류	발포시킨 것	20[m³] 이상
	그 밖의 것	3,000[kg] 이상

46

소방기본법령상 소방대장의 권한이 아닌 것은?

① 화재 현장에 대통령령으로 정하는 사람 외에는 그 구역에 출입하는 것을 제한할 수 있다.
② 화재 진압 등 소방활동을 위하여 필요할 때에는 소방용수 외에 댐·저수지 등의 물을 사용할 수 있다.
③ 국민의 안전의식을 높이기 위하여 소방박물관 및 소방체험관을 설립하여 운영할 수 있다.
④ 불이 번지는 것을 막기 위하여 필요할 때에는 불이 번질 우려가 있는 소방대상물 및 토지를 일시적으로 사용할 수 있다.

해설 소방박물관의 설립·운영권자 : 소방청장
소방체험관의 설립·운영권자 : 시·도지사

47

화재예방, 소방시설 설치·유지 및 안전관리에 관한 법령상 단독경보형감지기를 설치하여야 하는 특정소방대상물의 기준으로 틀린 것은?

① 연면적 600[m²] 미만의 기숙사
② 연면적 600[m²] 미만의 숙박시설
③ 연면적 1,000[m²] 미만의 아파트
④ 교육연구시설 또는 수련시설 내에 있는 합숙소 또는 기숙사로서 연면적 2,000[m²] 미만인 것

해설 단독경보형감지기
• 연면적 1,000[m²] 미만의 아파트 등, 기숙사
• 교육연구시설 또는 수련시설 내에 있는 합숙소 또는 기숙사로서 연면적 2,000[m²] 미만
• 연면적 600[m²] 미만의 숙박시설

48

소방기본법령상 시장지역에서 화재로 오인할 만한 우려가 있는 불을 피우거나 연막소독을 하려는 자가 신고를 하지 아니하여 소방자동차를 출동하게 한 자에 대한 과태료 부과·징수권자는?

① 국무총리
② 시·도지사
③ 행정안전부 장관
④ 소방본부장 또는 소방서장

해설 20만원 이하의 과태료
다음 지역에서 화재로 오인할 우려가 있는 불을 피우거나, 연막소독을 실시하는 사람이 소방본부장이나 소방서장에게 신고하지 아니하여 소방자동차를 출동하게 한 사람
• 시장지역
• 공장·창고가 밀집한 지역
• 목조건물이 밀집한 지역
• 위험물의 저장 및 처리시설이 밀집한 지역
• 석유화학제품을 생산하는 공장이 있는 지역
• 그 밖에 시·도의 조례가 정하는 지역 또는 장소

49

화재예방, 소방시설 설치 · 유지 및 안전관리에 관한 법령상 1급 소방안전관리 대상물에 해당하는 건축물은?

① 지하구

② 층수가 15층인 공공업무시설

③ 연면적 15,000[m²] 이상인 동물원

④ 층수가 20층이고, 지상으로부터 높이가 100[m]인 아파트

해설 **1급 소방안전관리 대상물**

동 · 식물원, 철강 등 불연성 물품을 저장 · 취급하는 창고, 위험물제조소 등, 지하구와 특급소방안전관리 대상물을 제외한 것

- 30층 이상(지하층은 제외)이거나 지상으로부터 높이가 120[m] 이상인 아파트
- 연면적 15,000[m²] 이상인 특정소방대상물(아파트는 제외)
- 층수가 11층 이상인 특정소방대상물(아파트는 제외)
- 가연성 가스를 1,000[t] 이상 저장 · 취급하는 시설

50

화재예방, 소방시설 설치 · 유지 및 안전관리에 관한 법령상 수용인원 산정 방법 중 침대가 없는 숙박시설로서 해당 특정소방대상물의 종사자의 수는 5명, 복도, 계단 및 화장실의 바닥면적을 제외한 바닥면적이 158[m²]인 경우의 수용인원은 약 몇 명인가?

① 37

② 45

③ 58

④ 84

해설 **숙박시설이 있는 특정소방대상물**

- 침대가 있는 숙박시설
  종사자수 + 침대의 수(2인용 침대는 2인으로 산정)
- 침대가 없는 숙박시설
  종사자수 + (바닥면적의 합계 ÷ 3[m²])

  $5명 + \dfrac{158}{3} ≒ 57.67$ ∴ 58명(소수점 이하 절상)

51

화재예방, 소방시설 설치 · 유치 및 안전관리에 관한 법령상 소방특별조사 결과 소방대상물의 위치 상황이 화재 예방을 위하여 보완될 필요가 있을 것으로 예상되는 때에 소방대상물의 개수 · 이전 · 제거, 그 밖의 필요한 조치를 관계인에게 명령할 수 있는 사람은?

① 소방서장

② 경찰청장

③ 시 · 도지사

④ 해당구청장

해설 **소방특별조사 결과에 따른 조치명령**

- 조치명령권자 : 소방청장, **소방본부장** 또는 소방서장
- 조치명령의 내용 : 소방대상물의 **위치 · 구조 · 설비** 또는 관리의 상황
- 조치명령 시기 : 화재나 재난 · 재해 예방을 위하여 보완될 필요가 있거나 화재가 발생하면 인명 또는 재산의 피해가 클 것으로 예상되는 때
- 조치사항 : 그 소방대상물의 **개수 · 이전 · 제거**, 사용의 금지 또는 제한, 사용폐쇄, 공사의 정지 또는 중지, 그 밖의 필요한 조치

52

화재예방, 소방시설 설치 · 유지 및 안전관리에 관한 법령상 지하가 중 터널로서 길이가 1,000[m]일 때 설치하지 않아도 되는 소방시설은?

① 인명구조기구

② 옥내소화전설비

③ 연결송수관설비

④ 무선통신보조설비

해설

지하가 중 터널의 길이에 따른 설치하여야 하는 소방시설	
터널길이 500[m] 이상	비상경보설비, 비상조명등, 비상콘센트설비, 무선통신보조설비
터널길이 1,000[m] 이상	옥내소화전설비, 연결송수관설비, 자동화재탐지설비

53

소방시설공사업법령상 소방시설공사의 하자보수 보증기간이 3년이 아닌 것은?

① 자동소화장치
② 무선통신보조설비
③ 자동화재탐지설비
④ 간이스프링클러설비

해설 하자보수보증기간

보증기간	시설의 종류
2년	피난기구·유도등·유도표지·비상경보설비·비상조명등·비상방송설비 및 **무선통신보조설비**
3년	자동소화장치·옥내소화전설비·스프링클러설비·간이스프링클러설비·물분무등 소화설비·옥외소화전설비·자동화재탐지설비·상수도 소화용수설비 및 소화활동설비(무선통신보조설비를 제외)

54

화재예방, 소방시설 설치·유지 및 안전관리에 관한 법령상 스프링클러설비를 설치하여야 하는 특정소방대상물의 기준으로 틀린 것은?(단, 위험물 저장 및 처리 시설 중 가스시설 또는 지하구는 제외한다)

① 복합건축물로서 연면적 3,500[m²] 이상인 경우에는 모든 층
② 창고시설(물류터미널은 제외)로서 바닥면적 합계가 5,000[m²] 이상인 경우에는 모든 층
③ 숙박이 가능한 수련시설 용도로 사용되는 시설의 바닥면적의 합계가 600[m²] 이상인 것은 모든 층
④ 판매시설, 운수시설 및 창고시설(물류터미널에 한정)로서 바닥면적의 합계가 5,000[m²] 이상이거나 수용인원이 500명 이상인 경우에는 모든 층

해설 스프링클러설비를 설치하여야 하는 특정소방대상물

① 문화 및 집회시설(동·식물원 제외), 종교시설(주요구조부가 목조인 것은 제외), 운동시설(물놀이형 시설은 제외)로서 다음에 해당하는 모든 층
  ㉠ 수용인원이 100명 이상
  ㉡ 영화상영관의 용도로 쓰이는 층의 바닥면적이 지하층 또는 무창층인 경우 500[m²] 이상, 그 밖의 층은 1,000[m²] 이상
  ㉢ 무대부가 지하층, 무창층, 4층 이상 : 무대부의 면적이 300[m²] 이상
  ㉣ 무대부가 그 밖의 층 : 무대부의 면적이 500[m²] 이상
② 판매시설, 운수시설 및 창고시설(물류터미널)로서 바닥면적의 합계가 5,000[m²] 이상이거나 수용인원 500명 이상인 경우에는 모든 층
③ 층수가 6층 이상인 경우는 모든 층
④ 다음의 어느 하나에 해당하는 경우에는 모든 층
  ㉠ 의료시설 중 정신의료기관이나 요양병원(정신병원은 제외), 노유자시설로서 해당 용도로 사용되는 바닥면적의 합계가 600[m²] 이상인 것
  ㉡ 숙박이 가능한 수련시설로서 해당 용도로 사용되는 바닥면적의 합계가 600[m²] 이상인 것
⑤ 창고시설(물류터미널은 제외)로서 바닥면적의 합계가 5,000[m²] 이상인 경우에는 모든 층
⑥ 천장 또는 반자(반자가 없는 경우에는 지붕의 옥내에 면하는 부분)의 높이가 10[m]를 넘는 랙식창고(Rack Warehouse)(물건을 수납할 수 있는 선반이나 이와 비슷한 것을 갖춘 것)로서 연면적 1,500[m²] 이상인 것
⑦ ①부터 ⑥까지의 특정소방대상물에 해당하지 않는 특정소방대상물의 지하층·무창층(축사는 제외) 또는 층수가 4층 이상인 층으로서 바닥면적이 1,000[m²] 이상인 층
⑧ 특정소방대상물에 부속된 보일러실 또는 연결통로 등
⑨ 지하가(터널 제외)로서 연면적이 1,000[m²] 이상
⑩ 기숙사(교육연구시설·수련시설 내에 있는 학생 수용을 위한 것을 말한다) 또는 복합건축물로서 연면적 5,000[m²] 이상인 경우에는 모든 층
⑪ 보호감호소, 교도소, 구치소, 보호관찰소, 갱생보호시설, 치료감호시설, 소년원 및 소년분류심사원의 수용시설
⑫ 유치장

55

국민의 안전의식과 화재에 대한 경각심을 높이고 안전문화를 정착시키기 위한 소방의 날은 몇 월 며칠인가?

① 1월 19일
② 10월 9일
③ 11월 9일
④ 12월 19일

해설 소방의 날 : 11월 9일 (119)

56

위험물안전관리법령상 위험물시설의 설치 및 변경 등에 관한 기준 중 다음 (   ) 안에 들어갈 내용으로 옳은 것은?

> 제조소 등의 위치·구조 또는 설비의 변경 없이 당해 제조소 등에서 저장하거나 취급하는 위험물의 품명·수량 또는 지정수량의 배수를 변경하고자 하는 자는 변경하고자 하는 날의 (㉠)일 전까지 (㉡)이 정하는 바에 따라 (㉢)에게 신고하여야 한다.

① ㉠ : 1, ㉡ : 대통령령, ㉢ : 소방본부장
② ㉠ : 1, ㉡ : 행정안전부령, ㉢ : 시·도지사
③ ㉠ : 14, ㉡ : 대통령령, ㉢ : 소방서장
④ ㉠ : 14, ㉡ : 행정안전부령, ㉢ : 시·도지사

해설 제조소 등의 위치·구조 또는 설비의 변경 없이 당해 제조소 등에서 저장하거나 취급하는 위험물의 품명·수량 또는 지정수량의 배수를 변경하고자 하는 자는 변경하고자 하는 날의 1일 전까지 행정안전부령이 정하는 바에 따라 시·도지사에게 신고하여야 한다.

57

위험물안전관리법령상 위험물취급소의 구분에 해당하지 않는 것은?

① 이송취급소
② 관리취급소
③ 판매취급소
④ 일반취급소

해설 위험물취급소 종류
: 주유취급소, 판매취급소, 이송취급소, 일반취급소

58

소방기본법령상 화재가 발생하였을 때 화재의 원인 및 피해 등에 대한 조사를 하여야 하는 자는?

① 시·도지사 또는 소방본부장
② 소방청장·소방본부장 또는 소방서장
③ 시·도지사·소방서장 또는 소방파출소장
④ 행정안전부장관·소방본부장 또는 소방파출소장

해설 화재의 원인 및 피해 조사권자
: 소방청장, 소방본부장 또는 소방서장

59

화재예방, 소방시설 설치·유지 및 안전관리에 관한 법령상 1년 이하의 징역 또는 1,000만원 이하의 벌금 기준에 해당하는 경우는?

① 소방용품의 형식승인을 받지 아니하고 소방용품을 제조하거나 수입한 자
② 형식승인을 받은 소방용품에 대하여 제품검사를 받지 아니한 자
③ 거짓이나 그 밖의 부정한 방법으로 제품검사 전문기관으로 지정을 받은 자
④ 소방용품에 대하여 형상 등의 일부를 변경한 후 형식승인의 변경승인을 받지 아니한 자

해설 1년 이하의 징역 또는 1,000만원 이하의 벌금
• 관리업의 등록증이나 등록수첩을 다른 자에게 빌려준 사람
• 영업정지처분을 받고 그 영업정지기간 중에 방염업 또는 관리업의 업무를 한 사람
• 소방시설 등에 대한 자체점검을 하지 아니하거나 관리업자 등으로 하여금 정기적으로 점검하게 하지 아니한 사람
• 소방시설관리사증을 다른 자에게 빌려주거나 동시에 둘 이상의 업체에 취업한 사람
• 형식승인의 변경승인을 받지 아니한 사람

60

다음 중 화재예방, 소방시설 설치·유지 및 안전관리에 관한 법령상 소방시설관리업을 등록할 수 있는 자는?

① 피성년후견인
② 소방시설관리업의 등록이 취소된 날부터 2년이 경과된 자
③ 금고 이상의 형의 집행유예를 선고받고 그 유예기간 중에 있는 자
④ 금고 이상의 실형을 선고받고 그 집행이 면제된 날부터 2년이 지나지 아니한 자

해설 **소방시설관리업 등록의 결격사유**
- 피성년후견인
- 이 법, 「소방기본법」, 「소방시설공사업법」 또는 「위험물 안전관리법」에 따른 금고 이상의 실형을 선고받고 그 집행이 끝나거나 집행이 면제된 날부터 2년이 지나지 아니한 사람
- 이 법, 「소방기본법」, 「소방시설공사업법」 또는 「위험물 안전관리법」에 따른 금고 이상의 형의 집행유예를 선고받고 그 유예기간 중에 있는 사람
- 관리업의 등록이 취소된 날부터 2년이 지나지 아니한 사람

제4과목 소방전기시설의 구조 및 원리

61

자동화재속보설비의 속보기의 성능인증 및 제품검사의 기술기준에 따라 교류입력측과 외함 간의 절연저항은 직류 500[V]의 절연저항계로 측정한 값이 몇 [MΩ] 이상이어야 하는가?

① 5
② 10
③ 20
④ 50

해설 **자동화재속보설비** : 절연된 충전부와 외함 간의 절연저항은 500[V]의 절연저항계로 측정한 값이 5[MΩ] (교류입력측과 외함 간에는 20[MΩ]) 이상일 것

62

무선통신보조설비의 화재안전기준(NFSC 505)에 따라 금속제 지지금구를 사용하여 무선통신 보조설비의 누설동축케이블을 벽에 고정시키고자 하는 경우 몇 [m] 이내마다 고정시켜야 하는가?(단, 불연재료로 구획된 반자 안에 설치하는 경우는 제외한다)

① 2
② 3
③ 4
④ 5

해설 누설동축케이블은 화재에 따라 해당 케이블의 피복이 소실된 경우에 케이블 본체가 떨어지지 아니하도록 4[m] 이내마다 금속제 또는 자기제 등의 지지금구로 벽·천장·기둥 등에 견고하게 고정시킬 것. 다만, 불연재료로 구획된 반자 안에 설치하는 경우에는 그러하지 아니하다.

63

비상경보설비 및 단독경보형감지기의 화재안전기준(NFSC 201)에 따라 비상벨설비의 음향장치의 음량은 부착된 음향장치의 중심으로부터 1[m] 떨어진 위치에서 몇 [dB] 이상이 되는 것으로 하여야 하는가?

① 60
② 70
③ 80
④ 90

해설 비상벨설비 음향장치의 음량은 부착된 음향장치의 중심으로부터 1[m] 떨어진 위치에서 90[dB] 이상이 되는 것으로 하여야 한다.

64

자동화재탐지설비 및 시각경보장치의 화재안전기준(NFSC 203)에 따라 외기에 면하여 상시 개방된 부분이 있는 차고·주차장·창고 등에 있어서는 외기에 면하는 각 부분으로부터 몇 [m] 미만의 범위 안에 있는 부분은 경계구역의 면적에 산입하지 아니 하는가?

① 1
② 3
③ 5
④ 10

해설 외기에 면하여 상시 개방된 부분이 있는 차고·주차장·창고 등에 있어서는 외기에 면하는 각 부분으로부터 5[m] 미만의 범위 안에 있는 부분은 경계구역의 면적에 산입하지 아니한다.

65

누전경보기의 형식승인 및 제품검사의 기술기준에 따른 누전경보기 수신부의 기능검사 항목이 아닌 것은?

① 충격시험
② 진공가압시험
③ 과입력전압시험
④ 전원전압변동시험

해설 수신부의 기능검사
- 전원전압변동시험　• 온도특성시험
- 과입력전압시험　• 개폐기의 조작시험
- 반복시험　　　　• 진동시험
- 충격시험　　　　• 방수시험
- 절연저항시험　　• 절연내력시험
- 충격파내전압시험

66

비상방송설비의 화재안전기준(NFSC 202)에 따른 음향장치의 구조 및 성능에 대한 기준이다. 다음 (　　)에 들어갈 내용으로 옳은 것은?

> 가. 정격 전압의 (㉠)[%] 전압에서 음향을 발할 수 있는 것을 할 것
> 나. (㉡)의 작동과 연동하여 작동할 수 있는 것으로 할 것

① ㉠ 65, ㉡ 자동화재탐지설비
② ㉠ 80, ㉡ 자동화재탐지설비
③ ㉠ 65, ㉡ 단독경보형감지기
④ ㉠ 80, ㉡ 단독경보형감지기

해설 음향장치 구조 및 성능 기준
- 정격전압의 80[%] 전압에서 음향을 발할 수 있는 것을 할 것
- 자동화재탐지설비의 작동과 연동하여 작동할 수 있는 것으로 할 것

67

비상조명등의 화재안전기준(NFSC 304)에 따라 조도는 비상조명등이 설치된 장소의 각 부분의 바닥에서 몇 [lx] 이상이 되도록 하여야 하는가?

① 1　　　　　　② 3
③ 5　　　　　　④ 10

해설 조도는 비상조명등이 설치된 장소의 각 부분의 바닥에서 1[lx] 이상이 되도록 할 것

68

비상방송설비의 화재안전기준(NFSC 202)에 따른 용어의 정의에서 소리를 크게 하여 멀리까지 전달될 수 있도록 하는 장치로서 일명 "스피커"를 말하는 것은?

① 확성기
② 증폭기
③ 사이렌
④ 음량조절기

해설 확성기 : 소리를 크게 하여 멀리까지 전달될 수 있도록 하는 장치로서 일명 스피커를 말한다.

69

자동화재탐지설비 및 시각경보장치의 화재안전기준(NFSC 203)에 따른 중계기에 대한 시설기준으로 틀린 것은?

① 조작 및 점검에 편리하고 화재 및 침수 등의 재해로 인한 피해를 받을 우려가 없는 장소에 설치할 것
② 수신기에서 직접 감지기회로의 도통시험을 행하지 아니하는 것에 있어서는 수신기와 발신기 사이에 설치할 것
③ 수신기에 따라 감시되지 아니하는 배선을 통하여 전력을 공급받는 것에 있어서는 전원입력측의 배선에 과전류 차단기를 설치할 것
④ 수신기를 따라 감시되지 아니하는 배선을 통하여 전력을 공급받는 것에 있어서는 해당 전원의 정전이 즉시 수신기에 표시되는 것으로 할 것

해설 중계기의 설치기준

- 수신기에서 직접 감지기회로의 도통시험을 행하지 아니하는 것에 있어서는 **수신기와 감지기** 사이에 설치할 것
- 수신기에 의하여 감시되지 아니하는 배선을 통하여 전력을 공급받는 것에 있어서는 전원입력측의 배선에 과전류차단기를 설치하고 해당 전원의 정전이 즉시 수신기에 표시되는 것으로 하며, 상용전원 및 예비전원의 시험을 할 수 있도록 할 것
- 조작 및 점검에 편리하고 화재 및 침수 등의 재해로 인한 피해를 받을 우려가 없는 장소에 설치할 것
- **중계기의 구조 및 기능**
  - 정격전압이 60[V]를 넘는 중계기의 강판외함에는 **접지단자**를 설치할 것
  - **예비전원회로**에는 단락사고 등으로부터 보호하기 위한 **퓨즈** 등 과전류보호장치를 설치할 것
  - 수신개시로부터 발신개시까지의 시간이 **5초 이내**이어야 할 것

70

비상콘센트설비의 화재안전기준(NFSC 504)에 따라 비상콘센트용 풀박스 등은 방청도장을 한 것으로서, 두께 몇 [mm] 이상의 철판으로 하여야 하는가?

① 1.2 ② 1.6

③ 2.0 ④ 2.4

해설 비상콘센트용 **풀박스** 등은 방청도장을 한 것으로서, 두께 **1.6[mm]** 이상의 철판으로 할 것

71

누전경보기의 형식승인 및 제품검사의 기술기준에 따라 누전경보기의 변류기는 경계전로에 정격전류를 흘리는 경우, 그 경계전로의 전압강하는 몇 [V] 이하이어야 하는가?(단, 경계전로의 전선을 그 변류기에 관통시키는 것은 제외한다)

① 0.3 ② 0.5

③ 1.0 ④ 3.0

해설 **전압강하 방지시험** : 변류기는 경계전로에 정격전류를 흘리는 경우 그 경계전로의 전압강하는 **0.5[V]** 이하일 것

72

자동화재탐지설비 및 시각경보장치의 화재안전기준(NFSC 203)에 따른 배선의 시설기준으로 틀린 것은?

① 감지기 사이의 회로의 배선은 송배전식으로 할 것

② 자동화재탐지설비의 감지기 회로의 전로저항은 50[Ω] 이하가 되도록 할 것

③ 수신기의 각 회로별 종단에 설치되는 감지기에 접속되는 배선의 전압은 감지기 정격전압의 80[%] 이상이어야 할 것

④ 피(P)형 수신기 및 지피(G.P.)형 수신기의 감지기 회로의 배선에 있어서 하나의 공통선에 접속할 수 있는 경계구역은 10개 이하로 할 것

해설 피(P)형 수신기 및 지피(GP)형 수신기의 감지기 회로의 배선에 있어서 하나의 공통선에 접속할 수 있는 경계구역은 7개 이하로 할 것

73

예비전원의 성능인증 및 제품검사의 기술기준에 따른 예비전원의 구조 및 성능에 대한 설명으로 틀린 것은?

① 예비전원을 병렬로 접속하는 경우는 역충전방지 등의 조치를 강구하여야 한다.

② 배선은 충분한 전류 용량을 갖는 것으로서 배선의 접속이 적합하여야 한다.

③ 예비전원에 연결되는 배선의 경우 양극은 청색, 음극은 적색으로 오접속방지 조치를 하여야 한다.

④ 축전지를 직렬 또는 병렬로 사용하는 경우에는 용량(전압, 전류)이 균일한 축전지를 사용하여야 한다.

해설 예비전원의 구조 및 성능

- 취급 및 보수점검이 쉽고 내구성이 있어야 한다.
- 먼지, 습기 등에 의하여 기능에 이상이 생기지 아니하여야 한다.
- 배선은 충분한 전류 용량을 갖는 것으로서 배선의 접속이 적합하여야 한다.
- 부착 방향에 따라 누액이 없고 기능에 이상이 없어야 한다.
- 외부에서 쉽게 접촉할 우려가 있는 충전부는 충분히 보호 되도록 하고 외함(축전지의 보호커버를 말한다)과 단자 사이는 절연물로 보호하여야 한다.

• 예비전원에 연결되는 배선의 경우 양극은 적색, 음극은 청색 또는 흑색으로 오접속방지 조치를 하여야 한다.
• 충전장치의 이상 등에 의하여 내부가스압이 이상 상승할 우려가 있는 것은 안전조치를 강구하여야 한다.
• 축전지에 배선 등을 직접 납땜하지 아니하여야 하며 축전지 개개의 연결부분은 스포트용접 등으로 확실하고 견고하게 접속하여야 한다.
• 예비전원을 병렬로 접속하는 경우는 역충전방지 등의 조치를 강구하여야 한다.
• 겉모양은 현저한 오염, 변형 등이 없어야 한다.
• 축전지를 직렬 또는 병렬로 사용하는 경우에는 용량(전압, 전류)이 균일한 축전지를 사용하여야 한다.

74

비상콘센트설비의 성능인증 및 제품검사의 기술기준에 따라 비상콘센트설비에 사용되는 부품에 대한 설명으로 틀린 것은?

① 진공차단기는 KS C 8321(진공차단기)에 적합하여야 한다.
② 접속기는 KS C 8305(배선용 꽂음 접속기)에 적합하여야 한다.
③ 표시등의 소켓은 접속이 확실하여야 하며 쉽게 전구를 교체할 수 있도록 부착하여야 한다.
④ 단자는 충분한 전류용량을 갖는 것으로 하여야 하며 단자의 접속이 정확하고 확실하여야 한다.

해설 비상콘센트설비에 부품을 사용하는 경우 해당 각호의 규정에 적합하거나 이와 동등이상의 성능이 있는 것이어야 한다.
• 배선용차단기는 KS C 8321(배선용차단기)에 적합하여야 한다.
• 접속기는 KS C 8305(배선용 꽂음 접속기)에 적합하여야 한다.
• 표시등의 구조 및 기능은 다음과 같아야 한다.
  – 전구는 사용전압의 130[%]인 교류전압을 20시간 연속하여 가하는 경우 단선, 현저한 광속변화, 흑화, 전류의 저하 등이 발생하지 아니하여야 한다.
  – 소켓은 접속이 확실하여야 하며 쉽게 전구를 교체할 수 있도록 부착하여야 한다.
  – 전구에는 적당한 보호커버를 설치하여야 한다. 다만, 발광다이오드의 경우에는 그러하지 아니하다.
  – 적색으로 표시되어야 하며 주위의 밝기가 300[lx] 이상인 장소에서 측정하여 앞면으로부터 3[m] 떨어진 곳에서 켜진 등이 확실히 식별되어야 한다.
• 단자는 충분한 전류용량을 갖는 것으로 하여야 하며 단자의 접속이 정확하고 확실하여야 한다.

75

소방시설용 비상전원수전설비의 화재안전기준(NFSC 602)에 따른 제1종 배전반 및 제1종 분전반의 시설기준으로 틀린 것은?

① 전선의 인입구 및 입출구는 외함에 노출하여 설치하면 아니 된다.
② 외함의 문은 2.3[mm] 이상의 강판과 이와 동등 이상의 강도와 내화성능이 있는 것으로 제작하여야 한다.
③ 공용배전판 및 공용분전판의 경우 소방회로와 일반회로에 사용하는 배선 및 배선용 기기는 불연재료로 구획되어야 한다.
④ 외함은 금속관 또는 금속제 가요전선관을 쉽게 접속할 수 있도록 하고, 당해 접속부분에는 단열조치를 하여야 한다.

해설 제1종 배전반 및 제1종 분전반 설치기준
• 외함은 두께 1.6[mm](전면판 및 문은 2.3[mm]) 이상의 강판과 이와 동등 이상의 강도와 내화성능이 있는 것으로 제작할 것
• 외함의 내부는 외부의 열에 의해 영향을 받지 않도록 내열성 및 단열성이 있는 재료를 사용하여 단열할 것. 이 경우 단열부분은 열 또는 진동에 따라 쉽게 변형되지 아니하여야 한다.
• 다음 각 목에 해당하는 것은 외함에 노출하여 설치할 수 있다.
  – 표시등(불연성 또는 난연성재료로 덮개를 설치한 것에 한한다)
  – 전선의 인입구 및 입출구
• 외함은 금속관 또는 금속제 가요전선관을 쉽게 접속할 수 있도록 하고, 당해 접속부분에는 단열조치를 할 것
• 공용배전판 및 공용분전판의 경우 소방회로와 일반회로에 사용하는 배선 및 배선용 기기는 불연재료로 구획되어야 할 것

76

비상경보설비 및 단독경보형감지기의 화재안전기준(NFSC 201)에 따른 발신기의 시설기준으로 틀린 것은?

① 발신기의 위치표시등은 함의 하부에 설치한다.
② 조작스위치는 바닥으로부터 0.8[m] 이상 1.5[m] 이하의 높이에 설치할 것
③ 복도 또는 별도로 구획된 실로서 보행거리가 40[m] 이상일 경우에는 추가로 설치하여야 한다.
④ 특정소방대상물의 층마다 설치하되, 해당 특정소방대상물의 각 부분으로부터 하나의 발신기까지의 수평거리가 25[m] 이하가 되도록 할 것

해설 **발신기의 설치기준**
- 다수인이 보기 쉽고 조작이 용이한 장소에 설치할 것
- 스위치는 바닥으로부터 **0.8[m] 이상 1.5[m] 이하**의 높이에 설치할 것
- 특정소방대상물의 **층마다 설치**하되, 해당 특정소방대상물의 각 부분으로부터 하나의 발신기까지의 **수평거리가 25[m] 이하**(터널은 주행 방향의 측벽 길이 50[m] 이내)가 되도록 할 것
- 복도 또는 별도의 구획된 실로서 보행거리가 40[m] 이상일 경우에는 추가로 설치한다.
- 발신기의 위치를 표시하는 표시등은 함의 상부에 설치하되, 그 불빛은 부착면으로부터 15° 이상의 범위 안에서 부착지점으로부터 10[m] 이내의 어느 곳에서도 쉽게 식별할 수 있는 적색등으로 하여야 한다.

77

유도등의 형식승인 및 제품검사의 기술기준에 따른 유도등의 일반구조에 대한 설명으로 틀린 것은?

① 축전지에 배선 등을 직접 납땜하지 아니하여야 한다.
② 충전부가 노출되지 아니한 것은 300[V]를 초과할 수 있다.
③ 예비전원을 직렬로 접속하는 경우는 역충전 방지 등의 조치를 강구하여야 한다.
④ 유도등에는 점멸, 음성 또는 이와 유사한 방식 등에 의한 유도장치를 설치할 수 있다.

해설 예비전원을 병렬로 접속하는 경우는 역충전 방지 등의 조치를 강구하여야 한다.

78

자동화재탐지설비 및 시각경보장치의 화재안전기준(NFSC 203)에 따라 지하층·무창층 등으로서 환기가 잘되지 아니하거나 실내 면적이 40[m²] 미만인 장소에 설치하여야 하는 적응성이 있는 감지기가 아닌 것은?

① 불꽃감지기
② 광전식분리형 감지기
③ 정온식스포트형 감지기
④ 아날로그방식의 감지기

해설 **비화재보 발생가능 장소 및 적응감지기**
- 비화재보 발생가능 장소
  - 지하층·무창층 등으로서 환기가 잘되지 아니하거나 실내면적이 40[m²] 미만인 장소
  - 감지기의 부착면과 실내바닥과의 거리가 2.3[m] 이하인 장소로서 일시적으로 발생한 열·연기 또는 먼지 등으로 인하여 감지기가 화재신호를 발신할 우려가 있는 장소
- 비화재보 발생우려 장소에 설치하여야 하는 적응성이 있는 감지기
  - 축적방식의 감지기
  - 복합형 감지기
  - 다신호방식의 감지기
  - 불꽃감지기
  - 아날로그 방식의 감지기
  - 광전식분리형 감지기
  - 정온식감지선형 감지기
  - 분포형 감지기

79

무선통신보조설비의 화재안전기준(NFSC 505)에 따른 무선기기의 접속단자에 대한 시설기준이다. 다음 (   )에 들어갈 내용으로 옳은 것은?

> 지상에 설치하는 접속단자는 보행거리 (   )[m] 이내마다 설치하고, 다른 용도로 사용되는 접속단자에서 (   )[m] 이상의 거리를 둘 것

① ㉠ 300, ㉡ 3
② ㉠ 300, ㉡ 5
③ ㉠ 500, ㉡ 3
④ ㉠ 500, ㉡ 5

해설 무선기기 접속단자 설치기준
- 화재층으로부터 지면으로 떨어지는 유리창 등에 의한 지장을 받지 않고 지상에서 유효하게 소방활동을 할 수 있는 장소 또는 수위실 등 상시 사람이 근무하고 있는 장소에 설치할 것
- **단자는** 바닥으로부터 높이 0.8[m] 이상 1.5[m] 이하의 위치에 설치할 것
- **지상**에 설치하는 접속단자는 보행거리 300[m] 이내마다 설치하고, **다른 용도**로 사용되는 접속단자에서 5[m] 이상의 거리를 둘 것
- 지상에 설치하는 단자를 보호하기 위하여 견고하고 함부로 개폐할 수 없는 구조의 보호함을 설치하고, 먼지·습기 및 부식 등에 따라 영향을 받지 아니하도록 조치할 것
- 단자의 보호함의 표면에 "무선기 접속단자"라고 표시한 표지를 할 것

80
유도등 및 유도표지의 화재안전기준(NFSC 303)에 따른 피난구유도등의 설치장소로 틀린 것은?

① 직통계단
② 직통계단의 계단실
③ 안전구획된 거실로 통하는 출입구
④ 옥외로부터 직접 지하로 통하는 출입구

해설 피난구유도등의 설치장소
① 옥내로부터 직접 지상으로 통하는 출입구 및 그 부속실의 출입구
② 직통계단·직통계단의 계단실 및 그 부속실의 출입구
③ ①, ②의 규정에 의한 출입구에 이르는 복도 또는 통로로 통하는 출입구
④ 안전구획된 거실로 통하는 출입구

2020년 9월 27일 시행

제 **4** 회

제 1 과목 소방원론

01
피난 시 하나의 수단이 고장 등으로 사용이 불가능하더라도 다른 수단 및 방법을 통해서 피난할 수 있도록 하는 것으로 2방향 이상의 피난통로를 확보하는 피난대책의 일반 원칙은?

① Risk-down 원칙
② Feed-back 원칙
③ Fool-proof 원칙
④ Fail-safe 원칙

해설 피난계획의 일반원칙
• Fool Proof : 비상시 머리가 혼란하여 판단능력이 저하되는 상태로 누구나 알 수 있도록 문자나 그림 등을 표시하여 직감적으로 작용하는 것
• Fail Safe : 하나의 수단이 고장으로 실패하여도 다른 수단에 의해 구제할 수 있도록 고려하는 것으로 양방향 피난로의 확보와 예비전원을 준비하는 것

02
열분해에 의해 가연물 표면에 유리상의 메타인산 피막을 형성하여 연소에 필요한 산소의 유입을 차단하는 분말약제는?

① 요 소
② 탄산수소칼륨
③ 제1인산암모늄
④ 탄산수소나트륨

해설 제3종 분말소화약제 : 제일인산암모늄
HPO_3(메타인산) 피막을 형성하여 연소에 필요한 산소의 유입 차단

종 별	소화약제	약제의 착색	적응 화재	열분해반응식
제3종 분말	제일인산 암모늄 $(NH_4H_2PO_4)$	담홍색	A, B, C급	$NH_4H_2PO_4 \rightarrow$ $HPO_3 + NH_3 + H_2O$

03
공기 중의 산소의 농도는 약 몇 [vol%]인가?

① 10
② 13
③ 17
④ 21

해설 공기 중 산소의 농도 : 21[vol%]

04
일반적인 플라스틱 분류상 열경화성 플라스틱에 해당하는 것은?

① 폴리에틸렌
② 폴리염화비닐
③ 페놀수지
④ 폴리스타이렌

해설 **열가소성 수지** : 열에 의하여 변형되는 수지
예 폴리에틸렌, 폴리스타이렌, 폴리염화비닐, PVC수지 등
열경화성 수지 : 열에 의하여 굳어지는 수지
예 **페놀수지**, 요소수지, 멜라민수지 등

05
자연발화 방지대책에 대한 설명 중 틀린 것은?

① 저장실의 온도를 낮게 유지한다.
② 저장실의 환기를 원활히 시킨다.
③ 촉매물질과의 접촉을 피한다.
④ 저장실의 습도를 높게 유지한다.

해설 **자연발화 방지대책**
• 습도를 낮게 할 것
• 주위의 온도를 낮출 것
• 통풍을 잘 시킬 것
• 불활성 가스를 주입하여 공기와 접촉을 피할 것
• 가능한 입자를 크게 할 것

06

공기 중에서 수소의 연소범위로 옳은 것은?

① 0.4~4[vol%]　　② 1~12.5[vol%]
③ 4~75[vol%]　　④ 67~92[vol%]

해설 공기 중 가스의 폭발범위(연소범위)

종 류	하한계[%]	상한계[%]
아세틸렌(C_2H_2)	2.5	81.0
수소(H_2)	4.0	75.0
일산화탄소(CO)	12.5	74.0

07

탄산수소나트륨이 주성분인 분말소화약제는?

① 제1종 분말　　② 제2종 분말
③ 제3종 분말　　④ 제4종 분말

해설 분말소화약제의 성상

종 별	주성분	약제의 착색	적응 화재	열분해반응식
제1종 분말	탄산수소 나트륨 ($NaHCO_3$)	백 색	B, C 급	$2NaHCO_3 \rightarrow$ $Na_2CO_3 + CO_2 + H_2O$
제2종 분말	탄산수소칼륨 ($KHCO_3$)	담회색	B, C 급	$2KHCO_3 \rightarrow$ $K_2CO_3 + CO_2 + H_2O$
제3종 분말	제일인산 암모늄 ($NH_4H_2PO_4$)	담홍색	A, B, C급	$NH_4H_2PO_4 \rightarrow$ $HPO_3 + NH_3 + H_2O$
제4종 분말	탄산수소칼륨 +요소 $[KHCO_3 +$ $(NH_2)_2CO]$	회 색	B, C 급	$2KHCO_3 + (NH_2)_2CO$ $\rightarrow$ $K_2CO_3 + 2NH_3 + 2CO_2$

08

불연성 기체나 고체 등으로 연소물을 감싸 산소공급을 차단하는 소화방법은?

① 질식소화
② 냉각소화
③ 연쇄반응차단소화
④ 제거소화

해설 질식소화 : 산소의 농도를 15[%] 이하로 낮추거나, 산소공급을 차단하여 소화

09

증발잠열을 이용하여 가연물의 온도를 떨어뜨려 화재를 진압하는 소화방법은?

① 제거소화　　② 억제소화
③ 질식소화　　④ 냉각소화

해설 냉각소화 : 화재 현장에 물을 주수하여 발화점 이하로 온도를 낮추어 소화하는 방법

10

화재 발생 시 인간의 피난 특성으로 틀린 것은?

① 본능적으로 평상시 사용하는 출입구를 사용한다.
② 최초로 행동을 개시한 사람을 따라서 움직인다.
③ 공포감으로 인해서 빛을 피하여 어두운 곳으로 몸을 숨긴다.
④ 무의식 중에 발화 장소의 반대쪽으로 이동한다.

해설 지광본능 : 화재 발생 시 연기와 정전 등으로 가시거리가 짧아져 시야가 흐리면 밝은 방향으로 도피하려는 본능

11

공기와 할론 1301의 혼합기체에서 할론 1301에 비해 공기의 확산속도는 약 몇 배인가?(단, 공기의 평균분자량은 29, 할론 1301의 분자량은 149이다)

① 2.27배　　② 3.85배
③ 5.17배　　④ 6.46배

해설 확산속도는 분자량의 제곱근에 반비례, 밀도의 제곱근에 반비례 한다.

$$\frac{U_B}{U_A} = \sqrt{\frac{M_A}{M_B}}$$

여기서, U_B : 공기의 확산속도
　　　　U_A : 할론 1301의 확산속도
　　　　M_B : 공기의 분자량
　　　　M_A : 할론 1301의 분자량

$U_B = U_A \times \sqrt{\dfrac{M_A}{M_B}} = 1[\text{m/s}] \times \sqrt{\dfrac{149}{29}} = 2.27$ 배

정답 06 ③　07 ①　08 ①　09 ④　10 ③　11 ①

12

다음 원소 중 할로겐족 원소인 것은?

① Ne   ② Ar

③ Cl   ④ Xe

해설 **할로겐족 원소**

종 류	플루오린(F)	염소(Cl)	브롬(Br)	아이오딘(I)
원자 번호	9	17	35	53

13

건물 내 피난동선의 조건으로 옳지 않은 것은?

① 2개 이상의 방향으로 피난할 수 있어야 한다.

② 가급적 단순한 형태로 한다.

③ 통로의 말단은 안전한 장소이어야 한다.

④ 수직동선은 금하고 수평동선만 고려한다.

해설 **피난동선의 조건**
- 수평동선과 수직동선으로 구분한다.
- 가급적 단순형태가 좋다.
- 상호 반대방향으로 다수의 출구와 연결되는 것이 좋다.
- 어느 곳에서도 2개 이상의 방향으로 피난할 수 있으며, 그 말단은 화재로부터 안전한 장소이어야 한다.

14

실내화재에서 화재의 최성기에 돌입하기 전에 다량의 가연성 가스가 동시에 연소되면서 급격한 온도상승을 유발하는 현상은?

① 패닉(Panic)현상

② 스택(Stack)현상

③ 파이어볼(Fire Ball)현상

④ 플래시오버(Flash Over)현상

해설 **플래시오버(Flash Over)현상** : 실내화재에서 화재의 최성기에 돌입하기 전에 다량의 가연성 가스가 동시에 연소되면서 급격한 온도 상승을 유발하는 현상

15

과산화수소와 과염소산의 공통성질이 아닌 것은?

① 산화성 액체이다.

② 유기화합물이다.

③ 불연성 물질이다.

④ 비중이 1보다 크다.

해설 **과산화수소와 과염소산 공통점**
- 제6류 위험물(산화성 액체)이다.
- 불연성 물질이다.
- 비중이 1보다 모두 크다.

16

화재를 소화하는 방법 중 물리적 방법에 의한 소화가 아닌 것은?

① 억제소화

② 제거소화

③ 질식소화

④ 냉각소화

해설 **화학적 소화** : 억제소화(부촉매효과)

17

물과 반응하여 가연성 기체를 발생하지 않는 것은?

① 칼 륨

② 인화아연

③ 산화칼슘

④ 탄화알루미늄

해설 산화칼슘(CaO, 생석회)은 물과 반응하면 많은 열을 발생하고 가스는 발생하지 않는다.

$$CaO + H_2O \rightarrow Ca(OH)_2 + Q[kcal]$$

- **칼륨과 물의 반응**
  $2K + 2H_2O \rightarrow 2KOH + H_2\uparrow + 92.8[kcal]$
- **인화아연과 물의 반응**
  $Zn_3P_2 + 6H_2O \rightarrow 3Zn(OH)_2 + 2PH_3\uparrow$
- **탄화알루미늄과 물의 반응**
  $Al_4C_3 + 12H_2O \rightarrow 4Al(OH)_3 + 3CH_4\uparrow$

안심Touch

18
목재건축물의 화재 진행과정을 순서대로 나열한 것은?

① 무염착화-발염착화-발화-최성기
② 무염착화-최성기-발염착화-발화
③ 발염착화-발화-최성기-무염착화
④ 발염착화-최성기-무염착화-발화

해설 목조건축물의 화재 진행과정
화원 → 무염착화 → 발염착화 → 발화(출화) → 최성기 → 연소낙하 → 소화

19
다음 물질을 저장하고 있는 장소에서 화재가 발생하였을 때 주수소화가 적합하지 않은 것은?

① 적 린
② 마그네슘 분말
③ 과염소산칼륨
④ 유 황

해설 마그네슘
• 제2류 위험물로서 지정수량은 500[kg]이다.
• 마그네슘은 물과 반응하면 가연성 가스인 **수소가스**를 **발생**하므로 위험하다.

$$Mg + 2H_2O \rightarrow Mg(OH)_2 + H_2 \uparrow$$

20
다음 중 가연성 가스가 아닌 것은?

① 일산화탄소
② 프로판
③ 아르곤
④ 메 탄

해설 불연성 가스 : 아르곤(Ar), 네온(Ne), 헬륨(He), 이산화탄소(CO_2) 등

제 2 과목 소방전기일반

21
다음 중 쌍방향성 전력용 반도체 소자인 것은?

① SCR
② IGBT
③ TRIAC
④ DIODE

해설

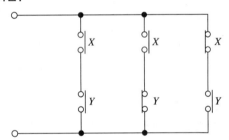

SCR 단방향 3단자	IGBT 단방향 3단자	TRIAC 쌍방향 3단자	DIODE 단방향 2단자

22
그림의 시퀀스(계전기 접점) 회로를 논리식으로 표현하면?

① $X + Y$
② $(XY) + (X\overline{Y})(\overline{X}Y)$
③ $(X + Y)(X + \overline{Y})(\overline{X} + Y)$
④ $(X + Y) + (X + \overline{Y}) + (\overline{X} + Y)$

해설 논리식
$$XY + X\overline{Y} + \overline{X}Y = X(Y + \overline{Y}) + \overline{X}Y$$
$$= X + \overline{X}Y$$
$$= (X + \overline{X})(X + Y) = X + Y$$

23

그림의 블록선도와 같이 표현되는 제어시스템의 전달 함수 $G(s)$는?

① $\dfrac{G_1(s)\,G_2(s)}{1+G_2(s)\,G_3(s)+G_1(s)\,G_2(s)\,G_4(s)}$

② $\dfrac{G_3(s)\,G_4(s)}{1+G_2(s)\,G_3(s)+G_1(s)\,G_2(s)\,G_4(s)}$

③ $\dfrac{G_1(s)\,G_2(s)}{1+G_1(s)\,G_2(s)+G_1(s)\,G_2(s)\,G_3(s)}$

④ $\dfrac{G_3(s)\,G_4(s)}{1+G_1(s)\,G_2(s)+G_1(s)\,G_2(s)\,G_3(s)}$

해설 전달함수

$$\frac{C(s)}{R(s)} = \frac{\text{Pass}}{1-(\text{Loop})}$$

$$= \frac{G_1(s)\,G_2(s)}{1-(-G_2(s)\,G_3(s))-(-G_1(s)\,G_2(s)\,G_4(s))}$$

$$= \frac{G_1(s)\,G_2(s)}{1+G_2(s)\,G_3(s)+G_1(s)\,G_2(s)\,G_4(s)}$$

24

조작기기는 직접 제어대상에 작용하는 장치이고 빠른 응답이 요구된다. 다음 중 전기식 조작기기가 아닌 것은?

① 서보 전동기
② 전동 밸브
③ 다이어프램 밸브
④ 전자 밸브

해설 조작기기의 종류
- 전기식 : 전자 밸브, 전동 밸브, 2상 서보 전동기, 직류 서보 전동기, 펄스 전동기
- 기계식 : 클러치, 다이어프램 밸브, 밸브 포지셔너, 유압식 조작기

25

전기자 제어 직류 서보 전동기에 대한 설명으로 옳은 것은?

① 교류 서보 전동기에 비하여 구조가 간단하여 소형이고 출력이 비교적 낮다.
② 제어 권선과 콘덴서가 부착된 여자 권선으로 구성된다.
③ 전기적 신호를 계자 권선의 입력 전압으로 한다.
④ 계자 권선의 전류가 일정하다.

해설 직류 서보 전동기의 특징
- 기동 토크가 크고, 효율이 좋다.
- 회전자 관성 모멘트가 작다.
- 제어 권선 전압이 0에서는 기동해서는 안 되고, 곧 정지해야 한다.
- 직류 서보 전동기의 기동 토크가 교류 서보 전동기 보다 크다.
- 속응성이 좋다. 시정수가 짧다. 기계적 응답이 좋다.
- 회전자 팬에 의한 냉각 효과를 기대할 수 없다.
- 계자 권선의 전류가 일정하다.

26

절연저항을 측정할 때 사용하는 계기는?

① 전류계
② 전위차계
③ 메 거
④ 휘트스톤브리지

해설 메거(절연저항계) : 절연저항 측정

27

$R=10[\Omega]$, $\omega L=20[\Omega]$인 **직렬회로**에 $220\angle 0°[\text{V}]$의 교류 전압을 가하는 경우 이 회로에 흐르는 전류는 약 몇 [A]인가?

① $24.5\angle -26.5°$
② $9.8\angle -63.4°$
③ $12.2\angle -13.2°$
④ $73.6\angle -79.6°$

해설 임피던스 : $Z=\sqrt{R^2+(\omega L)^2}$
$$=\sqrt{10^2+20^2}=\sqrt{500}≒22.36\,[\Omega]$$

위상 : $\theta=\tan^{-1}\dfrac{\omega L}{R}=\tan^{-1}\dfrac{20}{10}≒63.4°$

전류 : $I=\dfrac{V}{Z}=\dfrac{220\angle 0°}{22.36\angle 63.4°}$
$$=\frac{220}{22.36}\angle 0°-63.4°≒9.84\angle -63.4°$$

23 ①   24 ③   25 ④   26 ③   27 ②   **정답**

28

다음의 논리식 중 틀린 것은?

① $(\overline{A}+B)\cdot(A+B)=B$

② $(A+B)\cdot\overline{B}=A\overline{B}$

③ $\overline{AB+AC}+\overline{A}=\overline{A}+\overline{B}C$

④ $\overline{(\overline{A}+B)+CD}=A\overline{B}(C+D)$

[해설] ① $(\overline{A}+B)\cdot(A+B)=\overline{A}A+\overline{A}B+AB+BB$
$\qquad\qquad\qquad\qquad =\overline{A}B+AB+B$
$\qquad\qquad\qquad\qquad =B(\underbrace{\overline{A}+A+1}_{1})=B$

② $(A+B)\cdot\overline{B}=A\overline{B}+B\overline{B}=A\overline{B}$

③ $\overline{AB+AC}+\overline{A}=\overline{AB}\cdot\overline{AC}+\overline{A}$
$\qquad\qquad\qquad =(\overline{A}+\overline{B})\cdot(\overline{A}+\overline{C})+\overline{A}$
$\qquad\qquad\qquad =\overline{A}\overline{A}+\overline{A}\overline{C}+\overline{A}\overline{B}+\overline{B}\overline{C}+\overline{A}$
$\qquad\qquad\qquad =\overline{A}(\underbrace{1+\overline{C}+\overline{B}+1}_{1})+\overline{B}\overline{C}$
$\qquad\qquad\qquad =\overline{A}+\overline{B}\overline{C}$

④ $\overline{(\overline{A}+B)+CD}=\overline{(\overline{A}+B)}\cdot\overline{CD}=\overline{\overline{A}}\,\overline{B}\cdot(\overline{C}+\overline{D})$
$\qquad\qquad\qquad =A\overline{B}(\overline{C}+\overline{D})$

29

$R=4[\Omega],\ \dfrac{1}{\omega C}=9[\Omega]$인 RC 직렬회로에 전압 $e(t)$를 인가할 때, 제3고조파 전류의 실횻값 크기는 몇 [A]인가?

(단, $e(t)=50+10\sqrt{2}\sin\omega t+120\sqrt{2}\sin3\omega t[V]$)

① 4.4

② 12.2

③ 24

④ 34

[해설] 기본파 리액턴스 : $X_C=\dfrac{1}{\omega C}=\dfrac{1}{2\pi fC}=9[\Omega]$

제3고조파 리액턴스 : $X_{C3}=\dfrac{1}{3\omega C}=\dfrac{1}{2\pi 3fC}$
$\qquad\qquad\qquad\qquad =\dfrac{1}{2\pi fC}\times\dfrac{1}{3}=9\times\dfrac{1}{3}$
$\qquad\qquad\qquad\qquad =3[\Omega]$

제3고조파 임피던스 : $Z_3=\sqrt{R^2+X_{C3}^2}$
$\qquad\qquad\qquad\qquad =\sqrt{4^2+3^2}=\sqrt{25}=5[\Omega]$

전압 : $e(t)=\underset{\text{직류분}}{50}+\underset{\text{기본파 전압}}{10\sqrt{2}\sin\omega t}+\underset{\text{제3고조파 전압}}{120\sqrt{2}\sin3\omega t}$

제3고조파 전압 : $V_3=120\sqrt{2}\sin3\omega t$

$\therefore$ 실효 전압 : $V_3=\dfrac{V_m}{\sqrt{2}}=\dfrac{120\sqrt{2}}{\sqrt{2}}=120[V]$

제3고조파 전류 : $I_3=\dfrac{V_3}{Z_3}=\dfrac{120}{5}=24[A]$

30

분류기를 사용하여 전류를 측정하는 경우에 전류계의 내부저항이 0.28[Ω]이고 분류기의 저항이 0.07[Ω]이라면, 이 분류기의 배율은?

① 4

② 5

③ 6

④ 7

[해설] 분류기 배율 : $n=1+\dfrac{r}{R}=1+\dfrac{0.28}{0.07}=5$

31

옴의 법칙에 대한 설명으로 옳은 것은?

① 전압은 저항에 반비례한다.

② 전압은 전류에 비례한다.

③ 전압은 전류에 반비례한다.

④ 전압은 전류의 제곱에 비례한다.

[해설] 옴의 법칙에서 전압 $V=IR[V]$이므로 전압(V)은 전류(I)와 저항(R)에 비례한다.

32

3상 직권 정류자 전동기에서 고정자 권선과 회전자 권선 사이에 중간 변압기를 사용하는 주된 이유가 아닌 것은?

① 경부하 시 속도의 이상 상승 방지

② 철심을 포화시켜 회전자 상수를 감소

③ 중간 변압기의 권수비를 바꾸어서 전동기 특성을 조정

④ 전원전압의 크기에 관계없이 정류에 알맞은 회전자전압 선택

해설 3상 직권 정류자 전동기를 사용하는 이유
- 전원전압의 크기에 관계없이 정류에 알맞은 회전자 전압을 선택할 수 있다.
- 중간 변압기의 권수비를 바꾸어 전동기의 특성을 조정할 수 있다.
- 직권 특성이기 때문에 경부하에서는 속도가 매우 상승하나 중간 변압기를 사용, 그 철심을 포화하도록 하면 그 속도 상승을 제한할 수 있다.

33
공기 중에 $10[\mu C]$과 $20[\mu C]$인 두 개의 점전하를 $1[m]$ 간격으로 놓았을 때 발생되는 정전기력은 몇 [N] 인가?

① 1.2 ② 1.8
③ 2.4 ④ 3.0

해설 정전기력(힘)

$$F = 9 \times 10^9 \times \frac{Q_1 Q_2}{r^2}$$
$$= 9 \times 10^9 \times \frac{10 \times 10^{-6} \times 20 \times 10^{-6}}{1^2} = 1.8\,[N]$$

34
교류 회로에 연결되어 있는 부하의 역률을 측정하는 경우 필요한 계측기의 구성은?

① 전압계, 전력계, 회전계
② 상순계, 전력계, 전류계
③ 전압계, 전류계, 전력계
④ 전류계, 전압계, 주파수계

해설 역률을 측정할 때 필요한 계측기 : 전압계, 전류계, 전력계

역률 : $\cos\theta = \dfrac{P}{P_a} = \dfrac{P}{VI}$

35
평형 3상 회로에서 측정된 선간전압과 전류의 실횻값이 각각 28.87[V], 10[A]이고, 역률이 0.8일 때 3상 무효전력의 크기는 약 몇 [Var]인가?

① 400 ② 300
③ 231 ④ 173

해설
- 무효율 : $\sin\theta = \sqrt{1-\cos^2\theta} = \sqrt{1-0.8^2} = 0.6$
  (역률 : $\cos\theta = 0.8 \rightarrow$ 무효율 : $\sin\theta = 0.6$)
- 3상 무효전력 : $P_r = \sqrt{3}\,VI\sin\theta$
  $= \sqrt{3} \times 28.87 \times 10 \times 0.6$
  $\fallingdotseq 300[Var]$

36
회로에서 a, b 사이의 합성저항은 몇 $[\Omega]$인가?

① 2.5 ② 5
③ 7.5 ④ 10

해설 합성저항 : $R_0 = \dfrac{2}{2} + \dfrac{3}{2} = 2.5\,[\Omega]$

37
60[Hz]의 3상 전압을 전파 정류하였을 때 맥동주파수 [Hz]는?

① 120
② 180
③ 360
④ 720

해설 3상 전파 정류 맥동주파수 $= 6f = 6 \times 60 = 360[Hz]$

38
두 개의 입력신호 중 한 개의 입력만이 1일 때 출력신호가 1이 되는 논리게이트는?

① EXCLUSIVE NOR
② NAND
③ EXCLUSIVE OR
④ AND

해설 EOR회로 : 두 개의 입력신호 중 한 개의 입력 신호만이 1일 때 출력하는 회로

회 로	Exclusive OR회로 =EOR회로, 배타적 회로
유접점	
무접점과 논리식	 $X = A \cdot \overline{B} + \overline{A} \cdot B = A \oplus B$
진리값	<table><tr><td>A</td><td>B</td><td>X</td></tr><tr><td>0</td><td>0</td><td>0</td></tr><tr><td>0</td><td>1</td><td>1</td></tr><tr><td>1</td><td>0</td><td>1</td></tr><tr><td>1</td><td>1</td><td>0</td></tr></table>

39

진공 중 대전된 도체의 표면에 면전하밀도 $\sigma[\mathrm{C/m^2}]$가 균일하게 분포되어 있을 때, 이 도체 표면에서의 전계의 세기 $E[\mathrm{V/m}]$는?(단, ϵ_0는 진공의 유전율이다)

① $E = \dfrac{\sigma}{\epsilon_0}$

② $E = \dfrac{\sigma}{2\epsilon_0}$

③ $E = \dfrac{\sigma}{2\pi\epsilon_0}$

④ $E = \dfrac{\sigma}{4\pi\epsilon_0}$

해설 전속밀도 : $D = \sigma = \varepsilon E\,[\mathrm{C/m^2}]$
[전속밀도(D) = 면전하밀도(σ)]

전계의 세기 : $E = \dfrac{\sigma}{\varepsilon} = \dfrac{\sigma}{\varepsilon_0}\,[\mathrm{V/m}]$

40

3상 유도 전동기의 출력이 25[HP], 전압이 220[V], 효율이 85[%], 역률이 85[%]일 때, 이 전동기로 흐르는 전류는 약 몇 [A]인가?(단 $1[\mathrm{HP}] = 0.746[\mathrm{kW}]$)

① 40

② 45

③ 68

④ 70

해설 3상 유도 전동기 전류

$$I = \frac{P}{\sqrt{3}\ V\cos\theta\,\eta} = \frac{25 \times 746}{\sqrt{3} \times 220 \times 0.85 \times 0.85}$$
$$\fallingdotseq 67.74\,[\mathrm{A}]$$

제 **3** 과목   **소방관계법규**

41

위험물안전관리법령상 위험물 중 제1석유류에 속하는 것은?

① 경 유

② 등 유

③ 중 유

④ 아세톤

해설 제1석유류 : 휘발유, 아세톤
제2석유류 : 등유, 경유
제3석유류 : 중유, 크레오소트유
제4석유류 : 기어유, 실린더유

42

화재예방, 소방시설 설치 · 유지 및 안전관리에 관한 법령상 소방시설 등의 자체점검 중 종합정밀점검을 받아야 하는 특정소방대상물 대상 기준으로 틀린 것은?

① 제연설비가 설치된 터널

② 스프링클러설비가 설치된 특정소방대상물

③ 공공기관 중 연면적이 1,000[m²] 이상인 것으로 옥내소화전설비 또는 자동화재탐지설비가 설치된 것(단, 소방대가 근무하는 공공기관은 제외한다)

④ 호스릴 방식의 물분무 등 소화설비만이 설치된 연면적 5,000[m²] 이상인 특정소방대상물(단, 위험물 제조소 등은 제외한다)

해설 **종합정밀점검**

구 분	내 용
대 상	① 스프링클러설비가 설치된 특정소방대상물 ② 물분무 등 소화설비[호스릴(Hose Reel)방식의 물분무 등 소화설비만을 설치한 경우는 제외한다]가 설치된 연면적 5,000[m²] 이상인 특정소방대상물(위험물 제조소 등은 제외한다) ③ 「다중이용업소의 안전관리에 관한 특별법 시행령」 제2조 제1호 단란주점영업과 유흥주점영업, 영화상영관·비디오물감상실업·복합영상물제공업(비디오물소극장업은 제외한다)·노래연습장업, 산후조리업, 고시원업, 안마시술소의 다중이용업의 영업장이 설치된 특정소방대상물로서 연면적이 2,000[m²] 이상인 것 ④ 제연설비가 설치된 터널 ⑤ 「공공기관의 소방안전관리에 관한 규정」 제2조에 따른 공공기관 중 연면적(터널·지하구의 경우 그 길이와 평균폭을 곱하여 계산된 값을 말한다)이 1,000[m²] 이상인 것으로서 옥내소화전설비 또는 자동화재탐지설비가 설치된 것. 다만, 「소방기본법」 제2조 제5호에 따른 소방대가 근무하는 공공기관은 제외한다.

43
화재예방, 소방시설 설치·유지 및 안전관리에 관한 법령상 소방시설이 아닌 것은?

① 소화설비 ② 경보설비
③ 방화설비 ④ 소화활동설비

해설 **소방시설** : 경보설비, 소화설비, 소화활동설비, 피난구조설비, 소화용수설비

44
소방기본법상 소방대장의 권한이 아닌 것은?

① 소방활동을 할 때에 긴급한 경우에는 이웃한 소방본부장 또는 소방서장에게 소방업무의 응원을 요청할 수 있다.
② 화재, 재난·재해, 그 밖의 위급한 상황이 발생한 현장에서 소방활동을 위하여 필요할 때에는 그 관할구역에 사는 사람 또는 그 현장에 있는 사람으로 하여금 사람을 구출하는 일 또는 불을 끄거나 불이 번지지 아니하도록 하는 일을 하게 할 수 있다.

③ 사람을 구출하거나 불이 번지는 것을 막기 위하여 필요할 때에는 화재가 발생하거나 불이 번질 우려가 있는 소방대상물 및 토지를 일시적으로 사용하거나 그 사용의 제한 또는 소방활동에 필요한 처분을 할 수 있다.
④ 소방활동을 위하여 긴급하게 출동할 때에는 소방자동차의 통행과 소방활동에 방해가 되는 주차 또는 정차된 차량 및 물건 등을 제거하거나 이동시킬 수 있다.

해설 소방본부장이나 소방서장은 소방활동을 할 때에 긴급한 경우에는 이웃한 소방본부장 또는 소방서장에게 소방업무의 응원을 요청할 수 있다.

45
위험물안전관리법령상 제조소 등이 아닌 장소에서 지정수량 이상의 위험물을 취급할 수 있는 경우에 대한 기준으로 맞는 것은?(단, 시·도의 조례가 정하는 바에 따른다)

① 관할 소방서장의 승인을 받아 지정수량 이상의 위험물을 60일 이내의 기간 동안 임시로 저장 또는 취급하는 경우
② 관할 소방대장의 승인을 받아 지정수량 이상의 위험물을 60일 이내의 기간 동안 임시로 저장 또는 취급하는 경우
③ 관할 소방서장의 승인을 받아 지정수량 이상의 위험물을 90일 이내의 기간 동안 임시로 저장 또는 취급하는 경우
④ 관할 소방대장의 승인을 받아 지정수량 이상의 위험물을 90일 이내의 기간 동안 임시로 저장 또는 취급하는 경우

해설 제조소 등이 아닌 장소에서 지정수량 이상의 위험물을 취급할 수 있다. 이 경우 임시로 저장 또는 취급하는 장소에서의 저장 또는 취급의 기준과 임시로 저장 또는 취급하는 장소의 위치·구조 및 설비의 기준은 시·도의 조례로 정한다.
• 시·도의 조례가 정하는 바에 따라 관할 소방서장의 승인을 받아 지정수량 이상의 위험물을 90일 이내의 기간 동안 임시로 저장 또는 취급하는 경우
• 군부대가 지정수량 이상의 위험물을 군사목적으로 임시로 저장 또는 취급하는 경우

안심Touch

46

위험물안전관리법령상 제4류 위험물별 지정수량 기준의 연결이 틀린 것은?

① 특수인화물 − 50[L]

② 알코올류 − 400[L]

③ 동식물유류 − 1,000[L]

④ 제4석유류 − 6,000[L]

해설 제4류 위험물별 지정수량

위험물			위험 등급	지정 수량
유별	성질	품명		
제4류	인화성 액체	특수인화물	I	50[L]
		제1석유류(아세톤, 휘발유 등) 비수용성 액체	II	200[L]
		수용성 액체	II	400[L]
		알코올류(탄소원자의 수가 1~3개로서 농도가 60[%] 이상)	II	400[L]
		제2석유류 (등유, 경유 등) 비수용성 액체	III	1,000[L]
		수용성 액체	III	2,000[L]
		제3석유류(중유, 크레오소트유 등) 비수용성 액체	III	2,000[L]
		수용성 액체	III	4,000[L]
		제4석유류 (기어유, 실린더유 등)	III	6,000[L]
		동식물유류	III	10,000[L]

47

소방기본법상 화재경계지구의 지정권자는?

① 소방서장

② 시·도지사

③ 소방본부장

④ 행정안전부장관

해설 화재경계지구 : 화재가 발생할 우려가 높거나 화재가 발생하는 경우 그로 인하여 피해가 클 것으로 예상되는 지역
- 화재경계지구 지정권자 : 시·도지사
- 화재경계지구의 지정지역
  - 시장지역
  - 공장·창고가 밀집한 지역
  - 목조건물이 밀집한 지역
  - 위험물의 저장 및 처리시설이 밀집한 지역
  - 석유화학제품을 생산하는 공장이 있는 지역

  - 소방시설·소방용수시설 또는 소방출동로가 없는 지역
- 화재경계지구 안의 소방특별조사 : 소방본부장, 소방서장
- 소방특별조사 내용 : 소방대상물의 위치·구조·설비
- 소방특별조사 횟수 : 연 1회 이상
- 화재경계지구의 소방훈련과 교육 실시권자 : 소방본부장, 소방서장
- 화재경계지구로 지정 시 소방훈련과 교육 : 연 1회 이상

48

위험물안전관리법령상 관계인이 예방규정을 정하여야 하는 위험물을 취급하는 제조소의 지정수량 기준으로 옳은 것은?

① 지정수량의 10배 이상

② 지정수량의 100배 이상

③ 지정수량의 150배 이상

④ 지정수량의 200배 이상

해설 관계인이 예방규정을 정하여야 할 제조소 등
- 지정수량의 **10배 이상**의 위험물을 취급하는 **제조소**
- 지정수량의 **10배 이상**의 위험물을 취급하는 **일반취급소**
- 지정수량의 **100배 이상**의 위험물을 저장하는 **옥외저장소**
- 지정수량의 **150배 이상**의 위험물을 저장하는 **옥내저장소**
- 지정수량의 **200배 이상**의 위험물을 저장하는 **옥외탱크저장소**
- 암반탱크저장소
- 이송취급소

49

화재예방, 소방시설 설치·유지 및 안전관리에 관한 법령상 주택의 소유자가 소방시설을 설치하여야 하는 대상이 아닌 것은?

① 아파트

② 연립주택

③ 다세대주택

④ 다가구주택

해설 주택의 소유자가 소방시설을 설치하여야 하는 대상
- 단독주택
- 공동주택(아파트 및 기숙사는 제외한다)

50

소방시설공사업법령상 정의된 업종 중 소방시설업의 종류에 해당되지 않는 것은?

① 소방시설설계업
② 소방시설공사업
③ 소방시설정비업
④ 소방공사감리업

> **해설** **소방시설업** : 소방시설설계업, 소방시설공사업, 소방공사감리업, 방염처리업

51

화재예방, 소방시설 설치 · 유지 및 안전관리에 관한 법령상 특정소방대상물로서 숙박시설에 해당되지 않는 것은?

① 오피스텔
② 일반형 숙박시설
③ 생활형 숙박시설
④ 근린생활시설에 해당하지 않는 고시원

> **해설** **숙박시설**
> • 일반형 숙박시설
> • 생활형 숙박시설
> • 고시원(근린생활시설에 해당하지 않는 것을 말한다)
> • 위의 시설과 비슷한 것
> **오피스텔** : 업무시설

52

소방기본법령상 특수가연물의 저장 및 취급 기준을 2회 위반한 경우 과태료 부과기준은?

① 50만원
② 100만원
③ 150만원
④ 200만원

> **해설** **과태료 부과기준**

위반사항	근거 법조문	과태료 금액(만원)			
		1회	2회	3회	4회 이상
법 제15조 제2항에 따른 특수가연물의 저장 및 취급의 기준을 위반한 경우	법 제56조 제1항	20	50	100	100

53

화재예방, 소방시설 설치 · 유지 및 안전관리에 관한 법령상 수용인원 산정 방법 중 다음과 같은 시설의 수용인원은 몇 명인가?

> 숙박시설이 있는 특정소방대상물로서 종사자수는 5명, 숙박시설은 모두 2인용 침대이며 침대수량은 50개이다.

① 55
② 75
③ 85
④ 105

> **해설** **숙박시설이 있는 특정소방대상물**
> • 침대가 있는 숙박시설
> : 종사자수 + 침대의 수(2인용 침대는 2인으로 산정)
> 5명 + 2 × 50개 = 105명
> • 침대가 없는 숙박시설
> : 종사자수 + (바닥면적의 합계 ÷ 3[m²])

54

화재예방, 소방시설 설치 · 유지 및 안전관리에 관한 법령상 소방시설 등에 대한 자체점검을 하지 아니하거나 관리업자 등으로 하여금 정기적으로 점검하게 하지 아니한 자에 대한 벌칙 기준으로 옳은 것은?

① 6개월 이하의 징역 또는 1,000만원 이하의 벌금
② 1년 이하의 징역 또는 1,000만원 이하의 벌금
③ 3년 이하의 징역 또는 1,500만원 이하의 벌금
④ 3년 이하의 징역 또는 3,000만원 이하의 벌금

> **해설** **1년 이하의 징역 또는 1,000만원 이하의 벌금**
> • 관리업의 등록증이나 등록수첩을 다른 자에게 빌려준 사람
> • 영업정지처분을 받고 그 영업정지기간 중에 방염업 또는 관리업의 업무를 한 사람
> • 소방시설 등에 대한 **자체점검을 하지 아니하거나** 관리업자 등으로 하여금 정기적으로 점검하게 하지 아니한 사람
> • 소방시설관리사증을 다른 자에게 빌려주거나 동시에 둘 이상의 업체에 취업한 사람
> • 형식승인의 변경승인을 받지 아니한 사람

안심Touch

55

소방기본법상 화재경계지구의 지정대상이 아닌 것은?(단, 소방청장·소방본부장 또는 소방서장이 화재경계지구로 지정할 필요가 있다고 인정하는 지역은 제외한다)

① 시장지역
② 농촌지역
③ 목조건물이 밀집한 지역
④ 공장·창고가 밀집한 지역

해설 화재경계지구의 지정지역
- 시장지역
- 공장·창고가 밀집한 지역
- 목조건물이 밀집한 지역
- 위험물의 저장 및 처리시설이 밀집한 지역
- 석유화학제품을 생산하는 공장이 있는 지역
- 소방시설·소방용수시설 또는 소방출동로가 없는 지역

56

소방기본법령상 특수가연물의 품명과 지정수량 기준의 연결이 틀린 것은?

① 사류 – 1,000[kg] 이상
② 볏짚류 – 3,000[kg] 이상
③ 석탄·목탄류 – 10,000[kg] 이상
④ 합성수지류 중 발포시킨 것 – 20[m³] 이상

해설 특수가연물 지정수량

품 명		수 량
면화류		200[kg] 이상
나무껍질 및 대팻밥		400[kg] 이상
넝마 및 종이부스러기		1,000[kg] 이상
사 류		1,000[kg] 이상
볏짚류		**1,000[kg] 이상**
가연성 고체류		3,000[kg] 이상
석탄·목탄류		10,000[kg] 이상
가연성 액체류		2[m³] 이상
목재가공품 및 무부스러기		10[m³] 이상
합성수지류	발포시킨 것	20[m³] 이상
	그 밖의 것	3,000[kg] 이상

57

소방기본법령상 소방안전교육사의 배치대상별 배치기준으로 틀린 것은?

① 소방청 : 2명 이상 배치
② 소방서 : 1명 이상 배치
③ 소방본부 : 2명 이상 배치
④ 한국소방안전협회(본회) : 1명 이상 배치

해설 소방안전교육사의 배치대상별 배치기준

배치대상	배치기준(단위 : 명)	비 고
1. 소방청	2 이상	
2. 소방본부	2 이상	
3. 소방서	1 이상	
4. 한국소방안전협회	본회 : 2 이상 시·도지부 : 1 이상	
5. 한국소방산업기술원	2 이상	

58

화재예방, 소방시설 설치·유지 및 안전관리에 관한 법령상 공동 소방안전관리자를 선임해야 하는 특정소방대상물이 아닌 것은?

① 판매시설 중 도매시장 및 소매시장
② 복합건축물로서 층수가 5층 이상인 것
③ 지하층을 제외한 층수가 7층 이상인 고층건축물
④ 복합건축물로서 연면적이 5,000[m²] 이상인 것

해설 공동 소방안전관리자를 선임해야 하는 특정소방대상물
- **고층건축물**(지하층을 제외한 11층 이상)
- **지하가**
- **복합건축물**로서 **연면적이 5,000[m²] 이상** 또는 **5층 이상**
- **도매시장** 또는 **소매시장**
- 특정소방대상물 중 소방본부장 또는 소방서장이 지정하는 것

59

소방시설공사업법상 도급을 받은 자가 제3자에게 소방시설공사의 시공을 하도급한 경우에 대한 벌칙 기준으로 옳은 것은?(단, 대통령령으로 정하는 경우는 제외한다)

① 100만원 이하의 벌금
② 300만원 이하의 벌금
③ 1년 이하의 징역 또는 1,000만원 이하의 벌금
④ 3년 이하의 징역 또는 3,000만원 이하의 벌금

해설 1년 이하의 징역 또는 1,000만원 이하의 벌금
- 영업정지처분을 받고 그 영업정지기간에 영업을 한 사람
- 설계업자, 공사업자의 화재안전기준 규정을 위반하여 설계나 시공을 한 사람
- 감리업자의 업무규정을 위반하여 감리를 하거나 거짓으로 감리한 사람
- 감리업자가 공사감리자를 지정하지 아니한 사람
- 공사업자가 아닌 자에게 소방시설공사를 도급한 사람
- **하도급 규정을 위반하여 제3자에게 소방시설공사 시공을 하도급한 사람**

60

화재예방, 소방시설 설치·유지 및 안전관리에 관한 법령상 정당한 사유 없이 피난시설, 방화구획 및 방화시설의 유지·관리에 필요한 조치 명령을 위반한 경우 이에 대한 벌칙 기준으로 옳은 것은?

① 200만원 이하의 벌금
② 300만원 이하의 벌금
③ 1년 이하의 징역 또는 1,000만원 이하의 벌금
④ 3년 이하의 징역 또는 1,500만원 이하의 벌금

해설 정답 없음
정답 : 3년 이하의 징역 또는 3,000만원 이하의 벌금

제 4 과목   소방전기시설의 구조 및 원리

61

비상경보설비 및 단독경보형감지기의 화재안전기준(NFSC 201)에 따라 화재신호 및 상태신호 등을 송수신하는 방식으로 옳은 것은?

① 자동식   ② 수동식
③ 반자동식   ④ 유·무선식

해설 화재신호 및 상태신호 등을 송수신하는 방식
- 유선식 : 화재신호 등을 배선으로 송·수신하는 방식의 것
- 무선식 : 화재신호 등을 전파에 의해 송·수신하는 방식의 것
- 유·무선식 : 유선식과 무선식을 겸용으로 사용하는 방식의 것

62

감지기의 형식승인 및 제품검사의 기술기준에 따른 연기감지기의 종류로 옳은 것은?

① 연복합형   ② 공기흡입형
③ 차동식스포트형 ④ 보상식스포트형

해설 연기감지기 종류 : 이온화식스포트형, 광전식스포트형, 광전식분리형, 공기흡입형

63

비상콘센트설비의 화재안전기준(NFSC 504)에 따른 비상콘센트설비의 전원회로(비상콘센트에 전력을 공급하는 회로를 말한다)의 시설기준으로 옳은 것은?

① 하나의 전용회로에 설치하는 비상콘센트는 12개 이하로 할 것
② 전원회로는 단상교류 220[V]인 것으로서, 그 공급용량은 1.0[kVA] 이상인 것으로 할 것
③ 비상콘센트용의 풀박스 등은 방청도장을 한 것으로서, 두께 1.2[mm] 이상의 철판으로 할 것
④ 전원으로부터 각 층의 비상콘센트에 분기되는 경우에는 분기배선용 차단기를 보호함 안에 설치할 것

해설 비상콘센트설비의 전원회로 설치기준
- 비상콘센트설비의 전원회로는 단상교류 220[V]인 것으로서, 그 공급용량은 1.5[kVA] 이상인 것으로 할 것
- 전원회로는 각층에 2 이상이 되도록 설치할 것. 다만, 설치하여야 할 층의 비상콘센트가 1개인 때에는 하나의 회로로 할 수 있다.
- 전원회로는 주배전반에서 전용회로로 할 것. 다만, 다른 설비의 회로의 사고에 따른 영향을 받지 아니하도록 되어 있는 것은 그러하지 아니하다.
- 전원으로부터 각 층의 비상콘센트에 분기되는 경우에는 분기배선용 차단기를 보호함 안에 설치할 것
- 콘센트마다 배선용 차단기(KS C 8321)를 설치하여야 하며, 충전부가 노출되지 아니하도록 할 것
- 개폐기에는 "비상콘센트"라고 표시한 표지를 할 것
- 비상콘센트용의 풀박스 등은 방청도장을 한 것으로서, 두께 1.6[mm] 이상의 철판으로 할 것
- 하나의 전용회로에 설치하는 비상콘센트는 10개 이하로 할 것. 이 경우 전선의 용량은 각 비상콘센트(비상콘센트가 3개 이상인 경우에는 3개)의 공급용량을 합한 용량 이상의 것으로 하여야 한다.

64
비상방송설비의 화재안전기준(NFSC 202)에 따라 기동장치에 따른 화재신고를 수신한 후 필요한 음량으로 화재발생 상황 및 피난에 유효한 방송이 자동으로 개시될 때까지의 소요시간은 몇 초 이하로 하여야 하는가?

① 3 　　　　　② 5
③ 7 　　　　　④ 10

해설 기동장치에 따른 화재신고를 수신한 후 필요한 음량으로 화재발생 상황 및 피난에 유효한 방송이 자동으로 개시될 때까지의 소요시간은 **10초 이하**로 할 것

65
비상조명등의 화재안전기준(NFSC 304)에 따른 휴대용 비상조명등의 설치기준이다. 다음 ( )에 들어갈 내용으로 옳은 것은?

> 지하상가 및 지하역사에는 보행거리 (ⓐ)[m] 이내마다 (ⓑ)개 이상 설치할 것

① ⓐ 25, ⓑ 1 　　② ⓐ 25, ⓑ 3
③ ⓐ 50, ⓑ 1 　　④ ⓐ 50, ⓑ 3

해설 휴대용 비상조명등 설치 장소
- 숙박시설 또는 다중이용업소에는 객실 또는 영업장 안의 구획된 실마다 잘 보이는 곳(외부에 설치 시 출입문 손잡이로부터 1[m] 이내 부분)에 1개 이상 설치
- 대규모 점포와 영화상영관에는 보행거리 50[m] 이내마다 3개 이상 설치
- 지하상가 및 지하역사에는 보행거리 25[m] 이내마다 3개 이상 설치

66
자동화재탐지설비 및 시각경보장치의 화재안전기준(NFSC 203)에 따른 자동화재탐지설비의 중계기의 시설기준으로 틀린 것은?

① 조작 및 점검에 편리하고 화재 및 침수 등의 재해로 인한 피해를 받을 우려가 없는 장소에 설치할 것
② 수신기에서 직접 감지기회로의 도통시험을 행하지 아니하는 것에 있어서는 수신기와 감지기 사이에 설치할 것
③ 감지기에 따라 감시되지 아니하는 배선을 통하여 전력을 공급받는 것에 있어서는 전원입력측의 배선에 누전경보기를 설치할 것
④ 수신기에 따라 감시되지 아니하는 배선을 통하여 전력을 공급받는 것에 있어서는 해당 전원의 정전이 즉시 수신기에 표시되는 것으로 할 것

해설 중계기의 설치기준
- 수신기에서 직접 감지기회로의 도통시험을 행하지 아니하는 것에 있어서는 수신기와 감지기 사이에 설치할 것
- 수신기에 의하여 감시되지 아니하는 배선을 통하여 전력을 공급받는 것에 있어서는 전원입력측의 배선에 과전류차단기를 설치하고 해당 전원의 정전이 즉시 수신기에 표시되는 것으로 하며, 상용전원 및 예비전원의 시험을 할 수 있도록 할 것
- 조작 및 점검에 편리하고 화재 및 침수 등의 재해로 인한 피해를 받을 우려가 없는 장소에 설치할 것

67

자동화재탐지설비 및 시각경보장치의 화재안전기준(NFSC 203)에 따라 부착높이 8[m] 이상 15[m] 미만에 설치 가능한 감지기가 아닌 것은?

① 불꽃감지기
② 보상식 분포형감지기
③ 차동식 분포형감지기
④ 광전식 분리형 1종 감지기

해설 감지기의 부착높이

부착높이	감지기의 종류
8[m] 이상 15[m] 미만	• 차동식 분포형 • 이온화식 1종 또는 2종 • 광전식(스포트형, 분리형, 공기흡입형) 1종 또는 2종 • 연기복합형 • 불꽃감지기

68

예비전원의 성능인증 및 제품검사의 기술기준에서 정의하는 "예비전원"에 해당하지 않는 것은?

① 리튬계 2차 축전지
② 알칼리계 2차 축전지
③ 용융염 전해질 연료전지
④ 무보수 밀폐형 연축전지

해설 예비전원 종류 : 알칼리계 2차 축전지, 리튬계 2차 축전지, 무보수 밀폐형 축전지

69

누전경보기의 형식승인 및 제품검사의 기술기준에 따라 누전경보기에서 사용되는 표시등에 대한 설명으로 틀린 것은?

① 지구등은 녹색으로 표시되어야 한다.
② 소켓은 접촉이 확실하여야 하며 쉽게 전구를 교체할 수 있도록 부착하여야 한다.
③ 주위의 밝기가 300[lx]인 장소에서 측정하여 앞면으로부터 3[m] 떨어진 곳에서 켜진 등이 확실히 식별되어야 한다.

④ 전구는 사용전압의 130[%]인 교류전압을 20시간 연속하여 가하는 경우 단선, 현저한 광속변화, 흑화, 전류의 저하 등이 발생하지 아니하여야 한다.

해설 누전경보기의 지구등은 적색으로 표시되어야 한다. 이 경우 누전등이 설치된 수신부의 지구등은 적색 외의 색으로도 표시할 수 있다.

70

비상콘센트설비의 화재안전기준(NFSC 504)에 따라 아파트 또는 바닥면적이 1,000[m²] 미만인 층은 비상콘센트를 계단의 출입구로부터 몇 [m] 이내에 설치해야 하는가?(단, 계단의 부속실을 포함하며 계단이 2 이상 있는 경우에는 그중 1개의 계단을 말한다)

① 10　　　　② 8
③ 5　　　　④ 3

해설 비상콘센트 설치
• 바닥으로부터 높이 0.8[m] 이상 1.5[m] 이하의 위치에 설치할 것
• 바닥면적 1,000[m²] 미만 : 각 계단의 출입구로부터 5[m] 이내 설치
• 바닥면적 1,000[m²] 이상 : 각 계단이나 계단부속실의 출입구로부터 5[m] 이내 설치
• 지하상가 또는 지하층 바닥면적의 합계가 3,000[m²] 이상인 것은 수평거리 25[m] 이내마다 설치하고, 기타는 수평거리 50[m] 이내마다 설치
• 터널에 설치 시 주행차로의 우측 측벽에 50[m] 이내 간격으로 설치

71

무선통신보조설비의 화재안전기준(NFSC 505)에 따른 설치제외에 대한 내용이다. 다음 ( )에 들어갈 내용으로 옳은 것은?

> (ⓐ)으로서 특정소방대상물의 바닥 부분 2면 이상이 지표면과 동일하거나 지표면으로부터의 깊이가 (ⓑ)[m] 이하인 경우에는 해당 층에 한하여 무선통신보조설비를 설치하지 아니할 수 있다.

① ⓐ 지하층, ⓑ 1　　② ⓐ 지하층, ⓑ 2
③ ⓐ 무창층, ⓑ 1　　④ ⓐ 무창층, ⓑ 2

해설 **무선통신보조설비 설치 제외** : 지하층으로서 특정소방대상물의 바닥부분 2면 이상이 지표면과 동일하거나 지표면으로부터 깊이가 1[m] 이하인 경우에는 해당 층에 한하여 무선통신보조설비를 설치하지 아니할 수 있다.

72

비상방송설비의 화재안전기준(NFSC 202)에 따른 정의에서 가변저항을 이용하여 전류를 변화시켜 음량을 크게 하거나 작게 조절할 수 있는 장치를 말하는 것은?

① 증폭기
② 변류기
③ 중계기
④ 음량조절기

해설 **음량조절기** : 가변저항을 이용하여 전류를 변화시켜 음량을 크게 하거나 작게 조절할 수 있는 장치를 말한다.

73

소방시설용 비상전원수전설비의 화재안전기준(NFSC 602)에 따라 큐비클형의 시설기준으로 틀린 것은?

① 전용큐비클 또는 공용큐비클식으로 설치할 것
② 외함은 건축물의 바닥 등에 견고하게 고정할 것
③ 자연환기구에 따라 충분히 환기할 수 없는 경우에는 환기설비를 설치할 것
④ 공용큐비클식의 소방회로와 일반회로에 사용되는 배선 및 배선용기기는 난연재료로 구획할 것

해설 **큐비클형 설치기준**
• 전용큐비클 또는 공용큐비클식으로 설치할 것
• 외함은 두께 2.3[mm] 이상의 강판과 이와 동등 이상의 강도와 내화성능이 있는 것으로 제작하여야 하며, 개구부에는 갑종방화문 또는 을종방화문을 설치할 것
• 외함은 건축물의 바닥 등에 견고하게 고정할 것
• 전선 인입구 및 인출구에는 금속관 또는 금속제 가요전선관을 쉽게 접속할 수 있도록 할 것
• 환기장치는 다음 각 목에 적합하게 설치할 것
 – 내부의 온도가 상승하지 않도록 환기장치를 할 것
 – 자연환기구의 개구부 면적의 합계는 외함의 한 면에 대하여 해당 면적의 3분의 1 이하로 할 것. 이 경우 하나의 통기구의 크기는 직경 10[mm] 이상의 둥근 막대가 들어가서는 아니 된다.
 – 자연환기구에 따라 충분히 환기할 수 없는 경우에는 환기설비를 설치할 것

 – 환기구에는 금속망, 방화댐퍼 등으로 방화조치를 하고, 옥외에 설치하는 것은 빗물 등이 들어가지 않도록 할 것
• 공용큐비클식의 소방회로와 일반회로에 사용되는 배선 및 배선용기기는 불연재료로 구획할 것

74

비상경보설비 및 단독경보형감지기의 화재안전기준(NFSC 201)에 따른 발신기의 시설기준에 대한 내용이다. 다음 (　　)에 들어갈 내용으로 옳은 것은?

> 조작이 쉬운 장소에 설치하고, 조작 스위치는 바닥으로부터 (ⓐ)[m] 이상 (ⓑ)[m] 이하의 높이에 설치할 것

① ⓐ 0.6, ⓑ 1.2
② ⓐ 0.8, ⓑ 1.5
③ ⓐ 1.0, ⓑ 1.8
④ ⓐ 1.2, ⓑ 2.0

해설 **비상경보설비 및 단독경보형감지기 발신기 설치기준**
• 조작이 쉬운 장소에 설치하고, 조작스위치는 바닥으로부터 0.8[m] 이상 1.5[m] 이하의 높이에 설치할 것
• 특정소방대상물의 층마다 설치하되, 해당 특정소방대상물의 각 부분으로부터 하나의 발신기까지의 수평거리가 25[m] 이하가 되도록 할 것. 다만, 복도 또는 별도로 구획된 실로서 보행거리가 40[m] 이상일 경우에는 추가로 설치하여야 한다.
• 발신기의 위치표시등은 함의 상부에 설치하되, 그 불빛은 부착면으로부터 15° 이상의 범위 안에서 부착지점으로부터 10[m] 이내의 어느 곳에서도 쉽게 식별할 수 있는 적색등으로 할 것

75

누전경보기의 형식승인 및 제품검사의 기술기준에 따라 누전경보기에 차단기구를 설치하는 경우 차단기구에 대한 설명으로 틀린 것은?

① 개폐부는 정지점이 명확하여야 한다.
② 개폐부는 원활하고 확실하게 작동하여야 한다.
③ 개폐부는 KS C 8321(배선용차단기)에 적합한 것이어야 한다.
④ 개폐부는 수동으로 개폐되어야 하며 자동적으로 복귀하지 아니하여야 한다.

해설 누전경보기에 차단기구를 설치하는 경우에는 다음에 적합하여야 한다.
- 개폐부는 원활하고 확실하게 작동하여야 하며 정지점이 명확하여야 한다.
- 개폐부는 수동으로 개폐되어야 하며 자동적으로 복귀하지 아니하여야 한다.
- 개폐부는 KS C 4613(누전차단기)에 적합한 것이어야 한다.

76
감지기의 형식승인 및 제품검사의 기술기준에 따른 단독경보형감지기(주전원이 교류전원 또는 건전지인 것을 포함한다)의 일반기능에 대한 설명으로 틀린 것은?

① 작동되는 경우 작동표시등에 의하여 화재의 발생을 표시할 수 있는 기능이 있어야 한다.
② 작동되는 경우 내장된 음향장치의 명동에 의하여 화재경보음을 발할 수 있는 기능이 있어야 한다.
③ 전원의 정상상태를 표시하는 전원표시등의 섬광주기는 3초 이내에 점등과 60초 이내의 소등으로 이루어져야 한다.
④ 자동복귀형 수위치(자동적으로 정위치에 복귀될 수 있는 스위치를 말한다)에 의하여 수동으로 작동시험을 할 수 있는 기능이 있어야 한다.

해설 단독경보형감지기의 일반기능
- 자동복귀형 스위치(자동적으로 정위치에 복귀될 수 있는 스위치를 말한다)에 의하여 수동으로 작동시험을 할 수 있는 기능이 있어야 한다.
- 작동되는 경우 작동표시등에 의하여 화재의 발생을 표시하고, 내장된 음향장치의 명동에 의하여 화재경보음을 발할 수 있는 기능이 있어야 한다.
- 주기적으로 섬광하는 전원표시등에 의하여 전원의 정상 여부를 감시할 수 있는 기능이 있어야 하며, 전원의 정상상태를 표시하는 전원표시등의 섬광주기는 1초 이내의 점등과 30초에서 60초 이내의 소등으로 이루어져야 한다.

77
자동화재속보설비의 속보기의 성능인증 및 제품검사의 기술기준에 따라 자동화재속보설비의 속보기가 소방관서에 자동적으로 통신망을 통해 통보하는 신호의 내용으로 옳은 것은?

① 당해 소방대상물의 위치 및 규모
② 당해 소방대상물의 위치 및 용도
③ 당해 화재발생 및 당해 소방대상물의 위치
④ 당해 고장발생 및 당해 소방대상물의 위치

해설 자동화재속보설비의 기능 : 감지기 또는 발신기에서 화재신호를 수신하여 소방관계자에게 화재발생을 경보함과 동시에 소방관서에 자동으로 당해 소방대상물의 위치 및 화재발생 등을 20초 이내에 **3회 이상** 반복하여 신고하는 것

78
유도등의 우수품질인증 기술기준에 따른 유도등의 일반구조에 대한 내용이다. 다음 (   )에 들어갈 내용으로 옳은 것은?

> 전선의 굵기는 인출선인 경우에는 단면적이 (ⓐ)[mm^2] 이상, 인출선 외의 경우에는 면적이 (ⓑ)[mm^2] 이상이어야 한다.

① ⓐ 0.75, ⓑ 0.5
② ⓐ 0.75, ⓑ 0.75
③ ⓐ 1.5, ⓑ 0.75
④ ⓐ 2.5, ⓑ 1.5

해설 유도등 전선의 굵기
- 인출선인 경우 : 단면적이 0.75[mm^2] 이상
- 인출선 외의 경우 : 단면적이 0.5[mm^2] 이상

79
유도등 및 유도표지의 화재안전기준(NFSC 303)에 따라 객석유도등을 설치하여야 하는 장소로 틀린 것은?

① 벽   ② 천 장
③ 바 닥   ④ 통 로

해설 객석 유도등 : 객석의 **통로, 바닥** 또는 **벽**에 설치하는 유도등을 말한다.

80

무선통신보조설비의 화재안전기준(NFSC 505)에 따라 누설동축케이블 또는 동축케이블의 임피던스는 몇 [Ω]인가?

① 5
② 10
③ 30
④ 50

해설 누설동축케이블 또는 동축케이블의 임피던스는 50 [Ω]으로 하고, 이에 접속하는 안테나 분배기 기타의 장치는 해당 임피던스에 적합한 것으로 하여야 한다.

좋은 책을 만드는 길
독자님과 함께하겠습니다.

도서나 동영상에 궁금한 점, 아쉬운 점, 만족스러운 점이
있으시다면 어떤 의견이라도 말씀해 주세요.
시대고시기획은 독자님의 의견을 모아 더 좋은 책으로 보답하겠습니다.

www.sidaegosi.com

소방설비기사 기본서 필기 전기편

개정8판1쇄 발행	2021년 01월 05일(인쇄 2020년 11월 27일)
초 판 발 행	2013년 02월 20일(인쇄 2012년 12월 21일)
발 행 인	박영일
책 임 편 집	이해욱
편 저	이수용
편 집 진 행	윤진영 · 김경숙
표 지 디 자 인	조혜령
편 집 디 자 인	심혜림 · 정경일
발 행 처	(주)시대고시기획
출 판 등 록	제10-1521호
주 소	서울시 마포구 큰우물로 75 [도화동 538 성지 B/D] 9F
전 화	1600-3600
팩 스	02-701-8823
홈 페 이 지	www.sidaegosi.com
I S B N	979-11-254-8580-3(13500)
정 가	33,000원

국가기술자격검정답안지

수험자 유의사항

1. 시험 중에는 통신기기(휴대전화·소형 무전기 등) 및 전자기기(초소형 카메라 등)를 소지하거나 사용할 수 없습니다.
2. 부정행위 예방을 위해 시험문제지에도 수험번호와 성명을 반드시 기재하시기 바랍니다.
3. 시험시간이 종료되면 즉시 답안작성을 멈춰야 하며, 종료시간 이후 계속 답안을 작성하거나 감독위원의 답안카드 제출지시에 불응할 때에는 당해 시험이 무효처리 됩니다.
4. 기타 감독위원의 정당한 지시에 불응하여 타 수험자의 시험에 방해가 될 경우 퇴실조치 될 수 있습니다.

답안카드 작성 시 유의사항

1. 답안카드 기재·마킹 시에는 반드시 검정색 사인펜을 사용해야 합니다.
2. 답안카드를 잘못 작성했을 시에는 카드를 교체하거나 수정테이프를 사용하여 수정할 수 있습니다.
   그러나 불완전한 수정처리로 인해 발생하는 전산자동판독불가 등 불이익은 수험자의 귀책사유입니다.
   - 수정테이프 이외의 수정액, 스티커 등은 사용 불가
   - 답안카드 왼쪽(성명·수험번호 등)을 제외한 '답안란' 만 수정테이프로 수정 가능
3. 성명란은 수험자 본인의 성명을 정자체로 기재합니다.
4. 해당차수(교시)시험을 기재하고 해당 란에 마킹합니다.
5. 시험문제지 형별기재란은 시험문제지 형별을 기재하고, 우측 형별마킹란은 해당 형별을 마킹합니다.
6. 수험번호란은 숫자로 기재하고 아래 해당번호에 마킹합니다.
7. 시험문제지 형별 및 수험번호 등 마킹착오로 인한 불이익은 전적으로 수험자의 귀책사유입니다.
8. 감독위원의 날인이 없는 답안카드는 무효처리 됩니다.
9. 상단과 우측의 검은색 띠(■■) 부분은 낙서를 금지합니다.

부정행위 처리규정

시험 중 다음과 같은 행위를 하는 자는 당해 시험을 무효처리하고 관련 법에 따라 일정기간 동안 시험에 응시할 수 있는 자격을 정지합니다.

1. 시험과 관련된 대화, 답안카드 교환, 다른 수험자의 답안·문제지를 보고 답안 작성, 대리시험을 치르거나 치르게 하는 행위, 시험문제 내용과 관련된 물건을 휴대하거나 이를 주고받는 행위
2. 시험장 내외로부터 도움을 받아 답안을 작성하는 행위, 공인어학성적 및 응시자격서류를 허위기재하여 제출하는 행위
3. 통신기기(휴대전화·소형 무전기 등) 및 전자기기(초소형 카메라 등)를 휴대하거나 사용하는 행위
4. 다른 수험자와 성명 및 수험번호를 바꾸어 작성·제출하는 행위
5. 기타 부정 또는 불공정한 방법으로 시험을 치르는 행위

주의 | 바르게 마킹한 것… ●
잘못 마킹한 것… ⊘ ⊖ ◉ ◑ ⊗

| 성명 | 홍 길 동 |

교시(차수) 기재란
(교시·차 ① ② ③

문제지 형별 기재란
( )형 Ⓐ Ⓑ

선택과목 1

선택과목 2

수험번호

⓪	①	②	③	④	⑤	⑥	⑦	⑧	⑨
⓪	①	②	③	④	⑤	⑥	⑦	⑧	⑨
⓪	①	②	③	④	⑤	⑥	⑦	⑧	⑨
⓪	①	②	③	④	⑤	⑥	⑦	⑧	⑨
⓪	①	②	③	④	⑤	⑥	⑦	⑧	⑨
⓪	①	②	③	④	⑤	⑥	⑦	⑧	⑨
⓪	①	②	③	④	⑤	⑥	⑦	⑧	⑨

감독위원 확인
김 한 국

소방시설관리사

최고의
베스트셀러

소방시설관리사 1차
4X6배판 / 정가 53,000원

소방시설관리사 2차
소방시설의 설계 및 시공
4X6배판 / 정가 30,000원

소방시설관리사 2차
소방시설의 점검실무행정
4X6배판 / 정가 30,000원

※ 도서의 이미지와 가격은 변경될 수 있습니다.

과년도
기출문제 분석표
수록

시험에 완벽하게
대비할 수 있는
이론과 예상문제

핵심이론
요약집 제공

과년도
출제문제와
명쾌한 해설

더 이상의 소방 시리즈는 없다!

알차다!
꼭 알아야 할 내용을 담고 있으니까!

핵심을 뚫는다!
시험 유형에 적합한 문제를 다루니까!

명쾌하다!
상세한 풀이로 완벽하게 익힐 수 있으니까!

친절하다!
핵심 내용을 쉽게 설명하고 있으니까!

소방 시리즈

(주)시대고시기획의 소방 도서는...

현장실무와 오랜 시간 동안 저자의 노하우를 바탕으로 최단기간 합격의 기회를 제공합니다.
2021년 시험대비를 위해 최신개정법 및 이론을 반영하였습니다.
빨간키(빨리보는 간단한 키워드)를 수록하여 가장 기본적인 이론을 시험 전에 확인할 수 있도록 하였습니다.
연도별 기출문제 분석표를 통해 시험의 경향을 한눈에 파악할 수 있도록 하였습니다.
본문 안에 출제 표기를 하여 보다 효율적으로 학습할 수 있도록 하였습니다.

소방시설관리사	소방시설관리사 1차	4×6배판 / 53,000원
	소방시설관리사 2차 점검실무행정	4×6배판 / 30,000원
	소방시설관리사 2차 설계 및 시공	4×6배판 / 30,000원

| **위험물기능장** | 위험물기능장 필기 | 4×6배판 / 38,000원 |
| | 위험물기능장 실기 | 4×6배판 / 35,000원 |

소방설비기사 · 산업기사[기계편]	소방설비기사 기본서 필기	4×6배판 / 33,000원
	소방설비기사 과년도 기출문제 필기	4×6배판 / 25,000원
	소방설비산업기사 과년도 기출문제 필기	4×6배판 / 25,000원
	소방설비기사 기본서 실기	4×6배판 / 35,000원
	소방설비기사 과년도 기출문제 실기	4×6배판 / 27,000원

소방설비기사 · 산업기사[전기편]	소방설비기사 기본서 필기	4×6배판 / 33,000원
	소방설비기사 과년도 기출문제 필기	4×6배판 / 25,000원
	소방설비산업기사 과년도 기출문제 필기	4×6배판 / 25,000원
	소방설비기사 기본서 실기	4×6배판 / 36,000원
	소방설비기사 과년도 기출문제 실기	4×6배판 / 26,000원

| **소방안전관리자** | 소방안전관리자 1급 예상문제집 | 4×6배판 / 19,000원 |
| | 소방안전관리자 2급 예상문제집 | 4×6배판 / 15,000원 |

소방기술사
김성곤의 소방기술사 핵심 길라잡이   4×6배판 / 75,000원

소방관계법규
화재안전기준(포켓북)   별판 / 15,000원

* 도서 가격은 변동될 수 있습니다.

시대북 통합서비스 앱 안내

시대에듀

연간 1,500여 종의 실용서와 수험서를 출간하는 시대고시기획, 시대교육, 시대인에서 출간도서 구매 고객에 대하여 도서와 관련한 **"실시간 푸시 알림"** 앱 서비스를 개시합니다.

이제 수험정보와 함께 도서와 관련한 다양한 서비스를 찾아다닐 필요 없이 스마트폰에서 실시간으로 받을 수 있습니다.

사용방법 안내

1. 메인 및 설정화면

- 로그인/로그아웃
- 푸시 알림 신청내역을 확인하거나 취소할 수 있습니다.
- 시험 일정 시행 공고 및 컨텐츠 정보를 알려드립니다.
- 1:1 질문과 답변(답변 시 푸시 알림)

2. 도서별 세부 서비스 신청화면

메인화면의 [콘텐츠 정보] [정오표/도서 학습자료 찾기] [상품 및 이벤트] 각종 서비스를 이용하여 다양한 서비스를 제공받을 수 있습니다.

[제공 서비스]

- **최신 이슈&상식** : 최신 이슈와 상식 제공(주 1회)
- **뉴스로 배우는 필수 한자성어** : 시사 뉴스로 배우기 쉬운 한자성어(주 1회)
- **정오표** : 수험서 관련 정오자료 업로드 시
- **MP3 파일** : 어학 및 MP3파일 업로드 시
- **시험일정** : 수험서 관련 시험 일정이 공고되고 게시될 때
- **기출문제** : 수험서 관련 기출문제가 게시될 때
- **도서업데이트** : 도서 부가자료가 파일로 제공되어 게시될 때
- **개정법령** : 수험서 관련 법령개정이 개정되어 게시될 때
- **동영상강의** : 도서와 관련한 동영상강의가 제공, 변경 정보가 발생한 경우
- *** 향후 서비스 자동 알림 신청** : 이 외의 추가서비스가 개발될 경우 추가된 서비스에 대한 알림을 자동으로 발송해 드립니다.
- *** 질문과 답변 서비스** : 도서와 동영상 강의 등에 대한 1:1 고객상담

② **앱 설치방법** ▶ Google Play ● App Store

← 시대에듀로 검색 🎤

※ 본 앱 및 제공 서비스는 사전 예고 없이 수정, 변경되거나 제외될 수 있고, 푸시 알림 발송의 경우 기기변경이나 앱 권한 설정, 네트워크 및 서비스 상황에 따라 지연, 누락될 수 있으므로 참고하여 주시기 바랍니다.

※ 안드로이드와 IOS기기는 일부 메뉴가 상이할 수 있습니다.